四　伦理性原则	(66)
二节　实验发展心理学的基本程序	(69)
一　选择研究问题	(69)
二　建立假设	(71)
三　下操作定义	(72)
四　变量的控制	(73)
五　研究数据的记录与整理	(74)
六　研究结果的分析与讨论	(77)
七　撰写研究报告	(78)
三节　实验发展心理学研究的具体方法	(83)
一　观察法	(83)
二　实验法	(85)
三　访谈法	(88)
四　测验法	(91)
五　个案法	(94)
四节　实验发展心理学的研究设计	(97)
一　实验设计	(97)
二　相关设计	(104)
三　发展研究设计	(106)

实验发展心理学的理论 ……………………………… (113)
一节　精神分析的心理发展理论 ……………………… (113)
　一　弗洛伊德的心理性欲发展理论 ………………… (113)
　二　埃里克森的心理社会性发展理论 ……………… (123)
二节　行为主义的心理发展理论 ……………………… (132)
　一　华生的心理发展理论 …………………………… (132)
　二　斯金纳的心理发展理论 ………………………… (134)
　三　班杜拉的心理发展理论 ………………………… (137)
三节　认知发展理论 …………………………………… (144)
　一　皮亚杰的认知发展理论 ………………………… (144)
　二　维果斯基的认知发展理论 ……………………… (159)

实验发展心理学

白学军　等◎著

中国社会科学出版社

图书在版编目(CIP)数据

实验发展心理学/白学军等著.—北京:中国社会科学出版社,2017.12
ISBN 978-7-5203-1362-9

Ⅰ.①实… Ⅱ.①白… Ⅲ.①发展心理学—实验 Ⅳ.①B844-33

中国版本图书馆 CIP 数据核字(2017)第 273048 号

出 版 人	赵剑英
责任编辑	马 明
责任校对	胡新芳
责任印制	王 超
出　　版	中国社会科学出版社
社　　址	北京鼓楼西大街甲 158 号
邮　　编	100720
网　　址	http://www.csspw.cn
发 行 部	010-84083685
门 市 部	010-84029450
经　　销	新华书店及其他书店
印　　刷	北京君升印刷有限公司
装　　订	廊坊市广阳区广增装订厂
版　　次	2017 年 12 月第 1 版
印　　次	2017 年 12 月第 1 次印刷
开　　本	710×1000 1/16
印　　张	51.25
插　　页	2
字　　数	814 千字
定　　价	198.00 元

凡购买中国社会科学出版社图书,如有质量问题请与本社营销中心联系调换
电话:010-84083683
版权所有　侵权必究

目　录

第一章　实验发展心理学的概述

第一节　实验发展心理学的研究对象
一　什么是实验发展心理学
二　毕生发展的本质
三　毕生发展心理学著作的结构
四　实验发展心理学研究的基本问题
五　心理发展的阶段理论
六　发展模式
七　关键期

第二节　实验发展心理学的发展史
一　发展心理学名称的历史演变
二　发展心理学在我国的发展

第三节　实验发展心理学的中国化
一　心理学的中国化
二　建立具有中国特色的实验发展心理学
三　实验发展心理学中国化的过程
四　展望中国的实验发展心理学

第二章　实验发展心理学的研究方法

第一节　实验发展心理学研究的原则
一　客观性原则
二　发展性原则
三　理论联系实际原则

第四节　心理发展的生态系统理论 …………………………… (164)
　　一　心理发展的系统论 ………………………………………… (164)
　　二　布朗芬布伦纳的生态系统论 ……………………………… (166)
第五节　实验发展心理学的元理论 …………………………… (170)
　　一　科学理论的功能 …………………………………………… (170)
　　二　好的心理发展理论标准 …………………………………… (171)
　　三　科学理论在科学研究中的作用 …………………………… (173)

第四章　心理发展的生物基础 ………………………………… (175)
　第一节　个体发展的遗传学基础 ……………………………… (175)
　　一　遗传的本质 ………………………………………………… (175)
　　二　个体发展的遗传规律 ……………………………………… (179)
　　三　个体差异的遗传来源 ……………………………………… (182)
　　四　遗传性心理疾病 …………………………………………… (185)
　　五　遗传咨询 …………………………………………………… (193)
　第二节　智力发展的生物基础 ………………………………… (196)
　　一　行为遗传学 ………………………………………………… (196)
　　二　反应范围 …………………………………………………… (197)
　　三　智力发展的选择性喂养研究 ……………………………… (199)
　　四　智力发展的双生子研究 …………………………………… (201)
　　五　智力发展的收养研究 ……………………………………… (208)
　第三节　人格发展的生物学基础 ……………………………… (215)
　　一　人格遗传学研究 …………………………………………… (215)
　　二　人格的神经生物学研究 …………………………………… (219)

第五章　大脑功能的发展 ……………………………………… (226)
　第一节　研究大脑功能的方法 ………………………………… (226)
　　一　大脑功能的电生理学方法 ………………………………… (226)
　　二　脑功能成像技术 …………………………………………… (230)
　　三　行为学方法 ………………………………………………… (237)
　第二节　大脑生长发育的过程 ………………………………… (240)

一　出生前的大脑 …………………………………………（240）
　　二　大脑的可塑性 …………………………………………（243）
　　三　大脑与身体的比例及脑重量 …………………………（248）
　　四　大脑神经系统的发展 …………………………………（250）
　第三节　大脑功能的发展 ………………………………………（254）
　　一　大脑兴奋与抑制功能的发展 …………………………（254）
　　二　大脑左右半球功能的发展 ……………………………（257）
　　三　数学能力发展的脑机制 ………………………………（267）
　　四　语文能力发展的脑机制研究 …………………………（271）
　　五　外语学习的脑机制研究 ………………………………（275）

第六章　环境与个体心理发展 ……………………………………（279）
　第一节　产前环境与个体心理发展 ……………………………（279）
　　一　致畸剂对胎儿发展的影响 ……………………………（279）
　　二　母亲因素 ………………………………………………（289）
　第二节　微量元素与个体心理发展 ……………………………（296）
　　一　什么是微量元素 ………………………………………（296）
　　二　微量元素的种类 ………………………………………（296）
　　三　微量元素的作用 ………………………………………（297）
　　四　微量元素与长寿 ………………………………………（309）
　第三节　社会环境与个体心理发展 ……………………………（313）
　　一　家庭对个体心理发展的影响 …………………………（313）
　　二　家庭教养方式 …………………………………………（321）
　　三　家庭居住环境 …………………………………………（327）
　　四　家庭内部环境 …………………………………………（329）

第七章　注意的发展 ………………………………………………（332）
　第一节　注意发展的理论 ………………………………………（332）
　　一　鲁利亚的注意发展理论 ………………………………（332）
　　二　波斯纳的注意发展理论 ………………………………（333）
　　三　注意的中枢能量理论 …………………………………（334）

  四　艾恩斯等人的注意发展理论 …………………………………（336）
 第二节　注意发展的研究方法 ………………………………………（339）
  一　线索范式 ……………………………………………………（339）
  二　搜索范式 ……………………………………………………（342）
  三　过滤器范式 …………………………………………………（343）
  四　双任务范式 …………………………………………………（347）
  五　注意转换范式 ………………………………………………（349）
  六　返回抑制的研究方法 ………………………………………（353）
 第三节　注意的发生 …………………………………………………（356）
  一　新生儿的注意 ………………………………………………（356）
  二　婴儿的注意发展 ……………………………………………（357）
 第四节　选择性注意的发展 …………………………………………（361）
  一　选择性注意的发展阶段 ……………………………………（361）
  二　听觉选择性注意的发展 ……………………………………（361）
  三　视觉选择性注意的发展 ……………………………………（365）
 第五节　注意转换能力的发展 ………………………………………（375）
  一　一般转换代价的年龄特点 …………………………………（375）
  二　学业领域中的任务转换研究 ………………………………（378）

第八章　记忆的发展 ………………………………………………（386）
 第一节　记忆发展的理论 ……………………………………………（386）
  一　记忆系统发展的模型 ………………………………………（386）
  二　工作记忆的模型 ……………………………………………（388）
  三　有意遗忘的理论 ……………………………………………（391）
  四　内隐记忆的本质和理论 ……………………………………（395）
  五　前瞻记忆的本质和理论 ……………………………………（398）
  六　元记忆的本质与理论 ………………………………………（399）
 第二节　记忆发展的研究方法 ………………………………………（405）
  一　感觉记忆发展的实验方法 …………………………………（405）
  二　短时记忆发展的实验方法 …………………………………（407）
  三　工作记忆的实验方法 ………………………………………（411）

四　长时记忆发展的实验方法 …………………………………… (412)
　　五　有意遗忘的研究方法 ……………………………………… (414)
　　六　内隐记忆发展的实验方法 ………………………………… (417)
　　七　前瞻记忆的研究方法 ……………………………………… (420)
　　八　元记忆发展的实验方法 …………………………………… (422)
第三节　个体记忆的发展 ………………………………………… (433)
　　一　感觉记忆和短时记忆能力的发展 ………………………… (433)
　　二　再认能力的毕生发展 ……………………………………… (441)
　　三　长时记忆能力的发展 ……………………………………… (442)
　　四　有意遗忘的发展 …………………………………………… (443)
　　五　内隐记忆能力的发展 ……………………………………… (447)
　　六　前瞻记忆的发展 …………………………………………… (454)
　　七　元记忆的发展 ……………………………………………… (457)

第九章　个体情绪的发展 …………………………………… (465)
第一节　情绪发展的理论 ………………………………………… (465)
　　一　情绪发展的行为主义理论 ………………………………… (465)
　　二　情绪发展的精神分析理论 ………………………………… (466)
　　三　情绪发展的分化理论 ……………………………………… (467)
　　四　情绪发展的机能主义观点 ………………………………… (469)
　　五　情绪发展的组织观点 ……………………………………… (470)
　　六　情绪调节发展的理论 ……………………………………… (471)
　　七　依恋发展理论 ……………………………………………… (475)
　　八　面部表情理论 ……………………………………………… (479)
第二节　情绪发展的研究方法 …………………………………… (480)
　　一　电生理学研究方法 ………………………………………… (480)
　　二　生化指标法 ………………………………………………… (483)
　　三　情绪发展的条件反射法 …………………………………… (485)
　　四　面部表情认知发展的研究法 ……………………………… (486)
　　五　依恋发展的实验方法 ……………………………………… (490)
第三节　个体情绪的发展 ………………………………………… (493)

实验发展心理学

白学军 等◎著

中国社会科学出版社

图书在版编目（CIP）数据

实验发展心理学 / 白学军等著. —北京：中国社会科学出版社，2017.12
ISBN 978 – 7 – 5203 – 1362 – 9

Ⅰ.①实… Ⅱ.①白… Ⅲ.①发展心理学—实验 Ⅳ.①B844 – 33

中国版本图书馆 CIP 数据核字（2017）第 273048 号

出 版 人	赵剑英	
责任编辑	马　明	
责任校对	胡新芳	
责任印制	王　超	

出　　版	中国社会科学出版社	
社　　址	北京鼓楼西大街甲 158 号	
邮　　编	100720	
网　　址	http://www.csspw.cn	
发 行 部	010 – 84083685	
门 市 部	010 – 84029450	
经　　销	新华书店及其他书店	
印　　刷	北京君升印刷有限公司	
装　　订	廊坊市广阳区广增装订厂	
版　　次	2017 年 12 月第 1 版	
印　　次	2017 年 12 月第 1 次印刷	
开　　本	710×1000　1/16	
印　　张	51.25	
插　　页	2	
字　　数	814 千字	
定　　价	198.00 元	

凡购买中国社会科学出版社图书，如有质量问题请与本社营销中心联系调换
电话：010 – 84083683
版权所有　侵权必究

目 录

第一章 实验发展心理学的概述 …………………………………… (1)
  第一节 实验发展心理学的研究对象 ……………………………… (1)
    一 什么是实验发展心理学 ……………………………………… (1)
    二 毕生发展的本质 ……………………………………………… (3)
    三 毕生发展心理学著作的结构 ………………………………… (6)
    四 实验发展心理学研究的基本问题 …………………………… (10)
    五 心理发展的阶段理论 ………………………………………… (24)
    六 发展模式 ……………………………………………………… (27)
    七 关键期 ………………………………………………………… (34)
  第二节 实验发展心理学的发展史 ………………………………… (37)
    一 发展心理学名称的历史演变 ………………………………… (37)
    二 发展心理学在我国的发展 …………………………………… (40)
  第三节 实验发展心理学的中国化 ………………………………… (50)
    一 心理学的中国化 ……………………………………………… (50)
    二 建立具有中国特色的实验发展心理学 ……………………… (52)
    三 实验发展心理学中国化的过程 ……………………………… (54)
    四 展望中国的实验发展心理学 ………………………………… (58)

第二章 实验发展心理学的研究方法 ……………………………… (63)
  第一节 实验发展心理学研究的原则 ……………………………… (63)
    一 客观性原则 …………………………………………………… (63)
    二 发展性原则 …………………………………………………… (64)
    三 理论联系实际原则 …………………………………………… (65)

四　伦理性原则 …………………………………………… (66)
第二节　实验发展心理学的基本程序 …………………………… (69)
　　一　选择研究问题 ………………………………………… (69)
　　二　建立假设 ……………………………………………… (71)
　　三　下操作定义 …………………………………………… (72)
　　四　变量的控制 …………………………………………… (73)
　　五　研究数据的记录与整理 ……………………………… (74)
　　六　研究结果的分析与讨论 ……………………………… (77)
　　七　撰写研究报告 ………………………………………… (78)
第三节　实验发展心理学研究的具体方法 ……………………… (83)
　　一　观察法 ………………………………………………… (83)
　　二　实验法 ………………………………………………… (85)
　　三　访谈法 ………………………………………………… (88)
　　四　测验法 ………………………………………………… (91)
　　五　个案法 ………………………………………………… (94)
第四节　实验发展心理学的研究设计 …………………………… (97)
　　一　实验设计 ……………………………………………… (97)
　　二　相关设计 ……………………………………………… (104)
　　三　发展研究设计 ………………………………………… (106)

第三章　实验发展心理学的理论 ………………………………… (113)
第一节　精神分析的心理发展理论 ……………………………… (113)
　　一　弗洛伊德的心理性欲发展理论 ……………………… (113)
　　二　埃里克森的心理社会性发展理论 …………………… (123)
第二节　行为主义的心理发展理论 ……………………………… (132)
　　一　华生的心理发展理论 ………………………………… (132)
　　二　斯金纳的心理发展理论 ……………………………… (134)
　　三　班杜拉的心理发展理论 ……………………………… (137)
第三节　认知发展理论 …………………………………………… (144)
　　一　皮亚杰的认知发展理论 ……………………………… (144)
　　二　维果斯基的认知发展理论 …………………………… (159)

  一　个体情绪的发生 …………………………………………… (493)
  二　依恋发展 ………………………………………………… (503)
  三　移情的发展 ……………………………………………… (515)
  四　情绪能力 ………………………………………………… (518)

第十章　语言发展 ………………………………………………… (530)
 第一节　语言发展的理论 ………………………………………… (530)
  一　语言发展的一般性理论 ………………………………… (530)
  二　语音发展的理论 ………………………………………… (536)
  三　词汇发展的理论 ………………………………………… (539)
 第二节　语言发展的研究方法 …………………………………… (540)
  一　声谱仪 …………………………………………………… (540)
  二　语言产生能力发展的研究方法 ………………………… (541)
  三　阅读的眼动研究方法 …………………………………… (544)
 第三节　语言能力的发展 ………………………………………… (548)
  一　语音的发展 ……………………………………………… (548)
  二　语义的发生与获得 ……………………………………… (556)
  三　词汇的发展 ……………………………………………… (557)
  四　句法的发展 ……………………………………………… (573)
  五　句子和语篇的理解发展 ………………………………… (577)

第十一章　心理理论的发展 ……………………………………… (589)
 第一节　心理理论的理论 ………………………………………… (589)
  一　理论论 …………………………………………………… (589)
  二　模块论 …………………………………………………… (591)
  三　模拟论 …………………………………………………… (594)
  四　文化决定论 ……………………………………………… (595)
  五　进化理论 ………………………………………………… (596)
 第二节　心理理论的研究方法 …………………………………… (597)
  一　"区分心理世界与物理世界"的实验任务 …………… (597)
  二　"理解知觉输入与心理和行为相联系"的实验任务 …… (599)

三 "错误信念认知"的实验任务 …………………………………… (601)

第三节 心理理论的发展 ………………………………………………… (603)
  一 儿童心理理论的发展 …………………………………………… (603)
  二 特殊儿童心理理论的发展 ……………………………………… (617)
  三 成人心理理论 …………………………………………………… (624)
  四 心理理论发展的影响因素 ……………………………………… (626)

第十二章 社会性发展 ………………………………………………… (633)

第一节 自我的发展 ……………………………………………………… (633)
  一 自我的发生 ……………………………………………………… (633)
  二 自我发展的理论 ………………………………………………… (642)
  三 自我概念、自尊与同一性 ……………………………………… (644)

第二节 社会认知发展 …………………………………………………… (662)
  一 社会认知发展的本质 …………………………………………… (662)
  二 社会认知发展理论 ……………………………………………… (664)
  三 内隐社会认知 …………………………………………………… (667)

第三节 道德与亲社会行为 ……………………………………………… (671)
  一 道德的发展 ……………………………………………………… (671)
  二 亲社会行为的发展 ……………………………………………… (677)

第十三章 发展性障碍 ………………………………………………… (683)

第一节 注意缺陷多动障碍 ……………………………………………… (683)
  一 注意缺陷多动障碍的本质 ……………………………………… (683)
  二 注意缺陷多动障碍的相关理论 ………………………………… (688)
  三 注意缺陷多动障碍缺损机制的心理学研究 …………………… (691)

第二节 自闭症 …………………………………………………………… (696)
  一 自闭症的概述 …………………………………………………… (696)
  二 ASD 的症状 ……………………………………………………… (701)
  三 ASD 的诊断工具和方法 ………………………………………… (707)
  四 ASD 的治疗和心理干预 ………………………………………… (709)
  五 自闭症的病因 …………………………………………………… (717)

六　自闭症的认知理论 …………………………………… (719)
　　七　自闭症者的心理理论发展 …………………………… (723)
第三节　老年性痴呆 ……………………………………………… (727)
　　一　老年性痴呆的概述 …………………………………… (727)
　　二　老年性痴呆的心理学理论 …………………………… (730)
　　三　老年性痴呆的相关研究 ……………………………… (731)

参考文献 ………………………………………………………… (735)

后记 ……………………………………………………………… (806)

第 一 章

实验发展心理学的概述

第一节 实验发展心理学的研究对象

一 什么是实验发展心理学

实验发展心理学是发展心理学的一个分支。强调用实验的方法来研究个体心理发展的特点与规律。

在国外,"发展心理学"一词在英文著作中有不同的表达方式,代表性的有:(1) Developmental Psychology;(2) Human Development;[①] (3) Life-span Human Development;[②] (4) Life-span Developmental Psychology: Methodological Contributions;[③] (5) Life-long Human Development;[④] (6) Development Though Life: A Psychoscial Approach 等。[⑤]

在国内,"发展心理学"一词也有不同的表达方式,代表性的有:(1) 发展心理学;(2) 毕生发展心理学;(3) 人生发展心理学。

之所以称毕生发展心理学(life-span developmental psychology),是毕生发展心理学家坚持这样一个核心的观点,即人的心理发展不可

[①] Grace J. Craig, ed., *Human Development*, Englewood Cliffs: Prentice Hall, 1992.

[②] Carol K. Sigelman and David R. Shaffer, ed., *Life-span Human Development*, Brooks/ Coke, 1995.

[③] Stanley H. Cohen and Hayne W. Reese, ed., *Life-span Developmental Psychology: Methodological Contributions*, Hillsdale, Lawrence Erlbaum Associates, Publishers, 1994.

[④] Alison Clarke-Stewart, Marion Perlmutter, SusanFriedman, ed., *Life-long Human Development*, New York: John Wiley & Sons, 1988.

[⑤] [美] Newman、Newman:《发展心理学:心理社会性观点》(第八版),白学军等译,陕西师范大学出版社 2005 年版。

能在成人期完成，它会持续人的整个一生，包括从受精卵开始就指向毕生的在心理结构和心理功能方面不断地获得、维持、转变和衰老等一系列的适应过程。毕生发展心理学家将获得、维持、转变和衰老等现象看成是个体心理和行为动态、多维度、多功能和非线性发展的具体实例。

毕生发展心理学家试图从三个方面开展研究和理论概括个体心理发展的一般性知识：（1）在心理发展过程中人与人发展的共同点；（2）在心理发展过程中人与人发展的不同点；（3）在心理发展过程中人与人之间的可塑性。

关于为什么最近在心理学界，非要强调将发展心理学改为毕生发展心理学呢？Baltes 认为，在美国心理学界这样做的原因有三：（1）关注毕生心理发展是受相邻的社会科学研究原则的影响，特别是在社会学界，毕生社会学显示出强大的学术生命力；（2）老年学作为一个专门的学科出现，该学科特别强调要从毕生发展角度来看待老化的先兆；（3）儿童发展心理学家和成人发展心理学家需要团结起来，共同探讨毕生心理发展的问题。[①] 其实，类似的经典研究开始于 20 世纪 20—30 年代。在各方面有共同愿望的前提下，所以出现了一股强有力的思潮来开展毕生发展心理学的研究。

在中国，目前心理学界也出现了要研究个体毕生心理发展问题的倾向性。这一趋势的出现，我们认为有以下几点原因：

（1）追赶国际学术界关注毕生心理发展这一新特点；

（2）随着中国改革开放的深化，人们经济收入和生活水平的提高，各年龄阶段的个体都开始普遍关注自身心理发展问题，从而促进了心理学界开展毕生发展心理学的研究；

（3）中国已进入老龄化社会，关注老年人心理及心理发展问题，是社会文明的标志，同时在当前社会中，有更多的老年人还在参与社会生活方面的工作。因此，如何让老年人更好地发挥他们的作用，成为社

[①] Baltes P. B., Staudinger U. M. and Lindenberger U., "Lifespan Psychology: Theory and Application to Intellectual Functioning", *Annual Review Psychology*, Vol. 50, No. 3, 1999, pp. 471 – 507.

关注的重要问题之一。2015 年我国城市地区人均预期寿命为 77.9 岁，农村地区人均预期寿命为 75.6 岁，分别较 2010 年提高 1.2 岁和 1.5 岁。2020 年我国居民预期寿命将达到 77.4 岁，接近世界较发达地区 2010—2015 年平均 77.7 岁的水平。其中男性预期寿命将达 74.8 岁，女性将达 80.3 岁，寿命性别差异进一步扩大至 5.5 岁。城市地区预期寿命将增至 78.9 岁，农村地区将增至 76.8 岁，城乡差异减低至 2.1 岁。[①]

（4）终身教育的理念普遍得到人们的认可。活到老、学到老已经成为现代社会人们的普遍共识。曾任联合国教科文组织总干事的勒内·马厄提出：教育应扩展到一个人的整个一生，教育不仅是大家都可以得到的，而且是每个人生活的一部分，教育应把社会的发展和人的潜能的实现作为它的目的……[②]在《国家中长期教育改革和发展规划纲要（2010—2020）》中明确提出：① 构建灵活开放的终身教育体系。发展和规范教育培训服务，统筹扩大继续教育资源。鼓励学校、科研院所、企业等相关组织开展继续教育。加强城乡社区教育机构和网络建设，开发社区教育资源。大力发展现代远程教育，建设以卫星、电视和互联网等为载体的远程开放继续教育及公共服务平台，为学习者提供方便、灵活、个性化的学习条件。② 搭建终身学习"立交桥"。促进各级各类教育纵向衔接、横向沟通，提供多次选择机会，满足个人多样化的学习和发展需要。健全宽进严出的学习制度，办好开放大学，改革和完善高等教育自学考试制度。建立继续教育学分积累与转换制度，实现不同类型学习成果的互认和衔接。

二 毕生发展的本质

对毕生发展本质的认识，可概括出两种主要的观点。

（一）第一种理论观

重点探讨特定年龄个体心理发展的特殊性（如儿童语言的发展或记

[①] 蔡玥、孟群、王才有、薛明、缪之文：《2015、2020 年我国居民预期寿命测算及影响因素分析》，《中国卫生统计》2016 年第 33 卷第 1 期，第 2—5 页。

[②] 李家成、郑雪：《论终身教育视野下的班级·班级建设·班主任研究》，《教育研究与实验》2017 年第 1 期，第 1—6 页。

忆的老化）和随年龄个体心理不断发展的方式。该理论观点就是传统的对毕生心理发展的看法，通常探讨特殊心理机制和心理过程，如儿童认知策略的习得或老年人记忆过程的分化。目前这种理论观点遇到的问题是不同年龄阶段个体心理发展的普遍性和特殊性之间的矛盾。

（二）第二种理论观

重点探讨毕生心理发展和揭示在各个年龄阶段心理发展过程的特殊性基础上的共同性和普遍性。换言之，这种理论观是间接强调毕生心理发展存在着"发展—维持—衰退"这一动态过程。该理论观点是一种新的对毕生心理发展的看法。代表人物是 Baltes 等人。他们主张要用毕生发展的观点来探讨个体心理发展的特点与规律，认为毕生发展的本质主要可从以下几个方面来理解。[①]

1. 毕生发展的基本假设

发展并没有在成年时就结束，而是扩展到整个生命的全程。这个过程开始于精卵结合，结束于死亡，是一个心理结构和机能的获得、维持、转换和衰退的适应性过程。同时，这个发展过程也说明了个体心理与行为的发生发展是动态的，多维度的，多功能的，多原因的和非线性的，即发展过程及发展速度并非是一成不变的，有的时期发展较快，而有的时期发展较慢；各领域的发展也并非同步进行，有的领域在某一时期发展较快，而在其他时期发展较慢。

2. 作为对毕生发展过程进行描述和分析的较高层次，生理因素和文化因素在毕生发展过程中的不同时期扮演了不同的角色

（1）进化选择结果的表达和人的生理潜能的发挥与年龄之间呈负相关。在达到成熟之前，进化选择的结果和人的生理潜能得到充分的表达和发挥，促进个体生理、心理和行为的各个方面迅速发展。而当个体逐渐达到成熟之后，随年龄的增长，进化选择结果的促进作用就开始逐渐衰退，具体见图1—1中的左图。（2）随着年龄的增长，那些与文化有关的及基于文化的发展和发展过程对文化资源的需求也会不断地增长，这意

[①] Baltes P. B., Staudinger U. M. and Lindenberger U., "Lifespan Psychology: Theory and Application to Intellectual Functioning", *Annual Review Psychology*, Vol. 50, No. 3, 1999, pp. 474 – 475.

味着要达到更高的机能水平则需要拥有更丰富的文化资源，丰富的文化资源对于发展过程中出现的局部或全面衰退也具有补偿作用，具体见图1—1中的中图。(3) 随着年龄的增长，文化因素和文化资源的效能会不断地下降，文化资源在发展的早期其效能是强大的，但在各方面均达到成熟后，其补偿效能也就随年龄的增长不断降低，具体见图1—1中的右图。

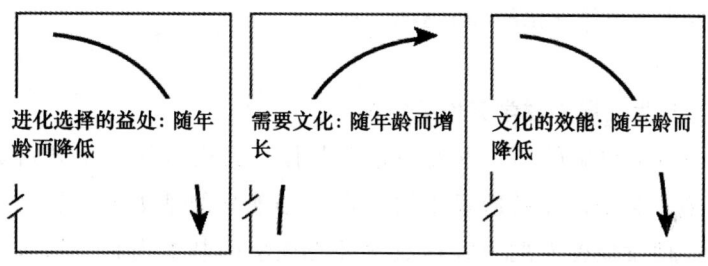

图1—1　生物因素与文化因素在毕生发展中的作用

3. 生理和文化的因素作用于发展过程，通过三种机能来完成发展的任务

(1) 发展 (growth)，指向更高层次的机能或适应能力 (adaptive capacity) 的发展目标；(2) 维持 (maintenance)，指向面对新的发展任务或恢复到损耗前的水平；(3) 对损耗的调节 (regulation)，当由于外内资源缺乏而不能及时对损耗进行恢复时则在较低层次上对机能进行适当的组织。

4. 毕生发展是一个伴有补偿作用的选择性的最优化过程。选择最优化和补偿之间的协调存在于个体发展的任何发展领域

选择是指根据可供选择的范围来考虑如何使用有限资源的过程，它主要涉及发展的方向、目标和结果问题。从严格意义上说，选择从胎儿发育过程中就已开始了。在个体发生的过程中，对选择来说有几个额外的资源。(1) 发展的目标和发展结果的方向；(2) 个体能力和资源的有限性；(3) 目标与结果的对立；(4) 与年龄相关的发展变化的可塑性。由于在选择条件上的差异，所以人们会使用两种不同的选择：任意选择和损失基础的选择。其中任意选择是指预先模块驱动和动机驱动的选择的结果；损失基础的选择是与结果相关的手段或

资源没有用。

最优化是指获取、改进和维持那些能有效达到期望结果，并避免非期望结果的手段或资源，与最优化有关的成分会随着领域、发展状态、年龄的不同而变化。

补偿是由资源丧失引起的一种功能反应，事实上，选择、最优化和补偿三者的逻辑身份是不断变化的。比如，补偿反应在达到自动化之后，就可以成为实现最优化的一个手段。

三　毕生发展心理学著作的结构

纵观目前出版的毕生发展心理学著作，其内容结构主要可分为三大类：第一类是以年龄阶段来构成发展心理学的基本内容。第二类是以个体心理发展的专题方式构成发展心理学的基本内容。第三类是以偏认知发展为基本内容。三种类型的结构各有特色，具体来说：第一种结构的著作有明确的年龄发展阶段，因此读者如果只想对某个年龄阶段个体心理发展感兴趣，则可以选读其中的内容即可。第二种结构的著作是按心理发展的专题展开的，因此读者如果对某种心理现象的发展感兴趣，通过阅读这样的著作，可获得对此心理现象发展的较深入的认识。第三类则更为专门化，仅侧重于个体毕生认知发展的研究，这种类型的著作比较新，更多地反映了当前发展心理学界研究的新趋势。

（一）以年龄阶段为内容结构著作的例子

例一：Grace J. Craig 所著的《人的发展》(*Human Development*)（第六版）。[1] 该书的结构是按大的部分进行分析讨论个体毕生心理发展的，具体目录如下：

第一部分　人的发展：毕生发展的综合研究

第 1 章　发展：观点、过程和研究方法

第 2 章　人的发展理论：导论

第二部分　人类生命的开始

第 3 章　遗传与环境

---

[1] Grace J. Craig, ed., *Human Development*, Englewood Cliffs: Prentice Hall, 1992.

第 4 章　胎儿期

第 5 章　出生和新生儿

第三部分　婴儿期：生命的前两年

第 6 章　婴儿期：发展中的能力

第 7 章　婴儿期：发展中的关系

第四部分　从 2 岁到 6 岁：学前儿童

第 8 章　语言：从婴儿期到学前期发展的桥梁

第 9 章　发展中的思维与动作

第 10 章　社会性发展和人格的出现

第五部分　儿童中期

第 11 章　完成学校任务所需要的能力

第 12 章　人格发展：家庭与同伴

第六部分　青春期

第 13 章　青春期：转换期

第 14 章　青春期：主题、矛盾和出现的模式

第七部分　成人期

第 15 章　成人早期：角色和问题

第 16 章　家庭和生活方式

第 17 章　工作世界

第 18 章　中年：连续性和变化

第八部分　成人晚期

第 19 章　成人晚期：身体和认知的变化

第 20 章　成人晚期：状态变化和反省的时期

第 21 章　衰老和死亡

例二：芭芭拉 M. Newman 和菲利普 R. Newman 著的《发展心理学：心理社会性观点》（*Development Though Life：A Psychoscial Approach*）（第八版）[①]。该书的特点是以埃里克森的心理社会性发展理论为主线，描述了个体毕生心理发展。具体目录如下：

[①] ［美］Newman、Newman：《发展心理学：心理社会性观点》（第八版），白学军等译，陕西师范大学出版社 2005 年版。

第 1 章　毕生发展观

第 2 章　研究过程

第 3 章　心理社会性理论

第 4 章　理解人类发展的主要理论

第 5 章　怀孕期和胎儿的发展

第 6 章　婴儿期（出生后的头 24 个月）

第 7 章　学步期（2 岁到 3 岁）

第 8 章　学前期（4—6 岁）

第 9 章　儿童中期（6—12 岁）

第 10 章　青少年早期（12—18 岁）

第 11 章　青少年晚期（18—24 岁）

第 12 章　成人早期（24—34 岁）

第 13 章　成人中期（34—60 岁）

第 14 章　成人晚期（60—75 岁）

第 15 章　高寿期（75 岁到死亡）

例三：林崇德著的《发展心理学》[1]。该书是中国发展心理学家首次从毕生发展的角度探讨了个体心理发展过程，该书也是按年龄阶段来构成内容结构的。具体目录如下：

第 1 章　绪论

第 2 章　发展心理学理论

第 3 章　胎儿期与新生儿期的发展

第 4 章　婴儿期的心理发展

第 5 章　学龄前儿童的心理发展

第 6 章　小学儿童的心理发展

第 7 章　青少年期的心理发展

第 8 章　成人前期的心理发展

第 9 章　成人中期的心理发展

第 10 章　成人晚期的心理发展

---

[1] 林崇德：《发展心理学》，台北：东华书局 1998 年版。

(二) 以心理发展专题为内容结构著作的例子

Carol K. Sigelman 和 David R. Shaffer 著的《发展心理学》[①]。该书的结构就是按专题的方式来组织的。具体目录如下：

第1章 了解生命全程的人类发展

第2章 人类发展的理论

第3章 生命全程发展的遗传学

第4章 环境对生命全程发展的影响

第5章 躯体自身

第6章 知觉

第7章 认知和语言

第8章 学习和信息处理

第9章 智力、创造力与智慧

第10章 自我概念、人格和情绪表达

第11章 性别角色和性欲

第12章 抉择：道德和动机的发展

第13章 参与社交世界

第14章 家庭

第15章 生活方式：游戏、上学与工作

第16章 生命全程中的心理疾病

第17章 最后挑战：死亡与临终

第18章 收场白：篇章的组合

(三) 以认知发展为基础著作的例子

Bialystok 和 Craik 主编的 *Lifespan Cognition*：*Mechanisms of Change*[②]。

第1章 毕生认知发展的结构与过程

第2章 认知发展的神经基础

第3章 在老龄期大脑的变化：毕生观

---

① Carol K. Sigelman、David R. Shaffer：《发展心理学》，游恒山译，台北：五南图书出版有限公司2001年版。

② Bialystok E. and Craik F. I. M., eds., *Lifespan Cognition*：*Mechanisms of Change*, Oxford：Oxford University Press, 2006.

第 4 章　选择性注意的四个模型
第 5 章　老化与注意
第 6 章　执行功能的早期发展
第 7 章　执行功能的老化
第 8 章　儿童的工作记忆：认知观
第 9 章　成人毕生发展的工作记忆
第 10 章　儿童记忆的发展：记住过去并准备未来
第 11 章　老化和长时记忆：记忆衰退不是不可避免
第 12 章　儿童期表征的发展
第 13 章　表征与老化
第 14 章　儿童词汇学习的新兴综合模型对老龄期语言的意义
第 15 章　成人期的语言
第 16 章　语义和形式障碍
第 17 章　老龄期的语言障碍
第 18 章　知识模型的增长与下降
第 19 章　思维的老化
第 20 章　毕生发展过程个体内与个体间问题解决能力的差异
第 21 章　认知老化的可变性：从概念到理论
第 22 章　作为能力发展的智力和认知能力
第 23 章　认知能力的老化和分化：损失的空白
第 24 章　从毕生发展观看认知发展的研究：整合的挑战

四　实验发展心理学研究的基本问题

个体心理发展是指个体随年龄增长而在身体结构、思想或行为上的变化，这种变化是生理因素和环境因素相互作用的结果。

个体随年龄增长而出现的心理发展，这其中既有积极的一面，也有消极的一面。积极面是指随着年龄的增长，个体的个子长高了，体重增加了，心理活动复杂了，能力水平提高了，性格成熟了，等等。消极面是指随着年龄的增长，个体心理活动和速度变慢了，能力水平开始下降了，性格变得古怪了，等等。

在进行发展心理学研究过程中，有一些基本问题需要加以探讨。对于实验发展心理学要探讨的基本问题，主要有以下观点：

（一）四个基本问题观

1. 贝克的观点

贝克认为，发展心理学研究有四个基本命题（即基本问题），[①] 它们是：

（1）发展的进程是连续的还是不连续的？一些理论家认为，人的发展是一个平稳而连续的过程。儿童逐渐增加属于同一类型的技能。例如，婴儿和幼儿对世界的反应方式可以与成人完全一样。一个成熟的人和一个不成熟的人之间的差别，可能仅仅是在于其行为的数量和复杂程度。另一些理论家认为，人的发展是突然发生的，由不连续的阶段构成。个体每到一个新的发展阶段就会发生快的改变，之后又恢复常态。每一个阶段，个体的世界观会有质的差异。形象地说，后一种理论观认为心理发展就像人们通过楼梯上楼，每走一步，就迈上一个新的台阶，其心理功能就会重组并与前一个阶段有质的差异。而当人们站着不动时，心理发展就保持相对的平稳。换言之，心理变化是相当突然的，而不是渐进的和持续的。同时发展阶段是超越时空的，任何个体的发展都遵循着同样的发展阶段次序。

（2）发展是一阶段式的还是多阶段式的？一些理论家认为，所有的个体存在着共同的发展模式，无论生活在何种文化中的个体，都要遵循着相同的发展顺序，因为个体有相似的大脑和躯体。另一些理论家认为，个体与环境的独特结合，存在着其他发展模式。例如，一个害怕社会交往的害羞的孩子，与那些寻求大人和同伴的好交际的孩子会分别在差异很大的环境中发展。有研究发现，独特的环境造成了农村孩子和城市孩子在认知技能、社会技能以及对自我和他人情绪上巨大的差异。

（3）先天遗传与后天环境，哪一个因素在发展中起着更为重要的决定作用？早期的理论家常侧重于遗传因素或环境因素起着更为重要的作用，当代理论家则很少有人持这种极端观点，大家普遍认为，在心理发展过程中，遗传与环境是同时起作用的。问题的关键是遗传因素和环境因素如何共同影响个体的心理发展？例如，年长个体与年幼个体相比，

---

① ［美］劳拉·E. 贝克：《儿童发展》（第五版），吴颖等译，江苏教育出版社2002年版，第4—9页。

前者有更为复杂的思维能力，这种差异主要是由于先天的遗传，还是后面父母、教师的言传身教的影响？儿童掌握语言，是一种先天具有的能力，还是后天教育的结果？

（4）心理发展的变化是稳定的还是开放式的变化？在什么样的程度上，遗传和早期经验会建立起个体终身发展的模式？以后的经验是否会抵消早期的消极影响？在发展各个领域以及个体的发展中，早期经验的影响和后来经验的影响之间存在着怎样的竞争？对于上述问题，一些理论家认为，发展是稳定的，个体的天资有高有低，而天资是终身不变的。换言之，这些理论家强调遗传的作用。另一些理论家则强调环境的关键作用，他们认为早期经验是建立人类终身行为模式的基础，早年的重大挫折对个体发展的影响并不能完全被后来的所经验的积极事件的影响所消除。还有一些理论家则对此提出了自己的观点，认为只要有新的经验为其提供支持，这种变化就有可能发生。

2. 朱智贤的观点

朱智贤认为，儿童心理发展涉及以下四个基本问题，[①] 具体为：

（1）遗传、环境和教育在心理发展上的作用。①遗传是心理发展的生物前提。具体来说，承认遗传的先天的东西，但并不是神秘的东西。②既不否认遗传的作用，也不夸大遗传的作用。具体来说，一方面承认遗传素质是心理发展的生物前提、自然条件，没有这个条件是不行的。另一方面，也决不夸大遗传这个条件。因为它只能提供心理发展的自然前提和可能性，但决不能预定或决定心理发展。③环境和教育在心理发展上的决定作用。具体为遗传只提供心理发展以可能性，而环境和教育则规定心理发展的现实性。社会生产方式是环境条件中最重要的因素。教育条件在心理发展上起着主导作用，但这并不意味着它可以机械地决定个体的心理发展。

（2）心理发展的动力。在主体与客体相互作用的过程中，即在个体不断积极的活动过程中，社会和教育向个体提出的要求所引起的新的需要和个体已有的心理水平或心理状态之间的矛盾，是个体心理发展的内因或内部矛盾。这个内因或内部矛盾也就是个体心理不断发展的动力。心理发展的动力如图1—2所示。

[①] 朱智贤：《儿童心理学》，人民教育出版社1993年版，第73—99页。

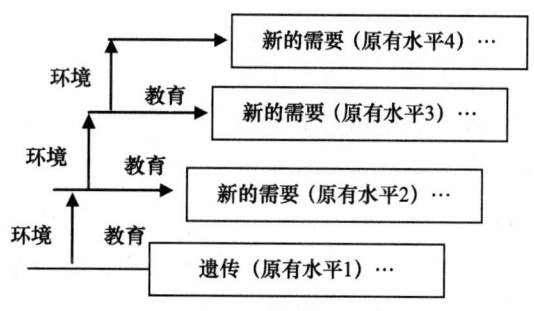

图 1—2 心理发展动力直观剖析

从原有水平 1 到原有水平 4 的发展过程是一个不断的量变质变的过程，个体的心理正是以这种不断量变和质变的形式得以发展的。

（3）教育与发展的辩证关系。一方面教育决定个体心理的发展，因为教育总是不断地向个体提出新的要求，总是在指导着个体的发展。另一方面，教育本身又必须从个体的实际出发，从个体心理的水平或状态出发，才能实现其决定作用。这种决定作用不是立刻实现的，而是以个体对教育内容的领会或掌握为其中间环节，是要经过一定量变质变过程的。

（4）心理发展的年龄阶段性。个体心理年龄特征是在一定社会和教育条件下，在个体发展的各个不同年龄阶段中所形成的一般的、典型的、本质的心理特征。需要指出的是，心理年龄特征的稳定性都是相对的，而不是绝对的。心理年龄特征之所以是稳定的，主要原因是个体心理发展是个体在掌握人类知识经验和行为规范的活动中，心理机能不断经过量变质变而实现的改造和提高的过程；心理年龄特征之所以是可变的，主要原因是个体心理年龄特征的发展是受社会和教育条件所制约的。

（二）十个基本问题观

1. 菲力普的观点

菲力普总结出了发展心理学研究十个基本问题，[①] 具体内容如下：

（1）对心理发展的研究需要多学科的科学家共同努力，而不仅仅是

---

① Rice F. Philip. ed., *Child and Adolescent Development* (2nd), New Jersey: Prentice Hall, 1997, pp. 8 – 14.

发展心理学这一个学科的任务。个体心理发展是一个非常复杂的过程，基本上可以分为四个维度：生理、认知、情绪和社会性发展。认知发展依赖于个体生理的成熟、情绪经验和社会经验的积累，而生理成熟、认知和情绪经验又影响着个体社会性的发展。事实上，每个维度的发展都会影响其他维度的发展。而要真正对四个维度发展本质探讨清楚，需要生物学专家、生理学专家、医学专家、教育专家、心理专家、社会学专家和人类学专家等的共同努力（Baltes，1987），从每个学科中吸取最先进的知识来研究个体心理发展的规律（Hinde，1992）。

（2）遗传和环境具体影响着心理发展。近年来，心理学家试图总结遗传和环境对发展的影响。如果遗传在人类发展中起着重要的作用，那么人类的一些特征可通过遗传咨询来减少遗传上的差错。如果环境在人类发展中起着重要的作用，那么核心任务就是决定那些积极的环境能有助于心理发展，并试图控制这些环境因素向着人们希望的方向发挥其作用。从本质上讲，遗传和环境在发展中都发挥着极其重要的影响。有时，某些发展更多地受遗传因素的影响，而另一些发展又更多地受环境因素的影响。儿童因遗传的身体结构，随着其成熟而能站立和行走。而营养缺乏、疾病、药物和物质上的匮乏，可能会导致发展上的障碍。虽然有些孩子出生后不太强壮，或协调能力差，他们的运动能力也差，但是练习可以克服这种缺陷。儿童生而具有爱的能力，但必须学会如何表达自己的爱。发展心理学要探讨的关键问题是在遗传与环境这两个因素中，哪一个对我们的行为起关键作用。换言之，遗传和环境这两个因素如何相互作用和如何加以控制才能使个体获得最佳的发展。

（3）心理发展是连续的还是非连续的。一些发展心理学家认为心理发展是渐进式的、连续的增长和变化的过程。像身体的发育和语言的发展，都表现出不断地和逐渐地变化。还有一些发展心理学家将心理发展用不同的阶段来描述，提出心理发展从一个阶段向另一个阶段会跳跃式地进行。心理发展的连续性如同苹果树的生长一样。在种植完苹果树种子后，长出小的苹果树苗，然后逐渐长成大的苹果树，并结出苹果。这一生长过程是量变过程。心理发展的非连续性如同青蛙的生长过程。最初只是枚青蛙卵，然后变成小蝌蚪，最后变成青蛙。心理学家强调这一生长过程是质变的过程。发展心理学主张发展的连续性，目的是强调在生长发育过程中环境影响的重要性和社会学习。发展心理学主张发展的非连续性或发展的阶段性，目的是强调遗传和成熟在发展过程中的作用。当今的许多发展心理学家不再持极端的观点，他们认为心理发展的一些方面是连续性的，而在另一些方面是阶段性的。

（4）心理发展是累积式的。虽然人们认识到，今天的发展是昨天发展的结果。精神分析心理学家特别强调童年期早期经验对其以后发展产生的影响。有研究发现，在幼儿期父母对女孩的控制较少，即在没有管教和放任自流的家庭环境中长大的女孩与那些成长在有家教的家庭环境中的女孩相比，前者进入青春期后更容易吸毒。[1] 还有研究揭示出，成人期的心理问题或心理抑郁与其早年的家庭生活经验有关。[2]

（5）心理发展既具有稳定性，又具有可变性。发展心理学主张要研究个体毕生心理发展变化的过程。这其中的一个重要问题是：人格中的哪些因素是保持稳定的？如果一个明显的人格特征在童年期出现，该人格特征是否会保持到青春期或成人期？心理学家对此现象的看法是有分歧的。有项对4—13岁儿童的IQ进行的追踪研究发现，像应激的生活事件、劣势的少数民族地位、母亲健康状态差、较低的教育或较少的家庭支持等高危因素可解释4—13岁儿童IQ 33%—50%的变异。[3]

（6）心理发展是易变的。发展的道路从来都不是平坦的。人格的每个维度的发展也不是等速的。某个孩子可能非常聪明伶俐，但其身体发育可能会滞后。大多数处于青春期的青少年在生理功能方面趋于成熟，但是他们在情绪和行为上有时会表现出幼稚性。所以父母们常问这样的问题："他们何时才能长大成人？"

（7）心理发展有时会周而复始。在人们的生活中，常会重复一些适应的阶段。幼儿和青少年都会通过反抗来建立自主性。小学生会经历一

---

[1] Block J. Block J. H., & Keyes S., "Longitudinally Foretelling Drug Usage in Adolescece: Early Childhood Personality and Environmental Precursors", *Child Development*, Vol. 59, No. 2, 1998, pp. 336 - 355.

[2] Amato P. R. & Booth A., "The Consequences of Divorce for Attitudes to Wards Divorce and Gender Roles", *Journal of Family Issues*, Vol. 12, No. 3, 1991, pp. 191 - 207.

[3] Sameroff A. J., Seifer R., eds., "Stability of Intelligence from Preschool to Adolescence: The Influence of Social and Family Risk Factors", *Child Development*, Vol. 64, No. 1, 1993, pp. 80 - 97.

个价值冲突的阶段，同样青少年也会经历这样一个阶段。此外，在个体生活过程中也有重复现象，在不同时间里其他个体也会重复相同的发展阶段。在不同文化中生活的个人也会存在着相同的发展阶段。一些因素会导致某些个体的发展加快或变慢，有时可能还会导致个体发展停滞不前。

（8）心理发展有个体差异。虽然个体心理发展存在着普遍的发展阶段，但是个体发展过程中仍存在着很大的个体差异。每个人在不同的阶段里心理发展速度不同，特别是在身高、体重、体力、健康、认知特征、情绪反应、人格特征等方面。每个人还有不同的社会能力、业余爱好、朋友圈子。在研究个体心理发展过程中人们常喜欢用平均，即平均身高、平均体重，或某个年龄阶段的平均词汇量，但是这种平均并不能真正反映个体差异。在我们讲儿童一般的发展情况时，一定要记住，并不是每个儿童的发展都是符合一般情况的。

（9）心理发展表现出文化上的差异。文化差异会对我们每个人的心理发展产生很大的影响。一项对于孩子睡眠安排的研究发现存在着很大的文化差异。[①] 玛雅人的孩子，从出生到婴儿期一直是与父母睡在同一张床上的。而美国人的孩子，从出生到婴儿期很少与父母睡在同一张床上。玛雅人的父母看重与婴儿的亲密关系，而美国人的父母看重婴儿的独立性。跨文化研究发现存在着不同的社会时钟。在一些原始部落，女孩子13岁就要成为他人的未婚妻，14岁就要做母亲，到30岁或35岁就可能变成寡妇。而在现代的工业社会中，上述时间要晚很多。

（10）心理发展的影响是相互作用的。过去心理学重视成人和环境对儿童发展的影响，现在则强调儿童的个体差异可能会影响照顾者的行为。人类的婴儿和儿童并不是被动地接受他人的照顾，他们会积极地影响着照顾者与自己的关系。一名安静的、愉快的、容易照顾的孩子很可能对父母有积极的影响，激励父母对自己友好、热情和给予爱。相反，一名活动过度、脾气大的、不容易照顾的孩子，更有可能激发父母对自己的敌意、发怒和拒绝。从某种意义上讲，孩子也在自己创造着自己的发展

[①] Morelli G. A., Oppenheim D., eds., "Cultural Variation in Infants' Sleeping Arrangements: Questions of Independence", *Developmental Psychology*, Vol. 28, No. 4, 1992, pp. 604–613.

环境。

2. Sigelman 和 Shaffer 的十个基本问题观

Sigelman 和 Shaffer 在其所著的《发展心理学》一书的最后一章，以提出让读者思考的方式，指出了发展心理学的十个基本问题：

(1) 在毕生发展过程中，我们始终是作为一个整体的人而存在。纵观毕生发展的每个阶段，使我们能清楚地认识到，我们的身体、认知、个人及社交发展的交互作用才使得毕生发展的每个阶段，以及每个个体都具有特殊而连续的性质。

(2) 发展是以多方向进行。Heinz Werner（1957）提出了定向进化原理（orthogeneticprinciple），主张不论发展是在什么领域发生，它总是从一种相对全面性而不具分化的状态朝向一种更为分化、组合及层级整合的状态演进。换言之，发展中的个体逐渐掌握一系列愈来愈特定的反应，然后结合这些反应成为较具组织而连贯的模型。用这一原理可以解释个体在受孕时，仅是一个单一的、未能分化的细胞，之后逐渐发展成数以亿计的高度分化的细胞体，这些细胞都再组织成可发挥各自功能的系统，如大脑。需要指出的是，该原理只能总结某个重要方向的人类的发展。不是所有发展变化都属于获得更为复杂而有组织的行为的事情，也不一定都朝着某些成熟的终点发展。在人生发展的每一个阶段，都存在着一定的得与失，使得每个人既不会比以前更好，也不会比以前更坏，只是变得不同而已。因此，人们必须扬弃人类发展是由从出生直到成年期的成长、中年期稳定和老年期衰退所组成的旧观点，应该树立这样一种观点：在人毕生发展的每个阶段都有获益，也都有损失，还有一些平淡无奇的变化。

(3) 发展存在着连续性和不连续性。心理发展，特别是认知发展是渐进的，而且在熟悉的认知运算领域中要比在不熟悉领域中发生得较快速。因此，发展通常是以连续的、渐进的方式推进，最终导致阶段性的不连续性——质方面不同的表现，使得人们能够看到心理发展已取得很大进步。心理发展上的连续性和不连续性还存在着另一个问题：个体早期表现出来的发展特质是否能保持很长时间。例如，一位小时候害羞而聪明的孩子，其长大后是否会成长为一位外向但不聪明的人。然而目前的研究成果给我们的认识是，有些人格特质从儿童期开始发展，可能会保持一生；而更多的人格特质则在保持某种稳定的基础上，还存在着很大的变化性。

（4）人类发展有很大的可塑性。每一年龄段的人们都具有很大的可塑性。例如，有些可能因早期营养不良而导致智力发展受阻的婴儿，如果给予他们足够的饮食和丰富的经验，他们仍可以迎头赶上。老年人不仅可以学习新的智力策略，而且针对智力刺激也会长出新的神经突触。如果一个人早期营养不良，同时又遭遇后天教育不足，可以预测其心理发展一定存在问题。

（5）天性和教育确实在发展中起交互作用。虽然天性与教育问题可能永远不会完全得到解决，但是有一点是很清楚的，那就是包括外在的和个人内在的多种力量共同决定着个体的心理发展。将遗传和环境结合，不仅可以解释人类心理发展的普遍趋势，而且也能解释个体心理发展存在着的差异。这一点最好的例子就是语言的习得。受基因控制的生理成熟使语言习得成为可能，超越生理成熟，成人给1个月大的婴儿再多的刺激，婴儿也不会说话。而当婴儿一旦成熟了，外界语言刺激就成为一个必需的条件，特别是与他人说话的机会就显得非常重要了。除非儿童已经成熟并为学习做好了准备，而且也需要学习经验，否则学习不会起任何作用。受基因控制的成熟可以解释在不同文化环境下生活的个体为什么会有相似的心理发展阶段。另外，为什么个体发展会存在着差异？例如，为什么在同一班级中有的同学会在许多科目的学习上取得比其他同学高得多的成绩？一种解释是他们俩人的遗传是不相同的，但如果没有好的环境，高智力的遗传潜能就不会表现出来。所以在语言发展过程中，我们更强调语言刺激环境对儿童语言发展的重要性。因此，在探讨心理发展的过程中，必须要同时考虑遗传与环境的作用。

（6）我们是不同的个体，随着年龄而变得更加分化。在许多毕生发展心理学的著作中，特别强调个体发展服从普遍的发展规律。这样做虽然使我们能较好地说明发展中的个体的心理，但是这样做是以牺牲个体发展的特殊性为代价的。

事实上，从婴儿出生起，他们就会表现出在活动性、发育速度以及气质上的差异。在生命早期，个体的发展更多地受遗传的控制。因此，此时只要知道某一名儿童是两岁或三岁，我们就能说出其许多心理发展特征。但是如果某人长到20多岁或30多岁时,我们对其心理发展特征的掌握就很少了。因为个体的分化随着年龄增长而越来越明显。

(7) 我们在文化和历史的背景中发展。当代的毕生发展心理学家所认为的"环境",不仅包括了与个体直接相关的环境,如家庭、学校、工作单位等,而且还包括与他们发展有关的广泛的环境。17世纪的个体发展的环境明显与20世纪的个体生活的环境有差异。个体的发展明显受到社会文化和历史事件的影响。因此,我们对个体的认识可能会存在着受社会文化和时间的限制。

毕生发展心理学家越来越多地关注文化、亚文化和历史变迁对个体心理发展的影响。例如,20世纪的青少年比19世纪的青少年更早地进入青春期。20世纪后半叶的成人的平均寿命也比19世纪后半叶的要长。

(8) 我们在自身的发展上是主动的。早期的发展心理学家认为个体心理的发展受某种无法控制的力量的影响。如弗洛伊德认为,成长中的儿童受其性本能的驱使和早期经验的影响。华生则强调个体行为受环境的制约。而像皮亚杰等心理学家则认为个体的心理发展是一个主动的过程,而不是一个被动的过程。目前这种观点已被广泛地认可,个体不仅受环境的影响,同时个体的行为也影响着周围的环境与他人。

(9) 我们最好将发展看成是毕生发展的过程。发展心理学家从来没有像今天这样认识到早期发展与后期发展之间关系的重要性。虽然发展心理学家开展针对婴儿期、学前期、青少年期心理发展的研究是有价值的,但是如果能够从毕生发展的观点来看待每个阶段个体心理发展的特征及规律,其价值就会更大。因为这将有助于认识一些个体表现出来的特殊行为。例如,青少年期个体的认同感和较大独立感的追求,将有助于他们将来能与另一个人建立起亲密和相互依赖的人际关系。由于发展是一个过程,如果我们知道了它从何处开始,向何处发展,对我们是有好处的。

(10) 我们最好从多元化观点来看待发展。纵观已有毕生发展心理学的研究成果,使我们认识到,有许多相关学科的研究是有助于我们认识个体的毕生发展的。例如,遗传学家、发展神经学家和生物科学家等研究的成果有助于我们认识控制人类成长、衰老的基因、激素和神经网络。人类学家、社会学家、历史学家和经济学家的研究成果有助于我们认识个体成长变化的社会文化背景。因此，多学科的理论观点能使我们更好地认识个体毕生心理发展。

3. 林崇德论发展心理学的十大关系

林崇德于 2005 年提出了发展心理学与教育心理学研究过程中需要注意的十大关系。[①] 该文是为了纪念《心理发展与教育》杂志创刊 20 周年而做的，其实也是作者长期从事发展心理学研究和针对当前发展心理学研究现状而提出的。发展心理学的十大关系具体为：

(1) 自然面与社会面的关系。作者认为，心理是脑的机能，脑是心理的器官，心理的内容取决于现实，现实世界既包括物理世界，又包括社会世界，这就构成心理学的两个研究方面：自然面和社会面。在发展心理学研究过程中，必须处理好研究自然面与社会面的关系，必须坚持三点：①从发展心理学来看，研究自然面，主要是三个方面：一是脑定位，二是关键期，三是可塑性。②在具体研究方法上，允许从不同层面上去分析，既可从分子细胞上，即微观水平上展开研究；又可以从全脑宏观水平上进行研究；也可以更多地从行为科学角度对心理发展进行研究。③在今天，我们不探索自然面是一种落后的表现，但忽视了社会面也是一种不科学的表现。在强调探索自然面研究的同时，必须重视社会面的研究，因为发展心理学强调发展过程是社会化的过程。在自然面与社会面的关系中，发展心理学到底采用什么方法，要根据具体课题要求来决定，即具体问题做具体分析。只要能揭示发展心理学的规律，哪种方法都是科学的。

(2) 国际化与民族化的关系。作者认为，中国的心理学，包括发展心理学是由西方传入的。在 20 世纪的后 20 多年里，在改革开放的国策下，中国心理学空前活跃：一是队伍逐步扩大；二是积极开展学术活动，科研成果越来越多；三是冲破禁区，深入研究发展心理学的各个领域；四是广泛开展国际心理学的交流与合作研究。1999 年，科技部在制定 2010 年科技发展规划时把心理学纳入国家优先发展的 18 个领域之一；2004 年我国在北京成功举办了有 6000 多名代表参加的第 28 届国际心理

[①] 林崇德：《试论发展心理学与教育心理学研究中的十大关系》，《心理发展与教育》2005 年 1 期。

学大会。这两件大事都说明中国心理学，包括发展心理学，开始进入鼎盛时期。中国心理学的国际化，是提高我国心理学学术水平的基本决策。这里的国际化，既包含着与国际同行交流、合作，又必须坚持国际心理学研究标准并和国际接轨。在坚持国际化的同时，必须坚持民族化，这是建设具有中国特色的发展心理学，乃至整个心理科学的根本出路。其理由在于：一是在科学心理学传入中国之前，中国早已有心理学思想，包括发展心理学思想；二是中国人口众多，又有自己独特的文化背景，我们在强调心理现象共性的同时，有必要关心一下中国人心理本土化和民族化特点的研究；三是改革开放以来中国心理学家做了大量的研究工作，并在第 28 届国际心理学大会上崭露了头角，显现出一种越是民族化的东西，越能走向国际化的趋势；四是跨文化研究永远是科学心理学发展的一条途径，只有跨文化的比较研究，才能探索人类心理的共性。

（3）基础研究与应用研究的关系。作者认为，心理学家在面对发展心理学与教育心理学问题时，基础研究与应用研究有以下几点不同：①目标的独特性：基础研究回答的是心理发展、教与学相互作用基本规律即"是什么"的问题，寻求的是发展心理学与教育心理学所需的描述、预见、干预、特别是解释性的知识；应用研究则侧重于回答现实社会生活和教育实践中心理发展变化的"应该"问题，旨在从发展心理学与教育心理学角度提供解决实际问题的行动建议或指导。②价值不同：基础研究奠定发展心理学与教育心理学的理论基础，彰显的是学科的学术价值；应用研究则维系着学科与社会现实的联系，凸显着学科在实际中的存在价值或生命力。③不可取代性：基础研究所提供的描述、预见、干预、解释性的知识固然是实际问题解决的理论基础，但当运用于实际问题时，必然遭遇从"一般"到"个别"或从"抽象"到"具体"间的差异问题。而且，任何基础研究均不可避免地渗透着研究者的价值观，将基础研究成果应用于实际问题的解决就等于将某一整套价值观运用于实践，而这种价值观却有可能与实际问题解决所需价值观格格不入。所有这些，就决定了应用研究不可能是基础研究在实践中的简单延伸。④互相促进性：基础研究所获得的成果无疑能帮助从事应用研究的心理学家预见、发现并深入理解实际问题，并为应用研究所寻求的行动建议或改进措施提供有益的启示。应用研究也能为基础研究提供新的有待解决的课题，积累必要的事实材料，为基础研究所寻求的"大理论"建构提供相关的"小理论"。

作者最后指出：在发展心理学与教育心理学领域，两者均应互相关注，互相借鉴，互相支持，切不可顾此失彼，更不可夜郎自大，坐井观天；切不可有重基础研究轻应用研究或重应用研究轻基础研究的偏向。

(4) 继承与创新的关系。作者认为，继承与创新已经成为当前发展心理学研究的主旋律。我们需要"继承"。继承就是要将以往所取得的研究成果以及研究过程中所获得的宝贵经验加以科学的归纳和总结。在强调继承的同时，更应当注重理论和方法的创新，继承的目的在于创新，而创新应当以解决在新时期出现的新问题为最终目标。今天发展心理学面临着时代进步所产生的诸多新问题的挑战。创新有两个方面：一是在方法层面上，尤其要从行为遗传、认知、生理等多角度对多种研究手段和方法的综合运用；二是对不同学科和理论的吸收、借鉴和整合上。

(5) 局部研究和整体研究的关系。作者认为，发展心理学的整体研究，主要是研究心理的整个面貌和整体结构。当然，作为发展心理学的研究对象，对这些内容既可以进行全面的、整体的研究，也可以对某一个问题，某种关系或某一方面开展研究，即进行局部研究。局部研究，就是对心理发展和教育发展中某一个别的、局部的、比较小的问题进行比较深入的研究。整体研究可以为人们提供对心理较全面的认识，具体到发展心理学研究中，整体研究可以认识到个体心理发展的全过程或全貌，便于找出心理发展一般性的规律。局部研究便于对某一心理机能进行比较专深的研究。

(6) 个人研究与合作研究的关系。作者认为，个人研究是一个发展心理学家独立设计搞研究。他的学术水平愈高，通过个人的设想就愈能更好地对于某一问题进行创造性的探索。从这个意义上说，个人研究是合作研究的基础。但是个人的研究，他的取样代表性往往不够理想，在人数或是地区上，有时有一定的局限性。合作或集体搞研究，特别是全国性的研究，取样广、被试多、有代表性。

作者认为，在今天，个人研究和合作研究都应该进行。前者可以往纵深发展；后者不仅是对前者具有促进作用，而且能取得前者某一方面发展的一般性的特征。个人研究和合作研究相结合，有利于促进发展心理学的发展。在一个合作团体中，成员之间密切配合，知识和能力相互补充，研究过程中往往能够激发出耀眼的思想火花，提出一种新的科学问题、思路或研究方法。因此，合作研究有利于开辟新的认识领域，促进心理学的新发现。

（7）现代化手段与常规研究的关系。作者认为，发展心理学可以采用一般研究技术，如观察、谈话、测验、作业式实验以及闻名国际的皮亚杰的临床研究方法，就属于这一类。依靠这些常规研究手段，发展心理学取得了很大的成绩。

由于现代科学技术手段的发展，很多研究者在发展心理学某个课题的研究中，采用了现代化的技术装备。近20年在发展心理学研究中用得较为普遍。计算机系统在发展心理学实验中：一是用操作实验，控制刺激，记录反应；二是用于建立数据系统，存储数据；三是用于对实验结果的数据进行分析和统计处理。录像系统主要用于对师生的活动、行为的观察和记录，以及事后的深入细致的分析。也在近20年里，如前所述的认知神经科学研究仪器，还有眼动仪（用于认知研究）、四视野速示器（用于认知研究）、16导生理记录仪（即多导仪，用于情绪研究）、诱发电位仪（用于注意研究）、行为分析系统软件（用于观察室里研究）等，在发展心理学研究领域中运用得越来越广泛。又是近20年来，自动化、数字化、网络化和信息化越来越成为现代化的标志。如果有条件，在我国的发展心理学的研究中采用上述现代化的实验手段和统计方法是必要的，它不仅使研究更细致、深入，缩短时间，提高实验的精确度和科学水平，提高工作效率，而且能使我们对某些本来难以研究或不可能研究的课题开展研究。当然，对这些我们是倡导采用的，而且在自己的研究中已经广泛使用。但我们也认为，过分强调这个条件为唯一条件，认为没有这些装备和方法就不能取得研究的积极成果，也是片面的。

（8）实验研究与史论研究的关系。作者认为，任何一位优秀的发展心理学家，都强调实验研究。实验研究一定讲究控制性，其目的是为了科学性。发展心理学实验研究的描述、解释、预测和控制功能，要从研究目的、研究原则、选择类型、变量控制和具体方法等方面表现出来。

发展心理学也有许多理论问题值得我们去探索，这就形成史论研究。实验研究是史论研究的基础，史论研究是实验研究的升华。

（9）定性与定量的关系。作者认为，定量研究采用源自自然科学的研究方法，力图保证所研究问题与结论的客观性、可靠性和概括性。定量研究的方法通常包括实验研究、准实验研究和调查研究。

定性研究旨在从不同的角度来了解个体的现象。这类研究者认为，在给定的情境中存在多种事实，要在研究中反映这种多样化的认识；研究者应该参与到所研究问题之中，研究过程是研究者与所研究问题的互动过程；认为问题的含义有其背景特点，不能将问题与具体的环境剥离开来，注重在更大的背景和脉络中来解释事实；这类研究遵循归纳推理的过程，研究者对所研究现象或问题没有预设的理论与假设，理论的出现来自于被试所提供的信息；研究的目标在于揭露存在于所研究现象中的理论，并从不同的角度检验其准确性。定性研究的常见方法包括个案研究、人种学研究以及现象学研究等。

（10）普及与提高的关系。作者认为，在发展心理学的研究中，"普及与提高"关系尤其突出。因为，随着时代和社会发展的需要，个体心理与行为发展的性质、特点、任务、内容和结构发生了深刻变化，要求发展心理学的研究人员对此做出更好的解释和预测，同时也要求所有社会成员更好地了解和认识这些心理特点和规律，以便更好地适应社会。这样便涉及发展心理学知识的普及与自身研究水平的提高。

就其本质而言，普及与提高关系的正确解决是发展心理学发展的根基。没有这一根基，发展心理学的发展就无从谈起。

五 心理发展的阶段理论

（一）中国心理学界的观点

1. 朱智贤教授的观点

朱智贤教授根据教育工作的经验和心理学的研究材料，将儿童心理发展划分为如下的几个主要阶段：乳儿期（从出生到满1岁）；婴儿期（从1岁到3岁）；学龄前期（从3岁到6、7岁）；学龄初期（从6、7岁到11、12岁）；少年期或学龄中期（从11、12岁到14、15岁）；青年初期或学龄晚期（从14、15岁到17、18岁）。①

2. 林崇德教授的观点

林崇德教授将个体毕生心理发展划分为如下几个重要阶段：胎儿期和新生儿期（出生后28天之内）；婴儿期（0岁至3岁）；学龄前期（3岁至6、7岁）；小学儿童期（6、7岁至11、12岁）；青少年期（11、12岁至17、18岁），其中，初中阶段为青少年期（11、12岁至14、15岁），高中阶段为青年初期（14、15岁至17、18岁）；成人前期（18岁至35岁），又称青年晚期；成人中期（35岁至55、60岁），又称中年期；成人晚期（60岁之后），又称老年期。②

（二）国外心理学界的观点

1. 欧茨的观点

欧茨等将人的一生分为八个阶段：出生前阶段（受精至出生）；婴幼儿期（出生至3岁）；儿童早期（3—6岁）；儿童中期（6—12岁）；青年期（12—20岁）；成年前期（20—40岁）；中年期（40—65岁）；老年期（65岁以上）。③ 作者还指出，上述划分多少有些独断，特别是成年期。由于缺乏特殊的生理指标显示从某个阶段迈入另一个阶段（例如，青年期），以及社会指标的不定，使得在阶段年龄的界定上更加困难。因此，上述年龄的范围划分难免带有主观成分，各阶段的起止年龄也只是近似的数字。事实上，人们的生命并不是如此严谨地分阶段的。

2. Sigelman 和 Shaffer 的观点

Sigelman 和 Shaffer 将人的一生分为以下七个阶段：婴儿期（0—2岁）；学前期（2—5岁）；学龄期（6—11岁）；青少年期（12—19岁）；青年期（20—39岁）；中年期（40—64岁）；老年期（65岁以上）。④

3. Newman 和 Newman 的观点

Newman 和 Newman 在埃里克森提出的人生发展的八阶段的基础上，

---

① 朱智贤：《儿童心理学》，人民教育出版社1993年版，第99页。
② 林崇德：《发展心理学》，台北：东华书局1998年版。
③ 莎莉·欧茨等：《儿童发展》，黄慧真译，台北：桂冠图书出版有限公司1994年版，第11—12页。
④ [美] Carol K. Sigelman、David R. Shaffer：《发展心理学》，游恒山译，台北：五南图书出版有限公司2001年版。

提出了个体心理发展有如下几个阶段：怀孕期和胎儿的发展（从受孕到出生前）；婴儿期（出生后的头 24 个月）；学步期（2—3 岁）；学前期（4—6 岁）；儿童中期（6—12 岁）；青少年早期（12—18 岁）；青少年晚期（18—24 岁）；成人早期（24—34 岁）；成人中期（34—60 岁）；成人晚期（60—75 岁）；高寿期（75 岁到死亡）。

我们认为，Newman 等人的观点更加符合现代社会人们心理发展的现实。特别是他们提出的成人晚期和高寿期心理发展阶段的思想，应该得到人们的尊重和重视。

（三）心理发展阶段划分需要考虑的问题

1. 如何划分青年期

纵观已有心理学家的观点，对于心理发展早期阶段的划分，已经取得了比较一致的意见，特别是青少年期之前。问题出现较多的是青年期、成人期、老年期的起止年龄段。特别是青年期结束的年龄，目前没有统一的观点，是 25 岁，还是 28 岁，30 岁，35 岁，40 岁？由于青年期的结束时间没有明确的界线，所以成人期开始的年龄也就比较混乱。对于老年期开始的时间，目前更多的是采用何时退休为标准进行划分的。对于何时退休问题，更多的是考虑了政治因素、社会因素和生理因素，较少考虑心理因素。特别是在我国，更多的是按过去计划经济体制下统一政策来制定的，没有考虑到个体受教育的时间、个体身体素质和性别特征等因素。

2. 应考虑到人们的平均长寿增长

随着医学的发展和医疗条件的改善，人们生活水平的提高，现代社会人们的平均寿命与过去相比，已经有了大幅度的提高。在中国古代，60 岁被称为花甲，70 岁被称为古稀，80 岁被称为耄耋。

根据相关资料，19 世纪许多国家的平均期望寿命只有 40 岁左右，20 世纪末已经达到 60—70 岁，一些国家已经超过 80 岁。因此，关于老年的定义也相应地提高到 60 岁以上。到 20 世纪 70 年代，许多国家以 65 岁作为老年的标准。现在，60 岁和 65 岁都是国际通用的老年划分标准，一些专家还将 60—69 岁称为年轻的老人，70—79 岁称为中年老人，80 岁以上才是真正的老年人。[1]

---

[1] 蒋正华：《中国人口老龄化现象及对策》，《求是》2005 年第 6 期。

3. 要关注主导活动和主导生活事件

在划分年龄发展阶段时，要考虑个体心理发展过程中的主导活动和主导生活事件的形式变化。主导活动是指对个体心理发展起决定作用的活动，从事或进行主导活动会引起个体心理发展产生质变。主导生活事件是指对个体心理发展产生长远影响的事件，如入学、结婚、孩子出生、参加工作、退休等。

六　发展模式

关于心理发展的模型，目前主要有两种观点：一种是从发展参数的角度进行划分的；另一个角度是从环境与遗传的角度来划分的。

（一）发展参数的模型

所谓发展参数（developmental parameter），是指衡量发展的指标。

克雷奇等人提出，一切发展过程的进行可以用仅仅几个一般特点来描述，这些特点包括发展速度、时间、顶点和发展的分化与阶段。[1]

朱智贤等人结合自己多年的研究提出了心理发展的参数，主要包括：（1）发展的质变。心理发展是由量变到质变的，任何心理现象的更换，都要经过一系列比较明显的、比较稳定的、客观的质变过程。（2）发展的时间。（3）发展的速度。（4）发展的协调一致性。各种心理现象发展尽管有其特殊性，但又依赖于它和整个心理结构的关系和联系。（5）身心发展的关系。生理成熟，可以作为心理发展的一个参考指标。（6）发展的差异性。每个个体某种心理现象的发展的指标与常模相对照，就可以断定其发展的水平。[2]

（二）遗传与环境关系的发展模型

个体毕生心理发展一直是受遗传素质和环境因素的制约。因此，在毕生发展的过程中，个体的遗传素质与其所生活的环境因素将直接影响其发展的模式。

假设 1：个体的遗传素质有三种可能性：好、一般、差。

---

[1]　[美]克雷奇等：《心理学纲要》，周先庚等译，文化教育出版社 1981 年版，第 41—43 页。

[2]　朱智贤等：《发展心理学研究方法》，北京师范大学出版社 1991 年版，第 37—38 页。

假设 2：个体所生活的环境因素有三种可能性：优、一般、劣。

如果将二者对个体心理发展的作用整合（见表 1—1），那么个体毕生心理发展将会出现 9 种模式。

表 1—1　　　　　　　　个体心理发展的模式

环境	遗传		
	好	一般	差
优	最高	中上	中下
一般	中上	一般	差
劣	中下	差	最差

模式 1：如果在个体毕生发展的每一个阶段，都是好（遗传素质）与优（生活环境）的搭配，则个体毕生心理发展所达到的水平将最高。

模式 2：如果在个体毕生发展的每一个阶段，都是差（遗传素质）与劣（生活环境）的搭配，则个体毕生心理发展所达到的水平将最低。

模式 3：如果在个体毕生发展的每一个阶段，都是一般（遗传素质）与一般（生活环境）的搭配，则个体毕生心理发展所达到的水平将是一般。

模式 4：如果在个体毕生发展的每一个阶段，出现了好（遗传素质）与劣（生活环境）的搭配，则个体毕生心理发展所达到的水平将会低于一般水平。

模式 5：如果在个体毕生发展的每一个阶段，出现了差（遗传素质）与优（生活环境）的搭配，则个体毕生心理发展所达到的水平也将会低于一般水平。

模式 6：如果个体毕生发展的每一个阶段，都是好（遗传素质）与一般（生活环境）的搭配，则个体毕生心理发展所达到的水平将会高于一般水平，但不会是最高水平。

模式 7：如果个体毕生发展的每一个阶段，都是一般（遗传素质）与优（生活环境）的搭配，则个体毕生心理发展所达到的水平将会高于一般水平，但不会是最高水平。

模式 8：如果个体毕生发展的每一个阶段，都是一般（遗传素质）与劣（生活环境）的搭配，则个体毕生心理发展所达到的水平将会低于一般水平，但不会是最低水平。

模式9：如果个体毕生发展的每一个阶段，都是差（遗传素质）与一般（生活环境）的搭配，则个体毕生心理发展所达到的水平将会低于一般水平，但不会是最低水平。

在现实生活中，更经常的情况是个体的遗传素质可能是一定的（除特殊情况外，变化的可能性较小），生活环境因素的好与差将会直接影响个体毕生发展的每一个阶段所达到的水平。环境好会达到最佳水平；环境差，则会限制个体心理发展所达到的水平。

如果在毕生发展的不同阶段，环境因素时而好，时而差，则个体心理发展的水平会出现一定的波动。波动的大小视环境因素变化的大小来定，并且情况可能更为复杂。

（三）Loevinger的心理发展变化模式

Loevinger认为，发展所包含的过程不仅在内容上不同，而且在形式上也是不同的。[①] 提出心理发展的模式主要有五种。这五种模式在速度、最终成就和最终年龄变化方面的不同，对所有人都是一样的。

对于前四个模式来说，年龄是由横坐标（X轴）和纵坐标（Y轴）的发展量表来描述。一般说来，心理学并没有量表容许在同一时期将一种功能的增值与另一种功能的增值做直接的比较，也不容许将发展初期的增值与后期的增值做直接的比较。

模式1，发展的速度虽不同，但是最后达到的发展对每个人来说都是一样的，尽管达到发展的年龄是不同的，如图1—3所示。骨骼年龄即松果体的骨化，具有这种形式。对于每个人来说，松果体最终会完全骨化，但是完成这个过程的年龄因人而异。当人们了解到一个特定儿童的身高时，他们就会知道这个儿童已经达到成人身高的多少。

模式2，发展的速度是不同的，但是发展的最终年龄是不变的，如图1—4所示。一个人在其整个童年期或成年期里他的年龄段倾向于保持一个不变的地位，因而童年期的个别差异就成为年龄期差异的预兆。在计算IQ时，用实足年龄（CA）除以智力年龄（MA），人们无疑会用模式2。

---

① ［美］卢文格：《自我的发展》，李维译，辽宁人民出版社1989年版，第154—161页。

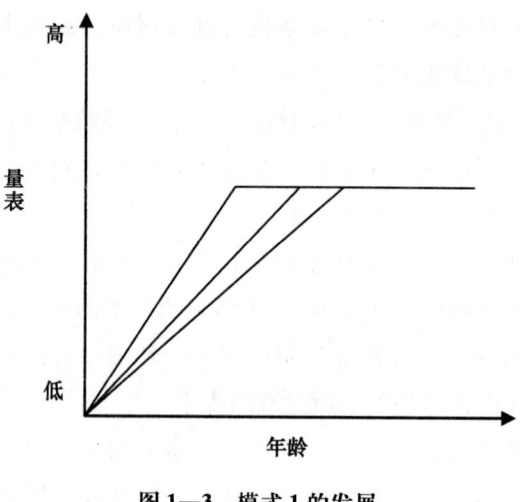

图 1—3　模式 1 的发展

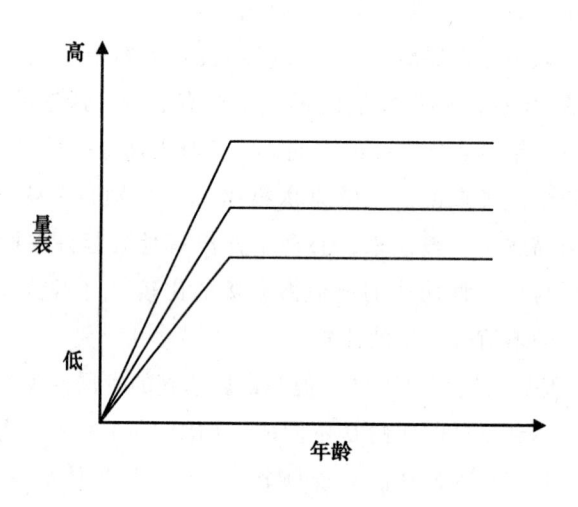

图 1—4　模式 2 的发展

模式 3，不同的人其发展的速度是相同的，但是发展的最终年龄是不同的，如图 1—5 所示。因而成年的差异反映了发展停止的年龄。这一模式达到这样一个程度，对一个特定的年龄来说，早期童年的差异是小的，不能作为成年差异的预兆。这个模式有一个特殊的优点，当它能够同模式 1 的过程结合在一起，基本上得出成人所达到的发展的百分比时，它就能再次预测成年时个体的发展状况。模式 3 意味着发展的序列，对所有的人都是相同的，其发展速度也大致相同，但是终点是不同的。一个特定的发展过渡或者发生在该序列的指定时间，或者注定永远也不会发生，并且发展就此停止。这方面典型的例子是个体教育所达到的水平。

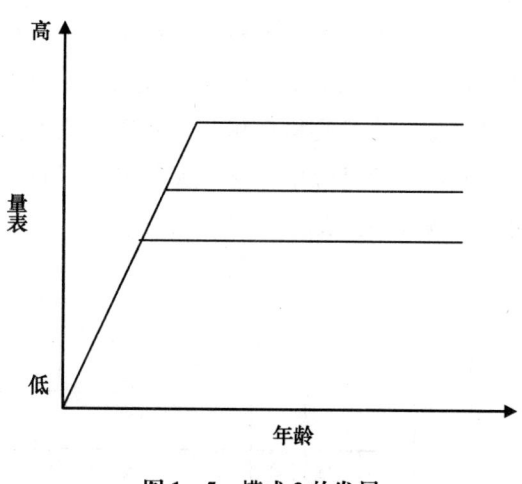

图1—5 模式3的发展

模式4，发展按变化的速度进行，如图1—6所示。许多心理功能具有这种形式。发展的加速或稳定或下降随年龄的增长而变化。

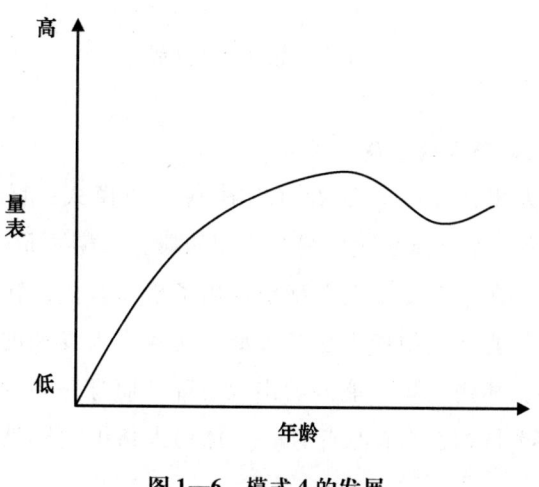

图1—6 模式4的发展

模式 5，该模式与其他模式相比，发展的干扰永远影响该模式，如图 1—7 所示。在这一模式中，连续的阶段是由不同的器官、器官系统或功能的支配程序来限定的。当任何一种发展的障碍出现时，它就会影响在这个时期占优势的器官或功能。器官的过渡增大，而且一般来说变化也是永久的，这就影响了所有后继的模式。该模式的典型例子是埃里克森的心理性欲发展阶段。模式 5 既是约定俗成的，也是描述性的，而且描述具有年龄特性。每个阶段是根据哪些东西适合或不适合一个特殊的年龄来描述的。在模式 5 的过程中明显的促进或延迟总是意味着模式的改变，所以不可能把测量的量表列入模式 5 的过程中。

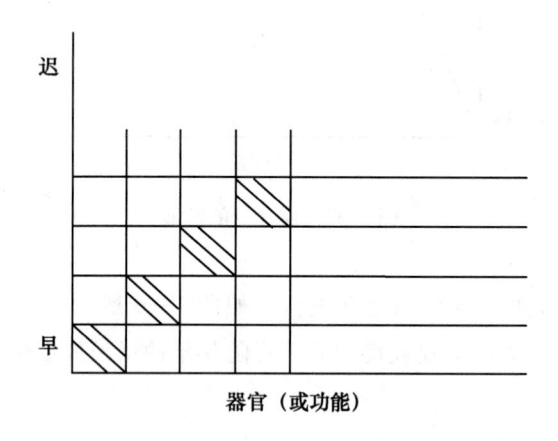

图 1—7 模式 5 的发展

（四）Schaie 等人的发展模式

Schaie 等人提出，心理发展有三种基本的模式：增量、稳定、减量。[①] 他们认为，在个体心理发展的不同阶段，其模式是不同的。例如，儿童发展理论，在很多变量上典型地使用了增量模式，智力随年龄增长而提高，社会技能和生物能力也是如此。在对成人发展的描述中，减量模式更为普遍，某些生物机能开始出现下降，而且一些理论家认为，成人的基本能力也是如此。在成年期，个体的人格维度则被认为是相当稳

---

① ［美］K. W. 夏埃、S. L. 威里斯：《成人发展与老龄化》（第五版），乐国安等译，华东师范大学出版社 2003 年版，第 22—24 页。

定的。

其中，减量模式常常可以分为"不可逆的减量模式"和"补偿性减量模式"。前者指的是一种无情的，往往是生理的减损过程。后者则是指不断下降的生物机能可以由社会经验来补偿。例如，个体生物机能的下降可以由社会参与能力（如洞察力）加以补偿。

此外，还有一种有用的模式试图总结影响成人发展的多种原因。如图1—8所示。

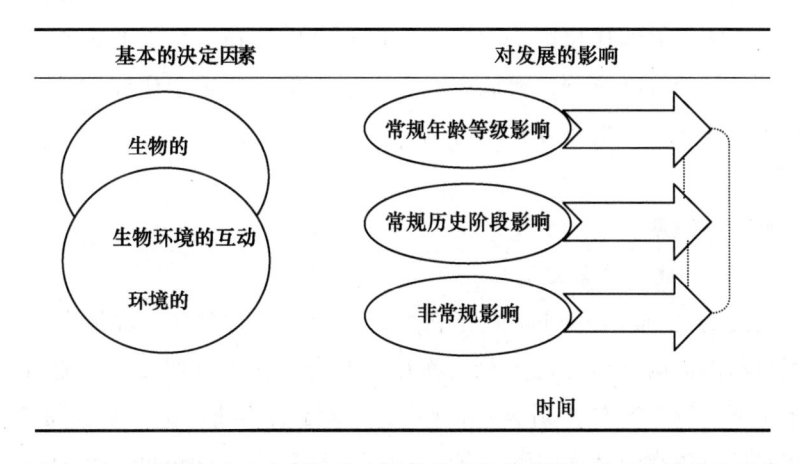

图1—8 对跨越整个生命历程的发展特性的规范有影响的三个系统的互动

在图1—8中有三个主要因素：常规年龄等级影响、常规历史阶段影响及非常规影响。这些影响因素相互作用，产生了涵盖一生的发展性变化。

常规年龄等级影响是指那些与实足年龄高度相关的生物因素和环境因素。心理学家们已经对这些变量进行了传统研究，一些因素是生物因素，如初潮、青春期和更年期等。其他因素还包括社会化以及年龄相关的规范角色的获得，如入学、结婚和退休。

常规历史阶段影响是指在特定时代特定文化中被普遍经历的事件。这些事件可能是诸如经济萧条、战争或其他的政治混乱等环境因素，也可能是像环境污染、营养不良和大规模传染病等生物因素。很明显生物因素和环境因素常常相互影响。在发展心理学研究中，如果这些因素只影响一代人，则称之为同代人影响。如果这些因素发展在有限的时间内,但却影响了处于其间的所有人的话,则称之为期间影响。

非常规影响是指在特定的人的生活中非常重要,但不是每个人都必然经历的因素。也许是令人高兴的事件,如工作上的成功。也许是不如意的事件,如失业。

在不同的行为变化过程中,以及整个一生的不同时点上,这三种发展影响因素的相对重要性可能会发生变化。在儿童期和老年期,年龄等级影响因素可能会特别重要,而在成年的早期和中期,历史阶段影响和非常规影响因素的作用则十分突出。据此可以解释为什么儿童心理学家关注的是年龄等级影响,而成人心理学家则乐于侧重于研究历史阶段影响和个体化的非常规经验。

七 关键期

(一) 关键期的含义

关键期(critical periods)指在个体心理发展过程中,环境影响(包括积极和消极两方面)能起最大作用的时期。在关键期内,在适当刺激的影响下,行为习得特别容易,心理发展特别迅速。由于在关键期内,个体对环境的影响极为敏感,有时又称为敏感期(sensitivity period)。

(二) 印刻

关键期的思想来自于动物习性学家 Lorenz 提出的。他研究发现,像小鸡、小鸭、小鹅等在出生后不久的一段时间内,对所遇到的刺激,印入它们的感觉中,会产生一种偏好或追随反应,在它们以后再遇到这个或与这类的对象或刺激时,就容易引起它们的偏好和追随。Lorenz 将这种现象称为印刻(imprinting),指一种无须强化,在一定时期容易形成的反应。

Lorenz 研究发现,小鸟辨认自己的母亲或同类的能力,就是通过印刻这个过程实现的。小鸡的认母"印刻"的关键期是它们出生后 10—16 个小时,小狗的认母"印刻"的关键期在它们出生后的 3—7 周。小鸭子认母"印刻"的关键期是它们出生后的 30 个小时内,如果在此时间内小鸭子没有遇到自己的母亲,而是某个刺激物,如玩具鸟、塑料球、木块等,它们也会对这些刺激物产生印刻。对于许多动物而言,在关键期内发生的印刻或其他事件会对它们产生终生的影响。[1]

Lorenz 提出印刻与学习有四点不同：(1) 印刻不依赖于任何一种强化，即印刻不是由被印刻的客体与食物联系在一起而使小鸡跟着它的。学习则不是如此。(2) 印刻是不可逆的，即小鸡一旦印刻在某个客体上，例如对人印刻，就会跟着人走，而且不会再对其他物种产生印刻。而学习则不会这样。(3) 印刻可能形成得非常快，有时只要一次尝试就形成了，而大多数学习则需要多次尝试。(4) 印刻只会在发展早期的"关键期"内发生，而大多数学习可以在任何时期内发生。

（三）语言获得关键期的假说

语言获得关键期的假说是由 Lenneberg 于 1967 年提出来的。[2] 他认为自然语言获得只能在关键期发生，即在 2 岁至青春期（12 岁左右发生）。在 2 岁前，大脑还没有发展语言获得所需要的能力，而青春期后，因为大脑优势过程的完成，或者语言功能的侧化，大脑丧失了灵活性。Lenneberg 并没有否认在关键期之后个体有获得语言的可能性，但他认为在关键期外的第二语言学习不同于关键期内的学习，也更少自然性。"语言学习障碍"在青春期之后变得迅速增加。

（四）第二语言获得关键期的研究

Snow 等人将 136 名以英语为母语、荷兰语为第二语言的人作为被试，将其分成三组：儿童组（8—10 岁）、青少年组（12—15 岁）和成人组（15 岁以上），让他们学习荷兰语发音。结果发现：青少年组学习荷兰语的最初几个月进步速度最快；成人组在语汇和句法的理解和掌握上保持明显的优势。一年后的跟踪和实验结果是：儿童组和青少年组被试荷兰语掌握最好，年龄大的学习者学习发音初期占优势，但一年后年龄小的儿童开始超过年龄大的学习者。表明年龄大的第二语言学习者的速度优势是短暂的。[3]

---

[1] Dennis Coon, ed., *Essentials of Psychology: Exploration and Application* (7th Edition), Pacific Grove: Brooks/Cole Publishing Company, 1997, pp. 99 - 100.

[2] 龚少英、彭聃龄：《第二语言获得关键期研究进展》，《心理科学》2004 年第 27 卷第 3 期。

[3] Snow C. & Hoefnagel-hohle M., "The Critical Period for Language Acquisition: Evidence from Second Language Learning", *Child Development*, Vol. 49, No. 4, 1978, pp. 1114 - 1128.

Asher 等人（1969）调查了美国的古巴移民的英语发音情况，发现 6 岁前到美国的古巴人，其发音与土生土长的美国人接近者达 71%，13 岁后移民美国的古巴人，发音相近率只占 17%。由此说明青春期以后才开始学习英语，其本族语的口音难以克服，从语音差异方面支持了第二语言获得的关键期。1977 年 Curtiss 通过著名的 Genie 个案的跟踪分析，支持了以青春期为界点的语言获得的关键期假说。Genie 在 13 岁之前被剥夺任何形式的语言和社会行为。Genie 被发现时懂得多，但能说得出的很少。经过 5 年的强化教育和治疗，在句法掌握方面仍然面临着严重的困难，其语言水平只相当于 21 个月的婴儿。[1]

Weber-Fox 等人采用 ERP 技术，要求学习外语的汉语被试判断包含句法和语义违反的英语句子是否符合语法。[2] 结果发现：对语义预期违反的 N400 反应幅度和分布不受学习外语年龄的影响，但 N400 的潜伏期在 11 岁以后浸入外语的学习者更长（将近 20 毫秒），即加工更慢。对于句法违反，11 岁前接触英语的早学组加工句法违反时和母语组在相同的位置（左侧颞叶和顶叶产生了最大的 N400），11 岁以后开始接触英语的被试产生的 N400 左半球特异化减小，右半球卷入增加。而后句法违反的不同类型对接触外语学习的时间的敏感性不同。短语结构与具体性限制对开始接触时间更敏感。

（五）如何正确认识关键期

如何正确认识个体心理发展过程中出现的关键期呢？朱智贤认为，要考虑以下三点：（1）要对关键期这个问题进行具体而深入的研究。例如，儿童几岁学习外语、几岁入学从事正规学习，会更好地适合儿童心理发展，儿童在某个特定年龄时期学习语文、数学的潜力究竟有多大，应从什么年龄开始最好，等等。都要经过审慎的态度去实验研究，才能获得可靠的结论。（2）根据已有的知识，也不能认为儿童过了某个年龄就不能有效地进行某种学习。（3）抓住关键年龄及时进行早期教育，也

---

[1] 黄怀飞：《关键期假说研究综述》，《泉州师范学院学报》2005 年第 5 期。
[2] Weber-Fox C. & Neville H. J. , "Maturational Constraints on Functional Specializations for Language Processing: ERP and Behavioral Evidence in Bilingual Speakers", *Journal of Cognitive Neuroscience*, Vol. 8, No. 8, 1996, pp. 231–256.

仍然要考虑到内因和外因的相互作用的规律，绝不能孤立地或过分夸大这个现象。①

第二节 实验发展心理学的发展史

实验发展心理学的研究有一个明显的发展过程。在研究的过程中，人们逐渐对个体毕生心理发展采取了更为科学的认识与态度。

一 发展心理学名称的历史演变

发展心理学名称的演变过程能够充分地表现出发展心理学研究内容及其人们对心理发展本质认识的变化。

（一）儿童心理学

1882年，德国心理学家普莱尔（Preyer W.）出版了《儿童心理》一书，标志着科学儿童心理学的诞生。② 该书是作者对自己孩子从出生起直到三岁，每天做有系统观察，有时也进行实验的结果，他设计了观察儿童的严格标准，在规定的时间里，尽可能地完整记录自己所观察到的情形。同时，他还将自己的记录与第二个观察者的记录进行对照，核对其准确性。在对儿童心理进行观察时，现代研究者使用的正是这些划一的标准。《儿童心理》一书的内容包括三编：（1）感觉的发展，即关于视觉、听觉、肤觉、味觉和机体觉的发展；（2）意志的发展，即关于动作的发展；（3）智力发展，即关于语言的发展。

普莱尔之所以成为科学儿童心理学的创始人，朱智贤和林崇德认为主要是其《儿童心理》一书问世的时间、目的与内容、方法与手段及其影响四方面决定的。③

（1）从时间上看。《儿童心理》一书于1882年出版了第一版，1884年出版了第二版，是儿童心理研究一类著作中较早出现的一本。

（2）从写作目的与内容上看。普莱尔之前的学者不完全以儿童心理

---

① 朱智贤：《儿童心理学》，人民教育出版社1993年版，第96—97页。
② 同上书，第21—22页。
③ 朱智贤、林崇德：《儿童心理学史》，北京师范大学出版社1988年版，第37—38页。

作为科学研究课题。普莱尔写书的目的是为了探讨儿童心理的特点。因此，从一开始，《儿童心理》一书就是作为一个组成儿童心理学的完整体系出现的。

（3）从研究方法和手段来看。普莱尔对其孩子从出生到 3 岁，不仅每天做系统的观察，而且也进行心理实验。《儿童心理》是根据其所进行的观察、实验记录整理出来而撰写的一部专著。

（4）从影响上看。《儿童心理》一书一问世，就受到了国际心理学界的重视，各国都将其当作是儿童心理学的最早的经典著作，并先后被译成十几国文字出版，对儿童心理学的发展产生了广泛而深远的国际影响。

（二）青少年心理学

霍尔（Hall G. S.，1844—1924）是 20 世纪初美国最有影响的心理学家。也被美国心理学界公认为青少年心理发展研究的奠基人。[1]

霍尔充分意识到婴儿传记法的缺陷，他在 19 世纪后期开始着手收集大样本的更客观的数据。他对儿童的思维特别感兴趣，且发展了一个我们现在所熟悉的工具，即用问卷法来探索儿童青少年心理的内容。通过对某个主题范围内向儿童青少年提很多的问题，霍尔发现儿童青少年期，他们对世界的理解能力迅速增长，并且发现年幼儿童根本没有逻辑性。1904 年，霍尔出版了很有影响力的书《青少年：它的心理学及其生理学、人类学、社会学、性、犯罪、宗教和教育的关系》。[2] 该书是一部资料丰富的百科全书，以复演说为核心，探讨了青少年心理发展的 10 个方面内容。

（1）发展理论，即复演说。以复演说为基础，论述了儿童期、少年期和青年期三个发展阶段的心理特征。

（2）发展的生理基础。论述了生理器官的发育特点和青少年期的生理卫生及其营养。

（3）发展的社会基本。

（4）体育运动与青少年心理发展的关系。

---

[1] ［美］劳拉·E. 贝克：《儿童发展》（第五版），吴颖等译，江苏教育出版社 2002 年版，第 15—16 页。

[2] Hall G. S., ed., *Adolesence*, New York: Appleton-Century-Crofts, 1904.

(5) 青少年智力特点与教育。
(6) 青少年的社会理想与教育。
(7) 伟人的传记。
(8) 道德、宗教的训练与青少年心理发展的关系。
(9) 青少年品德不良与犯罪。
(10) 女性青少年的心理特点与教育。

霍尔也是最早开展老年人心理研究的心理学家。他于1929年还出版了《衰老：人的后半生》一书。

（三）发展心理学

真正对人的一生作为心理学研究对象的人是精神分析心理学的代表人物之一，分析心理学的创始人荣格（Rung, G.）。他在研究人格发展过程中，提出了人格发展的理论，重点强调人的后半生。[1] 他早期对人格的发展划分是：人生的第一年、儿童期到青春期、青春期到整个成年期和老年期。1930年在他的《人生的阶段》一文中对此进行了修订，具体内容为：

1. 儿童期（从出生到青春期）

荣格将儿童期分为三个阶段：（1）无序阶段，其特点是意识混乱而零散，经验之间几乎没有联系，儿童的自我意识尚没有分化；（2）君主阶段，此时自我开始发展，出现逻辑思维的萌芽；（3）二元论阶段，自我被分为主体与客体，儿童意识到自己是一个独立存在的个体。

2. 青年期（从青春期到中年）

青年期又被荣格称为"心灵的诞生"阶段。处于青年期的个体力图摆脱对父母的依赖，他们要寻找伙伴，建立家庭，在社会上取得地位。青年期个体的主要任务是克服儿童期的意识狭窄倾向，努力培养自己的意志力量。

3. 中年期（女性从35岁，男性从40岁开始直到老年）

中年期是个体事业有成，家庭和社会地位都较满意的时期，但也是容易出现问题的时期，荣格称之为"中年期心理危机"。克服中年危机的主要方法是除了要在青年期做好准备外，更重要的是放弃青年期的外倾

---

[1] 杨鑫辉主编：《心理学通史》，山东教育出版社2000年版，第468—469页。

目标，把心理能量转向内部主要世界，重新发现中年生活的意义。

4. 老年期

老年期是人生的黄昏，意识开始减少，老年人喜欢沉浸于潜意识之中。老年人出现的心理问题是过分依恋过去的生活方式，并害怕死亡。克服的方法是帮助老年人发现死亡的意义来建立新的目标，找到生活的意义。

虽然荣格的重视中年以后个体人格的发展，对早期个体心理发展研究也不是很多，但是从心理发展的角度来看，他首次拓展了心理发展研究对象的范围，即从青少年期扩展到了人的一生。

Hollingsworth 于 1930 年出版了国际上第一本以"发展心理学"为书名的著作《发展心理学概论》。1935 年 Goodenough 出版了另一部《发展心理学》著作。在这两本著作中，作者都明确提出要对个体心理发展的全貌进行研究。从影响上看，后一部著作的影响更大。

1957 年美国心理学年鉴开始用"发展心理学"为章名，替代了"儿童心理学"，促进了发展心理学家对成人心理的研究。

（四）毕生发展心理学

1968—1972 年，在美国弗吉尼亚大学召开三次毕生发展心理学（Life-span developmental psychology）学术会议，会后出版了三部论文集：《毕生发展心理学：理论与研究》（1970）、《毕生发展心理学：方法学问题》（1973）和《毕生发展心理学：人格与社会化》（1973）。

之后，毕生发展心理学的观点被国际发展心理学界所接受，并开展了大量的研究。

二　发展心理学在我国的发展

（一）中国发展心理学的创始阶段

在 20 世纪初，中国心理学界有人开始翻译西方的儿童心理学著作，如艾华编译的《儿童心理学纲要》，陈大齐翻译的《儿童心理学》等。

真正开始中国儿童心理学研究的人应该是陈鹤琴，他早年留学于美国霍布金斯大学和哥伦比亚大学，1919 年回国后，在南京高等师范学校讲授儿童心理学课程。1925 年由商务印书馆正式出版了他的《儿童心理之研究》一书（上、下）。该书中有他用日记法对自己儿子开展的 808 天的系统观察与实验。

在该书中，他系统地对不同年龄段儿童心理发展的特点及教育策略进行了阐述。①

新生儿期（新生1个月）。感觉、动作、情绪及生理现象诸方面生动地描述了新生儿身心发展的主要特点，批评了当时一般人持有的"新生儿谈不上教育"的错误观点。他认为此时应成为儿童早期教育的始初，正确的教育是：（1）环境的教育，因新生儿适应能力薄弱，故父母应控制好环境，如保持环境的安静、居室空气的流通等；（2）饮食的教育，如哺乳定时定量、排泄养成好习惯等；（3）睡眠的教育，要养成独睡、熄灯睡、不要抱着睡等好习惯。

乳儿期（1个月至1岁左右）。该阶段儿童坐、立、爬行等各种动作的发展是他们后来独自站立、行走、跑跳的基础；发现了儿童的各种表情，如身段表情、动作表情、言语表情、面部表情；探讨了微笑、快乐、愤怒、惧怕等特殊情绪的发展。正确的教育包括：（1）动作的教育，如要知道和维护儿童身体的筋肉活动，衣服要合乎卫生、舒适、自由、方便，鞋袜大小、质地要便于乳儿学习走路等；（2）培养良好情趣，如父母不要恐吓儿童，尽可能避免儿童哭泣，可用隔离法、移制法、同化法、更替法等克服儿童的不良情绪。

学步期（1岁左右至3.5岁左右）。该阶段儿童对步行、跑跳特别感兴趣，发展非常迅速，并在言语、智力上进步显著。正确的教育是：（1）行走的教育，如成人根据行走的规律，正确处理成熟与练习的关系，提供必要指导和适当设备，帮助他们练习行走，使其逐步从一个不独立或半独立的个体走向独立的个体；（2）言语的教育，如将儿童学习言语分为言语模仿、将字结合、应用代名词与复数、应用叙述字四个阶段，把学习言语寓于游戏之中，随时纠正不正确的发音，要特别关注"口吃"和"不说话"的儿童。

幼儿期（3.5岁至6岁左右）。他又将该时期划分为三个小阶段，即3.5岁至4岁、4岁至5岁、5岁至6岁。正确的教育是：（1）思想教育的方法：①儿童自己能想到的，成人切不可代他思想；②使儿童得到充

---

① 车文博：《陈鹤琴儿童心理学思想探新》，《学前教育研究》2006年第3期。

分思想的机会；③让儿童获得丰富经验；④教儿童善用言语文字以及学习美术；⑤改正儿童的谬误思想。（2）儿童社会性发展的培养方法：①合群；②共同游戏；③开始自己做事，不愿成人干涉，更愿帮助比自己年幼的孩子。(3) 儿童情绪的培养方法：①以积极的启发、暗示鼓励代替消极的限制、批评；②不姑息，不严厉；③让儿童使用自己的手脑；④让儿童自己有活动的园地；⑤发展儿童的好奇心；⑥父母、师长应以身作则等。

之后，黄翼重复了皮亚杰的实验，并提出了自己的看法。代表性的著作有《儿童心理学》《儿童绘画之心理》。肖孝嵘出版了《实验儿童心理学》《儿童心理学》的著作。孙国华还出版了《初生儿的行为研究》。这些著作和成果的出版，对当时的儿童心理学教学与研究产生了重要的影响。

（二）中国发展心理学的初步发展阶段

从 1949 年到 1979 年，中国发展心理学的发展经过了三个阶段：第一个阶段是从 1949 年到 1958 年；第二个阶段是从 1959 年到 1965 年；第三个阶段是从 1966 年至 1977 年。①

1. 学习改造阶段（1949—1958 年）

这一阶段主要是学习苏联心理学和儿童心理学，学习他们建立辩证唯物主义的儿童心理学的经验（正面的和反面的）。主要学习了他们关于儿童高级神经活动的研究，学习他们强调儿童心理学为教育实践服务的精神。在这一阶段，在学习苏联儿童心理学的过程中，有些人结合中国实际进行了一些试探性的研究。其中代表性的研究中关于 6 岁和 7 岁儿童年龄特征的比较研究，为决定儿童入学年龄提供了心理学方面的科学依据。

2. 恢复和初步繁荣阶段（1958—1965 年）

1958 年的心理学批判引起了心理学界的普遍愤慨，心理学工作的混乱引起了党和群众的关注。为了扭转这种局面，1959 年各地又在儿童心理学领域开展民主的讨论。20 世纪 60 年代初的五六年中，在全国第二次心理学代表大会（1960 年）、全国第一届教育心理学专业学术年会（1962 年）、中国心理学会第一届学术年会（1963 年）上提交的儿童教育

---

① 朱智贤：《中国儿童教育心理学三十年》，《教育研究》1979 年第 4 期。

心理学论文就达百篇以上。在儿童心理学研究方面，关于婴儿和青少年心理发展的研究较少，关于幼儿和儿童心理的研究较多。

1961年初，全国高等学校文科教材会议上，指定朱智贤教授用辩证唯物主义的观点编写一部《儿童心理学》作为教科书。经过艰苦的努力，该书得以高效率地完成并于1962年出版。这是我国第一部贯彻马克思主义观点、吸收国内外科学成就、联系我国实际、能够体现我国当时学术水平的综合大学和高等师范院校的儿童心理学教科书，曾受到国内外学者的高度评价，对培养我国心理学、教育学的专业人才和科学研究工作都具有重要意义。1979年，该书修订后再版，并且在1987年获得全国高校优秀教材奖。1993年在林崇德教授的努力下该书又做了修订，增补了国内外大量的新材料，但是书的观点、结构、体例和风格没变。朱智贤教授的《儿童心理学》在理论观点上，坚持辩证唯物主义的指导性，系统地探讨了儿童心理发展中有关先天与后天的关系、内因与外因的关系、教育与发展的关系、年龄特征与个别特点的关系等重大理论问题，"为建立中国科学的儿童心理学奠定了基础"。在结构体例上，以儿童心理发展的年龄阶段为叙述体系，每一个年龄阶段又从一般特征、神经系统或生理的发展、动作或活动的发展、言语发展、认知和社会性等方面的心理发展这五大方面来展开，形成了全书清晰的框架。总之，无论在理论上和体例结构上都形成了自己的特色，成为国内公认的优秀的心理学教科书。

3. 濒临毁灭阶段（1966—1977年）

在1966年前夕，姚文元对一篇儿童心理学的实验报告进行了批判，对儿童心理学发动了新的围攻。之后，"四人帮"打击迫害知识分子，心理学再度被宣布为资产阶级的"伪科学"，大批心理学家普遍受到了批斗。心理学的研究和教学工作完全被停止，使中国心理学发展濒临毁灭状态。

（三）中国发展心理学的繁荣

1976年10月，"文化大革命"结束了。整个中国的心理学事业得到了恢复，并开展了一系列的卓有成效的工作。

1. 发展心理学专业组织的建立

1978年中国心理学会首先重建了发展心理—教育心理学专业委员会。

1984年基于发展心理学和教育心理学是两个性质不同的学科，同时也由于参加这个委员会活动的人数很多，所以把它分为发展心理和教育心理两个委员会。1984年10月，中国教育学会建立了儿童心理—教育心理学研究会。

目前，发展心理专业委员会是中国心理学会下属的11个专业委员会之一。该委员会除积极组织中国发展心理学工作者参加国内外的心理学学术活动之外，还每隔一两年举办一次全国性的学术会议，交流研究成果，讨论中国发展心理学建设和发展中的重要问题。

2. 专业队伍逐步扩大

1977年以后，在北京大学、北京师范大学、华东师范大学、杭州大学和华南师范大学，先后建立了心理学系。北京师范大学、华东师范大学和中国科学院心理研究所分别建立了儿童（发展）心理研究所或发展心理学研究室。

1983年，朱智贤领导主持了由全国200多位心理学家参与的跨"六五""七五"的国家重点科研课题"中国儿童青少年心理发展与教育"，对我国儿童青少年的心理发展规律进行了全面系统的研究，最后在百万字的研究报告基础上，编纂成《中国儿童青少年心理发展与教育》[①] 一书，并于1990年出版。

1985年北京师范大学儿童心理研究所成立，同年，创办了我国第一份发展与教育心理学专业刊物《心理发展与教育》。1986年，朱智贤和林崇德共同完成的《思维发展心理学》[②] 一书问世，书中提出了著名的思维结构及发展理论，并详细论述了思维的发生和发展规律。1988年，他们合著的《儿童心理学史》[③] 出版，这是国内第一部儿童心理学史方面的专著。

1986年，朱智贤又领衔主编我国第一部大型的综合性心理学工具书《心理学大词典》[④]，这部集中了我国心理学家智慧的巨著于1990年出版。

---

① 朱智贤主编：《中国儿童青少年心理发展与教育》，中国卓越出版公司1990年版。
② 朱智贤、林崇德：《思维发展心理学》，北京师范大学出版社1986年版。
③ 朱智贤、林崇德：《儿童心理学史》，北京师范大学出版社1988年版。
④ 朱智贤主编：《心理学大词典》，北京师范大学出版社1990年版。

1987年，北京师范大学儿童心理研究所改名为发展心理研究所，以此为标志，发展心理学学科进入了全面发展的新时期。①

1993年，在中国心理学会第六届理事会上，北京师范大学发展心理研究所被公认为全国发展心理学研究中心。1999年，北京师范大学的发展心理研究所被教育部批准为教育部人文社会科学百所重点研究基地之一。1995年，林崇德主编的主要由北京师范大学发展心理研究所专家编写的《发展心理学》② 一书出版，在一定程度上标志着发展心理学内容体系的形成，为发展心理学学科教材体系建设做出了重要贡献。

在世纪之交，通过全体心理学工作者的不断努力，终于迎来了中国心理学发展的新机遇。1999年，国家科技部开始组织制定"全国基础研究'十五'计划和2015年远景规划"，并由国家自然科学基金委员会牵头具体实施。根据学科地位、国际发展趋势和前沿性、在我国的现状、未来发展规划和相关政策措施等6个方面的综合状况，将心理学确定为18个优先发展的基础学科之一。2000年，心理学被国务院学位委员会确定为国家一级学科。③ 这表明心理学被正式列入我国主要学科建设系列，从而在点和面上都有力地促进了我国各科研机构、院校中心理学专业研究生的培养工作，进而提高了心理科学在我国的教育和研究水平，并促进了心理学在社会各界的迅速普及，以及中国的发展心理学在专业队伍方面的不断壮大。其中发展心理学的硕士点与博士点迅速增加。到2006年底，有发展心理学博士点的单位是：中国科学院心理研究所、中国社会科学院、北京大学、北京师范大学、吉林大学、南京师范大学、华东师范大学、华南师范大学、首都师范大学、西南师范大学、天津师范大学、山东师范大学、江西师范大学、浙江大学、中山大学、华中师范大学、福建师范大学、西北师范大学、陕西师范大学、辽宁师范大学、湖南师范大学、中南大学等高等院校或研究所。

余益兵等人对1997年1月至2003年12月间《心理发展与教育》和

---

① 申继亮、辛自强：《迈进中的发展心理学事业》，《北京师范大学学报》2002年第5期。
② 林崇德主编：《发展心理学》，人民教育出版社1995年版。
③ 陈永明等：《二十世纪影响中国心理学发展的十件大事》，《心理科学》2001年第6期。

《心理科学》两份杂志上文章的作者进行了统计分析，结果如表1—2和表1—3所示。① 从这两个表可以看出我国发展心理学的研究力量及其研究者所在的机构。

表1—2　　　　　　　　研究力量的地区分布

省份	西藏	广西	海南	河南	黑龙江	江西	湖南	四川	陕西	云南	福建	甘肃	山西	香港
n	1	2	2	2	2	2	3	3	4	5	6	7	7	7
%	0.1	0.3	0.3	0.3	0.3	0.3	0.4	0.4	0.6	0.7	0.9	1.0	1.0	1.0

省份	境外	安徽	河北	辽宁	吉林	湖北	江苏	天津	广东	浙江	山东	重庆	上海	北京
n	8	9	12	16	18	22	23	25	29	37	40	42	138	232
%	1.1	1.3	1.7	2.3	2.6	3.1	3.3	3.6	4.1	5.3	5.7	6.0	19.6	33.0

表1—3　　　　　　　　研究力量的机构分布

作者单位	n	%
研究机构及综合大学	120	17.1
高等师范院校	512	72.7
其他普通高校	48	6.8
其他单位	24	3.4
总计	704	100.0

其中，其他单位是指地方教育行政机构、中小学、中等学校、医院等。

3. 学术研究成果丰富

（1）交流的研究成果。自1978年以来，中国心理学会共举办过十届全国性的学术会议，递交给这几届会议的发展心理学论文一直占相当大的比例。缪小春统计了从第二届中国心理学会学术年会到第八届中国心理学会学术年会上交流的发展心理学论文数量，② 具体结果是：1978年举行的第二届学术会议收到的论文中发展心理学占19%，1979年第三届学

---

① 余益兵等：《世纪之交的中国发展心理学研究的计量学分析》，《心理发展与教育》2004年第4期。

② 缪小春：《近二十年来的中国发展心理学》，《心理科学》2001年第1期。

术会议收到的论文中发展心理学也占 19%，递交给 1981 年第四届会议的论文中发展心理学占 15%，1984 年第五届会议发展心理学占 19%，1987 年第六届会议中占 13%，1993 年第七届和 1997 年第八届会议上发展心理学都占约 16%。最近几届会议中发展心理学论文所占比例稍有下降，这是因为过去在中国很少研究的分支也都有了发展。即便如此，1993 年和 1997 年两次会议的论文中发展心理学所占的比例还是最高。

2004 年，在北京召开了第 28 届国际心理学大会。[①] 参加会议的代表有 6500 人，来自 78 个国家。大会期间，来自各国的心理学家对心理学有 25 个分支学科中的 162 个专题进行了 3140 次口头报告和 2354 次展帖交流。国际著名心理学家 69 人，包括诺贝尔奖获得者美国 Prinsten 大学的 Daniel Kahnema 教授和 20 多位各国科学院院士应邀做大会报告。237 位国际知名心理学家主持特邀专题报告会。中国心理学家也在此次大会上充分展示了自己的研究成果。

（2）公开发表的研究成果。缪小春统计了 1980 年至 1999 年这 20 年间在《心理学报》和《心理科学》（曾使用《心理科学通讯》）上发表的发展心理学论文和研究报告。前 10 年即 20 世纪 80 年代发展心理学的论文和研究报告所占比例，在《心理学报》上为 18.17%，在《心理科学》上为 24%，平均为 21.15%。在后 10 年，即 20 世纪 90 年代，比例分别为 16.19% 和 21.13%，平均为 20.15%。这是一个相当高的数字，比历届年会收到的发展心理学文章的比例还高。

（3）研究的对象。缪小春研究发现，20 世纪 80 年代研究最多的是小学儿童和幼儿，青少年仅占 16.13%，因此这时的中国发展心理学实际上还是儿童心理学。20 世纪 90 年代虽然小学儿童和幼儿的研究仍分别占 30.19% 和 26.17%，但与 20 世纪 80 年代相比，比例有所下降。而青少年研究已增至 26.14%，与幼儿研究比例相同。老年研究的比例从 4.19% 增至 8.11%。因此，这时中国的发展心理学可以说主要是研究幼儿、小学儿童和青少年，婴儿的研究仍很少。

余益兵等人的研究发现，我国发展心理学家对不同年龄个体心理发

[①] 余益兵等：《世纪之交的中国发展心理学研究的计量学分析》，《心理发展与教育》2004 年第 4 期。

展研究的情况如表1—4所示。

从表1—4中可以看出，20世纪80年代的中国发展心理学研究对象主要是幼儿和小学儿童；20世纪90年代到2003年的中国发展心理学研究对象主要是幼儿、小学儿童和青少年，对成人心理和老年人心理研究较少。

表1—4　　　　　　　　研究对象的分页

年龄阶段	1980—1990年		1997—2003年	
	n	%	n	%
婴儿	6.9	6.9	15	1.67
幼儿	30.4	30.4	269	29.8
小学儿童	38.6	38.6	291	32.2
青少年	16.3	16.3	310	34.3
中老人	2.9	2.9	8	0.89
老年人	4.9	4.9	10	1.11

（4）研究内容的变化。缪小春将研究分为理论研究、感知觉和动作、认知（包括语言和智力）、个性和社会化（包括情绪）、特殊儿童（包括超常和弱智等）和跨文化研究。按年龄阶段分为婴儿、幼儿（学前）、小学儿童、青少年、中年以及老年。具体结果是：1980年至1989年至1999年，理论7.16％，感知和动作9.18％，认知57.15％，个性和社会化17.18％，特殊儿童3.17％，跨文化4.19％；婴儿6.19％，幼儿30.14％，小学儿童38.16％，青少年16.13％，中年2.19％，老年4.19％。1990年，理论11.1％，感知动作4.15％，认知48.11％，个性和社会化37.13％，特殊儿童4.15％，跨文化4.14％；婴儿4.15％，幼儿26.17％，小学儿童30.19％，青少年26.14％，中年31.3％，老年8.11％。

（5）研究领域不断扩大。缪小春的研究发现，认知发展研究方面，1980—1989年间占57.15％，1990—1999年仍占48.11％，但已下降近10％。相反，个性发展和社会化在1980—1989年仅占17.18％，到1990—1999年已增至37.15％，增加近20％。这说明20世纪80年代时中国的发展心理学着重研究的是认知发展，其他研究都比较少。到20世纪

90年代，认知发展仍是研究得较多的一个领域，但个性和社会化研究迅速增加，形成了认知发展和社会化两个主要研究领域并存的局面。

余益兵等人的研究结果如表1—5所示。

表1—5　　　　1997—2003年发展心理学研究领域的情况

具体领域	1997—1999年 n	%	2000—2002年 n	%	2003年 n	%	总计 n	%
基础理论	17	7.2	21	6.1	3	2.5	41	5.8
成长环境	19	8.1	18	5.2	8	6.6	45	6.4
生理发展	1	0.4	4	1.2	0	0.0	5	0.7
心理发展与健康	21	8.9	25	7.2	7	5.7	53	7.5
感知觉与注意	13	5.5	4	1.2	2	1.6	19	2.7
记忆与学习	12	5.1	17	4.9	4	3.3	33	4.7
语言	7	3.0	13	3.7	3	2.5	23	3.3
动作与活动	2	0.9	4	1.2	3	2.5	9	1.3
思维与智能	31	13.2	48	13.8	20	16.4	99	14.1
情绪与意志	9	3.8	13	3.7	5	4.1	27	3.8
社会认知与交往	31	13.2	58	16.7	39	32.0	128	18.2
个性与人格发展	30	12.8	55	15.9	12	9.8	97	13.8
品德发展	12	5.1	28	8.1	9	7.4	49	7.0
特殊发展	23	9.8	32	9.2	5	4.1	60	8.5
老龄化研究	7	3.0	7	2.0	2	1.6	16	2.3
总计	235	100.0	347	100.0	122	100.0	704	100.0

从表1—5中可以看出，近年来我国发展心理学家关注的热点问题主要集中在自我意识、认知、人格、心理健康、同伴关系、家庭及教养、特殊儿童、语言、品德发展、社会性等方面。同时与社会变革时期相关的问题，如欺负、自尊、社会适应、应对、压力、社会支持等也是出现频率较高的内容，表明中国发展心理学研究正在走向现实生活。

杨玉芳在总结近 20 年来我国心理学的研究时指出，中国的发展心理学也得到了迅速发展。① 具体内容为：研究问题涉及认知发展（包括数、空间、时间、速度、因果关系、记忆、分类、推理、思维、绘画、朴素理论、心理理论、元认知等）、语言发展（语音、语义、语用、句法、词汇和句型等）、社会性发展（自我、攻击性行为、欺负、合作与分享、友谊、人格、道德、亲子关系等）的各个领域。在研究范围和深度上都有极大提高。除了研究常态儿童的发展问题外，我国的发展心理学家还对超常儿童、弱智儿童独生子女问题开展研究。这些方面的研究成果受到国际同行的关注，研究对象的年龄范围，从重点研究学龄前和学校儿童向两端扩展，既研究婴儿，也研究老年，真正做到了从毕生发展的角度来研究人的心理发展。

第三节　实验发展心理学的中国化

一　心理学的中国化

（一）什么是心理学的中国化

所谓心理学的中国化，是指起源于西方文化的现代心理学通过向中国文化汲取思想精华，从而克服其西方化背景所带来的弊端，走上健康发展的科学之路。

杨鑫辉提出，无论心理学是西方化还是中国化，其最终目的都是要实现心理学的科学化。②

关于中国化一词中"化"字本义，杨中芳提出，"化"是指由一个"原本"状态到另一个"终极"状态的过程。"中国化"是指由"非中国"状态变为"中国"状态的过程。③

（二）为什么心理学要中国化

既然心理学家的最终目的是追求心理学的科学化，为什么还要提出

---

① 杨玉芳：《中国心理学研究的现状与展望》，《中国科学基金》2003 年第 3 期。

② 杨鑫辉：《大力推进心理学的中国化研究》，《南通师范学院学报》（哲学社会科学版）2000 年第 4 期。

③ 杨中芳：《由中国"社会心理学"迈向"中国社会心理学"——试图澄清有关"本土化"的几个误解》，《社会学研究》1991 年第 1 期。

心理学的中国化这样一个问题呢？原因有二：

1. 一些心理学家对中国心理学研究现状的思虑

1985年，潘菽在回顾中国心理学近80年的发展历史时，总结道："这七八十年的历史总的看来不能不说是偏贫乏的。我们对心理学的大部分精力是花在引进上的，自己的研究创新工作相形之下显得少了一些。这是包括笔者自己在内而说的。"[①] 为此，他大力呼吁建立具有中国特色的心理学体系，并为此带头创建中国心理学史这一崭新学科，应该说都是出于对历史教训的反思而形成的宝贵思想。

杨国枢等人指出，在日常生活中，我们是中国人；在从事研究工作时，我们却变成了西方人。[②] 我们有意无意地抑制自己中国式的思想观念与哲学取向，使其难以表现在研究的历程之中，而只是不加批评地接受与承袭西方的问题、理论及方法。在这种情形下，我们充其量只能亦步亦趋，以赶上国外的学术潮流为能事。在研究的数量上，我们既无法与西方相比；在研究的性质上，也未能与众不同。时至今日，在世界的社会及行为科学的行列之中，现状是多我们不为多，少我们不为少。

林崇德指出："当我们翻开西方的发展心理学几乎全部是他们自己的实验材料，当我们打开俄国的年龄心理学（即发展心理学），几乎每本书里都有一种强烈的俄罗斯民族自豪感。然而，当我们看一下我国自己的发展心理学，有点使人惭愧，时而西方热，时而俄国热，许多研究报告从设计到结果，基本上是模仿外国的。"[③]

我想，这些心理学界的前辈，站在国际心理学发展的前沿，回首我国发展心理学的发展现状所产生的焦虑之情，是一般人所难以理解的。其实，道理很简单，没有自己的特色，中国心理学就很难在国际心理学界占有自己的一席之地。

2. 有助于更深刻地探索心理发展的本质

心理发展的本质是人脑的机能，是人脑对客观现实的反映。人类的

---

① 高觉敷：《中国心理学史》，人民教育出版社1985年版。
② 杨国枢、文崇一主编：《社会及行为科学研究的中国化》，台北："中央研究院"民族学研究所1982年版。
③ 林崇德：《发展心理学》，台北：东华书局1998年版，第25页。

心理活动既有自然的、生物的存在特性，更有文化、社会的本质特性。强调发展心理学研究的中国化，主要原因是：（1）从研究对象上说，就必须既考虑不同文化背景下人类心理活动的共性与差异性，又考虑不同文化背景下研究者与被研究者的心理活动的共性与差异性；（2）从研究方法上说，就必须既要借用自然科学的实证手段，又要允许文化分析的人类学方法。文化是人类创造的，人类又是文化生成的。两者是不可分开的。不了解人类的心理，我们无法理解文化；同样，不了解文化，我们也无法理解人类的心理。（3）从文化的特殊性来说，东西方文化起源于不同的地理环境，构成现代文化的主体。① 钱穆先生认为："人类文化，由源头处看，大别不外三型。①游牧文化，②农耕文化，③商业文化。游牧文化发源在高寒的草原地带，农耕文化发源在河流灌溉的平原，商业文化发源在滨海地带以及近海之岛屿。三种自然环境，决定了三种生活方式，三种生活方式，形成了三种文化型。此三型文化，又可分成两类。游牧、商业文化为一类，农耕文化为另一类。"② 前一类便构成西方文化类型，后一类则构成东方文化类型。

在漫长的历史长河中，中国文化与周边文化共同组成了你中有我、我中有你的东方文化。中国和印度是东方两大文明古国，有着悠久的历史传统和丰富的文化遗产。中国的儒家思想与道家思想传播到朝鲜半岛、日本以及越南等地区，对于这些地区的文化建构有着深远的影响。印度的佛教传入中国后，经过与本土文化的结合，形成了具有中国特色的佛教，然后又传入朝鲜半岛、日本以及越南等地区，同样对这些地区的文化产生了深刻的影响。由此可见，儒家、道家和佛教文化在其历史进程中，早已超出了它们原发生地的意义，而发展为构成东亚、东北亚、南亚、东南亚这一广大地区的文化的主体。因此，东方文化主要是儒、道、佛文化。中国人的心理主要受这种文化的影响。

二 建立具有中国特色的实验发展心理学

在中国建立实验发展心理学，一定要有自己的民族特色。沈德立等

---

① 郭斯萍：《中国化：我国心理学的挑战与机遇》，《心理学探新》2000年第4期。
② 钱穆：《中国文化史导论》（修订版），商务印书馆1994年修订版，第2页。

人认为，这种特色主要表现在以下几个方面：

（一）实验对象的取样应该具有民族代表性

中国的地域辽阔，中国人口占世界的 1/5，且居住分布不均匀。不同区域的经济与文化发展水平不同，特别是在受教育的年限上差别较大。如南方与北方、东部沿海地区与西部内陆省市；城市与乡村；汉族与少数民族之间都有很大的差异。这就使得实验对象（即被试）的心理发展具有不同特点。所以，应根据研究课题，在被试的取样上体现出民族代表性，不能仅局限在某些经济与文化相对发达的地区选取被试。我们这里所说的被试，是指中华各民族的人们，在以汉族为主时，还要研究少数民族人们的心理特点及规律。

（二）实验材料应突出中华民族的传统文化特点

在不同文化背景下生活的人，其心理发展总要受其传统文化的影响。中华民族具有五千年的灿烂文明史，在这漫长的历史长河中，汉语言文字最能代表我们的文化传统。它是象形文字，是音、形、义三者的统一，这是拼音文字所无法比拟的。语言是思维的外壳，汉语言文字在中国人的思维方式上打上了很深的烙印。此外，算盘也是中华民族发明的一种特殊的运算工具，使用算盘对个体心理发展，特别是大脑认知功能的影响也是一个值得深入研究的课题。

（三）实验手段的现代化应该结合国情

开展心理学的研究必须使用先进的仪器设备。在我国的人口比例中，受过心理学专业训练的人太少，为了大规模取样，有些实验工作需要假手于非专业的工作者（如大学教师、中学教师、小学教师、幼儿园教师）去进行。这就要求心理学仪器在保证其科学性（指标准确、性能可靠）的前提下，能做到小巧（便于外出携带）、多能（便于一机多用）、易操作（便于非专业工作者掌握）和价格适当（便于普及推广）。因此，从 20 世纪 80 年代初开始，中国心理学会就发动与组织国内有条件的单位（如中国科学院心理研究所、北京大学、北京师范大学、天津师范大学、华东师范大学、杭州大学等），由心理学专家主持研制，在本单位所办工厂进行生产。近十多年来，全国总共研制与生产了 60 多种心理学仪器，供国内使用。这些仪器的样机均经中国心理学会普通心理和实验心理专业委员会组织的专家鉴定通过。实践证明，这批仪器达到了上述要求，符合国情,满足了实验工作的需要。

(四) 实验的组织方式应是多单位协作

中国人口众多,仅从小规模的实验室研究很难准确反映我国不同年龄个体的心理发展规律。因此,要进行大规模的研究工作。我国是一个具有高度组织性的社会,正好发挥多单位协作与大规模取样的优势。近十多年来,中国心理学工作者开展全国大协作,对数以万计的中国儿童青少年的心理发展进行了一系列(如注意、记忆、思维、情绪、个性、动作技能等等)的研究。获得了一批科学数据,改变了过去中国儿童心理学"言必称欧美"的局面。

(五) 实验结果应为教育实践服务

实验发展心理学的研究,无论在课题的选择上,还是在对研究结果的解释上,都必须联系我国实际。如果我们的研究成果不与中国人的心理发展的实际相结合,不能解决中国基础教育、教学实践中所遇到的各种问题,那么,具有中国特色的发展心理学将成为无本之木,无源之水。[①]

三 实验发展心理学中国化的过程

(一) 实验发展心理学中国化的阶段

关于实验发展心理学的中国化阶段,林崇德提出要经过四个阶段,即酝酿期、孕育期、整合期和创新期。[②]

1. 酝酿期

在这一阶段,中国心理学所做的工作,主要是重新验证国外的研究发现,对比国内外人类心理发展的异同点,揭示中国人心理发展的特点。

酝酿期的验证已有研究,是实验发展心理学中国化的第一步,也是最起码的工作。这个工作是不可缺少的。例如,20世纪80年代,在"中国儿童青少年心理发展与教育"这个大课题中,李伯黍教授与其同事一道,在柯尔伯格对儿童道德判断发展研究的基础上,参照其研究方法,围绕儿童道德判断发展这一课题,进行了一系列的调查研究工作,并在

[①] 沈德立、白学军:《实验儿童心理学》,安徽教育出版社2004年版。
[②] 林崇德:《发展心理学》,台北:东华书局1998年版,第26—27页。

全国十几个省市开展协作研究。他们的研究内容包括：儿童对行为责任的道德判断、儿童道德观念的发展研究、影响儿童道德判断的外部因素、儿童道德判断的跨文化研究等。这些研究不仅验证了柯尔伯格的研究结果，更重要的是揭示了中国各民族儿童道德判断发展的一些规律，以及特定文化背景、道德训练对儿童道德判断的影响。

虽然柯尔伯格的研究发现了一些共性的东西，但对中国人而言，其研究结果未必充分有效地加以概括。这种特殊性的表现，正是中国心理学家必须深入探索中国人心理发展的一个重要特点。

2. 孕育期

在这个阶段中国心理学所做的主要工作是：研究中国人心理发展中特有的和重要的心理现象，也就是要揭示中华民族文体背景下中国人的心理发展规律。

例如，由于中国人口数量的急剧增加，中国政府制定了计划生育的国策，于是中国出现了一个很特殊的人群，即独生子女。在20世纪80年代，在"中国儿童青少年心理发展与教育"这个大课题中，就开展了独生子女心理发展特点的研究。

3. 整合期

在这个阶段，中国心理学家所要做的主要工作是修改心理学的旧概念与旧理论，创立心理学的新概念与新理论，以适用于中国人的心理发展的特点。实验发展心理学研究的中国化，应着力于对当今各种心理学概念和理论的分析、反思，超越原有的研究层次，建立适合于中国国情的新心理学概念的理论。

20世纪80年代，在"中国儿童青少年心理发展与教育"这个大课题中，韩进之领导的协作组在研究过程中，将自我意识理解为自我的认识（自我评价）、情感（自我体验）和意志（自我控制）三种心理活动成分的心理结构，并系统地研究了我国学前儿童、中小学生、大学生的自我意识发展趋势及特点。这项研究初步探索出适合我国特点的自我意识的理论体系。

4. 创新期

在这个阶段，中国心理学家所做的主要工作是在研究方法和理论上的改进和创新，积极寻找适合于我国国情的研究方法与理论。尽管我们的研究方法没有超越出观察、实验、谈话和问卷等一般国外心理学研究方法的范围，但不管在内容上还是在形式上，都需要做出改进和创新。大力设计和改进发展心理学的研究方法，使之更适合于研究中国人的心理。

例如，林崇德在大量的研究基础上，提出了包括思维发展观和学科教育观在内的完整的智能开发理论。

林崇德认为，不能将智力与能力绝对分开，智能是人在适应环境的过程中，成功地解决某种问题（或完成任务）且表现出良好适应性的个性心理特征。不管是智力还是能力，其核心成分是思维，最基本的特征是概括，即概括是智力和能力的首要特点。在此基础上，建构了自己的智能结构：（1）天赋或生理机制的亚结构；（2）认知亚结构，它又包括思维（核心）、感知（观察）、记忆、想象、言语和操作技能；（3）非认知因素或动力亚结构，这样构成一个多层次、多因素、多维度的多元智能体系。

林崇德认为，可以用思维品质体现个体思维的水平和智力、能力的差异。思维品质，是人的思维的个性特征，是区别超常、正常、低常儿童青少年的指标。思维品质有五个方面：深刻性、灵活性、独创性、批判性和敏捷性。他把思维品质训练视为培养智能的"突破口"，为此，在整个教学实验过程中，结合中小学各学科的特点，制定了一整套的培养学生各种思维品质的具体措施。他还认为，若从思维的发展来说，既要发展学生的抽象逻辑思维，又要发展他们的形象逻辑思维和动作逻辑思维，总之，要发展学生的逻辑思维能力。因此，在实验过程中，根据不同的学科特点，提出发展各种逻辑思维的要求。他在自己的思维观和智能观基础上，还提出了学科能力观。所谓学科能力，通常有三个含义：（1）学生掌握某学科的特殊能力；（2）学生学习某学科的智力活动及其有关的智力与能力的成分；（3）学生学习某学科的学习能力、学习策略与学习方法。任何一个学科能力，不仅体现在学生有某学科的一定的特殊能力，而且有着学科能力的结构；而这种结构，不仅有着常见的某学科能力的表层表现，而且有着与非智力因素相联系的深层因素。具体说，语文能力可以看作以语文概括为基础，将听、说、读、写四种语文能力与五种思维品质组成20个交结点的开放性的动态系统；

数学能力可以看作以数学概括为基础,将三种数学能力(运算能力、空间想象能力与逻辑思维能力)与五种思维品质组成 15 个交结点的开放性的动态系统。

(二)实验发展心理学中国化的途径

关于实验发展心理学中国化的途径,目前存在的主要观点有三:

1. 潘菽的观点

1983 年 1 月 10 日,潘菽在《文汇报》上发表了题为"建立有中国特色的心理学"一文,在该文中潘菽明确主张"建立有中国特色的心理学"有四个主要途径:第一,要以马列主义、毛泽东思想作为心理学工作的指导思想;第二,要坚决贯彻理论联系实际的原则;第三,要贯彻"洋为中用"的原则;第四,要贯彻"古为今用"的原则,好好挖掘我国古代心理学思想这个宝藏。[①]

2. 杨鑫辉的观点

杨鑫辉认为,中国心理学要想实现科学化,需要通过以下途径:[②]

(1)坚持以辩证唯物论和历史唯物论的指导。"方法决定于观点,也决定于对象。有什么观点,就有什么方法。研究不同的对象,就要采取相应不同的方法。"西方心理学的要害就在于没有解决基本的观点问题,即唯心的观点还是唯物的观点的问题,于是导致了一系列的错误。

(2)充分吸收西方心理学的研究成果。心理学的中国化研究不仅不排斥,而且完全应当吸取外国心理学界一切先进的东西。要广泛地学习,博采众长,有鉴别地吸收,但不是照搬,更不是全盘西化。我国心理学发展的历史证明,凡是照搬的东西,不适应我们国家和社会的实际,没有发展的生命力。我们要建立本土化之中国人的社会心理与行为科学,以至要有中国特色的心理学体系的这种本土化,是植根于我国社会文化的土壤上,并与心理科学的世界性相辩证统一的本土化。

(3)大力推行心理学的中国化研究。心理学的中国化包括两方面的

[①] 潘菽:《建立有中国特色的心理学》,《文汇报》1983 年 1 月 10 日。
[②] 杨鑫辉:《大力推进心理学的中国化研究》,《南通师范学院学报》(哲学社会科学版)2000 年第 4 期。

内容：一是从我国古代文化思想中提炼出适合科学心理学要求的理论或概念，如中国古代的"人贵论""习与性成"等观点，使心理学能够在东西方文化的浇灌下健康成长。二是继续鼓励心理学各个领域的本土化研究，使我国各个领域的心理学在研究思路、研究对象和研究手段等方面，摆脱西方文化的思维方式的消极影响，积累反映中国人心理特征的素材，形成代表中国文化的心理学理论。

3. 林崇德的观点

林崇德认为，实验发展心理学，乃至整个心理学的中国化，其途径主要是"摄取—选择—中国化"[①]。

（1）摄取。对待外国的发展心理学资料，必须重视，应当摄取其中的营养，用以发展自身。在这一点，首先要认识到中国心理学与国外心理学研究之间的差距，主要是在研究课题、研究方法和研究手段与工具上。存在差距就需要学习，需要引进，从中摄取营养以发展，但是必须用批判的眼光来进行。

（2）选择。在摄取的过程中，绝对不能照搬，要适当地加以选择。选择就是要批判地吸收。要积极邀请国际上各个相关领域的著名专家来华交流，坚持"走出去、请进来"的方针，大力加强国际和国内的学术交流与合作。

（3）中国化。中国发展心理学，既然有本民族的特点，这就导致外国心理学资料摄取后，要经过一个中国化的过程。与中国的特殊性相融合。因此，在中国化的过程上一定要注意扬长避短，即首先要从方法论的角度来分析不同民族个体的心理特点，以便在学习和研究时能取其所长，去其所短。在这个基础上，在开展针对我国个体心理发展的研究时，应该有自己的思想与观点，结合中国国情，开展研究，以求在研究方法和理论上有新突破。

四 展望中国的实验发展心理学

（一）未来实验发展心理学的发展前景

2006年5月12日晚8：00—11：00在北京香山饭店举行了中国心理

[①] 林崇德：《发展心理学》，台北：东华书局1998年版，第27—28页。

学会会士论坛。会议研讨的内容在《心理学报》以"中国心理学的未来发展"为题发表。[①] 参加会议的人士包括荆其诚（召集人）、张厚粲、徐联仓、沈德立、林仲贤、陈永明。此外，还有中国心理学会现任理事长、副理事长、常务理事、秘书，还有一位特邀代表。

在此次规模小，但云集我国心理学界资深专家的会议上，与会心理学家专业结合自己毕生从事心理学研究的经验，对我国心理学未来发展进行了展望。

1. 中国心理学取得成就的原因

荆其诚认为：现在全国共有130多个心理学单位，会员总数超过6000人。2004年举办了第28届国际心理学大会。

中国心理学的蓬勃发展主要有两个原因：第一，在国家经济与国力迅速发展的基础上，社会产生了对心理学的需要，不论是在基础研究方面，还是在应用研究方面。国家需要心理学的基础创新研究来提高中国科学的总体水平。同时，国家更需要心理学的应用研究来解决教育、医学、工业、社会等方面的实际问题。这后面的需求是大量的，也是心理学最能做出贡献的场所。我们希望在这一方面能取得成功，为国家做出贡献。第二，中国心理学的快速发展得益于国家的改革开放政策，使我们有了更宽松的学术环境。心理学可以借鉴各种派别，引进创新并举，取长补短，朝向多方位发展，并开创我们自己的新方向。

2. 中国心理学发展的前景

沈德立认为，中国心理学发展的前景看好。他从三个层面论述了自己的观点：

（1）心理学的发展是与一个国家或地区的经济建设、科技成就和社会发展水平相适应的。也就是说，经济建设、科技成果和社会发展水平越高，对心理学的需求与促进就越大；反之，心理学的发展将受到制约。

（2）中国正处在一个十分重要的战略发展阶段，既面临"黄金发展期"，又面对"矛盾凸显期"。为此，中央提出我国中长期科学技术发展的总体目标：2020年成为创新型国家。其标志是：自主创新能力、基础

[①] 荆其诚、张厚粲等：《中国心理学的未来发展：中国心理学会会士论坛》，《心理学报》2006年第4期。

科学与前沿技术研究的综合实力显著增强，进入世界创新型国家行列。2006年国务院公布的"国家中长期科学技术发展规划纲要"中，将"脑科学与认知科学"列入国家8个科学前沿问题之一，心理学正是认知科学的主干学科。而早在1999年，国家科技部就已经将心理学列入国家优先发展的18个基础学科之一。以上这些都反映出国家对心理学科的要求和期望。

（3）随着科学发展观的提出，今后国家建设必须解决好经济与社会协调发展过程中所出现的一系列两难问题。例如，既要使GDP持续快速增长，又要加快社会建设步伐；既要注意公平、缩小差距，又要保持活力、提高效率；既要推进市场竞争，又要关心弱势群体的生产生活。这样就可以增强人们的幸福感，充分调动社会各阶层的积极性，保持大家的心态平衡，维护全民的心理健康。同时，还要既抓社会主义物质文明建设，又抓社会主义精神文明建设中人们的理想、信念和八荣八耻荣辱观等的建设。中国心理学工作者应该在国家解决这些问题的过程中发挥自己的作用，充分珍视这个机遇。

（二）实验发展心理学研究的问题

2002年，申继亮等人提出，未来5年实验发展心理学研究的主要问题有10个方面，具体内容如下：[①]

1. 儿童青少年创造力的发展、影响因素及培养研究

具体内容为：（1）建构青少年创造力发展与培养的理论；（2）设计青少年创造力的测量量表及鉴别工具；（3）研究青少年创造力的发展规律及发展水平；（4）探讨青少年创造力的影响因素及影响机制；（5）设计青少年创造力培养的活动及课堂教学中创造力培养的具体方案。

2. 儿童青少年认知能力发展与促进研究

具体内容为：（1）采用先进科技手段，对思维品质进行动态研究；（2）对学生学科能力结构与发展规律的研究；（3）对中小学生能力培养方法与途径的研究；（4）对学生能力的测量与评价问题的研究等。

3. 儿童青少年信息加工的发展特点

具体内容为：（1）信息加工速度及其年龄差异；（2）信息加工策略

[①] 申继亮、辛自强：《迈进中的发展心理学事业》，《北京师范大学学报》2002年第5期。

的形成与发展；（3）儿童青少年有效获取信息的能力；（4）熟练地、批判性地评价信息的能力；（5）精确地、创造性地使用信息的能力。

4. 儿童青少年认知发展与脑功能的关系研究

具体内容为：（1）认知活动与大脑的结构或区域性功能直接的关系；（2）儿童和青少年脑功能的研究；（3）正常未成年被试与信息加工相关的脑功能的研究。

5. 儿童青少年心理健康促进研究

具体内容为：（1）中小学生心理健康的理论建构研究，包括评价大中小学生心理健康的基本维度，各维度的临界标准等；（2）研究心理健康的评价形式，编制适宜的评价工具；（3）研究当前中小学生心理健康水平、状况，为心理健康教育决策提供依据；（4）建立客观、准确的中小学生心理健康预测模型；（5）中小学生心理健康的促进研究等。

6. 儿童青少年的社会支持系统与社会适应的关系

具体内容为：（1）亲子互动模式的评价工具；（2）亲子互动的过程；（3）影响亲子互动的因素；（4）亲子互动模式对儿童青少年社会性发展的影响；（5）同伴关系的发展特点及影响因素；（6）儿童同伴关系的干预研究。

7. 实验发展心理学的跨文化比较研究

（1）不同民族儿童青少年的认知、思维和语言、学习能力的发展；（2）对文化所规定的育儿行动、社会性期待、价值志向、自我意识等个性、社会性的发展；（3）不同文化背景下的发展课题样式及其解决或完成策略；（4）受文化环境影响的精神生活（宗教观、生死观等）、社会协调能力、精神卫生及心理健康（健康观）等的发展。

8. 早期经验与脑的发展及其对教育的启示

具体内容为：（1）结合发展心理学、认知科学、神经科学与医学等多学科研究思路，采用无创性脑功能成像等先进技术对早期经验与脑的发展进行系统、深入的研究；（2）经验在儿童脑结构与功能正常发展及在受损伤脑功能修复中的作用特点及其机理的研究；（3）促进儿童脑功能潜力开发的条件的研究；（4）探讨早期经验与脑的发展研究对教育的启示等。

9. 儿童基于互联网的学习与促进

具体内容为：（1）儿童基于互联网的学习特点；（2）互联网条件下，

儿童学习中出现的困难、身心问题与对策；（3）促进儿童网上学习的良好教育环境（媒体和师生互动）；（4）适于远程网上教育与学习的资源及其开发和管理等。

10. 幼儿在家庭和幼儿园中的社会化研究

具体内容为：（1）幼儿的早期社会化过程是怎样发生的？（2）从两三岁到五六岁，儿童社会性发展的年龄趋势如何？（3）什么样的家庭教育方式有利于儿童的社会化？（4）什么样的幼儿园环境更有利于儿童的社会化？（5）幼儿教师的态度、课堂组织对幼儿社会化的影响。

第 二 章

实验发展心理学的研究方法

第一节 实验发展心理学研究的原则

一 客观性原则

客观性原则（objectivity principle）是指根据个体心理现象的本来面貌来研究其心理发展的特点和规律，即实事求是。毛泽东曾对"实事求是"的含义做了具体的阐述。"'实事'就是客观存在着的一切事物，'是'就是客观事物的内部联系，即规律性，'求'就是我们去研究。"[①]

在研究个体心理发展的过程中，要想贯彻好客观性原则，必须注意以下几点：

（一）客观的标准

在实验发展心理学研究过程中，在研究的各个环节上注意要用客观的标准。

（1）被试取样要有代表性。根据研究的问题，在选择被试时，一定要注意被试取样的代表性，不能以偏概全。要尽量减少被试取样的偏差。

（2）实验材料的设计要精心。研究心理发展的过程中，所用的实验材料是否进行了严格的控制，将直接影响到研究结果的可靠性和客观性。

（3）使用精度较高的仪器设备。在研究心理发展的过程中，如果需要使用仪器设备，一定要使用经过权威部门鉴定过的仪器设备或知名生产厂商所生产的仪器设备，从而确保研究所得到数据的真实可靠性。

（4）研究结果记录要准确。在研究过程中，事先要精心准备，要记

[①] 《毛泽东选集》，人民出版社1953年版，第801页。

录被试有哪些反应。一定要客观记录，不能加上个人的主观推测。

（5）正确的数据统计分析方法。在对研究所得数据进行分析处理的过程中，一定要采用正确的统计方法，避免统计方法的误用和滥用。

（6）下结论一定要谨慎。在心理发展的研究过程中，只有在大规模研究的基础上，才能得出比较确定的结论。如果被试取样比较小，或者在研究过程中有一些条件还需要进一步控制。在这种情况下，得出结论一定要谨慎，通常用"在本研究条件下"这样的句子来概括自己的研究结论。

（二）不能在研究之前存在偏见

在研究心理发展规律或特点时，研究人员一定要注意以下几点：

（1）心理发展的研究作为一种科学研究，它不是去附和某些权威人物所提出的预先的"结论"。

（2）心理发展的研究不能从"期待"出发。特别是不能采用符合自己"期待"的研究结果就保留，不符合自己"期待"的结果则舍去。

（3）评价标准要统一。在对自己的研究成果和对别人的研究成果进行评价时，要采用相同的标准，而不能采用不同的标准。

二 发展性原则

发展性原则（developmental principle）是指在心理发展的研究过程中，要持运动和不断变化的观点。根据辩证唯物论观点，静止是相对的，变化是绝对的。世界上的任何事物都处于运动和变化的过程中。

在研究个体心理发展过程中，要贯彻好发展性原则，要注意以下几点：

（一）用发展的视角来开展心理发展的研究

（1）在研究方法上，要注意将横断研究与纵向研究相结合。在有条件的情况下，更多地采用纵向研究的方法来揭示个体心理发展的特点与规律。

（2）在对研究结果的解释上，既要考虑到先天遗传因素的影响，还要考虑后天环境因素的影响。不能只强调一方而忽视另一方的作用。

（二）发现心理发展的矛盾

（1）要认识到矛盾存在的普遍性。个体心理的发展与其他事物的发展一样，是矛盾运动的结果。因此，在研究个体心理发展时，必须寻找引起某种心理发展的两个对立物及其斗争、统一的表现形式，以期发现个体心理发展的源泉，揭示促进个体心理发展的原因。

（2）要强调个体心理发展的主观能动性。在个体心理发展的过程中，人绝对不是被动地或消极地接受外界条件的影响，而是主动积极地接受外界条件的影响，具有主观能动性。一定要考虑到个体与环境相互作用后的结果。

三　理论联系实际原则

理论联系实际原则（the theory relation practice principle）是指研究个体心理发展课题时应注意解决在个体教育、心理健康、文学以及社会和谐等实践领域所出现的重大问题。理论联系实际原则是实验发展心理学研究的重要根基。脱离实际的研究不仅会使研究无的放矢，也会使实验发展心理学失去存在的价值与需要。一个学科一旦失去了存在的土壤，就必将会被发展所抛弃。因此，作为实验发展心理学工作者，在自己的研究工作中一定要注意坚持理论联系实际原则。

要在研究工作中，贯彻好理论联系实际原则，必须注意以下几点：

（一）要自觉运用实践来检验自己的理论

（1）实验发展心理学的理论是对实验或观察所获得结果进行科学抽象而概括出的个体心理发展特点和规律的本质认识。这种认识是否正确，只有应用于个体具体的实际生活之中，才能检验其客观真实性。

（2）实验发展心理学的理论因其概括水平不同，可能会存在着不同的应用领域或范围。因此，只有通过实际应用，才能发现某一心理发展理论所应用的领域或范围，才能真正指导人们正确地使用该理论。

（3）解决实验室研究的严密性与现实性之间的矛盾。在实验发展心理学研究过程中，发展心理学家将许多新的科学技术与以前用于成人和低等动物身上的实验室方法，应用于年龄较小的婴幼儿或年龄较大的老年人身上。实验室实验能够实现严格、有效地控制影响实验结果的各种变量，并做到有目的地改变其中的一个（些）"实验变量"，探讨由此所引起的心理变化。研究结果是真实可靠的，而且也提高了人们对心理发展本质的认识。但是实验室实验中的人为性很明显，从而削弱了实验结果的普遍性。而将理论应用于实践,可以克服这方面的不足。

(二)生态学运动

生态学运动(the ecological movement)是指强调在现实生活中、自然条件下研究个体的心理与行为,研究个体与自然、社会环境中各种因素的相互作用,从而揭示其心理发展与变化的规律。[①]

(1)从生态学的观点来看,每一个人的成长与发展都是在真实的自然、社会环境中完成的。

(2)个人的心理活动不是一个孤立的系统,心理发展要受到环境中多种因素的影响,而这些因素又相互作用、相互影响,是一个复杂而又完整的系统。

(3)在心理发展的研究过程中,应将被试放于现实的社会环境中考察,从他们和社会的相互作用中,从社会环境的各因素的相互作用中,探讨个体心理发展的特点及规律。

(4)在实验发展心理学研究过程中,要注重个体在与其所处环境相互作用过程中的主动性,强调个体对环境的双向适应性。

四 伦理性原则

伦理性原则(ethic principle)指在研究个体心理的发展过程中,要尊重个人的权利,整个研究过程是在人类普遍的伦理道德原则指导下进行的。在实验发展心理学研究的历史上,有一些心理学家因没有坚持伦理性原则,而成为心理学史上的反面典型,这方面代表性的例子就是华生所做的恐惧情绪形成实验。

在实验发展心理学研究过程中,坚持伦理性原则必须注意以下几点:

(一)研究目的要纯正

(1)研究是为了更好地促进个体心理发展。实验发展心理学工作者开展的任何研究,其研究的目的都是为了促进个体心理发展。例如,开展小学生入学心理适应的研究,目的是让小学生能够更好地适应小学阶段的学习生活;开展青春期心理发展的研究,目的是为了更好地引导处于青春期的少男少女更好地成长。

[①] 张雪莲、杨继平:《发展心理学研究的生态化运动》,《当代教育论坛》2005年第13期。

(2) 研究是为了增进对个体心理发展规律的认识。实验发展心理学工作者开展的研究，其研究目的应该是为了更好地促进人们对不同年龄段个体心理发展特点及规律的认识。例如，开展心理理论的研究，目的是了解婴幼儿在发展过程中，多大年龄能够对自己的心理活动有所认识；开展中学生有意遗忘的研究，目的是了解他们认知抑制能力发展的特点与规律。

（二）非伤害性

(1) 研究的材料不应对个体心理发展造成伤害。在开展实验发展心理学研究时，所编制的研究材料从内容到形式，都应该对被试没有任何外在的或内在的伤害。如果采用实物材料，应该是无毒、无害的；如果采用文字材料，应该是内容健康和积极向上的。

(2) 研究所用的刺激必须要适宜。在研究过程中刺激强度不应当超过各年龄被试所承受的范围。实验发展心理学工作者有责任保护研究对象的身心不受任何损伤。

(3) 研究所获得信息的保密性。实验发展心理学工作者应该对研究所获得被试的信息进行保密。在研究结果的书面和口头报告中，以及与自己的学生或同事进行非正式讨论过程中，应该不提及被试的真实身份。

（三）知情同意

(1) 如果选择年龄较小的被试作为自己的研究对象，则需要向其监护人讲明研究的目的和过程，以求得到他们同意，让年龄较小的被试参加自己的研究。同时要告诉他们，年龄较小的被试有随时退出研究的自由和权利。而且他们不会因退出研究而受到惩罚。

(2) 如果选择年龄较大的、能够对自己的行为负责的被试，则向他们讲明研究的目的和程序。在此基础上，让他们决定自己是否愿意参加研究工作。

下面是美国儿童发展研究会 1990 年制定的儿童研究的伦理标准，要点如下：[1]

---

[1] ［美］S. A. 米勒：《发展的研究方法》，郭力平等译，华东师范大学出版社 2004 年版，第 183—186 页。

原则1，采用非伤害性程序。即发展心理学研究者不应当使用可能对儿童身心造成伤害的研究操作。

原则2，充分知情后征得同意。在征求儿童同意之前，发展心理学研究者应该告知儿童研究中可能存在的涉及其是否愿意参与的影响，并且应当采用儿童可以理解的语言回答儿童提出的问题。儿童具有决定是否参与研究以及随时退出研究的选择自由。

原则3，父母同意。发展心理学研究者应该使儿童家长、法定监护人，在充分了解情况后征得其同意，最好是书面形式的同意。

原则4，额外的同意。任何人由于与儿童的相互作用而成为研究的对象，那么研究者也应该让他们充分了解情况并征得其同意。

原则5，刺激。儿童参与的研究中使用的刺激必须是适当的，不应该过度超越儿童通常经历的刺激强度范围。

原则6，欺瞒。当保留信息或采欺瞒手段对研究的执行十分关键时，研究者应该征得研究同行的认同。

原则7，匿名。研究者如果要使用机构协会的资料，应该首先征得管理资料负责人的同意。

原则8，相互的责任。从每个研究的开始起，研究者与家长、监护人、其他临时行使家长权利的个体以及儿童之间就应该有明确的规定各自责任的协议。

原则9，危险。在研究过程中当研究者注意到一些情况可能会危及儿童的幸福时，研究者有责任与家长或者监护人，以及这个研究领域的专家讨论这些情况，以便为儿童提供必要的帮助。

原则10，无法预料的后果。当研究程序对参与者造成了事先未预见的不良后果时，研究者应该立即采取适当的措施弥补这些后果。

原则11，保密性。研究者应该对获得的所有关于研究参与者的信息加以保密。

原则12，告知参与者。数据收集完后，研究者应该立即向研究参与者澄清任何可能产生的误解。

原则13，报告结果。研究者的言辞可能会使家长紧张，所以在报告结果时，做出评估性陈述时要特别谨慎。

原则14，研究结果的含义。研究者应该保留其研究结果具有的社会、政治以及人性的意义，在陈述研究结果时应该特别谨慎。

第二节 实验发展心理学的基本程序

任何科学研究都要遵循一定的研究程序（research program）。实验发展心理学研究也是如此。实验发展心理学是研究个体毕生心理发展特点及规律的科学。其研究过程与其他科学研究过程一样，通常是从个体心理发展的问题或观察个体心理现象入手的。实验发展心理学家力图弄清楚如何解释自己所观察到的现象，并且思考某种心理现象如何导致了另一种心理现象，以及某种因素如何导致其他因素的出现。在此基础上，实验发展心理学家就可以提出一套相互之间紧密联系的观点，以解释自己所观察到的现象。这些观点，通常被称作假设、假说和预测，可以构成一个理论。一个理论的构建，就其自身来讲，研究并不是到此结束，而只是开始。具体过程如图2—1所示。[1]

一 选择研究问题

选择研究问题（select research problem）是实验发展心理学研究第一步。这一点最显而易见，但最难理解和说清楚。[2]

（一）什么样的研究问题比较好

一般来说，如果研究的问题具有下列特征，则说明选择的研究问题比较好。[3]

1. 问题是探索两个或多个变量之间的关系

在这类问题中，研究者至少要处理一个自变量，以决定它对因变量所起的作用。例如词汇习得年龄对词汇加工的影响。自变量是词汇习得，将其分为习得年龄早和习得年龄晚，然后看是否会影响词义提取的时间。

---

[1] ［美］Newman、Newman：《发展心理学：心理社会性观点》（第八版），白学军等译，陕西师范大学出版社2005年版。

[2] ［美］S. A. 米勒：《发展的研究方法》，郭力平等译，华东师范大学出版社2004年版，第4—5页。

[3] 沈德立、白学军：《实验儿童心理学》，安徽教育出版社2004年版。

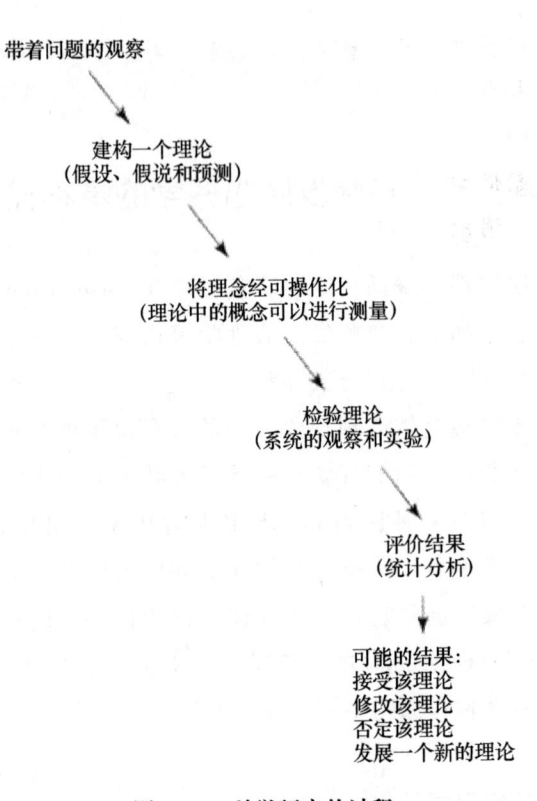

```
           带着问题的观察
                ↓
           建构一个理论
          (假设、假说和预测)
                ↓
          将理念经可操作化
        (理论中的概念可以进行测量)
                ↓
            检验理论
         (系统的观察和实验)
                ↓
             评价结果
            (统计分析)
                ↓
            可能的结果：
            接受该理论
            修改该理论
            否定该理论
            发展一个新的理论
```

图 2—1　科学研究的过程

2. 问题是用疑问句形式来陈述的

例如，早期良好的家长环境会对青少年良好性格的形成具有积极作用吗？

3. 选择的研究问题可用实验方法来检验

如果不能用科学的方法，特别是用实验方法检验，则应对选择的问题做出修改。

（二）如何发现研究的问题

1. 采用元分析的方法来提出研究的问题

元分析是一种利用统计方法对前人研究结果进行科学总结的方法。这种研究虽然是对前人研究结果进行的再次分析，但因其信息量大，因此更易发现前人研究取得的成就或不足。

2. 阅读已有文献来提出研究的问题

通过阅读已有研究文献，从中找出已有研究在理论、方法或研究结果上的矛盾之处，然后通过对矛盾的分析，提出自己所要研究的问题。

3. 从实践中提出研究问题

在中小学教育实践中发现，差生普遍存在着缺乏学习动力的现象。在此基础上开展研究，探讨他们缺乏学习动力的原因以及克服的方法。

二 建立假设

（一）假设

假设（hypothesis）是表明两个或多个变量之间关系的一个或一组陈述。假设在科学研究中比结论本身更重要，它是增进知识的有力工具。在实验发展心理学研究过程中，假设的作用非常重要，具体为：（1）为研究课题指明方向；（2）保证研究课题的直接成果；（3）使研究者能合理设计研究方案和选择适当的研究方法。

（二）假设必须满足的标准

什么样的假设才是有效的假设呢？有人提出应符合五条标准：[①]

（1）假设必须在概念上清晰明了，表述必须准确。假设的概念必须有明确的定义，可能的话应该给出操作性定义。

（2）假设应该具有实证参考物。假设应该是在实证基础上做出来的，是对客观事实的关系的陈述。这种陈述应该有客观的标准来衡量，而且这个标准本身是可以观察的，可以作为验证假设的效标。

（3）假设必须具体化。由假设所表明的所有操作和预测必须明确表达出来，这样才能评价假设检验的有效性。

（4）假设应该与可利用的技术相关。

（5）假设应该与现有的理论体系有关。

（三）提出假设的方法

一般而言，提出假设主要有以下几种方法。

1. 由特殊到一般的方法

个体心理活动的规律具有普遍性，但常通过个体的特殊行为表现出来。因此，实验发展心理学工作者从某一个体的特殊行为中去观察，然后提出具有普遍性的假设来。例如，通过观察发现，不同种族的婴儿，

[①] 孙健敏：《研究假设的有效性及其评价》，《社会学研究》2004 年第 3 期。

当他们面对熟悉的人时，会面带微笑。因此，可根据观察结果，提出对熟悉的人，婴儿通常会用微笑来表示友好这样一个假设来。

2. 类推方法

在实验发展心理学研究中，研究者常会发现不同的现象之间有共同点。据此加以类推，形成新的假设。例如，年幼儿童的认知抑制能力要比年龄大的儿童差，那么老年人是否也存在着随年龄增长而老化的现象，即他们的认知抑制能力也出现下降呢？据此，提出研究的假设，结果发现，随着老年人年龄的增长，他们的认知抑制能力的确是下降的。

3. 移植方法

将其他学科领域内的新发现移植到发展心理学的研究之中，并提出一定的假设。这方面最典型的例子是美国心理学家霍尔将生物学家提出的复演说，移植到发展心理学中，提出了心理发展的复演说。再有，动物学家研究大猩猩有没有自我意识时，发现在大猩猩面前放一面镜子后，大猩猩表现出对镜子中的自己不认识的现象，从而表明大猩猩没有自我意识。[1] 实验个体心理学家移植此方法，却发现个体具有自我意识。随后，又进一步揭示出个体自我意识发展的规律。

三 下操作定义

(一) 什么是操作定义

操作定义是指在研究过程中对操作的一种陈述。[2] 在进行研究之前，需要将研究的变量给出操作性定义。在发展心理学研究过程中，有些变量的含义是确定的，如年龄。而有些变量的含义很抽象，如智力、焦虑、敌意等。每个人对智力、焦虑、敌意都有自己的看法，但发展心理学需要对其加以界定，给出操作定义。如智力是反映一个人聪明程度的概念，因此心理学用 IQ 来定义。

(二) 操作定义的功能

操作定义的功能主要有四点：

---

[1] [法] 雅克·沃克莱尔：《动物的智能》，侯健译，北京大学出版社 2000 年版，第 3 页。
[2] Robert L. Solso、M. Kimberly Maclin：《实验心理学——通过实例入门》（第七版），张奇等译，中国轻工业出版社 2004 年版，第 39 页。

(1) 在研究中，要澄清概念所选用的意义是什么；
(2) 说明变量的操作方法；
(3) 使研究假设可以得到验证；
(4) 使当前研究与其他同类研究所获结果加以比较。

四 变量的控制

实验发展心理学的研究与其他研究一样，都要控制因素。这种控制主要包括对自变量进行操纵，对因变量进行测定和对无关变量进行限制。只有对无关变量进行较好的限制，才能确定因变量的变化是否由自变量引起。

（一）自变量

自变量是研究者操纵的变量。

（二）因变量

因变量是研究需要观察被试反应的变量。

在实验发展心理学研究中，因变量的测量主要涉及对个体反应的控制问题。控制因变量测量需要注意的因素有：

1. 指导语

指导语是告诉被试在实验过程中如何反应的话语。在研究过程中，控制好被试对指导语的理解，直接关系到被试如何反应。所以，对指导语应该是：(1) 简单明了，不啰唆；(2) 含义明确，不模棱两可；(3) 写在纸上固定下来，不随意；(4) 通俗易懂，不晦涩。

2. 被试的态度

在实验发展心理学研究中，一定要注意控制好被试对研究所持的态度。应该想办法让他们对研究重视和与研究者进行合作，用积极的态度来完成研究任务。如果在实验研究过程中，被试用消极的态度来完成实验任务，可能会导致整个实验结果出现异常或破坏实验结果。

3. 主试的态度

研究者要在研究过程中的态度也会影响被试完成研究任务的成绩。因此，在具体研究过程中，最好是采用双盲研究法。

4. 测量指标

测量被试反应的指标必须灵敏。有时选择外显行为反应作为测量指标就行；有时可能需要测量被试的生理指导的变化，如呼吸、皮肤电、心率、血压等；有时可能需要选择脑电变化，如 P100、P300、N400 等脑电指标。

（三）无关变量的限制

在个体心理实验中，一般用下列方法来限制无关变量。它们是：

1. 随机化法

随机化（randomization）是根据概率理论，把被试随机地分派到各种处理组中的方法。随机化法是限制无关变量最有效的方法。

2. 消除法

消除法（elimination method）也是把无关变量从研究中排除出去的方法。例如，在研究小学生阅读能力时，噪音会对他们的阅读成绩产生影响。因此，在隔音室中进行研究，就可消除噪音对因变量的影响。

3. 匹配法

匹配法（matching method）是让实验组和控制组中被试的特点相等的方法。

4. 恒定法

恒定法（constant method）是使无关变量在研究过程中保持固定不变的方法。

5. 抵消平衡法

抵消平衡法（counterbalancing method）是通过采取某些综合平衡的方式，使无关变量的效果相互抵消的方法。抵消平衡法主要包括：（1）单组轮流法（single group alternation）。即用一组被试，按受 A、B 两种不同的处理，采用 ABBA 的轮流方式，可抵消实验处理先后顺序的影响。（2）双组轮流法（double groups alternation）。即对于 A、B 两种处理，甲组采用先 A 后 B，乙组采用先 B 后 A 的方式。（3）等组法（equal groups alternation）。即将相同的被试分到两组：一组采用 A 处理，另一组采用 B 处理。

五　研究数据的记录与整理

（一）研究所得数据的类型

在实验发展心理学研究中，所得数据主要包括四类。[1]

---

[1] 杨治良：《实验心理学》，浙江教育出版社 1998 年版，第 25 页。

1. 计数数据

计数数据（enumeration data）是按个体的某一属性或反应属性进行分类记录的数据。这种数据只能反映被试间存在质的不同，不涉及量的差异。如个体的性别分男和女；反应的结果是正确还是错误。

2. 计量数据

计量数据（measurement data）是用测量所得到的数值大小来表示的数据。如个体的年龄（岁）、身高（厘米）、体重（公斤）、智商等。

3. 等级数据

等级数据（ranked data）是用心理量表法所取得的数据。如根据学习态度量表测量的结果将个体对学习的态度分为强、中和弱等。

4. 描述数据

描述数据（descriptive data）是非数量化的数据。在实验发展心理学研究时，量化数据固然非常重要，但描述数据也同样重要。为了说明问题，不仅要有量化数据，还应有描述数据。因为描述数据可以补充说明量化数据，使量化数据说服力更强。

（二）研究数据记录的技巧

在实验发展心理学研究过程中，必须对观察所得数据随时记录。在记录过程中要注意如下几点：[1]

（1）对于观察到的事实和主试的解释要分清。一般主要记录事实。至于主试的见解虽然也要记录，但是不能将其与观察结果相混淆。

（2）对有把握的、不太自信的和有怀疑的内容要分清。某些确知其有问题的材料，可以不记录，但也不可任意选择。不要只记录说明假设的材料，不记录与假设有矛盾的材料。这是一个科学研究的态度问题。

（3）研究进行的时间、地点以及足以影响研究的条件都应记录下来，被试的基本情况及其当前与过去的表现也应记录和了解。这对于研究后期的结果分析有一定帮助。

（4）尽量做到随时记录，即在研究进行时记录。不要事后追忆，如果必须这样做，要加以说明。

---

[1] 全国高校儿童心理学教学研究会编：《当前儿童心理学的进展》，北京师范大学出版社1984年版，第161—173页。

（5）以人为被试的研究，该用言语反应的，就利用言语反应，不要认为只有动作反应才是最科学的。

（6）能记录数量反应的，就尽量用数字。但也不能一律追求数字记录。

（7）记录时应尽量使用事先印制好的表格来填写，并争取利用专门的仪器设备，例如，利用录音、录像和计算机等，以保证记录的精确性。

（8）改动记录的数字时，一定要把原来的数字划去，另写，切忌在上面涂改。

（9）研究结束后，要和被试进行谈话，对他提出问题，问他在实验进行过程中的体验并加以记录，作为资料参考。

（三）数据的整理

在实验发展心理学研究中，对最后所获得数据的整理，主要包括下面的步骤：①

1. 评分

根据标准答案，对原始记录逐一进行评定，给出分数或评出等级。

2. 检查

对已经评定完的原始记录逐一进行检查，将不合格的记录，抽取出来不用，有缺漏的（如性别、年龄等被试相关信息未填写的）要填补清楚，然后清点全部材料的总数。

3. 对原始数据进行分类

对原始数据（raw data）进行分类是指按性质将相同的数据归到一起，形成一类。

4. 对数据进行统计分析整理

通过统计分析，可以使非常复杂且杂乱无序的数据整理得一目了然。一般根据研究设计不同，选择出合适的统计方法。对于研究对象的总体符合正态分布的，要采用参数统计方法；对于研究对象的总体不符合正态分布的，则应选择非参数的统计方法。

5. 对不同性质的数据的处理方法

（1）既有相等单位，又有绝对零的数据。如记住的生字数。在进行

---

① 查子秀：《儿童心理研究方法》，团结出版社1989年版，第187—189页。

比较时，可以说甲比乙大多少和甲是乙的多少倍。可以利用加、减、乘、除去处理它们。

（2）只有相等单位，但没有绝对零的数据。如智力测验后的分数，甲：100；乙：75；丙：50。在做比较时，只可以说甲与乙之差别等于乙与丙之差别，而不能说甲的智力是丙的智力的 2 倍。处理时只能用加减法，不能用乘除法。

（3）单位既不相等，又没有绝对零的数据。如学生对老师的喜爱，要按顺序排出等级：非常喜欢，喜欢，非常不喜欢。在做比较时，不能说某学生对教师的喜爱程度是另一名学生喜爱程度的几倍。

六　研究结果的分析与讨论

（一）结果分析与讨论的任务

1. 对结果进行解释

对结果的分析与讨论，其实就是研究者对所得结果的解释。因此，解释是研究过程的重要环节，科学地解释研究结果也是一种系统的陈述过程。在解释时要借助于已有的知识和原理。[1]

2. 回答所提出的问题

在研究结果的分析与讨论部分，研究者要答复所提出的问题，说明研究假设是被研究结果证实了，还是否定了。

3. 提出研究的展望

在结果的分析与讨论部分，研究者还要用自己的研究经验和本专业知识，指出本研究的意义，以激励其他研究者的研究兴趣。同时还要找出造成目前研究结果及误差的可能原因，以便后来研究者引以为戒。

（二）对结果分析与讨论的方法

1. 定量法

定量法就是从数量化的思路出发，运用研究手段，对个体在研究中的反应做定量测定，并对所获得的数据进行严格的统计分析，从中揭示数据的特征和规律，在此基础上对数据的意义做出准确而合乎逻辑的

---

[1] 中国心理学会编：《心理学论文写作规范》（第二版），科学出版社 2016 年版。

推理。

2. 定性法

定性法是运用一定的逻辑方法，对研究数据进行思维加工，从而认识个体反应的本质，揭示其发展规律，为研究结果的解释和理论构想提供依据。定性法具体包括比较、分类、归纳、演绎、分析、综合、抽象、具体等环节。

3. 综合法

综合法是将定量法和定性法相结合。一种是从量到质；另一种是从质到量。这种方法在个体心理研究中比较常用。

4. 模型法

模型法是检验变量间复杂因果关系的数学方法，是因素分析和路径分析的深化和综合。代表性的有结构方程建模（structural equation modeling）、因果建模（causal modelling）、线性结构方程（linear structural equation）等。

七 撰写研究报告

研究报告的撰写有其特殊的格式。在当前国际心理学界学术交流日益加强的时代，撰写出合乎标准的研究报告就显得十分重要。在美国，如何撰写心理学报告有专门的指导书——《美国心理学会出版手册》（*Publication Manual of the American Psychological Association*）[1]。此外，还有一本由斯腾伯格（Robert J. Sternberg）撰写的《心理学家的同伴：指导学生和研究者科学写作》[2]，专门探讨如何写出符合美国心理学杂志要求的报告或论文。中国心理学会组织专家编辑出版了《心理学论文写作规范》（第二版）[3]。

（一）研究报告的格式

中国国家标准局于 1987 年 5 月 5 日批准了科学技术报告、学位论文

---

[1] American Psychological Association, ed., *Publication Manual of the American Psycholgical Association*, Washington D.C.: the American Psychoclocial Association, 1994.

[2] Sternberg, R. J., *The Psychologists Companion: A Guide to Scientific Writing for Students and Researchers*, New York: Cambridge University Press, 1991.

[3] 中国心理学会编：《心理学论文写作规范》（第二版），科学出版社 2016 年版。

和学术报告的编写格式（GB 7713—87 Presentation）于 1988 年 1 月 1 日起实施。[①] 具体内容如下：

1. 前置部分

包括：封面、封二（学术论文不必要）；序或前言（必要时）；摘要；关键词；目次页（必要时）；插图和附表清单（必要时）；符号、标志、缩略词、首字母缩写、单位术语、名词等；注释表（必要时）。

2. 主体部分

包括：引言；正文；结论；致谢；参考文献。

3. 附录部分（必要时）

包括：附录 A；附录 B 等。

4. 结尾部分（必要时）

包括：可供参考的文献题录；索引；封三；封底。

（二）撰写研究报告

1. 题目

以最恰当、最简明的词语反映研究的特定内容。

撰写题目的要求是：（1）必须考虑有利于选定关键词、编制题录和索引；（2）题目一般不应超过 20 个字；（3）应有相应的外文题目（多用英文，一般不超过 10 个实词）。

2. 摘要

摘要是对报告内容不加注释和评论的简短陈述。

撰写摘要的要求是：（1）应有独立性，即不阅读报告、论文的全文，就能获得必要的信息；（2）应是一篇完整的短文，可以独立使用、可以引用等；（3）应说明研究工作的目的、实验方法、结果和最终结论等，重点是结果和结论；（4）字数一般为 200—300 字；（5）外文摘要不宜超过 250 个实词。

3. 关键词

关键词是科研论文的文献检索标识，是表达文献主题概念的自然语言词汇。

撰写关键词的要求是：（1）一篇研究报告，其关键词为 3—8 个；

[①] 陈浩元：《科技书刊标准化 18 讲》，北京师范大学出版社 1998 年版，第 58—80 页。

(2) 如果有可能应用汉语主题词表中的词；(3) 使用反映研究报告主题概念的词。

4. 引言

引言也称前言或问题提出，是研究报告的正文的第一部分。提出文中要研究的问题，引导读者阅读和理解全文。

引言的撰写要求是：(1) 用简短的语言介绍研究的背景和目的，以及相关领域内前人的工作和研究概况及本研究的意义；(2) 开门见山，不绕圈子；(3) 言简意赅，突出重点；(4) 包括研究的问题、假设及对研究概念的操作定义。

5. 研究方法

内容包括：研究对象、研究工具或研究材料、研究设计、自变量与因变量、研究程序、统计工具等。

(1) 研究对象。在研究报告中一定要介绍清楚研究对象的相关信息，如年龄（一般需要精确到年和月）、性别、民族、教育水平、家庭背景、学校类型、健康状况等，此外还包括被试的智力特征和人格特征等。

(2) 研究工具。在研究报告中，需要明确指出研究所用的工具是什么。如果是心理测量量表，需要指出编制者、量表的效度和信度；如果是仪器，需要指出仪器的生产厂家、仪器的性能和主要指标等。在使用仪器上，一般需要使用经过鉴定的仪器设备。

(3) 研究材料。研究材料是研究者给研究对象呈现的作业或任务。要想取得好的研究结果，需要对研究材料进行精挑细选，将材料进行"提纯"。"纯度"越高的材料，越能保证研究结果的可信度。

(4) 研究设计。在研究报告中应该指出研究中涉及了几个因素，每个因素有几个水平。同时还需要指出哪些因素是被试内设计的，哪些因素是被试间设计的。

(5) 自变量与因变量。在研究报告中需要明确给出自变量的操作定义和因变量的具体含义。

(6) 研究程序。在研究报告中需要明确说明研究实施的先后顺序。同时还要指出研究过程中需要注意的问题。其中必须包括指导语。

(7) 统计工具。在研究报告中要指出研究所用的统计工具。目前，在心理学家常用的统计工具是 SPSS。当然还有一些特殊的研究工具，如

AMOS。

在研究方法写作时，要注意：（1）语言准确；（2）逻辑性强；（3）注意使用相关的数据作为支持。

6. 研究结果

研究结果通常采用图或表的形式来呈现。

需要指出的是，研究的目的是为了交流，所以报告研究结果时一定要简单、准确、明确。因此，如果能将研究结果用图来表达的，就不用数据表来表达；如果能将研究结果用数据表来表达的，就不用文字叙述。

制作表时，表名应在表的上面，目前一般采用三线表的形式。

制作图时，要求为：（1）图名应写在图的下面；（2）根据所要表明的现象的性质确定图的形式。如果表明因变量随自变量而逐渐变化，一般用曲线图；如果自变量是几个且性质不同时，一般采用直方图来表示各种不同情况下的因变量变化。

7. 分析讨论

分析讨论是对研究所获得结果的解释。在解释时需要做到：与已有理论结合；与已有研究结果结合；与已有研究方法结合等。

8. 结论

结论是整篇研究报告的最后总结。

撰写结论的要求是：（1）明确指出研究结果是否支持研究的假设；（2）明确指出研究结果的意义价值。

9. 附录

附录是研究报告的附件，不是其必要的组成部分。一般主要用来向读者说明正文中某部分内容的详尽推导、演算、证明或解释与说明，以及一些不宜列入正文中的数据、图、表和研究材料。

10. 参考文献

参考文献是撰写研究报告而引用的有关图书资料。撰写参考文献的要求是：按顺序编码，即按引文出现的先后用阿拉伯数字连续排列；在正文中用上标注出。

下面介绍各类文献的著录格式及示例。

（1）专著

顺序号 著者．书名．其他责任者（选择项）．版本．出版地：出版者，出版年．页码（选择项）．

示例：

① 沈德立，白学军．实验儿童心理学．合肥：安徽教育出版社，2004. 5—7.

② 皮亚杰．生物学与认识．尚新建等译．北京：三联书店，1989，4—5.

（2）专著中析出的文献

顺序号 作者．题名．见：原文献责任者．书名．版本．出版地：出版者，出版年．在原文献中的位置．

示例：

① Enns J. T.，Trick L. M.，Four Models of Selection. In Bialystok E. and Craik F. I. M.（ed）. Lifespan Cognition：Mechanisms of Change. New York：Oxford University Press，2006，43 – 56.

（3）论文集中析出的文献

顺序号 作者．题名．见：编者．文集名．出版地：出版者，出版年．在原文献中的位置．

示例：

沈德立，李洪玉．中小学生非智力因素发展与培养的研究．见：高尚仁、陈烜之主编．迈进中的华人心理学．香港：香港中文大学出版社，2000. 257—270.

（4）期刊中析出的文献

顺序号 作者．题名．其他责任者（选择项）．刊名，年，卷（期）：在原文献中的位置．

① 白学军．工作记忆与推理．心理科学进展，2007，15（1）：16—21.

② Schaire K. W. & Willis S. L.，Can Intellectual Decline in the Elderly Be Reversed? Developmental Psychology，1986，22，223 – 232.

③ 白学军，孟红霞，王敬欣，田静，臧传丽，闫国利．阅读障碍儿童与其年龄和能力匹配儿童阅读空格文本的注视位置效应．心理学报，

2011，43（8）：851—862.

（5）学位论文

顺序号 作者．题名：［学位论文］．保存地：保存者，年份．

示例：

白学军．不同年级个体课文理解过程的眼动实验研究：［博士学位论文］．北京：北京师范大学发展心理研究所，1994．

（6）会议论文

顺序号 作者．题名．会议名称，会址，会议年份．

示例：

沈德立，白学军，阎国利．中小学生阅读课文过程的眼动实验研究．第三届全球华人心理学家学术会议，北京，1999．

需要指出的是：作者少于3人（包括3人）应全部列出，多于3人时可用等来省略。年代采用公元纪年，用阿拉伯数字表示。

第三节 实验发展心理学研究的具体方法

一 观察法

（一）观察法的含义

观察法是通过一定程序收集资料，以期获得描述性的数据来简化复杂现象的过程。深入细致的观察常常使发展心理学家能获得系统而重要的信息。观察法是心理学工作者，特别是实验发展心理学工作者最常采用而且也是能够获得重大科学发现的重要方法。

（二）观察法的分类

1. 自然观察

自然观察（naturalistic observation）是指在自然情境中对个体行为的观察。例如，教师在课堂上，通过提问来观察学生的行为反应，以了解学生对知识的掌握情况，教师运用的就是自然观察。

2. 结构观察

结构观察（structured observation）是在实验室情境中对个体行为的观察。在这种方法中，研究者设置一个能激起个体特定行为的情境，每一个被试都有相同的机会表现出这些行为。例如，班杜拉进行的儿童攻击行为的实验。他首先让孩子观看电影，内容是一名儿童正在攻击洋娃娃。然后让看过电影的孩子到实验室里，实验室中也放置一个与电影中完全一样的洋娃娃。然后观察孩子们的行为表现。结果发现，观看攻击行为受到表扬的孩子，他们在后来自己进入实验室后，更多地表现出攻击行为；观看攻击行为受到惩罚的孩子，他们在后来自己进入实验室后，更少地表现出攻击行为。

因此，结构观察比自然观察更能控制研究的情境。同时，结构观察有助于研究者观察到在日常生活中很少有机会见到的行为。

（三）观察的要求

观察是实验发展心理学研究中的一种专门技术，在运用的过程中需要注意以下几点：[1]

1. 明确目的

观察是在一般的条件下，有目的、有计划、系统地在个体的言行中了解其心理发展的方法，所以研究者必须对所观察的内容有明确的了解，特别是观察的目的要明确，观察的意义必须清楚。

在实验发展心理学研究过程中，需要观察的主要内容包括：

（1）观察对象。观察对象的年龄、有何特征、扮演的角色等。

（2）观察内容。观察对象做了什么、说了什么、如何表现的、行为过程等。

（3）发生的时间。观察对象及观察内容所发生的时间、持续多久，什么时间结束的。

（4）发生的地点。观察对象或观察事件发生的地点，是否其他地点也发生了、为什么在此地发生。

（5）发生的情形。事件是为何发生的，这个事件是否与其他事件有关联，事件与其他场合的事件有何不同。

2. 情境自然

观察要在自然条件下进行，要尽量使观察对象处于自然状态下。这样观察的结果才具有客观性。自然条件是指对研究对象不进行任何控制和干预。客观性是指观察所得结果比较正确地反映客观事实。要实现这

---

[1] 朱智贤等：《发展心理学研究方法》，北京师范大学出版社1991年版，第160—167页。

一点，最关键的就是观察前要有科学的理论做指导，防止主观性和先入之见。

3. 随时记录

观察的结果要随时加以记录，以便事后对其进行分析整理。好的观察应该采用现代化的记录手段，如录音机或录音笔，录像机。

在实验发展心理学研究中，主要记录的内容包括：

（1）行动者。观察的对象。

（2）时间。观察对象和事件发生的时间。

（3）地点。观察对象活动的地点或事件发生的地点。

（4）主题。观察的内容。

（5）行为。观察对象的具体行动。

（6）活动。观察对象所从事的具体活动。

（7）目标。观察对象想做的事情。

（8）感受。观察对象的情绪表现或感受。

4. 由表及里

首先在观察过程中，要尽量选择观察典型的、有代表性的和主要的内容；其次在观察过程中要对所发现的现象进行重复观察；最后要使用多种手段进行综合观察。从而使观察的结果能够真正反映研究对象的心理发展本质。

（四）观察的优缺点

观察的优点是观察对象处于比较自然的状态下，所以他们的心理表现自然和真实。

观察的缺点是研究者只能处于被动的地位，只能消极地等待研究对象的相关行为现象出现；研究结果很难重复；研究结果的量化比较困难。

二　实验法

（一）实验法的含义

在研究个体心理发展时，实验法是应用广泛的一种方法。实验法是根据研究的目的，有计划、严格地控制某些条件来引起个体的某种心理活动，分析个体心理活动发生的因果关系的方法。

(二) 实验法分类

1. 自然实验

自然实验（natural experiment），指在个体日常生活、游戏、学习和劳动等自然情境下，引起或改变一种或几种影响个体心理的条件，来研究个体心理和行为发展变化的方法。

自然实验的优点是把实验寓于个体真实的生活、学习情境中，使个体不知道自己被实验，因而研究所得到的结果更接近个体的真实心理。缺点是在实验过程中，易受突发事件的影响，无法进行控制。

在自然实验中，教育心理实验法是一种比较特殊的方法。

教育心理实验（education-psychological experiment）是自然实验的一种特殊形式。指在教育教学过程中，引起或改变某些条件来研究不同年级学生心理和行为发展变化的方法。

教育心理实验的优点是将研究与教育教学相结合，研究结果直接为教育教学服务，针对性强；因属于自然实验，所以研究结果易于推广。缺点是在实验过程中，受干扰的因素较多且不易控制，理想的实验设计不易达到，所以结果的精确性较实验室实验差。

2. 实验室实验

实验室实验（laboratory experiment），指根据研究目的，在特别设定的环境中，引起或改变某些条件来研究心理和行为发展变化的方法。实验室实验常借助于一定的仪器、设备来记录和测试个体心理的变化。

实验室实验的优点是对实验条件进行了严格控制，有利于实验者弄清楚特设条件与个体心理和行为之间的因果关系。实验可以重复且精确性高。缺点是由于实验室条件同个体正常的生活条件相差较大，所以实验结果在推广时受到一定的限制。

3. 实验室实验与自然实验的比较

实验室实验与自然实验既有共同之处，又有差异之处（见表2—1）。①

---

① 俞国良：《社会心理学》，北京师范大学出版社2006年版，第109页。

表 2—1　　　　　　　　实验室实验与自然实验的比较

	实验室实验	自然实验
对变量的控制程度	高	低
随机分配程度	几乎总是	很少
便利性	通常很高	通常很低
真实性	低	高
自变量受到的影响	倾向于更低一些	倾向于更高一些
被试的怀疑和实验偏向	倾向于更高一些	倾向于更低一些
外部效度	低	高

（三）实验法的变量

在发展心理学的实验中，研究对象是不同年龄的个体，一般称为被试（subject）。从事或主持个体心理研究的实验者（experimenter），称为主试。同时，实验法中最主要的内容是变量。包括自变量、因变量和无关变量。

1. 自变量

自变量（independent variable）是由实验者所操纵，并能施加于被试的各种刺激物，所以又叫刺激变量。实验的目的就是为了观察由于它的改变所引起的被试反应的变化。

自变量的数量很多，但主要是三类：作业、环境和被试。

（1）作业

作业（task）是在实验中要求被试做出特定反应而呈现的某种刺激。如皮亚杰所设计的液体守恒作业、三座山作业等。当实验者把这些作业的任何特性作为自变量来操纵时，这种作业就是一种自变量。

（2）环境

在给被试呈现某种作业时，如果改变实验环境（environment）的任何特性，则被改变了的环境特性就构成了环境自变量（environmental independent variable）。如在让个体完成某记忆任务时，实验者有意使环境保持安静或出现吵闹。

（3）被试

被试（subject）是指个体心理实验中研究中的对象。被试的特征因素主要有年龄、性别、智力、健康状态、文化水平、动机、人格等，它们都可能影响对某种刺激的反应，这些因素就构成了被试自变量（subject variable）。需要指出的是，被试自变量有的是实验者可以操纵的，如动机强度。有的则是实验者不能加以操纵的，如人格、智力等。这些被试本身固有的，实验者不能加以操纵使其改变特性的变量，称为属性变量（attribute variable）。

2. 因变量

因变量（dependent variable）指实验中所要观察的被试的各种反应，所以又叫反应变量（response variable）。它是由自变量变化而产生的结果。即因变量的变化是由自变量的变化所引起。

在实验中，自变量与因变量的关系是：自变量是因，因变量是果。如果因变量是随自变量的变化而变化，两者之间又是一种函数关系，那么一般则用 $y = f(x)$ 来表示。

在个体心理实验中，被试反应的测量指标（index）主要有：反应速度、反应的正确率、反应的难度、反应的强度、反应的次数、反应的频率和口头报告等。

3. 无关变量

无关变量（interfere variable）是在实验过程中，除自变量以外，其他一切可能对因变量产生影响，因而需要加以限制的变量。之所以称为"无关变量"，是因为这些变量与所要研究的主要问题无关。如果在实验中，对它们不加以严格限制，就会直接影响实验的结果，因为这时实验者不能确定实验结果是自变量引起的，还是由别的变量引起的。因此，在具体的研究过程中，一定要仔细检查和限制一切可能的无关变量。

人们进行实验研究，就是要在限制无关变量的情况下，寻找自变量的变化对因变量所发生的影响，从而揭示其特定的因果关系。所以，妥善处理好以上三种变量之间的关系，是实验研究成功的关键。

三　访谈法

（一）访谈法的定义

访谈法是通过与研究对象的交谈来收集有关对方的心理特征和行

为资料的研究方法。它是心理学研究中运用最广泛的研究方法之一。[①]在实验发展心理学研究中，我们通常用访谈法来了解不同年龄个体的态度、认识、感受和思想等，从而对他们的各种心理特征和活动进行研究。

从本质上来讲，访谈法就是有目的的谈话。因此，在访谈之前是否做好准备将直接关系到研究所获得结果的可靠性和信息量的多少。

（二）访谈法的类型

根据在实验发展心理学研究中，对研究对象的提问和反应的结构方式不同，可分为四种类型，如表2—2所示。

表2—2　　　　　　　　　　访谈法的类型

		谈话项目的特点	
		无结构	有结构
反应的可能	无结构	无结构访谈	半结构访谈1
	有结构	半结构访谈2	有结构访谈

结构访谈是指在实验发展心理学研究中，一种有指导的、正式的、事先决定了问题项目和反应可能性的访谈形式；无结构访谈是指在实验发展心理学研究中，一种非指导的、非正式的、自由提问和做出回答的访谈形式。半结构访谈1是要求被试自由地回答预定的访谈内容也可能用讨论的方式作答；半结构访谈2是要求被试按有结构的方式来回答无结构的问题。

（三）访谈的要求

1. 相互信任

运用访谈法，是否获得真实可靠的资料，访谈者与被访谈对象之间是否建立起相互信任的关系至关重要。在实验发展心理学研究过程中，无论是对年龄较小的儿童进行访谈，还是对年龄较大的成人进行访谈，访谈者必须与被访谈对象之间建立起良好的相互信任的关系，这样所获得的资料才是真实可靠的。

[①] 王重鸣：《心理学研究方法》（第二版），人民教育出版社2001年版，第166—167页。

2. 气氛友好

在访谈过程中,访谈者要努力创造一种友好的气氛。如说话的语气要真诚,态度要和蔼。不能在访谈过程中制造紧张气氛。

3. 问题要简单明了

在访谈的过程中,所问的问题一定要简单明了,有利于被访谈对象的理解。当被访谈对象对所问问题理解出现困难时,一定要采取通俗易懂的语言来正确表达自己所要问的意思。

4. 及时追问

在访谈的过程中,当被访谈对象的回答用词出现歧义时,访谈者要及时追问,让其更清楚地表达自己的意思或观点。

追问的技巧包括:(1)重复问题。当发现被访谈对象没有正确理解问题时,应将问题重复一遍。(2)复述回答。当访谈者不能肯定自己是否正确理解了被访谈对象的回答时,可复述一下被访谈对象的回答,以使访谈者确认对被访谈者的回答做出了正确的理解。(3)表示理解和关心。访谈者可表示自己已听到回答,从而激发被访谈对象继续谈下去。(4)停顿。如果访谈者认为被访谈对象回答不完全,可采用停顿不语,表示等待对方继续谈下去。(5)一个中立的问题。如访谈者说:"你讲的这个是什么意思?"或者:"你能否再多讲一点?"[1]

5. 必要的工具准备

在进行访谈前,需要准备好相应的工具。这种工具可分为三类:第一类是普通的工具,如记录本或纸;第二类是特殊工具,如访谈的提纲、访谈的表格、访谈用的照相机、录音机(笔)、计算机等;第三类是证明工具,如所在机构出具的介绍信和访谈者自己的证件(如工具证、身份证)。

(四)访谈法的优缺点

访谈法的优点主要有:(1)允许访谈对象尽可能以接近日常生活的思维方式展示自己的思想;(2)访谈者在很短时间内收集大量的资料;(3)能够根据访谈的结果进行深入谈话,以了解访谈对象的深层次心理。

访谈法的缺点主要有:(1)在访谈的过程中,访谈对象可能会有意

---

[1] 袁方:《社会研究方法教程》,北京大学出版社1997年版,第284页。

或无意地取悦于访谈者，从而不能真实地了解其心理。（2）访谈对象的语言表达能力直接影响访谈的结果。如果访谈对象语言表达能力强，则使访谈者能更好地了解其思想活动；如果访谈对象的语言表达能力差，则使访谈者不能很好地了解其思想活动。（3）访谈法对访谈者的要求很高，特别是访谈者需具备灵活应变的能力和及时捕捉重要细节的能力。因此未经过特殊训练，访谈者很难胜任此工作。

四 测验法

（一）测验法的含义

测验法是指根据事先编制的测验量表来测定不同年龄个体心理特征上的差异的方法。心理测验是一种测量手段，其理论依据是心理现象也是一种客观现象，可以进行数量化的测量与分析。心理测验就是用心理测量的工具，取得心理变化的量的数据，以此来比较、鉴别和评定不同年龄个体之间心理上的差异，或者同一个体在不同年龄、不同条件下的心理反应和心理状态。

（二）测验的类型

1. 能力测验

能力测验包括一般能力测验、特殊能力测验和一般能力倾向测验。

2. 学业成绩测验

学业成绩测验主要是测量个人经过某种正式教育或训练之后对知识和技能掌握的程度。

3. 个性测验

个性测验主要测量人格、气质、兴趣、态度等个性特征。

（三）测验的性质

在发展心理学研究中，心理测验具有三个特性：

1. 间接性

实验发展心理学研究者无法直接测量不同年龄个体的心理，只能测量人的外显行为，即只能通过不同年龄个体对测量题目的反应来推论他们的心理特点。

2. 相对性

在实验发展心理学研究中，在对不同年龄个体的行为进行比较时，没有绝对的标准，也就是没有绝对的零点，有的只是一个连续的行为序列。因此测量就是看每个人处在这个序列的什么位置上。

3. 客观性

经过标准化的测验能够真实测量个体的心理特点。因为标准化的测验不仅测验题目统一、指导语统一、施测要求统一，而且对结果的评价标准和结果的解释也是统一的。

（四）测验法的要求

1. 测验前要做好准备工作

在实验发展心理学研究过程中，要想运用测验法取得好的结果，必须在测验前做好准备工作。主要有：（1）通知被试测试的时间、地点和测验的内容；（2）主持测验的人员要熟悉测验指导语，必要时能够准确地背诵；（3）准备好测验材料；（4）熟悉测验的程序。

2. 保持良好的测验环境

在实验发展心理学研究中，要想保证测验的质量，必须有好的测验环境。一般需要安静的环境。在正式测验开始后，无关人员不能再出现在测验现场。

3. 严格按测验要求进行

在实验发展心理学研究过程中，对被试进行测试时，一定要严格按照测验的要求进行，不能擅自改动测验的要求或测验的指导语。在进行能力测验时，一定要严格时间要求。

此外，要想在实验发展心理学研究中，使用测验法收集到的资料客观有效，主持测验的人员需要进行专门的培训。没有进行过专门培训的人员，原则上不应使用心理测验开展研究工作。因为他们所收集到的数据质量没有办法保证。

4. 按标准评定测验结果

对测验结果的评定一定要按评分手册进行。在评定完原始分数后，根据手册中的常模表，对数据进行正确转换。

5. 注意测验题本的控制

心理测验量表的使用是不同于一般物理量尺的使用，它需要控制使用范围。这主要是因为，如果一般人员了解了测验内容，将会使测验失效。如果想了解小学某年级学生的智力发展水平，需要对他们进行智力测验。但如果教师为了让学生在智力测验中取得好的分数，就会事先让学生练习与智力测验相类似的题目。这样虽然使学生的智力测验成绩提高了，但并不代表心理学意义上所讲的学生智力水平的提高。在这种情况下，智力测验的预测作用就失效了。

6. 协调好与被测者之间的关系

在实验发展心理学研究的过程中，特别是以年龄较小被试为测试对象时，需要在测验之前，协调好与被试之间的关系。让他们对主持测验的人员没有陌生感或恐惧心理。同时也要留有一定时间让他们熟悉测试环境，以免因分心而导致测验结果不准确。

（五）测验的程序

测验是一种标准化的程序，所谓测验的标准化，包括两个方面：（1）测验必须经过标准化的程序编制；（2）使用时必须按标准化的程序使用。

标准化的测量主要包括以下步骤：

第一步，测验的编制。首先需要根据测验目的来确定测验的目标；其次分析测验目标所包含的心理特征或心理过程；最后收集相关的经验资料和选择测验题目。

第二步，试测。测验编定之后，需要在少数特定人群中进行试测，以检验测验题目是否合格。

第三步，对测验进行修改。在试测结束后，应对测验题目进行项目分析、难度分析，最后定出正式测验题目。

第四步，正式施测。对研究的人群进行大规模的测试。同时还要编制出测验手册。

第五步，建立常模。常模是测验结果比较的标准和测验结果解释的标准。常见的常模有年龄常模、地区常模或全国性的常模。需要指出的是，在我国，除非测验已有了全国常模，否则跨地区使用时一定要谨慎。

第六步，对测验进行检验。报告测验的效应、信度、区分度等。

（六）测验法的优缺点

测验法的优点是：（1）测验的编制是按严格的科学程序进行的，便于评分和对结果的统计分析；（2）测验有现成的常模，所以可以将同一年龄或不同年龄被试的结果进行直接比较；（3）如果是团体测验，则可进行大样本的研究，节省人力和物力。

测验法的缺点是：（1）测验的内容是固定的，因此不能在测试过程中变动测验的内容；（2）对测试人员的要求比较高，一般需要进行专门的培训后才能使用测验；（3）被测对象的成绩可能会受到他们的练习与参加测验的经验的影响；（4）测验常模的修订比较困难，所以经常遇到的问题是一些常见测验的常模存在着老化现象。

五　个案法

（一）个案法的含义

个案法（case study）是指在收集特定个体或某几个特定个体生活中的各种信息的基础上，通过分析个体生活中的历史事件来检验心理发展假设的一种研究方法。个案法是实验发展心理学早期研究中常用的一种方法，目前这种方法仍然得到广泛的应用。通过对个案的深入研究，得出了发展心理学中一些普遍的规律。这方面典型的代表是皮亚杰对自己孩子的个案研究。通过对自己孩子从出生到两岁的个案研究，皮亚杰出版了《儿童早期智慧起源》的专著，系统地揭示了个体发育早期智慧发生与发展的过程。他对0—24个月儿童智力发展的六个阶段的划分，至今仍然是实验发展心理学中最好的。

（二）个案法的类型

1. 个体个案法

个体个案法就是以个人为研究对象，对其特殊的心理与行为进行研究的方法。这种方法在实验发展心理学研究中特别常见。在我国，陈鹤琴对自己儿子陈一鸣进行的808天的观察研究，就是一项典型的个体个案研究。

2. 团体个案研究法

团体个案研究法就是以特定的团体为对象对其心理与行为进行研究的方法。通过选择具有某种特殊特征的团体，对该团体进行深入研究，从中可发现该团体中所有成员的共同特征是什么。

（三）个案法的特点

1. 取样的单一性

个案研究的对象是对个人或几个个体进行研究。因此，研究的对象具有具体性和单一性。在发展心理学研究中，个案法着重研究个体的心理、行为及其相关问题。

2. 研究目的的针对性

个案研究是以更好的训练、补救和矫正为目的，其研究目的具有更强的针对性。这是因为个案研究通过让研究者能发现存在的问题探索出问题形成的根源。例如，对特殊儿童的个案研究，可以更好地了解其心理发展的现状及其成因。

3. 研究过程的精细性

在发展心理学研究中，采用个案研究时，研究对象的人数有限，因此允许研究者对整个研究过程进行精细的控制和探讨，并可了解各方面的信息。这就是好的个案研究所得出的结论具有普遍性的原因。

（四）个案研究的要求

1. 确立研究的个案

在发展心理学研究中，如果要采用个案法来进行研究，一个重要的问题就是要选择典型的个案。所谓典型性是指个案具有一般研究对象不具备的特殊特征。例如，计算方面的白痴天才、音乐天才，遗传方面具有特殊的特征等。

2. 搜集个案的资料

（1）个案自身的资料

① 个案的基本资料：姓名、性别、年龄、文化程度、职业、民族、籍贯、婚姻状况等。

② 个案身体健康资料：既往病史、药物过敏史等。

③ 个案成长资料：母亲妊娠、出生、营养、环境等。

④ 个案心理发展资料：智力、人格、情绪、态度、价值观、品德等。

⑤ 个案的家庭背景资料：父母职业、父母年龄、父母文化程度、父母的收入水平；家庭居住环境；父母的教育方式；家庭中重大生活事件；家庭疾病史等。

（2）个案资料的来源

收集个案资料的来源一定要科学，渠道一定要正当。在实验发展心理学研究过程中，要注意根据研究对象的年龄，有选择地收集个案的相关资料。当个案年龄较小时，主要应向其父母或直接抚养人或监护人来获得相关资料；当个案上学后，主要应向家长和教师及同学来收集资料；当个案工作后，主要应向其父母和同事来收集资料；当个案成家后，还要注意收集其配偶方提供的资料。

3. 个案资料的分析与整理

个案资料的分析与整理通常是从两个方面进行的。第一，主观—客观维度。即从主观上分析个案行为发生的内部动力，如动机、态度、情感等；从客观上分析个案的教育、社会环境、家庭与其生理、心理特点一致与不一致的地方。第二，现状—过程—背景维度。即从个案的当前发现现状和水平来分析个案行为或现象的形成和发展过程与现有水平的动态关系，进一步分析个案行为或心理现象发生的背景因素，在此基础上揭示出个案发展变化的基本特点和规律。

（五）评价个案研究的标准

有人提出通过以下 20 个问题可以对个案研究进行评价。[1]

（1）是否忽视了任何重要的数据？

（2）是否不只用一种方法收集资料？

（3）在资料的解释中，曾否考虑到多个学派的思想？

（4）对数据的来源是否加以详细说明？

（5）曾否运用测验、判断以及别人所提供的行为描述，是否做过独立判断？

（6）是否提出了统计分析的参考点？

（7）曾否考虑到个案有作弊的可能性？

（8）提出的文化情况是否详细？

（9）是否提出了一份家庭情况说明？

（10）是否说明了与个案有关的发展经历？

（11）对于当前的行为趋势是否引起了足够的注意？

（12）对于未来的计划是否有充分的考虑？

（13）进行预测时，是否提供作为证据的资料？

（14）在说明个案的动机时，曾否予以充分注意？

（15）是否为了一般的类型提供了具体说明？

---

[1] 郝德元、周谦：《教育科学研究法》，教育科学出版社 1990 年版，第 218 页。

（16）曾否回避了检验项目？
（17）写作完整吗？
（18）曾否力求简明扼要？
（19）前言是否与研究内容一致？
（20）当读完个案研究时，你是否感到对该人已有真正的了解？

（六）个案法的优缺点

个案法的优点主要有：（1）研究人员对研究对象的特点有充分的了解与认识，对个体发展过程和发展现状能进行深入了解；（2）个案研究强调个体发育史与现实发现相结合，所以研究结果能更好地反映个体心理发展变化的特点与规律；（3）个案研究时可以进行灵活多样的方法，所以收集到研究对象的数据有深度和广度；（4）收集到的资料比较全面；（5）个案研究的对象较少，所以研究可节省人力、物力和财力。

个案法的缺点主要有：（1）研究结果的代表性差，依据某个特殊个案所得出的结论，不一定适合于其他个体；（2）从个案中得出的结论带有主观性，因为在个案研究中，研究者常使用非标准化的问题，导致个案与个案之间的结果比较起来较难；（3）研究的效度取决于所获得的个案资料的准确性。

第四节　实验发展心理学的研究设计

一　实验设计

（一）实验设计的含义

实验设计（experimental design）有两种含义：广义上指为指导实验而预先进行的计划；狭义上指实施实验处理的一个计划方案以及与计划方案有关的统计分析。

（二）实验设计的任务

实验设计的任务主要包括：（1）建立与研究假设有关的统计假设；（2）确定实验中使用的实验处理（自变量）和必须控制的多余条件（无关变量）；（3）确定实验中需要的被试数量以及被试抽样的总体；（4）确定将实验条件分配给被试的方法；（5）确定实验中每个被试要记录的反应（因变量）和使用的统计分析。

（三）实验设计中的几个内容

1. 因素

因素（factor）是指研究者在实验中所要研究的一个自变量。实验者通过操纵来估价它对因变量的影响。

2. 因素水平

实验者所操纵的自变量的每个特定的值叫作因素水平。实验者需要事先确定因素水平及其数量。在实验个体心理学研究中，因素水平可能是数量的，如"年龄""智力水平"等的取值是用数字表示的；也可能是性质的，如"性别（男、女）""利手（左利手、右利手和混合型）"等的取值只是表示类别的不同。

3. 因素设计

因素设计（factors design）指多于一个因素的实验设计，如一个含有三个因素，每个因素有两个水平的实验设计，常被称为 $2 \times 2 \times 2$ 三因素设计。

4. 处理和处理水平的结合

处理（treatment）和处理水平的结合（treatment combinations）都指实验中一个特定的独特实验条件。例如，在一个研究个体选择注意的实验中，实验设计为 2×2。被试的年级有小学 4 年级（A_1）和 6 年级（A_2）两个水平，实验刺激分为有分心的（B_1）和没有分心的（B_2）两个水平。这样实验中有 4 种处理水平的结合：A_1B_1，A_1B_2，A_2B_1，A_2B_2。可以将被试分到四种处理水平结合之中的一种，即接受一种独特的实验条件。

（四）好实验设计的标准

好的实验设计具有以下几个标准：

（1）充分的实验控制。即对实验条件有足够的控制，使实验者能解释所得到的结果。

（2）获得足够的数据。即数据足够实验者检验所提出的假设。

（3）实验结果的信度高。即实验的可重复性。

（4）实验结果的效度高。即实验结果能很好地反映客观现实。

（5）敏感性。即能探索一些深入的、细致的、难以通过日常观察或经验觉察到的现象。

(6) 经济性。即实验在实施上是经济的、省力的和可行的。

(五) 单因素实验设计

1. 单因素完全随机实验设计

这种实验设计适用于研究中只有一个自变量，自变量有 2 个或 2 个以上水平。它的基本方法是：把被试随机分配给处理（自变量）的各个水平，每个被试只接受一个水平的处理。

这种设计假设，由于被试是随机分配给各处理水平的，被试之间的变异在各个处理水平之间也应是随机分布，在统计上无差异，不会影响某一个或几个处理水平。这种实验设计被试的分配如表 2—3 所示。

表 2—3　　　　　　单因素完全随机实验设计的被试分配

因素	A			
水平	a_1	a_2	a_3	a_4
被试	S_1	S_2	S_3	S_4
	S_5	S_6	S_7	S_8
	S_9	S_{10}	S_{11}	S_{12}
	S_{13}	S_{14}	S_{15}	S_{16}

从表 2—3 中可以看出，实验只有一个自变量，自变量有 4 个水平，每个处理组有 4 个被试，每个被试接受一个处理水平，16 个被试参加了实验。

2. 单因素随机区组实验设计

这种实验设计适用于研究中有一个自变量，自变量有 2 个或多个水平，同时研究中还有一个无关变量，它也有 2 个或多个水平，并且自变量的水平与无关变量的水平之间没有交互作用。当无关变量是被试变量时，一般首先将被试在这个无关变量上分成若干同质区组，然后将他们随机分配给不同的实验处理。这样，区组内的被试在此无关变量上更加同质，他们接受不同的处理水平时，可看作不受无关变量的影响，主要受处理的影响。而区组之间的变异反映了无关变量的影响，这可以利用方差分析技术区分出这一部分变异，以减少误差变异，获得对处理效应的更精确的估计。这种实验设计中被试的分配如表 2—4 所示。

表2—4　　　　　　单因素随机区组实验设计被试分配

因素	A			
水平	a_1	a_2	a_3	a_4
区组1	S_1	S_2	S_3	S_4
区组2	S_5	S_6	S_7	S_8
区组3	S_9	S_{10}	S_{11}	S_{12}
区组4	S_{13}	S_{14}	S_{15}	S_{16}

从表2—4中可以看出，实验中只有一个自变量，自变量有4个水平。实验中还有一个无关变量，将16名被试在无关变量上进行匹配，分为4个区组，每个区组内4个同质被试，随机分配每个被试接受一个处理水平。

3. 单因素拉丁方实验设计

拉丁方设计是一个含N行、N列，把N个字母分配给方格的管理方案，其中每个字母在每行中出现一次，在每列中出现一次。拉丁方实验设计可分离出两个无关变量的效应：一个无关变量的水平在横行分配，另一个无关变量在水平在纵列分配，自变量的水平则分配给方格的每个被试。

当拉丁方格中的第一行和第一列是按字母排序的时候，称为标准化方块，图2—2所示了一些标准化方块。

A	B
B	A

2×2

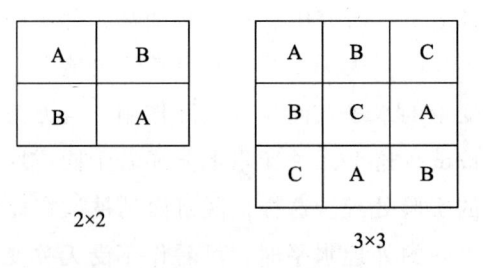

A	B	C
B	C	A
C	A	B

3×3

图2—2　拉丁方格标准化方块

拉丁方格可能的组合随着N的增加而迅速增加。单因素拉丁方实验设计适合于检验的假说是：处理水平的总体平均数相等、横行无关变量的总体平均数相等和纵列无关变量的总体平均数相等。单因素拉丁方实验设计被试分配如表2—5所示。

表2—5　　　　　　　　单因素拉丁方实验设计被试分配

因素	C	c_1	c_2	c_3	c_4
	A	a_1	a_2	a_3	a_4
B	b_1	S_1	S_9	S_{17}	S_{25}
		S_2	S_{10}	S_{18}	S_{26}
	A	a_2	a_3	a_4	a_1
B	b_2	S_3	S_{11}	S_{19}	S_{27}
		S_4	S_{12}	S_{20}	S_{28}
	A	a_3	a_4	a_1	a_2
B	b_3	S_5	S_{13}	S_{21}	S_{29}
		S_6	S_{14}	S_{22}	S_{30}
	A	a_4	a_1	a_2	a_3
B	b_4	S_7	S_{15}	S_{23}	S_{31}
		S_8	S_{16}	S_{24}	S_{32}

从表2—5中可以看出，实验中的自变量A有4个水平，无关变量B和无关变量C也有4个水平，形成4×4的拉丁方格。32个被试参加了实验，每个方格内有2个被试，每个被试只接受一种独特的实验条件的处理。

4. 单因素重复测量实验设计

这种实验设计是在实验中每个被试接受所有的处理水平。其目的是利用被试自己做控制，使被试的各个方面的特点在所有的处理中保持恒定，以最大限度地控制由被试的个体差异带来的变异。该实验设计适用于被试接受前面的处理对接受后面的处理没有长期影响的实验。此外，由于被试连续接受处理，所以练习、疲劳等效应难于避免，需要特别考虑平衡顺序效应的问题。单因素重复测量实验设计的被试分配如表2—6所示。

表 2—6　　　　　单因素重复测量实验设计的被试分配

被试	因素 A			
	a_1	a_2	a_3	a_4
被试 1	S_1	S_1	S_1	S_1
被试 2	S_2	S_2	S_2	S_2
被试 3	S_3	S_3	S_3	S_3
被试 4	S_4	S_4	S_4	S_4

从表 2—6 中可以看出，采用重复测量的实验设计仅用 4 个被试，每个被试接受所有的实验处理。

（六）准实验设计

实验者采用这种实验设计试图探讨造成某种心理现象这一结果的原因。因这种实验设计无法事先限制无关变量的干扰，所以它的内部效度比较低。

准实验设计的主要类型有：

1. 仅有后测的非对等控制组设计

这种实验设计没有实现将被试随机地分配给实验组。具体的实验设计如表 2—7 所示。

表 2—7　　　　　　　　交互分类设计

组别	实验变量	结果
实验组	X	O_1
控制组		O_2

这个实验设计表示：一个实验组接受实验处理，同时，另一个实验组作为控制组不接受实验处理。在实验组完成实验处理后不久，同时对两组被试进行后测。当然，这种实验设计也可以推广到多次的实验处理中。如果结果是 $O_1 > O_2$，且差异显著，表明实验处理可能起了作用；如果 $O_1 < O_2$ 或 $O_1 = O_2$，则表明实验处理可能没有起作用。

2. 前测—后测的非对等控制组设计

这种实验设计有助于检验实验组间的相似程度，其前测的分数可用于统计控制的分数。具体设计如表2—8所示。

表2—8　　　　　　　　前测—后测的非对等组控制设计

组别	前测	实验处理	后测
实验组	O_1	X	O_2
控制组	O_3		O_4

这种实验设计表示，有一个实验组和一个控制组。实验组和控制组都接受前测，然后，只有实验组接受实验处理。在实验组完成了处理后，对两组都进行后测。如果 $O_1 = O_3$，且 $O_2 > O_4$，表明实验处理可能起了作用。

3. 时间系列设计

时间系列设计是对一个或多个原始的被试组进行反复测量，并在至少一个组的两次测量之间插入实验处理。时间系列设计对那种过一段时间自然地周期性地对因变量进行测量的实验情境是有效的。其中，多组时间系列设计如表2—9所示。

表2—9　　　　　　　　　　多组时间系列设计

组别	前测不同时间结果		实验处理	后测不同时间结果		
实验组	O_1	O_2	X	O_3	O_4	O_5
控制组	O_6	O_7		O_8	O_9	O_{10}

这个实验设计表示：确立一组为实验组，另一组为控制组。首先在实验处理前，对实验组和控制组进行两次前测（即实验组为 O_1、O_2；控制组为 O_6、O_7）。在实验组接受实验处理（即X）后，再在不同时间，对实验组和控制组进行三次测量（即实验组为 O_3、O_4、O_5；控制组为 O_8、O_9、O_{10}）。

如果在实验处理前，实验组前测的两次结果相同，即 $O_1 = O_2$；在实验处理后，实验组后测的三次结果相同，即 $O_3 = O_4 = O_5$。但 O_3、O_4、O_5 的值都比 O_1 和 O_2 的高，且差异显著。

如果在实验处理前，控制组前测的两次结果相同，即 $O_6 = O_7$；在实验处理后，控制组后测的三次结果相同，即 $O_8 = O_9 = O_{10}$，同时，控制组前测成绩与后测成绩相同，即 $O_6 = O_7 = O_8 = O_9 = O_{10}$。

根据上述结果，可以推断出实验处理对实验组产生了影响。

二 相关设计

（一）什么是相关设计

相关设计是一种探讨两个或多个变量之间关系的研究设计。因为相关设计只能探讨两个或多个变量之间的相关，不能确定它们之间有什么因果关系。

相关设计与实验设计相比，其根本局限在于缺乏实验控制。在实验控制中，研究者可控制自变量的性质、分派参与者到各实验条件、控制其他潜在的重要变量，从而可以揭示可能的因果关系。相关设计的研究缺乏这些形式的控制，它能做的只是证明两个或多个变量之间的共变关系，但不能告诉研究为什么会有这种共变关系。因为，如果变量A与变量B之间存在相关，其解释可能有三种：A引起了B；B引起了A；第三种因素C引起了A和B。

既然相关设计无法确定因果关系，为什么还要使用这种设计呢？主要原因是这种设计常常是我们所能做到的最好设计。很多变量因为伦理或实践原因不能进行实验控制，例如，父母的教育模式、药物对怀孕的影响等。在这种情况下，只能采用相关研究。而其他情况下，实验控制虽然可以实现，但很困难，特别是当目标是将实验控制与自然情境相结合时。例如，看暴力电视和儿童攻击行为。研究者可以对电视的观看进行实验控制然后测量儿童的攻击行为，但研究结果因过于人为性而受到质疑。此外，相关设计的研究还有一个优点就是，与实验研究相比，它允许研究测量的变化范围更广。

（二）加强相关设计因果推理的方法

虽然相关设计不可能确定因果关系，然而有一些技术能够提高推论因果关系的合理性。[1]

第一种，在有些情况下，A—B因果关系中的一种可能性通过变量的

---

[1] [美] S. A. 米勒：《发展的研究方法》，郭力平等译，华东师范大学出版社2004年版。

属性得以直接排除。假设已经发现身体高矮与攻击水平之间有正相关，如果说身体高矮通过某些方式影响攻击性，这是勉强可信的，然而要说攻击性水平是身体高矮的原因显然是不合理的。在这种情况下，我们如能接受两种假设：A 引起 B，或 C 引起 A 和 B，而排除了 B 引起 A。

第二种，利用偏相关技术（partial correlation technique）这种统计方法。所谓偏相关就是采用统计方法排除一个变量对另外两个变量之间相互作用的干扰。偏相关技术所能做的，是在验证两个变量之间的相关时保持有可能产生影响的第三个变量的恒定。这种方法相当于考察每个被试在变量 C 上的得分相同时 A 和 B 之间的相关如何，或者在控制住 C 后 A 和 B 之间的相关是否还有显著性。例如，观看暴力电视和攻击行为之间存在正相关，但怀疑这个相关实际上是由第三因素引起的，如父母的教育方式，那么就可以利用偏相关技术。假设研究者能够测到父母教养方式的信息，这样就可以利用偏相关技术来排除教养方式对暴力电视和攻击行为之间相关的干扰作用。如果相关程度基本保持不变，则能得出父母教养方式不是重要的干扰因素这样的结论。相反，相关系数显著下降则表明教养方式在暴力电视和攻击行为之间的相关中的确起到了重要的作用。

第三种，根据变量间的时序关系来从相关数据中提取因果关系。这种方法利用了先有因再有果这样的事实。通过追踪 A 和 B 之间相关的变化，从而使研究者更清楚地了解究竟是 A 引起 B 还是 B 引起 A。

最有效的时序分析的形式是交叉—滞后平面相关（cross-lagged panel correlation）。这种相关要求的是纵向研究，其中至少有两个变量在两个或多个时间点上被测量。这种研究能产生多项相关，包括同一时间段内变量的相关和跨时段的变量相关。且都发生在特定时间或跨越时间段。

图2—3 显示了一项研究中可能的相关，其中包括两个变量和两个测量时间。

在图2—3 中，可以看出在时间1和时间2上 A 和 B 之间的相关，还能看到 A 和 B 各自稳定的跨时间相关，更重要的是能看到 A 和 B 之间跨时段上的相关（显示在对角线上）。对角线上的信息对于 A 和 B 之间的因果方向是很关键的。如果 A 是原因，那么时间1上的 A 和时间2上的 B 之间应该有显著相关——原因上的变化引导结果上的变

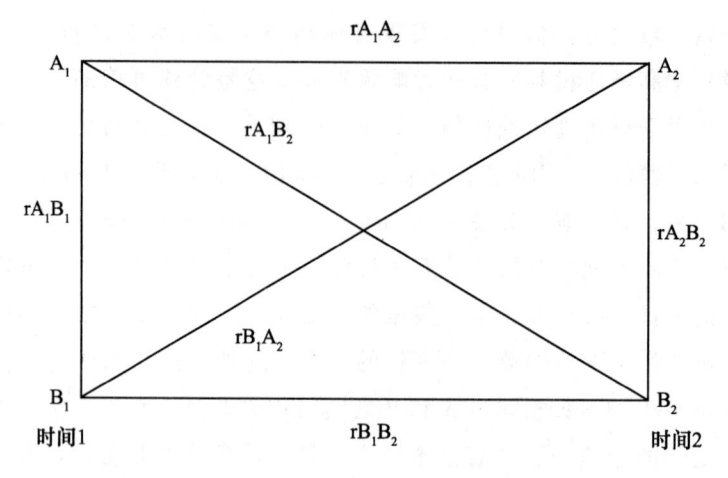

图 2—3　交叉—滞后平面相关设计中变量间的相关

化。而时间 1 上的 B 和时间 2 上的 A 之间的相关应该明显偏低。相反，如果 B 是原因，那么结果正好反过来：B_1 与 A_2 之间的相关高于 A_1 与 B_2 之间的相关。

第四种，用实验检验来补充相关设计的研究结果。换言之，研究者通过操纵认为是原因的那个变量并测量它在其他变量上的影响，从而建立一个真正的自变量—因变量的关系。

三　发展研究设计

实验发展心理学家一般在研究中关心的是两个问题：个体心理发展变化的过程和心理机能上的个别差异。为了解决上述问题，在研究设计中要包括一个重要的变量，即年龄。因此，与年龄有关的研究设计主要有横断设计、纵向设计和连续研究设计。[①]

在具体介绍这三种心理发展的研究设计之前，需要明确在心理发展研究设计中三个变量的含义。

第一个变量是人群（cohorts），指出生于同一时间的一组被试，例如，作者出生于 1966 年，则可以将 1966 年出生的个体当作 1966 年人群

[①] Hartmann D. P., "Design, Measurement, and Analysis: Technical Issues in Developmental Research", in Bornstein M. H. and Lamb M. E., ed., *Developmental Psychology: An Advanced Textbook* (3rd Edition), Hillsdale: New Jersey, Lawrence Erlbaum Associates, Publishers, 1992, pp. 59 – 154.

中的一员。出生于1966年的人在某一方面有共同特征。

第二个变量是年龄（age），指被试的生理年龄或实际年龄。

第三个变量是评价时间（time of assessment），指研究者开展研究时的具体时间。例如，有一位发展心理学家于2008年3月开展了一项小学三、四、五年级学生元记忆能力发展的研究。即评价时间就是2008年。

很显然，这里所定义的人群、年龄和评价时间等设计变量不是自变量。但是通过用人群和评价时间，可列出表2—10。

表2—10　　　　　　　　　　简单的发展设计

人群	评价时间		
	1975（年）	1980（年）	1985（年）
1960（年）	15（岁）	20（岁）	25（岁）
1965（年）	10（岁）	15（岁）	20（岁）
1970（年）	5（岁）	10（岁）	15（岁）

一旦其中的两个变量给固定以后，表2—10中的年龄就不是一个可以自由变动的变量了。人群、评价时间和年龄三个变量的不同组合，就可以演变出横断设计（cross-sectional design）、纵向设计（longitudinal design）和时间滞后设计（cross time-lagged design）。

（一）横断研究设计

横断研究设计就是在同一个评价时间内，对不同年龄的人群进行心理观察或实验，比较各个年龄的人群在所观察或实验的某种心理活动上的差异，作为这种心理活动发展变化的依据。这种研究设计如表2—11所示。

表2—11　　　　　　　　　　横断研究设计

	人　群	
	1986（年）	1990（年）
评价时间（1996年）	10（岁）	6（岁）

在横断研究设计中，同一时间内评价的人群至少应该有两组（如表2—11中1986年出生的人群和1990年出生的人群），看两组人群在某种心理上表现出的年龄差异。

这种研究设计的优点是：(1) 研究者在较短的时间内完成实验研究任务，并可以同时对两个或两个以上的多种年龄的某种心理活动开展研究。(2) 节省时间和人力、物力，在短时间内获得大量的研究结果。因此，这种研究设计被个体心理学家所广泛采用。(3) 在同一时间对被试的心理进行测量和评价，可以避免研究结果受社会文化变化所带来的影响。

当然，这种研究设计的缺点也是明显的。研究者发现的是不同年龄的不同人群所表现出的年龄差异，而不是同一人群组个体因年龄增长而发生的年龄变化。因此，这些差异，既包括年龄间差异（因为是几个不同年龄的人群），也包括由于各年龄人群组出生的年代不同，所经历的社会历史条件不同而产生的群体差异。这两者在横断研究设计中无法分开。

（二）纵向研究设计

纵向研究设计就是对同一人群在不同的时间里的某种心理活动进行评价，比较两次或两次以上的研究结果，以此作为该种心理活动在这些年内发展变化的依据。有人将此研究设计称为发展心理学家的命脉（life-blood），从中可以看出这种研究设计对于个体心理学家的重要性。这种研究设计如表 2—12 所示。

表 2—12　　　　　　　　　　纵向研究设计

	年龄	
	5（岁）	10（岁）
人群 1986（年）	1991（年）	1996（年）

在纵向研究设计中，评价的时间至少应该有两次（如表 2—12 中的 1991 年和 1996 年），这样在两次对 1986 年出生的人群评价中，如果他们的心理活动表现出了差异，那么，这种差异就是在两次评价时间内发展的结果。

这种研究设计的优点是：(1) 比较系统地、详细地了解个体心理发展的连续过程的量变质变的规律。(2) 可以揭示出个体心理发展变化过程中有关因素（如家庭、社会、学校等）对其发展的影响。(3) 对于那些在短期内不能很好地看出个体发展结果的问题，只有通过纵向研究设计，经过长期研究后，才能最后给出结论。这在个体心理学家研究的许多问题中经常遇到，例如，早期运动经验对个体心理发展的影响这个问题，只有通过纵向研究才能解答。

纵向研究设计的缺点是：(1) 由于研究持续时间比较长，研究的被试数量会随着研究时间的延续而逐渐减少。(2) 反复对研究对象进行评价与测量，可能影响被试的发展，同时，对被试多次进行评价或测量，被试会对评价或测量产生熟悉效应，从而影响到所收集到的数据的可靠性。(3) 长期对被试进行追踪研究，由于时间的延续，一些社会变迁、生活环境的变化等无关因素也可能对被试的心理产生影响。

(三) 时间—滞后研究设计

时间—滞后研究设计是在不同的时间内对相同年龄的人群进行某种心理活动的实验观察或测量，从中发现相同年龄的人群在不同的时间内心理的发展变化。这种研究设计如表 2—13 所示。

表 2—13　　　　　　　　　　时间—滞后研究设计

	评价的时间	
	1980（年）	1985（年）
年龄 15（岁）	1965（年）	1970（年）

在时间—滞后研究设计中，至少应该有出生时间不同的两组人群（如表 2—13 中出生于 1965 年和 1970 年），然后在这两组人群都是 15 岁的时候对他们的某种心理活动进行评价（即实验观察或测量，如表中分别是在 1980 年和 1985 年）。如果评价的结果发现两组人群在某种心理活动上有差异，则说明这种差异是由于社会发展变化所引起的。

上述三种发展研究设计，都是比较简单的研究设计。但是具体到个体心理研究中，常常遇到的问题更为复杂，所以，必须采用复杂的研究设计来克服上述研究设计存在的缺点。这种新的复杂的研究设计就是连续发展研究设计（sequential developmental design）[1]。

---

[1] Schair K. W., "Developmental Designs Revisited", in Cohen. S. H. and Reese. H. W., ed., *Life-Span Developmental Psychology: Methodological Contributions*, Hillsdale, New Jersey: Lawrence Erblaum Associates, Publishers, 1994, pp. 45 – 64.

（四）连续发展研究设计

这种研究设计是由希尔（Schaie）于 1965 年首倡，主要是针对横断研究设计和纵向研究设计的缺点而提出的一种新的横断研究设计和纵向研究设计的连续观察方式。因此，连续发展研究设计可分为连续横断研究设计（cross-sectional sequential design）、连续纵向研究设计（longitudinal sequence design）和聚合式交叉设计三种。

1. 连续横断研究设计

这种研究设计其实就是人群（最少取两组）和评价时间（最少取两个）的两因素研究设计。这种设计如表 2—14 所示。

表 2—14　　　　　　　　连续横断研究设计

人群	评价时间	
	1980（年）	1985（年）
1965（年）	15（岁）	20（岁）
1970（年）	10（岁）	15（岁）

在这种研究设计中，第一次对至少两组不同年龄的人群（如表 2—14 中分别是 1965 年出生的人群和 1970 年出生的人群）进行评价（如表 2—14 中的时间为 1980 年）。这时 1965 年出生的人群为 15 岁，1970 年出生的人群为 10 岁。第二次还是对两组不同年龄的人群进行评价，但是第二次评价的时间是一个关键。如表 2—14 中是选择了 1985 年对上述两组人群进行评价。这时 1965 年出生的人群是 20 岁，1970 年出生的人群为 15 岁。这样通过对第一次和第二次各年龄组人群的成绩进行比较以及对两个相同年龄组的两次成绩进行比较，就可以分析出年龄变化、群体因素（如社会环境变化）等对心理发展的影响。

2. 连续纵向研究设计

这种研究设计其实就是年龄（最少取两个年龄段）和人群（最少取两组）的两因素研究设计。这种设计如表 2—15 所示。

表 2—15 连续纵向研究设计

		年 龄		
		10（岁）	15（岁）	20（岁）
人群	1960（年）	1970（年）	1975（年）	1980（年）
	1965（年）	1975（年）	1980（年）	1985（年）

在这种研究设计中，首先选取两组出生年龄不同的人群（如表 2—15 中为 1960 年和 1965 年出生的）。其次，每隔一定的时间，对两组人群进行评价（如在表 2—15 中是每隔 5 年进行一次评价），连续评价两次以上（在表 2—15 中是评价了三次）。这样的研究设计，既能比较同一人群，他们的心理随着年龄的增长而发生的变化，又能比较不同人群因社会历史条件的不同，造成的心理发展上的差异。

3. 交叉—时间滞后设计

这种研究设计就是将连续横断研究设计和连续纵向研究设计综合起来，构成了设计。这种研究设计如表 2—16 所示。

表 2—16 交叉—时间滞后设计

		评价时间			
		1980（年）	1990（年）	2000（年）	2010（年）
出生年代（人群）	1940（年）	40（岁）	50（岁）	60（岁）	70（岁）
	1950（年）	30（岁）	40（岁）	50（岁）	60（岁）
	1960（年）	20（岁）	30（岁）	40（岁）	50（岁）
	1970（年）	10（岁）	20（岁）	30（岁）	40（岁）

表 2—16 中代表的是交叉—时间滞后设计。1980 年研究 40 岁的样本，1990 年研究另一个 40 岁的样本，2000 年研究另一个 40 岁的样本，2010 年再研究一个 40 岁的样本。很明显，这种设计方法不能提供年龄或年龄差异的直接信息，因为每次只研究一个年龄样本。然而，它能提供在纵向研究设计和横断研究设计中导致混淆年龄比较的有关因素的信息。换言之，如果我们发现 40 岁样本中存在着差异，那么我们就知道导致这种差异的是年代因素（主要存在于横断研究设计之中）或评价时间因素

（主要存在于纵向研究设计之中）或这两个因素的结合。但我们无法确定哪个因素更重要。这也就是交叉—时间滞后设计中存在的缺点，即年代和评价时间的混淆。

第三章

实验发展心理学的理论

第一节 精神分析的心理发展理论

一 弗洛伊德的心理性欲发展理论

（一）弗洛伊德的生平

弗洛伊德（Freud S.，1856—1939）是精神分析心理学派的创始人。犹太人。他自小对父亲的感情是既怕又爱，对母亲则是感情亲密。1881年获得维也纳大学医学博士学位。1882—1886年担任维也纳医院医师，1886—1938年开了一家私人诊所。成名作《梦的解析》一书于1900年出版，1909年应美国心理学家霍尔之邀，参加了克拉克大学20年校庆，发表一系列演讲，接受了荣誉学位，并与美国心理学界名人詹姆斯、铁钦纳、卡特尔等人会晤，这标志着精神分析心理学思想被国际学术界认可。在其弟子中最有名的是阿德勒和荣格，但他们因观点上的分歧分别于1911年和1914年与弗洛伊德分手。但弗洛伊德仍不断努力，推动着精神分析心理学的研究工作，使自己获得了国际声誉。1923年患口腔癌，此后16年间共进行了33次手术。虽然很痛苦，但他仍坚持为病人诊疗和著述。1938年德军占领奥地利，弗洛伊德被迫全家迁移到英国首都伦敦。1939年9月23日病逝于伦敦，享年83岁。

（二）心理发展的动力

弗洛伊德认为，心理由意识、前意识和无意识组成。

意识是指人们能够认知的心理部分。人们不仅能知道它，而且也能控制它。意识是人们保持生活正常的心理部分。①

前意识属于无意识，但前意识的活动进入意识并没有什么困难。因此，弗洛伊德认为，前意识要比无意识更接近意识。

无意识在每个人身上构成了最大的、最有力的部分。它由各种本能所构成。弗洛伊德认为："每一种心理行为一开始都是无意识的，它或者保持这种状态，或者发展成为意识，这取决于它是否受到阻碍。前意识与无意识活动之间的区别并不是原来就有的，而是在拒绝产生后出现的。"② 无意识的活动只能保持自身状态，被排除在意识之外。但在某种条件下，弗洛伊德认为："无意识活动的产物进入意识并非绝对不可能，但是要达到这个目的需要付出相当大的努力。"③

关于无意识是由哪些最基本的本能所构成的呢？弗洛伊德提出有两种：生的本能和死的本能。④

生的本能不仅包括未加禁止的性本能和升华的冲动，还包括由它派生的目标受到禁止的本能，也包括自我保存的本能。

死的本能是指要使有机体回到无机物的状态。其典型代表是施虐狂。

（三）心理性欲的发展阶段

弗洛伊德认为，个体从出生到成人，其心理性欲阶段（psychosexual stages）的发展是连续的。每一个发展阶段，都有一个身体的特定部位成为性欲（又称力比多）兴奋和满足的中心，与快感相联系，这个身体的特定部位被弗洛伊德称为性感带（erogenous zones）。以此为依据，弗洛伊德将心理性欲发展分为五个阶段：口唇期、肛门期、性器期、潜伏期和生殖期。

1. 口唇期

口唇期（oral stage）的年龄是0—1岁。个体的性感带主要集中于口唇周围。婴儿的吸吮表现了最初的性欲冲动。弗洛伊德认为："吸指头的

---

① [美]约瑟夫·洛斯奈：《精神分析入门》，郑泰安译，百花文艺出版社1987年版，第21页。
② [英]约翰·里克曼编：《弗洛伊德著作选》，贺明明译，四川人民出版社1986年版，第64—65页。
③ 同上。
④ 同上书，第291—294页。

习惯多半发生于哺乳中的小儿，可能持续至成熟乃至终生，这是一种嘴唇吸吮动作的规律性重复，以吸取营养为目的。有时吸吮的不是拇指，只是嘴唇的一部分，舌头，甚至大脚趾都可以成为吸吮的对象……吸吮的乐趣可以使人浑然忘我，渐入安眠，或引发一阵类似高潮的动作反应。吸吮的乐趣常伴随着身体其他敏感部位如胸部或外生殖器的接触的摩擦。很多小孩便因此从吸手指过渡到手淫上面。"[1]

弗洛伊德还指出，口唇期的"性活动还没有从摄取食物中脱离出来……性的目的是与对象结合，此过程的原型通过自居作用的形式，将在日后对心理产生重要的影响"[2]。

2. 肛门期

肛门期（anal stage）的年龄是1—3岁。个体的性感带位于肛门的周围。儿童主要是通过排泄来消除紧张而获得快感的。

弗洛伊德认为："小孩常控制其大便直积到非用强烈的肌肉收缩不能排粪为止，他们就用这种方法享用肛门性感带的感受。积粪一下子通过肛门，很能造成黏膜的明确刺激。除了痛楚之外这也一定会造成某种快感。被保姆带到厕所时拒绝排清大便，宁可保留下来供自己享用的婴孩，十分明确地预示着将来他会陷于古怪的癖性和神经质。他不在乎会不会弄脏床铺，他所关心的只是大便时不可缺乏此种随之而来的快乐。"[3]

弗洛伊德还指出，那些不排泄粪便的个体，其真正的目的是用以刺激肛门而自慰。

3. 性器期（phallic stage）

性器期（phallic stage）的年龄是3—5岁。个体的性感带位于性器官的周围。此时的个体常以异性父母作为性欲的对象。儿童经常自豪地宣布"我长大后，要和爸爸（妈妈）结婚"，而且排斥同性的"竞争对手"。弗洛伊德称这种现象为俄狄浦斯情结（Oedipus complex），源于古希腊神话中的俄狄浦斯国王无意地杀死自己的父亲并与母亲结婚。

---

[1] ［奥地利］弗洛伊德：《爱情心理学》，林克明译，作家出版社1986年版，第60—61页。
[2] ［英］瓦尔·西蒙诺维兹、彼得·皮尔斯：《人格的发展》，唐蕴玉译，上海社会科学院出版社2006年版，第5页。
[3] ［奥地利］弗洛伊德：《爱情心理学》，林克明译，作家出版社1986年版，第64—65页。

弗洛伊德认为，男孩和女孩经历性器期的过程是不一样的。男孩对拥有阴茎感到自豪和高兴，所以当他们第一次看到一个裸体的女孩时，他们非常惊恐，其无意识告诉他们（在效果上）"她的阴茎被割掉了！谁可能对她这样做的？为什么？一定是她的强大的父亲。如果她父亲对她那样做，我父亲也会对我那样做！"弗洛伊德说，这种认识导致男孩压抑了其对母亲的欲望并认同他的父亲。他接受了父亲的权威、父亲的意识以及道德标准：超我就出现了。

弗洛伊德自己也说不十分明白，是什么原因使得女孩由于缺乏阴茎而在同样的发展阶段与男孩表现不同。他推测，通过对男性身体结构的了解，女孩会感到恐慌，因为她仅仅拥有一个微不足道的阴蒂，而不是一个壮观的阴茎。她的结论是她失去了自己的阴茎。弗洛伊德说："当小女孩看到男孩有不同于自己的性器官的时候，她的反应不是像小男孩那样拒绝承认。她马上认清了这件事，不久便羡慕起阴茎来。随着这种羡妒之情与日俱增，她变得十分希望自己是个男孩。"[①]

4. 潜伏期

潜伏期（latency stage）的年龄是从5岁到青春期。当男孩解决了俄狄浦斯情结，或者女孩经历了俄狄浦斯冲动后，潜伏期就开始了。这是一段性欲处于冬眠状态的时期，因为此时各种矛盾冲突也相对减少了。所谓潜伏，是指儿童的性欲并没有消失而是受到了压抑。其力量仍然存在，通过升华机制转移到其他活动上去了。这个时间儿童开始进入学校学习。此时儿童的兴趣在同伴，而不在双亲。但其同伴主要是同性别的，异性别的很少。

5. 生殖期

生殖期（genital stage）的年龄开始于青春期。性感带主要位于生殖器周围。随着个体生理上的成熟，生殖区成为最主要的性感带。生殖期代表着个体发育的完成。在性器期学习的基础上，达到了性欲的成熟。弗洛伊德认为："各性感区则臣服于生殖区的首要性之下。"[②]

个体在青春期发育时最明显的特征便是其外生殖器的显著生长。对

---

① ［奥地利］弗洛伊德：《爱情心理学》，林克明译，作家出版社1986年版，第71页。
② 同上书，第87页。

男性来说，新的性目的就是得到快感。但是其性冲动已受制于繁衍子孙这一功能之下，并为之服务。对女性来说，其性感带在阴蒂上面，她们的繁衍能力明显提高。

对于男女两性来说，其性本能的表达必须服从社会期望，所以生殖器的特征要根据社会要求进行调整。该阶段个体的主要防御机制是升华，即性欲经由升华后，变成以更被社会接受的方式表现出来。

（四）人格的结构及发展

在弗洛伊德的理论中，人格由三个主要系统组成：本我、自我和超我（见表3—1）。[①]

表3—1　　　　　　弗洛伊德的人格结构及发展

	本我	自我	超我
作用	表达性本能和攻击的本能	调节本我和超我，使用防御机制来防止无意识焦虑	代表意识和社会规范，追随内化了的道德标准
意识程度	完全无意识	部分意识、部分无意识	部分意识，大部分无意识
发展时间	从出生即出现	出生后出现，伴随早期经验	最后发展起来的系统，在生殖器（恋母）阶段后开始内化
举例	"我如此疯狂，我会杀了你"（无意识的感受）	可能做出有意识的选择（让我们谈谈这个吧）或借助一种无意识的防御机制，比如否认（"什么，我生气？永远不会"）	"你不能杀人"

1. 本我及其发展

本我（id）是从出生即出现，是无意识心理能量和趋乐避苦动机的储藏库。它由遗传的本能、欲望构成。肉体是本我能量的源泉。本我完

---

① ［美］卡萝尔·韦德等：《心理学的邀请》，白学军等译，北京大学出版社2006年版。

全是非理性的，不知道善恶和价值。

本我按快乐原则（pleasure principle）行动，即力求发泄本能冲动而不顾及场合，且需要立即得到满足。本我包括两个竞争的本能：生的本能或性的本能（由叫作力比多的心理能量来维持）及死的本能或攻击的本能。当能量在本我中不断积累时会导致紧张。本我中的紧张可通过反射活动、身体症状或不受控制的心像及自发的观念诸形式体现出来。

由于本我是本能，所以它通过原始过程起作用。因为它盲目地追求快乐原则的满足，它的存在只有依赖于次级过程的发展才能与外部世界发生联系。这个次级过程不通过自我起作用。

2. 自我及其发现

自我（ego）是人格结构中第二个出现的系统，它是本能需求和社会需求之间的调节者。自我并非是与生俱来的，人生之初只有本我而没有自我。在个体成长过程中，本我与环境相互作用，使其中接近外界的那部分逐渐成为自我。所以自我是后天从本我中分化出来的。自我本身没有能量，所以它从本质上依附于本我来获得能量。

自我按现实原则（reality principle）行动，即根据现实情况来满足本我的需要。自我最根本的目的是为本我的本能满足服务，但自我是理性的、审慎的，能够考虑外部现实和超我的需要，并知觉和控制本能，且审时度势，选择适当的对象和途径来满足本我的本能。

随着个体的成长，单靠自我的力量已不能控制本我中的本能冲动，于是通过自居作用来模拟父母的行为。弗洛伊德认为，自我既是无意识的也是意识的，它代表了"理智和良好的判断力"。

自我在发挥其认识功能时，必须兼顾彼此不相容，但都同样是不现实的本我和超我的要求。自我除了要伺候这两个暴君外，还要伺候第三个暴君，即外部世界。因此，它经常要努力协调本我与超我盲目的、不合理的要求与外部世界的现实要求之间的冲突。自我知道自己被不同而敌对的三种力量所包围，只能以一种态度做出自己的反应，即使自己处于焦虑、不安状态。

弗洛伊德曾用骑士骑在马背上来比喻自我与本我之间的关系。"他必须证实自己驾驭马的能力，所不同的地方在于骑士依靠自己的力量做到这点，而自我则要借助别的力量。"①

当儿童开始体验到双亲的奖赏与惩罚时，他就知道了什么行为是可以得到快乐的，什么行为可以使自己避免痛苦。这个年龄在五六岁左右。

3. 超我及其发展

超我（superego）是人格发展的最后系统，包括自我理想（ego-ideal）和良心（conscience）。自我理想是通过父母的奖励形成的，当儿童的观念和行为符合父母所持的道德观念时，父母就对其加以奖励，父母奖励的标准被儿童内化，就成为个体的自我理想。良心是因不适当的行为受到惩罚而形成的，当儿童的观念和行为违背了父母所持的道德观念时，父母就会惩罚他们，当儿童将父母惩罚的标准内化后就形成了良心。良心是一种告知自己做错了什么的内在声音。

正常发展的超我通过压抑过程发挥其控制性冲动和攻击冲动的作用。它自己不能产生压抑，而是命令自我进行压抑。超我严格地监视自我，判断自我的行动和意图。当自我违背了超我的道德标准，个体就会产生内疚感。如果自我不能达到超我提出的完善标准，个体就会产生自卑感。因此，内疚感是良心的产物，自卑感是自我理想的产物。关于超我对自我的关系，弗洛伊德曾描述为两种情况，一种是下命令："你应该如此这般（像你父亲那样）"；另一种是由禁令组成："你不能如此这般（像你父亲那样），就是说，你不能做他做的一切事，有许多事是他的特权。"②

超我不关心自我的幸福，它盲目不现实地追求完善。它不考虑自我在执行它的命令时所面临的困难。因此，从这个意义上来讲，超我是不现实的。

4. 三者之间的关系

对于正常发展的个体，其本我、自我和超我三者关系是协调的。如果三者的关系失调，则个体就会出现心理异常。这是因为"自我从根本上讲是外部世界的代表，是现实的代表。与此相反，超我则是内部世界

---

① ［英］约翰·里克曼编：《弗洛伊德著作选》，贺明明译，四川人民出版社1986年版，第281—282页。

② 同上书，第288—289页。

的代表，是本我的代表"。自我与超我之间的矛盾，反映了"外部世界与内部世界之间的对立"①。

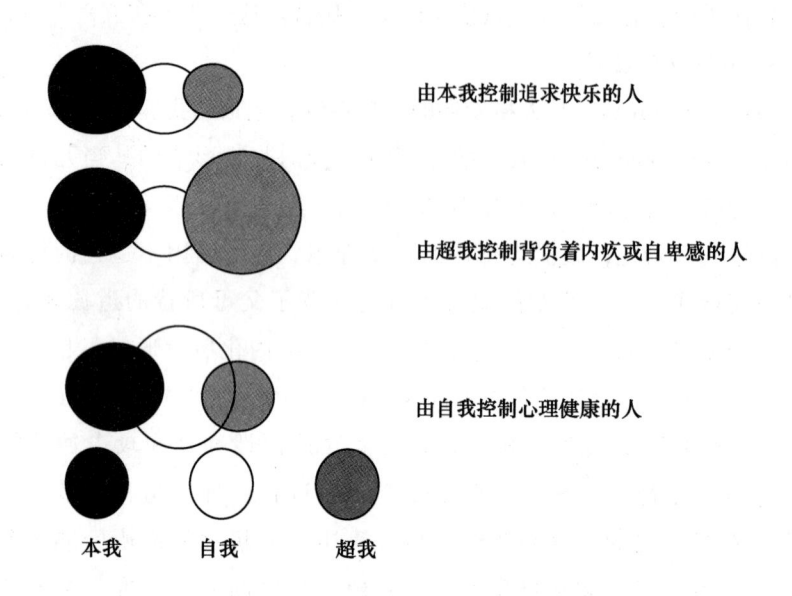

由本我控制追求快乐的人

由超我控制背负着内疚或自卑感的人

由自我控制心理健康的人

本我　　自我　　超我

图 3—1　假设三种人身上的本我、自我和超我三者的关系②

对于第一种人，本我统治着软弱的自我和衰弱的超我，阻止自我平衡它持续不断的要求，让个体不停地寻找快乐，不管这种快乐是否可能或合适。

对于第二种人，具有强烈的内疚感或自卑感，和一个软弱的自我。个体因为自我不能断然拒绝超我和本我强烈的互相抵触的要求，将经验很多冲突。

对于第三种人，具有强大的自我，并能很好地协调超我和本我的许多要求。因此，这个人具有健康的心理，在快乐原则和道德原则的双重控制之下。

---

① ［英］约翰·里克曼编：《弗洛伊德著作选》，贺明明译，四川人民出版社1986年版，第289页。

② 杰斯·菲斯特、格雷盖瑞·菲斯特：《人格理论》，李茹等译，人民卫生出版社2005年版，第26—27页。

（五）防御机制

如果当一个人的本我与社会道德发生冲突而感到焦虑或受到威胁时，自我便设法使本我释放紧张。通常是通过自我防御机制来进行的。

弗洛伊德的女儿安娜·弗洛伊德对弗洛伊德的观点进行了总结，提出了以下几种基本的防御机制。

1. 压抑

压抑（repression）是指阻止一种危险的观点、记忆或情绪进入意识之中。弗洛伊德用这个术语，表示个体无意识地将令人不安的材料从意识中驱逐及对这些材料有意识地压抑。但现代分析学家倾向于认为，压抑仅仅是作为一种无意识的防御机制。

2. 投射

投射（projection）是指当一个人把自己不被接受的危险情感压抑后，却将其归因于其他人。例如，一个人因为自己对不同种族的人产生了性幻想而感到羞愧，他可能把这种不舒服的感觉投射到这些种族的人身上，并说"那些人的心灵肮脏而且性欲过剩"。

3. 转移

转移（displacement）指人们把其情绪指向于物品、动物或其他并非其情感真实目标的人。例如，一个男孩不能向他的父亲发火，他可能把气出在玩具或他的小妹妹身上。当转移起到更高级的对文化或社会有益的作用，如艺术创作或发明创造时，就叫作升华。弗洛伊德认为，为了达到文明的目的，社会有责任来帮助人们升华那些不被接受的冲动。

4. 反向作用

反向作用（reaction formation）是指一种导致了无意识焦虑的感受变换成了意识层面上与之相反的感受。一个女人害怕承认她畏惧丈夫，则可能会用坚信自己非常爱丈夫来替代原来的想法。怎样区别一种变换的情感和一个真实的情感呢？在反向作用中，公开表示的情感是极端的、过度的和强迫的，就像一个女人提及一个施暴的丈夫时会说："我当然爱他！我对他从没有什么坏的想法！他是完美的！"

5. 退化

退化（regression）是指一个人返回到他心理发展的早先阶段。一个8岁的孩子由于担心他的父母会离婚就可能出现退化行为，如一个人表现出小时候才有的吸吮大拇指行为。当成人处于压力下时，会退回到不成熟的行为上，例如，如果没有达到目的，他们就勃然大怒。

6. 否认

否认（deny）是指人们拒绝承认不愉快事情的发生。否认有助于保护一个人的自我形象，并且保持了不受伤害的错觉："这不可能发生在我身上。"

7. 升华

升华（sublimation）是指一种以文化的或社会的目的代替对性欲的压抑。升华的目的最明显的表现是在艺术、音乐、文学等创造性文化活动之中。

（六）弗洛伊德理论的贡献与局限

1. 弗洛伊德理论的贡献

弗洛伊德提出的心理发展理论，其贡献主要有以下几点：

（1）对无意识心理进行了系统的探讨。

（2）人格结构及其具体内容，丰富了人们对人格结构的认识。

（3）提出了划分心理发展的阶段标准和具体的阶段。

2. 弗洛伊德理论的局限

弗洛伊德提出的心理发展理论，其局限主要表现在：

（1）所提出的泛性论的心理发展观，忽视人心理发展的社会性。

（2）强调早期心理发展对成人期心理发展的影响，但缺少进一步研究支持的证据。

但是，弗洛伊德对发展心理学的贡献仍然是不可低估的。Shaffer 认为，弗洛伊德的确是一位在黑暗的、从未被涉足的海域航行的伟大先锋，他的前辈甚至都没有敢想过去探索。在此过程中他改变了我们对人性的看法。[1]

---

[1] ［美］David R. Shaffer：《发展心理学：儿童与青少年》（第六版），邹泓等译，中国轻工业出版社2005年版，第44页。

二　埃里克森的心理社会性发展理论

（一）埃里克森的生平

埃里克森（Erickson E. H., 1902—1994），出生于德国的法兰克福，青年时代就读于美术学校。1927年应安娜·弗洛伊德的邀请，在维也纳一所私立学校任美术教师，并开始接受精神分析训练。1933年加入维也纳精神分析学会，但同年移居美国，在波士顿从事儿童精神分析工作，之后到哈佛医学院任教。1936年到耶鲁大学工作。两年后在南达科他州（South Dakota）的苏语印第安人（Sioux reservation）保留地工作，开展文化对心理发展影响的研究。1937年底，前往加州大学的儿童福利研究所工作，开始研究加州北部的尤罗克印第安人（Yurok Indians）。1942年任加州大学心理学教授。1950年因拒绝在效忠书上签字而离开了加州大学回哈佛任教。担任哈佛大学精神分析与人类发展学教授。经过十多年的研究，1950年出版了《童年期与社会》（Childhood and Society）一书。1970年埃里克森退休。埃里克森是新精神分析心理学的代表人物。

（二）心理社会性理论的含义

埃里克森提出的心理社会性理论（psychosocial theory）是将人的发展视为个体的（心理）需要和能力与社会的期望和要求之间持续相互作用的产物。

这一观点有三个层次的意思：

（1）要探讨个体毕生发展，确定并区分了从婴儿期到老年期各阶段的核心问题，认为青少年期或成人期的经验可能引起个体回忆他们的过去，并使个体对其早期经验有新的认识。

（2）个体具有促进生命各个阶段心理发展的能力。人有能力将他们的经验进行综合、组织并概念化，以保护自己、应对变化并主宰自己的生活。因而，生物因素与社会影响的相互作用、自我调节共同决定着个体的发展过程。

（3）文化对个体的发展有积极的促进作用。在生命的每个阶段，文化提出的目标和渴望、各种社会期望和要求，会引发个体特定的行为反应，这些行为反应又决定了个体哪些方面的能力将会得到更进一步的发展。个体与环境之间的这一至关重要的联系是发展的关键机制。每个社会对于成熟有不同的标准,当社会对成熟的这些看法融入个人的生活之中时,有助于确定个体在社会中发展的方向。①

(三) 心理社会性发展的渐成原则

渐成原则(epigenetic principle)指生物成长有一个规律,它使每个功能系统地出现,直到有机体的所有功能都成熟。

依据埃里克森的观点,在个体发展过程中,要求所有的心理发展机能都出现并被综合。由于经验的影响,个体的发展是不可能倒退到先前阶段的。每一个阶段的发展都在它适宜的时间进行。每一阶段的产生与形成都建立在前一个阶段的基础上,但它不能代替前面的阶段。

埃里克森在论述渐成原则时指出:"任何生长的东西都有一个基本方案,各部分从这个方案中发生,每一部分在某一时间各有其特殊优势,直到所有部分都发生,进而形成了一个有功能的整体为止。"②

(四) 心理社会性发展阶段的含义

埃里克森以心理危机(psychological crisis)作为划分心理社会性发展阶段的标准。心理危机是指在发展的每个阶段,人们必须做出心理努力来应对社会环境的要求。在这里,危机指一系列正常的应激和压力,而不是一组特殊的事件。埃里克森认为:"危机有着发展的意义,它并不意味着灾祸临头,它指的不过是一个转换点,一个不断增强潜能的决定性时期。"③

社会环境的要求一般被称为发展任务(developmental task)。这些任务包含着帮助个体成功应对新的环境所需要的新技能和能力。发展任务反映了个体心理、认知、社会、情感以及自我概念诸方面的发展成果,并界定了在某一特定社会中,对每一年龄阶段的个体来说,什么是健康的和正常的发展。对某一阶段任务的成功学习会促进个体的发展,并增加个体成功学习后一阶段任务的机会。某一阶段任务的失败会导致个体

---

① [美] Newman、Newman:《发展心理学:心理社会性观点》(第八版)上册,白学军等译,陕西师范大学出版社 2005 年版,第 42—43 页。

② [美] 埃里克森:《同一性:青少年与危机》,孙名之译,浙江教育出版社 1998 年版,第 80 页。

③ 同上书,第 84 页。

完成后一阶段任务的难度提高，甚至是无法完成。

（五）心理社会性发展的八个阶段

埃里克森提出了心理社会性发展的八个阶段。[①] 这些阶段概念的部分内容可以追溯到弗洛伊德提出的心理性欲发展理论，还有部分内容来源于埃里克森自己的观察和深入的思考。

1. 阶段一：基本信任对不信任

该阶段的年龄是 0—2 岁。

埃里克森认为，基本信任（basic trust）是心理活动的最基本的先决条件。这是由人生第一年体验而获得的对一个人自己和对世界的普遍态度。所谓信任，不仅指对别人的一种基本依赖，也是对一个人自己的一种基本信任感。[②]

信任建立在婴儿与照顾者之间的关系质量上。埃里克森认为："母亲以一种管理方式在婴儿身上创造出一种信任感，其性质可以把对婴儿个体需要的敏感性照料与在他们的共同生命方式的信任框架内一种个人坚定的依赖感结合起来。"[③] 在婴儿早期，通过嘴巴进食的需要占首要地位，但是视觉和触觉也同样重要。

随着婴儿的成长，他们开始用牙齿咬坚硬的东西。但此时他们还必须学会在吃奶时而不咬母亲的乳头，即使母亲在给他们喂奶时不因疼痛而愤怒地抽回乳头。如果他们没有这样做，即在母亲给他们喂奶时咬乳头，母亲就会剥夺给他们喂奶的权利。另外，随着年龄的增长，断奶也是必须发生的，这会使婴儿感到自己与母亲分离或被母亲遗弃。埃里克森认为："被剥夺、被分离和被遗弃这三个印象都留下基本不信任的痕迹。"[④]

埃里克森强调社会文化因素对信任感的影响。但是何种文化会对婴儿的信任感有促进作用，仍然需要进一步探讨。例如，在一种文化中将 1 岁以内的婴儿整天用襁褓包裹；而在另一种文化中则主张让婴儿尽早自

---

① Erikson, E. H., *Childhood and Society*, New York: Norton, 1950.
② ［美］埃里克森：《同一性：青少年与危机》，孙名之译，浙江教育出版社 1998 年版，第 84—84 页。
③ 同上书，第 90—91 页。
④ 同上书，第 89 页。

己伸踢四肢；在印第安人的文化中，坚决反对让婴儿大声啼哭；而白人则认为啼哭有利于婴儿肺部"强壮"。由此可见，在人生心理发展的第一个阶段，社会文化就对其心理发展产生着明显的影响。

如果婴儿此阶段的危机得到积极的解决，就会在他们的人格中培养出希望的品质；相反，如果危机是消极地解决，就会使他们在将来产生退缩心理。

2. 阶段二：自主性对羞怯和疑虑

该阶段的年龄是2—4岁。这一阶段被弗洛伊德称为肛门期，强调此阶段儿童往往依附于排泄器官的特殊的快乐和偏执。肠和膀胱的整个排泄程序，从一开始就因对一件重要事情"干得好"受到奖励而得到强化。埃里克森认为，儿童对事物的这种新的处理并不限于括约肌，一种普遍的能力，也是一种强烈的需要，已发展到能凭借意志交替地忍住和排出。因此，埃里克森认为："儿童早期的自主全部的意义，在于肌肉成熟、言语表达辨别能力都获得迅速的增长，而且随之增长的是将许多高度冲突的动作模型协调起来的能力。"[1]

此时对儿童开始了大小便的训练。这对成人与儿童之间相互调节的水平产生了最严峻的考验。如果外界的控制训练太早太严，始终不让儿童自己逐步控制大小便和其他功能，他们就会面临着双重对抗和双重失败。由此从自主感的丧失中体验到羞怯和疑虑。羞怯是一种幼稚的情绪，属于一种罪疚感，是一个人假定自己完全暴露于众，而且意识到被人注视着，这就是自我意识。羞怯感最早的表现是一种羞于见人或无地自容的冲动，它源于个体不断增长的渺小感。而疑虑是一种未达到成熟就愚蠢地暴露自己的感情，即先愣住后醒悟的感情。疑虑包括对自己的疑虑以及训练者的坚定性和敏锐性的疑虑。

如果此阶段危机得到顺利的解决，就会在他们的人格中培养出意志的品质；相反，如果危机是消极地解决，就会使他们产生强迫心理。

3. 阶段三：主动性对内疚感

该阶段的年龄是4—5岁。这一阶段被弗洛伊德称为性器期。弗洛伊

---

[1] ［美］埃里克森：《同一性：青少年与危机》，孙名之译，浙江教育出版社1998年版，第94—95页。

德认为，性器期发展的核心是俄狄浦斯情结。男孩的第一次性爱依附于给予他身体舒适的母亲，并决定了男孩对在性方面控制着对父亲产生了第一次性的敌视。至于女孩，埃里克森认为，很多时候孩子的羞怯和疑虑、低自尊与不确定，其实是来源于父母在婚姻、工作和权利上的受挫。

该年龄的儿童能够自如地运用双腿走路，这时他们才觉得双腿是自己的了。他们正准备把自己视为已长大得与漫步的成人一般大了，而且他们设法去探索可能的角色，从而体验到主动性。① 即自己能主动地认识世界。此时男孩在心中的追求强调的始终是正确的攻击，而女孩则通过将自己变得讨人喜欢和富有魅力，以此来展现她们的主动性。

埃里克森认为，主动性的伟大统治者是良心。这使得儿童不仅感到害怕被揭露而受到惩罚，并且还可听见自我观察、自我指导和自我惩罚的"心声"，由此体验到内疚感，一种使人觉得自己犯了罪或干了坏事的感觉。

如果儿童此阶段的危机得到积极的解决，就会在他们的人格中培养出目的实现的品质；相反，如果危机是消极地解决，就会使他们产生抑制的心理。

4. **阶段四：勤奋感对自卑感**

该阶段的年龄是从 5—12 岁。该阶段被弗洛伊德称为潜伏期。学习成为儿童的主导活动。儿童的重要任务是体验从稳定的注意和孜孜不倦的勤奋来完成工作的乐趣，由此而产生一种勤奋感。埃里克森指出：他们现在学会了制作物件以求获得承认。他们逐渐变得不屈不挠了，并变成一个热情而专心致志的人。儿童开始学着通过创造东西来获得大人的表扬。

埃里克森认为，本阶段的危险是产生一种对自己和自己任务的疏远，即自卑感。② 它可能是由于以前的冲突未能得到适当解决而引起的。自卑感产生的原因主要是：

---

① [美]埃里克森：《同一性：青少年与危机》，孙名之译，浙江教育出版社 1998 年版，第 102—103 页。

② 同上书，第 108—109 页。

（1）对教师的偏见。

（2）儿童固着于前一个阶段。

（3）在长期的学校生活中从来没有体验过工作的快乐或因某件事成功而获得的自豪感。

（4）家庭生活可能没有为他们的学校生活做好准备，学校生活也可能不支持先前几个阶段所做出的允诺。

因此克服自卑感产生的办法是：

（1）社会允许儿童扮演角色以对技术和经济做好准备。

（2）有一个被社会信赖和尊重的好教师。

（3）支持每一个儿童心中的一种胜任感。

埃里克森认为，该阶段与前一阶段不同之处在于，它不是从内部动荡转向一种新的控制。弗洛伊德将该阶段称为潜伏期，是因为猛烈的驱力一般都蛰伏不动，但这只是青春期风暴前的暂时平静。到时候一切先前的驱力就会以一种新结合而重新出现。

如果儿童此阶段的危机得到积极的解决，就会在他们的人格中培养出能力的品质；相反，如果危机是消极地解决，就会使他们产生无能的心理。

5. 阶段五：同一性对角色混乱

该阶段的年龄是12—20岁。相当于弗洛伊德的生殖器期。埃里克森认为：该阶段是儿童期与成人期之间的一种生活方式。[①] 因此，在学校生活后期，年轻人由于为生殖器成熟的生理发展而困扰，以及未成年人角色尚未确定，于是便醉心于时尚的追求，似乎想建立一个青年亚文化群，常常想象着将自己认为自己是什么样的人与自己在别人眼光中表现为什么样的人进行比较，并且老是想着如何把早期养成的角色和技巧与当前的理想原型结合起来的问题。如果他们由此成功，就获得了同一性或同一感。同一性的形成标志着儿童期的结束和成人期的开始。同一性建立的条件是：

（1）长辈的真诚赏识而不是空洞的赞扬和迁就。

---

① ［美］埃里克森：《同一性：青少年与危机》，孙名之译，浙江教育出版社1998年版，第113—114页。

（2）前面发展阶段形成的信任感。

（3）社会和文化，要求青年人按一定的标准行动。

（4）自己对自我的肯定而不是否定。

如果该阶段个人没有获得同一性，就会产生角色混乱，即个体不能正确地选择适应于社会环境的角色。行为上表现出经常否定父母的价值观，拒绝同伴的价值观。角色混乱会导致个体产生自我意象分裂、不能建立亲密感、没有时间紧迫感、不能集中精力做自己必须做的事、反抗家庭和社会制度等。

埃里克森认为，个体在此阶段只有克服以下 7 个方面的危机，才能顺利地进入下一个阶段。具体内容包括：

（1）时间前景对时间混乱。

（2）自我确定对冷漠无情。

（3）角色试验对消极同一性。

（4）成就预期对工作瘫痪。

（5）性别同一性对性别混乱。

（6）领导的两极分化对权威混乱。

（7）思想的两极分化对观念的混乱。[①]

如果个体此阶段的危机得到积极的解决，就会在他们的人格中培养出忠诚的品质；相反，如果危机是消极地解决，就会使他们产生不确定性的心理。

6. 阶段六：亲密感对孤独感

该阶段的年龄是 20—24 岁。又被称为成人早期。个体必须获得在保持他们个人的同一性的同时，将自己的同一性与他人同一性融合在一起的能力。个体如果能够做到这一点，就会体验到亲密感。亲密感是一种将个体同一性与他人的同一性融合而又不害怕失去自己同一性的能力。亲密感只能在个体形成了稳定的自我之后才能获得。成熟的亲密感意味着个体愿意与他们分享彼此的信任，在双方平等的关系中包含着自我牺牲、妥协和承担义务。亲密感是婚姻的必要条件。

埃里克森认为，真正的亲密意味着两个人都愿意共同和互相调节他们

[①] 车文博主编：《弗洛伊德主义论评》，吉林教育出版社 1992 年版，第 1029—1031 页。

生活中的一切重要方面。但是在选择配偶时，也包含着偶然因素，有时个体会因为害怕自己单身而产生一种孤独感。孤独感是一种个体不敢拿自己的同一性冒险来分享亲密关系的体验。有些人虽然在事业上很成功，但仍然体验到孤独感，其原因是他们害怕去创造性地开展工作、生育以及成熟的爱、承担责任。一些人产生孤独感是因为结婚太早，无法与配偶在心灵上产生共鸣。还有一些人产生孤独感是因为家庭没有亲密感。

如果个体此阶段的危机得到积极的解决，就会在他们的人格中培养出爱情的品质；相反，如果危机是消极地解决，就会使他们产生排他性的心理。

7. 阶段七：繁殖感对停滞感

该阶段的年龄是24—60岁。该阶段的个体已进入成人期，开始在社会中确立自己的地位，并为社会发展承担一定的责任。该阶段是人生最长的一个阶段。埃里克森认为，那些具有满意的性关系的伴侣会很快希望能够孕育融合了他们人格和能量的爱的结晶，并会产生希望抚育后代的愿望，即繁殖感。[①] 其实，繁殖感的含义不仅仅是传宗接代，养儿育女，还要求关心自己及他人的孩子和肩负起将文化代代传承的任务。所以埃里克森认为，只是有孩子，并不能保证个体获得繁殖感，也不能保证给孩子良好的教育。还有一些人虽然没有孩子，但他们能从关心他人的孩子或帮助孩子们创造更好的社会生活中获得繁殖感。

如果个体不能够体验到繁殖感，他们就会体验到由于停滞和人际关系贫乏所导致的假亲密的心理。还有一些人会开始沉溺于自身之中，他们仿佛孑然一身，自己仅仅是个孩子，由此而体验到停滞感。个体表现出过分关注自我，沉溺于自我时，在能力，特别是创造力上出现停滞。

如果个体此阶段的危机得到积极的解决，就会在他们的人格中培养出关怀的品质；相反，如果危机是消极地解决，就会使他们产生自私自利的心理。

8. 阶段八：自我整合感对失望

该阶段的年龄是60岁至死亡。这是人生的最后一个发展阶段，

---

① [英] 瓦尔·西蒙诺维兹、彼得·皮尔斯：《人格的发展》，唐蕴玉译，上海社会科学院出版社2006年版，第52—53页。

又称为老年期。男女成人进入老年期，回顾自己一生，如果自己觉得一生没有虚度，对社会有所贡献，而且孩子成才，个体就会产生一种自我整合感，即个体获得一种完全而统一的感觉。获得自我整合感的人在面对死亡时，会产生一种超然感，不害怕死亡。他们会觉得自己的智慧与人生哲学会延伸到自己的人生周期之外，与新的一代生命周期结合起来。如果个体在过去生活中经受过许多挫折，他们在回首自己一生时，就会产生失望的心理。[①] 他们觉得这一生没有理想，岁月蹉跎，而且由于感到不能再重新生活一次而常常失去耐心，对一些琐事感到厌恶。行为上表现出消沉、轻视他人和不能接受自己生命已走到尽头的现实等。

如果个体此阶段的危机得到积极的解决，就会在他们的人格中培养出智慧的品质；相反，如果危机是消极地解决，就会使他们产生轻蔑的心理。

（六）埃里克森理论的贡献与局限

1. 埃里克森理论的贡献

埃里克森心理发展理论的贡献主要是：

（1）系统地描述了毕生发展的八个阶段。

（2）在坚持性本能的基础上，进一步强调社会文化对人心理发展的影响。

（3）从冲突的角度，探讨了毕生心理社会性发展特点。

2. 埃里克森理论的局限

埃里克森心理发展理论的局限主要是：

（1）在心理社会性发展过程中，如何解决每一个阶段的冲突才能成功地进入下一个发展的阶段，没有明确指出。

（2）对心理社会性发展的八个阶段重视程度不一样，特别是对人生最后一个阶段的论述很消极。

（3）前一个阶段的发展结果如何影响下一个阶段的心理发展？没有阐述清楚。

总之，在弗洛伊德心理发展理论的基础上，埃里克森根据自己的研

---

① 杨鑫辉主编：《心理学通史》第 4 卷，山东教育出版社 2000 年版，第 531 页。

究进一步完善了心理发展的阶段,丰富了人们对毕生心理发展本质的认识。

第二节 行为主义的心理发展理论

行为主义的心理发展理论也称心理发展的学习观(learning perspective)。该理论强调心理发展是学习的结果,行为的长期变化是基于个体的经验或对环境的适应。学习理论家试图发现导致行为外显变化的客观规律,他们认为心理发展是连续的,而不是有阶段的,强调心理发展的量变。[1]

一 华生的心理发展理论

(一) 华生的生平

华生(Watson J.,1878—1958)是美国行为主义心理学的创始人。1903年在安吉尔和唐纳森的指导下,华生以论文《动物的教育:白鼠的心理发展》获得了芝加哥大学的哲学博士学位。博士毕业后,留校任教,讲授心理学,并做了安吉尔教授的助手。在这几年里,华生一方面从事教学和学习,另一方面还做了大量的动物行为实验研究。1908年华生受霍布金斯大学哲学与心理学系主任的邀请,到该校任教授职位。同年,在芝加哥大学的一次讨论会上,首次提出了自己的行为主义心理学体系,1912年应卡特尔的邀请在哥伦比亚大学演讲,更进一步地阐述了自己的观点。1913年在《心理学评论》上发表了题为"行为主义眼中的心理学"一文,标志着行为主义心理学的诞生。1915年当选美国心理学会主席。1919年出版了《行为主义心理学》一书,同时他还将研究动物的技术应用于婴儿,包括条件反射的实验。1920年因离婚而中断了学术生涯,离开了霍布金斯大学。1958年去世于纽约。

(二) 机械主义的心理发展观

华生认为,行为主义心理学应该是研究刺激反应的心理学。他认为

---

[1] Papalia D. E., Olds S. W. and Feldman R. D., *A Child's World: Infancy through Adolescence*, New York: McGraw-Hill, 2007.

环境，特别是学习在心理发展中起主导作用。[①] 华生认为，人的行为模式完全是由其所处环境塑造而成的，全部行为上的差异都可以从个体的早期教育上的不同加以说明。下面一段话代表了华生的环境决定论的心理发展观："给我一打健全而没有缺陷的婴儿，让他们在我的特殊世界中教养，那么我可以担保，随便挑选其中任何一个——无论他的能力、嗜好、才能、职业及种族怎样——我都能够将他训练成我所选定的任一类型的特殊人物。如医生、律师、艺术家、商界领袖，甚至是乞丐或窃贼。"[②]

（三）情绪发展观

华生认为，婴儿有三种基本的情绪反应：恐惧、愤怒和喜爱。每种情绪的反应都是由刺激引起的，并表现为一定的反应形式。

给婴儿身体突然悬空下落或呈现给婴儿巨大的声音，会引起他们恐惧的情绪反应；约束婴儿身体的活动会引起他们愤怒的反应；轻轻抚摸婴儿的身体会引起他们喜爱的情绪反应。而成人的一切复杂的情绪，如害羞、仇恨、骄傲、嫉妒等，都是由这三种简单的反应建立起的条件反射引起的。华生还认为，一切情绪都是刺激—反应的结果，可以依据条件反射加以培养。

1920年，华生与人合作，开展了婴儿恐惧情绪形成的实验。首先，他查明毛皮动物对于一岁左右的孩子并不引起恐惧，接着注意到一岁左右的孩子在听到用铁锤敲打金属棒的铿锵声时会恐惧。然后，每当婴儿触摸毛皮动物时就敲打金属棒。很快，在没有金属棒的情况下，婴儿对毛皮动物的恐惧反应变得很明显了。该实验就是臭名昭著的婴儿恐惧情绪形成实验。也是第一次用实验的方法证明了情绪是后天形成的。

（四）人格发展

华生认为，人格是个体全部行为模式的总和，即一个人在反应方面全部的资产与债务。所谓资产，是指个体人格中他在当前环境中得以保持适应与平衡，并在环境改变时得以重新适应的那些部分；所谓债务是指在当前环境中不发生作用的部分，以及各种将会阻碍个体适应已变环

[①] ［美］查普林、克拉威克：《心理学的体系和理论》上册，林方译，商务印书馆1989年版，第250—251页。

[②] 杨鑫辉主编：《心理学通史》第4卷，山东教育出版社2000年版，第263—264页。

境的各种潜在或可能的因素。

华生还认为，人格是个体一切动作的总和，是个体各种习惯系统的最终产物。所有的人，在其出生时的素质都是相同的，但每个人后天生活的环境和所受教育不同，因而形成了各种各样的行为习惯系统，即人格。这一点在每个人小时候更加明显。改变一个人人格的办法就是改变其生活环境，使其形成新的习惯系统，排除原有习惯系统。

（五）华生的贡献与局限

1. 贡献

行为主义心理学自华生创立以来，促进了心理学研究的客观化，特别是华生主张心理学研究应该运用客观的方法研究人和动物的行为，使心理学获得了与其他自然科学一样的客观性，从而在研究对象和方法上具有自然科学的特征。

华生用实验的方法探讨了个体情绪的形成，虽然该项实验在伦理道德上受到了人们普遍的批评。

2. 局限

华生的行为主义心理发展观过分强调环境，特别是教育对心理发展的作用，而忽视遗传素质的作用，导致人们经常不能根据个体发展水平开展教育。

华生的行为主义心理发展观中否认意识的存在，主张只对刺激与反应进行研究，忽视刺激与反应之间的中间环节，将人等同于机器，产生了错误的机械决定的发展观，将复杂的心理活动简单化了。

二 斯金纳的心理发展理论

（一）生平

斯金纳（Skinner B. F., 1904—1990）是20世纪美国新行为主义心理学家。出生于宾夕法尼亚州。中学以第一名的成绩毕业。先进入纽约的汉密尔顿学院主修文学，后来因读了巴甫洛夫和华生的心理学著作，而对心理学产生了兴趣。1928年入哈佛大学学习心理学，1931年获得博士学位并留校任教，1936年到明尼苏达大学任副教授，1945年任印第安纳大学心理学系主任，1948年又回到哈佛大学任教授，直到1970年退休。1968年获得美国政府颁发的国家科学奖章，1990年获得心理学会心理学终身贡献奖。在 1950—1959 年十年间，斯金纳一直被评为美国十大心理学家的第一名。

(二) 遗传与环境的关系

斯金纳所处的时代，人们对行为主义忽视遗传在心理发展中的作用进行了批评。面对这种局面，斯金纳将自己的观点与华生的观点进行了区分。华生称任意给他一打健康的婴儿，他可以将其培养成他所选定的任何一个人。对此，斯金纳表示反对，他提出人类与其他动物都有一种生存的本能。为了适应不断变化并难以预料的环境，为了生存，人类具备一种学习的能力，即根据行为的结果进行学习的能力。这种能力是人类从遗传能力中获得的最为重要的一种能力。但斯金纳并没有对哪些行为是遗传来的，哪些行为是后天学习的，给出明确的回答。

(三) 心理发展观

斯金纳对个体心理发展，持一种无阶段论的看法。即个体心理发展是一个连续的、渐进的过程。不同发展时期并不存在明显的、质的阶段，只有一些微小的变化。斯金纳认为，从婴儿期到青少年期逐渐成熟的过程中，儿童的言语行为和问题解决的策略是连续发展的。但是，斯金纳也不否定要根据年龄的不同来研究行为，他只是认为将发展的过程分成更小的部分更精确些，同时也可避免研究者仅集中于某一个特定阶段，而忽视了其行为发生的原因。很有意思的是，斯金纳虽然是一个无阶段论者，但他在其小说《沃尔登第二》（Walden Two）中，描述了在一个乌托邦社会中，要对不同年龄阶段开展不同的教育方式。

(四) 操作性条件反射学说

操作性条件反射（operant conditioning）强调学习过程中重复的作用和行为的后果。当紧随行为反应出现的是积极后果时，行为就会得到加强；而紧随行为反应出现的是消极后果时，行为就会削弱。斯金纳的研究致力于改善由行为后果产生的有意行为。在传统的操作性条件反射实验中，研究者事先选择某个反应（如推一个杠杆或者啄一个亮的键），然后等待被试做出要求的反应（或者至少是部分反应）。被试一旦做出了符合要求的反应，实验者就呈现强化。强化（reinforcement）的操作性定义是：任何能增加反应出现概率的刺激。强化物有两种。一种是正强化物（positivereinforcers），呈现它们就会增加反应出现的概率，如食物和笑容。另一种是负强化物（negative reinforcers），撤销它们就会增加反应出现的概率，如电击。假如个体从未接触过某个复杂的反应，那么如何强化他们做出这种反应呢？一般的步骤是：首先，仅强化与该行为某一个要素接近的反应。其次，逐渐地追加行为的新要素，并且只有当该反应的两个或三个成分被联结在一起时才给予强化。最后，一旦个体做出了完整的反应，早期的接近行为就不再被强化。在日常生活中，成人经常用这种方法来塑造孩子使用厕所、餐桌上的礼节之类的复杂的行为。

（五）强化程序

斯金纳提出的强化程序（schedules of reinforcement）是指强化的频率和规则。主要有以下几种：

（1）每一次正确的反应均给予强化。

例如，在每次学习试验中都进行强化，那么一个新的反应就会迅速形成。

（2）定时间隔强化，即正确的反应按固定的时间间隔进行强化。如工资。

（3）不定时间隔强化，即正确的反应按变化的时间间隔进行强化。如抽查。

（4）定比间隔强化，即正确的反应按固定的比率进行强化。

（5）不定比间隔强化，即正确的反应按变化的比率进行强化。

需要指出的是，第三种强化程序和第五种强化程序形成的行为最为牢固。

（六）斯金纳的贡献与局限

1. 贡献

斯金纳的理论是在严格实验的基础上提出的，他的操作性条件反射学说是一种非常有实用价值的学说，人们利用斯金纳的学说开展了大量的关于儿童行为方面的训练，证明是行之有效的。例如，利用操作性条件反射学说来训练智力落后儿童提高其生活自理能力、通过操作性条件反射程序来帮助人们克服恐惧心理等，都取得了明显的效果。其次，斯金纳根据自己的研究成果提出的程序教学的思想，促进了机器教学或计算机辅助教学的发展。

2. 局限

同华生一样，斯金纳虽然发展了刺激—反应学说，但是他仍然持一种人与动物等同的观点，忽视人的主观能动性，坚持机械论的观点。

三　班杜拉的心理发展理论

（一）生平

班杜拉（Bandura A.，1925—　）是美国心理学家。1925年出生于加拿大北部的阿尔伯特省。早年就读于温哥华的不列颠哥伦比亚大学。之后，赴美国依阿华大学学习临床心理学。1951年和1952年分别获得了硕士学位和博士学位。1953年起在斯坦福大学工作。1959年，出版了《青少年的攻击性》一书。1963年与人合作出版了《社会学习与人格发展》一书。1969年又出版了《行为矫正原则》一书。1974年担任美国心理学会主席。1977年出版了他的代表作《社会学习》一书。1980年担任西方心理学会主席并获得美国心理学会授予的杰出科学贡献荣誉奖。同年还当选为美国艺术及科学院院士。1986年出版了《思想和行动的社会基础》一书，该书被学界称为其学术思想的分水岭，在此之前，他主要从事对其一般学习观点和观察学习理论的阐述，从而表现出与传统学习理论之间连续的继续与批判关系。在此之后，他的学术兴趣便转移到对自我现象的全面考察，特别是自我效能感现象的研究。[1] 代表作《自我效能感：控制的作用》一书于1997年出版。此外，1989年班杜拉当选为美国科学院医学部院士。

（二）心理发展的交互作用论

班杜拉认为，人的行为是交互决定论（reciprocal determinism）的产物。所谓交互决定论是指环境、行为与人三方面的交互作用。具体如图3—2所示。

在图3—2中，P代表人，包括人的性别、社会地位、身材和外貌魅力，特别是个体的思想、记忆、判断和预见等认知因素。E代表环境，B代表行为。

在这三个因素中，每个交互决定因素都既有其他两个因素决定的结

---

[1] 杨鑫辉主编：《心理学通史》第4卷，山东教育出版社2000年版，第378—381页。

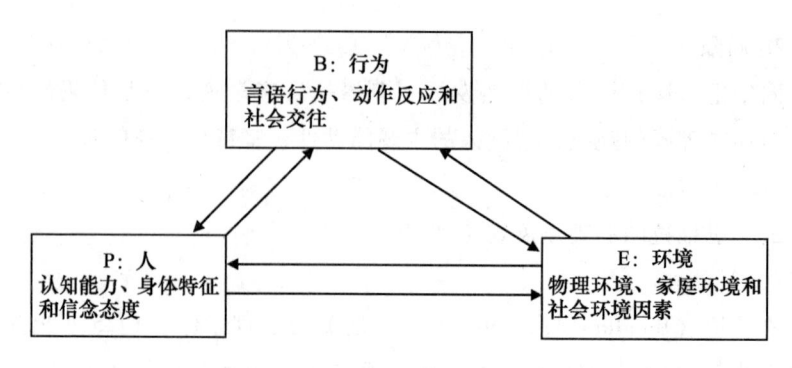

```
                    ┌─────────────────────┐
                    │ B: 行为              │
                    │ 言语行为、动作反应和  │
                    │ 社会交往             │
                    └─────────────────────┘
                        ↑↓         ↑↓
        ┌──────────────────┐   ┌──────────────────┐
        │ P: 人            │←→ │ E: 环境           │
        │ 认知能力、身体特征│   │ 物理环境、家庭环境和│
        │ 和信念态度        │   │ 社会环境因素      │
        └──────────────────┘   └──────────────────┘
```

图 3—2 班杜拉的交互决定论模型

果，又对其他两个因素产生决定作用。

P 与 B 之间的双向关系，代表人的因素与行为之间的相互决定关系。一方面，人的内部因素如期望、信念、动机、价值观等，影响和决定着他的行为方式及其努力的方向。另一方面，由于行为所导致的内外结果，反过来又调整、改变着行为主体个人的思维和情绪反应，二者处于交互决定关系之中。P 与 E 之间的双向关系，代表人与特定环境之间的相互决定关系。一方面人的能力是由环境及其社会各种因素决定的；另一方面，人的性格、气质、年龄、性别、社会角色等特征会引起不同的环境反应，正是这些环境反应构成了人的社会现实生活环境。

B 与 E 之间的双向关系，代表了行为与环境之间的相互决定关系。行为作用于人用以改造环境，使环境适合于生存的目的手段，必须受到环境的实现条件的制约；但环境是否与人发生关系而产生影响，取决于人是否以某种行为将它激活。

（三）观察学习理论

1. 观察学习的含义

观察学习指个体通过观察他人（榜样）所表现的行为及其结果而进行的学习。观察学习是不同于刺激反应学习。刺激反应学习是学习者的反应直接受到强化后而完成的学习。观察学习是学习者不必直接做出反应，也不必亲自体验强化而是通过观察他人行为所受到强化而完成的学习，因此具有间接性。班杜拉将此种学习称为无尝试的学习（no trial learning）。

2. 观察学习的过程

在观察学习过程中，被观察的对象称为榜样（the model），观察主体称为观察者（observer），榜样通过观察者的观察活动而影响观察者的过程，称为示范作用（modeling）。

随着个体年龄的发展，观察学习的方式也在不断发展。在儿童没有掌握语言符号时，他们只能在日常生活中从周围的现实个体，如父母、兄弟姐妹、游戏伙伴等具体行为表现中进行观察学习。随着儿童运动技能的发展以及由此而引起的生活范围的扩大，电影、电视等形象生动的符号表征，为儿童提供了丰富的示范刺激，从而大大扩展了他们观察学习的范围。之后，随着语言能力的发展，言语示范作用代替了具体行为的示范作用，个体通过掌握包含语言系统的传说、小说、科学文献等行为技能和行为方式。

受信息加工心理学的影响，班杜拉将观察学习分为注意过程、保持过程、运动再现过程和动机过程四个过程。

（1）注意过程。注意过程是观察者将其心理资源如感觉通道、知觉活动、认知加工等贯注于榜样事件的过程。通过注意过程，个体将环境事件与自身发生关系。注意过程是观察主体与榜样之间的中介，这个中介作用是否实现，取决于下列因素：

① 榜样活动的特征。包括榜样活动的复杂性、强度以及价值等。

② 观察者的特征。包括观察者的知识经验、认知能力、知觉定向等。

③ 榜样的特征。包括榜样的性别、年龄、职业、社会地位、社会声望。

④ 社会结构因素。包括个体的交际网络、社会的内部组织及其分化程度等。[①]

（2）保持过程。保持过程是指观察者将在观察活动中获得的有关榜样行为的信息以某种方式储存于记忆之中以备后用的过程。其方式主要是符号表征。因为符号可以将易消失的观察经验转化成持久的、稳定的认知结构保存于长时记忆之中。这样，在榜样行为结束之后，有关该行为的认知结构也就取代了示范行为本身。因此，在观察学习中，注意过程必须辅之以保持过程，观察学习才能发生。

（3）运动再现过程。运动再现过程是指观察者对榜样行为的表现过

---

① 高申春：《人性辉煌之路》，湖北教育出版社 2000 年版，第 131—134 页。

程。个体要将榜样行为转化为具体的行动，这一过程需要通过多次实践才能完成。首先，个体需要通过观察掌握榜样行为的要领；其次，通过具体实践，来再现榜样的行为，特别是通过模仿，使榜样的行为越来越准确。

（4）动机过程。动机过程是指观察者在特定的情境下由于某种诱因的作用而表现出榜样行为的过程。从本质上讲，运动再现过程主要偏重于认知角度；而动机过程则是从榜样行为的认知表征转化为实际行动。

在观察学习的过程中，决定观察者是否表现出榜样行为的诱因主要包括三种：直接诱因、替代诱因和自我生成诱因。

直接诱因是指榜样行为本身所导致的直接结果。如果榜样行为执行本身会导致某种奖赏结果，那么观察者会因追求这种奖赏结果而表现出榜样的行为。

替代诱因是指观察者观察榜样的行为所受到的奖惩而在自己身上表现榜样行为的倾向。如果榜样的行为导致了更多的成功，则观察者也会更有可能表现榜样的行为；如果榜样的行为导致了更多的失败，则会抑制观察者表现出榜样行为的可能性。

自我生成诱因是指观察者对榜样行为及其结果的自我评价经验或自我反应。如果观察者对榜样的某个行为有高度的评价时，则观察者更有可能表现出该行为。反之，则很少表现该行为。

（四）自我效能感学说

1. 自我效能感的含义

自我效能感（sense of self-efficiency）是作为个体对自己能在什么程度上完成某一活动的信念或判断。班杜拉认为，自我效能感是通过许多中介过程实现对个体行为及其人生的影响作用的。

2. 自我效能感的维度

自我效能感的维度主要有：水平、强度和延展性。（1）自我效能感在水平上的变化，是指个体认为自己所能完成的、指向特定目标行为的难易程度。这一维度上的差别导致不同个体选择不同难度的任务。（2）自我效能感在强度上的变化，是指个体对自己实现特定目标行为的确信程度。弱的自我效能感容易受不相符的经验影响而被否定；强的自我效能感不会因一时的失败而导致自我怀疑，而是相信自己有能力取得最后胜利,从而面对重重困难仍不放弃努力。(3)自我效能感的延展性(或广度),是指个体在某个领域内的自我效能感之强弱,会在多大程度上影响到其他相近或不同领域中的自我效能感。有人只在很狭窄的领域内判断自己是有效能的,另一些人则在很广泛的活动及情境中都具有良好的自我效能感。

3. 自我效能感获得的途径

自我效能感获得的途径主要四种:实际的工作成就、替代性经验、言语说服力和情感唤醒。[①]

(1)实际的工作成就。它是自我效能感信息的重要来源。从经验中个体得知自己擅长什么,不擅长什么,自己的能力与局限。

(2)替代性经验。它使个体能观察他人的成功与失败,评价与他们有关的自我,并且发展起相应的自我效能感信念。

(3)言语说服力。言语说服力是指个体接受别人认为自己具有执行某一任务的能力的语言鼓励而相信自己的效能。

(4)情感唤醒。情感唤醒是指个体觉察到某种潜在的成功与失败相关联的反应,如失败会产生失望感,而成功则产生兴奋感。

4. 自我效能感的功能

班杜拉认为自我效能感主要有四种功能:行为选择、动机性努力、认知过程以及情感过程。

(1)自我效能感影响个体的行为选择。班杜拉认为,个体行为在一定程度上是环境的产物;同时,也通过自我效能感选择某些特定的活动和环境,并对所处的环境加以改造。人们尽量回避进入那些自认为超出自身能力的环境,而去选择自感可以应付的环境或活动。

(2)自我效能感影响个体动机性努力的程度。当一个人感觉自己在某项活动上有较高自我效能时,就会干得更加努力;而如果认为自己在某项活动上的效能较低时,就不会付出那么多的努力。

(3)自我效能感影响个体的思维过程。当一个人遇到困难和挫折时,其思考过程有可能是自助性的,也可能是自我阻碍性的。那些拥有较高自我效能感的人,一般都会在脑海中勾勒出一幅成功者的剧情,使他们

---

① [美]珀文:《人格科学》,周榕等译,华东师范大学出版社2001年版,第291—230页。

采取更加积极主动的行动，他们所注意的焦点是怎样更好地解决问题；相反，那些低自我效能感的人，则总是在担心所有可能会出差错的地方，脑海中总是构造失败者的剧情，这样必然会降低其努力水平。

（4）自我效能感影响个体的情感过程。在面临可能的危险、不幸、灾难等厌恶性情境条件时，自我效能感影响个体的应激状态、焦虑反应和抑郁的程度等情感过程。这些情绪反应又通过改变思维过程的性质而影响个体的活动及其功能发挥。高自我效能感的人，不会在应对环境事件之前忧虑不安。自我效能感弱的人，则怀疑自己处理、控制环境的潜在威胁的能力，因而体验到强烈的应激状态和焦虑唤起，并以各种保护性的退缩行为或防御行为被动地应对环境。

5. 自我效能感的发展

个体在发展的不同阶段，所面临的基本生活任务及其活动的形式和对象不同，决定了个体在不同人生阶段自我效能感在信息来源、性质、领域等维度上的差异。[①]

（1）婴儿自我效能感的发展。处于感觉运动发展阶段的婴幼儿，主要生活于家庭环境，其自我效能感的发展取决于家庭环境因素。他们的基本生活需要的满足依赖于成人父母。如果父母对婴儿的试探性行为给予反应，那么婴儿会很快学会通过自己的社会性和言语行为去影响周围的人。婴儿与父母的这种互动包含了替代性控制，即婴儿通过父母做一些自己无法做到的事情，从而获得替代性效能体验。同时，父母对婴儿表现出的一些交际行为给予满意的应答，为他们提供了丰富的物理环境刺激，在一定程度上能加速他们社会性和认知能力的发展。

在婴儿阶段，言语能力的发展对婴儿自我效能感的发展有重要的影响。因为婴儿言语能力的提高会加速他们理解成人对他们的评价，并提高自我认识。

（2）幼儿自我效能感的发展。随着幼儿活动范围的扩大，同伴交往成了幼儿自我效能感发展的主要途径。同伴关系对幼儿自我效能感的发展具有两个重要功能：

① 同伴为幼儿提供了榜样示范的作用。

[①] 高申春：《人性辉煌之路》，湖北教育出版社2000年版，第131—134页。

② 由于年龄和经验的相似性，同龄伙伴为幼儿提供了比较和参照点。因此，同伴参照影响自我效能感的发展方向，反过来，个体自我效能感部分决定着同伴关系和同伴活动的选择。

(3) 儿童自我效能感的发展。学校是儿童成长的关键环境，它能够使儿童的认知能力迅速发展，并使儿童获得有效参与社会的知识与解决问题的技能。同样，学校也是培养儿童认知能力检验的重要场所，是儿童认知性自我效能发展的诱因。儿童在掌握认知技能的同时，也发展了他们的理智活动的效能感。这种效能感不仅能激发起儿童高水平的学习动机，获得学业上的成就，而且还能培养学生对学习的内在兴趣，这种兴趣又会进一步促进学生的认知自我效能感。班杜拉指出，学校教育的主要目标之一是培养学生的自我调节能力。较高的自我调节能力有助于自我效能感的发展。

(4) 青少年自我效能感的发展。在青春期，青少年面临着许多成年人生活的挑战。他们需要学会承担自己对生活的责任，学会适应生活所需的各种知识和技能，学会合理地处理各种关系。而青少年能否合理地处理好所遇到的各种问题，取决于青春期之前自我效能感发展的确定性。同时进入青春期的个体已经具备了一些社会认知能力和社会比较能力，这使得他们在与各种社会关系的互动中，更加积极主动地接受榜样的示范作用，获得大量替代性经验。这种经验的获得大大促进了他们自我效能感的发展。

(5) 成人自我效能感的发展。刚进入成人期的个体，必须学会处理产生于同伴关系、婚姻关系和父母身份等新的社会要求，完成各种社会角色的要求。如果个体在前一个阶段自我效能感有坚定的发展，并且个体也接受了成功的学校教育和良好的职前培训，会有助于他们自我效能感的发展。在成人中期，成人的生活发展相对平稳，他们的自我效能感也相对比较平稳。但是社会发展也促使他们做出新的适应。中年人在职业生涯中会感受到来自青年人的挑战，在为了提升、保持地位的环境中，不得不通过与青年人竞争性的比较来不断提升自己的自我评估能力，从而确保自己的自我效能感。

(6) 老年人自我效能感的发展。进入老年期，个体自我效能感发展的主要问题是对自我效能感的重估和误估上。因为人们通常会认为进入老年期后，个体的一切都在衰老，所以需要对其自身进行重估。但是新的研究发现老年人并不是所有的心理机能都在衰老，而是有一些会更加丰富和表现出一定的优势性。因此对于老年人来说，如何科学地发挥自己的能力，如何客观地认识自己，关键在于对自己的自我效能感进行重估，并充分发挥自我效能感的作用，如果老年人通过重估而获得了积极、乐观的自我效能感，则他们会过上一种高品质的生活。

（五）班杜拉的贡献与局限

1. 贡献

首先，班杜拉理论标志着学习理论的视点由行为、认知、情感或环境等单一方面向三者综合的转变，强调了在学习过程中的人的主观能动性。其次，班杜拉提出的心理发展交互决定论的观点，重视人的行为变化，是人的行为与环境相互决定的结果，而不仅是环境的结果，是对传统行为主义理论的重要发展。最后，班杜拉提出的自我效能感理论，丰富了人们对自我问题的认识。

2. 局限

班杜拉提出的观察学习可以解释模仿性的行为习得，但对于复杂的学习，则这种学习就显得缺乏说服力。

第三节　认知发展理论

一　皮亚杰的认知发展理论

（一）皮亚杰的生平

皮亚杰（J. Piaget，1896—1980）是瑞士著名的发展心理学家和发生认识论的创始人。19岁时完成了动物学博士学位论文，20岁时放弃了生物学，开始转向心理学。1919年皮亚杰在巴黎大学学习病理心理学，并在比纳实验室工作。在此工作时，皮亚杰找到了自己探索人类认识起源的方法。1921年应日内瓦大学的克拉巴雷特（Claparade, E., 1873—1940）教授的邀请，皮亚杰到日内瓦大学开始工作。29岁时任日内瓦大学教授，并连任瑞士心理学主席3年。1929—1967年，任联合国教科文组织领导下的国际教育局局长，1932—1971年任日内瓦大学教育科学学会会长。1954年任第14届国际心理学会主席。1955年创建"国际发生认识论研究中心",并担任中心主任。1971年退休后,皮亚杰辞去了卢梭研究所所长的职务,但仍继续担任国际发生认识论研究中心主任的职务,直到1980年去世。

美国心理学史专家墨菲认为:"看起来几乎有三位皮亚杰:20年代进行初步研究的年轻的皮亚杰,进行道德判断研究的中期的皮亚杰(1932);但接着又出现了第三位皮亚杰,更坚韧,更倾向于科学的概括,以顽强不移的精神要使心理学成为一门严密而首尾一贯的科学。"[1]

皮亚杰于1968年获得美国心理学会卓越贡献奖,1972年获荷兰伊位斯姆士奖。

(二) 认知发展的本质

皮亚杰将适应这一生物学概念引入心理学,用来解释人的认知(或智力),并明确指出"智力是生物适应性的一种特殊表现"[2]。它是在图式的基础上,通过同化和顺应,不断取得平衡的过程。

1. 图式

在皮亚杰的著作中,图式的单数形式用"schema"这个词,复数形式用"schemata"这个词。[3] 图式是指"动作的结构或组织"[4]。皮亚杰所讲的图式,是一种认识的功能结构。有了它,个体主体才能对客体的刺激做出反应。

在生理水平上,图式的绝大多数的程序是靠遗传获得的。皮亚杰认为,儿童出生后所具有的第一个图式是遗传获得的图式,即先天的反射行为。以这些先天的图式为依据,儿童不断和客观环境发生相互作用。在这种相互作用中,图式逐渐从低级阶段向高级阶段发展,这也就是图式的建构过程。即客体只有通过主体结构的加工改造以后才能被主体所认识,而主体对客体的认识程度完全取决于主体具有什么样的认识图式。

---

[1] [美] 墨菲、柯瓦奇:《西方近代心理学历史导引》,林方等译,商务印书馆1982年版,第565页。

[2] [瑞士] 让·皮亚杰:《儿童智力的起源》,高如峰等译,教育科学出版社1990年版,第4—7页。

[3] 《认知发展实验理论与方法》,俞筱钧译,台北:"中国文化大学出版部"1988年版,第23页。

[4] [瑞士] 让·皮亚杰、英海尔德:《儿童心理学》,吴福元等译,商务印书馆1987年版,第5页。

皮亚杰认为，主体和客体的相互作用是图式发展的根本原因，其中主体的作用尤为重要。认识过程的第一个图式，即先天的反射图式就是主体与环境相互作用的产物。同样，在反射图式的基础上，建立起来的感知运动图式，以及后来的具体运算图式、形式运算图式也是主体与环境、主体与客体进行相互作用的结果。

2. 同化

同化是指把环境因素纳入有机体已有的图式或结构之中，以加强和丰富主体的动作。

皮亚杰在讲"同化"的含义时，他是将行为主义的S－R公式进行改造。S－R是指一个刺激可以引起一个特定的反应。皮亚杰认为该公式的最大缺点是没有体现人的能动性。因此，这个公式可以写成S→←R。说得更为确切一些，应写成S（AT）R。[①] 其中A是刺激向某个反应图式的同化，而同化才是引起反应的根源。

皮亚杰用S（AT）R来说明同化过程，主要是说明同化是一个主动的过程，不是一个被动的过程。同化只引起图式的量变。

同化的方式有四种：再生的同化（reproductive assimilation）、认知的同化（recognitive assimilation）、类化的同化（generalizing assimilation）和相互的同化（reciprocal assimilation）。[②]

（1）再生的同化。这是一种最简单的同化方式。当一种对象或环境再度出现时，这种同化作用使得个体一再以相同的方式反应。例如，当一种东西出现时，婴儿会用手去紧握它，经过多次的同样反应之后，使婴儿熟悉那种东西或情境的许多特性。

（2）认知的同化。经过再生的同化而熟悉了对象或事物的变化及特性后，下一步就是要在不同的对象中加以区别，因此必须有适当的反应，这就是认知的同化作用。例如，幼儿学会了从圆形中区别三角形；从红色中学会区别绿色的东西等。

---

① ［瑞士］让·皮亚杰：《发生认识论原理》，王宪钿等译，商务印书馆1981年版，第61页。

② ［美］Nordby V. J.、Hall C. S.：《心理学名人传》，林宝山译，台北：心理出版社1983年版，第131页。

（3）类化的同化。儿童具有认知差异的能力之后就要开始在不同的事物中找相似性。最后他就能够将那些相似者归为一类。

（4）相互的同化。这是把两个或更多的认知结构联合在一起形成较大的结构。例如，由注视某一对象所得的知识和感觉某一对象的事物所得的知识结合在一起。将视觉和触觉合成单一的有机整体。

3. 顺应

顺应是指内部已有图式改变以适应环境现实。当客体作用于主体，而主体的图式不适应客体时，调整和改变主体的图式，使之适应客体的过程。与同化作用相同，顺应也存在于从生物水平起到认识水平止的各水平上。顺应引起图式的质变。

4. 平衡

平衡是指个体同化与顺应两种机能之间的协调一致。平衡是一个动态的过程，即是一个永不停止的否定之否定的过程。

平衡有三个特性：它们是：

（1）稳定性。平衡的稳定性与变动性并不矛盾。皮亚杰说："平衡既是变动的，又能是稳定的，在智力领域内，我们很需要这个变动的平衡概念。"[1] 又说："平衡与活动是同义语。"从进化的角度看，稳定性还代表了结构的发展趋向，就是说，结构总是从不稳定的状态向更为稳定的状态过渡。每一种结构都将被认为是平衡的一种特殊形式，在被限定的范围内，它们或多或少是稳定的，而一旦达到了范围的界限，它们的稳定性便丧失了。但是，形成不同水平的各个结构，它们又将被看成是依照某种发展规律而前后相继的；以至每一结构都会产生出一个从先前水平上出现的发展过程所趋向的范围更广和更加稳定的平衡。

（2）补偿性。皮亚杰指出，每一个系统都会因外部的干扰而改变，而当这种外部干扰由于主体自身的行动而得到补偿时，就产生出平衡状态。

（3）主动性。平衡不是一个被动的过程，而是一个主动的过程。这种主动性也就是主体结构自身所具有的自我调节性。皮亚杰认为，平衡越大，需要的主动性就越大。当一个具有足够主动性，能用补偿去对付

---

[1] ［瑞士］让·皮亚杰：《儿童的心理发展》，傅统先译，山东教育出版社1982年版，第128页。

一切干扰时，结构便处于平衡状态。

关于平衡的状态，皮亚杰认为，以结构的守恒和产生为前提，通过同化和顺应的补偿作用可以达到三种平衡。

（1）同化和顺应之间的联系。在主体和客体结构之间有一个平衡；主体的结构顺应新呈现出的客体，而客体被同化到主体结构中去。

（2）主体图式中子系统的平衡。皮亚杰认为每个主体都有若干个认识图式，而每一图式都由许多分系统组成。例如逻辑—数学运算式主体的一个图式系统，其子系统就是分类、系列、数等。空间系统中，长度、面积、体积等都是子系统。这些子系统经常以不同的速率展开。在建构中，如果子系统之间没有平衡，就不可能由新图式产生。

（3）认识发展的基本平衡。个体形成的整体知识是一种平衡状态，在主体和客体的相互作用中，人的知识不断丰富，旧平衡将随着知识的丰富而分化，在分化的基础上，通过主体积极的整合作用再形成新的知识整体。

在以上三种平衡中，机能的平衡是前提，结构的平衡是基础，知识的平衡是结果。因为在外部刺激的作用下，首先要达到机能的平衡。机能获得平衡才能产生新的结构，新结构的产生意味着结构获得了平衡，而结构的平衡直接导致知识的重组，在重组的基础上，知识的整体与部分获得新的平衡。

皮亚杰认为，平衡实现的方法是自我调节。在生物学中，自我调节是指生物体在内外环境条件的变化中，保持形态和生理状态的稳定以维持生存的现象。皮亚杰认为，自我调节系统是介于同化和顺应之间的第三者，这一系统勇敢地面对环境，但不受它的左右；这一系统仍然运用环境所提供的信息，而不是忽略它，或者把自己的程序强加给环境。

皮亚杰认为，自我调节系统的作用是主体对同化和顺应进行调整以达到二者的平衡。当同化大于顺应时，通过自我调节可以加强顺应的作用，同时抑制同化的作用。当顺应大于同化时，通过自我调节可以强化同化作用。自我调节对同化和顺应的调节作用是通过一系列的正反馈和负反馈完成的。在主体和客体相互作用的过程中，自我调节随处发挥自己的功能以保证同化和顺应正常地进行。

总之，皮亚杰认为："从心理学的解释来讲，主要的不是把平衡当作一种状态，而是当作现实的一个平衡过程。平衡状态只是平衡过程的一个结果，而过程本身则有较大的价值。"① 同化和顺应每获得一次平衡，认识图式就会随之更新。随着同化和顺应之间的平衡→打破平衡→再平衡……的发展，认识图式也不断地由低级向高级发展。

（三）认知发展"阶段"的划分

皮亚杰根据内化和外化的建构发展水平，把儿童的认知发展划分成几个阶段。关于认知发展具体划分为几个阶段，皮亚杰在不同的著作中采用了不同的划分方法，有时划分为三个阶段有时划分为四个阶段。两种划分的区别仅仅在于第二阶段中又分出了一个前运算阶段。例如，在《儿童对现实的建构》《生物学与知识》《儿童心理学》《对意识的掌握》等著作中都是将智力发展划分为三个阶段；而在《结构主义》《发生认识论原理》《教育科学与儿童心理学》等著作中则划分为四个阶段。

那么，皮亚杰更倾向于将认知发展划分为三个阶段还是四个阶段呢？在《儿童心理学》一书中，皮亚杰下面的论述，可能说明他更倾向于三分法。具体内容为："本章将探讨儿童从二、三岁到十一、十二岁间的漫长阶段，这是不准备把阶段划分为二、三岁到七、八岁的前运算阶段和七、八岁到时十一、十二岁的具体运算阶段。这两大阶段中的前一时期虽然持续达四、五年，事实上只是一个组织和准备时期，好比感知运动发展阶段中的第一到第三（或第四）阶段，从而七、八岁到十一、十二岁标志着具体运算阶段的终结，好比感知运动图式形成的第四或第五、第六阶段。此后，一个新的运算阶段（即命题运算阶段）—作为前青年期的特征，约在十四、十五时达到了运算阶段的平衡点——使作为具体运算阶段特征的有一定局限性和部分缺陷的结构能渐趋完善。"②

皮亚杰认为：从根本上讲，认知的发展表现为一定的阶段。每一个阶段是前一个阶段的延伸，是在新的水平上把前一阶段进行改组，并以不断增长的程度超越前一阶段。③ 具体来说，阶段的特征有以下

---

① ［瑞士］让·皮亚杰：《儿童的心理发展》，傅统先译，山东教育出版社1982年版，第126页。

② ［瑞士］让·皮亚杰、英海尔德：《儿童心理学》，吴福元等译，商务印书馆1987年版，第72—73页。

③ 同上书，第144页。

几点。

（1）每个阶段都有其独特的相对稳定的心理结构，它决定着该阶段的主要心理特征。

正是由于认知结构的不同水平，使个体的心理发展表现出明显的阶段性。

（2）心理发展阶段的先后次序固定不变，既不能跨越，也不能颠倒。

所有正常的儿童都遵循这样的发展顺序。由于环境、教育、文化以及个体的动机等各种因素的影响，具体到每个人时，其心理发展可能提前或推迟，但阶段的先后次序不会改变。

（3）前一个阶段是后一个阶段发展的必要前提，后一个阶段是前一个阶段质的飞跃。

（4）在心理的发展过程中，两个阶段之间不能截然分开，而是有一定的交叉。

即各阶段之间没有突然的中断，也没有全新的开始。绝对的开始在发展过程中是永远看不到的，新的东西是逐步分化的结果。

（四）认知发展的具体阶段

皮亚杰通过大量研究，提出了认知发展主要经过四个阶段。具体为：

1. 感知运动阶段

感知运动阶段（0—2岁）。该阶段的心理发展水平很低。该阶段儿童只有动作的智慧，而没有表象和运算的智慧，他们仅靠感知动作的手段来适应外部环境。

主要经历如下六个小的阶段：

（1）反射练习阶段（0—1个月），也称本能阶段。皮亚杰没有研究婴儿所具有的全部反射，特别是他不研究以下两类的反射：

① 那些随着年龄增长而消退的反射，如巴宾斯基反射、惊跳反射。

② 那些不随年龄增长而变化的反射，如瞳孔反射、膝跳反射。皮亚杰只对随着年龄增长而不断发展变化的反射进行了深入研究。

皮亚杰选择吸吮反射作为自己研究的对象。新生儿在练习的影响下，第二天就比第一天吸吮得更好。反射的积极重复是最初的同化形式。皮亚杰称之为机能的同化或再现同化。儿童逐渐实际地对不太复杂的对象进行反射辨别。起初他企图吸吮碰到嘴边的一切物体，之后，能够把乳头与其他东西区分开来。皮亚杰将新生儿的这种反射经验称为认识同化。最后，吸吮活动泛化，新生儿不仅在吃奶时吸吮，而且在不吃奶时也吸吮。

（2）后天获得的最初适应与初级循环反应阶段（1—4个月或4.5个月），也称初级循环反应阶段。反射练习的结果，使婴儿心理发展进入第二个阶段。此时婴儿出现了新的行为方式：如吸吮手指、将头转向发出声音的方向、用视线追踪物体等。婴儿的主动性表现得更加强烈，如自己去看、去听、去抓。从适应的角度看，循环反应应该被看作同化与顺应积极活动的综合结果。

（3）中级循环反应与旨在延续有趣情境的方法（4.5—9个月或10个月），也称第二级循环反应阶段。此阶段婴儿通过不断重复一些动作，使自己感兴趣的印象延长，并促使外部环境发生变化。此阶段婴儿出现了"手段"与"目的"之间的分化，手段就是儿童自身的活动，而目的是通过动作而获得的感兴趣的印象。

（4）中级图式的协调与中级图式在新情境中的应用（9—10个月或11—12个月）。此阶段婴儿被目的所吸引，但是他们还是缺乏达到目的的手段，需要自己去寻找。起初他为了获得所希望的结果把已有的动作图式组合起来。他们接受最简单任务时所运用的手段也是来自于以前的经验。例如，把一个东西放在枕头下面，此时婴儿会去拉成人的手，并指向远处物体的方向，或者让成人把枕头拿开。

（5）感知运动心理阶段（11—12个月到18个月），第三级循环反应和通过主动的试验发现新方法。婴儿在此阶段，通过每次简单改变动作，来观察动作变化导致结果是什么。皮亚杰将此阶段婴儿的行为称为主动实验行为，目的是发现达到新目的的手段。

（6）通过心理组合创造新方法（18—24个月）。此阶段的婴儿，能够寻找新的方法，不仅用外部的或身体的摸索，而且也用内部的联合，达到突然的理解或顿悟。[①] 例如，婴儿面临着一个稍微开口的火柴盒，内放一个顶针。婴儿首先使用身体摸索，试图打开这个火柴盒，但终于失

[①] ［瑞士］让·皮亚杰、英海尔德：《儿童心理学》，吴福元等译，商务印书馆1987年版，第11页。

败了。之后，他以一种全新的反应，即他停止动作，仔细地观察情况，然后，他突然把手指插入盒口，成功地打开了火柴盒，取得了顶针。

2. 前运算阶段（2—7岁）

该阶段是在感知运动阶段的基础上，心理发展出现的一次质的飞跃。因为感知运动阶段的儿童，只能对当前知觉到的事物，通过动作来进行思维，而前运算阶段的儿童由于信号或象征性功能的出现，开始能从具体的动作中摆脱出来，凭借表象在头脑中进行思维。

前运算阶段在心理发展过程中起一个承上启下的作用。它既是前一个阶段的进一步发展，又为最终的运算的到来提供了可能。前运算阶段是从动作经由各种符号功能再到运算的逐渐内化的时期。

该阶段儿童的思维具有以下特点：

（1）自我中心主义（egocentrism）。即儿童把注意集中在自己的观点和自己的动作上的现象。[①] 自我中心主义的主要特点是缺乏可逆性，因为没有运算。在这个水平上，不可能做成功任何守恒测验。例如，此阶段的儿童没有数量守恒概念，如果将一行有十个红色小圆片的对面排列十个蓝色的小圆片，假如将其中的一行小圆片的间隔加大或缩小，儿童会认为这一行小圆片的数量发生了变化。但到7—8岁时，儿童就认为两行的数量没有变化。此外，在这个阶段的儿童的空间概念中，没有长度守恒概念。两根同样长度的棍子，如果将两根棍子两端对齐，儿童就认为这两根棍子长度相等；如果将其中的一根棍子进行移动，使其一端比另一棍子伸长，这时儿童会认为移动了的棍子更长一些。

（2）不可逆性。可逆性与不可逆性相对。可逆性指思考问题时既可以从正面去想，也可以从反面去想；既可以从原因去看结果，也可以从结果分析原因。例如，由已知的 $8+7=15$，就能够推出 $15-7=8$。不可逆性指思维具有单向性。例如，问一个有哥哥（名字是大明）的4岁孩子，你有没有哥哥？他回答"有"，并能说出哥哥的名字。但是，如果问大明有弟弟吗？大多数此年龄的孩子会说"没有"。另外，皮亚杰曾经用下面的实验，说明该年龄阶段儿童思维的不可逆性。它在儿童面前呈现

[①] 瞿葆奎主编：《教育与人的发展》，人民教育出版社1989年版，第352页。

两排数量相等的扣子，每排 5 个。如果两排扣子两两相对应，问该年龄阶段的儿童，两排扣子是否相等，他们回答"是"。但如果将其中一排扣子的间距变大（扣子的数量不变），再问儿童两排扣子是否相等，他们会说"不相等"，并指出间距变大的那一排扣子多。

（3）知觉的集中性。即当儿童的注意集中于问题的某一个方面时，就不能同时把注意转移到另一方面。例如，给一个 5 岁孩子 10 个不同颜色的玻璃球，其中 3 个为白色的，7 个为红色的。问他红色的玻璃球多还是白色的玻璃球多，他会回答红色的多。这时儿童只集中于玻璃球的颜色，而没有顾及整个玻璃球的数量。

3. 具体运算阶段（7—12 岁）

该阶段儿童形成了初步的运算结构，出现了序列逻辑和类逻辑思维的特点，理解各种对称的和不对称的以及类包含的关系。该阶段发展的最主要成就是各种物理量的守恒观念的获得。

（1）心理运算的特征

① 运算是指一种能在心理上进行的、内化了的可逆动作。所谓动作的内化，指这种动作不仅可以在物质上，而且也可以在头脑中进行。

② 运算不仅是动作的内化，而且它还是可逆的动作。所谓可逆的动作，指既可以向一个方向进行，也可以向相反方向进行。

③ 运算具有守恒性。所谓守恒，即恒量的不变性。例如，在液体守恒实验中，该阶段的儿童不仅能考虑水从大杯倒入小杯，而且还能设想水从小杯倒回大杯，并恢复原状。也就是说，该年龄阶段儿童会回答，水没有变化。

在皮亚杰的研究中发现，处于具体运算阶段的儿童，他们在回答液体守恒问题时，要比前运算阶段的儿童有很大进步。[①] 例如，他们会说："这是等量的水"，"仅是从一个容器倒入另一个容器"，"没有什么减少或增加"（这是一个简单的恒等性）；"你可把 B 杯中的水倒回 A 杯中，其结果和原来的一样"（这是由逆向产生的可逆性）；"这杯水的水面增高了，但容器比较窄，故水的容量相等"（这是由互反关系产生的补偿或可

---

① ［瑞士］让·皮亚杰、英海尔德：《儿童心理学》，吴福元等译，商务印书馆 1987 年版，第 74—75 页。

逆性）。

在儿童七八岁时，他们能发现物体守恒，即能够对块泥土的外形的变化做出正确的判断。九十岁时，能够发现重量守恒。十一二岁时，能够发现容积守恒（物体沉入水中时能够测量被物体排去水的容积）、长度守恒（一根直线与另一根等长的线相比较，后者原先是直的，后被切断了；两根全等的直的小棒相比较，其中一根从另一根旁移开，或者其中一根和另一根并不放在平行线上）、面积守恒等。

④ 运算不是孤立存在的，它总是集合成群，成为一个结构或系统的。一个单独的内化动作并不是运算，而只是一种简单的直觉表象，运算的主要特征就在于它构成一个体系。

（2）具体运算的特点

① 去自我中心主义。该阶段儿童逐渐学会从别人的观点看问题，意识到别人可以持有与自己不同的观点和看法。他们能接受别人的意见，修正自己的看法。去自我中心主义是儿童社会化发展的重要标志。

② 灵活平衡的实现。灵活平衡使得一些观念的复合体形成一个单一的体系。如，类概念的出现，能将许多单个的元素组合成一个整体。

③ 思维的具体性。所谓思维的具体性，是指儿童在运用运算进行思维的推理时，仍是根据对象进行推理，而不是根据假设进行推理，即推理还离不开具体的事物支持。例如，问7—8岁的儿童这样一个问题：假定 A＞B，B＞C，问 A 与 C 哪个大，他们回答起来感到困难。但如果这样问：张老师比李老师高，李老师比王老师高，问张老师和王老师哪个高？他们回答起来就很容易。

④ 进行群集运算。群集运算包括：其一，组合性（composition），是指在一个群集结构中，其中两个元素或子类可以组合起来，产生一个新类或新元素。两种关系（如 A＜B，B＜C）可以组合成为一个新关系（A＜C）等。用公式表示为 X + X' = Y。其二，逆向性（reversibility），是指相组合的两个类或两种关系可以被分解。用公式表示为 Y − X = X' 或 Y − X' = X。例如，"动物 + 植物 = 生物" 的逆向性是生物 − 动物 = 植物。其三，结合性（associativity），是指运算可以自由地通过不同的方式和途

径获得相同的结果。用公式表示为 X + X' + Y' = X + (X' + Y') = Z。其四，同一性（identity），是指能回到原出发点并发现原出发点不变，一种运算与其相反的运算相结合而抵消。用公式表示为 X – X = 0。例如，鸟 – 鸟 = 0。其五，冗余性（toutology），是指同一的运算不加任何东西于本身。用公式表示为 X + X = X。例如，鸟 + 鸟 = 鸟，动物 + 动物 = 动物。

4. 形式运算阶段（12 岁以后）

（1）形式运算的含义

所谓形式运算，指的是对命题之间的意义联系进行思考的运算。在形式运算阶段，知识的形式与知识的内容被彻底区分开来。由于有了这种区分，此阶段的青少年能够对于他们没有把握的说法进行正确的推论。他们开始把这些说法看成是可能推导出结论的假设，即青少年产生了假设—演绎推理，这种推理的出现，表明青少年的思维进入了形式运算阶段。

进入青少年期，个体进入思维发展形式运算阶段，就表明个体的思维能力已经发展到了成熟水平。以后随着年龄的增长，个体只增加知识经验，思维方式不再发生变化了。

（2）形式运算思维的特点

① 组合能力。所谓组合能力，是指个体能将客体和它们的关系构成各种各样的组合。从发展的角度来看，组合能力是个体的思维能脱离具体事物之后，将形式与内容区别开来而出现的。

组合能力一出现，就使个体的思维能力得到了扩展和加强。个体不再将世界看成是此时此刻所看到的样子，而是将世界看成是多种可能组合的产物。特别是个体不仅对客体进行组合，而且对各种命题进行组合，这就产生了新的逻辑——命题逻辑。

② 假设—演绎推理。所谓假设—演绎推理是指个体在解决问题时，先提出一系列的假设，然后根据假设进行验证，从而得到答案。皮亚杰曾设计了钟摆任务，要求被试解答摆长、摆的重量、给摆的推力三个变量中，哪一个影响摆的速度。实验结果发现，只有儿童的思维达到了形式运算阶段后，才能按照假设—演绎推理的方法来寻找答案。首先，假设影响摆的速度的变量是摆的长，然后保持其他两个变量恒定，只变化摆的长来验证；其次，假设影响摆的速度的变量是摆的重量，然后保持

其他两个变量恒定，只变化摆的重量来验证。这样依次进行，最后得出正确答案。

（五）认知结构的特征

皮亚杰认为，结构是指一个由多种转换规律组成的整体。这个整体作为系统，它有相对的封闭性。

皮亚杰提出，认知结构具有三个基本特征，即整体性、转换性和自我调节性。

1. 整体性

皮亚杰认为，任何结构都有它自己的整体性。整体性是各种结构都具有的一个显著特征。一个结构是由若干个成分所组成的，但是这些成分是服从于能说明体系之成为体系特点的一些规律的，这些所谓组成规律，并不能还原为一些简单相加的联合关系，这些规律把不同于各种成分所有性质的整体性质赋予作为全体的全体。① 整体性使结构不同于那种与全体没有依赖关系的由各种元素组成的聚集体。结构虽然也由元素构成，但是这些元素要服从于用来规定结构可系统的一些规律，这些规律并不为元素本质所具有。因此，整体性的特征不能还原为其组成元素的特征，而各个元素本身特征的简单相加，也不等于整体的特征。在结构中，任何一个元素都不能不受整体性法则的支配而孤立出来。

2. 转换性

结构是一个具有多种转换规律的转换系统，因此转换是结构的又一个普遍特征。皮亚杰认为："格式塔心理学所说明的知觉形式的特征，一般是表态的。然而，要判断一个思想潮流，不能光看它的来源，还要看它的流向，而且从语言学和心理学的一开始，我们就看到转换观念的出现了。"② 乔姆斯基的转换语法，格式塔心理学中转换感觉材料的组织规律就是最好的例子。一切已知的结构，从最初的数学"群"结构，到规定亲属关系的结构等，都是一些转换体系。但这些转换，可以是非时间性的，也可以是有时间性的，而且，如果这些结构不具有这样的转换的

---

① ［瑞士］让·皮亚杰：《结构主义》，倪连生等译，商务印书馆1984年版，第3页。
② 同上书，第6页。

话，它们就会与其他静止的形式混同起来，也就会失去一切解释事物的作用。①

3. 自我调节性

皮亚杰认为，结构的第三个基本特性是能够进行自我调节。②这种自身的调整性带来了结构的守恒性和某种封闭性。就封闭性而言，一个结构所固有的各种转换不会越出结构的边界之外，只会产生总是属于这个结构并保存该结构的规律成分。结构的封闭性是相对的，说结构具有封闭性，但这并不是说，作为一个结构就不能与另一个结构关联起来。任何一个结构都能够是一个较大系统中的一个附属结构。但需要注意的是，当一个结构作为子结构而加入一个较大的结构时，这个子结构并不因此而丧失自身原有的界限，它依然保持自身的守恒与稳定。

结构的自我调节性揭示了结构的形成与转换的内部机制，因此，皮亚杰对自我调节的作用非常重视。他说："一旦某种知识的领域被归结为一个自我调节的系统或者结构时，人们就会不可遏制地感到是发现了该领域最内在的动力源泉。"③

自我调节有两种：一种自我调节是在原有的结构中发挥作用，在平衡的状态下使结构得到自身的守恒与稳定，并不超越出原有的结构的界限；另一种自我调节则参与新结构的建构，并把原有的结构作为子结构整合到一个更大的结构中去，从而在一个新的、更大的范围内使结构保持自身的守恒与稳定。

(六) 皮亚杰的贡献与局限

1. 贡献

(1) 皮亚杰关于认知发展本质的认识充满了辩证法思想。皮亚杰认为，认知发展的本质是适应，即儿童在与客体相互作用的过程中使自己的认知结构不断发展、完善和成熟的过程。这一观念体现了辩证法的思想。④ 具体为：

---

① [瑞士] 让·皮亚杰：《结构主义》，倪连生等译，商务印书馆1984年版，第11页。
② 同上书，第13页。
③ 同上书，第14页。
④ 荆其诚：《现代心理学发展趋势》，人民出版社1990年版，第206页。

① 适应过程是同化和顺应的结果,这体现了矛盾对立面斗争和统一的原则。

② 发展阶段体现了量变到质变原则,发展的量变达到一定程度过渡到质变的新阶段。

③ 在认知发展过程中,旧的过程被新的过程所代替(否定),新的过程又被更新的过程所代替(否定之否定),使发展不断向更高水平过渡,这是辩证法的否定之否定原则。

(2) 皮亚杰关于认知发展的阶段性具有一定的普遍性。儿童认知发展是连续的,还是有阶段的,这是发展心理学目前仍在争论的一个问题。皮亚杰通过自己的研究,提出根据运算或认知结构这一指标,将儿童认知发展划分为四个阶段。他认为认知发展有一个不变的顺序:高级阶段是在低级阶段的基础上发展的结果;阶段的变化主要是认知结构变化的结果。这些观点使得皮亚杰的认知发展阶段理论成为当今儿童心理学中最有影响的一种观点,并得到了国内外许多研究结果的支持。

2. 局限

(1) 皮亚杰低估了学前儿童认知发展的能力。有些研究结果表明,学前儿童的认知并不像皮亚杰所说的是自我中心主义的、具体形象的、不可逆的、刻板的。[1] 只是由于皮亚杰研究学前儿童认知发展时,采用的问题太复杂、太困难,不能测查出儿童的真实能力,这包括儿童对所提问题不熟悉,皮亚杰对儿童语言能力估计过高,以及儿童的实际记忆能力有限等。皮亚杰的一些实验任务,如果用学前儿童明白的语言说明,他们是能够完成的。

(2) 皮亚杰轻视教育对儿童认知发展的作用。虽然皮亚杰提出过一些积极的教学原则,这些原则具体为:

① 教育的目的在于促进儿童智力的发展,培养儿童的思维能力。

② 让儿童通过动作进行学习。

③ 让儿童主动自发地学习。

④ 注意儿童的特点是否符合其心理发展的年龄阶段。

---

[1] Santrock J. W., *Child Psychology* (7th Editon), Brown & Benchmark Publishers, 1996, pp. 235–236.

⑤ 要重视儿童的相互交往。

⑥ 考虑个别差异,让儿童按各自的步调向前发展。

但是皮亚杰把儿童当作一个生物实体,把认知发展看成是自然而然的一个自发过程。他认为儿童认知发展有其自身的节奏,只能让儿童探索前进,自然而然地发展,成人的"干预"或"有计划的教育"并不能促进儿童的发展超越他们自身所处的阶段。这样就导致皮亚杰教育思想中轻视教育对认知发展的作用。

二 维果斯基的认知发展理论

(一) 维果斯基的生平

维果斯基(Vygotsky L. S. , 1896—1934) 1896 年 11 月 5 日出生于莫斯科一个职员的家庭。1917 年毕业于莫斯科大学法律系,同时又在沙尼亚夫斯基大学攻读历史—语文学系。在两所大学毕业后便回到他曾长期居住的戈麦尔市任多所学校的教师,讲授文学、美学、逻辑学及心理学等课程,积累了大量的资料并撰写出了 40 万字的《教育心理学》专著。同时,他还深入研究了巴甫洛夫和别赫捷列夫的著作。1924 年 1 月 6 日在列宁格勒召开的全俄第二届精神神经病学代表大会上,维果斯基做了题为"反射学的研究方法与心理学的研究方法"的长篇报告,对反射学说提出了批评。当时新任苏联心理学研究所所长的科尔尼洛夫十分欣赏维果斯基,会后便邀请他到研究所工作,从此维果斯基成为该研究所的专职人员。1934 年因肺病去世,年仅 38 岁。

(二) 文化—历史发展观

维果斯基提出,人的高级心理是随意的心理过程,它不是先天就有的,而要受人类文化历史所制约。高级心理包括认知能力。

维果斯基根据恩格斯关于劳动在人类适应自然和在生产过程中借助于工具改造自然的思想,详细地阐述了高级心理机能的社会起源的理论观点。

1. 两种工具的理论

维果斯基认为:人有两种工具:一种是物质工具。如原始人所使用的石刀、石斧,现代人所使用的机器。原始人由于运用物质工具进行生产和劳动,最后脱离了动物世界。另一种是精神工具。主要指人类所特有的语言、符号等。

由于动物没有且永远不会有这种精神工具，所以动物只能有低级水平的心理。人运用精神工具进行精神生产、心理操作。人因使用精神工具，从而使人类的心理发生质的变化，人的心理上升到高级阶段。

精神工具与物质工具一样，受人类文化历史发展的影响，是不断发展变化的。一方面精神工具随着物质工具的使用而产生和发展；另一方面精神工具的使用又促进了物质工具的进一步发展。

2. 两种心理机能

维果斯基认为，必须区分两种心理机能：一种是靠生物进化结果的低级心理机能；另一种是由文化历史发展的结果，即以精神工具为中介的高级心理机能。在个体发展过程中，这两种心理机能是融合在一起的。

（三）心理发展本质

维果斯基从文化历史发展观出发，探讨了心理发展的本质。心理发展是指一个人的心理（从出生到成年），在环境与教育影响下，在低级心理机能的基础上，逐渐向高级心理机能的转化过程。

维果斯基提出，心理机能由低级向高级发展的标志有五个方面，它们是：

1. 心理活动的随意机能

心理活动的随意机能指心理活动是随意的、主动的，是由主体按照预定目的而自觉引起的。心理活动的随意性有多种表现：如在认知过程方面，儿童的注意是从无意注意发展到有意注意；儿童的记忆也是从无意记忆发展到有意记忆；在行为方面，儿童的行为是从冲动行为向意志控制行为发展。

2. 心理活动的抽象—概括机能

心理活动的抽象—概括机能指心理活动的反映水平是概括的、抽象的。随着儿童年龄的增长，语言能力的发展，日常生活经验的增多，促进了他们认知活动的概括性和间接性的发展。

3. 高级心理结构的形成

在儿童与环境相互作用的过程中，他们的各种心理机能之间的关系不断发生变化，认知结构的转换性和自调性增强，形成了更高级的心理结构。

4. 心理活动的社会文化历史制约性

心理活动的社会文化历史制约性指心理活动的起源是社会文化历史发展的产物，是受社会规律制约的。儿童只有随着年龄的发展，不断地社会化，其心理发展才能趋向于成熟，才能成为社会的人。

5. 心理活动的个性化

儿童心理的发展，不仅是个别机能由某一年龄向另一年龄过渡时的增长和发展，而主要是其个性的形成和发展。个性的形成是高级心理机能发展的重要标志，个性特点对个体机能发展具有重大意义。

维果斯基提出，儿童心理机能从低级向高级发展的原因有三个方面：（1）是社会文化历史发展的产物，是受社会规律制约的。（2）从个体发展来看，儿童在与成人交往过程中，通过掌握高级心理机能的工具——语词、符号，使其在低级心理机能基础上形成了各种新质的心理机能。（3）是儿童高级心理机能不断内化的结果。

（四）教学与认知发展的关系

维果斯基在探讨教学与认知发展关系时，是从以下五个方面入手的：

（1）对教学进行了深入研究，区分出两种类型的教学。
（2）提出了最近发展区的思想。
（3）主张教学应当走在发展的前面。
（4）认为学习存在着最佳期。
（5）阐述认知发展的"内化"学说。

下面分别予以论述：

1. 教学的含义

他提出应将"教学"分为广义和狭义两种。

广义的教学是指儿童通过活动和交往掌握精神生产的手段，它带有自发的性质。

狭义的教学是指有目的、有计划进行的一种交际形式，它"创造"着儿童心理的发展。

2. 最近发展区

维果斯基认为，在进行教学时，必须注意到儿童有两种发展水平：一种是儿童的现有发展水平，另一种是即将达到的发展水平。维果斯基把两种水平之间的差异称为"最近发展区"，即独立解决问题的真实发展水平和在成人指导下或与其他儿童合作情况下解决问题的潜在发展水平之间的差距。①

他曾举例说明了最近发展区的含义。有两个儿童，智力测验判定他们的智龄都是7岁，如果把这些孩子的解答测验往前推进一步，他们之间便出现很大差异。其中一个凭借于启发性的问题（例题、示范等）很容易地解答了9岁组的题目，另一个却只能通过7岁半的测验题。说明这两个儿童的智力发展水平不一致，前者比后者有更大的潜能。最近发展区的提出说明了儿童发展的可能性。

维果斯基认为，对于教师来说，重要的不是看到今天为止的，儿童已经完结了的发展过程，而是要看到他们那些现在仍处于形成状态的、刚刚在发展的过程。所以，弄清楚儿童发展的两种水平，即最近发展区，将会大大提高教学对儿童心理发展的作用。

3. 教学应当走在发展的前面

维果斯基认为，教学可以定义成"人为的发展"。因此，教学应当走在发展的前面。首先，教学主导着或决定着儿童智力的发展，这种决定作用既表现在智力发展的内容、水平和智力活动的特点上，也表现在智力发展的速度上。其次，教学"创造"着最近发展区。儿童两种水平之间的动力状态是由教学决定的。通过教学可以引起与推动儿童一系列内部的发展过程，使儿童掌握人类的历史经验并转化为儿童自身的内部财富。

4. 学习存在着最佳期

维果斯基认为，儿童在学习任何内容时，都有一个最佳年龄。"任何教学都存在着最佳的，也就是最有利的时期，这是基本原理之一。对这个时期任何向上或向下的偏离，即过早或过迟实施教学的时期，从发展的观点看，总是有害的，对儿童的智力发展产生不良影响。"② 如果不考虑儿童学习的最佳年龄，就会对儿童认知发展造成不利的影响。因此，教师在开始某一种教学时，除必须以儿童的成熟和发育为前提之外，还

---

① ［英］M. 艾森克编：《心理学——一条整合的途径》上册，阎巩固译，华东师范大学出版社2000年版，第454—455页。

② ［苏联］维果斯基：《维果斯基教育论著选》，余震球译，人民教育出版社1994年版，第380—381页。

要考虑将教学建立于儿童正在开始且尚未形成的心理机能的基础上,即教学应走在心理机能形成的前面。

所谓关键期,是指个体发展过程中环境影响能起最大作用的时期。在关键期中,在适宜的环境影响下,行为习得特别容易,心理发展特别迅速。同时,在关键期内,个体对环境的影响极为敏感,有时又把关键期称为敏感期。

(五)认知发展的"内化"学说

内化是外部的实际动作向内部智力动作的转化。儿童的高级智力动作是怎样产生的呢?维果斯基认为,首先是从外部的动作开始的,然后外部的动作转化为内在的智力动作。而简单的内在智力动作,又随着外部动作的高级化,而逐渐向高级发展。所以,维果斯基提出,一切高级的心理机能最初都是在人与人的交往中,以外部动作的形式表现出来的,然后经过多次重复,多次的变化逐渐内化成内部的智力动作。内化的过程不仅通过教学来实现,而且也能通过日常的生活、游戏、劳动来实现。内化与外化是密切联系的。外化是内部智力动作向外部的实际动作的转化。外化的表现形式很多,如言语反应、行为反应、计划方案、产品等。换言之,外化是儿童所掌握的知识经验的客观化,是主观见之于客观的东西;内化是客观见之于主观的东西。

(六)维果斯基贡献与局限

1. 贡献

首先,重视教育对儿童认知发展的作用。维果斯基在儿童认知发展问题上,特别强调教育对儿童认知发展的决定作用,主张教学应走在发展的前面。他的这一观点被许多研究所支持。最著名的就是赞可夫的"教学与发展"实验研究。赞可夫根据维果斯基的观点,提出著名的五项教学原则,即高难度、高速度、重理性、重过程和对差生下功夫。通过教育实验,使全体学生的认知能力有明显的提高。

其次,强调关注儿童认知发展的最佳期。维果斯基提出,学习存在着最佳期,教学应建立于儿童正在开始且尚未形成的心理机能的基础上。他的这一观点目前得到了许多研究的支持,例如,2—3岁是儿童学习口头言语的最佳期,4—5岁是学习书面语言的最佳期,儿童学习音乐的最佳期是4—9岁,等等。教师应该注意抓住儿童认知发展的最佳期,使他们的认知发展产生质的飞跃。

最后,对儿童认知发展坚持动态观点。维果斯基提出的最近发展区思想,核心之处在于强调儿童认知发展是一个动态的、变化的过程。教师不仅要看到儿童已经取得的发展成就,还要看到他们的发展潜力。在此基础上,促进儿童认知的进一步发展。目前,一些心理学家根据维果斯基的最近发展区的思想,编制出了"学习潜能测验"[1],用于让教师了解学生的最近发展区,以便根据学生的实际情况,安排教学内容。

2. 局限

首先,维果斯基强调两种心理机能的区别,将低级心理机能当作是先天遗传的自然过程,不具备中介性质,并不符合人的低级心理过程的实际,仍不免有自然主义的痕迹。

其次,过于强调自然过程与文化历史过程的对立。因为人脑是自然进化的产物,这个自然不可避免地包括了自然环境和社会环境。

最后,过分强调了教学对发展的决定性作用。

第四节 心理发展的生态系统理论

一 心理发展的系统论

(一) 系统论的本质

系统论试图去描述和解释系统特征和系统内各组成成分间的关系。

任何一个系统,不论是一个细胞,一个器官,一个个体,一个家庭,还是一个团体,都由共同的目标、相互关联的功能、范围和身份等相互联系的要素组成。孤立地认识每一组成分都不能完全理解系统。

冯·贝塔朗菲(von Bertalanffy)把开放性系统(open systems)定义为即使它们的成分在不断地发生变化,仍能维持其组织的结构。[2] 个体、家庭、团体、学校和社会都是开放性系统的例子。这就如同河里的水在

---

[1] Frisby C. L. and Braden J. P., "Feuersein's Dynamic Assessment Approach: A Semantic, Logical and Empirical Critique", *Journal of Special Education*, Vol. 26, No. 3, 1992, pp. 281–301.

[2] Bertalanffy, von. L., "The History and Status of Genenal System Theory", *The Acadenry of Management Journal*, Vol. 15, No. 4, pp. 407–426.

不断地变化，但是河自身仍保持其边界和水道，同样人体内的细胞分子在不断变化，但各种生物系统依旧保持其协调的功能。

系统通过调节或将越来越多的环境并入自身来防止环境变化的破坏作用。拉扎罗（Laszlo）把开放性系统的这一特性描述为适应性的自我调节（adaptive self-regulation）①。系统运用反馈机制（feedback mechanisms）对环境变化进行识别和反应。系统检测到环境中的信息越多，其反馈机制也就越复杂。

当开放性系统面临新的或变化的环境条件时，它们具有适应性的自我组织（adaptive self-organization）能力。通过创造新的子结构，改变成分间的关系，或产生新的、更高水平的组织来协调已存在的子结构，使系统保持其基本的一致性。

根据系统论的观点，部分与整体总处于一种紧张状态。个体所能理解和观察到的内容取决于其在这一复杂相互关系中所处的位置。所有的生命实体都既是部分又是整体。个人是一个家庭、一个班级或工作小组、一个友好团体和一个社会的一部分。一个人也是一个整体，是由生理的、认知的、情绪的、社会的和自我的子系统组成的一个协调的复杂系统。个体心理发展在一定程度上通过分析各系统间的适应性调节和组织来认识。同时，个体心理发展也可以通过更大系统对个体的影响和冲击来解释，这些影响和冲击可作为达到系统组织在更高水平上稳定性的手段来促使个体进行适应性的调节和重组。

（二）心理发展系统观的原则

心理发展的系统观认为，所有的个体心理发展的结果均是通过系统较简单的成分之间循环地交互作用，而自发出现的较高等级的组织形式。

心理发展系统论的主要原则有四个，它们是：

1. 整体原则

即整体大于部分之和，简单综合各组成部分的特征不足以全面客观地反映客体、认识整体。

2. 层次结构原则

即系统由诸多子系统构成，各子系统又自成系统，这些子系统具有

---

① Laszlo, E., *Introduction to Systems Philosoply*, New York: Gordon and Breach, 1971.

一定的层次结构。

3. 适应性自我稳定原则

即系统具有自动平衡特性,系统可以通过内部运行产生协调性的变化,以补偿环境条件所发生的变化。

4. 适应性自我组织原则

即系统具有开放性,可以对现存系统内部的变化及其外来挑战做出适应。

系统发展观认为人的发展是发展着的系统变化的结果,强调生活环境多水平系统对个体发展的影响。

(三) 心理发展生态论的要点

生态发展观主张:

(1) 个体处于一个复杂关联的系统网络之中,既不能孤立存在也不能孤立行动。

(2) 所有个体均受到来自内部和外部动因的影响。

(3) 个体主动塑造着环境,同时环境也在塑造着个体,个体力求达到并保持与环境的动态平衡以适应环境。

因此,发展心理学的研究应在家庭、学校、社会等自然与社会生态环境中进行,以揭示真实自然条件下的个体心理发展规律。

二 布朗芬布伦纳的生态系统论

(一) 布朗芬布伦纳的生平

布朗芬布伦纳 (Bronfenbrenner U., 1917—2005), 是美国著名的心理学家。1917 年生于苏联的莫斯科。6 岁时全家移居美国纽约。在美国康乃尔大学获得音乐和心理学学士学位,之后在哈佛大学获得心理学硕士学位,1942 年从密西根大学获得发展心理学博士学位。在其获得博士学位的第二天就参了军。在第二次世界大战期间,布朗芬布伦纳作为心理学家在军中服役。1948 年成为美国康乃尔大学的一名教师。1964 年他在国会听证会上,劝约翰逊总统关注战争致牺牲者的孩子。之后,总统夫人邀请他到白宫喝茶,总统夫人与其讨论的儿童领先计划。之后,他成为美国领先计划委员会的三名发展心理学家之一。另两位分别是 Mamie Clark 和 Edward Zigler, 其中后者是耶鲁大学的儿童发展专家,被人称为领先计划之"父"。一生共出版了 14 部著作,上百篇文章。1970 年出版了《两个世界的儿童》,

在这本书中比较了美国和苏联儿童养育方式。1979 年出版了《人类发展的生态学》一书，在此书中系统阐述了他的生态系统理论，为自己赢得了国际声誉。2005 年 9 月 25 日病逝于纽约家中，享年 88 岁。

（二）生态系统论的基本观点

布朗芬布伦纳认为，真实自然的环境是影响个体心理发展的主要源泉，人的心理也是处于生态环境之中，而这种源泉经常被从事实验室研究的研究者所忽视[1]。

人类发展的生态学就是对人与人直接生活的环境之间相互适应的科学研究。其中，人是不断成长的、积极主动的个体，而环境的特性也是不断变化的。这两者之间相互适应的过程受环境之间相互关系的影响，同时，也受环境所处的大环境背景的制约。

这一观点可以分解为这样几个层次来理解[2]：

（1）发展着的个体不是被其所处的环境随意涂抹的白板，而是一个不断成长的并时时刻刻对环境产生影响的动态生命。

（2）人与环境之间的相互作用是双向的、互动的。

（3）与个体发展过程相联系的环境不仅是指单一的、即时的情境，还包括各情境之间的相互联系，以及这些情境所植根的更大环境。

布朗芬布伦纳理论的核心是强调研究环境中发展的个体或者说发展的生态学。其中生态在这里指个体正在经历着的，或者与个体有着直接或间接联系的环境。布朗芬布伦纳认为，个体心理发展的生态环境是由若干相互镶嵌在一起的系统组成的。

人类发展的过程是一种在日益复杂的水平上连续不断地认识和建构其生态环境的过程。儿童首先认识的是父母，然后是家庭其他成员、幼儿园或学校环境，最后是更广阔的社会。布朗芬布伦纳认为，生态环境的变化或者"生态过渡"，如上学、找工作、提升、结婚等，在儿童发展中具有特殊的重要性。在这些时刻，个体由于面临挑战，必须学会适应，

---

[1] 刘文：《现代生物学理论和社会生态学理论述评》，《大连理工大学学报》（社会科学版）2001 年第 3 期。

[2] 侯凤友：《社会生态系统论心理发展观述评》，《辽宁教育行政学院学报》2005 年第 12 期。

发展就会因此而发生。因而,布朗芬布伦纳认为,观察一个人如何应对变化是理解发展的最好的基础。

(三) 生态系统论的要点

布朗芬布伦纳的生态系统论包括两个维度和一个过程。其中两个维度分别是空间维度和时间维度。

1. 空间维度

布朗芬布伦纳的生态系统论中的空间维度如图3—3所示。

(1) 微观系统。微观系统(microsystem)是指在特定环境中具有生理和物质特征的发展中的个体所体验到的活动、角色和人际关系的模式。从图3—3中可以看出,在描述一个具体的个体生活时的四个微观系统分别是:家庭、祖父母家庭、教堂和白天照顾。微观系统对个体来说,传递社会文化最为直接。

(2) 中间系统。中间系统(mesosystem)是指个人生活之中的个人关系网。例如,对于一个儿童来说,是家庭、学校和附近同伴团体之间的关系;对于一个成人来说,是家庭、工作和社会生活之间的关系。

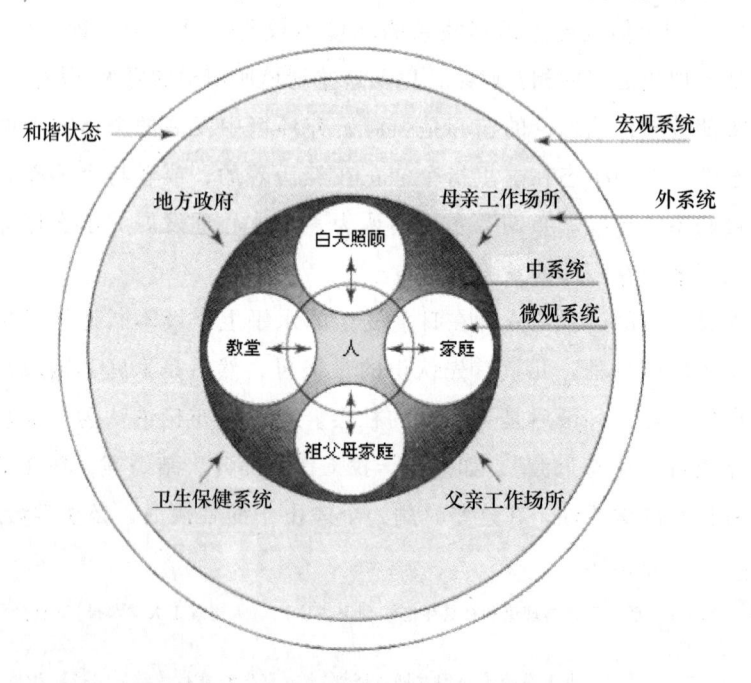

图3—3 布朗芬布伦纳的生态系统理论结构

(3) 外系统。外系统（exosystem）是指作为积极参与者的发展中的人并没有与一个环境或更多环境有直接的关系，但是环境中发生的事件会对生活在该环境中的、发展中的人产生直接的或间接的影响。从图 3—3 中可以看出，外系统包括卫生保健系统、父亲工作场所、母亲工作场所和地方政府等。

(4) 宏观系统。宏观系统（macrosystem）是指在作为整体的文化或亚文化水平上存在或可能存在的各低级系统（微观的，中间的和外的）在形式和内容的一致性，连同以这种一致性为基础的意识形态中的各信念系统。它包括社会的宏观层面，如价值取向、生产实践、风俗习惯、发展状况等。宏观系统包括微观系统、中间系统及外系统。

布朗芬布伦纳认为，发展受到发生于单一的微观系统（如家庭）内交互作用的直接影响，也受到发生于人起作用的各种系统（如中间系统）间的相互作用模式的共同点和不同点的直接影响。

另外，在其他相邻系统中的事件，例如那些影响父母工作日程表的工作场所决策，或者是影响当地学校资源的市政府决策，即使孩子不会直接参与这些环境，但是它们也能对孩子的发展造成影响。更进一步说，环境中的角色、规范、资源以及各系统间的相互关系都有一个独特的组织模式，它们反映了一组潜在的信念和价值，这种信念和价值观因文化或民族的不同而变化。这些文化的特征被传递给发展中的个体。

2. 时间维度

在时间维度上，长时系统（chronosystem）是指时间。个体和个体所处的系统都随时间的推移而变化。同时，个体所处的周围的四个环境也随着时代变化而变化。

3. 过程

1988 年，布朗芬布伦纳提出过程（process）这一关键概念。其含义是指个体变化发展的机制。最近他更强调最近过程（proximal process），是指在最近环境中个体的基因与环境相互作用的形式。最近过程被看作个体心理发展的发动机，也被称为从遗传型到表现型的有效实现转化过程。这种转化过程特别注重个体潜能的实现。如果个体的最近过程的层次水平提高了，那么个体的遗传能力的层次和心理发展的功能的层次都要提高，两者是并行的，缺一不可。只有这样才能说明遗传的潜能实现了。

(四) 布朗芬布伦纳的贡献与局限

1. 贡献

首先，将心理发展看作受内外多重环境因素影响的结果，从而促使许多发展心理学家从环境、动态发展的角度来研究儿童个性和社会性的发展；其次，强调心理研究应在自然与社会生态环境中进行，着重揭示个体与环境相互作用和个体的主动性；最后，将实验室研究与现实情境研究相结合，克服发展心理学过去往往是"研究儿童在特异的情景下与特异的成人在一起所表现出的特异的行为科学"这个弊端。布朗芬布伦纳就曾经谈道："由于太多'没有现实情景联系'的发展学研究，现在拥有过量的有关'没有发展的内容'的研究。"[①]

2. 局限

首先，在心理发展的过程中，人与环境之间是如何相互作用的，其作用过程是什么？还有待于进一步研究。其次，个体心理发展的不同阶段，环境的作用到底是什么，没有给出明确的答案。

第五节 实验发展心理学的元理论

一 科学理论的功能

(一) 理论的含义

理论（theory）是指能够解释特定现象及其关系的有组织有系统的假说和原理。人们有时会说："这只是一种理论"，但一种科学的理论绝不只是某个人的观点。在科学领域中，一种理论要想被科学界所接受，就必须确立尽可能少的假设，但一定要有详尽的实验证据。

在发展心理学中，有一些心理发展理论涉及很广泛的内容，理论的提出者试图从很大的领域对心理发展的现象做出解释。这方面代表性的理论有皮亚杰的认知发展理论和弗洛伊德的心理发展理论。还有一些心理发展理论只对一个具体的问题做出解释，这方面代表性的理论有心理理论、自尊理论等。

[①] Bronfenbrenner U. and Morris P. A., "The Ecology of Developmental Processes", in Lerner M., ed., *Handbook of Child Psychology* (5th edition), Vol. 1, Wiley, 1998, pp. 993 – 1028.

心理发展的科学理论有助于发展心理学家将自己所收集到的资料进行重组或归纳提炼出新的思想,使所收集到的资料系统化。

(二)理论的功能

任何科学研究,都必须在一定理论指导下进行。因为科学理论有以下三种功能:[1]

1. 理论可以预防人们在研究个体心理发展特点及规律时存在的侥幸心理

当研究者在研究中发现,每次研究所获得的结果不一致时,就必须想到研究所获得的结果可能是巧合。因此,必须要仔细分析产生的原因,这样就能获得比较一致的结果。

2. 理论可以合理解释所观察到的现象,并指出更多的可能性

如果实验发展心理学家通过研究发现,早期良好的家庭教育与早期不良的家庭教育相比,后者更可能导致个体长大后出现不良的行为问题,那么人们根据此结果可以采取有效的措施,如在放学后妥善安排小学生的活动。

3. 确立研究的形式和方向,指出实际观察可能有所发现的方向

在研究个体心理发展的过程中,依据一定的理论,研究者集中于某一特定的方面进行观察和实验,从而更有可能发现个体心理发展的新特点或规律。

二 好的心理发展理论标准

理论是指一组用来描述和解释某种现象的概念或主张。实验发展心理学的各种理论能够帮助我们描述和解释各种心理发展的现象。

好的心理发展理论应该具有以下八个标准:

(一)真实性

根据此标准,如果一种理论准确地反映了儿童和成人发展的真实情况,那么该理论就更可能被人们所认可。但没有一个理论能达到这一标准,原因有三:

---

[1] [美]艾尔·巴比:《社会研究方法》(第十版),邱泽奇译,华夏出版社2005年版,第32—33页。

（1）该理论是从儿童或成人中的小样本和取样存在着一定的偏差而得出了一般性结论。

（2）理论只是针对人的发展的一个方面，但却将理论应用于其他发展方面。

（3）理论的提出者将理论建立在自己对过去事件的错误记忆或不准确的观察之上。

（二）内在的一贯性

该标准要求理论所有的成分在逻辑上应该是一个整体。换言之，理论的各部分之间应该不矛盾。

（三）简洁

当一个心理发展理论只使用几个假设、概念和原理就能解释大量的事实和所观察到的心理发展现象时，这种理论就更有价值。因为该心理发展理论相当于另一个心理发展理论引入大量的假设和术语才能解释相同的现象。因此，在实际生活中，如果有两种理论能对同一种心理现象做出明确的解释，那么应该选择其中简明的理论。

（四）假设的可证伪性

一个好的理论所提出的假设应该是能够加以检验并能确定其是否正确。换言之，理论所提出的假设应该是能够被否定的，即可证伪性。在科学界，一般理论的效度不仅可以通过逻辑和提供数据来加以证实，而且还应能被证否。

（五）繁衍性

好的理论具有激发人们创造新的研究方法，提出新的探索课题，促进新知识的增长。相反，一种理论如果既不能激发人们创造新的研究方法，提出新的探索课题，又不能促进新知识的增长，则该理论就不是一个好的理论。

（六）实际指导

对于从事实际工作的人员，如儿童教育、青少年指导、成人就业指导、老年人服务等工作人员来说，一种理论最重要的特点是有益于提高他们理解和对待自己面临的儿童或成人的技能。从这个角度来看，那些能够解决儿童或成人日常问题的具有实际指导意义的理论，才是好的理论。

（七）预测性

如果一种理论不但能解释过去的事件发生的原因，而且还能准确地预测未来的事件，那么这种理论就更能被人们所接受。同时，如果理论能使人们对待特定年龄的儿童或成人的具体行为提出准确的预测而不只是对一个群体的一般成长方式进行预测，那么，该理论就更有价值。

（八）表面效度

人们对一种理论的认同，首先是该理论所揭示的道理是否与人们日常生活中的体验一致。如果理论所描述的内容与人们日常生活中的体验相一致，则更易被人们所接受。[1]

三　科学理论在科学研究中的作用

科学理论具有开放性，它允许科学家不断地开展研究，不断地对其进行修改，使理论得到丰富与发展。这是一个动态的过程，具体如图3—4所示。[2]

从图3—4中可以看出，理论是如何在科学研究中发挥作用的。首先，通过观察，人们形成理论，在形成的理论基础上，提出假设。根据假设，人们设计研究来验证假设是否正确。通过研究和观察，获得数据，通过统计分析，探索数据是否支持研究假设。此时，研究会出现两种情况：一种情况是数据支持研究假设或部分支持研究假设，如果是前者，理论就被完全接受；如果是后者，则需要对理论进行修正。在此基础上再提出假设，再设计研究来验证假设，通过新获得的观察数据，探讨是否支持研究假设，直到完成得到证实为止。另一种情况是数据不支持研究假设，这时需要拒绝当前理论，再进行观察，形成新的理论。之后提出假设，设计研究来验证假设，依次循环。

---

[1] 中央教育科学研究所比较教育研究室编译：《简明国际教育百科全书》，教育科学出版社1989年版，第8—10页。

[2] ［美］David R. Shaffer：《发展心理学：儿童与青少年》（第六版），邹泓等译，中国轻工业出版社2005年版，第37—39页。

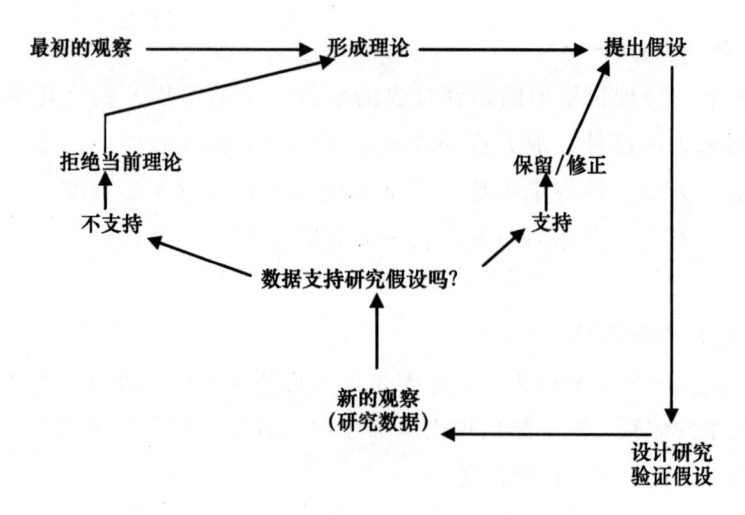

图 3—4　理论在科学研究中的作用

第四章

心理发展的生物基础

第一节　个体发展的遗传学基础

在现实生活中，常有一些有趣的现象出现，例如，同一个父母所生的孩子中，他们虽然共同生活在一个家庭中，但每个人的性格特征与智力水平存在着明显的不同。还有，各个国家的人，虽然生活习惯与生活方式不同，但他们成长的过程却又比较接近。此外，在你看电影或电视时，会偶尔发现某个人与另一个虽然没有任何血液关系，但他们的长相却非常相近。这是为什么？

一　遗传的本质

(一) 遗传的类型

关于遗传的含义，应该从两个方面来理解。

第一方面，遗传是指种系遗传，即人类每一位成员所拥有的遗传信息的总和，这又被称为基因库 (gene pool)。因为人类的绝大多数遗传信息是相同的，像人类的运动行为模式（例如婴儿爬行、站立、走路）、头围和身体结构。种系遗传与人类的准备学习、喜欢参与社交活动这两个特征有密切的相关。

第二方面，遗传是指家族遗传，即个体身上表现出自己祖先血统所传递下来的特征。像一个人头发的颜色、肤色、血型、身高等遗传信息，就是由上一代传递给下一代的。

有人 (McGuffin, Riley & Plomin, 2001) 曾指出，对于家族遗传信息和种系遗传信息二者在个体发展中所占的比例，后者所占比例很小，大约不到 0.1%。[1]

因此，我们必须认识到，虽然每一个新生命所获得的遗传信息是既包括种系遗传信息又包括特定的家族遗传信息，但是对于个体发展来说，种系遗传信息所占的比例大，特定家族遗传信息所占比例小。由此也可以明白，为什么发展心理学家的重要任务是探讨个体心理发展的一般的、典型的、本质特征，即年龄特征。

(二) 遗传密码

每个人都是由无数个独立单元，即细胞所构成的。在每个细胞内都有一个细胞核。通过显微镜对经过化学染色的细胞进行观察时可以发现在其细胞核中有一种杆状的结构，这种结构被称为染色体（chromosomes）。染色体能储存和传递遗传信息。不同物种的染色体数目是不相同的，例如，老鼠有 40 条染色体，人有 46 条染色体，黑猩猩有 48 条染色体，马有 64 条染色体。

1. 染色体

染色体是由一种被称为脱氧核糖核酸（deoxyribonucleic acid，DNA）的化学物质组成。而 DNA 是一种长链式的双螺旋结构的分子。DNA 分子的结构如图 4—1 所示。

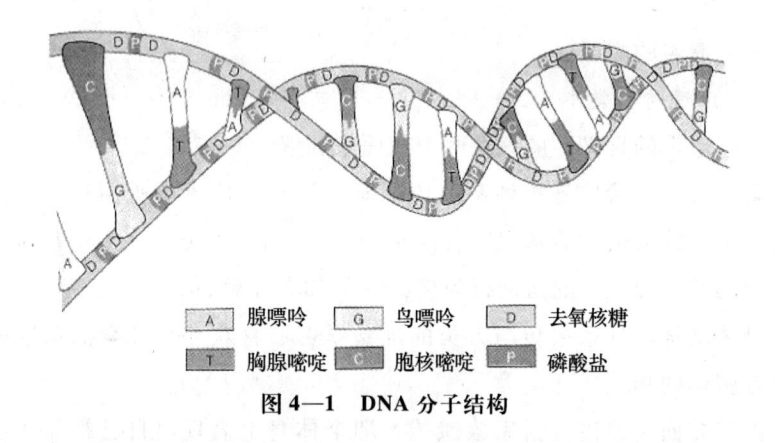

图 4—1　DNA 分子结构

DNA 看上去像两个螺旋状的绳梯。绳梯的两个边是由糖（去氧核糖）

---

[1] McGuffin, P., Riley, B. & Plomin, R., "Toward behavioral genomics", *Science*, Vol. 291, No. 5507, 2001, pp. 1232 – 1249.

和磷酸盐组成，梯子的横档是由碱基对组成。碱基的命名由其包含的磷元素、氢元素和碳元素共同决定。四种碱基包括：腺嘌呤（adenine，A），鸟嘌呤（guanine，G），胞核嘧啶（cytosine，C），胸腺嘧啶（thymine，T）。这些碱基经常用 A，G，C，T 四个大写字母来表示。正是碱基的这种序列提供着遗传指令。

2. 基因

一个基因（gene）只是染色体中 DNA 中的一个片段。基因的长度也各不相同，可能从一百到数千个不等，并且由于碱基对特殊序列的原因，每一基因均不同于其他基因。人类染色体上总共大约有十万种基因序列。

绝大多数单个基因（genes）由 DNA 片段构成，DNA 片段负责复制蛋白质的编码并占据染色体中的特定位置，如图 4—2 所示。

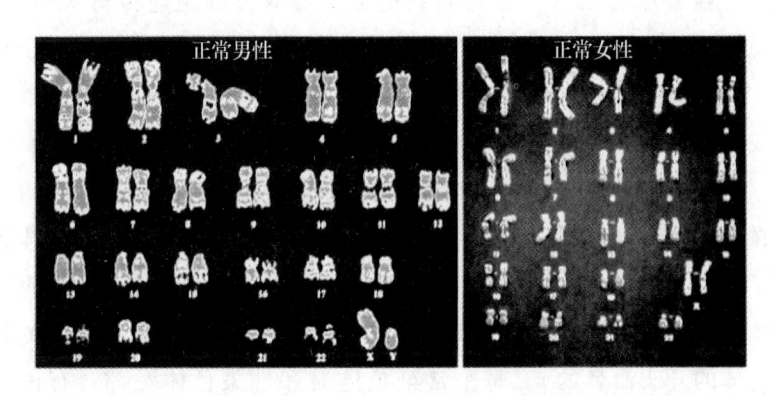

图 4—2　正常男性（左）和女性（右）的 23 对染色体

孩子的每一对染色体中，有一个来自于父亲，另一个来自于母亲。从图 4—2 中可以看出，每对染色体的大小不同。有 22 对染色体在形状和大小上是相似的，并由相同的基因组成。只有第 23 对染色体在形状和大小上存在着不同。女性有两个 XX 染色体，男性则有一个 X 染色体和一个 Y 染色体。用 X 和 Y 表示是因为这些染色体在形状和大小上不同（X 染色体比 Y 染色体更长，见图 4—2（左）中的最后一对染色体）。X 染色体和 Y 染色体中的基因是完全不同的。

3. 有丝分裂和无丝分裂

遗传产生包括有丝分裂（mitosis）和无丝分裂（meiosis）的双过程。

有丝分裂是一种细胞变化过程，指身体细胞通过分裂产生两个新的、各自含有46条染色体的子细胞来实现自我复制的过程。细胞复制自身时的速度各异。有的快，有的慢。例如，血细胞每10个小时复制一次，而肌肉细胞复制一次要等上数年，神经细胞一旦发育完成就根本不会再复制。个体正是通过有丝分裂过程才实现了增长和发展。[1]

有丝分裂过程包括四个步骤：

第一步：最初的亲代细胞。

第二步：每条染色体纵向分裂，产生副本。

第三步：染色体的副本向母细胞两极移动，然后开始分裂。

第四步：细胞完全分裂，产生两个有完全相同染色体的子细胞。

无丝分裂是产生生殖细胞的细胞分裂过程。精子和卵子（也称配偶子）在此过程中合二为一，它们只携带父母双方细胞遗传材料的一半，或者说是23条染色体。受孕时，父亲和母亲通过各自的精子和卵子分别提供23条染色体。后代就是在由这两个配偶子——分别来自母亲和父亲，或者说来自一个精子和一个卵子——结合而成的单个细胞上发展起来的。这种结合所形成的单个细胞内含有46条染色体或者说是23对染色体。在23对染色体中，有22对是常染色体（autosomes）。常染色体指的是除了性染色体之外的任何染色体。女性身上的那对性染色体是由两个X染色体组成，而男性由一个X染色体和一个Y染色体组成（X和Y是根据染色体的开头命名的）。每个常染色体对和性染色体对都含有许多基因，它们是遗传的基本单位。

无丝分裂的过程如下：

第一步：每个母细胞的原始染色体复制自身，但是这些副本仍然连在一起。

第二步：相邻的染色体发生交换，产生新的遗传组合。

第三步：原始细胞分裂成两个母细胞，每一个有23条复制的染色体（有些已经通过交换了）。

第四步：最后，每条染色体和它的副本分裂并分开成独立的配子。

---

[1] ［美］乔斯·B. 阿什福德等：《人类行为与社会环境：生物学、心理学与社会学视角》（第二版），王宏亮等译，中国人民大学出版社2005年版，第51页。

这样每个配子的染色体数目只有它的母细胞的一半。

二 个体发展的遗传规律

孟德尔（Mendel G., 1822—1884）是奥地利牧师，现代遗传学之父。1822 年孟德尔出生于奥地利，父母都是园艺家。他从小很喜爱植物。从维也纳大学毕业后，到圣托马斯修道院任职，连续 8 年在菜园中种植豌豆，进行杂交实验，1865 年写成《植物杂交的试验》一文，在布隆生物学会上分两次报告。1866 年将该文发表在学会的会志上，但没有引起学术界的重视。34 年后，到 1900 年，荷兰的 DeVries 用月见草为材料、德国的 Correns 用玉米和豌豆为材料和奥地利的 Tschermak 用豌豆为材料进行实验，发现了与孟德尔相同的结果，并且都印证了孟德尔的工作。这被称为孟德尔定律的"再发现"。

在孟德尔发现遗传规律之后的很长时间，人们才发现基因和染色体的生化物质。

（一）等位基因

在 22 对相同的染色体中，每个基因至少有两种状态或条件，基因在每个染色体中占据同样的位置，这些不同的状态被称为等位基因（alleles）。所有基因的等位基因都来自于单亲，另一位单亲的等位基因可能与此相同，也可能不同。如果两个等位基因是相同的，那么这种基因就被称为同质合子（homozygous）。如果两个等位基因是不同的，那么这种基因就被称为异质合子（heterozygous）。

（二）基因型和表现型

1. 基因型和表现型的含义

特质的遗传信息被称为基因型（genotype）。例如，决定一个人皮肤颜色的遗传信息。

可观察到的特质被称为表现型（phenotype）。例如，一个人出生后其皮肤的实际颜色。

基因型和表现型之间存在的差异，使人们见到的不一定是他们想要的。例如某人想要一个双眼皮的孩子，但实际上却生了一个单眼皮的孩子。

2. 基因型与表现型的关系

Plomin（1987）将基因型与表现型的关系概括为如下三个方面[1]：

（1）基因型的不同导致表现型的不同。

（2）受到超过一种基因的影响的特征不会只有两种情形，而是以接近被称为正态曲线的方式进行分布的。例如，人群中身高的分布，大部分人的身高处于平均水平，只有极少数人的身高非常高或非常矮。

（3）环境也对表现型特征有重要影响。正如身高不仅受到多种基因的影响，而且也受到多种因素的影响。它非常明显地会受到营养与健康等环境的影响。

3. 基因型影响表现型的方式

基因型通过三种方式影响表现型：

第一种方式：等位基因的状态差异引起了一种累积关系（cumulative relation）的出现，即有一对以上的基因影响特质。例如遗传对身高的影响。如果一个人接受的是"高"的基因，那么他（她）可能就是一个高个子；如果一个人接受的是"矮"的基因，那么他（她）可能就是一个矮个子。但在大多数情况下，一个人可能接受的是"高"和"矮"基因的混合物，所以，他（她）的身高可能只达到平均的高度。

第二种方式：等位基因的差异可能导致共显性（codominance），即两个基因的特性在一个新细胞中表现出来。共显性的例子是 AB 血型，它是 A 血型的等位基因和 B 血型的等位基因结合的结果。AB 血型既不是 A 血型基因和 B 血型基因混合的结果，也不是 A 血型基因代替 B 血型基因或 B 血型基因代替 A 血型基因的结果，而是一种新的血型——AB 型。

第三种方式：基因中等位基因的差异可能导致显性（dominance）关系。显性意味着不论其他的等位基因是否相同，其特质总能被人们观察到。显性的等位基因被称为显性基因。虽然其他的等位基因也出现，但其特质被显性基因所掩蔽，这被称为隐性基因。人们眼睛的颜色就是由显性关系所决定的。当棕色眼睛（B）基因的显性超过蓝色眼睛（b）的基因时，两个在遗传上没有关系的父母所生孩子中可能就会出现蓝眼睛

---

[1] Plomin. R., "Developmental Behavioral Genchics and Infanly"; in Osofsky, J. (ed.), *Handbook of Infant Development*, NewYork: Wiley Interscience, 1987, pp. 363 - 417.

这种隐性的特质，具体如图 4—3 所示。棕色眼睛或蓝色眼睛基因可能的组合是：BB、Bb、bB 和 bb。导致子女眼睛是蓝色的 bb 组合在后代身上出现的概率只有 25%。其他三种组合将是一种表现型基因，即孩子的眼睛是棕色。

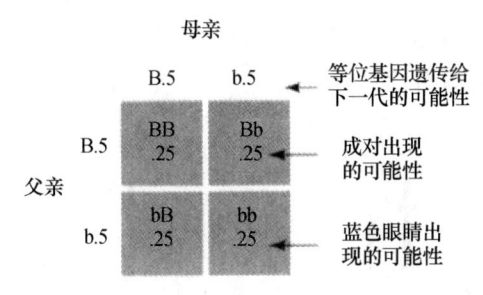

	母亲 B.5	母亲 b.5	
父亲 B.5	BB .25	Bb .25	← 等位基因遗传给下一代的可能性 / 成对出现的可能性
父亲 b.5	bB .25	bb .25	← 蓝色眼睛出现的可能性

图 4—3　杂合父母生出蓝眼睛孩子的可能性

注：只要等位基因 B 出现，眼睛就是棕色的。

（三）伴性特质

1. 伴性特质的含义

伴性特质（sex-linked）是指在性染色体中才能发现的一些特质。

女性的卵子只携带 X 染色体，男性的精子则既可能携带 Y 染色体又可能携带 X 染色体，两者的机会是均等的。当卵子与携带 Y 染色体的精子结合时，母亲就会生下一个男孩，即第 23 对染色体中是 XY 结合。所以携带 X 染色体的精子与卵子结合后，母亲就只能生下一个女孩了。

2. 伴性特质作用的机制

虽然伴性特质可能出现在女性的基因型之中，但是它们在男性的基因型中却很容易地被观察到。当某种特质只有 Y 染色体携带时，则其只能通过男性的遗传来传递，这主要是因为只有男性才有 Y 染色体。有趣的是，Y 染色体很小。已探明与 Y 染色体相连的特殊特质很少，Y 染色体有一个关键基因被称为睾丸决定因子（testis-determining factor，TDF）。该基因负责启动胎儿发育期的睾丸分化。一旦睾丸形成，它就开始产生激素，从而进一步地促进男性生殖系统的形成和分化。

伴性特质通常是由 X 染色体所携带，所以它更可能在男性中而不是在女性中观察到，这是因为男性没有第二个 X 染色体来弥补 X 特质的影响。在人类繁衍过程中，已发现有 26 种遗传病与该基因有关。通过基因定位的研究发现，它还与 50 种其他的病有关。

3. 伴性特质的典型例子——血友病

伴性特质最为典型的例子是血友病。血友病病人缺少一种受伤时让血液凝结的特殊血蛋白。尽管血友病病人的等位基因是由 X 染色体所携带，但是血友病通常只影响男性，如图 4—4 所示。在美国，这种病在男性身上的发生率是万分之一。

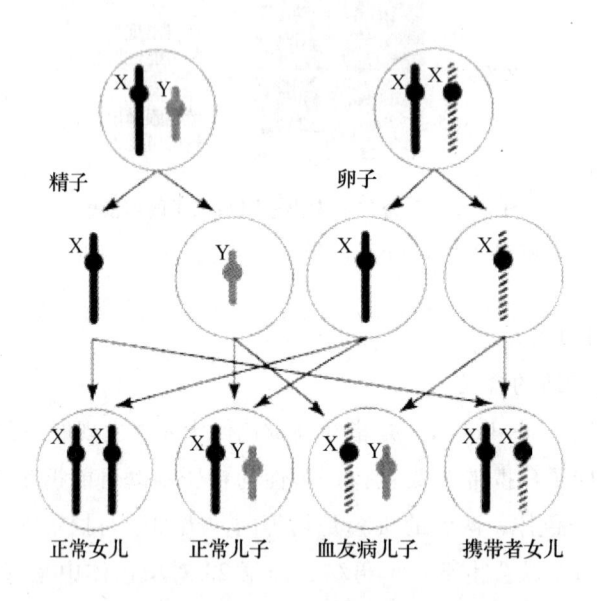

图 4—4　血友病的伴性特质

血友病的等位基因由 X 染色体携带。如果等位基因或者是由杂合子决定其特征，或者是由纯合子决定其特征（正常的血凝），那么女孩就会有正常的血凝能力。只有当女孩是纯合子型的隐性特征（非常罕见的发生率）时，她才是血友病患者。另一方面，男孩子只有一个从母亲那里继承的等位基因是血凝基因。如果该等位基因是显性的，他们的血凝将是正常的；如果该等位基因是隐性的，则他们将是血友病患者。

三　个体差异的遗传来源

（一）遗传影响个体差异的途径

斯卡（Scarr）提出，遗传因素影响个体的生活环境至少通过三条途径。[1]

第一条途径：每个儿童生活在父母所创设的环境中。因此，儿童获得共同的遗传来源，即从父母那儿获得他们的基因和环境。例如，喜欢交际的父母，当家里来人后会感到非常高兴；而退缩型或胆小的父母，当家里来人后会感到局促不安。前者使孩子能接触到更多的、友好的成人。而后者则没有给孩子创造这样的机会。

第二条途径：人们通常是根据自己的人格特征对他人做出不同的反应。换言之，一个人的遗传特征将影响到他从其他人（包括自己的父母）那儿获得的社会反应类型。

第三条途径：随着年龄的增长，个体越来越成熟，选择能力增强。每个人会根据自己的气质、能力、智力和社交水平决定他们所选择的环境类型，这会强化个体某些方面的遗传特质，同时也会减少其他方面的遗传特质。

（二）遗传影响个体差异的表现

在个体成长的过程中，遗传对个体的差异性所起的作用要比环境和经验的作用大。个体间的差异是基于遗传机制之上的。

每个父母都会生出在遗传上完全不同的孩子。遗传影响个体差异主要表现在发展速度、特质和异常发展三个方面。

1. 发展速度

基因调控成熟的速度和顺序。在成长与发展的渐成计划概念之中，其假设是基于在人的整个一生中，基因支配系统来促进或阻碍细胞的生长。研究已经发现，对各种水平的推理、语言和社会定向等行为的发展，基因在其中发挥着重要的作用。

遗传具有支配发展速度和顺序的作用，这方面的依据是来自于对同卵双生子（有相同的遗传结构）的研究结果。同卵双生子的发展速度具有很高的相关，即使他们是被分开抚养，情况也是如此。同卵双生子的一些特征明显地受遗传的影响，如运动技能获得的时间、人格的发展、不同年龄段智力的变化以及身体的成熟等方面。

---

[1] Scarr, S., "Developmental Theories for the 1990s: Development and Individual Differences", *Child Development*, Vol. 63, No. 1, 1992, pp. 1–19.

基因被看作设定个体成熟速度的内在调节者。在人的一生中，基因发出一些显著发展变化的信号，如成长加速（growth spurt）、长牙、青春期和更年期。基因也为人的一生设定一些限制。少数基因影响特定组织的细胞分裂和复制的次数。对果蝇、蠕虫和老鼠三种类型动物的研究表明，绝大多数寿命较长的物种，其后代的寿命高于平均水平（Barinaga，1991）[1]。

发展速度的差异有助于让人们理解心理社会性的发展。例如，同一年龄儿童在爬行或行走方面的差异，将会使他们在开始接触新的生活环境和改变自身能力方面也存在着年龄上的不同。因此，遗传过程既调控个体间的成长准备状态，又调控个体间一些弱点的系统差异。例如，家长希望自己的孩子会自己穿衣服和学习写字，这些任务的完成与孩子的发展水平也存在着相互作用。对于发展"慢"的儿童，父母会产生失望心理；对于发展"快"的儿童，父母会产生自豪感和很受鼓舞的心理。

2. 特质

基因中包含了大量的人类特征方面的信息，如眼睛颜色和身高。虽然有一些特征是被单个基因所控制的，但是像身高、体重、血型、肤色和智力等大多数特征则是由几种基因共同控制的。当多种基因共同调控某种特质时，这种特质的个体差异性就会增大。因为多种基因调控个体众多的特征，所以导致人类的表现型在多样性方面很丰富。

遗传因素在个体人格差异方面也起着重要角色[2]（Borkenau, et al., 2001）。像与人友好的好交际倾向、小心、社交害羞，或退缩等的抑制性、焦虑和情绪敏感的神经质倾向等常见的人格特质维度，也是具有明显的遗传成分的。基于性别定向的生理学研究表明，基因可能影响与性别行为有关的个体大脑结构的发展[3]。与同胞之间或收养者之间相比，双

---

[1] Barinaga, M., "Will 'DNA Chip' Speed Genome Initiative?", *Science*, Vol. 253, No. 5027, 1991, p. 1489.

[2] Borkenau, P., Rainer R., Alois, A., Frank, S., "Genetic and Environmental Influences on Observed Personality: Evidenuce from the Germand Observational Study of Adults Twins", *Journal of Personality and Social Psychology*, Vol. 80, No. 4, 2001, pp. 655–668.

[3] LeVay S., "A Difference in Hypothalamic Structure between Heterosexual and Homosexual Men", *Science*, Vol. 253, No. 5023, pp. 1034–1037.

胞胎之间的性别定向更为相似。[1] 研究发现,双胞胎在如政治倾向、审美偏好、幽默感等特殊的人格特质方面的相似性要比同胞之间的高。即使双胞胎是分开抚养的,他们的情况仍是如此。

3. 异常发展

个体发展中出现的异常的或变态的特征也受其遗传的影响。绝大多数异常胎儿在怀孕的早期就被流产掉了。现已确认,有15%—20%的异常胎儿在怀孕前三个月里就被流产掉了。[2] 绝大多数早期流产是由于受精卵(由父亲的精子和母亲的卵子发展成的组织)的染色体异常引起的。

在那些能够长到新生儿期的胎儿中,有3%—5%的胎儿伴随有一种或多种可确定的异常。在儿童后期,这种异常出现的可能性会上升到6%—7%。一些出生缺陷与特定的染色体或单个基因异常有关。还有一些出生缺陷可能只与诸如毒品、药物、胎儿和母亲被感染等环境因素有关。然而,大多数畸形胎儿既可能是遗传缺陷和危险环境相互作用的结果,也可能是一些未知原因所造成的结果。[3]

四 遗传性心理疾病

遗传性心理疾病有三种基本类型:单基因型疾病、多基因型疾病和染色体型疾病。

(一)单基因型疾病

单基因型疾病(single-gene disorders)指由显性基因、隐性基因或者X染色体相关的基因所引起的遗传性障碍或缺陷。

1. 亨廷顿舞蹈病

亨廷顿舞蹈病(Huntingtons's chorea)属显性单基因型疾病。是一种由显性常染色体基因引起的遗传疾病。当某一个体携带了该基

---

[1] Bailey, J. M., Pillard, R. C. "A Genetic Study of Male Sexual Orientation", *Archives of General Psychiatry*, Vol. 48, No. 12, 1999, pp. 1089 – 1096.

[2] Geyman, J. P., Oliver L. M, Sullivan S. D., "Expectant, Medical, or Surgical Treatment of Spontaneous Abortion in First Trimester of Pregnancy? A Pooled Quantitative Literature Evaluation", *The Journal of the American Board of Family Medicine*, Vol. 12, No. 1, pp. 55 – 64.

[3] Moore K. L. & Persaud T. V. N., *Before We are Born* (6th ed), Philadelphia: Saunders, 2003.

因的病，其后代产生表现出这种疾病的概率是 50%。因为引起亨廷顿舞蹈病的基因是显性的，可将其记为 H；同时把隐性基因中非亨廷顿舞蹈病基因记为 h。如果一个患者的基因型为 Hh，它就会表现出亨廷顿舞蹈病症状。如果患者与另一个人生了一个孩子，那么其孩子继承显性基因或者 H 的概率为 50%．双亲各自为后代提供一个基因。如果患者的基因型是 Hh，则可能会提供显性基因 H 或者隐性基因 h。当具有等位基因的双亲提供的是隐性基因 h 而非显性基因 H 时，则孩子的基因型为 hh，这种情况不会患病。然而，当基因型为 Hh 的双亲一方提供的是显性基因 H 时，后代就会患上亨廷顿舞蹈病。这种病通常在个体长到 30—50 岁时发病。而到这个时候个体可能已经结婚生子，并将病传给了孩子。患这种病的人，其细胞错误地制造了一种名为"亨廷顿蛋白质"的有害物质。这些异常蛋白质积聚成块，损坏部分脑细胞，特别是那些与肌肉控制有关的细胞，导致患者出现不能控制的、快速、急促、不自主运动；肌肉协调和心理功能退化。该种病不可治愈，患者一般在症状开始后的 10—20 年死亡。能够进行产前诊断。

科学家们曾对委内瑞拉小镇上的一个大家庭进行过研究，试图发展亨廷顿舞蹈症的遗传基础。[①] 这一家族深受亨廷顿舞蹈症的折磨，以至于可以追溯好几代获取信息。1983 年，科学家们的基因连锁分析揭示，亨廷顿舞蹈症基因位于第 4 号染色体。科学家预计对亨廷顿舞蹈症的基因鉴定将会相对简单，因为可以从该疾病高发率的家庭中获取初步信息，所以他们对该基因与 4 号染色体的连锁鉴定进展如此之快。然而科学家的预计是完全错误的，由 10 个不同的大学研究人员组成 6 个研究小组，在他们长达十余年的紧密配合后，最终才发现亨廷顿舞蹈症的基因。当该基因最终于 1993 年被发现时，科学家仍然不能解释，它的突变是如何导致这种灾难性的疾病，该基因突变又为什么要在人群中出现。到目前为止，科学家还没有很好地掌握导致该疾病的突变机制。

---

① ［美］格兰特·斯蒂恩：《DNA 和命运》，李恭楚等译，上海科学技术出版社 2001 年版，第 95—96 页。

2. 镰状细胞症

镰状细胞症属于显性单基因性疾病。个体圆形血红细胞的显性基因不能控制隐性基因的影响，就会患镰状细胞症。镰状细胞症患者的血液细胞呈镰刀状，因而容易凝聚在一起，在凝聚时会使个体产生剧烈的疼痛。这些镰状细胞向循环系统中释放的氧气也比正常细胞要少。镰状细胞症大多发生在非裔美籍人身上，且无法治愈。这种疾病的携带者不仅有很多圆形细胞，同时可能也有一些镰状细胞，这些镰状细胞并不影响一个人的正常功能。但在压力环境中，具有这种不完全显性特征的个体可能会产生某些疾病症状。患有镰状细胞症的个体因血液中异常的红细胞导致缺氧，常会引起个体产生疲劳、头痛、呼吸短促、面色苍白、黄疸、疼痛，并损伤其肾、肺、肠和大脑等器官。预防措施包括定期健康检查，避免温度变化过大，不参加水下体育活动、登山及乘坐未经增压的飞机在1万英尺以上的高空飞行。

3. 苯丙酮尿症

苯丙酮尿症（Pku）是来自父母一对隐性基因引起的障碍，这种障碍使个体不能利用一种必需的氨基酸——苯丙氨酸。牛奶等多种食物的蛋白质里都含有这种氨基酸。如果不进行治疗，苯丙酮尿症患者体内的苯丙氨酸逐渐聚集，最终达到毒性的水平，导致个体大脑损伤及心理发育迟滞。苯丙酮尿症产生的原因是遗传自父母的一对基因所导致的。如果父母双方都不携带该病的基因，孩子不会得苯丙酮尿症。即使父母中的一方携带隐性基因，另一方没有携带，则孩子也不会得苯丙酮尿症。但是，如果父母双方都携带隐性的基因，那么孩子就有1/4的机会得苯丙酮尿症。

4. 囊性纤维症

囊性纤维症（cystic fibrosis）属于一种隐性单基因型疾病。主要是外分泌腺的一种严重疾病，它会导致浓稠体液的过量分泌。原因是少一对第7条染色体。这种疾病在存活婴儿身上发生的概率在1/3600—1/1600。患者的肺部功能以及消化出现困难，同时还伴随其他问题。在过去数年中，有许多孩子死于囊性纤维症，但随着医疗水平的改善，患病的孩子可活到成年。但由于患者的胰腺不能产生必要的酶来分解脂肪以让小肠吸收，从而导致营养失调。汗腺通常也受损。个体通常会在30岁左右死亡。目前科学家通过研究发现，该病是由一种基因编码单一蛋白质所引起的，这种蛋白质被气管壁上的细胞所表达。

5. 泰-萨氏症

泰-萨氏症（Tay-Sachs disease）属于一种隐性单基因型疾病。是一种神经退化疾病，其病症是逐步加重的心理和生理迟钝。该疾病是由于个体缺少特定的酶，这将导致有害化学物质不断积累而伤害大脑，致使儿童2—4岁死亡。该疾病在总人口中的发生概率是1/300。需要指出的是，该疾病在某些特殊人群中，异常隐性基因的普遍程序较高。例如在德系犹太人（东欧）携带泰-萨氏症隐性基因的概率为1/30。

6. 血友病

血友病（hemophilia）属于与X染色体相关的疾病。是一种因X染色体上的缺陷基因影响血液凝结而引起的疾病，这种疾病通常被称为"吸血鬼病"。与红绿色盲一样，血友病也是大多数发生在男性身上，因为男性的Y染色体上没有匹配的基因来控制X染色体基因带来的影响。

7. Dunchenne 肌萎缩症

Dunchenne 肌萎缩症（Dunchenne muscular dystrophy）属于与X染色体相关的疾病。当然并非所有的Dunchenne肌萎缩症都是由与X染色体相关的隐性基因所引起的。有些是常染色体显性基因或者常染色体隐性基因所引起的。患者会产生轻到重度肌肉萎缩、退化和无力。

8. Lesch-Nyhan 综合征

Lesch-Nyhan 综合征（Lesch-Nyhan syndrome）属于与X染色体相关的疾病。其症状是精神迟钝、痉挛和发生自残行为。患有这种疾病的孩子经常咬自己的手指和嘴唇，并且生理发育不正常。这种遗传病会导致嘌呤代谢中的先天异常。患这种病的婴儿在出生时看上去是正常的，实际上，当婴儿的主要照顾者在其尿布上发现橙色的颗粒时，疾病便已经显现出来了。这些颗粒是尿酸晶状体，是婴儿嘌呤代谢功能不足的结果。患这种疾病的孩子有比较强的攻击性。

（二）多基因型疾病

多基因型疾病很可能是遗传缺陷最常见的原因，由基因组的影响而产生，它们以复杂的方式发生相互作用，这样使得对主要致病因素的判断发生困难。但是，遗传学家通过运用"循环约略估计法"指出，一个家庭中有一个以上的子女患病的概率低于5%。这方面最典型的例子是在美国出生的1000名婴儿中，约有2个患脊柱裂症，其结果会引起膀胱控制失调、腿脚瘫痪以及对脊髓和脑部严重疾病感染的抵制能力减弱。

一种已知的多基因型疾病是神经管道缺陷综合征。这类疾病的症状是孩子的大脑和脊柱内有明显的缺陷。这类疾病包括无脑畸形、脑膨出以及脊柱裂等。这些都是严重的疾病，通常伴随着严重的智力迟钝，有时会引起死亡。在美国，神经管道缺陷的发生概率是1/500。在神经管道缺陷疾病中，诊断得最好的一种情况是脊柱裂。

多基因型疾病是由多个基因交互作用并且有环境的参与。关于这些疾病的潜在机制，目前人们知道的并不多。在多种因素并存的情况下，很难把环境的影响区分开来。环境在多因素疾病的表征中起重要作用。

（三）染色体疾病

染色体疾病（chromosome disorder）是由细胞分裂中发生的大量问题所引起的，易位和分裂失败是最常见的问题。在形成配偶子的过程中，精子或卵子形成时，可能会产生无丝分裂错误，而且这些错误不是遗传的。在无丝分裂过程中，配对的染色体必须分开，以形成各含23条染色体的性细胞。在此过程中一条染色体可能会脱落下来与另一条染色体连在一起。这种情况叫作易位或缺失。留下来的染色体片段因为缺少遗传材料，从而导致缺陷产生，换言之，遗传信息在偶然情况下被从染色体上删除了。染色体疾病还常常由于染色体太多或太少而引起的，例如是45条或47条，而不是正常的46条。无丝分裂中配对染色体没有成功分开，这叫作分裂失败，分裂失败会引起一个细胞内有3个染色体或者一个细胞内只有1个染色体的情况。

1. 唐氏综合征

唐氏综合征（Down syndrome）是个体的第21条染色体多一条，也称21条三染色体综合征，是科学界最先知道的染色体异常。[1] 新生儿发病率为1/700—1/1000，占小儿染色体病的70%。

大约95%的唐氏综合征患者是由于多了一条额外的21号染色体所致

---

[1] Forster R., Hunsberger M. M. and Aderson, J., *Family-centered Nursing Care of Children*, Philadelphia: Saunders, 1989.

的。在受孕时,新形成的细胞之所以有 3 条 21 号染色体,是因为染色体 21 在无丝分裂中未能分开。因此,后代从双亲中的其中一方获得一条 21 号染色体,而从另一方获得两条 21 号染色体。出现这种问题的风险与母亲年龄的增长有高度相关。35 岁以后,风险开始增加,并且这种状况一直持续到 40 岁左右。40 岁时,风险显著增加。在唐氏综合征中,这种风险与年龄相关的原因还不为人所知。一种可能的原因是:这与人体系统老化有关。换言之,人体因为年龄的缘故不能识别以及不能自发地排除染色体异常。还有一种可能的原因是:卵子接触环境威胁的时间越长,无丝分裂过程中发生错误的可能性越大。

2. 三色体 18 和三色体 13

三色体 18(三色体 D)和三色体 13(三色体 E)也是由染色体过多而引起的疾病。但这两种疾病发生的频率都比较低。三色体 18 是第二常见的染色体疾病,在 3000 个新生儿中会出现一例。它的症状是多种形体缺陷以及严重的智力落后。该疾病在女性中更为常见。患者的存活期一般不超过 3 个月。大约每 5000 个新生儿中会发生一例三色体 13 综合征,在很偶然的情况下,染色体 13 会出现染色体 14 或 15 上。这种疾病与许多类型的中枢神经系统异常相关。患有这种综合征的新生儿很少能够活过 6 个月。

3. 脆性 X 染色体综合征

脆性 X 染色体综合征(fragile X syndrome)也是一种 X 染色体疾病。其遗传方式为 X 连锁不完全显性遗传。[1] 据调查,人群中男性发病率为 1/1500—1/2000,女性发病率约为 1/2500,但女性突变基因携带者则高达 1/600—1/700。弱智者中本病占 6.0%—10.4%。脆性 X 综合征患者经细胞遗传学检测,可见染色体 Xg27.3 处出现随体样结构或裂隙的脆性位点。随着脆性 X 综合征分子遗传学领域的深入研究。1991 年 Verkerk 等应用定位克隆法在 Xg27.3 处发现了脆性 X 智力低下基因(FMR - 1)。[2]

---

[1] 张海芸等:《脆性 X 综合征的 FMR - 1 基因》,《中国优生与遗传杂志》2000 年第 8 卷第 3 期。

[2] Verkerk A. J. et al., "Identification of a Gene (FMR - 1) Containing a CGG Repeat Coincident with a Break Point Cluster Region Exhibiting Length Variation in Fragile X Syndrome", *Cell*, Vol. 65, No. 5, 1991, p. 905.

现已确认，该基因与脆性 X 综合征有关，而 FMR-1 基因 5′侧的（CGG）n 结构的扩展是 95% 以上的脆性 X 综合征患者发病的分子遗传学基础。FMR-1 基因位于染色体 Xg27.3，在基因组中跨越 38Kb，由 17 个外显子和 16 个内含子组成，4.4k6 的转录产物。RNA 编码由 596 个氨基酸残基组成的 FMRP 蛋白。

脆性 X 染色体综合征是仅次于唐氏综合征的一种引发智力迟钝的遗传因素。这种发生在男性身上的疾病，其病症是不确定的智力迟钝、睾丸偏大、语言功能缺陷、大而隆起的耳朵等。脆性 X 染色体综合征的临床诊断特征如图 4—5 所示。[①]

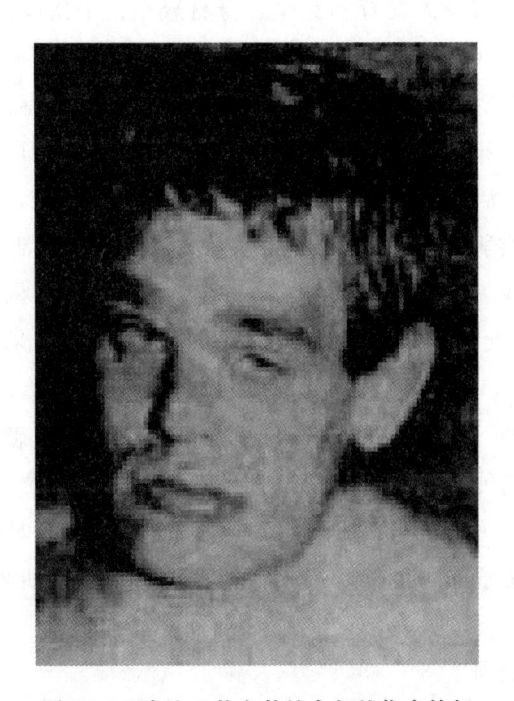

图 4—5 脆性 X 染色体综合征的临床特征

4. 克里法兰综合征

克里法兰综合征（Klinefelter's syndrome）是最常见的性染色体疾病。

[①] ［美］乔斯·B. 阿什福德等：《人类行为与社会环境：生物学、心理学与社会学视角》（第二版），王宏亮等译，中国人民大学出版社 2005 年版，第 58 页。

每400名男性中就有1人患有先天性的克里法兰综合征。患有这种病症的男性有一条额外的X染色体。XXY结合导致其生殖器发育不良、身材异常高大和乳房增大。通常有智力障碍以及内在的人格问题。最常见的情况是引起男性不育。

5. 特纳综合征

特纳综合征（Turner's syndrome）是一种由染色体异常而导致的生长缺陷。这种疾病常见于女孩，主要是缺少一个X染色体。有时是两个X染色体中一个有缺损。偶尔还有一些细胞少一个X染色体。每3000个女性新生儿中会发生一例。换言之，有这种情况的女性其基因是XO。患有特纳综合征的女孩身体发育不完全、身材矮小，手指脚趾短粗，乳腺和生殖系统发育不良，从而不能生育，第二性征缺乏或有障碍，脖子粗厚；无月经，大动脉变窄且常有先天性心脏病，肾功能也有问题。患者的智商低于中等，尤其在数学和空间能力上显得不足，学习成绩低下。一般社会交往通常不活跃，显得行动呆板，学习成绩差，难以完成小学学业。但她们长大后能学习一些简单技能，可维持半独立的生活。

国内曾发现一例Turner综合征伴9号染色体臂间倒位的案例。[1] 该患者为一位19岁女学生。身材矮小，原发性闭经，面容呆板，反应迟钝。女性外表，身高140厘米。蹼颈，颈后发际低，盾状胸，两乳头间距较宽，乳房发育差。B超检查发现其子宫小，卵巢萎缩。患者的智力较差，记忆力差。经遗传学检查发现其第9号染色体臂间倒位。具有臂间倒位染色体的个体，一般说来，其倒位片段越短，则重复和缺失的部分就越长，形成正常配子的可能性越小，临床表现不育、早期流产和死胎的比例较高。

6. 猫叫综合征

猫叫综合征是染色体的结构异常而引起的疾病，其原因是患者第5号染色体的短臂缺失。具有这种病症的患者生长缓慢，身材矮小，头部畸形，通贯手。因为患有这种病的患者的哭声像猫叫，故称其为猫叫综合征。这种儿童的智力低下。

---

[1] 许飞等：《Turner综合征伴9号染色体臂间倒位一例》，《中华医学遗传学杂志》2000年第17卷第1期。

7. Prader-Willi 综合征

Prader-Willi 综合征患者的第 15 号染色体长臂有部分缺失，这种缺失是由于缺少来自父亲的第 15 号染色体长臂的关键部位引起的。主要表现在婴儿期有肌张力降低，性腺发育不全，隐睾，小阴囊，肥胖，手足小等特征。一般情况下的这种儿童智力低下。

8. Angelman 综合征

Angelman 综合征又被称为"快乐的木偶综合征"。患这种病的患者的第 15 号染色体长臂有部分缺失，这种缺失是由于缺少来自母亲的第 15 号染色体长臂的关键部位引起的。主要表现为以痉挛为主的癫痫发作，阵发性不自主发笑，木偶样抽搐动作，伸舌动作；头扁平，小脑，下颌突出，眼脉络膜发育不全。这种儿童的智力低下。

9. DiGeorge 综合征

DiGeorge 综合征患者的第 22 号染色体长臂上存在部分缺失，临床表现为甲状旁腺功能低下，细胞免疫缺陷。这种儿童的智力低下。

10. Cornelia de Lange 综合征

Cornelia de Lange 综合征患者是因为第 3 号染色体长臂的部分重复。临床表现为出生时体重低，鼻孔上翻，多毛，鲤鱼嘴，四肢较小，咆哮样哭声。这种儿童的智力严重低下。

五 遗传咨询

（一）遗传咨询的含义和作用

遗传咨询（genetic counseling）是指帮助人们处理遗传障碍相关领域的问题。

如果夫妻一方或双方有家族遗传疾病史，或因某种原因，自己担心可能会将遗传疾病传给了孩子，那么通过一种叫血液检测的方法就能确定可能导致遗传障碍的基因。像泰－萨氏症、镰状细胞症、Dunchenne 肌萎缩症、囊性纤维症等都已确定了其基因位置的异常。想要孩子的夫妻，应该相信一些携带某种疾病的基因会使自己的孩子可能受到折磨。如果孩子携带此种遗传疾病的可能性很大，夫妻将决定不要孩子了，那么这种疾病在人群中出现的可能性将随时间的推移而降低。

遗传咨询一般要进行全面的体检。这些检查能够发现准父母隐匿的异常情况。此外，血液、皮肤和尿液样本则用来分离和检验特定的染色体。某些遗传缺陷，如果出现一条额外的性染色体，可以通过装配染色体组型（karyotype）加以识别。染色体组型实际上是一张放大的染色体图片。

（二）哪些人需要接受遗传咨询

一般来说，具有以下特征的个体需要接受遗传咨询：

第一，35岁以上年龄才怀孕的妇女；

第二，在以前出生的孩子中有过遗传障碍疾病者；

第三，一些高危的少数民族成员；

第四，家族中有一些成员表现出遗传障碍的人。

（三）产前检查

对于大多数的准父母，如果他们担心自己孩子的发育是否正常，可通过一些对怀孕几个月胎儿发展评估的技术检测，这样就可以使准父母的担心降到最低限度。

有几种技术的风险较大，一般没有充分的把握就不使用。但是，对于那些高危妊娠孕妇来说，通过监控胎儿的发展，可对问题胎儿进行干预，以此来挽救其生命，同时也可减少父母因担心而产生的焦虑。

1. 胎儿心率的电子监控法

胎儿心率的电子监控法是用听诊器听胎儿的心率周期。医生通过在母亲腹部上面安放无痛的电子设备来连续监控胎儿。这种技术特别适合于监测生产过程中的胎儿是否缺氧。

2. 超声波成像

超声波成像（ultrasound sonography）是利用第二次世界大战期间的潜艇声呐技术，采用超声波来检测胎儿，声波反射回来以后就会形成胎儿的视觉图像。这种图像虽然不是很精确，但很有用，可以评估胎儿的大小、数量和形状。重复使用超声波检查可以显示胎儿发育模式。

3. 羊膜穿刺法

羊膜穿刺法（amniocentesis）是从子宫内抽取20毫升的羊水，如图4—6所示。羊膜穿刺法一般在怀孕第15—20周进行。有时采用这种方法来评估胎儿染色体的细胞或酶是否出现异常。在怀孕的后期，利用胎儿的细胞可评估其肺脏的成熟度。在此基础上，通过延长剖腹产的时间，使胎儿的肺脏得到足够的发展，就可以防止胎儿呼吸系统的严重障碍。该方法的检查准确率接近100%。该方法可以检测胎儿的性别。

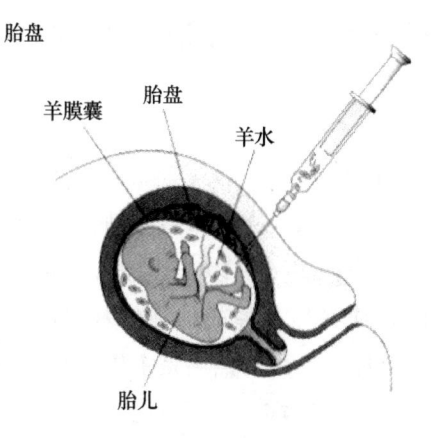

图 4—6　羊膜穿刺法

4. 胎儿镜

胎儿镜（embryoscopy）是通过使用伸进子宫的光镜管，就可以直接检查胎儿和对其血液进行取样。这种方法可以用来检查遗传疾病，特别是不能通过羊水检查的血液病。一旦发现后，可以在出生前对这些疾病进行药物或手术治疗。该方法一般在怀孕头12周进行，最早可在怀孕5周时进行。

5. 绒毛膜取样

绒毛膜取样（chorionic villus sampling，CVS）是一种有创检查。该检查可在怀孕第8—11周进行。绒毛膜取样需要将一根细针插入胚胎，取出包围在胚胎周围毛发的一小块样本。但是它有1/100—1/200的导致流产的可能性。因为这个风险，一般很少使用。

（四）预测检查

如果说产前检查是针对孩子的，而预测检查则是针对父母自身的。即通过检查父母自身，来判断他们是否因为遗传障碍而在未来易得上某种疾病。如前面所提到的亨廷顿舞蹈症，是一种恶性的致死性疾病。如果个体通过检查知道自己是否携带导致亨廷顿舞蹈症的基因，就可以提前做出某种安排。除了亨廷顿舞蹈症外，还有一千多种障碍可能通过遗传检查进行预测。如果结果是阴性的,则可以免除人们的担忧;如果结果是阳性的,则会引起人们的焦虑和担忧。

第二节 智力发展的生物基础

一 行为遗传学

(一)行为遗传学的含义

行为遗传学(behavioral genetics)是指研究行为特点遗传问题的科学。物种的行为和一个物种中的许多个体的行为都有其自己的特点。行为的物种特点是由演化或自然选择的物种的基因库决定的,规定了一个物种的行为的共性。个体行为的特点则是个体的基因搭配决定其特性的。

(二)行为遗传学的研究方法

1. 选择性喂养

选择性喂养(selective breeding)是以动物为对象通过连续选择喂养具有特定特征的子代来确定遗传与行为关系的研究方法。

在这种研究中,将具有研究所需要的特质的动物进行选择和交配。同样的选择过程再用于子孙的连续各代,直到具有理想特征的动物产生为止。例如,赛马比赛中所用的马,就是通过选择性喂养这种方法选育出来的。

2. 双生子研究

双生子研究(twin studies)是根据人的遗传特性所进行的一种研究。如果有两个个体在遗传上一致,后来进一步观察到的差异将是环境不同造成的。另外,如果两个个体遗传上不同,却经历了同样的环境,则差异是由遗传因素决定的。

在实际生活中,同卵双生子(monozygotic,MZ)和异卵双生子(dizygotic,DZ)是最接近研究理想的。同卵双生子由一个受精卵发育而成,在遗传上是完全相同的。异卵双生子是由两个独立的受精卵发育而成的,平均约有50%的遗传是一致的。

通过双生子研究,可证明遗传因素在个体智力发展中的作用。其原理是:

(1)由于同卵双生子有相同的基因,所以他们之间有任何差异一定是环境的差异造成的；

（2）由于异卵双生子在遗传上不同，他们有许多相同的环境条件，因此可提供一些有关环境控制的测量；

（3）同时研究同卵双生子和异卵双生子，就可能评估相同基因类型下不同环境的作用，以及在相同或类似环境下不同基因类型的作用。

总之，同卵双生子间的差异是由环境决定的，异卵双生子间的差异是由遗传决定的。因此，在比较遗传和环境对智力作用的程度时就可以估计智力受遗传决定的程度和因不同的环境偶然性而改变的程度。

3. 收养研究

收养研究（adoption studies）有两种形式：

第一种，以被分开的同卵双生子为对象进行研究，如果收养是发生在出生后不久或出生后立即被收养，那么儿童的遗传因素来自于父母，而环境因素则来自养父母。

第二种，以生活在同一环境中的、没有血缘关系的儿童为对象进行研究，这些儿童的环境因素是相同的，而遗传因素是不同的。

对于收养儿童而言，他们：（1）与亲生父母有着共同的遗传因素；（2）与养父母、养父母的子女以及其他在同一家庭中生活的儿童具有共同的环境，如父母的收入、家庭中的书籍数量等；（3）还有各自的特殊环境，如各自的教师、同伴等。

收养研究既可在家庭中进行，也可在孤儿院中进行。

二　反应范围

一种揭示遗传对行为影响的方法是观察基因型所建立的反应范围（reaction range），即对环境条件的可能反应范围，一个人的基因型决定着它的界限。

在相似的环境条件下，最有可能表现出个体遗传的差异。然而，当环境条件发生变化时，个人优于他人的基因型特点可能会被环境因素所掩蔽。

在图4—7中，给出了3名儿童智力的假定反应范围。A儿童智力的遗传潜力比B儿童的大，B儿童的又比C儿童的大。当3名儿童都生活在刺激贫乏的环境中时，他们IQ的发展将比他们达到的可能范围要低。

当3名儿童都生活在刺激丰富的环境中时，他们IQ的发展将比他们达到的可能范围要高。如果3名儿童生活在不同的环境中，他们的遗传潜能上的差异将可能被环境因素的作用所掩蔽。如果B儿童和C儿童生活在刺激丰富的环境中，A儿童生活在刺激贫乏的环境中，可能测量到B儿童的IQ最高，C儿童和A儿童的IQ可能很低或非常接近。每一名儿童的智力表达出来的范围都是他们的遗传潜能和生活环境之间相互作用的结果。

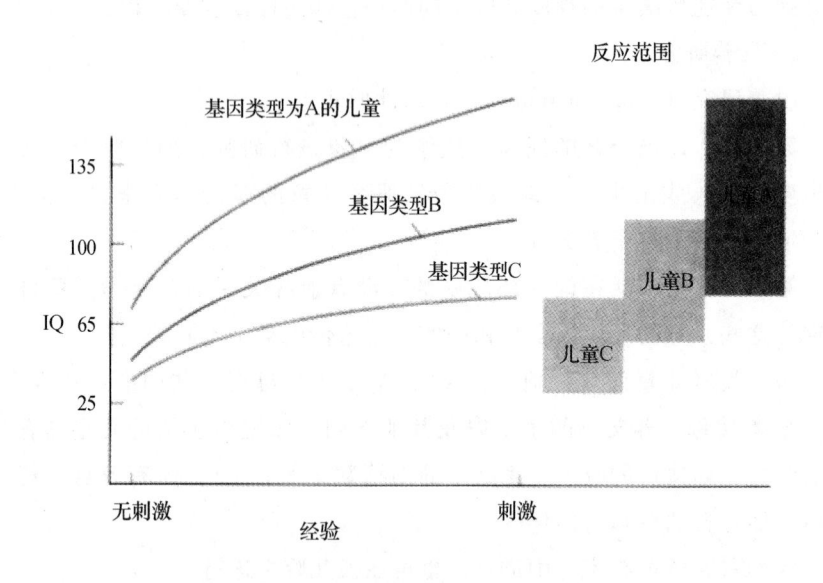

图 4—7 三种基因型的智力的假定反应范围

反应范围能使人们更清晰地辨认出患有唐氏综合征的儿童。每出生700名儿童中就出现一位患唐氏综合征的儿童。在20世纪早期，唐氏综合征儿童的预期寿命只有9岁。现在唐氏综合征儿童的预期寿命已达到30岁了，他们中有25%的人甚至能活到50岁。医疗保健、早期干预和不断的教育干预、治疗、有教养的家庭环境等能够对唐氏综合征儿童有积极的改善作用。让他们参与到主流的班级环境之中，这对这些特殊儿童的词汇、语法和特定的记忆技能的提高有显著的、积极的作用。在最佳的生存条件下，患唐氏综合征的儿童能够达到中等程度的独立性，他们还能积极地参与学校、社区和家庭的生活。

三 智力发展的选择性喂养研究

Tryon 是较早以老鼠为被试,用选择性喂养方法培育"聪明"和"愚笨"老鼠的研究人员。[①] 他让老鼠学习走迷津(maze-learning),实验结果表明聪明组中最笨的老鼠几乎都比愚笨组中的每一只老鼠聪明,前者走迷宫所犯错误次数明显比后者少。Tryon 提出聪明的老鼠所生的老鼠聪明,而愚笨的老鼠所生的后代也愚笨。

还有一项研究也采用选择性喂养,探讨了选择性喂养对智力发展的影响。[②] 研究者将那些走迷宫速度较快的老鼠进行交配,让它们繁殖后代(即聪明组)。同时,还让那些走迷宫速度较慢的老鼠进行交配,也让它们繁殖后代(即愚笨组)。聪明组和愚笨组分别繁殖了六代。结果发现两组老鼠后代学习走迷宫的时间存在明显差异,具体结果如图4—8所示。

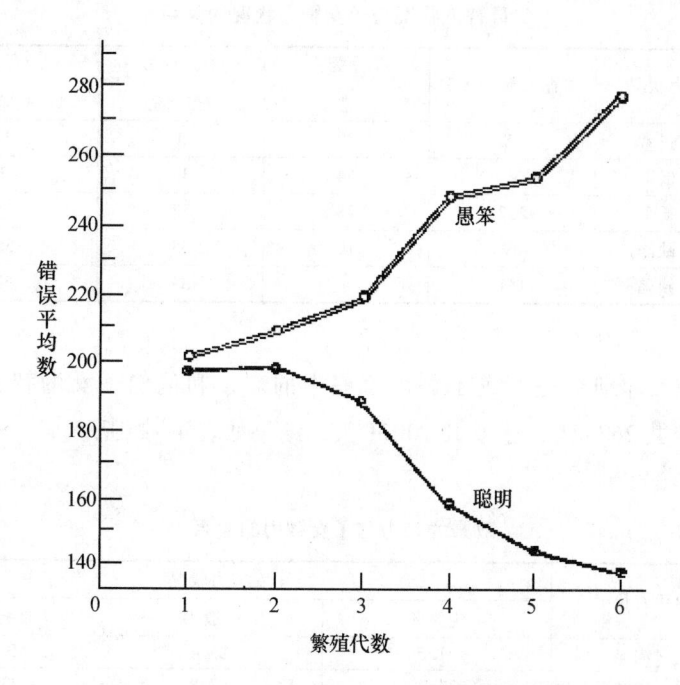

图 4—8　两组老鼠走迷宫时所犯的错误

[①] 珀文:《人格科学》,周榕等译,华东师范大学出版社2001年版,第162—163页。
[②] 利伯特等:《发展心理学》,刘范等译,人民教育出版社1984年版,第91—92页。

从图4—8中可以看出，两组间的学习能力差异随着选择性繁殖的进行越来越大。到第六代时，"愚笨组"在走迷宫时所犯的错误要比"聪明组"的高100%。

用这种方法研究动物是可行的，但对于人类来说不能用这种方法，因为它不符合伦理道德。

但心理学家通过对一些智力落后父母与孩子智商之间的关系进行了研究，也从某种程度上证明了智力受遗传的影响。

在一项研究中采用追踪法①，结果发现在智力落后的人当中，有31%的人父母智力落后，而其所生子女中有59%的人低能。还有人研究发现，智力落后与遗传因素有明显的相关，如表4—1所示，智力越低的父母，其子女的智力状况越差。

表4—1　　　　父母智力状况与子女智力状况的关系

父母智力状况	调查人数（人）	子女智力正常%	子女智力低下%	子女智力缺陷%
正常×正常	18	72	5	23
正常×低下	59	64	33	3
低下×低下	252	28	57	15
低下×缺陷	89	10	55	35
缺陷×缺陷	141	4	39	57

还有一个研究是调查了德国家庭中的双亲和他们子女的智力关系。其中双亲共2675人，子女共10071人，结果如表4—2所示。

表4—2　　　　双亲的智力与子女智力的关系

双亲的智力状况	子女智力状况 优秀%	一般%	低劣%
优×优	71.5	25.4	3.0
优×劣	33.4	42.8	23.7
普×普	18.6	66.9	14.5
劣×劣	5.4	34.4	60.1

---

① 白学军：《智力心理学的研究进展》，浙江人民出版社1996年版，第274页。

从表 4—2 中可以看出，双亲智力优秀，其子女中出现智力优秀的人数比例高达 71.5%，而出现智力低劣的人数比例仅为 3.0%；而双亲智力都低劣时，其子女中出现智力优秀的比例仅为 5.4%，而出现智力低劣的比例高达 60.1%。

四　智力发展的双生子研究

（一）双生子的遗传特征

由于同卵双生子在遗传的基因上是完全相同的，因此可通过在双生子出生缺陷的发病情况来估计遗传因素的作用。

Scheinfeld 报告一对同卵双生子一生的观察结果，具体如表 4—3 所示。[①]

表 4—3　　　　　　一对同卵双生子的一生比较

特　征	Elias（内科医师）	Harry（外科医师）
出生	1899 年 1 月 12 日	同左
潜在性脊柱裂	出生时脊柱裂	同左
咽喉脓肿	23 岁时切开	同左
肾结石	45 岁时排出（在密尔沃基医院）	同左，（在新几内亚陆军医院）
滑囊炎	急性，两个臂肌滑囊内有钙化物	同左
关节炎	骨质增生，两小指有 Heberden 结节	同左
出血性十二指肠溃疡	复发性，1955 年胃切除	同左，1958 年胃切除
眼睑炎	上下眼睑睫毛少，易发炎	同左
视力	近视，散光	程度相同
温热感受性	对两者敏感性相同，不喜晒太阳，喜寒冷气候	同左
秃发	秃头	同左，头发比 Elias 稍长
牙齿	有牙齿咬合缺陷	同左，位置相反（镜像）
心血管病	在 Harry 发病数月后发生冠状动脉梗塞，心肌肥厚，S-T、T 段变化程度相同	心绞痛发作，1962 年 12 月住院
死亡	1964 年 8 月 1 日，在迈阿密	1964 年 6 月 10 日，在纽约
死因	动脉硬化性心病	同左

---

① 严仁英：《实用优生学》，人民卫生出版社 1997 年版，第 139 页。

从表 4—3 中可以看出，同卵双生子在遗传特征上的相同性，在一生的发展过程中，他们俩表现出了相同的病症。

还有一项研究对同卵双生子和异卵双生子之间的特征进行比较，具体结果如表 4—4 所示：[①]

表 4—4　　　　同卵双生子和异卵双生子的特征的比较

特征及疾病	同卵双生子 观察对数	同病率（%）	异卵双生子 观察对数	同病率（%）
头发颜色	215	89	156	22
眼睛颜色	256	99.6	194	28
血压	62	63	80	36
智力低下	217	94	260	47
麻疹	189	95	146	87
畸形足	40	32	134	3
糖尿病	63	84	70	37
癫痫（自发）	61	72	197	15
小儿麻痹症	14	36	33	6
佝偻病	60	88	74	22
嗜烟	34	91	43	65
嗜酒	34	100	43	86
Down 综合征	217	94	260	47
精神分裂	395	80	989	13
犯罪行为	143	68	142	28

从表 4—4 中可以看出，同卵双生子智力低下出现的同病率是 94%，而异卵双生子出现智力低下的同病率是 47%，同卵双生子的同病率明显高于异卵双生子的。

（二）双生子智力发展的研究

Nichols 收集到了 211 项关于同卵双生子和异卵双生子智力和能力发

[①] Ceorgew R., *Life-Span Cognitive Development*, New York: Rinebard Winsto, 1987, pp. 335 – 336.

展的研究，结果如表 4—5 所示。[1]

表 4—5　　　　　　　双生子各种特质的平均组内相关

特质 能力	研究数	组内平均相关 r_{MZ}	r_{DZ}	$r_{MZ} - r_{DZ}$ 的差异 M	SD
一般智力	30	0.82	0.59	0.22	0.10
言语理解	27	0.78	0.59	0.19	0.14
数字和数学	27	0.78	0.59	0.19	0.12
空间视觉化	31	0.65	0.41	0.23	0.16
记忆	16	0.52	0.36	0.16	0.16
推理	16	0.74	0.50	0.24	0.17
办事的速度与效率	15	0.70	0.47	0.22	0.15
言语流畅性	12	0.67	0.52	0.15	0.14
发散思维	10	0.61	0.50	0.11	0.15
语言成绩	28	0.81	0.58	0.23	0.11
社会学习成绩	7	0.85	0.61	0.24	0.10
自然科学成绩	14	0.79	0.64	0.15	0.13
所有的能力	211	0.74	0.54	0.21	0.14

从表 4—5 中可以看出，同卵双生子的一般智力平均相关值为 0.82，异卵双生子的一般智力平均相关值为 0.59。虽然同卵双生子的相关超过异卵双生子的相关值达 0.23，很显然双胞胎的遗传关系和在同一家庭下的生活环境可能决定了他们在智力测验上成绩的不同。从同卵双生子和异卵双生子 30 个比较研究中，人们能够估计在美国青少年中 IQ 的遗传力在 0.3—0.7。Nickols 认为，IQ 变异中的 0.6—0.7 是基因差异造成的。

Bouchard 总结了 111 项双生子的研究。这些研究分别对分开抚养、共同抚养和混养的同卵双生子和异卵双生子，计算他们在一般能力成绩上的平均相关系数。结果发现：在一个家庭中抚养的异卵双生子，他们在一般能力上的相关为 0.6（5546 对双生子的结果）；在一起抚养

---

[1] Sternberg R., ed., *Handbook of Human Intelligence*, Cambridge：Cambridge University Press, 1986, pp. 827–828.

的同卵双生子，他们在一般能力上的相关为 0.86（4672 对双生子的结果）。① 该项研究的直观结果如图 4—9 所示。

Plomin 和 DeFries 总结了大量的双生子和其家庭成员间的 IQ 相关值研究成果，结果如表 4—6 所示。

从表 4—6 中可以看出，遗传相同的个体的相关明显比遗传相关的要高，而遗传相关的个体要比遗传无关的要高。在遗传相同时，IQ 的相关在 0.86—0.87；在遗传相关时，IQ 的相关在 0.29—0.62；在遗传无关时，IQ 的相关在 0.15—0.25。

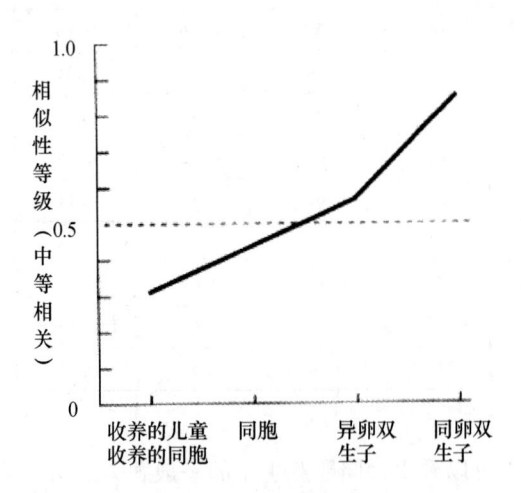

图 4—9 四种遗传关系的同胞智力的相似性

表 4—6　　　　　　　　　IQ 的相关系数

	相关	N（配对）
遗传相同		
同一个人测两次	0.87	456
同卵双生子养在一起	0.86	1300
遗传相关		
异卵双生子养在一起	0.62	864

---

① Bouchard T. J. and McGue M., "Familial Studies of Intelligence: A Review", *Science*, Vol. 212, 1981, pp. 1055–1059.

续表

	相关	N（配对）
非双胞胎养在一起	0.31	455
父母—儿童生活在一起	0.35	2715
父母—儿童因收养而被分开	0.29	342
遗传无关		
养在一起的无遗传关系的儿童	0.25	553
养父母—收养孩子	0.15	1578

（三）双生子家庭的研究

有一种非常特殊的设计可能估计遗传与环境对同卵双胞胎个体智力的影响。假设有两个同卵双胞胎男性与两个没有任何血缘关系的妇女结婚，并且每一对夫妻有两个孩子。每一个孩子与他们的同卵双胞胎父母有相同的遗传，但四个孩子中有两个人不生活在一起，他们的母亲之间没有遗传上的关系。因此，这种家庭提供了父母—儿童在一起的配对和不同家庭的配对。他们都是一半的同胞，即有遗传相同的父亲和遗传不同的母亲。依据同卵双生子的性别，这种设计也为一般的完全同胞、家庭关系和母亲一方对父亲一方的影响提供了研究的途径。Nace 和 Corey 提出用此模型来分析数据，Rose 则报告了从 65 个相类似的家庭中所获得的数据，结果如表 4—7 所示。[1]

表 4—7　韦克斯勒智力测验中积木测验和手指印点数测验的回归和相关分析

回归	积木测验 相关系数	N	手指印的点数 相关系数	N
儿子/女儿与父母/母亲	0.28 ± 0.04	572	0.42 ± 0.05	564
侄子/侄女与双生子的叔叔/阿姨	0.23 ± 0.06	318	0.37 ± 0.05	310
侄子/侄女与家族中的叔叔/阿姨	-0.01 ± 0.06	241	-0.06 ± 0.07	247
后代与父母的平均值	0.54 ± 0.07	254	0.82 ± 0.07	254

---

[1] Sternberg R., ed., *Handbook of Human Intelligence*, Cambridge: Cambridge University Press, 1986, pp. 830–832.

续表

回归	积木测验		手指印的点数	
	相关系数	N	相关系数	N
相关				
同卵双生子	0.68 ± 0.06	65	0.96 ± 0.03	60
全部同胞	0.24 ± 0.08	297	0.36 ± 0.08	296
半数同胞	0.10 ± 0.12	318	0.17 ± 0.12	310
父—母	0.06 ± 0.10	102	0.05 ± ± 0.10	98

从表4—7中可以看出，在同一个家庭中，遗传上有关系的父母（双胞胎之一的叔叔或阿姨）与遗传上有关的孩子如果不生活在一个家庭中，他们的IQ相关很低；遗传上无关的家庭中的双胞胎之间的相关几乎是0。双胞胎、同胞和半数同胞之间、父母与孩子之间的遗传力值在0.4—0.6。

（四）遗传比率的研究

1. 测定遗传比率的方法

测定遗传比率的直接方法取决于对分开抚养的同卵双生子的相关性测定。相关性是相似程度的数学表达，100%是指完全相同，0表示根本无相似性。该方法的假设前提是：在特殊情况下，同卵双生子从一出生就分开抚养，双生子之间某种特征的相关性等同于这个特征的遗传率，因为他们各自分享了截然不同的环境。根据此逻辑，智力的遗传比率是74%，因为在110对双生子样本中，74%的智力水平相似。换言之，同卵双生子中智力水平74%的差异可由基因来解释，而不必考虑环境的差异，其余26%的智力差异必然是由环境所引起的。

测验遗传比率的间接方法取决于对一起抚养的同卵双生子和一起抚养的异卵双生子的相关性的测定。智力遗传比率的计算是通过将同卵双生子的IQ相关性减去异卵双生子的相关性后乘以2得到的。根据此计算方法，智力的遗传比率大约是52%。虽然异卵双生子在遗传学上并不比兄弟姐妹有更高的IQ相关性。这意味着异卵双生子之间要比兄弟姐妹之间有更多的"共享环境"。异卵双生子的环境也比正常人更为一致。因此，这种遗传比率的间接计算方法可能低估了"共享环境"的作用。间接估计遗传比率的方法存在着一定的不确定性，因此实际的智力的遗传比率应该在 30%—70%。

2. 利用遗传比率法的相关研究

有一项研究是以不同国家的研究者以不同智力测验量表所测同卵双生子与异卵双生子的 IQ 相关值为基础，然后计算出遗传比率，结果如表 4—8 所示。[1]

表 4—8　依据一些双生子智力研究得到的 IQ 相关和遗传比率

国家	研究的时间	同卵双生子	异卵双生子	遗传比率
英国	1958 年	0.97	0.55	0.93
美国	1932 年	0.92	0.61	0.80
德国	1960 年	0.90	0.60	0.75
美国	1937 年	0.90	0.62	0.74
瑞典	1953 年	0.90	0.70	0.67
美国	1965 年	0.87	0.63	0.65
美国	1968 年	0.80	0.48	0.62
瑞典	1952 年	0.89	0.72	0.61
英国	1954 年	0.76	0.44	0.57
英国	1933 年	0.84	0.65	0.54
芬兰	1966 年	0.69	0.42	0.51
英国	1966 年	0.83	0.66	0.50

从表 4—8 中可以看出，各个研究因所用的智力测验不同，因此所得到的结果也存在一定的差异。

Casto 等人用 WISC—R（1974 年版）测量儿童的智力，[2] 并将 WISC 测验结果用因素分析方法进行了分析，从言语理解和知觉组织因素，估计遗传因素与共同环境和不同环境对儿童智力发展的影响。研究者收集了 574 对双生子数据。结果发现：（1）对于言语理解成绩来说，遗传比率的贡献是 0.44，共同环境的贡献率是 0.31，不同环境的贡献率是

---

[1] 白学军：《智力心理学的研究进展》，浙江人民出版社 1996 年版，第 281—282 页。

[2] Casto, S. D. et al., "Multivariate Genetic Analysis of Wechsler Intelligence Scale for Children-Revised (WISC-R) Factors", *Behavior Genetics*, Vol. 25, No. 1, 1995, pp. 25 - 32.

0.24;(2)对于知觉组织成绩来说,遗传比率的贡献是 0.50,共同环境的贡献率是 0.16,不同环境的贡献率是 0.34。

五 智力发展的收养研究

(一)开展收养研究的价值

在当代社会经济状况比较好的情况下,同卵双生子分开抚养的情况很少发生。因此,开展收养研究可为研究者提供有用的资料。

收养儿童是一些在遗传上没有联系,但是他们却生活在相同的环境下。如果儿童是被随机安排在某一家庭中养育,家庭间的环境差异与儿童间的遗传差异就不会混在一起。因此,通过对收养儿童结果的回归分析,或者是收养家庭特征的回归分析,将提供无偏差的遗传学对环境影响的估计。

收养研究的结果支持了下面的观点:(1)在好的收养家庭中,收养儿童的 IQ 高于平均水平,因此他们的 IQ 是可以培养的;(2)收养儿童与养父母之间 IQ 的相关明显低于那些亲生儿童与父母之间的,因此遗传因素在智力发展中起重要作用。

(二)两项著名的收养研究

1. Burks 的收养研究

Burks 在斯坦福大学完成她的论文时,想回答当时人们争论的一个问题即个体间智能水平差异有多少是因为遗传造成的,有多少是环境造成的。[1]

Burks 选择了 214 个收养家庭和 105 个对照家庭(生理上相关的家庭)。这些家庭来自于加州的旧金山和圣迭哥市。收养家庭的选择是通过收养机构的记录,在选择过程中 Burks 用了七个标准,主要包括如收养的年龄、种族背景、完整的家庭和可接近性等。对照家庭在家庭的完整性、儿童的年龄、性别、学前经验、父母的种族、生活地点、邻居的类型、父亲的职业等与收养家庭进行匹配。Burks 与她的两个助手访问每个家庭,平均用时 4—8 个小时。主要考虑了儿童和父母的心理水平、家庭物

---

[1] Sternberg R., ed., *Handbook of Human Intelligence*, Cambridge: Cambridge University Press, 1986, pp. 835 – 836.

质与文化水平、父母对儿童特点和气质的评定等。

Burks 的主要结果如表 4—9 和表 4—10 所示。在表 4—9 中给出了用 S-B 量表测得的收养儿童与对照组儿童 IQ 的分布。

表 4—9　　　　　　　　　　儿童 IQ 分数的分布

IQ	收养	对照组	IQ	收养	对照组
175—179	—	—	105—109	32	15
170—174	—	—	100—104	32	13
165—169	—	—	95—99	27	5
160—164	1	—	90—94	16	5
155—159	1	1	85—89	7	—
150—154	1	2	80—84	2	—
145—149	1	1	75—79	3	2
140—144	—	2	70—74	2	—
135—139	3	7	65—69	1	—
130—134	7	3	60—64	—	—
125—129	8	10	55—59	—	—
120—124	16	13	50—54	1	—
115—119	24	18	45—49	—	—
110—114	28	8	40—44	1	—
M				107.4	115.4
SD				15.09	15.13
N				214	105

从表 4—9 中可以看出，收养组儿童的 IQ 比对照组儿童的低。据 Burks 报告，虽然收养儿童的 IQ 比对照组的儿童低，但收养儿童的 IQ 分数标准差却高于当时斯坦福—比纳量表所给出的加州学龄儿童 IQ 分数的标准差。Burks 注意到，收养父母对收养孩子的 IQ 期望值不超过 102—103，但实际上是这些收养儿童的平均 IQ 却是 107。这种养父母的估计与实际不相符合的结果能够说明是环境好所导致的结果吗？Burks 认为：也许是。由于收养儿童 IQ 分数与家庭环境之间的相关是 0.42。家庭环境增长半个标准差到一个标准差，将能预测儿童 IQ 增长 3—6 点，这一结果与

实际观察比较接近。

表 4—10　　　　　　儿童 IQ 与环境和遗传因素的相关

因素	r 的类型	收养组 r	PE	N	对照组 R	PE	N
父亲的 MA	PM	0.07	0.05	178	0.45	0.05	100
母亲的 MA	PM	0.19	0.05	204	0.46	0.05	105
父母的均值	PM	0.20	0.05	174	0.52	0.05	100
父亲的词汇	PM	0.13	0.05	181	0.47	0.52	101
母亲的词汇	PM	0.23	0.04	202	0.43	0.05	104
Whittier 指数	PM	0.21	0.04	206	0.42	0.05	104
Whittier 指数（只用于 5 岁大）	PM	0.29	0.08	63	—	—	—
文化指数	PM	0.25	0.05	186	0.44	0.05	101
文化指数（只用于 5 岁大）	PM	0.23	0.08	60	—	—	—
达到父亲的上学年级	PM	0.01	0.05	173	0.27	0.06	102
达到母亲的上学年级	PM	0.17	0.05	194	0.27	0.06	103
父母监控评定为 3（或 4）对 5（或 6）	B	0.12	0.05	206	0.40	0.09	104
收入	PM, K	0.23	0.05	181	0.24	0.06	99
家中图书的数量	PM, K	0.16	0.05	194	0.34	0.06	100
自己的房子或租房子	B	0.25	0.07	149	0.32	0.10	100
儿童图书的数量	PM, K	0.32	0.04	191	0.32	0.06	101
家教指导（音乐、舞蹈等）	B						
男孩子		0.06	0.10	77	0.43	0.11	46
女孩子		0.31	0.08	108	0.52	0.09	56
只给 5 岁女孩子		0.50	0.12	31	—	—	—
家庭成员的指导（每周小时数）	PM						
2—3 岁		0.34	0.04	181	−0.05	0.07	101
4—5 岁（儿童超过 5 个）		0.15	0.06	129	−0.03	0.08	71
6—7 岁（儿童超过 5 个）		0.03	0.07	88	0.24	0.09	46

续表

因素	r的类型	收养组 r	收养组 PE	收养组 N	对照组 R	对照组 PE	对照组 N
2—3岁（只是5岁）		0.18	0.09	51	—	—	—
4—5岁（只是5岁）		0.13	0.09	52	—	—	—
父亲对儿童智力的评定	PM	0.49	0.04	164	0.32	0.06	98
母亲对儿童智力的评定	PM	0.39	0.04	181	0.52	0.05	101

注：PE代表可能的误差；MA代表心理年龄；PM代表积差相关；B代表双列相关；K代表Kelley教授的辅助记分方法。

从表4—10中可以看出，父母、家庭变量和儿童IQ之间的相关。从中可以看出，那些儿童与自己亲生父母之间的IQ分数相关更高，家庭环境分数与收养儿童IQ之间的相关要比他们与养父母之间IQ的相关高。

2. Texas收养研究

Texas收养研究开始于1973年。[1] 参加研究的被试取自于1963年至1971年，从1381名未婚母亲中选中364名母亲作为最后的被试。最后参加IQ测验的收养家庭有300个，给这些家庭进行智力测验工作由22名来自不同地区的职业心理学家完成。收养儿童的年龄是2—20岁，平均年龄为8岁。收养家庭的社会经济地位和智力水平高于一般家庭。亲生母亲的家庭条件比较优越，因为样本中未婚母亲的私人代理机构要求未婚母亲的家庭为他们女儿的孩子交一笔不菲的抚养费。研究者（Horn, Loehlin & Willerman, 1979）通过对亲生母亲和收养母亲的智商进行测量，亲生母亲的平均IQ为108.7（所用智力测验为The Beta测验），养父母的平均IQ为113.8（所用智力测验为The Beta测验）或113.9（所用智力测验为WAIS量表）[2]。收养家庭的后代和亲生后代的IQ分数如表4—11所示。

---

[1] Sternberg R. Edited., *Handbook of Human Intelligence*, Cambridge：Cambridge University Press, 1986, pp. 849-850.

[2] Horn J. M., Loehlin J. C., Willerman L., "Intellecfual Reseniblance among Adophice and Biological Relatives：The Texdes Adoption Project", *Behavior Genetics*, Vol. 9, No. 3, 1976, pp. 177-207.

表 4—11　　　　　　　　两组儿童 IQ 分数

智力量表	收养儿童 M	SD	n	亲生儿童 M	SD	n
WAIS	111.0	8.69	5	112.9	8.60	22
WISC	111.9	11.39	405	111.2	11.55	123
S-B	109.2	13.22	50	113.8	11.18	19

注：WAIS 用于测验 16 岁儿童，WISC 用于测量 5—15 岁儿童，Stanford-Binet 用来测量 3—4 岁儿童，有 1—2 名儿童的年龄更低一些。S-B 用的是 1970 年常模。

Texas 收养研究（texas adoption project）的最后结果是儿童智力发展明显地受遗传因素的影响。这是因为，研究者发现，那些出生后被分开抚养的儿童与他们的亲生父母之间的 IQ 相关明显高于与他们的养父母之间的。① 具体结果如表 4—12 所示。

表 4—12　　Texas 收养研究中父母的 Beta 测验所测验 IQ 与
　　　　　　　　儿童 IQ 之间的相关值

相关配对	与 PIQ 的相关	PIQ 样本数（与儿童的配对数）	与总 IQ 相关	韦克斯勒量表或比纳量表 IQ 的样本数（与儿童的配对数）
养父				
亲生孩子	0.29	114	0.28	163
收养孩子	0.12	405	0.14	462
养母				
亲生孩子	0.21	143	0.20	162
收养孩子	0.15	401	0.17	459
未婚母亲				
自己的孩子	0.28	297	0.31	345
在相同家庭中其他收养孩子	0.15	202	0.19	233
同一家庭中亲生孩子	0.06	143	0.08	161

---

① Rice, F. P., *Child and Adolesence Development*, Prentice Hall, Upper Saddle River, New Jersey: Sinon & Schuster/A Viacom compamy, 1997, p.83.

表4—13给出了同胞的资料。

表4—13　　　　　亲生的同胞与收养同胞之间的 IQ 相关

相关配对	VIQ R	VIQ df_w/df_b	PIQ r	PIQ df_w/df_b	韦克斯勒或比纳量表 IQ r	韦克斯勒或比纳量表 IQ df_w/df_b
亲生孩子之间	0.14	40/35	0.33	40/35	0.35	46/39
收养孩子之间	0.19	132/121	0.05	132/121	0.22	167/150
亲生与收养之间	0.21	159/97	0.24	159/97	0.29	197/116
无关孩子之间	0.21	266/195	0.18	266/195	0.26	230/235

注：表中的相关值包括组内相关或组间相关；df_w 代表家庭内儿童数；df_b 代表家庭间儿童数。如果是双胞胎，只选择一个孩子参与统计。

从表4—13中可以看出，亲生同胞之间的 IQ 相关为 0.35，收养同胞之间的 IQ 相关为 0.22。但无关儿童之间的 IQ 相关为 0.26，这一相关值高于收养儿童之间。

后来，Willerman 对 Texas 收养儿童的资料进行了深入研究，研究者按收养儿童亲生母亲的 IQ 分数，将亲生母亲分为高 IQ 组和低 IQ 组。[1] 低 IQ 组选择的是那些母亲 IQ 分数低于 95 分的，高 IQ 组选择的是那些母亲 IQ 分数高于 120 分或以上。表4—14 是收养父母的 IQ，高 IQ 组和低 IQ 组母亲所生后代的 IQ 以及收养儿童 IQ 分数高于 120 分及以上或低于 95 分的收养儿童人数百分比。

表4—14　　　　　以生母 IQ 分组的收养儿童的 IQ

亲生母亲的 IQ（Beta 测验）	收养父母的 IQ（Beta 测验）	收养儿童的 IQ（WISC/Binet）	收养儿童 IQ≥120	收养儿童 IQ≤95
低 IQ 组（N=27，M=89.4）	110.8	102.6	0%	15%
高 IQ 组（N=34；M=121.6）	114.8	118.3	44%	0%

---

[1] Sternberg R. Edited, *Handbook of Human Intelligence*, Cambridge：Cambridge University Press, 1986, pp. 852 - 853.

从表 4—14 中可以看出，虽然两组收养儿童的养父母的 IQ 相差 4 分，但是智力低的母亲所生的孩子与智力高的母亲所生的孩子，在收养家庭中他们的 IQ 分数相差 15.7 分。虽然在良好的收养家庭环境是，低智力母亲所生孩子的 IQ 高于平均水平，但与高智力母亲所生孩子相比，二者之间的差距还是很大的。

3. 养父母的社会经济地位不同对养子女 IQ 的影响

有一项研究通过测定养子女的 IQ 如何受父母社会经济地位（SES）k 影响，从而评价社会经济地位对 IQ 的作用。① 被试是出生于 1970—1975 年的法国人，年幼时被遗弃并被收养。研究者把他们的亲生父母和养父母的 SES，用客观的指标将其分为高、中或低。然后排除 SES 中等父母。他们仅对两个极端进行比较，目的是将 SES 的作用最大化。研究者将亲生父母是低 SES 的孩子分为低或高 SES 养父母所收养两种类型，目的是为了检测高 SES 的环境能否提高孩子的 IQ。同样，亲生父母为高 SES 的孩子也分为低和高 SES 的养父母所收养的两种情况，以揭示低 SES 的环境能否降低孩子的 IQ。对 600 多个收养记录进行筛选，从中找出每一类型严格符合条件的 8—9 个被试（即养子），然后测定他们的 IQ。结果如表 4—15 所示。

表 4—15　　　　　　　　收养孩子的 IQ

		养父母的 SES		
		高	低	平均
亲生父母的 SES	高	120	108	114
	低	104	92	98
	平均	112	100	

从表 4—15 中可以看出，生于高 SES 家庭的孩子的 IQ 比低 SES 家庭的 IQ 高 16 个点。相反，高 SES 的父母收养孩子的 IQ 比低 SES 的父母收养孩子的 IQ 高 12 点。非常明显，最好的是生于高 SES 的家庭，然

---

① ［美］格兰特·斯蒂恩：《DNA 和命运》，李恭楚等译，上海科学技术出版社 2001 年版，第 128—130 页。

后被高 SES 的父母所收养。符合上述条件孩子的平均 IQ 是 120。最差的是生于低 SES 家庭的孩子被低 SES 的父母所收养，他们的平均 IQ 是 92。但是，比起生于低 SES 家庭而被低 SES 父母所收养的孩子，高 SES 家庭收养的同样孩子的 IQ 高出 12。与此相似，比起生于高 SES 的家庭为低 SES 家庭所收养的孩子，被高 SES 家庭收养的孩子的 IQ 高 12。上述结果意味着基因和环境对孩子的智力都很重要。平均看来，高 SES 的亲生父母足以使孩子的 IQ 增高 16，但是高 SES 养父母也能使孩子的 IQ 增高 12。

第三节 人格发展的生物学基础

人格生物学基础的研究主要集中在人格遗传学和人格神经生物学研究两个方面。[1]

一 人格遗传学研究

（一）什么是人格遗传学

人格遗传学是研究个体差异的生物基础，即研究每一个人所遗传的特定的基因组合怎样使其在后天具有表现型的个体差异。

表现型是指可以直接观察到的个体的行为和生理特征；而基因型是指个体或群体通过生命繁衍继承下来的遗传特征。

行为遗传学假定个体的表现型差异主要来源于遗传和环境两方面的影响。具体来说，人格的行为遗传学强调研究每一个体从亲代遗传中继承的一系列不同的基因，鉴别对人格产生重要影响的特定遗传因子，探讨这些基因的特定组合怎样影响着个体的气质、人格和心理健康。人格的行为遗传学研究，除了证明遗传因素的重要作用外，还为说明环境的作用提供了最有力的证据，因为，环境和经验也影响着个性特质从基因型到表现型的实现过程。

---

[1] 李新旺等：《人格生物学基础研究的某些进展》，《首都师范大学学报》（社会科学版）2005 年第 5 期。

（二）人格的遗传比率研究

遗传比率是衡量遗传在多大程度上能解释心理特质差异的指标，也就是说，某一群体或个体的表现型差异能够归因于遗传差异的比例。

人格的遗传比率研究以双生子与养子为研究对象，来比较人格的个体差异中能够用遗传差异解释的比例。这类研究采用人格自陈问卷或其他测量手段，外向性与神经质是在此类研究中被测量得最多的两种特质。

1. 正常人人格的遗传比率

有一项研究以56对同卵双生子为被试，这些被试出生后就被分开抚养。[1] 他们接受了一套50个小时的医学与心理学检测，获得每位被试的详细资料。因为所有被试都具有相同的遗传基因，但生活环境不同。结果发现：这些同卵双生子在身体方面的遗传比率非常相似。例如，指纹的遗传比率为97%，身高的遗传比率为86%，体重的遗传比率为73%，血压的遗传比率为64%，心率的遗传比率为49%。

在一项对24000对涉及五个国家的儿童双生子研究中，[2] 同卵双生子与异卵双生子在外向性上的平均相关分别为0.51和0.18，在神经质上的平均相关分别为0.46和0.20。根据遗传作用的加法式模型，将同卵与异卵双生子相关系数的差值乘以2，分别得出外向性的遗传比率为62%，神经质的遗传比率为52%。

上述研究结果表明，不同的人格特质有不同的遗传比率，某些人格特质可能有更高的遗传比率。但已有资料并没有显示人格特质之间有显著差异。在多项研究中发现，男女之间存在一些差别，男性的人格遗传比率略低于女性的。各项人格特质的遗传比率比较接近，具体结果如表4—16所示。[3]

---

[1] ［美］格兰特·斯蒂恩：《DNA和命运》，李恭楚等译，上海科学技术出版社2001年版，第164—165页。

[2] 张丽华等：《人格研究中的行为遗传学取向的发展》，《心理与行为研究》2006年第4卷第1期。

[3] ［美］格兰特·斯蒂恩：《DNA和命运》，李恭楚等译，上海科学技术出版社2001年版，第166—167页。

表 4—16　　　　　　　　人格特质的遗传比率

特质	遗传比率（%）	环境（%）
外向	47	53
坦率	46	54
神经质	46	54
自觉	40	60
令人愉快	39	61
总体人格	45	55

从表 4—16 中可以看出，人格特质的遗传比率平均处于 39%—47%，而且环境也在人格中起决定性的影响。

更进一步的研究表明，人格特质的遗传比率随着年龄的增长而呈下降趋势。这正好说明随着年龄的增长，特别是通过学习，能够塑造个体的人格特质。

2. 人格障碍的遗传比率

在美国，人格障碍的发病率估计为 10%，所以人格障碍是一个普遍问题。人格障碍是一种相当严重的疾病，有时伴有身体和心理上的障碍。

美国精神病协会用以下要素来定义人格障碍：

（1）一种内心体验与外部行为的顽固模式，明显偏离文化规范，这种偏离可以体现在对人与事的理解与解释，或者体现在情绪反应的范围、程度和恰当性，或者体现在人际关系，或者体现在对冲动行为的控制程度上。

（2）这种偏离的行为模式顽固而且充斥于整个人格，给人带来明显的痛苦与伤害。

（3）这种模式稳定而持久，通常起源于青春期，持续于成年期，不减弱也不加剧。

（4）这种模式不能归因于吸毒、疾病、外伤或任何其他可辨认的精神疾病。

有一项研究利用双生子人群估计人格障碍的遗传比率。[1] 被试为20—70岁的成人双生子进行调查，其中同卵双生子170对（男性70对，女性100对），异卵双生子154对（同性别中男性28对，女性44对；异性别82对），他们的平均年龄是39.30岁，平均受教育年限是10.77年。人格障碍的测量工具（PDQ-4）是美国精神病协会制定的"精神障碍诊断与统计手册（第4版）"（DSM-Ⅳ）中10型人格障碍的筛查工具，由Hyler等人设计，问卷包括3组10型人格障碍及效度题，共85题。A组为奇特或古怪组，包括偏执型、分裂样和分裂型人格障碍；B组为表演组，包括表演型、自恋型、反社会型和边缘型人格障碍；C组为焦虑组，包括回避型、依赖型和强迫型人格障碍。结果发现：人格障碍总评分遗传比率为68.26%（60.26%—74.78%），A组评分遗传比率为59.00%（49.22%—67.17%），B组评分遗传比率为64.99%（56.24%—72.16%），C组评分遗传比率为63.66%（54.72%—71.02%）。分裂型、自恋型和依赖型有显著的遗传效应，遗传比率分别为49.96%（37.94%—60.14%）、52.89%（41.85%—62.24%）和68.87%（60.80%—75.40%）。戏剧型不受遗传因素作用，共同环境效应显著，占总变异方差的54.08%（44.50%—62.43%）。

研究发现，双生子中的一个出现反社会行为，那么同样行为在另一个中出现的概率会增加，反社会人格障碍的一致性在同卵双生子中比异卵双生子中更有可能出现。有研究对13对同卵双生子进行研究，发现其中之一犯罪，而另一个也犯罪的有10对，而异卵双生子的犯罪一致率仅为12%。[2]

还有一项研究通过"人格病理学评估"的测量方法，对90对同卵双生子和85对异卵双生子的人格相似性进行了测试，结果发现他们的人格障碍的遗传比率很高，具体如表4—17所示。[3]

---

[1] 纪文艳等：《人格障碍遗传度双生子研究》，《中华流行病学杂志》2006年第27卷第2期。

[2] 刘邦惠等：《国外反社会人格研究述评》，《心理科学进展》2007年第15卷第2期。

[3] ［美］格兰特·斯蒂恩：《DNA和命运》，李恭楚等译，上海科学技术出版社2001年版，第172—173页。

表4—17　　　　　　　　双生子的人格障碍的遗传比率

人格障碍	孪生关系（%）同卵	孪生关系（%）异卵	遗传比率（%）
知觉扭曲（应激性精神病）	82	39	41
自恋（寻求关注、需要赞赏）	64	12	64
麻木不仁（缺乏设身处地的理解、虐待狂）	63	29	56
本体问题（自卑和悲观）	60	26	59
寻求刺激（粗心、冲动）	59	33	50
被动（缺乏组织性）	58	27	55
回避社交（交际技巧差，腼腆）	57	26	57
情绪限制（自我抑制）	51	25	47
排斥（武断、刻板、支配）	49	22	45
多疑（怀疑他人动机）	49	25	48
情绪多变（生气、易激怒）	48	13	49
亲和问题（受抑制、低性欲）	40	0	38

从表4—17中可以看出，同卵双生子的人格障碍明显高于异卵双生子的，结果提示人们，人格障碍至少部分源于基因。

二　人格的神经生物学研究

（一）基于Cloninger的人格理论的神经生物学研究

1. Cloninger的人格理论简介

Cloninger的人格理论包含气质和性格两个层次。[①] 气质是指对经验的情绪化反应，性格是指个体在自我概念、价值观和目标上的差异。早期的理论中，气质包括三个维度，即新奇寻找性（novelty seeking，NS）、伤害回避性（harm avoidance，HA）和奖赏依赖性（reward dependence，RD），后来又提出了第四个维度：坚持性（persistence，P）。其中，新奇寻找性是对新奇刺激、奖赏的潜在暗示和惩罚逃脱的潜在性等呈现高度

[①] 徐世勇：《Cloninger的人格生物社会模型及其生理机制的证据》，《心理科学进展》2007年第15卷第2期。

反应性。这种人格特质使个体常常追求可能有奖赏的刺激性活动，积极避免单调和逃脱可能的惩罚。伤害回避性是对负性刺激的反应性。这种人格特质使个体学会通过压抑自己的行为来回避惩罚、新奇刺激和非奖赏性。奖赏依赖性是对奖赏信息（尤其是言语上的社会认同、情感和援助等）的反应性。这种人格特质使个体继续保持曾经受到奖赏或没有惩罚的行为。坚持性是指在沮丧和疲劳时仍然能坚持的特征。

Cloninger 的生物社会理论的性格层面包括自我定向（self-directedness）、合作性（cooperativeness）和自我卓越（self-transcendences）三个维度。自我定向指个体能够控制、调节自己的行为，以使个人行为符合具体情境，并与目标保持一致的倾向；合作性指承认个体之间差异，并能够接纳别人的能力；自我卓越是一种与精神状态有关的性格特征。

2. 不同人格维度的生理机制研究

根据 Cloninger 的人格生物社会理论，一元胺神经递质是人格特征的基础，3 种气质类型与中枢系统的神经递质有关。新奇寻找性与较低的多巴胺能基线活动水平有关。多巴胺神经元较低的点燃率和突触后的超敏感性都与较高的新奇寻找性得分有关。相反，较高的多巴胺基线活动水平和突触后的不敏感性与低的新奇寻找性得分有关。伤害回避性与较高的血清（5－羟色胺，5－HT）激活水平有关。突触前神经五羟色胺（5－HT）的释放水平的升高，以及突触后五羟色胺受体的活动水平降低，都会导致高的伤害回避性得分。奖赏依赖性与去甲肾上腺基线水平与较低的奖赏依赖性分数有关。

Wiesbeck 等人发现，在一个酒精依赖的样本群体中，生长激素（growth hormone，GH）对阿扑吗啡（一种多巴胺能 D_2 收缩筋，dopaminergic D_2 agonist）的反应和新奇寻找性分数存在显著相关，而伤害回避性和奖赏依赖性则与这种激素的反应无关。[1] 还有一项研究发现正常被试新奇寻找性的分数与 D_2 突触后受体的敏感性存在正相关。

Ebstien 等人对 120 例正常人的研究发现，5－HT2c 受体基因与奖赏

---

[1] Wisbeck G. A., et al., "Neuroendocrine Support for a Relationship between 'Novelty Seeking' and Dopaminergic Function in Alcohol-Dependent Men", *Psychoneuroendocrinology*, Vol. 20, No. 7, 1995, pp. 755–761.

依赖性低分相关，且 D3、D4 与 5 - HT2c 受体基因有相互作用。Benjamin 等人对 577 名正常人的研究发现，具有儿茶酚胺氧位甲基转移酶（COMT）基因纯合子（val/val 或 met/met）的个体，5 - HTFLPR 的 S 等位基因明显增加个体的奖赏依赖性得分。①

3. 三维人格理论与人格的遗传学研究

Suhara 等人利用 PET 技术，通过 [^{11}C] FLB457 考察了 24 名男性年轻被试在纹状外区多巴胺 D2 体的密度，结果发现：[^{11}C] FLB457 的捆绑电压（一种接收器密度的指标）在右侧岛脑与新奇寻找性的得分存在显著相关，而在其他有脑区则没有发现显著相关。②

Morescot 等人利用 PET 技术，计算了示踪剂 [^{18}F] FESP 5 - 羟色胺（5 - HT_{2A}）接收器的捆绑电压与伤害回避性之间的关系。结果发现前额区（R2 = 0.709, p < 0.05）与左侧顶叶（R2 = 0.629, p < 0.05）的五羟色胺（5HT_{2A}）接收器的捆绑电压分别与伤害回避性存在显著相关。③

（二）感觉寻求人格特质的神经生物学研究

1. 感觉寻求的含义

感觉寻求（sensation seeking）是指个体对变化的、新异的、复杂感觉及体验的追求，以及为了获得这种体验而进行的生理的、社会的、法律的和经济的冒险行为来获得这些体验的愿望。该概念是由 Zuckerman 提出，感觉寻求是一种人格特质，代表个人稳定的行为模式。高感觉寻求者更可能表现出从事一些危险的活动，如高速驾车、使用毒品、嗜酒等。

2. 感觉寻求的遗传性

一个人感觉寻求水平的高低，既受到生物遗传因素的影响，又受到后天社会环境因素的制约。

双生子研究结果发现，感觉寻求的遗传比率达到 58%，接近人格特

---

① 曹莉萍：《三维人格理论与人格的遗传学研究》，《中国心理卫生杂志》2002 年第 16 卷第 10 期。

② Suhara T. et al., "Dopamine D2 Receptors in the Insular Cortex and the Personality Trait of Novlty Seeking", NeuroImage, Vol. 13, 2001, pp. 891 - 985.

③ Moresco F. M. et al., "In Vivo Serotonin 5 - HT_{2A} Receptor Binding and Personality Traits in Healthy Subjects: A Positron Emission Topography Study", Neurplmage, Vol. 17, No. 3, 2002, pp. 1470 - 1478.

质遗传比率范围的上限（即60%），与认知能力的遗传比率接近。

Fulker等人分析了遗传学与环境对感觉寻求这一特质的贡献，对来自Maudsley双子中心的442对双生子进行研究。[①] 结果发现：同卵双生子的相关为0.63，异卵男性双生子的相关是0.21。进一步用Jinks与Fulker生物统计方法对同卵、异卵、同性别的双生子进行的数据分析表明，58%的一般感觉寻求的特质是可遗传的。

3. 感觉寻求的生物学基础

单胺系统对感觉寻求有极为重要的作用，是一般行为的基础。在脑内起作用的主要有3种单胺类物质，分别是：多巴胺（DA）、去甲肾上腺素（NE）和5-羟色胺（5-HT）。其中前两种是儿茶酚胺类物质，而多巴胺作为去甲肾上腺素神经元的直接前提，同时也是多巴胺神经元的神经递质。

有一项研究表明，感觉寻求人格受到由中脑边缘体多巴胺系统调节，接触新奇刺激会促进中脑边缘体多巴胺释放；阻断或损伤多巴胺系统则会造成感觉寻求行为的降低。在现场测验和位置偏好测验中，注射多巴胺对抗剂可以阻断新奇刺激诱导运动或者寻找新奇行为。

（三）嗜酒者的人格特征的神经生物学研究

1. 嗜酒者的简介

嗜酒者典型的特征是过度饮酒。而酒中主要成分是酒精。过度摄入酒精会引起酒精中毒。美国精神病协会将酒精中毒定义为两种类型：危害较浅的一种酒精滥用，这是一种心理上对酒精的依赖。一个酒精滥用者由于心理上的依赖可能沉湎于偶尔的大量饮酒，特别是面对职业压力和社会问题时。危害较深的一种酒精中毒是酒精依赖，在心理和生理上同时依赖于酒精。一个酒精依赖者表现出所有酒精滥用者的症状，而且伴有酒精耐受和戒断时的生理症状。

2. 嗜酒者的人格特征的机制研究

（1）单胺氧化酶的研究

从20世纪60年代起，学术界就有人注意到酗酒者血小板单胺氧化酶

[①] 张明等：《影响感觉寻求人格特质的生物遗传因素》，《心理科学进展》2007年第15卷第2期。

(MAO) 活性较对照组低。MAO 有 MAOA 和 MAOB 两种类型。编码 MAOA 的基因定位于 X 染色体上。

MAOA 基因有四个多态性：第一，启动子区域 30 - bp VNTR 多态性 (VNTR)。可出现 3—5 次的重复，其中 3 次重复的 MAOA 基因会使所编码的酶活性降低；第二，外显子 8 上的 T941G 多态性，可导致一个终止密码子的产生；第三，外显子 14 上的点突变；第四，第 2 个内含子中的 (CA) n 的多态性，该多态性根据其长度可有 8 个等位基因（分别长 112、114……126hp），不同大小的等位基因在基因调节中起不同的作用。

Samochowiec 等人研究了 488 名德国人男性后裔 MAOA 基因的 30bp—VNTR。[①] 被试是 185 名精神病对照组和 303 名酒精依赖者，其中有 59 名伴反社会性人格障碍的嗜酒者。研究结果发现，低活性的 3 次重复的等位基因的频率在 59 名伴反社会性人格障碍的嗜酒者中明显比 185 名对照者和 244 名无反社会性人格障碍的嗜酒者增高；而 244 名无反社会性人格障碍的嗜酒者和对照组之间 3 次重复的等位基因频率无明显差异。该结果给人们的启示是：低活性的 MAOA 启动子多态性的 3 次重复的等位基因可增加反社会性行为的易感性，而不是增加男性酒精依赖患者的酒精依赖本身的易感性。

(2) 5 - HT_{1B}

研究者通过动物模型研究发现，5 - HT_{1B} 受体参与酒精消耗和攻击性行为的病理生理机制。

5 - HT_{1B} 受体基因是否也与伴攻击性和冲动性行为的嗜酒有关呢？有一项研究调查两个人群，[②] 一是 640 名芬兰人，包括 166 名嗜酒性罪犯及其 261 名亲属、213 名健康对照者，另一是 418 名南美印第安嗜酒高发部落的个体，用同胞对连锁分析和关联的方法，探讨 5 - HT_{1B} 受体基因的 2 个多态性：G861C 多态性和与一个短 VNTR 紧密连锁的位点 D6S284。研究结果发现，在芬兰人群中发现伴反社会性人格的嗜酒与 G861C 多态性

[①] Samochowiec J., Lesch K. P., Rottmann M., Smolka M., Syagailo Y. V., Okladnova O., et al., "Association of a Regulatory Polymorphism in the Promoter Region of the Monoamine Oxidase: A Gene with Antisocial Alcoholism", *Psychiatry Research*, Vol. 86, No. 2, 1999, pp. 67 - 72.

[②] 左玲俊等：《人格特征的分子遗传学研究进展》，《国外医学精神病学分册》2001 年第 28 卷第 3 期。

明显连锁、与 D6S284 微弱连锁；进一步的关联分析发现，183 名芬兰伴反社会性人格的嗜酒者 G861C 等位基因频率明显高于 457 名其他芬兰人对照；而在南美印第安部落人群中，伴随有反社会性人格的嗜酒同胞对明显与 G861C 多态性连锁，与 D6S284 也有明显连锁。研究结果表明，这 2 个人群中与伴反社会性人格的嗜酒易感性有关的位点可能连锁于 5 - HT_{1B} 受体基因的 6q13 - 15。

（四）人格障碍的神经生物学研究

已有研究发现，5 - HT 转运体（5 - HIT）基因和与焦虑相关的人格特质的相关。[1]

有一项研究是以 505 名健康人为被试进行的研究，人格问卷是采用 NEO 和 16 - PF 两种。结果发现 5 - 羟色胺转运基因相连的多态区（5 - HTTLPR）的等位基因与高 NEO 神经质分（反应焦虑、抑郁）相关，基因型 SS 和 SL 的神经质分数明显高于基因型 LL。

还有一项研究是采用 NEO 人格问卷，被试是 186 名正常人。结果发现：5 - HTTLPR 与神经质有相关性，但这一结果只出现于男性被试组中。同时，研究还发现性别上的差异。遗传因素在行为表现型中所起的作用不一样。

Sher 在对 236 名健康的志愿者中评估 5 - HTTLPR 基因型与心理特质的关系，结果发现：5 - HTTLPR 基因型与多种人格特质有相关性，并且其作用是独立的。[2]

谭钊安等人对江苏省少年劳教所的 16—25 岁的 500 名劳教人员进行人格诊断问卷（PDQ - 4）筛查，[3] 获得有效问卷 463 份，按照 DSM - Ⅳ 关于反社会人格障碍（APD）的诊断标准，结果符合 DSM - Ⅳ 反社会人格障碍者 90 人，均为男性，即反社会人格组。同时，随机选择 18—25 岁的男性健康体验者，经 PDQ - 4 诊断和按照 DSM - Ⅳ 标准诊断，排除具有

---

[1] 向小军等：《人格障碍的分子遗传学研究进展》，《中国临床心理学杂志》2001 年第 9 卷第 4 期。

[2] Sher L. et al.，"Pleiotropy of the Serotonin Transporter Gene for Personality and Neuroticism"，*Psychiatry Genet*，Vol. 10，No. 3，2000，pp. 125 - 130.

[3] 谭钊安等：《中国汉族反社会人格障碍人群 SLC6A 基因启动子区基因多态性的分析》，《南京医科大学学报》（自然版）2002 年第 24 卷第 6 期。

反社会人格障碍者和重型精神病，共140人为对照组。然后对全体被试取血液提取DNA，用PCR方法扩增SLC6A4基因（5-羟色胺转移蛋白基因，5-HTT）启动子区序列片断，部分PCR产生行测序验证。对等位基因频率和基因型频率进行对比分析，结果发现：反社会人格障碍人群S等位基因频率和SS基因型频率分别为61.8%和37.08%，与对照组比较，差异显著，表明S等位基因频率和SS基因型频率与中国汉族人群反社会人格障碍的遗传易感性相关。

第 五 章

大脑功能的发展

第一节 研究大脑功能的方法

一 大脑功能的电生理学方法

（一）脑电图

脑电图（electroencephalogram，EEG）是通过头皮上的电极测量电压的变化。它所测量的电压是其下很多细胞共同作用的结果。[1]

德国精神病学家 Hans Berger（1873—1941）首次向人们展示了睁眼或者做心算时，α 波将被阻塞。到 20 世纪 30 年代，EEG 已是神经学研究的常规手段。

脑电图是将引导电极放置在被试的头皮表面，脑组织内部的电活动通过颅骨反映到头皮表面上来，经过脑电图机记录出的脑电图形。脑电图机基本上是由引导部分、放大部分（放大 100 万—200 万倍）及描记部分所组成。在正式记录过程中，电极的安放与导联的选择在国际上均有统一的规定。

脑电波频率变动的范围在每秒 1—30 次，可分为四个阶段，具体如表 5—1 所示。

随着年龄的增加，儿童们的脑电波存在显著差异。在清醒状态时，婴儿脑电图波的频率在 4—5 次/秒（δ 波和 θ 波），儿童脑电图波的频率在 5—8 次/秒（θ 波），成人脑电图的频率在 8—10 次/秒（α 波）。

---

[1] ［英］Susan Blackmore：《人的意识》，耿海燕等译，中国轻工业出版社 2008 年版，第 209 页。

表 5—1　　　　　　　　　　脑电波的频率及功能

名称	频率（次/秒）	功　能
δ	1—3	振幅 20—200 微伏。成人在清醒时没有这种波，只有睡眠时才有。另外，在深度麻醉、缺氧或大脑有器质性病变时也可出现
θ	4—7	振幅 20—150 微伏。在困倦时出现，是中枢神经系统抑制状态的一种表现
α	8—13	振幅 20—100 微伏。在清醒、安静、闭目时出现。睁眼、思考问题或受到其他刺激时，α 波消失而出现快波。这一现象叫 α 波的阻断
β	14—30	振幅 5—20 微伏。约有 6% 的正常人显示 β 波为基本节律的脑电图。一般正常人安静闭目时，在额叶可记录到 β 波。当被试注视某一物体，或听到突然的声音刺激，或进行思考活动时，皮质的其他部位也可出现 β 波。因此，β 波代表大脑的一种兴奋唤醒状态

从婴儿到成人大脑 α 波的发展，结果如图 5—1 所示。[①]

从图 5—1 中可以看出，如果以 1 秒的标尺去衡量不同年龄时的脑电图波形，即用 1 秒的标尺数波的次数，就可得出某一年龄时脑电波的次数。

α 波在婴儿 4 个月时为每秒 3—4 次，到 1 岁时增加到每秒 5—6 次，到 10 岁时增加到每秒 10 次，基本上和成人的接近。

（二）事件相关电位

1. 什么是事件相关电位

事件相关电位（event-related potentials，ERP）也称诱发电位（evoked potentials，EP）。ERP 可提供心理活动时脑的实时信息，特别是可以记录心理活动引起的真实的脑电实时波形，时间分辨率可精确至毫秒级，是一种非常好的脑科学研究方法。[②]

EEG 从头皮引出后，经过放大器放大所直接获得的 EEG 波形，没有叠加前刺激所诱发的 ERP 被淹埋在 EEG 中而不能被观察到。为了从 EEG 中提取出 ERP，须对被试呈现多次重复的刺激，将每次刺激所产生的

[①] Skolnick, A. S., *The Psychology of Human Development*, Santiago: Harcourt Brace Jovanovich Publishers, 1986, p.161.

[②] 汤慈美主编：《神经心理学》，人民军医出版社 2001 年版，第 20—22 页。

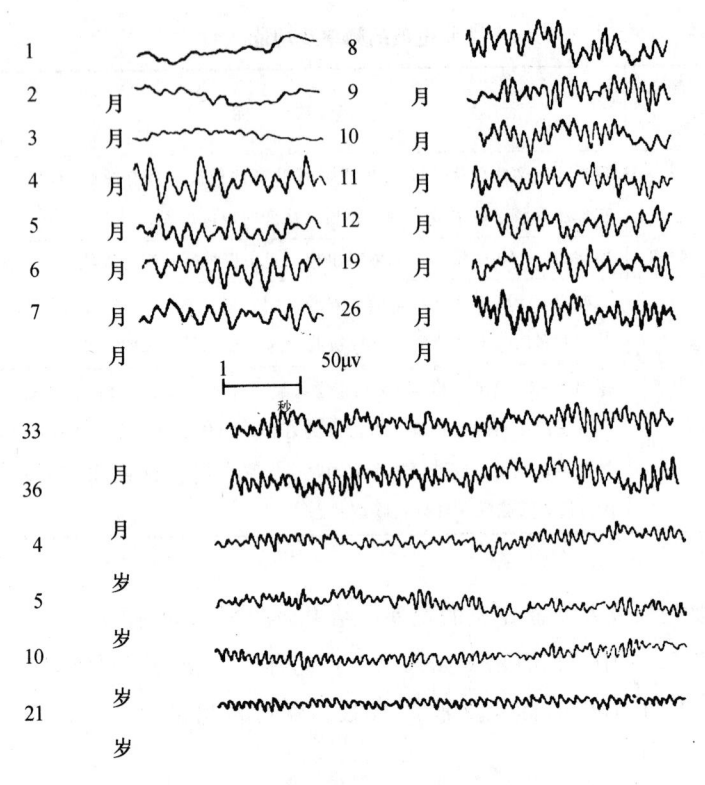

图 5—1　从婴儿到成人大脑 α 波的发展

ERP 背景的 EEG 加以叠加平均。由于作为 ERP 背景的 EEG 波形与刺激之间没有固定的关系，而每次所含有的 ERP 波形在每次刺激后是相同的，且 ERP 波形与刺激间的时间间隔是固定的，经过叠加，ERP 与叠加次数成比例地增大，而 EEG 则是按随机噪声方式叠加的。如果刺激次数为 n，则叠加 n 次后 ERP 增大 n 倍，而 EEG 只增大 $\sqrt{n}$，信噪比提高 $\sqrt{n}$。如果叠加前 ERP 波幅为 EEG 波幅的 1/2。ERP 被埋在 EEG 中难以观察，经过 100 次叠加后，ERP 增加 100 倍，EEG 增加 10 倍，叠加后的 ERP 波幅是 EEG 的 5 倍，于是 ERP 就从 EEG 背景中突现出来。叠加后的 ERP 数值除以叠加前的次数，其平均值即还原为一次刺激的 ERP 数值。因此，ERP 也称平均事件相关电位。这就是 ERP 的基本原理。

2. 事件相关电位的特点

事件相关电位具有以下特点：（1）事件相关电位的产生有一定的潜伏期。事件相关电位的出现与人工施予刺激之间有一定的时间关系。即从给予刺激到出现反应所经历的时间称为潜伏期。潜伏期的长短，主要决定于刺激引起的神经冲动传导的速度、距离、所跨越的突触数目及突触延搁的时间。(2) 事件相关电位有一定的空间分布。某种特定刺激引起的事件相关电位，在大脑皮层上有一定的空间分布，即某种刺激产生的事件相关电位只出现在一定的部位上，这是由解剖结构所决定的。(3) 事件相关电位有一定的反应型式。某种特定刺激所引起的事件相关电位有一定的反应型式。在不同的感觉系统中，反应的型式是不同的。但在同一感觉系统中，事件相关电位的反应型式是相同的。

3. 事件相关电位分类

从不同的角度，可将事件相关电位进行如下分类。[1]

(1) 按刺激通道的分类

根据刺激施加的感觉通道不同，可将 ERP 分为听觉 ERP、视觉 ERP 和体感觉 ERP 等。

(2) 按时程分类

根据潜伏期，可将 ERP 分为早成分、中成分、晚成分和慢波等。例如，听觉 ERP 中，早成分在 10 毫秒以内，中成分在 10—50 毫秒，晚成分在 50—500 毫秒，慢波在 500 毫秒以上。其中早成分是由脑干产生，中成分是由初级感觉皮层产生的，晚成分和慢成分是由次级感觉皮层以及以后的神经活动产生的。

(3) 按起源分类

根据 ERP 的起源不同，可将 ERP 的成分分为外源性成分和内源性成分。外源性成分主要敏感于刺激的物理性质，是生理性的反应；内源性成分则不依赖于刺激的物理性质，对包括认知操作在内的被试本身状态敏感。

(4) 按刺激—反应关系分类

在事件发生之前出现的事件相关电位被称为事件前电位；而跟随事件或刺激之后的事件相关电位，则被称为事件后电位。大多数事件相关电位属于事件后电位。事件后电位又分为发射电位和诱发电位两种，前

---

[1] 韩世辉、朱滢等编著：《认知神经科学》，广东高等教育出版社 2007 年版，第 13—14 页。

者是在刺激系列之中对漏失事件的反应，因没有刺激却产生反应而得名；后者才是常见的事件相关电位，包括了瞬时事件相关电位、持续事件相关电位以及稳态诱发电位三种类型。前两类仅以刺激本身持续与变化的不同而异，实际中常不加区分。稳态诱发电位则是一种特殊类型的事件相关电位，它的刺激是高频的，相邻反应相互叠加，并导致周期性震荡。

（5）事件相关电位的命名

事件相关电位波是对较明显的电位波动，包括峰与谷的一般称呼。当某个波的来源、性质都得到一定程序的公认时，则常称它们为成分。具体的波与成分，常由表示极性的英文字母 P（正性，positive）和 N（负性，negative）来命名。例如，常见的 P300 表示刺激后 300 毫秒左右达到峰值的正波；N27 表示刺激后 27 毫秒左右达到峰值的负波。

不同年龄儿童及成人的视觉皮层事件相关电位，如图 5—2 所示。[1]

图 5—2 中上图是视觉刺激诱发的皮层反应，下图是以听觉皮层诱发反应主成分的潜伏期（毫秒），这是两个实验的结果。

二　脑功能成像技术

（一）正电子发射断层扫描术

1. PET 的产生

正电子发射断层扫描术（positron emission topography，PET）这种成像技术，是 20 世纪 70 年代的两组物理学家所发明的，一组由华盛顿大学的 M. Ter-pogossian 和 M. E. Phelps 带领，另一组是由加利福尼亚大学洛杉矶分校的 Z. H. Cho 领导。[2] PET 所探测的信号，来源于正常、清醒的人的脑细胞的活动，总是伴随着局部血流的变化。这种可靠的、经验的关系，一直让研究者着迷。

2. PET 的基本原理

要想获取 PET 信号，最基本的做法是用经过处理并为人体所能接受

---

[1] Lippe S., Kovacevic N. and McIntosh A. R., "Differential Maturation of Brain Signal Complexity in the Human Auditory and Visual System", *Frontiers in Human Neuroscience*, Vol. 3, No. 4, 2000, p. 32.

[2] [美] Mark F. Bear、Barry W. Connors、Michael A. Paradiso：《神经科学——探索脑》（第二版），王建军主译，高等教育出版社 2004 年版，第 164—165 页。

第五章 大脑功能的发展 ▸▸ 231

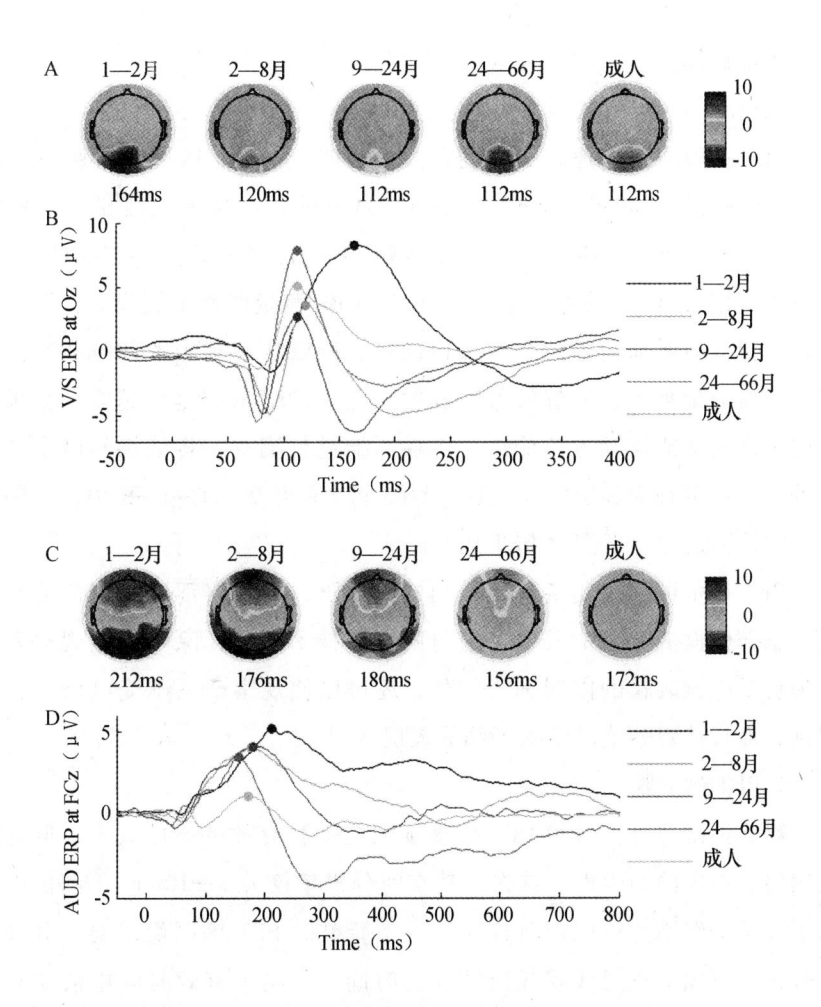

图 5—2 个体皮层事件相关电位的型式及潜伏期的发展

的、分解时可以放射正电子的葡萄糖由静脉注入人体。具体来说，就是把示踪同位素注入人体，同位素释放出的正电子与脑组织中的电子相遇时，会发生湮灭作用，产生一对方向几乎相反的 γ 射线，可以被专门的装置探测到。根据此可以得到同位素的位置分布。

常用的同位素包括 ^{15}O、^{18}F、^{11}C、^{13}N 和 ^{68}Ga。例如，将氢与氧的一种放射性同位素 ^{15}O 化合成标记水，注入手臂静脉后，只需 1 分钟多的时间便在脑内聚集，由于标记水不断放出正电子，于是可以得到一幅脑血流图像。顺便指出，由于 ^{15}O 的半衰期只有约 2 分钟，故通常需要一台小型加速器现场制作。

3. PET 的测定方法

PET 一般通过两种方法来测定大脑功能。一种是区域脑代谢率（regional cerebral metabolic rate，rCMR），另一种是区域脑血流量（regional cerebral blood flow，rCBF）。目前，rCBF 测量已经取代了 rCMR 的测量。这主要是因为 rCBF 的测量比较容易。[①] rCBF 测量的基本假设是：脑神经细胞的活动需要葡萄糖的分解提供能量，所以活动越强的部位在单位时间内的血流量越大，分解的可以放射正电子的葡萄糖也就越多。如果在人的头部安置能移动方位的放射性探测器进行测查，将结果经电子计算机处理，即可查明放射性部位在三维空间中的位置。图5—3中，上图是PET的检测过程，下图是 PET 成像。[②]

PET 技术可以在儿童正常活动的情况下，来观察不同心理活动与相应大脑部位血液流量的关系。它与脑电图技术相比，除可使被观察者的行为免受机械装置的限制和干扰外，还可以使观察部位不受电极数目的限制，而且使观察范围不限于脑的表层。

4. PET 的局限

需要指出的是，虽然 PET 已被证明是一种有效的成像技术，但它的应用仍有一定的局限性。首先，其空间分辨率仅为 5—10mm³，图像中显示了几千个细胞的活性。而且获得一张简单的 PET 脑图像需要一分钟到数分钟，再加上放射线曝光所需要的时间，限制了有效时间中能够获得的 PET 图像的数量。

（二）核磁共振成像

1. 核磁共振成像

核神经磁成像用于测量脑所产生的磁场，核磁共振成像（magnetic resonance imaging，MRI）是从一种用来探测分子详细的化学特性的叫作核磁共振术（NMR）的有效的实验室技术演变而来的。MRI 是由斯坦福

[①] ［美］Gazzaniga, M. S. 主编：《认知神经科学》，沈政等译，上海教育出版社1998年版，第460—462页。

[②] ［美］Mark F. Bear、Barry W. Connors、Michael A. Paradiso：《神经科学——探索脑》（第二版），王建军主译，高等教育出版社2004年版，第165页。

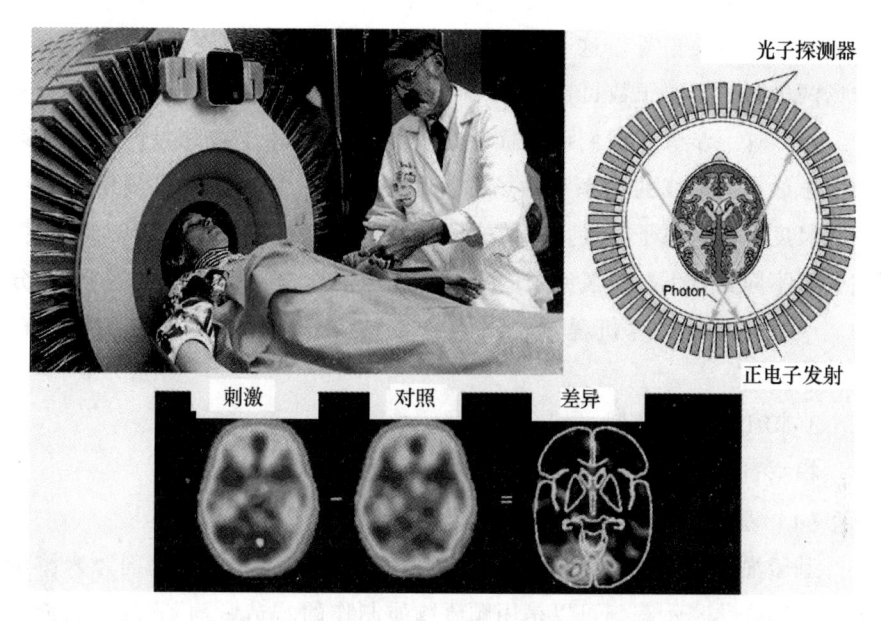

图5—3 PET的检测过程（上图）和PET的成像（下图）

大学的 F. Bloch 和哈佛大学的 E. M. Purcell 共同发明的，他俩因此发明而获得1952年诺贝尔奖。[①] MRI 目前已成为神经科学家重要的工具，因为利用它可无创伤地观察神经系统，特别是脑的功能。

2. MRI 的成像原理

MRI 最常用的形式是对氢原子定量，如脑组织内水和脂肪中的氢原子。一个重要的物理学现象是：当一个氢原子被放置到一个磁场中，它的原子核（由一个质子组成）呈现两种状态：高能态或低能态。由于脑中氢原子数量巨大，因此两种状态的质子都有足够量的分布。

MRI 的关键是使质子从一个能量级跃升到另一个能量级。[②] 对于置于强磁场两极间的质子，可以利用穿过脑的电磁信号将能量传递给质子。如果信号的频率被设定在一个合适的数值，就能使那些吸收电磁波能量的质子从低能态跃迁到高能态。质子吸收能量的这种频率称为共振频率

[①] 王文清主编：《脑与意识》，科学技术文献出版社1999年版，第299页。

[②] ［美］Mark F. Bear、Barry W. Connors、Michael A. Paradiso：《神经科学——探索脑》（第二版），王建军主译，高等教育出版社2004年版，第163—164页。

（磁共振名称的由来）。切断电磁信号后，部分质子返回到低能态，放出特定频率的电磁信号。这一信号被信号接收器检测到。信号越强，说明磁场两极间的氢原子数目越多。

按照这一步骤，我们可以简单地完成脑中氢原子数总量的测定。因为质子放射的射线的频率与磁场的大小成比例，利用此就可测量出某一空间尺度下的氢原子的量。MRI 的最后一步是调整磁场相对于脑的角度，在大量不同角度下测量氢原子的数量。完成一个全脑扫描大致需要 15 分钟。一套复杂的计算机程序将测出的简单信号绘制成脑中氢原子的分布图。

3. MRI 成像的类型

根据目前已有 fMRI 成像，可将其分为几种不同的类型。[①]

（1）基于灌注的 fMRI 成像

基于灌注的 fMRI 成像方法是通过血液中的"磁共振示踪剂"来测量脑血流的变化。示踪剂可以是用顺磁物质制作的"造影剂"，虽然它能显著增强信号，但对人体有一定的副作用。更安全、实用的方法是用磁共振方法对动脉中的水分子进行"标记"。

（2）基于 TOF 的 fMRI 成像

基于 TOF（time-of-flight）的 fMRI 成像方法是血管造影的一种技术，也适合于对血管，特别是较大血管处血流变化进行观测。

（3）基于血氧水平依赖的 fMRI 成像

基于血氧水平依赖（blood oxygenation level dependent，BOLD）的 fMRI 成像是目前应用最广泛的 fMRI 成像，通常人们所说的 fMRI 指的就是这一种。BOLD 信号是根据研究所发现的这样一个原理，即当神经活动增强时，血流的变化带来的新增氧合血红蛋白多于同期被消耗掉的氧合血红蛋白，换言之，脱氧血红蛋白在血液中的相对含量下降。而脱氧血红蛋白属于逆磁性物质，它的浓度越高，磁共振信号就越低。所以，它的含量的下降就意味着磁共振信号的升高。这种磁共振信号通常被称作血氧水平依赖（BOLD）的对比机制。

[①] 韩世辉、朱滢等编著：《认知神经科学》，广东高等教育出版社 2007 年版，第 45—46 页。

为什么氧在脑的 MRI 研究中起关键作用呢？这与 1935 年诺贝尔奖获得者 Pauling, L. C. 的一项发现有关。他发现，由血红蛋白携带的氧量会影响血红蛋白的磁性。1990 年 Seiji Ogawa 等人研究发现，MRI 能够检测到这些微小的磁性变化。1991 年科学家证明 MRI 能检测到人脑里功能性诱发的血液充氧量的变化。由于 MRI 检测功能性诱发血氧水平依赖变化的这种能力，使许多人都把这种技术称为功能性磁共振成像（fMRI）。[1]

4. MRI 与 PET 的比较

MRI 技术与 PET 技术一样，也是依靠能量消耗的不同来显示出哪一个脑区活动最强。不过在使用 MRI 技术时，不需要给被试注射任何东西。并且由于 MRI 不存在要去确切判定注射的标记物到达脑的时间的问题，所以 MRI 技术能更准确地反映在某一时刻大脑内所发生的活动。与 PET 一样，MRI 也能测量流向活动较多的大脑区域中的氧浓度变化，只是检测的方法不同。氧是由血红蛋白携带的，MRI 技术利用了这样的原理，即氧的实际含量会影响血红蛋白的磁学特性，而这些特性可以在磁场中加以监测。在磁场中，原子核排在一起，就像它们本身是微型磁体一样。当受到射频波的轰击并被推出队列后，这些原子就一边放出射频信号，一边旋转着回到队列。射频信号由样品中血红蛋白携带的氧含量所决定。因此能对不同脑区的活动给出非常灵敏的测量。这项技术能准确定位到 1—2 毫米的区域，并测量几秒内发生的事件。

fMRI 成像的优点：（1）所要检测的信号直接来自于从功能上诱发的脑组织里的变化，即静脉中氧浓度的变化。因此，不需要注入任何东西就能获得信号。（2）fMRI 能提供每个被试的解剖学信息和功能信息，因此实验者可对活动区进行精确的结构鉴定。（3）空间清晰度非常好，可分辨 1—2 毫米区域。（4）fMRI 对身体没有任何检测的危害，用它可做反复检查，且不会带来副作用。

fMRI 成像的缺点：（1）对多种伪迹十分敏感，特别是被试的头动。因为在整个实验过程中哪怕只有一次几毫米的头动，都可能导致整个实验数据不能用；（2）在扫描过程中伴随着强的噪音，给涉及听觉刺激的

---

[1] 王文清主编：《脑与意识》，科学技术文献出版社 1999 年版，第 300 页。

实验带来很大的困难;(3)量化分析比较困难。

(三)脑磁图

1. 脑磁图发展

1968年,Cohen首次成功地记录到与EEG相似的、包括a波的神经磁场(neuromagnetic field)或脑磁的波动,即脑磁图(Magnetoencephalography,MEG)。1975年Brenner首次获得与ERPs相似的事件相关磁场。由于他们使用的视觉刺激,因此又叫视觉诱发磁场。

MEG主要通过使用一种超导量子干涉装置(superconducting quantum interference devices,SQUID)的特殊检测器来进行(该检测器位于电磁屏蔽室中,可以使得整个记录装置不受环境磁场的影响)。

2. MEG成像的原理

MEG成像的原理是:脑磁与脑电有着共同的细胞电生理基础,都来源于突触后电位,是同一个细胞电生理活动的两种表现形式,即脑电是突触后电位在细胞外液中所形成电场的测量,而脑磁是突触后电位在细胞内形成环形电流所产生磁场的测量。所以,记录神经磁的活动,就可了解大脑神经元的活动情况。由于磁信号不受颅骨影响,所以MEG能更准确地测定出大脑活动的位置。同时,神经磁成像技术最大的优点是在被试处于正常状态下进行观测记录,所以使用起来更为方便快捷。

3. 脑磁图测量的条件

由于脑磁场显著弱于环境中大部分其他来源的磁场,因此,实现脑磁场测量起码要满足两个条件:(1)需要高灵敏度的磁场检测器或称传感器,即目前使用的超导量子干涉装置(SQUID);(2)需要压抑更高场强的背景磁噪声,即采用适当的磁屏蔽室和磁噪声抵消法。

(四)近红外光谱技术

近红外光谱技术(near infra-red spectroscopy,NIRS)是一种光学成像技术,检测弱的光束经过头骨和脑时散射或弯曲的微小变化。这种方法能够检测血氧浓度的变化,是目前婴儿研究中替代fMRI最好的方法。[1]

---

[1] [美]马克·约翰逊:《发展认知神经科学》,徐芬等译,北京师范大学出版社2007年版,第13—14页。

三 行为学方法

（一）双耳分听法

1. 双耳分听法

双耳分听法（dichotic method）是在被试的左右耳同时呈现不同内容的刺激，要求被试对左右耳听到的内容做出反应。根据被试报告的内容，推断出大脑在加工某一刺激时，是哪一侧半球占优势。如图5—4所示。

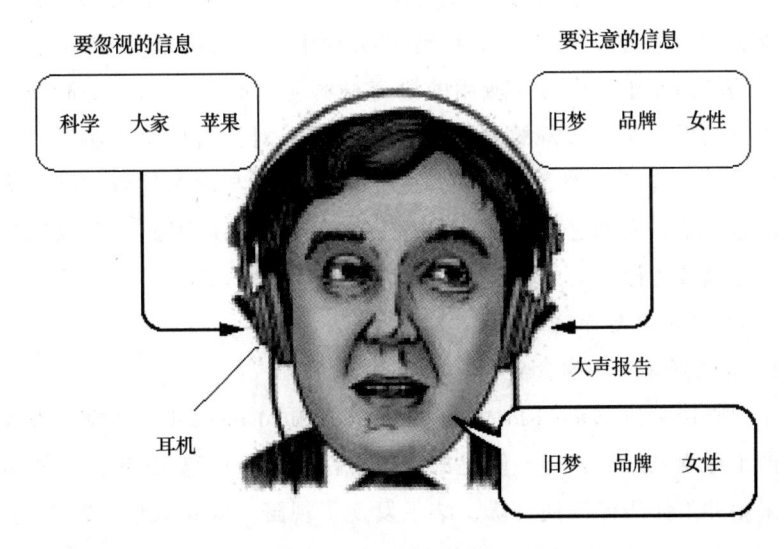

图 5—4 双耳分析法

2. 基本原理

通常在实验过程中，只需要一个带立体声耳机的录音机就可进行实验了。在实验中，所使用的磁带是特制的，它能同时对左右耳分别呈现相冲突的声音刺激。尽管每一只耳朵与大脑左右两半球都有神经联系，但与对侧半球的神经联系要强一些。当把强度一样但相互冲突的声音刺激呈现给两个耳朵时，左耳或右耳将试图占据优势，这取决于哪一侧半球对识别这种声音更擅长。例如，当给被试的左右耳同时呈现不同的字词时，被试将主要报告出他的右耳所听到的字词。因为尽管两边的信号具有同样的强度，但是左半球对呈现给右耳的字词听得更加清晰。这是由于左脑擅长语言，它对所听到内容的觉察通常能在与右脑的竞争中获胜。

3. 双耳分听法的操作过程

早期在采用双耳分听法完成实验时，一般对被试的年龄有一定的要求。具体来说，被试的年龄不应该特别小，如果小于 3 岁，在测验时就感到很困难。因为，年龄特别小的被试很难根据自己的听觉做出清楚的反应。目前，这个困难已经被加拿大心理学家因斯坦所克服。他对 3 岁以下的婴幼儿进行双耳分听实验时，设计了一种带有特殊感压装置的奶嘴。当婴幼儿听到声音信号的刺激后，吸吮的速度和频率会增加，并通过奶嘴由记录装置记录下来。在他的实验中，接受测试的婴幼儿共 48 名，平均年龄小于三个月。所用的语言材料为"pa""ma"等简单的音节。测试结果表明：79% 的婴儿左脑（右耳）对语言感觉敏感，71% 的婴儿的右脑（左耳）对音乐感觉敏感。这个比例与成人的测试结果大致相同。这说明，人的这种脑功能分化是先天具有的。因此，在以后的成长中，左脑成为语言的中枢，右脑成为主管音乐的中枢。

（二）半视野速示法

1. 半视野速示法的含义

半视野速示法（tachistoscopic visual half field method）是检查人大脑左右两半球视觉加工机能一侧化的重要方法。[①] 20 世纪 50 年代，Mishkin 首次采用此方法研究语词辨认，结果发现了视野一侧化效应。20 世纪 60 年代初，Sperry 等人将这种方法用于裂脑人的研究，发现大脑左右两半球在分离条件下，言语和视觉空间机能活动分工明显。他因此项研究获得了 1981 年的诺贝尔医学和生理学奖。

2. 基本原理

半视野速示方法是根据人类视觉神经传导通路的半交叉特性，即来自左右眼球视网膜鼻侧的神经纤维在视交叉后投射至对侧大脑半球枕叶视觉中枢，而两眼球颞侧的纤维不交叉，即传至同侧大脑半球视觉中枢。在要求被试两眼注视视野中心点的同时，用速示仪器短暂地向被试的半视野（有时连同中间视野）呈现刺激物。结果，任何来自一侧视野的刺激均可以直接到达被试的对侧大脑半球，满足半边视野与大脑半球间的

[①] 蔡厚德：《半视野速示技术的若干方法学问题》，《心理科学》1999 年第 3 期。

"交叉投射"关系。

3. 刺激物呈现的方式

在实验过程中，采用三种方式给半视野呈现刺激：

（1）左右视野单独呈现；

（2）左右视野同时呈现；

（3）左视野与中间视野或右视野与中间视野同时呈现。

研究者可根据每次呈现实验材料的数量与任务加工要求安排刺激物呈现的方式。如果要比较左右视野对单个刺激物加工的结果，可采取左右视野随机交替呈现，也可以选择左右视野在被试间平衡先后（即控制了实验过程中先后顺序的影响）的呈现方式，还可以采用左右视野同时呈现刺激的方式。如果要比较左右视野对同时呈现的两个刺激物的加工结果，可采取一侧视野两个刺激上下同时呈现，也可以采取一侧视野和中间视野同时呈现两个刺激。

4. 被试的反应方式

在利用半视野速示方法进行实验研究时，被试的反应方式有：指认、认读、写、命名、手动按键判别或口头判别等。

在具体的实验过程中，让被试采用哪种反应方式，研究者应考虑以下因素：首先，刺激物的性质，如言语还是非言语；其次，被试采用的信息加工方式，如知觉、范畴或记忆；最后，被试信息加工的水平，如形状、声音、意义等。

（三）大脑左右两半球功能一侧化结果的数学计算方法

大脑左右两半球功能一侧化结果如何衡量，目前已有几种计算方法。[1]

1. 通常数学计算方法

以被试左右视野或左右耳反应的正确率、错误率和反应时等为指标，通过下面的公式可定量地表示大脑左右两半球功能的相对优势程度。

$$LC = (R - L)/(R + L)$$

其中，R 为右视野（右耳）所获得数据的平均值；L 为左视野（或左耳）所获得数据的平均值。LC 表示优势程度的指标。

---

[1] 魏景汉等：《认知神经科学基础》，人民教育出版社 2008 年版，第 502—503 页。

2. 马歇尔计算方法

马歇尔（Marshall）提出，通常的数学计算方法过于简单，不能全面说明问题，主张应该用三种数值标定大脑左右两半球的优势水平。其公式具体为：

$$ADS = Rc - Lc$$
$$POC = Rc/(Rc + Lc)$$
$$POE = Le/(Re + Le)$$

其中，ADS 为大脑左右两半球功能的绝对差异；Rc 和 Lc 分别为右视野（或右耳）和左视野（或左耳）正确认知的百分数；

POC 为右视野（或右耳）比左视野（或左耳）正确认知的程度；

POE 为左视野（或左耳）比右视野（或右耳）错误认知的程度；

Re 和 Le 分别为右视野（或右耳）和左视野（或左耳）错误认知的百分数。

3. 利维的计算公式

利维（Levy）等人提出了另外一种计算公式，具体内容为：

$$\Phi = (R - L)/\{(R + L)[2T - (R + L)]\}^{1/2}$$

其中，R 和 L 分别代表右视野（或右耳）和左视野（或左耳）认知数据的均值 T 为实验的次数，Φ 为右视野（或右耳）在认知中的优势程度。

4. 布里根的计算公式

布里根建议用概率计算的方法表示大脑两半球的优势程度，计算公式为：

$$右半球优势 = Pr/(1 - Pr)$$
$$左半球优势 = Pl/(1 - Pl)$$

其中，Pr 和 Pl 分别为右视野和左视野正确认知的概率值。

第二节　大脑生长发育的过程

一　出生前的大脑

个体在出生前，其大脑的发育过程与其他脊椎动物非常相似。在受精后不久，细胞分裂，结果形成一群增殖细胞，即胚囊，胚囊的形状像一串葡萄。几天后，胚囊分化出三层结构，形成胚胎，胚胎的每一层都将进一步分化为主要的器官系统。内胚层发育成内脏，如消化系统、呼吸系统等；中胚层发育为骨骼和肌肉组织；外胚层发育成皮肤和神经系统。

神经系统始于神经胚形成的过程中。部分外胚层开始向内卷曲形成中空的柱状结构，即神经管。神经管从三个维度分化：长度、圆周和半径。

在长度这一维度上，形成中枢神经系统的主要分支，前脑和中脑在一端，而脊髓在另一端。末端的脊髓进一步分化出一系列重复单元，而神经管的前端则形成一系列脑泡和脑回。怀孕五周左右，从这些脑泡可以确定哺乳类大脑中主要部分的原形。从前往后，第一个脑泡将发育为皮层（端脑），第二个将发育为丘脑和下丘脑（间脑），第三个发育为中脑，其余的部分发育为小脑和延髓。

在圆周这一维度上，其分化也是很关键的。因为感觉和运动系统的区分是从这个维度而来的；背面（上部）大致对应于感觉皮层；腹部（底部）则对应于运动皮层，伴随着协调两者之间的多种联合皮层以及高级感觉和运动皮层。在脑干和脊髓内，相应的背部和腹部在通往身体各部分的神经通路的组织中起重要作用。

在半径这一个维度上，产生成人大脑中发现的复杂细胞排列层次和细胞类型。沿着神经管半径维度，脑泡变大而且进一步分化，其中细胞经过增殖、迁移，分化出特定的类型。构成脑的绝大部分细胞产生于增殖区。

儿童的大脑是从精子与卵子结合的那一时刻就开始发育的。在最初的一段时间里，人们无法分辨清楚大脑。但随着时间的进程，通过高倍显微镜就能够观察到大脑。之后，大脑以非常快的速度发展，具体如图5—5所示。[1]

从图5—5中可以看出，在胎儿期，大脑的发育速度是非常快的。人发育的最初几周里，人的胚胎看上去像一个问号形的蠕虫时，神经元在

---

[1] Damon, W., eds., *Handbook of Child Psychology*, Vol. 2, New York: John Wiley & Sons. Inc., 1998.

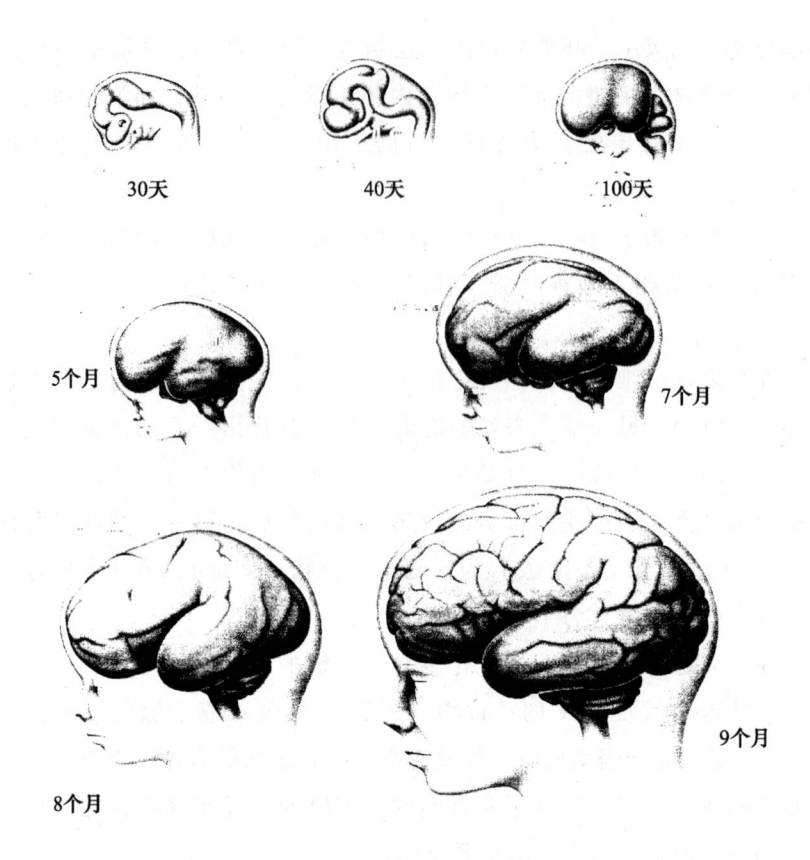

图 5—5　胎儿大脑的发育过程

一个叫作神经管的有暗色条纹的组织中形成。管里面是以分裂产生其他神经元为唯一职能的神经元。新生的神经元必须沿着发源于支持细胞的梯状纤维——神经胶质细胞排列。最早生成的神经元位于底层，后生成的神经元位于上层。最后形成的3—5层神经元，每一层神经元具有不同的功能。一般最上层的神经元是接收信息输入，以下层的神经元传递信息，最下层的神经元输出信息。

大脑在产前和出生后的前几个月中以最快的速度发育。实际上，产前生命的最后三个月以及出生后的前两年被称为大脑生长骤增期（brain growth spurt）。这是有以下几个原因：第一，新的神经元在产前期迅速形成；第二，在出生前和出生后，神经细胞的大小和重量都在增加。出生时，婴儿大脑仅有成人脑重量的25%；到两岁时，已达到成人脑重量的

75%；第三，神经元迅速地覆盖上一层蜡质的髓鞘，这可以增进它们有效传递信号的能力；第四，神经传导物质的含量正在增加；第五，神经元本身被组织成更加复杂的网络，并具有特殊性的功能，如控制动作行为和视知觉。

二　大脑的可塑性

（一）大脑可塑性的认识

对大脑可塑性本质的认识，目前有三种观点：[①]

第一，大脑的可塑性是指在一定条件下中枢神经系统的结构和机能，即能够形成一些有别于正常模式的特殊模式的能力。

第二，大脑的可塑性是一种辅助系统或能力，它适用于大脑发展的早期阶段，可以避免有机体在发展过程中受到大脑损伤所带来的消极影响。

第三，大脑的可塑性是中枢神经系统的重要特性，即在形态结构和功能活动上的可修饰性，可理解为中枢神经系统因适应机体内外环境变化而发生的结构与功能的变化。大脑的可塑性是指在人的一生中，大脑能够改变其组织与功能的特性，它是大脑组织的基本特征。大脑的发展是基因以及从环境中输入的刺激等多个方面动态地相互作用的过程。在这个复杂的动态系统中，有机体逐渐适应偶然的输入，满足学习环境的需要，这一适应的过程即可塑性过程。

（二）大脑可塑性的分类

大脑可塑性分为结构可塑性和功能可塑性两个方面。[②]

所谓结构可塑性，是指大脑内部的突触、神经元之间联系可以由学习经验的影响而建立起来的新的联结，从而影响个体行为。这包括突触可塑和神经元的可塑。

所谓功能可塑性，是指通过学习和训练，大脑某一代表区的功能可以由邻近的脑区代替，也表现为脑损伤者在经过学习训练后脑功能在一

[①] 刘海燕等：《脑的可塑性研究探析》，《首都师范大学学报》（社会科学版）2006 年第 1 期。

[②] 郭瑞芳、彭聃龄：《脑可塑性研究综述》，《心理科学》2005 年第 28 卷第 2 期。

定程度上的恢复。

（三）大脑可塑性的相关研究

1. 大脑结构可塑性的研究

神经元与神经元连接的部位被称为突触（synapses）。突触将一个神经元的轴突与另一个神经元的树突分离开来。神经冲动以电信号在一个神经元内传递，当信号传递到轴突的末梢时，轴突释放化学神经递质，从而跨越轴突末梢和邻近神经元树突前端之间的突触。当神经递质到达受体神经元的树突，信息又转变为电神经冲动，接着在受体神经元内传递。成年人的一个神经元经常有超过1000个突触同其他神经元相连。这些多重联系使得信息能够同时传递到大脑的不同区域。

大脑作为一个整体，在个体出生后所发生的变化是很明显的。在刚出生时，神经元之间的突触还没有完全形成，在脑内的很多部分，突触经历了先生长过剩后减少这样一个独特的发展过程。在发展的早期，突触存在一个爆炸性生长阶段，从而导致蹒跚学步的孩童其脑内的突触数量远远超过成人。接着在儿童期结束后，突触数量减少到成人水平。例如，额叶的一部分区域中突触密度在出生后到12个月增长了10倍。两岁的时候，突触密度几乎是成人的2倍。从这以后突触逐渐减少，大约到7岁时降到成人的水平。

同样，在大脑的其他部位，突触数量的变化也都是遵循着"先生长过剩而后减少"的模式，只是在时间上有所不同罢了。例如，在视皮层，突触达到最高密度的时间通常比额叶早一年左右，并且减少过程持续的时间更长，一直到11岁。然而，突触最初迅速生长，接着长期减少，这样的基本循环看上去是一般规律。

是什么因素决定了大脑内突触联系的最终模式呢？在突触生成的早期阶段表现出很大程度的基因控制特性。然而，经验也起到了至关重要的作用。特别是在后期阶段更是如此。经验在确定哪些突触应该保持、哪些突触应该削减这个问题上，起着重要的决定作用。假如经验激活了突触而导致神经递质的释放，突触倾向于被保留。否则，和行为的发展有些类似，大脑的发展是先天的遗传和后天的经验间复杂的交互作用的结果。

有一些研究者认为，早期大脑中过剩的突触与婴幼儿期儿童在获得某种能力方面相关有效性比成人更高。① 例如，婴幼儿特别容易学会母语的语音和语法。他们的学习远比那些成年才移民到一个新国家并试图学习当地语言的成人更有效。这不仅仅是由于儿童学习的是他的第一语言，成人学习的是第二语言；婴幼儿在学习第二语言时，他们习得语音和句法也比成人更有效，特别是 5 岁前进入一个新的国家。婴幼儿大脑内大量的额外突触可能对学习某种语言的语音和语法中极其复杂的规律系统特别有用。

研究者还发现，在个体从事不同的实践活动的过程中，也会导致大脑结构上的差异。② 与非音乐专业人员相比，弦乐演奏者对应左手手指的脑皮层要大得多。此外，音乐训练开始的年龄越小，它对皮层组织起的作用越大。年幼时便学习弦乐演奏的人比更大年龄才学习的人，左手小指的刺激做出反应时显示出更强的神经激活。该项研究结果表明，人脑的可塑性是随着个体年龄的增长而下降的。

此外，还必须认识到，生命早期大脑的可塑性也有消极的后果。这就是发育中的大脑很容易受到伤害。如果大脑暴露于药物或疾病，或者出现了婴儿出生后没有生活在正常的生活环境之中即剥夺将会直接影响婴儿大脑的发育。但是，只要发现得早，改善婴儿生活的环境，其大脑功能还可能从这些伤害中恢复过来。

2. 对大脑功能可塑性的研究

通常人们认为，大脑的左半球是负责语言加工的优势半球。但是 Vargha-Khadem 等人的研究却发现，在童年期就被切除大脑左半球的病人，他们仍然具有获得语言的能力。③ 虽然发现与正常儿童的语言发展相比，这些左半球切除病人的语言能力发展稍晚一些外，但他们的语言能力仍然可以发展到与正常人相似的水平。实验结果表明，切除大脑左半

---

① Johnson K. E. and Newport E. L. , "Critical Period Effects in Second Language Learning: The Influence of Maturational State on the Acquisition of English as a Second Language", *Cognitive Psychology*, Vol. 21, No. 1, 1989, pp. 418 – 435.

② Elbert T. et al. , "Neural Plasticity and Development", in C. A. Nelson and M. Luciana, Eds. , *Handbook of Developmental Cognitive Neuroscience*, Cambridge, MA: MIT Press, 2001.

③ Vargha-Khadem, Carr L. C. et al. , "Onset of Speech after Left Hemispherectomy in a Nine-year-Old Boy", *Brain*, Vol. 120, No. 1, 1997, pp. 159 – 182.

球,并不意味着儿童就完全丧失了语言能力。该项研究结果给人们的提示是:大脑左半球在个体语言加工中有着重要的作用,但这并不意味着它是语言加工的唯一脑区。

有一项研究探讨了大脑损伤儿童执行功能的发展。[1] 以44名六岁前中度及重度大脑损伤儿童与39名正常儿童为被试,比较他们在延迟任务、空间旋转任务上的成绩。结果发现,与控制组儿童相比,大脑损伤儿童在以抑制力为指标的延迟任务上成绩明显较低;与年龄较大的控制组儿童相比,年龄较大大脑损伤儿童的延迟任务的成绩明显较低。大脑损伤儿童与控制组儿童相比,在空间旋转任务上无显著差异;随着年龄的增长,大脑损伤儿童与正常儿童的延迟任务成绩都有所提高,但在空间旋转能力上不存在显著的年龄差异。这一结果表明,儿童大脑损伤的初期对其认知功能影响较大,但随着年龄的增长,这种可塑性越来越小。

还有研究证实,一侧大脑半球能够替代另一侧损伤大脑半球的功能。[2] Glees与我国李天心等均曾对顽固癫痫切除一侧大脑半球治疗后的结果进行研究,前者为左侧大脑半球切除,病人原已有右侧轻偏瘫,20岁时手术,术后神志清楚,言语未受损。经1年训练后,右手已恢复部分动作,最后,每日可装配100个变换方向的指示灯开关、288个数字面板照明灯和其他3个较大组件。后者的病例(16岁)则为右侧半球切除,术后14年为之做全面的神经心理学检查,患者在非语言形成如线条、抽象图形的感知、认知和空间关系上受到一定程度的破坏,但对颜色、音乐、具体人物就环境的认知和空间上没有明显的障碍。而这些通常被认为是右侧大脑的功能,说明左半球已替代了右脑的功能。

(四)影响大脑可塑性的因素

1. 环境刺激

Rosenzweig等人研究发现,对于尚没有发育成熟且具有高度可塑性的大脑来说,丰富的环境刺激经验能够有利于大脑发育。[3] 实验是这样进行

---

[1] 刘海燕等:《脑的可塑性研究探析》,《首都师范大学学报》(社会科学版)2006年第1期。

[2] 朱镛连:《脑的可塑性与功能再组》,《中华内科杂志》2000年第39卷第8期。

[3] Rosenzweig, M. R., Bennett, E. L. and Diamond, M. C., "Rain Changes in Response to Experience", *Scientific American*, Vol. 226, 1972, pp. 22–29.

的，三只雄鼠都是从一胎所生的老鼠中选择的，它们被随机分配到三种不同的实验条件中。一只老鼠仍旧与其他同伴待在实验室笼子里，另一只被分派到罗兹维格称为"丰富环境"的笼子里，第三只被分派到"贫乏环境"的笼子里。记住，在16次实验中，每次都有12只老鼠被安排在每一种实验条件中。所谓标准的实验室笼子，是有几只老鼠生活在足够大的空间里，笼子里总有适量的水和食物。所谓贫乏的环境是一个略微小一些的笼子，老鼠被放置在单独隔离的空间里，笼子里总有适量的水和食物。所谓丰富的环境几乎是一个老鼠的迪士尼乐园（并没有冒犯米老鼠的意思），6—8只老鼠生活在一个"带有各种可供玩耍的物品的大笼子里。每天从25种新玩具中选取一种放在笼子里"。实验人员让老鼠在这些不同环境里生活的时间从4周到10周不等。之后，解剖老鼠的大脑，并对大脑各个部分进行测量、称重和分析，以确定细胞生长的总和与神经递质活动的水平。在对后者的测量中，有一种叫作"乙酰胆碱"的脑酶引起了研究者特别的兴趣。这种化学物质十分重要，因为它能使脑细胞中神经冲动传递得更快、更高效。结果发现：在丰富环境下生活的老鼠的大脑和在贫乏环境下生活的老鼠的大脑在很多方面都有区别。在丰富环境中生活的老鼠其大脑皮层更重、更厚，并且这种差别具有显著意义。皮层是大脑对经验做出反应的部分，它负责行动、记忆、学习和所有感觉的输入（如视觉、听觉、触觉、味觉、嗅觉）。前面提到神经系统中存在的"乙酰胆碱"酶，在身处丰富环境的老鼠的大脑组织中，这种酶更具活性。两组老鼠的脑细胞（又称为神经元）在数量上并没有显著性差别，但丰富的环境使老鼠的大脑神经元更大。与此相关，研究者还发现RNA和DNA——这两种对神经元生长起最重要作用的化学成分，其比率对于在丰富环境中长大的老鼠来说，也相对更高。这意味着在丰富环境里长大的老鼠其大脑中有更高水平的化学活动。研究者对此结果的解释是经验对大脑最一致的影响表现在大脑皮层与大脑的其余部分——皮层下部的重量之比上。具体表现为，经验使大脑皮层迅速地增重，但大脑其他部分变化很小。

2. 学习与训练

有人以10名健康被试为对象，实验任务是要求10名被试在连续的两天内阅读正常呈现的字符和镜像呈现的字符。[①] 实验的目的是通过让被试学习正确识别镜像字符，从而掌握一项非运动程序性的知识。实验以镜像字符作为学习材料，控制学习中视觉因素与注意因素。实验结果发现：在经过两天训练后，对镜像字符的识别成绩有明显提高，而对正常呈现的字符的成绩没有明显变化。在该实验中，正常呈现的字符与镜像字符相比，差别在于镜像字符的识别要求习得某种非程序性的知识，如果经过训练被试这种知识，在学习后识别镜像字符的正确率增加。研究者还使用了 fMRI 技术研究了非程序性知识的习得与大脑皮层功能区之间的关系。结果发现，在学习镜像字符后，阅读正常呈现的字符，在 BA7 区脑血流量没有发生变化，而对于阅读镜像呈现的字符，BA7 区的脑血流量减少了。这表明该实验结果与前一个实验结果是一致的，说明学习训练可以活化大脑皮层功能区活动状态的变化。

还有一项研究是训练美国被试学习中文普通话语调。[②] 实验通过语调学习让学习者建构新的语音分类表征来考察成人知觉系统是否具有可塑性。在实验中，研究者控制了反应过程中的运动/视觉因素和听觉变量因素，以保证最终引起大脑变化的是语调任务的学习。结果表明，语调任务的学习引起了左脑 BA22 区激活程度的增强。在该实验中，还发现经过两个星期的学习之后，在训练前没有出现激活的脑区——左脑 BA42 和右脑 BA44 区，在训练后得到激活。他们认为这可能是学习任务影响了大脑皮层的活动方式。

三 大脑与身体的比例及脑重量

（一）大脑与身体的比例

儿童的发展遵循从头至尾原则，这一点从大脑与身体的比例关系上最为明显。

两个月的胎儿其大脑占整个身长的一半。五个月时的胎儿其大脑占

[①] Kassubek, J. et al., "Changes in Cortical Activation during Mirror Reading Before and after Training: An fMRI Study of Procedural Learning", *Cognitive Brain Research*, Vol. 10, No. 3, 2001, pp. 207–217.

[②] 郭瑞芳、彭聃龄：《脑可塑性研究综述》，《心理科学》2005 年第 28 卷第 2 期。

整个身长的 1/4 多。出生时大脑占整个身长的 1/4。到成人期，大脑占整个身长的 1/8。

上述发育结果符合儿童生理发展的头尾原则。从胎儿到成人头与身体的比例关系具体如图 5—6 所示。[①]

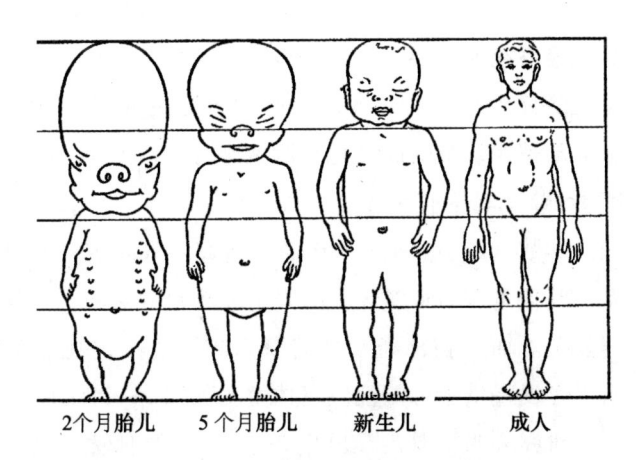

2个月胎儿　　5个月胎儿　　新生儿　　成人

图 5—6　个体不同发育期身体各部位所占的比率

（二）大脑重量的发展

在儿童各个器官的发育过程中，脑的发育是最为优先的。研究表明，刚刚出生的新生儿，其脑重是 390 克左右，这个重量占成人脑重量的 25%，而这时新生儿的体重仅占成人体重的 5%（这一结果是按新生儿平均体重为 3 公斤，成人平均体重为 60 公斤计算的）。之后，儿童的脑重随着年龄的增长而迅速增加。增加的速度是先快后慢。第一年内脑重增加速度最快，平均每天增加 1 克，到九个月时，婴儿的平均脑重达到 660 克左右。第一年末的发展达到出生后所需要发展的 50%。二岁半到三岁时，脑重量发展到 900—1011 克，相当于成人脑重的 75%。此后几年发展的速度降低，到六七岁时，儿童的脑重约为 1280 克，接近成人的水平，即达到成人脑重的 90%。以后增长的速度更慢，九岁时约达到 1350 克。十二岁时约为 1400 克。到 20 岁左右，脑重量不再增加了。

---

① Shaffer, D. V., *Developmental Psychology: Childhood and Adolescence* (4th Edition), Pacific Grove: Brooks/Cole Publishing Company, 1996, p. 168.

有研究发现，大脑各部分所占的体积是不同的，其中大脑皮层占整个大脑体积的77%；间脑占整个大脑体积的4%；中脑占整个大脑体积的4%；后脑占整个大脑体积的2%；小脑占整个大脑体积的10%；脊髓占整个大脑体积的2%。[1]

四　大脑神经系统的发展

关于儿童大脑神经系统的发展，已有的研究主要侧重于儿童大脑神经网络发展和大脑神经纤维的髓鞘化程度两个方面。

（一）大脑神经元联系的发展

大脑神经元的数量有100亿—140亿。到成人阶段，每个神经元之间都建立起联系，其数量有100多亿。随着个体年龄的增加，大脑神经元之间的联系就越复杂。而大脑神经元之间联系越是复杂，则为个体心理从低水平向高水平发展提供了可能性。具体情况如图5—7所示。[2]

神经生理学研究表明，婴儿在出生2—4个月的时候，他们的大脑神经元进入快速增长期。这个时期正好是婴儿开始对周围世界进行认识的时期。婴儿大脑神经元增长的高峰时间是在8个月时，此时每个神经元要与15000个其他神经元建立起联系。[3]

在上了年纪后，大脑的神经元细胞会遭受某些损害。[4] 研究表明，神经元总是不断失去其分支或树突，即神经元之间的联系减少。对此的解释是：(1) 色素积累，可能破坏神经元蛋白代谢；(2) 大脑血液循环速度降低；(3) 神经元核素的蛋白合成中错误的不断增加；(4) 环境刺激不足导致树突萎缩。

（二）大脑神经纤维髓鞘化的发展

髓鞘化是指包围神经纤维的脂肪鞘的增加，这个过程提高了信息传

---

[1] Swanson L. W., "Mapping the Human Brain-past, Present, and Future", *Trends in Neuroscience*, Vol. 18, No. 11, 1995, pp. 471–474.

[2] Bee, H., *Lifespan Development*, Havper: Collins College Publishers, 1994, p. 87.

[3] Begley, S., "Your Child's Brain", in G. Duffy, eds., *Psychology*, 98/99, Dushkin/McGraw-Hill, 1998, pp. 82–65.

[4] ［美］K. W. 夏埃、S. L. 威里斯：《成人发展与老龄化》（第五版），乐国安等译，华东师范大学出版社2003年版，第365页。

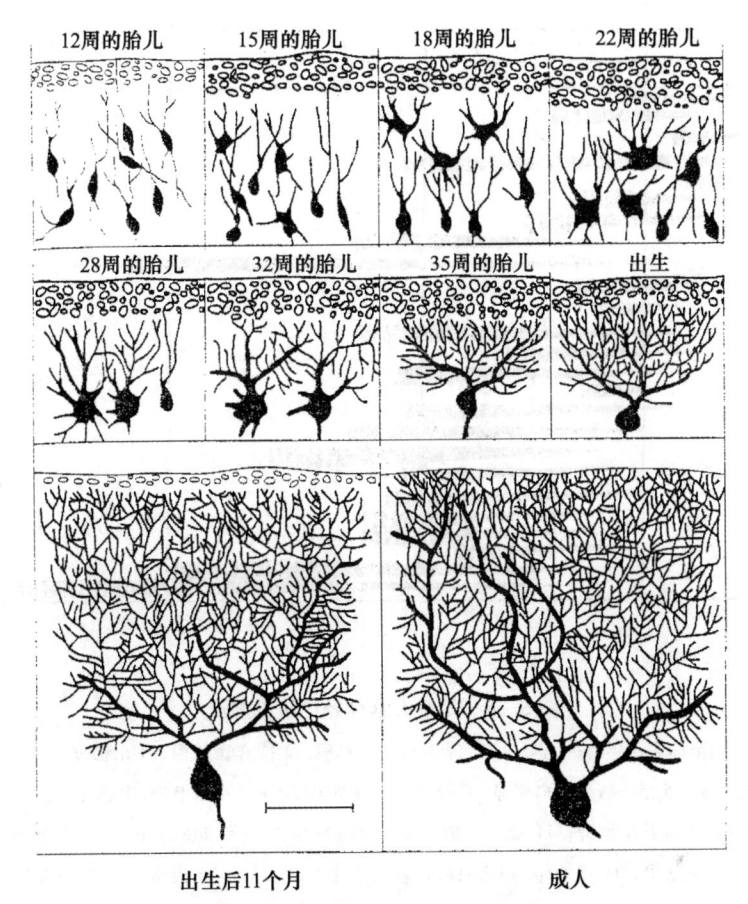

12周的胎儿	15周的胎儿	18周的胎儿	22周的胎儿
28周的胎儿	32周的胎儿	35周的胎儿	出生
出生后11个月		成人	

图 5—7 从胎儿到成人神经联系

递的效率。在中枢神经系统，感觉区的髓鞘化出现时间比运动区早。皮层联合区的髓鞘化最晚，并且一直持续到十几岁。

大脑神经纤维髓鞘化程度越高，大脑神经的功能就越强，从而确保神经冲动纤维快速、准确的传导，对行为的调节起重要作用。

研究表明，随着个体年龄的增长，大脑神经纤维髓鞘化的发育过程如图 5—8 所示。[1]

(三) 大脑白质的年老性变化

大脑白质由大量神经纤维构成，实现了皮层各部分皮质与皮质下结

---

[1] 孙晔、魏明庠、李一鹏：《出生后个体发展的心理生理学问题》，《心理科学通讯》1982年第5期。

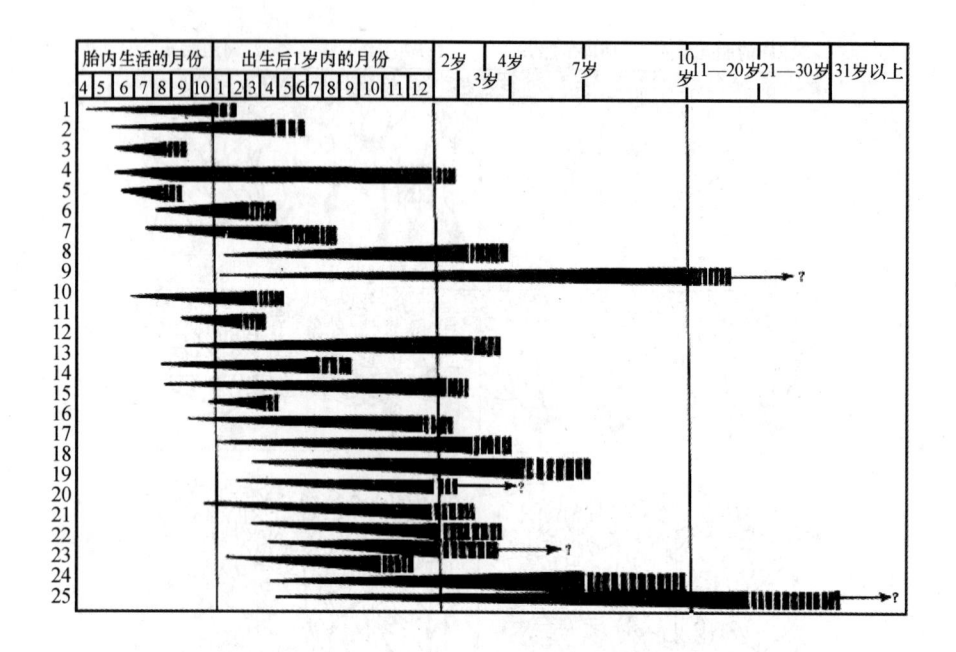

图 5—8　儿童大脑神经纤维髓鞘化

注：横坐标表示年龄；纵坐标表示：1 指脊髓腹根，2 指脊髓背根，3 指前庭——听觉束，4 指内侧丘系，5 指小脑下脚内侧部，6 指小脑下脚外侧部，7 指小脑上脚，8 指小脑中脚，9 指网状结构，10 指下丘脑脚，11 指上丘脑，视神经与视束，12 指 Форел6Н1 丘脑束和 Bukgaup 束，13 指豆状核束，14 指 Форел6Н2 豆秋核束，15 指视觉辐射，16 指体觉辐射，17 指听觉辐射，18 指非特异丘脑辐射，19 指纹状体，20 指锥体束，21 指额——脑桥束，22 指穹隆，23 指扣带回，24 指脑的长联合束，25 指联合区皮质内联系；纵行宽度与长度表示从纤维染色程度和密度看髓鞘化程度的增长。

构间的联系。研究表明，白质有明显的随年老而变化的趋势。[①] 年老性变化有人等运用容积 MRI 分析方法研究了 54 名 20—86 岁正常人的人脑，发现 50 岁以后个体大脑白质体积占颅内容积的百分比比 50 岁以前个体显著降低，他们还发现大脑白质体积百分比呈代数式下降，40 岁以前变化很小，此后下降速度明显提高。还有研究运用新的体视学方法研究了 94 名 20—93 岁正常人的大脑标本，通过卡瓦列里原理估算大脑白质的体积，

[①] 杨姝等：《大脑白质及白质内有髓神经纤维老年改变的研究进展》，《解剖学杂志》2007 年第 30 卷第 2 期。

发现老年人大脑白质体积降低了28%。

还有一项研究采用纵向设计方案，分析了92名59—85岁正常老年人大脑第1、2、4年的MRI影像，定量研究大脑结构的老年性改变，发现随年龄的增长，大脑白质呈弥散性丢失，平均每年下降3.1±0.4立方厘米。

还有人运用体视学方法，研究了10名健康的丹麦女性死亡后大脑的标本。[①] 包括5名平均年龄38岁的青年女性和5名平均年龄74岁的女性。结果发现，老年组大脑白质及白质内有髓神经纤维的体积较年轻组分别下降了15%和17%，但这种差异没有达到显著性；而白质内有髓神经纤维的总长度从11.8千米下降到8.6千米，显著降低了27%，且有髓神经纤维总长度的降低主要是由于细小直径的有髓神经纤维改变所致。此外，该研究小组还比较了男女大脑白质变化。[②] 他们以18名年龄在19—87岁的男性被试和18名18—93岁的女性被试，研究了白质及白质内有髓神经纤维老年改变。结果发现，在男性和女性大脑白质、有髓神经纤维的总长度每10年下降10%，或者说从20—80岁，有髓神经纤维的总长度下降了45%。导致老年人大脑白质有髓神经纤维的总长度下降的可能性是：（1）广泛性轴突变及同时出现的髓鞘破坏；（2）轴突没有发生改变，但髓鞘破坏；（3）两者同时发生。

（四）大脑左右半球结构上的差异

许多研究已揭示人类大脑左右两半球结构是不对称的，具体结果如表5—2所示。[③]

大脑左右两半球结构上的发展差异，到底是什么原因引起的，目前主要有两种观点：[④]

[①] Tang Y. et al.,"Age-induced White Matter Changes in the Human Brain：A Stereological Investigation", *Neurobiology Aging*, Vol. 18, No. 6, 1998, pp. 609–615.

[②] Marner L. et al.,"Marked Loss of Myelinated Fibers in the Human Brain with Age", *Journal of Compare Neurology*, Vol. 462, No. 2, 2003, pp. 114–152.

[③] 韩济生主编：《神经科学原理》（第二版）下册，北京医科大学出版社1999年版，第957页。

[④] 董奇等：《脑功能成像研究对语言功能一侧化的新认识》，《北京师范大学学报》（社会科学版）2003年第178卷第4期。

表 5—2　　　　　　　　人类大脑左右半球不对称的结构

解剖结构	优势半球
脑组织比重	左 > 右
外侧裂长度	左 > 右
岛回	左 > 右
扣带回	左 > 右
颞平面	左 > 右
下顶小叶	左 > 右
枕叶宽度	左 > 右
侧脑室枕叶角长度	左 > 右
额叶盖总面积	左 > 右
体积	右 > 左
重量	右 > 左
Heschl 脑回面积	右 > 左
内膝体	右 > 左
额叶宽度	右 > 左

第一，即大脑左右两半球结构的一侧化是大脑左右两半球功能一侧化的前提。主要依据是：（1）大脑结构的不对称性是由遗传决定的，早在胎儿期已经出现，并且稳定不变；（2）颞叶区域的不对称随着年龄的增长而加大，对儿童和成人的比较也发现，成人的布洛卡区和维尔尼克区以及角区的不对称性都较儿童更强。

第二，大脑左右两半球功能的不对称影响了大脑结构的不对称性发展。由于大脑某些区域负责语言的加工，而语言又是人类运用最多的一种高级认知功能，从而使得这个区域在体积上的不对称性越来越明显。

第三节　大脑功能的发展

一　大脑兴奋与抑制功能的发展

个体在一天中活动与睡眠的时间的比例，是由其大脑神经兴奋与抑制功能的发展所决定的。

新生儿大约在一天中有70%的时间是睡眠的。8个月大的婴儿,他们白天睡眠的时间比较少。1岁的婴儿,白天活动的时间明显增长,晚上睡眠时间延长。这种有规律的活动和睡眠,对于婴儿的发展来说是非常重要的,因为规律形成得越早,婴儿适应外部世界环境的能力越强。随着儿童年龄的增长,不仅睡眠的数量和模式发生了变化,而且睡眠的种类也发生了变化。

通过脑电图机记录到两种不同的睡眠,即快速眼动(rapid-eye-movement, REM)睡眠和非快速眼动(non-rapid-eye-movement, NREM)睡眠。快速眼动睡眠通常又被称为做梦睡眠,在此期间,通常伴随着个体心跳和血压的变化。

有一项研究对不同年龄个体一天中睡眠(快速眼动睡眠和非快速眼动睡眠)与活动所占的比例进行了研究,结果如图5—9所示:[①]

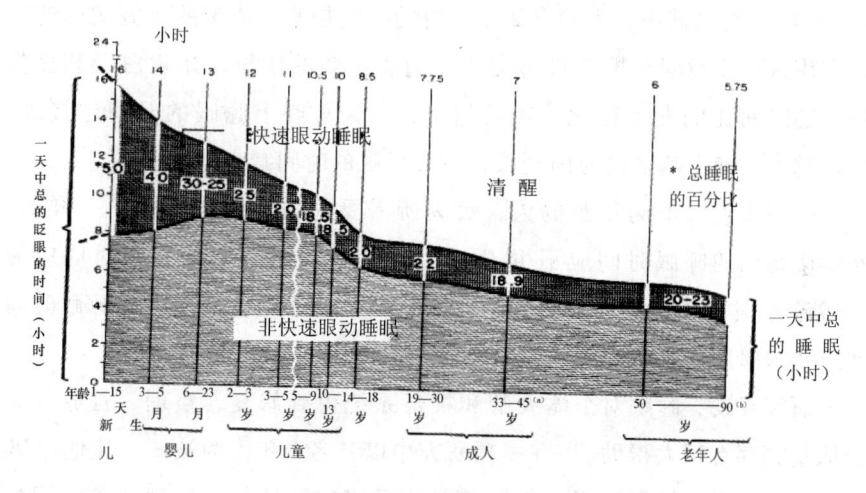

图5—9 不同年龄的个体在一天中快速眼动睡眠、非快速眼动睡眠与活动所占比例

从图5—9中可以看出,新生儿有50%的睡眠是快速眼动睡眠。随着年龄的增长,这个百分比下降得很快。

新生儿的五种不同的睡眠和觉醒状态,具体结果如表5—3所示。

---

① Berk, L. E., *Child Development* (2nd Edition), Boston: Allyn and Bacon, 1991, p.125.

表 5—3　　刚出生和 1 个月的新生儿睡眠和觉醒的状态

状态	特点	每种状态所持续的时间	
		刚出生时	一个月
深睡	闭眼，呼吸有规律，除了偶然的惊跳外，没有运动	16—18 小时	14—16 小时
浅睡	闭眼，呼吸无规律，身体有小的颤动，躯体没有大的运动	16—18 小时	14—16 小时
安静	睁眼，呼吸有规律，躯体没有大的运动	16—18 小时	14—16 小时
活动	睁眼，呼吸无规律，有头部、四肢、躯体的运动	6—8 小时	8—10 小时
啼哭、烦躁	全闭或半闭眼，全身躁动，啼哭吵、闹	6—8 小时	8—10 小时

从表 5—3 中可以看出，新生儿一天内睡眠 16—18 个小时；觉醒 6—8 个小时，在这其中，大约有 2 个小时的时间是非常清醒的，做父母的应该利用这一段时间与婴儿进行交流。随着年龄的增长，儿童白天和夜晚睡眠的时间比例发生变化。年龄越小，白天和晚上睡眠的时间越接近；年龄越大，晚上睡眠的时间延长，白天睡眠的时间减少。

一般来说，不同年龄的人，每天所需要的睡眠的时间是不一样的。小学生每天的睡眠时间应不少于 10 个小时，中学生每天睡眠时间应为 8—9 个小时，成年人每天睡眠时间应在 7—8 个小时，老年人的睡眠时间比成年人时间又要略多些。

研究发现，睡眠对个体大脑和神经系统得到修复、整理、营养补充及能量储存有很大帮助。[①] 在一项研究中以三名青年人为被试，让他们 90 个小时不睡觉。结果发现他们的感觉、反应的敏捷性、运动速度、记忆力以及计算能力都变得迟钝。其中一个人在剥夺睡眠后第二个晚上出现了幻视、体温下降等异常状况。还有一项研究发现，与发育关系密切的生长激素在夜间比白天分泌得多。对于老年人来说，长期睡眠质量差，会导致老年斑、脱牙、冠心病、高血压病、脑血管病、慢性胃炎、糖尿病率、血清过氧化脂质明显偏高，红细胞超氧化物歧化酶活性明显偏低，

[①] 何志恒、印大中：《睡眠研究的科学前沿》，《生命科学研究》2002 年第 S2 卷。

提示睡眠质量差对老年人健康有害,并加速衰老。

二 大脑左右半球功能的发展

(一)大脑左右半球功能不对称的发生与发展

大脑左右两半球功能不对称性从初生时就表现出来了。一个实验记录了100名健康的新生儿躺着时头部保持的方向,结果发现:新生儿就存在左半球优势。[①] 具体结果为,88%的时间,新生儿的头转向右边,而只有9%的时间转向左边。在听到说话声音后,新生儿的左半球也显示出更强的脑电波反应。非言语声音则产生相反的效果,即大脑右半球出现更多的反应。

Entus 用双耳分听法,研究表明功能偏向一侧在婴儿出生后就已经存在。[②] 由于婴儿不会说话,其对刺激的反应可以通过记录他们对一种特殊压力感受性的橡皮奶嘴的吸吮频率来测量。在其耳机中的一个声音变化,会使他们加速吸吮。因此,这种吸吮频率的增加是由于婴儿听到的声音类型的变化所引起的。当给婴儿的两个耳朵呈现相冲突的声音、并只改变其中之一时,婴儿将只对优势耳所听到的变化做出反应(吸吮频率加快)。在实验中,给婴儿呈现的言语声音有"ma""ba"和"da"。非言语声音是录的乐器声。被试为48名平均年龄为3个月左右的婴儿。实验结果发现:有79%的婴儿表现出右耳(左脑)在言语方面的优势,有71%的婴儿表现出左耳(右脑)在音乐方面的优势。

由于这一结果中婴儿左右耳对言语和音乐优势的百分数与对年龄较大儿童和成人的双耳分听法实验的结果非常接近,似乎表明左脑觉察言语和右脑觉察音乐的倾向是天生的。3个月左右大的婴儿,其大脑的较高级皮层和胼胝体尚未完全得到发展。与此同时,对此年龄的婴儿来说,实验所采用的刺激材料是无意义的(这主要是相对于3个月大的婴儿所说的),但是他们的神经回路已经表现出了左脑对言语声音的偏好,右脑

[①] [美]托马斯·R.布莱克斯利:《右脑的奥秘与人的创造力》,董奇、杨滨译,国际文化出版公司1988年版,第72页。

[②] Entus, A. K., "Hemispheric Asymmetry in the Processing of Dicholically Presented Speech and Nonspeech Sounds by Infants", in S. J. Segalowitz & F. A. Gruber, Eds., *Language Development and Neurological Theory*, New York: Academic Press, 1977, pp. 63–73.

对音乐声的偏好。

还有一项研究采用双耳分听法,以 3—9 岁的儿童为被试,用 5 段摇篮曲,组合成 10 段曲子,训练被试按曲子从多个图片中做出选择。结果发现被试表现出了左耳优势(即大脑右半球优势)。[1]

Davidson 和 Fox 用实验研究支持了这个说法。[2] 他们发现,对于成人来说,积极的情绪与大脑左半球的活动相联系;而婴儿直到 10 个月时左脑才对积极情绪有较大的活动性反应。成人大脑右半球与情绪知觉有密切关系,而儿童到 5 岁时大脑半球优势才稳定。

(二)大脑左右两半球功能的不对称性的研究成果

人类大脑左右半球功能不对称,已有研究取得了如下成果,具体结果如表 5—4 所示。[3]

表 5—4　　　　　　　人类大脑左右半球不对称的功能

功能	左半球优势	右半球优势
视觉	字母及单词的识别	复杂图形及相貌的识别
听觉	语音型声音	环境声音,音乐
躯体感觉	—	复杂形状的触觉识别
运动	复杂随意运动控制	运动模式的空间组织
记忆	词语记忆	形状记忆
语言	听说读写	—
空间能力	—	几何学、方向感觉和心理旋转
其他功能	数学能力	

还有人更为详细地总结了大脑左右两半球的功能,具体如表 5—5 所示。[4]

---

[1] Atkinson, R. C. et al., Eds., *Steven's Handbook of Experimental Psychology* (2nd edition), New York: John Wiley & Sons, Inc., 1988, p.934.

[2] Davison, R. J. and Fox, N. A., "Asymmetrical Brain Activity Discriminates between Positive Versus Negative Affective Stimuli in Human Infants", *Science*, Vol.218, No.4578, 1982, pp.1235–1237.

[3] 韩济生主编:《神经科学原理》(第二版)下册,北京医科大学出版社 1999 年版,第 957—958 页。

[4] 王精明:《大脑两半球功能特化的研究》,《生物学通报》1999 年第 34 卷第 1 期。

表 5—5　　　　　　　　大脑左右两半球功能

左脑功能	右脑功能
言语表达	空间知觉
注意细节	注意形状
抽象符号	形象识别
陈述记忆	表象记忆
元素分析	完形模拟
逐次理解	平行掌握
阅读书写	图形匹配
概念序列	体感活动
智力推论	理解隐喻
数学计算	情绪体验
结构模式	开放重组
感觉节奏	感受旋律
逻辑程序	直觉领悟

注：分别列出的左右脑的功能，不一定都具有对应关系。

（三）大脑左右两半球言语功能上的表现

1. 言语优势半球的发展过程

有人认为：即使在两岁以前，左半球病变比右半球病变更易影响语言的发展。研究者比较了在语言发生前摘除左半球的儿童和摘除右半球的儿童的语言发展。[①] 研究发现：摘除左半球的儿童的复合句法辨别（如主动—被动的区别）、利用声音来帮助提取词，以及把词组成概念群集等作业成绩不好。其他测试，如叫出名称和流利程度，则摘除左半球和摘除右半球均对其没有影响。

有一些研究者以多个字母为实验材料来代替单词时，发现 5—8 岁的儿童都表现出了右视野再认（大脑左半球）的优势。之后，还有一些研究者将实验材料改为只呈现一个字母后，发现儿童还是表现出右视野再认优势。进一步以单个的阿拉伯数字为实验材料，在实验过程中无论是

---

① Iaccino, J. F., *Left Brain-right Brain Differences: Inquiries, Evidence, and New Approaches*, Hillsdale, New Jersey: Lawrence Erlbaum Associates Publishers, 1993, p. 194.

两视野还是一侧视野呈现,同样也发现 5—8 岁儿童再认时表现出了右侧视野的优势。[1]

Satz 等人以语词为实验材料,发现 9—11 岁的儿童随着年龄的增加,右耳优势逐渐增强。[2] 还有一项研究是以单词和句子为实验材料,结果发现 4 岁左右的儿童即表现出了右耳优势。[3]

2. 言语优势半球的脑损伤证据

在个体出现偏瘫后,是否会出现语言问题呢?有人系统总结前人关于偏瘫病人的研究报告,结果如表 5—6 所示。[4]

表 5—6　　　　　　　　偏瘫时间与语言问题的发展

偏瘫时间	右偏瘫(人)	伴随语言问题的 % 人数	左偏瘫(人)	伴随语言问题的 % 人数
不知道	17	29%	18	17%
出生时	24	33%	22	14%
0—13 月	9	33%	1	0%
14—44 月	7	86%	5	0%
5.5—11.5 岁	2	100%	1	0%

从表 5—6 中可以看出,在偏瘫后,随着时间的延长,右偏瘫者比左偏瘫者有更多的语言问题存在。这一结果支持了左半球是人类语言活动的中枢。

还有一项研究是以 3 例大脑左半球损伤的婴幼儿为被试,探讨了语言功能的一侧化问题。[5] 3 名被试的基本情况是:第一例,男,4 岁 1 个

---

[1] Iaccino, J. F., *Left Brain-right Brain Differences: Inquiries, Evidence, and New Approaches*, Hillsdale, New Jersey: Lawrence Erlbaum Associates Publishers, 1993, p. 191.

[2] Satz, P., and Bakker, D. J., et al., "Developmental Parameters of the Ear Asymmetry: A Multivariate Approach", *Brain and Language*, Vol. 2, 1975, pp. 171 – 185.

[3] Saxby, L. and Bryden, M. P., "Left-ear Superiority in Children for Processing Auditory Emotional Material", *Developmental Psychology*, Vol. 20, No. 20, 1984, pp. 72 – 80.

[4] 白学军:《智力心理学的研究进展》,浙江人民出版社 1996 年版,第 141 页。

[5] 郭可教等:《从婴幼儿失语看大脑言语功能一侧化》,《中国神经精神疾病杂志》1990 年第 16 卷第 5 期。

月，右利手，CT检查结果是左额后部脑内血肿，症状是完全性失语，右侧偏瘫；第二例，男，3 岁 5 个月，右利手，左额后部脑内血肿，症状是完全性失语，右侧偏瘫；第三例，男，2 岁 5 个月，利手未定，左额后部和左颞后部各有脑内血肿，症状是完全性失语，左侧偏瘫。在即时、伤后半年和伤后 10 个月或 1 年检查时，结果如表 5—7 所示。

表 5—7　　3 名患者言语基本功能检查的结果

检查方法	例1 伤后4天	例1 伤后半年	例1 伤后一年	例2 伤后1周	例2 伤后半年	例2 伤后一年	例3 伤后4周	例3 伤后半年	例3 伤后10个月
听话：									
1. 听词选图	++	−	−	++	−	−	++	+	−
2. 听词取物	++	−	−	++	−	−	++	+	−
3. 执行口头指示	++	−	−	++	−	−	++	+	−
说话：									
4. 亲属称呼	++	−	−	++	−	−	++	+	−
5. 自身五官命名	++	+	−	++	−	−	++	+	−
6. 看图命名	++	−	−	++	−	−	++	+	−
听—说联合：									
7. 音节复述	++	−	−	++	−	−	++	+	−
8. 单句复述	++	−	−	++	−	−	++	+	−
9. 对话言语	++	+	+	++	+	−	++	++	+
言语连贯性：									
10. 自发言语	++	+	+	++	+	−	++	++	+
11. 计数（1—10）	++	+	−	++	+	−	++	++	+
12. 唱儿歌	++	++	+	++	++	−	++	++	+

注：++——严重障碍；+——轻度障碍；−——正常。

从表 5—7 中可以看出,三例患者在左半球外伤后完全性失语,言语理解和言语表达能力均有严重障碍,且持续时间较长。从恢复过程看,言语表达障碍较言语理解为重。

3. 特殊个体言语优势半球的发展特点

(1) 镜像书写儿童的言语优势半球

所谓镜像书写儿童,是指所写的字或句子与正常所写的方向相反,好像在镜子中见到的那样。在学前儿童中和新入学的小学生在刚开始学习写字阶段可以出现镜像书写,随着年龄的增长逐渐减少。

黄小钦等人从小学二年级学生中选择出 26 名镜像书写的儿童和 30 名正常儿童为被试,采用双耳分听法,要求被试听数字和形象意义的词汇。[①] 结果发现:①正常与镜像书写儿童数字分听得分上,正常组右耳得分大于右耳,即表现出左脑优势;镜像书写组儿童左右耳之间无差异,即无左右脑优势。具体结果如表 5—8 所示。

表 5—8　　　　　　　正常与镜像书写儿童数字得分比较

	双耳	左耳	右耳	t	P
正常组	36.10 (3.74)	17.27 (2.66)	18.83 (2.65)	-2.28	0.026
镜像组	31.6 (4.95)	15.08 (3.59)	16.58 (2.69)	-1.71	0.094
t	3.82	2.614	3.156		
p	0.0001	0.12	0.003		

②正常与镜像书写儿童形象词分听成绩上,正常组右耳正确答对数显著大于左耳,表现为左脑优势;镜像书写组儿童左右耳间无差异。注意左耳时,两组儿童正确报告成绩无差异,在注意右耳时,成绩有显著差异。具体结果如表 5—9 所示。

[①] 黄小钦等:《镜像书写儿童大脑机能不对称性的特点》,《脑与神经疾病杂志》2005 年第 13 卷第 4 期。

表 5—9　　　　　　正常与镜像书写儿童形象词分听得分比较

	双耳	左耳	右耳	t	P
正常组	32.80（4.26）	15.28（3.27）	17.52（2.84）	2.83	0.006
镜像组	29.66（4.45）	14.75（3.17）	14.90（5.04）	-0.13	0.896
t	2.67	0.618	2.433		
p	0.01	p.542	0.018		

从上述结果中可以看出，正常组儿童数字和词汇分听均表现出右耳（即左脑）优势，而镜像书写儿童无论数字或词汇分听均无左耳或右耳优势，即表现出大脑左右两半球均势。这表明，镜像书写儿童不像正常儿童那样，他们还没有形成正常书写运动图式的左半球优势。

王乃怡以 12 名聋童中学生和 12 名正常的中学生为被试，采用速示法，给被试左右两侧视野同时呈现单字词和双字词。① 结果发现：①有听力的被试对单字词和双字词的识别均表现出右侧视野优势，而聋童组则表现出左侧视野优势。两组被试的左侧视野得分几乎相等，右侧视野的得分则是聋童组显著低于正常组。具体结果如表 5—10 所示。

表 5—10　　　正常组与聋童组在左右视野同时呈现单字词和
　　　　　　　　　　双字词时正确反应的平均数

项目	被试	左视野	右视野	p
单字词	正常	38.5（7.29）	45.4（5.35）	<0.01
	聋童	36.3（9.23）	27.1（8.71）	<0.05
双字词	正常	18.3（4.55）	23.0（3.72）	<0.05
	聋童	18.9（2.67）	11.9（4.42）	<0.02

② 听力正常组对抽象词和具体词的识别都显示出右侧视野的成绩优于左侧视野的成绩。而聋童组则对抽象词表现为左侧视野优势效应，而对具体词的识别两侧视野成绩没有差异，具体结果如表 5—11 所示。

---

① 王乃怡：《词义与大脑机能一侧化》，《心理学报》1991 年第 3 期。

表 5—11　正常组与聋童组在左右视野对抽象词和具体词得分的比较

项目	被试	左视野	右视野	p
单字词	正常	19.2 (3.11)	22.5 (4.33)	<0.05
	聋童	19.1 (3.66)	23.8 (3.12)	<0.01
双字词	正常	18.6 (5.33)	12.1 (3.80)	<0.01
	聋童	17.5 (4.85)	15.1 (5.38)	>0.05

4. 词汇加工的大脑左右半球优势效应

有一项研究以和谐元音音节 (consonant-vowel syllabes) 为实验材料，以 5—13 岁儿童为被试。结果发现了在所有年龄上都是表现出了一致的右耳优势，如图 5—10 所示。[1]

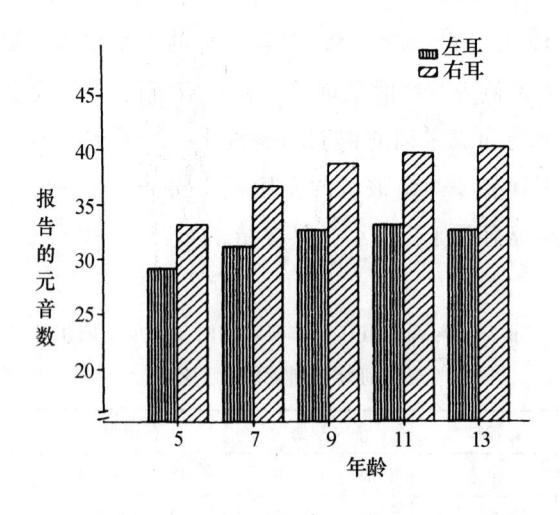

图 5—10　5—13 岁儿童左右耳报告元音数的成绩

有人利用速示仪，以小学二年级学生至十五年级学生（即大学三年级学生）为被试，在左或右视野呈现三或四字词。[2] 结果发现，随着受教育年龄的增加，儿童识别字词的能力提高；各个年级都表现出了大脑左

---

[1] Iaccino, J. F., *Left Brain-right Brain Differences: Inquiries, Evidence, and New Approaches*, Hillsdale, New Jersey: Lawrence Erlbaum Associates Publishers, 1993, p. 188.

[2] Ibid., p. 190.

半球优势。结果如图 5—11 所示。

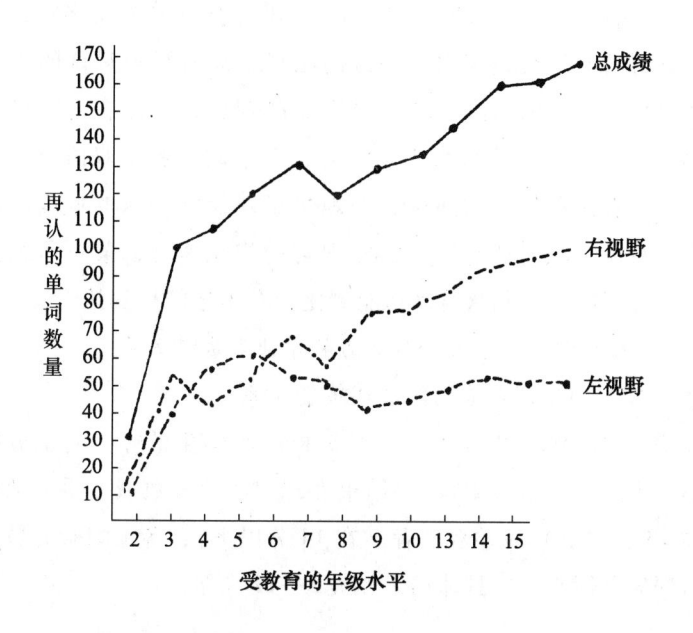

图 5—11　不同教育水平儿童左右视野再认单词的平均数

后来又有人重复上述实验过程，以 7—11 岁儿童为被试，结果发现在识别双字词时各个年龄组儿童也表现出大脑左半球优势。

具体到汉语，情况有所不同。胡碧媛采用速示技术，以 7—16 岁儿童为被试，研究了他们辨认汉字时大脑左右两半球的功能特点。[①] 结果发现在辨认汉字时，有一个发展过程。即 7—10 岁被试对汉字和汉语拼音单词的认识均为左半球优势，11—12 岁，对汉字除单字外，对双字词的辨认呈现出两半球均势，13—16 岁则对汉语单字的辨认也变为两半球均势。

静进等人采用速示技术，以小学三年级和五年级的蒙古族和汉族学生为被试，按他们掌握语言的程度可分为只会汉语组即汉单语组，既会汉语又会蒙语组即蒙汉双语组和只会蒙语组即蒙单语组。[②] 实验材料为

[①] 胡碧媛、许世彤：《中国儿童、少年在表意和表音文字辨认中大脑两半球机能特点》，《心理学报》1989 年第 2 期。

[②] 静进等：《速示条件下蒙古族、汉族儿童对汉字辨读率与反应时的对比研究》，《心理发展与教育》1996 年第 12 卷第 3 期。

2—4个音节的蒙文字和4—8笔画的常用汉字各8个,在难度、字义、笔画多少等方面做了匹配。结果发现:(1)当实验材料为汉字时,蒙单语组和蒙双语组的各年级表现出了一致的结果,即右视野辨认的速度显著地快于左视野;而汉单语组的各年级则无此现象,即左右视野辨认的速度没有差异。(2)当实验材料为蒙文时,蒙单语组和蒙双语组的各年级被试仍表现出右视野辨认的速度显著地快于左视野辨认的速度。同时也发现无论是右视野的辨认速度还是左视野的辨认速度,蒙单语组快于蒙双语组的。表明蒙古族儿童语言功能侧化于左半球的程度甚于汉族儿童。

(四)大脑左右两半球功能与智力和学业习成绩关系

1. 大脑左右两半球功能与学业成绩的关系

有人按简单动作技能测定了未经选择的小学生的左、右偏分数。又对这些小学生进行了多项测验。[①] 结果发现,右手分数减左手分数的差数大者(在15分以上)较差数小者(在14分以下),各项测验分数低,而且差异达到显著性水平,具体结果如表5—12所示。

表5—12 左、右偏与几种测验分数的关系

右手分数减左手分数	14分以下	15分以上	P<
解算术题	106	98	0.005
拼写单词	106	98	0.005
标点文章	108	102	0.012
阅读理解	104	98	0.016
词语使用	104	98	0.019
地图阅读	105	99	0.021

从表5—12所列出的各项测验分数看,似乎表明左偏小学生的成绩较好。

2. 大脑左右两半球功能与智力的关系

通常右利手的人大脑左半球的功能较发达,左利手的人大脑右半球的功能发达。有一项研究从小学一至五年级3500名学生中,筛选出左利

[①] 张述祖、沈德立:《基础心理学增编》,教育科学出版社1995年版,第8—9页。

手 100 名（男 53 名，女 47 名，7—10 岁 78 名，11—14 岁 22 名），右利手 100 名（男 52 名，女 48 名，年龄 7—10 岁 76 名，11—14 岁 24 名）。[①] 结果发现，左利手儿童和右利手儿童在韦克斯勒智力量表的得分存在差异，具体结果如表 5—13 所示。

表 5—13 左利手和右利手儿童在语言智商、操作智商和总智商成绩上的差异

	语言 IQ	操作 IQ	总 IQ
左利手儿童	107.6（11.5）	111.0（9.5）	110.1（9.9）
右利手儿童	112.9（7.2）	108.1（7.2）	110.3（7.4）
t	2.25	2.18	0.54
p	0.025	0.030	0.588

从表 5—13 中所以看出，右利手者儿童的语言 IQ 显著高于左利手儿童的；左利手儿童的操作 IQ 显著高于右利手儿童的；但左利手儿童和右利手儿童的总 IQ 没有差异。

三 数学能力发展的脑机制

（一）数学运算过程的脑机制发展

1. 心算

Rivera 等人研究了心算过程中的神经发展变化。[②] 实验任务是给被试（8—19 岁）看一些算术等式（$1+2=3$ 或者 $5-2=4$），要求判断结果是否正确。在两步加法或减法任务中，准确性随年龄增长而提高，对于年龄较大的被试来说，其左侧顶叶皮层和上边缘脑回及其邻近的前侧顶内沟、左侧枕颞皮层受到更大的激活。这些与年龄有关的变化与灰质密度的变化没有关系。该研究为大脑机能随年龄增长而不断成熟提供了新的证据。相反，研究发现对于年龄较小的被试来说，其前额叶皮层包括背外侧和腹外侧前

[①] 潘筱等：《左利手与右利手儿童智力特点的对比研究》，《中国全科医学》2007 年第 10 卷第 4 期。

[②] Rivera S. M., Reiss A. L. and Eckert M. A., et al., "Developmental Changes in Mental Arithmetic: Evidence for Increased Functional Specialization in the Left Inferior Parietal Cortex", *Cerebral Cortex*, Vol. 15, No. 11, 2005, pp. 1779–1790.

额皮层和扣带前回皮层受到更大的激活。这表明年龄较小的被试需要相对较多的工作记忆和注意资源,来完成相同水平的心算任务。年龄较小被试的海马、背侧基底神经节受到较大激活,这表明他们更多地需要陈述性记忆和程序性记忆系统。结果为左侧顶下皮层在心算中功能的逐渐单侧化过程提供了证据。该过程逐渐地不再依赖于记忆和注意资源。

2. 加减法

关于加减法运算的脑机制,已经取得了以下结果。[1] (1) 左顶内沟前部的损伤会使减法运算受到破坏。(2) 正常人在完成加法运算时,主要是左扣带回、额中回和左侧脑岛得到激活;而在完成减法运算时,除了加法运算激活的区域之外,还有右顶下叶、左楔前叶、左顶上回被激活。(3) 在减法运算时会激活额中回。(4) 连续相减法是双侧激活,右半球为主;脑后部区域(角回)、额区、运动前区和运动区均有激活。同时,又存在个体差异。有的被试左右脑岛激活,左颞皮层激活。(5) 对于减法,顶部区域、额区和小脑双侧、左侧运动前区和扣带皮层前部得到激活。对数字运算的研究发现,实际运算过程(数字连续相减)则主要是激活了右顶(负责数字的对齐)、双侧额区(保持运算结果)。

还有一项研究采用元分析方法,发现运动前区的背外侧(PMd)与腹外侧(PMv)在大多数数字加工任务中有显著激活,而运动辅助区(SMA)的激活则相对较少。[2] 数字比较、加法与减法任务在 PMd 区域有更多的激活,而乘法任务则在 PMv 区域有更多激活。

3. 估算与精算

精算能力主要指个体依靠数字与数学运算符号,遵循一定的运算规则,按照一定的演算步骤,得出较精确的计算结果的能力。估算能力指个体在利用一些估算策略的基础上,通过观察、比较、判断、推理等认知过程,获得一种概略化结果的能力。[3]

---

[1] 何华:《影响数学运算的脑机制研究述评》,《中华医学研究杂志》2007 年第 7 卷第 12 期。

[2] 张红川等:《前运动皮质与数字加工:脑功能成像研究的元分析研究》,《心理科学》2007 年第 30 卷第 1 期。

[3] 董奇等:《估算能力与精算能力:脑与认知科学的研究成果及其对数学教育的启示》,《教育研究》2002 年第 5 期。

有一项研究采用 ERP 方法，对被试完成估算任务和精算任务进行研究。[1] 结果发现：估算能力与精算能力在时间进程上也表现出明显的差异，在刺激呈现后 216 毫秒左右时，精算任务产生了更高的诱发负电位，而在 272 毫秒左右时，估算任务则诱发出更高的负电位。研究者进一步指出，与精算任务联系的脑区主要与个体的语言区有较明显的重叠，同时在时间进程上也与语言加工类似，而估算任务则和个体的空间运动与躯体运动（尤其是手指）知觉区域联系密切。这一结果验证了认知心理学实验的相关结论，即估算能力与精算能力可能分别使用了不同的内部编码。从本实验结果来看，精算能力主要采用的是语言编码，因此与语言区联系密切，而估算能力的编码则可能基于对视觉—空间信息的认知加工。

有人用 fMRI 方法，在实验中，研究者向被试呈现一位数的加法等式，如 3+4、7+8 等。[2] 被试需要完成两种数学任务：一是进行精确计算；二是对结果进行估计。通过比较被试完成两种任务发现：精确计算在左侧额叶前下部、左侧的楔前叶、右侧的顶—枕回、双侧角回以及右侧颞中回等区域激活更强，而估计则在左右两侧的顶内沟、右侧的楔前叶、双侧的中央前沟、左前额叶的背外侧与上部、左侧小脑以及双侧丘脑等区域产生更多的激活。

（二）发展性计算障碍的脑机制

目前，世界上有 3%—6% 的儿童患有发展性计算障碍。[3] 发展性计算障碍是由于参与数字加工的部分大脑受到损伤而导致的数学学习障碍，而且这种障碍不伴随有智力的缺陷。发展性计算障碍也被有些研究者称为算术学习障碍、数学障碍。遗传学、神经生理学和流行病学的证据表明，发展性计算障碍是一种基于大脑（brain-

---

[1] Dehaene S., et al., "Sources of Mathematical Thinking: Behavioral and Brain-imaging Evidence", *Science*, Vol. 284, No. 5416, 1999, pp. 970–974.

[2] 张红川等：《数字加工的脑功能成像研究进展及其皮层定位》，《心理科学》2005 年第 58 卷第 1 期。

[3] Kucian K., Loenneker T. and Dietrich T., et al., "Impaired Neural Networks for Approximate Calculation in Dyscalculic Children: A Functional MRI Study", *Behavior and Brain Function*, Vol. 2, No. 1, 2006, p. 31.

based)的障碍，其最重要的成因在于发育过程中的脑结构与功能的失调或病变。[1]

　　Rotzer等人为分析发展性计算障碍儿童与正常儿童在顶叶、前额叶和扣带区（cingulate areas）是否存在结构上的差异，对12个计算障碍儿童和12个没有任何学习障碍的控制组儿童在1.5T全身性扫描仪上进行磁共振成像研究，进行VBM形态测量学分析（Voxel-based morphometry）比较两组在大脑灰质和白质上的差异。[2] 结果发现，与控制组儿童相比，发展性计算障碍儿童在右侧顶内沟（intraparietal sulcus, IPS）、前扣带回（anterior cingulum）、左侧额下回和两侧额中回上的灰质量显著减少。在左侧前额叶和右侧海马侧回（parahippocampal gyrus）上的白质显著减少。研究者推测，在额—顶叶网络区灰质和白质量的减少可能是算术加工技能障碍的神经机制。海马侧回区白质量的减少可能影响计算障碍儿童算术事实的提取和空间记忆的加工。

　　Soltész等人用神经心理学测验和事件相关电位对患有发展性计算障碍但没有其他障碍的青少年进行了研究，此外还设立了匹配控制组和成人控制组。[3] 在让被试判断一个视觉呈现的阿拉伯数字比5大还是比5小的任务中，用行为实验和ERP的实验验证了数量表征。结果发现了计算障碍儿童表现出正常的数字距离效应（numerical distance effect），即数字越接近参照数字，对其估计成绩越好。这表明对发展性计算障碍儿童来说，语义数量关系依赖于从现象上（近似）正常的数理表征。至少对于个位数字而言是这样。然而，发展性计算障碍儿童与控制组存在微小的差异，这表明，发展性计算障碍儿童对于个位数字的数量表征可能受到轻微的损伤。计算障碍儿童和控制组被试表现出类似的早期ERP距离效应。然而在400ms和440ms时，控制组被试显示出右顶叶ERP距离效应，但DD儿童没有表现出来。这表明，在早期对数字的更自动化的加工对两组被试是一致的，组间加工的差异到后来更为复

---

　　[1] 白学军等：《发展性计算障碍研究及数学教育对策》，《辽宁师范大学学报》（社会科学版）2006年第1期。

　　[2] Rotzer S., Kucian K. and Martin E., et al., "Optimized Voxel-based Morphometry in Children with Developmental Dyscalculia", *Neuro Image*, in press, 2007.

　　[3] Soltész, Szűcs and Dékány, et al., "A Combined Event-related Potential and Neuropsychological Investigation of Developmental Dyscalculia", *Neuroscience Letters*, Vol. 417, No. 2, 2007, pp. 181–186.

杂的控制性加工中才出现。该观点支持 DD 儿童存在执行功能下降的迹象。另外,DD 儿童在心理旋转和身体部位知识上与控制组儿童没有差异,但在心理手指旋转、手指知识和触觉任务中表现出明显的损伤。

四 语文能力发展的脑机制研究

(一) 发展性口吃的脑机制

口吃是一种言语节律障碍,表现为在说话过程中患者明确知道自己希望说什么,但常由于不随意的发音重复、延长或停顿,在表达时产生困难。口吃分为发展性口吃和获得性口吃两种,其中在儿童期出现的口吃称为发展性口吃,发生率约为 5%。[1]

1. 发展性口吃与大脑左右两半球功能一侧化异常有关

有一项研究采用 MRI,对慢性发展性口吃者的检查发现,患者的颞叶平面比正常人大,具体为左侧大 23%,右侧大 30%,且两侧更对称,额叶和负责言语和语言活动的外侧裂脑区的脑回数量也较正常人增多。[2]

还有一项研究发现,成年发展性口吃者的大脑半球和整个脑的容量与正常人没有差异,但缺乏正常人的额叶右大于左和枕叶左大于右的不对称性。研究者认为,这种一侧化的结构异常在成年口吃者中更为常见,可能是成年口吃者的主要特征。[3]

2. 发展性口吃与脑区间动态关系异常有关

听觉系统障碍是口吃的基本原因之一,具体表现在颞叶对言语的监控能力不足。有研究用 PET 技术,结果发现:(1) 发展性口吃者在单独朗读时左颞叶系统缺乏正常激活,其中包括颞叶上部和颞叶后部,即维尔尼克区。[4] (2) 发展性口吃患者的口吃频率还与负责听觉感知与加工的右颞上回和颞中回的激活呈负相关,而口吃者与正常人这一脑区的激活

---

[1] 徐杏元、蔡厚德:《发展性口吃的脑机制》,《心理科学进展》2007 年第 15 卷第 2 期。

[2] Foundas A. L., et al., "Anomalous Anatomy of Speech-language Areas in Adults with Persistent Developmental Stuttering", *Neurology*, Vol. 57, No. 2, 2001, pp. 207 – 215.

[3] Foundas A. L., et al., "Atypical Cerebral Laterality in Adults with Persistent Developmental Stuttering", *Neurology*, Vol. 61, No. 10, 2003, pp. 1378 – 1385.

[4] Fox P. T., et al., "A PET Study of the Neural Systems of Stuttering", *Nature*, Vol. 382, No. 6587, 1996, pp. 158 – 162.

与音节频率呈正相关。① 研究者提出，这些脑区的激活不足可能会影响正常发音通路中的自我监控加工。

Salmelin 等使用脑磁图技术，探讨了发展性口吃者听觉皮层的功能。② 给被试的任务有三种：默读、单独大声朗读和合声朗读。在被试完成任务的过程中使用单耳音调来探测其听觉皮层的功能状态。结果发现：发展性口吃者听觉皮层的基本组织方式不同于正常人，即发展性口吃者音调在左侧听觉皮层表征异常、半球间的平衡性不稳定，且在自定步调朗读时更严重。这可能会导致发展性口吃者不能实时有效地解释听觉输入，从而干扰言语的自我监控和在线调节，影响言语的流畅性。

3. 发展性口吃与小脑功能异常有关

有一项追踪研究，比较了口吃者在矫治前后的小脑活动。③ 结果发现，不论在默读还是在出声朗读条件下，矫治前口吃组的小脑的活动都明显大于对照组；在矫治刚结束时，口吃组小脑的活动增加；而在矫治1年后，口吃组的小脑活动又明显下降。研究者认为，小脑的活动体现了言语运动的自动化程度。

还有一项研究通过相关分析发现，口吃者小脑的激活量在流利言语时比在口吃言语时更多。研究者认为小脑激活可能是口吃者为了保持流利言语的一种代偿反应。④

（二）发展性阅读障碍的脑机制

发展性阅读障碍（developmental dyslexia）是指某些儿童具有正常的智力水平和接受教育的机会，没有明显的神经或器质上的损伤，却在标准阅读测验上的成绩显著低于正常读者。以拼音文字为母语的儿童中，阅读障碍的发生率为5%—10%。在表意文字中，如以日文和中文为母语

---

① Fox P. T. , et al. , "Brain Correlates of Stuttering and Syllable Production: A PET Performance-Correlation Analysis", *Brain*, Vol. 123, No. 10, 2000, pp. 1985 – 2004.
② Salmelin R. , et al. , "Functional Organization of the Auditory Cortex is Different in Stutterers and Fluent Speakers", *Neuroreport*, Vol. 9, No. 10, 1998, pp. 2225 – 2229.
③ 宁宁等：《口吃的脑成像研究》，《心理发展与教育》2007年第4期。
④ Fox P. T. , et al. , "Brain Correlates of Stuttering and Syllable Production: A PET Performance-Correlation Analysis", *Brain*, Vol. 123, No. 10, 2000, pp. 1985 – 2004.

的儿童,阅读障碍的发生率为 4%—8%。[①]

1. 拼音文字为母语的发展性阅读障碍

有一项研究使用功能磁共振成像(fMRI)技术,考察了正常读者和阅读障碍者在执行语音分析任务时的脑激活状况。[②] 结果发现,正常读者激活的脑区范围广。随着任务复杂性的增加,正常读者激活的脑区也从脑后部转向前部。首先是枕叶初级视皮层得到激活,随后是角回等视觉相关区域的激活,最后是颞上回的激活。而阅读障碍者很少出现这三步过程,他们的脑后部区域(如威尔尼克区、角回、纹状皮层)的激活过低;而前部脑区(如额下回的布洛卡区)却过度激活。

还有一项研究使用正电子发射断层扫描(PET)技术。[③] 结果发现:发展性阅读障碍者在语音加工中有明显的缺损,表现在押韵任务、短时记忆任务和首音互换任务中。在押韵任务中,布洛卡区被激活,在短时记忆任务中,颞顶区被激活。而正常的被试,对于相同的任务,除了激活这两个区域外,脑岛也有明显激活。因此认为阅读障碍者缺损的语音系统使得前后语言区的连接变得脆弱。

2. 表意文字为母语的发展性阅读障碍

有一项研究使用 fMRI 技术,对汉语阅读障碍儿童与正常儿童在两种任务中脑区的激活状况进行了对比研究。[④] 结果发现,在同音字判断任务中,正常被试激活了左中额叶和角回,而阅读障碍者除了激活上述区域,还激活了左下前额叶。对于左中前额叶,正常读者的激活比阅读障碍者的激活更强;而对于左下前额叶,阅读障碍者比正常读者有更强的激活。在真假词判断任务中,对于两侧的中额叶、两侧的前额下回及左侧梭状回,正常读者比阅读障碍者的激活更强;而对于右下颞皮层,阅读障

[①] 杨闰荣、隋雪:《发展性阅读障碍的神经机制及其对第二语言学习的影响》,《中国特殊教育》2007 年第 1 期。

[②] Shaywitz S. E., et al., "Functional Disruption in the of Organization of the Brain for Reading in Dyslexia", *Proceedings of National Academy of Sciences of the USA*, Vol. 95, No. 5, 1998, pp. 2636 – 2641.

[③] Paulesu E., et al., "Is Developmental Dyslexia a Disconnection Syndrome? Evidence from PET Scanning", *Brain*, Vol. 119, No. 1, 1996, pp. 143 – 157.

[④] Siol W. T., et al., "Biological Abnormality of Impaired Reading is Constrained by Culture", *Nature*, Vol. 431, No. 7004, 2004, pp. 71 – 76.

者比正常读者激活更强。还有一项研究 fMRI 技术,研究了日语阅读障碍儿童的句子阅读过程,发现正常组儿童左颞中回的激活明显,而阅读障碍儿童的双侧枕皮层、前额下部呈现激活状态。

关于汉语发展性阅读障碍的研究,主要取得了以下的研究成果。[①] SPECT 是一种功能性成像技术,可以测量被检查者的局部脑血流量(rCBF),rCBF 与脑功能密相关,是反映局部脑功能、代谢的间接指标。有一项研究利用 SPECT 研究发展性阅读障碍儿童 rCBF 改变情况,发现发展性阅读障碍儿童在额叶、颞叶、枕叶、顶部、顶枕交界区、小脑、丘脑、脑干等脑区存在局部脑代谢异常,且不局限于左半球。该研究结果一方面支持阅读障碍儿童存在脑功能异常,同时也表明汉字与拼音文字不同,它们加工的神经机制和功能激活上存在差异,汉字是左、右半球并用的文字,大脑对汉字的加工兼用语音编码和形态编码两种方式,汉语发展性阅读障碍儿童脑功能缺陷也就涉及左右半球。还有一项研究利用脑磁圈研究表明,患者大脑左侧颞顶区的大脑活动明显减少,右侧颞顶的大脑活动明显增加,颞叶基底区的活动与正常儿童相似,表明汉语阅读困难者的左右脑区均有较大的激活。而且该研究提示阅读困难者脑区之间的联系存在异常,而不是特定区域的功能不良。

还有一项研究采用 ERP 方法,以 21 名小学四年级阅读障碍儿童(女 9 名,男 12 名,年龄为 10.2±0.5 岁)作为被试。[②] 要求被试辨认同时呈现的左右单侧视野视觉刺激与高纯音(500Hz)、低纯音(500Hz)的四种组合关系。结果发现:(1)头皮前部听觉相关波形 P60 的峰潜伏期的组间主效应显著,N160 波幅的组间主效应显著;(2)头皮后部视觉相关波形 P110 的峰潜伏期的组间主效应显著,阅读障碍儿童的峰潜伏期明显比正常儿童延迟,分别为 130.4ms 和 102.5ms;(3)阅读障碍儿童对同时呈现的视听觉信号辨认的正确率为 78.9%,与正常对照组比较差异有显著性;但反应时差异无显著性。研究者认为:阅

[①] 王艳碧等:《我国近十年来汉语阅读障碍研究回顾与展望》,《心理科学进展》2007 年第 15 卷第 4 期。

[②] 何胜昔等:《发展性阅读障碍儿童的视听觉整合的事件相关电位研究》,《中国行为医学科学》2006 年第 15 卷第 3 期。

读障碍儿童对视听觉信息的加工符合视听信息整合的相互作用模式，但是，工作效能比正常儿童弱，主要的表现仍然是潜伏期的显著延长，波幅强度较低。当双通道信息输入时，阅读障碍儿童的行为表现与单通道信息加工模式明显不同，可能由于心理资源有限，不能同时处理过多的外界刺激，以致错误率高。

五 外语学习的脑机制研究

（一）双语语言理解中双语控制的脑基础

有许多脑与认知神经研究表明了双语语言理解中双语控制系统与一般性执行控制系统的关系。参与活动的相关区域不仅有与认知控制系统相关的皮质上的技能定位，也包括相关的皮质下的神经中枢。[①]有研究表明，这一过程中的双语控制在语音层面就开始了。Price等用PET技术研究了熟练的德语—英语双语者在进行语言切换时大脑的激活模式。[②] 在研究中，交替呈现不同语言（英/德）的单词，要求被试用相应的语言进行命名。结果发现在切换条件下，被试的左侧额下回和双侧缘上回有显著的激活。这两处脑区被认为与语言的发音有关。该结果表明，该区域除了参与语音的发音机制外，还可能负责双语者的语言切换行为。

还有研究采用ERP和fMRI技术，将西班牙—加泰隆双语者（被试为早期L2获得者，双语都高度熟悉）和西班牙单语者相比，在用视觉呈现目标词语的词汇通达任务中，研究双语者如何抑制非目标词语（加泰隆语）。[③] 结果发现，只在双语中左前额前部（Brodman分区：45和9区）被激活。ERP结果显示在非目标语词情况下没有产生词频效应；而在目标语词情况下则产生了词频效应。这一结果表明双语者为避免受到干扰，运用了间接的语音路径完成目标语词的词汇通达。

[①] 胡笑羽等：《双语控制的神经基础及其对第二语言教学的启示》，《心理与行为研究》2008年第1期。

[②] Price C., Green D. and Studnitz R., "A Functional Imaging Study of Translation and Language Switching", *Brain*, Vol. 122, No. 12, 1999, pp. 2221 – 2235.

[③] Rodriguez-Fornell A., et al., "Brain Potential and Functional MRI Evidence for How to Handle Two Languages with One Brain", *Nature*, Vol. 415, No. 6875, 2002, pp. 1026 – 1029.

另外还有一些研究考察了双语词汇表征及理解过程中的双语控制机制。[1] 研究采用12名英—汉熟练双语者（早期获得L2），考察其阅读快速呈现的词语时的单语内和双语间的词语表征。fMRI结果表明，在双语转换条件下，左前额区域获得更多的激活。还有研究用MEG来探知双语者优势的相关神经基础。研究者选取广东话—英语，法语—英语双语者以及母语英语的单语者，在MEG完成Simon任务。结果表明，对两个语言系统的管理导致了前额执行功能的系统变化。

Crinion等近来发现双语控制还与认知控制系统相关的皮质下结构有关。[2] 用PET和fMRI技术考察了德—英和日—英双语者（晚期习得L2）完成语义判断任务时的表现，要求被试做语义判断的词语之前的启动词分别为语义相关和语义无关的同语词和异语词。结果发现，在语义相关情况下，无论启动词为同语或异语，都发现在前侧颞叶的腹面活动减少；而语义不相关情况下以及异语相关启动词情况下的尾状核头部左侧的活动增加。研究者由此认为，尾状核（基底神经节的组成部分）在监控语言使用中起着重要的作用。

（二）双语语言产生中双语控制的脑基础

大部分的研究支持一般性认知控制系统参与到了双语语言产生中的双语控制过程。有研究让12名中—英双语的中国大学生用L1和L2进行图片命名，完成语言切换任务。[3] ER-fMRI结果显示两种切换（有提示和无提示）的神经联系不同，不存在特定的"语言切换"脑区。Rodriguez-Fornell等针对非目标语言的语音水平上的冲突做了研究。[4] 实验采用Go/NoGo任务，要求德语—西班牙语的双语者决定一幅图片的名称的德语开

---

[1] Chee M. W. L., Soon C. S. and Lee H. L., "Common and Segregated Neuronal Networks for Different Languages Revealed Using Functional Magnetic Resonance Adaptation", *Journal of Cognitive Neuroscience*, Vol. 15, No. 1, 2003, pp. 85 – 97.

[2] Crinion J., Turner R. and Grogan A., "Language Control in the Bilingual Brain", *Science*, Vol. 312, No. 5779, 2006, pp. 1537 – 1540.

[3] Wang Y., et al., "Neural Bases of Asymmetric Language Switching in Second-language Learners: An ER-fMRI Study", *NeuroImage*, Vol. 35, No. 2, 2007, pp. 862 – 870.

[4] Rodriguez-Fornell A., et al., "Second Language Interferes with Word Production in Fluent Bilinguals: Brain Potential and Functional Imaging Evidence", *Journal of Cognitive Neuroscience*, Vol. 17, No. 3, 2005, pp. 422 – 433.

头字母是元音还是辅音（不发声）。例如，让被试对辅音开头字母的图片进行反应（Go），而对元音字母开头的图片不反应（NoGo）。刺激图片中有一半的德语名和西班牙语名的开头字母都同为辅音或元音。这样，若在这个过程中非目标语言名称也被激活的话，那么其反应冲突带来的效应可以被检测到。行为实验结果发现 NoGo 条件下的反应时要长于 Go 条件。ERP 实验结果发现比起 Go 条件，NoGo 条件下在 300—600ms 时产生了明显的负波。其 fMRI 结果显示左侧前额叶和辅助运动脑区有效应。据此，Rodriguez-Fornell 等认为在冲突条件下，非目标语言在语音水平部分激活，执行控制加工系统参与了对冲突的应对。

近来有研究表明，双语控制有可能采用的是一种语言特定性控制和非特定性控制共同参与的混合机制。Christoffels 等以 ERP 数据和命名潜伏期为指标，针对双语者在说话时如何在 L1 和 L2 间切换进行了研究。[1] 让德语—荷兰语（不对称）双语者完成图片命名任务。实验条件有两种——单一语境和混合语境（被试需要在 L1 和 L2 间进行无预期切换）。另外研究者还操纵了双语间的词语相似性。结果显示出 L1 和 L2 两种语言内都发现了词语相似性效应，这说明非反应语言也产生了音位激活。ERP 数据与行为实验结果都表明在混合语境下，L1 的产生会变慢，L1 的词语相似性效应比单一语境下更为明显。这些结果表明，在混合语境下 L1 的激活可以促进具有相似形态的 L2 的产生。研究者指出，语言控制机制有可能是混合的，语言特定性机制与非特定性机制分别负责暂时和持久的语言控制成分。

（三）脑损伤双语者的特点

关于脑损伤的双语者研究也发现，与认知控制有关的皮质组织和皮质下神经结构在双语语言产生的双语控制中的重要作用。Fabbro 等报告了一位熟练双语者左侧前扣带回和前额叶以及右侧扣带回区域受损，表现出病理性切换障碍（在不同的语言情境中说出相反的语言）。[2] 即表现

---

[1] Christoffels I. K., Firk C. and Schiller N. O., "Bilingual Language Control: An Event-related Brain Potential Study", *Brain Research*, Vol. 1147, No. 1, 2007, pp. 192 – 208.

[2] Franco F., Skrapb M. and Aglioti S., "Pathological Switching between Languages after Frontal Lesions in a Bilingual Patient", *Journal of Neurol Neurosurg Psychiatry*, Vol. 68, No. 5, 2000, pp. 650 – 652.

为说话时将两种语言混在一起,在明白任务为第一语言的情况下,患者有时会用第二语言表达;反之亦然,这种切换障碍的表现大概占四成。但这位患者不存在任何其他的语言障碍。这表明病理性切换障碍也许存在着独立的语言机制,也显示出与语言控制的相关脑区在双语产生中的重要性。另外还有研究者报告一个早期双语男孩左后丘脑出血后,在临床和神经影像上表现出患有经皮质感觉性失语症(L1 和 L2 同样严重)。[1] 在其患处出血之后其失语症逐步恶化,在两种语言情况下都会有自发的语言混淆及语言切换的病态现象发生。当这些现象得以缓解时,其 SPECT 脑血流灌注结果显示左前额及左侧的血流灌注情况也有所好转。这一语言症状与 SPECT 结果好转的并行发生,表明皮质下左前额脑回对于语言切换和混合具有重要意义。

---

[1] Mariën P., Abutalebi J., Engelborghs S. and De Deyn P. P., "Pathophysiology of Language Switching and Mixing in an Bilingual Child with Subcortical Aphasia", *Neurocase*, Vol. 11, No. 6, 2005, pp. 385 - 398.

第 六 章

环境与个体心理发展

第一节　产前环境与个体心理发展

一　致畸剂对胎儿发展的影响

（一）致畸剂

1. 致畸剂

致畸剂（teratogen）通过母体影响胚胎发育，使子代出现先天性畸形的环境因素。这些因素包括药物的、化学物质的、病毒的等。致畸剂一词源于希腊语"teras"，意思是指畸形或怪异。科学家选用此词，是因为他们最初是从受到严重损害的婴儿身上知道有害的孕期影响因素的。[1]

2. 致畸剂发挥作用的原因

致畸剂造成的伤害并不总是简单和直接的，其发挥作用主要取决于以下几点：

（1）剂量。长期的、大剂量的用药通常会造成很大的消极后果。

（2）遗传。母亲和胎儿的遗传结构起着重要的作用，有些个体更能抵挡有害的环境影响。虽然胎盘有阻止致畸剂到达胎儿的功能，但不能百分之百地做到这一点，因此每个胎儿可能都会接触到一些致畸剂。

通过研究发现，致畸剂在产前胎儿快速发展期的影响最大。对某种致畸剂的敏感性会因个体的种族不同而产生不同的影响。有人研究

---

[1] ［美］劳拉·E. 贝克：《婴儿、儿童和青少年》（第五版），桑标等译，上海人民出版社2008年版，第131页。

发现，与欧洲裔的美国人相比，美国印第安人的胎儿更容易受酒精的影响。[1]

（3）年龄。致畸剂的影响随有机体接触有害因素时年龄的不同而变化。特别是在胎儿发育的某个敏感期，对环境影响特别敏感。如果此时环境中出现有害刺激，就会造成难以恢复的创伤，有的创伤几乎是无法恢复的。

（4）其他消极的影响。如果几个消极因素（如营养不良、医疗保健水平低）一起出现，则能加剧单个有害因素的消极影响。

图6—1是对出生前的敏感期做的总汇。

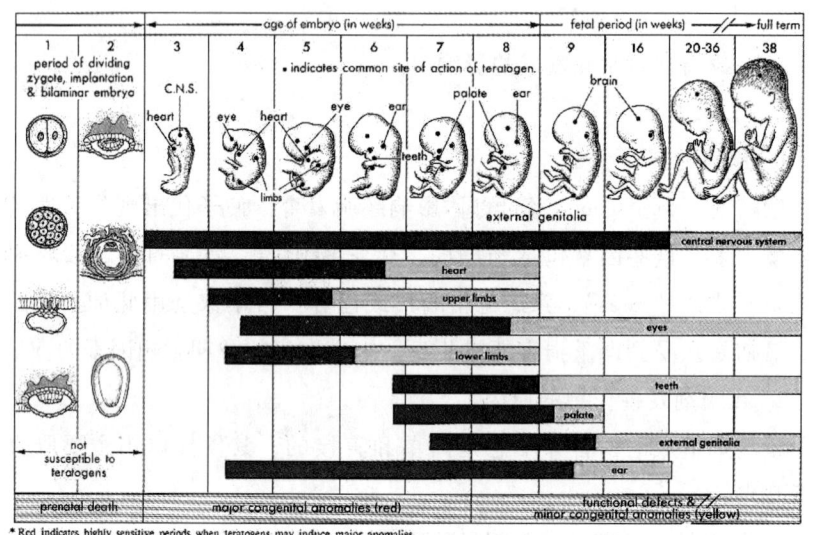

图6—1　胎儿发育的敏感期

从图6—1中可以看出：（1）身体的重要器官，如大脑和眼睛，它们在整个孕期都处于敏感期；（2）身体的一些部位，如四肢和上颚，它们的敏感期则要短一些；（3）在受精卵着床之前，致畸剂几乎没有任何影响。

---

[1] Winger G. and Woods J. Hofman. F. G., *A Handbook*, *on Drug and Alcohol Abuse*：*The Biomedical Aspects*, Oxford：Oxford University Press, 2004.

（二）可能导致个体发育致畸的因素

表6—1总结了一些已经确认的致畸剂。[①]

表6—1　　　　　　　　　可能影响产前发育的药物

酒精	产前、产后生长迟缓；发育延迟；面部异常；小头；心脏缺陷；多动症；行为问题；智力迟缓
实非他明不良抗生素	早产；死胎；新生儿烦躁；新生儿进食障碍
链霉素	听力丧失
四环素	早产；牙齿斑点；短胳膊或者短腿；蹼状手；骨头生长抑制
阿司匹林	母亲或婴儿出血问题
苯妥英钠	头部和面部异常；心脏缺陷；腭裂；智力迟缓
巴比土酸盐	停服药物后，成瘾的表现症状包括癫痫、呕吐、焦虑不安；也会导致神经病学的问题
幻觉剂（麦角酸二乙基酰胺，墨斯卡灵）	可能的染色体损害；流产；可能的行为异常
锂	心脏缺陷；新生儿昏睡
可卡因	低出生体重；癫痫；小头；婴儿猝死综合征、早产；宫内发育迟缓；流产
海洛因	高血压；宫内发育迟缓；流产；早产；低出生体重；死胎；婴儿猝死综合征；新生儿因为停止用药而造成的成瘾性症状，包括烦躁、呕吐、动作震颤
荷尔蒙DES	生殖系统异常；生殖系统癌症
雌激素	男性女性化
雄激素	女性男性化
镇静剂	在前三个月，可能导致腭裂、呼吸急迫、不良的肌肉收缩性、新生儿昏睡
烟草	宫内发育迟缓；早产；死胎；低出生体重；流产；婴儿猝死综合征；可能的多动症；可能的学习问题

[①] ［美］乔斯·B.阿什福德等：《人类行为与社会环境：生物学、心理学与社会学视角》（第二版），中国人民大学出版社2005年版，第202页。

续表

维生素 A	腭裂；心脏缺陷
阿苦汀	小头症；失明；心脏缺陷；流产；胎儿死亡
咖啡因	低出生体重；宫内发育迟缓；早产
抗组织胺	畸形；胎儿死亡
皮质脂酮	畸形；腭裂；宫内发育迟缓

（三）药物

药物分为处方药和非处方药。医生对于孕妇所不能服用的药物有一个很长的药品单子。其中最主要的是麻醉类（narcotics）、镇静类（sedatives）、止痛类（analgesics）等一些直接作用于中枢神经系统的药物。[1]

1. 反应停

在20世纪60年代，西德的一家医药公司生产出了一种叫反应停（正式的名称是 thalidomide）的药物，它可以明显减轻孕妇的恶心、呕吐及无名状的难受等，同时还有镇静、止痛、促进睡眠等作用。该药在给人服用前，以动物为被试的实验证明该药对动物胎儿没有伤害作用。所以生产出来后，批量投入了欧洲、加拿大和南美洲等地。大约7000名孕妇服用后，对她们的胎儿产生了灾难性的影响。如果孕妇是在怀孕后的4—6周内服用了此药，则直接导致胎儿手和腿发育出现残疾，胎儿的手脚发育不全。这些孩子出生后，他们的智力低于平均水平。也许是因为这种药物损害了他们的中枢神经系统，导致了他们到青少年期，智力发育水平依然很低。[2]

医生们对母亲服用反应停的时间与胎儿缺陷之间的关系进行了研究，发现如果母亲是在她们末次月经后35天左右服用了反应停，她们所生的孩子没有耳朵；如果母亲是在末次月经后39—41天服用了反应停，她们所生孩子的胳臂发育不全，或根本没有胳臂；如果母亲是在末次月经后的40—46天服用了反应停，她们所生的孩子的腿发育不全，或根本没有

---

[1] Rice F. P., *Child and Adolescent Development*, New Jersey: Prentice Hall Inc., 1997, p.77.
[2] ［美］劳拉·E. 贝克：《婴儿、儿童和青少年》（第五版），桑标等译，上海人民出版社2008年版，第134页。

腿；如果母亲是在末次月经后 52 天服用反应停，她们所生的孩子通常无明显缺陷。①

2. 己烯雌酚

己烯雌酚（diethylstibestrol，DES）是一种合成激素。在 1945—1970 年被医生广泛用于预防小产。使用此药的母亲，她们的女儿到青春期和成人早期出现阴道癌、子宫畸形和不育的比率异乎寻常地高，而且与那些没有受到 DES 影响的妇女相比，她们在怀孕时更易出现早产、低出生体重和小产。男孩子长大后，更容易出现外生殖器异常和睾丸癌。

3. 同维甲酸

同维甲酸名属于同类松脂酸（isotretinoin），是一种维生素 A 的衍生物。当一般药物不能清除个体脸上的一些难以对付的发炎肿块时，同维甲酸常被皮肤科医生开给皮肤病患者。

从 20 世纪 80 年代初期同维甲酸公开出售以来，大约 100 个国家和 1200 万人使用过。如果孕妇在怀孕后过多服用同维甲酸，特别是在妊娠期的头三个月，会引起广泛的伤害，导致胎儿眼睛、耳朵、颅骨、大脑、心脏、中枢神经系统和免疫系统等部位的异常。

虽然该药物从开始生产出售时，其消极作用就是大家所知道的，并且也在其包装上警告使用者避免怀孕，也声明孕妇禁用此药，但是许多人却忽视该药物所带来的消极后果。在美国和加拿大，每年都有几十万名女性在怀孕期间服用同维甲酸。

4. 其他药物

如果某些药物包含海洛因的成分，孕妇对这些药物成瘾，会直接导致她们的孩子出生后表现出药物成瘾。这些孩子出生后，一般发育比较缓慢，有时可能出现婴儿突然死亡的现象。

大量服用阿司匹林会导致产前或产后大出血。动物的实验结果发现，服用阿司匹林的老鼠，其后代中易出现学习障碍。需要指出的是，如果孕妇使用正常剂量的阿司匹林，通常不会伤害胎儿，如果服用过量的阿司匹林，就会导致胎儿发育不正常。

---

① 林崇德主编：《发展心理学》，人民教育出版社 1995 年版，第 129—130 页。

过量服用维生素 C、D、A、B_6、K 会对胎儿发育产生不利影响。

有些专家提出，虽然某些药物会对发育中的胎儿产生不良的影响，但并不是说反对一概用药。① 一般妊娠七个月后，胎儿发育已较完善，药物（除四环素、链霉素及各种放射性同位素外）对他们几乎无影响。而孕妇在这段时间内又最容易得病，为保证安全分娩，这时的孕妇如果得病，应该在医生的指导下进行治疗。

（四）酒精

1. 胎儿酒精中毒综合征

胎儿酒精中毒综合征（fetal alcohol syndrome，FAS）是一种因孕妇在怀孕期间喝酒过多而对胎儿产生的伤害性影响。② 胎儿酒精综合征患者的主要特征是智力落后、运动协调能力差、注意力、记忆力和语言能力差、活动过度。③

2. 胎儿酒精效应

胎儿酒精效应（fetus alcohol effects，FAE）是一种与胎儿酒精中毒综合征有关的情况，患此病的个体只表现出上述异常中的一部分。通常，母亲的饮酒量较小。FAE 患儿的缺陷随孕期受酒精影响的时机和时间长短而不同。

3. 酒精产生破坏性影响的机制

酒精对个体发育产生破坏性影响的机制是：（1）酒精干扰细胞的复制和早期神经管内的转移。利用 fMRI 和 EEG 等工具发现，大脑机能的结构损害和异常，这些大脑机能包括把信息从大脑的一个区域转移到另一个区域时所涉及的电活动和化学活动。（2）身体在消耗大量的氧气来代谢酒精。孕妇大量饮酒占用了胎儿用于细胞成长所需要的氧气。④

---

① 李丹主编：《儿童发展心理学》，华东师范大学出版社 1987 年版，第 95 页。

② Santrock J. W., *Life-span Development*, Madison: WCB Brown & Benchmark Publishers, 1995, pp. 105 – 106.

③ Connor P. D. and Sampson P. D. eds., "Direct and Indirect Effects of Prenatal Alcohol Damage on Executive Function", *Developmental Neuropsychology*, No. 18, No. 3, 2001, pp. 331 – 354.

④ [美] 劳拉·E. 贝克：《婴儿、儿童和青少年》（第五版），桑标等译，上海人民出版社 2008 年版，第 138—139 页。

4. 酒精对心理发展的影响

有人研究中等程度酗酒的孕妇（每天至少要喝酒1到2次）对其所生孩子的长期影响。① 结果发现中等程度酗酒的孕妇，她们所生的孩子不仅体重和智力低于正常水平，而且追踪孩子4年，即这些孩子4岁时，与不酗酒母亲所生孩子相比，这些孩子表现出更多的注意力不集中和机警程度低。

有人对69名慢性酒精中毒的孕妇做了调查，发现她们所生的孩子中，有相当比例的孩子智力发育迟缓，精神运动障碍，并且大多数伴有多发性畸形。

孕妇酗酒是胎儿先天性畸形和先天愚型、脊髓膜膨出，以致引起智力缺陷的原因之一。酗酒妇女所生婴儿畸形的危险性比不饮酒的妇女高2倍。胎儿酒精中毒综合征引起的胎儿生长发育缺陷具体如下：胎儿的出生体重低，中枢神经系统发育障碍，小头畸形，面部的前额突起，眼裂小，斜视，鼻底部深，鼻梁短，鼻孔朝天，上嘴唇向里收缩，扇风耳。另外，还可能出现心脏及四肢的畸形。酒精不仅能抑制大脑机能，而且还能抑制大脑的生长。在胎儿的脑生长最快的期间（一般是在怀孕的最后三个月），这种影响最强烈。这可能是因为孕妇饮酒后，会引起胎儿呼吸的急剧变化所致。一项研究发现，一名孕妇在喝啤酒时加入了烈性白酒伏特加，母亲喝酒后的几分钟内，胎儿的呼吸发生很大的变化，主要表现为胎儿的呼吸减慢甚至停止了一段时间。②

关于酒精对人智力的影响，有人研究报告，即使是少量的饮酒也会使大脑发现并改正它自身错误的能力明显下降。③ 众所周知，饮酒会损害人的认知和运动能力。现在，Richard和他的同事们研究显示，即使是相对少量的酒精也会影响大脑前环状皮层（anterior cingulate cortex，ACC）

---

① Streissguth A. P. and Martin D. C., eds., "Intrauterine Alcohol and Nicotine Exposure: Attention and Reaction Time in 4 - year-old Children", *Developmental Psychology*, Vol. 20, No. 4, 1984, pp. 533 - 541.

② Berk L. E., *Infants, Children, and Adolescents*, Boston: Allyn and Bacon, 1993, pp. 107 - 108.

③ Ridderinkhof K. R., eds., "Alcohol Consumption Impairs Detection of Performance Errors in Mediofrontal Cortex", *Science Online*, Vol. 11, No. 7, 2002.

的操作，ACC 是大脑中监控认知过程错误的部位。被测试对象的血液酒精浓度只有 0.04%，这些对象被要求做简单的检测错误的任务时，他们大脑 ACC 部位的电信号（这个电信号表示改错活动的发生）有明显的改变。因为这些人不能检测出他们认知过程中的错误，他们也不能改变他们的行为来更好地执行其被要求完成的任务。

（五）吸烟

1. 吸烟的消极影响

孕妇吸烟直接影响胎儿的发育，并且还影响到孩子出生后的发展。孕妇吸烟越多，胎儿受到的影响就越大。研究表明，孕妇无论何时戒烟，即使是在妊娠的最后三个月，也会对胎儿发育产生积极的作用。吸烟直接会导致孩子出生时体重过轻以及未来出现其他问题的可能性。[①]

2. 吸烟对胎儿体重的影响

研究发现，孕妇吸烟特别多将直接导致胎儿和新生儿的死亡率上升。[②] 同时还发现，吸烟孕妇所怀的胎儿体重比不吸烟孕妇所怀胎儿的体重要低，具体结果如表 6—2 所示。

表 6—2　　吸烟孕妇与不吸烟孕妇所怀胎儿的体重（克）比较

胎儿的年龄	胎儿的体重	
	吸烟孕妇	不吸烟孕妇
35 周	2500	2550
36 周	2650	2825
37 周	2900	3060
38 周	3100	3200
39 周	3200	3350
40 周	3350	3450
41 周	3400	3550
42 周	3425	3600

[①] Klesges L. M. and Johnson K. C., eds., "Smoking cessation in Pregnant Women", *Obstetrics and Gynecology Clinics of North America*, Vol. 28, No. 2, 2001, pp. 269–282.

[②] Santrock J. W., *Life-span Development*, Madison: WCB Brown & Benchmark Publishers, 1995, pp. 106–107.

Fried 等人研究发现，过度暴露于吸烟环境中的胎儿，出生后长到 4 岁时，语言能力和认知能力发展低下。[1]

3. 吸烟对胎儿发展的影响

有人对 487 名孕妇进行无负荷（nonstress test，NST）试验，揭示了 CO 对胎儿的影响。[2] 无负荷试验也称胎儿反应加速试验（fetal activity acceleration determination，FAD），是高危妊娠中衡量胎儿状况的有效方法之一。有反应（临床称反应阳性）表明胎儿发育状况良好，无反应（临床称反应阴性）表明胎儿发育受损。在 478 名孕妇中，350 名（即 73.2%）为非吸烟者，128 名为吸烟者。两组孕妇的妊娠次数、生产次数和孕周均比较类似。只是吸烟组的平均年龄（平均 23.3 岁）比非吸烟组小（24.3 岁）。均采用半卧位记录两组被试的胎动。如果 20 分钟内有四次或四次以上胎动，且在每次胎动时，胎心率增加 15 次/分以上，则记录一次 NST 阳性。如果 20 分钟内无胎动，则在第二个 20 分钟内对胎儿进行"摇动"，并监测继之而来的胎动。如果胎儿产生了足够的胎动反射，则与有 NST 反应的胎儿一样，不再进行催产素刺激试验（ocytocin challenge test，OCT）。如果胎儿经过刺激仍然无反应，则记录为无反应，所有无反应者之后继续进行 OCT 试验，假如 OCT 试验中有阳性反应，1 周后再进行 NST。

试验结果表明吸烟孕妇的胎儿无反应的发生率为 20.8%，而非吸烟孕妇的胎儿无反应的发生率为 13.2%。吸烟孕妇的胎儿反应为阴性者 1 周后可能转变为反应为阳性。所有的反应为阴性的胎儿均进行 OCT 试验，其反应呈阳性者较高。吸烟孕妇所怀胎儿发育迟缓率为 32%，非吸烟孕妇所怀胎儿发育迟缓率为 21.2%。吸烟孕妇所生孩子的平均体重比非吸烟孕妇所生孩子轻 254.1 克。

胎儿对母亲吸烟的反应是心率加快，随着时间的推移，怀孕周数的增长，每个胎儿每天要接受 20 次以上（孕妇吸烟的支数）的刺激，在 16 小时的高 CO 浓度的刺激下会使胎儿处于一种"精疲力竭"状态。所以，

---

[1] Fried P. A. and Watkinson B., "36 and 48 - month Neurobehavioral Follow-up of Children Prenatally Exposed to Marijuana, Cigarettes, and Alcohol", *Developmental and Behavior Pediatrics*, Vol. 11, No. 2, 1990, pp. 49 - 58.

[2] 刘泽伦主编：《胎儿大脑促进方案》，第二军医大学出版社 2001 年版，第 258—260 页。

吸烟使胎儿的体重下降,这些孩子出生后,他们的智力发展受损并且生长发育迟缓。

由于胎儿大脑在出生前3个月和出生后半年内大脑处于发育的活跃时期,主要是大脑神经元数量明显增长,如果这一时期脑发育不足就会导致儿童智力低下,学习成绩较差。而胎儿在母亲体内因母亲吸烟会导致持续缺氧,会使胎儿大脑发育受阻。追踪研究表明,吸烟孕妇所生的孩子在7岁和11岁时,测量他们的智力,结果发现,吸烟孕妇所生的孩子智力发展明显低于同年龄的孩子。

(六) 毒品

孕妇服用毒品对胎儿的损伤是极为严重的。

孕妇在怀孕期间服用麻醉剂,特别是像海洛因、可卡因和美沙酮(一种用于治疗可卡因成瘾的药物),会增加孩子的出生缺陷、低体重和高死亡率。[1] 在子宫生活的环境中,那些接触过鸦片、可卡因、美沙酮的婴儿会表现出极端易激惹、神经功能紊乱并导致大声哭叫、发烧、睡眠紊乱、进食困难、肌肉痉挛和颤抖。[2] 这些孩子出生后,患猝死症的概率也比较高。追踪研究发现,如果在孕期让胎儿接触过成瘾的药物,那么这些孩子出生后,他们就会表现出精细运动协调困难、注意力难以集中和维持,并且还有可能导致他们表现出更多的学校适应问题。

对可卡因的研究发现,一些出生前受到影响的婴儿存在持久的发育困难。可卡因使血管收缩,在高剂量服用后会导致对胎儿送氧量下降达15分钟。它也能改变神经元的形成与功能,以及胎儿大脑内的化学平衡。这些影响可以造成一系列的与可卡因相关的身体缺陷,包括眼睛、骨骼、生殖器、尿道、肾脏和心脏的缺陷,以及大脑出血和抽搐、严重的发育停滞。还有研究发现,婴儿期的知觉、运动、注意、记忆和语言问题一直会延续到学前期。[3]

---

[1] [美] Newman、Newman:《发展心理学:心理社会性观点》(第八版),白学军等译,陕西师范大学出版社2005年版,第108—118页。

[2] Hans S. L., "Maternal Drug Addiction and Young Children, Division of Child, Youth, and Family Services", *Newsletter*, No. 10, 1987, pp. 5-15.

[3] [美] 劳拉·E. 贝克:《婴儿、儿童和青少年》(第五版),桑标等译,上海人民出版社2008年版,第136—139页。

另一种非常毒品是大麻，比海洛因和可卡因使用得更为广泛。在研究它与低出生体重及早产的关系时，结果发现出生前受大麻影响与儿童期头部较小、睡眠紊乱、注意和记忆困难以及青春期问题解决能力差相联系。

（七）辐射

辐射会引起基因突变，损害卵子和精子中的 DNA。在母亲怀孕早期暴露在辐射中，会损伤到胚胎或胎儿。

X 射线对胎儿的发育产生重要的影响，且影响孩子出生后的智力。[1]

在孕妇怀孕 18—20 天接受 X 光照射，受精卵可能死亡排出。在怀孕 20—50 天接受 X 射线照射，可引起胎儿的中枢神经、眼、骨等严重畸形，如果 X 光照射量更大，则引起胚胎死亡。因此，怀孕早期应当严禁 X 射线照射腹部。其他如超声波，在怀孕的最初三个月也应当禁止做超声波检查，因为在怀孕早期也易受其影响而引起胎儿畸形。当胎儿长到 4、5 个月以后再接受超声波检查，则对胎儿不会产生不良影响。

有一项研究报告，75 名孕妇在怀孕期间照射了 X 光，孩子出生后，有 28 名孩子智力不正常，20 名孩子的中枢神经系统有障碍，16 名孩子表现出小头症。[2]

在第二次世界大战期间，从日本广岛和长崎原子弹轰炸中幸存下来的孕妇所生的孩子身上，可以看到辐射引起的惨痛缺陷。相似的异常也出现在 1986 年苏联境内乌克兰切尔诺贝利核电站事故发生 9 个月后。这些灾难之后，孕妇大批量地出现小产或所生孩子出现大脑发育不全、身体畸形、身体发育迟缓等情况显著上升。[3]

二 母亲因素

（一）体重

母亲的体重会影响胎儿。一方面母亲过于肥胖会影响胎儿发育。虽

---

[1] 刘泽伦主编：《胎儿大脑促进方案》，第二军医大学出版社 2001 年版，第 74 页。

[2] 白学军：《智力发展心理学》，安徽教育出版社 2004 年版，第 213 页。

[3] Hoffmann W., "Fallout from the Chernobyl Nuclear Disaster and Congenital Malformations in Europe", *Archives of Environmental Health*, Vol. 56, No. 6, 2001, pp. 478–483.

然一般的肥胖无关紧要,但若体重超过正常体重的 25%,就会对胎儿产生影响。

母亲体重过重或过轻,对胎儿的影响主要表现在以下几个方面:(1) 肥胖的母亲易患高血压。尽管正常体重的母亲也会患高血压,但肥胖的母亲患高血压的概率更大,而且她们的血压会随着怀孕月份递增而逐步升高,最终导致母亲无法再承受胎儿,胎儿不得不被提前取出。(2) 如果母亲身体过轻,也会影响胎儿的发育。同样,一般的瘦没有关系,但若低于标准体重的 25%,就被认为是母亲身体过瘦,这时会对胎儿的发育产生影响。因为身体过瘦的母亲往往是营养缺乏,也没有补充足够的营养物质,她们会在怀孕后很容易出现以下疾病:第一,贫血。一般而言,孕妇的血色素略低于正常,正常范围最低可到 11 克。若低于 11 克,就是贫血。妊娠贫血症会影响胎儿体内的铁储备,从而造成胎儿出生后患上缺铁性贫血。第二,肌肉痉挛。孕妇常会出现腿部肌肉痉挛,这就是缺钙造成的,过瘦及营养不良的母亲最易出现这种情况。如果母亲经常出现这种情况,会使胎儿严重缺钙,导致胎儿出生以后得佝偻病、鸡胸以及抽风等。第三,甲状腺肿大。如果孕妇严重缺碘,会发生甲状腺肿大,严重者会影响胎儿智力发育以及身体发育,造成智力低下,身材矮小。

(二) 年龄

现代社会的女性生育年龄要晚于 30 年前的女性。这一变化主要是由于社会的变革,更多的女性选择在生第一个孩子前继续求学、获得更高的学位并开始她们的事业。[1]

母亲在 20—35 岁是怀孕的"黄金年龄"[2]。母亲的年龄低于 17 岁或超过 35 岁,就有可能对胎儿的发育产生不良影响。[3]

年龄小于 17 岁的青少年母亲常会生出早产儿,并造成孩子发育不良。发育不良可能的原因是:(1) 母亲的身体发育不成熟,特别是她们

---

[1] [美] 罗伯特·费尔德曼:《发展心理学——人的毕业发展》(第四版),苏彦捷等译,世界图书出版公司 2007 年版,第 86 页。

[2] Snow C. W., *Infant Development*, Englewood Cliffs, N. J.: Prentice Hall Inc., 1989, p. 28.

[3] Santrock J. W., *Life-span Development*, Madison: WCB Brown & Benchmark Publishers, 1995, pp. 104 – 105.

的生育机能不成熟。（2）母亲自身营养不良。（3）孩子缺少父母的关爱。（4）青少年父母的社会经济地位较低，使她们所生的孩子在成长过程中缺乏应有的营养。

如果母亲的年龄超过 35 岁，她们所生孩子得智力落后的唐氏综合征（Down syndrome）的比率明显增高。母亲年龄低于 30 岁，她们所生孩子中出现唐氏综合征的比率非常低；母亲年龄超过 30 岁后，她们所生孩子中出现唐氏综合征的比率明显增多；母亲的年龄超过 40 岁，她们所生孩子中出现唐氏综合征的比率是 1/10；如果母亲的年龄超过 50 岁，她们所生孩子中出现唐氏综合征的比率是 1/10。同样，如果母亲的年龄低于 17 岁，她们所生孩子中出现唐氏综合征的比率也很高。

有研究发现女性到了 42 岁，就有 90% 的卵子已不再正常。[1]

（三）情绪

1. 孕妇的情绪状态对胎儿影响的机制

研究发现妊娠后 7—10 周内，如果孕妇的情绪过度不安，可导致胎儿口唇畸变，出现腭裂。因为胎儿腭部的发育恰好是在这个时期。

在妊娠后期，如果孕妇的情绪状态突然改变，如恐惧、惊吓、忧伤、严重的刺激或其他原因引起的情绪过度紧张，会使她的大脑和下丘脑受影响，进而引起身体内的去甲肾上腺激素分泌量增多。当人体内的去甲肾上腺素增加时，会引起心率加快，心肌收缩加强。对于孕妇来说，血液内的去甲肾上腺素因受情绪变化而增多时，会对孕妇产生负面影响。

怀孕后的横膈抬高已使心脏的活动受到影响，肺活量减少，如果在这种情况下再使心率加快，会导致每一次心脏收缩时的搏出血量减少，使孕妇的全身器官得到的血液供应减少。当然子宫内的胎儿也会因"胎血循环"中的血液减少而引起缺氧。因去甲肾上腺素增多引起的孕妇周围血管收缩性增强而导致胎盘供血不足，以及去甲肾上腺素本身收缩平滑肌的作用可引起子宫平滑肌收缩，更进一步使胎儿血液供应不足。严重者可导致流产或早产。有时即使将孩子生出来，也可

---

[1] Gibbs N., "Making Time for a Baby", *Time*, Vol. 15, No. 4, 2002.

能因在大脑发育过程中的缺氧缺血而影响孩子的智力。因此，孕妇在整个妊娠过程中，保持愉快的情绪对胎儿的大脑发育有非常积极的作用。

2. 情绪对胎儿影响的动物实验

由于涉及人类的伦理道德问题，所以有关孕妇情绪对胎儿影响的研究主要是根据动物实验结果推测的。

有一项以动物为被试探讨怀孕雌性动物情绪变化对其胎儿的影响的研究。① 实验过程是这样的。在中间装有隔门的双间箱子里养了5只母鼠，让它们在其中一间里听到蜂鸣声并同时遭受电击，然后打开隔门，使其跑到另一间去躲藏。如此训练几次，只要蜂鸣声一出现，尚未通电，母鼠便逃到另一间去。这时，给以交配。全部妊娠后，让它们在曾经受过电击的那一间箱子里，一天听3次蜂鸣声，但不给电击。同时实验人员还将母鼠通往安全间的隔门关上。此实验过程一直持续到分娩。这样，在整个孕期，母鼠都处于一种惶惶不安的环境中。研究人员为了考察这种长期有不良情绪的怀孕动物对后代的影响，他们将实验组5只母鼠所生的30只后代，用两种方法做比较。一种方法是将实验组的仔鼠和对照组的仔鼠放在开阔的空地上，按移动距离计算它们在相同时间内的活动量。发现实验组的仔鼠比对照组的仔鼠更加呆板，不活泼，活动量少。另一种方法是停止喂食24小时后，记录两组仔鼠离开笼子往一条巷道的末端获取食物所用的时间。结果发现实验组的仔鼠走完巷道所用时间比对照组的仔鼠长得多。这项实验表明，母鼠怀孕时因持续的情绪紧张，会使仔鼠表现出胆小，行动畏缩且不敢探索。

3. 母亲情绪变化对孩子智力的影响

华北煤炭医学院的研究人员对唐山市在大地震期间出生的206名儿童（即1976年7月28日至1977年5月30日出生的儿童）作为实验组，因为这些儿童在大地震后出生，所以被作为地震组。② 在同一段时间出生于其他地方后来定居在唐山的儿童144名作为对照组。研究人员测查了两组

---

① 刘泽伦主编：《胎儿大脑促进方案》，第二军医大学出版社2001年版，第69—70页。
② 白学军：《智力心理学的研究进展》，浙江人民出版社1996年版，第213页。

的母亲及儿童的体力与智力。结果发现：（1）地震组儿童与对照组儿童的体力没有差异；（2）地震组儿童的 IQ 明显偏低，他们的平均 IQ 为 86.34，IQ 得分高于 90 的人占 36.4%；对照组儿童的平均 IQ 是 91.95，IQ 得分高于 90 的人占 50.7%；（3）从两组中选出性别、学校、年级、父母职业与文化程度相同的 24 对儿童，比较他们的 IQ。具体结果是地震组 IQ 平均为 81.7，对照组 IQ 平均为 93.1。因实验组儿童的母亲亲身经历了大地震，地震使孕妇产生的不良情绪对胎儿发育及儿童的长期发育产生影响，特别是导致儿童智力发育上的迟缓。

4. 营养

胎儿在孕期的发育速度比任何一个阶段都快。他们的发育完全依靠母亲提供营养来支持他们的生长发育。健康的饮食能保证母亲与孩子的健康，这包括逐渐增长对热量的摄入量。在怀孕后的前 3 个月，每天需要多加 100 卡路里；在怀孕后的中间 3 个月，每天需要多加 265 卡路里；在怀孕后的最后 3 个月，每天需要多加 430 卡路里。[①]

孕妇的营养直接影响胎儿大脑的发展。胎儿 3 个月时，大脑开始迅速发育，妊娠 3—6 个月是脑细胞迅速增殖的第一个阶段，称为大脑突然增长（brain growth spurt）。这时，脑细胞的体积和神经纤维的增长使脑的重量不断增加。第二个阶段是妊娠 7—9 个月，在这 3 个月里，主要是支持细胞和神经系统细胞的增殖及树突分枝的增加，使已经建立起来的神经细胞，发展成神经细胞与细胞之间的突触连接，实现神经冲动的传递。许多细胞一直生长到出生后的 18—24 个月才停止。由于 3—6 个月和 7—9 个月是胎儿大脑增长发育特别快的时期，所以在此期间孕妇营养的摄入量非常重要。

胎儿期如果营养不良，则大脑细胞的总数只有正常的细胞数目的 82%。如果在出生前和出生后均有营养不良，则大脑细胞总数仅为正常细胞数的 40%，并且脑的各部位的 DNA 的数量与重量，在出生后也相应地与月龄成比例下降，直接导致婴儿智力发育迟缓。

由于孕期营养不良可抑制免疫系统的发育，所以出生前营养不良的

---

① Reifsnider E. and Gill S. L., "Nutrition for the Childbearing Years", *Journal of Obstetrics & Gynecology, and Neonatal Nursing*, Vol. 29, No. 1, 2000, pp. 43–55.

孩子容易患呼吸系统疾病。[①] 此外，这类孩子常常易怒，对刺激反应迟钝。随着年龄的增长，低的 IQ 分数和严重的学习问题会日益明显。[②]

孕妇的营养摄入量与她们从事的劳动强度有关。不同劳动强度所需要的营养具体如表 6—3 所示。[③]

表 6—3　　　　　　　不同劳动强度孕妇每日所需要的营养量

营养种类	极轻体力劳动	轻体力劳动	中等体力劳动	重体力劳动
热能	2500 千克	2700 千克	3100 千克	3700 千克
蛋白质	80 克	85 克	90 克	100 克
钙	1500 毫克	1500 毫克	1500 毫克	1500 毫克
铁	15 毫克	15 毫克	15 毫克	15 毫克
镁	275 毫克	275 毫克	275 毫克	275 毫克
锌	15 毫克	15 毫克	15 毫克	15 毫克
碘	115 微克	115 微克	115 微克	115 微克
Va	3300 国际单位	3300 国际单位	3300 国际单位	3300 国际单位
Vb_1	1.3 毫克	1.4 毫克	1.6 毫克	1.9 毫克
Vb_2	1.3 毫克	1.4 毫克	1.6 毫克	1.9 毫克
尼果酸	13 毫克	14 毫克	16 毫克	19 毫克
Vc	100 毫克	100 毫克	100 毫克	100 毫克

在表 6—3 中，极轻体力劳动包括办公室工作、电脑工作、修理收音机和钟表等。轻体力劳动包括教师教学、一般的化学实验操作等。中等体力劳动包括学生的日常活动、机动车驾驶、电工安装等。重体力劳动包括非机械化的农业劳动、炼钢、体育运动等。

孕期营养不良对胎儿发育以及以后发展有不良的影响。在第二次世界大战期间，荷兰发生了一次严重饥荒，这给了科学家一个罕见的机会

---

　①　[美] 劳拉·E. 贝克：《婴儿、儿童和青少年》（第五版），桑标等译，上海人民出版社 2008 年版，第 145 页。

　②　Pollitt E. "A Reconceptualization if the Effects of Undernutrition on Children's Biological, Psychosocial, and Behavioral Development", *Social Policy Report of the Society for Research in Child Development*, Vol. 10, No. 5, 1996.

　③　刘泽伦主编：《胎儿大脑促进方案》，第二军医大学出版社 2001 年版，第 4—55 页。

来研究营养对出生前后发育的影响。研究发现,在妊娠的头三个月受饥荒影响的孕妇更容易小产或生出有身体缺陷的孩子。在过了头三个月之后,胎儿通常能成活下来,但是许多孩子出生时体重低,而且头小。[1]

需要指出的是,营养不良会导致胎儿发育不好,影响他们的智力发展。同样,营养过剩,也会对胎儿发育产生不良的影响。

营养不良的孕妇需要对其进行干预。不仅需要给她们增加某种食物的量,而且还要尽可能早地提供丰富的维生素和矿物质,使母亲的营养优化,后者更为关键。

例如,叶酸能够预防像无脑畸形和脊柱裂之类的神经系统异常。一项研究以七个国家的近2000名妇女为对象,这些妇女的特殊之处是她们都生育过神经系统有缺陷的孩子。从她们中随机选择一半,在受孕前后每天补充一次叶酸;而另一半妇女补充其他复合维生素,或者什么也不补充。结果发现孕妇在受孕前后服用叶酸,能明显地降低所生孩子出现神经系统缺陷的比例,具体降低了72%。此外,孕期最后十周期间提供充足的叶酸,减少了一半早产和低出生体重的危险。当然叶酸服用量也需要适中,一般是每天服用0.4毫克,但不能超过1毫克,服用过多会有害。

还有研究发现,对危地马拉女性提供充足的蛋白质食物后,她们所生婴儿的死亡率降低了69%。在墨西哥,一项追踪研究是对营养充足女性所生的孩子和营养不良女性所生的孩子进行了比较,同时还对这些孩子长到12岁时和18岁时的发展情况也分别进行了比较。结果发现,营养不良女性所生的孩子,其认知成熟的速度慢且所需的时间长,他们中的一些人到了18岁时,认知能力还没有达到成熟的水平。另外,孕期营养不良,导致这些孩子的认知能力从来没有达到营养充足孩子的水平,即使他们长到了18岁时,情况仍是如此。

为了使孕期营养干预有更大的作用,必须尽可能降低出生后贫穷带来的影响。营养不良的儿童可能会出现更多的疾病、无精打采、退缩、身体发育延迟、智力发育落后。另外,如果出生后的营养充足,先前孕期营养不良的消极影响就会被消除。这些婴儿表现出活动性增加,对环

---

[1] [美]劳拉·E.贝克:《婴儿、儿童和青少年》(第五版),桑标等译,上海人民出版社2008年版,第144—145页。

境有更大的需求,能更加积极地回应哺育者。这个干预模式可以弥补最初由孕期营养不良所导致的缺陷。

第二节 微量元素与个体心理发展

一 什么是微量元素

对人类来说,通常将体内含量小于 0.01% 的元素称为微量元素,把体内含量大于 0.01% 的称为常量元素。目前,已知的化学元素共 109 种,其中自然界存在的元素有 92 种,其余 17 种为人造元素。[①] 人体内含有 81 种元素,其中微量元素有 70 种,常量元素为 11 种。

二 微量元素的种类

根据微量元素在人体中所起的作用,可将其分为三种:人体必需的微量元素、非必需的微量元素和对人体有害的微量元素。

(一)必需的微量元素

必需的微量元素是指正常人体生命过程中不可缺少的微量元素。这种元素参与人体重要的生命活动过程,对人体的各种生理活动起影响、调节作用,因而是人体绝对必需的。如果这些元素摄取量不够,就会导致人体内缺乏,从而引起人体生理功能或组织结构的异常变化,并会引起疾病。

需要指出的是,必需的微量元素在人体内的含量也不能过多。如果人体内摄入过多,会引起微量元素中毒,产生不良反应,严重者会导致疾病。

维持人体内必需的微量元素,让其保持在一定的水平之内是非常重要的。虽然人体内的微量元素有 70 种,但目前人们能够确定为必需的微量元素只有 14 种左右。

(二)非必需的微量元素

非必需的微量元素是指那些与人体发育关系不大的微量元素。

(三)对人体有害的微量元素

对人体有害的微量元素是指那些在人体内无论含量的多或少,都会

---

① 吴明星:《常见微量元素与人体健康》,《安徽卫生职业技术学院学报》2005 年第 4 卷第 2 期,第 89—91 页。

对人体起有害作用的微量元素。这些元素在人体内的含量越多，对人体的危害越大。有些有害的微量元素不仅对人体健康有危害，而且对人的心理健康也有很大的损害。

三 微量元素的作用

（一）人体必需的微量元素获取

人体内所含的微量元素来源于饮食中的食物、水以及呼吸的空气。正常饮食基本能满足人体对必需微量元素的需求。但在特殊情况下，如在某些地方缺少某些微量元素（如地方性缺碘），因身体疾病不能从食物中正常摄取微量元素或微量元素排泄过多等，都可导致微量元素的缺乏。食物、水中的微量元素进入人体内后，先通过胃肠道来吸收；其次是进入血液，随血液运输到全身各组织器官；最后在组织器官中发挥各自的生理作用。人体对必需的微量元素吸收有一套平衡机制以防止摄入量过多或不足。必需的微量元素在不同的年龄人体内含量不一。其中，在婴幼儿期和儿童期的含量相对较高，其后下降，至成人期维持恒定。

（二）正常成人体内所含必需的微量元素

正常成人体内所含必需的微量元素如表6—4所示。[①]

表6—4　　　　　常见必需微量元素在成人体内的含量及分布

元素	含量	主要分布
铁	3—5克	所有组织、血液，以肝、脾含量为高
锌	2—2.5克	视网膜、脉络膜、晶状体、前列腺、胰、肝、肾、肌肉
铜	100—150毫克	中枢神经、骨骼、肌肉、肾脏、血液
钴	1.1毫克	肝、胰、脾
锰	12—20毫克	所有组织均有，主要在骨骼、肝、脑、肾、胰、垂体
铬	6毫克	肝、肾、心、肺、脑、脾
钼	9毫克	骨骼、肾、肝
镍	6—10毫克	肾、肺、脑、脊髓、软骨、结缔组织、皮肤

[①] 吴明星：《常见微量元素与人体健康》，《安徽卫生职业技术学院学报》2005年第4卷第2期，第89—91页。

续表

元素	含量	主要分布
钒	25毫克	脂肪、骨、肝、脾、肾
锶	320毫克	骨骼、牙齿
锡	17毫克	肝、肾、肺、脾、心脏、骨骼
碘	25—26毫克	甲状腺、血浆、肌肉、肾上腺、皮肤、中枢神经、卵巢
硒	14—21毫克	肝、胰、肾、视网膜、虹膜、晶状体、血液
氟	2.6毫克	骨骼、指甲、毛发

(三) 锌元素

1. 锌元素的作用

锌元素是人体正常发育过程中所必需的元素,人体所有的器官都含有锌元素,其中以皮肤、骨骼、毛发、前列腺、生殖腺和眼球等组织中的含量最为丰富。锌元素的主要作用:(1)参与碳酸酐酶、碱性磷酸酶、DNA聚合酶等多种酶的合成;(2)加速生长发育、增加创伤组织的修复;(3)参与味觉、视觉以及性功能的调节;(4)参与能量、细胞分解和其他物质的代谢;(5)协调免疫反应,维持生殖等。[①]

2. 锌元素对心理发展的影响

锌元素对大脑的发育有重要的作用。[②] 国外学者对老鼠大脑的8个区域含锌量做了测定。结果发现:海马区含锌量最高,其他含量高的地方依次为大脑、纹状体和小脑。

锌元素的缺乏对大脑功能和神经系统具有很大的影响。缺少锌元素可导致幼鼠大脑变小,大脑神经元数量减少,细胞核与胞质的比例增大。研究还发现,严重缺锌时,可使胎仔出现无脑、脊柱裂等中枢神经系统的畸形。

缺少锌元素可能使大脑的超微结构改变,如小鼠颗粒细胞减少,蒲肯野氏细胞外观畸形,树状突分枝减少和突触连接减少等改变。

---

① 何有智、文加峰:《锌在儿童和老年人健康中的作用》,《中国医学理论与实践》2004年第14卷第9期,第1402页。

② 陈文强:《微量元素锌与人体健康》,《微量元素与健康研究》2006年第23卷第4期,第62—65页。

从断乳期或从哺乳开始建立缺少锌元素的幼鼠模型研究发现：缺少锌元素组幼鼠的脑组织中 DNA、RNA 含量，幼鼠海马锥体细胞 DNA 含量，及其迷宫学习能力，主动回避反应习得力均明显低于正常对照组。电镜观察还发现海马神经元突触小泡缺锌组明显下降。还有一项研究发现，给大鼠提供锌水，能明显提高其学习记忆能力并伴有脑内超微结构的改变；而长期提供低锌饮食，可导致脑内锌含量的下降，DNA 合成减少，长时程增强效应诱发率降低，学习记忆能力降低。

3. 缺少锌元素的危害

缺少锌元素能给儿童发育造成以下不良影响：

（1）免疫力下降。主要表现为反复感染，导致经常出现感冒发烧，反复呼吸道感染，如扁桃体炎、支气管炎、肺炎、出虚汗、睡觉盗汗等现象。

（2）生长发育缓慢。缺少锌元素的儿童生长发育受到严重影响时出现缺锌性侏儒症，身高比同龄组低 3—6 厘米，体重轻 2—3 千克。Goldenberg[1] 在 580 名低锌营养状态的非裔美国孕妇中进行的随机双盲对照研究显示，每天补 25 毫克的锌可以显著增加新生儿的出生体重，尤其以体重指标（BMI）小于 26 千克/米^2 的孕妇效果更明显。Simmer[2] 发现给曾分娩过体重过轻孩子的孕妇，每天给她们口服 22.5 毫克锌，可减少其子宫内胎儿发育迟缓的百分比。

（3）智力发展不良。锌元素缺少对智力发展的影响主要有三个方面：其一，锌元素能促进大脑细胞的分裂、生长和再生；其二，缺锌将导致孩子记忆力下降，学习成绩差；其三是缺锌将使神经递质传递信息的速度减缓，传递量减少，孩子反应迟钝。

（4）食欲减退。缺锌元素使孩子表现出挑食、厌食、拒食或食量普遍减少。

（5）视力问题。缺少锌元素可导致血液内视黄醇结合蛋白的浓度降

---

[1] Goldenberg R. L., Tamura T., Neggers Y., "The Effect of Zinc Supple Mentation on Pregnancy Outcome", *JAMA*, Vol. 274, No. 6, 1995, pp. 463 – 468.

[2] Simmer K., Lort-Phillips L., James C., Thompson R. P., "A Double-blind Trial of Zinc Supplementation in Pregnancy", *European Journal of Clinical Nutrition*, Vol. 45, No. 3, 1991, pp. 139 – 144.

低，影响组织维生素 A 的利用，引起暗视力能力下降、视力下降、近视、远视、散光等。

（6）性生理发育迟缓。缺少锌元素可使个体的性成熟推迟，性器官发育不全，性机能降低。同时还表现出个体的第二性征发育不全等。

4. 锌元素的补充

（1）通过食物补充法

富锌食品主要包括有肉类、蛋类、牡蛎、蟹、花生、杏仁、土豆等。

在食物中包含锌元素丰富程度从高至低依次为：动物性内脏、动物瘦肉、坚壳果类、豆类、谷类、蔬菜、多汁果类。

人体利用率从高到低的顺序依次是：动物性食物锌（35%—40%），植物性食物锌（10%—20%）。

（2）通过药物补锌

有机合成锌：包括葡萄糖酸锌、草酸锌、柠檬酸锌、乳酸锌、甘草酸锌等，与无机锌相比，最显著的特征是对胃肠道的刺激作用明显减少，且口服利用率高，人体吸收率为 14%。

无机锌：硫酸锌、氧化锌、碳酸锌、硫化锌等。典型代表是硫酸锌，但人体吸收率只有 7%，并会引发恶心呕吐等不良胃肠道反应。

（3）补锌时要注意的问题

补锌应遵循小剂量、低浓度、短疗程的原则，这样不仅能减少呕吐等副作用，也可以减少对其他营养元素的干扰。补锌效果不明显时，不可以盲目加大用量或延长治疗，同时还要注意四环素、钙片、青霉胺等药物以及饮茶和进食植物性食物可影响锌的吸收利用。

动物性食物及乳糖等可增加锌的吸收利用，治疗时合理配备往往能提高疗效，如蛋白质、维生素 A、E 等有助于疾病的恢复，儿童补锌时可佐以高锌蛋白或强化食品以增加膳食锌量。

（四）铁元素

1. 铁元素的作用

铁元素是人体里含量最丰富的微量元素，血红蛋白、肌红蛋白、细胞色素的合成，增强活性。在青春期，人体需要铁元素的含量是每日 18 毫克。对于月经期的女性来说，每天需用 2.2—2.3 毫克的铁来专门补充因月经而造成的铁元素的丢失。

2. 铁元素的类型

食物中的铁元素可以分成两大类：

（1）血红素铁：吸收率高，而且不受一般膳食因素的影响；

（2）非血红素铁：吸收率不足5%，食物中，诸如草酸等多种成分都会影响其吸收。

在日常食物中，血红素铁只占小部分，即使是肉类食品，它也只占40%左右，另外的60%为非血红素铁，而在植物性食物中，几乎全都是非血红素铁，因此吸收率很差。

3. 铁元素的补充

（1）最常用和最简便的方法是饮食补铁。平时多吃些富含铁元素的食物，如动物的肝、肾、血、瘦肉、鸡蛋；海产品如鱼、虾、紫菜、海带、海蜇；黄豆制品、红枣、黑木耳等。多吃些含铁及维生素C的蔬菜，如芹菜、韭菜、萝卜叶等，其中所含维生素C有促进铁吸收的作用。

（2）使用铁锅烹调，可使食物中的铁增加10—19倍。同时，铁锅处于高温状态时，由于调料作用及铲、勺的搅拌，致使锅内表层无机铁微屑脱落，无机铁便于人体吸收。

（3）平时进食时要多样化，不可偏食。

（4）对于有较明显缺铁现象的个体，应在医生指导下及时补充铁剂药物，如葡萄糖酸亚铁、硫酸亚铁、人造补血药等。

（五）碘元素

1. 碘元素

碘元素是一种重要的营养元素，也是一种人体必要的微量元素。个体在成长过程中，如果能获得充足的碘元素，能够促进其健康成长和心理发展正常。相反，个体在成长过程中，如果长期不能摄入充足的碘元素，可引起碘缺乏病，包括地方性甲状腺肿和地方性克汀病，特别是导致智力落后。在中国，每年智力发育落后高达1000多万的患儿中，有80%的患儿是因为缺碘元素而引起的。[1] 因为在脑发育的两个关键期，也是碘缺乏引起对大脑伤害的敏感期：一是胎儿在母体内的发育，即从怀

---

[1] 周胜华：《缺碘儿童智力低》，《医药保健杂志》2003年第11期（下），第41页。

孕至出生，主要是妊娠12—18周；二是出生后2岁内，特别是出生后的头半年，碘缺少极易对发育中的大脑造成伤害。

2. 碘元素的作用

碘元素的作用主要包括四个方面：

（1）维持正确的能量代谢。碘是合成甲状腺激素的必需成分，而甲状腺激素可促进物质的分解代谢，增加耗氧量而产生能量，维持生命的基本活动，保持和调节体温。碘缺乏则甲状腺激素分泌不足，基础代谢低，耗氧量低，体温低，心率慢，行为迟缓，肌肉无力，思维缓慢，反应不灵敏等。

（2）促进生长发育。碘和甲状腺激素可维持儿童正常的骨髓和肌肉发育以及性发育。人类的胎儿如果缺碘，会影响神经系统发育分化。出生后的婴幼儿常常会表现出智力低下。儿童期如果缺碘，会导致他们的体格发育和性发育受阻，智力发育迟缓。

（3）参与蛋白质、脂肪和碳水化合物代谢。适量的甲状腺激素可促进蛋白质的合成，促进葡萄糖吸收和糖原分解，加速组织对糖的利用；并促进脂肪分解以产生热量，也能促进胆固醇的利用、转化和排出，可降低血胆固醇的含量。

3. 加碘对儿童智力的积极作用

张宏伟等人以新疆阿克苏地方的7—14岁儿童为被试，对碘缺乏病流行程度轻、中、重度三种类型的427名、467名、183名儿童的IQ进行测量。[1] IQ测验采用中国联合型瑞文测验图册和农村儿童智商常模（CRT-C）。结果发现：重度碘缺乏儿童的IQ均分73.5，中度碘缺乏儿童的IQ均分为82.0，轻度碘缺乏儿童的IQ均分为85.3。组间差异显著。其中IQ分在69以下的比率分别为47.0%，20.8%和14.3%，与碘缺乏的严重程度呈正相关关系。

陈雪娴等人以动物为被试，探讨碘缺乏对小脑的影响。[2] 研究者在实

---

[1] 张宏伟等：《新疆阿克苏地区不同缺碘环境对儿童智力发育的影响》，《地方病通报》2004年第19卷第4期，第57—58页。

[2] 陈雪娴等：《碘元素缺乏大鼠脑的研究》，《中国地方病学杂志》1989年第8卷第4期，第213—215页。

验室中复制大鼠患地方克汀病，即造成仔鼠胚胎期和哺乳期的缺碘环境，形成甲低。结果发现：低碘组大鼠小脑矢状切面面积值均小于加碘组和对照组。低碘组小脑皮质面积、皮质分子层面积、蒲金野细胞和颗粒层面积也都小于加碘组和对照组。表明甲状腺激素缺乏主要影响小脑皮质的正常发育。

黄文金等人以福建省福清市都镇中心小学 2—5 年级学生为对象，探讨了补碘后对其智力发展的积极作用。[1] 1994 年，研究者对该学校 2—5 年级学生的智商进行了调查，结果发现学龄儿童甲肿率为 44.6%，尿碘中位数为 64 微克/升。智力落后及处于边缘状态的儿童占 10%。1995 年该镇实行全民食盐加碘。2002 年 9 月，又对该镇中小学生进行智商水平调查，结果如表 6—5 所示。

表 6—5　　　　福清市都镇供碘前后儿童智力水平及其分布

年度	1994 年	2002 年
人数	257 人	252 人
IQ（M ± SD）	97.66 ± 15.94	103.76 ± 14.36
IQ 的分布	人数百分比	人数百分比
0 –	5.0%	1.2%
70 –	5.0%	3.6%
80 –	20.2%	13.1%
90	45.9%	48.0%
110 –	14.8%	18.3%
120 –	6.9%	13.5%
130 –	2.3%	2.4%

从表 6—5 中可以看出，经过加碘后，低智商儿童的人数百分比在下降，儿童的平均智商增加了。这表明食盐加碘能够促进和改善儿童智力的发展。

---

[1] 黄文金、陈志辉等：《福建省碘缺乏病病区食盐加碘前后儿童智商水平分析》，《中国地方病学杂志》2004 年第 23 卷第 1 期，第 64—65 页。

（六）铅元素

1. 人类接触铅元素的途径

每年，人为排放到环境中的铅约 45 万吨，其中 60% 来自汽油燃烧。天然释放铅每年约 2.5 万吨。环境中的铅及化合物经溶解由皮肤、经呼吸由肺、经食物由消化道进入人体，还可能通过胎盘进入胎儿的体内。

室外空气中含铅量的 80% 源于汽车尾气。土耳其第一大城市伊斯坦布尔约有 230 万辆汽车，其中 75% 的汽车使用含铅汽油，汽车尾气平均每年排出的铅达 1.25 万吨。一般汽油的铅含量为 440—880 毫克/升。交通拥挤处空气中的铅浓度可高达 2—30 微克/立方米。在街道上行走的人会吸入大量的铅微粒。

染料、颜料、油漆中的铅化合物可经过触摸渗入皮肤，儿童连环画、糖果纸和玩具上的彩色油墨可能成为儿童体内铅含量增高的来源。而饮用水中的铅，一方面来自岩石、土壤中的溶出及大气中的沉降，还有来自含铅工业的污水排放及铅农药的使用等。另一方面，在供应酸性软水的地方使用铅管输水系统，这种水中可能溶解了大量的铅。

含铅焊接食品罐头的缝口也会污染罐头食品。

据美国环保局 1986 年报道，2 岁儿童摄入铅元素的主要途径有：食物为 47%、尘土 45%、饮水 6%、空气和土壤各 1%。有研究发现，北京市儿童每日摄入的铅 90%—98.5% 经胃肠道吸收，1.5%—10% 经呼吸道吸收。成人中肠道对铅的吸收率为 5%—10%，儿童则高达 42%—53%。呼吸道吸收是多数职业性铅暴露吸收的主要途径。[1]

2. 铅元素对人体的危害

从消化道进入人体的铅元素，有 5%—10% 被人体吸收，约为 30 微克；从呼吸道、肺部进入人体的铅、四乙基铅（即汽车尾气排出的铅污染物），有 50% 左右的吸收沉积率，约为 10%—25 微克，两者合计为 40%—55 微克。进入人体的铅，经血液流向全身，也可由母体经胎盘进入胎儿体内，进入血液的铅形成可溶性磷酸氢铅或甘油磷酸铅，96% 迅速与红细胞结合，血中的铅由血浆清除。

---

[1] 李青仁等：《微量元素铅、汞、镉对人体健康的危害》，《世界元素医学》2006 年第 13 卷第 2 期，第 32—38 页。

铅进入人体数小时后有95%即被血液吸收，抑制血红蛋白合成，导致溶血性贫血。血铅进入脑组织，由于血液质量下降，使营养特质和氧供应不足，造成一系列神经系统症状。铅对神经系统有较强的亲和力，尤其儿童脑组织对铅敏感，受害特别重。

血液循环中的铅以可溶性铅盐的形式，迅速被组织吸收，分布于肝、肾、脾、脑中，其中以肝、肾浓度最高，其次是脾、肺、脑。软组织内的铅会沉积到骨骼中，铅在人体内维持动态平衡。一般说来，人体组织中铅浓度随年龄增长而增加，长期沉积对人体危害极大。

3. 铅元素对心理发展的影响

（1）铅元素对胎儿发展的影响

孕期低水平铅暴露与新生儿行为发育。

关于孕期低水平铅暴露对胎儿神经行为发育的影响，国内外不少学者以脐血铅为孕期铅暴露的指标对它进行研究。结果发现：当脐血铅水平在0.29微摩尔/升水平时，新生儿已表现出一定的神经发育损伤效应。但由于孕期母亲自身代谢的变化，血容量的改变以及母婴之间的物质交换和对铅的屏障作用等因素的影响，脐血铅可能代表了围产期的铅暴露水平，而不能代表整个胎儿期的铅暴露水平。

有人曾对94位孕中期妇女的血铅水平进行测定，并对相对应的新生儿神经行为发育评分进行分析，结果显示：尽管所观察的这批孕中期妇女的血铅水平相对较低，新生神经行为发育评分的总得分、行为能力及主动肌张力评分与血铅水平之间呈显著负相关关系。结果提示：孕中期血铅水平越高，越有可能对胎儿的神经行为发育产生不良影响，新生儿期反映出来的神经行为发育的损伤可能早在怀孕中期，甚至更早时间就已造成了。

孕期低水平铅暴露与婴儿的神经发育有影响。已报道脐带血的血铅含量与3月龄婴儿期的神经行为发育密切相关。研究者以脐血铅及产母血铅为胎儿期铅暴露的指标，对3月龄及6月龄婴儿的发育评分进行相关分析，结果显示：产母血铅、脐血铅水平与3月龄婴儿的精神发育指数和运动发育指数评分呈非常显著的负相关关系；产母血铅水平同时与6月龄婴儿的精神发育指数和运动发育指数评分呈非常显著的负相关关系。

研究还显示，在低水平铅暴露人群中，孕妇血铅作为胎儿暴露的指标较之脐血铅作为胎儿期铅暴露的指标,在评价铅暴露对婴儿神经行为发育影响方面更为敏感。

用孕女铅暴露水平与 3 月龄婴儿的行为记录进行相关分析,婴儿行为记录中的 1/5 的项目与胎儿期的铅暴露水平有关,在排除了父母亲职业、文化、年龄、胎次、胎龄等可能对婴儿行为发育产生影响的因素后,以孕妇血铅水平的第 70 百分位为界点分为相对高、低铅组,进行婴儿行为发育的比较时,其社交能力、持久性、协调性在高、低铅组之间差异显著。

产母血铅及脐血铅均处于相对较低的水平,但即使在这种情况下,仍然观察到了胎儿期铅暴露对婴儿的精神发育指数评分、运动发育指数评分及行为能力评分的影响。[①]

(2)铅元素对儿童心理发展的影响

李舒才等人选择父亲和(或)母亲从事铅作业的 147 名市区 6—10 岁儿童,将他们定义为接触铅组;同时选择父母亲均不接触铅及其他化学毒物但居住在同一市区的 6—10 岁儿童 99 名,将他们定义为对照组。测定两组儿童的血铅、发铅、血锌卟啉、智商和神经行为功能。[②] 结果发现:父母职业性接触铅,其子女的发铅、血铅、锌卟啉明显高于对照组,具体如表 6—6 所示。

表 6—6　　　　两组被试的发铅、血铅、锌卟啉(微摩尔/升)

组别	性别	人数	发铅	血铅	锌卟啉
接触组	男	70	18.04 ± 6.20**	2.44 ± 0.50**	0.568 ± 0.248**
对照组	男	48	8.89 ± 7.37	1.98 ± 0.38	0.406 ± 0.147
接触组	女	77	17.66 ± 5.28**	2.39 ± 0.39**	0.650 ± 0.305**
对照组	女	51	7.83 ± 5.85	1.99 ± 0.36	0.387 ± 0.133

注:**:$p < 0.01$。

[①] 秦锐:《儿童铅负荷状况及其对儿童神经心理发育的影响》,《江苏卫生保健》2002 年第 4 期,第 1—7 页。

[②] 李舒才等:《父母职业接触铅对其子女智力行为的影响》,《中国职业医学》2003 年第 30 卷第 4 期,第 12—14 页。

研究还发现，父母职业性接触铅元素，其子女血铅和发铅水平与智商水平基本呈负相关关系。其中，男性组中母亲接触铅与其子女智商水平呈显著负相关；在女性组中，父母接触铅与其子女智商水平呈显著负相关。进一步研究发现，按照父母亲接触铅的情况不同进行分组，发现男性父母亲接触铅组和父亲接触铅组、女性父亲接触铅组的血铅水平与智商水平的负相关关系差异具有显著性（$p<0.05$）。在行为功能测试中，简单反应时、数字广度以父母亲接触铅组和父亲接触铅组的得分显著低于对照组（$p<0.01$）。在接触组内比较，以母亲接触铅组得分最高，其次为父亲接触铅、父母亲接触铅组得分最低，其中男性父母亲接触铅组得分显著低于母亲接触铅（$p<0.05$），表明父亲接触铅对子女的智力和神经行为功能的损害有更密切关系。

Needleman等人指出，累积在体内的铅含量与学龄儿童智商低下有关。[1] 在控制个体的社会经济状况、预期设计和剂量—反应函数之后，该结果得到了广泛的证实。[2] 在生命早期的铅暴露，每毫克血液中铅含量越高，儿童智商降低越明显。在对此同一组儿童的追踪研究中，Needleman等揭示了由于儿童早期铅暴露会导致阅读缺陷、低学业水平和高的辍学率。高于现今所谓的"安全"阈值的铅水平，会引起3—5岁儿童以及学龄儿童的智商缺陷。[3] 而且研究也揭示出反应时、视觉—运动整合以及注意缺陷。许多教师报告，铅元素导致学生的注意力不集中以及产生社会疏离。在一项对全国范围内6—13岁青少年的取样中，发现低于5毫克每分升的铅水平与阅读和数学成绩呈负相关。

在对儿童铅中毒幸存者随后的研究中发现，他们表现出过度活跃、易冲动和攻击性。而且，这些负面结果常持续到整个成年期。[4] 在Needleman的研究中，教师对学生外在行为进行评定也发现与体内铅含量

---

[1] Needleman H. L., Schell A. and Bellinger D. L., eds., "The Long-term Effects of Exposure to Low Doses of Lead in Childhood", *New England of Journal Medical*, Vol. 322, No. 2, 2006, pp. 83 – 88.

[2] Evans G. W., "Child Development and the Psysical Environment", *Annual of Review Psychology*, Vol. 57, No. 1, 2006, pp. 423 – 451.

[3] Chiodo L. M., Jacobson S. W. and Jacobson J. L., "Neurodevelopment Effects of Postnatal Lead Exposure at Very Low Levels", *Neurotoxicol Teratol*, Vol. 26, No. 3, 2004, pp. 359 – 371.

[4] Evans G. W., "Child Development and the Physical Environment", *Annual of Review Psychology*, Vol. 57, No. 1, 2006, pp. 423 – 451.

有关。不论社会经济状况和母体心理健康状况如何，体内铅含量高于每15毫克/分升的学前儿童，他们会表现出较多的行为问题。在对社会经济状况进行控制下，1—3岁的儿童体内铅含量越高越容易产生过度活跃、分心以及挫折耐受力较低的情况。而且，Needleman对同一组儿童的追踪研究中发现，到11岁时，犯罪青少年与他们小学期间所评定的体内铅含量有关。以不同群体为对象，Needleman及其同事发现骨骼中铅浓度与教师和家长对11岁儿童评定的外部症状有显著相关。出生前血液含铅量与自我报告和家长报告的青少年行为不良也有一定关系。[1]

研究发现，个体在铅中毒初期，可能没什么症状表现出来，但长期蓄积于人体，会危害神经系统、血液系统、消化系统及免疫系统等，特别是对婴儿的智力和身体发育影响尤其严重，甚至还会有生命危险。

一项研究结果发现，身体高含量的铅元素会导致各类营养素，特别是微量元素丢失，还可能造成酶系统的紊乱，继而引起相关生理功能的低下。儿童身体内过高的血铅水平，还可影响其日后的阅读能力、定向能力、听力及眼手协调能力，造成日后儿童学习困难。还有研究发现，血铅水平与身高之间呈负相关关系，血铅水平每增高100克/升，身高越低；认知能力与血铅水平之间呈负相关，儿童智商与血铅水平成反比，儿童血铅每减少300克/升，其智商可提高1分，铅负荷增加可影响身体的发育。铅对神经系统的影响：铅易于通过血脑屏障损害大脑细胞，对发育中的中枢神经危害尤其明显。造成儿童多动、烦躁、注意力不集中、学习困难、反应迟钝、弱视等症状。[2]

4. 预防铅中毒的方法

关于如何减少铅中毒的方法，需要注意以下几点：

（1）良好的卫生习惯：勤洗手、勤剪指甲。少用化妆品、染发剂；不咬异物、玩具、学习用品。

（2）清晨自来水放3—5分钟再用。

---

[1] Evans G. W., "Child Development and the Physical Environment", *Annual of Review Psychology*, Vol. 57, No. 1, 2006, pp. 423–451.

[2] 陈渝军、林晶、王钦岚：《浅谈儿童铅中毒》，《儿科药学杂志》2006年第12卷第2期，第20页。

(3) 良好的饮食习惯：不挑食。多食酸性食物，如鱼、肉、蛋、禽、VC 高的水果和富含钙、铁、锌的食物；少吃爆米花、皮蛋、罐头等。

(4) 避免使用彩陶瓷餐具或印有字、画的食品袋，特别是盛装酸性食物、饮料的。

(5) 室内环境：少吸烟，少用含铅涂料、油漆，少用蜡烛。

(6) 不在交通繁忙区、工业区逗留、玩耍。

(7) 定期检测血铅含量。

四 微量元素与长寿

通过对长寿老人和非长寿老人头发中微量元素进行比较，发现了他们在头发中微量元素的含量上存在差异。

朱高章等人[①]的一项研究是比较广西长寿地区和广东非长寿地区人们头发中铜、锌、锰、镉、镍、铬的含量。结果发现：(1) 长寿地区，不论年龄或地区，头发锰元素的含量均显著高于非长寿地区的；(2) 头发铜元素的含量，长寿地区的人们显著低于非长寿地区的；(3) 在非长寿地区，长寿老人头发铜含量又显著低于其他年龄人群，具体结果如表 6—7 所示。

表 6—7　长寿地区和非长寿地区人发铜、锰含量比较（微克/克）

地区	采样地点	N	铜 M ± SD	锰 M ± SD
长寿地区	广西巴马东山	155	1.39 ± 1.60	22.47 ± 13.1
	广西巴马凤凰	40	8.75 ± 2.34	12.6 ± 11.5
	巴马长寿老人	53	6.90 ± 2.38	20.6 ± 17.9
非长寿地区	广州市 I	22	32.0 ± 28.0	3.54 ± 3.57
	广州市 II	18	52.8 ± 16.6	3.31 ± 1.78
	广州长寿老人	34	9.7 ± 2.3	2.23 ± 0.84
	广东五华县	25	15.1 ± 8.6	8.02 ± 5.12
	广东四会市	29	18.2 ± 7.3	11.85 ± 8.50

---

① 朱高章、曾育生：《人发微量元素与寿命关系的探讨》，《微量元素》1996 年第 2 期，第 52—57 页。

从表6—7中可以看出，长寿地区人们头发中锰元素含量高，而非长寿地区人们的铜元素含量高。

刘汴生等人在其研究中以湖北省的百岁老人和国内健康老人头发元素含量进行比较，[1] 结果发现：百岁老人体内表现出高锰元素、高硒元素和低镉元素的特点。

秦俊法等人在研究中比较了90岁以上长寿老人与成人（40—60岁）和老年人（61—89岁）头发中元素含量[2]，结果发现：长寿老人头发元素普遍具有高锰、高铁、高铅、高锶、高钙和低铜的特征，具体结果如表6—8和表6—9所示。

表6—8　　　上海男性居民的头发元素年龄分布（微克/克）

分组	年龄	N	Sr	Pb	Zn	Cu	Ni	Fe	Mn	Ca
I	0—10岁	661	2.29	18.0	127	15.2	1.50	28.8	2.43	631
II	11—20岁	72	2.51	5.85	170	16.3	1.30	12.3	1.68	781
III	21—45岁	109	2.70	5.18	151	9.5	0.81	12.8	1.89	941
IV	46—60岁	89	3.18	4.35	156	10.2	1.12	9.7	1.85	856
V	61—89岁	121	1.48	4.16	176	9.3	0.91	11.9	1.40	615
VI	>90岁	23	1.66	4.60	185	9.4	1.06	13.6	1.81	561

注：含量为算术平均值。

表6—9　　　上海市女性居民的头发元素年龄分布（微克/克）

分组	年龄	N	Sr	Pb	Zn	Cu	Ni	Fe	Mn	Ca
I	0—10岁	484	3.11	15.1	131	16.3	1.41	29.7	2.21	750
II	11—20岁	65	5.19	3.91	169	19.6	1.09	13.9	2.44	1027
III	21—45岁	426	6.86	3.09	163	12.2	1.24	13.2	2.78	1310
IV	46—60岁	78	7.01	3.89	160	11.2	1.04	12.1	2.96	1350
V	61—89岁	163	3.00	4.20	167	10.6	1.06	16.1	2.24	728
VI	>90岁	117	2.48	5.68	190	10.0	0.88	18.8	2.41	741

注：含量为算术平均值。

---

[1] 刘汴生、李晖：《长寿地区成因的初探》，《老年学杂志》1985年第3卷第4期，第5—8页。

[2] 秦俊法、汪勇先：《肾藏精，其华在发——从上海居民发中微量元素含量的年龄变化规律探讨微量元素与中医"肾"的关系》，《微量元素》1989年第2期，第36—39页。

另一方面，有些元素的含量（例如铅和铁），成年期最低，随着年龄的增加这些元素的含量逐渐增加，结果如表6—10所示。

表6—10　上海市80岁以上老人的头发铅、铁含量（微克/克）

年龄（岁）	N	铅 M ± SD	铁 M ± SD
80	37	3.56 ± 2.43	8.58 ± 4.19
83	19	3.12 ± 2.13	11.8 ± 11.4
86	11	4.45 ± 2.15	8.40 ± 6.60
89	35	4.70 ± 2.12	16.0 ± 8.7
92	53	4.97 ± 3.16	17.9 ± 8.3
95	26	6.10 ± 2.67	20.3 ± 9.5
98	5	5,09 ± 2.71	19.3 ± 4.5

资料来源：秦俊法等人。[1]

镉可能也有类似的情况。这些元素在体内的累积无疑是老年人体弱多病的原因之一，但长寿老人其他抗病元素（例如铬、硒、锰，锶等）也相应增加，具体结果如表6—11所示。

表6—11　辽宁沈阳市不同年龄长寿老人的头发元素含量（微克/克）

元素	94岁（n=8）	95岁（n=7）	96岁（n=2）	97岁（n=4）
Mn	1.94	4.72	8.61	28.86
Cu	11.69	12.50	9.30	9.23
Cd	0.036	0.049	0.129	0.370
Zn	179	229	183	224
Fe	13.4	29.4	31.0	66.9
Cr	0.087	0.401	0.785	2.626
Ni	0.46	0.81	0.24	0.20
Se	0.16	0.33	0.27	0.96
Sr	2.85	3.52	11.33	15.07

资料来源：潘伟文等人。[2]

---

[1]　秦俊法、汪勇先、华芝芬、陆蓓莲：《上海市80岁以上老人发中微量元素谱研究》，《核技术》1990年第18卷第6期，第377—380页。
[2]　潘伟文、张月娥、杨玉杰、刘林生：《长寿老人头发中微量元素的分析研究》，《环境与健康杂志》1987年第4卷第4期，第34页。

沈凯等人对湖北省百岁以上超高龄老人头发元素所做的研究表明[1]，健康老人组头发中的金属元素含量与性别比及例数相近的高血压、冠心病组（高冠组）和其他疾病组间无显著差异，结果如表6—12所示。

表6—12　　湖北百岁老人头发中的元素分组比较（微克/克）

元素	健康组 N	健康组 M±SD	高冠组 N	高冠组 M±SD	其他组 N	其他组 M±SD
Fe	22	25.26±16.48	19	21.92±9.98	20	22.13±12.64
Mn	22	11.18±12.55	19	9.85±8.31	19	6.08±3.84
Sr	22	3.70±1.31	19	3.63±1.84	19	3.44±1.29
Cd	22	0.11±0.09	19	0.13±0.11	20	0.09±0.03
Pb	20	5.71±2.61	18	5.76±2.03	19	5.13±1.81
F	8	0.57±0.21	1	0.40	4	0.56±0.41
Ca	22	1070±329	19	1091±446	20	1066±426
Mg	22	108±36	19	112±61	19	103±41
Cu	22	12.9±3.6	19	11.7±1.8	20	12.3±3.0
Mo	22	0.07±0.03	19	0.07±0.02	20	0.08±0.03
Zn	22	154±34	19	159±23	20	155±23
Se	22	0.31±0.08	19	0.37±0.17	19	0.36±0.18
V	22	0.10±0.07	19	0.08±0.04	19	0.08±0.04
Ni	22	0.21±0.06	19	0.20±0.03	20	0.24±0.13
Co	22	0.10±0.03	19	0.09±0.02	20	0.09±0.05
Cr	22	0.21±0.04	19	0.23±0.07	20	0.24±0.11

注：(1) 健康组，男5人，女17人；高冠组，男2人，女17人；其他组，男3人，女17人；(2) 其他组包括不明原因的心律紊乱、肺源性心脏病、慢性支气管炎、老年痴呆等疾病。

但健康老人的头发氟含量却显著高于高冠组，用氟含量高于检出限的人次做对比，这种差异更为明显：22名健康人头发氟含量高于检出限

---

[1] 沈凯、刘汴生、江宝林、颜义约、李晖：《老年心血管疾病患者头发中微量元素的研究》，《老年学杂志》1984年第2卷第4期，第7—10页。

者有 8 名，而 19 名高血压、冠心病患者氟含量高出检出限者仅 1 名。所以，适量的氟可能是百岁老人健康长寿的重要因素之一。

长寿老人的头发元素谱特征可用模式识别法最鲜明地与成年人和儿童区分开来。[1]

第三节　社会环境与个体心理发展

一　家庭对个体心理发展的影响

（一）家庭的含义及功能

1. 家庭

关于家庭，不同学者的观点不同。

第一种观点，家庭是人类发展的总部。[2] 家庭确实构成了将人类社会编织在一起所需的纽带。通过家庭，我们与过去（即祖先的遥远时空）和未来（即子孙后代的期望）相连。

第二种观点，家庭是一种小型群体。[3] 家庭可以看作是以亲属关系建构起来的小型群体，其关键功能是养育性社会化。

第三种观点，家庭是一种共同文化。[4] 家庭是通过婚姻、生育、领养等连接纽带而形成的开动单元，其中，关键是创造和维护一种共同文化，以促进各成员的生理发展、精神成长、情感培养和社会化。

家庭是社会的细胞，是个体发展最早的也是最为持久的环境。个体出生后从一个自然人向社会人转变的过程中，家庭环境起了重要的塑造和影响作用。家庭之所以成为个体早期发展的理想环境，主要有三个方面的原因：（1）家庭是一个社会成员相对较少的群体，成员之间的关系

---

[1] 邹娟、徐辉碧、陆晓华：《三个年龄组人发微量元素的主成分分析研究——兼论微量元素与长寿的关系》，《微量元素》1990 年第 2 期，第 4—42 页。

[2] Garbarino, J. and Abramowitz, R. H., "Sociocultural Risk and Opportunity", in Garbarino (Ed), *Children and Families in the Social Environment* (2nd ed), New York: Aldine de Gruyter, 1992.

[3] Reiss, I. R., *Family Systems in America* (3rd ed), New York: Holt, Rinchart and Winston, 1980.

[4] 乔斯·B. 阿什福德等：《人类行为与社会环境：生物学、心理学与社会学视角》（第二版），王宏亮等译，中国人民大学出版社 2005 年版，第 133 页。

是非常密切的，这有利于年龄幼小的成员习得比较一致性的行为准则；（2）家庭成员与外部环境的联系较多，这有利于个体逐步参与社会活动，发展其社会交往能力，为其社会交往奠定基础；（3）每一个家庭成员都有抚养儿童的责任，这有利于儿童得到较多的关心和爱护，获得安全感。

Belsky 将家庭看成是一种社会系统，其中，家庭要大于它的部分之和。父母会影响婴儿，婴儿也会影响父母各方以及婚姻关系，具体如图6—2 所示。[①]

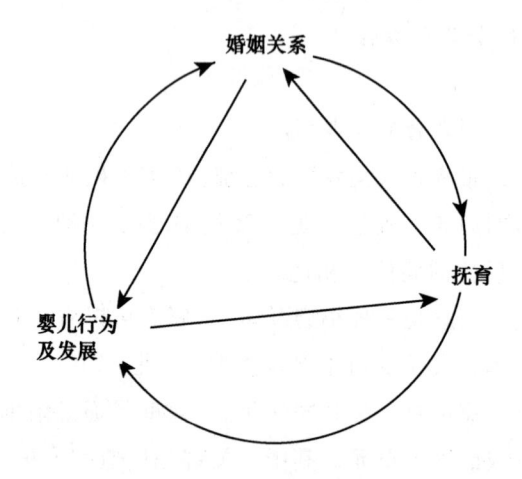

图6—2 社会系统的家庭系统

当婴儿与母亲进行互动时，他参与到这个循环的相互作用过程中。该过程之所以是循环的，是因为婴儿能够影响母亲，母亲也能影响婴儿。如果母亲对婴儿微笑和高声说话，婴儿则可能报以大笑。当父亲走进房间时，母婴双方的结构转变为一个家庭系统。家庭系统会受到家庭任何成对关系的影响。当父亲加入双边结构时，母亲与婴儿玩耍的可能性下降。而且，夫妻关系影响亲子关系；同理，父母双方与孩子的关系可能会影响婚姻质量。

2. 家庭的功能

（1）传统的家庭功能观。传统的家庭功能其实是社会功能的反映，

[①] [美] 乔斯·B. 阿什福德等：《人类行为与社会环境：生物学、心理学与社会学视角》（第二版），王宏亮等译，中国人民大学出版社2005年版，第132—135页。

主要有以下五个重要的功能：①

① 繁殖。家庭成员通过一代一代的繁殖，使死去的社会成员有替代者。

② 经济制度。家庭既能生产，也能交换产品和服务。

③ 社会秩序。家庭有控制冲突并保持社会有序运作的制度。

④ 情感支持。家庭具有将个体成员联系起来的纽带作用，用以处理情感危机，并使每个社会成员都意识到共同的社会责任和社会目标。

⑤ 社会化。家庭将年龄小的成员训练后能够具备参与社会活动的能力。

随着社会的发展，社会对家庭的功能要求也超过了家庭的单独承受能力。结果是其他的社会机构发展起来以协助完成某些功能，而家庭也融入到巨大的社会体系中。例如，政治和法律机构承担了维持社会秩序的职责；学校的建立则取代了家庭的社会化功能。家庭的经济功能已经在很大程度上被取代了，取而代之的正是维持世界经济运作的社会分工制度。在今天，家庭所消费的产品和服务远比他们生产的要多，这直接导致了这样的结果，子女不再单单给家庭带来欢乐，同时他们更是一种经济上的负担。

（2）Epstein 的家庭功能观。Epstein 等人提出家庭的基本功能是为家庭成员生理、心理、社会等方面的健康发展提供一定的环境条件。② 为实现这一基本功能，家庭必须完成一系列的任务，如满足个人的衣食住行等方面的物质需要，适应并促进家庭成员的发育和发展，处理各种家庭突发事件。家庭实现其基本功能、完成其基本任务的能力主要表现在以下六个方面：① 问题解决能力。即家庭为有效维持其基本功能而解决各种问题的能力。② 沟通。家庭成员用言语进行信息交流，效果较好的沟通方式内容清晰，中心明确。③ 家庭角色分工。家庭成员在家庭中的相对地位、所承担的责任和相应的行为模式。④ 情感反应能力。即对特定刺激做出适宜而适度的情绪情感反应能力。⑤ 情感介入程度。家庭成员

---

① ［美］劳拉·E. 贝克：《儿童发展》（第五版），吴颖等译，江苏教育出版社 2002 年版，第 775—778 页。

② 张文新：《青少年发展心理学》，山东人民出版社 2002 年版，第 108—110 页。

之间的情感距离，家庭对各成员个性、兴趣、爱好的尊重和对个体需要的满足程度。⑥ 行为控制。即家庭对各种环境压力进行反应时对其成员行为方式的限制和容许程度。家庭对其成员行为控制方式主要有四种类型：一是刻板的控制方式，这种方式的特点是根据传统文化对社会成员的要求对行为进行控制，且不随时间与环境的变化而变化；二是灵活的控制方式，对成员行为的规范随环境的变化而变化；三是放任的控制方式，缺少规则和限制；四是混乱的控制方式，对成员的行为有时是严格控制，有时是完全放任，使成员无所适从。

3. 家庭功能的变化

家庭功能是随着时间而不断变化的。池丽萍等人将家庭建立的时间划分为五个阶段：1—5 年、6—10 年、11—15 年、16—20 年和 20 年以上。① 然后根据亲密度和适应性两个维度，探讨了家庭功能的变化。其中亲密度是指家庭成员之间的情感联系；适应性是家庭系统对随家庭处境和家庭不同发展阶段出现的问题的应对能力。结果发现，这两个维度的得分过高或过低都不利于家庭功能的有效发挥，具体如图 6—3 所示。

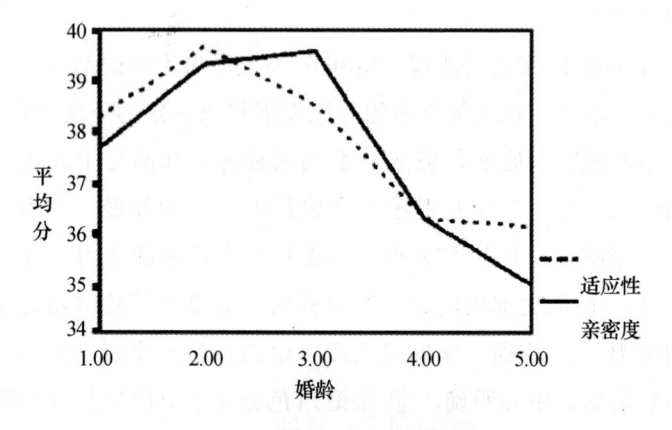

图 6—3 婚姻历程中家庭功能的变化

从图 6—3 中可以看出，女子的年龄阶段与家庭建立的时间基本上是

---

① 池丽萍等：《家庭功能及其相关因素研究》，《心理学探新》2001 年第 3 期，第 55—60 页。

相对应的。在家庭发展的第三个阶段，家庭亲密度和适应性都呈下降趋势。这时候的家庭大都有一个上中学的孩子，此时孩子正处于青春期，对父母有强烈的逆反心理，父母的角色效能感下降，同时家庭人员间的亲密交流、娱乐活动减少，家庭在亲密度上的得分下降。

（二）家庭的类型

1. 根据家庭的结构来分

根据家庭的结构，可将家庭分为：单亲家庭、核心家庭和杂居家庭三类。

单亲家庭是指由父亲或母亲一方和孩子组成的家庭。根据其家庭成员的性别，可分为父亲—儿子、父亲—女儿、母亲—儿子和母亲—女儿四种类型单亲家庭。

核心家庭是指由父母和孩子两代人所组成的家庭。这种家庭在现代社会中是最典型的家庭。

杂居家庭是指由孩子、孩子的祖父母或者还包括曾祖父母组成的家庭。

2. 根据家庭的功能来分

Olson 等人研究发现家庭亲密度和适应性与家庭成员的心理和社会功能之间存在一种曲线关系。[1] 亲密度和适应性过度或过低，都不利于家庭功能的发挥。家庭的亲密度是指家庭成员相互之间的情感联系。家庭适应性是指家庭系统为了应付外在环境压力或家庭的发展需要而改变其权势结构、角色分配或联系方式的能力。

根据亲密度和适应性之间的关系，可将家庭分成16种类型，具体如图 6—4 所示。

从图 6—4 中可以看出，当两方面表现都处于极端水平即最高或最低水平时，这样的家庭属于极端家庭；当两方面表现都处于中间水平时，这样的家庭属于平衡型家庭；其余极端水平和中间水平的组合属于中间型家庭。

3. 根据家庭关系结构、反应灵活性和成员交往质量来分

Beavers 等人对家庭的分类主要是根据两个维度：第一是家庭在关系结构和反应灵活性等方面的特征，由低到高可分为严重障碍型、边缘型、

---

[1] 易进：《心理咨询与治疗中的家庭理论》，《心理学动态》1998 年第 1 期，第 37—42 页。

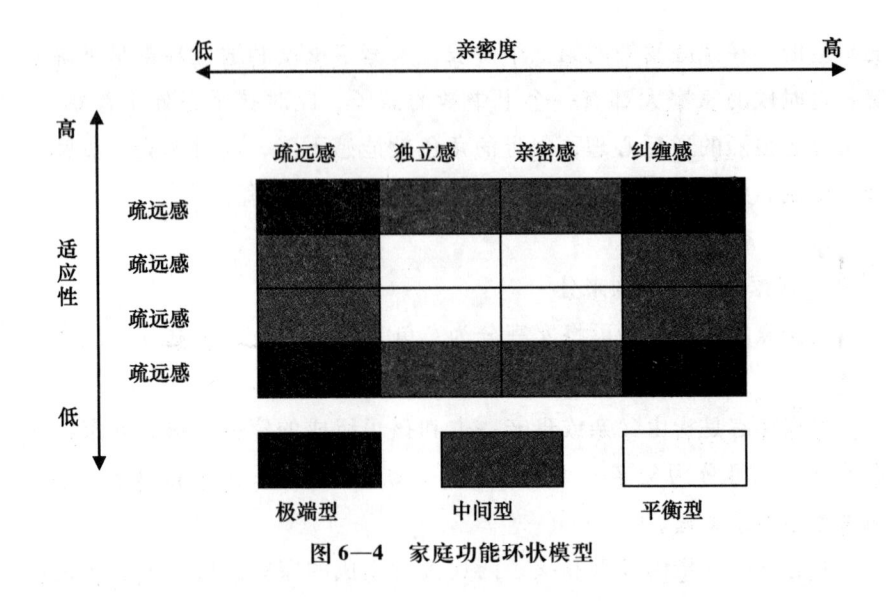

图 6—4 家庭功能环状模型

中间型、适当型和最佳型；第二是家庭成员交往的质量，它与家庭功能的发挥的效果之间是非线性关系，由少数家庭成员主宰的向心型交往方式和没有明显家庭地位的模式、家庭成员经常为决策发生争执的离心型交往方式都不利于家庭功能的发挥。

根据这两个维度，可将家庭分为向心型严重障碍家庭、离心型严重障碍家庭、向心型边缘家庭、离心型边缘家庭、向心型中间家庭、离心型中间家庭、混合型中间家庭、适当型家庭和最佳型家庭 9 种类型。具体如图 6—5 所示。①

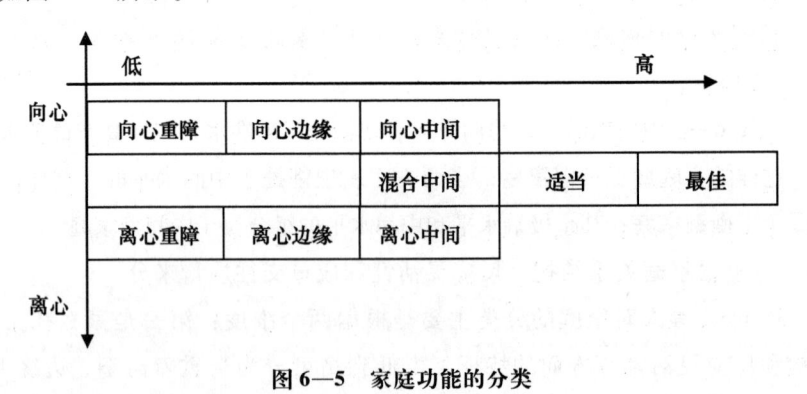

图 6—5 家庭功能的分类

---

① 易进：《心理咨询与治疗中的家庭理论》，《心理学动态》1998 年第 1 期，第 37—42 页。

在图 6—5 中，适当型家庭、最佳型家庭和中间混合型家庭为功能健康的家庭。

（三）家庭生活周期

1. 家庭生活周期的六阶段模式

理解家庭生活的一种主要方法是通过家庭生活周期，即家庭经历的发展阶段序列。Carter & McGoldrick 提出家庭发展的六个阶段模式，具体内容如表 6—13 所示。[1]

表 6—13　　　　　　　　　　家庭生活周期

家庭生活周期的阶段	关键的发展任务	适应发展所需要的家庭变化
家庭之间：未婚青年	接受父母或后代的分离	自我从家庭血统中区分出来 亲密同辈关系的形成 在工作中建立自我
通过婚姻使家庭联合起来	对新系统的承诺	婚姻系统的形成 重整和扩展家庭以及朋友的关系，使之加入配偶关系
孩子较小时的家庭	接受新成员加入系统	调整婚姻系统从而为孩子留出空间 承担养育角色 重整和扩展家庭关系，使之包括为人父母和为人祖父母的角色
孩子进入青春期时的家庭	家庭界限的变动性增加了，涉及孩子的地位以及祖父母的衰老	亲子关系发生了转变，孩子可以在系统内外迁移
孩子离开家庭独立生存	接受可以有大量的进入和离开家庭系统的方式	重新协商，使得婚姻系统重返二人世界 孩子和父母之间的关系变为成人之间的关系 重整关系，使之包括姻亲关系和祖孙关系

---

[1] [美] 乔斯·B. 阿什福德等：《人类行为与社会环境：生物学、心理学与社会学视角》（第二版），王宏亮等译，中国人民大学出版社 2005 年版，第 134—135 页。

续表

家庭生活周期的阶段	关键的发展任务	适应发展所需要的家庭变化
晚年时候的家庭	接受代际角色的转变	在面临生理衰老时，维持自己的生活、夫妻生活以及同时维持两者 探索衰老情况下新的社会角色的选择 支持中年一代承担更加中心化的角色 在系统中为老年人的智慧和经验让出空间 支持更老一代使之不要操劳过度 应对丧失配偶、兄弟姐妹和其他同辈个体 准备自己的死亡 生命回顾和总结

2. 家庭生活

还有人提出了家庭生活周期的八阶段观，具体如表6—14所示。[①]

表6—14　　　　　　家庭生活周期的八阶段观

阶段	担任角色
1. 已婚夫妇（无子女）	妻子、丈夫
2. 生育子女的家庭（最大子女从出生到30个月大）	妻子（母亲）、丈夫（父亲）、婴儿（儿子或女儿）
3. 有幼儿的家庭（最大子女从30个月到6岁）	妻子（母亲）、丈夫（父亲）、女儿（姐妹）、儿子（兄弟）
4. 有小学生的家庭（最大子女到12岁）	妻子（母亲）、丈夫（父亲）、女儿（姐妹）、儿子（兄弟）
5. 有十几岁子女的家庭（最大子女从13岁到20岁）	妻子（母亲）、丈夫（父亲）、女儿（姐妹）、儿子（兄弟）

[①] [美] Sigehman C. K.、Shaffer D. R.：《发展心理学》，游恒山译，台北：五南图书出版有限公司2001年版，第886—889页。

续表

阶段	担任角色
6. 有青年人离巢的家庭（从第一个子女离家到最后一个子女离家）	妻子（母亲、祖母）、丈夫（父亲、祖父）、女儿（姐妹、姨姑）、儿子（兄弟、叔伯）
7. 无子女的家庭（从空巢到退休）	妻子（母亲、祖母）、丈夫（父亲、祖父）
8. 老年家庭（从退休到死亡）	妻子（母亲、祖母）、丈夫（父亲、祖父）寡妇、鳏夫

在每个阶段中，家庭成员扮演着不同的角色，执行着不同的发展任务。

二 家庭教养方式

（一）家庭教养方式的含义

从广义上讲，家庭教养方式也被称为父母教养方式。父母教养方式是指父母教养态度、行为和非言语表达和集合，它反映了亲子互动的性质，具有跨情境的一致性。

有人总结目前人们对家庭教养方式看法，主要存在三种观点：[1]

（1）家庭教养方式是父母对子女的教养态度和感情。它反映了亲子互动的性质，具有跨情景稳定性和明确的教养目的。

（2）家庭教养方式是父母各种教养行为的特征概括。由家庭成员的生活经历、文化修养、思想立场、个性特征以及家庭背景不同，所表现出来的家庭风格不尽相同，父母在教育子女的言谈、举止和态度上具有相对稳定性的行为风格，对子女的社会化过程产生重要的影响。

（3）家庭教养方式是在家庭感情氛围中表现出来的。儿童的态度、感受、认知和一般行为可能反映出家庭中占优势的感情氛围。如果子女处在和谐、欢乐、紧张而有秩序的家庭，并从他们的家庭中获得安全感，将使他们顺利地适应生活中的各种要求和解决遇到的问题。如果家庭以

---

[1] 徐慧等：《家庭教养方式对儿童社会化发展影响的研究综述》，《心理科学》2008年第31卷第4期，第940—942页。

惩罚、混乱、过分严厉为特征，具有一种消极色彩，则子女发生问题的可能性较大。

(二) 家庭教养方式的类型

1. 鲍姆林德的观点

鲍姆林德通过观察父母对家庭环境下和实验室中幼儿的影响，收集了关于儿童教养方式的资料。[①] 提出儿童的教养方式主要有两个维度：第一个维度是向儿童提出的要求，一些父母为他们的孩子设定的高标准，并极力要求他们达到这些标准；另一些父母则要求很低，并不怎么去影响孩子的行为。第二个维度是对孩子的责任。一些父母接纳他们的孩子，并对他们负责，他们经常进行开放式的讨论，并互相接受彼此的观点；而另一些父母则会拒绝孩子，不对他们负责。根据这两个维度，可组合成四种教养方式。具体如图6—6所示。

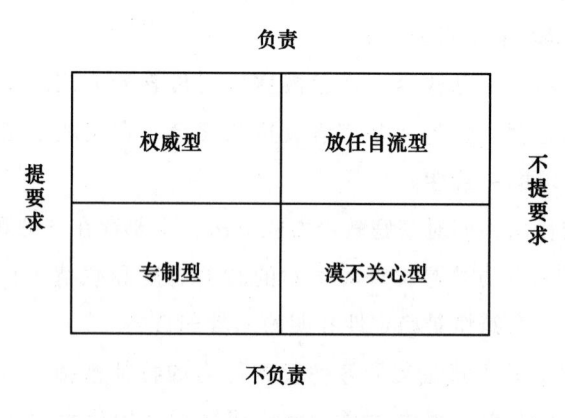

	负责		
提要求	权威型	放任自流型	不提要求
	专制型	漠不关心型	
	不负责		

图6—6 从两个维度划分出来的教养方式

2. 麦克比等人的观点

麦克比等人根据父母对儿童的要求性和反应性水平，将父母的教养方式划分为四种类型。其中父母的要求性指父母对儿童的成熟与合理行为的期望和要求程度。父母的反应性指父母以接受、支持的方式对儿童的需要做出反应的程度。具体如表6—15所示。

---

① [美] 劳拉·E. 贝克：《儿童发展》（第五版），吴颖等译，江苏教育出版社2002年版，第784—786页。

表 6—15　　　　　　　　　　父母的教养方式

	接受、反应，以儿童为中心	拒绝、不反应，以父母为中心
要求、控制	相互权威性，双向高沟通	专制，独断
不要求、低控制	溺爱	否定，忽视，冷淡，不参与

从表 6—15 中可以看出，对儿童既具有较高的要求，又具有较高反应性的父母为权威性父母，对儿童具有较高反应性但要求较低的为溺爱型父母，对儿童反应性与要求性均较低的为忽视型父母。

3. 林磊和董奇等人的观点

林磊、董奇等人采用聚类分析方法，将母亲的教养方式分为五种类型：极端型、严厉型、溺爱型、成就压力型和积极型。[①] 其中，积极型教养方式下长大的儿童，他们对事物具有浓厚的兴趣和探究精神，社交退缩行为很少，属于社交主动、乐群的儿童，有较高的开放性，较少表现出焦虑。而极端型教养方式下长大的儿童，在各方面的表现都是最差的。

4. 家庭教养方式类型的特点

（1）权威型教养方式。权威型教养方式（authoritative style）是大多数人认同的教养方式。权威型父母为了让孩子成熟地发展，提出合理的要求和限制，并要求他们遵守。同时，他们对孩子表现出热忱和爱心，耐心倾听孩子的观点，鼓励他们参与家庭的决策。总之，权威型教养方式是合理的、民主的，承认和尊重了父母和孩子双方的权利。

研究发现，在权威型教养方式下生长的孩子，心理发展特别好，他们的心情愉快，面临新的挑战时显得信心十足，并有自控能力来抑制自己的破坏行为。[②] 而且这些儿童似乎很少表现出性别上的差异；女孩子独立自主性强，并希望被委以重任；男孩子也非常友善，善于合作。新近的研究发现，在学前期，权威性教养方式与儿童的情感和社会技能的积极发展之间存在着密切的相关。在青春期，权威型教养方式下生活的青

[①] 林磊、董奇等：《母亲教养方式与学龄前儿童心理发展的关系研究》，《心理发展与教育》1996 年第 4 期，第 56—59 页。

[②] ［美］劳拉·E. 贝克：《儿童发展》（第五版），吴颖等译，江苏教育出版社 2002 年版，第 783—785 页。

少年，他们表现出高水平的自尊、社会和道德的成熟度、学习的努力程度、大学期间的学术成就和个人抱负。

（2）专制型教养方式。专制型教养方式（authoritarian style）对孩子也提要求，但他们更看重孩子对他们的遵从，以致在孩子不愿意服从时，就拒绝对他们应承担的责任。专制型教养方式的父母，他们的口头禅是"必须按我说的去做"。因此，他们不与孩子相互谦让，只希望让孩子毫无保留地接受大人的"正确的"管教。如果孩子不按这种要求去做，那么父母就会强迫他们去做，并惩罚孩子。专制型教养方式最明显的特点是支持父母的要求，压抑孩子的自我表达和独立的意识。

通过研究发现，专制型教养方式下的幼儿，明显表现出焦虑、退缩和抑郁的特征。[1] 他们在与同伴的交往中，遇到挫折时，容易表现出敌对的反应。当男孩子遇到挑战时会变得极其愤怒，而女孩依赖性强，缺乏探索精神，对面挑战采取回避的态度。

在整个青春期，专制型教养方式下成长的青少年心理适应能力一直低于权威型教养方式下的青少年，但他们的学习成绩要比父母不管不问的青少年要好。[2]

（3）放任自流型方式。放任自流型方式（permissive style）是一种将孩子视为珍贵花朵的教养方式，父母对孩子不提出任何要求，也不对他们进行管教。放任自流型教养方式允许孩子在还没有能力决策时就做出许多自己的决定。孩子的典型行为特征是想干什么就干什么。例如，想吃东西就吃东西，想看电视就看电视。没有良好的行为习惯，爱随意打断他人的谈话，没有礼貌。造成父母采用放任自流型教养方式的原因可能有二：首先是这类父母认为这种教养方式是最好的；其次是这类父母对自己管理孩子的能力缺乏信心。

研究发现，在放任自流型教养方式下成长的孩子，行为非常不成熟。当他们要处理与他们当前的期望相冲突的事件时，会很难控制自己的冲

---

[1] Baumrind D., "Current Patterns of Parents Authority", *Developmental Psychology Monographs*, No. 4, 1971, pp. 1 – 103.

[2] Baumrind D., "Parenting Styles and Adolencent Development", in R. M. Lerner, A. C. Petersen & J. Brooks-Gunn (Eds.), *Encyclopedia of Adolescence*, Vol. 2, New York: Garland Publishing, 1991, pp. 746 – 758.

动,不听取别人的意见,表现出反叛行为。他们还会向父母提出过分的要求,过分地依赖于成人,在完成幼儿园的功课时,会比父母管制更多的儿童显得更缺乏耐心。对男孩子来说,放任自流型教养方式与其依赖性、不健全的行动之间的联系特别密切。

放任自流型教养方式下长大的青少年相对于受到父母严格而明确管制的青少年而言,他们的时间很少花在学习上,更多时间消磨在了毒品的烟雾之中。

(4) 漠不关心型。漠不关心型教养方式是父母对孩子不提任何要求和不关心或拒绝孩子行为相结合的产物。这类教养方式的父母典型的行为特征是在满足孩子最低的衣食要求之外,就不再尽心尽责。

形成父母这种教养方式的原因可能是:首先是父母在生活中面临着沉重的压力和负担,以致他们很少有时间和精力与孩子待在一起,所以他们采取比较随便的方式来教育孩子。其次是父母没有耐心,而且也不能实现一些长远的目标,所以选择一走了之的方式。

5. 权威型教养方式最有效

教养方式与个体能力之间关系是多样性的。但研究一致发现,适应良好的个体,他们的父母教养方式是权威型的。因为这些个体具有合作的行为特点,他们的特性确实有助于父母更容易采用权威型教养方式。其他几种类型的教养方式下成长的个体,很难让父母对他们温暖、坚定和理性。有研究表明,在权威型教养方式下,可降低个体的紧张和消极行为。

权威型教养方式通过以下几个方面创造出一种可产生父母影响的积极情绪环境,具体内容包括:[1]

(1) 温暖的、参与性父母对个体提出的要求是安全的,为个体提供了关心、自信和自我控制行为的榜样;

(2) 父母会采用公平合理的方式对个体进行控制,这会让个体更加服从,并将行为内化;

(3) 父母对个体的要求符合个体的能力发展水平,使得个体有能力对自己的行为负责。在此基础上培养出个体具有较高的自尊和认知与社

---

[1] [美]劳拉·E. 贝克:《婴儿、儿童和青少年》(第五版),桑标等译,上海人民出版社 2008 年版,第 503—504 页。

会成熟性。

（4）父母的支持性是个体心理韧性的主要来源，它可以保护个体免受家庭压力和贫穷所带来的消极影响。

6. 教养方式对个体发展的作用

（1）父母教养方式差异对个体发展的消极后果。王丽等人以平均27.14岁的监狱犯人80人为被试，让他们完成父母教养方式量表（EMBU）。[①] 然后将他们的结果与常模进行比较，结果如表6—16和6—17所示。

表6—16　　　　　　父亲教养方式各因子与常模比较

	情感温暖	干涉保护	惩罚严厉	拒绝否认
监狱犯人	46.26 (9.90)	17.20 (3.50)	20.06 (6.70)	11.58 (3.54)
常模	51.54 (8.89)	16.68 (3.26)	15.84 (3.98)	8.27 (2.40)
p	<0.001	<0.005	<0.001	<0.001

表6—17　　　　　　母亲教养方式各因子与常模比较

	情感温暖	干涉保护	惩罚严厉	拒绝否认
监狱犯人	51.0 (10.79)	40.61 (7.30)	13.85 (5.50)	16.15 (4.99)
常模	55.71 (9.31)	36.42 (6.06)	11.13 (2.84)	11.47 (3.26)
p	<0.001	<0.001	<0.001	<0.001

从表6—16和表6—17中可以看出，监狱犯人的父母教养方式各因子与常模比较均具有显著差异。在情感温暖因子上，监狱犯人的得分明显低于常模的；在干涉保护、惩罚严厉和拒绝否认三个因子上，得分又明显高于常模。

从父母双方的差异来看，母亲教养方式的情感温暖与理解、过分干涉与保护、拒绝与否认三个因素的得分显著高于父亲的，而惩罚与严厉因子的得分显著低于父亲的。

[①] 王丽、李建明等：《监狱犯人早年父母教养方式的调查研究》，《中国心理健康学杂志》2008年第16卷第6期，第681—682页。

从中可以看出，监狱犯人早年的父母教养方式表现出更少的情感温暖与理解，更多的是拒绝、惩罚与干涉。同时，父母教养方式存在着极端化倾向，父母双方在对孩子的教育问题上存在着严重的分歧。

（2）父母培养方式与子女人格特征的关系。金毅等人以高中二年级学生为对象，采用父母教养方式评定量表（EMBU）和 Shrauger 编制的个人评价问卷测量高中生的自信心状况，探讨了他们的家庭教养方式与其自信心之间的关系。[①] 结果发现：父母的情感温暖与理解和子女的自信心水平之间呈正相关，父母的惩罚严厉、拒绝否认以及母亲的过度干涉、过分保护与子女的自信心水平之间呈显著负相关。

李媛等以大学生为对象，采用 Blatt 的抑郁体验量表中的依赖性分量表和父母教养方式评定量表（EMBU），探讨了依赖性与家庭教养方式之间的关系。[②] 结果发现：对男生而言，母亲情感温暖和父亲拒绝否认的教养方式与大学生的依赖性呈负相关，与母亲的偏爱呈正相关；对女生而言，父亲的过度保护的教养方式与其依赖性呈正相关，父亲过分干涉的教养方式与其依赖性呈负相关。

三　家庭居住环境

（一）居住类型

在控制社会经济状况的条件下，多人居住单元中的青少年犯罪率较高，高层建筑中生活的低龄儿童与住在低层建筑中的低龄儿童相比，前者的行为问题更多、学业成绩较差。还有一项研究发现，前一研究中的结果仅能在男孩中得到证明。居住楼层高对于学龄前儿童的影响比小学生要大。原因可能在于学龄前儿童的户外游戏行为受到较大限制，和引起的紧张和孤独。[③]

陈传锋等人以 65 位家庭居住和 92 位机构居住的老年人为对象，采用

---

① 金毅等：《高中二年级学生的自信心与家庭教养方式的关系》，《中国心理卫生杂志》2005 年第 19 卷第 7 期，第 479 页

② 李媛等：《大学生依赖性及家庭教养方式影响的研究》，《心理科学》2002 年第 25 卷第 5 期，第 626—627 页。

③ Evans G. W., "Child Development and the Physical Environment", *Annual of Review Psychology*, Vol. 57, No. 1, 2006, pp. 423–451.

Sherbourne 和 Stewart 的 MOS 社会支持问卷和自编的社会支持问卷调查了老年人的社会支持现状,比较了家庭居住与机构居住老年人社会支持的不同特点。[①] 结果发现:家庭居住和机构居住老年人在社会支持维度上存在显著差异,具体为在心理支持、行为支持、活动支持等维度上,机构居住的老年人显著高于家庭居住的老年人;而在感情支持维度上家庭居住的老年人显著高于机构居住的老年人;社会支持对老年人的身心健康具有显著的影响。

(二) 居住质量

有一项研究发现,无论社会经济状况如何,父母以及教师所评定的小学儿童的心理压力水平和认知发展水平均受到居住环境的影响;利用标准化测验评定一年级和三年级学生社交能力和学业能力,发现在控制社会经济状况条件下,学生所得的评定分数与其居住质量有显著相关。[②]

有研究者发现,在以贫民区中的居住者为对象的研究中,搬进较好居住条件家庭中的小学儿童,与仍居住在贫民区的儿童相比,前者的学业成绩有显著提高。在一项控制社会经济状况条件下,以全英国范围内的居住于低质量住宅水平的儿童为对象,研究结果发现,八年级及以上年级儿童的标准化测验分数较低,而且,越是年龄大的儿童,他们的学业标准化测量分数越低。在对社会经济状况严格控制条件下,居住于低质量住宅水平的青少年表现出更多的不专心和健忘。[③]

刘金花对中日儿童的性格特征与家庭环境因子关系进行比较研究,结果发现,居住在条件较差的简易平房中的年幼子女与居住在其他住房条件下的年幼子女相比,前者的自我控制得分较低。这与其父母经济收入低、受教育程度差、所从事的工作性质较为被动等因素有关。这也说明了社会经济地位较低的父母更强调顺从,在教育子女的方式上更多采

[①] 陈传锋等:《家庭居住与机构居住老年人社会支持的比较研究》,《心理与行为研究》2008 年第 6 卷第 1 期,第 23—29 页。

[②] Gifford R. and Lacombe C., "Housing Quality and Children's Socioemotional Health", Presented at Europe Newtwon Housing Reseach, Cambridge, UK, 2004.

[③] Evans G. W., "Child Development and the Physical Environment", Annual of Review Psychology, Vol. 57, No. 1, 2006, pp. 423–451.

用专制型和严厉型,并且由于文化素质低,工作劳动强度大,经济收入少,容易引起家庭纠纷,使得家庭成员关系紧张,亲子关系差;社会经济地位较高的父母,一般文化素质也较高,更能理解尊重子女,注重儿童的独立性和创造性,家庭成员的关系较为融洽,能够为子女创造一个良好的家庭环境。

(三) 家庭结构

许多研究表明,家庭结构完整的家庭与家庭结构不完整的离异家庭中生活的儿童相比,后者在智力、同伴关系、亲子关系、情绪障碍、自我控制和问题行为等方面存在显著的差异。

在一项对离异家庭儿童认知发展的研究中,采用的工具是参照美国肯特州立大学古迪鲍迪所设计的儿童认知发展评价量表,对全国27个省、市、自治区的1733名小学生一、三、五年级的儿童进行了测试,其中离异家庭儿童929名,完整家庭儿童804名。结果发现:(1) 离异家庭儿童和完整家庭儿童认知的总体水平有差异,具体表现在无论是非文字测验还是文字测验的认知成绩,都是离异家庭儿童明显落后于完整家庭儿童。(2) 7—13岁的离异家庭儿童比完整家庭儿童认知水平低,除了10岁组的比较显著之外,其他各年龄组差异都是非常显著。而在推理成绩上,除7岁、9岁、10岁、12岁无显著差异外,8岁组的差异比较显著,11、13岁组的差异非常显著。[①]

四 家庭内部环境

(一) 父母关系的好坏

衡量家庭内部环境好坏的一个指标是父母关系的好坏。

冯霞和白雪萍采用整群抽样方法,以3—6岁学龄前儿童为对象,研究家庭环境因素对学龄前儿童心理和行为发展的影响。[②] 结果发现,父母合居和父母关系和睦的家庭,儿童心理和行为发展更优,表明这两个因素对儿童心理和行为发展有较好的影响。说明朝夕相处的合家生活的环

---

① 白学军:《智力发展心理学》,安徽教育出版社2004年版,第271—273页。
② 冯霞、白雪萍:《家庭环境因素对学龄前儿童心理行为发育影响的探析》,《海南医学》2005年第16卷第10期,第144页。

境，稳定和谐的家庭气氛对培养儿童良好的心理素质和行为有非常积极的作用，可激发儿童各种兴趣和对外界事物的好奇心。父母分居和父母关系不和睦的家庭中，父母长期两地生活，亲子关系偏于一方，父子（或母子）相处时间短，缺少交流，使儿童的生活环境中经常缺少父爱（或母爱），这种环境对儿童心理和行为发展产生不利的影响。父母亲之间不和睦，婚姻关系质量差，经常争吵打骂，性情暴躁，往往会造成学龄前儿童心理和行为发展的障碍，致使他们的心理素质较差，且儿童容易表现出紧张焦虑、情绪不安、易激惹、好发脾气、固执、胆怯、沮丧、感情脆弱、性格内向、不合群等特点。研究还发现，独生子女心理和行为发展水平优于非独生子女。独生子女在学习能力、性格、情感的发展上皆优于非独生子女。

（二）学习不良儿童家庭内部环境

孔德荣探讨了学习不良儿童的家庭心理环境因素。[1] 研究者按配对研究设计、采用家庭环境量表、症状自评量表和子女教育心理控制源量表，对286名学习不良儿童及286名对照组儿童家庭特征进行调查。结果发现，在学习不良儿童的家庭环境诸因素中，反映良好家庭结构的如亲密度、情感表达、成功性、知识性和组织性因素的评分低于对照组家庭的。而反映不良家庭环境因素的矛盾性，则是学习不良组高于对照组。这说明学习不良儿童处在一个相对不良的家庭心理环境中。

徐勇等人在学习不良儿童的家庭心理环境因素的研究中，采用家庭环境量表、症状自评量表和子女教育心理控制源量表，对153名学习不良儿童及153名对照组儿童家庭特征进行调查。[2] 结果发现：学习不良儿童家庭的亲密度、情感表达、成功性、知识性的评分低于对照组，而家庭的矛盾性评分则高于对照组。所以，作者提出，学习不良儿童处在一个相对不良的家庭心理环境中，在矫治其学习不良时，要注意家庭心理环境的改善。

---

[1] 孔德荣：《学习不良儿童的家庭心理环境因素》，《中国健康心理学杂志》2006年第14卷第4期，第378页。

[2] 徐勇、曾广玉、王敏：《学习障碍儿童的家庭心理环境因素》，《中国心理卫生杂志》2001年第15卷第6期，第398页。

（三）家庭内部环境与心理健康

刘继萍等人采用症状自评量表（SCL-90）和家庭环境量表，以1833名初中生为对象，研究了他们的心理健康水平与家庭环境之间的关系。[①] 结果发现：初中生的 SCL-90 量表上的总分及各项因子分与 FES 的亲密度、情感表达、知识性、娱乐性、道德宗教观、组织性之间呈显著负相关。与 FES 的因子中的矛盾性呈显著正相关。因此，初中生心理问题与所处家庭环境密切相关，营造良好的家庭环境有助于初中生的心理健康。

王传升等人以小学一至六年级学生中1873名为对象，采用 Achenbach 儿童行为量表（家长用表，CBCL）和家庭环境量表。[②] 结果发现：父母健康状况差、患慢性躯体疾病、父母关系冷淡或经常吵架以及亲子关系差是预测学龄儿童行为问题的重要危险因素。

[①] 刘继萍、杨旸：《家庭环境因素对初中生心理问题影响的研究》，《济宁医学院学报》2006年第29卷第1期，第60页。

[②] 王传升、李梅香、梁艳枝：《学龄儿童行为问题及其与家庭环境的关系》，《中国心理卫生杂志》2005年第19卷第6期，第417—418页。

第七章

注意的发展

第一节 注意发展的理论

一 鲁利亚的注意发展理论

儿童注意是如何发展的,鲁利亚(Luria)继承维果斯基(Vygotsky)观点,提出了自己的看法。[1]

鲁利亚首先区分出了两种注意系统:不随意注意系统(involuntary attentional system)和随意注意系统(voluntary attentional system)。

不随意注意也称为反射性注意。这种注意是个体出生后先天就具有的,可从刚出生的新生儿身上观察到。例如,定向反射是由外界强烈的刺激引起新生儿目光指向于该刺激,并且他们还会将头转向刺激物,同时还伴有许多自发性的、无目的的身体活动。

婴儿定向注意刺激物的能力,取决于他们大脑前部部分结构的发育。这些结构包括额叶、皮层下的神经组织和中脑的上部,有助于注意的转换,而且对婴儿定向注意刺激物起了重要的作用。

随意注意也称有意注意。它与不随意注意有本质的区别。随意注意是社会性的而非纯生理性的。鲁利亚指出,维果斯基首先认识到高级形式的随意注意的社会性根基,这种认识具有决定性的重要意义。它在初级的不随意注意和高级的随意注意之间架起了一座桥梁。以前注意常被心理学家排除于"心理"之列,因而很少对其进行研究。维果斯基认

---

[1] Enns J. T. ed., *The Development of Attention*, Amsterdam, North-Holland: Elsevier Science Publishers B. V., 1990, pp. 48–50.

识到了注意具有社会性的特点，是一种独立的心理，从而使注意成为科学研究的对象。当然，高级形式的随意注意不是短时间内形成的。研究表明，儿童获得稳定的、有效的随意注意是在他们接受正规学校教育之后。

鲁利亚关于注意发展的理论有其独特之处：第一，强调儿童早期注意发展与大脑神经系统的成熟有密切关系。这种观点已被神经科学家和发展心理学家的研究成果所证实。第二，强调儿童注意的发展，特别是高级形式的随意注意发展与社会环境有密切的关系。儿童在与社会环境相互作用的过程中，随意注意促进了儿童自我调节能力的发展，从而使他们更好地适应社会环境，如完成学校的学习任务。

二　波斯纳的注意发展理论

波斯纳（Posner）认为，注意可分为两种类型：内隐注意（covert attention）和外显注意（overt attention）。

内隐注意是指由大脑控制注意内部的转移且没有明显的外部指向行为。

外显注意是指注意有明显的外部指向行为，如头部和眼睛的运动、身体姿势的调节、面部表情或者其他身体肌肉的运动等。[1]

在个体发展的早期，其注意主要是外显注意。随着个体年龄的增长，其内隐注意能力不断发展。

波斯纳认为，内隐注意和外显注意存在的依据是来自于大脑神经解剖学的研究。

这类研究发现：内隐视觉空间注意系统与个体的眼动有密切的关系。眼动的产生与中脑的活动有关。在对空间位置进行内隐选择时，中脑区进行了一定的计算活动。这里"计算"的意思是信息在大脑神经系统内的转换，即对信息输入和输出的加工。

根据上述大脑神经解剖学研究的成果，波斯纳等人认为，中脑执行着两种非常特殊的计算活动：第一，中脑使注意的指针从一个视觉

---

[1] Enns J. T. ed., *The Development of Attention*, Amsterdam, North-Holland: Elsevier Science Publishers B. V., 1990, pp. 47 – 66.

位置转移到下一个视觉位置（也就是说，它计算一个视觉线索的位置并改变注意的指针去反映这个位置），这是外显注意。第二，中脑使注意的指针从当前注意的一个视觉位置移走时，同时出现一个抑制成分以减少眼睛返回到先前已注意过的那个视觉位置的可能性，这就是内隐注意。抑制返回的意思是减少视觉返回到先前已注视刺激的倾向性。这在视觉扫描过程中是普遍存在的。当个体已对一个视觉位置注视后，他的眼睛常保持不动（即内隐注意）。人的注意能力、抑制返回能力和眼跳（saccadic）运动都与中脑的运动有密切的关系，中脑损伤会直接影响这些能力的正常表现。

常采用外显的方法研究婴儿抑制返回能力，即配对测验。

第一步，婴儿眼睛的中央凹先注视中间的刺激，然后副中央凹注视中间刺激两边的刺激物（即左边的刺激物或右边的刺激物）。在婴儿对两边的刺激进行短暂的注视后，这时不再呈现新的边缘刺激，使婴儿的注意再重新集中在中间位置。

第二步，给婴儿左右边缘的视觉呈现一对形状相似的刺激物，观察婴儿注视点的指向和眼睛的潜在运动。

结果发现：年龄只有6个月的婴儿同成人一样，对60%先前已注视过的刺激物不再进行注视。这表明婴儿的不随意注意能力在生命的早期就已经发育完善了。

三　注意的中枢能量理论

注意的中枢能量理论是由Kahneman提出的，主张个体在对信息进行加工时，中枢加工能量（或资源）有限为出发点，用这种能量（或资源）的分配来解释个体注意能力的发展。[①] 个体中枢加工能量随年龄的发展而不断地提高。儿童之所以没有成人注意好，是因为成人的中枢加工能量比较大，儿童的中枢加工能量比较小。

Kahneman还指出，中枢能量也能在某种情况下发生变化，特别是能量会随任务难度的提高而增加，而且高意志努力或动机也可增加能量

---

① Pashler H. E., *The Psychology of Attention*, Cambridge: A Bradford Book, The MIT Press, 1998, pp. 217－262.

水平。

后来 Norman 和 Robrow 又区分出了资源分配的两类过程：一种是资源限制过程；另一种是材料限制过程。①

资源限制过程是指加工的作业受到所分配资源的限制，一旦得到较多的资源，那么个体就会顺利地完成所加工的作业。

材料限制过程是指加工的作业受到任务的低劣质量（或不适宜的记忆信息）限制，在这种情况下，即使个体获得更多的资源，也不能提高完成作业的水平。

近年来，注意的资源或能量观点又得到进一步发展，提出总体任务资源理论（task-general resources theory，TGR）和特定任务资源理论（task-specific resources theory，TSR）。② 总体任务资源理论主张，个体的认知资源或能量是一般的而非特殊的。依据该理论可做出如下预测：（1）个体同时做两件事会感到困难并非由任务干扰引起，而是任务需要的资源超过了个体的资源。只要活动不超过个体的资源，个体就能够同时做两件事。（2）当加工需要的资源超过个体本身拥有的资源总和时，而个体又试图同时做第二项任务，那么第一项任务的成绩将会下降。（3）个体的注意资源分配很灵活，它可以改变以适应新异刺激的需要。因此，总体任务资源理论强调注意分配的条件是各项任务所需的资源不超出人的资源的总和。任务本身的性质不是注意分配成功与否的关键因素。Reisberg 让被试边跑步边看图片，并要求被试判断图片是否为三维的。③ 按照总体任务资源理论，两项性质不同的任务之间若存在干扰，说明任务间存在能量或资源竞争，实验结果表明，这两种任务的干扰的确很大，支持总体任务资源理论。

特定任务资源理论主张，个体的认知加工的资源或能量是具体的。依据该理论可做出的预测是：不同性质的任务可以同时并存，个

---

① Best J. B.：《认知心理学》，黄希庭等译，中国轻工业出版社 2000 年版，第 58 页。
② 陈栩茜、张积家：《注意资源理论及其进展》，《心理学探新》2003 年第 4 期。
③ Reisberg D.，"General Mental Resources and Perceptual Judgments"，*Journal of Experimental Psychology: Human Perception and Performance*，Vol. 9，No. 6，1983，pp. 966–979.

体可以轻易地同时完成两种性质不同的任务，一旦任务之间的性质有相交或产生叠加，干扰就会产生。Allport 等人将被试分为三组，要求被试同时完成两种任务，其中一种为共同任务，即让被试听一组单词（单耳跟听）并即时复述。[1] 同时，三组被试分别完成另外三种任务：（1）另一只耳朵听另外一组单词并记忆（听单词＋听单词）；（2）看屏幕上的一组单词并记忆（听单词＋看单词）；（3）在屏幕上呈现一组图片让被试看（听单词＋看图片）。三种任务中两种子任务间的相似程度不同，任务 1 的两个子任务相似性最大，任务 3 的两个子任务相似性最少。按照特定任务资源理论，任务 1 的两个子任务间干扰最重，任务 2 的两个子任务间的干扰次之，任务 3 的两个子任务间干扰最少。实验结果表明任务间的干扰程度由任务性质决定。

四　艾恩斯等人的注意发展理论

艾恩斯和垂克（Enns & Trick）从注意的意识性和注意的来源两个维度，将注意分为四种类型：反射（reflex）、习惯（habit）、探索（exploration）和精细化（deliberation）。[2]

（一）注意的两个维度

1. 注意的意识性

注意的第一个维度是意识性，指注意是否需要意识参与。

无意识的注意有许多说法，例如前注意（preattentive）、忽视（inattentional）、下意识（subconscious）、无意识（unconscious）或无目的（unintentional）。无意识注意的核心特征是自动化（automatic），即无意识注意快速、不费力、没有目的性。自动化注意由环境中出现的特定刺激引起，很少受其他加工的干扰。所以，即使有意识注意集中在别的地方或另一个任务中，某些刺激也能被注意到。

有意识的注意也有许多说法，例如注意的（attentive），意识的（con-

---

[1] Allport D., Antonis B., Reynolds P., "On the Division of Attention: A Disproof of the Single Channel Hypothesis", *Quarterly Journal of Experimental Psychology*, Vol. 24, No. 2, 1972, pp. 225 – 235.

[2] Ellen B., Fergus I. M. Craik, *Lifespan Cognition: Mechanisms of Change*, Oxford: Oxford University Press, 2006.

scious）或者有意地（intentional）。有意识注意的核心特征是控制性加工，即有意识注意较慢、费力，每次只能运行一个控制性加工，但是它可以随意愿开始、停止或修正，使得这种加工灵活而且智能化。可以通过学习和大量练习引起外显长时记忆的变化，从而使有意识注意转化为无意识注意。

2. 注意的来源

注意的第二个维度是来源，有些注意是与生俱来的，不需要学习，所有人都拥有。

外源性注意（exogenous）是由于遗传和特定刺激引起，好像是外部（external/exogenous）刺激引发了注意，实际上是由于神经系统的组织形式，使得某些刺激比其他刺激更容易受到外源性注意。

内源性注意（endogenous）是由于人们对环境的了解以及目的所决定。人们积极地在环境中寻找与特定目标或目的相关的信息，在这些任务中按照他们的预期和先前学习进行搜索。预期（expectancy）如同知觉定势（perceptual set），使人在特定位置中寻找特定物体。知觉定势是有利的，因为它使人注意与目标相关的信息，但与此同时也阻止了与期望和目标不相关的刺激。

（二）注意的类型

1. 注意的四种类型

根据注意的维度，可将注意分为四类，具体如表7—1所示。

表7—1　　　　　　　　　　注意维度和分类

	外源（Exogenous）	内源（Endogenous）
自动（Automatic）	反射（Reflex）	习惯（Habit）
控制（Controlled）	探索（Exploration）	精细化（Deliberation）

2. 每种注意类型的特征

每种注意类型的特征如表7—2所示。

表 7—2　　　　　　　　　四种注意类型的具体特征

反射	习惯
·先天形成 ·神经系统决定具有优先权的刺激激发 ·无意识（unconscious）、自动（automatic）、迅速（fast）、强制性（obligatory）、不费力（effortless） ·只有通过精细化（deliberation）才能避免 ·在发展的时间表（timetable）中发生（emerge） ·一旦获得即保持稳定	·目标在特定环境中重复出现而习得 ·与过去特定目标相联系的刺激引发 ·无意识（unconscious）、自动（automatic）、迅速（fast）、强制性（obligatory）、不费力（effortless） ·只有通过精细化（deliberation）才能避免 ·任意时间内都可以发生（emerge） ·任意时间都可以消退或被取代；随着练习强度发生改变
探索（Exploration）	精细化（Deliberation）
·先天将新奇刺激作为遗传目标 ·控制加工的默认形式（mode） ·意识（conscious）、控制（controlled）、慢（slow）、随意（optional）、需要努力（effortful） ·唯一目标需要探索时发生 ·一般目标很容易被特殊目标取代（转向精细化）	·目标由个体决定，具有个体特异性和背景特异性 ·个体在特定背景中为了实现某一特定目标时发生 ·目标随着意识改变，但转换目标需要时间 ·需要克服不必要的自动加工 ·受到其他精细化选择性目标的干扰

（三）注意的发展

注意发展遵循以下规律：

第一，内源性注意（习惯和精细化）要比外源性注意（反射和探索）随年龄增长变化更大。这是因为内源性注意是由特定情景中特定目标所驱动，它们更加具有独特性（idiosyncratic），反映随着年龄和经验而变化的学习过程。相反，外源性注意反映了随着特定类型刺激的出现而发生的先天遗传特征。

第二，控制性注意（探索和精细化）比自动性注意（反射和习惯）随年龄增长变化更大。这是因为调解控制加工的大脑区域（例如前额）发展最晚。随着年龄的增长，其最早出现功能衰退。特别是在受伤和病变过程中最先受到伤害。

第三，反射注意随着年龄增长，其变化最小；精细化的注意随着年龄的增长其变化最大。

第二节 注意发展的研究方法

一 线索范式

(一) 基本原理

线索范式（cuing paradigms）又叫作提示范式。其基本原理是，用刺激或指导语引导被试去注意一个明确的输入源，然后把被试对这一输入源的加工和对其他输入源的加工做比较，找出其差异。从本质来看，线索就是对注意指向的引导。这种范式主要用于比较个体对注意到的刺激和未注意到的刺激加工上的差别。另外，一些探讨注意指向线索化信息的过程研究也采用线索范式。

(二) 典型范式

视觉空间线索范式是典型代表。这种范式的实验流程是：首先在屏幕中央呈现一个固定的注视点，通常为一个小"十"字，然后在视野左侧或右侧呈现一个线索，接着呈现目标刺激。目标刺激可能出现在线索化位置，也可能出现在非线索化位置，要求被试尽可能快地对目标做出反应。

(三) 线索范式的自变量

线索范式中常用的自变量主要有线索有效性和线索类型。

线索有效性是指实验中线索化位置（线索出现的位置）与紧随其后的目标刺激出现位置的吻合程度。下面以图7—1为例来具体说明线索有效性的三个水平。

当某个位置被线索化以后，随后的目标出现在这个位置，这种条件被称为有效线索（valid cuing），该条件下注意指向目标位置的可能性较大；

当某个位置被线索化以后，目标却出现在其他位置，也就是出现在非线索化位置，这种条件被称为无效线索（invalid cuing），该条件下注意指向目标位置的可能性较小；

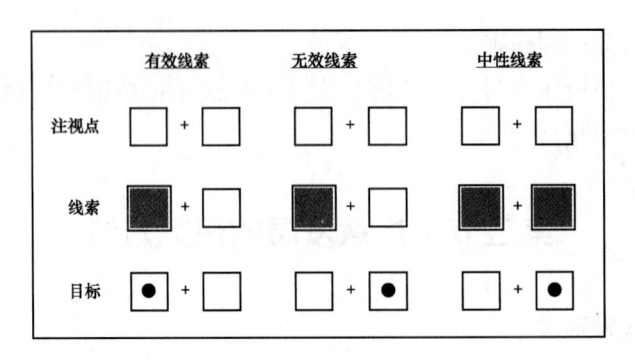

图 7—1　线索范式

线索同时出现在两个位置，没有向被试提供目标可能出现位置倾向性信息，这种条件被称为中性线索（neutral cuing），该条件下注意指向目标位置的可能性介于有效线索和无效线索之间。

因此，通过线索有效性这个自变量，可以控制注意指向目标出现位置的概率大小。使用线索有效性为自变量，以反应时为因变量，其典型实验结果是：有效试验的反应时最短，无效试验的反应时最长，而中立试验的反应时介于两者之间。Posner 的研究表明，被试在有效线索、中性线索和无效线索的反应时由短到长依次变化，如图 7—2 所示。[1]

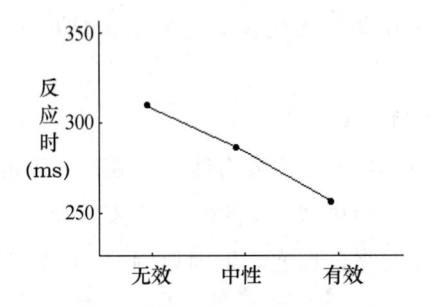

图 7—2　不同线索有效性下的反应时

线索类型这一自变量的水平可以有多种划分方式，常见的是根据线索是否直接出现在目标可能出现位置，将其分为外围线索和中心线索。

---

[1] Posner M. I.,"Orienting of Attention", *Quarterly Journal of Experimental Psychology*, Vol. 32, No. 1, 1980, pp. 2 – 25.

外围线索（peripheral cues）指线索直接出现在目标可能出现位置；中心线索（central cues）又称符号线索（symbolic cues），指线索出现在固定位置（一般是屏幕中央），此时线索是一个表示目标可能出现位置的符号，如方向箭头，具体如图 7—3 所示。

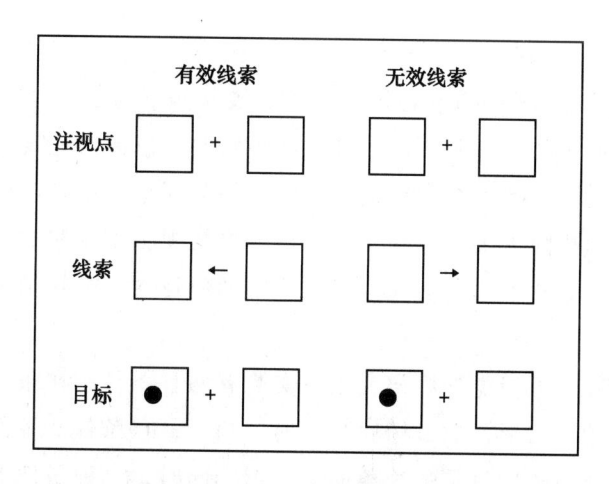

图 7—3　中心线索

由于外围线索出现在目标可能出现的位置，能自下而上地自动引起注意，所以也被称作外源性线索（exogenous cues）；中心线索只是通过符号指出目标可能出现位置，此时需要个体先对线索进行解码加工，然后再将注意转移到目标可能出现位置，所以这种线索也称作内源性线索（endogenous cues）。

另外还有一种较为常用的划分，就是根据整个实验中有效试验和无效试验的比例，把线索分为预言性线索和非预言性线索。预言性线索（predictive cues）指在整个实验中有效试验次数多于无效试验次数的线索，即目标出现在线索化位置的概率大于非线索化位置。对整个实验来说，这种线索具有预言性，并鼓励被试有意地注意线索化位置。非预言性线索（nonpredictive cues）指在整个实验中有效试验次数与无效试验次数接近的线索，即目标出现在线索化位置的概率与出现在非线索化位置的概率相当，这样的线索不具有预言性。

可以看出，任何一个具体的线索既可以属于外围线索或中心线索，也可以属于预言性线索或非预言性线索，同时每个线索又可能是有效线索、中性线索或无效线索。所以，研究者可以根据实验目的，灵活地使用线索这一变量。

二　搜索范式

（一）基本原理

在搜索范式（search paradigms）中，要求被试寻找一个或多个混杂在非目标刺激中的目标刺激，实验时这些刺激可以同时呈现，也可以相继呈现。该范式反映了真实环境中的信息超载现象，主要应用于研究注意过程中如何排除无关刺激的干扰。在大多数视觉搜索实验中，研究者关注的是反应时与矩阵大小（搜索矩阵中的项目数）的函数关系，即搜索函数。

例如，在一项视觉搜索研究中，实验有两种条件，在条件1下，目标是带线条的三角形，非目标项是普通三角形；在条件2下，目标是普通三角形，非目标项目是带线条的三角形。同时，每种条件下又分为搜索矩阵中有目标和无目标两种情况。[1] 实验结果反应在搜索函数的斜率上，斜率是搜索过程的效率量度。条件1的结果是，斜率几乎为零，表明不论搜索矩阵大小，被试发现目标的反应时相差不大。这说明当目标被定义为增加型简单特征（带线条）时，被试能无干扰地对矩阵中的每个项目进行判断。条件2的结果是，随着搜索矩阵的增大，反应时急剧增加。这意味着当目标被定义为缺乏型简单特征（不带线条）时，被试无法独立地判定每个项目是否是目标。

（二）典型范式

1. 额外的奇异刺激范式

搜索序列中的某个项目是一个奇异刺激，但这个刺激始终都不会成为搜索的目标。比如说，实验任务要求被试在刺激序列中寻找一个颜色奇异项，在这个搜索序列中还可能出现一个永远都不会成为目标的形状奇异项。如果在形状奇异项出现的条件下，被试对目标的反应时要长于

---

[1] Luck S. J., Hillyard S. A., "Electrophysiological Evidence for Parallel and Serial Processing During Visual Search", *Perception and Psychophysics*, Vol. 48, No. 6, 1990, pp. 603–617.

其未出现的条件，那么就可以推断这个无关的形状奇异刺激影响了个体对目标的搜索。

2. 无关特征搜索范式

这种范式的刺激序列与奇异刺激范式类似，但不同的是，此时无关特征也可以成为搜索目标。在这种范式下，通过两种方法计算结果。第一，比较奇异刺激为干扰项时的反应时与奇异刺激为目标时的反应时之间的差异；第二，以搜索序列的项目数为横坐标、被试的反应时为纵坐标，做几条函数曲线，分别表示奇异刺激为目标时、奇异刺激为干扰项时和奇异刺激不出现时的反应时。当奇异刺激不出现或者为干扰刺激时，函数曲线有明显的上升坡度，表明随着干扰项目的增加，反应时也不断增加，这就出现了搜索矩阵的大小效应；当奇异刺激为目标时，曲线趋于水平，表明干扰项的数目不影响反应速度，此时说明无关特征捕获了注意。

3. 目标—奇异刺激距离范式

在这种范式中，目标和奇异刺激之间的距离是唯一的自变量。在Turatto和Galfano的研究中，搜索序列是一圈小圆，它们均匀分布在一个假想的大圆上，其中的某一个小圆颜色与众不同（比如某一个小圆是红色，其他的都是绿色），被试的任务是在小圆中搜索目标T。结果发现，目标T所在的小圆与颜色奇异的小圆距离不同，被试对目标的反应时也就不同。目标T出现在颜色奇异的圆内反应时最短。[1]

三 过滤器范式

（一）基本原理

过滤器范式（filtering paradigms）的基本原理是：使被试的注意指向一个信息源，而研究者则是评估那些未被注意的信息的加工过程，以此来探讨注意的某些特征。这种范式主要用于研究个体抑制无关信息的加工过程。

（二）典型范式

经典的过滤器范式有双耳分听任务和Stroop任务，常用的有整体—局

---

[1] Turatto M., Galfano G., "Attentional Capture by Color without any Relevant Attentional Set", *Perception & Psychophysics*, Vol. 63, No. 2, 2001, pp. 286–297.

部范式、侧抑制任务、负启动范式。由于双耳分听任务在第三节还要详细叙述,所以这里就介绍其他几种范式。

1. Stroop 任务

Stroop 任务是一个典型的过滤器范式。[①] 在经典的 Stroop 任务中,研究者给被试呈现一些由不同颜色墨水(如红色、黄色、蓝色)写成的表示颜色的字(如"红""黄""蓝"),如图 7—4 所示。

绿*
↙ ↘
"红"　　"绿"
报告字色　报告字义

图 7—4　Stroop 范式

注:*代表由红颜色墨水写成的"绿"字。

一种条件下,让被试报告墨水的颜色;另一种条件下,让被试报告字的名称。当要求被试报告墨水的颜色时,如果墨水颜色与字的名称不一致,反应时就会变长;然而,当要求报告字的名称时,无论墨水颜色与字的名称一致不一致,反应时基本没有受到影响。这个结果表明,个体对字的加工是自动加工,而对墨水颜色的加工不是自动加工。现在,Stroop 任务常被用来评估各种群体(如儿童、精神病类患者等)抑制优势反应的能力。

2. 整体—局部范式

整体—局部范式(global-local paradigm)由 Navon 于 1977 年首先报告发现。[②] 在这个范式中,大图形由一组小图形构成,如在图 7—5 中,整体的"H"是由局部的"S"组成的。

实验中图形有两种情况,一种是大图形与小图形一致,另一种是两者不一致。于是,整体—局部的一致性就是一个自变量。在实验中有两

[①] Pashler H. E., *The Psychology of Attention*, Cambridge, Massachusetts: The MIT Press, 1998, p.58.

[②] Navon D., "Forest before Trees: The Precedence of Global Features in Visual Perception", *Cognitive Psychology*, Vol.9, No.3, 1977, pp.353-383.

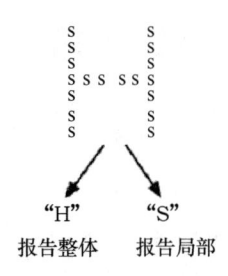

```
    S S        S S
    S S        S S
    S S        S S
    S S S  S S S
    S S        S S
    S S        S S
    S S        S S
        ↙    ↘
     "H"      "S"
    报告整体   报告局部
```

图7—5 整体—局部范式

种具体的操作，一种是要求被试在图形呈现后报告大图形，另一种是要求被试报告小图形。也就是说，通过实验指导语引导被试要么注意整体大图形，要么注意局部小图形。

在 Navon 的实验中，当要求被试报告局部字母时，如果局部字母与整体字母不匹配，那么反应时就变长；然而当要求报告整体字母时，无论整体字母与局部字母匹配不匹配，反应时几乎没有受到影响。Navon 总结认为，这种不对称的干扰效应反映出整体加工的优先性。也就是说，整体字母的识别先于局部字母的识别，这就导致整体字母干扰了局部字母的识别。总的来说，整体—局部范式在研究感觉特征（如刺激大小、空间密度）和注意加工之间相互作用方面具有得天独厚的优势。

3. 侧抑制任务

侧抑制任务（flankers task）范式主要是用来探讨多个独立刺激之间的相互干扰，是由 Erikson 等人发现的。[①] 在侧抑制任务中，要求被试报告呈现于屏幕中央的目标而忽略目标两侧的刺激（即要求被试注意屏幕中央的刺激）。在 Erikson 等人的实验中，当中央目标是 A 时，要求被试用左手反应，当中央目标是 H 时用右手反应，如图7—6所示。

在一部分试验中，中央和两侧的字母一致（如中央和两侧都是 H），而在另一部分试验中，中央和两侧的字母不一致（如中央是 A 而两侧是 H），这种一致与不一致就是一个自变量。因变量是被试对中央字母的反应时。结果发现，当中央和两侧的字母一致时，被试的反应时较短，而

---

① Erikson C. W., et al., "The Flankers Task and Response Competition: A Useful Tool for Investigating a Variety of Cognitive Problems", *Visual Cognition*, Vol. 2, No. 2 - 3, 1995, pp. 101 - 118.

H A H
↓
"A"

图 7—6　侧抑制范式

中央与两侧字母不一致时，被试的反应时就会变长；然而，如果两侧字母与中央字母的距离比较大时，这种干扰效应就会变小或没有。由于两侧刺激的干扰作用反映出被试对目标的注意集中能力，所以这种范式主要用于研究注意从目标区域分散到临近区域的程度大小。

4. 负启动范式

负启动范式（negative priming paradigm）也是常见的过滤器范式，最早 Tipper 于 1985 年报告。① 在该范式中，屏幕上每次呈现两个刺激，一个是需要注意的刺激（目标项目），一个是不需要注意的刺激（干扰项目）。实验要求被试注意其中一个刺激，并对该刺激做出反应。在图 7—7 中，黑色字母和白色字母重叠呈现，其中白色字母是目标项目，黑色字母是干扰项目。

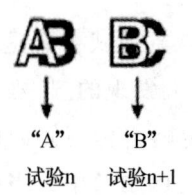

AB　BC
↓　　↓
"A"　"B"
试验n　试验n+1

图 7—7　负启动范式

要求被试报告出白色字母的名称。当前次试验中的干扰项目在下一个试验中变成目标项目时，被试的反应时变长。这说明干扰项的字母被识别并记住了。该范式常被用来评估当在一个刺激有意忽略的情况下，

---

① Tipper S. P., Cranston M., "Selective Attention and Priming: Inhibitory and Facilitatory Effects of Ignored Primes", *Quarterly Journal of Experimental Psychology*, Vol. 37, No. 4, 1985, pp. 591–611.

注意能够多大程度上自动地分配到该刺激上，并影响此后的加工。

四　双任务范式

（一）基本原理

双任务范式（dual-task paradigms）主要用来探讨注意在多个并行任务间的指向和调节作用。基本方法是：让被试同时执行两个明显不同的任务，然后研究者来评估这两个任务间相互影响的程度。

在经典的双任务范式中，要求被试同时执行两项任务，而且规定了他们对每个任务的投入程度。如在第一种条件下，要求被试对任务 A 投入 10% 的注意而对任务 B 投入 90% 的注意；在第二种条件下，对两个任务各投入 50% 的注意；而在第三种条件下，对任务 A 投入 90% 而对任务 B 投入 10% 的注意。最后用作业操作特性函数（把一个任务中的作业水平定义成另一个任务的作业水平的函数）来描述实验所得，将会出现三类可能的结果。第一，如果两个任务的认知加工过程相同，那么投入注意多的那个任务的作业水平会提高，而另一任务的作业水平就相应地降低；第二，当两个任务的认知加工过程相对独立时，同时执行两个任务的成绩与单独执行每个任务时的一样好；第三，当两个任务的加工过程存在部分相同时，一项任务只是部分地受到另一项任务的影响。

（二）典型范式

近年来，较为常用的任务范式有心理不应期（psychological refractory period）范式和注意瞬脱（attentional blink）范式。

1. 心理不应期范式

Welford 通过实验证明，当相继呈现两个信号，并要求被试必须对两个信号都做快速反应时，被试对第二个刺激的反应时间，依赖于从第一个刺激开始呈现到第二个刺激开始呈现之间的时间差，即刺激呈现的时间差，简称 SOA。同长 SOA 相比，当 SOA 非常短时，被试对第二个刺激的反应要慢。Welford 将这种短 SOA 条件下，被试对第二个刺激反应的延迟，称作心理不应期。[1]

---

[1] Luck S. J., Vecera S. P., "Attention", in Pashler H, ed., *The Stevens' Handbook of Experimental Psychology*, New York: John Wiley & Sons, Inc., 2002.

该范式的基本原理是：给被试呈现两种任务，要求他们尽快地做出两种判断。例如，给被试呈现一个纯音和一个字母，要求他们尽可能快地识别字母，并尽快地判断出纯音的高低。如果两种任务之间有着足够的间隔时间，那么被试会非常准确地完成任务，表示这两种任务互不干扰。但是，当两种任务之间的时间很短时，不论哪一种任务在次序上先呈现，第二个任务的成绩都会受到影响，延迟几百毫秒。出现这种现象的原因是，当需要做出不同判断的两项任务之间的时间间隔很短时，其加工需求发生重叠，只能等第一项任务从系统中消除之后，第二项任务才能得到加工。

2. 注意瞬脱范式

Broadbent 在 1987 年首次发现，被试对单词流中前一个目标词的准确辨认使得他们很难辨认出在该词后约 500ms 内呈现的另一个单词，这表明了注意加工在时间维度上的有限性。后来 Raymond 等人采用快速系列视觉呈现（rapid serial visual presentation，RSVP）的方法，将由字母、数字、单词、图形等组成的刺激流在同一空间位置上以 6—20 个刺激/秒的速度连续呈现给被试，要求被试辨别或觉察刺激流中的目标刺激（T1）和一个探测刺激（T2，一般在 T1 后的 1—8 个位置上呈现）。T1 是在实验前规定好的刺激，T2 一般是一个固定的刺激。刺激流呈现完后要求被试报告 T1 和 T2。实验发现，如果 T2 在 T1 之后 200—600ms 的时间段内呈现，T2 报告率大大降低，大约在 T1 呈现之后 300ms 时，T2 的报告率最低。这个现象被称为注意瞬脱（attentional blink）。[①]

注意瞬脱有两个必要条件：第一，必须是在双任务的情景下，被试必须报告 T1 和 T2，如果仅报告 T2 被试几乎可以完全正确实验任务；第二，在 T1 和 T2 的前后必须有掩蔽刺激的出现，如果在 T1 或 T2 之后呈现一个空白而不是一个掩蔽刺激，那么就不会出现瞬脱现象。有趣的是，如果 T2 紧跟在 T1 后出现，或者在 T1 出现 500ms 以后的时间段内出现，则不出现注意瞬脱现象。众多研究试图探查该现象的认知机制，虽然在

[①] Raymond J. E., Shapiro K. L., Amell K. M., "Temporary Suppression of Visual Processing in An RSVP Task: An Attentional Blink?", *Journal of Eoperimoutal Psyehology Human Pereption & Rerforman*, Vol. 18, No. 3, 1992, pp. 849–860.

有关具体加工过程的问题上还未达成一致意见，但一般的共识是：对 T1 的加工占用了心理资源，只留下较少的资源给 T2，在发生注意瞬脱现象的时间区段内的注意资源非常有限。

五　注意转换范式

（一）基本原理

注意转换范式也称任务转换范式，通常要求被试对于系列刺激（数字、词语或图形等）完成两个（或多个）简单任务（辨别或分类等）。一般采用反应时或正确率作为因变量。根据任务顺序是否固定可将任务转换范式分为固定顺序和随机顺序两大类范式，前者主要包括单一交替任务范式、交替转换范式和任务广度范式，后者主要包括外显任务线索范式、指示转换范式、向后抑制范式和随意任务转换范式。

（二）固定顺序的任务转换范式

1. 单一交替任务范式

Jersild 于 1927 年提出单一交替任务范式（pure alternating tasks paradigm）。[①] 该范式要求被试完成单一组块和转换组块。单一组块中始终执行同一种任务（如 AAAA……或 BBBB……A 和 B 分别代表不同任务）；转换组块中交替执行两种（或多种）任务（如，ABAB……）。在 Jersild 的一个实验中，刺激材料是两位数字，单一组块中要求被试始终对两位数字完成加 6 任务（或减 3 任务），交替组块中要求被试对两位数字交替完成加 6 和减 3 任务。转换组块和单一组块的平均反应时或正确率差异称为转换代价（switching costs）。

在单一组块中被试只需保持一种任务定势，转换组块中必须记住任务顺序以确保对特定试验的正确反应，追踪任务顺序必须保持两种（或多种）任务的准备状态，会产生更大的工作记忆负荷，因而被试在转换组块会比单一组块中有更高的难度知觉水平和更高的唤醒水平，并付出更多努力。

2. 交替转换范式

为了解决单一交替任务范式中单一组块和转换组块之间工作记忆需

[①] Jersild A. T., "Mental Set and Shifts", *Archives of Psychology*, Vol. 89, 1927, pp. 5–82.

求不同的问题，Rogers 和 Monsell 于 1995 年提出交替转换范式（alternating runs paradigm），使工作记忆中可以同时激活更多任务。[①] 该范式在组块内而非组块间计算转换代价：被试在一个组块中的每第 N 次试验转换任务，N 是固定且可预测的，这样就能够在组块内比较转换任务和非转换任务的成绩。以 N = 2 为例，被试在同一组块中以如下顺序执行任务：AABBAABB……同一任务连续执行两次，如此循环，这样就把任务分为转换任务（AA<u>B</u>BAA<u>B</u>B……）和非转换任务（<u>A</u>AB<u>B</u>A<u>A</u>BB……）。

在 Rogers 和 Monsell 的一项研究中，计算机屏幕上 2 × 2 矩阵的 4 个象限之一呈现刺激。用一条虚线将矩阵分成两半，这样两个相邻象限为一项任务提供线索，其余两个象限为另一项任务提供线索。刺激位置能够帮助被试追踪任务顺序，从而提供任务线索。该范式的吸引力在于：第一，通过矩阵以顺时针方式循环呈现刺激，完美地实现了任务顺序的可预测性，依靠刺激的呈现位置而不是刺激的性质提供任务线索，就可以使用单一类型刺激，从而排除由于对刺激分类而减慢反应的可能性；第二，每个组块中非转换任务和转换任务的次数相等，这样就可以在一次次试验的基础上通过比较转换任务和非转换任务的成绩差异来计算转换代价。

任务转换的交替转换范式采用简单的可预测任务序列，依靠在工作记忆中保持任务顺序以提取当前相关的任务定势，并不需要外部线索，因而该范式更有利于考察任务定势的内源性控制过程。但是被试必须记住任务顺序以获得对特定试验的正确反应，虽然该方法平衡了记忆负荷，但是却不能控制任务转换开始的时间，因为在转换之前被试可能就已经提前做出准备等待下一次任务。

3. 任务广度范式

Logan 于 2004 年提出任务广度范式（task span paradigm）来研究工作记忆和任务转换的关系。[②] 该研究采用两种材料：阿拉伯数字（1、2、3、

[①] Rogers R. D., Monsell S., "Costs of a Predictable Switch Between Simple Cognitive Tasks", *Journal of Experimental Psychology*: *General*, Vol. 124, No. 2, 1995, pp. 207 – 231.

[②] Logan G. D., "Working Memory, Task Switching, and Executive Control in the Task Span Procedure", *Journal of Experimental Psychology*: *General*, Vol. 133, No. 2, 2004, pp. 218 – 236.

4、6、7、8、9）和数字词（one、two、three、four、six、seven、eight、nine）；三种任务：大小判断（大于5还是小于5）、奇偶判断（奇数还是偶数）和形式判断（阿拉伯数字还是数字词）。先给被试呈现要执行的一系列任务的列表单，接着是一系列刺激，没有线索提示要完成何种任务，被试凭记忆按任务列表中的任务顺序对刺激反应。任务广度是能按顺序正确执行的任务数。完成任务的反应时间包括回忆任务名称、任务转换的执行控制和执行任务过程的总时间。任务广度范式可以控制记忆负荷并对当前任务进行追踪，在测验中只呈现目标刺激，被试必须自己回忆要执行的任务，并在不同任务间转换，这样就完成了对记忆和任务转换的测量。

（三）随机顺序任务转换范式

1. 外显任务线索范式

上述范式中任务顺序均固定，Meiran 于 1996 年提出外显任务线索范式（explicit task-cueing paradigm）用于研究随机顺序任务转换。[1] 该范式在刺激之前呈现的任务线索指示被试将要执行何种任务，任务顺序不可预测的，事后把所有尝试分为转换任务和非转换任务，二者的反应时差异就是转换所需时间。该范式中，由于每次尝试都呈现线索，被试不必追踪任务顺序就可以根据线索对特定尝试做出正确反应。特别是在不可预测任务转换中常通过外部线索来表明要求被试执行何种任务。

外显任务线索范式能够控制任务转换的进程。该范式的最大好处是能够操作线索呈现与目标呈现之间的时间间距（线索—目标间距，cue-target interval，CTI），研究者可以通过操作 CTI 来研究任务转换中的准备过程。但是，Logan 和 Bundesen 指出外显线索程序有可能并不涉及任务转换，线索和目标产生同样的单一反应，被试可能使用复合刺激策略，即根据线索—目标联结选择反应，因而减小了任务转换过程中内源性控制成分的作用。[2]

---

[1] Meiran N., "Reconfiguration of Processing Mode Prior to Task Performance", *Journal of Experimental Psychology: Learning, Memory, and Cognition*, Vol. 22, No. 6, 1996, pp. 1423-1442.

[2] Logan G., Bundesen C., "Clever Homunculus: Is There An Endogenous Act of Control in the Explicit Task-cuing Procedure", *Journal of Experimental Psychology: Human Perception and Performance*, Vol. 29, No. 3, 2003, pp. 575-599.

2. 指示转换范式

外显任务线索范式中每次试验均呈现线索,在 Gopher 等于 2000 年提出的指示转换范式(intermittent-instruction paradigm)中,被试首先连续执行一种任务,而后呈现指令指示接下来要执行的任务。[1] 指令可能指示转换任务,也可能要求继续执行同样的任务。研究表明,即使指示继续执行同样的任务,在指令后也会有重启代价(restart costs),但任务改变时这种代价更大,二者的差异称为转换代价。

3. 向后抑制范式

Mayr 和 Keele 于 2000 年提出向后抑制范式(backward inhibition paradigm),专门关注序列任务转换中对先前已完成任务定势的抑制,能够在抽象的任务定势水平上揭示并系统检验潜在的抑制过程。[2] 该范式中,对将要脱离的任务定势的持续激活保持恒定,而对将要建立的任务定势的持续抑制发生变化。对转换到间隔一次尝试之前的任务(如,AB<u>A</u>)和转换到间隔至少两次尝试之前的任务(如,CB<u>A</u>)的成绩进行比较。Mayr 和 Keele 的研究表明,越是近期内执行过的任务需再次执行时就越难。因而提出任务定势的抑制是一个独立过程,并进一步指出,残余转换代价在向后抑制条件下仍存在,但在持续抑制减弱的条件下会消失。

4. 随意任务转换范式

任务转换研究中争论的焦点问题之一即转换代价是否反映了自上而下的控制过程。Arrington 和 Logan 于 2004 年提出随意任务转换范式(voluntary task switching procedure),把此问题转化为自上而下的控制过程是否产生了转换代价。[3] 该范式要求被试自己选择对特定刺激要执行的任务,这就确保了任务转换中发生自上而下的控制。该范式中通常呈现一系列可以执行两种或多种任务的刺激,要求被试自己选择对每个刺激执

---

[1] Gopher D., et al., "Switching Tasks and Attention Policies", *Journal of Experimental Psychology: General*, Vol. 129, No. 3, 2000, pp. 308 – 339.

[2] Mayr U., Keele S. W., "Changing Internal Constraints on Action: The Role of Backward Inhibition", *Journal of Experimental Psychology: General*, Vol. 129, No. 1, 2000, pp. 4 – 26.

[3] Arrington C. M., et al., "Episodic and Semantic Components of the Compound-stimulus Strategy in the Explicit Task-cuing Procedure", *Memory & Cognition*, Vol. 32, No. 6, 2004, pp. 965 – 978.

行哪种任务,并且事先告知被试要以随机顺序执行每种任务,总体上使每种任务比例保持均等,由于没有外部线索对要执行的任务提供指示,被试不能完全依赖自下而上的加工,这样就确保了在转换任务中实行自上而下的控制。

除了反应时和正确率,被试选择的任务也成为研究者感兴趣的因变量,任务选择概率的数据可以说明被试如何选择要执行的任务及选择非转换或转换任务的倾向,Arrington 和 Logan 的研究中,被试选择非转换任务的概率是 0.678(反应—刺激间距为 100 毫秒)和 0.595(反应—刺激间距为 1000 毫秒),表明了任务转换中的重复倾向。

六 返回抑制的研究方法

(一)基本原理

返回抑制(inhibition of return,IOR)是指对原先注意过的物体或位置进行反应时所表现出的滞后现象。采用突然变暗或变亮的方法,对空间某一位置进行线索化,会使对紧接着出现在该位置上的靶刺激反应加快,即产生易化作用。Posner 和 Cohen 发现,如果线索和靶子呈现的时间间隔(stimulus onset asynchrony,SOA)大于 300 毫秒,则易化作用会被抑制作用取代,对线索化位置上靶刺激的反应慢于非线索化位置,这种抑制作用被称为返回抑制。[①]

(二)经典的 IOR 实验范式

Posner 和 Cohen 的实验中所采用的方法被认为是经典的 IOR 实验范式。具体程序如图 7—8 所示:

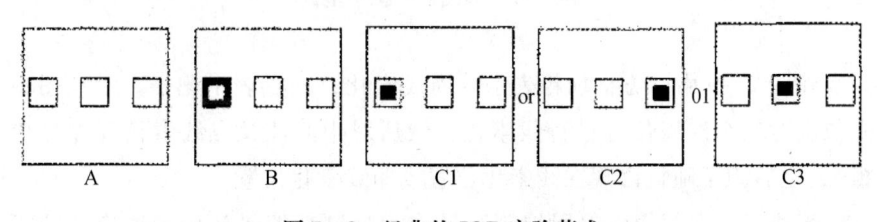

图 7—8 经典的 IOR 实验范式

[①] 张明、张宁:《视觉返回抑制的实验范式》,《心理科学进展》2007 年第 3 期。

首先，水平呈现三个方框（A），要求被试的眼睛始终盯住中间的小框；

其次，两个外周方框之一变亮（B）；

最后，在线索化外周小框内（C1）或非线索化外周小框内（C2）或中间小框（C3）内出现靶子，要求被试觉察靶子时尽快做出按键反应。

（三）线索—靶子范式

线索—靶子范式一般是先对某一外周位置进行线索化，然后呈现靶子让被试做出反应。在 IOR 的研究中，线索—靶子范式被研究者使用得最为普遍。随着研究的深入，线索—靶子范式又出现了单一线索、多线索和同时多线索等变式。

单一线索—靶子范式就是经典的 IOR 实验范式。

多线索法是指在靶子出现以前，先后对若干个位置进行线索化。具体如图 7—9 所示。

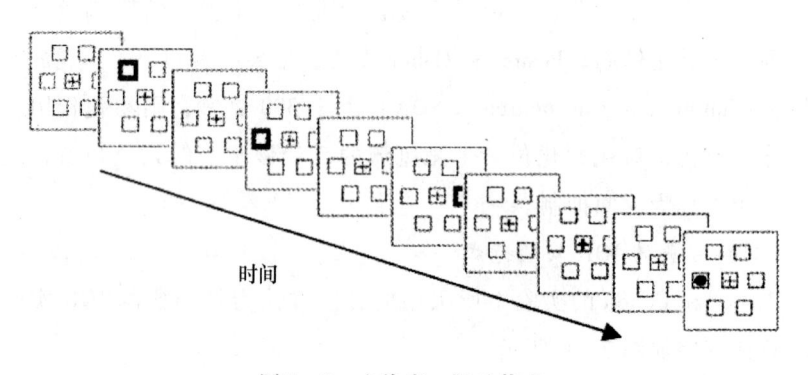

图 7—9　多线索—靶子范式

在图 7—9 中，方框加粗表示外周线索化，圆点表示靶子。示意图中先依次对三个外周位置进行线索化，然后对中心注视点线索化（加号变粗），之后靶子随机出现在线索化位置或非线索化位置。

多线索法在人们将返回抑制容量作为抑制功能灵活性和适应性的指标时，被广泛使用。

同时多线索法与多线索法的区别是：多线索法的几个线索化过程先后进行，而同时多线索法中的几个线索化过程是同时进行的。具体如

图 7—10 所示。

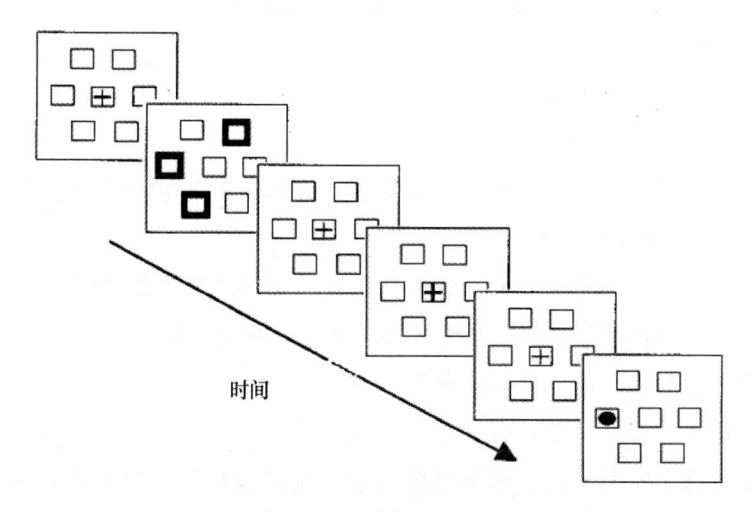

图 7—10 典型的同时多线索化

在图 7—10 中，方框加粗表示外周线索化，圆点表示靶子。示意图中先对三个外周位置同时线索化，然后对中心注视点线索化（加号变粗），最后靶子随机出现在线索化位置或非线索化位置。

（四）靶子—靶子范式

靶子—靶子范式主要是在解决关于返回抑制产生机制时被研究者所采用。Maylor 和 Hockey 在探讨返回抑制产生的原因时提出一种观点，认为返回抑制是避免对线索做出反应而导致的反应上的抑制。于是在他们的实验中引入靶子—靶子范式。被试对靶子进行觉察并进行按键反应，然后下一个靶子出现再尽快做出反应。这种范式的优点在于要求被试对所有靶子进行反应，也就是取消了靶子出现前个体避免对前一个刺激进行反应所产生的抑制过程。结果实验发现，当第 N+1 次靶子出现在第 N 次靶子的位置上时，反应时长于出现在第 N 次靶子对侧的反应时，即仍有返回抑制存在。因而证明了不能完全用"反应抑制"的观点来解释返回抑制。[①]

---

① 张明、张宁：《视觉返回抑制的实验范式》，《心理科学进展》2007 年第 3 期。

第三节 注意的发生

一 新生儿的注意

(一) 新生儿的觉醒

新生儿的大部分时间处于睡眠状态，即便是在非睡眠状态，他们觉醒的时间也是很短的。

在不吃奶的情况下，大约90%新生儿的觉醒状态持续时间不到10分钟；在吃奶的情况下，新生儿觉醒时间可达1小时；到3个月时，婴儿在不吃奶的情况下，觉醒时间可达90分钟。

刚出生的新生儿是否有注意能力呢？回答是肯定的。因为新生儿出生后就有许多先天反射，例如眨眼反射、惊跳反射等，这些反射就是新生儿有注意能力的表现。[1]

关于新生儿注意选择能力的发展，一些考察反应偏向的实验发现：新生儿对简单的图形更加偏爱；和其他形状相比，新生儿更偏爱人面。

(二) 新生儿注意的规律

Haith等人采用眼动仪，对新生儿视觉活动进行了一系列的研究，结果发现：新生儿已经有了对外部世界进行扫视的能力；当面对不成形的刺激物时，无论是在黑暗状态下，还是在明亮状态下，他们都会有组织地进行扫视。[2] Haith还总结出新生儿扫视的五条规律：

第一，新生儿在清醒时，只要光线不太强，就会睁开眼睛。

第二，在黑暗中，新生儿也保持对环境有意识的、仔细的搜索。

第三，在光线适度的环境中，面对无形状的刺激物时，新生儿会在相当广泛的范围内进行扫视，寻找物体的边缘。

第四，新生儿一旦发现了物体的边缘，就会停止扫视，视线停留在物体的边缘附近，并试图用视线跨越边缘。如果边缘离中心太远，视线

---

[1] Skolnick A. S., *The Psychology of Human Development*, Harcourt Brace Jovanovich Publishers, 1986, pp. 164 – 165.

[2] Haith M. M., et al., "Expectation and Anticipation of Dynamic Visual Events by 3.5 – Month-Old Babies", *Child Development*, Vol. 59, No. 2, 1983, pp. 467 – 479.

不可能到达时，新生儿就会继续扫视其他边缘。

第五，当新生儿的视线落在物体的边缘时，便会去注意物体的整个轮廓。

Haith 认为，上述规律可归结为一种简单的生物学原则，即新生儿的扫视是一种生理适应现象，其作用是保持皮层视觉神经细胞高水平的"兴奋程度"。

（三）新生儿的返回抑制能力

有人以 32 名出生 24—96 小时的新生儿为对象，进行了一系列不同水平的眼动测验。[①] 结果发现，在新生儿中可以观察到 IOR。同时也证明线索化过程在吸引注意方面是非常有效的。

二　婴儿的注意发展

（一）婴儿的返回抑制能力

Butcher 等人对婴儿的返回抑制进行了一项纵向研究，对 16 名婴儿从出生 6 周到 6 个月，每隔 2 周进行一次返回抑制实验。[②] 结果发现 6 周时婴儿对线索化位置上的靶子看得更快和更频繁，到 16 周时，婴儿则对非线索化位置上的靶子看得更快，并且在此之后逐渐稳定下来，即已经稳定地产生了返回抑制。他们认为影响婴儿返回抑制发展的因素有以下几个方面：第一，返回抑制的产生需要时间。SOA 过短时成人都无法产生返回抑制，所以婴儿就需要更长的时间来发展返回抑制；第二，返回抑制产生的运动准备依赖于注意对线索的内隐转换，但注意在转换之前必须先脱离线索化位置，而小于 3 个月的婴儿注意脱离是非常慢的。

Hood 和 Atkinson 在一项研究中报告，如果靶子在一个短暂（100 毫秒）线索提示后立即呈现，则 6 个月的婴儿对靶子的扫视反应时加快，3 个月的婴儿组则无此现象。[③]

[①]　钞秋玲、沈德立、白学军：《儿童返回抑制的研究进展》，《心理科学》2007 年第 3 期。

[②]　Butcher R. P., Kalverboer F. A., Geuze H. R., "Inhibition of Return in very Young Infants: Alongitudinal Study", *Infant Behavior & Development*, Vol. 22, No. 3, 1999, pp. 303 - 319.

[③]　［美］Gazzaniga, M. S. 主编：《认知神经科学》，沈政等译，上海教育出版社 1998 年版，第 420 页。

Johnson 采用先于两帧刺激之一呈现一个短暂的 100 毫秒的线索，而 100 毫秒或 600 毫秒后再于对称的两侧同时各呈现一个靶子。[1] 研究者推测在 200 毫秒的刺激非同步呈现期（SOA）可能短到足以产生易化效应，而长 SOA 则可导致优先朝向于对侧（返回抑制）。结果如图 7—11 所示。

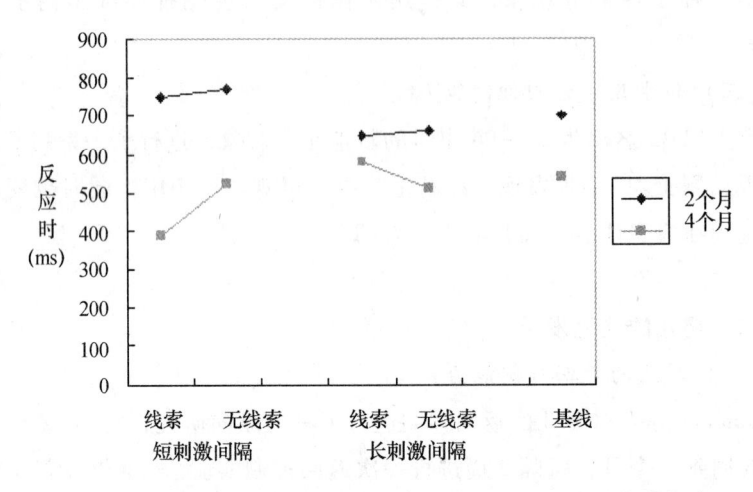

图 7—11　2—4 个月组婴儿对有、无线索提示靶子的平均反应时

从图 7—11 中可以看出，对于 2 个月婴儿组的被试来说，当扫视有线索提示的靶子时，反应时方面存在显著的易化效应；在刺激间隔（interstimulus interval, ISI）较短时，这些婴儿对线索提示的靶子有较快的反应时；而在长 ISI 时，他们对线索提示的靶子反应较慢（抑制）。从有线索的或对侧靶子的扫视方向上也得到了相似的结果。

以 4—8 个月大的婴儿为被试进行相似的实验，结果发现 4—8 个月婴儿注意的内隐转换速度加快了。对于 4 个月组的婴儿，当靶子于线索出现后 200 毫秒时呈现，会显示出清晰的易化，而 6—8 个月组的婴儿，则只能在线索出现后短于 150 毫秒的时间内呈现靶子时，才表现出与成人相似的易化效应。

Richards 以 20—26 周大的婴儿为被试，操纵了 SOA，结果发现当

---

[1]　［美］Gazzaniga, M. S. 主编：《认知神经科学》，沈政等译，上海教育出版社 1998 年版，第 420—423 页。

SOA 为 450 毫秒时，有易化现象出现；当 SOA 为 875 毫秒时，有 IOR 出现。这一实验结果表明，婴儿的 IOR 是在 875 毫秒时出现的。[1]

（二）婴儿注意稳定性的发展

Fantz 以 1—6 个月的婴儿为被试，向被试呈现不同数量和大小的刺激物序列，历时 36 秒，记录被试的注视时间。结果表明，6 个月婴儿对数量少而大的刺激物的注视时间显著短于数量多而小的刺激物，而 1 个月婴儿对两种刺激的注视时间没有差异。说明随着年龄的增长，婴儿对更复杂、更细小的物体的注意更加稳定。

但是有一项研究，研究结果与此相反。Shaddy 以 4—6 个月的婴儿为被试，向婴儿呈现三种类型的视觉刺激：[2] 第一种是呈现一个带有声音的动态图像（DA 类型）；第二种是呈现动态图形但没有声音（DM 类型）；第三种是呈现一个静止的图片且没有声音（SM 类型）。记录下婴儿对视觉刺激的注视时间。结果如表 7—3 所示。

表 7—3　不同年龄婴儿对各种类型视觉刺激的注视时间　　（单位：毫秒）

	4 个月		6 个月	
	M	SD	M	SD
SM	10.63	5.81	10.87	5.66
DM	53.36	36.68	12.62	13.60
DA	62.18	37.28	46.66	36.12

从表 7—3 中可以看出，4 个月大婴儿的注视时间长于 6 个月大的婴儿。经方差分析检验，注视时间的年龄主效应显著。这一实验结果说明，随着年龄的增长，婴儿对更复杂、更细小图像的注意更不稳定。

（三）婴儿注意发展的阶段

Bower 对婴儿注意过程进行了研究，提出婴儿的注意受其认知水平的

---

[1] Richards J. E., "Localizing the Development of Covert Attention in Infants with Scalp Event-related Potentials", *Developmental Psychology*, Vol. 36, No. 1, 2000, pp. 91 – 108.

[2] Shaddy D. J., Colombo J., "Developmental Changes in Infant Attention to Dynamic and Static Stimuli", *Infancy*, Vol. 5, No. 3, 2004, pp. 355 – 365.

影响。当婴儿关于物体的概念发展起来后，他们注意的重心也随之改变。[①] 婴儿注意发展经历以下六个阶段：

第一阶段（出生—2个月）。婴儿能注视一个物体，但是当物体移出婴儿的视野时，他们不去跟踪物体。

第二阶段（2—4个月）。物体移动时婴儿的视线能够跟踪它，甚至物体到了屏幕后面时，他们也会追随着物体，婴儿会把视线移动到屏幕的边缘，并预期能在那里看见物体的出现。但是，如果一个完全不同的物体从屏幕后面出来，婴儿则不会对这个物体进行注视。他们只是根据物体运动来辨认一个活动的物体。如果物体不再出现，他们就表现出惊讶。由于他们根据物体的运动来辨认物体，因此他们把一个先前在移动，后来又停止的物体看成是两个不同的物体。如果物体向反方向移动（即物体由原来从左向右运动，改为从右向左运动），这时，婴儿就不能跟踪它，而是继续看着右边。

第三阶段（4—6个月）。婴儿能拾起一个落在地上的物体。但是他们还不能理解一个被遮盖的物体仍然客观存在。当屏幕被拿开后，物体看不见了，他们就会感到惊讶。此时的婴儿能够将位置和运动协调起来。如果一个移动的物体停止了移动，他们就会停止跟踪。同样，他们能够跟踪一个物体，不论它向哪个方向移动。

第四阶段（6—12个月）。婴儿能够寻找一块布下面的物体。但是如果布下面的物体被移动到对面，他们仍然注视布的下面（即原来放物体的地方）。然而，此时婴儿知道物体可以从一处被移动到另一处，也知道放在一起的两个相同的物体不是同一个物体。

第五阶段（12—15个月）。婴儿能够找到先后藏在两个位置的同一个物体，但前提是他们必须看见了藏的操作过程。如果没有让婴儿看到藏物体的整个过程，他们就不能找到物体。

第六阶段（15—18个月）。无论在什么情况下藏起来的物体婴儿都能找到。他们已经掌握了一个规律：两个物体不能同时处于同一个位置，除非一个物体藏在另一个物体里面。

[①] 陈帼眉、冯晓霞编：《学前心理学参考资料》，人民教育出版社1992年版，第58—59页。

第四节　选择性注意的发展

一　选择性注意的发展阶段

Hamilton 和 Vernon 根据大量的儿童注意选择性发展的研究资料，总结出儿童注意选择性发展要经历如下三个主要阶段：[①]

第一个阶段（0—2岁）。新生儿表现出了注意的选择性。他们的双眼可转动，对所见到的物体进行注意，目的是在大脑中储存各种物体的模型。随着年龄的增长，他们更多地把正在注意的物体和大脑中的模型加以比较，但是由于他们大脑中储存的模型比较少，所以该年龄阶段的儿童表现出较少的习惯化。

第二阶段（3—6岁）。幼儿开始出现对先前见过模式的习惯化，这时他们选择学习新的模式。2岁、3岁儿童对新刺激物觉察速度和习惯化的速度非常快，并几乎可以同7岁儿童相比。

第三阶段（7岁以后）。此时儿童的认知能力对注意加以控制。他们开始全面地注意物体，并从中选择出重要的细节加以注意。同时，根据任务要求，及时调整自己注意选择的策略。

二　听觉选择性注意的发展

听觉选择性注意是随年龄的增长而不断地发展的。Bartgis 等人以5岁、7岁和9岁儿童为被试，采用双耳分听范式考察了听觉选择性注意的发展。[②] 儿童进入实验室后，告诉他们一个关于看不见的兔子正在偷吃食物的故事。标准声音为保卫声音，当注意耳听到目标声音（兔子的声音）时，尽快做出按键反应。标准声音刺激持续时间为100毫秒，大小为70分贝，频率为300赫兹。目标声音为频率和时间交替变化的声音序列，目标声音出现的概率为25%。实验结果如图7—12和图7—13所示。

[①] 陈帼眉、冯晓霞编:《学前心理学参考资料》，人民教育出版社1992年版，第85—87页。

[②] Bartgis J., Lilly A. R., Thomas D. G., "Event-Related Potential and Behavioral Measures of Attention in 5-, 7-, and 9-Year-Olds", *The Journal of General Psychology*, Vol. 130, No. 3, 2003, pp. 311-335.

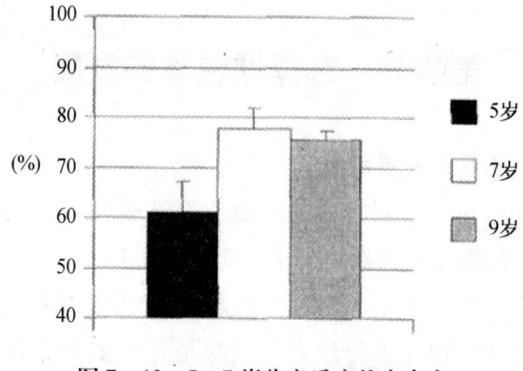

图 7—12　5—7 岁儿童反应的击中率

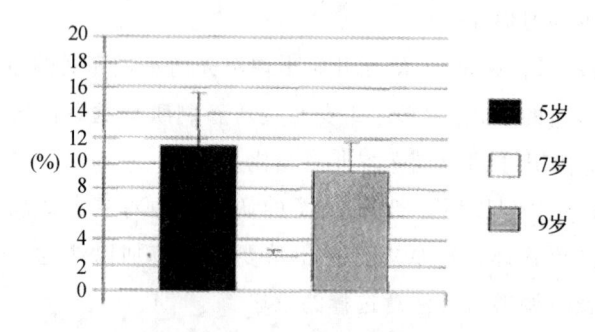

图 7—13　5—7 岁儿童的虚报率

结果表明，7 岁儿童和 5 岁儿童的击中率存在显著差异；9 岁儿童和 5 岁儿童的击中率也存在显著差异。5 岁儿童和 7 岁儿童、7 岁儿童和 9 岁儿童的虚报率均存在显著差异。结果表明，随着年龄的增长，儿童的听觉注意选择性能力逐步提高。

还有一项研究以小学一年级学生、小学四年级学生、初中七年级学生和成人为被试，考察了听觉注意选择性的发展。[①] 实验中被试将听到 6 个单词，要求记住单词出现的顺序。听完 6 个单词后，对单词的位置有两个探测（probe）测验。被试会再次听到其中的一个单词，要求被试说出代表这个单词在顺序中所在位置的数字，然后会听到第二个单词并说

---

① Anooshian L. J., Prilop L., "Developmental Trends for Auditory Selective Attention: Dependence on Central-incidental Word Relations", *Child Development*, Vol. 51, No. 1, 1980, pp. 45 – 54.

出对应的数字。探测测验分为两种，一种是立即探测（Immediate probes），另一种是延迟探测（Delayed probes）。实验组被试还要听另外6个单词，每个单词后跟随一个核心词，但是只需要记住每对单词的第一个，核心词指事先选定的单词。这6个单词与核心词的关系有两种，一种是相关关系，例如"dog-food, light-house, butter-fly, snow-ball, door-knob"；另一种是不相关关系。记录下探测测验的正确数。实验结果如表7—4所示。

表7—4　　　　　　　被试在各种实验条件下的正确反应数

		一年级	四年级	七年级	成人组
立即侦测	相关	2.75	4.75	6.38	7.75
	不相关	3.38	4.63	6.25	6.94
	控制	3.50	6.44	6.94	9.56
延迟侦测	相关	2.56	4.00	4.31	4.94
	不相关	1.69	3.50	4.44	6.38
	控制	3.19	4.81	5.13	8.06

经方差分析，年级的主效应显著，$F(3, 180) = 80.02$，$p < 0.01$；实验条件主效应显著，$F(2, 180) = 17.39$，$p < 0.01$；正确数的延迟主效应显著，$F(1, 180) = 82.95$，$p < 0.01$。表明任务难度影响听觉注意选择性。从儿童期到成年期，随着年龄的增加，听觉注意选择性呈增长趋势。

MacCoby探讨了儿童注意选择性的发展。[①] 结果发现，即使年龄很小的儿童，选择信息的能力也在迅速地发展。研究者向5岁半至12岁的儿童同时呈现两个由两个字组成的词组，一个词是男生说的，另一个词是女生说的。这些词组分为高频词和低频词。用一个信号通知儿童，让他们知道应该报告其中哪一只耳朵所听到的信息（即词）。通知的信号可能在听觉信号出现之前，也可能在听觉信号出现之后。当儿童事先得知他们应该听哪一只耳朵的信息时，即使只有5岁的儿童，也能正确获得半

---

① 陈帼眉、冯晓霞编：《学前心理学参考资料》，人民教育出版社1992年版，第75页。

数以上的信息。但是如果是事后得知应该听哪一只耳朵的信息时,5—6岁的儿童就只能随机选择一个耳朵的信息报告。在这种条件下,由于是随机选择,他们报告的正确率低于50%。研究也发现,从幼儿园到小学二年级之间,儿童听觉注意选择性有一个明显的发展。年龄越大的儿童,即使事先不知道要注意哪一只耳朵的信息,他们也能对两只耳朵听到的信息进行关注,表现为对两只耳朵信息回忆正确率的提高。

有一项研究(MacCoby 和 Konrad)是用一系列混合的字母和数字为实验材料,以8—12岁的儿童为被试,要求他们报告所听到的字母或数字。[1] 该实验也采用事先通知或事后通知的方法来考察儿童注意选择性的发展。结果发现:事先通知的优越性随着呈现材料数量的增加而加大。当呈现的材料只有4个项目时,无论是事先通知还是事后通知,年龄之间的差别很小。但是,当呈现材料超过7个项目后,事先通知的效果显著好于事后通知。之后,研究者又以5—12岁的儿童为被试,要求他们听耳机传来的两个声音。儿童在听到信息前或听到信息后被通知要报告哪一只耳朵的信息。结果发现:无论是在听到信息前或听到信息后得到通知,年龄越大的儿童,报告的成绩越好。同时也发现,如果儿童事先得到要报告哪一只耳的信息时,则各个年龄的儿童成绩都比较好,且年龄之间的差异不太明显。如果儿童事先没有得到要报告哪一只耳朵的信息,则年龄越小的儿童,成绩越差;年龄越大的儿童,成绩就越好。例如,12岁的儿童正确报告率达68%,表明年龄越大的儿童注意的选择能力越强。

Dolye 以100名8—14岁的儿童为被试,也进行了类似于上述的实验。[2] 研究者给儿童呈现由男女声音发出的两个听觉信息,这两个信息是作为分心因素出现的。结果发现,年龄小的儿童比年龄大的儿童更易被这两个声音所干扰。儿童对目标信息(即事先告诉儿童要注意听的那只耳的信息)的保持量随年龄的增长而提高;但是对分心信息(即事先没

---

[1] MacCoby E., Konrad K. W., "The Effect of Preparatory Set on Selective Listening: Developmental Trends", *Monographs the Society for Research in Child Development*, Vol. 32, No. 4, 1967, pp. 1 – 28.

[2] Dolye A., "Listening to Distraction: A Developmental Study of Selective Attention", *Journal of Experimental Psychology*, Vol. 15, No. 1, 1973, pp. 100 – 115.

有告诉儿童要注意听的那只耳的信息）的保持量则没有随年龄增长而提高。该实验表明，年龄越大的儿童注意选择性能力越强的原因在于他们抗干扰的能力增强。

Peters 采用双耳分听法，要求被试完成更长的双耳听觉任务，比较了正常儿童与多动症儿童听觉注意选择性的发展。[1] 结果发现：多动症儿童比正常儿童产生了更多的侵入错误，即被试回忆出许多没有呈现过的刺激材料。但如果采用再认法来检验被试的成绩时，发现多动症儿童和正常儿童都能对多种无关刺激进行同样程度的加工（因为多动症儿童和正常儿童的再认成绩一样）；但与正常儿童相比，多动症儿童对无关刺激的抑制能力较差。另外，研究还发现年龄越小的儿童，抑制无关刺激的能力越差。

三　视觉选择性注意的发展

（一）幼儿视觉选择性注意的发展

Blumberg 以幼儿园小班和幼儿园大班年龄为 3—4 岁的儿童为被试，考察了空间位置线索对学前儿童选择性注意的影响。[2] 在玩具屋里面，摆放着小椅子、动物模型等物体，这些物体中只有一个物体的类别和其余物体类别不同，相同类别的物体摆放在玩具屋的四个角落，或摆放在墙壁的中央位置。因变量指标为儿童把相关物体重新定位的正确次数。结果如表 7—5 所示。

表 7—5　　　　　　　不同年级儿童正确重新定位的次数

	角落	墙壁	控制
小班	2.75（1.69）	1.50（1.59）	2.13（1.78）
大班	3.56（1.42）	1.91（1.65）	2.45（1.63）

注：重新定位的最大值为 4，括号内为标准差。

---

[1] Enns T. J. ed., *The Development of Attention*, Amsterdam, North-Holland: Elsevier Science Publishers B. V., 1990, p. 356.

[2] Blumberg F. C., Torenberg M., "The Impact of Spatial Cues on Preschoolers' Selective Attention", *The Journal of Genetic Psychology*, Vol. 164, No. 1, 2003, pp. 42–53.

从表 7—5 中可以看出，无论在何种条件下，大班学生正确重新定位的次数都大于小班学生，说明儿童随着年龄的增长，注意的选择性能力呈增长趋势。

（二）小学生视觉选择性注意的发展

张学民等人的注意线索范式，以小学一、三、五年级学生为被试，主要考察分心物数量、线索有效性和目标新异性对小学生选择性注意的影响。① 结果发现：（1）小学三年级儿童的选择性注意存在波动性，具体表现在小学三年级反应的错误率显著高于小学一年级和小学五年级学生，具体如图 7—14 所示。

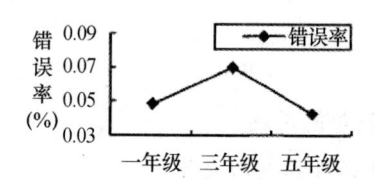

图 7—14 不同年级学生的错误率曲线

（2）小学儿童在相同任务上的选择性注意加工速度比成人慢 300—1100 毫秒。

（3）小学一、三、五年级儿童对有效线索的非新异目标、无效线索的非新异目标的选择注意加工速度随分心物数量的增加呈非常显著的减慢趋势；而小学一、三、五年级儿童对线索有效的新异目标、线索无效的新异目标的加工不受分心物数量变化的影响，说明无论线索是否有效，新异目标更容易吸收儿童的注意力，从而激活外源性选择注意，并对目标进行自动化的加工。

施建农等人以 7—12 岁儿童为被试，采用视觉搜索范式，给他们呈现三种不同的视觉刺激材料（阿拉伯数字、英文字母、汉字），要求被试在一组搜索刺激（4 个）中判断目标是否存在，并作"是"或"否"的反

---

① 张学民、申继亮、林崇德等：《小学生选择性注意能力发展的研究》，《心理发展与教育》2008 年第 1 期。

应，反应时作为衡量指标。[①] 结果发现，随着年龄的增长，儿童的视觉搜索反应时缩短，而且趋势明显，具体如图7—15所示。

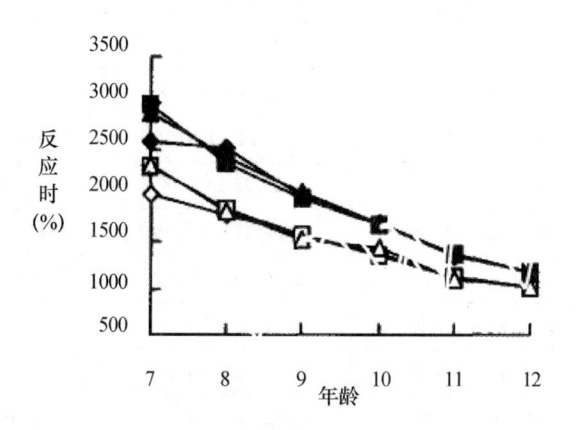

图7—15　7—12岁儿童视觉搜索反应时的发展

张兴利等人采用瑞文标准推理测验筛选出5、7、9、11、13、15岁的儿童和成人（20—30岁）各20名，所有被试的智力商数都在（100±15）之内，平衡了智力对注意的影响。[②] 采用视觉搜索范式，被试的任务就是判断目标是否在刺激系列中呈现，被试进行按键反应，要求反应既快又准确，通过DMDX系统控制材料的呈现并记录被试反应。结果如表7—6所示。

表7—6　　　　各年龄段被试在视觉搜索任务中的反应时　　　　（毫秒）

组别	颜色特征		
	系列9	系列16	系列36
5岁	1355.15±35.58	1447.34±423.15	1564.77±398.25
7岁	997.40±168.78	997.38±191.89	1055.05±248.63
9岁	803.83±118.55	854.77±147.39	887.88±189.14

---

① 施建农、恽梅、翟京华、李新兵：《7—12岁儿童视觉搜索能力的发展》，《心理与行为研究》2004年第1期。

② 张兴利、冉瑜英、施建农：《幼儿到成人视觉注意发展的研究》，《中国行为医学科学》2007年第9期。

续表

组别	颜色特征		
	系列9	系列16	系列36
11岁	684.71 ± 80.66	706.09 ± 66.637	13.43 ± 90.27
13岁	573.16 ± 84.86	544.34 ± 71.678	578.03 ± 80.48
15岁	570.13 ± 111.47	569.72 ± 119.91	597.58 ± 96.31
成人	614.82 ± 79.05	629.35 ± 93.78	631.98 ± 111.94
5岁	1810.03 ± 563.55	1960.11 ± 506.59	2685.98 ± 815.88
7岁	1114.30 ± 207.63	1340.15 ± 301.62	1564.44 ± 440.46
9岁	964.50 ± 207.98	1032.75 ± 250.46	1338.24 ± 283.07
11岁	871.17 ± 108.48	874.91 ± 144.90	1254.78 ± 391.40
13岁	680.12 ± 88.30	722.39 ± 138.19	937.8625 ± 249.07
15岁	691.12 ± 84.96	735.77 ± 145.00	973.11 ± 221.35
成人	676.91 ± 85.15	748.66 ± 128.08	895.67 ± 197.56

组别	颜色特征		
	系列9	系列16	系列36
5岁	2006.67 ± 350.80	2647.74 ± 671.46	3625.45 ± 1205.21
7岁	1319.77 ± 233.76	1598.99 ± 290.76	2168.29 ± 430.86
9岁	1099.24 ± 205.11	1393.79 ± 385.23	1957.23 ± 452.87
11岁	914.34 ± 111.92	1163.67 ± 230.07	1705.60 ± 430.90
13岁	779.84 ± 150.11	956.56 ± 284.43	1331.98 ± 247.18
15岁	744.10 ± 124.85	880.55 ± 139.29	1246.43 ± 284.60
成人	755.05 ± 93.30	949.54 ± 169.67	1333.37 ± 362.90

从表7—6中可以看出5、7、9、11、13、15岁儿童和成人的搜索时间随年龄的增长而呈显著下降趋势；从7岁、9岁、11岁到13岁儿童的反应时都随着年龄的增加而逐渐变快，并且每两个组之间反应时的差异达到显著水平。表明从幼儿期到儿童期视觉搜索技能随着年龄的增长而逐渐提高，在童年晚期逐渐成熟。

还有一项研究以年龄6岁幼儿园儿童、8岁小学二年级学生、10岁小学四年级学生、12岁小学六年级学生和24岁大学生为被试，要求被试对出现的目标刺激做出按键反应，记录被试的反应时和错误率。① 目标刺激为 8 个小圆点组成的大正方形或大菱形，以及 8 个小正方形或菱形组成的大圆形。目标刺激呈现方式有三种情况：第一种情况只呈现目标刺激，没有分心物；第二种情况在呈现目标刺激的同时，左右两侧呈现与目标刺激无关的分心物；第三种情况在呈现目标刺激的同时，左右两侧呈现与目标刺激有关的分心物。分心物与目标刺激的相关性体现在两个方面：一致性和兼容性。一致性指分心物和目标在同一水平上是一致的。例如，目标是整体水平时，分心物也是整体水平。兼容性指分心物和目标需要做出相同反应。目标和分心物如图 7—16 所示。

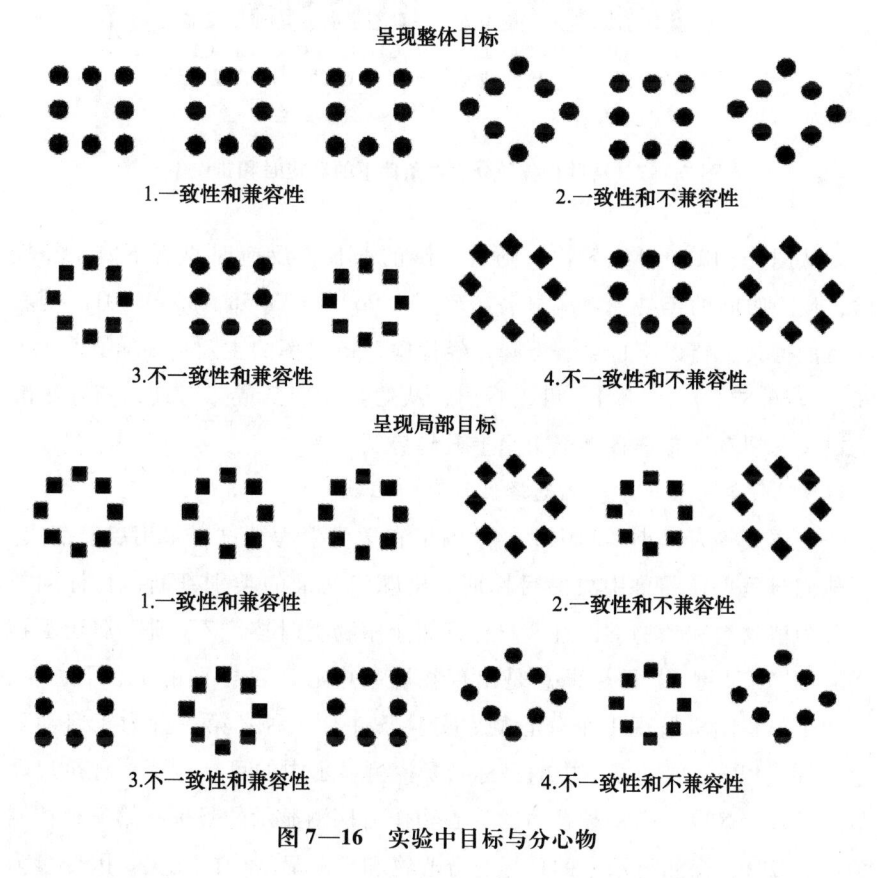

图 7—16 实验中目标与分心物

---

① Porporino M., Shore D. I., Iarocci G., Burack J. A., "A Developmental Change in Selective Attention and Global Form Perception", *International Journal of Behavioral Development*, Vol. 28, No. 4, 2004, pp. 358-364.

实验结果如图7—17所示。

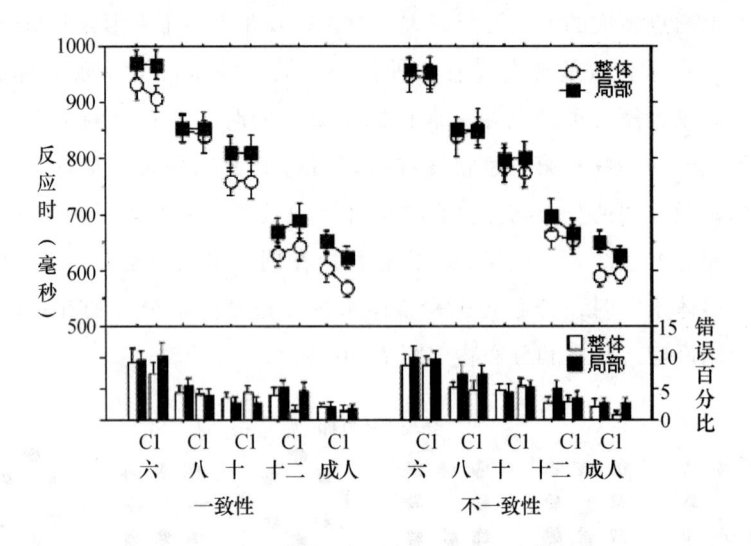

图7—17 被试在各种分心物条件下的反应时和错误率

从图7—17中可以看出,随着年龄的增长,反应时显著下降,经检验,反应时间的年龄主效应显著,$F(4, 90) = 33.58$,$p < 0.001$。随着年龄的增长,错误率也显著下降,经检验,错误率的主效应显著,$F(4, 90) = 16.83$,$p < 0.001$。可以看出,从幼儿时期到成年时期,随着年龄的增长,视觉注意选择性能力呈上升趋势。

(三) 学优生与学困生选择性注意的比较

金志成等人以小学和中学的学困生和学优生为被试,采用启动范式,要他们对呈现在屏幕中央的目标词做出既快又准的类别判断,目标词类别分为植物类和动物类两种,目标词属于植物类时按"Z"键,属于动物类时按"/"键。[①] 目标词总是出现在屏幕中心,目标词的上、下、左、右四个位置随机呈现1个分心物。实验条件有三种:第一种为正启动显示条件(PP),启动显示中的目标乃是探测显示中的目标;第二种负启动显示条件(NP),启动显示中的分心物作为探测显示的目标;第三种控制条件(CT),探测显示中的目标与分心物和启动显示中的无关。因变量为

---

① 金志成、陈彩琦、刘晓明:《选择性注意加工机制上学困生和学优生的比较研究》,《心理科学》2003年第6期。

负启动量（ΔNP）和正启动量（ΔPP），计算公式为 $\Delta NP = RT_{(NP)} - RT_{(CT)}$，$\Delta PP = RT_{(CT)} - RT_{(PP)}$，其中 RT 表示被试对探测显示中的目标反应时间（RT）。结果如表 7—7 所示。

表 7—7　　学困生和学优生正负启动量的平均数和标准差　　（毫秒）

	正启动量 M	正启动量 SD	负启动量 M	负启动量 SD
学困生	40.93	14.43	31.70	11.61
学优生	46.13	15.73	49.40	16.73

经 t 检验，学困生和学优生在正启动量（ΔPP）上的差别不显著，$t(29) = 1.33$，$p > 0.05$；但在负启动量（ΔNP）上，两组差别达到极显著水平，$t(29) = 4.76$，$p < 0.001$。学困生和学优生在正启动量（ΔPP）上的差别不显著，表明学困生在选择性注意的目标激活加工机制上和学优生没有差异，但负启动量差异极其显著，表明学困生选择性注意的分心物抑制机制远不如学优生。

换言之，分心物抑制机制可以影响选择性注意的效率，即能有效抑制分心物的人，在对目标做出反应的时候，较少受到分心物的干扰；相反，不能有效抑制分心物的人，在对目标做出反应的时候，受分心物干扰较大。

（四）老年人选择性注意的发展

有一项研究以年轻人和老年人为被试，年轻人平均年龄为 19 岁，老年人平均年龄为 73 岁，采用多物体追踪任务法（multiple-object tracking task），要求被试对 4 个目标刺激进行追踪。[①] 具体过程为：电脑屏幕上有 10 个随机排列的圆点，这 10 个圆点中有 4 个会发生闪烁，即目标圆点。被试注意到 4 个目标后，所有圆点开始做随机运动，时间为 10 秒钟。10 秒钟后，所有圆点停止运动，被试要用鼠标找出这些目标圆点。结果如图 7—18 所示。

---

① Trick L. M., Tahlia P., Sethi Naina, "Age-related Differences in Multiple-object Tracking", *The Journals of Gerontology*, Vol. 60B, No. 2, 2005, pp. 102 – 105.

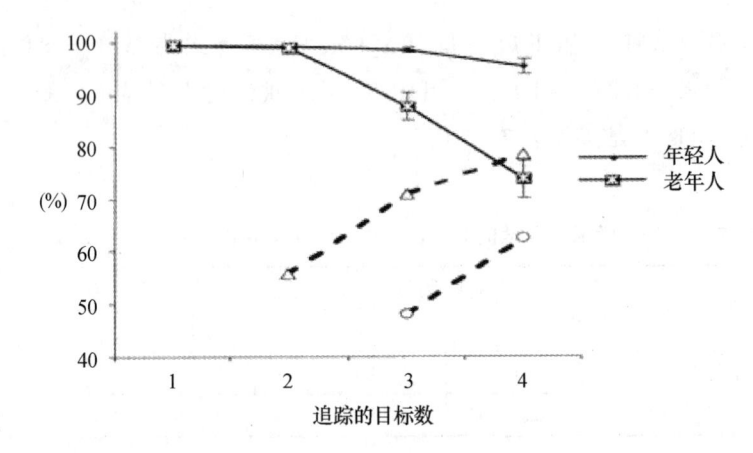

图 7—18　年轻人和老年人从 10 个刺激中寻找出 1—4 个目标的正确率

虚线表示被试猜中 1 或 2 个目标的概率。

从图 7—18 中可以看出，年轻人追踪目标的数量和准确率都显著高于老年人，这一结果表明年轻人的注意选择能力要显著强于老年人。随着年龄的增长，注意选择能力呈下降趋势。

除了用上述无意义的符号为实验材料外，研究者还用有意义的实验材料来探讨年轻人和老年人的注意选择性能力。以年轻人和老年人为被试，年轻人平均年龄为 20 岁，老年人平均年龄为 73 岁。目标刺激为一个"间谍"图片，"间谍"经常变化为"平民"，实验材料如图 7—19 所示。实验过程与上面实验相同。

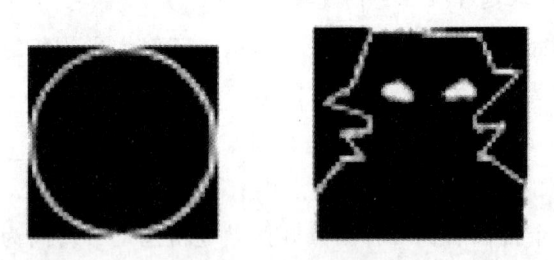

图 7—19　"平民"材料和"间谍"材料

实验结果如图 7—20 所示。

从图 7—20 中可以看出，年轻人追踪"间谍"的数量和准确率都显著高于老年人。当追踪目标数增加时，老年人的成绩呈显著下降。

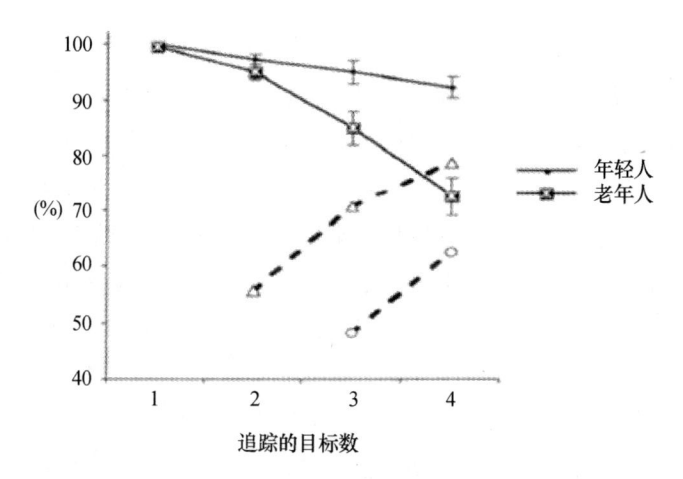

图 7—20　年轻人和老年人从 10 个刺激中寻找出 1—4 个"间谍"的正确率
虚线表示被试猜中 1 或 2 个"间谍"的概率

从这两个实验结果可以看出，无论是无意义材料，还是有意义材料，年轻人的注意选择能力都显著强于老年人。

有一项研究以年轻人和老年人为被试，年轻人平均年龄为 22 岁，老年人平均年龄 72 岁，采用 Stroop 任务，以反应时为指标，考察注意选择性随着年龄增长的发展趋势。[①] 在色块 Stroop 任务中，要求被试注意箱子的颜色，忽略掉箱子上方或下方表示颜色名称的词，并做出相应的按键反应。色词 Stroop 任务中要求被试注意单词的颜色，忽略掉单词意义所表达的颜色，并做出相应的按键反应。在这两种任务中，任务难度有两种：简单任务包括两种颜色（红和绿）；而复杂任务包括四种颜色（红、蓝、绿和黄）。研究结果发现：（1）无论是色块任务还是色词任务，简单任务的反应时显著短于复杂任务的；在每一种条件下，老年人的反应时显著长于年轻人的；（2）在反应的错误率上，也是老年人的错误率显著高于年轻人的。该实验结果表明，随着年龄的增长，注意选择性能力有下降趋势。

有一项研究以 12—15 岁青少年、22—38 岁成年人和 60—75 岁老

---

① Brink J. M., McDowd J. M., "Aging and Selective Attention: An Issue of Complexity or Multiple Mechanisms?", *Journal of Gerontology: Psychological Sciences*, Vol. 54B, No. 1, 1999, pp. 30 - 33.

年人为被试,采用辨别目标法,即要求被试辨别出目标刺激。[1] 首先向被试呈现需要辨别的目标刺激,被试确定目标刺激后,呈现一个大线索或小线索,时间间隔(SOA)150 毫秒或 500 毫秒后,呈现一个复杂刺激,这个复杂刺激可能包括目标刺激,目标刺激以整体水平或局部水平出现;也可能不包括目标刺激。要求被试既快又准地做出按键反应,记录下被试的反应时和错误率。实验类型及材料如图 7—21 所示。

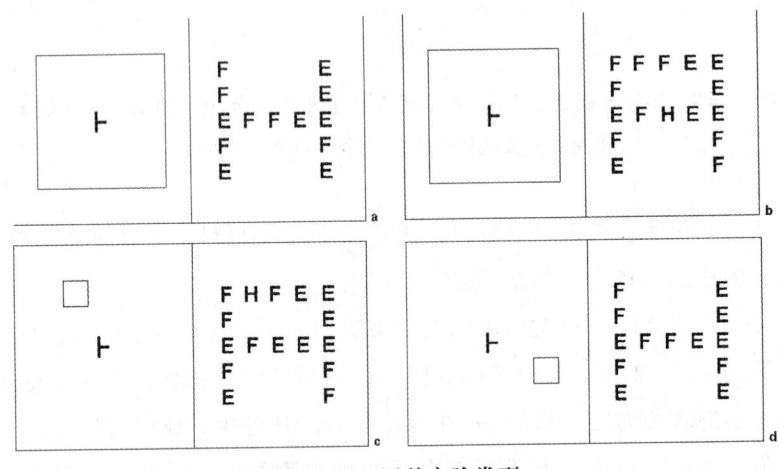

图 7—21 四种实验类型

假设目标刺激是字母"H"。从图 7—21 中可以看出,共有四种条件:a:与目标字母大小一致的大线索;b:与目标字母大小不一致的大线索;c:与目标字母大小一致的小线索;d:与目标字母大小不一致的小线索。结果发现,反应时间的年龄主效应显著,随着年龄的增长,反应时显著下降;延迟反应的年龄主效应显著,随着年龄的增长,延迟反应增多;表明视觉选择性能力从青少年时期到成年时期,随着年龄的增长而增长;从成年时期到老年期,随着年龄的增长而下降。

---

[1] Pesce C., Guidetti L., Baldari C., et al., "Effects of Aging on Visual Attention Focusing", *Gerontology*, Vol. 51, No. 4, 2005, pp. 266 – 276.

第五节 注意转换能力的发展

一 一般转换代价的年龄特点

(一) 转换代价及其类型

1. 转换代价的含义

转换任务比重复任务的反应更慢、错误更多,这称为转换代价。

2. 转换代价的类型

转换代价还可分为一般转换代价和特定转换代价。Mayr 等曾指出任务转换情境中的控制过程主要涉及:(1) 选择高级目标或任务定势并保持任务表征;(2) 改变任务定势结构。[1] 研究者大多通过一般转换代价来考察前者,通过特定转换代价来考察后者。

一般转换代价 (general switch costs) 又称定势选择代价 (set selection costs),涉及在监控当前目标的同时保持或选择任务表征的能力,即在工作记忆中必须保持两种以上任务定势处于激活状态并决定将要执行何种任务定势。一般转换代价的计算方法主要有以下三种观点:(1) 转换组块和单一组块的成绩差异;[2] (2) 转换任务和单一任务的成绩差异;[3] (3) 非转换任务和单一任务的成绩差异。[4] 需要注意的是,不同研究中对一般转换代价的计算方法可能不同,因此对不同研究的结果进行比较时要分清一般转换代价的计算方法是否相同。

特定转换代价 (specific switch costs) 涉及激活当前相关任务定势的同时抑制先前相关任务定势的能力,它反映了认知系统中任务定势转换的困难。特定转换代价的计算方法是计算转换组块中转换任务与非转换任务的成绩差异。

---

[1] Mayr U., Kliegl R., "Task-set Switching and Long-term Memory Retrieval", *Journal of Experimental Psychology: Learning, Memory and Cognition*, Vol. 26, No. 5, 2000, pp. 1124 – 1140.

[2] Bojko A., et al., "Age Equivalence in Switch Costs for Prosaccade and Antisaccade Tasks", *Psychology and Aging*, Vol. 19, No. 1, 2004, pp. 226 – 234.

[3] Cepeda N. J., *Life-span Changes in Task Switching*, Dissertation, University of Illinois at Urbana-Champaign, 2001.

[4] Reimers S., Maylor E. A., "Task Switching across the Life Span: Effects of Age on General and Specific Switch Costs", *Developmental Psychology*, Vol. 41, No. 4, 2005, pp. 661 – 671.

(二) 转换代价的发展

在控制了与年龄有关的反应时变化后,一般转换代价在生命全程中似乎呈现倒 U 形发展。

研究表明,从 10—18 岁一般转换代价持续减小,随后开始增大直至老年。Verhaeghen 等在对年龄与执行控制关系的元分析研究中发现,一般转换代价不受任务难度的影响,老年人的一般转换代价比年轻人大,但限于那些同时激活多重任务定势的实验条件下。[1]

有研究者用工作记忆能力的年龄差异来解释与年龄相关的一般转换代价差异。Kramer 等发现工作记忆负荷较低时,老年人就能和年轻人一样学会有效地进行任务转换,但工作记忆负荷较高时,老年人不能像年轻人那样利用练习来促进转换。[2] Rogers 和 Monsell 也曾提出,一般转换代价可能是由于转换组块中对在工作记忆中有效保持和协调两种交替任务定势的额外要求造成的。[3] Kray 和 Lindenberger 的研究中,转换任务组块要求被试追踪任务序列并记住两倍于单一任务组块中的刺激—反应对应规则。这样,转换任务组块中的工作记忆需求就比单一任务组块大,结果发现一般转换代价显著的年龄差异,因而指出老年人较大的一般转换代价可能反映了老年人在工作记忆中保持和协调多项任务定势能力的削弱。[4]

Mayr 提出与年龄相关的工作记忆能力差异不能单独解释所有与年龄相关的转换代价差异。[5] 他通过在单一和转换任务组块中使用线索和同等数量的刺激—反应规则,使工作记忆中对保持任务转换序列结构的要求最小化来检验这一问题,结果表明在减小的工作记忆负荷、刺激

---

[1] Verhaeghen P., Cerella J., "Aging, Executive Control, and Attention: A Review of Meta-analyses", *Neuroscience and Biobehavioral Reviews*, Vol. 26, No. 7, 2002, pp. 849 – 857.

[2] Kramer A. F., Hahn S., Gopher D., "Task Coordination and Aging: Explorations of Executive Control Processes in the Task-switching Paradigm", *Acta Psychologica*, Vol. 101, No. 2 – 3, 1999, pp. 339 – 378.

[3] Rogers R. D., Monsell S., "Costs of a Predictable Switch between Simple Cognitive Tasks", *Journal of Experimental Psychology: General*, Vol. 124, No. 2, 1995, pp. 207 – 231.

[4] Kray J., Lindenberger U., "Adult Age Differences in Task Switching", *Psychology and Aging*, Vol. 15, No. 1, 2005, pp. 126 – 147.

[5] Mayr U., "Age Differences in the Selection of Mental Sets: The Role of Inhibition, Stimulus Ambiguity, and Response-set Overlap", *Psychology and Aging*, Vol. 16, No. 1, 2001, pp. 96 – 109.

高度不明确、反应定势完全交叠的情况下，即使提供了外显任务线索，一般转换代价仍具有很大的年龄差异，这反映了不确定情境中老年人更新内部控制设置能力的不足。当任务明确时一般转换代价的年龄差异就会消失。Kray等的研究证明了这一点，他们采用外显线索任务转换范式，发现一般转换代价的年龄差异消失了，表明年轻人和老年人都能使用外部线索提示建立当前相关任务定势以便有效完成转换，提出线索降低了任务不确定性，并导致保持和选择任务定势的年龄差异减小或消失。[1]

De Jong 则提出了另一种可能的解释，任务转换不仅需要激活当前相关任务定势，而且要积极摆脱先前任务定势。[2] 在转换组块中即使可以完全摆脱先前任务定势，被试也会采取保守的控制策略，因为这些定势可能很快就需要再次用到，因而一般转换代价可能反映了在最小化的控制努力和最大化的任务成绩之间的某种保守的妥协。老年人在反应时任务中更倾向采取保守的反应策略。因而，老年人更大的一般转换代价有可能是更保守的策略造成的，而非工作记忆中保持和协调多项任务定势能力的削弱。使用时间压力程序迫使老年人放弃可能的保守控制策略，完全显示出其执行控制能力时，单一任务尝试和非转换任务尝试的反应正确率非常相似，且都远低于转换尝试。

（三）特定转换代价的年龄特点

在控制了与年龄有关的反应时变化后，特定转换代价在整个生命全程中保持稳定水平。不过，年轻人和老年人从提前准备中受益的程度可能不同，研究表明尽管老年人在两项简单任务之间转换时比年轻人慢，他们也能相当有效地利用提前准备的机会。但与年轻人不同的是，他们显示出在准备间距内进行完成任务定势重组的能力限制。Kramer等人通过增加记忆负荷考察了任务转换的年龄差异，要求在系列任务中每出现第4次任务时进行转换，不提供外显线索，任务顺序完全可预测，结果

---

[1] Kray J., Li K. Z. H., Lindenberger U., "Age-related Changes in Task-switching Components: The role of Task Uncertainty", *Brain and Cognition*, Vol. 49, No. 3, 2002, pp. 363–381.

[2] De Jong R., "An Intention-activation Account of Residual Switch Costs", in Monsell, S. and Driver, J., eds., *Control of Cognitive Processes: Attention and Performance*, XVIII: MIT Press, 2000 pp. 357–376.

发现随着记忆负荷增大老年人无法受益于延长的反应—刺激间距（RSI），年轻人却可以受益。[1] Mayr 从向后抑制角度研究发现，抑制非相关任务定势能力的年龄差异不显著。[2]

也有研究得出相反结果。Kray 等采用外显线索任务转换范式，采用对德语词汇的四种任务（是否动物判断、单音节或双音节判断、字母数奇偶判断、是否含字母"H"判断），都发现特定转换代价显著的年龄差异，这表明当反应水平增多时（四种任务的反应键相同），老年人重组刺激—反应对应规则的能力会减弱。[3]

先前任务转换年龄特点研究的共同特征是，要求被试执行的任务均涉及呈现在计算机屏幕上的视觉刺激，如词语、数字或几何图形，要求对词语意义、词语中字母或音节数量、数字的值或数量，或者图形形状、大小、颜色做出判断，并在键盘上按键反应。被试必须记住对每一种可能反应分配的按钮，并将答案与这些任意按钮相对应，这增加了任务转换范式的复杂性以及记忆负荷。研究者采用前眼跳和反眼跳任务，把眼跳作为对视觉刺激的自然反应能够有效地避免这些问题，结果发现老年人和年轻人中都存在显著的特定和一般转换代价，表明任务转换中存在两种加工：负责激活当前相关任务定势和使先前任务定势惰性化的加工；在工作记忆中保持对一种以上任务加工的激活。但与手动反应研究结果相反，两种转换代价都未发现显著的年龄差异。

二 学业领域中的任务转换研究

学业领域中的任务转换研究主要涉及对不同学业成绩学生任务转换特点的比较。Rourke 研究表明，数学困难学生在心理定势转换（如从加法转换到减法）方面存在困难。[4] Bull 进一步指出，数学学习困难儿

---

[1] Kramer A. F., Hahn S., Gopher D., "Task Coordination and Aging: Explorations of Executive Control Processes in the Task-switching Paradigm", *Acta Psychologica*, Vol. 101, No. 2 - 3, 1999, pp. 339 - 378.

[2] Mayr U., "Age Differences in the Selection of Mental Sets: The Role of Inhibition, Stimulus Ambiguity, and Response-set Overlap", *Psychology and Aging*, Vol. 16, No. 1, 2001, pp. 96 - 109.

[3] Kray J., Lindenberger U., "Adult Age Differences in Task Switching", *Psychology and Aging*, Vol. 15, No. 1, 2000, pp. 126 - 147.

[4] Rourke B. P., "Arithmetic Disabilities, Specific and Otherwise: A Neuropsychological Perspective", *Journal of Learning Disabilities*, Vol. 26, No. 4, 1993, pp. 214 - 226.

童在抑制能力和工作记忆方面的困难导致了其在策略转换和评估上存在问题。[1] 采用威斯康辛卡片分类任务（Wisconsin Card Sorting Task, WCST）的研究结果表明数学能力差儿童的主要困难在于不能很好抑制习得策略并转换到新策略。采用 Stroop 任务的研究结果表明，数学能力差儿童在固定顺序任务组块中比随机顺序任务组块中相对数学能力好儿童受到更大程度的干扰，这可能是因为随机顺序中不必抑制习得策略，因而高低水平儿童任务转换成绩差异不显著。

杨锦平等人采用两种不同运算规则连续转换的累加测验，在 8 分钟测验时间内每半分钟转换一次运算规则，以平均每分钟运算的正确数作为评定指标，表明注意转移能力是初中生注意结构的主要因素之一，学优生的注意转移能力显著优于学困生。[2]

齐冰、白学军和沈德立以 34 名初中二年级学生为被试，其中数学学优生 18 人，数学学差生 16 人。[3] 目的是考察数学学优生和学差生一般转换代价和特定转换代价的线索和准备效应。实验采用 2（任务类型：重复、转换）×2（线索：有线索、无线索）×2（学业类型：学优、学差）的混合设计，其中学业类型为被试间因素，其余为被试内因素。结果发现：（1）无论是数学学优生还是学差生，一般转换代价中出现了线索效应和准备效应；（2）在特定转换代价中仅出现了线索效应，没有出现准备效应；（3）数学学优生比学差生更善于利用线索和准备间距提高任务转换成绩；（4）缺乏外部线索时数学学优生的成绩优于数学学差生的。

齐冰等人还以小学三年级（$M=8.49$ 岁，$SD=0.57$ 岁）、小学五年级（$M=10.39$ 岁，$SD=0.53$ 岁）、初中二年级（$M=14.82$ 岁，$SD=0.56$ 岁）和高中二年级（$M=18.17$ 岁，$SD=0.50$ 岁）学生为被试，每

---

[1] Bull R., "Executive Functioning as a Predictor of Children's Mathematics Ability: Inhibition, Switching, and Working Memory", *Developmental Neuropsychology*, Vol. 19, No. 3, 2001, pp. 273 – 293.

[2] 杨锦平、金惠国、黄财兴：《学习困难初中生注意特性发展及影响因素研究》，《心理发展与教育》1995 年第 1 期。

[3] 齐冰、白学军、沈德立：《初中数学优差生注意转换中线索和准备效应》，《心理发展与教育》2007 年第 2 期。

一年级组学优生和学差生各 18 人共 144 人。[1] 学优生（学差生）入组标准为最近一次期中和期末数学总平均成绩位于全年级前 10%（后 10%），语文成绩位于全年级中间 50%，教师评定为数学学习好（差）、语文学习成绩一般。实验材料为 simon 任务。在黑色屏幕上呈现白色刺激，刺激是呈现在注视点左边或右边 4.7 度处的单字"左"或"右"（水平和垂直视角均为 0.5 度）。意义任务要求判断单字意义；位置任务要求判断单字位置。另外，在实验中，反应—刺激间距（RSI）进一步分为反应—线索间距（response cue interval, RCI）和线索—目标间距（cue target interval, CTI）。

在一般转换条件下，实验设计是：2（任务类型：单一、转换）×2（RCI：200 毫秒、2000 毫秒）×2（CTI：200 毫秒、2000 毫秒）×2（学业类型：学优、学差）×4（年龄：小三、小五、初二、高二）混合设计，被试内因素是任务类型、RCI 和 CTI，被试间因素是学业类型和年龄。

在特定转换条件下，实验设计是：2（任务：意义、位置）×2（任务类型：重复、转换）×2（RCI：200 毫秒、2000 毫秒）×2（CTI：200 毫秒、2000 毫秒）×2（学业类型：学优、学差）×4（年龄：小三、小五、初二、高二）混合设计，被试内因素是任务、任务类型、RCI 和 CTI，被试间因素是学业类型和年龄。

在一般转换条件下的实验结果如表 7—8 所示。

表 7—8　　　　不同被试各条件下的平均反应时（标准差）　　　　（毫秒）

年级组	学业类型	RCI = 200 毫秒				RCI = 2000 毫秒			
^	^	CTI = 200 毫秒		CTI = 2000 毫秒		CTI = 200 毫秒		CTI = 2000 毫秒	
^	^	单一	转换	单一	转换	单一	转换	单一	转换
小三	学优	6.67 (0.20)	7.34 (0.23)	6.68 (0.24)	7.05 (0.17)	6.74 (0.19)	7.30 (0.17)	6.77 (0.17)	7.13 (0.21)
^	学差	6.78 (0.19)	7.31 (0.24)	6.81 (0.19)	7.07 (0.18)	6.71 (0.19)	7.22 (0.25)	6.83 (0.17)	7.08 (0.24)

---

[1] 白学军：《实现高效率学习的认知心理学基础研究》，天津科学技术出版社 2008 年版，第 121—156 页。

续表

| 年级组 | 学业类型 | RCI = 200 毫秒 |||| RCI = 2000 毫秒 ||||
| | | CTI = 200 毫秒 || CTI = 2000 毫秒 || CTI = 200 毫秒 || CTI = 2000 毫秒 ||
		单一	转换	单一	转换	单一	转换	单一	转换
小五	学优	6.50 (0.09)	7.22 (0.18)	6.56 (0.13)	6.94 (0.25)	6.55 (0.16)	7.17 (0.18)	6.66 (0.11)	6.97 (0.16)
	学差	6.61 (0.14)	7.24 (0.17)	6.65 (0.18)	7.05 (0.13)	6.67 (0.15)	7.21 (0.22)	6.75 (0.16)	7.05 (0.20)
初二	学优	6.39 (0.20)	6.97 (0.25)	6.42 (0.19)	6.70 (0.23)	6.41 (0.20)	6.91 (0.34)	6.50 (0.21)	6.75 (0.30)
	学差	6.41 (0.22)	6.96 (0.25)	6.45 (0.21)	6.73 (0.21)	6.42 (0.17)	6.89 (0.22)	6.49 (0.18)	6.76 (0.21)
高二	学优	6.29 (0.16)	6.84 (0.21)	6.42 (0.21)	6.62 (0.28)	6.39 (0.21)	6.85 (0.23)	6.49 (0.19)	6.67 (0.28)
	学差	6.25 (0.14)	6.77 (0.16)	6.31 (0.15)	6.65 (0.20)	6.31 (0.15)	6.75 (0.20)	6.42 (0.18)	6.69 (0.20)

重复测量混合实验设计方差分析结果发现：

（1）任务类型主效应显著，$F(1,136) = 1595.136$，$p < 0.001$，转换任务的反应时长于单一任务。

（2）CTI 主效应显著，$F(1,136) = 45.715$，$p < 0.001$，短时 CTI 的反应时长于长时 CTI。

（3）RCI 主效应显著，$F(1,136) = 13.341$，$p < 0.001$，短时 RCI 下的反应时比长时 RCI 短。

（4）任务类型和 CTI 交互作用显著，$F(1,136) = 316.496$，$p < 0.001$，简单效应检验发现，短时 CTI 的平均反应时大于长时 CTI（$p < 0.001$）。

（5）任务类型和 RCI 交互作用显著，$F(1,136) = 25.998$，$p < 0.001$，简单效应检验发现，短时 RCI 的一般转换代价大于长时 RCI（$p < 0.001$）。

（6）RCI 和 CTI 交互作用显著，$F(1,136) = 17.524$，$p < 0.001$，简单效应检验发现，短时 CTI 下长短 RCI 反应时差异不显著，长时 CTI 下

短时 RCI 的反应时比长时 RCI 短（$p<0.001$），长短 RCI 下短时 CTI 的反应时都长于长时 CTI（$p<0.001$）。

（7）任务类型和年龄交互作用显著，$F(3,136)=5.695$，$p<0.001$，简单效应检验发现，一般转换代价随年龄增长而减小，小三、小五组差异不显著，小五组的转换代价大于初二、高二组（$p<0.05$）。

（8）任务类型、CTI 和学业类型交互作用显著，$F(1,136)=4.798$，$p<0.05$，简单效应检验发现，短时 CTI 下学优生的一般转换代价比学差生大（$p<0.05$）。

（9）其余主效应和交互作用均不显著。为考察转换代价随 CTI 延长而减小是由于任务定势重组还是任务定势惯性，进一步比较 RSI 恒定（200CTI - 2000RCI 和 2000CTI - 200RCI）条件下的转换代价。经重复测量方差分析，结果发现，任务类型和 CTI 交互作用显著，$F(1,136)=117.402$，$p<0.001$，简单效应检验发现，短时 CTI 的一般转换代价大于长时 CTI（$p<0.001$），说明 RSI 恒定条件下，先前任务定势残余激活延迟效应的影响相同，转换代价随 CTI 延长而减小的潜在机制为任务定势重组。

在特定任务转换条件下被试的结果如表 7—9 所示。

表 7—9　不同被试各条件下的平均反应时（标准差）（毫秒）

年龄组	学业类型	任务	RCI =200 毫秒				RCI =2000 毫秒			
			CTI =200 毫秒		CTI =2000 毫秒		CTI =200 毫秒		CTI =2000 毫秒	
			重复	转换	重复	转换	重复	转换	重复	转换
小三	学优	意义	7.02 (0.16)	7.36 (0.31)	6.91 (0.16)	7.10 (0.24)	7.03 (0.17)	7.27 (0.18)	6.99 (0.17)	7.17 (0.33)
		位置	6.72 (0.23)	7.34 (0.29)	6.69 (0.25)	7.03 (0.28)	6.81 (0.27)	7.36 (0.21)	6.75 (0.20)	7.16 (0.25)
	学差	意义	7.06 (0.18)	7.25 (0.34)	7.05 (0.12)	7.12 (0.21)	7.03 (0.19)	7.34 (0.30)	7.13 (0.19)	7.33 (0.26)
		位置	6.78 (0.29)	7.27 (0.31)	6.80 (0.33)	7.01 (0.26)	6.71 (0.26)	7.30 (0.31)	6.71 (0.24)	7.04 (0.32)

续表

年龄组	学业类型	任务	RCI =200 毫秒				RCI =2000 毫秒			
			CTI=200 毫秒		CTI=2000 毫秒		CTI=200 毫秒		CTI=2000 毫秒	
			重复	转换	重复	转换	重复	转换	重复	转换
小五	学优	意义	6.86 (0.11)	7.22 (0.25)	6.80 (0.17)	7.00 (0.23)	6.92 (0.18)	7.15 (0.22)	6.90 (0.19)	7.00 (0.18)
		位置	6.59 (0.12)	7.21 (0.21)	6.53 (0.18)	6.95 (0.37)	6.58 (0.15)	7.21 (0.26)	6.65 (0.12)	6.92 (0.27)
	学差	意义	6.93 (0.15)	7.31 (0.21)	6.92 (0.15)	7.16 (0.22)	7.02 (0.14)	7.16 (0.28)	7.00 (0.21)	7.11 (0.18)
		位置	6.61 (0.20)	7.19 (0.31)	6.58 (0.19)	7.05 (0.33)	6.63 (0.19)	7.18 (0.29)	6.68 (0.25)	6.97 (0.31)
初二	学优	意义	6.73 (0.19)	7.03 (0.31)	6.62 (0.17)	6.78 (0.24)	6.71 (0.23)	6.97 (0.37)	6.71 (0.19)	6.86 (0.29)
		位置	6.44 (0.26)	6.91 (0.34)	6.37 (0.23)	6.68 (0.32)	6.42 (0.26)	6.87 (0.33)	6.40 (0.29)	6.69 (0.36)
	学差	意义	6.72 (0.20)	7.02 (0.35)	6.67 (0.14)	6.83 (0.26)	6.71 (0.17)	6.94 (0.24)	6.70 (0.15)	6.85 (0.24)
		位置	6.44 (0.26)	6.94 (0.31)	6.41 (0.27)	6.69 (0.26)	6.41 (0.24)	6.85 (0.27)	6.42 (0.21)	6.74 (0.28)
高二	学优	意义	6.62 (0.15)	6.88 (0.24)	6.60 (0.18)	6.77 (0.28)	6.70 (0.19)	6.92 (0.22)	6.68 (0.19)	6.76 (0.23)
		位置	6.31 (0.20)	6.78 (0.28)	6.36 (0.30)	6.47 (0.39)	6.36 (0.25)	6.81 (0.36)	6.40 (0.28)	6.57 (0.44)
	学差	意义	6.56 (0.12)	6.78 (0.16)	6.54 (0.13)	6.78 (0.19)	6.61 (0.15)	6.78 (0.25)	6.64 (0.15)	6.78 (0.20)
		位置	6.28 (0.17)	6.75 (0.22)	6.29 (0.26)	6.54 (0.27)	6.29 (0.20)	6.73 (0.28)	6.37 (0.26)	6.60 (0.31)

方差分析结果发现：

（1）任务主效应显著，$F(1, 136) = 282.074$，$p < 0.001$，意义任务的反应时长于位置任务。

（2）任务类型主效应显著，$F(1, 136) = 1140.685$，$p < 0.001$，转

换任务的反应时长于重复任务。

(3) CTI 主效应显著，$F(1, 136) = 75.885$，$p < 0.001$，短时 CTI 下的反应时长于长时 CTI。

(4) RCI 主效应显著，$F(1, 136) = 7.204$，$p < 0.01$，短时 RCI 下的反应时比长时 RCI 短。

(5) 任务和任务类型交互作用显著，$F(1, 136) = 232.968$，$p < 0.001$，简单效应检验发现，意义任务的平均反应时比位置任务小（$p < 0.001$）。

(6) 任务和 CTI 交互作用显著，$F(1, 136) = 6.113$，$p < 0.05$，简单效应检验发现，短时 CTI 下的任务优势效应比长时 CTI 小（$p < 0.05$）。

(7) 任务、任务类型和 CTI 交互作用显著，$F(1, 136) = 21.972$，$p < 0.001$，简单效应检验发现，意义任务由延长 CTI 降低转换代价的程度比位置任务小（$p < 0.001$）。

(8) 任务类型和 CTI 交互作用显著，$F(1, 136) = 116.390$，$p < 0.001$，简单效应检验发现，短时 CTI 下的转换代价比长时 CTI 大（$p < 0.001$）。

(9) 任务类型和 RCI 交互作用显著，$F(1, 136) = 6.723$，$p < 0.01$，简单效应检验发现，短时 RCI 的特定转换代价比长时 RCI 大（$p < 0.01$）。

(10) 任务类型和年龄交互作用显著，$F(1, 136) = 5.218$，$p < 0.01$，简单效应检验发现，小三和小五组的特定转换代价比高二组大（$p < 0.05$）。

(11) RCI 和 CTI 交互作用显著，$F(1, 136) = 10.511$，$p < 0.01$，简单效应检验发现，短时 CTI 下长短 RCI 反应时差异不显著，长时 CTI 下短时 RCI 的反应时比长时 RCI 短（$p < 0.01$），长短 RCI 下短时 CTI 的反应时都长于长时 CTI（$p < 0.001$）。

(12) CTI 和学业类型交互作用显著，$F(1, 136) = 6.466$，$p < 0.05$，简单效应检验发现，学优生由 CTI 延长而缩短反应时的程度比学差生大（$p < 0.01$）。

(13) 任务、任务类型和年龄交互作用显著，$F(3, 136) = 4.543$，$p < 0.01$，简单效应检验发现，小三和小五组意义与位置任务转换代价的

不对称程度都大于高二组（$p<0.05$）。

（14）任务类型、RCI 和年龄交互作用显著，$F(3, 136) = 6.198$，$p<0.01$，简单效应检验发现，小五组短时 RCI 的转换代价大于长时 RCI（$p<0.001$）。

（15）任务类型、RCI、年龄和学业类型交互作用显著，$F(3, 136) = 2.782$，$p<0.05$，简单效应检验发现，小三组短时 RCI 条件下学优生的转换代价比学差生大（$p<0.01$）。其余主效应和交互作用均不显著。比较 RSI 恒定下的转换代价，方差分析结果发现：任务类型和 CTI 交互作用显著，$F(1, 136) = 43.444$，$p<0.001$，简单效应检验发现，短时 CTI 的转换代价比长时 CTI 大（$p<0.001$）；任务、任务类型和 CTI 交互作用显著，$F(1, 136) = 21.899$，$p<0.001$，简单效应检验发现，意义任务长短 CTI 下转换代价差异不显著，位置任务短时 CTI 下的转换代价比长时 CTI 大（$p<0.001$），说明意义任务延长 CTI 没有促进任务定势重组，位置任务延长 CTI 促进了任务定势重组。

实验结果表明：（1）一般转换条件下，任务定势重组和任务定势惯性都对任务转换起作用；学优生监控当前目标的同时保持并选择任务表征的能力优于学差生；反应定势选择能力从 8 岁（小三）到 18 岁（高二）逐渐增强。（2）特定转换条件下，任务定势重组和任务定势惯性都对任务转换起作用；学优生激活新任务定势的同时抑制先前任务定势的能力优于学差生；反应定势转换能力从 8 岁（小三）到 18 岁（高二）逐渐增强。

第八章

记忆的发展

第一节 记忆发展的理论

一 记忆系统发展的模型

Atkinson-Shiffrin 提出的记忆信息三级加工模型。[1] 这个模型将人脑对信息的储存分为三个不同的记忆系统：感觉记忆系统、短时记忆系统和长时记忆系统。

（一）感觉记忆系统

感觉记忆系统（sensory stores system），也称瞬时记忆，指外界信息进入人的感觉道，并以感觉映像的形式短暂地保留。进入感觉道的信息非常丰富，但是很快就会消失。其中有一些信息会进入下一个记忆系统，即短时记忆系统。

感觉记忆的信息存贮的方式有两种：一种是图像存贮（iconic store），即信息是以视觉形象或图像的形式存贮的；另一种是声像存贮（echoic store），即信息是以听觉的形式存贮的。[2]

无论是图像存贮还是声像存贮的信息，其保持时间都比较短，而且存在着感觉道特异性，即只限一种感觉道。

（二）短时记忆系统

在此系统中，进入短时记忆中的信息也可能很快地消失，但是消

---

[1] Sternberg, R. J., *Cognitive Psychology*, Fort Worth: Harcourt Brace College Publishers, 1996, pp. 228-229.

[2] 朱滢主编：《实验心理学》（第三版），北京大学出版社 2014 年版，第 203—204 页。

失的速度比感觉记忆的要慢。在没有复述和注意的条件下，信息在短时记忆中可保存15—30秒。短时记忆中保持的信息数量是有限的，一般在5—9个组块。短时记忆被看成一个工作系统，它具有两个功能：

第一个功能是作为感觉记忆和长时记忆之间的缓冲器。由于信息转入长时记忆需要一定的时间，从感觉记忆中传来的信息在未进入长时记忆以前，可在短时记忆中暂时保存。信息能否被保存，取决于是否有复述。

第二个功能是作为信息进入长时记忆的加工器。短时记忆中的信息能不能进入长时记忆，关键在于这些信息是否在短时记忆中得到进一步的加工。那些在短时记忆中被加工的信息，容易进入长时记忆中。反之，在短时记忆中没有被加工的信息，不容易进入长时记忆中。

（三）长时记忆系统

在此系统中，信息就可能被永久地保存起来了。因此，长时记忆类似于一个仓库，把各种信息都储存在里面。一般来说，长时记忆的信息容量是没有限制的，但是有些信息因干扰、消退或强度减弱而不能被回忆起来的。长时记忆中的信息被提取出来，就又转入短时记忆之中。

Atkinson-Shiffrin认为，信息从一个系统进入另一个系统，多半是受人控制的。进入感觉登记的信息很多，但是人只是选择其中一部分加以保持，使其进入短时记忆。短时记忆中的信息，能否进入长时记忆，主要依赖于复述，而复述同样也是由人控制的。人们可以将长时记忆中的信息进行分类、联想等，并永久存储。

该模型可以用简单的图来表示，具体如图8—1所示。[1]

在个体发展过程中，三个记忆系统成熟从早到晚依次是感觉记忆、短时记忆和长时记忆。

---

[1] Roediger I. I. I., Marsh J. L., Lee S. C., "Varieties of Memory", In *Stevens' Handbook of Experimental Psychology*, John Wiley & Sons, Inc., 2002.

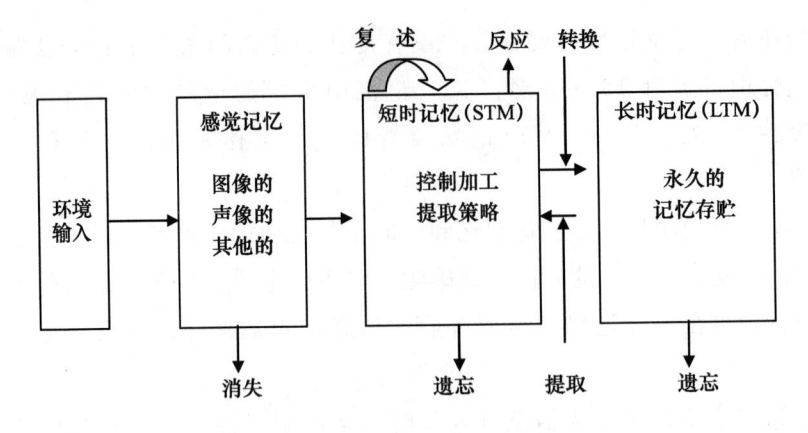

图 8—1 记忆的三个系统模型

二 工作记忆的模型

（一）早期的工作记忆模型

工作记忆（working memory，WM）是对信息暂时保持与操作的系统，是由 Baddeley 等人于 1974 年提出的一个记忆模型。[①]

Baddeley 等人认为，工作记忆由三部分组成：

第一，语音回路（phonological loop）。一个以语音形式保持信息的语音回路。用于保持内部语言，以便进行言语理解。研究发现，语音回路存在词长效应，即被试复述短词的能力要比长词强。

第二，视空间模板（visuo-spatial sketchpad）。一个专门进行视觉和空间编码的视空间图像处理器。视空间模板主要运用表象加工方式完成任务。空间信息的保持不受同时存在的视觉信息影响。

第三，中央执行器（the central executive）。一个不受感觉道影响的、有点类似于注意系统的中枢执行系统。能协调注意活动以及控制反应，其功能是检查、监督、决策哪些信息需要被加工，哪些信息需要被忽略。

工作记忆中三个成分的关系如图 8—2 所示。[②]

---

① 白学军、臧传丽、王丽红：《推理与工作记忆》，《心理科学进展》2007 年第 4 期。
② [美] 罗伯特·L. 索尔所等：《认知心理学》（第七版），邵志芳等译，上海人民出版社 2008 年版，第 152—153 页。

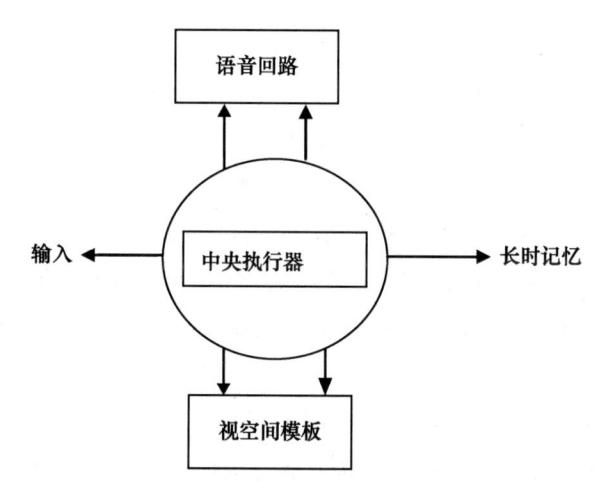

图 8—2　工作记忆

（二）工作记忆模型的扩展

1. Oberauer 等人的观点

Oberauer 等人将工作记忆分成内容和功能两个方面。[①]

第一，内容方面包括言语、数字工作记忆（相当于 Baddeley 模型中语音回路）和空间—图形工作记忆（相当于视空间模板）。

第二，功能方面包括对刺激的暂时存储、加工、管理和协调。存储是对暂时呈现的信息的保持，加工是对信息的转换或推导，管理包括对认知过程和行为的监控、对相关表征和程序的选择性激活以及对无关信息或干扰信息的抑制，协调是对各成分建立新的联系，对不同的信息进行整合。

2. Baddeley 等人的观点

在工作记忆概念提出来后，Baddeley 等人一直根据研究的深入，不断修改自己早期提出的工作记忆模型。

在 2000 年前，他主要是对早期提出的工作模型进行修补或丰富，使其能够解释许多新的实验现象。[②] 具体内容为：

[①] Oberauer K., Suess H. M., Wihelm O. et al., "The Multiple Faces of Working Memory: Storage, Processing, Supervision and Coordination", *Intelligence*, Vol. 31, No. 2, 2003, pp. 167 – 193.

[②] ［英］M. W. 艾森克、基恩：《认知心理学》，高定国等译，华东师范大学出版社 2002 年版，第 232—244 页。

第一，语音回路方面。基于语音或言语的存贮和发音控制过程的区分，提出语音回路包括两个成分：一个是一个被动的语音存贮直接参与言语知觉；另一个是一个发音过程与言语产生发生联系，这样使得语音存贮可被进一步利用。根据这一修正，对以听觉形式呈现的词汇所进行的加工不同于对以视觉形式呈现的词汇所做的加工。无论发音控制过程是否被运用，词汇的听觉呈现均可导致直接加工语音存贮信息。相反，词汇的视觉呈现只是通过默读的形式间接激活语音的存贮信息。

第二，视空间模板方面。视空间模板可分为两个成分：一是视觉缓冲存贮器，用于存贮关于视觉形状和颜色的信息；另一个是内部画线器，负责处理空间和运动信息，复述视空间模板中的信息、从视空间模板向中央执行器转移信息以及计划和执行躯干和肢体的动作。

第三，中央执行器方面。提出中央执行器的功能是额叶的功能。其主要功能包括四个方面：提取计划的切换；双重任务的时间共享；选择性地注意某些刺激而忽视另一些刺激；长时记忆信息的暂时兴奋。

2000 年，Baddeley 对原有的成分模型进行了大规模的修改，提出了工作记忆的四成分模型。[①] 四成分模型的具体结构如图 8—3 所示。

从图 8—3 中可以看出，新模型分为三个层次：

第一个层次是中央执行系统，完成最高级的控制过程；

第二个层次是三类信息的暂时加工，包括视空间模板、情景缓冲器和语音回路三个辅助的子系统；

第三个层次是长时记忆系统，包括视觉语义、情景长时记忆和语言。

第一个层次和第二个层次属于流体系统，第三个层次属于晶体系统。该模型强调工作记忆和长时记忆之间的联系以及各子系统信息整合的加工过程。

情景缓冲器是可以使用多种形态编码的一个存贮系统，在这个意义

[①] 鲁忠义等：《工作记忆模型的第四个组成部分——情景缓冲器》，《心理科学》2008 年第 1 期。

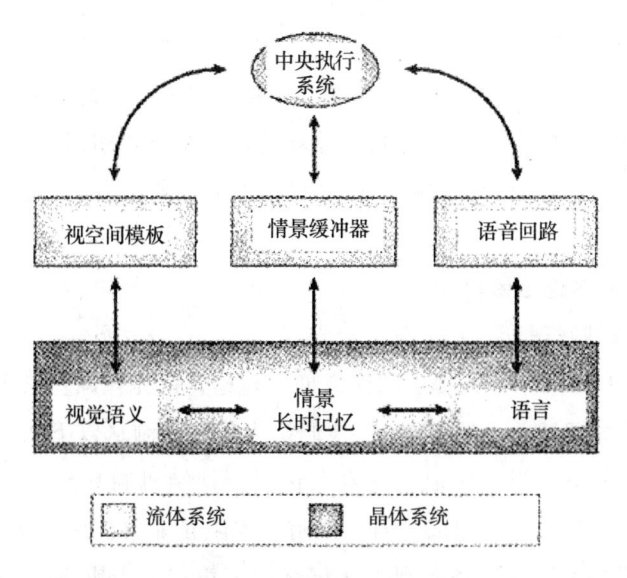

图 8—3　工作记忆的四成分模型

上,可以把整合了的情景保存在这种缓冲器中,由于系统间的信息的编码形态是不同的,所以情景缓冲器正好可以为这些信息提供容量有限的平台,让它们在这里实现信息的编码。

从图 8—3 中还可以看出,情景缓冲器与视空间模板、语音回路一样,作为中央执行系统的次级记忆被置于受中枢执行系统控制的信息保持系统的位置上,情景缓冲器的作用是在中央执行系统的控制之下保持加工后的信息,支持后续的加工操作。

Baddeley 认为,该模型不同于 Tulving 提出的"情景记忆"模型,因为它指的是暂时的存贮结构,而后者则指的是一种长时记忆。

总之,无论是早期的工作记忆模型还是新近提出的四成分工作记忆模型,都为理解个体工作记忆能力发展提供了很好的解释,并且促进了许多研究的深化。

三　有意遗忘的理论

(一) 有意遗忘的本质

有意遗忘是强调遗忘的有意性和指向性。1970 年,Bjork 开始对有意遗忘 (intentional forgetting) 进行研究,认为有意遗忘的关键在于向被试呈现实验材料以后，要求记住其中一些材料和忘记其余的材料。[1] 如果存在有意遗忘，就会表现出当要求被试只回忆指示记忆的项目时，只有非常少的指示遗忘的项目掺杂进来，而当要求回忆所有项目时，遗忘项目的回忆就会少于记忆项目。有意遗忘也被称为定向遗忘（directed forgetting）。

（二）有意遗忘的理论

1. 注意抑制理论

Zacks 和 Hasher 等人提出的注意抑制理论，认为在调整工作记忆内容上，注意抑制起着关键的作用。[2] 他们认为抑制机制从以下几个方面影响工作记忆：第一，当工作记忆有效工作时，抑制机制只允许那些符合目标路径的信息进入工作记忆。因此抑制过程阻止非目标路径的信息激活，从而阻止那些无关信息进入到工作记忆中。第二，当出现无关信息进入到工作记忆中时，抑制机制就很快使非目标路径信息的激活衰减，最后成为不相关的信息被驱除出工作记忆。不论是外部呈现的刺激还是内部产生的信息，注意抑制是防止注意再回到以前不相关的状态。所以，随着对有意遗忘期望状态的认知，注意抑制将减弱遗忘项对记忆项的干扰作用，这可以通过阻止对遗忘项的提取来实现，原来被激活的遗忘项因有意遗忘变得不再相关。

2. 提取抑制理论

提取抑制的研究已经非常广泛，这一术语首先是 1998 年由 Bjork 等人使用的。[3] 提取抑制是指已经进入到记忆中的有效信息，在提取时可能会造成信息损失。将提取抑制从抑制中区分出来，是因为它只是一种特殊的抑制，指在有意遗忘过程中所观察到的对要求忘记的信息的回忆的抑制。也就是说，由于有意遗忘的原因，对遗忘项的提取进行了

---

[1] 宋耀武、白学军：《有意遗忘中认知抑制机制的研究》，《心理科学》2003 年第 4 期。

[2] Zacks R. T., Hasher L., "Directed Ignoring: Inhibitory Regulation of Working Memory", in Dagenbach D., Carr T. H. (Eds.), *Inhibitory Processes in Attention, Memory, and Language*, San Diego, CA: Academic Press, 1994, pp. 241-264.

[3] Bjork E. L., Bjork R. A., Anderson M. C., "Varieties of Goal-directed Forgetting", in Macleod J. M. (Eds.), *Intentional Forgetting: Interdisciplinary Approaches*, Mahwah, NJ: Erlbaum, 1998, pp. 103-137.

抑制，使得遗忘项不能输出。这就造成了遗忘项与记忆项的差别。目前，很多人的研究都支持这一观点。Kimball 和 Bjork 认为只对遗忘项的提取路径有影响，原因是自由回忆对记忆项和遗忘项的提取过程具有独立性。这不同于其他一些间接记忆测验，如残词补全、词汇联想等。[①]

Tipper 和 Cranston 提出反应阻止理论（response blocking theory），与提取抑制的原理很相似，认为抑制过程并不是压抑干扰项的激活状态，而可能是阻止了知觉表征转译为反应代码。[②] 他们认为被试维持着"选择状态"，所谓"选择状态"就是将目标与干扰项进行区分，并对目标进行反应输出，而阻止对干扰项的反应输出。

在解释伴随无关信息出现的相关信息是如何被加工的问题时，注意的选择理论认为对相关信息的有效选择，是激活和抑制两种机制共同起作用。因此在激活—抑制模型中，激活了相关信息和无关信息的加工，个体通过认知加工，积极抑制无关信息，同时允许相关信息进入工作记忆。

3. 有意遗忘的编码理论

Bray 等人认为记忆项和遗忘项产生差异的原因，是因为被试在实验中对记忆项进行了复述，而对遗忘项没有复述，即当记忆指示出现时，被试会对刚才呈现过的项目进行有意复述，而当遗忘指示出现时，被试却不会对呈现的项目进行复述，这就造成了记忆项的编码比遗忘项的编码更加精细，因此，有选择性的复述是造成记忆差异的原因。[③][④] 例如 Woodward 和 Bjork 发现被试在进行实验后报告说"等着去看这个词是不是要求记忆的词"。这种有选择性的复述会导致一种注意选择的心理机

[①] Kimball D. R., Bjork R. A., "Influences of Intentional and Unintentional Forgetting on False Memories", *Journal of Experimental Psychology: General*, Vol. 131, No. 1, 2002, pp. 116 – 130.

[②] Tipper S. P., Cranston M., "Selective Attention and Priming: Inhibitory and Facilitatory Effects of Ignored Primes", *Quarterly Journal of Experimental Psychology*, Vol. 37, No. 4, 1985, pp. 591 – 611.

[③] Bray N. W., Hersh R. E., Turner L. A., "Selective Remembering during Adolescence", *Developmental Psychology*, Vol. 21, No. 2, 1985, pp. 290 – 294.

[④] Harnishfeger K. K., Pope R. S., "Intending to Forget: The Development of Cognitive Inhibition in Directed Forgetting", *Journal of Experimental Child Psychology*, Vol. 62, No. 2, 1996, pp. 292 – 315.

制,即当被试意识到一些项目要被忘记掉时,他们会尽最大努力记忆要求记忆的项目,而将最小的力气用在要求遗忘的项目上。[1] Bjork 认为,这种心理机制将导致指示记忆项目和指示遗忘项目的隔离,并在记忆中予以区分。

Zacks 和 Hasher 等人也认为,抑制过程对遗忘项的编码有作用,在工作记忆中由于对遗忘项的编码减弱,使得对遗忘项分配的注意资源减少,从而遗忘项的信息易于丢失,这样注意抑制理论与编码理论就统一起来,即记忆项与遗忘项具有不同的编码和提取。[2]

4. 抑制过程的三种途径理论

关于抑制过程,Hasher 等人提出三种途径理论,即抑制过程通过三种途径控制工作记忆的内容。[3] 这些功能有获得、删除和限制功能。抑制机制可以通过阻止无关信息进入工作记忆以实现对获得过程的控制。以这种方式,抑制过程限定了无关目标信息进入工作记忆。抑制机制通过删除或压抑一些无关信息(或曾经有关而不再有关的信息)的激活过程来控制工作记忆的内容。这样抑制的删除功能就排除了无关信息进入工作记忆的可能。删除功能的失败,将导致前摄干扰,这是一种由于检索信息时相关与无关信息的冲突竞争而产生的混乱回忆模式。最后,抑制过程通过阻止优势反应以实现对行动的控制来实现其限制功能,这就压抑了对课文或语言的不正确解释。总之,这些功能的作用可以保证对信息进行有效的控制。

对于因年龄带来的工作记忆的下降,被认为是压抑无相关信息的能力的下降,而不是工作记忆能力的下降。他们认为,这是由于抑制控制的减少所导致的。老年人比年轻人倾向于表现出更大的前摄干扰,因为老年人易受前摄干扰的影响,他们的工作记忆广度会因此而下降。根据这种观点,如果前摄干扰的影响能够降低,工作记忆广度的年龄差异应

---

[1] Woodward A. E. , Bjork R. A. , "Forgetting and Remembering in Free Recall: Intentional and Unintentional", *Journal of Experimental Psychology*, Vol. 89, No. 1, 1971, pp. 109 – 116.

[2] Zacks R. T. , Hasher L. , "Directed Ignoring: Inhibitory Regulation of Working Memory", in Dagenbach D. , Carr T. H. (Eds.), *Inhibitory Processes in Attention*, *Memory and Language*, San Diego, CA: Academic Press, 1994, pp. 241 – 264.

[3] Hasher L. , Zacks R. T. , "Working Memory, Comprehension, and Aging: A Review and a New View", *The Psychology of Learning and Motivation*, Vol. 22, 1988, pp. 193 – 225.

减少。研究者使用一种减少前摄干扰的方法,如每次实验后进行一个90秒非语言的分心任务,结果发现老年人与年轻人的工作记忆广度一样大。结果表明抑制控制在工作记忆中扮演着重要的角色,这不能仅仅通过有限的能量模式来解释,至少对老年人是这样。

四 内隐记忆的本质和理论

(一) 内隐记忆的含义

Graf 和 Schacter 认为内隐记忆(implicit memory)指对先前获得的信息的无意识提取的记忆,并在对特定的过去经验进行有意识的或外显的回忆测验中表现不出来。此外,而把需要有意识回忆的记忆称为外显记忆(explicit memory)。[1]

(二) 内隐记忆的理论

1. 多重记忆系统理论

Tulving 等人提出了多重记忆系统理论(multiple memory systems theory)。[2] 该理论认为不能把记忆看作一个单一的系统,而要把其看作由多个不同的操作系统所组成的复合系统,并且每一个操作系统都由若干特定的加工过程组成。在同一个操作系统之内,加工过程间的关系,比在不同操作系统中的加工过程间的关系更加密切。并且,在理论上允许每一个记忆系统有其特定的神经机制与行为指标。

Tulving 强调随机独立性的概念,并以此来论证内隐记忆代表着一种新的记忆系统。他的实验研究结果表明,残词补全与再认测验之间存在随机独立性,并从实证的角度证明了其多重记忆系统的思想。[3]

2. 迁移恰当加工理论

迁移恰当加工说(transfer-appropriate-processing theory)是由 Roediger 等人提出的,与多重记忆系统的观点不同,主张记忆系统只有一个,并

---

[1] Graf P., Schacter D. L., "Implicit and Explicit Memory for New Associations in Normal and Amnesic Subjects", *Journal of Experimental Psychology: Learning, Memory, and Cognition*, Vol. 11, No. 12, 1985, pp. 386 – 396.

[2] Tulving E., "How Many Memory Systems are There?", *American Psychology*, Vol. 40, No. 4, 1985, pp. 385 – 398.

[3] 杨治良等:《记忆心理学》,华东师范大学出版社 1999 年版。

认为出现在间接测验和直接测验之间的分离现象只是反映了测验所要求的心理加工过程不同而已。① 这种观点认为,如果记忆测验所要求的加工过程与学习时的编码加工相似或重叠,则可以提高测验成绩,否则成绩就会相对较差。由此,Roediger 等人认为记忆测验应由测验中所参与的心理加工的类型来区分,而不应当以测验指导语的特点为区分依据。因此,他们区分了两类记忆加工过程:知觉加工过程和概念加工过程。前者主要依赖对刺激项目表面特征和知觉特征的分析来完成测验,后者主要通过对刺激项目意义和语义信息的加工来完成测验。

Roediger 等人认为,学习时的意义加工、精细编码和心理印象等加工过程会导致大多数直接测验(如回忆与再认等)成绩较好。通过实验也证实了,加工水平、句子的精细编码以及对材料的有意义组织等因素确实提高了直接测验中回忆与再认的成绩。因此可以认为直接测验是概念驱动(conceptually-driven)测验;而大多数间接测验主要依赖于学习时与测验时的知觉加工的匹配程度,例如知觉辨认、词干补笔等似乎是提取过去经验中的知觉成分。因此将这类间接测验称为数据驱动(data-driven)测验。由此可以推出,学习阶段出现的和概念加工有关的各种变量对间接测验就不会有什么影响,而表面特征方面的变量(如感觉通道等)对间接测验则有重大影响;另外,表面特征方面的变量对直接测验并没有什么大的影响。但是,并非所有的间接测验都是数据驱动的,同样并非所有的直接测验都是概念驱动的。通过对记忆线索和测试指导语的操作,同样可以构造出概念驱动间接测验和数据驱动直接测验。因此,该理论所强调的是测验的知觉特征和概念特征,而不是间接特征和直接特征。

3. 多水平、多象征模型

Zimmer 依据综合系统说和加工说的观点提出了多水平、多象征模型(multi-level, multi-token model)。②

---

① Roediger H. L. & Blaxton T. A., "Retrieval Modes Produce Dissociations in Memory for Surface Information", in D. S. Gorfein & R. R. Hoffman (Eds.), Memory and learning: The Ebbinghaus Centennial Conference, Hillsdale, N. J.: Lawrence Erlbaum Associates Inc, 1990, pp. 349 – 379.

② Zimmer H. D., "Size and Orientation of Objects in Explicit and Implicit Memory: A Reversal of the Dissociation between Perceptual Similarity and Type of Test", Psychology Research, Vol. 57, No. 3 – 4, 1995, pp. 260 – 273.

在这个模型中,信息加工被分成不同的水平或层次。在加工的较低水平,平行地分布着多个相对独立的知觉表征子系统。每一个子系统负责对刺激的一种特征进行编码,如形状、大小和朝向等。编码的产物称为象征(token),处于较高加工水平的象征是通过采用某种规则整合较低水平的某些象征而生成的,这些象征同样也由特定的子系统驱动。概念加工水平处在模型的较高水平上,而且对概念加工的整合来说,整合有时可强制进行而不必遵循规则。按照这一模型,当一个刺激被加工时,首先对其进行多项知觉表征编码,如形状等,但根据任务的不同,只有一些可利用。他的研究发现,图形的大小和朝向在测验和学习时一致与否只影响再认成绩而不影响启动效应,而形状的一致性则对两者均有影响。他认为,在进行目标辨认时,形状编码的作用很突出,而大小和朝向编码就不重要了;而进行意识水平上的情节记忆时,后两者的作用就突出了。根据这一观点,内隐记忆加工大多处于较低水平,而外显记忆加工大多处于较高水平。这一模型能较好地解释系统说和加工说所遇到的某些原因。

4. 强调时空情境的观点

从测验的角度看,一些研究者认为直接测验存在较明显的情境依存性。一般认为,时空情境在直接测验中要比在间接测验中扮演更为重要的角色。[1] 这种观点能够较好地解释迁移恰当加工理论遇到的一些困难。根据这种观点,直接测验和概念驱动间接测验都对概念型精细加工敏感。此外,直接测验依赖于编码时的学习情境(或者说相对于间接测验具有更强的依存性),这样一来不仅支持了概念驱动和数据驱动的划分,而且还可以解释诸如为什么分散注意影响了直接测验和概念驱动间接测验,而不影响数据驱动间接测验等实验现象。其原因在于分散注意同时影响了概念编码以及情境编码,而对知觉加工影响不大。[2] 因此间接测验相对来说不受时空情境的影响。[3]

---

[1] Bower, G. H., "Reactivating a Reactivation Theory of Implicit Memory", *Consciousness and Cognition*, Vol. 5, No. 1 - 2, 1996, pp. 27 - 72.

[2] Cowan N., *Attention and Memory: An Integrated framework*, New York: Oxford University Press, 1995.

[3] Jacoby L. L., "Perceptual Enhancement: Persistent Effects of an Experience", *Journal of Experimental Psychology: Learning, Memory and Cognition*, Vol. 9, No. 1, 1983, pp. 21 - 38.

五　前瞻记忆的本质和理论

（一）前瞻记忆的含义

前瞻记忆（prospective memory）是相对于回溯记忆提出的一种特殊的长时记忆，指在将来某个恰当的时间执行先前意向的行为的记忆。它的提取通常没有外显的要求，需要人们在恰当的时间打断当前进行的任务，将注意转换到前瞻记忆任务。因此，人们倾向于认为前瞻记忆的提取是自发激活的。[①]

（二）前瞻记忆的理论模型

1. 注意加搜索模型

该模型主张，前瞻记忆的提取包括认知和控制两个加工阶段。认知阶段是对前瞻记忆目标事件的自动加工，没有外显的搜索。人们遇到目标事件会自动地引发一种熟悉感，并加以注意，预先的计划会突然闪现于人的头脑中。因此，它不需要占用人们的注意资源，而且也不受个体发展变化的影响。认知阶段之后，人们开始进行有意识的控制加工并搜索和提取意向行为，即进入控制阶段。此阶段需要占用人们的注意资源，使人们将注意集中到记忆任务中来。

2. 自动激活模型

自动激活模型是 McDaniel 和 Robinson-Riegler 等人借鉴长时记忆中激活扩散模型的思想而提出来的。模型假设，前瞻记忆是由一种自发的联想记忆系统来调节的，其提取在很大程度上是自动加工的过程。

首先，在编码阶段形成前瞻记忆目标线索与活动的联结，当目标线索从工作记忆中消失后，这一联结就处于一种特殊的阈下激活状态。这种状态对后来呈现的目标事件更加敏感，使之更容易留下痕迹，并进一步加强了目标线索与活动的联结。

其次，当这个联结提高到阈限以上时便被自动激活，进入意识，使被试注意到所呈现的目标线索，并从目标线索出发沿着线索和活动的联结路径自动扩散，前瞻记忆任务完成。

该模型否认前瞻记忆提取过程中控制阶段的必要性，认为一旦目标

[①] 张芝等：《前瞻记忆的理论模型综述》，《应用心理学》2006年第1期。

事件与意向行为建立了联结,前瞻记忆任务就会自动得到执行,不存在对意向行为的控制搜索。在前瞻记忆中,记忆痕迹是前瞻记忆活动的编码,如果这个线索能够很好地与记忆痕迹产生足够强的相互作用,那么有关的记忆系统就可以快速地,而且几乎不需要任何认知资源地把与线索有关的信息带入意识。

3. 多重加工模型

多重加工模型由 McDaniel 和 Einstein 提出来的。[①] 主张前瞻记忆的提取在不同程度上既依赖于策略加工,也依赖于自动加工。策略加工过程需要注意活动的参与,个体有意识和积极主动地参与前瞻记忆的提取过程。而自动加工则涉及注意和记忆等几种不同的系统或过程。注意系统的自动加工对一些重要和不寻常的刺激做出自动反应,对意向进行自发的提取,基本上不消耗认知资源。如果意向活动很复杂或者与目标事件联系不紧密,则最初的自发启动会接下来伴随一个记忆的控制性搜索。记忆系统的自动加工则由无意识的自动联结记忆系统支持,目标线索与活动联结的编码从工作记忆中消失后就处于一种特殊的阈下激活状态,这种状态遇到所呈现的目标线索时,将从目标出发沿着线索和活动的特殊路径自动扩散。

六　元记忆的本质与理论

（一）元记忆的含义

1. 元记忆中的监测与控制

Nelson 和 Narens 认为,人类认知过程可区分为客体水平（object-level）和元水平（meta-level）。[②] 客体水平是关于客体本身的表述,而元水平则是关于客体水平表述的表述。因此,记忆过程分为客体记忆和元记忆。客体记忆是指对客体信息的编码、储存和提取的信息加工过程。而元记忆是指人们对自己记忆的认知、意识和控制。

[①] McDaniel M. A., Einstein G. O., "Strategic and Automatic Processes in Prospective Memory Retrieval: A Multiprocess Framework", *Applied Cognitive Psychology*, Vol. 14, No. 7, 2000, pp. 127-144.

[②] Nelson T. O., Narens L., "Metamemory: A Theoretical Framework and New Findings", *The Psychology of Learning and Motivation*, Vol. 26, New York, NY: Academic Press, 1990, pp. 125-173.

依据元记忆和客体记忆之间信息流向的不同，记忆信息加工过程存在着两种主要的作用：监测作用和控制作用。如果信息是由客体记忆流向元记忆，则成为监测作用；如果信息由元记忆流向客体记忆，则成为控制作用。监测作用的基本特点是元水平从客体水平获得信息。具体如图8—4所示。

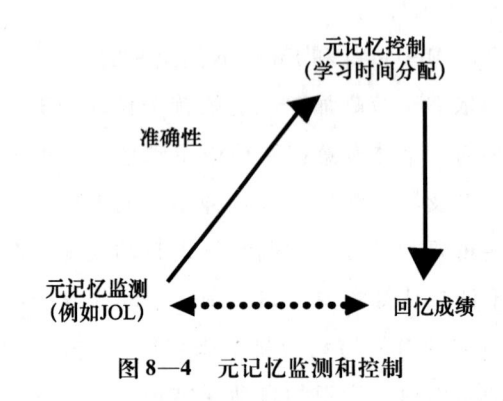

图8—4 元记忆监测和控制

2. 元记忆监测的类型

元记忆监测一般分为两大类：一类为回溯性监测，例如对回忆、再认得到的答案做正确与否的自信度判断（judgment of confidence，JOC）；另一类为前瞻性监测，主要包括：容易度判断（easy of learning，EOL），在学习或识记前，对所要识记项目的难易程度所做出的预见性判断；学习判断（judgment of learning，JOL），对当前已学习的项目在以后测验中能够达到的成绩的预见性判断；知晓感判断（feeling of knowing，FOK），对当前回忆不出，但又有"知道感"的项目，在以后测验中的成绩的预见性判断。

3. 元记忆控制的表现形式

控制作用的基本特点是元水平调控客体水平，从而改变客体水平的加工状态。经研究表明，在记忆加工过程中体现出来的元水平调控客体水平的具体表现形式为：（1）确定学习（或知识）的目标和计划；（2）确定学习时间的分配；（3）选定信息加工的类型；（4）选择加工策略；（5）发动、继续、中止识记或者提取过程。① 控制作用的依据是由监

---

① 韩凯：《元记忆研究的理论框架》，《心理学动态》1994年第1期。

测作用提供的信息资源。

(二) 元记忆的监测理论

1. 痕迹接通假说

痕迹接通说是 Hart 提出的。该理论认为被试在回忆提取失败时，实际上对所要回忆的项目的痕迹都有部分的接通，这是进行 FOK 判断的依据。[1] 痕迹接通说包括很多假说，其中主要是目标提取假说（target retrievability）。该假说认为 FOK 判断等级的高低是由所识记的目标项的记忆强度所决定的。该假说的实质在于，它认为 FOK 判断和标准测验中的再认和回忆一样，都是由目标项信息本身决定，可以看作记忆储存的一个准确指标。

2. 推论说

推论说（Inferencial Mechanism）是 Nelson 提出的，认为 FOK 判断不是由于靶子本身的残留痕迹的接通引起的，也就是说进行 FOK 判断时，并未监测到未回忆出的靶子信息本身，而监测到记忆中的其他相关信息，这些相关信息包括存储在长时记忆中的情景信息、最初提出的启动问题和靶子回忆线索的相似性，以及被试关于问题领域的一般专业知识。[2] FOK 判断是根据这些所要提取的项目以外的信息来推论所要提取项目本身的信息的记忆情况的，而这种推论是产生 FOK 判断的基础。按照这种观点，FOK 判断所依据的是和靶子信息相关的信息，而标准测验中的回忆和再认所依据的是靶子信息本身，二者的信息来源不同，因此 FOK 判断似乎不可能预测回忆和再认成绩，或者说不具有准确性。

3. 可接近性假说

1993 年 Koriat 提出了可接近性假说（accessibility hypothesis）。[3] 该假说融合了线索熟悉性假说和目标提取假说，认为目标信息本身及其相关

---

[1] Hart J. T., "Memory-monitoring Process", *Journal of Verbal Learning and Verbal Behavior*, Vol. 6, No. 5, 1967, pp. 685 – 691.

[2] Nelson T. O., "A Comparison of Current Meassure of the Accuracy of Feeling-of-knowing Predictions", *Psychological Bulletin*, Vol. 95, 1984, pp. 109 – 133.

[3] Koriat A., "How do We Know that We Know? The Accessibility Model of the Feeling of Knowing", *Psychology Review*, Vol. 100, No. 4, 1993, pp. 609 – 639.

信息都影响 FOK 判断。线索信息和目标信息都可视为可接近信息，线索越熟悉，意味着可接近的信息量越多；目标记忆强度越大，可接近的信息量也就越大。

可接近性假说认为，人们不能直接监测到达大脑中的信息是否正确；判断所依据的信息存在于提取过程之中；无论何时要搜寻记忆中的目标，都会有许多信息汇聚在意识中。这些信息包括目标片段、语义属性（意义或发音方面的特点）、目标的情景信息以及来自其他资源的启动的信息流。因此，可接近性假说的核心是 FOK 判断和学习判断依赖于部分信息的可接近性，而与它的正确与否无关，既包括正确的信息，也包括错误的信息。

4. 竞争假说

Schreiber 和 Nelson（1998）提出竞争假说（competition hypothesis）来解释 FOK 判断的产生机制。[①] 联结学习中，竞争是指联想词对之间邻近概念的相互干扰。也就是说，当呈现刺激让被试回忆相应的目标词时，被试存贮在长时记忆中与线索词有关的概念被同时启动，这种启动会干扰被试对目标的提取，并影响被试的判断。特别当被试不能做出精确的推论时，即不能有效区分各联想词对时，只能根据词对之间的干扰来做判断，被试越不能肯定，其学习判断值就越低。

竞争假说认为，线索和目标引起的启动都影响元记忆判断。当呈现刺激作为线索时，与线索有关的邻近概念迅速启动，并且这种启动由线索自动扩散到目标。被试对于所有的启动项目都很敏感，并根据启动的信息量做判断。来自邻近概念之间的更多的竞争性，即更多的干扰启动将导致较低的判断，启动的邻近概念越多，判断会越低，目标越不容易回忆。

（三）元记忆的控制理论

学习时间分配的理论包括差距缩减模型和最近学习区模型。

1. 差距缩减模型

Dunlosky 和 Hertzog 提出差距缩减模型（the discrepancy-reduction mod-

[①] Schreiber T., Nelson D. L., "The Relation between Feelings of Knowing and the Number of Neighboring Concepts Linked to the Test Cue", *Memory & Cognition*, Vol. 26, No. 5, 1998, pp. 869 – 883.

el，DR）来解释学习时间的元认知控制机制。[1] 其主要观点是，个体会持续学习一个项目直到监测到对该项目的掌握水平与需要达到的学习标准没有差异为止。这个模型具体分为三个阶段。第一阶段，学习准备阶段，包括记忆的自我效能评估、任务评估、最初的策略选择等。在他们的模型中，任务评估和最初的策略选择是基于个体的元认知知识，而不是个体对当前材料的学习的精细评估。第二阶段，学习阶段，包括项目选择和对这些项目的学习程度的监测。一旦开始学习一个项目，这个项目的学习状态就处于元认知监测中。在这一阶段，个体做出动态 JOL 并确定这个项目的学习程度是否达到标准，如果学习程度没有达到标准，给予负反馈，继续学习，如此循环，直到监测到目前的学习程度已经达到标准。之后进入第三个阶段，即测试阶段。如果测试阶段发现监测错误，项目实际的学习程度没有达到标准，如有机会就继续返回第二阶段，继续学习。如果这个项目的学习程度达到标准，就会学习下一个项目。还有研究发现学习标准受到指导语、项目分值和在随后测验出现的可能性等因素影响。[2]

差距缩减模型主要有两个假设：监测影响控制假说和标准影响分配假说。其中，监测影响控制假说认为，监测是控制的基础和依据，准确的监测是合理分配时间的前提，个体分配较少的时间给那些认为学习得较好的项目。根据这一假说推测，被试固定步速的学习每个项目，并判断每个项目已经掌握的程度（JOL），在接下来进行再次学习时，被试的 JOL 与时间分配存在反关系。标准影响分配假说认为：如果个体对一个项目设置低标准，对另一个项目设置高标准，那么对低标准的项目的学习时间会少于高标准的学习时间。在学习中，个体会试图通过改变他的学习目标来增加达到回忆任务的要求。当个体提高学习标准来达到要求，他会花费更多的时间来学习这些项目。

---

[1] Schreiber T. A., Nelson D. L. "The Relation between Feelings of Knowing and the Number of Neighboring Concepts Linked to the Test Cue", *Memory and Cognition*, Vol. 26, No. 5, pp. 869 – 883.

[2] Dunlosky J., Thiede K. W., "What Makes People Study More? An Evaluation of Factors that Affect Self-paced Study", *Acta Psychological*, 1998, pp. 37 – 56.

2. 最近学习区模型

Metcalfe 和 Kornell 提出最近学习区模型（region of proximal learning model，RPL）。[①] 该模型其主要观点是，将学习时间分配分为两个阶段：选择（choice）和执行（perseverance）。这种阶段的划分是根据在元认知控制阶段受元认知监测的影响不同进行的。

首先是选择阶段。选择阶段分为两个子阶段。第一子阶段是确定哪些项目需要学习，哪些项目不必学习。如果被试确定他已经学会了这个项目，就不会选它作为学习项目了。第二子阶段涉及选择学习的项目的优先等级问题，即对于这些需要学习的项目，先学哪些，后学哪些的问题。RPL 模型预测：根据实验要求，如果选择其中一部分进行学习，被试会先选最容易学习的项目，最后选难学的项目；如果时间足够，被试当然会选择所有的项目，但是学习的顺序依然是先易后难。根据这两段式"选择"的加工模式可以推测：JOLs 和选择等级的负相关并不意味着被试有良好的监控能力。如果有负相关出现，主要是由于第一子阶段——因为人们拒绝对他们认为已经学会了的项目进行学习。而第二子阶段中，JOLs 和选择等级的关系应该更倾向于正相关。根据 RPL 模型，并不是说 JOL 与选择等级的相关是不能作为监控能力的指标，而是可以根据以下原则应用这一指标：（1）负相关——当许多项目已知（或认为已知），因为人们不愿意学习已知的项目；（2）正相关——很少项目已知，因为人们选择项目是由易到难的。

其次是执行阶段。RPL 模型的假设是，被试决定何时停止学习的标准是学习的效率。当学习一个项目的效率很高时，被试不会停止学习它。当学习一个项目的效率不高（一种情况由于已经学会，所以获得的信息就少了甚至没有了，导致效率下降；另一情况是题目太难了，没有什么进步，效率一直上不去），被试便停止学习这个项目。这种学习效率的判断（judgment of the rate of learning，jROL）是元认知的一种，它强调学习过程中的元认知监控是一个动态的过程。jROL 是即时的 JOL 的函数，即与 JOL 的变化率存在某种函数关系。当 jROL 高时，被试继续学习；当

[①] Metcalfe J., Kornell N., "A Region of Proximal Learning Model of Study Time Allocation", *Journal of Memory and Language*", Vol. 52, No. 4, 2005, pp. 463 – 477.

jROL 接近于 0 或者一个标准值时，被试停止学习。

当学习停止时，JOL 的等级有三种情况：（1）高，接近 100%；（2）可能高，但这是种假象，即时 JOL 高，延迟 JOL 低；可能低，由于某种原因，学习此时结束了；（3）一般会很低。因为项目很难，jROL 接近 0，放弃学习。因此，停止学习的根据不是 JOL 等级，而是 jROL。

jROL 接近 0 或者被试内定的一个值，有以下几种可能：（1）一旦项目完全掌握，就没有再继续学习的必要了，jROL 自动为 0。（2）一个项目并没有完全掌握，但 jROL 也接近 0。这种情况是因为，当一个项目的学习到了渐近线的拐点，这个时候大量的练习就没有效率了，这时停止学习。然而，这并不意味着被试不会在特定条件下，改变这个项目的 jROL，并回过头来再学习。有间隔的学习有利于说明这种情况。（3）一个项目难度太大，被试学习没有任何进展，jROL 接近 0，停止学习。

第二节 记忆发展的研究方法

一 感觉记忆发展的实验方法

（一）全部报告法

以速示器为仪器，给被试快速（一般为 50 毫秒左右）呈现一些非常简单的刺激材料。要求被试报告所看到的内容。例如，用速示器给被试呈现一张卡片，具体内容如图 8—5 所示。卡片呈现的时间为 50 毫秒。要求他们在卡片呈现完后立即报告卡片的内容。

3 6 0
1 9 5
8 4 2

图 8—5 感觉记忆实验用卡片

虽然上述实验任务非常简单，但是被试一般只能回忆出卡片上的 4—5 个项目。年龄越小的被试，回忆的内容越少。

由于感觉记忆遗忘的速度非常快，因此用这种方法来研究儿童感觉记忆能力的发展，存在低估的倾向。

（二）部分报告法

部分报告法由 Sperling 所首创。[①] 这种方法主要是针对全部报告法的缺点而提出来的。具体实验操作过程是用速示器给被试呈现一张包括 12 个字母的卡片，卡片的内容分为上、中、下三行，每行 4 个字母，如图 8—6 所示。[②]

$$
\begin{array}{cccc}
H & B & S & T \\
A & H & M & G \\
E & L & W & C \\
\end{array}
$$

图 8—6　Sperling 研究感觉记忆所用的卡片

在实验过程中，给卡片上每行 4 个字母都配以不同的声音信息。例如，给最上面一行字母配以高音，中间一行字母配以中音，最下面一行字母配以低音。实验者事先将这种配对情况告诉被试。要求他们在字母卡片呈现后，如果出现高音，就报告与之相匹配的最上面一行字母；如果出现中音，就报告与之相匹配的中间一行字母；如果出现低音，就报告与之相匹配的最下面一行字母。每次出现哪一个声音信号按随机方式安排，被试事先并不知道。在实验过程中，每张卡片的呈现时间为 50 毫秒，然后立即出现一个声音信号。结果发现：在这种情况下，被试几乎每次都能正确报告出任何一行中的任意 3 个字母，回忆率约达到 100%。虽然每次被试只需报告某个声音信号所匹配的那一行字母，但由于这个声音信号是在字母卡片呈现后随机出现的，被试事先并不知道要出现哪一种声音，因此可以根据对一行字母的回忆成绩来判断对整个卡片上的字母的记忆情况。因为既然任何一行的字母差不多都能报告出其中的任意 3 个，那么他们一定是在记忆中保持了全部三行字母。由此可以推断，被试在看过 12 个字母的卡片后，约能记住 9 个以上的字母。这一回忆成绩明显高于全部报告法所得结果的 1 倍。

[①] 杨治良等：《记忆心理学》，华东师范大学出版社 1999 年版。

[②] Sternberg, R., *Cognitive Psychology*, Fort Worth: Harcout Brace College Publishers, 1996, p. 230.

Sperling 根据实验结果提出，感觉记忆有相当大的容量，但信息保持的时间非常短，很快就会消失。

二　短时记忆发展的实验方法

（一）短时记忆广度法

这种方法最早是由 Jacobs 所使用的。[1] 它是研究记忆材料呈现一次后所能记住最大量的方法。

这种方法的基本过程是：主试事先编制好一套长短不同的刺激项目，各项目分别由 3—12 个数字或字母组成。在实验的过程中，主试以口头方式或利用速示器向被试呈现其中的某一刺激项目。刺激消失后，要求被试立即按照同样的次序说出刺激内容。实验研究的目的是根据被试的反应，测定他们能正确记住多少项目。表 8—1 就是两套实验材料。[2]

表 8—1　　　　　　　　　　记忆广度实验材料

9	2	5							
8	6	4	2						
3	7	6	5	4					
6	2	7	4	1	8				
0	4	0	1	4	7	3			
1	9	2	2	3	5	3	0		
4	8	6	8	5	4	3	3	2	
2	5	3	1	9	7	1	7	6	8
8	5	1	2	9	6	1	9	4	5	0
9	1	8	5	4	6	9	4	2	9	3	7
G	M	N							
S	L	R	R						
V	O	P	G						

---

[1] 杨治良：《实验心理学》，浙江教育出版社 1998 年版。
[2] Howard. D. V., *Cognitive Psychology*, New York：Wiley，1983.

续表

X	W	D	X	O					
E	P	H	H	J	A	E			
Z	D	O	F	W	D	S	V		
D	T	Y	N	R	H	E	H	Q	
K	H	W	D	A	G	R	O	F	Z
U	D	F	F	W	H	D	Q	D	G	E
Q	M	R	H	X	Z	D	P	R	R	E	H

每呈现一个刺激项目之后，要求被试按刺激项目呈现的顺序，以口头或书面方式报告出来。其中被试所能正确再现的那个最长的刺激项目的长度，就是短时记忆广度。由于使用的材料不同，每个被试的短时记忆广度也会不一样。因此，短时记忆广度可分为"数字记忆广度""字母记忆广度"和"字词记忆广度"等。

在具体的实施过程中，有两种短时记忆广度的研究方法。一种为顺背广度，另一种是倒背广度。

顺背短时记忆广度的研究方法是：主试呈现完刺激材料后，要求被试按主试呈现的顺序再现出来。例如：主试用口头方式呈现 FOMSI 5 个字母，被试听完后，如果能按顺序再现出 FOMSI，即为正确。表示被试的顺背短时记忆广度达到了 5。

倒背短时记忆广度的研究方法是：主试呈现完刺激材料后，要求被试按主试呈现的顺序倒着呈现出来。例如：主试用口头方式呈现 FOMSI 5 个字母，被试听完后，如果能按倒序再现出 ISMOF，即为正确。表示被试的倒背短时记忆广度也达到了 5。

Miller 提出短时记忆广度的单位是组块（chunk），它不是指具体的元素，而是一个有意义的信息单元。[1]

（二）短时记忆信息提取的实验方法

短时记忆信息提取问题的最早研究者是斯腾伯格（Sternberg）。[2] 他

---

[1] Peter G., *Psychology*, New York: Worth Publishers. Inc, 1991, pp. 337 – 338.

[2] Bernstein, D. A., Roy, E. J., Thomas, K. S., Christopher, K. D., *Psychology* (Second Edition), Dallas: Houghton Mifflin Company, 1991, pp. 311 – 312.

的实验方法被认为是经典性的。斯腾伯格的实验是这样进行的。给被试视觉呈现1个数单（即识记项目），如5、7、3、9。这些数字一个一个地相继呈现，每个数字呈现的时间为1.2秒。要求被试进行识记。全部数字呈现完毕后，过2秒钟，再呈现1个数字（即测试项目）并同时开始计时，要求被试判断后呈现的测试项目数字是否为前面识记项目数单中出现过的，即测试项目是否包含在识记项目之内，判断完毕后计时也随之终止。如果测试项目数字是3，则被试应做出"是"的反应；如果测试项目数字是2，则被试应做出"否"的反应。

在做实验之前，告诉被试要尽可能快速地做出正确反应，避免出错。因此，从测试项目呈现到被试反应之间的时间即为被试的反应时。因要识记的项目数量是在短时记忆容量（7±2）范围以内，所以被试的错误反应很少，一般低于5%，实验以反应时为指标。在全部实验中，要进行多次试验，每次试验中识记项目和测试项目都是不同的，并且一半的测试项目数字是识记项目中的，因而一半数量的试验要求被试做出"是"的反应；另一半测试项目数字则不是识记项目中的，因而要求被试做出"否"的反应。在要求做出"是"的反应的试验中，测试项目数字也是均匀分布在识记项目系列的不同位置上的。

为了研究信息是如何从短时记忆中提取的，斯腾伯格在这个实验中，将识记项目的数量作为唯一的实验变量。他应用1—6个数字，将识记项目的数量分为相应的6种。识记项目得到储存即成为记忆集。因此，每次试验中的记忆集的大小可以不同。通过系统地改变识记项目的数量或记忆集的大小，就可掌握被试的反应时随之发生变化的情况，从而了解短时记忆信息提取的内部情况。

斯腾伯格认为，从短时记忆中提取信息来实现再认，需要将测试项目与记忆集中的项目（即已被储存的识记项目）进行比较，并且判定测试项目是否与记忆集中的项目相匹配。他就此提出两个假设：（1）如果测试项目与记忆集中的全部项目同时进行比较，那么被试的反应时将不会随着识记项目的数量或记忆集的大小而发生变化。这种同时比较称为平行加工。（2）如果测试项目与记忆集中的各个项目一一进行比较，那么被试的反应时将会随着识记项目的数量或记忆集的增大而增长。这种相继比较称为系列加工。

（三）短时记忆遗忘过程的实验方法

Brown 和 Peterson 等人研究短时记忆遗忘过程的实验方法也是被心理学界公认为经典性的实验方法，被称为 Brown 和 Peterson 实验范式（Brown-Peterson procedure）。其具体实验过程是：给被试以听觉方式呈现 3 个辅音字母，如 KBF；为了阻止复述，在这 3 个字母呈现之后，立即又以听觉呈现一个 3 位数字，如 876，要求被试用这个数字迅速地做连续减 3 的运算，并说出每次运算的结果（此为干扰作业），即要报告 873、870、867 等，什么时候停止运算，由主试控制。当主试说停止运算时，被试要回忆出原先听过的 3 个辅音字母。辅音字母呈现与回忆的时间间隔，也就是被试进行连续减 3 的作业时间，它分为 6 种：3 秒、6 秒、9 秒、12 秒、15 秒和 18 秒。但每次被试事先不知道要进行多长时间的运算。这是一个不同时距的延缓回忆测验，在延缓期间进行额外的干扰作业。试验进行多次，每次应用的辅音字母和进行连续减法运算的数字都是不同的。结果发现间隔时间不同，被试回忆的正确率不同，间隔时间越长，正确回忆率越低。

（四）短时记忆遗忘机制的实验方法

Wangh 和 Norman 在研究短时记忆遗忘机制时所使用的实验方法非常巧妙，使人们对短时记忆遗忘机制的认识有了更深入的了解。[①] 具体实验过程是：给被试呈现一系列数字，如 16 个数字，最后一个数字呈现时伴随一个乐音，这最后一个数字称为探测数字。它在前面数字系列中还出现一次。被试一旦听到乐音，就要把这个探测数字在前面数字系列中出现位置的后边一个数字回忆出来。例如，呈现的数字系列为 3917465218736528∗（∗表示乐音），则探测数字为 8，它在前面的数字系列中出现在第 10 个位置上，被试应当将这个位置后面的一个数字 7 报告出来。从应被报告的数字的后面一个数字起，到最后一个数字，称为间隔数字，也就是起干扰作业的数字。如在 3917465218736528 系列中，间隔的数字为 36528 共 5 个，而呈现这些间隔数字所用的时间称为间隔时间。Waugh 等人在实验中，利用了不同数量的间隔数字和间隔时间。这

[①] Bernstein, D. A., Roy, E. J., Thomas, K. S., Christopher, K. D., *Psychology*（Second Edition），Dallas：Houghton Mifflin Company，1991，p. 310；张述祖、沈德立：《基础心理学》，教育科学出版社 1995 年版。

是因为，根据记忆痕迹消退说，保持的信息将随着间隔时间的延长而减少；而根据记忆痕迹相互干扰说，保持的信息将随间隔数字的增加而减少。其关键就是应将间隔数字和间隔时间这两个因素分开。为此，他们应用了两种呈现速度：快速呈现为每秒 4 个数字，慢速呈现为每秒 1 个数字。这样就可以在间隔数字不变的条件下，来改变间隔时间。例如，间隔数字都是 4 个，快速呈现每秒 4 个，慢速呈现每秒 1 个。同样，也可以在间隔时间不变的条件下，来改变间隔数字，例如，间隔时间都是 1 秒，快速呈现间隔的数字为 4 个，慢速呈现间隔的数字为 1 个。通过这样安排，就可以分别考察间隔时间和间隔数字对遗忘的作用。

实验结果发现，无论是快速呈现还是慢速呈现，正确回忆率都是随着间隔数字的增加而减少，但两种速度的实验结果非常接近，即两条保持曲线没有多大差别。从而表明短时记忆遗忘机制并非由于记忆痕迹消痕，而是由于记忆项目相互干扰（即相互抑制）。

三　工作记忆的实验方法

（一）用语言材料研究工作记忆的方法

在研究工作记忆能力的实验方法中，用语言材料的以 Daneman 和 Carpenter 的方法最为有名。该方法的过程是：实验者先给被试呈现一句话的问题，要求被试作答。问题的答案一般只要两个字。被试回答之后，再继续呈现第二个一句话的问题，要求被试作答。被试回答完后，实验者要求被试按顺序说出回答问题的答案。如果被试能够按顺序正确说出前两个问题的答案，则实验者就再连续给被试呈现第三个一句话的问题，被试回答后，要求他们按顺序说出这三个问题的答案。依次类推，直到被试不能正确按顺序说出答案为止。最后以被试正确回答问题的最多题数作为被试的工作记忆能力。

例如，给被试呈现下面问题：

（1）早晨起来刷牙要用什么？　　　　　　　　　　　　　　牙膏
（2）学生上学到什么地方？　　　　　　　　　　　　　　　学校
（3）绘画要用什么笔？　　　　　　　　　　　　　　　　　画笔

在被试回答完实验者提出的上述三个问题后，被试按顺序说出：牙膏、学校、画笔。如果一位 5 岁儿童能够正确说出：牙膏、学校、画笔这三个词，则继续提问并要求被试回答下面的问题：

(1) 在黑板上写字用什么？　　　　　　　　　　粉笔
(2) 下雨了要穿什么衣服？　　　　　　　　　　雨衣
(3) 白天天空中有什么？　　　　　　　　　　　太阳
(4) 要到一个很远的地方乘什么交通工作最快？　飞机

如果被试能够正确地按顺序说出粉笔、雨衣、太阳、飞机，实验者可以继续提问。如果被试不能按顺序正确说出上述四个词，则表明他的工作记忆能力为3。

(二) 用数字材料研究工作记忆的方法

该方法采用简单的数学运算题，让被试一边计算一边记住自己所得出的答案。其形式类似于语言材料工作记忆方法。[①] 具体来说，主试事先编制一些加法或减法题。例如：

(1) 9 + ( ) = 15　　　6
(2) 15 − ( ) = 6　　　9
(3) 16 + ( ) = 19　　　3
(4) 6 + ( ) = 14　　　8

每一道题目可以写在卡片上，给被试看一道题，让他们计算。得出答案后，再计算下一道题。如上面的第一道题，被试计算出是6后，接着进行下一道题。计算出9后，再接着计算下一道题。计算出3后，又进行下一道题。计算出8后，被试如果能按顺序回答出6、9、3、8，就可以接下去再进行其他算术题的计算。以此类推，直到被试不能正确按顺序回答所有计算的算术题答案时，实验停止。以被试通过的最多算术题数作为他们工作记忆的成绩。

四　长时记忆发展的实验方法

(一) 衡量长时记忆效果的反应时法

1. 句子意义正误判断法

给被试呈现一些句子，要求他们根据自己的知识经验做出判断。记

---

① Towse J. N., Hitch G. J., "Is There a Relationship between Task Demand and Storage Space in Tests of Working Memory Capacity?", *Quarterly Journal of Experimental Psychology*, Vol. 48, No. 1, 1995, pp. 108 − 124.

录被试从句子呈现到做出判断所需要的时间。

例如：麻雀是一种鸟。（正确）

鲤鱼是一种鸟。（错误）

被试根据自己长时记忆中的信息对上述句子做出判断。判断速度越快，表明其长时记忆效果越好；判断速度越慢，则表明他们长时记忆效果越差。

2. 连续朗读法

这是根据 Baddeley 等人提出的工作记忆的理论模型设计的一种方法，主要用于研究被试从长时记忆中提取信息的速度。

具体做法是：以字母或单词为材料，一般为 5—6 个。要求被试大声连续朗读 5—10 遍。例如：给被试呈现 K、U、P、F、J、C 字母，要求他们大声朗读。记录他们从第一个字母开始到最后一个字母结束所用的时间。

所用时间越少，表明被试从长时记忆中提取信息的速度越快；所用的时间越多，则表明被试从长时记忆中提取信息的速度越慢。

（二）衡量长时记忆效果的反应概率法

主要有：回忆法、节省法、重建法和再认法。

1. 回忆法

回忆法的实验程序是，先要求被试识记材料，经过一段时间后，让他们把所识记的材料，以口头或书面的形式再现出来，然后把被试回忆的结果与原材料加以对照比较，就可知道被试保持量的大小。回忆法是测量长时记忆最常用的方法。

回忆法在具体的运用过程中，可分为两种：无凭借回忆和有凭借回忆。

无凭借回忆是对被试所要回忆的材料不加任何提示，只是要求被试把所识记的材料写出来或说出来。无凭借的回忆还可以分为自由回忆法和顺序回忆法。自由回忆法指对所回忆的材料，在先后次序上不加限制；顺序回忆法指按规定的顺序回忆所学的材料。

有凭借回忆是向被试提示一部分识记过的材料，要求被试以此为凭借，把其余的材料全部回忆出来。

回忆法计算成绩，以正确回忆的项目的百分数为指标，其公式是：

$$保持量 = \frac{正确回忆的项目}{原来识记的项目} \times 100\%$$

2. 节省法

节省法是要求被试在识记某一种材料之后，经过一段时间间隔，再以同样的程序重新识记这一材料，以达到原先识记的程度为准。用原先识记所需要的时间（或次数），减去重新识记所需要的时间（或次数），两者的差数就是重新识记时节省的时间（或次数），以此为指标即可测量出记忆的保存量。计算公式为：

$$保持量 = \frac{初学用的时间或次数 - 重学用的时间或次数}{初学用的时间或次数} \times 100\%$$

3. 重建法

重建法的具体操作方式是：把实验材料按一定排列顺序或形式向被试呈现后，随即打乱材料的排列顺序或形式，然后把材料交给被试，让其按原来呈现的模式重新建造出来。

重建法计分以被试重建的模式同原来的模式之间相符合的程度为依据。材料的重建，如果只是先后顺序上的差别，其保持量可以用等级相关系数公式来计算，即原顺序和重建顺序的相关，完全正确为1，完全错误为-1。如果是比较复杂的重建，测验效果可用被试达到成功的标准所需要的时间或尝试的次数来衡量。

五 有意遗忘的研究方法

（一）有意遗忘的研究范式

有意遗忘的研究范式主要有两种：一种是单字方式；还有一种是字表方式。[①]

1. 单字方式

给出一组学习材料，要求被试进行记忆。但对材料的每个项目都有对该项目的指示说明，即指示该项目是被要求记忆的，还是被要求遗忘的，这可以通过不同指示符予以说明。指示符在每个项目之后呈现，以

[①] 白学军、杨海波、沈德立：《材料性质对有意遗忘影响的实验研究》，《应用心理学》2004年第4期。

保证对该项目进行记忆储存。记忆和遗忘的指示符随机安排呈现,记忆和遗忘的比例一般各为 50%。指示语要求被试按指示符的指示对项目进行加工。所有项目呈现完毕后,进行 30 秒的分心作业,最后让被试对全部项目进行回忆。

2. 字表方式

给被试一组学习材料,在学习材料的中间(即 1/2 处)呈现指示语,指示语将材料分为前后两部分,即前字表和后字表。指示语是要求被试对材料的前后字表进行记忆或遗忘。该组材料的所有项目全部呈现完后,再指示被试对材料进行回忆。

基本程序如图 8—7 所示。

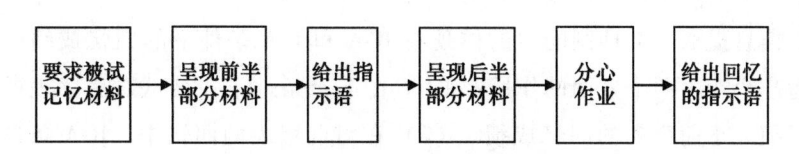

| 要求被试记忆材料 | 呈现前半部分材料 | 给出指示语 | 呈现后半部分材料 | 分心作业 | 给出回忆的指示语 |

图 8—7 字表方式的实验范式

根据指示语的要求不同,实验条件被分为三种:第一种:指示语要求被试记忆前字表并继续记忆后字表,回忆时要求回忆学习过的全部字表,用 R-A 表示(为了便于理解,可简化为以下模式:前记,后记;前回,后回)。

第二种:指示语说明已经记忆的前字表的材料仅仅是练习,要求被试进行有意遗忘,并对后字表的材料进行记忆,在回忆时,特别要求回忆全部的材料,即强调对前字表的回忆。用 F-A 表示(为了便于理解,可简化为以下模式:前忘,后记;前回,后回)。

第三种:指示语同第二种一样,在回忆时,只要求回忆后半部分要求记忆的材料,强调不回忆前字表的材料。用 F-O 表示(为了便于理解,简化为以下模式:前忘,后记;前忘,后回)。

字表方式,就是为了使要求遗忘的项目能达到精心的编码并在记忆中贮存。有效的遗忘是通过认知抑制的心理活动机制实现的,有意遗忘反映认知抑制的能力。

（二）有意遗忘的测量方法

1. 外显记忆的方法

在实验材料呈现以后，要求被试对实验材料进行自由回忆或再认，分别计算记忆项和遗忘项正确回忆成绩或再认成绩，通过比较记忆项和遗忘项在自由回忆、再认等任务上的正确成绩，来分析有意遗忘过程中认知抑制的原因。本实验采用自由回忆和再认的方式检验被试的外显记忆。具体方法如下。

对回忆成绩的比较：

抑制作用的体现，通过 F-A 和 F-O 两种条件的比较，抑制反应的有效性表现在两个方面：（1）在 F-O 条件下，对后字表的回忆成绩大于前字表的回忆成绩。（2）对前字表的回忆成绩，F-A 条件大于 F-O 条件。这两方面的效果反映出被试对遗忘项的抑制能力。

信息提取时，抑制能力的体现在 R-A 和 F-A 条件下的回忆成绩因有意遗忘会产生两个方面的作用：（1）在 F-A 条件下，被试对后字表的回忆成绩大于前字表的回忆成绩。（2）在对前字表的回忆中，R-A 条件的回忆成绩要大于 F-A 条件回忆成绩。这两方面的效果反映出被试对遗忘项的抑制能力。

对再认成绩的比较：

通过比较记忆项和遗忘项的再认成绩，可以判断被试是否对实验材料进行了精心的加工。实验材料包括记忆项的材料和遗忘项的材料。如果对记忆项和遗忘项材料都进行了精心的加工（即被试对记忆项和遗忘项材料进行了相同的编码），那么被试对记忆项和遗忘项的再认成绩都高。但是，如果实际的结果是被试对记忆项再认成绩高，对遗忘项的再认成绩低，那么则可以认为有意遗忘产生的原因是由被试对材料编码不同引起的，不是由提取抑制造成的。

2. 内隐记忆的方法

自内隐记忆的概念提出以来，研究人员就内隐记忆的遗忘特点开展了一些研究，最早以正常人为被试的内隐记忆遗忘实验是 Jacoby 和 Dallas 进行的。[①] 在关于内隐记忆遗忘特征的实验中，通常采用间接测量的方

[①] Jacoby L. L., Dallas M., "On the Relationship between Autobiographical Memory and Perceptual Learning", *Journal of Experimental Psychology: General*, Vol. 110, No. 3, 1981, pp. 306–340.

法，如词干补笔、残词补全以及知觉辨认等。

在研究中，首先对实验材料进行回忆测验，然后对被试进行内隐记忆的测量，比较记忆项和遗忘项在词干补笔、词汇联想等任务上的成绩，来分析有意遗忘过程中认知抑制的原因。具体来说，就是通过比较被试对记忆项和遗忘项词干补笔或词汇联想任务的成绩，来分析被试是否有对遗忘项的提取抑制存在。如果被试对遗忘项有提取抑制能力，那么他们的遗忘项回忆成绩就会受到影响。被试在记忆项和遗忘项上的内隐记忆成绩就会产生差异。如果被试对遗忘项没有提取抑制能力，那么他们的遗忘项回忆成绩就不受影响。被试在记忆项和遗忘项上的内隐记忆成绩将不会产生差异。

3. 外显记忆与内隐记忆相结合的方法

通过对外显记忆和内隐记忆遗忘特征的不同表现形式，分析有意遗忘的内部机制。通过对自变量的操作，观察内隐记忆与外显记忆的分离现象是认知心理学研究内隐记忆的一个重要方向。通过内隐记忆与外显记忆在自变量上的不同表现，可以判断有意遗忘过程中认知抑制的原因。关于加工水平这一自变量，如果认为记忆项和遗忘项有不同的加工水平，即有不同的编码，那么记忆项和遗忘项在外显记忆上就会出现差异，而在内隐记忆上就没有差异；如果认为是提取抑制的原因造成遗忘项回忆成绩的降低，那么记忆项和遗忘项在外显记忆上会出现差异，而在内隐记忆上也会出现差异。以此判断有意遗忘过程中认知抑制的原因。

六　内隐记忆发展的实验方法

（一）实验性分离范式

实验分离范式（experimental dissociation），又称为任务分离范式，是由 Tulving 在 1983 年首先提出的。[①] 在心理学研究范畴，实验性分离范式最早为神经心理学家采用，是用以研究脑损伤患者心理功能的重要方法论工具。实验性分离方式有多种：有些实验采用同一被试群体，比较一个独立变量在两种不同测验中的效果，这种观察到的实验性分离被称为

---

① Tulving E., *Elements of Episodic Memory*, New York: Oxford University, 1983, p.146.

功能性分离;在另一类实验中,主要比较两个或更多的被试群体,如遗忘症患者和正常人,或者不同的年龄组被试,如果他们在同一个测验上的成绩表现出差异,则这种观察到的实验性分离可以称为神经心理分离或发展分离。还有一类实验,单一被试群体对同一测验进行相继两次测验,如果两次测验的结果间没有相关,就可以认为它们之间出现了实验性分离,这种分离可称为或有性分离,或者说它们之间存在随机独立性。采用实验性分离的记忆研究往往包含以上提到的一种或多种形式,许多研究将多种控制变量综合在一起进行实验,结果通过统计处理加以分析,这样可以获得更细致更妥当的结论。

就实验性分离在记忆研究中的具体形式而言,最早采用且用得最为广泛的是任务分离(task dissociation)。Tulving(1983)指出:通过控制自变量而比较其在两种不同的测验任务中的效应……如果自变量影响被试在一种测验中的成绩,但并不影响另一测验的成绩,或者自变量对测验成绩的影响方向不同,我们就说出现了分离。[1] 在内隐记忆研究中,任务分离法一般是通过改变测验指导语,造成两种记忆任务即间接测验与直接测验,通过考察两种记忆测验成绩间的关系来确定是否出现分离。直接测验的指导语要求被试有意识地或主动地提取先前经验来完成当前任务,如自由回忆、线索回忆、再认等都是任务分离法中用得比较多的直接测验;间接测验不需要对先前经验的直接记忆,其结果表现为被试者并未意识到的某些经验对当前任务的自动影响,如启动效应。

(二)加工分离程序

加工分离程序(process dissociation procedure,PDP)又称为过程分离程序,是Jacoby等人对任务分离中所测得的内隐记忆与外显记忆数据不纯净的问题于20世纪90年代初提出的,它成功地使得意识和无意识加工成分得以在一个简单的记忆任务中分离。[2] PDP认为,无论是内隐测验还

---

[1] Tulving E., *Elements of Episodic Memory*, New York: Oxford University, 1983, p.146.

[2] Jacoby L. L., et al., "The Relationship between Conscious and Unconscious Influences: Independence or Redundancy?", *Journal of Experimental Psychology: General*, Vol.123, No.2, 1994, pp.216-219.

是外显测验都可能同时存在意识和无意识的影响。为此 PDP 给出了意识和无意识的度量标准。加工分离程序的思想最初是从再认的双加工模型建构框架中发展起来的。

Mandler 等人认为，再认可分为基于熟悉性的和基于意识提取的两种内部心理加工机制。[①] 前者以刺激表征的感觉和知觉整合为基础，这种整合能提高个体对客体的熟悉度进而导致把刺激知觉为"旧"，后者以精细加工为基础。Jacoby 结合 Mandler 的观点，认为基于熟悉性的加工依赖于刺激的知觉特征，反映了自动地和无意识地利用记忆，它基本不需要注意，称为自动提取（automaticity）成分；而意识性提取（recollection）则是一种有意识的回忆，需要分配注意资源的控制加工，一般认为该加工过程对于概念加工的编码操纵较敏感，概念加工的深度越深，意识性提取效果越好。

为了获得更多的已知条件求解未知数，PDP 开发了两类新测验：包含测验和排除测验。包含测验中，内隐记忆和外显记忆共同促进作业成绩；排除测验中，内隐记忆和外显记忆对作业成绩的影响正好相反。以词干补笔为例，包含测验要求被试者用回忆到的先前学过的词将词干补全，如果回忆失败，就用头脑中最先出现的单词填空。排除测验则要求被试想一个先前没有学过的单词填空，包含和排除均是针对是否回忆出识记过的单词而言的。

（三）信号检测论

Merikle 和 Reingold 认为，许多涉及内隐记忆的测验都未分离出辨别力（sensitivity）和反应偏向（response bias）的影响。[②] 他们认为如果某种间接测量显示了较高的辨别力（与相应的直接测量相比），那就证明内隐记忆存在于这种测验中。

[①] Mandler G., Nakamura Y., Van Zandt., "Nonspecific Effects of Exposure on Stimuli that cannot be Recognized", *Journal of Experimental Psychology: Learning, Memory and Cognition*, Vol. 13, No. 4, 1987, pp. 646 – 648.

[②] Merikle P. M., Reingold E. M., "Comparing Direct (Explicit) and Indirect (Implicit) Measures to Study Unconscious Memory", *Journal of Experimental Psychology: Learning, Memory and Cognition*, Vol. 17, No. 2, 1991, pp. 224 – 233.

杨治良等人成功地运用信号检测论揭示了内隐学习的规律。[①] 信号刺激是含"SCT"的无意义字符串,"SCT"含量又与 A 系列和 B 系列有直接关系。测验任务是要求被试判断字符串是 A 系列的还是 B 系列的,表面上看是一个再认任务,实际上实验者感兴趣的是再认能力指标 d' 是否与"SCT"含量有关。若无关系,表明"SCT"含量对 d' 没有影响;若有关系,则表明对"SCT"信号标志的内隐(无意识)学习确实对学习成绩有影响。这个实验的结果证实了后者的存在。从整体上看,该实验使用信号检测论的分辨力指标 d' 进行学习测量,似乎只是反映了被试对 A 或 B 系列字母串的再认能力,但是 A 系列和 B 系列字符串本身的特征却对 d' 有显著的影响。设计时考虑变化两种学习系列中"SCT"的含量达到证实内隐学习的实在性效果。在此实验中,信号检测论间接地被使用的,d' 反映的仍然是外显的再认能力,但间接推证了内隐学习过程的存在。

七 前瞻记忆的研究方法

(一) 自然实验法

前瞻记忆的自然实验法是在向被试布置前瞻记忆任务后,要求他们在日常生活的情境中完成,对影响任务完成的各种环境因素下不加控制或很少控制。如让被试在规定的时间内打电话给主试,以及被试是否记得并完成这一任务作为前瞻记忆成绩的指标。[②]

在这种研究方法中常用的变量是延时和年龄。前者指从前瞻记忆任务布置到执行这段时间的长短。短的延时一般为 1—4 天;长的延时一般为 5—8 天。年龄指年轻人和老年人。

(二) 实验法

1990 年 Einstein 和 McDaniel 发展了一种前瞻记忆实验室研究的方法。[③] 具体操作如下:实验开始时告诉被试短时记忆(回溯记忆)任务;接着告诉前瞻记忆任务,即在完成一系列短时记忆任务时若碰到某个特定的单词(靶事件)就按下反应键;短时记忆任务开始

[①] 杨治良:《内隐记忆的初步实验研究》,《心理学报》1991 年第 2 期。
[②] 刘伟、王丽娟:《前瞻记忆的实验研究方法述评》,《心理科学》2008 年第 4 期。
[③] 赵晋全、郭力平:《前瞻记忆研究评述》,《心理科学》2000 年第 4 期。

执行前要求被试先完成一些干扰任务，以避免前瞻记忆任务保存在工作记忆中，并产生一定程度的遗忘；然后才执行嵌有规定靶词的短时记忆任务；最后根据按下反应键的正确率评估前瞻记忆任务的执行情况。

其后的实验研究大都采用这种范式，不同的只是前瞻记忆任务、干扰任务、靶事件及所嵌入的回溯记忆任务的形式与内容根据不同的实验目的做了相应的变化。

该实验法有两个特点：第一，安排前瞻记忆任务与当前活动任务的"双任务"让被试完成，而不像自然实验法那样单纯布置前瞻记忆任务；第二，在实验室条件下使用个体电脑或其他仪器展示并完成活动任务，记录被试的成绩。这种方法一方面能使研究者方便有效地引入前瞻记忆的各种变量，特别是做到了对当前活动任务性质与难度的操控；另一方面与前瞻记忆有关的成绩，如正确与错误反应、反应时等指标能用以电脑为主的仪器精确记录，大大提高了研究结果的信度。

（三）情境模拟法

情境模拟法是创设一个由主试安排的、模拟日常生活活动的情境，将前瞻记忆任务植入这一模拟的情境中，从而对被试的前瞻记忆成绩进行考察的方法。[①]

实际上，Loftus 进行的被公认为前瞻记忆的第一个实验研究就使用了这一方法。在实验中，被试在完成一个问卷后，需要在问卷纸上写下自己的出生地。Loftus 把问卷的长度作为操纵的变量，发现如果问卷的项目是 15 个，那么被试前瞻记忆任务（写下出生地）的成绩显著低于完成 5 个项目问卷的被试。由此，她认为前瞻记忆的遗忘也遵循着保持量随时间减少的规律。

有研究者设计了一种新的情境模拟法：在实验中让被试大声读一篇故事，前瞻任务为朗读中遇到某个单词（如，detective）时，将其换成另一个单词（如，prefect）。实验表明，这种研究方法能避免困扰实验室实验的天花板效应，还能识别不同前瞻记忆反应的类别，即除了正确反应外，还有"严重错误"（漏过目标词）、中等错误（读错后立即纠正）和

[①] 刘伟、王丽娟：《前瞻记忆的实验研究方法述评》，《心理科学》2008 年第 4 期。

轻微错误（没有完全出错前纠正），保持了研究结果的精确性。

八 元记忆发展的实验方法

（一）元记忆监测的研究方法

元记忆监测能力的主要研究方法是一致性测量，也就是分析元记忆监测的等级是否与实际记忆水平一致。具体来说，监测与记忆的一致性就是指监测到的学习水平和实际学习水平是否一致，认为记得好的项目是否在回忆时确实就回忆得好。对于不同类型的监测，具体的研究范式和指标是不同的。[①]

1. 任务难易度判断的研究范式

任务难易度（ease of learning，EOL）的研究范式主要有两种。第一种研究范式，给被试按顺序呈现一些词对，词对随机排列，要求被试将最容易的一对挑出来。之后，在剩下的词对中，再要求被试将最容易的词对挑出来，以此类推。被试将 20 个词对的难易进行了逐一评定，再按照由难到易的顺序评定一次，以消除评定顺序对材料学习的影响。然后要求被试学习这些词对，学习相同的时间，考察每个词对的学习成绩，与当初的评定进行对照，就可以知道被试的任务难度预见的准确性。第二种研究范式，给被试呈现需要学习的项目，请被试对每个项目或整个材料做出难易度的等级评定，然后让被试在相同的时间内学习这些项目，比较难易度的等级评定与实际的记忆成绩的相关来计算准确性。

2. 学习判断的研究范式

学习判断（judgment of learning，JOL）主要有三种研究范式，分别是传统范式、修正范式和二级判断范式。

（1）传统范式

传统范式分为以下四个阶段，如表 8—2 所示：第一阶段是学习阶段。呈现词对（线索词—目标词）让被试学习。第二阶段是 JOL 阶段。在词对消失后，屏幕上只呈现线索词，让被试对自己的回忆情况

[①] 贾宁、白学军、沈德立：《学习判断准确性的研究方法》，《心理发展与教育》2006 年第 3 期。

做预测（有两种操作：一种叫作即时 JOL 判断——词对消失后立刻进行 JOL 判断；另一种叫作延迟 JOL 判断——词对消失间隔一段时间后进行 JOL 判断），然后呈现下一个词对。第三阶段是干扰阶段。当所有词对学完后，呈现干扰任务（对一个三位数连续减 3），以防止被试复述最后呈现的项目。第四阶段是标准测验阶段。标准测验有多种形式，最常见的是线索回忆任务。线索回忆任务的具体步骤是：屏幕上逐个呈现线索词，请被试逐个回忆出目标词。其他测验任务还有再认任务和运动任务等。

表 8—2　　　　　　　　　资料收集过程

	学习	JOL	干扰	标准测验
例子	鲸鱼—手套 树木—书籍 ……	鲸鱼—? (0, 20%, 40%…100%)	三位数连续减 3	鲸鱼—? 树木—? ……
活动	学习词对	预测 10 分钟后进行回忆测验时，回忆出靶词的可能性	分心测验，防止复述	回忆靶词

（2）修正范式

Nelson 于 2004 年提出的研究元记忆判断的修正方法——判断前回忆与监测（pre-judgment recall and monitoring，PRAM），这种方法在国外已有研究采用，但是国内还没有发现应用此方法的研究。[①] PRAM 法在收集资料时，在 JOL 判断之前插入一个新的阶段，称为"判断前回忆"（pre-judgment recall），如表 8—3 所示。这种"判断前回忆"可以评估在 JOL 时这个条目是否被回忆。尽管这只是一个微小的变化，但是却为进一步的数据分析提供了基础，使 JOL 的准确性更具有可分析性，而这是传统

[①] Nelson T. O., Narens L., "A Revised Methodology for Research on Metamemory: Pre-judgment Recall and Monitoring (PRAM)", *Psychological Methods*, Vol. 9, No. 1, 2004, pp. 53-69.

方法不能实现的。

表 8—3　　　　　　　　　PRAM 法的资料收集过程

	学习	判断前回忆	JOL	干扰	标准测验
例子	鲸鱼—手套 树木—书籍 ……	鲸鱼—？ 树木—？ ……	鲸鱼—？ （0，20%，40% …100%）	三位数连续减3	鲸鱼—？ 树木—？ ……
活动	学习词对	尝试回忆并回答是否能回忆出靶词	预测10分钟后进行回忆测验时，回忆出靶词的可能性	分心测验，防止复述	回忆靶词

（3）二级判断范式

二级判断范式在传统范式的基础上有一些变化，即在 JOL 判断之后对 JOL 等级进行信心判断，这种信心判断称为二级判断（second-order judgment），如表 8—4 所示。这种范式可以用来考察 JOL 过程以及 JOL 准确性问题，如延迟 JOL 效应等。Dunlosky 等人用二级判断范式验证了 JOL 判断的两过程假设，并进一步分析了 JOL 的绝对准确性和相对准确性，而且他们还通过对二级判断的分析为延迟 JOL 效应提出了新的解释。[①]

表 8—4　　　　　　　　　二级判断范式的资料收集过程

	学习	JOL	二级 JOL	干扰	标准测验
例子	鲸鱼—手套 树木—书籍 ……	鲸鱼—？ （0，20%，40% …100%）	鲸鱼—？ JOL=20% （0，20%，40% 100%）	三位数连续减3	鲸鱼—？ 树木—？ ……

---

① Dunlosky J., et al., "Second-order Judgments about Judgments of Learning", *The Journal of General Psychology*, Vol. 132, No. 4, 2005, pp. 335–346.

续表

学习	JOL	二级 JOL	干扰	标准测验
活动 学习词对	预测 10 分钟后进行回忆测验时，回忆出靶词的可能性	请对预测等级进行信心判断，认为预测的准确性是多少？	分心测验，防止复述	回忆靶词

3. 知晓感的研究范式

知晓感（feeling of knowing，FOK）的经典研究范式是 RJR（recall-judgment-recognition）范式，具体分为四个阶段：

第一阶段是学习阶段，被试需要记忆一些项目或者材料；

第二阶段是线索回忆阶段，被试需要根据线索回忆出记忆项目；

第三阶段是 FOK 判断阶段，被试需要对没有回忆出的或者回忆错的项目进行 FOK 判断，即预测一下该项目能够再认的可能性；

第四阶段是再认阶段，被试需要根据线索再认出项目。

另一种范式是 Game-show 范式，主要包括两步：第一步是选择策略；第二步是执行策略。

Reder 和 Ritter 的实验中采用了这种范式。[①] 在他们的实验中，以数学算式作为实验材料，逐个给被试呈现两位数的加法或乘法，（如 17×23＝，19＋25＝）。当屏幕上出现算式后，被试需要迅速地说出他们会使用哪种策略来解决该问题。有两种策略可供选择：一是直接提取，即直接说出结果；二是需要计算后说出结果。Game-show 范式中的选择策略是被试对自己将来能直接提取答案还是需要计算的一种主观的预测性判断，相当于 RJR 范式中的 FOK 判断，是元水平的判断；执行策略相当于 RJR 范式中的再认阶段，是关于客体水平的标准测验。

[①] Reder L. M., Ritter F. E., "What Determines Initial Feeling of Knowing? Familiarity with Question Terms, not with the Answer", *Journal of Experimental Psychology*: *Learning, Memory, and Cogniton*, Vol. 18, No. 3, 1992, pp. 435–451.

4. 信心度判断的研究范式

信心度判断（judgment of confidence，JOC）是在提取之后进行的提取自信度的判断，即对提取内容的正确性进行主观判断。具体的实验过程分为四个阶段：

第一阶段是学习阶段，让被试记忆一些材料；

第二阶段是干扰阶段，进行一些干扰任务，比如倒减 3 的任务；

第三阶段是回忆阶段，一般是线索回忆任务；

第四阶段是 JOC 阶段，即在测试后对回忆的内容进行信心判断。

信心判断可以是对每个项目进行判断，也可以对整个回忆成绩进行判断。如果标准测试是线索回忆测试，还常常同时记录反应时，以此作为判断被试自信度的一种依据。

5. 研究指标与计算方法

元记忆监测的研究指标主要是判断等级和准确性。判断等级是指个体预测某一个项目的学习程度。但是，判断等级的影响因素很多，不仅受到项目性质和任务性质等客观因素的影响，还受到个体因素的影响，比如自我效能感、评价标准等。因此，在对个体间判断等级的比较结果进行解释时需要谨慎。

准确性有两类，一类是绝对准确性（absolute accuracy），另一类是相对准确性（relative accuracy）。绝对准确性是预测某一个项目学习程度有多高的精确性，它反映的是人们对自己能否正确回忆一组项目的预测能力；相对准确性是预测两个项目的学习程度孰高孰低的精确性，它反映的是被试对一个项目相对于另一个项目的回忆成绩的预测能力。以称量重物为例，可以说明二者的区别。要想知道 A 和 B 两个物体的实际重量，需要用天平和砝码分别称出 A 和 B 的重量，如 A 是 5 千克，B 是 3 千克。当绝对准确性出现错误时，就会发生对物体的实际重量的高估或低估，如认为 A 是 4 千克或 6 千克。想要知道 A 和 B 两个物体的相对重量，只要把它们放到天平的两端，就可以做出结论，当相对准确性出现错误时，仅会对两个重物的相对关系判断错误，如判断 B 比 A 重，而实际上是 A 比 B 重。由此可知，出现相对准确性的错误时必然伴随绝对准确性的错误（例如，B 比 A 重的错误，一定是将 B 高估了，或将 A 低估了），但是出现绝对准确性错误时却不一定出现相对准确性错误（例如，将 A 高估了，或将 B 低估了，结论还是 A 比 B 重）。

下面以 JOL 为例分别介绍等级、绝对准确性和相对准确性的计算方法。首先，假设一个被试对 8 个词对的 JOL 判断和回忆成绩如表 8—5 所示。"词对"一列的大写字母是词对项目的代号，每个字母代表一个词对项目。"JOL 判断"一列代表了被试确定在随后的测验中能回忆出该项目的可能性。"标准测验的靶词回忆"一列显示出被试在标准测验（即线索回忆测验）中是否能够回忆出靶词，1 表示正确回忆，0 表示不能正确回忆。

表 8—5　　　　　　　　传统范式收集的资料

词对	JOL（%）	标准测验的靶词回忆
F	100	1
G	80	1
H	60	0
I	40	1
J	20	0
K	20	0
L	0	0
M	0	0

（1）等级的计算方法

等级是由被试评定的等级得来的。例如，被试对 G 词对的 JOL 判断等级是 80%。

（2）绝对准确性的计算方法

考察绝对准确性，即分析学习判断是否出现高估或低估，目前主要有两种方法，一种是绘制校准曲线法（calibration curves），另一种是 PA 法。

① 绘制校准曲线法

绘制校准曲线法的具体做法是，首先把学习判断值（学习判断值是从 0 到 100 的值，表示被试认为在随后的测验中能回忆出该项目的可能性，0 表示确定不能回忆出该项目，100 表示确定能回忆出该项目）分为不同等级，每个等级都有相同数量的单位，一般分为十个等级，每个等级包含10个单位，即1级（0—10），2级（11—20）……10级（91—100），然后计算出所有被试在每一个等级上的回忆成绩的平均数，以十个等级为横坐标，以每一等级上的正确回忆百分数为纵坐标做正方形图，曲线越接近诊断线（对角线）说明被试的预测越准确。若校准曲线在诊断线之上，说明出现了低估；在诊断线之下，说明出现了高估。[1]

② PA法

在PA法中，P是指预测成绩（predicted perfor-mance），A是指实际成绩（actual performance）。PA法计算学习判断绝对准确性时，是以预见值与实际记忆成绩的差别作为指针来反映记忆监测的准确性。PA法的算法很多，例如，有 PA = P − A，PA = (P − A)/A，PA = | P − A |，PA = | P − A |/A，PA = 2| P − A |/(P + A) 和 PA = lgP/A 等。但是难以确定哪种计算方法更为科学，这就给有关研究带来困扰。[2]

（3）相对准确性的计算方法

① 传统范式的资料分析

应用Goodman-Kruskal Gamma相关（简写为G相关），通过计算每一个被试的回忆成绩和学习判断值之间的Gamma相关值，来分析JOL的相对准确性。下面我们结合表8—5的数据演示这种算法。

首先，我们给出Gamma相关分析的公式：

$$G = (C - D)/(C + D) \quad (1)$$

其中C = 一致对的数目，D = 不一致对的数目。所谓"一致对"是指这样的两个项目i和j，其JOL判断值和标准测验成绩都是i>j；"不一致对"是指这样的两个项目i和j，其JOL判断值i>j，但是标准测验成绩i<j。例如，[F, H]为"一致对"，因为在JOL判断时，F>H，在标准测验时，F被回忆出来，而H没有被回忆出来。[H, I]为"不一致对"，因为在JOL判断时，H>I，但是在标准测验中，H没有回忆出来，而I回忆出来了。还有一些词对组合既不属于"一致对"也不属于"不一致对"，所以没有参与计算：[F, G]，[F, I]，[G, I]，[H, J]，

---

[1] 陈功香、傅小兰：《学习判断及其准确性》，《心理科学进展》2004年第2期。
[2] 唐卫海、刘希平、方格：《记忆监测研究综述》，《心理科学》2003年第4期。

[H, K], [H, L], [H, M], [J, K], [J, L], [J, M], [K, L], [K, M] 和 [L, M]。我们计算得出：一致对共有 14 对（[F, H], [F, J], [F, K], [F, L], [F, M], [G, H], [G, J], [G, K], [G, L], [G, M], [I, J], [I, K], [I, L] 和 [I, M]），不一致对有 1 对（即 [H, I]）。所以有 G =（14 - 1）/（14 + 1）= 0.87。

② PRAM 范式的资料分析

通过 PRAM 方法，我们可以得到更丰富的数据，如表 8—6 所示。[1]"词对"一列的大写字母是词对项目的代号，每个字母代表一个词对项目。"判断前回忆"一列显示被试在判断前回忆阶段对靶词的回忆情况，1 表示正确回忆出靶词，0 表示没有正确回忆出靶词。"JOL 判断"一列代表了被试确定在随后的测验中能回忆出该项目的可能性。"标准测验的靶词回忆"一列显示出被试在标准测验（即线索回忆测验）中是否能够回忆出靶词，Yes 表示正确回忆，No 表示不能正确回忆。

表 8—6　　　　　　　　　PRAM 法收集的资料

词对	判断前回忆*	JOL（%）	标准测验的靶词回忆
F	1	100	1
G	1	80	1
H	1	60	0
I	1	40	1
J	0	20	0
K	0	20	0
L	0	0	0
M	0	0	0

* 这一列数据在以前的研究中是不能观测得到的，只有使用 PRAM 技术才可以观测到。

对照表 8—5 和表 8—6，我们可以看出两个表在 JOL 和标准测验上的数值是相同的，不同的是在表 8—6 第二列中根据被试在 JOL 前的回忆情

---

[1] Nelson T. O., Narens L., "A Revised Methodology for Research on Metamemory: Pre-judgment Recall and Monitoring (PRAM)", *Psychological Methods*, Vol. 9, No. 1, 2004, pp. 53-69.

况，将词对分为"回忆出"和"未回忆出"两种。这一信息对研究来讲非常重要，但以前的资料收集技术不能得到这一资料。因此，研究者只能作为一个假想事件来推测 JOL 判断时是否存在提取过程。而现在，研究者通过 PRAM 范式可以观测到这种提取过程。

PRAM 的数据分析是以传统的计算方法为基础，差别在于将总体的 JOL 准确性分解为三个子成分，这些成分在以前的研究方法中是不能观测和计算的，但是却有重要的理论意义。下面我们详细介绍这三种子成分的计算原理和方法。

参与计算的词对组合（只包括"不一致对"和"一致对"）可以分解为三部分：第一部分在"判断前回忆"都回忆出来的词对组合，计 RR；第二部分在"判断前回忆"都没有回忆出来的词对组合，计 NN；第三部分在"判断前回忆"中，一个回忆出来，另一个不能回忆出的词对组合，计 RN。γ 的计算方法与传统方法一样，只不过是要分别计算这三个子成分。以前的技术不能分离这三种子成分，只观测到一个 γ 值，而这个值可能受到三个子成分中的某一个或几个的变化影响，导致研究者无法得出确切、真实的结论。下面我们具体介绍 γ 值的分解与计算过程。

因为三个子成分互相独立和补充，而 γ 也仅由这三部分组成，所以我们可以将总体 γ 分解为三个子成分。

$$\gamma_{..} = \frac{(f_{RR} \cdot \gamma_{RR}) + (f_{NN} \cdot \gamma_{NN}) + (f_{RN} \cdot \gamma_{RN})}{f_{RR} + f_{NN} + f_{RN}} \tag{2}$$

f 是词对组合的个数（如 f_{NN} 是两个词对都没有在"判断前回忆"中回忆出来的词对组合数）。γ 是总体 Gamma 值，由 γ_{RN}，γ_{RR} 和 γ_{NN} 加权合成，权重即是由这种词对组合的个数除以总的组合数（如 γ_{NN} 的权重就是 $f_{NN}/(f_{RR}+f_{NN}+f_{RN})$）。

上面的公式可以简化，将权重换算成每种组合的比例，

$$\gamma_{..} = (p_{RR} \cdot \gamma_{RR}) + (p_{NN} \cdot \gamma_{NN}) + (p_{RN} \cdot \gamma_{RN}) \tag{3}$$

p 代表子集词对出现的频率，例如，$p_{RR}=f_{RR}/(f_{RR}+f_{NN}+f_{RN})$，我们有 $p_{RR}+p_{NN}+p_{RN}=1$

根据表 8—6 的例子，我们再计算一下方程（3）的 γ 值。

RR 词对：[F，H]，[G，H] 和 [H，I]，共有 3 对。这三对在

"预测前判断"中被回忆出了。

NN 词对：在这个例子中，没有 NN 词对出现，因为 NN 词对在标准测验中都没有回忆出来。

RN 词对：在这个例子中除了 RR 词对，剩下的 12 个词对都是 RN 词对。

所有我们有以下计算：

p_{RR} = 3/15 = 0.20 γ_{RR} =（2 − 1）/（2 + 1）= 0.33 p_{RN} = 12/15 = 0.80

γ_{RN} =（12 − 0）/（12 + 0）= 1.00

γ =（0.20）×（0.33）+（0.80）×（1.00）= 0.87

通过计算证实，公式（3）的 γ 与公式（1）中的 γ 是相等的，即应用 PRAM 方法和传统方法计算出的总 γ 值是相同的。但是通过 PRAM 法可以分解 γ 值为三个子成分 γ_{RR}，γ_{RN} 和 γ_{RN}。研究者可以通过分解 γ 值更加细致和深入地分析 JOL 准确性的性质、意义以及与其他认知过程的关系。

（二）元记忆控制的方法

1. 学习时间分配的研究范式

学习分配的研究范式分为两种：他控步调的学习和自控步调的学习。早期的研究以他控步调学习范式为主，而近期的研究多以自控步调学习范式为主。

（1）他控步调学习范式

这种范式分为三个阶段：

第一阶段是学习阶段，需要被试记忆一些项目，项目的学习时间是固定的；

第二阶段是回忆阶段，要求被试完成回忆测试；

第三阶段是再学习阶段，被试选择一部分项目进行再学习。通过分析再学习项目的特点，如在回忆测试中是否能回忆出来等，考察其学习时间分配的能力和特点。

以这种学习方式进行学习时，学习者不能自己控制学习进程，处于被动的、非自然的学习状态。在这种实验条件下，学习者是必须进行再学习的，而且学习时间固定，剥夺了学习者的学习主动性。因此，后来的研究者更多地采用了自控步调学习范式。

（2）自控步调学习范式

这种范式分为两个阶段：

第一阶段是学习阶段，与他控步调范式不同的是，学习者可以自己控制对学习项目的学习时间，直到学习者自己停止学习；

第二阶段是回忆阶段，被试完成回忆测试。实验者在研究中设置了材料的不同性质和特点，如材料的难度，通过分析学习者对不同材料的时间分配来考察其时间分配的能力和特点。

这种范式使学习者能够更加积极主动地控制自己的学习进程，因而能够更充分地反映学习者在自然学习条件下的元记忆控制，研究结果也更接近真实学习情境下的学习者的操作。①

2. 学习时间分配的指标和计算方法

（1）研究指标

学习时间的分配主要关注两个问题：第一个问题是学习次序问题，即先学哪些项目，后学哪些项目，以及确定学习次序的依据和机制是什么？第二个问题是每个项目或者每类项目的学习时间是多少？不同类型的项目的学习时间有什么不同，以及分配时间的依据和机制是什么？相对应地，学习时间分配的研究的主要指标就是学习次序和学习时间。

（2）计算方法

学习次序的计算就是考察个体先学哪个项目，后学哪个项目。因此，一种办法是通过编制实验程序，记录个体每次学习的项目，比如通过记录个体的鼠标点击的次序和轨迹，来分析个体的学习过程。另一种办法是通过先进的实验仪器来记录个体的学习过程，比如使用眼动仪来记录个体的学习过程，通过分析眼动轨迹来计算出学习次序。

学习时间的计算是考察该项目的学习时间。一种办法是通过实验程序的设置，个体每次只能选择一个项目进行学习，计算机会记录该项目的学习时间。如果可以重复学习，那么该项目的学习时间就可以分为每次的学习时间和总的学习时间。另一种办法是利用眼动仪等仪器，记录

---

① 刘希平：《小学儿童学习时间分配决策水平的发展与促进》，博士学位论文，中科院心理所，2004年。

个体在每个项目上的注视时间,主要分析首次注视时间和总的注视时间。

第三节 个体记忆的发展

一 感觉记忆和短时记忆能力的发展

(一)感觉记忆的发展

有人用不同的几何图形组成的卡片,以儿童和成人为被试。卡片呈现的时间是 100 毫秒,经过不同的时间间隔,要求被试回忆原卡片上的图形及其顺序。[1] 结果发现:当时间间隔为 100 毫秒时,儿童与成人的保持量基本接近;当时间间隔超过 250 毫秒时,成人的保持量显著地高于儿童的。这一结果表明,在时间间隔 100 毫秒时,成人与儿童视感觉记忆容量几乎相等,但随着时间间隔的延长,成人的视感觉记忆明显地高于儿童。

(二)短时记忆能力的发展

1. 短时记忆广度的发展

王晓丽和陈国鹏以 6、8、10、13、16、20、30、45、55、70 岁共 10 个年龄组 120 人为被试,让他们完成数字记忆广度任务,结果如表 8—7 所示。[2]

表 8—7　　　　　　　不同年龄被试平均数字广度

年龄(岁)	数字广度
6	5.42（0.73）
8	6.46（1.20）
10	6.88（0.96）
13	7.38（1.09）
16	9.50（1.37）
20	8.50（1.92）
30	8.58（0.90）
45	7.42（1.53）
55	6.46（0.84）
70	5.58（0.95）

---

[1] 田钢等:《学习的生理基础》,科学技术文献出版社 1992 年版,第 204 页。
[2] 王晓丽、陈国鹏:《记忆搜索速度对短时记忆一生发展的影响研究》,《心理科学》2006 年第 5 期。

从表 8—7 中可以看出，随着年龄的增长，个体的数字短时记忆的广度在 16 岁前达到最高峰，之后保持平稳，到 45 岁后开始下降。70 岁时下降到 6 岁时的水平。

有一项研究是采用倒背广度法，对儿童短时记忆广度进行了研究。[①] 具体实验是：研究者给儿童呈现一系列数字（如：7、4、8、9、4、2），这些数字按一定速度呈现，然后要求儿童按倒序背诵出来（如：2、4、9、8、4、7）。结果发现，倒序背诵数字广度，5—6 岁儿童仅为 2 个数字，青少年为 5—6 个数字。研究者认为倒背数字广度更能代表儿童短时记忆能力的发展水平。进一步的研究发现，倒背数字广度与儿童解决问题的成绩有明显的相关。

有人（Swanson）对短时记忆一生发展状况进行了研究。[②] 被试的年龄从 6 岁到 76 岁。实验任务是两种言语记忆和两种空间记忆任务，测量被试在进行某种加工活动的同时能够记忆项目的数量。在回忆阶段渐进地给被试提供一定线索，以提高项目的可提取性，直至被试完全不能回忆更多项目为止，以此来测量不同年龄的被试在这种有加工负荷条件下所能记忆信息的最大数量，以提供短时记忆能力的发展变化的证据，结果发现，言语记忆和空间记忆能力从儿童到成年一直都有持续提高，45 岁时达到高峰。

2. 短时记忆组块的发展

有人用实验探讨了小学生短时记忆的最佳组块问题。[③] 实验材料有两种：一种是由阿拉伯数字组成的 12 位数字表；另一种是由 12 个无意义联系的汉字组成的汉字表。实验结果发现：小学五年级儿童识记数字表和汉字表时，采用组块方式进行识记的成绩明显高于不采用组块方式的识记成绩；同时还发现，小学生主动以组块方式进行识记时，选择小的组块（即 2 组块或 3 组块）识记的人次最多，但小组块的记忆成绩较差；在识记无意义联系的汉字和数字时，小学五年级学生记忆成绩最好是以 4

---

① Siegler R. S., Richards, D. D., "The Development of Intelligence", in R. J. Sternberg (Ed), *Handbook of Human Intelligence*, Cambridge: Cambridge University Press, 1986, pp. 921 - 922.

② 王晓丽、陈国鹏：《短时记忆的一生发展研究》，《心理科学》2004 年第 2 期。

③ 朱智贤主编：《中国儿童青少年心理发展与教育》，中国卓越出版公司 1990 年版。

组块来进行识记的。

（三）影响短时记忆发展的因素

1. 知识经验

Chase 和 Simon 曾对知识经验与短时记忆广度之间的关系进行了研究。[1] 实验中的被试为3个人，一位是象棋大师，一位是一级棋手，一位是初学下棋的新手。给他们呈现摆着24个棋子的棋盘5秒钟，然后要求3位被试在另外一个棋盘上重新复盘。如果24个棋子是随机摆设的，则不管是大师、一级棋手，还是初学下棋的新手，复盘的准确性大体相同。但如果24个棋子是一个正式的棋局，则大师复盘的准确性为62%，一级棋手为34%，初学下棋的新手只有18%。研究者认为，被试成绩的差异主要与他们对棋局的认识有关。高水平的棋手能够很快地发现棋子之间的关系，进而形成组块的可能性较大，低水平棋手则很难觉察棋子之间互为关联和制约的关系，形成组块的可能性较小。

成人因知识水平的不同，对其记忆成绩有明显的影响。Chi 等人以儿童为被试，比较了儿童与成人是否会因某一方面的知识差异，而对他们的记忆成绩产生影响。[2] Chi 等人以会下棋的10岁儿童和不会下棋的成人为被试，让他们参加记忆棋子位置与数字的游戏。要求儿童和成人都用10秒钟时间，看10个数字或10个棋子在棋盘上的位置。然后让儿童和成人立即再现。将儿童再现的成绩与成人再现的成绩进行比较，结果如图8—8所示。

从图8—8中可以看出：对于数字材料，成人立即再现的成绩明显高于儿童；对于棋子位置的再现，情况正好与数字材料的相反，会下棋的儿童要比不会下棋的成人的成绩高。

Chi 认为，这一结果是知识经验在记忆成绩中发挥作用的表现。当记忆数字这类不需要知识经验的材料时，成人的成绩明显比儿童好。但当记忆棋子位置这类需要一定知识经验的材料时，有这方面知识的儿童的

---

[1] Chase W. G., Simon H. A., "Perception in Chess", *Cognitive Psychology*, Vol. 4, 1973, pp. 55–81.

[2] Hetherington, E. M., Parke, R. D., *Child Psychology* (Fourth Edition), New York: Mcgraw-Hill. Inc, 1993, p. 324.

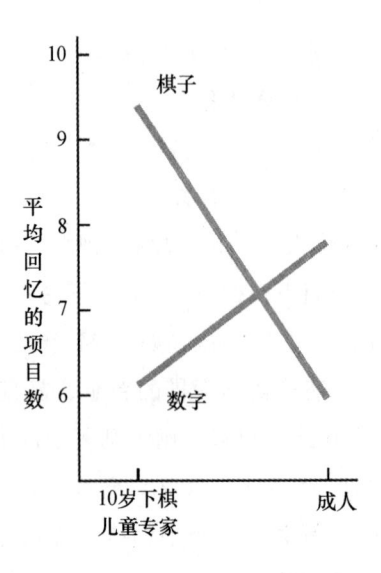

图 8—8　成人与儿童再现成绩

成绩就明显比成人要好了。这种差别只能归为是知识经验的作用,而不是基本记忆能力上的不同。

  Schneider 等人的研究支持了 Chi 的研究结果。[①] 他们以下国际象棋的 40 名儿童和 40 名成人为被试,他们中一半人为专家,一半人为新手。儿童专家是在法国各种比赛中的冠军获得者,成人专家均有 10 年以上的下棋经历;儿童新手接触国际象棋的时间不超过 8 个月,成人新手偶尔去玩国际象棋但不超过 5 年时间。儿童的平均年龄为 11.9 岁(10.0—13.4 岁),成人的平均年龄为 26.8 岁(22.0—42.0 岁)。要求他们完成两个再现棋盘上的棋子(共 22 个)位置(一个为有意义,一个为随机的)。棋盘给被试呈现 10 秒,然后破坏,要求被试再现。首先是要求被试立即再现,之后进行 4 次棋子不同位置的重复试验,在完成第四次试验后,要求被试立即再现那一个棋盘上棋子的位置,即延缓回忆。结果发现:(1)对于有意义棋子位置的再现成绩,如表 8—8 所示。

  [①] Schneider, W., et al., "Chess Experts and Memory for Chess Positions in Children and Adults", *Journal of Experimental Child Psychology*, Vol. 56, No. 3, 1993, pp. 328 – 349.

表 8—8　　　　　　　　再现有意义棋子位置的平均成绩

条件	儿童 专家	儿童 新手	成人 专家	成人 新手
立即回忆	8.87 (2.91)	4.95 (1.68)	7.10 (2.51)	4.58 (1.43)
测验 2	13.00 (4.14)	7.85 (2.15)	12.53 (4.55)	7.43 (2.13)
测验 3	16.23 (3.74)	10.20 (2.71)	16.25 (3.93)	9.53 (2.95)
测验 4	18.58 (3.32)	13.35 (3.58)	19.00 (3.22)	12.90 (4.03)
测验 5	19.52 (3.02)	15.90 (3.80)	20.85 (1.91)	15.28 (4.71)
延缓回忆	11.20 (6.32)	4.95 (4.36)	11.35 (8.00)	4.20 (4.53)

注：括号前面的数字为平均数，括号内的数字为标准差。

经检验发现：无论是儿童专家还是成人专家，都比儿童新手和成人新手再现有意义棋子位置的平均成绩显著地高；无论是立即回忆还是延缓回忆，都是专家比新手成绩高；儿童专家和成人专家之间、儿童新手与成人新手之间成绩没有明显差异。（2）对于随机棋子位置的再现成绩，如表 8—9 所示。

表 8—9　　　　　　　　再现随机棋子位置的平均成绩

条件	儿童 专家	儿童 新手	成人 专家	成人 新手
立即回忆	5.00 (2.20)	3.25 (1.92)	3.60 (2.04)	2.70 (1.63)
测验 2	8.50 (2.16)	5.56 (2.12)	6.40 (2.26)	5.00 (2.58)
测验 3	11.85 (3.15)	8.40 (2.84)	9.95 (2.70)	7.80 (3.19)
测验 4	14.75 (3.67)	10.40 (3.30)	13.20 (3.97)	9.30 (3.67)
测验 5	17.35 (4.42)	12.80 (3.86)	15.80 (4.07)	10.40 (4.37)

从表 8—9 中可以看出：专家的再现成绩要比新手高；儿童再现成绩要比成人高。这表明儿童机械记忆能力要比成人的强。

2. 材料的特点

陈辉采用 8 种不同的实验材料，以小学二年级学生、小学五年级学生、初中二年级学生和高中二年级学生为被试，研究短时记忆容量（即广度）的发展。① 结果如表 8—10 所示。

表 8—10　不同年龄学生对各种材料的短时记忆容量比较

材料	二年级	五年级	初中二年级	高中二年级
单字	3	4	5	7
双字词	3	4	5	7
四字成语	1	3	3	4
无关两字	1	2	4	4
一位数	4	6	10	7
二位数	2	3	6	4
实物图形	3	3	6	6
复杂几何图形	1	2	2	3

从表 8—10 中可以看出，短时记忆容量随着年龄的增大而增加，但是同时还必须考虑材料特点，例如，对于单字和双字词，小学二年级均为 3，小学五年级均为 4，初中二年级均为 5，高中二年级均为 7，表明这种材料在同一年级保持相对恒定。而其他材料的回忆成绩则存在明显的差异，例如，数字类材料，初中二年级达到最大值后，到高中二年级又开始下降。

王晓丽等人以青年人（平均年龄 25 岁）和老年人（平均年龄 68 岁）为被试，采用数字材料、图形材料和色块材料，测量了他们的短时记忆的广度。② 结果如表 8—11 所示。

表 8—11　青年人和老年人三种材料的短时记忆广度

年龄	数字广度	图形广度	色块广度
青年	8.54 ± 1.47	5.19 ± 1.59	5.65 ± 1.05
老年	6.25 ± 1.18	3.48 ± 0.89	3.85 ± 1.37

---

① 陈辉：《短时记忆容量的年龄特点和材料特点》，《天津师大学报》（社会科学版）1988 年第 4 期。
② 王晓丽、陈国鹏：《成人短时记忆发展的实验研究》，《心理科学》2005 年第 3 期。

从表8—11中可以看出，刺激材料的主效应显著，数字广度高于图形广度和色块广度，且差异显著；但色块广度和图形广度的差异不显著。年龄的主效应显著，青年人的短时记忆广度显著大于老年人的，表明三种材料的短时记忆广度随着年龄的降低都出现了明显的降低。

3. 速度

短时记忆广度受材料呈现速度的影响非常明显。Roodenrys 和 Hulme 等人对此问题进行了研究。[①] 他们以12名5—6岁儿童（平均年龄5岁10个月）和12名9—11岁儿童（平均年龄10岁4个月）为被试，每个年龄组男女各半。实验材料为单词和非单词。每个单词在音节上进行了控制，即分为短音节、中音节和长音节三种。然后用计算机将所有实验材料以每秒钟一个单词的速度呈现。实验分两部分，第一部分为记忆广度测验；第二部分要求被试大声读出所呈现的单词，同时记录被试所用的时间。结果发现短时记忆广度受发音速度的影响，具体如图8—9所示。

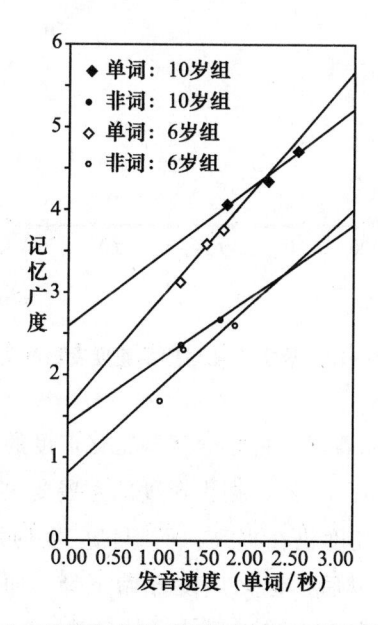

图8—9 两组儿童在不同发音速度下的记忆广度

---

① Roodenrys, S. J., Hulme, C. and Brown, G. D. A., "The Development of Short-term Memory Span: Separable Effects of Speech Rate and Long-term Memory", *Journal of Experimental Child Psychology*, Vol. 56, No. 3, 1993, pp. 431 – 443.

从图 8—9 中可以看出：（1）无论是单词还是非单词，随着发音速度的提高，各年龄儿童短时记忆广度明显增大；（2）6 岁儿童和 10 岁儿童的短时记忆广度都是单词比非单词大。

王晓丽和陈国鹏等也探讨了随个体年龄的增长，短时记忆数字广度与搜索的关系，结果如图 8—10 所示。

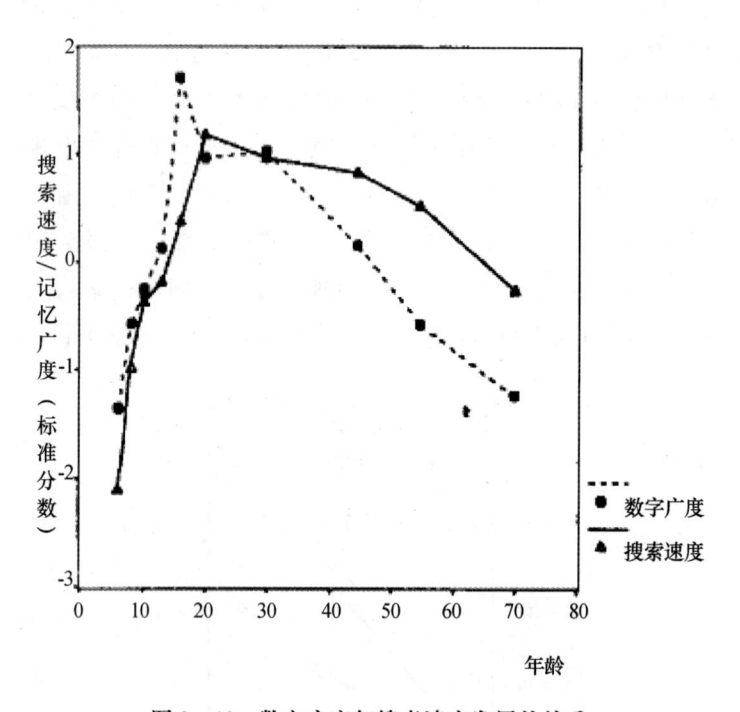

图 8—10　数字广度与搜索速度发展的关系

从图 8—10 中可以看出，搜索速度与记忆广度的关系在不同年龄阶段中有不同的特点。在 6—10 岁，搜索速度的发展要快于短时记忆能力的发展；10—16 岁，搜索速度仍在提高，而记忆广度的发展幅度要比搜索速度的发展更快；16 岁以后，记忆广度开始下降，而搜索速度仍在提高，20—30 岁基本保持稳定，30 岁以后才开始衰退。搜索速度的发展比较缓慢，只有很少的衰退，而记忆广度的衰退较大；55 岁以后搜索速度与记忆广度的衰退的幅度基本一致。

4. 语言差异

Chen & Stevenson 以 4 岁、5 岁、6 岁说汉语的儿童和说英语的儿童为被试，测量了他们的顺背数字广度。① 结果发现：说汉语的儿童记忆广度比说英语的儿童大，具体如表 8—12 所示。

表 8—12　　　　　　　不同年龄与语言的儿童的数字广度

年龄组	4	5	6
英语	3.40 (0.60)	4.30 (0.74)	4.50 (0.51)
汉语	4.69 (0.83)	4.89 (0.49)	5.33 (0.84)

注：括号前的数字是平均数，括号内的数字是标准差。

研究者提出，说汉语儿童与说英语儿童数字广度上的差异，主要是语言差异造成的。因为汉语数字发音的持续时间显著地短于英语数字发音的时间（例如，汉语"七"发 qi 的音，而英语中"Seven"发 S'eiven 的音）。

二　再认能力的毕生发展

杨治良等人采用具体图形、抽象图形和词三种材料，以幼儿、初小、高小、初中、大学、中年、壮年和老年人为被试，进行了信号检测论的再认实验，探讨了再认能力的最佳年龄问题。② 具体结果如表 8—13 所示。

表 8—13　　　　　　各年龄组再认能力的实验结果（d'）

年龄组	具体图形 平均数	具体图形 标准差	抽象图形 平均数	抽象图形 标准差	词 平均数	词 标准差
幼儿	3.40	0.18	1.81	0.35	—	—
初小	4.60	0.21	1.88	0.11	3.49	0.23

---

① Chen C., Stevenson H. W., "Cross-linguistic Differences in Digit Span of Preschool Children", Journal of Experimental Child Psychology, Vol. 46, No. 1, 1988, pp. 150 – 158.
② 杨治良等：《再认能力最佳年龄的研究——试用信号检测论分析》，《心理学报》1981 年第 1 期。

续表

年龄组	具体图形 平均数	具体图形 标准差	抽象图形 平均数	抽象图形 标准差	词 平均数	词 标准差
高小	4.82	0.19	2.77	0.23	4.20	0.24
初中	4.65	0.22	3.08	0.31	4.49	0.21
大学	3.82	0.28	2.22	0.19	4.12	0.24
中年	3.76	0.29	1.46	0.19	3.92	0.45
壮年	3.64	0.22	1.32	0.11	3.62	0.31
老年	2.30	0.26	1.12	0.20	3.48	0.22

从表8—13中可以看出,再认具体图形时,小学高年级学生成绩最佳;再认抽象图形和词时,初中学生成绩最佳,随着年龄的增长,再认能力出现了老化现象。

三 长时记忆能力的发展

一个人所记住的信息能保持多久呢?这是心理学家们非常感兴趣的问题。Smith对8—14岁的儿童进行了107个问题的访谈。[1] 在之后的20年里没有接触这些人。然后找到他们,要求他们回答前面提到的107个问题。结果发现,儿童期的记忆有50%保持得很完美,只有8%的需要意志努力才能回忆出来。研究也发现,早期的记忆事件重复出现的频率是影响被试后来回忆的重要因素。同时还发现,愉快的事件回忆的成绩明显比不愉快事件回忆的要好。

沈德立等人研究发现,长时记忆中语义编码的效果是随着儿童年龄的增长而提高的,具体如表8—14所示。[2]

---

[1] Thompson, G.G., *Child Psychology*: *Growth Trends in Psychological Adjustment* (2ed), Boston: Houghton Mifflin Company, 1962, pp. 206 – 207.

[2] 张述祖、沈德立:《基础心理学》,教育科学出版社1995年版,第397页。

表 8—14 不同年龄被试识记 20 个项目时每人的平均回忆量（%）

被试	呈现时间		5秒与1秒之间的差额
	1 秒	5 秒	
大学生	40.55	58.10	17.55
中学生	40.20	51.50	11.30
小学生	32.55	39.60	7.05
幼儿	30.15	30.30	0.15

从表 8—14 中可以看出，当每个项目的呈现时间由 1 秒延长到 5 秒时，大学生的回忆成绩平均提高 17.55%，而幼儿却只提高 0.15%。即呈现时间越长，对年龄越大的被试越有利。因为，他们可在这个时间内，利用其已有的知识经验充分进行语义编码。相反，年龄越小，由于知识经验也较少，编码能力低，虽然给他们较长的呈现时间，也不能较好地进行语义编码，所以影响了记忆效果。

四 有意遗忘的发展

Harnishfeger 和 Bjorklund 强调在儿童认知加工中存在抑制加工的作用。他们认为年龄小的儿童对无关信息的抑制能力差，其原因是他们的抑制机制还不成熟，随着年龄的增加抑制能力会逐渐发展，因此对无关信息的控制能力也会逐渐增强。[1] Harnischfeger 和 Pope 的实验证实了这一观点，他们以小学一年级、三年级和五年级和成人为被试，结果发现：小学一年级学生几乎没有抑制能力，小学三年级的学生表现出一些抑制能力，小学五年级的学生的抑制能力开始接近成人的抑制能力，而成人的抑制能力最强。[2] 表明有意遗忘的抑制能力随年级而提高。但 Lehman

---

[1] Harnishfeger K. K., Bjorklund D. F., "The Ontogeny of Inhibition Mechanisms: A Renewed Approach to Cognitive development", in M L. Home & R. Pasnak (Eds.), *Emerging Themes in Cognitive Development: Foundations*, New York: Spinnger-Verlag, 1993.

[2] Harnischfeger K. K., Pope R. S., "Intending to Forget: The Development of Cognitive Inhibition in Directed Forgetting", *Journal of experimental child psychology*, Vol. 62, No. 2, 1996, pp. 292-315.

和 Bovasso 以 7、9、11 岁的儿童为被试，结果发现被试的有意遗忘的抑制能力没有随年龄提高而提高。[1]

宋耀武和白学军以小学二年级、四年级、六年级各 30 名学生为被试，用单字和双字词为实验材料，采用字表实验范式，用两个实验考察了小学生有意遗忘能力的发展。[2]

实验一是单字条件下的结果，如表 8—15 所示。

表 8—15　不同年级被试在三种条件下对单字前后字表的平均回忆成绩

年级	字表	条件		
		R-A	F-A	F-O
六	前半字表	4.2 (1.62)	2.5 (1.35)	2.1 (1.45)
	后半字表	3.0 (1.15)	4.7 (1.77)	5.9 (1.66)
四	前半字表	3.6 (2.40)	2.0 (1.25)	1.1 (0.74)
	后半字表	3.4 (1.26)	3.6 (1.65)	3.8 (1.95)
二	前半字表	2.2 (1.67)	2.7 (1.77)	1.3 (1.41)
	后半字表	2.5 (1.65)	2.1 (1.10)	3.2 (1.41)

如提取抑制存在，其结果为：(1) 在 F-A 条件下，被试对后半字表的回忆成绩应大于前半字表的回忆成绩（以下简称结果 1）。(2) 对前半字表的回忆成绩，R-A 条件应大于 F-A 条件（以下简称结果 2）。

通过数据分析，对于结果 1，六年级存在显著差异，$t = 3.32$，$p < 0.001$。四年级存在显著差异，$t = 2.75$，$p < 0.05$，二年级无显著差异。对于结果 2，六年级存在显著差异，$t = 2.55$，$p < 0.05$，四年级和二年级均为无差异。由此可以看到随着小学生年龄的增加，他们的提取抑制能力在增强。

通过对 F-A 和 F-O 比较，抑制能力的作用为：(1) 在 F-O 条件下，

---

[1] Lehman E. B., Bovasso M., "Development of Intentional Forgetting in Children", in M L. Home & R. Pasnak (Eds.), *Emerging Themes in Cognitive Development: Foundations*, New York: Spinnger-Verlag, 1993.

[2] 宋耀武、白学军：《小学生有意遗忘中认知抑制能力发展的研究》，《心理科学》2002 年第 2 期。

后半字表的回忆成绩应大于前半字表的回忆成绩（以下简称作用1）。
（2）对前半字表的回忆成绩，F-A 条件应大于 F-O 条件（以下简称作用2）。

对于作用1，三个年级的被试都表现出显著差异。分别为：二年级，$t = 2.79$，$p < 0.05$；四年级，$t = 4.52$，$p < 0.01$；六年级，$t = 4.83$，$p < 0.01$。对于作用2，三个年级都没有表现差异。从上述两个方面看：三个年级的学生都有一定的抑制干扰能力，到六年级仍未完善。

实验二是双字词条件下的结果，如表 8—16 所示。

表 8—16　　不同年级学生在三种条件下对双字词前后字表的平均回忆分数

年级	字表	条件		
		R-A	F-A	F-O
六	前半字表	4.9 (1.73)	2.6 (1.07)	2.3 (1.70)
	后半字表	4.5 (1.84)	4.6 (2.01)	3.7 (1.70)
四	前半字表	3.2 (1.23)	3.0 (1.87)	1.7 (0.95)
	后半字表	2.2 (1.03)	2.1 (0.99)	1.8 (1.31)
二	前半字表	2.2 (1.03)	2.1 (0.99)	1.8 (1.31)
	后半字表	1.6 (1.17)	2.7 (1.57)	2.7 (1.42)

对于结果1，二、四年级无差异，六年级存在显著差异，$t = 3.72$，$p < 0.01$。对于结果2，二、四年级无差异，六年级存在显著差异，$t = 3.57$，$p < 0.01$。对于作用1，二年级无差异，四年级存在显著差异，$t = 2.69$，$p < 0.05$，六年级无差异。对于作用2，三个年级均未有差异。

通过比较两项实验的结果，可以看出，小学生在单字和双字词两种材料下均表现出抑制能力随年级的增高而提高。年龄小的学生抑制能力弱，年龄大的学生抑制能力强。但到小学六年级仍未发展完善。年龄小的学生受材料难度的影响大，年龄大的学生受材料意义性的影响大。

沈德立、宋耀武和白学军以单个字为材料，被试为小学二、四、六年级学生，每个年级学优生与学差生各15人。结果如表 8—17 所示。

表 8—17　不同学习成绩的学生对单字回忆的平均数和标准差

年级	R-A 优生	R-A 差生	F-A 优生	F-A 差生	F-O 优生	F-O 差生
二年级						
前半字表	2.2 (1.92)	2.2 (1.79)	3.2 (1.64)	2.2 (1.92)	1.2 (1.09)	1.2 (1.91)
后半字表	2.6 (1.67)	2.4 (1.82)	1.8 (1.30)	2.4 (0.89)	3.4 (1.82)	2.4 (1.83)
四年级						
前半字表	4.4 (2.61)	2.8 (2.17)	2.4 (0.89)	1.6 (1.52)	1.2 (0.45)	1.0 (1.00)
后半字表	3.6 (1.34)	3.2 (1.30)	4.6 (1.14)	2.6 (1.52)	4.8 (1.92)	2.8 (0.84)
六年级						
前半字表	4.8 (1.64)	3.6 (1.52)	1.8 (1.09)	3.2 (1.30)	2.0 (2.00)	2.2 (0.84)
后半字表	3.2 (1.09)	2.8 (1.30)	5.6 (1.52)	3.8 (1.64)	6.6 (1.95)	5.2 (1.09)

在 F-A 条件下，各年级都表现出优生的成绩高于差生的。对前后字表的回忆，二年级学生无差异，四、六年级学生有差异；按学习成绩分析，只有四年级和六年级优生表现出差异，而四年级和六年级的差生和二年级的优生与差生都没有表现出差异；

在 R-A 与 F-A 条件下，各年级都表现出优生的成绩高于差生的。对前半字表的回忆，二年级、四年级无差异，六年级有差异。按学生成绩分析，只有六年级优生表现出差异，六年级差生没有表现出差异。

该实验结果表明，学习成绩好的学生更能抑制与完成当前任务无关的干扰信息，从而保证所要完成任务的顺利进行。

Zacks 和 Hasher 等通过比较年轻人和老年人在有意遗忘中的记忆成绩，结果发现老年人在要求只回忆记忆项时，受遗忘项的干扰较大，表现为遗忘项目和记忆项目之间的数量差别变小。[1] 可以认为是老年人对遗忘项的抑制能力减弱造成的，老年人在对遗忘项的控制上比年轻人有较大的困难，原因是抑制能力的不足。

五　内隐记忆能力的发展

（一）运用实验性分离法的研究

Greenbaum 和 Graf 以 3 岁、4 岁和 5 岁的儿童为被试，给他们呈现一些在动物园不同位置看见动物的线条图。[2] 要求儿童对每一位置上的动物进行命名并记住它们。然后，用外显记忆和内隐记忆两种测量方法来测量儿童对线条图的记忆。其中内隐记忆测验是要求儿童从所呈现的一个类别例子中，运用这个类别线索，说出在大脑中出现的第一个该类别的例子；外显记忆测验是要求儿童根据所呈现的线索，回忆出所有先前学习过的图片。结果发现，外显记忆成绩随着年龄的增加而显著提高；而内隐记忆成绩则 3 岁、4 岁和 5 岁儿童一样。

Newcombe 和 Fox 给 9 岁儿童呈现 5 年前的幼儿园照片和当时其他同学幼儿园的儿童照片。[3] 大约有一半 9 岁儿童能在一定程度上清楚地辨认出他们的同学，相对于所上幼儿园与他们不同的儿童，他们更有可能说那些所上幼儿园和他们相同的儿童在他们班上。另一半 9 岁儿童没有表现出这种外显的再认。尽管如此，无论是否表现出这种外显记忆，他们在看见原来班里的儿童照片时，比起其他儿童的照片，都表现出更多记忆的生理反应特征。这些生理反应都意味着存在内隐上的记忆，无论儿童是否意识到自己认出了从前的同学。

---

[1] Zacks, R. T. & Hasher, L., "Directed Ignoring: Inhibitory Regulation of Working Memory", in D. Dagenbach & T. H. Carr (Eds.), *Inhibitory Processes in Attention, Memory, and Language*, San Diego, CA: Academic Press, 1994, pp. 241–264.

[2] Greenbaum, J. L., Graf, P, "Preschool Period Development of Implicit and Explicit Remembering", *Bulletin of the Psychonomic Society*, Vol. 27, No. 5, 1989, pp. 417–420.

[3] [美] 罗伯特·西格勒、玛莎·阿利巴利：《儿童思维的发展》，刘电芝竺译，世界图书出版公司 2006 年版，第 249 页。

Parkin 和 Streete 以 3 岁、5 岁、7 岁儿童和大学生各 24 人为被试，给他们呈现 30 种（其中 15 种为目标刺激，另 15 种为分心刺激）日常生活中物体的针点图，每种物体的针点图从最不清楚到完全清楚共有 8 张，具体如图 8—11 所示。[①]

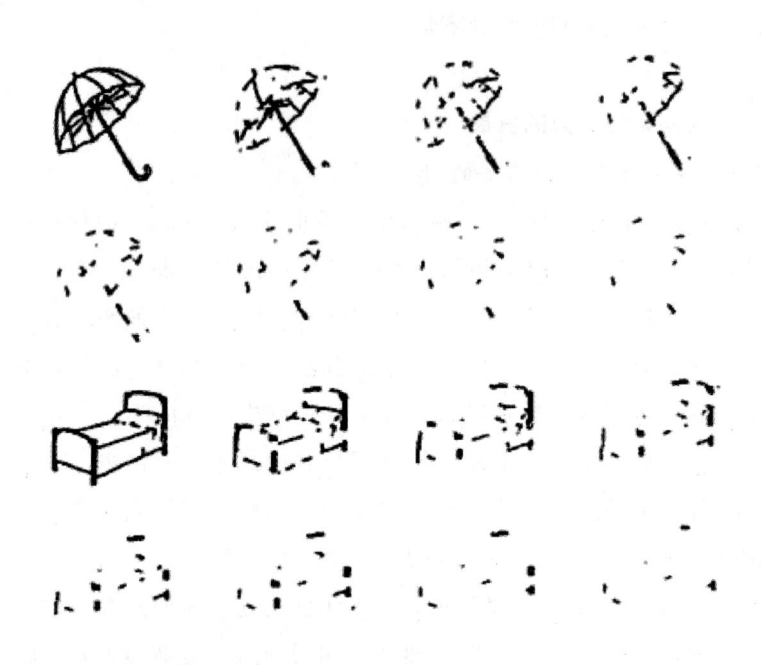

图 8—11　实验中所用的针点图

在实验开始时，选择 15 种物体的图片作为目标刺激呈现给被试，每一种物体的图片都是从最不清楚的图开始呈现，要求他们说出图中所画物体的名称。如果被试不能说出，再呈现稍微清楚一点的图片，再要求被试说出所画物体的名称。依次进行，直到被试能说出图片中的物体名称时停止。如果呈现了最清楚的图片后，被试还不能说出图片中物体的名称，则主试告诉被试。

上述实验任务结束后，间隔 1 个小时或 2 周的时间进行再认测验。再认测验包括两部分：第一部分是要求被试说出针点图的名称。其具体过

[①] Parkin, A., Streete, J. S., "Implicit and Explicit Memory in Young Children and Adults", *British Journal of Psychology*, Vol. 79, No. 3, 1988, pp. 361–369.

程如下：给被试呈现 30 种物体的图片（15 种是已学习过的目标刺激，另 15 种是没有学习过的分心刺激）。主试依次呈现 30 种物体的针点图。每一种物体的针点图从最不清楚开始呈现，先要求被试说出图中的物体名称，如果被试说不出来，主试就给被试呈现更清楚一些的针点图，再要求被试说出图中的物体名称。如此进行，直到被试能够说出图中物体的名称，主试才给被试呈现另一种物体的针点图。按此程序将 30 种物体的针点图全部呈现完毕。第二部分是要求被试完成一个辨别任务，即指出哪些物体是先前见过的，哪些是先前没有见过的。

要求被试指出哪些图片中的物体先前见过，哪些先前没有见过，这是一种典型的外显记忆任务。结果发现，随被试年级的升高，其再认正确辨认率（它以击中率提高，错报率降低来表示）具体如表 8—18 所示。

表 8—18　　　　　各年级被试的击中率、错报率和 d' 值

年龄（岁）	间隔时间					
	1 小时			2 周		
	击中率	错报率	d'	击中率	错报率	d'
3	0.90	0.07	3.40	0.50	0.23	0.90
5	0.98	0.01	4.26	0.70	0.23	2.68
7	0.97	0.00	4.33	0.91	0.06	3.21
成人	1.00	0.00	4.64	0.98	0.06	3.99

从表 8—18 中可以看出，随年级的升高，击中率提高，d' 值增加，而错报率则下降。但间隔两周后的再认成绩则明显比间隔 1 小时后的低。

由于实验程序是给被试先呈现 15 种物体图片（即目标刺激），后呈现 30 种物体图片（其中有 15 种没有见过的物体图片，即分心刺激）。这样目标刺激被试就有两次学习机会：第一次机会是说出图中物体的名称；第二次机会是在完成辨认任务时，去区分出目标刺激与分心刺激。

如果被试在第一次机会中无意识地学习了目标刺激，则将会促进被试在第二次机会中的辨认成绩（即在第二次机会中，被试会在主试呈现非常不清楚的图片时就能辨认出是什么物体并说出其名称）。相反，如果被试在第一次机会中没有无意识地学习目标刺激，则将不会促进被试在

第二次机会中的辨认成绩（即在第二次机会中，被试对图片中物体的辨认成绩将会与第一次一样。例如，第一次是通过 5 次辨认才认出图中的物体并说出其名称，那么，第二次也一样，仍需要通过 5 次辨认才能认出图中的物体并说出其名称）。因此，实验者以第二次辨认时与第一次辨认相比的节省率作为衡量内隐记忆的指标，结果如表 8—19 所示。

表 8—19　　　　　　第二次辨认与第一次辨认相比的节省率

年龄（岁）	1 小时	2 周
3	0.39	0.35
5	0.42	0.39
7	0.46	0.38
成人	0.38	0.37

从表 8—19 中可以看出，无论是间隔 1 小时还是间隔 2 周，各年级组的节省率都比较接近，从而表明内隐记忆的成绩并不随着年龄的增长而增加。

高湘萍等人以小学生、中学生和大学生为被试，采用具有道德意义的好词、坏词和中性词为材料，考察内隐记忆和外显记忆成绩的发展。[①] 结果如表 8—20 所示。

表 8—20　　　　　　被试对各类刺激的内隐记忆和外显记忆

	小学			中学			大学		
	好词	坏词	中性词	好词	坏词	中性词	好词	坏词	中性词
内隐	0.41	0.36	0.48	0.33	0.31	0.45	0.53	0.36	0.56
外显	0.39	0.50	0.40	0.48	0.51	0.47	0.34	0.38	0.39

从表 8—20 中可以看出：（1）无论小学组、中学组、大学生组的被试，对坏词的无意识提取贡献均大于有意识提取能力，特别是在中学组，对坏词的无意识提取贡献要远远地超过有意识提取；（2）对好词的记忆，

[①] 高湘萍等：《品德语词的内隐记忆发展研究初探》，《心理科学》2002 年第 5 期。

小学组有意识提取成绩与无意识提取成绩较接近，中学组无意识提取成绩大于有意识提取成绩，大学生组则相反。有意识提取成绩大学生组最高，中学生组最低，无意识提取成绩则中学生组最高，大学生组和小学生组接近。

Light 等人选择平均年龄 23 岁的人为青年组和平均年龄 68 岁的人为老年组。[①] 首先要求他们对单词的愉快度进行评定。之后，要求被试分别完成两种任务：一种是词干补笔任务，主要测量内隐记忆；另一种是线索回忆任务，主要测量外显记忆。具体结果如图 8—12 所示。

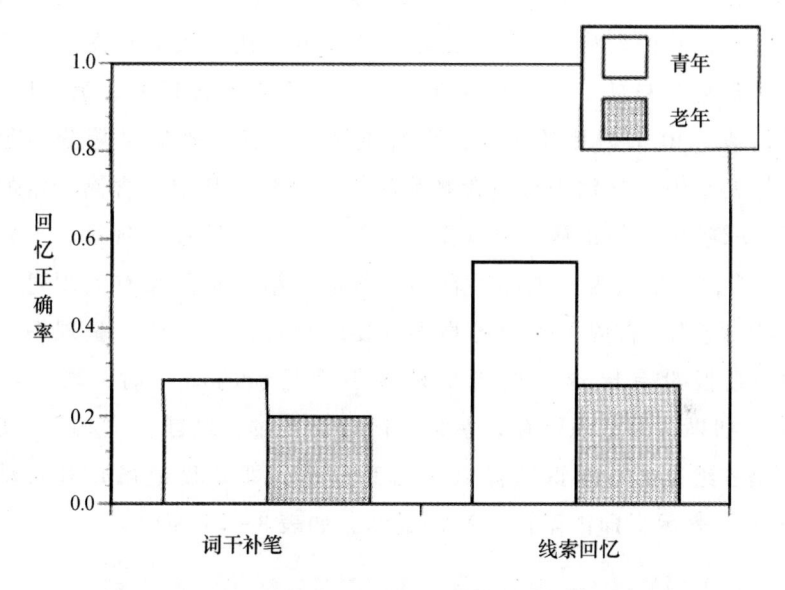

图 8—12　两组被试在内隐记忆和外显记忆任务上的成绩

从图 8—12 中可以看出，在词干补笔任务（即内隐记忆）上，青年组与老年组被试的成绩没有差异；而在线索回忆任务上（即外显记忆）上，青年组成绩显著高于老年组。

（二）运用加工分离程序的研究

郭力平等人根据 Buchner 的扩展模型，以小学三年级学生（平均

[①] Light L. L.，"Memory and Aging, Four Hypotheses in Search of Data"，*Annual Review of Psychology*，Vol. 42，No. 42，1991，pp. 233 – 376.

年龄9岁）、初中一年级学生（平均年龄12岁）、高中二年级学生（平均年龄15.5岁）和大学二年级学生（平均年龄18.5岁）为被试，每组20人，男女生各半，探讨了他们内隐记忆和外显记忆的发展。① 实验材料是具体事物和情境的彩色图片90张，按一定类属将它们分成三组。实验分三个阶段：第一阶段：随机指定被试用3组图片中的任意一组进行预备实验。实验的指导语是："下面我要给你看一组彩色图片，你要尽快判断图片的色彩是红色和黄色偏多还是蓝色和绿色偏多"；第二阶段：用剩余二组图片中的任意一组，要求被试对图片进行命名。实验指导语是："下面我要给你看另一组彩色图片，请你说出图片的名称。"命名完后，要求被试从十张动物图片中挑选出自己最喜欢和最不喜欢的一张来，以此作为干扰任务。第三阶段：再认阶段。90张图片随机依次向被试呈现，各组被试又等分为包含和排除两个组，分别进行包含测验和排除测验。其中包含测验组的指导语要求被试，如果认为呈现图片在第一或第二阶段出现过，均判断为"旧"，如果认为呈现图片在第一阶段或第二阶段没有出现过，均判断为"新"；排除测验组的指导语要求被试，如果认为呈现图片是在第一阶段没有出现过或者呈现的图片是新的图片时，均判断为"新"，如果认为呈现图片是在第二阶段出现过，判断为"旧"。实验结果是各组被试的意识性提取（用R表示，即外显记忆）和自动提取（用A表示，即内隐记忆）的成绩，如表8—21所示。

表8—21　　　　　意识性提取和自动提取的成绩（M ± SD）

组别	男生		女生	
	意识性提取（R）	自动提取（A）	意识性提取（R）	自动提取（A）
小学组	0.61 ± 0.07	0.48 ± 0.09	0.63 ± 0.12	0.48 ± 0.08
初中组	0.70 ± 0.13	0.52 ± 0.06	0.68 ± 0.08	0.48 ± 0.06
高中组	0.59 ± 0.15	0.50 ± 0.10	0.55 ± 0.12	0.50 ± 0.09
大学组	0.40 ± 0.10	0.51 ± 0.08	0.46 ± 0.13	0.51 ± 0.10

---

① 郭力平、杨治良：《内隐和外显记忆的发展研究》，《心理科学》1998年第4期。

在外显记忆上，不同年级组之间的外显记忆成绩存在差异；男女生在外显记忆成绩上不存在差异。

在内隐记忆上，不同年级组之间的内隐记忆成绩不存在差异；男女生在内隐记忆成绩上不存在差异。

从图 8—13 中更能直观地看出外显记忆和内隐记忆的发展趋势。

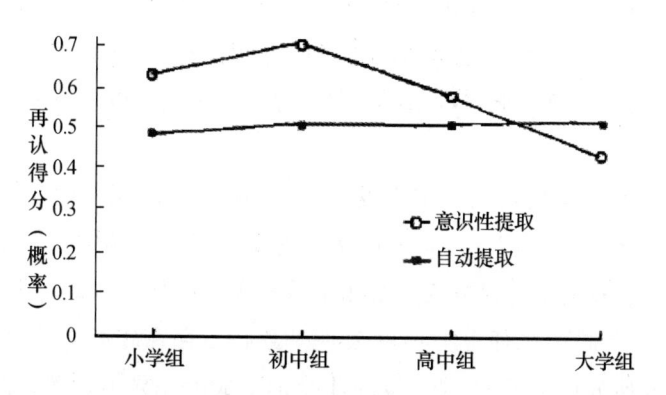

图 8—13　各组被试意识性提取（R）和自动提取（A）水平

李川云和吴振云以青年人（平均年龄 22 岁）和老年人（平均年龄 63 岁）为被试，采用项目内隐测量和联想内隐测量，考察了内隐记忆的年龄老化发展的特点。[①] 结果发现：内隐记忆成绩没有表现出随年龄增长而下降的趋势，而外显记忆则明显随年龄增长而下降，具体结果如表 8—22 所示。

表 8—22　　　　　　　　青年人与老年人的记忆成绩

年龄组	内隐记忆	外显记忆	
		再认	回忆
青年人	0.31	0.79	0.22
老年人	0.36	0.56	0.14
t	1.23	2.71**	3.65***

---

① 李川云、吴振云：《内隐记忆的年老化研究》，《心理科学》1997 年第 6 期。

六　前瞻记忆的发展

个体要成功地完成前瞻记忆任务，需要两个步骤：（1）记住要做的事（包括记住要完成的动作和正确的目标事件）；（2）记住在恰当的时间行动或对正确的目标事件进行反应。

Brandimonte提出的前瞻记忆模型包括6个部分：（1）构建目的，（2）记住做什么，（3）记住执行任务的时间，（4）记住要实施的行为，（5）在恰当的时间、地点以恰当的方式执行行为，（6）记住已完成的行为。

关于学前儿童的前瞻记忆的发展，Somerville等人的研究发现：即使是长达几个小时的延迟，2岁儿童完成前瞻记忆任务的成功率可达50%（如"明天经过超市时提醒成人给儿童被试买些糖果"）；2岁儿童与4岁儿童在完成前瞻记忆任务方面的表现一致，不存在年龄效应。Meacham和Dumitru研究报告5—7岁儿童的前瞻记忆成绩差异不显著，但是7—9岁儿童的前瞻记忆成绩差异显著。[1]

张磊和郭力平以4—8岁儿童为对象，采用Einstein和McDaniel的研究范式，研究了他们的前瞻记忆的发展特点。[2] 结果如表8—23所示。

表8—23　　　　各年级儿童前瞻记忆的分数

年龄组	无外部线索	有外部线索
中班	1.08 ± 1.44	1.75 ± 1.42
大班	2.17 ± 1.34	2.33 ± 1.15
一年级	1.92 ± 1.44	2.75 ± 0.45
二年级	2.00 ± 1.48	2.50 ± 1.00

从表8—23中可以看出，4—8岁儿童的前瞻记忆存在年龄差异，最显著的差异存在于幼儿园中班和大班儿童之间；外部线索对于4—8岁儿童的前瞻记忆表现有促进作用，学前儿童也懂得利用外部线索。

---

[1] 王丽娟等：《儿童前瞻记忆研究述评》，《心理科学进展》2006年第1期。

[2] 张磊、郭力平：《儿童前瞻记忆的发展研究》，《心理科学》2003年第6期。

Einstein 等人以年龄在 17—24 岁的人为青年被试组，以 60—78 岁的人为老年被试组进行研究。[1] 前瞻记忆任务是特定的单词出现时做按键反应。单词分熟悉和不熟悉两类，同时还给被试施测了韦克斯勒成人智力量表。具体结果如表 8—24 所示。

表 8—24　　两组被试的自由回忆成绩和前瞻记忆成绩

	青年组		老年组	
	熟悉	不熟悉	熟悉	不熟悉
韦克斯勒成人智力量表分数	55.33	50.50	57.42	56.42
自由回忆	0.58	0.51	0.41	0.47
前瞻记忆	0.28	0.83	0.36	0.94

从表 8—24 中可以看出，两组被试在韦克斯勒成人智力量表上的得分相近；在自由回忆成绩上，青年组被试成绩高于老年组；但在前瞻记忆成绩上，则老年组的成绩优于青年组。

关于自然情境下的前瞻记忆的年老化发展，Dobbs 和 Rule 让被试把一份问卷带回家做，完成后在问卷某一位置写上日期和时间，并交回问卷。[2] 结果发现，若采用严格的记分标准（即被试在问卷的正确位置写下日期和时间才得分），年轻被试和年老被试的前瞻记忆成绩差异不显著；但如果采用宽松的记分标准（即被试在问卷的任何位置写下日期或时间就得分），年老被试的前瞻记忆成绩显著低于年轻被试。

在实验情境下的前瞻记忆的年老化发展，McDaniel 研究了目标事件的典型性对前瞻记忆的影响。[3] 他认为，不同年龄的人自我唤起水平不同，非典型目标事件（如：拖拉机是车辆范畴的非典型项目）比典型目标事件（如：公共汽车是车辆范畴的典型项目）需要更大程度的自我唤起。结果发现，老年被试对典型目标事件的反应显著优于对非典型目标

---

[1] 刘伟、王丽娟：《前瞻记忆的年龄效应》，《心理科学》2006 年第 5 期。
[2] 杨靖、郭秀艳、孙里宁：《前瞻记忆老化研究综述》，《心理科学》2006 年第 4 期。
[3] 霍燕、朱滢：《前瞻性记忆及其年老化的影响》，《心理学动态》2001 年第 2 期。

事件的反应,而年轻被试对两类目标事件的反应差异不明显;在非典型目标条件下,老年被试的前瞻记忆成绩明显差于年轻被试的。

　　Maylor 提出前瞻记忆任务与进行中任务加工的相容性是导致早期基于事件的前瞻记忆研究中没有发现年龄差异的一个重要因素。[1] 她认为如果前瞻记忆任务与进行中任务的加工方式不同,就会产生年龄差异。她以面孔命名为进行中任务(语义加工),前瞻记忆任务是对戴眼镜的面孔做出反应(结构加工),结果表明年轻被试的前瞻记忆成绩明显优于年老被试。

　　任务的难度和性质对前瞻记忆年龄效应影响的研究数量较多,大多是运用分配注意、任务类别(知觉的或语义的)等的变化来控制当前任务这一变量的。在一项研究中,研究者设置了两种任务:回答问题(语义任务)与面容辨认(知觉任务),考察其对前瞻记忆年龄效应的影响。结果发现,当前任务为回答问题时,老年被试的前瞻记忆成绩比在面容辨认条件下显著降低。[2] 还有研究是将呈现单词的色彩作为知觉线索,将单词含义的类别作为语义线索,发现了年龄因素与不同当前任务类型的相互作用,即语义线索受年龄影响更大。[3] 在另一项研究中,通过增加当前任务完成时的注意要求,来调控当前任务的难度。[4] 结果发现,在当前任务中增加一个数字监视的任务,使前瞻记忆任务的成绩出现了年龄效应;而如果有选择地分别增加当前任务的注意要求,那么注意要求的变化在意向编码阶段,对前瞻记忆没有影响,而在意向的回忆阶段,这一变量加剧了年龄效应。可见,当前任务的难度与性质和年龄效应有着密切的关系。

---

[1] Maylor E. A., "Age-related Impairment in an Event-based Prospective Memory Task", Psychology and Aging, Vol. 11, No. 2, 1996, pp. 74 – 78.

[2] Dewalle G., Luwel K., Brunfaut E., "The Importance of Ongoing Concurrent Activities as a Function of Age in Time and Event Based Prospective Memory", European Journal of Cognitive Psychology, Vol. 11, No. 2, 1999, pp. 219 – 237.

[3] West R., Craik F. I. M., "Influences on the Efficiency of Prospective Memory in Younger and Older Adults", Psychology and Aging, Vol. 16, No. 4, 2001, pp. 682 – 296.

[4] Einstein G. O., Smith R. E., et al., "Aging and Prospective Memory: The Influence of Increased Task Demands at Encoding and Retrieval", Psychology and Aging, Vol. 12, No. 3, 1997, pp. 479 – 488.

七 元记忆的发展

(一) 元记忆知识的发展

Yussen 和 Bird 探讨了儿童对材料的性质、数量等影响记忆效率的认识。结果发现幼儿和某些小学一年级的儿童,认为那些熟悉的、直观的、孤立的项目比那些有内在联系的项目更容易记忆。所有幼儿和小学一年级被试都认为单纯增加材料的数量会加大记忆任务的难度。

Flavell 等人研究发现,幼儿及小学一、二年级学生基本上认识不到逐字逐句回忆与理解与用自己语言回忆两者之间有什么区别,小学高年级学生则可以分清这一点。

Rogoff 等人对保持间隔时间的长短与记忆效果的关系认知进行了发展研究,结果发现 8 岁儿童对保持间隔的长短对记忆结果的影响有比较理智的认识,他们认为要求间隔较长的时间后回忆项目会花费更长的时间,而 4—6 岁的儿童则没有这种认识。

桑标等人比较了超常儿童与普通儿童元记忆知识的发展。[①] 被试是 5、6、7 岁的普通儿童和 5、6 岁的超常儿童共 112 人。考察了被试对以下五类元记忆知识的掌握情况,具体内容为:个体变量(即年龄大小、性别)、项目变量(容量多少、项目之间有无联系和具体内容或抽象内容)、过程变量(记忆时间的长短、记忆环境安静或吵闹)、策略变量(有无复述、记忆有无组织、精致策略的有无和有无帮助)、遗忘与回忆变量(学习与回忆的时间间隔的长短、记忆内容有无意义、学习与回忆之间有无经验、再认和回忆)。结果如表 8—25 所示。

表 8—25   被试元记忆知识成绩

	5 岁普通组	5 岁高智组	6 岁普通组	6 岁高智组	7 岁普通组
个体变量	2.00 (50%)	2.60 (65%)	2.41 (60.3%)	2.60 (65%)	2.70 (67.5)
项目变量	3.27 (54.5%)	5.07 (84.5%)	4.69 (78.2%)	5.27 (87.8%)	5.40 (90%)

---

① 桑标等:《超常与普通儿童元记忆知识发展的实验研究》,《心理科学》2002 年第 4 期。

续表

	5岁普通组	5岁高智组	6岁普通组	6岁高智组	7岁普通组
过程变量	2.43 (60.8%)	3.00 (75%)	2.84 (71%)	3.33 (83.3%)	3.30 (82.5%)
策略变量	4.07 (50.9%)	4.67 (58.6%)	5.69 (71.1%)	7.40 (92.5%)	6.07 (75.9%)
遗忘变量	3.27 (40.9%)	5.07 (63.4%)	4.81 (60.1%)	5.33 (66.6%)	5.13 (64.1%)
总体	14.97 (49.9%)	20.24 (67.5%)	20.44 (68.1%)	23.93 (79.8%)	22.60 (75.3%)

从表8—25中可以看出，5—7岁儿童在元记忆知识的了解与把握过程中，项目变量知识、过程变量知识、策略变量知识、个体变量知识、遗忘与回忆变量知识的发展并不是同步的，而是有先后之别的；5—7岁儿童是元记忆知识快速发展的时期；超常儿童与普通儿童相比，他们的元记忆知识水平均与普通儿童高一年龄组的水平相同。

杜晓新对元记忆组织策略发展中年龄和教育训练的影响进行了比较研究，结果发现，从初中到高中，学生在策略知识方面有明显的发展。[1] 但是参与干预实验的15岁学生，其元记忆策略分数与教育程度相当的17岁重点中学高中学生的分数接近，表明元记忆策略知识的习得与发展，主要是受教育训练的影响，年龄是影响其发展的因素之一，但不是决定性因素。

（二）元记忆监测的发展

1. 正常个体的元记忆监测的发展

韩凯和郝学芹探讨了学前儿童FOK判断的发展。[2] 被试为大班幼儿，结果发现：学前大班儿童已具有较准确的FOK判断能力；他们的FOK判断等级随识记词对记忆强度而变化，即对有意义联系能形成较强记忆强度的词对，FOK判断等级就高，而对无意义联系记忆强度较弱的词对，FOK判断等级就低；线索熟悉程度对他们的FOK判

---

[1] 杜晓新：《15—17岁青少年元记忆实验研究》，《心理科学》1992年第4期。
[2] 韩凯、郝学芹：《学前儿童FOK判断及其产生机制的实验研究》，《心理发展与教育》1997年第1期。

断无显著影响。

Schneider 等人研究了幼儿园儿童、小学二年级和四年级学生的逐项 JOL 和总项 JOL, 并研究了儿童的延迟 JOL 效应。[①] 结果显示, 即使年龄较小的儿童其延迟 JOL 的准确性也高于即时 JOL。

刘希平以小学生二年级学生、初中二年级学生和大学二年级学生为被试, 探讨了他们回溯性监测判断与预测性监测判断（任务难度的预见和回忆准备就绪程度）的发展速度。[②] 结果如图 8—14 所示。

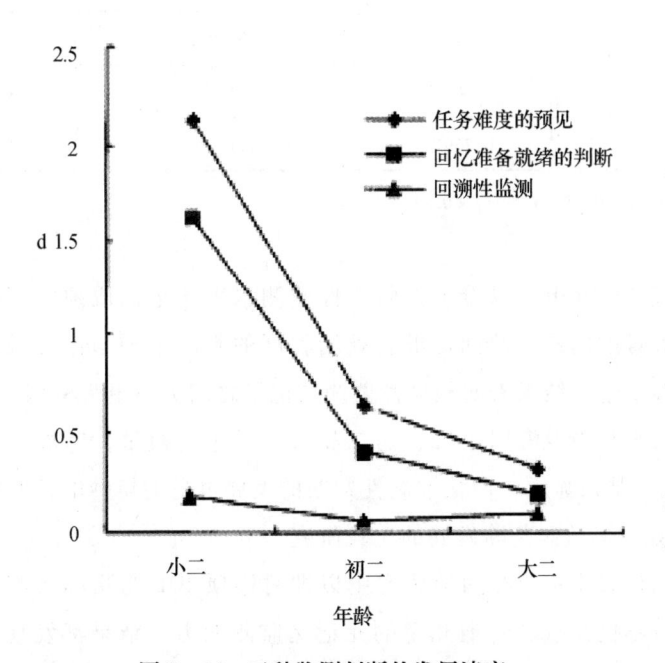

图 8—14 三种监测判断的发展速度

从图 8—14 中可以看出, 越是远离提取行为的监测判断发展得越晚, 即对任务难度的预见判断得最晚, 对回忆准备就绪程度的判断发展得较晚, 而回溯性监测的判断发展得比较早, 在小学二年级已基本

---

① Schneider W., Vise M., Lockl K., et al., "Developmental Trends in Children's Memory Monitoring Evidence from a Judgment-of-learning Task", *Cognitive Development*, Vol. 15, No. 2, 2000, pp. 115–134.

② 刘希平:《回溯性监测判断与预见性监测判断发展的比较研究》,《心理学报》2001 年第 2 期。

成熟。

同时还发现，三种监测判断与记忆的关系不同。具体结果如表8—26所示。

表8—26　　三种监测判断水平与记忆成绩之间相关的比较

年级	任务难度的预见	回忆准备就绪程度的判断	回溯性监测
小二	0.7915**	0.5787*	0.0433
初二	0.6121**	0.4812*	-0.2305
大二	0.4897*	0.4394	0.0388
总计	0.7691**	0.6199**	0.1306

注：*：$p<0.05$，**：$p<0.01$。

从表8—26中可以看出，回溯性监测水平与记忆成绩之间的相关较低，任务难度的预见及回忆准备就绪程度的判断水平与记忆成绩之间的相关较高，这一结果表明预见性监测与记忆之间关系更为密切。

刘希平和唐卫海以小二、初二和大二学生为被试，考察了JOL判断的发展。[①] 结果显示：回忆准确性判断的发展也是随年龄增长而提高的。

2. 元记忆监测判断发展的比较研究

俞国良和张雅明在两项研究中以即时逐项JOL为指标考察了四至六年级学习不良儿童和普通儿童的元记忆监测能力，结果都发现学习不良儿童的学习判断水平低于正常儿童的。[②]

周楚等人的实验中，以小学三、四、五年级的47名学习困难儿童和54名学优儿童为被试，考察学习困难学生的元记忆能力。[③] 研究结果如表8—27所示。

[①] 刘希平、唐卫海：《回忆准备就绪程度的判断发展》，《心理学报》2002年第1期。
[②] 俞国良、张雅明：《学习不良儿童元记忆监测特点的研究》，《心理发展与教育》2006年第3期；张雅明、俞国良：《学习不良儿童元记忆监测与控制的发展》，《心理学报》2007年第3期。
[③] 周楚、刘晓明、张明：《学习困难儿童的元记忆监测与控制特点》，《心理学报》2004年第1期。

表8—27　　　　　两组被试在不同性质材料上的 FOK 判断等级

材料性质		学习困难儿童			学优儿童		
		三年级	四年级	五年级	三年级	四年级	五年级
有意义	M	52.78	74.67	74.29	76.47	79.55	75.67
	SD	20.81	21.00	21.38	18.69	15.27	18.41
无意义	M	31.67	56.67	49.29	47.06	49.55	50.67
	SD	19.17	20.59	25.86	22.01	17.86	29.87

从表8—27中可以看出：学习困难儿童的 JOL 等级显著低于学优儿童，其 JOL 水平从小学三年级到五年级在缓慢提高。

白学军等人研究了优生和差生的 FOK 判断的发展特点。[①] 被试为小学五年级、初一年级和高一年级的学生，每个年级按学生的学习成绩分为优生组和差生组，每组各12个人。研究采用 RJR 范式。结果发现，优生的 FOK 判断发展水平高于差生的，优生和差生的 FOK 判断发展均存在关键期，且优生的关键期要早于差生的。优生的 FOK 判断发展的关键期是在小学五年级与初一之间，差生的 FOK 判断发展的关键期是在初一年级与高一年级之间。结果提示我们为什么优生与差生的学习成绩不同，与他们的 FOK 判断发展早晚有密切关系。

（三）元记忆控制的发展

Metcalfe 以六年级儿童为被试，比较了专家和新手在学习时间分配上的差异。[②] 结果发现，新手把时间平均分配给容易的和困难的项目，而专家则把时间更多地分配给困难的项目。根据此结果，作者认为，六年级新手把学习时间平均分配给容易的和困难的项目，是由于他们缺乏相应的特殊领域的知识。

Schneider 等人以7岁、9岁和10岁儿童为被试，用计算机准确记

[①] 白学军、刘海娟、沈德立：《优生和差生 FOK 判断发展的实验研究》，《心理发展与教育》2006年第1期。

[②] Metcalfe J., "Is Study Time Allocated Selectively to a Region of Proximal Learning?", Journal of Experimental Psychology: General, Vol. 131, No. 3, 2002, pp. 349–363.

录被试的学习时间。① 结果发现，年龄越小的儿童在容易的困难的项目上分配了基本相同的时间；而年龄越大的儿童，则把时间更多地分配给困难的项目。这表明，小学高年级学生已经形成了有效的自我调节的策略。

刘希平的研究也发现，尽管小学低年级儿童的决策水平还不是很成熟，但小学二年级的儿童已经能够在面对不同的难度的任务时，尝试进行学习时间的调整。② 到小学六年级其决策水平已经跟成年人非常接近。

周楚等人通过分配学习时间来控制了小学学优生与学习困难学生的元记忆控制能力的发展。结果发现，两组被试在学习有意义材料和无意义材料时，学习分配时间有明显的差异，具体如表8—28所示。

表 8—28　　　　两组被试在学习不同性质材料时学习时间分配情况　　　　（秒）

材料性质		学习困难儿童			学优儿童		
		三年级	四年级	五年级	三年级	四年级	五年级
有意义	M	336.00	256.07	214.93	269.67	245.00	180.23
	SD	108.17	115.08	113.86	145.57	99.36	67.43
无意义	M	289.56	369.6	415.5	355.87	380.47	445.18
	SD	107.84	114.82	112.53	145.69	99.25	67.54

从表8—28中可以看出，小学四、五年级学习困难儿童在有意义材料上分配学习时间明显多于学优儿童，而其在无意义材料上分配的学习时间显明少于学优儿童。小学三年级学生中，学优生与学习困难学生在学习时间分配上没有差异。研究还发现，对于学优学生，在两类材料上分配的学习时间，三年级与四年级之间差异不显著，四年级与五年级和三年级与五年级之间差异显著；对于学习困难儿童而言，在两类材料上分配的学习时间，三年级与四年级和三年级与五年级之间差异显著，四年级与五年级之间差异不显著。

---

① 刘希平等：《儿童程序性元记忆的发展》，《心理科学》2006年第5期。
② 刘希平、方格：《小学儿童学习时间分配决策水平的发展》，《心理学报》2005年第5期。

贾宁等人采用眼动记录法，通过操纵时间压力和材料难度，探讨了学习时间分配的问题。① 学习进程是指个体学习过程中，对不同难度项目的学习情况。本书按个体的学习时间的比例将其学习过程分为十个部分，以此来分析个体在学习进程中不同难度项目的学习情况。

根据个体在有时间压力下的学习进程中的表现，具体结果如图 8—15 所示，将有时间压力下的学习进程大致分为三个阶段：第一阶段（1—2），个体主要学习简单项目，并尝试学习困难项目；第二阶段（3—5），个体主要学习中等难度项目；第三阶段（6—10），个体既学习中等难度项目，又再次学习困难项目。

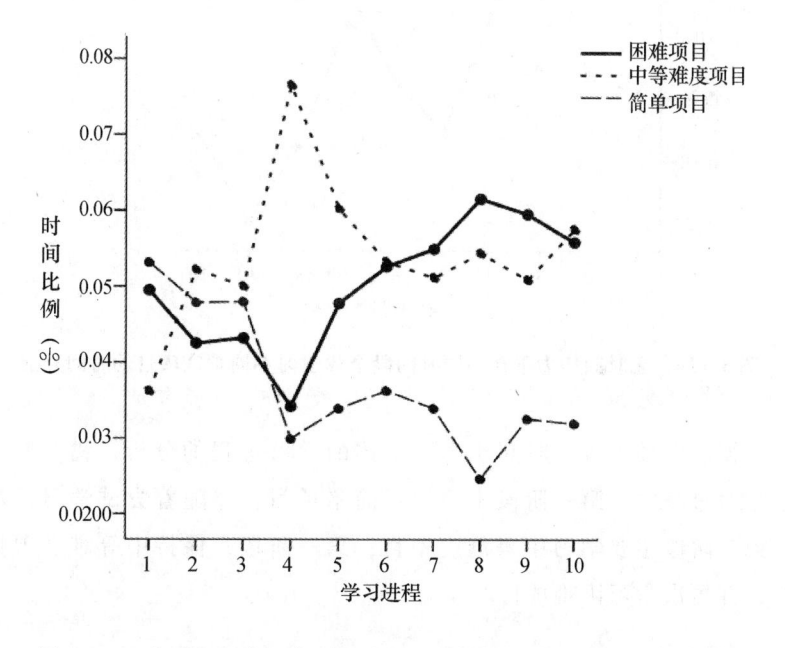

图 8—15 有时间压力下在不同时间段个体学习不同难度项目的时间

根据个体在无时间压力下的学习进程中的表现，具体结果如图 8—16 所示，将无时间压力下的学习进程也大致分为三个阶段：第一阶段（1），个体主要学习简单项目，并尝试学习困难项目；第二阶段（2—5），个体

---

① 白学军等：《实现高效率学习的认知心理学基础研究》，天津科学技术出版社 2008 年版，第 224—237 页。

主要学习中等难度项目；第三阶段（6—10），个体既保持对中等难度项目的学习，又再次学习困难项目。

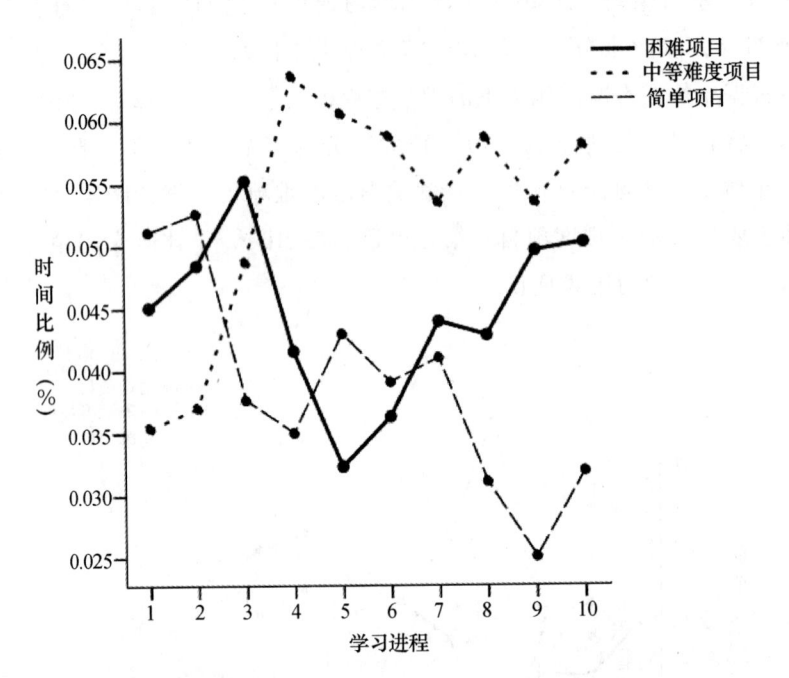

图 8—16　无时间压力下在不同时间段个体学习不同难度项目的时间分配

根据以上关于有无时间压力下个体的学习进程的分析，我们发现个体在学习过程中，第一阶段主要学习简单项目，伴随着尝试学习困难项目；第二阶段主要学习中等难度项目；第三阶段，保持中等难度项目的学习，并再次学习困难项目。

第 九 章

个体情绪的发展

第一节 情绪发展的理论

一 情绪发展的行为主义理论

（一）人类的三种基本情绪

华生提出，人类天生就有三种基本的情绪：害怕、愤怒和爱。[①]

害怕是由突然的巨大响声或身体失去支持所引起的。当婴儿静静地躺在地毯上时，在其头部附近敲打东西或物体从高处落下所产生的巨大的响声，就会引起婴儿的惊慌，表现出肌肉收缩，大声哭泣；当婴儿的身体突然失去支持，或身体下面的东西突然被人拿走，也会引起婴儿全身发抖、大哭、呼吸急促、双手乱抓。

愤怒是由身体运动受到限制而引起的。当婴儿的身体被毛毯紧紧地缠住，或按住婴儿的头部，不准婴儿活动，婴儿都会发怒，表现出将身体挺直，尖叫，手脚乱蹬。

爱是由触摸和爱抚所引起的。母亲轻轻抚摸孩子的皮肤，或者柔和地轻轻拍打，都会使婴儿安静下来，产生一种广泛的松弛反应，这时婴儿会张开手指，脚趾，发出"咕咕"或"咯咯"的声音。

华生认为，儿童在这三种先天情绪的基础上，通过后天学习而可形成更为复杂的情绪。

（二）复杂情绪通过条件反射形成

华生主张，任何情绪都可通过条件反射来形成。人的情绪反应是习

[①] ［美］斯托曼：《情绪心理学》，张燕云译，辽宁人民出版社1986年版，第242—244页。

得的。他曾与人合作，让小阿尔伯特形成对白鼠的条件性害怕反应。该研究的假设是，某种刺激能自动地导致个体产生某种特定的情绪反应（如害怕），倘若这种体验每次重复时都伴随着其他事物，如一只白鼠。那么，白鼠就可能在个体的大脑中与害怕建立起联系，换言之，个体最终会条件反射性地害怕白鼠。其实个体不是天生地害怕白鼠，这种害怕是通过条件反射习得的。华生以此为理论基础，开展了著名的也是臭名远扬的情绪形成实验。

二　情绪发展的精神分析理论

情绪发展的精神分析理论是由弗洛伊德（Freud）提出的。

（一）情绪的含义

弗洛伊德主张，情绪是心理能量（力比多）的释放过程，是人类本能冲突的表现，是本能内驱力的满足。

（二）个体焦虑情绪的产生及类型

弗洛伊德认为，个体的焦虑，最早是来自婴儿在出生时与母体的分离。[①] 出生前，胎儿受到母体的保护。出生后，婴儿对内部的及外在的刺激毫无准备，因此就有一种对危险无能为力的感觉，弗洛伊德将此称为出生创伤。伴随这种出生创伤婴儿体验到的就是焦虑。在婴儿以后的发展中，他们还要遇到许多无法应付的情形，凡是可能使他们陷入无能为力的情景，都会引起焦虑的反应。所以，弗洛伊德认为，出生创伤是以后一切焦虑经验的基础，焦虑代表着早期经验的重现。

弗洛伊德将焦虑分为三种：客观性焦虑、神经性焦虑和道德性焦虑。这三种焦虑的性质是相同的，即都是引起人的不愉快。它们之间的区别在于引起焦虑的根源不同。

客观性焦虑是指由外界环境中真实存在的客观危险引起的情绪体验。在一定程度上，焦虑是害怕的一种表现，如同人们害怕毒蛇、猛兽和自然灾害等。当危险消除后，客观性焦虑也就减轻或消失了。这种焦虑有助于个体保存生命。

神经性焦虑是指个体由于惧怕自己的本能冲动引起的不良行为后果

---

① Berk, L. E., *Child Development*, Boston: Allyn and Bacon, 1991, p.413.

会受到惩罚时所引起的情绪体验。神经性焦虑是在客观性焦虑的基础上产生的。因为只有当人认识到实现本能需要可能招致来自外界的危险时，他们才学会害怕本能，只要本能冲动不导致惩罚，人们就不可能惧怕它。

道德性焦虑是指个体的行为冲动违反了良心时所引起的内疚情绪体验。当本能的冲动使一个人产生了要趋向于那些不道德的行为时，良心就以羞耻、罪恶感警告，并进行自我谴责。换言之，道德性焦虑是指导一个人的行为符合良心和社会道德规范。

（三）个体焦虑情绪的发展

弗洛伊德认为，儿童焦虑的发展有两个不可忽视的特点：一是存在着个体差异，即不同的儿童焦虑的内容不同；二是存在年龄差异，即年幼儿童的焦虑主要是客观性焦虑，随着年龄的增长，神经性焦虑不断发展，最后道德性焦虑成为儿童的主要焦虑来源。[①]

三　情绪发展的分化理论

情绪发展的分化理论是由 Izard 和 Malatesta-Magai 提出来的。

（一）情绪的含义

他们认为，情绪是一个相对独立的系统，但与个体的生命维持系统、行为系统及认知系统密切相关。在此基础上，他们进一步提出情绪是个体发展的原动力，是人类行为的独立促发因素，是由一系列神经化学变化、肌肉运动方面的表达和心理过程所构成的。

（二）情绪发展的 12 个基本原理

Izard 和 Malatesta-Magai 提出了个体情绪发展的 12 个基本原理，具体内容是：[②]

（1）人类有 10 种基本情绪，每种基本情绪均有其独特的神经基础，但 10 种基本情绪所涉及的脑结构基本相同。

（2）个体在神经生物学上的特定发育趋势决定了情绪系统的恒定性，而发育的可塑性则决定了情绪系统的发展变化。

---

① 朱智贤、林崇德：《儿童心理学史》，北京师范大学出版社 2002 年版，第 105 页。
② ［新西兰］Strongman, K. T.：《情绪心理学》（第五版），王力主译，张厚粲审校，中国轻工业出版社 2006 年版，第 149—150 页。

（3）大脑发育和组织形成了相对独立的情绪系统。尽管个体的情绪发展与认知发展之间存在相互作用，但在大脑的发育期，这种相互作用并不是必要的。

（4）个体的情绪表达行为主要有两个方面的发展变化：一是引发情绪反应的事件和环境的变化；二是个体的表达行为由单纯的反射活动发展为具体文化特征的行为对他人表达行为的学习。对个体而言，这种发展变化是终生的，即使老年期也是如此。

（5）个体的表达行为总是从具有一定限定性的行为、全有或全无的行为模式向具有多种调节方式的行为模式发展。

（6）由于个体情绪表达行为具有极其重要的社会意义，个体对这种表达行为的学习始于儿童早期，并贯穿于整个儿童期。

（7）当个体对神经肌肉的表达模式进行编码时，就赋予了个体情绪体验的基本品质，这也是婴儿情绪体验的一个重要指标。

（8）每种基本情绪的体验成分具有其独特的适应和动机功能。

（9）在个体的一生中，某些情绪总是可以为个体所知觉。

（10）情绪体验的基本品质并不是终生变化的。

（11）在儿童期、青春期，个体对情绪的综合能力与个体对情绪的抽象处理能力密切相关。这可增加个体内在冲突的可能性，同时也使个体的人格整合成为可能。

（12）即使个体的心理发展是一种非适应性的属性发展或是一种病态的发展，情绪仍旧具有动机和适应的功能。

（三）情绪对个体社会—认知发展的影响

Abe 和 Izard 在情绪分化理论的基础上，探讨了情绪对个体社会—认知发展的重要影响。他们将个体的社会—认知发展划分为四个阶段，具体为:[①]

（1）婴儿期。主要是婴儿与照顾者之间的互动和依恋的模式与社会参照行为的出现之间的互动。

（2）幼儿期。自我知觉的意识增强，理解他人的能力提高，对道德

[①] [新西兰] Strongman, K. T.：《情绪心理学》（第五版），王力主译，张厚粲审校，中国轻工业出版社 2006 年版，第 149—150 页。

和规则的敏感性增强，开始出现一些自我评价性的情绪。

（3）学龄期。进行社会比较的能力得到发展，出现具有个性特征的自我概念，理解他人的思想和情感的能力增强，并能够对自我评价性的情绪进行抽象的概念化处理。

（4）青春期。对消极情绪的抽象思维能力增强。

他们指出，在这四个发展阶段中，情绪均表现出适应的功能和动机功能。在个体发展的特殊阶段所出现的情绪反应、非适应性思维模式和心理障碍的行为模式都有密切关系。

四 情绪发展的机能主义观点

情绪发展的机能主义观点主要代表人物是 Campos，强调情绪是个体与环境相互作用过程中的体验。[1]

（一）情绪的含义

Campos 等人认为，当个体与个体内部或外部环境之间的关系对个体具有某种意义时，情绪就是一些建立、维持或中断这些关系的过程，即情绪是在目标的指引下，机体和环境相互作用的模式。[2]

他们认为，个体与环境之间的关系对个体的意义取决于目标与个体相关联的程度，取决于个体与某个（或某些）对个体来说有重要意义的人物之间的情绪交流，取决于个体的享乐倾向。在这一框架内，个体的情绪与认知就建立起联系了。

因此，在 Campos 等人看来，情绪就是表示一种关系的现象，它们既体现在个体之间的关系之中，也体现在个体自身内部的各种关系之中。在情绪现象中，个体对某一事件意义的评价，个体的感受以及个体应对环境的方式具有相同的地位。

（二）情绪发展的实质

Campos 认为，情绪系统的特定特征（例如，核心的评价和目标特

---

[1] Bornstein, M. H. and Lamb, M. E., *Developmental Psychology: An Advanced Textbook*, New Jersey: Lawrence Erlbaum Associates, Publishes, 1999, pp. 388 – 389.

[2] Campos, J. J., Campos, R. G. and Barrett, K. C., "Emergent Themes in the Study of Emotional Development and Emotion Regulation", *Development Psychology*, Vol. 25, No. 3, 1989, pp. 394 – 402.

征）是保持不变的，情绪体验则是变化的。随着个体的成长，情绪系统要发生几个重要变化。

（1）随着评价体系的丰富和细化，任何特定情绪家族的新成员都可能产生。如成人体验恐惧的种类比婴儿体验原始的害怕要丰富。

（2）随着儿童的成长，会不断习得情绪表达的规则，逐渐有能力控制情绪，表情和情绪体验的关系会发生变化。如在儿童早期，神经系统不成熟，表情行为不能很好地协调，是婴儿情绪表达能力较差的信号。在这种随机的表现多次之后，表情与情绪状态的联系越来越紧密。但是，儿童一旦学会了复杂的表现规则，就会来伪装他们的情绪，表情和情绪体验又会脱节。

（3）随着年龄增长，儿童对情绪的应对反应、情绪调节和对他人的情绪表达的接纳，会不断发生变化。

（三）情绪在个体发展中的作用

（1）动机过程、他人的情绪信号、与个体享乐倾向有关的刺激以及社会生态学上的参照物在个体情绪起源中扮演着重要的角色。

（2）情绪与情绪发展就是个体与他人、个体与其他客体之间建立、保持和中断关系的过程。

（3）情绪有助于促进和维持个体毕生的自我发展。

五　情绪发展的组织观点

情绪发展的组织观点是由 Lewis 和 Sroufe 提出的。

（一）情绪的含义

情绪是一个总体概念，它包括情绪引发因素、情绪行为、情绪状态和情绪体验等许多内容。

Lewis 认为，情绪包含了五种成分：诱发物、感受器、状态、表达和体验。[①] 由于情绪是不断变化的，所以情绪状态也只不过是一些短暂的模式、一些躯体内部的神经生理变化而已。

---

① Lewis, M., "The Development and Structure of Emotions", in M. F. Mascolo and S. Griffin, eds., *What Develops in Emotional Development*? New York: Plenum Press, 1998, pp. 29–50.

（二）情绪发展的实质

情绪的组织观点认为，情绪系统的发展是一系列阶段的转变。Sroufe 认为，任何特定的心理过程都是元素的组织，这些元素在相互区别与相互联系方向上，会发生质的变化。[1] 发展是以转换作为特点的，所有的行为经历了一系列从简单和更整体的形式向更分化和成熟的形式的变化。

组织观假设情绪在出生时并不存在，新生儿具有天生的、由生理过程所引起的反射性表情，这些反射是原始的情绪出现的生理起点或原型。随着认知的发展，情绪从被动的生理原型向依赖于对一定刺激或事件的意义评价、以生理为基础的反应发展。

Sroufe 认为，每一个系统内的情绪在维持基本情绪的同时，都经历了从最初的形式向更高级的形式的发展转换。婴儿刚生下来的几天里，可以根据身体刺激所激发的生理状态来确定每一系统内的情绪反应。新生儿之后，出现了前驱情绪，它受事件对婴儿的意义所调节。儿童在半岁之后，出现喜悦、愤怒和恐惧等基本情绪。两岁时，每种情绪更成熟了。这样，任何特定水平的情绪都是由认知、生理反应和特定社会情境的行为之间的不同组织来确立。

（三）情绪在个体发展中的作用

情绪的组织观认为，情绪使个体适应其社会团体，具有适应的功能，包括适应与他人交流的人际环境和社会环境。

六　情绪调节发展的理论

（一）情绪调节的含义

Gross 等人认为情绪调节是指个体对具有什么样的情绪、情绪什么时候发生、如何进行情绪体验与表达施加影响的过程。[2] 情绪调节涉及对情绪的潜伏期、发生时间、持续时间、行为表达、心理体验、生理反应等

---

[1] Sroufe, A., *Emotional Development: The Organization of Emotional Life in the Early Years*, New York: Cambridge University Press, 1996.

[2] Gross, J. J., "Antecedent-and Response-focused Emotion Regulation: Divergent Consequences for Experience, Expression, and Physiology", *Journal of Personality and Social Psychology*, Vol. 74, No. 1, 1998, pp. 224–237.

的改变。

（二）情绪调节的类型

Gross 等人将情绪调节分为原因调节和反应调节。

原因调节是对引起情绪的原因的加工和调整。原因调节包括情境选择、情境修正、注意分配及认知改变等。其中，情境选择指个体对自己将要遭遇的人和事做出回避或接近的选择，从而对可能产生的情绪做出一定的控制。情境修正是通过改变和修正某一特定情境而调节情绪。注意分配是通过转移注意或有选择地分配注意而调节情绪。然而，每一个情境元素都可以有多种意义，存在多种认识，对不同意义的确定和选择可以改变情绪产生的过程，从而调节情绪，这属于改变认知而实现的情绪调节。从情境的选择到认知改变，反映情绪调节所发生的信息加工过程中的位置不断深入。

反应调节是个体对已经发生的情绪在生理反应、主观体验和表情行为三个方面通过增强、减少、延长、简短等策略调整一种正在进行的情绪。例如，某些药物可以改变生理过程降低肌肉紧张度和交感神经激活水平，体育运动和生物反馈可以有效降低生理唤醒和主观体验。

（三）情绪调节的过程模型

Gross 等人认为情绪调节是在情绪发生过程中出现的，在情绪发生的不同阶段会产生不同的情绪调节，据此提出了情绪调节的过程模型（process model of emotion regulation），如图9—1 所示。[1]

情绪调节可以发生在情绪发生过程的每一个阶段，包括情境选择（situation selection）、情境修正（situation modification）、注意分配（attentional deployment）、认知改变（cognitive change），以及反应调整（response modulation）。因此，情绪产生的过程也可以看作情绪调节的过程。

1. 情境选择

情境选择是指个体接近或者避免特定的人、事件或场合来调节情绪。个体经常使用这种策略来避免或减少负性情绪的产生，增加正性情绪的

---

[1] Gross, J. J., "Emotion Regulation: Affective, Cognitive, and Social Consequences", *Psychophysiology*, Vol. 39, No. 3, 2002, pp. 281–291.

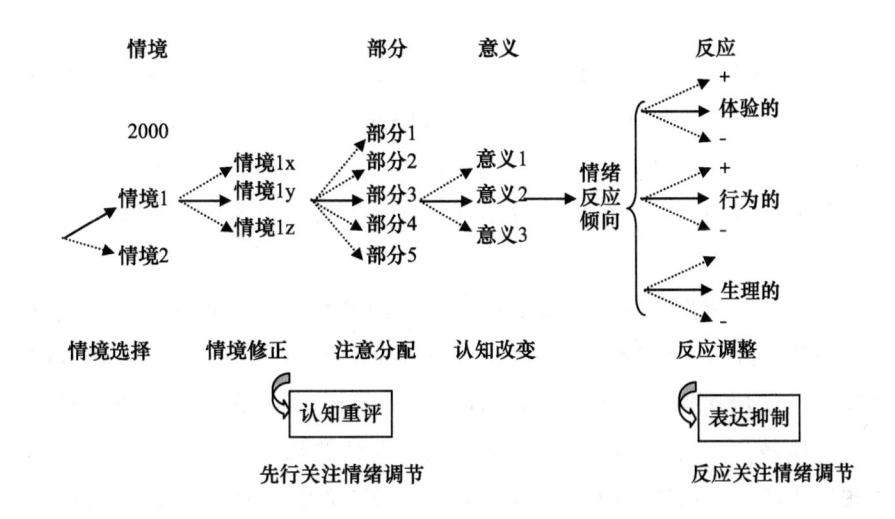

```
情境            部分        意义         反应
                                               ↗ + 
                                          ↗ 体验的
                                               ↘ -
         2000   ↗部分1
                 部分2                         ↗ +
    情境1 → 情境1x → 部分3 → 意义1  情绪    ↗ 行为的
         → 情境1y   部分4    意义2  反应      ↘ -
         → 情境1z   部分5    意义3  倾向
    ↗                                          ↗
   情境2                                     生理的
                                               ↘

情境选择    情境修正    注意分配   认知改变          反应调整
              ↻                                      ↻
           认知重评                                表达抑制

         先行关注情绪调节                    反应关注情绪调节
```

图 9—1　情绪调节的过程模型

体验，如害羞的人通过逃避接触陌生人避免内心的紧张。

2. 情境修正

情境修正是指个体将情境分为不同的部分，并赋予情境不同的情绪意义。个体同样可以选择其中的某个部分，而避免另一个部分。情境修正是指应对问题或对情绪事件进行初步的控制，努力改变情境，如当处境尴尬时个体会努力改变处境。

3. 注意分配

注意分配是指个体调整自己的注意，使其集中或者脱离特定的某个部分。注意分配是关注于情境中许多部分的一个或多个部分，包括努力使注意集中或离开一个特定的部分，如当谈到令人不悦的话题时个体会转移话题。

4. 认知改变

认知改变是指个体可通过自己的主观努力，赋予特定的情境不同的意义。认知改变是选择对情绪事件意义的可能解释。情绪事件个人意义的解释对特定情境中情绪发生的心理体验、行为表达、生理反应会产生重大影响。认知改变可以降低或增强情绪反应，或者改变情绪的性质，如别人撞了你，你认为对方不是故意的，则会避免生气。

5. 反应调整

反应调整是指在情绪已经产生后，个体采取某些策略增强、维持或降低体验的、行为的和生理的情绪反应倾向。例如，当有人撞了自己而没有表示歉意时，会导致自己很生气，但自己努力控制自己的情绪。除了认知和行为的方法外，也可以用药物或仪器等手段来改变个体的情绪体验和生理反应。

依据情绪调节发生在情绪反应产生之前或情绪反应产生之后，情绪调节被相应分为先行关注情绪调节（antecedent-focused emotion regulation）和反应关注情绪调节（response-focused emotion regulation）。由于情境选择、情境修正、注意分配、认知改变发生在情绪反应激活之前，因此属于先行关注情绪调节，而反应调整发生在情绪产生、情绪反应激活之后，因此属于反应关注情绪调节。

（四）情绪调节的策略

Gross 等人认为，在情绪发生的整个过程中，个体最常用的和有价值的降低情绪反应的策略是认知重评策略（cognitive reappraisal）和表达抑制策略（expression suppression）。[①]

1. 认知重评策略

认知重评策略是指改变对情绪事件的理解，改变对情绪事件个人意义的认识。例如，安慰自己不要生气，这只是件小事情，无关紧要等。认知重评策略是个体试图以一种更加积极的方式理解使人产生挫折、生气、厌恶等负性情绪的事件，或者对情绪事件进行合理化，认知重评是先行关注的情绪调节策略。

2. 表达抑制策略

表达抑制策略是指个体抑制将要发生或正在发生的情绪表达行为，是反应关注的情绪调节策略。表达抑制调动了自我控制能力，启动了自我控制过程以抑制自己的情绪行为。

---

① Gross, J. J., "Antecedent-and Response-focused Emotion Regulation: Divergent Consequences for Experience, Expression, and Physiology", *Journal of Personality and Social Psychology*, Vol. 74, No. 1, 1998, pp. 224 – 237. Gross, J. J., "Emotion Regulation: In Adulthood: Timing is Everything", *Current Directions in Psychological Science*, Vol. 10, No. 6, 2001, pp. 214 – 219.

七 依恋发展理论

(一) 依恋的含义

依恋 (attachment) 概念最初是由 Bowlby 提出，他在习性学的基础上，整合了精神分析理论、信息加工理论和控制论，提出了依恋理论，他用依恋来描述母—婴之间存在的一种亲密情感。Bowlby 将依恋定义为"抚养者与孩子之间一种特殊的情感上的联结，是一套本能反应的结果。依恋是不需要学习的，可被环境中所存在的合适的刺激所激活"[1]。

(二) 依恋的功能

关于依恋的功能，目前的主要观点是：

(1) 趋近行为 (proximity maintenance)。个体寻求并试图保持与依恋对象的接近，不愿与之分离。

(2) 分离痛苦 (separation distress)。抗拒与依恋对象的分离，分离时会感到痛苦。

(3) 避风港 (safe haven)。把依恋对象作为一个避风港，当遇到问题和威胁时，会转向依恋对象寻求安慰和帮助。

(4) 安全基地 (secure base)。把依恋对象作为一个安全基地，它的存在使个体的探索性增强，并能提高个体的社会能力。

(三) 依恋与依赖的区别

Bowlby 曾将依恋及与依恋意义类似的"依赖"进行了区分，具体如表 9—1 所示。[2]

表 9—1　　　　　　　　　　依恋与依赖的区别

因素	依恋	依赖
依恋对象	个人	任何人
期限	历时很久	一段时间

---

[1] 鲁晓静、郭瞻予：《成人依恋理论及其测量》，《现代生物医学进展》2007 年第 7 卷第 11 期。

[2] 杨淑萍：《青少年与父母亲的情感关系：依附的性质与重要性》，硕士学位论文，台北：台湾师范大学教育心理与辅导研究所，1995 年。

续表

因素	依恋	依赖
发展阶段	所有年龄	只在未成熟时
情感	强烈的、内在的感情	极少有感情投入
寻求亲近	针对特定人物	与任何能满足需要的人接触
获得情形	所学历时很久	非学习，出生时最多，随着时间而减少

（四）依恋的内部工作模型

Bowlby 提出的"内部工作模型"（internal working model）[1] 是依恋理论的核心概念之一。它主要包括个体对自我、他人以及自一他之间依恋关系表征，并引进了情感因素的作用。

依据 Bowlby 的依恋理论，在早期亲子互动的背景下，所有个体都将发展出有关自我和他人的内在表征，即内部工作模型。[2] 一旦形成，这种表征模型将对个体在依恋关系中的认知、情感和行为反应模式产生重要的影响，成为个体理解并预测环境、做出生存适应反应、建立并保持心理安全感的基础。内部工作依恋对象对依恋者信号反应的一致性、恰当性和高敏感度会使依恋者对自己充满信心，对他人怀有信任，体会到积极情感，在需要时主动寻求并获得依恋对象的帮助和支持。

内部工作模型不仅包括存储在有组织的表征结构的关于自我和依恋对象的普遍预期，而且包括与自我和他人有关的人际经验的具体细节和与之相关的情感体验。其中最重要的两种成分是自我意象和他人意象。所谓自我意象，指"自己是否是能够引起依恋对象做出有效反应的人"的表征；所谓他人意象，指"依恋对象在自己需要支持和保护时是否会是及时做出反应的人"的表征。

内部工作模型的形成与发展。依据依恋理论，内部工作模型以与依恋对象的互动经验为基础，是早期依恋经验的反映。在早期互动过程中，

---

[1] Pietromonaco, P. R. and Barrett, L. F., "The Internal Working Models Concept: What do We Really Know about the Self in Relation to Others?", *Journal of Personality and Social Psychology*, Vol. 4, No. 2, 2000, pp. 155–175.

[2] 尤瑾、郭永玉：《依恋的内部工作模型》，《南京师范大学学报》（社会科学版）2008 年第 1 卷。

根据依恋对象的可亲近性和反应敏感性等外部因素，儿童会发展出一系列关于自我和他人的心理表征，即内部工作模型。最初，个体的自我和他人工作模型是不分化的，随着经验的积累，自我和他人的工作模型才开始逐渐分离，具体的经验才被泛化为普遍的信念和预期。换言之，在形成之初，他人工作模型可以看成是个体与依恋对象互动经验真实的、准确的反应，经过泛化过程，这种具体经验表征被抽象为对他人反应的敏感性、可接近性的普遍预期和一般信念。与此同时，以镜像自我为核心的自我工作模型也得以逐渐形成。

工作模型一旦形成，在个体遇到新关系或关系发生变化时，将通过同化和顺应过程继续发展和演化。一方面，内部工作模型高度抗拒变化，更倾向于将与已有模型一致的信息同化进入工作模型，甚至不惜以扭曲它们为代价，因而保持了相当的连续性和准确性；另一方面，内部工作模型不是严密的表征系统，也会根据现实环境和人际情境自行调节，尤其是当与已有模型不一致的信息无法被忽略或排除时，内部工作模型的修正或更新就会出现，因而又表现出了一定的适应性。

Cassidy 从日常互动的层面对内部工作模型得以连续发展的内在过程做出了更清晰的阐述，如图 9—2 所示。[①]

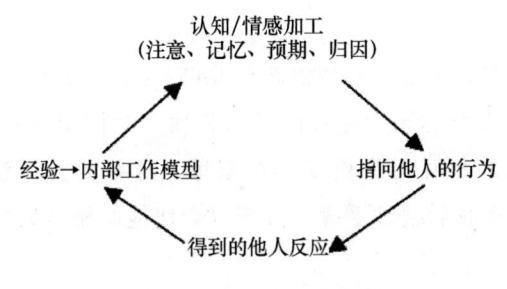

图 9—2　依恋发展的连续性

以早期经验为基础的内部工作模型，通过影响认知情感加工过程，会使个体对他人做出特定的行为反应，进而导致他人做出相应的反应，

[①] Cassidy, J., "Adult Romantic Attachments: A Developmental Perspective on Individual Differences", *Review of General Psychology*, Vol. 4, No. 2, 2000, pp. 111 – 131.

这反过来又影响到个体已有的内部工作模型，如此反复不已。因此，内部工作模型可以看作随着经验的积累在已有模型基础上不断更新、逐步细化、螺旋上升的动态表征模型。

（五）依恋的四种模式

通过用陌生情境法，研究者提出四种依恋的模式：[1]

1. 安全型依恋

安全型依恋（secure attachment）的婴儿积极探索他们的环境，当母亲在场时他们会和陌生人相互交流。当与母亲分开后，婴儿会积极地与他们的母亲打招呼或者寻求交流。如果婴儿在分离期间出现烦恼，母亲返回就会减轻，婴儿也会重新探索环境。

在家庭环境中，安全型依恋的婴儿与其他婴儿相比，哭泣很少。每天分离后，他们与母亲重新团聚时都会更加积极地和母亲打招呼，并且对他们母亲的要求给予更加合作的反应。安全型依恋的婴儿拥有一个有效的依恋模型，在这一模型中，他们期望自己的照顾者是易接近的和善于做出反应的。

2. 焦虑回避型依恋

焦虑回避型依恋（anxious-avoidant attachment）的婴儿在与母亲分离后，回避与母亲接触或者否认交流的努力。他们在被单独留下时的烦恼少于其他的儿童。

在家庭环境中，焦虑回避型依恋婴儿的母亲可能会拒绝他们的孩子。在孩子面前她们总是生气。与其他母亲相比，她们很少拥抱孩子，不愉快的甚至是伤感的相互交流更多。在家里，这些婴儿哭泣的时间很多，他们在与照顾者接触后很难平静，分离也会使他们相当烦恼。

3. 焦虑抵抗型依恋

焦虑抵抗型依恋（anxious-resistant attachment）的婴儿在陌生人出现时会非常谨慎。照顾者的离开会破坏他们的探索行为。当照顾者返回时，婴儿表现出想要与照顾者亲近，但又会生气，因此他们的情绪很难平息或缓和下来。

---

[1] Shaffer, S., *Developmental Psychology: Childhood & Adolescence*, Wadsworth Groups, 2002, pp. 397-398.

在家庭环境中，焦虑抵抗型依恋婴儿的母亲，她们对婴儿的反应没有一贯性。有时这些母亲忽视婴儿发出的明确的烦恼信号。还有，她们为了和孩子接触而会去打扰孩子。她们的反应并不一定适应孩子的需要。结果是婴儿形成了很难预测内在的依恋表征。这些婴儿试图维持亲近并且避免不熟悉的情境，这些不熟悉的情境会使他们增加对照顾者易接近的不确定性。

4. 紊乱型依恋

紊乱型依恋（disorganized）的婴儿在与依恋对象重新团聚时的反应特别强烈。在前三种依恋模式中，婴儿控制紧张情境时的策略是一致的。而紊乱型依恋的婴儿则在控制紧张情境时没有一贯的策略。他们以矛盾性和不可预见的方式来行动，这似乎表明他们有极度的恐惧感和完全的慌乱感。

在家庭环境中，这类儿童的母亲缺乏母亲应有的行为，而且她们有虐待倾向、抑郁以及其他的心理疾病等多种心理问题。这些母亲很可能在心理上无法接近，其行为不可预测。

（六）依恋对个体发展的作用

依恋对个体发展的作用主要表现在三个方面：

（1）婴儿试图维持与依恋对象的接触，以获得安全感。

（2）当依恋对象不在时，婴儿会表现出烦恼。

（3）婴儿和依恋对象在一起会更加放松和快乐，而和其他人在一起则更加焦躁。

因此，依恋这一概念强调的是：在一个行为系统中，婴儿的活动性和社会定向性。该系统可让婴儿避免受到伤害。

八　面部表情理论

面部表情发展的理论是由 Ekman 提出的。[1]

（一）情绪的三个系统

Ekman 认为，有三种既相互联系又有区别的情绪系统：认知情绪系统、面部表情系统和自主神经系统。情绪的任何方面都有由认知来调节的可能性，同时也重点强调面部表情的重要性。Ekman 主张，只要改变

---

[1] ［新西兰］Strongman, K. T.：《情绪心理学》（第五版），王力主译，张厚粲审校，中国轻工业出版社 2006 年版，第 178—179 页。

面部表情，就会改变个体的情感。

（二）面部表情的特征

Ekman 认为面部情绪具有以下 10 个特征：[1]

（1）每种面部表情都具有独特的、跨文化的信号。

（2）可在物种起源的发展史中追溯面部表情的进化，情绪的面部表达是独特的，具有跨文化的共通性。

（3）每种面部表情表达多种信号。

（4）每种面部表情在持续时间上是有限的。

（5）面部表情在时间上的变化反映了某种特定情绪体验的细节。

（6）面部表情完全可以被抑制。

（7）面部表情可以按照其强度进行分级，以反映主观体验在强度上的变化。

（8）面部表情可以伪装得让人信服。

（9）每种面部表情都有与之相对应的情绪诱发刺激，这种刺激具有跨文化的共通性。

（10）每种面部表情都有与之相对应的自主神经系统和中枢神经系统的变化，这些变化也具有跨文化的共通性。

（三）面部表情的三个基本假设

Ekman 提出面部表情的三个假设：

（1）情绪的进化使其具有了管理日常生活中的基本任务的功能。

（2）为了适应，每种情绪必须有其独特的反应模式。

（3）存在一种总的一致性，即在每种情绪中，表达和生理的互联模式都是与认知评价联系在一起的。

第二节　情绪发展的研究方法

一　电生理学研究方法

个体在某种情绪状态下，会伴随产生生理变化和行为反应，这些反

---

[1] ［新西兰］Strongman, K. T.：《情绪心理学》（第五版），王力主译，张厚粲审校，中国轻工业出版社 2006 年版，第 178—179 页。

应是个体意志很难控制的。因此，心理学家采用许多仪器和方法，测量个体在情绪变化时的生理指标，以研究个体情绪发展的特点和规律。

（一）测量皮肤电变化

1. 什么是测量皮肤电变化

测量皮肤电变化是指利用多导生理记录仪，记录被试在情绪状态下皮肤电反应（galvanic skin response，GSR）的变化。

19世纪，Tarchanoff发现在人的拇指掌面和背面用两个乏极化电极，连接到灵敏的电表上即可读出电位差。如通以外电流则可看到皮肤有一定电阻值。[①] 在视、听、痛等感觉刺激及情绪激动时，人体皮肤电位差增大或电阻降低，这种现象被称为心理电反射或皮肤电反射。

2. 测量原理和方法

传统的皮肤电反应测量方法是以电阻为定量单位，最通用的电路是惠斯通电桥，使用时可将有刻度的电阻器械调节到零点。采用这种方法能够测量皮肤电的绝对水平及其变化，而且比较可靠。因此，一般测量皮肤电的仪器都采用这种方法。

皮肤电反应变化是由自主神经活动引起的皮肤内血管的收缩或舒张，以及受交感神经节前纤维支配的汗腺活动的变化引起的。所以，皮肤电反应变化与汗腺活动有明显关系。这些电位变化受交感胆碱能神经纤维调节，研究发现，切除交感节或麻醉外周神经后皮肤电阻或电位反应消失。有人研究各种生理状态下的皮肤电反应变化，结果发现皮肤电反应变化均与汗腺活动有关，以手掌和脚掌处变化最大，其汗腺功能与身体其他部位之体温调节出汗不同，主要对心理活动或感觉刺激反应敏感。

3. 影响皮肤电反应变化的因素

影响皮肤电反应变化的因素主要有三个：

（1）温度。身体皮肤电主要反映身体的温度调节机制。当气温很高，身体需要散热时，因出汗皮肤电水平就高；而当气温较低，身体需要保存热量时，皮肤电水平就低。

（2）活动。当个体正准备完成某项活动时，其皮肤电反应变化水平会逐渐上升；开始从事某一活动时，皮肤电反应变化水平将相应地升高；

[①] 朱琳等：《皮肤电的不对称性》，《河南医学研究》1994年第3卷第1期。

而在休息时，皮肤电反应变化水平会降低。皮肤电反应变化水平还与活动任务的难度有关。活动任务越难，皮肤电反应变化的水平就越高。

（3）觉醒水平。在正常温度的条件下，个体手掌和足掌特别能反映其心理的唤醒水平。因此，这两个部位是放置电极的适当地方。

（二）心率或脉搏记录法

1. 心率或脉搏的含义

心脏不间断的活动是为保证人的生命的延续。用两种方法可以测量心脏的活动。一种方法是记录心跳的速度，即心率；还有一种方法是记录人脉搏跳动的次数，即脉搏率。

2. 记录的方法

记录人的心率或脉搏可直接通过身体接触的方法来计量。如将手放在心脏部位，就能很清晰地感知到心脏跳动。或将手指放在手腕处，就能很清晰地感知到脉搏的跳动。更为科学的方法是凭借多导生理记录仪来测量。利用该仪器测量的结果更为准确。

心率或脉搏率都是非常好的衡量情绪的指标。人们在日常生活中都能体会到，当自己的情绪处于满意或愉快状态时，心率或脉搏率稳定在某一水平上；当自己处于紧张、害怕、发怒等情绪状态时，心率或脉搏率就会上升。

在实验过程中，一个人的情绪状态如何，是通过将发生某一情绪时的心率（或脉搏率）与情绪正常时的心率（或脉搏率）相减。如果相减后的差值越大，表明所发生的情绪越强烈；如果相减后差值非常接近，表明所发生的情绪不强烈。

3. 影响心率或脉搏的因素

（1）年龄。因生理发育的成熟程度不同，儿童的心率或脉搏率要比成人的高。

（2）活动程度。个体在剧烈活动和安静状态下，其心率或脉搏率是明显不同的。

（3）情绪状态。个体在情绪平静状态下的心率或脉搏要低于其处于紧张状态下的。

（三）声带震动测量法

声带震动测量法要利用一种叫作声压分析器（voice-stress analysis

的仪器。[①] 与多导生理记录仪相比，该仪器在对被试情绪进行测试时，不一定将被试带到实验室中。具体使用过程是：研究人员向被试提出一些能够引起他们情绪变化的问题，要求被试回答。同时，在被试不知道的情况下，对他的回答进行录音。在被试回答完所有的问题后，研究人员将录音带带回实验室，放在声压分析器上，以慢速播放（通常是正常速度的1/4）并分析被试回答问题时的波形，以判断被试的情绪变化。

图9—3是被试在情绪平静条件下说话的声波。图9—4是被试在情绪紧张时说话的声波。

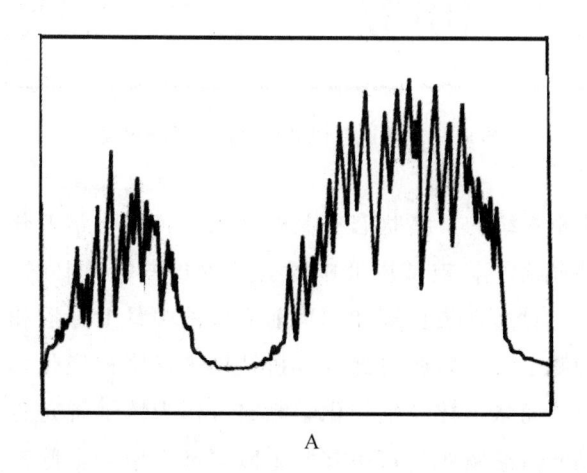

图9—3 被试在情绪平静条件下说话的声波

两种声波的不同，主要是被试在压力条件下，因紧张无法控制自己的声带震动所产生的。

二 生化指标法

在情绪状态下，人的生化系统和中枢神经介质也会发一系列的变化。这些变化主要是：（1）与中枢系统的情绪状态有关的外周的神经化学变化；（2）与情绪有关的脑部神经系统的化学变化。[②]

[①] 张春兴：《现代心理学》，上海人民出版社1997年版，第540—541页。

[②] Strongman, K. T., *The Psychology of Emotion* (third edition), Chichester: John Wiley & Sons, 1987, pp. 69 – 70.

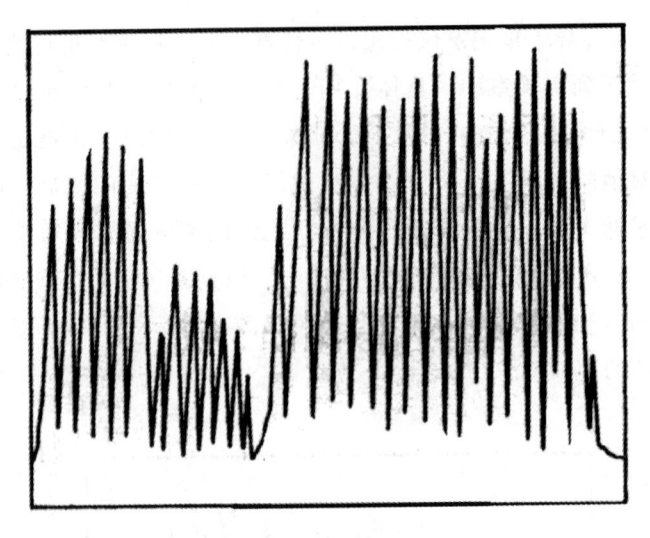

图 9—4　被试在情绪紧张时说话的声波

对于与中枢系统的情绪状态有关的外周的神经化学变化，通常是测量在不同情绪状态下，被试尿液中肾上腺素和去甲肾上腺素的排出量。汤慈美等人通过对运动员比赛和训练前后尿液中肾上腺素和去甲肾上腺素的排出量为测定，并以所得部分分析结果来说明神经化学物质测量和情绪的关系，从而认定神经生物化学测定可作为情绪研究的方法之一。[①] 由于体力活动和情绪紧张均可引起肾上腺素和去甲肾上腺素分泌量的增加，因此，尿液中儿茶酚胺的排出量可以作为测定的客观指标。研究结果表明：男女运动员比赛后的肾上腺素和去甲肾上腺素的排出量较比赛前显著增加。

对于与情绪有关的脑部神经系统的化学变化，通常是测量神经元中所含单胺类物质。单胺类物质主要包括去甲肾上腺素和 5 - 羟色胺。单胺类物质在中枢神经中起递质的作用。5 - 羟色胺的一种作用似乎是直接控制心境。而增进或抑制去甲肾上腺素的药物也增进或抑制愤怒。动物实验结果表明，当猫的杏仁核受到电刺激或其脑干受到损害时，猫会表现出愤怒，此时，它们的去甲肾上腺素的分泌量也会提高。

[①] 汤慈美、张侃等：《体操运动员应激反应特点的研究》，《心理学报》1986 年第 3 期。

三　情绪发展的条件反射法

（一）什么是条件反射法

研究情绪反应的条件反射法的基本范式是：条件刺激在开始是中性的，无条件刺激则是不可避免的且令人厌恶的刺激。无条件刺激与条件刺激相结合，最后使人形成了对条件刺激的情绪反应。

（二）经典的情绪发展的条件反射法

华生（Watson）等人是最早利用条件反射法来研究儿童情绪形成的。[1] 华生与其助手一起，以一名9个月大的男婴阿伯特（Albert）为对象，研究人类婴儿害怕情绪是如何形成的。该男婴是一个孤儿，出生后一直生活在医院中。实验前，通过检查，他不仅身体健康，而且情绪也是健康的。

华生与其助手还给他呈现了白鼠、兔子、猴子、狗、有毛发或没有毛发的面具、白色的棉花球等，结果发现阿伯特对这些刺激没有害怕反应。具体表现为他敢用手摸这些物体。

在正式实验的第一个阶段，华生与其助手给阿伯特呈现前面许多动物中的一种。一开始，阿伯特对动物（如白鼠）没有害怕反应（即没有无条件反应）。

在正式实验的第二阶段，在阿伯特表现出高兴时，在距阿伯特4英尺远处，实验人员用两支铁棒敲击，发出一声巨响。阿伯特被突然出现的巨响吓了一跳，他停止了动作，并开始哭泣。

到阿伯特11个月大时，实验人员运用条件反射的方法，让阿伯特形成一种特定的条件反射，即在给阿伯特呈现一只小白鼠的同时，出现一声巨响。实验人员发现，一开始，小白鼠出现时，阿伯特表现出了兴趣，他伸手去摸小白鼠。但出现了一声巨响后，阿伯特表现出犹豫。当小白鼠和巨响重复三次后，阿伯特表现出了害怕情绪。一周以后，相同的实验程序重复三次。

五天之后，对实验结果进行了检验，具体的实验程序和结果如表9—2所示。

---

[1] ［美］Roger R. Hock：《改变心理学的40项研究》，白学军等译，杨治良等审校，中国轻工业出版社2004年版，第95—103页。

表 9—2　　　　　　　　检验阿伯特的刺激呈现顺序

刺激呈现的方式	观察到的结果
1. 积木	能正常地玩积木
2. 小白鼠	害怕退缩（没有哭泣）
3. 小白鼠 + 巨响	害怕并哭泣
4. 小白鼠	害怕并哭泣
5. 小白鼠	害怕、哭泣并爬开
6. 兔子	害怕但反应没有先前强烈
7. 积木	能正常地玩积木
8. 兔子	害怕但反应没有先前强烈
9. 兔子	害怕但反应没有先前强烈
10. 兔子	有点害怕，并想摸兔子
11. 狗	害怕并逃避
12. 狗 + 巨响	害怕并爬开
13. 积木	能正常地玩积木

从上述结果中可以看出，阿伯特已经表现出对同类刺激物害怕的泛化反应。

四　面部表情认知发展的研究法

（一）面部表情的圆形量表

Schlosberg 提出了面部表情的圆形量表（circular scale）。[①] 具体如图 9—5 所示。

该图中的数字是 Frois-Wittmann 在 1930 年搜集的人的面部表情照片的编号。Hulin 和 Katz 在 1935 年对 Frois-Wittmann 人的面部表情照片进行选择，从中选出 72 张最好的，将它们编号为 1—72。因此，图中的数字为 1—72。

---

① ［美］武德沃斯、施洛斯贝格：《实验心理学》，曹日昌等译，科学出版社 1965 年版，第 124—126 页。

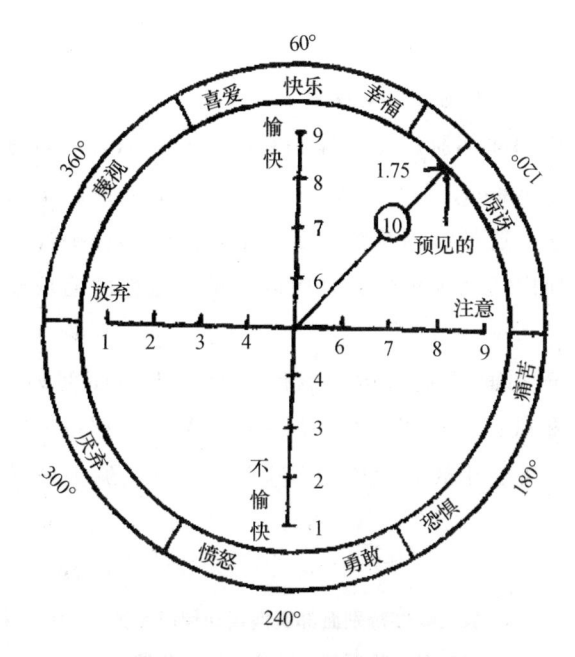

图 9—5 面部表情的圆形量表

从图 9—5 中可以看出，它有二个轴，主轴是愉快和不愉快，由梯级 9（喜爱、快乐、幸福）到梯级 1（愤怒、果敢），它通常被认为是情绪的基本因素。另一个轴被称为注意—放弃。注意可以以惊讶为例，在惊讶的时候，双眼、鼻孔、有时还有口部都是张开的，好像准备接受刺激；相反的一端放弃以厌恶和蔑视为例，这时，双眼、鼻孔和嘴唇都是紧闭的。两个轴的交叉点处于两个极端的中间状态，即介于厌弃和注意之间的表情。

有了圆形量表的坐标轴，就可以利用它们来决定某一张表情照片在圆面上的位置。例如，图 9—5 是让被试用一个 9 点量表来决定编号是 10 的照片的表情。量表纵轴上的 9 个点代表愉快—不愉快的 9 个梯级；横轴上的 9 个点代表注意—放弃的 9 个梯级。这样，对编号为 10 的这张照片就可以在愉快—不愉快和注意—放弃两维轴上进行描述。如果编号为 10 的照片在愉快—不愉快轴上决定数值是 7，在注意—放弃轴上决定数值也是 7，这样它在量表中的位置就是（7.7）。从两轴交点（5.5）向点（7.7）做一射线伸出边外，得到一交点心，找出交点的度数，除以 60 后就得到预测的圆形量表数值（1.75）。从而得出编号为 10 照片的表情是

"愉快的惊讶"。

（二）面部表情的现代测量技术

最大限度辨别面部肌肉运动编码系统（maximally discriminative facial movement coding system，简称 MAX）是现代面部表情测量技术中较有代表性的一种方法。这种编码系统为了保证客观性和精确性的微观分析系统，它以面部肌肉运动为单位，是用以测量区域性的面部肌肉运动的精确图式。

最大限度辨别面部肌肉运动编码系统将人的面部划分为三部分：（1）额眉—鼻根区；（2）眼—鼻—颊区；（3）口—唇—下巴区。包括29个相对独立的外貌变化的运动单元。这些单元分别编为号码，如表9—3所示。[①]

表9—3　　最大限度辨别面部肌肉运动编码系统（MAX）的面部运动分区记录及编号

(a)

编号	眉	额	鼻根
No. 20	上抬、弧状或不变	长横纹或增厚	变窄
No. 21	一条眉比另一条眉抬高		
No. 22	上抬、聚拢	短横纹	变窄
No. 23	内角上抬、内角下呈三角形	眉角上部额中心有皱纹	变窄
No. 24	聚拢、眉间呈竖直纹		
No. 25	下降、聚拢	眉间呈竖纹或凸起	增宽

(b)

编号	眼	颊
No. 30	上眼睑与眉之间皮肤拉紧、眼睛大而圆，上眼睑不抬高	
No. 31	眼沟展宽，上眼睑上抬	
No. 32	眉下降使眼变窄	
No. 33	双眼斜视或变窄	上抬

[①] 孟昭兰：《人类情绪》，上海人民出版社1989年版，第215—220页。

续表

编号	眼	颊
No. 36	向下注视、斜视	
No. 37	紧闭	
No. 38		上抬
No. 39	向下注视，头后倒	
No. 42	鼻梁皱起（可作为54和59B的附加线索）	

(c)

编号	口—唇
No. 50	张大、张凹
No. 51	张大、放松
No. 52	口角后收、微上抬
No. 53	张开、紧张、口角向两侧平展
No. 54	张开、呈矩形
No. 55	张开、紧张
No. 56	口角向下方外拉，下颊将下唇中部上抬
No. 59A = 51/66	张开、放松、舌前伸过齿
No. 59B = 54/66	张开、呈矩形、舌前伸过齿
No. 61	上唇向一方上抬
No. 63	下唇下降、前伸
No. 64	下唇内卷
No. 65	口唇缩拢
No. 66	舌前伸、过齿

将这些单元分别编为号码，通过对三个部位外貌变化的评分及综合，最大限度辨别面部肌肉运动编码系统可以辨别出兴趣、愉快、惊讶、悲伤、愤怒、厌恶、轻蔑、惧怕和生理不适引起的痛苦等多种基本情绪。最大限度辨别面部肌肉运动编码系统的具体使用分为两步：第一步，评分者三次观看面部表情的录像，每次辨认面部一个部位的肌肉运动，并记下相当区域内面部变化及出现的时间。

例如，表9—3中，No. 25的额区是眉间呈竖纹或凸起，眉区是下降、聚拢；No.33 的眼区为双眼斜视或变窄；No.54 的口—唇区是张开、呈矩形。第二步，将记录下来的面部变化同可观察到的活动单元的组织相对照，辨别出独立情绪。例如，No.25、No.33、No.54 相加，表示愤怒的表情。

最大限度辨别面部肌肉运动编码系统的材料包括一个手册和一套录像。手册包括面部肌肉的详细分类、肌肉组织的位置分布、肌肉活动编码列表和详细描述以及练习使用最大限度辨别面部肌肉运动编码系统的方法、步骤与达到学会使用标准的要求。在学会使用最大限度辨别面部肌肉运动编码系统的基础上，使用者可进一步学习表情辨别整体判断系统的使用。表情辨别整体判断系统是以最大限度辨别面部肌肉运动编码系统为基础，组合面部运动，从整体上描述基本情绪。使用者根据最大限度辨别面部肌肉运动编码系统整合面部不同部位的信息，从整体上直接判断面部表情类别。

五　依恋发展的实验方法

依恋发展的实验方法中最具有代表性的是陌生情景（strange situation）实验法。

该方法是由 Ainsworth 等人设计的一个研究依恋情绪发展的典型性实验室范式。[1] 在整个实验过程中，需要有 3 个人参与，他们是母亲、婴儿和陌生人。实验通常需要在一个经过特别布置的实验室中进行。对于参加实验的母亲和婴儿来说，实验室是一个全新的陌生环境。实验室的特别布置是为了让母亲和婴儿感到舒适和自在，使他们感到自己就像在婴儿的游戏室中。实验室的地面上铺有地毯，在地毯上面放有许多供婴儿玩的玩具。还有一把供成人坐的椅子。实验室的墙壁上挂有鲜艳的图画。在实验室的一面墙上装有单向玻璃，供研究人员观察实验室内所发生的一切情况。母亲可能意识到单向玻璃及其后面的观察人员，母亲抱着婴儿，并不让婴儿面对单向玻璃，使婴儿的行为不受此影响。

具体的实验过程分 8 个情节进行，具体如表 9—4 所示。

---

[1] Ainsworth, M. D. S., Blehar, M., Waters, E. and Wall, S., *Patterns of Attachment*, Hillsdale, NJ: Erlbaum, 1978.

表9—4　　　　　　　　　"陌生情景"实验步骤

情节	持续时间	参加者	事件
1	30秒	母亲、孩子、观察者	让母亲把孩子放在某处；观察者离开
2	3分钟	母亲、孩子	母亲将孩子放在靠近她的椅子上，与玩具有一定的距离。她对孩子社会性的请求予以反应，但不引发相互的作用。孩子自由地探索。如果孩子2分钟后没有移动，那么母亲可以把孩子带到玩具区
3	3分钟	母亲、孩子、陌生人	这一段事件分为三个部分。陌生人进入，向母亲和孩子打招呼，并且坐在他们的对面，母亲在1分钟内不说话。在第2分钟，陌生人和母亲交谈。然后，陌生人加入到在地上的孩子的活动中，试图让孩子和她玩1分钟。在这一段的最后，母亲"不引人注意"地离开（孩子通常会注意到）
4	3分钟	孩子、陌生人	陌生人坐在母亲的椅子上。她对孩子社会性的请求予以反应但不引起社会性的相互作用。如果孩子变得忧虑，那么陌生人试图安慰孩子。如果安慰无效，那么母亲就在3分钟内回来
5	3分钟	母亲、孩子	母亲在门外叫孩子的名字，并走进来（陌生人不引人注意地离开）。如果孩子还是伤心，那么母亲安抚孩子并且试图使孩子重新开始玩。如果孩子不，那么母亲走到她的椅子那儿坐下，扮演回应但不引发反应的角色。在这一阶段的最后，母亲离开并且说："再见，我一会儿回来。"
6	3分钟	孩子	孩子仍然自己一个人。如果孩子变得烦恼，那么这一阶段就被缩短并且陌生人进入
7	3分钟	孩子、陌生人	陌生人进入，如果需要那么她安慰孩子。如果她不能安慰好孩子，那么这一阶段缩短。如果孩子平静下来或是不烦恼了，那么陌生人就坐在她自己的椅子上，扮演和以前一样的回应者的角色
8	3分钟	母亲、孩子	母亲回来（陌生人不引人注意地离开）。母亲的行为与第5阶段相同

通过上述 8 个步骤，可使研究者观察婴儿与母亲分离前后，以及婴儿独自或与陌生人在一起时的行为反应。这一系列过程可分为"分离期"与"重聚期"两个阶段，共 24 分钟左右完成。

该实验设计可使婴儿在一个陌生的情景中，面临三个潜在的紧张因素：与母亲分离、与陌生人接触和一个不熟悉的环境。

这样安排的实验程序，既可以分别观察被试的各种情绪体验时的表现，又可以综合观察各种情绪体验的相互影响；同时，在实验过程中，由于实验程序是固定的，这样就能反映出婴儿紧张情绪递增的情况。这是该实验程序的关键之所在。随着陌生情景的展开，婴儿可能变得越来越紧张；最后，该实验程序还可以使研究人员观察婴儿在陌生情景中，紧张的情绪如何影响婴儿对陌生情景的探究行为。

虽然陌生情景实验程序具有明显的人为性质，但在程序的安排上，第一步所包含的陌生程序逐渐递增，这样让婴儿对陌生情景有一个适应过程，相应地避免了婴儿的高度焦虑和紧张的突然出现。因此，该实验程序比较接近现实生活。另外，在实验情景中安排了婴儿熟悉的玩具，并且与母亲一起进入陌生的环境，在儿童探究和游戏活动中考察婴儿的依恋行为，也比较符合婴儿日常生活。

需要指出的是，陌生情景实验程序也存在着以下不足：[1]

（1）与在家庭生活中的行为反应强度相比，儿童在标准实验室里的依恋行为要大得多，所以有研究者认为该研究程序缺乏一定的生态学效度。

（2）施测受文化的影响。①文化会影响参与者对陌生情景意义的认知，从而影响亲子关系的性质，使亲子在实验中的反应方式表现出文化特性。②价值观的差异会导致父母对儿童行为的期望不同。研究发现，安全型依恋在所有国家中的样本都很相似，差异在于回避型依恋和矛盾型依恋所占的比例不同。

（3）陌生情景实验程序也有特定的适用范围和条件。①它的使用有一定的年龄限制，只适合 8—18 个月的婴儿。②该方法的应用需要具有广泛性和代表性的大样本，从而保证实验的内部效度。③许多难

---

[1] 钟鑫琪：《儿童依恋的研究现状》，《中国儿童保健杂志》2007 年第 15 卷第 1 期。

以控制的额外变量，比如家庭收入、父母职业等，往往会削弱陌生情景法的效度。

第三节 个体情绪的发展

一 个体情绪的发生

（一）情绪发生

情绪是先天就有的，还是后天发展起来的？对于此问题，目前存在着两种观点：先天发展观和后天发展观。

1. 先天发展观

Izard 等人认为，所有基本的情绪，主要指那些能从面部表情直接观察到的情绪，如高兴、好奇、吃惊、害怕、愤怒、伤心和厌恶等，在出生几周后就能观察到。①

2. 后天发展观

Fox 主张，新生儿的情绪是非常有限的。婴儿各种不同的情绪是在生命的第一年中逐渐发展起来的。②

目前，大部分发展心理学家认为，人类婴儿的情绪是在生物遗传的基础上，从他们离开母体的那一刻起就开始了。因为新生儿一出生，就能明显观察到他们有哭叫、安静、四肢舞动等原始的情绪反应行为。

（二）个体早期的情绪分化

1. Bridges 的观点

Bridges 根据自己的观察结果，提出关于情绪发生及分化的观点。③

她认为，最原始的情绪是未分化的兴奋，它是一种没有分化的、杂乱无章的反应。它包括一些不协调的内脏和肌肉反应。为一些强烈刺激所引起。通过成熟和学习，各种不同性质的情绪便逐渐分化出现。较早

---

① Izard, C. E., Haynes, O. M., Chisholm, G. and Baak, K., "Emotional Determinants of Infant-mother Attachment", *Child Development*, Vol. 62, No. 5, 1991, pp. 906 - 917.

② Fox, R., Kimmerly, N. L. and Schafer, W. D., "Attachment to Mother/Attachment to Father: A Meta-analysis", *Child Developemt*, Vol. 62, No. 1, 1991, pp. 210 - 225.

③ [美] 斯托曼：《情绪心理学》，张燕云译，辽宁人民出版社1986年版，第271—272页。

发现的是苦恼和快乐，以后苦恼又分化为恐惧、厌恶、愤怒和嫉妒；而快乐则分化为高兴和欢乐及对人（成人和儿童）的感情。随年龄情绪分化的具体过程如图9—6所示。

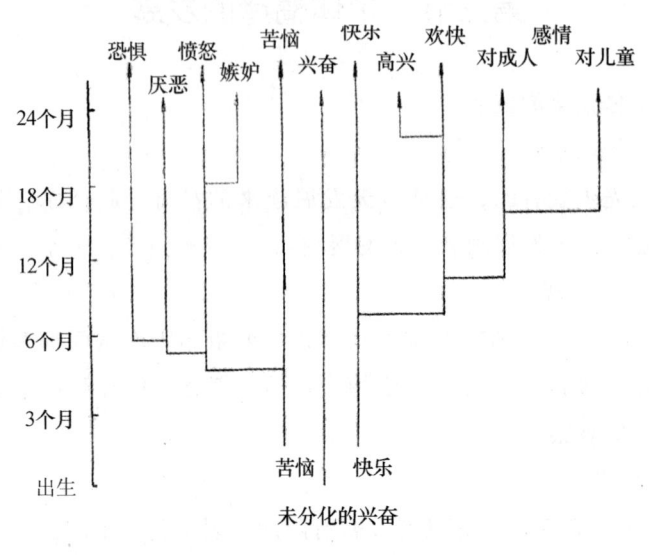

图9—6 布里奇斯情绪分化

2. 林伟鼎的观点

1947—1948年，林传鼎以500多名出生1—10天的婴儿为被试，对他们各种反应中的54种动作进行观察，提出了自己关于个体情绪发生的观点。[①]

在研究过程中，他考虑营养情况对机体的影响，他以饥饿与饱作为自然的原始情绪动因。观察主要是在哺乳前、哺乳后以及两次哺乳之间进行。另外还记录了部分婴儿对于痛的反应、洗澡的反应、假喂后的反应（给婴儿奶瓶但没有奶）等。

结果发现，新生儿有两种完全可以分清的情绪反应：愉快（代表生理需要的满足）和不愉快（代表生理需要未满足，如饥饿、疼痛、身体受到拘束等）。通过对动作的分析，作者还提出，不愉快反应是通常自然

[①] 林传鼎：《情绪的发展和发展》，载陈帼眉、冯晓霞《学前心理学参考资料》，人民教育出版社1991年版，第267—276页。

动作的简单增加，为所有不利于机体安全的刺激所引起。饱满的反应和不愉快的表现显然不同，它是一种积极生动的反应，增加了某些自然动作，特别是四肢末端的自由动作。这种动作也能在婴儿洗澡后观察到，这就说明了一种一般性愉快反应的存在，它由一些有利于机体安全的刺激所引起。

3. Tomkins 的观点

Tomkins 提出，人出生后有 8 种最原始、最基本的情绪。[1]

8 种最基本、最原始的情绪是：兴奋—兴趣，享乐—快乐，惊奇—惊讶，苦恼—痛苦，厌恶—憎恶（蔑视），生气—愤怒，羞愧—羞辱，害怕—恐怖。

4. Shaffer 和 Kipp 的观点

Shaffer 和 Kipp 提出，在生命的头两年里，各种情绪相继出现。出生时婴儿会表现出好奇、痛苦、厌恶和满足。2 个月时，婴儿开始表现出社会性适应微笑，这是通常发生在与照顾之间的互动上，此时，照顾者很可能对婴儿的积极反应感到高兴，他们报以微笑并继续做着令婴儿高兴的事情。2—7 个月时，他们会表现出愤怒、悲伤、快乐、惊讶和恐惧等情绪。有一种观点是个体的初级情绪可能是由生物程序所决定的，因为对于所有正常的婴儿来说，它们都在大致相同的年龄出现，在不同文化中的表现以及人们对它们的理解也大致相同。但是，婴儿要表现出并非一出生就出现的情绪时，则需要一些学习过程。具体的发展内容如表 9—5 所示。[2]

（三）情绪分化的模式

情绪分化有其固定的模式，表 9—6 描述了情绪在三个维度上与年龄相关的变化：愉快（pleasure）—高兴（joy），谨慎（wariness）—害怕（fear），愤怒（rage）—生气（anger）。[3]

---

[1] ［美］珀文：《人格科学》，周榕等译，华东师范大学出版社 2001 年版，第 351—352 页。

[2] ［美］Shaffer D. R.、Kipp, K.：《发展心理学》（第八版），邹泓等译，中国轻工业出版社 2009 年版，第 388—390 页。

[3] Sroufe, L. A.，"Socioemotional Development", in J. D. Osofsky, eds., *Handbook of Infant Development*, John Wiley & Sons, Inc., 1979, pp. 462 – 516.

表 9—5　　　　　　　　　　不同情绪出现的顺序

时间	情绪	情绪类别	影响因素
出生	满足 厌恶 痛苦 好奇	基本	可以由生理控制
2—7个月	愤怒 恐惧 快乐 悲伤 惊讶		所有健康婴儿都在大致相同的时间段出现，在所有文化中的解释也是相似的
12—24个月	尴尬 嫉妒 内疚 骄傲 害羞	复杂 自我意识 自我评价	需要自我的感知和认知能力来评判自己的行为是否违背了标准或规则

表 9—6　　　　　　情绪在三个维度上与年龄变化相关

月份	愉快—高兴	谨慎—害怕	愤怒—生气
0—3	内源性微笑；转头	震惊/疼痛；强迫注意	由于脸被蒙住身体受到约束而极度不舒服会引起烦恼愤怒（失望）
3	愉快		
4—5	喜悦；积极地笑	谨慎	
7	高兴		
9		害怕（厌恶陌生人）	生气
12	兴高采烈	焦虑；即刻的害怕	生气的心境，闹气
18	自我积极的评价	羞怯	违抗
24	感情		有意的伤害
36	自豪，爱		内疚

注：列举的年龄既不是所考虑的情感首次出现的年龄，也不是情感发生的高峰期；它们是文献中所提出的通常出现反应的年龄。

在刚出生的第一个月里,婴儿的情绪反应与其内部状态有密切的关系。身体不舒服、唤醒、疼痛和中枢神经系统紧张状态的变化都是产生情绪的主要来源。

在出生后的1—6个月,婴儿的情绪开始更多地与自我和环境分离相联系。婴儿对着熟悉的人面带微笑;对新奇的刺激表现出兴趣和好奇。当照顾者打断或阻止他们正专心注视的活动时,他们会表现出愤怒。

从出生后的6—12个月,婴儿表现出对事件情境的更大意识性。高兴、生气和害怕的情绪取决于两种能力:婴儿回忆以前经验的能力和婴儿把这些经验与正在发生的事件相比较的能力。这些情绪也反映了婴儿练习对环境进行控制和当目标受阻时对挫折的控制能力。在这一年龄,对于那些和婴儿不熟悉的人来说,很难区分生气、害怕和悲伤等消极情绪之间的差异。

到两岁时,可观察到婴儿的焦虑、自豪、违抗和羞怯等情绪,这表明婴儿出现了自我感觉。婴儿认识到他们可以作为原因的发动者。他们也开始对其他人的情绪做出反应。他们通过拥抱、亲吻和亲切的抚摸表达对他人的爱。他们能与他人分享玩具,安慰另一个处于烦恼情绪之中的婴儿,并且能模仿别人的兴奋。在成为一个更加与众不同的个体时,婴儿对给予和接受的快乐以及对自我和他人的弱点的认识能力达到了一个新的水平。同时,此时婴儿情绪中的谨慎—害怕维度更加分化。大约6个月时,婴儿出现对陌生人的焦虑;大约9个月时,婴儿出现分离焦虑。在两岁时,人们开始观察到婴儿更多的非特异性焦虑。婴儿开始预测消极的经验并表现出对那些与过去不愉快经验相关的物体或事件的害怕,这些物体或事件是和过去的消极经历相联系的。在描述依恋模式时,焦虑概念被作为人际关系的主要动力,特别是当婴儿可能遭到拒绝或者是照顾者的行为预测性较低时。

(四)基本情绪的发展

1. 微笑

在婴儿出生后的第一个月里,人们可观察到婴儿最早的微笑。在婴儿睡眠的过程中会微笑,在听到高频率的人声时他们也会微笑。他人的抚摸、搔痒、摇动等温和的触觉刺激也会引发婴儿早期的微笑。虽然婴儿的微笑会让成人照顾者产生积极的情感,但是婴儿第一次微笑并不是社会交流的正式方式。

大约5周时，人们开始观察到婴儿的社会性微笑。这些微笑首次出现是对许多刺激做出的反应：熟悉的人面和声音（特别是母亲的）、陌生人与非人类的物体。比如挠痒痒和躲猫猫游戏会使婴儿张嘴微笑和笑出声。社会性微笑既表现了婴儿对熟悉物的再认，又表现了他们想进一步的交流或相互作用。到4个月时，与有组织的、预测的交流模式相比，随机的、不熟悉的交流模式很少引发婴儿的微笑。

婴儿微笑的发展，有一项研究对此进行了追踪研究。研究者以一名日本婴儿为被试。[1] 该婴儿出生后一切正常，研究者从出生9天开始记录其自然性微笑，一直到6个月（181天），共记录329小时25分钟35秒，占其人生时间的7.6%。母亲记录是在以下几种条件下进行的：（1）在自己家人都睡觉的时间；（2）在安静的环境下；（3）自己醒的时间。所有记录的结果由两位评定者对自发性微笑持续的时间进行确定。婴儿的自发性微笑如表9—7所示。

表9—7　　　　　　　　　　婴儿自发性微笑的发展

年龄（周）	平均持续时间（秒）	标准差	频率
2	2.64	1.09	21
3	2.96	1.78	19
4	2.72	0.9	18
5	2.09	0.77	11
6	2.48	1.4	16
7	1.79	0.44	8
8	1.83	0.32	4
9	2.43	1.39	14
10	2.38	0.61	10
11	2.05	0.89	44
12	2.66	1.18	47

---

[1] Kawakami, K., et al., "Spontaneous Smile and Spontaneous Laugh: An Intensive Longitudinal Case Study", *Infant Behavior and Development*, Vol. 30, No. 1, 2007, pp. 146−152.

续表

年龄（周）	平均持续时间（秒）	标准差	频率
13	2.43	0.96	19
14	2.41	1.7	16
15	2.48	1.14	36
16	2.59	1.13	18
17	2.78	1.4	27
18	3.01	1.43	18
19	2.72	1.64	36
20	2.27	1.03	56
21	2.93	1.59	28
22	2.75	1.07	18
23	3.03	1.66	18
24	2.37	1.05	31
25	3.1	2.1	8
26	3.01	1.44	24

从表9—7中可以看出，随着婴儿年龄的增长，他们微笑持续的时间也在增长。婴儿平均自发性微笑的持续时间2.57秒。

1岁以后，婴儿的社会性微笑表现得越来越多。这一点可从下面的研究结果表9—8中看出。[①]

表9—8   1.5岁与3岁儿童各类微笑次数的比较

	1.5岁		3岁		1.5岁与3岁之比
自己笑	67	55.37%	117	15.62%	1：1.75
对教师笑	47	38.84%	334	44.59%	1：7.11
对小朋友笑	7	5.79%	298	39.79%	1：42.57

从表中可以看出，在1.5岁时，婴儿更多的是对自己微笑和对教师微笑，对小朋友的微笑很少。到3岁时，婴儿对自己微笑所占比例下降，

---

① 陈帼眉：《学前心理学》，人民教育出版社1989年版，第98页。

而对教师和小朋友的微笑明显增加。

在婴儿期,其微笑的发展经历三个阶段:

第一阶段:反射性的笑(0—5周)。此阶段婴儿的笑并不是完全的微笑,眼睛周围的肌肉没有收缩,脸的其余部分是松弛的,像是"嘴在笑",这主要因为他们的中枢神经系统的活动还不稳定,属于反射性的笑。

第二阶段:社会性微笑(5—14周)。此阶段婴儿对无生命物体的微笑反应逐渐减少,人的声音和人的脸特别容易引出婴儿的微笑。他们微笑时十分活跃,眼睛明亮,眼睛周围的皮肤也随之皱起。大约到第五周,婴儿开始对移动的脸微笑,到第八周,对不移动的脸也会微笑。

第三阶段:选择性社会微笑。这一阶段,婴儿开始对不同的人做出不同的反应。他经过仔细辨别后,只对熟悉的人微笑,这种微笑增强了婴儿与照顾者之间的依赖。相反,对陌生人则带有一种警惕的注意,之后陌生人的出现不仅不能激起微笑,反而会引起婴儿的哭喊、恐惧等退缩行为。

婴儿表现微笑的多少与刺激有关。[①] Sroufe & Wunsch(1972)利用四类不同刺激对婴儿头一年的出声笑及其发展变化进行了研究[②],这四类刺激是:第一,各种视觉刺激,如人的面具、消失的客体;第二,触觉刺激,如吹其头发、敲膝盖;第三,听觉刺激,如唇的爆破音、低低的耳语;第四,社会性刺激,如"躲猫猫"、把婴儿的脸遮起来、伸舌头等。具体结果如图9—7所示。

从图9—7中可以看出,从第4个月有了出声的笑开始,各种刺激引起的笑的数量都有随年龄增加的趋势,而且这种增长在7—9个月时最为明显。不同性质的刺激引发的出声笑的情况不同。在4—6个月时,触觉刺激是最为有效的,但随年龄增长,触觉刺激对婴儿的吸引力已降低了。对7—9个月的婴儿,最能引起婴儿笑的依次为社会性刺激、视觉刺激、听觉刺激以及触觉刺激。对10—12个月的婴儿,社会性刺激和

[①] 庞丽娟、李辉:《婴儿心理学》,浙江教育出版社1993年版,第277—278页。

[②] Sroufe L. A. & Wunsch J. P., "The Development of Laughter in the First Yerar of Life", *Child Development*, Vol. 43, No. 4, 1972, pp. 1326-1344.

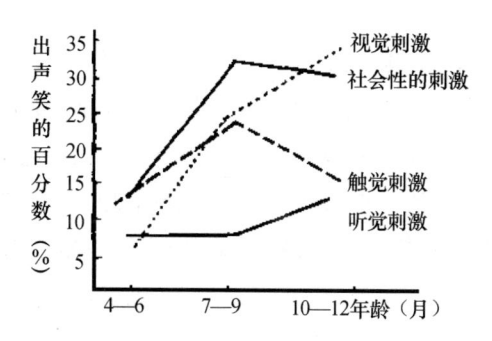

图 9—7　各种刺激引起婴儿微笑的百分比

视觉刺激显然更能引起婴儿出声的笑，而触觉刺激吸引力显著降低。

2. 恐惧

（1）婴儿期恐惧的发展阶段

婴儿的恐惧经历了以下几个阶段：[1]

阶段一：本能的恐惧。

该阶段的恐惧是婴儿自出生就有的情绪反应，是一种本能的、反射性的反应。最初的恐惧，即是由大声、从高处降落、身体位置突然变化、疼痛等所引起。

阶段二：与知觉和经验相联系的恐惧。

该阶段的恐惧是从4个月开始，婴儿出现与知觉发展相联系的恐惧。以往曾经引起过不愉快经验的刺激，如被开水烫过、打针等，都会引起他们恐惧的情绪。也正是从这时候开始，婴儿借助于经验，视觉逐渐对恐惧的产生起作用。

阶段三："怕生"。

随着婴儿认知分化、表征能力和客体永久性能力的发展，婴儿能较好地分清生、熟人，一般在6—8个月时，婴儿开始对陌生人发生恐惧，当陌生人接近时，婴儿特别警觉并拒绝其接近。在这一阶段，婴儿不仅害怕陌生人，还害怕许多陌生、形状怪异的物体和没有经历过的情况。8—9个月的婴儿，在一定的主动爬行经验的基础上，开始产生对高度的

---

[1] 庞丽娟、李辉：《婴儿心理学》，浙江教育出版社1993年版，第265—266页。

恐惧。

阶段四：预测性恐惧。

该阶段预测性恐惧也称"想象性恐惧"。这是指 1.5—2 岁的婴儿，随着其想象和预测、推理能力的发展，开始产生对黑暗、动物等的害怕。如害怕熄灯，害怕一个人独立在家、晚上怕一个人独睡。害怕、恐惧情绪的发生常常和家长实施的简单的、不良的教育影响有密切的关系。

（2）陌生人恐惧

婴儿刚出生后没有恐惧反应，他们没有防御危险并保护自己的运动能力。因此，对照顾者是完全相信的。在第一年的下半年，婴儿产生恐惧并不断地发展。在视崖实验中，发现六个月大的孩子对高度表现出恐惧。

在婴儿期最为常见的恐惧是对陌生人的恐惧，这一现象又称为陌生人焦虑（stranger anxiety）。陌生人焦虑可在婴儿的日常生活中观察到。例如，婴儿刚会走路时，对陌生人很机警，虽然这种反应并不经常出现。这基于几个原因：婴儿的气质、过去遇到陌生人的经历、陌生人与自己相遇时的环境等。需要指出的是，新环境中，陌生人出现后，如果陌生人立即抱孩子，则特别易导致陌生人焦虑的出现；如果陌生人先静止不动，孩子却来回走动且父母就在身旁，虽然婴儿不会主动接触陌生人，但会对陌生人表现出积极和好奇；如果陌生人能够递给婴儿一些有趣的玩具，或与婴儿一起进行一个婴儿熟悉的游戏，慢慢走近婴儿，而不是突然地靠近，都会降低他们的恐惧程度。

（3）哭

对于婴儿来说，哭具有双重意义，其一是婴儿发出与他人进行沟通的信号；其二是一种不愉快的情绪，但这种不愉快的情绪具有适应价值。

随着年龄的增长婴儿的哭也不断地变化，婴儿哭的类型主要有以下几种：

第一种，饥饿的啼哭。这是婴儿的基本哭声，初生时就开始。它有节奏，频率通常为 250—450Hz。啼哭时伴有闭眼、大声号叫、双脚乱蹬等动作。婴儿出生第一个月时有一半的哭就是由于饥饿或口渴引起的。到婴儿第 6 个月时，这种类型的哭仍占 30%。

第二种，发怒的啼哭。华生的研究表明，初生婴儿在自己的活动被限制后会激怒而哭。婴儿发怒时，哭声往往有点失真，因为他们吸气过于用力，迫使大量空气从声带通过，震动声带而引起哭声。

第三种，疼痛的哭声。这种哭声在婴儿刚出生时就表现出来。特别是在婴儿出生第一周内，常因肠胃不适、打针等疼痛而引起啼哭。这种哭的最显著特征是突然高声大哭，事先既没有呜咽，也没有缓慢的哭泣。

第四种，恐惧或惊吓的啼哭。初生时就开始。如对初生婴儿，突然抽动其身体下的毯子，或出现高声，婴儿会受惊而大哭。其特征是突然发作，强烈而刺耳，伴有间隔时间较短的号叫。

第五种，不称心的啼哭。初生时就有。这种啼哭是在无声无息中开始的，如同疼痛时的啼哭一样，但没有长时间的屏息，开始时的两三声，一般是缓促而拖长的，持续不断、悲悲切切。

第六种，引起别人重视的啼哭。在婴儿出生后第三周开始出现。婴儿先是表现出长时间"吭吭吱吱"，低沉而单调，断断续续。经过一段时间后，如果没有人去理会，婴儿就会大哭起来。

引起婴儿哭的原因随年龄而变化，研究发现：引起第一周婴儿啼哭的原因，主要有饥饿、冷、裸体、疼痛及睡眠受到打扰等；第二、三、四周，又增加了新的原因，如喂奶中断、烦躁、增添非流质的食物等。随着年龄增长，引起婴儿啼哭的原因也进一步发展变化，1—2个月时，婴儿常因大人离开或拿走玩具等啼哭。

二 依恋发展

（一）个体早期依恋的发展

1. 个体早期依恋发展的阶段

Schaffer和Emerson对一组刚出生的苏格兰婴儿进行了为期18个月的追踪，研究了依恋的发展。每个月他们访谈婴儿的母亲一次，访谈的目的是为了确定：（1）在7种情境中婴儿同亲密的陪伴者分离时的反应（如被留在婴儿床上，被留下来和陌生人待在一起）；（2）婴儿分离的反应是指向哪个个体。如果一个儿童同某个人分离时，总表现出反抗行为，则认为他同这个人形成了依恋。结果发现，婴儿与照料者形成亲密关系要经历以下几个阶段，具体如表9—9所示。[①]

表9—9　　　　　　　　依恋发展的四个阶段

阶段	年龄	特征
阶段1：非社会性阶段	0—6周	这时婴儿处于非社会性阶段，很多社会或非社会信息都可能会引发偏好反应，很少表现出抗拒行为。在这个阶段末，婴儿表现出对社会刺激（微笑的面孔）的偏好
阶段2：未分化的依恋阶段	6周—六七个月	这一阶段的婴儿对人类更为偏好，但是还没有能进一步分化，他们更多地对人而不是对其他类似人的物体（如说话的木偶）微笑，任何人把他们从怀里放下来都会让他们相当不安。尽管3—6个月大的婴儿只对他们熟悉的人放声大笑，日常生活中的照料者对他们的安慰也更有效，但是他们似乎对任何人的关注都感到快乐
阶段3：分化的依恋阶段	7—9个月	在这一段时间内，婴儿在与某个特定个体（一般是母亲）分离时开始表现出抗拒行为。这时婴儿已经能爬行，他们常常试图追随母亲，缠着母亲，在母亲回来时热情地欢迎。他们也变得对陌生人有些警觉了。这时的婴儿已经建立了真正的依恋。安全依恋的形成会导致一个重要的结果，即促进婴儿探索行为的发展。Anisworth强调依恋对象作为探索的安全基地的作用，即从基地出发，婴儿可自由自在地大胆探索。所谓安全基地，是指婴儿探索周围环境时，能从中获得情感的支持
阶段4：依恋关系建立阶段	9—18个月	在一半婴儿形成最初的依恋后几周内，就能与其他人，如父亲、兄弟姐妹、祖父母甚至周围几个固定看护的人，建立起依恋的关系。到18个月时，很少有婴儿只对一个人产生依恋，有的婴儿会对5个及以上的人产生依恋

2. 婴儿依恋产生的原因

目前，关于婴儿依恋产生的原因，主要有精神分析理论、学习理论、认知发展理论和习性学理论对其进行解释。

[①] Schaffer, S., *Developmental Psychology: Childhood & Adolescence*, Wadsworth Groups, 2002, pp. 389–390.

(1) 精神分析理论

根据弗洛伊德的理论，婴儿的发展处于口唇期。他们用嘴的吸吮和咀嚼物体以获得满足。因此，这会导致他们对任何能满足他们口腔快感的人产生好感。由于母亲通常直接来喂养婴儿，所以母亲自然是婴儿最初获得安全和情感的对象，特别是当母亲在喂养婴儿过程中表现得相当轻松和慷慨时。总之，根据精神分析理论，婴儿早期依恋的形成原因是：我爱你，因为你喂养我。

(2) 学习理论

学习理论家主张，婴儿会对那些喂养他们、满足他们需要的人产生依恋。喂养对婴儿非常重要的原因有二：一是它会引发婴儿在心满意足之后的积极反应，特别是微笑反应，会增加照料者对婴儿的喜爱；二是在母亲喂养婴儿的过程中，母亲会带给他们更多的舒适、食物、温暖、温柔的抚摸、轻柔安慰的话语。这样，随着时间的推移，婴儿就会将母亲和舒适或快乐的感觉联系在一起，使得母亲成为有价值的对象。一旦母亲或其他照料者获得这种次级强化物的地位，婴儿的依恋便形成了，他们会尽量吸引母亲或照料者的注意，以获得有价值的奖励。总之，根据学习理论的观点，婴儿早期依恋的形成原因是：我爱你，因为你奖赏我。

(3) 认知发展理论

认知发展理论主张，要从整体上看待婴儿的认知发展水平。因为，在某种程度上，依恋的形成依赖于婴儿的认知发展水平，在依恋产生之前，婴儿必须能将熟悉的人和陌生的人加以区分；婴儿必须能意识到熟悉的照料者是永久性（客体永久性）的，因为，人们很难和一个一旦从视野中消失就不存在的人形成稳定的关系。所以，依恋最初在 7—9 个月时才开始形成是有其认知发展的依据的。皮亚杰研究发现，7—9 个月的婴儿开始寻找并发现被别人隐藏起来的物体。总之，根据认知发展理论的观点，婴儿早期依恋的形成原因是：爱你，我必须知道你的存在。

(4) 习性学理论

习性学理论主张，所有的生物，包括人在内，生来就有一些有利于物种在进化过程中生存的本能倾向。依恋关系本身有适应价值，保证幼子不受天敌或自然灾害的伤害，还能保证他们需要的满足。依恋的远期目标是使下一代存活到具备生育能力，保证种系的繁衍。洛仑兹在研究中发现，动物认母有印刻现象。动物的印刻行为表现出以下特点：第一，自动化的，没有人教的；第二，只出现在它们被孵化后短暂的关键期中；第三，不可逆转性。一旦它们开始追随某个特定的物体，就会一直依恋它。尽管人类婴儿不像小动物那么对母亲产生印刻，但一些遗传特征，能帮助他们维持与他人的接触、引发他人的照顾。最典型的就是丘比特娃娃效应。所谓丘比特娃娃效应，指婴儿有宽阔的前额、红红的脸蛋、娇嫩和胖乎乎的身体。研究表明，具有丘比特娃娃特征的婴儿很受成人的喜爱，有利于他们产生依恋。换言之，婴儿长得越可爱，母亲就越疼爱孩子。当然，婴儿并不一定是长得可爱，才会与成人形成亲密的依恋关系的。总之，根据习性学习理论，婴儿早期依恋的形成原因是：爱你，是出于我的天性。

3. 影响个体早期依恋的因素

（1）客观因素

因素一：母亲。

母亲是儿童主要的照料和抚养者。Ainsworth 等人认为，儿童的依恋类型和依恋质量，在很大程度上取决于母亲特征，特别是母亲的养育特征。李凌研究发现，未能母乳喂养或将孩子全托并不会影响母子依恋。母子依恋更多的是双方间的一种情感联系。一方面是日久生情；另一方面是母亲以多种途径传递关爱之情，进行更高质量的互动，更有利于增进母子依恋及相关积极行为。但母亲在不得已与儿童分离时应持谨慎态度。除考虑孩子对生活变化的生理适应外，同时还应关注其可能带来的心理上的影响，变动尽量避开一些相对敏感的时期，或者应着意在情感上进行一定的关照和补偿。[①]

母亲养育方式对儿童的依恋也会产生影响。Ainsworth 对 26 个家庭进行长期观察，把母亲的养育方式划分为四个维度：敏感—迟钝，接纳—拒绝，合作—干涉，易接近—漠视。结果发现：儿童的依恋风格与母亲的养育方式相对应。其中：①安全型依恋儿童的母亲，她们对儿童发出

---

① 李凌：《早期养育经验与母子依恋水平的相关研究》，《心理科学》2005 年第 28 卷第 3 期。

的信号反应敏感迅速，表现出更多积极的情绪反应，而且照顾儿童温柔细心。她们对儿童发出的信号在恰当的时间、以恰当的方式做出反应，而且参与双方通常能配合这种情绪状态的发展演进，尤其对通常作为积极一方的母亲更是如此。②回避型依恋儿童，通常被认为接受了过多的刺激性和侵扰性的照顾。其母亲可能对一个左顾右盼或将要入睡的孩子喋喋不休。通过对母亲的回避，这些儿童表现出对过多的交互作用的逃避。③反抗型依恋儿童，通常会体验到不协调一致的照顾，如当孩子哭闹时，母亲要么一味地给他喂奶，要么置之不理，这类母亲似乎不愿意过多卷入抚养行为，对儿童的信号缺乏反应。然而当儿童开始探索外部世界时，这些母亲却往往又加以干预，试图把儿童的注意力转移到她们身上，因此在母亲缺乏参与的场合下，儿童表现出过多的依恋、愤怒和挫折感。④混乱型依恋儿童，是由于母亲常虐待儿童或忽视儿童，对儿童的看护不连贯，没有规律造成的。如果儿童有曾被忽视与被虐待的体验，那么当再次遇到类似情况时，就不知道是应该接近母亲以得安抚，还是远离她以保持安全。所以表现出寻求母亲的接近但又害怕母亲接近的矛盾行为。

因素二：父亲。

研究表明，当儿童感到不安或害怕时，他们更喜欢母亲的陪伴；但是，在游戏时，他们通常更喜欢父亲。事实上，在第一年的后半年里，许多儿童对父亲形成了安全型依恋。

目前，针对父子依恋的研究，主要集中在三方面：母亲与父亲在照料行为上的差异（喂养与游戏）、抚养行为上的相似之处（表现出的敏感性）、在儿童照看方面父亲的参与程度。[1] 尽管父亲同样可以引起依恋，但父子依恋和母子依恋之间的交往存在质的不同。父亲通常与孩子一起从事一些游戏活动，而母亲的行为更直接是以减少儿童的不安且以满足、抚慰孩子为目的。特别是在敏感性方面，一项元分析研究发现，与母亲敏感性对依恋的重要影响相比较，父亲的敏感性对依恋的影响不明显。但父子依恋对儿童发展的影响是不容忽视的。形成双亲依恋的儿童有更

---

[1] 张金荣：《影响儿童依恋风格形成的因素述评》，《沙洋师范高等专科学校学报》2008年第1期。

好的社会适应能力，与父亲的安全依恋甚至可以补偿与母亲的不安全依恋关系的负面影响。

因素三：家庭氛围。

家庭氛围对个体早期形成什么类型的依恋产生影响。温暖、和谐、融洽的家庭氛围是形成安全型依恋极好的条件。在家族氛围中，父母婚姻质量对子女依恋安全感具有直接和间接的影响。婚姻质量既影响母亲对孩子招呼的敏感度，又关系到父母双方的心理状态和应激水平，进而影响父母和子女的互动过程，从而影响子女所形成的依恋类型。有一项研究发现：在童年时，父母离婚或分居与子女安全型依恋之间存在负相关，而与不安全型依恋存在正相关。这一差异表明，父母的分离给子女带来的不仅仅是冷漠、拒绝，重要的是儿童无法找到可以始终依靠和信任的人，充满矛盾和戒备心理。

(2) 主观因素

因素一：气质类型。

关于气质类型与依恋之间的关系，目前有三种观点：

一种是依恋类型是由气质决定的观点。Kagan 首先注意到这样一个现象，一岁儿童的安全型、反抗型、回避型依恋所占的人数百分比与 Thomas 和 Chess 测定的容易型、困难型、沉默型等气质类型所占的人数百分比有相当高的一致性。[1] 据此，Kagan 大胆地提出这样一个观点：依恋类型是由气质决定的，儿童的依恋行为反映的是儿童自己的气质。此观点也得到了另外研究者的支持（Calkins & Fox）。[2] 研究者探讨了 24 个月儿童气质中抑制型与非抑制型特征与依恋的关系，结果发现：反抗型依恋的儿童抑制型居多，回避型依恋的儿童非抑制型的居多，安全依恋的儿童在两种气质类型之间适度存在，不存在极端情况。

另一种是依恋类型不是由气质所决定的观点。Ainsworth 明确提出了自己不同意 Kagan 等人的观点。他认为依恋反映的是儿童早期的一种被抚

---

[1] Kagan, J., Reznick, J. S. and Gibbon, J., "Inhibited and Uninhibited Types of Children", *Child Development*, Vol. 60, No. 4, 1989, pp. 838–845.

[2] Calkins, S. D. and Fox, N. A., "The Relations Among Infant Temperament, Security of Attachment, and Behavioral Inhibition at Twenty-four Months", *Child Development*, Vol. 63, No. 6, 1992, pp. 1456–1472.

养体验，是一种对双向人际关系的反映，并不主要受制于气质。如果依恋类型仅反映儿童的气质特征，那么，具有相似气质特征的儿童理应有相同的依恋类型。但实际上，无论在以低焦虑低度寻求亲近为特征的依恋亚型里，还是高焦虑高度寻求亲近为特征的依恋亚型里，都既有安全依恋的儿童又有不安全依恋的儿童，所以，依恋系统本身包含了气质维度。

最后是依恋类型与气质相互影响的观点。这种观点主张，父母的抚养和儿童的气质都对儿童的依恋类型有直接或间接的影响。Sroufe 通过研究后提出：母亲的照料质量决定了儿童的依恋类型，而儿童的气质则决定了不安全依恋的特殊表现形式，儿童的气质与父母的养育方式交互作用，使其依恋产生和发展呈现出相应的个体特点。[1]

因素二：性别。

个体的性别会影响到其依恋类型。有一项研究用潜在生长曲线分析的方法，探讨青少年对父母及兄弟姐妹的依恋，以及在这个发展过程中的性别差异。[2] 结果发现，男孩对母亲的依恋质量的变化是非线性的，而女孩对母亲的依恋质量的变化是呈直线下降的；对父亲的依恋恰恰相反，男孩对父亲的依恋质量呈直线下降，而女孩对父亲的依恋质量的变化是非线性的；女孩对父母依恋质量的差异比男孩大；对于兄弟姐妹的依恋质量的差异也是女孩比男孩大。

(二) 成人依恋的发展

1. 成人依恋的本质

1987 年，Hazan 和 Shaver 首次将依恋概念从儿童阶段拓展到成人阶段。[3]

目前，关于成人依恋的概念，有两种主要观点：

---

[1] Sroufe, L. A., "Attachment and Development: A Prospective, Longitudinal Study from Birth to Adulthood", *Attachment and Human Development*, Vol. 7, No. 4, 2005, pp. 349 – 367.

[2] Kirsten, L. B., Maja, D. and Mirm, M., "Developmental Patterns in Adolescent Attachment to Mother, Father, and Sibling", *Journal of Youth and Adolescence*, Vol. 31, No. 3, 2002, pp. 167 – 176.

[3] Hazan, C. and Shaver, P., "Romantic Love Conceptualized as an Attachment Processe", *Journal of Personality and Social Psychology*, Vol. 52, No. 3, 1987, pp. 511 – 524.

第一种是从情感角度进行描述,认为成人依恋是个体与他人稳定的情感联结。如 Brennan 和 Sperling 认为,成人依恋是指寻求和保持在生理上和心理上能提供稳定安全感的依恋对象的一种个体倾向。[1]

第二种是从认知角度进行描述,认为成人依恋是成人对其童年依恋经验的记忆和评价。成年个体的依恋不仅仅是一种情感,更与个体的童年经历有着密不可分的关系。如 Hazen 和 Shaver 认为,成人依恋是指成年个体与当前同伴形成的持久的情感联系。Main 等人认为,成人依恋是指成人关于童年期与父母关系的记忆和心理表征。[2]

2. 成人依恋类型

(1) 三类型观

该观点是由 Hazan 和 Shaver 提出的。[3] 他们根据 Ainsworth 对婴儿依恋的类型划分,推测成人依恋类型也分为三种。

第一种是安全型依恋。具体特征是:我发现接近别人还是比较容易的,对于依赖他们和让他们依赖我,我都不反感。我不担心被抛弃,也不担心某人跟我过于亲近。

第二种是回避型依恋。具体特征是:我对于亲近别人觉得有些不舒服;我发现很难完全信任他们,很难让自己依赖他们。有人对我过于亲近时,我会紧张,并且别人总是想要跟我更加亲近,这让我觉得不舒服。

第三种是焦虑型依恋。具体特征是:我发现别人并不愿意像我希望的那样亲近我。我经常担心,我的伴侣并不真正爱我,或者不想跟我在一起。我想要跟他(她)十分亲近,而有时会把他(她)吓跑。

通过研究发现:在成人中,安全型依恋的人占 60% 左右、回避型依恋和焦虑型依恋的人各占 20% 左右。

---

[1] Brennan, W. H. and Sperling, M. B., "The Structure and Function of Adult Attachment in Attachment in Adults", *Clinical and Developmental Perspective*, Vol. 9, No. 2, 1994, pp. 223-225.

[2] 鲁晓静、郭瞻予:《成人依恋理论及其测量》,《现代生物医学进展》2007 年第 7 卷第 11 期。

[3] Hazan, C. and Shaver, P., "Romantic Love Conceptualized as an Attachment Processes", *Journal of Personality and Social Psychology*, Vol. 52, No. 3, 1987, pp. 511-524.

(2) 四类型观

该观点是由 George、Kaplan 和 Main 运用成人依恋访谈量表，对个体的依恋差异进行研究后，在早期已有的三种依恋类型上加入了第四种依恋类型。[1]

第一种：安全—自主型（secure-autonomous），对早期依恋关系有恰当一致的看法并正确评价依恋关系；

第二种：不安全—冷漠型（insecure-dismissing），对早期依恋关系的回忆与评价常常与事实相抵触，否认或低估早期依恋关系的影响；

第三种：不安全—专注型（insecure-preoccupied），对早期依恋关系有矛盾不一致的看法，混乱的亲子关系并倾向于夸大依恋的重要性；

第四种：不安全—未确定型（insecure-unresolved），在依恋关系中有创伤性的情感体验，兼具不安全—冷漠型和不安全—专注型的特征。

还有 Bartholomew 的观点。该观点是在之前提出的自我工作模式和他人工作模式的基础上，将成人依恋分为四种类型：[2]

第一种：安全型（secure），对自我和他人有积极的正性评价；

第二种：专注型（preoccupied），消极的自我评价，积极的他人评价；

第三种：回避型（dismissing），积极的自我评价，消极的他人评价；

第四种：恐惧型（fearing），对自我和他人有消极的负性评价。

3. 成人主要依恋的对象

当一个人进入成年期以后，由于思想和心理的成熟，经济地位的独立，社会交往面积的扩大，依恋对象也发生了显著的变化。无论是男性还是女性，大部分都以其恋人或配偶作为主要依恋对象。对父母的依恋仍然存在，但是只有较小部分的成人会把父母作为最重要的依恋对象。这一点可从杨洁的研究结果中看出。被试是 18—60 岁普通个体，研究表明，在 23—34 岁，35—45 岁两组被试中，以恋人或配偶为依恋对象都超过半数，具体结果如表 9—10 所示。

---

[1] George, C., Kaplan, M. and Main, M., "Adult Attachment Interview", Unpublished Manuscript, University of California, 1985.

[2] Bartholomew, S., *Methods of Assessing Adults Attachment*, *Attachment Theory and Close Relationship*, Guilford Press, 1998, pp. 25 – 45.

表 9—10　　　　　　不同年龄个体依恋对象的变化　　　　　（单位:%）

主要依恋对象	24—34 岁 女性	24—34 岁 男性	35—45 岁 女性	35—45 岁 男性
父亲	1.4	8.3	4.9	6.4
母亲	18.6	18.3	16.7	19.3
兄弟姐妹	4.3	6.7	4.2	7.3
祖父母	1.4	0	0.7	0
孩子	1.4	3.3	8.3	3.7
恋人或配偶	65.7	56.7	53.5	51.4
同性朋友	4.3	3.3	8.3	7.3
异性朋友	2.9	3.3	3.5	4.6

从表 9—10 中可以看出，仍有近 20% 的人以母亲或父亲作为主要的依恋对象。西方研究也发现，在成人后代组成自己的核心家庭时，他们与父母之间的依恋关系仍然发挥着作用。但是这些早期依恋关系不再像以前那样广泛地影响着成年人的诸多方面。另外，从表 9—10 也可以看出，成年人对母亲的依恋大于对父亲的依恋。35 岁以后，女性对子女的依恋显著大于男性对子女的依恋。

4. 成人依恋对其生活的影响

（1）对婚姻的影响

首先，依恋安全感与婚姻质量的关系。Mikulincer 认为，依恋安全感与下列影响婚恋质量的内容具有联系：[1] ①对婚恋关系持有积极信念和期待；②形成更稳定的婚恋关系；③在婚恋关系中感受到较高水平的亲密、承诺、情感卷入；④从婚恋的亲密关系中体验到满意；⑤在婚恋关系中采用积极的沟通和交往模式。进一步研究还发现，安全依恋与婚姻满意感之间存在正相关，而非安全依恋与婚姻满意度之间存在负相关。[2] 这种相关没有性别差异。例如，矛盾型依恋者在表达自己的爱的体验时，对伴侣既妒忌又强烈地受到伴侣的性吸引；逃避型依恋者则具有对亲密的

---

[1] Mikulincer, M., "Attachment Security in Couple Relationships: A Systemic Model and its Implication for Family Dynamics", *Family Process*, Vol. 41, No. 3, 2002, pp. 405–434.

[2] 孙俊才、吉峰：《成人依恋与婚恋质量》，《中国行为医学科学》2006 年第 15 卷第 7 期。

恐惧感受；安全型依恋者无论是在恋爱、同居、结婚、离婚等情境下，认为自己的爱情体验是愉快的、让人信任的，并且特别强调伴侣对自我的支持和自我对伴侣的接受。

其次，成人依恋类型的形成和表现既与早期依恋经验有关，又与当前的情感、期望以及关系特殊性有关。因为依恋安全与婚姻质量之间的联系在作用方式上表现出复杂性。从影响的直接程度看，依恋安全对婚恋满意度既有直接的影响，又以中介的方式间接影响婚恋的满意度。

（2）对亲密关系的影响

Bowly 认为依恋关系在成人情感生活中具有强大的影响作用。有研究发现：安全依恋类型的成人，有浪漫的热情的爱，而较少有极端的无我的、完全奉献式的爱；回避依恋类型的成人，对应于游戏式的爱；焦虑—矛盾依恋类型的成人，对应于占有、依赖式的爱。安全依恋类型常有积极的关系，回避依恋类型较少有满意的、亲密的关系，焦虑—矛盾依恋类型则与除热情以外的积极关系的特征呈负相关。还有研究发现，安全依恋类型对与其有亲密关系的人相当信任并有充分的自信，不安全依恋类型中的回避类型主要表现为回避亲密关系，而不安全依恋类型中的焦虑—矛盾类型主要特点是依赖和渴望投入情感中，常常是一种神经质的投入，而非慎重的、朋友式的爱。

（3）对亲密关系与工作之间平衡的影响

Vasquez 等人的研究探讨了亲密关系与工作之间的平衡这一问题。[①]他们以怀孕妇女及她们的配偶为对象，纵向考察了成人依恋风格在应对家庭和工作的挑战中的作用。他们以自我—他人模型为基础，把被试划分为四种依恋类型，并在孩子出生后的一年、四年半的两个时间点收集了家庭满意度、工作满意度、压力、角色超载等方面的自我报告的资料。结果发现：安全型依恋父母能成功地应对多领域的挑战，恐惧型依恋父母在很多家庭领域和某些工作领域存在明显困难，冷漠型依恋与专注型依恋父母的表现处在前两者之间。另外，安全型依恋与冷漠型依恋两组比专注型依恋和恐惧型依恋两组在各领域的功能上得分都更高，表明积

---

① Vasquez, K., Durik, A. M. and Hyde, J. S., "Family and Work: Implications of Adult Attachment Styles", *Personality and Social Psychology Bulletin*, Vol. 28, No. 7, 2002, pp. 874–886.

极自我比积极他人对工作、家庭功能的结果更具有影响力。

(4) 对个人生涯观的影响

有研究发现回避型依恋的人，尽力用工作去回避社会交往，专注型依恋的人，允许依恋问题的存在而干扰到工作，但是安全型依恋的人认为关系比他们的工作更有价值。在青年人中安全型依恋表现出支持职业承诺，并在早期决策形成时促使个体进行更深入的职业探究。

在个人生涯发展过程中，有些个体形成失调性生涯观，即一种以抑制生涯问题的解决和决策的方式来看待自己的知觉途径。具有失调性生涯观的人有以下的特点：失调的生涯信念、失调的认知、失调的自我信念、自我失败假设、有缺陷的自我效能信念。有人以加利福尼亚的荷兰和比利时移民为被试来考察依恋风格与失调的生涯观之间的关系。研究的结果是符合其研究假设的，即比起非安全型依恋风格，安全型依恋风格与职业观失调有较小的相关；比起焦虑型依恋风格，回避型依恋风格与职业观失调有更大的相关。

(5) 对好奇心的影响

有一项研究设计了两个实验任务，一是操纵魔方，二是挑选约会对象，前者是对新奇物体的探索，后者是对潜在亲密关系信息的探索。[①] 结果发现：①对男性来说，其冷漠型评分越高，他们对新奇物体和潜在亲密关系信息的探索水平越低；焦虑维度的得分越高，其对新奇物体的探索水平越低，对潜在亲密关系信息的探索水平越高。②对女性来说，只发现冷漠型评分越高，她们对潜在亲密关系信息的探索水平越低。

(6) 对心理健康的影响

Bowlby 认为，从青春期到成年早期的发展过程中，一种不假思索的信心，即认为依恋对象是可即的、能够提供支持，是构建稳定、独立的人格的根基。[②] 一个人早期和后续的安全依恋经历，能够提高其适应性地调节其自身认知和情绪过程的能力。个人能够对自身的思维过程进行反

[①] Aspelmeier, J. E. and Kerns, K. A., "Love and School: Attachment/Exploration Dynamics in College", *Journal of Personal and Social Relationships*, Vol. 20, No. 1, 2003, pp. 5-30.

[②] Bowlby, J., *Attachment and Loss, Separation: Anxiety and Anger*, Vol. 2, Basic New York, 1973.

思，获取和不断组织与情境相关的情绪和记忆，运用灵活的解释和应对策略。这构成了健康的人格。

安全型依恋的成人能够更加适应地对其内部认知、归因和情绪状态进行自我组织。安全型依恋的成人对自己和他人都有着积极的预期，而这种积极的预期又对其人际互动起着正向的推动作用。此外，安全型依恋意味着良好的情绪调控能力，这些都有助于提高个体的心理抵抗力。由于他们有较高的自尊和良好的人际关系、社会支持，在遭遇不幸生活事件时能够较好地调节自己的情绪，因而较少地产生孤独感和无助感，不容易导致抑郁。使用安全依恋策略的个体在面对压力时倾向于寻求社会支持，并且不使用适应不良的应对方法，例如远离他人或者仅仅专注于负面情绪等。

三　移情的发展

（一）移情的本质

移情（empathy）是个体对另一个人产生同感的情感反应，它是一种复杂的情绪沟通能力，是在条件反射基础上，在人际互动过程中，通过模仿、强化逐渐形成的。[①]

目前，关于移情的定义，人们从不同的角度，理解不是同的。[②]

1. 认知角度

从认知角度强调，移情是个体对他人内在状态的认知觉察。只要具备了这种认知上的觉察，那么移情就已经产生了。这类概念并不强调移情过程中所伴随的情绪体验以及随之而产生的行为活动。

2. 情绪角度

从情绪角度强调，移情是对他人产生共感的情绪反应。单纯对他人内心状态的认知觉察并不意味着个体能够体验到他人的感受，只有在真正体验到他人的感受之后，才能够产生真正的移情。

[①]　[美]霍夫曼：《移情与道德发展：关爱和公正的内涵》，杨韶刚、万明译，黑龙江人民出版社2003年版。

[②]　刘俊升、周颖：《移情的心理机制及其影响因素概述》，《心理科学》2008年第31卷第4期。

3. 认知与情绪的融合角度

从认知与情绪的融合角度强调，作为移情的重要组成部分，认知和情绪二者缺一不可。认为移情是理解他人情绪状态以及分享他人情绪状态的能力。

(二) 移情发展的水平

Hoffman（1987）描述了移情的四种水平，具体内容为[1]：

水平一，完全移情。由于看到他人在烦恼中而自己也体验和表达这种烦恼。例如，一个婴儿听到其他婴儿的哭声，自己也哭泣。

水平二，以自我为中心的移情。再认他人的烦恼，并以自己遇到这种烦恼将会做出反应的方式来对他人的烦恼做出反应。

水平三，对他人情感的移情。个体对各种情感产生移情，并参与安慰他人的反应。例如，一个女孩看见一位因心爱的玩具坏了而哭泣的儿童，她帮助修理那个玩具。

水平四，对他人生活状况的移情。当个体理解了一个人或一个团体的生活状况或者情况而产生移情。例如，当一名儿童知道在其他城镇中有许多因为水灾而无家可归的儿童这件事后，儿童问妈妈，是否可以送一些自己的衣服给那些儿童。

(三) 移情的发展阶段

Hoffman 将移情行为与认知发展联系起来，指出对于自我和他人在认知上的区分能力的出现是产生移情行为的重要因素。提出移情的发展有四个阶段：[2]

阶段一：物我不分的移情阶段（0—1岁）。这一阶段的儿童尚不能清楚地区分自我和他人，他人的苦恼和痛苦往往引发的是一种综合的苦恼反应。他们并不清楚到底是自己还是他人在经历着痛苦与悲伤。

阶段二：自我中心的移情阶段（1—2岁）。这一阶段的儿童逐渐学会区分别人与自己的痛苦。然而，由于年龄小的儿童不能清楚地区别自己

---

[1] Hoffman, M. L., "The Contribution of Empathy to Justice and Moral Jodgenent", in N. Eisenbeny & J. Strayer (eds), *Empathy and Its Development*, New York: Cambridge University Press, 1987, pp. 47-80.

[2] 刘俊升、周颖：《移情的心理机制及其影响因素概述》，《心理科学》2008年第31卷第4期。

和他人的内部状态,他们经常将二者混淆起来。因此,儿童的助人行为是"自我中心"的,也就是说,儿童试图通过行动减轻他人的苦恼看起来也许只是为了减轻自己的苦恼。

阶段三:认知的移情阶段(2、3 岁开始)。这一阶段的儿童已经具备了区别自己与他人观点和情感的能力。2、3 岁儿童的助人行为比年幼儿童更恰如其分地反映了他人的需要和情感。这是因为随着年龄的增长,儿童学会了搜寻关于他人的与理解他人苦恼有关的信息,同时他们能够用来形成有效的助人策略。

阶段四:超越直接情境的移情阶段(童年晚期以后)。尽管儿童的移情还是由他人的直接苦恼所唤醒,但他们的唤醒被对他人的苦恼不是暂时的而是长期的认识所加强。即使在直接情境中并没有关于这种痛苦的线索,儿童还可能会想象另一个人所经历的痛苦来产生移情。因此,在此阶段,来自需要者的表达线索、直接情境线索和关于他人生活状况的认识等都能引发个体的移情反应。

(四)影响移情发展的因素

1. 人格

人格与移情之间既有区分又有重叠。一些学者认为,移情本身就是人格的一部分,而有关人格与移情关系的研究主要集中在气质与移情、人格与移情两个方面。有一项研究是以 50 名 4 个月大的儿童为对象,进行了为期一年多的追踪,目的是探讨气质与移情的关系。[1] 研究发现:4 个月时的低唤醒可以预测 2 岁时儿童的移情水平。低唤醒水平婴儿较之高唤醒水平的婴儿,在两岁时表现出较少的移情反应。此外,两岁儿童的行为抑制性与儿童的移情也存在显著的负相关。还有一项研究考察了移情与"大五"人格理论中五种人格因素的关系。结果发现:移情与宜人性、尽责性和开放性之间存在显著的正相关;移情与情绪稳定性之间不存在相关。

2. 父母的教养方式

Barnett 认为儿童的移情要想顺利地发展,其家庭环境必须具备以下

---

[1] Young, S. K. et al., "The Relations Between Temperament and Empathy in 2 – year-olds", *Developmental Psychology*, Vol. 35, No. 5, 1999, pp. 1189 – 1197.

三个条件：第一，能够满足儿童的情绪需要同时又不鼓励过分的自我关心；第二，鼓励儿童体验和表达各种情绪；第三，使儿童有机会观察和参与与他人的互动。从这一观点来看，父母的教养方式无疑是影响儿童移情发展的重要因素。有研究考察了父母表达性与儿童移情反应之间的关系，结果表明父母的积极表达与儿童的移情反应之间的相关呈边缘性显著。[①] 还有一项研究采用个案追踪的方式探讨了父母教养方式与儿童移情发展的关系。结果表明，父母的反应敏感性和训练方式会影响儿童移情的发展。

3. 依恋

依据 Bowlby 的观点，儿童与其照料者的依恋关系最终会使得他们形成一种表征人际关系的"内部工作模型"，而这种"内部工作模型"又会指导儿童未来的人际交往。因移情也是人际交往的一部分，所以二者之间必然存在某种关系。有人在实验室条件下考察了依恋与移情的关系。[②] 其中，研究者通过设置一种打碎器具的场景来考察儿童的移情反应。结果发现：大部分非安全型依恋的儿童未能表现出移情反应，而做出移情反应的儿童往往是那些安全型依恋的儿童。

四 情绪能力

情绪能力指个体的情绪具有建立、维持和改变个体与外界关系的功能，这种功能所表现出的能力。情绪能力主要包括情绪理解和情绪调节两个方面。[③]

（一）情绪理解

1. 情绪理解的本质

情绪理解是指个体对情绪的信念和情绪反应的认识，包括个体识别

[①] Vreeke, G. L. and Van der Mark, "Empathy, an Integrative Model", *New Ideas in Psychology*, Vol. 21, No. 3, 2003, pp. 177–207.

[②] Ingrid, L. et al., "Development of Empathy in Girls During the Second Year of Life: Associations with Parenting, Attachment, and Temperament", *Social Development*, Vol. 11, No. 4, 2002, pp. 451–468.

[③] 潘苗苗、苏彦捷：《幼儿情绪理解、情绪调节与其同伴接纳的关系》，《心理发展与教育》2007年第2期。

各种情绪表达、理解自身和他人情绪产生的原因以及与情绪有关的线索。

2. 情绪理解的发展

Izard 等人用习惯化—去习惯化方法,考察婴儿对面部表情识别的发展顺序。结果发现:1 岁以内的婴儿能对高兴、生气等基本情绪加以辨别;9 个月大的婴儿能够根据面部表情,正确判断成人的高兴或悲伤情绪。

Denham（1986）通过布偶的肢体语言、声音、表情线索来呈现情景,情景任务分为明显情景任务和非明显情景任务。[1] 明显情景任务指大多数人在此情景中都体验到某种情绪,如得到冰淇淋后体验到明显的高兴。非明显情景任务指在情景中有些人体验到某种情绪,而另一些人体验到另一种情绪。例如,跳入水中,有人体验到的是高兴,有人体验到的是害怕。由儿童的母亲事先报告该情景中儿童的情绪体验,呈现的布偶的情绪与母亲报告的儿童情绪相反。即如果母亲报告儿童跳入水中体验到害怕,则情景中布偶表现出的情绪为高兴;如果母亲报告儿童跳入水中体验到高兴,则情景中布偶表现出的情绪为害怕。以此可推断儿童能否识别违背自身体验的他人情绪。主试要求儿童从几种最基本图片中选出一个合适的布偶贴上。

结果发现:在明显情景中,高兴、伤心最容易识别,害怕最难识别;在非明显情景中,当布偶的情绪性质和儿童的相反时,儿童更容易识别;积极—消极情绪的组合较消极—消极情绪的组合容易识别,其中,高兴—伤心非明显情景最容易识别,生气—害怕非明显情景最难识别。

Saami（1979）发现[2],6 岁儿童可以报告何时和为什么他们向别人掩饰自己的情绪。10 岁儿童则可以很好地知道他人可以掩饰他们的真实情绪,而 6 岁儿童和 8 岁儿童的成绩没有 10 岁的好。

Harris 等人（1981）发现[3],尽管 6 岁儿童可以描述他们是怎样来表

---

[1] Denham S. A. , "Social Cognition, Prosocial Behaviro, and Emotion in Preschoolers: Contextual validation", *Child Development*, Vol. 57, No. 1, 1986, pp. 194 – 201.

[2] Saami C. , "Children's Understanding of Display Rules for Expressive Behavior", *Developmental Psychology*, Vol. 15, No. 4, 1979, pp. 424 – 429.

[3] Harris P. L. , Olthof T. , Terwogt M. M. , "Children's Knowledge of Emotion", *Journal of Child Psychology and Psychiatry*, Vol. 22, No. 3, 1981, pp. 247 – 261.

达情绪以适应情景,而 11 岁和 15 岁的儿童才可以肯定地提到实际和表达的情绪之间的不匹配。还有一项研究(Gnepp,1983)是给儿童描述故事主人公的当前情景和他的面部表情之间存在冲突[1],结果发现:11—13 岁的儿童要比 3—7 岁儿童可以更好地解释他们的面部表情,更多地知道掩饰真实的情绪。

Denham 认为[2],从婴儿期到幼儿期儿童的情绪理解主要发生了以下几个方面的变化:

(1) 识别情绪的语言和非语言的表现;
(2) 识别引发情绪的情境;
(3) 推断情绪产生的原因及特殊情绪产生的结果;
(4) 用情绪语言来描述自己的经历,并能区分他人的情绪经历;
(5) 认识到他人的情绪体验与自己的情绪体验不同;
(6) 能意识到情绪调节策略的不同;
(7) 发展表现情绪规则的知识;
(8) 知道多种情绪可以同时发生,即使各种情绪之间是相互冲突的;
(9) 开始理解复杂的社会情绪和自我意识情绪。

Pons 和 Harris(2004)概括出儿童情绪理解的九种成分[3],具体内容是:

成分一:识别。3—4 岁的儿童,开始能够在表情线索的基础上再认和命名基本情绪的面部表情,如高兴、伤心、害怕和生气等。

成分二:外部原因。3—4 岁的儿童开始理解外部原因如何影响其他儿童的情绪。他们能够预期在他人丢失自己心爱的玩具后会感觉到伤心,在收到自己喜欢的玩具后会感到高兴。

成分三:愿望。3—5 岁的儿童开始意识到人们的情绪反应取决于他

---

[1] Gnepp J., "Children's Social Sensitivity: Infeferring Emotions from Conflicting Cues", *Developmental Psychology*, Vol. 19, No. 6, 1983, pp. 805 – 814.

[2] Denham S. A., *Emotional Development in Young Children*, Guilford Press, 1998.

[3] Pons, F., Harris, P., de Dosnay, M., "Emotion Compnehension Between 3 and 11 Years: Developmental Periods and Hierarchical Organization", *Emopean Journal of Developmental Psychology*, Vol. 1, No. 2, 2004, pp. 127 – 152.

们的愿望。因此，他们能够理解在同样情境下两个人却感觉到不同的情绪，这主要是因为他们有着不同的愿望。

成分四：信念。4—6 岁的儿童开始理解他们的信念，不管是正确的还是错误的，都会决定他或她对一个情境的情绪反应。

成分五：暗示。3—6 岁的儿童开始理解记忆和情绪的关系。他们越来越懂得，情绪的强度会随着时间而减弱，而当前情境中的一些要求会像提醒者一样，让之前的情绪再次被激活。

成分六：调节。随着儿童年龄的增长，他们会调用不同的策略来控制情绪。6—7 岁时，大部分儿童会使用行为策略，而 8 岁及更大一点的儿童开始认为用拒绝或注意分散等心理策略更为有效些。

成分七：掩饰。4—6 岁的儿童开始认识到潜在的、外部的情绪表达和真实体验的情绪之间会有差异。

成分八：混合。大约 8 岁开始，儿童理解在某种特定情境中，人们可以表现出多种情绪反应，特别会表现出矛盾的情绪反应。

成分九：道德。大约 8 岁发后儿童开始理解由撒谎、偷窃等道德上受到谴责的行为发生之后继发的消极情绪；同时也能理解因牺牲、抵抗诱惑等道德上值得称赞的行为发生之后继发的积极情绪。

3. 混合情绪的理解

混合情绪理解能力指个体意识到同一情景可同时诱发两种不同的甚至是矛盾的情绪反应的能力。

混合情绪要求个体具备对情绪进行多维评价的能力，表明个体已经逐渐摆脱对情绪单维度反应，达到情绪理解的高级阶段，是个体（特别是儿童）情绪理解和情绪解释能力的一大飞跃。

（二）情绪调节

1. 情绪调节的本质

情绪调节指监控、评估和修改情绪反应以达到预期目标的一系列外部和内部过程。

Gross 指出，对情绪调节的认识需要从三个方面进行：[1]

首先，情绪调节不仅仅是降低负情绪，它包括负情绪和正情绪的增

---

[1] 黄敏儿、郭德俊：《情绪调节的实质》，《心理科学》2000 年第 23 卷第 1 期。

强、维持、降低等多个方面。

其次，与情绪的唤醒一样，情绪调节有时是有意识的，有时是无意识的。

最后，情绪调节没有必然的好与坏，在某一种情境中是好的，而在另一种情境中则可能是不好的。

所以，情绪调节可理解为个体管理、调整或改变自己（或他人）情绪的过程，在这个过程中，通过一定的行为策略和机制，情绪在主观感受、表情行为、生理反应等方面发生一定的变化。

2. 情绪调节的发展

第一，婴幼儿的情绪调节。

（1）婴儿情绪调节

婴儿情绪调节能力发展经历以下四个阶段：[1][2]

第一个阶段（0—3个月）由神经生理学和反射性调节组成，包括自我安慰或对外在刺激做出反应而得到安慰，以及发展处理输入刺激的能力。

第二个阶段包括感觉运动调节（3—9—12个月），它表征了儿童从事随意运动的能力和随环境事件改变行动的能力。这些行为由知觉线索或动机线索引发，但不是有意识的。

第三个阶段是控制阶段（9、12个月—18个月以上），它包括一个逐渐显露的依从和自我自发抑制的能力。在这个阶段，认知和运动都不断发展，且出现了意向性、目标定向、运用意义且开始有意识地知觉周围事物。

第四个阶段是自我控制阶段，它先于自我调节（24个月以后），包括"对记忆信息结果的行为的自发修正"。自我调节包括与自我控制相类似的过程，但它含有更为成熟形式的反省和计划，照看者和其他社会影响会对个体自我控制的差异造成影响。

---

[1] Kopp, C. B., "Antecedents of Self-regulation: A Developmental Perspective", *Developmental Psychology*, Vol. 18, No. 2, 1982, pp. 199 – 214.

[2] Kopp, C. B., "Regulation of Distress and Negative Emotions: A Developmental View", *Developmental Psychology*, Vol. 25, No. 3, 1989, pp. 343 – 354.

(2) 幼儿情绪调节

在 3 岁以后,幼儿控制自己情绪的能力不断增长,儿童的情绪调节能力也是越来越强,调节策略越来越丰富,运用手段也越来越灵活。在幼儿后期,儿童较多地采用他人定向的情绪调节策略,并以解决问题为目标。儿童的这种从依赖性的情绪调节到独立的自我情绪调节的发展,是儿童心理健康成长过程的必经之路。

姚端维等采用测验法和问卷法,考察了 150 名 3—5 岁儿童的情绪调节能力,发现幼儿能够运用多种策略来应对同伴之间的冲突情境,使用频率最多的策略是建构性策略,其次是回避和情绪释放策略,再次是破坏性策略和情绪释放策略,最后是破坏策略。[①] 结果表明幼儿在面对同伴间的冲突,更愿意采用积极的活动来改变紧张的环境从而降低紧张情绪,而较少地采用破坏物品和伤害他人的消极方式来缓解自己的消极情绪。通过对策略使用的年龄差异进行比较发现:3 岁组的幼儿更倾向于使用情绪释放策略,4 岁组的幼儿较多地使用建构性策略,5 岁组幼儿使用回避策略要多于 3 岁组和 4 岁组的幼儿。3 岁组幼儿由于自己的能力有限,再加上对于成人帮助的依赖,在面对冲突情境时,他们更多的是哭泣或等待他人的帮助。而到 4 岁时,幼儿自我意识的萌芽使他们愿意通过自己的行为来解决问题,去尝试想出种种解决问题的办法。但随着年龄的增长,幼儿在尝试解决问题失败以后,或者在老师的教育之下,他们不愿意花费过多的时间去面对同伴的冲突,而是选择避开冲突,去寻找其他更有乐趣的事情,从另一角度看,这也是幼儿社会性的一个进步。

(3) 性别差异

婴幼儿的情绪调节存在明显的性别差异。儿童从 2 岁起,开始有能力控制自己的情绪,伴随着表征和言语能力的出现,情绪调节的个体差异在儿童早期就出现了。还有研究发现,幼儿在面临同伴冲突情境时,男孩常通过情绪定向模式,而女孩则采用问题定向模式。[②] 男孩和女孩在

---

① 姚端维、陈英和、赵延芹:《3—5 岁儿童情绪能力的年龄特征、发展趋势和性别差异的研究》,《心理发展与教育》2004 年第 20 卷第 2 期。

② Fabes, R. and Eisenherg, N., "Young Children's Coping with Interpersonal Anger", *Child Development*, Vol. 63, No. 1, 1992, pp. 116 – 128.

很小的时候开始获得对其可接受的情绪表达方式的不同信息，特别是在表达愤怒等消极情绪方面。母亲常对女婴表达的愤怒做出严厉反应，对男婴则较少做出同样反应。还有研究是给儿童讲了一个引发消极情绪的故事，并让儿童提出最好的应付方式，结果发现男孩更多地选择愤怒反应，该研究进一步分析原因发现，男孩觉得他们在表达愤怒方式的选择上较少受限制，而且他们更多地考虑如何使自己心里更舒服。女孩调节消极情绪的能力更明显地受父母社会化的影响，对女孩的愤怒加以管理和控制，是我们的文化习俗之一。

第二，小学生情绪调节。

（1）情绪调节从独自—社会维度向内在—外在维度发展

小学生的情绪调节随着其社会认知能力的提高而发展，调节方式从独自—社会维度向内在—外在维度发展。Rossman 发现，6—7 岁的小学儿童更可能把父母作为支持源，而年长的儿童更可能转向同伴。[1] 高年级儿童的应对和情绪调节中，内在—外在维度变得更突出，这是因为随着年龄的发展，认知能力不断提高，他们能够使用内省和元认知。还有人认为，年长的儿童更容易使用内在方式（如重估策略），并且随着年龄增长显著增多。儿童中期获得的认知发展使自我反省变得容易，使得儿童能用更多的认知方式来调节情绪体验，如通过反省、乐观地思考、转变观念等方式进行更积极的评价。

（2）建设性情绪调节方式逐渐增加

随着年龄的增长，儿童能更多地利用认知方式，以建设性的方式来调节自己的情绪。

在导致愤怒的情境中，2—3 岁的儿童倾向于以避开该情境来调节自己的愤怒体验，年龄较大的儿童致力于通过一种指向他人的建设性方式来调节情绪，并有一个解决社交问题的目标。罗峥等考察了小学二、四、六年级学生对情绪社会调节作用理解的特点。[2] 结果表明：小学生认为愤怒、悲伤和恐惧情绪标志着表达者不同的人际地位，会诱发接受者不同

---

[1] 乔建中等：《国外儿童情绪调节研究的现状》，《心理发展与教育》2000 年第 2 期。

[2] 罗峥、郭德俊、方平：《小学生对情绪社会调节作用的理解》，《心理发展与教育》2002 年第 3 期。

的情绪和后继行为：愤怒情绪标志着表达者的支配地位，会诱发出接受者的恐惧情绪和道歉认错行为；悲伤和恐惧标志着表达者的非支配地位，会诱发出接受者的悲伤情绪和目标恢复行为，恐惧情绪有时还会诱发接受者的高兴情绪。在对愤怒、悲伤和恐惧情绪反映表达者的社会目标的理解上，没有差异，都反映了表达者期待接受者采取目标恢复的社会行为。高年级学生在区分不同情绪表达的支配性以及诱发接受者的情绪上，存在着差别；低年级学生对接受者的后继行为的理解存在着差异。

（3）亲子关系和同辈关系对情绪调节起重要作用

亲子关系对儿童情绪调节能力的发展具有极其重要的作用。如果父母能够以适应儿童情绪社会化实践的方式对儿童的情绪发展做出反应，将对他们情绪调节及其策略的发展产生积极的影响。有研究发现，父母对儿童情绪行为的反应以及父母之间或抚养者之间的情绪相互作用（如父母之间的冲突），对儿童情绪调节能力及其同伴交往能力的发展有重要影响。随着儿童年龄的增长，他们对父母支持的依赖性逐渐减少，但父母在学龄早期儿童的情绪发展中持续扮演着重要的角色。多数小学儿童在研究者呈现的假想父母关注其情绪反应的故事中，仍然表现出真正的情绪表达如生气、焦虑、难过和痛苦，尤其是年幼一些的学龄儿童把母亲看作愤怒表达的最佳对象，在自身缺乏调节技能时表达出愿意接受帮助的情绪。[1]

同伴关系是双方具有平等的社会地位和行为权利的对称性互动过程，就要求儿童有一定水平的社会主动和自我调节能力，同伴关系对儿童情绪及其调节能力的发展具有广泛而深远的影响。首先，同伴之间所形成团体或友谊关系，可以从一定程度上抑制或加强其情绪体验及其表达方式，使儿童的情绪及情绪调节能力发展显示出一定的独特性或年龄特征。同伴群体在很多情况下倾向于抑制情绪表达，同伴通常拒绝不服从情绪表达规则的儿童，如经常爆发愤怒、对其他儿童的失败扬扬得意会招致同伴的排斥，对他人成功的嫉妒也与同伴拒绝有关；其次，同伴之间具有诸多相似性，更有可能理解对方的情绪发展，彼此扮演着协商者的角

---

[1] 刘国雄、方富熹、杨小冬：《国外儿童情绪发展研究的新进展》，《南京师范大学学报》（社会科学版）2003年第6期。

色。儿童逐渐学会通过适当的策略来调节自己的情绪,从而形成较为成熟的情绪调节能力。Vonsalisch 对小学生情绪调节策略研究结果表明,年长儿童比年幼儿童更多采用"沉默处理",更多地转移注意,远离让他们生气的同伴;在向同伴寻求社会支持上则不存在年龄差异。[1] Underwood 等研究发现,当受到不认识的同伴挑衅时,六年级儿童比二年级儿童更容易做出沉默反应,显示中性的面部表情以及耸肩。[2]

第三,中学生情绪调节。

(1) 情绪调节水平在不断增加

中学生的情绪调节能力发展呈现出从他控到自控、从不自觉、自觉到自动化、从单维到多维、从局部到整体、敏感性逐渐增强、迁移性逐渐提高等方面的特点。

沃建中和曹凌雁以初中一年级到高中一年级的学生为被试探讨中学生情绪调节能力的发展特点,结果发现:中学生的情绪调节能力随着年级的升高呈现上升的趋势,但到高二以后趋于平稳;在高二时女生的情绪调节能力逐渐超过了男生,在高三时男生和女生的情绪调节能力没有差异,具体结果如图 9—8 所示。[3]

姜媛的研究发现,青少年和成年人更多地采用有意识的回避策略来减轻他们的愤怒和悲伤。在愤怒应对策略方面,12—13 岁的青少年采取与使他们愤怒的同伴保持距离,且能转移他们的注意力的方式。[4]

(2) 性别差异

刘爱琴研究初中生学校恐惧情绪调节方式,结果发现:初中生对学校恐惧的调节方式出现性别和年级差异。即初中生随着年龄的增长,更

---

[1] Von Salisch M., "Children's Emotional Development: Challenges in Their Relationships to Parents, Peers, and Friends", *International Journal of Behavioral Development*, Vol. 25, No. 4, 2001, pp. 310 – 319.

[2] Underwood, M. and Hurley, J., "An Experimental, Observational Investigation of Children's Responses to Peer Provocation: Developmental and Gender Differences in Middle Children", *Child Development*, Vol. 70, No. 6, 1999, pp. 1428 – 1446.

[3] 沃建中、曹凌雁:《中学生情绪调节能力的发展特点》,《应用心理学》2003 年第 9 卷第 2 期。

[4] 姜媛:《情绪调节策略发展及其与记忆关系的研究》,博士学位论文,天津师范大学,2007 年。

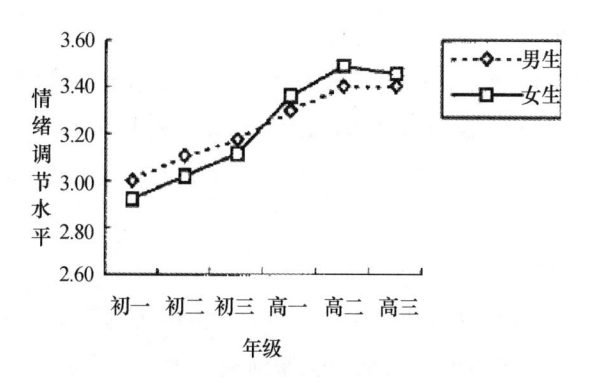

图 9—8　中学生情绪调节能力发展趋势

多采用评价忽视和抑制的情绪调节方式；女生比男生更多地采用评价忽视、评价重视和转移注意的情绪调节方式。①

李梅和卢家楣研究比较了人际关系良好和人际关系不良的高中生在 8 种情绪调节方式（情绪表露、情感求助、放松、认知应对、压抑、哭泣、情绪代替和回避）使用上的差异。② 结果表明在情绪表露、情感求助、放松和哭泣四种情绪调节方式上存在显著的性别差异，女生多于男生。受欢迎的学生较多地使用情感求助、认知应对和情绪表露三种情绪调节方式，被拒绝和被忽视学生常压抑自身情绪。

姜媛对小学五年级、初中二年级和高中二年级共 547 人进行情绪调节策略问卷调查，结果发现，被试在表达抑制方面存在年龄差异，男生采用表达抑制策略显著高于女生。③

第四，大学生情绪调节。

（1）情绪调节能力逐渐成熟

大学生的心理生理都达到了相对成熟的阶段，生活环境发生了很大变化，以前在学习生活中没有遭遇过的许多事件出现了，人际关系更加

---

① 刘爱琴：《中小学生学校恐惧情绪调节方式研究》，硕士学位论文，山东师范大学，2004年。
② 李梅、卢家楣：《不同人际关系群体情绪调节方式的比较》，《心理学报》2005 年第 4 期。
③ 姜媛：《情绪调节策略发展及其与记忆关系的研究》，博士学位论文，天津师范大学，2007 年。

广泛，开始经历从校园走入社会，经历社会人员角色转换的关键时期，内心矛盾冲突又增加了，但由于心理上的成熟，他们更加关注如何尽快地对情绪进行调节以适应外界的环境，情绪的调节能力逐渐成熟。贾海燕和方平研究表明，大学生比高中生在情绪调节过程中更多地采用成熟型的调节策略。[①]

（2）性别差异

刘海燕采用fMRI技术研究初中生和大学生情绪调节的大脑区。结果表明，在评价情绪调节策略的大脑加工激活模式上，初中男、女生间几乎不存在性别差异；男女大学生间存在性别差异；女大学生主要激活右半球的腹侧前额皮层和前扣带回等脑区，而男大学生主要激活左半球的前额皮层和扣带回脑区；在恐惧图片的评价忽视情绪调节策略加工中，男大学生还不能有效地使用评价忽视调节策略调整恐惧情绪反应，女大学生却能很好地使用评价忽视策略调节自己的情绪反应，其参与加工的脑区以右半球的前额皮层和前扣带回为主。在恐惧面孔评价重视情绪调节策略加工中，初中男女生间性别差异不明显；男女大学生间性别差异明显：男生参与的脑区倾向于以左半球为主，女生则倾向于以右半球为主。[②]

贾海艳和方平的研究也表明，在情绪调节过程中，大学女生比男生，更多地采用求助成熟型的情绪调节策略，而在不成熟的调节策略上，男女大学生没有性别差异。[③]

（3）父母教养方式

父母良好的教养方式会让大学生在情绪调节时较多地应用成熟型的情绪调节策略，并对他们将来采用的情绪调节策略有预测作用。父母不良的教养方式会让青少年在应对不良情绪时，更多地使用不成熟的情绪调节策略。

Dusek等人的研究表明，父母教养方式中的过分干涉和保护以及拒绝和否认等不良教养方式，主要对青少年情绪调节过程中采用不成熟的情

[①] 贾海艳、方平：《青少年情绪调节策略和父母教养方式的关系》，《心理科学》2004年第27卷第5期。

[②] 刘海燕：《青少年恐惧再评价情绪调节脑机制fMRI研究》，博士学位论文，首都师范大学，2005年。

[③] 贾海艳、方平：《青少年情绪调节策略和父母教养方式的关系》，《心理科学》2004年第27卷第5期。

绪调节策略有影响。[1] 贾海艳和方平的研究表明，父母教养方式中的情感温暖、理解对于大学生在调节焦虑情绪时采用的成熟型（解决问题、求助）和不成熟型（自责、幻想）的情绪调节策略都有显著的影响，并有预测作用。[2]

第五，老年人情绪调节。

社会情绪选择性理论认为，个体随着年龄的增长，情绪调节能力逐渐提高，时间知觉是形成人类动机和目标的主要力量，人类有对自己余生时间的意识和潜在意识的知觉，当人们觉察余生时间是充足的时候，如健康的年轻人，他们认为新颖是有价值的，对新颖性目标所投入的精力大于基线水平。相反，老年人觉察自己的余生时间有限时，他们把情感体验放在首位，这激发他们监控和选择环境事物中的情感意义，并优化具有情感意义的事物。因而，老年人随年龄的增长，情绪体验越来越积极，情绪控制的水平越来越高。

Carstensen 和 Charles 的研究表明，在日常生活中随着年龄的增长，人们负性情绪的体验越来越少，积极性情绪体验越来越多。[3] Lawton 等用自我报告法的研究发现，老年人的焦虑和抑郁情绪比青年人低，满意度比青年人高。在一天内，老年人的消极心境的时间比年轻人的要少。[4] Susan 和 Mara 以健康正常的年轻人、中年人和老年人为研究对象，以积极、消极或中性的图片为实验材料，结果发现，随年龄的增长，人们对消极图片的记忆成绩越来越差。结果与社会情感选择性理论相一致，即随着年龄的增长，个体的情绪调节能力不断提高。[5]

---

[1] Dusek, J. et al., "Adolescent Copinn Styles and Perception of Parental Child Rearing", *Journal of Adolescent Research*, Vol. 9, No. 4, 1994, pp. 412–421.

[2] 贾海艳、方平：《青少年情绪调节策略和父母教养方式的关系》，《心理科学》2004 年第 27 卷第 5 期。

[3] Carstensen, L. and Charles, S., "Emotion in the Second Halt of Life", *Current Directions in Psychological Science*, Vol. 7, No. 5, 1998, pp. 144–149.

[4] Lawton, M. P. et al., "Affect and Age: Cross-sectional Comparisons of Structure and Prevalence", *Psychology and Aging*, Vol. 8, No. 2, 1993, pp. 165–175.

[5] Susan, T. C. and Mara, M., "Aging and Emotional Memory: The Forgettable Nature of Negative Images for Older Adults", *Journal of Experimental Psychology: General*, Vol. 132, No. 2, 2003, pp. 310–324.

第 十 章

语言发展

第一节 语言发展的理论

一 语言发展的一般性理论

（一）语言发展的强化说

斯金纳（Skinner）提出语言发展的强化说，主张语言发展是通过操作性条件反射形成的。在斯金纳的《言语行为》一书中，他详细论述了自己的观点。[①] 具体内容为：（1）在某一场合下，个体言语所受到的强化，对他们言语行为的形成和发展有着决定性的影响。（2）要对个体的言语进行"功能性分析"。所谓功能性分析是指只要能弄清楚外界刺激因素就能精确预测个体会产生什么样的言语行为。（3）强化是个体学习言语的必要条件。强化刺激的出现频率、方式，对于个体言语行为的形成和巩固具有非常重要的作用。（4）在个体言语发展过程中，一个人主动进行的自我强化对他们言语的发展起重要作用。斯金纳认为，当一名婴儿听到了别人说的话，在其他地方他会独自发出同样的声音，这种行为会自动强化他们试探性的发音行为。（5）强化是渐进式的。如果要求个体学习一个复杂的句子，不必等到他们在某一时刻说出这个复杂句子，然后才给予强化，而是只要他们所说的句子稍微接近了目标句子（即复杂句）时，就给予强化，然后再强化个体说出更接近目标句子的话。通过这种逐步接近的强化方式，可使他们最终掌握复杂的句子。

[①] Birch A., *Developmental Psychology: From Infancy to Adulthood*, London: Macmillan Press Ltd., 1997, pp. 119–120.

20世纪60年代以前，斯金纳的强化说影响很大。之后，其观点受到了人们的普遍质疑。主要包括：（1）斯金纳的上述观点是来自于动物实验所得出的结论。以此来类比人类语言发展，存在明显的缺陷。（2）个体的语言发展是通过渐进强化实现的，这就意味着个体语言发展不会出现加速期。这同个体语言发展的实际情况不符合。（3）个体语言发展只能通过强化来获得，也与实际情况相矛盾。有关研究表明，在孩子与母亲对话时，母亲很少对孩子所说出的每一句话都做出反应。因为，母亲更关心孩子所说的内容，而不是所说的每一个句子及其结构。（4）每一句话的意思常与说话时的环境有密切的关系，不能只看个体所说出的句子结构。

　　（二）语言发展的模仿说

　　Allport提出语言发展的模仿说，主张儿童语言发展主要是通过对成人语言的模仿。[①] 他认为儿童早期语言的发展主要是通过模仿来实现的。婴儿最初模仿成人发出的语音是由于他们能够从中获得愉快和满足自己的需要。母亲对婴儿经常发出的语音是与母亲给婴儿的哺乳和爱抚动作相联系的，如果婴儿也能发出与母亲相类似的声音，母亲听到后会感到愉快，这会使母亲增加哺乳或爱抚动作持续的时间，婴儿在得到这种正强化后，会表现出更多的这种行为。

　　Allport还提出，当儿童掌握一定数量的单词后，他们就开始对单词进行组合，儿童组合单词的能力也依赖于父母对他们的强化。Allport指出，如果父母常将儿童所说的单词扩展成句子，并在儿童模仿这种扩展后，给予他们正强化，父母所说句子就会成为一种强化刺激。例如，当儿童要喝牛奶时，儿童只说"牛奶"这个单词，如果母亲明白其所说的意思后，母亲会将"牛奶"这个单词扩展为"宝宝要喝牛奶"的句子，父母通常会等到儿童说出"宝宝要喝牛奶"句子后，再给他们牛奶，在这种条件下，儿童为了获得自己想要的东西，就会不断地将自己所说的单词扩展成句子。Allport认为，儿童最初所说的单词如果不与具体的实物发生联系，那么该单词就没有任何意义。只有儿童所说的单词与具体实物建立起联系后，他们所说的话才变得有意义起来。

[①] 孟昭兰：《婴儿心理学》，北京大学出版社1997年版，第266—267页。

(三) 语言发展的选择性模仿说

选择性模仿说是由 Whitehurst 提出的，主张儿童学习语言并非是对成人语言的机械模仿，而是有一定选择性的。[①] 与传统的模仿说相比，选择性模仿说有两大特点：(1) 榜样行为和模仿者的反应之间存在某种功能上的关系，即二者不仅在形式上，更重要的是在功能上相似。模仿者对榜样的行为不必一对一地进行模仿，从而为婴儿有选择地和创造性地模仿留有余地。(2) 选择性模仿不是在强化和训练的条件下发生的，通常是在正常生活情境下出现的。因此，在时间上，模仿者的行为和榜样的行为不是即时的（即榜样的行为出现后，模仿者不必立即模仿），在形式上，模仿者的行为与榜样的行为也不是一一对应关系。这样使儿童语言发展既有一定的新颖性，又有一定的模仿基础。

许政援根据自己的研究，发现成人教婴儿说话有四种形式：示范、强化、扩展（帮助婴儿语言进行意义上的明确和句子上的补充）和激励。[②] 婴儿在与成人共同的言语活动中，表现出：(1) 11—14个月是婴儿自发发音和说出词并存的时期；12—13个月，婴儿自发发音急剧减少，模仿发音达到高峰；14个月时婴儿交际发音有较大的增长。(2) 言语获得离不开特定的语言环境，言语能力是在交际中获得的。婴儿说出什么取决于所处的语言环境。成人对婴儿所说的话是婴儿言语获得的主要输入来源。(3) 11—13个月的婴儿习得的单词与成人所教授的单词相符率高达80%，这表明模仿在言语获得中有很重要的地位。到14个月时，上述符合率下降到38.5%，这主要是因为婴儿言语能力提高，开始从日常的交际中习得单词。据此许政援提出，11—14个月婴儿言语习得主要是通过模仿，语法规则只能在与人交往、与环境相互作用中获得。机械模仿的观点是片面的，因为婴儿并不是成人教他们什么，他们就学什么。婴儿通常是根据自己的发音能力和经验，通过有选择性地模仿来发展自己的言语。

(四) 语言发展的先天装置说

乔姆斯基（Chomsky）提出的语言发展的先天装置说，主张个体语言

[①] 朱曼殊主编：《儿童语言发展研究》，华东师范大学出版社1986年版，第207—227页。
[②] 许政援：《11—14个月儿童的言语获得——成人的言语教授和儿童的模仿学习》，《心理学报》1992年第2期。

发展的决定因素不是经验和学习，而是其所拥有的人的大脑机能。① 只要一个人大脑正常，就有学会和掌握人类语言的潜能。首先，人类的婴儿有一种受遗传因素决定的先天语言获得装置（language acquisition device，LAD）或普遍语法（universal grammar，UG）。先天语言获得装置是个体掌握语言的内在机制，它位于大脑的特定区域，该区域能够准确识别和辨认特定语言的普遍特征，理解特定语言的规则。对于某一个儿童来说，要想学习说话，只要听别人说话就行了，使用语言获得装置就能迅速地搞清楚自己听到的任何语言的规则，具体过程如图 10—1 所示。②

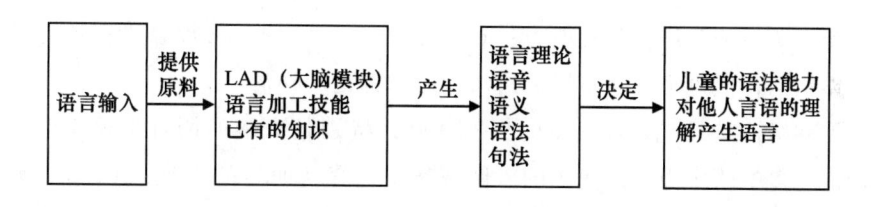

语言输入 —提供原料→ LAD（大脑模块）语言加工技能已有的知识 —产生→ 语言理论 语音 语义 语法 句法 —决定→ 儿童的语法能力对他人言语的理解产生语言

图 10—1 语言获得装置

其次，支持先天语言获得装置的证据有以下几个方面：（1）人类确实拥有专门的大脑语言功能区，例如前额叶的布洛卡区控制人的说话能力，威尔尼克区控制语言识别能力；（2）儿童确实在很短时间内就掌握语言这种极其复杂的交流系统；（3）在语言发展的过程中，儿童都在大致相同的时间经历了相同的发展序列，甚至出现相同的错误，这表明语言发展是按照一种特殊的成熟程序进行的；（4）尽管成人与儿童谈话的风格存在文化差异，但是早期语言发展的普遍方面在各个文化中都会出现。

最后，乔姆斯基反对语言获得的"白板论"。在个体语言获得的理论中，有一种经验论的"白板论"，主张婴儿出生后，大脑没有任何知识"痕迹"，即是一张"白板"。他们获得语言是按照 S-R 的方式，将所听到

---

① Rosser, R., *Cognitive Development: Psychological and Biological Perspective*, Boston: Allyn and Bacon, 1994, pp. 262 – 264.

② ［美］卡拉·西格曼、伊丽莎白·瑞德尔：《生命全程发展心理学》，陈英和译，北京师范大学出版社 2009 年版。

的句子（即刺激）一个一个地"涂"（即反应）在"白板"上。换言之，白板论者主张婴儿的语言能力不像呼吸、吸吮是由生物的遗传性决定的，婴儿要想提高其学习和使用语言的能力，就必须通过有意识的努力训练才能获得。

乔姆斯基认为，"白板论"不能解释以下四种现象：(1) 幼儿与成人相比，虽然他们的语言经验很少，但却表现出与成人相接近的创造性地使用语言的能力；(2) 儿童语言成熟期的到来表现为"突发式"，即一个儿童在生命的早期，常以快速的质变方式掌握语言的基本结构，这用行为主义的观点无法解释；(3) 在儿童的知识范围内，他们具有区别任何一个语法句和非语法句的能力；(4) 人与人之间的后天社会语言环境虽然不相同，但每个人所掌握的语法规律却都是一样的。

乔姆斯基强调语言获得的生物基础，特别是大脑的语言中枢在个体语言获得中的作用，是正确的。但是其观点存在明显的不足：(1) 先天语言获得装置并不足以完全解释语言发展的机制；(2) 先天语言获得装置说低估了儿童所处语言环境在其语言发展中的作用。

（五）语言发展的先天决定论

语言发展的先天决定论是由伦内伯格（Lenneberg）提出的。[①] 语言习得的先天决定论主要观点是：(1) 遗传素质是人类获得语言的决定因素。因为人类大脑具有其他动物所没有的专管语言的中枢，所以说语言是人类所独有的。语言是人类大脑机能成熟的产物，当大脑发育成熟达到一定状态时，只要受到适当的外部条件的刺激，大脑就能使潜在的语言结构状态转变为现实的语言结构，使一个人的语言能力显露出现。(2) 语言发展是以大脑的基本认知功能发展为基础的。人类大脑的基本功能是对相似的事物进行分类和抽象，而在任何水平上，对语言的理解和产生都能归结为一种分类和抽象活动。(3) 语言既然是大脑功能发育成熟的产物，所以语言发展就会存在关键期。已有研究已表明，语言发展的关键期从两岁左右开始，到青春期结束。过了这个关键期，即使给儿童适当的训练，他们也很难获得语言。此外，语言功能的大脑一侧化也是在这一关键期内出现的。

[①] 桂诗春：《新编心理语言学》，上海外语教育出版社2000年版，第181—182页。

伦内伯格的观点得到了许多神经心理学研究成果的支持。例如，儿童年龄越小，其大脑左半球受到损伤后，则对其语言功能的影响较小；但是随着个体年龄的增长，其大脑左半球受到损伤后，则会对语言功能产生较大的负面影响。换言之，个体大脑左半球受损伤时的年龄越大，语言功能受损程度也越大，语言功能恢复起来就越难。

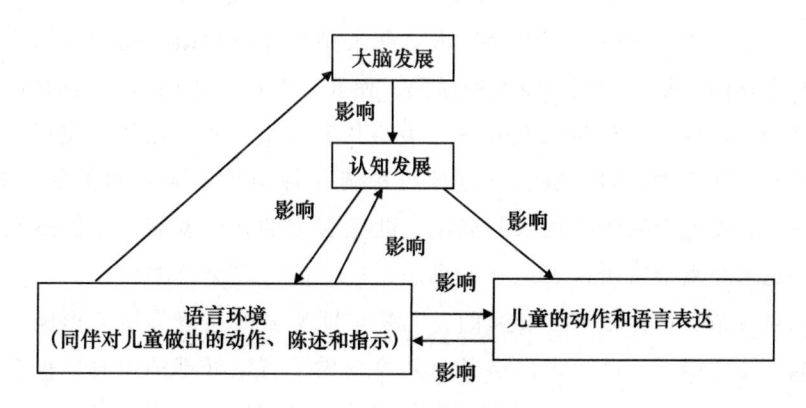

（六）语言发展的交互作用论

语言发展的交互作用论主张：先天决定论者和学习论者关于语言发展的观点，从某种程度上说都是正确的，语言发展源于生理成熟、认知发展和不断变化的语言环境之间复杂的相互作用，其中，语言环境受到个体与同伴之间沟通情况的影响很大，具体如图10—2所示。①

图10—2　语言发展的交互作用论

首先，儿童在学习各种截然不同的语言时所表现出的惊人相似性，显示了生物因素对语言习得的贡献。交互作用论主张，全世界儿童以同样的方式讲话，并在许多方面表现出语言的普遍性，这是因为他们都是同一种属的成员，拥有许多共同的体验。儿童不具备与生俱来的特殊语言知识或处理技能，而是高度复杂的大脑慢慢成熟后，使儿童在大致相同的年龄发展出相似的想法，这些想法促使儿童用自己的语言把它们表达出来。许多研究发现，一般认知发展和语言发展之间存在着联系。例

---

① ［美］Shaffer, D. S. & Kipp, K.：《发展心理学》（第八版），邹泓等译，中国轻工业出版社2009年版。

如，婴儿在 12 个月大的时候就能讲出第一批有意义的单词，而在此前不久，婴儿在假装游戏和对成人的延迟模仿中出现使用符号的能力。婴儿说出的第一批单词，都是他们曾经操作过的物体或参与过的活动，所以，婴儿说出的好像是他们此时此刻正在获得和理解的知识。与先天论一样，交互作用论也主张，儿童已经从生理上准备好要获得语言，但是这种准备是一个强大的人类的大脑，它慢慢地成熟，让儿童可以习得越来越多的知识，让他们有更多的内容可以谈论。然而，这并不意味着生理成熟和认知发展可以完全解释语言发展。

其次，环境对语言发展的作用。交互作用论者认为，语言是一种沟通工具，它在社交互动的背景下发展起来。儿童及其同伴在互动过程中，会用各种方式努力让对方明白自己的想法，由此促进语言的产生和发展。

最后，语言发展是先天与后天之间复杂交互作用的产物。儿童天生具有发达的大脑，大脑慢慢发展成熟，使儿童有能力不断习得新的认识，这些新认识促使儿童与他人分享。年幼儿童与年长儿童之间的交谈，会促进其认知与语言的发展。儿童神经系统（特别是大脑）的不断发展，在一定程度上受到语言输入的刺激，儿童智力的不断发展，他们逐渐开始用越来越复杂的语言表达新的思想，这促使与之交流的同伴的语言也越来越复杂。这种影响是交互的，儿童早期所做的交流尝试会影响年龄较大儿童的语言，反过来，这又给儿童提供了可以处理的信息，使其进一步发展了大脑的语言中心，更好地推断语言规则，讲更清晰的话，这一切又对同伴产生了新影响。

二　语音发展的理论

语音发展理论包括四种：普遍性理论；发音学习理论；成熟理论；精细调谐理论。[①]

（一）普遍性理论

普遍性理论（universal theory）主张，婴儿有能力发出所有的人类语音，在后来发展中会遗失其所处语言环境中不存在的语音。该理论是最早被人们接受的理论，主要倡导者是 Jakobson 和 Stampe。

---

① 迟立忠：《儿童语音获得理论简述》，《心理发展与教育》1997 年第 3 期。

Jakobson 的代表著作是《儿童语言：失语症和音位学原理的普遍性》，主张婴儿能发出世界上各种语言中出现的各类语音；婴儿最初获得语音时都遵循相同的路径；儿童获得的是一个音位对立系统，而不是一个孤立音位或音素的集合。依据是源于其对世界各地婴儿获得不同语言过程的日记式研究。

Stampe 主张，儿童获得的是一个音位对立系统，他还设想了一个语音获得的普遍顺序。

然而，Jakobson 和 Stampe 在儿童达到音位对立成人系统的方式上认识不同，后者主张儿童最初具有各种可能的语音学过程，儿童会逐步对这些过程进行压缩、限制或排序，以致他们最终只保持了与所要获得的语言有关的那些语音过程。

儿童语音习得的研究主要集中在两个主题上。一是比较不同语言中儿童习得音位的顺序和速度，以及语音习得过程的相似和不同。有人对豪萨语儿童和英语儿童做了比较研究。发现在豪萨语和英语语音系统共有的 20 个音位中，豪萨儿童基本上在三岁半之前就能习得，而英语儿童的语音习得要等到五岁才能全部完成。还有人对香港粤语儿童的研究发现，粤语儿童的辅音习得早于英语儿童。这些研究结论表明，儿童的语音习得似乎既遵循一种普遍趋势（universal tendency），同时又受到目标语的语音特征的影响。如何解释语音发展中的相异和相似的特点是语音习得研究中的另一个重要课题。为什么生活在不同语言环境中的儿童，能够在同一阶段习得一些同样的音位？而对另一些音位来说，不同语言的儿童会有不同的习得速度和错误模式。

有人以 1.6—2 岁（21 名）、2.1—2.6 岁（24 名）、2.7—3 岁（21 名）、3.1—3.6 岁（26 名）、3.7—4 岁（26 名）、4.1—4.6 岁（11 名）儿童为被试开展研究，全部被试来自于北京市幼儿园。[①] 实验采用图片命名和图片描述的方法收集儿童的口语资料。图片命名的实验材料为 44 张图片，其所代表的目标词语覆盖了汉语语音系统中所有的辅音、元音和声调，这些词中有 39 个为普通名词，如身体部位、食物、动物、家具、自然景物等，4 个为动词，1 个为颜色名词，词语都是被试日常生活中常

[①] 李嵬等：《说普通话儿童的语音习得》，《心理学报》2000 年第 32 卷第 2 期。

出现的。结果发现：(1) 普通话音系中一个音节可以划分为四种成分：声调、音节首辅音、元音和音节尾辅音。普通话儿童声调的习得完成得非常早，在一岁半之前就已基本结束。(2) 从一岁半到四岁半期间（或者比一岁半更早一些），正是儿童语音发展最显著的时期。(3) 元音在普通话儿童的音系中出现得很早，最小年龄组的儿童已经能够基本正确地发出普通话中所有的单元音。

(二) 发音学习理论

发音学习理论（articulatory learning theory）主张，婴儿出生时几乎不具备发音能力，儿童早期发出的语音均是环境中可听到的语音。代表人物是 Skinner、Mowrer 和 Winitz。他们认为，从最为一般意义上讲，语音获得过程是：(1) 在母亲喂养婴儿时，婴儿也会偶尔发出一些语音，母亲的某些语音由于和一种主要驱动力（喂食）相联系而使它们获得强化意义。(2) 当婴儿的发音听起来与母亲的发音相似时，他们的发音就会得到强化，这时母亲会奖赏或鼓励婴儿不断去发出那些与成人语音相似的语音（如 mama，papa），并促使婴儿去主动模仿他（她）所听到的成人语音。

(三) 成熟理论

成熟理论（maturational theory）认为人类语音是依照特定的生理预定程度渐次启动的。所有语言环境中的婴儿均在几乎相同的年龄出现某些特定的语音，代表人物是 Locke。他主张：(1) 生长在各种语言环境中的婴儿都会在某些预定的生物性发展时刻出现一些基本的（或"语音目录"的）语音，而语言环境对婴儿发音没有影响。(2) 只有当儿童达到语音获得的系统性阶段（它可能出现于最初 50 个词获得之后的某个时刻），才会出现对成人语音系统的先天性顺应。(3) 不同语言环境中的婴儿咿呀学语时的发音应该是完全一致的。

(四) 精细调谐理论

精细调谐理论（refinement/attunement theory）认为婴儿起初具有一系列前提性或基本的语音，随后他们会不断从所处语言环境中获取或增添少量其他非基本的语音，代表人物是 Oller，他主张：(1) 婴儿语音发展要经历严格界定的发音阶段，而且早期阶段为以后阶段的语音发展奠定了基础。(2) 将前言语阶段的语音发展分为六个阶段（发音期、咕咕发音期、扩展期、典型性咿呀学语期、多样性咿呀学语期、原词期），且认为每一阶段均对正在发展成人样言语的儿童起作用。（3）描述婴儿语音发展的五个主要的语音参数：音调（pitch）、音质（voice quality）、共鸣（resonance）、时程（timing）和振幅（amplitude）。然而，成人样言语的出现并非是反射性的，它是儿童言语探索和选择性模仿的结果。

三　词汇发展的理论

在 20 世纪 70 年代早期到 80 年代中期，发展心理学提出了三种不同的关于早期词汇发展的理论。具体为 Clerk（1973）提出的语义特征假说（semantic feature hypothesis）、Nelson（1974）提出的功能核心模型（functional core model）和 Rosch 等人提出的原型理论（prototype theory）。[1]

（一）语义特征假说

语义特征假说是由 Clerk 提出的。他认为，对成人来说，任何单词的词义都是由一个单词区别于另一个单词的众多意义特征构成的。因此，像"男孩"这个词的语义特征包括了"雄性""不是成人"和"人"；像"女孩"这个词的语义特征包括了"雌性""不是成人"和"人"。许多词在意义上的不同，主要取决于其几个语义特征。如"雄性"和"雌性"可区别"男人"和"女人"，"丈夫"和"妻子"，"雄鹅"和"雌鹅"，"公牛"和"母牛"等。

在早期词汇发展上，Clerk 的严格语义特征假说认为：儿童最初获得的词并不是成人所知道的全部意义，而且他们只获得对成人来说某一些语义特征。因为儿童只知道一个物体或行为的一两个属性来应用单词，所以会导致儿童在用词上出现外延上的错误。例如，如果儿童只将有"四条腿"作为"小狗"的本质特征，则他们会表现出将所有有"四条腿"的动物都称为"小狗"。

除习得新词外，根据此假说，语义发展是儿童修改他们已习得词的表征、补充遗漏的语义特征来区别两个词。所以，当儿童表现出过度地

---

[1] Bornstein, M. H. and Lamb, M. E. ed., *Developmental Psychology: An Advanced Textbook*, Hillsdale, New Jersey: Lawrence Erlbaum Associates, Publishers, 1992, pp. 354-357.

将所习得的"小狗"一词概括到其他动物,随着他们学习了"奶牛"和"猫"这两个词后,他们习得"小狗"是有"吠""舔""摇尾"和"四条腿"等特征定义的。同样,他们习得"奶牛"是有"哞""乳房"和"体型较大"等的特征定义。"猫"是有"胡须"和"喵喵"等的特征定义。儿童不一定知道每一个特征叫什么,但他们仅需要辨别共同的知觉特征即可。

(二) 功能核心模型

相对于语义特征假说,Nelson 提出的功能核心模型强调在感知运动阶段儿童客体知识中动作图式的作用。Nelson 认为,客体概念首先是与儿童实际动作相联系的特定活动。在发展上,Nelson 认为属性按层次开始组织化,功能的属性变成概念的核心,而知觉属性成为概念的边缘。知觉特征可能被用来指导客体的功能属性,但是后者则是定义类别成员的关键。

因此,Nelson 的语义发展模型主张儿童最初使用的客体名称是严格特指某一特定物体,常与某一特定情境相联系,随着年龄的增长,才逐渐扩大其应用的范围。

(三) 原型理论

Rosch 等人提出的原型理论强调儿童的词义是对原型样例的表征。最初婴儿词义的样例表征是来自于父母的,且只是内化词所指对象的原型。起初,词可能是指一个特定原型的样例或在整体知觉或功能上相似的物体,这通常会导致他们表现出过度概括的行为。随着年龄的增长,儿童逐渐抽象出原型样例的一些特定知觉属性和功能属性,并将其作为概念的意义表征保存在头脑中。词具有更广泛的概括性并特指原型中的一个或两个特征,这时儿童过度概括行为变得更为普遍。

第二节 语言发展的研究方法

一 声谱仪

声谱仪(sound spectrograph)是研究个体辨别语音能力的一种主要仪器。其原理是按照声音频率的分布(spectrum)来分析语音信号,用 Y 坐标来表示频率,用 X 坐标来表示时间,用标记的深浅来表示振幅。声谱仪可在屏幕上将连续的声音显示出来,所以被称为可视化的语言(visible speech)。图10—3 就是"I can see you"这句话的声谱图。[①]

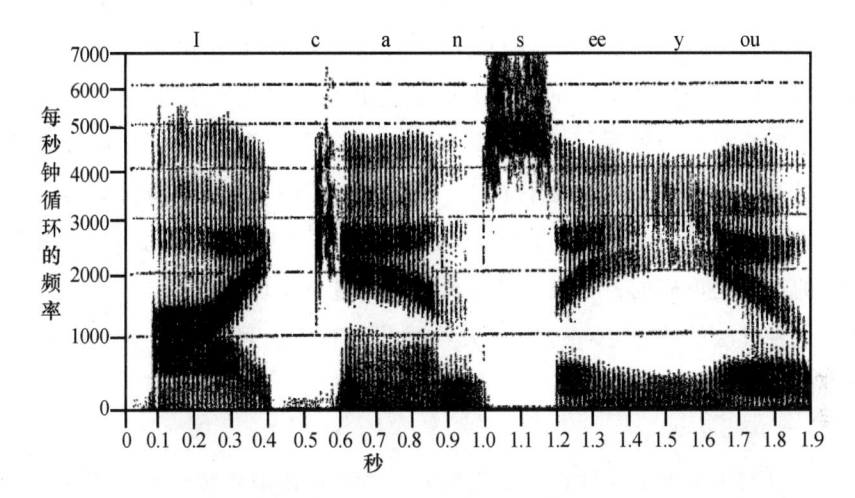

图 10—3　"I can see you"的声谱图

声谱仪的出现是语音研究的一个里程碑,语音学家可以通过简单而省力的手段获得客观的、量化的语音信息。对声谱仪数据的分析,可使语音学家能够对理解言语的基本语音参数提出假设,然后人工合成这些参数;再把它们作为实验刺激材料呈现给被试听,证明所提出的假设。

二　语言产生能力发展的研究方法

(一) 日记研究法

日记研究法(diary study)是研究个体早期语言表达能力的一种方法。[②] 在具体的研究过程中,研究人员以一个儿童或几个儿童为对象,每天对儿童所说的话进行系统记录,然后对所做记录进行分析,从而发现儿童语言表达能力的发展规律及特点。

日记研究法的优点是能详细记录儿童说话时的语境。此外,还能了

[①] 桂诗春:《新编心理语言学》,上海外语教育出版社2000年版,第203页。
[②] Bornstein, M. H. and Lamb, M. E., *Developmental Psychology: An Advanced Textbook*: Hillsdale, New Jersey: Lawrence Erlbaum Associates, Publishers, 1992, p. 342.

解在某一个特定时期内,儿童说话所用词汇的变化,以及父母与儿童在不同时间点各自语言相互影响的情况。

在实际的研究过程中,记日记通常是让儿童的母亲参与完成的。特别是以婴儿为被试时,更需要母亲的参与。例如,婴儿出生 6 周后,就可以给他们记日记,母亲的任务是记录婴儿在活动时所用的各种词及其所产生的语境。为了保证母亲记录结果的可靠性,研究人员可对母亲日记中婴儿多次使用过的词进行抽查,看婴儿在某一语境下的反应是否与母亲记录的一致。[1] 如果研究人员观察到的情况与母亲记录的一致,表明母亲的日记是可靠的;否则,就需要对母亲进行培训和指导。

这种方法的缺点是:母亲每天给婴儿记日记,可能会出现夸大婴儿语言能力的现象。

(二) 临床法

在研究 3 岁以上个体语言的发展时,常采用皮亚杰提出的临床法。[2]

临床法的具体实施过程是:先问儿童某一个词(该词是研究人员有意研究的对象)的含义是什么,在儿童回答完后,研究人员根据他们的回答,再进一步地提问,以明确儿童所回答的真正含义是什么。

例如,问儿童"鸟"是什么意思,儿童说"鸟"是在天上飞的、有翅膀。如果仅以儿童的这一回答,就说他们已经理解了"鸟"这个词的含义,有可能会犯错误。因为在现实生活中,天上飞的、有翅膀的不一定是鸟,它可能是一架飞机。因此,还需要进一步对儿童进行追问:"飞机是不是鸟?"然后根据儿童的回答,就能够了解他们是否真的明白"鸟"这个词的含义。

可见,采用临床法来研究儿童的语言表达能力,可使研究人员弄清楚儿童说话中所使用词的真实含义是什么。因为有时候,儿童说话所用的词,其含义存在一定的歧义。如果成人想当然地认为儿童说话中所用的某个词就是某个意思的话,就有可能会误解儿童说话中所用词的真实

---

[1] Dale, P., Bates, E., et al. "The Validity of a Parent Report Instrument of Child Language at Twenty Months", *Journal of Child Language*, Vol. 16, No. 2, 1990, pp. 239–249.

[2] Bornstein, M. H. and Lamb, M. E., *Developmental Psychology: An Advanced Textbook*, Hillsdale, New Jersey: Lawrence Erlbaum Associates, Publishers, 1992, p. 343.

意义。

（三）引导产生法

过去 10 年中，心理学家在研究个体语言发展时，最常使用引导产生法（elicited production method）。引导产生法是指研究人员特设某一情境，要求个体用自己的话对此情境加以描述，然后将描述所用的语言加以记录并进行分析，就能了解个体言语表达能力的发展水平。

例如，给儿童呈现一幅画，画面的内容是一位警察叔叔正扶着一位老大娘过马路，马路上有许多来往的汽车和行人。要求儿童根据画面的内容，用自己的语言进行描述。然后，根据一定的标准，对儿童的描述进行分析，就能深入地、客观地了解儿童语言表达能力的发展情况。

采用引导产生法研究个体语言能力，对于研究人员来说比较方便，因为他们可根据自己的研究目的，设置不同的情境让个体来描述。这样研究人员在研究过程中，处于主动位置。但如果用此方法对个体的描述不加限制，则其所说的内容可能很多，分析起来会存在一定的难度。

（四）故事语法

对于年龄较大个体，语言表达能力的发展可通过故事语法来进行分析。Mandler 通过研究发现，讲故事的人通常是按一个树形结构来讲述故事的。[1]

Mandler 将这个树形结构称为故事语法（story grammar）。典型的故事语法结构如图 10—4 所示。

Mandler 认为故事语法具有跨文化的普遍性，无论是何种文化背景，也无论是大人还是儿童，他们在讲故事时，都是按此方式进行的。任何故事都是由背景和事件结构组成。事件结构又是由不同情节组成的，简单的故事由一至两个情节组成，复杂的故事由两个以上的情节组成。每一个情节包括开始、发展和结局。而故事的发展包括反应和目标路线，达到目标路线由尝试和结果两部分组成。

---

[1] Mandler, J., Scirbner, S., Cole, M., Defrost, M., "Cross-cultural Invariance in Story Recall", *Child Development*, Vol. 51, No. 1, 1980, pp. 19 - 26.

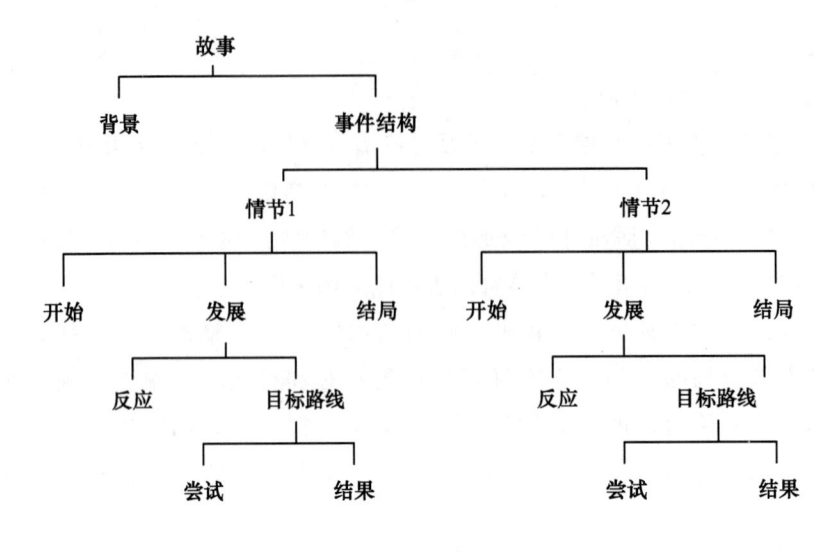

图10—4　故事语法结构

三　阅读的眼动研究方法

在阅读研究中，以 McConkie 和 Rayner 使用的呈现随眼动变化技术最为典型。[1] 该技术通过追踪眼动行为来引发呈现内容的变化，从而实现了对视觉和语言信息的有效控制。利用该技术可以很方便地确定一个注视点能够提取到多少有效的视觉信息，并且可以精确地确定所提取到的是何种类型的信息。该技术存在几种范式，移动窗口范式（moving window paradigm）、移动掩蔽范式（moving mask paradigm）、边界范式（boundary paradigm）、快速启动范式（rapid priming paradigm）和消失文本范式（disappearing text paradigm）。

（一）移动窗口范式

移动窗口范式是在被试的注视点附近设定一个窗口，窗口内的课文内容是可视的，窗口外的内容用其他无关文字或符号（比如"×"）代替。当被试眼睛移动时，就会在新的注视点附近出现一个新的窗口。呈现内容的变化发生在注视过程中，所以被试会意识到这种变化。但无论

---

[1] McConkie, G. W., Rayner, K., "The Span of the Effective Stimulus during a Fixtion in Reading", *Peraption and Psychophysics*, Vol. 17, No. 6, 1975, pp. 578 – 586.

被试看到哪里,都有一个窗口的正常文章可供阅读。利用这种方法可以较为准确地测定读者阅读时的知觉广度。

该范式的实验假设是:当窗口大小比读者的知觉广度小时,阅读会受到影响。通过改变窗口大小及位置,可以确定被试从文章的哪个区域上获得有用信息。通过改变窗口外区域的信息种类,保持或破坏各种在阅读中可能起作用的信息,就可以分析出被试在视野区域内获得信息的种类。图10—5是被试在移动窗口条件下连续三个注视点的情况。

正常句子	陈教授的精彩讲评赢得了与会代表的阵阵掌声
A	陈教授××××××××××××××××
	*
B	×教授的××××××××××××××
	*
C	××授的精××××××××××××
	*

图10—5 移动窗口范式材料举例

(二) 移动掩蔽范式

与移动窗口范式刚好相反,在移动掩蔽范式中,正常的文章内容呈现在视觉中央外部,而中央窝视觉区信息完全被掩蔽。视觉掩蔽与读者的眼动是同步的。读者的中央窝不能获得信息。Rayner 等人运用该范式发现,当中央窝视觉(注视点周围7个字符)被掩蔽时,读者仍可以通过副中央窝进行阅读。[①] 但当中央窝视觉和部分副中央窝视觉被掩蔽时(掩蔽注视点周围11—17个字符),读者无法进行阅读。图10—6是被试在移动掩蔽条件下连续三个注视点的情况。

(三) 边界范式

在使用边界范式时,首先在句子中确定一个目标单词所在的位置,然后在目标位置的左侧设定一个边界位置,被试开始阅读句子时,一个预视单词(preview word)出现在目标位置,当被试眼跳经过这个看不见

[①] Rayner, K., Bertera, J. H., "Reading without a Fovea", *Science*, Vol. 206, No. 4417, 1979, p. 468.

```
正常句子    陈教授的精彩讲评赢得了与会代表的阵阵掌声
   A       ×××的精彩讲评赢得了与会代表的阵阵掌声
                *
   B       陈×××精彩讲评赢得了与会代表的阵阵掌声
                   *
   C       陈教×××彩讲评赢得了与会代表的阵阵掌声
                      *
```

图 10—6 移动掩蔽范式材料举例

的边界位置时,目标位置上的单词发生了变化(即目标词替代了预视词),这种变化是在被试眼跳的过程中发生的,因此被试一般不会意识到呈现发生了变化,但是这种变化会对后继的加工产生影响。

这种范式的实验逻辑是:如果在目标位置上预视词的特征已经得到副中央窝的加工,那么当被试注视到目标位置上已经发生变化的词(即目标词)时,阅读就会受到影响。与移动窗口范式相比,边界范式可以在副中央窝处对一个单词或一个汉字进行操纵。图 10—7 是被试在边界范式条件下连续三个注视点的情况。

```
正常句子    陈教授的精彩讲评赢得了与会代表的阵阵掌声
   A       陈教授的精彩讲评赢得了与会代表的阵阵掌声
                *
   B       陈教授的精彩讲评赢得了与会代表的阵阵掌声
                   *
   C       陈教授的精彩讲评赢得了与会代表的阵阵掌声
                      *
```

图 10—7 边界范式材料举例

(四)快速启动范式

快速启动范式与边界范式有点类似,但又不相同(见图 10—8)。在该范式中,最初目标位置上出现一个随机字母串,当读者眼睛经过一个看不见的边界位置时,启动词代替了随机字母串,并持续短暂的时间,然后当读者眼睛已经注视目标位置时,启动词被目标词所取代,直到被试完成阅读。被试对目标词阅读时间的长短可以反映出启动词对语言加工的影响。该范式可以考察注视过程中信息加工的时间进程。

正常句子	陈教授的精彩讲评赢得了与会代表的阵阵掌声	
A	陈教授的精彩××赢得了与会代表的阵阵掌声 　　　　　　＊	
B	陈教授的精彩讲评赢得了与会代表的阵阵掌声 　　　　　　｜	持续短暂时间
C	陈教授的精彩讲评赢得了与会代表的阵阵掌声 　　　　　　　＊	

图 10—8　快速启动范式的材料举例

（五）消失文本范式

在该范式中，正在注视的单词过 60 毫秒之后消失，直到被试注视另外一个单词时，这个单词才会再次出现。同样地，另外一个单词出现 60 毫秒之后也会消失（见图 10—9）。Rayner 等人运用该范式进行一系列实验发现，在读者眼睛注视过程中，当前注视词 N 在出现 60 毫秒之后消失，几乎不会干扰正常的阅读过程；但是当单词 N+1 消失（在注视单词 N 时消失或者 60 毫秒之后消失），结果会对阅读过程产生相当大的干扰。[①]

正常句子	陈教授的精彩讲评赢得了与会代表的阵阵掌声	
A	陈教授的精彩讲评赢得了与会代表的阵阵掌声 　　　　　　＊	注视开始
B	陈教授的精彩讲　赢得了与会代表的阵阵掌声 　　　　　　＊	60毫秒之后
C	陈教授的精彩讲评赢得了与会代表的阵阵掌声 　　　　　　　＊	下次注视
D	陈教授的精彩讲　赢得了与会代表的阵阵掌声 　　　　　　　＊	60毫秒之后

图 10—9　消失文本范式材料举例

---

① Rayner, K., Liversedge, S. P., & White, S. J., "Eye Morement When Reading, Disappearing Text: The Important of the Word to the Right of Fixation", *Visnal Reasearch*, Vol. 46, No. 3, 2006, pp. 310-323.

(六) 伴随言语技术

Inhoff 等人最近发展了一种伴随言语技术（contingent speech technique）。[1] 在视觉呈现目标词的同时，伴随听觉形式的呈现。该听觉刺激的呈现时间有三种，在注视目标词之前、之后或者同时呈现。这种方法可以获取有关工作记忆里语音、语义加工的时间进程的眼动数据，可以记录下语篇阅读过程中听觉刺激出现后，读者对目标词的注视时间。

第三节　语言能力的发展

一　语音的发展

(一) 发音的发展阶段

Kaplan 等人通过研究，将婴儿发音划分为四个阶段：[2]

(1) 哭叫阶段（1个月以前）。哭叫是婴儿最早发生的，也是最明显的发音。从婴儿的哭叫声可分辨出婴儿身体发育过程中存在的问题，如呼吸障碍、营养缺乏、未成熟、多染色体症。这方面的异常需要医生做出诊断。婴儿身体的不同状态也可从他们的哭声中加以区分，有经验的和敏感的父母可区分出由疼痛或饥饿引起的哭声。因此，哭声是表达婴儿生理和心理状态的一个十分有效的信号。

一个月以内的新生儿的哭声是未分化的。这一点可以从 Shermen 曾经做过的一个实验结果来说明。[3] 以年龄小于一个月的新生儿为被试，实验条件有四种：第一种，针刺被试的身体。第二种，被试的手脚被捆起来。第三种，让被试处于饥饿状态。第四种，将被试举到一定高度，然后突然下降。分别录制被试在上述四种条件下发出的哭声，然后请教师、医生、学生等辨别这些哭声是否存在差异。结果表明，教师、医生、学生认为这四种条件下的哭声没有差别，并且音调也比较接近。一个月以后，

---

[1] Inhoff, A. W., Connine, C., & Radach, R., "A Contingent Speach Technique in Eye Morement Research on Reading", *Behavior Reseorrch Methols Instruments and Computer*, Vol. 34, No. 4, 2002, pp. 471–480.

[2] Rosser, R., *Cognitive Development: Psychological and Biological Perspectives*, Boston: Allyn and Bcaon, 1994, p. 269.

[3] 李丹：《儿童发展心理学》，华东师范大学出版社1986年版，第120页。

婴儿的哭声表现出了分化的特点，不同的原因引起的哭声在口舌部位、音高及声音的断续上有了分化。

（2）咕咕声阶段（1个月左右）。出生1个月左右婴儿的哭声开始分化，出现uh、eh等声音。这些声音既在哭叫时发出，也在非哭叫时发出。与哭声相比，咕咕声对婴儿的身体和心理处于什么状态很难做出辨别。它似乎是婴儿在练习使用自己的发音器官。它既可在哭叫时随发音器官的活动而吐露出来；也可在婴儿清醒时伴随身体运动，特别是头部的扭动而发出，并向着由某些元音和这些元音与某些辅音的结合的"咿呀学语"声转化。

（3）咿呀学语阶段（6个月左右）。咿呀学语声与哭叫声不同，它是婴儿无痛苦通讯的第一个重要信号，基本上是传递婴儿舒适状态的信息。在此期间，婴儿的发音使发音器官得到了练习，发出更多的元音和辅音，并出现元音与辅音结合的音节。

（4）规范化语音阶段（10个月左右）。10个月左右的婴儿从大量的发音中，在咿呀学语的过程中保存下来一部分语音，构成最初的词语音素。1岁婴儿不但能发出连续的音节，音调也接近真正的言语音调；模仿和重复增多；某些音节与实物发生联系，词语开始出现。

许政援等人根据自己的研究，将婴儿的发音分为六个阶段：[1]

（1）简单发音阶段（0—3个月）。基本韵母发音较早，声母还很少，主要是h音。有时还有m音。1个月内婴儿偶尔发ei、ou等声音；2个月婴儿发出m-ma声。3个月中出现更多的元音和少量辅音，如元音a、ai、e、ou，以及辅音m、h等。

（2）重复连续音节阶段（4—8个月）。发音增加很多，发重复连续音节，开始有近似词的音，近半岁有的音开始有某种意义。婴儿发音明显增多并发出连续音节。如辅音增加了，诸如b、p、d、n、g、k等音和ba-ba-ba-ba、da-da-da、na-na、na等重复的连续音节。这时出现的ma-ma、pa-ps常被成人误以为是在呼叫妈妈、爸爸，实际上这只是婴儿的发音现象。

---

[1] 许政援：《三岁前儿童语言发展的研究和有关的理论问题》，《心理发展与教育》1996年第3期。

(3) 不同连续音节阶段（9—12个月）。学话准备期，不同连续音节明显增加；近似词的发音增多；一定的音开始与具体事物相联系，即具有一定的意义，但还没有成为"词"。

(4) 单词句阶段（1岁到1岁半）。正式开始学话。开始有指向连续音节和近似词的音节增多，后来能说出有一定意义的词，近一岁半时，有的儿童已能说出少量简单句。单词句阶段是语言产生的关键阶段。这个阶段又可分作三个小阶段：①1岁到1岁3个月，为简单模仿发音和词开始较快地发展，但连续音节出现的比例仍处于较高水平，有指向的连续音节超过无指向的连续音节，而且起着交际的作用。②1岁3个月到1岁4个月，词成为主要的发音和交际手段；连续音节退居次要地位，其交际作用几乎消失；简单模仿发音也从高音词变为低音词。③1岁5个月到1岁半，词成为唯一的发音类型和交际手段，还产生了简单句。这时，连续音节完全消失，儿童已能通过语言与成人进行最初的交际。

(5) 简单句阶段（1岁半到2岁）。掌握最初的言语。从分析记录到的儿童在这一阶段说出的各类句子的数量比例看：简单句最多，占55%；单词、单词句占37.7%；最简单的复合句只占7.3%。

(6) 复合句开始发展的阶段（2岁到3岁）。掌握最基本的语言。这阶段中单词和单词句所占比例明显下降，而复合句上升到30.5%；简单句中复杂谓语句比例也有上升；另外，句子明显加长，言语表达的内容也有发展。

(二) 语音知觉的发生

有一项研究发现，出生仅12个小时的新生儿，就能从他人的声音中区分出其母亲的声音。婴儿偏爱听母亲的声音。据此人们推测，婴儿能够区分不同语声的能力可能是天生的。[1]

先前人们认为婴儿是逐渐学会区分语言声音的，但最近的研究表明，婴儿和成人一样能区分听到的声音，即使两个声音比较接近。在实验中，先给婴儿呈现一个语音，如"p"，同时记录婴儿吸吮奶嘴的速度。当"p"这个语音重复呈现，婴儿就会对其习惯化，表现出吸吮速度下降。

---

[1] Spear, P. D., et al., *Psychology: Perspectives on Behavior*, New York: John-Wiley & Sons. Inc., 1988, p. 355.

在婴儿对"p"这个语音习惯化后,再给婴儿呈现一个新的、与"p"相似的语音。结果发现,婴儿听到新的语音后,吸吮速度明显提高。这表明婴儿能够区分这两个语音的不同。因为,如果婴儿听不出这两个语音的差别,他们的吸吮速度就不会发生变化。

(三)语音知觉的发展

Spelke 和 Oweley 以 3—7 个月大的婴儿为被试,研究婴儿对父亲和母亲语音的辨别能力。[1] 研究人员让婴儿的父亲和母亲并排坐在婴儿的对面。在婴儿父亲和母亲俩人的中间,放置一台录音机,录音机内的磁带预先分别录好了父亲和母亲俩人的说话声。在播放录音时,婴儿的父亲和母亲俩人均不作声并且面无表情(这样做的目的是控制声音与面部表情的关系)。结果发现:当录音机播放母亲的声音时,婴儿会转头注视其母亲;当录音机里播放父亲的声音时,婴儿会转头并注视其父亲。这一结果表明,年龄只有 3—7 个月大的婴儿,他们已能对父亲和母亲的声音进行分辨了。

(四)儿童语音的发展

进入幼儿园后,儿童语音的发展有了明显的提高。4 岁左右的儿童语音发展已经基本结束,他们已掌握了本民族语言的全部语音。有一项研究对 3—6 岁儿童语音发展进行探讨。[2] 具体结果如表 10—1 和表 10—2 所示。

表 10—1　　　　　　　　3—6 岁儿童声母发音统计表

字母	3 岁 城市	3 岁 农村	4 岁 城市	4 岁 农村	5 岁 城市	5 岁 农村	6 岁 城市	6 岁 农村	总数
b	80	90	100	90	100	90	100	100	94
p	80	80	100	90	100	80	100	100	91

---

[1] Spelke, E. S., Owsley, C. J., "Intermodel Exploration and Knowledge in Infancy", *Infant Behavior and Development*, Vol. 2, No. 1, 1979, pp. 13–24.

[2] 朱智贤、林崇德:《思维发展心理学》,北京师范大学出版社 1986 年版,第 368—373 页。

续表

字母	3岁 城市	3岁 农村	4岁 城市	4岁 农村	5岁 城市	5岁 农村	6岁 城市	6岁 农村	总数
m	80	80	100	90	100	90	100	100	93
f	74	60	93	80	100	60	100	100	83
d	80	80	100	80	100	90	93	90	89
t	80	80	93	70	100	80	93	80	85
n	74	40	80	40	93	40	93	80	68
l	80	70	93	80	100	80	87	100	86
g	74	60	100	80	100	70	93	100	87
k	74	60	100	70	100	80	100	100	86
h	80	70	100	70	100	80	100	100	88
j	80	70	100	90	93	90	100	100	90
q	74	70	100	80	100	80	100	100	88
x	80	60	100	90	100	90	93	100	89
zh	34	50	93	60	93	70	93	80	72
ch	27	60	93	70	93	70	100	90	75
sh	34	50	93	50	93	70	100	100	73
r	34	60	100	70	87	90	100	100	80
z	47	10	100	70	93	60	100	90	71
c	47	20	100	70	93	40	100	90	70
s	54	20	100	60	87	50	100	90	70
总数	66	59	97	74	96	75	97	94	

注：表内数字均系百分数。

表 10—2　　3—6 岁儿童的韵母发音统计表

年龄	3岁 城市 15人	3岁 农村 10人	4岁 城市 15人	4岁 农村 10人	5岁 城市 15人	5岁 农村 10人	6岁 城市 15人	6岁 农村 10人	总数
i	73	70	100	90	100	90	100	100	90
u	73	70	100	80	100	90	93	90	87
ü	73	60	100	70	100	90	100	90	85

续表

年龄	3岁 城市 15人	3岁 农村 10人	4岁 城市 15人	4岁 农村 10人	5岁 城市 15人	5岁 农村 10人	6岁 城市 15人	6岁 农村 10人	总数
a	73	70	100	90	100	90	93	100	90
ia	73	70	100	90	100	90	100	100	90
ua	73	70	100	90	100	90	100	100	90
o	73	70	100	80	93	90	93	90	86
uo	67	70	100	70	100	90	100	100	87
e	67	60	100	80	93	90	93	90	84
ie	73	60	100	90	100	90	100	100	89
üe	73	70	100	90	93	90	93	90	87
ai	67	70	100	90	100	90	100	90	88
uai	60	70	100	80	100	90	100	90	86
ei	60	70	100	90	93	90	93	90	86
uei	60	70	100	90	100	80	100	100	88
ao	67	70	100	90	100	80	93	90	86
iao	67	70	100	90	100	90	100	100	90
ou	67	70	100	90	100	80	93	80	85
iou	67	70	100	90	100	90	100	100	90
an	67	60	100	90	100	90	87	90	86
ian	67	50	93	90	100	80	93	100	84
uan	67	70	100	90	100	90	93	100	89
üan	67	60	100	80	100	80	100	100	86
en	67	60	100	90	100	90	100	90	87
in	67	70	100	90	100	90	100	100	90
uen	67	70	100	80	100	90	100	100	88
ün	67	70	100	80	100	90	100	100	88
ang	67	70	100	80	93	90	100	100	88
iang	67	70	100	80	100	90	100	100	88
uang	67	70	100	90	100	90	100	100	90
eng	67	60	100	80	100	70	100	90	83
ing	67	70	100	80	100	70	100	90	86

续表

年龄	3岁 城市 15人	3岁 农村 10人	4岁 城市 15人	4岁 农村 10人	5岁 城市 15人	5岁 农村 10人	6岁 城市 15人	6岁 农村 10人	总数
ueng	67	70	100	70	100	80	93	80	83
ong	67	70	100	80	100	90	100	100	88
iong	67	70	100	80	100	90	93	100	88
总计	68	67	100	85	99	87	97	95	

注：表内数字均系百分数。

从表 10—1 和表 10—2 中可以看出：（1）3—6 岁城乡儿童在口头语言（有关发音）的发展方面，对于声母、韵母的发音水平，是随着年龄的增长而逐渐提高的。有些儿童，特别是 3 岁儿童对声母的舌尖浊鼻音 "n" 和翘舌尖音 zh、ch、sh、r 的发音有困难；对舌尖前音 z、c、s 的发音困难更大，错误更多。（2）3—6 岁的儿童对韵母的母音比对声母的发音容易，错误较少。在 35 个韵母中的单韵母 e 和鼻韵母 ian、eng、ueng 容易混淆（因为它们的正确率低于 85%）。（3）同年龄的农村儿童，特别是 3—4 岁儿童的语音发展落后于城市儿童，主要原因是农村环境和教育环境条件比城市差，特别是早期教育不如城市。（4）城乡 3—6 岁儿童语音发展中，在 3—4 岁阶段有一个飞跃现象，到 4 岁后发展又变缓慢了。

（五）汉语语音意识的发展

语音意识是对言语的语音规划的意识，诸如发音规则、拼读规则、语音与单词结合的规则等。

有人对汉语儿童的语音意识进行了研究。[①] 以小学三、四、五年级的学生为被试，让语文教师根据学生的阅读水平把每个班的学生分为好和差的读者，然后分别选取 20 人，男女各半，好读者和差读者基本各半。语音意识的测试材料包括：（1）音节意识。①音节确认，确认两个双字词有无相同的音节；②音节合法性判断，给儿童呈现一些汉语拼音

[①] 姜涛、彭聃龄：《汉语儿童的语音意识特点及阅读能力高低读者的差异》，《心理学报》1999 年第 31 期。

的音节，其中一半是正确的、合法的，还有一半是错误的、不合法的。（2）首音—韵脚意识。①叠韵词判断。叠韵词指韵母相同的双字词（如认真）。②双声词判断。双声词指声母相同的双字词（如巩固）。③押韵判断。给被试呈现两个汉字，让被试判断它们是否押韵。（3）音位意识。①确定语音个别者任务，让被试在所呈现的四个汉字中，确定哪一个与其他有不同的音。②音位置换，把所呈现的两个汉字的声母交换，并拼出它们的音。③音位删除，给被试呈现一个汉字和一个要去掉的音，要求被试拼出去掉该音后的读音或汉字。具体结果如表10—3所示。

表 10—3　　　　　　　不同年级好与差读者的语音意识成绩

被试		语音意识	音节意识	首音韵脚意识	音位意识
好读者	三年级	0.819（0.071）	0.856（0.072）	0.889（0.095）	0.670（0.164）
	四年级	0.854（0.086）	0.886（0.054）	0.888（0.098）	0.779（0.189）
	五年级	0.897（0.045）	0.910（0.034）	0.922（0.052）	0.855（0.096）
差读者	三年级	0.666（0.104）	0.790（0.084）	0.791（0.148）	0.387（0.220）
	四年级	0.674（0.095）	0.796（0.081）	0.739（0.091）	0.461（0.201）
	五年级	0.824（0.099）	0.880（0.105）	0.849（0.138）	0.732（0.140）

注：表中为正确率，括号中为标准差。

从表10—3的结果中可以看出：（1）语音意识测验成绩随年级的增长而提高，从三年级到五年级，儿童的语音意识水平有显著的提高。（2）汉语儿童语音意识的发展与英语儿童表现出相同的趋势，音节意识与首音韵脚意识先于音位意识而发展。（3）好、差的读者在语音意识测验成绩上差异显著，尤其表现在需要精细加工的项目上。而且，较低年级好的读者与较高年级差的读者的成绩相当，年级差异与好、差的读者差异的程度和趋势是一致的，这似乎表明好、差的读者在语音意识发展的速度上是不同的，较差的读者在语音意识上落后于较好的读者可能是由于发展的迟滞所造成的。

二 语义的发生与获得

（一）语义发生的标志

婴儿何时获得第一批词语，以什么标准来确定婴儿获得了第一批词语，发展心理语言学家提出了一个界定的术语是"参照性命名"（referential naming），指婴儿将发出的语音与特定物体联系起来。[1]

目前，发展心理语言学家对参照性命名的具体化标准存在三种不同的理解：

（1）婴儿会经常地使用单个语音，去相当刻板地指向所有的目的物（all-purpose）。例如，婴儿发出"mama"语音表示各种请求，这种能力通常在婴儿9—10个月时出现，它标志着婴儿在此时可获得第一批词语。

（2）当婴儿能使用某个语音去明确地指向各种情境下的某一"特定"的人、物、事件时，才真正达到了"参照性命名"水平。例如，婴儿使用"mama"的语音去表示处于各种环境中的妈妈时，mama这个语音对于婴儿来说，才具有词的意义。这种能力通常在婴儿12个月时才出现，它标志着婴儿在此时可获得第一批词语。

（3）当婴儿使用单个词语去传递"句子"的含义时，才表明婴儿达到了参照性命名的水平。即婴儿表现出标定特定人、物、事已经超出了受情境限制地使用语音的水平。例如，当婴儿发出"mama"音时，意思可能是指"我去找妈妈""妈妈在屋外""妈妈快回来了"。这种能力通常在婴儿16—18个月时才出现，它标志着婴儿在此时可获得第一批词语。

（二）语义的获得

婴儿是如何实现将一连串的语音分割为有意义的单位（即词），目前还是发展心理语言学家所面临的难题。由于此问题比较重要，一些学者尝试探讨一种婴儿特有的获得语义的"限定"策略。[2]"限定"似乎是婴儿具有的一种内在倾向，他们以各种限定的方法去获得语义。具体的限定策略为：（1）整体假设。当成人向婴儿指出并标定一件物体时，婴儿

---

[1] Clerk, E., "On the Pragmatics of Contrast", *Journal of Child Language*, Vol. 17, No. 2, 1990, pp. 417–431.

[2] 孟昭兰：《婴儿心理学》，北京大学出版社1997年版，第286—287页。

是把它作为一个整体,而不是作为部分或其他特性来知觉。(2)归类。婴儿把世界切割为一些基本的类别。例如,最初婴儿只能对名词做归类,这有利于获得关于物体的词的含义。(3)对比。婴儿倾向于使用对比原则,把所听到的新词作为与已熟悉的词有所不同而去知觉它。(4)排除。当婴儿听到一个新的语音时,倾向于排除该语音与已熟悉的物体相联系。研究表明,婴儿选择排除有几种倾向,例如,拒绝倾向:物体第二次命名时,婴儿倾向于忽视或反对第二个名称;限制倾向:婴儿避免给已有名称的物体再命名。

三 词汇的发展

(一) 词汇量的发展

婴儿的词汇量还是很低的。一般认为:1岁左右出现20个左右的词,2岁左右出现300—500个词,3岁左右接近1000个词。国内的研究表明,2.5—3岁儿童的词汇量为860—1065个。[①]

随着婴儿年龄的增长,他们的词类明显扩大。吴天敏等人利用追踪法研究发现,婴儿词类明显发展,具体结果如表10—4所示。[②]

表10—4　　　　　　1.5—3岁婴儿各种词类比例的变化

词类	1.5—2岁 词数	%	2—2.5岁 词数	%	2.5—3岁 词数	%
名词	366	38.5	287	26.9	208	24.2
动词	299	31.5	354	33.2	237	27.6
形容词	62	6.5	55	5.2	62	7.2
副词	88	9.3	102	9.6	96	11.2
代词	41	4.3	145	13.6	151	17.6
连词	6	0.6	7	0.7	12	1.4

[①] 吴天敏、许政援:《初生到3岁儿童言语发展记录的初步分析》,转引自《发展心理教育心理论文集》,人民教育出版社1980年版,第56—78页。

[②] 同上。

续表

词类	年龄						
	1.5—2 岁		2—2.5 岁		2.5—3 岁	
	词数	%	词数	%	词数	%
数词	11	1.2	14	1.3	5	0.6
象声词	9	1.0	4	0.4	4	0.5
语气词	6	0.6	27	2.5	33	4
词尾	62	6.5	70	6.6	52	6
合计	950	100	1065	100	860	100

从表 10—4 中可以看出：自一岁以后，婴儿在口语中，除了名词、动词之外，其他各类词，如形容词、副词、代词、连词等随着年龄增长而提高其所占百分比。但对于各种关系词，如副词和连词等的内容还比较贫乏。

有一项研究是对十省市两千余名学前期儿童的总词汇量进行统计，结果表明：3—4 岁儿童的常用词有 1730 个，4—5 岁儿童的常用词有 2583 个，5—6 岁儿童的常用词有 3562 个。[1] 另外，将中国儿童的结果与德国、美国、苏联儿童进行了比较，结果如表 10—5 所示。[2]

表 10—5　　　　　　　　四国幼儿词汇量比较

年龄（岁）	德国（Stern 的研究）		美国（Smith 的研究）		苏联		中国十省市	
	词量	年增长率	词量	年增长率	词量	年增长率	词量	年增长率
3	1000—1100		896		1100—1200		1000	
3—4	1600	52%	1540	71.4%			1730	73%
4—5	2200	37.5%	2070	34%			2583	49.3%
5—6	2500—3000	15.9%	2562	23%	3000—4000		3562	37.9%

[1] 朱智贤：《中国儿童青少年心理发展与教育》，中国卓越出版公司 1990 年版，第 99 页。
[2] 同上书，第 100 页。

从表 10—6 中可以看出幼儿词汇量发展的趋势：3—6 岁儿童的词汇量是以逐年大幅度增长的趋势发展着的；3—6 岁儿童的词汇量的增长率呈逐步递减趋势；3—4 岁和 4—5 岁是词汇量飞跃发展的时期。

对幼儿实词和虚词掌握情况，有一项研究发现：幼儿一般先掌握实词，再掌握虚词。[①] 实词中最先掌握的是名词，其次是动词，再次是形容词，最后是数量词。各类词汇量在幼儿中相差悬殊，总的趋势是，名词和动词占的比例最大，但增长率却在逐年递减。这说明别类词的比例在日益增长，数量词的掌握比较晚，虚词也是如此。具体结果如表 10—6 和表 10—7 所示。

表 10—6　　　　　　　　幼儿各类词汇量发展

类别	3—4 岁 数量	3—4 岁 百分比	4—5 岁 数量	4—5 岁 百分比	5—6 岁 数量	5—6 岁 百分比
名词	935	54.05	1446	55.98	2049	57.52
动词	431	24.91	579	22.42	725	20.35
形容词	204	11.79	308	11.92	382	10.72
代词	18	1.04	22	0.85	25	0.70
量词	28	1.62	46	1.78	70	1.97
数词	53	3.06	114	4.41	225	6.32
副词	24	1.39	28	1.08	40	1.12
助词	14	0.81	14	0.54	14	0.39
介词	10	0.58	12	0.46	16	0.45
连词	6	0.35	7	0.27	9	0.25
叹词	7	0.40	7	0.27	7	0.20
合计	1730	100.00	2583	100.00	3562	100.00

[①] 朱智贤：《中国儿童青少年心理发展与教育》，中国卓越出版公司 1990 年版，第 101—102 页。

表 10—7　　　　　　各类词汇量增长率情况　　　　　（单位:%）

类别	3岁至4岁	4岁至5岁
名词	54.6	41.7
动词	34.3	25.2
形容词	50.9	24.0
代词	22.2	13.6
数量词	97.5	84.3
副词	16.6	42.8
介词	20.0	33.3
连词	16.6	28.5
叹词	0	0
助词	0	0

上述研究尽管采用不同的方法,但结论基本上是一致的,说明词类的发展在学前时期是有规律的。

幼儿词类范围的扩大还表现在各类词汇内容的变化上。具体表现在名词、动词和形容词三类内容的发展上。

1. 名词

幼儿不仅掌握了许多与日常生活饮食起居直接有关的词,而且也掌握了不少与日常生活距离较远的词。如关于生活现象、工农业生产、技术、工具等有关的词。有一项研究曾对26名3—4岁儿童所说的名词进行分析,结果如表10—8所示。[①]

表 10—8　　　　　　幼儿词汇中名词内容的分析

内容	数量	比率（%）
人称	63	9.5
饮食	68	10.3
衣着	39	5.9
居住	39	4.9

---

① 李幼穗:《儿童发展心理学》,天津科技翻译出版公司1998年版,第234页。

续表

内容	数量	比率（%）
动物	42	7.4
植物	13	1.9
无机物自然现象	19	2.9
人体各部分	31	4.7
时间方位	59	8.9
社会现象	45	6.8
生活用品交通工具	127	19.3
医药卫生	17	2.6
文化生活	70	10.6
政治术语	24	3.6
抽象概念	2	0.6

幼儿口头语言中名词的比例最大，名词又分为具体名词和抽象名词。研究表明，无论在学前期哪个年龄阶段，具体名词的数量都明显高于抽象名词的数量，具体结果如表10—9所示。[①]

表10—9　　　　幼儿具体名词和抽象名词比率情况表

年龄组（岁）	名词总量	具体名词 数量	具体名词 比率（%）	抽象名词 数量	抽象名词 比率（%）	显著性检验
3—4	935	795	85	140	15	$P<0.05$
4—5	1446	1211	84	235	16	$P<0.05$
5—6	2049	1675	82	374	18	$P<0.05$

然而，这两类名词的年增长率却是抽象名词高于具体名词，具体结果如表10—10所示。[②] 这说明，幼儿的认知范围逐渐由具体形象的人和物向抽象的事物和概念发展。

[①] 朱智贤：《中国儿童青少年心理发展与教育》，中国卓越出版公司1990年版，第103页。
[②] 同上。

表 10—10　　　　　具体名词与抽象名词年增长率　　　　　（单位：%）

类别	4—5 岁与 3—4 岁	5—6 岁与 4—5 岁
具体名词	52.3	38.3
抽象名词	67.8	59.1

2. 动词

幼儿的常用动词词汇有三类。第一类反映人物动作和行为；第二类反映人物心理活动和道德行为；第三类反映趋向和能愿等活动和行为。结果发现：反映人物动作和行为的词汇量，在各个年龄阶段的幼儿中占该年龄段动词词汇总量的 80% 以上，其余两类比重较小，具体结果如表 10—11 所示。[①]

表 10—11　　　　　　　幼儿动词常用词汇量情况

词汇类别	3—4 岁 词量	3—4 岁 比率	4—5 岁 词量	4—5 岁 比率	5—6 岁 词量	5—6 岁 比率	年龄差异 Z 检验 4—5 岁与 3—4 岁	年龄差异 Z 检验 5—6 岁与 4—5 岁
动作、行为	370	85.8	493	85.1	610	84.1	17.53**	12.41**
心理活动道德行为	33	7.7	46	7.9	66	9.1	2.13	3.57
趋向、能愿活动行为	28	6.5	40	6.9	49	6.8	2.11	0.91
合计	431	100.0	579	100.0	725	100.0	21.68**	16.34**

可见，通过感官能够直接感受的动作和行为，最易为幼儿所注意和察觉，因而代表这类动作和行为的词汇，也最易于他们理解、接受、巩固和运用。充分反映了具体形象思维占主导地位的幼儿的年龄特点，反映了心理活动和道德行为的动词词汇在学前期所占比重还是很小的，但是，它随着儿童年龄的增长而逐渐发展着，到 6 岁，这类动词的词汇量已是 3 岁时的 200%。

[①] 朱智贤：《中国儿童青少年心理发展与教育》，中国卓越出版公司 1990 年版，第 106 页。

3. 形容词

形容词在幼儿的词汇数量中居第三位。① 国内研究者统计了十省市儿童运用最多的形容词,结果分别是:"小""好""快""多""大""红""坏""高""早""新""白""长""热""干净""脏""香""黑""黄""真""轻""烂""亮""甜""花""老""圆""绿""胖""饱""满"。从中可以看出,幼儿所掌握和使用的形容词有两个特点:第一,大都是描述外形特征和颜色的。它们是幼儿使用最频繁的形容词,前者占比重30%,后者占比重20%。可见,视感觉在促使幼儿描述事物和发展形象思维的过程中,有着非常重要的作用。第二,描述日常生活的内容。上述的30个常见形容词与幼儿的生活关系均十分密切。例如,味觉类中的"甜",温觉类中的"热",机体觉类中的"饱",外形特征类中的"小""大""高""长""圆""胖",颜色类中的"红""黄""白""黑""绿"等,儿童平时接触最多,感受最经常,巩固得最牢,使用的机会最多,因而掌握得最早,在言语交往中出现得最多。

进入小学以后,小学生开始识字的活动,特别是低年级阶段,识字是他们的主要活动。

小学儿童识字量的发展,具体研究结果如表10—12至表10—14所示。②

表10—12　　　　　　小学儿童字汇量发展

年级	总字汇	应识字汇	实识字汇	实识占应识%
小一	715	689	562	81.57
小二	1693	1682	1512	89.89
小三	2431	2402	2337	97.29
小四	2818	2805	2696	96.11
小五	3075	3063	2993	97.71
初一	3075	3075	2961	96.29
初二	3075	3075	2969	96.55
初三	3075	3075	2974	96.72

---

① 朱智贤:《中国儿童青少年心理发展与教育》,中国卓越出版公司1990年版,第107—108页。

② 同上书,第131—132页。

从表 10—12 中可以看出，到小学三年级时，学生的词汇量就能达到 2400 多个；到小学五年级时，学生掌握的词汇量达到 3000 多个。这样就能保证他们顺利地完成学习任务。

表 10—13　　城市中小学生识字数最多与最少统计

年级	应识字数	城市							
		识字最多		识字最少		识字最多		识字最少	
		男				女			
		字数	比率(%)	字数	比率(%)	字数	比率(%)	字数	比率(%)
小一	689	798	115.82	417	60.52	742	107.69	407	59.07
小二	1682	1804	107.25	1420	84.42	1735	103.15	1426	84.78
小三	2404	2959	123.09	1890	78.62	2837	118.01	2096	87.19
小四	2805	2808	100.11	2157	76.90	2808	100.11	2155	76.83
小五	3063	3007	98.17	2911	95.04	3007	98.17	2981	97.32
初一	3076	3071	99.84	3058	99.41	3070	99.80	3049	99.12
初二	3075	3065	99.67	2155	70.08	3072	99.90	1975	64.23
初三	3075	3057	99.41	3029	98.50	3064	99.64	3037	98.76

表 10—14　　乡村中小学生识字数最多与最少统计

年级	应识字数	乡村							
		识字最多		识字最少		识字最多		识字最少	
		男				女			
		字数	比率(%)	字数	比率(%)	字数	比率(%)	字数	比率(%)
小一	689	917	133.09	247	35.85	869	126.12	100	14.51
小二	1682	1844	109.63	1090	64.80	1864	110.82	1263	75.09
小三	2404	2675	111.27	2015	83.82	2862	119.05	2060	85.69
小四	2805	2858	101.89	2367	84.39	2871	102.35	2214	78.93
小五	3063	3034	99.05	2862	93.44	3040	99.25	2881	94.06
初一	3076	3064	99.61	2800	91.03	3061	99.51	2803	91.12
初二	3075	3070	99.84	3030	98.54	3062	99.58	2850	92.68
初三	3075	2881	93.69	2593	84.33	2848	92.62	2661	86.54

从表 10—13 和表 10—14 中可以看出：中小学生识字的发展，从小学一年级至初中三年级，年级越低，两极差异越显著；年级越高，两极差异越小。其中小学一年级、小学三年级和初中二年级是个关键的年龄段。因为这三个年龄段识字量最多与最少之间的差异特别明显。

（二）正字法意识的发展

正字法是使文字的拼写合于标准的方法。汉语儿童的正字法意识就是对汉字组合规则的意识，是在学习汉字的过程中逐渐发展起来的，它将在儿童的字词识别、学习生字词和阅读中起重要作用。

有人研究了小学三年级、六年级儿童和大学生对左右结构的真字、假字和非字的词汇判断，发现三年级儿童已对正字法敏感。六年级儿童对正字法的掌握已基本达到了大学生水平。而 Cheng 和 Huang 研究小学二至六年级儿童的词汇判断，结果表明低年级儿童接受假字为汉字的比率尚处于随机水平。

舒华和刘宝霞以小学一年级、二年级、四年级和六年级儿童为被试，让他们完成词汇判断任务。结果表明，二年级以上儿童已掌握了有关形旁、声旁组合的正字法规则。

李娟等人以小学一年级 16 名学生（平均年龄 7.7 岁）、小学三年级 19 名学生（平均年龄 9.7 岁）、小学五年级 16 名学生（平均年龄 11.6 岁）和 33 名大学生（平均年龄 20.8 岁）为被试。以真、假和非字各 30 个为材料，要求被试进行词汇判断。[1]

结果发现：(1) 儿童正字法意识的形成是以识字为基础的逐步发展的过程。小学一年级儿童已萌发了正字法意识，但至五年级时才基本达到了成人水平。具体如图 10—10 所示。

(2) 汉字识别中的结构类型效应是一个动态发展过程，受被试识字经验、材料熟悉性等因素影响。

(3) 结构类型不影响正字法意识的萌发和年级发展趋势，但在每个年级内部左右结构正字法意识发展优于上下结构和半包围结构。

在汉语中，由声旁和形旁组成的合体汉字的语音加工受到声旁发音

---

[1] 李娟、傅小兰、林仲贤：《学龄儿童汉语正字法意识发展的研究》，《心理学报》2000 年第 32 卷第 2 期。

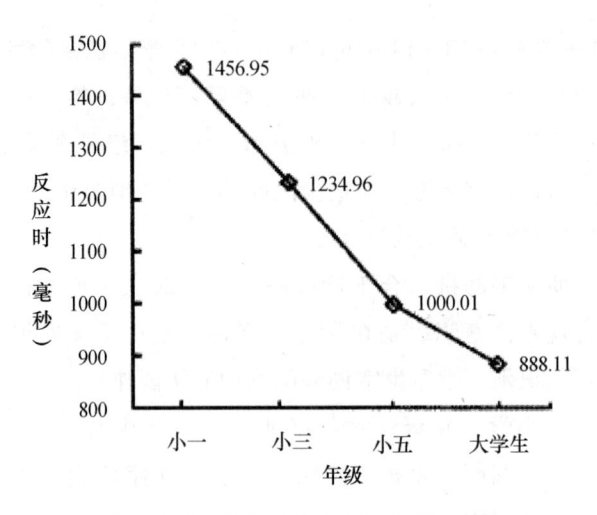

图 10—10　儿童正字法意识的发展趋势

与整字发音是否一致这一特性（即"规则性"）的影响，对规则字（如"油"）的命名要快于对不规则字（如"抽"）和独体字（如"承"）的命名。这说明在加工整字时，声旁的视觉信息被分离出来，激活与之对应的语音表征。舒华等人对儿童汉语读音声旁一致性意识进行了研究。[①] 以小学四年级学生、小学六年级学生、初中二年级学生和大学生各 72 名为被试，经语文教师评定将小学生和初中生分为语文能力高、中、低三组，每类学生各占 1/3。实验材料由 120 对字组成，前 80 对字均为左右结构，声旁在右边的形声字。第一个字是高频率字，第二个字是极低频字。其中有 40 对是声旁一致字，40 对为声旁不一致字。还有 20 对字也是右边部件相同的形声字，但其声旁是在左边。还有 20 对字形相似的独体字。要求儿童猜测低频字的发音。结果表明：（1）儿童很早就意识到汉字的结构以及声旁和形旁在表音、表义功能上的分工。随着年级的升高，声旁一致性对猜测不熟悉汉字读音的影响增强。（2）小学四年级语文能力较高的儿童已经开始意识到声旁的一致性；六年级儿童总体上说来已发展了一致性意识。（3）初二年级的学生发展了声旁一致性意识，且没有能力差异。大学生的声旁一致性意识最强。

---

① 舒华、周晓林、武宁宁：《儿童汉字读音声旁一致性意识的发展》，《心理学报》2000 年第 32 卷第 2 期。

（三）影响因素

1. 字频

已有研究发现，字频是一个影响字词识别过程的重要因素。高频字比低频字更容易识别，识别反应时更快，正确率更高。在有关字词识别的理论模型中，字频也是一个关键的因素。

2. 学习年龄

字词的学习年龄（learning age，LA）是指被试第一次学会某一个字的年龄，也称字词的获得年龄（age-of-acquisition，AoA）。有人探讨了学习年龄对小学生词汇认知的影响。[①] 研究者从小学一、三、五年级语文课本中各选出单字56个，分别称为A组（一年级）、B组（三年级）、C组（五年级）。各组字在笔画数、部件数、结构方式上都一一加以匹配。每组字的笔画为5—13画。根据教学大纲规定，小学阶段所学的字为常用字。根据所选用各组单字，将真字某个部件代之以其他部件，造出相对应的假字共168个。所有字调换后的部件与原部件笔画数大致相当（有的相等，有的相差一画）。假字虽无音、义，但具备字形的完整性，符合正字法。在每个年龄组，实验用字出现的顺序是随机的。研究以小学一、三、五年级的学生为被试，采用字词的真假判断任务，考察了单字词的学习年龄（LA）对小学生汉字识别时间的影响。结果发现：无论纵向比较还是横向比较，单字词的学习年龄（LA）对小学生的真假字判断反应时都有显著影响。具体为：（1）对于A组词，一年级需要的判断时间最长，五年级需要的判断时间最短。这表明学习的时间越长，即LA越早，对该字的判断反应时就越短。（2）对于B组词，三年级需要的判断时间还是长于五年级需要的判断时间。表明随着年级增加，B组字的学习年龄亦增长，判断反应时缩短。（3）对小学三年级被试来说，他们对A组字的判断反应时显著小于对B组字的判断反应时。表明对同一年级的被试而言，在不同时间学习的字需要的判断反应时也有显著不同，学习早的字，需要的判断时间短。（4）对五年级被试来说，他们对A组字、B组字和C组字的反应时，结果如图10—11所示。

---

① 管益杰、方富熹：《单字词的学习年龄对小学生汉字识别的影响（I）》，《心理学报》2001年第33卷第5期。

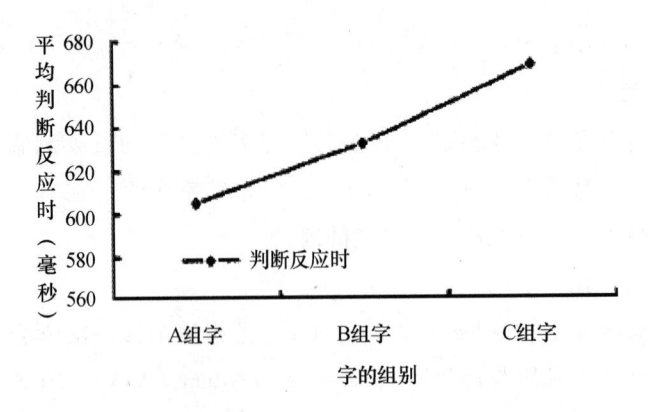

图10—11　五年级被试对A、B、C三组字的平均判断反应时

从图10—11中可以看出，学习年龄越早，判断反应时越快（即A组字）；学习年龄越晚，判断反应时越长（即C组）。

3. 音与形在汉字加工中的作用

宋华等人对语音、字形在汉字阅读中作用的发展研究发现，初学阅读者更依赖语音，而熟练阅读者更依赖字形；[1] 但是周晓林等人发现，即使对年幼儿童来说，在强调语音而非语义的实验任务中，语义激活的强度和时间进程也不弱于语音激活，并且认为这是由于字形到字音到语义以及字形直接到字义的计算速率决定的。[2] 由于汉字形音对应的任意性，降低了字形到字音的计算速率或激活传输速度，而且由于汉字中同音字很多，一个激活的语音表征对应着许多语义激活模式，从语音激活中难以得到确切的语义。另外，汉字的字形（特别是形旁）能够提供大量的语义信息，直接从字形到语义是一条迅速有效的途径。

Wu等人用启动命名任务，探测儿童声旁亚词汇加工的发展特点。[3] 研究表明，儿童在汉字识别中整字和合体字声旁的语音都得到了激活，而且合体字加工中表现出来的自动分解过程与频率有关。声旁的语义加

---

[1] 宋华、张厚粲、舒华：《在中文阅读中字音、字形的作用及其发展转换》，《心理学报》1995年第27卷第2期。

[2] 周晓林、武宁宁、舒华：《语音与词义激活的相对时间进程：来自儿童发展的证据》，《心理科学》1998年第21卷第6期。

[3] Wu, N., Zhou, X., and Shu, H., "Sublexical Processing in Reading Chinese: A Development Study", *Language and Cognitive Processing*, Vol. 14, No. 5-6, 1999, pp. 503-524.

工呈现年级差异,六年级儿童整字和声旁的语义都可以被迅速激活,而三年级对整字和声旁的语义加工相对困难,速度较慢。该研究从声旁亚词汇加工入手,证明儿童对汉字的识别是亚词汇与词汇两个水平并行加工、共同作用的结果,同时儿童的亚词汇加工存在着发展过程。

刘燕妮等人对汉字识别中亚词汇加工的发展进行研究。[①] 实验利用语义相关判断法,探讨儿童和成人在汉字加工中是否存在形旁的语义激活。目标字是语义透明的合体字(如"姐"),启动字有两种与目标字语义无关的字:一种是共用形旁但语义不透明的合体字(如"始"),一种是在频率、笔画等方面和共用形旁字匹配的无关控制字(如"收")。结果发现:与无关控制字相比,儿童和成年人在共用形旁字上的"No"反应得到了延迟,说明形旁可能被分解加工,其语义被激活。而且不同年级儿童和成年人的效应量不同,表明形旁的自动分解和语义激活可能存在着一个从非自动化到自动化的发展过程。儿童和成年人对汉字的加工一样,是亚词汇与词汇加工并行进行的过程。

4. 词切分

在人们使用的语言文字中,有些语言(如汉语)的书写系统中词与词之间没有词切分的标记,有些语言(如英语)的书写系统中词与词之间有词切分的标记。在拼音文字的书写系统(如英文)中,词与词之间存在明显的空格信息,空格能清楚地标记出词的边界,使读者很容易地识别单词。有研究发现,在英文阅读中,当空格信息被消除后,阅读速度会下降30%—50%。[②]

与英文不同,中文是由一个一个的汉字组成的。汉字是记录汉语的一种符号系统,由"点、横、竖、撇、捺、折"等基本的笔画组成,本身并不代表什么意义。只有当它运用在语言中的时候,才具有意义,而这个时候,它就称为词了。不过汉字是单个的,而大多数词由两个汉字构成,有些词只由一个汉字构成,有些词由三个或更多的汉字构成。Bai

---

① 刘燕妮、舒华、轩月:《汉字识别中形旁亚词汇加工的发展研究》,《应用心理学》2002年第8卷第1期。

② Rayner, K., "Eye Movements in Reading and Information Processing: 20 Years of Research", *Psychological Bulletin*, Vol. 124, No. 3, 1998, pp. 372–422.

等人利用 Eyelink II 眼动仪（采样率为 500 赫兹），用空格和阴影来界定汉语词边界，采用四种不同条件呈现句子（正常无空格、词空格、字空格和非词空格），具体的实验材料如图 10—12 所示。①

---

(1) Nonmal condition

科学技术的飞速发展给社会带来了巨大的变化。

(2) Single character spacing condition

科 学 技 术 的 飞 速 发 展 给 社 会 带 来 了 巨 大 的 变 化。

(3) Word spacing condition

科学 技术 的 飞速 发展 给 社会 带来 了 巨大的 变化。

(4) Nonword spacing condition

科 学技 术的飞 速发 展给 社 会带来 了 巨 大的 变 化。

图 10—12 四种实验条件

结果发现，被试阅读词空格和正常无空格句子没有显著差异。这就意味着不管是用空格还是阴影来界定词边界，对阅读既没有阻碍作用，也没有促进作用。研究者认为文本呈现方式的熟悉性以及有无词边界信息所产生的促进和干扰效应存在权衡。虽然被试对平时阅读的那种无空格文本极为熟悉，但是词语之间没有标记词边界的信息，所以在词汇识别的过程中会出现一定的难度；相反，被试对不常见的有词间空格（或用阴影标记）的文本并不熟悉，但是这种文本能提供明确的词边界信息，所以有利于词汇识别，因而被试阅读词空格句子和正常无空格句子没有显著差异。与此同时，还发现与正常无空格和词空格呈现的句子相比，被试阅读以字空格和非词空格呈现的句子时阅读速度明显慢。

Bai 等人的上述研究是以阅读经验丰富的成人读者为对象，为了考察空格在汉语阅读中的作用是否受被试阅读经验的影响，沈德立等人以小学三

---

① Bai, X. J., Yan, G. L., Liversedge, S. P., Zang, C. L. and Rayner, K., "Reading Spaced and Unspaced Chinese Text: Evidence from Eye Movements", *Journal of Experimental Psychology: Human Perception and Performance*, Vol. 34, No. 5, 2008, pp. 1277-1287.

年级学生为研究对象,[①] 采用与 Bai 等人（2008）相同的四种空格呈现条件进行研究，实验材料和实验条件如图 10—13 所示。

---

(1) 正常的无空格条件
我们可以通过电视或网络了解国家大事。
(2) 字间空格条件
我 们 可 以 通 过 电 视 或 网 络 了 解 国 家 大 事。
(3) 词间空格条件
我们 可以 通过 电视 或 网络 了解 国家 大事。
(4) 非词空格条件
我 们可 以通 过电 视或 网 络了 解国 家大事。

图 10—13　四种实验条件

结果如表 10—15 所示。

表 10—15　　四种空格条件下的总体眼动特征

眼动特征	空格呈现条件			
	正常无空格	字间空格	词间空格	非词空格
平均注视时间（毫秒）	291 (38)	249 (30)	269 (39)	278 (36)
平均眼跳距离（字）	2.1 (0.4)	3.4 (0.8)	3.0 (0.6)	2.6 (0.5)
向前眼跳次数	7.4 (1.8)	10.9 (2.1)	9.1 (1.7)	10.1 (1.4)
总注视次数	14.3 (3.6)	17.2 (3.7)	15.0 (3.1)	17.5 (3.1)
回视眼跳次数	3.0 (1.3)	3.6 (1.4)	3.3 (1.3)	3.7 (1.0)
总的句子阅读时间（毫秒）	4852 (1571)	5129 (1490)	4831 (1359)	5705 (1408)
句子阅读时间校正（毫秒）	4206 (1351)	4435 (1423)	4120 (1187)	5047 (1475)

注：括号中为标准差。

[①] 沈德立等：《词切分对初学者句子阅读影响的眼动研究》，《心理学报》2010 年第 42 卷第 2 期。

从表10—15中可以看出：在反映总体加工难度的指标，如总注视次数、总的句子阅读时间以及句子阅读时间校正上，词间空格条件与正常的无空格条件下的阅读一样容易。而在平均注视时间、平均眼跳距离和向前眼跳次数等指标上反映出的差异与文本呈现的单位空间的信息密度有关。尽管如此，几乎所有的指标都表明非词空格条件对阅读产生干扰作用。这一结果与Bai等人类似的结果，即与熟练的汉语成人读者一样，小学三年级被试阅读有词空格和正常无空格句子时没有显著差异。[①]

沈德立等人的实验三中，选择了20名小学三年级高阅读技能和16名低阅读技能学生阅读空格呈现方式不同的句子。结果如表10—16所示。[②]

表10—16　　不同阅读技能学生在不同空格呈现条件下的总体眼动特征

眼动特征	阅读技能	空格呈现条件			
		正常无空格	字间空格	词间空格	非词空格
平均注视时间（毫秒）	高	286 (38)	245 (29)	260 (34)	270 (42)
	低	320 (37)	267 (34)	286 (37)	297 (36)
平均眼跳距离（字）	高	2.2 (0.6)	3.6 (0.9)	3.3 (0.8)	2.7 (0.6)
	低	2.0 (0.5)	3.2 (0.7)	2.8 (0.5)	2.5 (0.6)
向前眼跳次数	高	7.2 (1.4)	10.9 (2.3)	9.3 (1.7)	10.3 (1.9)
	低	8.5 (3.2)	12.8 (3.6)	10.7 (3.6)	12.0 (3.9)
总注视次数	高	3.0 (1.1)	3.7 (1.0)	3.5 (1.0)	3.7 (1.0)
	低	3.1 (1.4)	3.9 (1.7)	3.6 (1.8)	4.3 (1.5)
回视眼跳次数	高	14.0 (3.4)	16.9 (3.4)	15.2 (3.2)	16.9 (2.9)
	低	17.5 (6.1)	20.6 (6.7)	18.2 (6.2)	21.5 (6.1)
总的句子阅读时间（毫秒）	高	4614 (1315)	4939 (1290)	4664 (1155)	5348 (1332)
	低	6413 (2349)	6425 (2096)	6086 (2037)	7469 (2232)

从表10—16中可以看出：除了平均眼跳距离和回视眼跳次数这两个

[①] Bai, X. J., Yan, G. L., Liversedge, S. P., Zang, C. L. and Rayner, K., "Reading Spaced and Unspaced Chinese Text: Evidence from Eye Movements", *Journal of Experimental Psychology: Human Perception and Performance*, Vol. 34, No. 5, 2008, pp. 1277-1287.

[②] 沈德立等：《词切分对初学者句子阅读影响的眼动研究》，《心理学报》2010年第42卷第2期。

指标，被试在其他眼动指标上都表现出阅读技能的主效应，即阅读技能低的被试需要更长的注视时间和注视次数。然而，无论是阅读技能高的被试还是阅读技能低的被试，他们在大多数指标上都显示了一致的趋势，没有出现交互作用。在总的句子阅读时间上有交互作用，并未显现出阅读技能低的学生在词切分条件下的阅读比正常条件下有任何的差异，但非词空格条件对阅读技能低的学生会产生更大的干扰作用。

Bai 等人和沈德立等人的研究结果表明，对于母语为汉语的读者而言，不论是阅读经验丰富的成年人，还是阅读经验不足的小学三年级学生，他们阅读传统无空格和词空格句子时没有明显差异。[1][2]

四 句法的发展

（一）句法的获得

句法是指按照所要陈述或表达的含义或思想，把词语连接为句子的规则。按照句法和语法把词语连接起来成为可供交流的语言和可理解的语言，因此，语言是受语法和句法规则限制的。

1. 单词句

单词句（single-word）是指儿童用一个单词来表示整句话的意思。即只有单词，没有语法。

儿童单词句所使用的词主要是名词和形容词，通常是指那些出现在环境中的具体物体或具有动机性和情境性的状态。例如，儿童说"帽"时，可能是指他的帽子，也可能是指他想拿帽子，还可能是指他发现了一顶新帽子。要想理解儿童说话的意思，必须分析说话时的语境。

Greenfield & Smith 指出，儿童所说的内容不如语境重要。[3] 如果分析语境就会发现，儿童所说的内容常表示几种功能。最初儿童所说的话是

---

[1] Bai, X. J., Yan, G. L., Liversedge, S. P., Zang, C. L. and Rayner, K., "Reading Spaced and Unspaced Chinese Text: Evidence from Eye Movements", *Journal of Experimental Psychology: Human Perception and Performance*, Vol. 34, No. 5, 2008, pp. 1277–1287.

[2] 沈德立等：《词切分对初学者句子阅读影响的眼动研究》，《心理学报》2010 年第 42 卷第 2 期。

[3] [美] Best, J. B.：《认知心理学》，黄希庭等译，中国轻工业出版社 2000 年版，第 276 页。

命名那些引起行为的东西；其次便是命名可移动的物体或受行为影响的东西；再次是指地方；最后是指所拥有的物体或行为的接受者。

儿童的单词句具有以下几个特点：（1）在儿童没有使用一些语词之前，他们会发明一些语词来表示物体。例如，一项研究发现，1岁多的婴儿将牛奶称为"ca-ca"。[①] 儿童自己发明一些语词来表示物体，具有重要的意义。首先，这表明儿童不但经常通过模仿来学习语词，而且还创造性地使用语词；其次，表明儿童已经认识到要用同一种符号来表达同一类事物。（2）儿童在单词句阶段所习得的单词都和他们的"当时当地"有关。所谓当时当地，指儿童所学习的单词都是他们日常生活中必须用到的词。一项研究发现，儿童最初掌握的10个单词，主要是动物、食物和玩具这三类。[②]（3）儿童在照顾者的帮助下，通过"命名"练习逐渐掌握单词及其意义。儿童指向一种物体问成人："这是什么？"成人给儿童提供名称。儿童说明物体的名称，成人根据儿童的反应给予反馈。（4）单词句中最初所使用的词义界限不十分明确，具有一定的模糊性，例如，将一切男人都叫"爸爸"。（5）单词常常起一个句子的作用。同一个词在不同的语境下，伴随着不同的感情和动作，表达不同的意思。

2. 双词句

双词句是指儿童用两个词表达一个句子的意思。Brown通过研究儿童的双词句，发现它们通常表达某种意义关系。[③] 具体来说有以下几种结构关系，如表10—17所示。

表10—17　　　　　　　　双词句的结构关系

结构的意义	形式	例子
1. 指称	That + N	Thatboxs
2. 引起注意	Hi + N	Hi belt

[①] Carroll, D., *The Psychology of Language*, 2nd ed, Pacific Grove, California: Brooks/Cole Publishing Company, 1994.

[②] 桂诗春：《新编心理语言学》，上海外语教育出版社2000年版，第145页。

[③] [美] Best, J. B.：《认知心理学》，黄希庭等译，中国轻工业出版社2000年版，第281页。

续表

结构的意义	形式	例子
3. 再发生	More + N	More cookie
4. 不存在	Allogne + N	All gone kitty
5. 特征	ADJ + N	Big train
6. 所有	N + N	Mommy lunch
7. 位置	N + N	Sweater chair
8. 位置	V + N	Walk road
9. 施动—行为	N + V	Mommy road
10. 施动—物体	N + N	Mommy sock
11. 行为—物体	V + N	Put book
12. 并列	N + N	Umbrella boot

Braine 研究了 10 个儿童的双词句，其中 5 名儿童学习英语，2 名儿童学习萨摩亚语，1 名儿童学习希伯来语，1 名儿童学习芬兰语，1 名儿童学习瑞典语。他发现所有的儿童在说话时都涉及施动关系、行为—物体关系、位置关系，而另外一些关系儿童则用得比较少。[①]

（二）句法结构的发展

1. 幼儿的句法结构

朱曼殊等人以 70 名 2—6 岁儿童为被试，用录音机记录每一对象的自发言语两次，每次半小时，一次记录儿童在自由谈话活动中的谈话和当时的情景，另一次记录看图说话。共收集简单陈述句 3459 个。结果发现幼儿陈述句句法结构发展表现出如下的趋势。[②]

（1）混沌一体到逐步分化。分化过程表现在两个方面。从功能上说，早期的语言有表达情感的、意动的、指物的三个方面。最初三者紧密结合，而后逐渐分化，指物的和表达情感的功能越来越明显。从词类来说，幼儿早期的语词不分词性，而后逐步在使用中分化出名词和动词，修饰词和中心词等；从句子结构来说，最初是主谓不分的双词句，然后逐步

---

① Braine, M. D. S., *Children's First Word Combinations*, Monogarphs of the Society for Research in Child Development, 1976, p. 41.

② 朱曼殊：《儿童语言发展研究》，华东师范大学出版社 1986 年版，第 1—8 页。

发展到结构分明的句子。

（2）结构松散到逐步严谨。最初的双词句只是一个简单的词组，没有体现语法规则的结构。在出现了主谓、主谓宾、主谓补的简单句以后，才具有语法规则结构的基本框架，但句子中各成分之间的相互制约仍不明显。3.5 岁前儿童的话经常漏缺主要成分。以后各成分间的相互制约性越来越严格。复合句结构的发展也是如此。最初是没有连词的两个单句的并列，后来才出现各种连词把各个单词联结起来。

（3）句子结构由压缩、呆板到逐步扩展灵活，幼儿的言语最初主谓不分，只有一两个词，而后能分出句子的基本部分。但由于认知的局限性和词汇的贫乏，表达内容单调狭窄，往往只能说出形式上千篇一律的由几个词组成的压缩词句，如"妈妈上班"、"弟弟吃饭"、"妹妹睡觉"等，后来能逐步使用从简单到复杂的修辞句，使句子扩展。最后达到灵活运用句子中各种成分进行多种组合，从而产生形式多样的句子，这种发展趋势也很明显地表现在表达同一个语义内容的句子上。例如，"叭叭呜——还要叭叭呜——叭叭呜去北京——爸爸坐火车到北京——我爸爸坐火车到北京开会去了——幼儿园放假的时候我准备和外婆乘火车到北京去玩"。

2. 疑问句

疑问句的产生是在陈述句之后。疑问句有以下几种类型：（1）是非问，"你是学生吗"？（2）反复问，使用正反相叠句法结构，"你吃不吃饭"？"吃饭前有没有洗手"？（3）选择问，"你要娃娃还是要小马"？（4）特指句，使用疑问句代词——谁、什么、怎么样等的问句。（5）简略问，"娃娃呢"？

李宇明根据对两名儿童（男女各一）产生各种问句的追踪记录材料进行分析研究，发现了儿童习得汉语问句的一些特点和过程。[①] 具体为：

（1）2 岁前后是儿童疑问句的主要发生期，2 岁前后除选择问之外，其他几大类疑问句都已发生，故称此时期为疑问句的发生期。

（2）最初发生的疑问句具有简略性特点，而且主要表达婴儿的惊疑和不适应。他们对这些疑问句要求解答的意识并不强，如果在提问之后，

---

① 李宇明：《儿童语言的发展》，华中师范大学出版社 1995 年版，第 224—228 页。

成人没有回答，他们即转换话题，并没有因为成人没有回答问题而感到不满足。因此，这种问句是简单反应性的。这种最初出现的疑问句都是高度依赖语境的，离开语境就难以知道他们问的是什么。但这种对语境的依赖是不自觉的，真正自觉配合语境的问句要在后期才出现。

（3）2—3岁是儿童疑问句发展的关键期。从疑问句发生到3岁，儿童的疑问句飞速发展。除了极个别的疑问句格式外，绝大多数疑问句格式已经出现。此时，儿童的疑问句已摆脱了发生期阶段所表现的简略性的特点。疑问句的内容逐渐复杂化。大部分疑问句都出现了反问的方法。例如："你画得像小白兔吗？""这么好吃，谁不想吃啊？"研究者认为，这是儿童疑问句发展成熟的一个标志。

（4）3岁以后是对疑问句进行完善的阶段。3岁以后，疑问句的发展已大致完成。此时，儿童的疑问句主要是向语用性的方向发展。表现有两点：第一，疑问句的非疑问用法，如："谁想吃糖都得在我这儿拿"，"我有小书，谁要我就发给一本"。第二，在4岁左右，出现了以"什么""怎么""为什么"等疑问词开始的疑问句子，这种疑问句通常是人们要求对客观事实做某种解释时的一种疑问句式。

五　句子和语篇的理解发展

（一）句子的理解

1. 疑问句的理解

提出问题和回答问题是个体语言发展的一个重要方面，它不仅需要有句法、语义知识，而且需要掌握交际的规则。

关于对疑问句的理解，缪小春以3—7岁儿童为被试，用回答各种特指疑问句的方法，研究了儿童理解疑问句能力的发展。[①] 研究者向儿童提出包含"什么""谁""什么地方""什么时候""怎样"和"为什么"等问题，要求儿童根据图片内容或凭借记忆回答问题。结果表明，儿童能够回答的特指疑问句的次序是3岁儿童能够理解"谁""什么""什么地方"等疑问句；4岁儿童能够理解"什么时候""怎样"等的疑问句；5岁儿童能够理解"为什么"的疑问句。

---

① 王甦等：《中国心理科学》，吉林教育出版社1997年版，第607页。

2. 否定句的理解

否定句是一种重要的语言现象，它是人类认知系统的可逆运算在语言中的表现形式之一。

徐火辉研究了儿童对否定句的理解。[①] 结果发现：4岁儿童已能理解单纯的谓语否定句（如盘子里没有苹果）和有全称量词修饰的否定句（如所有的盘子里都没有苹果）。5—6.5岁儿童已能理解简单的双重否定句（如盘子里不是没有苹果）。

3. 被动句的理解

"被"字句是被动句的典型句式。朱曼殊等人采用儿童表演法，研究了儿童对被动句的理解。[②] 结果发现：5岁儿童能够理解被动结构句的得分还比较低，即此时儿童对被动句的理解还比较差。6岁儿童基本能理解被动句。研究者推断6岁可能是儿童理解被动句的关键年龄。

唐建以9—13岁的中小学生为被试，探讨了他们对各种形式被动句的理解。[③] 研究者设计了10组主动句和被动句，这些句子包括了现代汉语的全部被动句形式，即用"叫""让""给"代替"被"的句子，用"为……所……"表示被动句的句子以及无任何被动标志，形式上是主动句但深层语义是被动句的句子。要求被试在三个答案中选择出一个正确的答案。以此衡量中小学生能否在主动句和被动句间进行转换，以实现对被动句意思的理解。研究发现：9岁儿童已基本上具备这种转换的能力，但在10—11岁时这种转换能力又有一个明显的发展。到11岁时，正确选择的人数已达95%。即11岁时，学生几乎对所有形式的被动句都能选择出正确答案。

4. 复合句的理解

在汉语中，复句可分为联合复句（并列复句）和偏正复句（主从复句）两大类。复句中各分句之间的联系，通过语序和关联词语来表示。关联词语在大部分情况下是必不可少的。在具体的语言环境中，表示某

[①] 王甦等：《中国心理科学》，吉林教育出版社1997年版，第608页。

[②] 同上。

[③] 唐建：《儿童对汉语主动句、被动句转换理解的比较研究》，《心理学报》1984年第2期。

一种关系的复句要使用一些特定的关联词语，读者（或听者）常通过句子中的关联词语来确定这个句子是不是复句，或者句子中各分句之间是什么关系。

(1) 联合复句和偏正复句

关联词的复句中常包括以下几种关联词，它们是："还""不是……而是……""或者……或者……""不是……就是……""只有……才……""如果……那么……"缪小春等人用以上几种关联词选句后当作实验材料，要求被试用实物操作做出反应，探讨了4、5、6岁儿童对这些复句的理解情况。① 其中的一些实验材料是："如果我拿黄的方木块，那么你拿白的圆木块"；"你不但要给我蓝的圆木块，而且要给我绿的方木块"。其中"还""不是……就是……"表示并列关系；"只有……才……""如果……那么……"表示条件关系；"不是……而是……"表示递进关系；"或者……或者……"表示选择关系。结果发现：4岁儿童基本上能理解并列复句；6岁儿童基本上能理解递进复句和条件复句。但对选择复句，6岁儿童还没有达到基本的理解水平。由此可以看出，在这些复句中，并列复句儿童最易理解，选择复句儿童最难理解。对于这一实验结果，研究者的解释是：①儿童对复句理解的难易主要取决于各种复句所表现的关系的复杂程度。因为，并列复句和递进复句表述的是合取关系，条件复句表述的是蕴含关系，而选择复句表述的是析取关系。由于每种复句表述的逻辑关系不同，因而儿童理解它们所需要的认知活动也不同。②句子表述的方式也影响儿童对复句的理解。在表述合取关系的复句中，用"不但……而且……"作为关联词的复句理解起来比较困难，在选择复句中，以"不是……就是……"为关联词的句子又比用"或者……或者……"为关联词的句子难理解，可能是因为这两种句子中的"不"字使儿童以为前一个分句是否定的意思。

(2) 因果复句

因果复句是语言交往中使用极其频繁的一种句式。朱曼殊等人以小学一至五年级学生为被试，研究了他们对因果复句的理解情况。② 研究者

---

① 缪小春、朱曼殊：《幼儿对某几种复句的理解》，《心理科学通讯》1989年第6期。
② 朱曼殊、华红琴：《小学儿童对因果复句的理解》，《心理科学》1992年第3期。

使用涉及甲、乙二人心理方面因果关系的两种因果复句：第一，单义因果复句，如"张文骂李明，因为他做事太不认真"。第二，歧义因果复句，如"张文骂李明，因为他相信别人的谣言"。第三，较复杂的单一因果复句，这种句子是在原歧义句的基础上，再加上语境线索后，使句子变成了较复杂的单义复句，如"张文骂李明糊涂，因为他相信别人的谣言"。要求儿童在听完每一个实验句子之后，回答"他指的谁？"，结果发现：①小学生对实验中单义因果复句的理解水平呈明显的随年级而上升的趋势，但又深受句子复杂程度的影响。对于第一种较简单的单义因果复句，除一年级学生的正确理解率尚未达到75%的基本理解标准外，其余各年级学生的正确理解率都已超过80%。但对于另一种比较复杂的单义句，各年级组的理解正确率较前者明显降低。一年级至三年级学生的正确理解率都没有达到75%的基本理解标准。四年级和五年级学生的正确理解率也比简单单义因果复句的低。②小学各年级学生对歧义因果复句基本上只能做单义理解，缺乏一果多因的推理能力。③儿童在理解歧义因果复句和复杂的单一因果复句时，普遍表现出选择第一分句中主语名词的倾向，即采取了将第二分句中作为主语成分的人称代词"他"和第一分句中主语名词相对应的理解策略，经常将乙误解为甲，例如，张文骂李明，因为他不愿意看到做坏事。

（3）转折让步关系复句

在这种复合句中，从句承认一个事实，但主句把意思一转，说出相反的情况，故叫转折让步关系复句。"虽然……但是……"是一个典型的让步连接词，和它类似的还有"尽管……可是……""纵然……但是……"，等等。朱智贤等研究了儿童掌握让步连接词偏正复句的年龄特点。[①] 他们以100名小学二年级到六年级的儿童为被试，实验材料是补足未完成的包含有让步连接词复合句的书面作业。具体的作业形式如："虽然……，可是他还没有睡。""尽管……我还是把书借给他看。""尽管……他还是努力工作。""虽然……他还没有穿棉衣。"等等。研究者从儿童填充句子的正确性来评定他们对转折让步关系的掌握情况，提出儿

[①] 朱智贤：《儿童发展心理学问题》，北京师范大学出版社1982年版，第247—254页。

童掌握转折让步关系复句的发展阶段。

研究者认为，儿童掌握转折让步关系复句要经历三个阶段，具体为：

完全错误的阶段（儿童完全不能掌握转折让步关系复句阶段）。该阶段又有两种表现形式：①完全不理解转折关系，或句子的转折关系不明显。如"尽管他工作怎么忙，他还是努力工作"，"虽然我们的年纪小，可是田地还很干旱"。②把转折关系错成因果关系，如"虽然是傍晚了，院子里还是很黑"，"虽然因为田里没有水，所以田地还是很干旱"。具有上述特点的答案主要出现在二年级，以后随着年级的发展逐渐减少。

初步的、但往往不能确切掌握的阶段。这时儿童已初步感到主句和从句的转折关系，但往往不很确切。如"尽管天黑了，他还是努力工作"，"虽然他把脚洗完了，可是他还没睡"。意思似乎是对的，但又不很妥当。也有些句子，从结构上看，能反映转折关系，但或者是和客观的矛盾关系不符合（如"虽然天气很好，田地里还是很干旱"）；或者仅是表面上和客观矛盾符合（如"虽然有一场霜冻，公社的小麦还是获得了丰收"）。发生这些错误的多数是二年级到四年级的儿童，五年级也不少。

正确掌握阶段。这时儿童无论在形式上或内容上，已能真正地掌握转折连接词的用法。有的甚至能在比较深刻、抽象的水平上使用它。四年级后儿童才能接近这个水平。

（二）篇章能力的发展

1. 儿童的篇章能力

语言是一个由各种要素和单位所构成的多层次的、十分复杂的体系。篇章是在词和句子的基础上由句子所组成的，能自成一体的意义单位，处于语言体系的最高层级。篇章可长可短。

儿童语言能力的发展，除对词和句子的掌握之外，还表现在篇章能力的发展上。谢晓琳等人研究了儿童篇章能力的发展情况。[①] 首先，研究者用三个标准衡量篇章的发展，即衔接、发展和突出。

衔接是表现篇章内的前一个成分（如句子）与后一个成分的联系以

[①] 谢晓琳等：《学前儿童篇章意识和篇章能力形成和发展的初步探讨》，《心理科学通讯》1988年第5期。

及后一个成分对前一个成分的呼应。联系是衔接的方式，它为话语成为整体构架提供了可能性。呼应即通过词汇手段在"联系"提供的构架上将句子前后两部分或句子与句子之间衔接起来，主要的联系方式有四种：(1) 前一个成分（句子）的上半部与后一个成分（句子）的上半部联系；(2) 前一个成分的下半部与后一个成分的下半部联系；(3) 前一个成分的下半部与后一个成分的上半部联系；(4) 前后两个成分整体发生逻辑关系。实行呼应的主要词汇有复现性词语、相关性词语和关系性词语等，以此实现句子与句子之间的照应。

发展是指使衔接起来的句子形成一种表达有序化的模式。他们将幼儿的语言归纳为三种主要的发展模式：(1) 平行发展。如"我叫某某。我今年三岁半。我是在中一班的"。(2) 延伸发展。如"某某喜欢打我们。我们谁也不理他，他睡觉也不认真"。(3) 集中发展。如他在中一班。某某也在中一班。我也在中一班。我们几个都在中一班。

突出是篇章能力趋于成熟的标志。体现在归纳、演绎和离散结构上。达到这一标准的人数还比较少。

研究以 4、5 岁两个年龄组各 60 名幼儿为被试，要求他们在没有任何提示和帮助下，看图独立说出一个关于蓝精灵的故事——"蓝精灵乐队"，限定在 2 分钟内完成。

结果发现：(1) 4 岁组达到"衔接"标准的句数所占百分比是 60.28%，达到"发展"标准的句数所占百分比为 66.53%；5 岁组达到"突出"标准的句数所占的百分比还比较低，故未做统计。(2) 4 岁组幼儿的篇章能力发展水平比较低，表现为思维联系不密切，思路不够清晰，整个篇章的整体性未能完成，篇章往往只涉及几个联系不紧凑的句子；5 岁组幼儿的篇章能力有进一步发展，话语的整体性比 4 岁组的好，篇章的叙述有始有终，线索明确，篇章内有某些句子体现了篇章的核心，其余句子所表达的内容对这个核心起衬托作用。(3) 两个年龄组中表现出一些共同点：①在使用词汇手段实现句与句的衔接上，多用代词，其中以代词"他"的出现频率最高。②两组幼儿的篇章结构均出现平行发展和延伸发展，但 4 岁组以平行发展为主，5 岁组则以延伸发展为主。从结构上来说，平行结构较延伸结构简单。从思维角度来说，平行结构所处的层次略低于延伸结构。

2. 连贯性语言能力的发展

连贯性语言能力是指连续地讲出几句话或一段话，其意思前后连贯，使听者理解其内容。连贯性语言能力是篇章能力发展的基础，如若语言不连贯，就不可能构成篇章中自成一体的意义单位。

范存仁等研究了 4—7 岁儿童连贯性语言的发展，要求儿童将所见所闻用自己的语言复述出来，他们分析了各年龄儿童语言中情景性语言和连贯性语言的比重。① 结果发现：随着年龄的增长，情景性语言的比重逐渐下降，连贯性语言的比重逐渐上升。到 7 岁时连贯性语言才占较大优势。具体如表 10—18 所示。

表 10—18　　　　　　4—7 岁儿童连贯性语言的发展

	年龄			
	4 岁	5 岁	6 岁	7 岁
情景性语言（%）	66.5	60.5	51	42
连贯性语言（%）	33.5	39.5	49	58
总句数	981	1283	1263	1018

研究还发现，在叙述中，4—5 岁儿童中除少数外，其句子形式主要还停留在简单句的阶段，对事物关系的叙述大部分只是说明现象及个别事物之间的联系，还不能说明一个事件、一个过程与另一事件、另一过程之间的联系。6—7 岁的儿童开始从叙述个别事物之间的联系过渡到事件、过程之间的联系。复合句有了显著的发展。

武进之等人还研究了幼儿在看图说话时形成故事模式和语言连贯性的发展情况。② 她们发现儿童在按图叙述故事的发展过程中，逐渐形成了一种讲故事的模式。最初只能是逐幅描述人物活动直至结尾，如"妹妹跳绳、哥哥……他们在一起玩了"。第二阶段，儿童能从介绍图中人物开场，然后讲述故事，如"有一个妹妹，她在跳绳，有一个哥哥……一起跳绳了"，"有一天"等，然后再增加故事发生地点。如"有一天，在幼

---

① 王甦等：《中国心理科学》，吉林教育出版社 1997 年版，第 613 页。
② 朱曼殊：《儿童语言发展研究》，华东师范大学出版社 1986 年版，第 175—186 页。

儿园的草地上……"这就形成了一种讲故事的完整模式，即时间、地点、主要人物、主要情节、结尾。也就是说这时已构成一个完整篇章了。

儿童在讲述故事时语言的连贯性表现为四种水平：（1）不连贯，大多表现为和主试的简单对话（主试启发提问，儿童作答），或对画面上人物，做列举式的描述，句子大多不完整或不明确。3岁前儿童多处于这一水平。（2）部分连贯，全部叙述中有某一段话或某几句话的意思连贯。3.5岁出现这种部分连贯。（3）基本连贯，基本上能把故事情节连贯地叙述，但中间有些语句不连贯。4岁组大部分达到这一水平。（4）连贯，6岁组大部分达到。这一情况和范存仁等的研究结果不完全一致，他们认为要到7岁，连贯性语言才占较大优势。这可能是由于二者对连贯性语言的评定标准不完全相同所致。

3. 课文理解能力的发展

白学军和沈德立以小学三年级和小学五年级学生为初学阅读组，以大学生为熟练阅读组，采用故事语法编写的叙述性故事为实验材料，每个故事后有三个问题，用眼动记录仪记录被试阅读的过程。[①] 结果发现：随着年级的升高，阅读速度明显提高，小学三年级学生每分钟阅读97个字，小学五年级每分钟阅读128个字，大学生每分钟阅读218个字。各年级学生对课文每一句话注视的次数，如表10—19所示。

表10—19　　　各年级学生对课文每一句话注视次数

句子	小三 N	小三 X	小三 S	小五 N	小五 X	小五 S	大学生 N	大学生 X	大学生 S	F值
第一句	24	8.60	5.89	40	8.08	6.07	54	6.41	4.88	1.69
第二句	24	15.70	10.60	40	11.00	7.22	54	10.30	8.30	3.44*
第三句	24	8.00	6.38	40	5.46	4.65	54	4.61	4.45	4.84*
第四句	24	11.3	7.71	40	7.28	5.33	54	6.90	5.39	4.82*
第五句	24	14.2	9.26	40	10.20	7.48	54	8.70	4.28	5.48*
第六句	24	11.2	6.11	40	9.82	7.18	54	6.12	4.12	8.15*
F值	3.432*			3.306*			7.35**			

[①] 白学军、沈德立：《初学阅读者和熟练阅读者阅读课文时眼动特征的比较研究》，《心理发展与教育》1995年第2期。

从表10—19中可以看出，随着年级的升高，对每一句话的注视次数逐渐减少，除第一句外，其他各句的注视次数均存在年级差异；就同一年级被试来看，他们对课文中每一句的注视次数不一样，存在句间差异；无论是大学生还是小学生，他们都对第二句和第五句注视次数明显多于其他各句，主要原因是这两句话同回答课文后面的两个问题有关，这表明注视次数的多少取决于注视内容在课文中的重要性。进一步分析发现，各年级被试的句间回视方式存在差异，如表10—20所示。

表10—20　　　　各年级学生句间回视方式的百分比

年级	再加工式	选择式	相邻句间式
大学生	3.88	30.471	65.65
小五	7.87	28.44	63.69
小三	8.96	27.53	63.51

从表10—20中可以看出，再加工式的句间回视方式随年级升高而减少，选择式和相邻句间式逐渐增加。从这三种回视方式的作用来看，再加工式是重新回到课文开始部分对课文内容进行阅读，表明被试不知道自己理解错误或理解不完善的部分，因而是一种比较盲目的回视试工。选择式是对课文内容有选择地进行阅读，表明被试知道自己的理解错误或理解不完善的部分，因而是一种比较高级的回视方式。相邻句间式是当后一句话的意思与前一句话的意思不能连贯时，立即对前一句话进行回视，因此是一种比较保守的回视方式。各年级学生都倾向于采用保守的回视方式，这可能是导致大学生阅读速度不高的原因之一。

4. 影响语篇理解的因素

（1）词汇

词汇发展对于阅读理解具有重要的作用。Beck等人认为，读者的已有知识、词汇发展、阅读能力和理解语篇具有交互作用。[1] 联结主义模型

---

[1] Beck, I., et al., "The Effects and Uses of Diverse Vocabulary Instructional Techniques", in California Reading Initiative, Read all about it? Readings to Inform the Profession, 1999, pp. 311–324.

认为，儿童开始学会正字法和语音学之间的映射，后来学会正字法、语音学和语义学之间的映射。阅读发展研究表明，阅读学习由儿童的语音表征状态决定。阅读学习，甚至是单个单词的学习，在很大程度上也依赖于儿童对语音和语义信息的潜在表征。

Egbert 等人考察了四类读者的阅读模式：①初学者，具有两年阅读经验的小学二年级学生；②高级读者，具有 6 年阅读经验的小学六年级学生；③专家读者，具有 14 年阅读经验的大学生；④阅读差的读者，阅读技能比同龄人发展晚两年的 13 岁读者。[①] 结果表明，所有被试偏向于注意单词正字法信息；阅读发展早期对词频具有敏感性；对较差读者来说并没有显示出与别的读者具有不同的阅读模式。因此，研究者认为总体阅读模式可以描述成一个对于单一字母信息的注意向对更复杂的课文中形态学信息注意的转移。

Parrila 等人考察了在幼儿园和一年级时被试的说话速度、口语短时记忆、命名速度和语音知觉任务与他们在一年级、二年级和三年级词汇阅读和篇章理解成绩之间的关系。[②] 结果表明，如果被试一年级时语音加工任务成绩较好，并不能预测他们将来是一名好的读者；当语音知觉和命名速度被控制后，被试的说话速度和口语短时记忆也不能预测他们的阅读成绩。Savage 等人利用启动任务考察了儿童早期的句法结构的抽象性。[③] 被试为 3、4、6 岁的儿童，结果发现，6 岁的儿童对主动语态和被动语态表现出词汇和结构的启动，而 3 岁和 4 岁儿童还没有发展对代词和句法等方面的表征。

（2）阅读策略

Duffy 等人发现策略的使用对于阅读有很大的影响，当读者利用策略时，其阅读能力，特别是理解和词汇再认都能得到促进。[④] 即使是很小的

[①] Egbert, M. H. and Paul, P. N. A., "Reading Development and Attention to Letters in Words", *Contemporary Educational Psychology*, Vol. 25, No. 4, 2000, pp. 347 - 362.

[②] Parrila, R., et al., "Articulation Rate, Naming Speed, Verbal Short-term Memory, and Phonological Awareness: Longitudinal Predictors of Early Reading Development", *Scientific Studies of Reading*, Vol. 8, No. 1, 2004, pp. 3 - 26.

[③] Savage, C., et al., "Paper Testing the Abstractness of Children's Linguistic Representations: Lexical and Structural Priming of Syntactic Constructions in Young Children", *Developmental Science*, Vol. 6, No. 5, 2003, pp. 557 - 567.

[④] Duffy, G., "Rethinking Strategy Instruction: Four Teachers' Development and their Low Achievers Understandings", *Elementary School Journal*, Vol. 93, No. 3, 1993, pp. 231 - 247.

儿童也能在阅读过程中运用策略，特别是对小学高年级学生和中学生，有策略的阅读就显得尤为重要。读者在阅读过程中越来越善于使用策略有一个发展过程，经常用到的策略有：①做出预测和推理；②自我提问；③监控理解；④总结；⑤评价。这些策略对不同主题、不同体裁和不同任务的阅读来说，其重要性是不同的。Snowing 等人认为阅读中的解码（decoding）技能的发展也具有阶段性。[1] Compton[2] 考察了认知加工能力（如语音知觉和快速命名速度）的静态测量（成绩的初始水平）和动态测量（增长速度）对解码能力的预测。结果表明在阅读发展早期，认知加工能力和解码技能之间存在很大的联系。闫国利发现，随着年级的提高，使用逆序扫描模式（先看文章后面的问题然后再阅读文章）的学生逐渐增加，而使用循序扫描模式（先阅读文章然后再看文章后面的问题）的学生逐渐减少，这说明随着年龄升高，学生逐渐学会带着问题有目的地阅读文章。[3]

(3) 推理和整合能力

在语篇理解过程中，需要建立语篇的连贯心理表征，这需要一种核心能力，即推理和整合加工能力。

有人对比了阅读理解困难儿童和正常儿童解决推理性问题和字面性问题的成绩，实验中的推理性任务需要的解释语境都在实验材料之中出现，避免了理解困难儿童先前的背景知识落后对推理成绩造成的影响。[4] 结果发现：①在字面性问题上，理解困难儿童的成绩与正常儿童相当；②在推理性问题上，理解困难儿童的成绩要显著落后于正常儿童。

还有一项研究设计了一种从语境推理新词意义的任务，考察了阅读理解困难和正常儿童的信息推理和整合能力。[5] 要求被试阅读包含某个新

---

[1] Snowing, et al., "A Connectionist Perspective on the Development of Reading Skills in Children", *Trends in Cognitive Sciences*, Vol. 1, No. 3, 1997, pp. 88 – 91.

[2] Compton, D. L., "Modeling the Growth of Decoding Skills in First-grade Children", *Scientific Studies of Reading*, Vol. 4, No. 3, 2000, pp. 219 – 259.

[3] 闫国利：《阅读科技文章的眼动过程研究》，博士学位论文，华东师范大学，1998 年。

[4] Oakhill, J. V., "Inferential and Memory Skills in Children's Comprehension of Stories", *British Journal of Educational Psychology*, Vol. 54, No. 1, 1984, pp. 31 – 39.

[5] 杨双、刘翔平、王斌：《阅读理解困难儿童的认知加工》，《心理科学进展》2006 年第 14 卷第 3 期。

词的短文，这些新词都是新颖词（novel word），以避免被试认识，新词作为实验的目标词。在短文中包含对目标词的解释语境，从该语境中能够推导出该词的意义，它们都位于目标词的后面。目标词与解释语境的距离作为一个变量被控制，每个故事都有两个版本，一个版本是近距离版本，目标词和解释语境接近，另一个是远距离版本，目标词和解释语境之间有部分填充内容，距离较远。要求被试大声阅读故事，并告诉被试，在读到目标词时，如果知道该词是什么意思，就进行解释，如果不知道，在读完整个故事后再解释它的意思。那些不知道目标词意义，在读完整个故事之后做出的回答，才作为有效的实验结果，记录被试回答的正确率。结果发现，阅读理解困难儿童的推理正确率要显著落后于对照组儿童，并且随着目标词和解释语境之间距离的增大，这种落后更加明显。这一方面说明了理解困难儿童落后的推理水平，另一方面还间接说明了推理水平受到工作记忆负荷的制约。这种从语境推理词汇意义能力的落后，会阻碍其词汇量的增长，这也为理解困难儿童落后的词汇语义加工提供了一种可能性的解释。

第十一章

心理理论的发展

第一节 心理理论的理论

一 理论论

理论论（Theory Theory）的代表人物是 Wellman。[①] 该理论主张，人们的心理知识逐渐形成一个像理论一样的知识体系，并根据这个理论体系来解释和预测人的行为，但并不是一个真正的科学理论，而是一个日常的、框架性的，或基本的理论。儿童对心理状态的理解是一个理论建构的过程，如同科学理论形成的过程。其假设是儿童预先并没有关于自己心理状态的知识，但可以在与环境交互作用的过程中，形成和发展存在着一系列质变的、具有某种形式的、表征性的心理理论来解释自己和他人的心理状态。

理论论者认为，儿童获得的是某种形式的表征性的心理理论，但认为儿童的心理理论向成人心理理论的发展过程中要经历几个阶段。

其中，Bartsch 和 Wellman 提出心理理论发展的三阶段观：[②]

2 岁左右儿童获得了愿望心理学（desire psychology）；

3 岁左右获得了愿望—信念心理学（desire-believe psychology）；

在 4 岁左右他们获得了成人的信念—愿望心理学（believe-desire psychology）。开始能够把信念和愿望协调起来，并用它们共同来解释和预测

[①] Wellman H. M., Woodall J. D., "From Simple Desires to Ordinary Beliefs: The Early Development of Everyday Psychology", *Cognition*, Vol. 35, No. 3, 1990, pp. 245 – 275.

[②] Bartsch K., Wellman H. M., "Young Children's Attribution of Action to Beliefs and Desires", *Child Development*, Vol. 60, No. 4, 1989, pp. 946 – 964.

行为。在该体系中,信念和愿望被认为是共同决定人的行为。

心理理论的内部表征是元表征(meta representation),包括感觉(Sense)和参照物(referent)两种表征成分。儿童理解错误—信念必须具备识别他人错误—信念的能力和区别表面与现实的关系的能力,这两种能力就是元表征的体现。元表征能力对儿童成功地通过"错误—信念"任务起着至关重要的作用。因此,个体"心理理论"的发展是以元表征能力为基础的,同时也促进元表征的发展。[1]

理论论者认为是经验塑造了儿童心理理论的发展。由于经验提供给儿童一些不能用已有心理理论解释的信息,这些信息最终促使儿童修正和改进他们已有的心理理论,促进其心理理论的发展。当儿童多次看到人们的行为不仅要用愿望解释,还要用看法来解释时,他们逐渐由愿望心理学家变成信念—愿望心理学家。经验在这里的作用与经验在皮亚杰的平衡调节机制理论里的作用相似。即经验产生不平衡最终又导致更高级的平衡一个新的理论。

Wellman认为,成人在对他人的心理进行推理时,与科学理论一样,表现出三个重要的特征:[2]

第一,关于不同心理状态的知识表现出高度的内在一致性,即不同的心理状态概念之间相互关联。

第二,他们对心理现象的认识和推理,与对物理现象、生物现象的认识和推理表现出本体论上的区别。心理认识、物理认识和生物认识构成人类的三个认识领域,三个认识领域有各自的基本概念体系,不能混用,不能用信念和意愿来解释物理现象,同样,不能用质量、速度等概念来解释心理现象。

第三,成人关于心理的认识为心理理论研究提供了一个因果关系解释的框架。

以上三个特征是心理理论存在的证据。通过研究发现,3岁儿童的认识,也存在着上述三个特征。这表明,儿童与成人一样拥有一个关于心理

---

[1] Peme J., Ruffman T. and Leekam S. R., "Theory of Mind is Contagious: You Catch it from Your Sibs", *Child Development*, No. 65, No. 4, 1994, pp. 1228 – 1238.

[2] 邓赐平:《儿童心理理论的发展》,浙江教育出版社2008年版,第4—5页。

状态的常识法则组成的心理理论。该理论以类似于科学理论的方式动作。

二 模块论

模块论（modularity theory）假定，心理理论的发展基于某种特异化的概念模块内的信息加工。

（一）先天模块论

先天模块论最早是由 Leslie 提出。[1]

Leslie 认为，在正常人的大脑中可能存在某一特定部位，特异性地负责有关心理状态的理解，而在自闭症患者的身上，这些大脑部位存在着缺陷。

他提出，这可能是一种模块化结构，Leslie 提出三个模块是身体理论机制（theory of body mechanism，ToBy）模块在 3—4 个月时开始形成。另外两个模块叫心理理论机制（theory of mind mechanism，ToMM）模块。其中 ToMM1 在 6—8 个月开始形成；ToMM2 在 18 个月时开始形成。ToBy 是个体加工物质客体的行为信息并对一系列物质客体的机械特性进行表征，它使婴儿认识到动因性客体有内在的能量使他们能自己运动。[2]

ToMM 处理动因性客体的意向性或指代性。ToMM1 加工动因性客体和他们的目标指向行为的信息。换句话说，加工主体的行为真正地或可能地指向目标间的关系。例如，ToMM1 适合加工联合信息的社会参照。ToMM2 使儿童能够表征主体对某一个命题所持有的态度，即命题态度（propositional attitudes），如人们的想象和希望。ToMM2 负责元表征的加工。

先天模块论得到了四方面证据的支持。[3]

第一，高功能自闭症患者的心理理论表现与一般智力表现的分离现象。有研究表明，智商较低的唐氏综合征患者，虽然他们的认知功能存在严重缺损，但是他们的心理理论却发展正常；相反，高功能自闭症患者，虽然他们有较高的智商，但是他们没有形成心理理论。

---

[1] Leslie A., "Pretense and Representation in Infancy: The Origin of 'Theory of Mind'", *Psychological Review*, Vol. 94, No. 4, 1987, pp. 412–426.

[2] Henry M. Wellman and Susan A. Gelman, "Knowledge Acquisition Foundational Domains", in Kuhn D., Siegler R. S., and Damon W., eds., *Handbook of Child Psychology: Vol. 2 Cognition, Perception, and Language* (5th ed), New York: Wiley, 1998, pp. 851–898.

[3] 邓赐平：《儿童心理理论的发展》，浙江教育出版社 2008 年版，第 160—162 页。

第二，跨文化研究发现，正常儿童是以某种相对固定的发展顺序习得心理理论的。1岁儿童开始能够监测并调整自己的视线以跟踪他人的注意焦点；2岁儿童开始报告自己的意愿、推测他人的愿望；3岁儿童开始认识并使用命题态度的习惯语；4岁儿童能通过为人们所熟悉的错误信念任务等。这些心理理论早期能力的发展顺序具有跨文化的普遍性，被当作是先天性模块论的重要依据之一。

第三，正常儿童在获得成熟的心理理论之前，他们明显表现出一些先天的发展征兆。例如，婴儿很早就表现出对自己母亲声音辨别的能力。

第四，通过对灵长类动物（如黑猩猩和大猩猩）的研究发现，在它们计划行为或策划行为时，似乎也能考虑同伙相对简单的心理状态。这些现象给我们的提示是，个体的心理理论是进化而来的。

然而，在以自闭症患者为研究对象的研究中，一些研究者也提出了反对自闭症患者心理理论模块缺损的观点，主要内容是：

第一，自闭症患者的心理理论模块缺损观似乎存在着循环论证。换言之，一些学者用自闭症患者研究的结果，以此为证据来说明个体心理理论缺损的存在，反过来，他们又用这些证据来说明正常发展情形中个体心理理论模块化特征。

第二，按照先天模块论的观点，后天经验在心理理论发展中应该很少起作用。但是，通过以盲童为研究对象进行研究，发现他们的心理理论发展存在延迟现象，这表明后天经验在心理理论发展中起着重要作用。

（二）修正的模块论

由于人们对先天模块论提出了许多质疑，有一些学者对先天模块论进行修正，保留其心理理论功能模块的思想，放弃（或弱化）了其先天性的假设部分。

1. Baron-Cohen 的模块论

Baron-Cohen 认为，存在一些先天的低水平知觉机制，这些机制通过抽取相关的社会信息，为心理理论发展提供关键信息。

Baron-Cohen 首先承认 Leslie 所提出的 ToMM 模块。[1] 认为 ToMM 是一

---

[1] 王桂琴、方格、毕鸿燕等：《儿童心理理论的研究进展》，《心理学动态》2001年第9卷第2期。

个用于从观察到的行为中推测出个体潜在心理状态的一个系统，具有双重目的。第一个目的是认识和解释相关心理状态；第二个目的是将所有这种心理知识转化为一个有用的理论。

其次，他还提出三个具体的早期发展模块，它们是：

（1）意图觉察器（Intentionality Detector，ID），起着某种知觉装置的作用，其功能在于觉察到运动刺激指向特定客体或个人意图。作为某种理解意志状态的原始基础，ID 有助于更好地认识那些目的在于趋近（或回避）的动物行为。

（2）视觉方向觉察器（Eye-Direction Detector，EDD），其完全通过视觉发挥作用，有三个基本功能：发现眼睛或类似于眼睛的刺激，推测眼睛的方向和确定注视某一目标物的眼睛是在主动知觉该目标物。EDD 的主要功能在于利用另一机体的视觉信息来帮助个体对环境刺激做出解释。

（3）共同注意机制（Shared Attention Mechanism，SAM），主要功能是建立三边表征。婴儿一开始就具有 ID 和 EDD 两个模块，10—12 个月时出现 SAM 模块。

它们之间的关系如图 11—1 所示。[①]

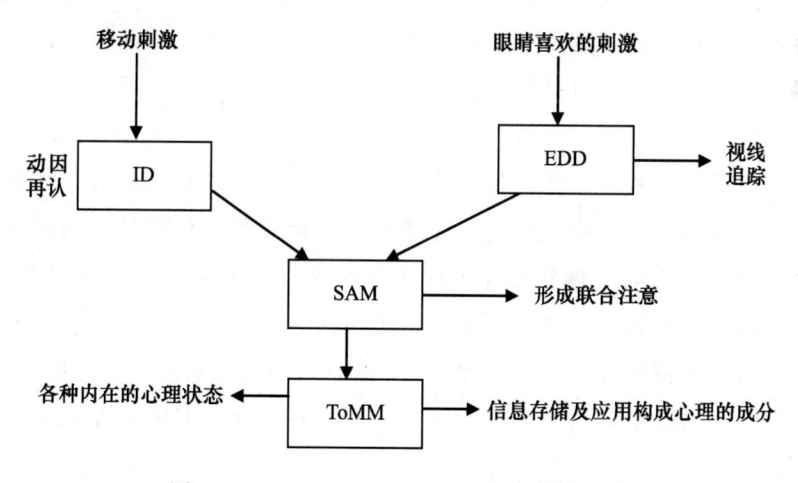

图 11—1 Baron-Cohen 的心理理论机制模型

[①] 邓赐平：《儿童心理理论的发展》，浙江教育出版社 2008 年版，第 235—237 页。

2. Johnson 和 Morton 模型

Johnson 和 Morton 则比 Baron-Cohen 等人在理论上更前进了一步。他们没有假设存在 ID、EDD、SAM 等先天机制，仅假设存在一个 CONSPEC 的机制，其功能是将婴儿的注意引向类似于人面孔的刺激；另一个先天机制（CONLERN），其功能是引导着婴儿的注意系统去进行有关人面孔刺激的学习。[1]

根据上述观点，他们认为，个体注视他们眼睛是一种先天的行为，而不是视觉方向觉察器的功能。CONLERN 能确保眼睛追踪这类可变化的社会刺激，从而习得这些社会刺激可能意味着是什么。换言之，在他们的理论中，更强调后天习得的重要性。

三 模拟论

模拟论（Simulation theory）的代表人物是 Harris，其理论根源是笛卡儿的常识心理学观。

模拟论者主张，人类能够使用自己的心理资源来模拟他人行为。个体是通过内省来认识自己的心理的，然后通过激活过程把有关心理状态的知识概括化到他人的身上。

所谓激活过程，指儿童把自己放在他人的位置上，从而体验他人的心理活动或状态，用自己的心理资源来模仿他人行为的心理学资源。最典型的情况是在一个"假装"的情境内做决定。[2]

根据模拟论者的主张，儿童是通过内省才意识到自己的心理状态并获得对心理的理解，历经角色扮演或其他模仿过程，他们能够运用这种意识来推断他人的心理状态。尽管并不否认儿童也会运用某种"理论"来预测和解释行为，但是模拟论者主张在获取社会认知知识和技能的过程中，心理模拟过程是相当重要的。[3] 他们强调，儿童自我反思的经验、信念和愿望可使他们真正能体验到他人的心理状态。儿童不是直接根据

---

[1] 邓赐平：《儿童心理理论的发展》，浙江教育出版社 2008 年版，第 160—162 页。

[2] 陈英和、姚端维：《虚误信念理解的研究视角及其机制分析》，《心理科学》2001 年第 24 卷第 6 期。

[3] 陈少华、曾毅：《论儿童认知发展的心理理论》，《广州大学学报》（自然科学版）2006 年第 4 期。

自己的信念和愿望等来预测他人的行为。儿童通常是先假装自己具有跟他人一样的心理状态，进而想象他人的愿望和信念，最后才能设想出他们会如何行动。儿童首先是直接意识到自己的愿望与信念，接着再模拟他人的愿望和信念。换言之，儿童首先知道自己的心理状态，然后才能够知道他人的心理状态。

模拟论者还主张，儿童要具备模拟他人体验的能力，在学龄前就必须拥有下列三种重要的能力：[1]

第一，模仿能力。如婴儿参与各种角色扮演游戏。

第二，儿童还能用假想的前提来做相关推断。如儿童假装玩具娃娃想吃饼干，于是他就假装给玩具娃娃吃一块，并假装玩具娃娃很高兴地吃下饼干。

第三，儿童能改变"默认设置"。儿童的"默认设置"构成了儿童现有的心理状态，而角色扮演，或对他人经验的模拟，都意味着儿童要改变这一"默认设置"，从而可能暂时不去理会自己的想法，而是从他人的角度来看待问题，只有这样才可能推测他人的想法和行为。

四 文化决定论

文化决定论的代表人物有 Snell 和 Feldman。他们认为，心理学只是一门解释性的人文学科，而不是一门实证科学。[2]

心理是一种文化的创造，儿童获得语言以及参与社会文化实践活动的过程就是他们发现自己心理的过程。Feldman 在《The new theory of theory of mind》一文中谈到，可以从一种新的学科视角来研究儿童对心理的理解，这一学科即文化心理学。

Bruner 非常重视文化在人类发展中的重要作用。他在《Acts of Meang》一书中阐述了儿童是如何理解这个世界的。他观察了儿童讲故事或叙述故事的时候是如何将自己和他人的所思所感与所作所为融为一体的。

---

[1] Astington, J. W., *The Child's Discovery of the Mind*, MA: Havard University Press, 1993, pp. 135 – 153.

[2] Feldmen, C. F., "The New Theory of Theory of Mind", *Human Development*, Vol. 35, No. 2, 1992, pp. 107 – 117.

他发现儿童在叙述的时候，不仅讲到故事如何发生，而且还会从一个特别的角度，根据自己对故事的深层理解与预测，讲到故事通常是什么以及应该是怎样的。这样，不同的人对同一个故事的讲述可能会是截然不同的。Bruner认为，儿童在日常生活中通过学会说话、听故事和讲故事，学到了很多知识，懂得了自己应该做什么，不应该做什么。换言之，儿童因此掌握了其所属文化背景下的常识心理学。McCormick（1989,[1] 1990）进一步证实了Bruner等人的观点，认为不同文化环境中的儿童，在面对同一个问题时，他们的回答会很不一样。因此，强调要从文化的观点出发，看到儿童对心理的文化构建。[2]

五 进化理论

有研究者从进化的视角阐释心理理论的形成与发展。他们认为，朴素心理观是人类对自己和他人心理状态的直觉认识。朴素心理观的产生与发展相关于群居生活，因为从进化的观点看，受到选择的群居生活使个体可以通过集体活动获得更多的生存和繁殖机会。例如，集体狩猎会比个人单独狩猎收获更多。然而，集体行动也会带来如劳动分工、食物分配不均和作弊等问题，这些与合作相关的问题会对人类形成选择压力。因此，他们认为心理理论就是群体生活形成选择压力的结果。也就是说，在与社会环境发生相互作用的过程中，如果个体能够理解他人的行为、意图和信念，个体就能获得更多的生存和繁殖机会。能够理解他人心理状态的个体具有巨大的生存优势，这些优势包括能更好地与他人合作、影响和控制他人的行为以及防止被他人欺骗。

同时，他们也从心理理论对人类进化的角度阐述了心理理论的重要意义。他们认为从人类久远的进化历史来看，人类是一种高度社会化的动物，适合群居生活。在群居生活中个体需要处理错综复杂的社会关系以及人与人之间的竞争、合作等。在这个意义上，朴素心理观和心理理论的发展对人类有更大的价值。个体理解了他人的想法就能采取相应的

---

[1] McCormick, John, *The Rlobal Environment: Reclaiming Paradise*, Belhaven, 1989.
[2] 刘秀丽：《西方关于儿童心理理论的理论解释》，《东北师大学报》（哲学社会科学版）2004年第3期。

策略，维护自己的利益。心理理论高度发展的个体相对于其他个体有巨大的生存和繁衍的优势。①

上述理论从不同的角度出发对心理理论的产生和发展机制做了阐释，但各种解释都不同程度存在一些局限。如模块论过于强调先天的因素；文化决定论过于强调儿童社会化即文化的因素，甚至认为心理学只是一门解释性的人文学科而不是实证科学；模拟论则偏重于强调儿童自我反思的经验，等等。而且，这些理论也都无法解释个体心理知识发展的所有现象。例如，模拟论无法解释为什么儿童个体不能记住以往的信念，但儿童在记忆愿望或假装等心理状态时，会表现出良好的记忆力；而文化决定论、跨领域发展论、模块论等也无法解释为何那些在大家庭中长大的孩子往往能更好地理解错误信念。现在，一些研究者都倾向于把这几种解释相结合来理解儿童心理理论的发展。取各个理论的合理之处，从不同的层面和角度对儿童的心理理论发展做出解释。但也有一些研究者认为有关儿童心理理论发展的理论存在多种解释，是因为人们还没有找到或发现一种真正的理论解释，这些研究者正在为达到这样一种统一完整的理论而努力。不管研究者从哪个方面来进一步探讨，都将促进心理理论研究领域的进一步发展、完善。

第二节 心理理论的研究方法

一 "区分心理世界与物理世界"的实验任务

理解到心理世界与物理世界的不同（mental-physical distinction）是儿童认识和理解心理世界的基础，该类实验任务主要包括：

（一）区分想象与现实

对儿童讲一个故事，故事中一个人具有一种心理经验（如想一条狗），另一个人具有一种物理经验（如牵着一条狗）。

然后让儿童判断哪个人可进行某种操作（如哪个人能打狗）。

另外，Wellman 等人向 3 岁儿童呈现两个人物，告诉被试甲有饼干，

---

① 张雷、张玲燕、李宏利等：《朴素物理观和朴素心理观——进化心理学视角》，《心理学探新》2006 年第 26 卷第 2 期。

乙正在想饼干,然后要求被试回答两种饼干(物理的和心理的),谁的饼干可以被故事中的人物看到或摸到?

(二)理解大脑功能

提问儿童大脑有什么功能和作用。研究发现,3—4岁儿童已经知道大脑具有一系列心理功能,比如做梦、欲望、思考等,还知道大脑具有物理功能,如使人动作或保持活动等。相反,年幼或自闭症儿童只知道大脑的物理功能而不能认识到心理功能。

(三)再认心理词汇

向儿童按随机顺序呈现一些词,其中一些是心理词,如"思考、知道、梦想、假装、希望、愿望、想象"等,另一些是非心理词如"跳、吃、动"等。4岁儿童能够挑出心理词,而3岁以下儿童却难以完成。或者是让儿童看一张图片来讲故事,年幼儿童讲故事时出现的心理词很少。该实验是一种词语实验,而不是直接测量心理状态,反映心理概念的发展。

(四)图片故事理解

通过故事理解可以测量儿童对物理故事和心理故事的理解情况。Baron-Cohen 和 Leslie 等给儿童 4 张顺序混乱的图片,要求他们按正确的顺序排好,并解释故事中发生的事情。

第一个故事称为机械故事(mechanical story),故事中的画面中没有人。图片 1:一只气球正在从手中飞出去;图片 2:气球在空中;图片 3:气球在一棵树附近;图片 4:气球在树上爆炸。

第二个故事称为行为故事(behavioral story),故事中有人,但不要求理解人的心理。图片 1:一个女孩正走在街上;图片 2:女孩进入糖果店;图片 3:女孩在收银台前收糖果;图片 4:女孩带着一包糖果离开商店。

第三个故事称为心理故事(mentalistic story),该故事要求被试理解故事中人的信念特征。图片 1:一个男孩正在把一块糖放到盒子里;图片 2:男孩离开房间在外面玩足球;图片 3:妈妈从盒子里拿起糖吃了;图片 4:男孩返回盒子前,表情惊讶。研究发现自闭症儿童可以正确地对机械故事和行为故事图片进行排序,但不能对心理故事图片进行正确排序。

二 "理解知觉输入与心理和行为相联系"的实验任务

知觉信息输入和心理知识获得、行为输出如何相互影响,是儿童在对心理与物理世界正确进行区分理解之后,心理理论能力的进一步发展,其主要实验任务如下:

(一)理解看见导致知道

该任务考察儿童掌握"看见导致知道"这一心理理论规则,依据该规则儿童能够理解知识从何而来,使儿童推测谁知道什么,谁不知道什么,告诉别人他们不知道的事情而不是已经知道的东西。这种"心理理论"能力是儿童进行社会交往和人际交流的最重要的认知基础。Pratt 和 Bryant 采用一幅图画进行实验,图中两个儿童站在一个开口盒子两边,一个儿童在向盒子里面看,另一个儿童手扶盒子站直向前看。当问被试谁知道盒子里是什么,3 岁儿童能推理说向里看的儿童知道盒子里有什么。[1]

(二)二级视觉观点采择

Masangkay 等人在实验中利用一张卡片,卡片的一边画着一只猫,另一边画着一只狗。让卡片一边对着实验者,另一边对着儿童。要求儿童回答实验者和儿童各看到什么。结果发现,3 岁儿童能够认识到他自己和实验者所看到的卡片是不一样的,不同的人对同一物体会有不同视角。[2]

(三)区分外表与真实

区分外表与真实任务可以考察儿童对知觉信息输入的理解深度,这种心理理论能力使儿童从形式和本质两个方面更深入全面地认识事物。Flavell 等人曾对儿童区分事物外表与本质的能力进行过考察。[3] 他们向儿童呈现一块岩石状的海绵(其他道具还有蜡制的苹果等),如图 11—2 所示。让儿童离开这块海绵一段距离,这样海绵看上去像一块岩石。然后

---

[1] Pratt C. and Bryant P., "Young Children Understand that Looking Leads to Knowing (so Long as they are Looking into a Single Barrel)", *Child Development*, Vol. 61, No. 4, 1990, pp. 973 – 983.

[2] Masangkay Z. S., McCIuskey K. A., McIntyre C. W., et al., "The Early Development of Inferences about the Visual Percepts of Others", *Child Development*, Vol. 45, No. 2, 1974, pp. 237 – 246.

[3] Carlson, S. M. and Moses, L. J., "Individual Differences in Inhibitory Control and Children's Theory of Mind", *Child Development*, Vol. 72, No. 4, 2001, pp. 1032 – 1053.

再让儿童去触摸海绵，儿童会发现它是一块海绵。然后问儿童两个问题：它像什么（正确回答是"像岩石"）？它实际上是什么（正确回答是海绵）？3岁儿童还不能同时理解对同一物体的两种相互矛盾的表征。在该实验中，一旦儿童知道它是一块海绵时，他们对两个问题的回答都是"它是一块海绵"。也就是说，这个年龄的儿童只能考虑对事物的一种解释或表征。只有到4岁以后，儿童才能明白，一个物体可以用它的样子来表征，也可以用实质来表征。

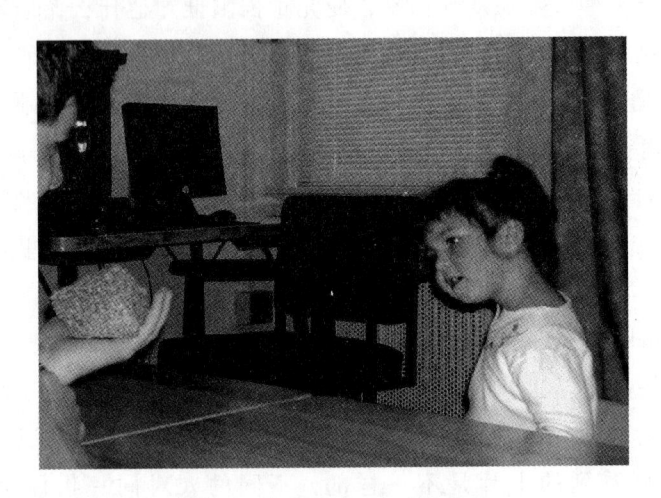

图11—2 区分外表与真实实验

（四）预测他人行为

在能够对他人心理进行知觉输入和正确理解之后，儿童就可以根据"心理理论"预测他人的行为。Wellman通过故事法研究了4岁以前儿童对他人行为的预测问题。故事中的小男孩叫山姆。他想找到他的兔子然后把兔子带到学校里去。实验者告诉儿童，山姆的兔子藏在两个地方中的一个。让儿童看到山姆到一个地方找。在这个地方山姆要么找到了他的兔子（他想要的东西），要么找到的是一只狗。在山姆找了一个地方后，问儿童"山姆是到另一个地方去找，还是到学校去？"对于这一问题，2岁儿童能够做出正确回答：如果山姆找到了兔子，他就会到学校去。如果他找到的是一只狗，那么他就会继续去找他的兔子。这说明2岁儿童已能认识到他人是有欲望的，而且人们的这些欲望会影响其行为方式，儿童是根据对他人欲望的了解来预测其行为的。Wellman 向 3 岁儿童呈现两个位置（例如一个是书架，另一个是玩具箱子），然后让儿童看到书架和箱子里都有书。然后向被试介绍"有一个儿童叫爱米，她不知道箱子里有书。爱米想找一些书，那么她会到哪里去找？"研究结果发现，2/3 的儿童的回答是正确的（爱米会到书架上找书）。该实验表明，3 岁儿童已能够初步认识到信念与行为的关系，人们的行为是受其关于事物的信念引导的。

三 "错误信念认知"的实验任务

错误信念（false-belief）是儿童心理理论的起源性研究内容，是最重要的研究角度之一。一级错误信念实验包括"意外转移"和"欺骗外表"两种任务范式，根据嵌套层次又有二级错误信念任务。错误信念的主要实验任务如下：

（一）意外转移范式

Wimmer 和 Pemer 采用两个故事，第一个故事是"男孩 Maxil 和巧克力的故事"：小男孩 Maxi 把一些巧克力放到了厨房的一个蓝色橱柜里（位置 A），然后离开了厨房。Maxi 的妈妈把巧克力移到了绿色橱柜里（位置 B）然后离去。Maxi 回到厨房想吃巧克力。首先提问真实问题，检查儿童对故事的注意和理解。其次提问记忆问题，检查被试是否记得妈妈放巧克力的位置。最后提问"信念"问题，检验被试的错误信念。第二个故事是发生在幼儿园里的"女孩和书"的故事，与第一个故事结构相同。两个故事均有两种版本：合作版（爷爷帮助）和竞争版（与哥哥争夺）。研究采用三种控制条件："转移"条件、"暂停思考转移"条件（提醒被试在回答信念问题之前暂停一下，仔细思考后回答）和"消失"条件（妈妈做蛋糕把巧克力全部用完了，B 位置没有蛋糕），这样可以控制问题难度和考察有关变量的影响。

Wimmer 和 Pemer 的实验任务过长，儿童需要记忆和理解的信息太多。Baron-Cohen，Leslie 和 Frith 编制了较为简单的"Sally-Anne"任务，如图 11—3 所示。

实验程序是：向被试呈现两个洋娃娃。一个叫萨莉（她身边有一个篮子），另一个叫安娜（她身边有一个盒子）。萨莉把一个小球放到篮子

```
               这是萨莉。                    这是安娜。

       萨莉有一个篮子。              安娜有一个盒子。

       萨莉有一个小球。她把小球放进篮子里。

                    萨莉走开了。

           安娜把小球从篮子里拿出来放进盒子里。
       萨莉回来了。              她想玩她的小球。

                 她会到哪里找她的小球？
```

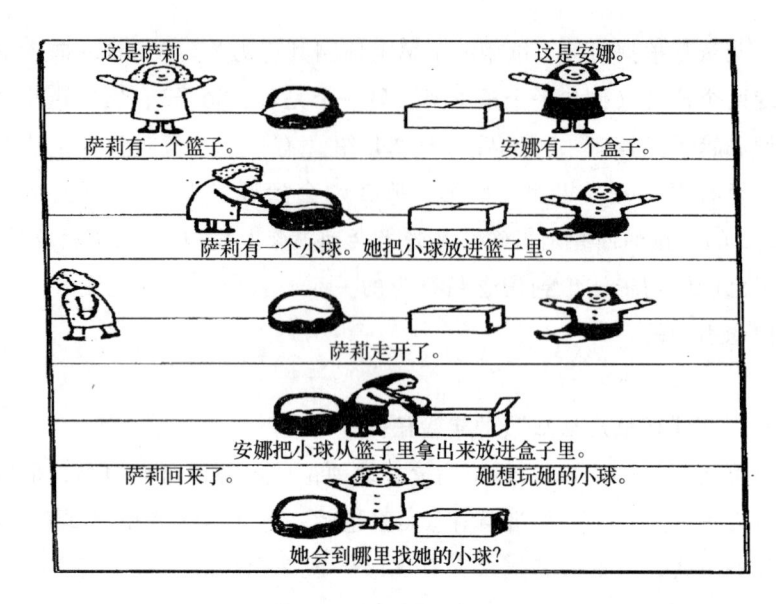

图11—3 错误信念实验

里，然后把一块布盖在篮子上面就离开了。当萨莉不在时，安娜把小球从篮子里拿出来放到盒子里了。过了一会儿萨莉回来了。向儿童提问："萨莉会到哪里去找她的小球？"

（二）欺骗外表范式

Pemer、Leekam 和 Wimmer 向儿童出示一个糖果盒，从盒子外观可以看出盒子里盛的是什么东西，问儿童盒子里盛的是什么。在被试回答是糖果后，实验者打开盒子，里面盛的却是一支铅笔。然后把铅笔放回糖果盒盖上，问被试：其他孩子在打开盒子之前认为盒子里装的是什么？你自己一开始认为盒子里面装的是什么？该任务考察了错误信念（对他人心理的认知）和表征变化（对自己心理的认知）。

（三）二级错误信念

Pemer 和 Wimmer 编制了故事研究儿童的二级错误信念，故事情节是：约翰和玛丽在公园里玩，他们看到了一个人在卖冰淇淋。玛丽想买冰淇淋，但身上没有带钱。她就回家去取钱，约翰回家去吃午饭，而卖冰淇淋的人则离开公园到学校去了。玛丽拿着钱往公园走，这时她看见卖冰淇淋的人正往学校里去。她问卖冰淇淋的人要往哪里去，并说她要跟着他去学校买一块冰淇淋。约翰吃完午饭来到玛丽家。玛丽的母亲告诉他玛丽去买冰淇淋了。约翰离开玛丽家去找玛丽。讲完故事后，实验者问被试"约翰认为玛丽去哪里买冰淇淋"？研究发现，6岁儿童才能正确完成该任务。

第三节 心理理论的发展

一 儿童心理理论的发展

了解儿童心理理论发展的关键年龄及发展阶段，对于揭示心理发展的基本规律和促使儿童心理发展有着非常重要的理论价值和实践意义。

究竟哪些行为可以被看作儿童有关心理的知识呢？Flavell[1]认为可以视为儿童有关心理的知识非常广泛，它包括：理解、意图、愿望、假装、知晓、思维、信念等，在他看来，一些诸如基本的辨别能力也属于心理理论。他认为，幼儿天生就具有或者很早就获得了一定的能够帮助他们学习他人的能力和品质。因为婴儿发现人类的面孔、声音和动作等是值得关注和回应的非常有趣的刺激。他们同样拥有和进一步发展了令人惊奇的感知分析和辨别人类刺激的能力。同时，他认为使用目光凝视搜索他人注视点的能力使激发婴儿与成人共同注视，从而促进婴儿交流能力和其他社会认知能力成为可能。Meltzoff等人[2] 1994年的研究表明，新生儿似乎能够知觉表征并模仿他人的动作。例如，未满月的婴儿在看到成人伸舌头的动作后，也会伸出自己的舌头。婴儿也有其他对他人的合适的内部感知表征模式。如，大约半岁的婴儿能对愉快的声音和表情以及父母的声音和面孔之间做出很好的匹配。也有研究表明，婴儿对人的反应与对物的反应之间有很大的差异，他们似乎期望人与物的行为应有所不同。如，Legerstee[3]发现5—8周大的婴儿会模仿成人张嘴和伸舌头而不会模仿物体做出类似动作。

---

[1] Syed, N. H., Sureshsundar, S., Wilkinson, M. J., et al., "Call for Papers, Special Issue: Sex and Gender in Development", *Journal of Experimental Child Psychology*, Vol. 73, No. 4, 1999, pp. 159 – 160 (2).

[2] Gopnik, A., Meltzoff, A. N., "Minds, Bodies, and Persons: Young Children's Understanding of the Self and Others as Reflected in Imitation and Theory of Mind Research", *Protoplasma*, Vol. 249, No. 249, 1994, pp. 166 – 186.

[3] Legerstee M., "The Role of Person and Object in Eliciting Early Imitation", *Journal of Experimental Child Psychology*, Vol. 51, No. 3, 1991, pp. 423.

同样，婴儿会努力朝向物体消失的方向伸手试图拿回刚刚消失的物体，而当人消失后他们则只是试图用哭喊重新召回刚刚消失的人。同样地，当发现一个无生命的物体在没有外力推动而转动时，他们会感到非常惊奇，而对于一个人自己转动，他们则不会太感惊奇[1]。

总之，在很小的时候，婴儿就把人看作"顺从的行动者"：人是一个自我推动的有独立行动能力的人，同时人的行为在一定的空间距离内是可以通过沟通得到改变的。婴儿对他人的这些显著的区别反应，对其社会认知发展非常重要。[2]

随着对心理理论研究的深入，研究者们逐渐认识到了心理理论是一个比较复杂的系统，其内部是有层次分别的，心理理论不同方面在发展时间上存在差异。Bartsch 和 Wellman 曾提出儿童是从一种以愿望、情绪、知觉为中心的心理理论逐渐发展到后来的以信念为中心的心理理论，而后一种更高级的心理理论的获得是在前一种心理理论的重复和失败的基础上慢慢发展起来的。[3] Tager-Flusberg 和 Sullivan 提出了心理理论的两成分模型，认为心理理论包括社会知觉成分和社会认知成分。社会认知成分主要和认知加工系统有关，如与语言能力等关系密切，需要在头脑中对他人的心理状态进行表征和推理加工。错误信念理解任务就是一个典型的测量社会认知成分的任务。社会知觉成分则属于人的知觉范畴，包括从他人的面部表情、声音和行为动作等信息迅速判断其意图、情绪等心理状态，它可能主要和情绪系统有关，是一种内隐化的过程，与语言等认知能力没有联系，例如让被试从眼睛照片来判断人物的情绪，就是一个社会知觉过程。按照心理理论两成分的观点，对情绪状态的理解应该是社会知觉成分的一个主要内容。[4] Tager-Flusberg 等人还提出，社会知

---

[1] Golinkoff, R. M., *The Transition from Prelinguistic to Linguistic Communication*, The Transition From Prelinguistic To Linguistic Communication, 1983.

[2] Flavell, J. H., "Cognitive Development: Children's Knowledge about the Mind", *Annual Reviews Psychology*, Vol. 50, No. 50, 1993, pp. 21 – 45.

[3] Bartsch K., and Wellman H. M., "Children Talk about the Mind", in Bartsch K. and Estes D., eds., *Individual Differences in Children' Developing Theory of Mind and Implications for Metacognition*, *Learning and Individual Differences*, New York: Oxford University Press, 1996, pp. 281 – 304.

[4] Tager-Flusberg H. and Sullivan K. A., "Componential View of Theory of Mind: Evidence from Williams Syndrome", *Cognition*, Vol. 76, No. 1, 2000, pp. 59 – 90.

觉成分出现得较早，甚至新生儿就能对人的面孔和声音表现出不同的反应，1岁的婴儿还能根据成人眼睛的注视来推断他人想做什么，所以它有可能是社会认知成分的发展基础。隋晓爽和苏彦捷对这个模型的验证研究也表明，儿童社会知觉成分的发展要早于社会认知成分。在这个实验中，儿童的社会认知成分在3—4岁表现出从无到有的改变，5岁才能普遍地通过社会认知任务；而儿童简单的以表情为线索的社会知觉能力在3—5岁便出现了"高原现象"，这表明社会知觉成分的初始发展在3岁以前，早于社会认知成分。[1]

正因为此，有关心理理论的发展研究也是针对心理理论不同方面的发展而展开的。已有研究主要涉及如下方面的发展：

（一）情绪理解的发展

Nelson 提出，面部表情的识别能力反映出儿童能通过成人的情绪表情推测他们的内部心理状态，是属于儿童心理理论能力最早的知觉发展阶段。[2] Haviland 和 Lelwica 让10周大的婴儿识别高兴、悲伤和生气三种表情，结果发现年龄仅10周的婴儿就能再认面部表情。有研究发现，9个月的婴儿就已经能根据面部表情，正确判断成人高兴和悲伤的情绪了。[3] 较大的婴儿在其他方面的表现也表明他们有理解他人心理的萌芽。他们有时候似乎在尝试操控他人的情绪反应，而不是仅仅把它看作社会参照而读懂它。即便初学走路的婴儿有时也似乎试图改变他人的情感或者至少是改变他们的情感行为。在生命的第二年，他们开始通过轻拍、拥抱、吻等方式安抚自己的同胞兄弟姐妹不要悲伤；他们甚至可以为一个处在痛苦之中的成人送上一个安全毯。[4] 有时，他们也逗弄其他处在苦恼之中的兄弟姐妹，好像希望能使他们受到挫折或激怒他们。[5] 这些积极或消极的行为意味着幼小的婴儿就萌发了识别引发或改变他人情绪及其

---

[1] 隋晓爽、苏彦捷：《对心理理论两成分认知模型的验证》，《心理学报》2003年第35卷第1期。

[2] Nelson C. A., "The Recognition of Facial Expression in the First Two Years of Life: Mechanisms of Development", *Child Development*, Vol. 58, No. 4, 1987, pp. 889–909.

[3] Termine N. T. and Izard C. E., "Infants' Responses to their Mothers' Expressions of Joy and Sadness", *Developmental Psychology*, Vol. 24, No. 2, 1988, pp. 223–229.

[4] Zahn-Waxler C., Robinson J. A. L., Emde R. N., "The Development of Empathy in Twins", *Developmental Psychology*, Vol. 28, No. 28, 1992, pp. 1038–1047.

[5] Dum, P. H, Poth, et al, *The San Dimas Experimental Forest: 50 Years of Research*, 1988.

行为的条件的能力。2岁的儿童不但能正确辨别面部表情,也能谈论和情绪有关的话题。[1] 对于描述情绪的语言的使用在第三年里得到迅速发展。如,快乐、伤心、很生气和害怕等词汇是最先出现的情绪词汇。

尽管我们不知道婴儿对他人的情绪表现是怎么进行内部归因的,但比较确定的是较小的幼儿能够理解他人的情绪的状态、区分他们的行为和引发情绪表达的原因,同时他们也能区分不同人的情绪体验。此后的几年里,儿童开始理解有关情绪的更微妙和复杂的方面,如,人们的感受并不总是与表现一致;人的情绪反应可能会受到以前对类似事件情绪体验或者他们当前心境的影响;一个人在同一时间可能体验到两种对立的情绪等。

陈友庆的研究表明,3—5岁儿童对外在情绪表现与内在心理体验间关系的理解没有年龄差异,都还没有真正把握外在情绪表现和内在心理体验复杂关系的实质;3—5岁儿童对复杂性不同的外在情绪表征与内在心理感受不一致的情境的认识也不同,3—5岁儿童对情绪表征问题的理解性别差异不显著。[2]

随着儿童年龄的增长,社会互动的增多,儿童逐渐明白人们的情绪与其愿望满足是有关系的,并逐步发展了基于愿望、信念的情绪理解能力。Yuill的研究中,3岁的儿童能准确地预测当一个故事主角扔出的球被期望的对象接到时,会感到高兴;如果是另外一个对象接到,会感到难过。[3] Wellman和Woolley的研究也发现,2.5—3岁的儿童知道故事中的人得到他期望已久的兔子时,感到高兴;但当兔子换为小狗时,将感到难过。[4] 因此,3岁可能是儿童获得基于愿望的情绪理解能力的关键年龄。

---

[1] Southam-Gerow M. A. and Kendall P. C., "Emotion Regulation and Understanding Implications for Child Psychopathology and Therapy", *Clinical Psychology Review*, Vol. 22, No. 2, 2002, pp. 189 - 222.

[2] 陈友庆:《学前儿童情绪表征认知发展的实验研究》,《天津师范大学学报》(社会科学版) 2006年第3期。

[3] Yuill N., "Young Children's Coordination of Motive and Outcome in Judgments of Satisfaction and Morality", *British Journal of Developmental Psychology*, Vol. 2, No. 1, 1984, pp. 73 - 81.

[4] Wellman H. and Woolley J., "From Simple Desires to Ordinary Beliefs: The Early Development of Everyday Psychology", *Cognition*, Vol. 35, No. 3, 1990, pp. 245 - 275.

Harris 和 Johnson 等人最早在错误信念理解实验中考察了儿童对基于信念的情绪理解。在实验中，他们向儿童讲述故事，告诉儿童一个动物在不知情的情况下，它喜欢的饮料被换成不喜欢的一种，故事讲完后要求儿童回答动物在喝饮料之前（基于信念的情绪），以及喝之后感觉怎样（基于愿望的情绪）。结果发现：3岁、4岁和6岁儿童都能正确理解基于愿望的情绪；然而3岁儿童还不能正确理解基于信念的情绪；少数4岁和大多数6岁儿童则能够理解和信念有关的情绪。因此，他们认为儿童大约在3岁时能够理解基于愿望的情绪；在4岁时开始出现理解和信念有关的情绪；到6岁，才能够比较普遍地通过基于信念的情绪理解任务；基于愿望和信念的情绪理解能力是随年龄的增长而逐渐提高的。①

有研究测量了儿童区分自己和他人情绪的能力，结果发现，4—6岁儿童对自己和他人的情绪预期之间存在显著差异。4岁儿童尚不能区分自己和他人的情绪观点；5岁儿童开始能够做出区分；到6岁时，儿童分化、区分自己和他人情绪观点的能力有了进一步提高，与5岁组存在显著差异。这说明4—6岁儿童不仅能够理解基于愿望和信念的情绪，而且能够区分自己和他人的情绪体验。②

儿童对冲突情绪的理解能力发展的要更晚一些。所谓冲突情绪的理解是指儿童知道同一个客体可能会引发两种矛盾的情绪反应，积极的和消极的。到了6岁，知道同一客体可以引发一种以上的混合情绪，例如儿童能判断在学校即将放假的前一天，面对休假以及和老师、同学的暂时分别，会同时产生高兴和难过两种情绪。③ 也有研究发现，7岁儿童只能识别同一性质的情绪，例如同样是积极情绪，或者同为消极情绪；直到11岁左右，才具有辨别同一情境可能引发两种矛盾情绪的能力。④

---

① Harris P. L., Johnson C. N., Hutton D., et al., "Young Children's Theory of Mind and Emotion", *Cognition and Emotion*, Vol. 3, No. 4, 1989, pp. 379–400.

② 唐洪、方富熹：《关于幼儿对损人行为的道德判断及有关情绪预期的初步研究》，《心理学报》1996年第4期。

③ Brown, Jane R. and Dunn J., "Continuities in Emotion Understanding from Three to Six Years", *Child Development*, Vol. 67, No. 3, 1996, pp. 789–802.

④ Harter S. and Whitesell N. R., "Developmental Changes in Children's Understanding of Single, Multiple, and Blended Emotion Concepts", in Saarni C. and Harris P. L., eds., *Children's Understanding of Emotion*, Cambridge University Press, 1998, pp. 81–116.

情绪调节是儿童情绪理解发展的较高阶段。具有情绪调节能力的儿童知道在人际交往中能够根据需要隐藏和改变情绪反应和表情，也就是说知道利用一些策略去调节情绪。日常生活中，当儿童在陌生情境下为了减少内心压力、消除或降低不良情绪反应，常会做出一些看似与问题解决无关的行为，这些行为也是儿童的情绪调节策略。如果说面部表情识别、愿望信念的情绪理解、冲突情绪理解是一个认识自己或他人情绪状态的过程，那么情绪调节就是把对自己或他人心理状态的预测结果体现到具体行为上的过程，即根据对自己或他人情绪的理解采取相应的反应。这需要儿童必须对自己和他人的心理状态有一个正确的认知；还必须能够理解行为是心理状态的产物。所有这些，都表示情绪调节不仅需要理解非认知的心理状态，还要理解属于认知范畴的心理状态。也就是说情绪调节包括了认知和知觉两个成分，它除了要根据声音、动作来判断情绪状态外，还要对心理状态进行表征和加工，才能进一步做出正确推断，进而调节情绪。年幼的儿童难以准确理解他人的悲痛、不幸，以至不能恰当地调节自己的情绪反应，当别人承受消极情绪时不能正确判断，自己可能还当面表现出积极情绪。说明儿童如果不能理解他人的心理状态，就无法做出合适的行为表现。此外，不同年龄的儿童在情绪调节策略的运用上也存在差异。[1]

（二）愿望理解能力的发展

儿童对自己过去愿望的理解能力发展最早，而对愿望具有主观表征性的理解是比较困难的。儿童的愿望理解包含着多个方面，各方面发展的步调是不一致的，具有一定的顺序性。

有人[2]（Baldwin，1993；Baldwin & Moses，1994）的研究表明，19到20个月的婴儿就能理解成人对所关注的对象的口头分类。除此以外，他们还发展了通过识别成年人关注事物时的表情线索而知道该事物可能

---

[1] 李佳、苏彦捷：《儿童心理理论能力中的情绪理解》，《心理科学进展》2004年第12卷第1期。

[2] Baldwin, "A Cache Coherence Scheme Suitable for Massively Parallel Processors", *Proceedings IEEE*, 1993, pp. 730–739.

是什么。如,他们可能倾向于躲避引起他们父母消极情感的事物。

根据另一项对婴儿发展的研究[①](Repacholi & Gopnik, 1997),在婴儿末期,儿童似乎表现出一些对欲望的意识。[②] Bartsch & Wellman (1995) 的研究表明,到了1.5岁至2岁时,儿童也开始使用一些比较适当的表达愿望的术语。到了3岁他们能抓住一些有关愿望、结果、情绪和行为之间的简单关系,这似乎表明他们形成了一些类似内隐理论的东西。即他们似乎能够意识到如果人们得到了他们所想要的事物时将会高兴而没有得到时会感到不高兴,他们能理解当人们发现了自己想要的东西时将会停止搜索行为而没有发现时将会继续搜索行为。

Spelke等(1995)进一步提出,当他人注视一个物体时,12个月大小的婴儿更倾向于期待伴有积极情感的人去抓取该物体。到了18个月时,婴儿似乎能理解他们应该给实验者那些能引起他们愉快表现的食物而非能引起他们不愉快表现的食物,甚至在他们自己也更喜欢后一种食物的情况下,他们也能如此;相比较而言,14个月大小的婴儿就做不到这一点[③](Repacholi & Gopnik1997)。这是有关这一阶段婴儿具有一定推理他人欲望能力的第一个经验证据。

儿童愿望理解能力是一个持续发展的过程。随着儿童年龄的增长,语言能力的发展,社交经验的丰富以及其他方面能力的发展,其愿望理解能力也得到了发展。5岁组儿童愿望理解的成绩比2岁组要好,尤其是在简单愿望推理任务中,这种年龄的发展趋势更为明显。

儿童愿望理解能力的发展,存在这么几种趋势:由陈述推知愿望的能力→根据愿望预测行为的能力;由对自己愿望理解的能力→对别人愿望理解的能力;由于受社会习俗、道德规范以及家长和老师的影响,儿

[①] B. M. Repacholi, A. Gopnik, "Early Reasoning About Desires: Evidence from 14 - and 18 - Month - Olds", *Developmental Psychology*, Vol. 33, No. 1, 1997.

[②] Karen Bartsch Henry M. Wellman, *Children Talk about the Mind*, Oxford University Press, 1995.

[③] B. M. Repacholi, A. Gopnik, "Early Reasoning About Desires: Evidence from 14 - and 18 - Month - Olds", *Developmental Psychology*, Vol. 33, No. 1, 1997.

童愿望理解能力的发展并不是直线上升的，在发展过程中存在着波动，主要表现是 4 岁的儿童在愿望形成理解任务上以及对他人愿望理解任务上成绩的下降。①

（三）意图的发展

发展意图的概念至少有两个非常重要的原因：首先，它将人与其他客观物体区分开来；不像其他的事物，人类的行为是受意图和目的驱动的。其次，儿童必须利用对意图和非意图的区分来理解个体的道德和责任。

在出生第一年的早些时候，婴儿开始知道人与物的区别，在第一年的后期，他们开始了解人与物体之间的心理关系。这表明婴儿开始理解人和无生命的物体是不同的。此外，稍大一点的婴儿似乎能够认识到一个人试图做什么，即便是这个人最终没有获得成功。Meltzoff② 发现 18 个月大小的孩子能够对他人将要进行的动作做出推断（如，把一个物体从与其相连的物体旁推开），即便是他人尝试不成功，并没有表现出预期动作的情况下（并没有成功推开物体）也是如此。这表明，这个年龄的婴儿可能已开始理解到他人的动作是具有方向性和预期性的。Shultz 认为儿童将他们早期的动因概念组织成意图的概念。通过一个知道行为的内部心理状态，人们不仅能够行动，而且能计划和努力行动。3 岁大的儿童可能具有将无意图的行为和有意图的行为区分开的能力。Shultz 的研究表明，当一个 3 岁大的儿童复述一个绕口令而出错的时候，他们报告说他们不想将这个句子说错。儿童到了 4、5 岁时，能够将意图从有意图的行为结果和愿望或偏爱中区分开。例如，当一个人在试图得到 A 物体时意外地发现了更想得到的 B 物体，4、5 岁的儿童能够正确识别出那个人最初想得到的是 A 物体而不是 B 物体。除此而外，儿童也开始认识到情感、动机、能力、知觉、知识、信念和人格特性等其他行为的心理原因。此外，Shult 和 Wellmen 研究表明，即便 3、4 岁的儿童也能够恰当区分心理状态（如信念和愿望）、生理过程（如反射）和自然力量（如重力）等

---

① 苏彦捷、俞涛等：《2—5 岁儿童愿望理解能力的发展》，《心理发展与教育》2005 年第 4 期。

② Meltzoff A. N., "Understanding the Intentions of Others: Re-Enactment of Intended Acts by 18 - Month-Old Children", *Developmental Psychology*, Vol. 31, No. 5, 1995, p. 838.

人类行为的原因。

(四) 信念的发展

许多儿童心理表征理解的研究表明儿童的心理表征不同于现实。其例证主要来自于区分表象——实质的研究、视知觉次级知识研究、理解和建构过程研究、欺骗研究和研究最多的错误信念研究等方面。一般认为，儿童的心理理论在 4—5 岁开始形成，其标志是成功地完成"错误信念"任务。许多关于儿童心理理论的研究均表明，4 岁以前儿童还不能认识到他人会有错误信念，即尚不具备错误信念认知能力。

Flavell 等人发现，3 岁儿童只能理解事物的一种解释或表征，还不能同时理解对同一物体相互矛盾的两种表征。只有到 4 岁以后，儿童才能明白物体既可以用其外表来描述，也可以用其本质来表征，从而具备区分外表与真实的认知能力。

王益文和张文新采用"意外转移"和"欺骗外表"两个错误信念测验任务考察儿童"心理理论"的获得年龄和发展阶段。研究得出如下结论：3 岁之前儿童已理解外表与真实的区别，但还不能理解错误信念。4 岁儿童理解了欺骗外表任务中自己和他人的错误信念，5 岁儿童理解了意外转移任务中的错误信念。[1]

邓赐平等人通过考察幼儿在外表—事实的区分、错误信念认识、表征变化任务和解释的多样性任务四类 ToMM 任务上的表现，发现：3 岁儿童似乎普遍缺乏 ToMM 能力，4 岁左右儿童才开始表现出 ToMM 能力；并且幼儿在不同 ToMM 任务的表现中，总体上存在某种潜在一致性。[2]

陈友庆的研究发现，大部分 4 岁儿童能够正确认识自我错误信念；大部分 5 岁儿童能够正确认识他人错误信念；大部分 3 岁儿童的自我错误信念认识显著好于他人（真人和玩偶）错误信念认识，5 岁时这两种认识才没有显著差异。[3]

---

[1] 王益文、张文新：《3—6 岁儿童"心理理论"的发展》，《心理发展与教育》2002 年第 1 期。

[2] 邓赐平、桑标、缪小春：《幼儿心理理论发展的一般认知基础——不同心理理论任务表现的特异性与一致性》，《心理科学》2002 年第 25 卷第 5 期。

[3] 陈友庆：《学前儿童的"心理理论"在不同 ToM 任务中的发展特点》，《心理与行为研究》2006 年第 4 卷第 4 期。

张文新和赵景欣等人采用"新故事"对 133 名 3—6 岁儿童的二级错误信念进行了测查,探查了这一阶段儿童二级错误信念认知的发展。研究主要得出以下结论:4 岁左右的儿童能够掌握二级未知知识,但是儿童对于二级错误信念的理解要晚 1—2 年,6 岁左右是二级错误信念发展的关键期。儿童对于信念问题的错误回答主要基于一级推理,相当一部分的 6 岁儿童能够基于二级推理对信念问题做出合理解释。儿童对于二级错误信念认知的发展不是一个全或无的过程,而是一个逐步发展的过程。① 郑信军研究表明,7—11 岁儿童的二级错误信念理解能力随年龄增长显著提高;7 岁儿童关于特质因果性的理解有比较高的起点,7—9 岁加速发展,之后趋缓。②

Leekam 对 2—5 岁儿童心理理论能力发展的研究进行了较为系统的总结,指出 3 岁儿童能够理解他人看到的世界不同于自己看到的;理解想象客体不同于真实物体,人的行为决定于他们的愿望、意图和思想;理解知觉活动(如看)以某种方式与"知道"的概念相联系。4—5 岁儿童能够认识到不同知觉和观察角度会使人对相同客体或事件有不同的解释;能理解知觉(看或听)获得知识与知识因果性的关系(有人知道某事,因为他们看或听见过它),理解知识和信念与行为因果性的关系(信念导致人以一定的方式活动);形成关于情境的错误信念,所以能够理解人对情境的错误表征会导致错误的行为。③

(五) 知晓的发展

在学龄前期的末期,儿童开始获得一些关于"知道"(know)的心理状态知识。他们认识到"知道"这个词比"认为"(think)或者"猜想"(guess)更能表达说话者的肯定,并且对事情的真实状态更具有指导性。小学儿童比学龄前儿童更清楚地知道他们什么时候和如何掌握一些事实。如,小学儿童宁愿亲自看到第一手材料而不愿从他人那里听说。尽管学

---

① 张文新、赵景欣等:《3—6 岁儿童二级错误信念认知的发展》,《心理学报》2004 年第 36 卷第 3 期。

② 郑信军:《7—11 岁儿童的同伴接纳与心理理论发展的研究》,《心理科学》2004 年第 27 卷第 2 期。

③ Leekam, S., "Children's Understanding of Mind", in Bennett M., ed., *The Child as Psychologist: An Introduction to the Development of Social Cognition*, Harvester, 1993, pp. 26 – 61.

龄前儿童对"知道"有一点儿理解，但他们对于知道一些事情对某些人的意义以及知识是如何获得的只有一点模糊的概念。

（六）假装的发展

根据 Leslie 的心理理论机制模型，18—24 个月的婴儿是有可能参与假装游戏并理解他人的假装行为的，Leslie 将其称为"元表征"（metarepresentational）能力。如，当某个人拿着香蕉假装打电话时，儿童能够知道这个人在用香蕉假装打电话。Leslie 认为理解假装、错误信念以及其他心理状态的能力是受一个普遍的早期成熟的元表征或心理理论机制调节的。Lillard[1]向对野兔一点也不了解的儿童呈现了一个叫 Moe 的玩具娃娃，这个玩具偶尔跳起来一下。呈现完毕问这些儿童 Moe 是否在假装成一只野兔？尽管他们承认自己不知道野兔是怎样跳的，但大多数 4 岁儿童和很多 5 岁的儿童认为 Moe 确实在假扮野兔。Lillard[2]进一步证明大多数这一年龄段的儿童能将假装和身体活动区分开来，7、8 岁的儿童对这类任务的反应类似成人，认为假装活动必须受假装心理的控制。

王桂琴和方格的研究表明：（1）大部分 3 岁儿童能辨认假装，但是对假装心理的推断到 5 岁才逐步形成；（2）3—5 岁儿童对假装的辨认和对假装者心理的推断还受支持物的影响；（3）3—5 岁的学前儿童主要倾向于从外部特点推理。虽然 3 岁组和 4 岁组的学前儿童都萌发了推断假装者心理的能力，但是，其成绩都较低，对假装者心理的推断在 3—4 岁组期间没发生显著的变化，4—5 岁呈显著增长趋势。这表明 3 岁组的学前儿童对假装心理的认知仍处于萌芽阶段，4—5 岁是一个快速发展阶段，5 岁儿童已逐步形成对假装心理的认知。[3]

（七）思维的发展

Carpendale 和 Chandler 指出，在心理理论发展中还有第二个重要进步，即儿童对心理过程解释性的理解。他们认为，儿童在 6—8 岁经历心

---

[1] Lillard H. S., "Bactericidal Effect of Chlorine on Attached Salmonellae with and without Sonification", *Journal of Food Protection*, Vol. 56, No. 8, 1993, pp. 716 – 717.

[2] Lillard P. P., "Montessori Today: A Comprehensive Approach to Education from Birth to Adulthood", Schoken Books, 201 East 50th Street, New York, NY 10022. 1996.

[3] 王桂琴、方格：《3—5 岁儿童对假装的辨认和对假装者心理的推断》，《心理学报》2003 年第 35 卷第 5 期。

理理论发展的第二次进步,开始获得"解释性心理理论"(interpretive theory of mind)。[1]

针对儿童对于"人们可能对同样信息给出不同解释"这一现象的理解。王彦和苏彦捷考察了5—8岁儿童的解释性心理理论的发展。结果表明,5岁儿童不能理解心理过程的解释性,认为同样的信息只有一种合理的解释。从6岁开始,儿童才认识到,模糊信息可以有多种解释,但6、7岁时的这种理解并不完善,成绩随着任务要求而变化。8岁儿童才有比较稳定的解释性心理理论。[2]戴婕和苏彦捷发现随着年龄的增长,儿童逐渐意识到两个体的思维过程是不同的且能提供比较充分的解释,对心理过程差异的理解使学龄后儿童对个体独特性有更深的了解。[3]

(八) 儿童欺骗行为的发展

欺骗是个体为了实现自己的目的,有意误导他人相信自己的一种行为。它在动物和人类身上普遍存在。欺骗行为还是社会交往中一种重要的行为方式,它涉及个体与他人之间的交互作用。如玩笑或善意的谎言就充分体现了这一特点。在某种程度上可能会促进社会关系的进一步建立、持续和发展,由于涉及不同个体,欺骗行为必然牵涉到对自我和他人心理状态的理解。因此,儿童是否表现出欺骗行为也与其这方面社会认知能力的发展密切联系。随着年龄的增长和社会化的进程,儿童的行为会逐渐符合成人的行为模式和社会道德标准。儿童的欺骗行为也有一个与之类似的发展过程。即他们的欺骗行为模式变得越来越精细,逐渐发展出与成人行为模式类似的欺骗行为。

皮亚杰[4]认为,年幼儿童对说谎的判断主要以与事实违背的程度,以及说谎是否受到惩罚为依据,直到具体运算阶段(7—12岁),儿童才会依据他人的心理状态判断欺骗。他认为7岁儿童的道德通常以自我中心

---

[1] Carpendale J. and Chandler M. J., "On the Distinction between False Belief Understanding and Subscribing to an Interpretive Theory of Mind", *Child Development*, Vol. 67, No. 4, 1996, pp. 1686 - 1706.

[2] 王彦、苏彦捷:《5—8岁儿童对模糊信息具有多重解释的理解》,《心理科学》2007年第30卷第1期。

[3] 戴婕、苏彦捷:《5—9岁儿童对心理过程差异的理解》,《心理科学》2006年第29卷第2期。

[4] 皮亚杰:《儿童的道德判断》,傅统光译,山东教育出版社1984年版。

主义的形式存在，直到 10 岁左右，儿童才能克服道德他律，转而道德自律。因此，皮亚杰认为儿童到 10 岁，及儿童晚期，才存在与成人相似的欺骗行为，具有社会道德判断性质的欺骗行为。

对学龄前儿童欺骗行为的研究大多采用自然观察法。有研究表明，2—3 岁的儿童就已经有欺骗行为。其表现多以简单否认为主，如："没有""我不知道"等。此时儿童的欺骗行为带有实用性的特点，即他们只是希望满足愿望，并不想操纵他人的信念。儿童的这种实用性欺骗的表现多是无羞耻感，不会抱歉也不会修正其行为[1]（Sinclair，1996）。此外他们的欺骗行为也多半是不成功的。这可能与儿童此时的心理理解能力还不成熟，无法考虑被欺骗者的心理状态有关。

Chandler[2]（1989，1991）的研究表明，2—3 岁的儿童能够表现出欺骗行为，但不能通过经典错误信念任务的测试。表明该年龄段的儿童可能并不是通过操纵他人信念的方式进行欺骗，而是用其他的方法达到欺骗的目的。Sinclair（1996）也提出 3 岁儿童的欺骗只是一种实用性质的行为策略，他们并没有认识到欺骗会对他人的信念产生影响。

因此，在 4 岁以前，由于心理理解能力的局限，儿童的欺骗行为通常是不成功的。

4 岁以后，儿童的欺骗行为更多地体现出主动性，他们不仅学会隐瞒和否认事实，还会使用创造性的谎言来达到自己的目的。[3] Lewis 等人（1989）的研究表明，4 岁儿童能够有目的、有意识地熟练使用逃避惩罚的谎言。Polak 和 Harris[4] 采用 "偷看" 的研究方法来考察儿童欺骗行为的发展。结果表明，与 3 岁儿童相比，5 岁儿童不但否认自己的偷看行为，而且还能记住自己的谎言，从而成功地欺骗主试，掩饰自己的

---

[1] Stacey, B. R., Tipton, et al., "Gabapentin and Neuropathic Pain States: A Case Series Report", *Regional Anesthesia & Pain Medicine*, Vol. 21, No. 2, 1996, p. 65.

[2] Chandler C. C., "Specific Retroactive Interference in Modified Recognition Tests: Evidence for an Unknown Cause of Interference", *Journal of Experimental Psychology Learning Memory & Cognition*, Vol. 15, No. 15, 1989, pp. 256 – 265.

[3] Sinclair A., "Young Children's Practical Deceptions and Their Understanding of False Belief", *New Ideas in Psychology*, Vol. 14, No. 2, 1996, pp. 157 – 173.

[4] Polak A., Harris P. L., "Deception by Young Children Following Noncompliance", *Dev Psychol*, Vol. 35, No. 2, 1999, pp. 561 – 568.

欺骗行为。研究还表明，5岁儿童在错误信念任务与欺骗任务上的成绩存在显著正相关，说明儿童的心理理论和欺骗之间有着密不可分的关系。这是因为要使自己的欺骗成功，儿童需要推测欺骗对象的心理状态，同时清楚地了解到自己的心理状态与对方的差距，从而有效地误导对方。因此，较好的"心理理论"能力可能是儿童成功欺骗的关键。

此阶段的儿童只有明确了欺骗的意图，才会判断故事中的主人公说谎。另外，Siegal 和 Peterson[1]研究发现，4—5岁的儿童可以通过说话者的意图区分谎言和无心错误。

有人[2]（Wilson、Smith & Ross, 2003）研究儿童欺骗行为后发现，2—4岁是儿童说谎的高峰期，但6岁以后，儿童的说谎行为并未随年龄的增加而增加，反而有下降的趋势。这说明儿童欺骗行为的发展不仅会受到自身日趋成熟的认知能力的影响，还会受到社会道德和文化环境因素的影响。

随着心理理论的发展，自身经验的增加，4—7岁儿童欺骗行为的表现及理解发生了质的变化，与前一阶段相比，更为精细和复杂。此阶段儿童的欺骗行为开始分化为正性的亲社会行为（善意的谎言）和负性的反社会行为（损人利己）两类，10岁以后的儿童才能理解和判断这两类行为。同时，儿童的心理理论继续发展并受到文化情境的影响。[3] Lee 等人（2001）的研究表明，与西方儿童相比，更多的中国儿童认为善意的谎言不是撒谎，同时，他们对善意的谎言也表现出更大程度的宽容。

徐芬等人[4]的研究发现，5岁儿童不会利用意图线索判断说谎，以及对其做出道德评价，直到7岁以后，儿童才开始具有这种能力。对7岁儿

---

[1] Peterson C. C., Siegal M., "Changing Focus on the Representational Mind: Deaf, Autistic and Normal Children's Concepts of False Photos, False Photos, False Drawings and False Beliefs", *British Journal of Developmental Psychology*, Vol. 16, No. 3, 1998, pp: 301 – 320.

[2] Wilson A. E., Smith M. D., "Ross H S. the Nature and Effects of Young Children's Lies", *Social Development*, Vol. 12, No. 1, 2010, pp. 21 – 45.

[3] Lee K., "Lying as Doing Deceptive Things with Words: A Speech act Theoretical Perspective", in J. W. Astington (Ed), *Mind in the Making*, Blackwell Publishers, 2001.

[4] 徐芬、刘英、荆春燕：《意图线索对5—11岁儿童理解说谎概念及道德评价的影响》，《心理发展与教育》2001年第17卷第4期。

童而言，意图明显地影响他们对善意谎言的正性评价，直到 11 岁，儿童才能综合意图、信念等多种线索对说谎行为进行判断。①

刘秀丽和车文博的研究结果说明学前儿童欺骗的发展可分为三个阶段：行为主义的欺骗阶段，一级信念的欺骗阶段和二级信念的欺骗阶段。其中后两个阶段都属于心理主义阶段；就年龄而论，则可以说 3 岁儿童处于第一阶段，4、5 岁儿童处于第二阶段。6 岁以后进入第三阶段。

第一是行为主义的欺骗阶段，此时儿童的欺骗并不是真正意义上的、以信念为基础的欺骗，而是行为主义的欺骗，也就是仅局限于否认行为结果或导致错误行为的行为主义意义上的欺骗。

第二是一级信念的心理主义欺骗阶段，此时儿童能进行以一级信念为基础的欺骗，通过引发他人的误信念来达成欺骗目的。

第三是二级信念的欺骗阶段，是以二级信念为基础的欺骗，属于欺骗的最高发展阶段。② 他们还发现，随着年龄增长，学前儿童采用"破坏证据"和"说谎"欺骗策略的人数呈下降趋势，采用四种联合策略的人数则呈上升趋势；即使 3 岁儿童也能出示"破坏证据"和"说谎"这两种行为主义的欺骗策略，但"制造虚假痕迹"的心理主义欺骗策略在 4 岁以后才开始出现；3 岁、6 岁儿童的错误信念理解与欺骗策略不相关，而 4 岁和 5 岁儿童的错误信念理解与欺骗策略存在相关。③

二 特殊儿童心理理论的发展

国内外的研究者进行了大量的研究，分别考察了不同类型特殊儿童的心理理论发展，获得了较为一致的研究结论。

（一）孤独症儿童的心理理论发展

孤独症是以社会交往障碍、刻板行为、语言交流障碍为特征的神经发育障碍。随着研究的日益加深，对孤独症的心理研究探索已经成为研究的热点。

---

① 陈静欣、苏彦捷：《儿童欺骗行为的发展》，《教育探索》2005 年第 10 期。

② 刘秀丽、车文博：《学前儿童欺骗的阶段性发展的实验研究》，《心理科学》2006 年第 29 卷第 6 期。

③ 刘秀丽、车文博：《学前儿童欺骗及欺骗策略发展的研究》，《心理发展与教育》2006 年第 4 期。

Happé 曾对 28 项这方面的研究进行了回顾，研究被试总数超过 300 人，年龄范围从 4 岁到 30 岁。结果也证实孤独症被试一致性地不能通过错误信念理解任务，而正常学前儿童和心理发展相对迟缓的儿童则能够通过。Happé 根据这一研究结论推测，与正常的 5 岁学前儿童相比，孤独症儿童需要在心理年龄达到 11 岁以后才能够有 80% 的通过率。同样，Yirmiya 等人进行了一个关于错误信念理解研究的元分析（meta-analysis）。分析中使用的 22 项关于心理理论任务测评的研究，均使用了正常的发展中儿童作为对照组。结论证实，患有孤独症的个体的心理理论成绩显著低于正常发展中的个体。

焦青采用自编故事测验对 10 名 8—17.5 岁的孤独症儿童进行了研究，结果发现，绝大部分被试能够理解他人的愿望和根据他人愿望预测他人行为，也能理解他人的情绪，但是都不能理解他人的错误信念，不能理解由于错误信念导致的认知性情绪。

刘娟对 31 名 3—6 岁的孤独症儿童的研究发现，学龄前孤独症儿童的心理理论水平显著低于同年龄的普通儿童，取得了与国外研究者相一致的结论。王立新、王培梅的研究表明，自闭症儿童（平均年龄为 10 岁）的情绪判断正确率比年幼的正常儿童（平均年龄为 4 岁半）控制组低。[1]

冯源和苏彦捷考察孤独症和正常儿童对道德和习俗规则的判断及其与他们心理理论的关系。结果发现，孤独症儿童错误信念理解成绩低于接受性言语匹配的正常儿童。[2] 杨娟、周世杰对孤独症和正常儿童心理理论能力比较研究结果表明，在各项心理理论任务上的得分之间均存在显著正相关。孤独症组的外表—真实任务、位置错误信念问题、内容自我错误信念问题及内容他人错误信念问题得分均低于正常组。结论：孤独症儿童心理理论发展水平远落后于同龄正常儿童，存在严重的心理理论缺损。[3]

---

[1] 王立新、王培梅:《自闭症儿童心理理论与面部表情识别关系的研究》，《国际中华神经精神医学杂志》2004 年第 5 卷第 4 期。

[2] 冯源、苏彦捷:《孤独症儿童对道德和习俗规则的判断》，《中国特殊教育》2005 年第 6 期。

[3] 杨娟、周世杰:《孤独症和正常儿童心理理论能力比较》，《中国心理卫生杂志》2007 年第 21 卷第 6 期。

任真和桑标比较 12 名自闭症儿童和同等言语能力的 28 名正常儿童的心理理论后发现，自闭症和正常儿童的信念理解发展序列基本一致，自闭症儿童的心理理论发展显著落后于同等言语智力的正常儿童。[1]

正因为此，Leslie 和 Frith 提出的心理理论缺失说越来越成了比较广泛认同的解释孤独症行为表现的理论。他们认为孤独症个体之所以存在交往困难是因为他们不能理解自己和他人的心理状态。之后许多研究结果支持该理论，除错误信念以外，学者们还发现孤独症个体难以通过欺骗任务，不能很好地利用声音语调或者人们的眼部照片来辨别心理状态。对于心理理论缺失的原因，有人认为是执行功能障碍引起，也有人认为是中央信息整合不足导致。[2][3] 但是，也有研究表明，高功能孤独症个体可以通过一级错误信念任务，甚至二级错误信念任务，只是通过这些任务的年龄比正常儿童的年龄要大一些。因此一些研究者认为孤独症患者存在心理理论发展滞后而不是缺乏，心理理论缺失说还需要进一步地完善。[4]

（二）听觉障碍儿童的心理理论发展

1995—1999 年进行的 11 项关于拥有正常智力和社会反应能力的后天手语者的错误信念理解研究结果表明，后天手语聋童在儿童心理理论任务中的成绩明显低于相对年龄较小的健听儿童。一些研究对来自不同国家和地区的使用口语交流的聋童进行了错误信念理解测查。结果表明，他们的平均成绩与孤独症儿童和后天手语者聋童的成绩相近，说明他们的心理理论发展同样缓慢。

Courtin 和 Melot 以及随后的一些研究使用了标准的心理理论任务作为测验内容，结果均表明先天手语者（家庭中有精通手语的父母或兄弟姐妹的聋儿）的心理理论成绩要好于后天手语者或者使用口语的聋童，在

---

[1] 任真、桑标：《自闭症儿童的心理理论发展及其与言语能力的关系》，《中国特殊教育》2005 年第 7 期。

[2] 桑标、任真等：《自闭症儿童的心理理论与中心信息整合的关系探讨》，《心理科学》2005 年第 28 卷第 2 期。

[3] 桑标、任真等：《自闭症儿童的中心信息整合及其与心理理论的关系》，《心理科学》2006 年第 29 卷第 1 期。

[4] 魏轶兵、王伟：《孤独症心理理论的研究综述》，《中华现代临床医学杂志》2005 年第 3 卷第 20 期。

统计上排除了执行性功能、非言语心理年龄和语言能力的影响之后,先天手语者的这种成绩优势仍然比较明显。而且,先天手语者似乎获得错误信念理解与健听儿童一样早,甚至更早一些。[①]

由此可见,听觉障碍儿童心理理论发展延迟并不是仅仅与听力损伤本身有关,更多的是听力损伤和健听家庭抚养共同作用的结果。这些研究结论也为探讨语言对于心理理论发展的影响作用提供了有力的证据。

(三)视觉障碍儿童的心理理论发展

同听力影响言语发展一样,严重的视觉障碍会影响到面部表情、注视、指点和其他有关情感和思想的非言语信息的接收,相应地,视障儿童参与家庭中关于信念、情感和其他无形的心理状态的交流就进一步减少。因此,先天患有视觉障碍的儿童在发展语言和人际交流方面明显缓慢。例如,Peterson 等人(2000)的研究发现,一个盲人 6 岁被试组中只有 14% 的儿童能够通过错误信念任务,相比之下,12 岁组也只有 70% 能够通过测验任务。

McAlpine 和 Moore[②](1995)对一组 4—12 岁(智龄≥4 岁)的视障儿童进行了错误信念理解的研究,结果显示部分视障儿童,特别是严重视力障碍的儿童在完成心理理论任务上存在困难。Minter、Hobson 和 Bishop[③](1998)对 21 个先天严重视障儿童的错误信念理解进行评估,增加了实龄和言语智龄(4 岁以上)的正常儿童对照组。实验的两项任务是"非预知性实物任务"和"非预知性位置任务"的非视力版本。前一项任务为"茶壶任务",即让儿童触摸一个很热的茶壶,当儿童估计茶壶里装的是热水后,让他触摸出其中其实是热的沙子,然后让他对他人摸到茶壶后的反应做出判断;后一项任务是"盒子"任务,实验者一准

---

① Courtin C. and Melot A., "Development of Theories of Mind in Deaf Children", in Marschark M. and Clark M. D., eds., *Psychological Perspectives and Deafness*, Malwah, NJ: Erlbaum, 1998, pp. 79 - 102.

② McAlpine. Moore L. M., "The Development of Social Undersfauding in Children with Visual Impairments", *Journal of Visual Impairment & Blindness*, Vol. 89, No. 4, 1995, pp. 349 - 359.

③ Minter M., Hobson R. P., Bishop M., "Congenital Visual Impairment and 'Theory of Mind'", *British Journal of Developmental Psychology*, Vol. 16, No. 2, 1998, pp. 183 - 196.

备 3 个不同质地的盒子，在其中一个里面放入一支铅笔后离开，实验者二和孩子一起"做游戏"，把铅笔转移到另一个盒子里，然后让孩子判断实验者一回来后会在哪个盒子里寻找铅笔。实验发现，正常视力的儿童在两项实验中均处于天花板水平，80% 的视障儿童通过了盒子任务，而只有 47% 的儿童通过了茶壶任务，两项任务通过率差异显著。Peterson 等的实验研究也发现视障儿童在两项任务的完成上均有困难，且通过的比例相近。Sarah 和 Linda 等在 2004 年以类似的方法对视障儿童错误信念的研究中，对前人的经验教训加以总结，并且对影响视障儿童心理理论的因素进行探讨。他们同样发现了视障儿童在错误信念的任务完成上的困难。错误信念任务的完成和视障儿童的言语智龄显著相关，和言语智商接近相关而和实际年龄相关不显著。

MeAlpine 和 Moore 的研究中，只有智龄在 11 岁或之上的儿童两项实验任务全都通过，这可能表明，视障儿童未完成错误信念任务可能是由于他们的心理理论相关的技能发展迟滞所致，而随着自身的发展，其心理理论水平会有所完善。

影响视障儿童心理理论发展的因素主要有生理因素、智力因素和环境因素。[①] 生理因素主要包括障碍程度和致残年龄两个方面。目前的研究认为，严重的视力障碍对心理理论发展会产生影响。在致残年龄方面，研究人员大多认为 5 岁是一个界限。5 岁以前失明的儿童视觉记忆很少，社会活动有限，他们主要通过对自我各方面不断的反省认识社会和他人；而 5 岁后失明的儿童对失明前的生活会有不同程度的记忆，他们在失明前往往已有很好的交往基础。可以推测，致残年龄不同的两类儿童在心理理论表现上可能有所不同。

视障儿童的学习，以接受间接经验为主，较少接受直接经验，而间接经验主要通过语言（包括书面语和口语）来传递。视障儿童由于视觉障碍，其抽象思维能力较差，对包含在语言中的抽象的社会意义很难理解，在语言使用中常有"语意不合"现象。因此，视障儿童的认知方面极易出现片面性，甚至出现较大偏差。

---

① 王怡、钱文：《视觉障碍儿童心理理论发展的研究》，《中国临床康复》2005 年第 9 卷第 12 期。

环境因素主要是家庭环境。有关家庭因素对儿童心理理论的影响，研究者一般集中在对家庭中兄弟姐妹数量以及兄弟姐妹之间关系、家庭假装游戏、家庭言语交流方式、父母教养态度、家庭背景等的探讨上。研究表明，家庭规模是影响儿童错误信念理解的一个重要变量，儿童拥有兄弟姐妹的数量与其在错误信念任务上的得分存在显著的相关。心理学家认为，兄弟姐妹可以为儿童提供更多的社会交往经验，从而有利于他们的社会认知的发展。此外，有关不同经济地位家庭的研究和跨文化研究表明家庭经济地位影响儿童心理理论的发展。来自高收入家庭或经济发达地区的儿童比来自低收入家庭或落后地区的儿童在对情感等的理解上表现出更高的水平。同时发现儿童对情感和错误信念的理解与其父母的职业地位、受教育水平都存在着正相关，且与母亲的相关更高。家庭是视障儿童早期发展的重要场所，父母及家庭成员对儿童的早期干预，比如早日创造视觉以外的其他方式来获得和孩子的共享注意，以支持他们将外部世界和语言、心理表征建立起联系，从理论上说应都会促进视障儿童心理理论和社会认知的完善。

（四）运动障碍儿童的心理理论发展

脑性瘫痪（Cerebral Palsyis，CP），又称为脑瘫，是一种源于脑损伤的先天运动障碍。这种疾病可能会在不同程度上影响个体的语言功能，但不会影响大多数人的智力发展。Dahlgren等人对一组14名5—15岁智力正常、但因患有脑瘫而不能说话的儿童进行了错误信念的检验。这些儿童可以使用一种名为布利斯符号（Bliss Symbolics）的人工语言熟练地进行每天的日常交流。这种人工语言使用一些简单的图形和线条来表征词语，通过在一个机械板上排列符号产生复杂的词汇和句子。结果只有33%的失语脑瘫儿童能够通过错误信念任务。尽管受到运动障碍的限制，他们往往表现出对社会相互作用的明显兴趣，喜欢参与到互惠的人际交往之中。[①]

（五）Asperger综合征儿童的心理理论

Asperger综合征（As）是一种慢性神经系统发育障碍性疾病，与儿童孤独症同属于广泛性发育障碍，As的特点是社会交往困难，局限、刻板的兴趣和活动模式，并常伴有显著的动作笨拙。As病患以男性居多，

[①] 高雯、张宁生：《特殊儿童心理理论的发展》，《北京联合大学学报》（人文社会科学版）2005年第3卷第3期。

男女发病比例在 10—15：1。Baron-Cohen、Rutherford 以及陈凯云、邹小兵等曾先后对 Asperger 综合征患者做心理理论的测试，结果发现病例组对心理状态的判断显著差于正常成人。[1]

（六）精神分裂症个体的心理理论

Frith 最先提出精神分裂症患者中存在着心理理论损伤，并且认为精神分裂症患者的精神病性症状可以用心理理论能力的损害来解释。[2] 他认为妄想是由于精神分裂症患者不能正确地区分主观和客观的错误信念，从而误将自身的错误信念等同于现实，并维持这种错误信念的表征而导致的。对自身心理状态的表征障碍，导致了其对自身行为体验的损害。Corcoran 和 Frith（1995）[3] 应用隐喻任务（hinting task）比较了精神分裂症、抑郁症和健康被试的心理理论成绩，结果提示存在妄想症状的精神分裂症患者心理理论任务的测试成绩明显低于抑郁症和健康被试。而以阴性症状为主的精神分裂症患者的心理理论成绩则又明显差于处于临床缓解期和以被动性症状为主的精神分裂症患者。刘建新、苏彦捷的研究表明，精神分裂症患者的阳性症状对 ToMM 任务的完成有较明显的影响，尤其相对较复杂的二级 ToMM 任务而言，但没有看到阴性症状的显著影响。这与 Frith 的观点基本一致。[4]

而 Hardy-Baylé 认为只有那些存在着明显的思维和言语紊乱的精神分裂症患者才会有心理理论的损伤，而其他没有明显紊乱症状的精神分裂症患者心理理论能力则相对得以保留。

Abu-Akel 则认为一些阳性症状的精神分裂症病人的表现可能是心理理论过度（hyper ToMM）的结果。Craig 等的研究比较了以妄想症状为主的精神分裂症患者和亚斯伯格症患者的心理理论成绩及其对事件的归因

---

[1] 陈凯云、邹小兵、唐春：《Asperger 综合征儿童的心理理论研究》，《中国行为医学科学》2006 年第 15 卷第 4 期。

[2] 汪永光、汪凯、汤剑平：《精神分裂症心理理论损伤的研究进展》，《国际精神病学杂志》2006 年第 2 期。

[3] Corcoran R., Fith C. D., Schizophrenia, Symptomatology and Social Inference: Investigating 'Theory of Mind' in People with Schizophrenia", *Schizophrenia Research*, 1995, Vol. 17. No. 1, pp. 5 – 13.

[4] 刘建新、苏彦捷：《精神分裂症个体的心理理论及其影响因素》，《中国心理卫生杂志》2006 年第 20 卷第 1 期。

模式，结果提示虽然两组较正常对照组都表现出明显的心理理论损伤，但是以妄想症状为主的精神分裂症患者在对负性事件归因时使用了更多的外在的个人的（external-personal）的归因方式。这也部分支持了 Abu-Akel 过度归因的观点。

三 成人心理理论

心理理论经典研究范式主要关注的是 3—5 岁年龄的儿童。随着研究的不断深入，学者们开始逐渐把眼光投向人的生命全程，尝试对自 5 岁直到老年期的心理理论发展情况进行探讨；心理理论研究的毕生（life-span）取向已初露端倪。[1][2] Chandler 认为儿童较早时期表现出的对心理的认识迅速增加的迹象并不能表明这些儿童已经把心理看作是真正具有建构性的，就一定把认识看作相对性的，这些认识的发展有待于在青年期和成人早期完成。[3]

Kuhn 在题为"心理理论，元认知和推理：一种毕生观点"的文章中，明确提出了心理理论发展的毕生观点。她认为应该在元认知框架内研究心理理论，她还提出了发生认识论的元认识论（epistemological meta-knowing）概念，并认为它既可能是个人的（即与自身的认识相联系），也可能是非个人的（可应用于任何人的认识）。发生认识论的元认识解决的是个体何以更加广泛地理解认识的，即从认识发生的角度来理解认识问题。Kuhn 认为在人生历程中，早期获得的元认识（meta-knowing）的成就为以后的发展铺平了道路。并从元认识的角度把发展定义为对自己和他人认知功能意识理解和控制的增加。[4]

另一位提出心理理论发展的毕生观点的是 Freeman。他在一篇名为

---

[1] 席居哲、桑标、左志宏：《心理理论研究的毕生取向》，《心理科学进展》2003 年第 11 卷第 2 期。

[2] 陈寒、胡克祖：《心理理论研究的理论整合及其发展述评》，《辽宁师范大学学报》（社会科学版）2003 年第 26 卷第 5 期。

[3] Chandler M. J., "Doubt and Developing Theories of Mind", in Astinton J. W., Harris P. L., and Olson D. R., eds., *Developing Theories of Mind*, NY: Cambridge University Press, 1988, pp. 387–413.

[4] Kuhn D., "Theory of Mind, Metacognition and Reasoning: A Life-span perspective", in Mitchill P. and Riggs K. J., eds., *Children's Reasoning and the Mind*, Psychology Press, 2000, pp. 301–326.

"信息传达与表征：对心理的推理（mentalistic reasoning）为何需要毕生努力"的文章中指出，因信息传达受到诸多条件限制也相应受到制约，无论在人生的哪一个阶段，年幼儿童、青少年和成年，都会在推断他人心理方面出错，因此，心理理论发展是一个毕生的任务（a life span task）。他认为心理表征在心理与现实之间起着不可或缺的中介作用，儿童的任务就是理解这些心理表征的性质。他指出，传统的心理理论测试任务只把注意力放在人们当场的说与做上，这有很大的限制，不利于深入全面地研究心理理论问题。他提出通过"外部标记"（external notations）来研究心理理论问题，外部标记包括绘画、雕塑、地图绘制（map-making）、著述及数字符号等。大多数情况下，这些外部标记的作者不在当场，要理解它们传达的是作者何种心理，这使推断者面临着不清晰的线索和多种关系。如何整合这些线索及关系，以推断作者的意图，这需要长期的学习。比如一名参观者在欣赏一幅画，那么就会有6对关系：画家—世界、画家—画、画—世界、观者—世界、观者—画和观者—画家。要理解画家的绘画意图，这6个关系的协调是关键，而做到这一点是相当不容易的，因为这些关系会导致意图分散（intentional dispersion）。心理理论的一个中心问题就是把这些分散的意图整合起来。他认为作为心理理论的中介的心理表征具有可习得性，且没有迹象表明儿童在4岁时已经获得了对他人心理推断的全部技能，也没有迹象表明心理理论发展到何种程度是终极，因此，心理理论发展应是毕生的。[①]

Happé等人（1998）撰写了"智慧的获得：老年期的心理理论"[②]。该研究的实验组由61—80岁健康正常的老年人组成。有两个对照组，一组年龄在16—30岁；另一组年龄在21—30岁，实验材料由三类短文组成：一类是心理理论故事；一类是控制性故事；另一类是条理混乱的短文。心理理论故事测查的是被试对主人公的思想、感情特别是意图的推

---

① Freeman N. H., "Communication and Representation: Why Mentalistic Reasoning is a Lifelong Endeavor", in Mitchill P. and Riggs K. J., eds., *Children's Reasoning and the Mind*, Psychology Press, 2000, pp. 349 – 366.

② Happé F. G. E., Winner. E., Brownell. H., "The Getting of Wisdom: Theory of Mind in Old Age", *Developmental Psychology*, Vol. 34, No. 2, 1988, pp. 358 – 362.

断情况；控制故事测查的是对物理因果关系的推断情况；条理混乱的短文由有意义但不连贯的句子组成，没有统一的主旨和思想，所考察的是被试对文中某个句子信息的记忆情况。结果显示：两个对照组之间在时间和得分上没有显著差异，而对照组合在一起与老年组比较时，老年组在心理理论故事上的得分明显好于青年组，而在控制故事上差异不显著；而在条理混乱的短文测验得分上老年组明显不如青年组，但在时间上差异不显著。因此，Happé等人认为，正常的老年人虽然在非心理理论任务的操作上得分会随年龄增加而下降，但在心理理论任务上的得分却仍能维持高水平甚至还有提高。这为心理理论的毕生发展提供了有力的证据。但由于 Happé 等人的研究中，老年被试选自波士顿大学的医学院，他们都接受过良好的教育，而青年被试都是志愿者，有可能老年组的智商高于青年组。我国学者王异芳、苏彦捷在匹配了智商和教育水平条件下，采用心理理论故事理解任务、失言理解任务和威斯康星卡片分类任务分别考察了30名62—77岁的老年人和30名19—25岁青年人的心理理论和执行功能，结果表明，老年人和青年人在两种心理理论任务上的得分与卡片分类任务的得分都不存在显著相关，老年人在失言任务上的得分显著低于青年人，在心理理论故事理解任务上和威斯康星卡片分类任务上，老年人的表现与青年人没有显著差异。[①]

四　心理理论发展的影响因素

影响儿童心理理论发展的因素很多，包括社会交往经验、家庭环境的结构及经济因素、儿童的语言表达能力、记忆、想象等方面。另外被试的动机、被试的参与、故事中人物的心理状态的突出性与靶物体的真实存在与否等变量也影响儿童的心理理论水平。近年对有关心理理论脑机制的研究表明，个体心理理论的发展还受生理因素的影响。

（一）内部认知因素

关于记忆、想象、注意以及逐渐增强的计算资源与错误信念理解发展之间的关系研究，表明儿童的心理理论与记忆、想象和注意的执行控

---

① 王异芳、苏彦捷：《成年个体的心理理论与执行功能》，《心理与行为研究》2005年第3卷第2期。

制等心理过程是密切相关的。

1. 执行功能与心理理论的关系

有关心理理论（Theory of Mind）与执行功能（Executive Function）的研究是当前儿童认知发展研究领域中的热点话题之一。执行功能是一种复杂的认知结构，包括的范围很广，指的是负责高水平活动控制的过程（例如计划，抑制，活动序列的协调和控制，工作记忆，心理灵活性等），这些过程对于保持特定的目标并排除干扰达到目标是必需的。大量研究表明，心理理论与执行功能存在相关关系。[1] 如儿童在4岁时能够普遍地通过错误信念任务（false belief task），同时在需要抑制优势反应的自我控制任务上的表现也大大改善了。其中抑制控制（inhibitory control）可能对幼儿心理理论的发展起着重要影响。[2] 王异芳和苏彦捷[3]（2005）在对成年个体心理理论与执行功能关系研究基础上结合他人研究提出，心理理论与执行功能的相关模式在成年和学前阶段可能不同。

2. 中心信息整合与心理理论的关系

戴婕和苏彦捷采用"思想泡泡"的方法给5岁、7岁、9岁各20名儿童讲述故事，考察故事中人物背景知识的有无、对象的不同（自我—他人、他人—他人）及对象间关系的不同（朋友、陌生人）对儿童判断心理过程差异的影响。结果发现，有无背景信息对儿童理解心理过程差异有显著影响，而故事中对象及对象之间关系的不同对儿童理解心理过程差异无显著影响。[4]

（二）家庭因素

近期的许多研究表明，儿童获得各种心理概念的年龄差异是其早期各种社会经验共同作用的结果。影响儿童心理理论获得和发展速度的家庭因素主要集中在以下几个方面：

---

[1] 王异芳、苏彦捷：《心理理论的执行功能假说》，《中国临床康复》2004年第8卷第3期。

[2] 魏勇刚、李红：《抑制控制对幼儿心理理论与执行功能发展的影响》，《重庆师范大学学报》（哲学社会科学版）2006年第5期。

[3] 王异芳、苏彦捷：《成年个体的心理理论与执行功能》，《心理与行为研究》2005年第3卷第2期。

[4] 戴婕、苏彦捷：《5—9岁儿童对心理过程差异的理解》，《心理科学》2006年第29卷第2期。

1. 家庭规模

家庭结构的大小和家庭成员之间的交流状况直接影响儿童的心理理论水平。研究者开展的大量研究表明，家庭规模中儿童兄弟姐妹的数量与儿童心理理论的发展水平之间存在相关。Perner 等人[1]对76名在家里有1—3个兄弟姐妹的3—4岁儿童进行谬误信念任务测验。结果表明，儿童拥有兄弟姐妹的数量与其在谬误信念任务上的得分存在显著的相关，但与儿童拥有哥哥姐姐数量多还是弟弟妹妹数量多并没有显著的相关。Jenkins 等人[2]的研究也发现家庭的规模可以预测儿童对谬误信念的理解，他们认为家庭规模之所以影响儿童心理理论的发展是因为家庭成员越多儿童与其他人交往的机会也就越多。在兄弟姐妹数量相同的情况下，拥有哥哥姐姐多的儿童比拥有弟弟妹妹多的儿童在谬误信念任务上的得分要高。

2. 家庭经济地位

家庭经济状况也制约着儿童心理理论的发展，有关不同经济地位家庭的研究和跨文化研究表明家庭经济地位影响儿童心理理论的发展。来自高收入家庭或经济发达地区的儿童比来自低收入家庭或落后地区的儿童在对情感等的理解上表现出更高的水平。同时发现儿童对情感和谬误信念的理解与其父母的职业地位、受教育水平都存在着正相关，且与母亲的相关更高。

3. 家庭言语交流方式

儿童早期与他人的社会交往有助于儿童心理理论能力的发展。家庭成员之间的交流状况直接影响儿童的心理理论水平。Jenkins 等人[3]认为，兄弟姐妹能够促进儿童心理理论发展是因为兄弟姐妹能够为儿童提供更多的交流机会，使儿童能够接触到各种不同的观点，尤其是当儿童与其兄弟姐妹的观点不一致时，儿童就开始对自己和他人的愿望、信念进行思考。

---

[1] Perner J., Ruffman T., Leekam S. R., "Theory of Mind is Contagious: You Catch it from your Sibs", *Child Development*, Vol. 65, No. 4, 1994, pp. 1228 – 1238.

[2] Jenkins J. M., Astington J. W., "Cognitive Factors and Family Structure Associated with Theory of Mind Development in Young Children", *Developmental Psychology*, Vol. 32, No. 1, 1996, pp. 70 – 78.

[3] Ibid..

Dunn 等人[①]对 50 名第二胎儿童进行纵向研究。首先观察儿童在 33 个月时与母亲、兄弟姐妹的言语交流，包括言语交流的顺序，长度和谈论情感因果关系的次数，然后在儿童 40 个月和 47 个月时，对儿童进行心理理论能力的测验，测验主要集中在儿童对谬误信念和情感理解两个方面。研究发现，儿童在 33 个月时交流的主动程度、谈论情感因果关系的次数可以预测儿童在 40 个月和 47 个月时对谬误信念和情感的理解程度。Sabbagh 等人[②]研究测查了父母对儿童运用心理术语的反应与儿童心理理论能力发展的关系，研究发现，随着儿童年龄的增长，儿童会更多地使用有关心理状态的词语，父母在对儿童心理术语进行反应时也更多地使用有关心理状态的言语；同时发现，父母较多地使用心理状态言语来应答儿童有助于儿童对谬误信念的理解。此外，研究还发现，随着年龄的增长，儿童在使用有关心理状态的言语方面经历了三大过渡：第一，真正参考心理状态的言语增多，第二，从了解自己心理状态逐渐过渡到对他人心理状态的理解，第三，从单纯的关于心理状态的谈话到在共同活动中进行有关心理活动的交流。

4. 家庭游戏

游戏是儿童的主导活动，对儿童的发展有非常重要的促进作用。其中假装游戏是幼儿的一种主要的游戏方式，长期以来，假装游戏被认为与儿童的认知能力、社会能力有着重要的关系。在游戏中，儿童用身边已有的玩具来代替假想的玩具，通过扮演不同的角色来对不同的人物的心理状态进行表征。假装游戏有助于儿童理解心理和现实的区别。家庭中假装游戏主要在幼儿与父母、兄妹之间进行。父母与儿童间的假装游戏与兄妹间进行的假装游戏有所不同，父母一般通过言语指导或提供玩具来参与儿童的假装游戏，相比之下，兄妹间的游戏则有所不同，他们各自扮演不同的角色，常常要求变换角色、位置，而且较少地依赖他人

---

① Dunn J., Brown J., Beardsall L., "Family Talk about Feeling States and Children's Later Understanding of others' Emotions", *Developmental Psychology*, Vol. 27, No. 3, 1991, pp. 448 – 455.

② Sabbagh. M. A., Callanan M. A., "Metarepresentation in Action: 3. 4 and 5 – Year – Olds' Developing Theories of Mind in Parent-child Conversations", *Developmental psychology*, Vol. 34, No. 3, 1998, pp. 491 – 502.

的支持。

Youngblade 等人[①]考察了假装游戏与儿童心理理论发展之间的关系。对 50 名 33 个月和 40 个月儿童与其父母和兄弟姐妹间的假装游戏进行观察。研究发现，儿童早期参与社会性假装游戏的次数与儿童对他人情感和信念的理解存在显著的相关；同时还发现，随着儿童年龄的增长，家庭中的假装游戏的重心由父母—儿童转移到儿童—兄妹之间；与父母儿童之间假装游戏相比，儿童—兄妹之间的假装游戏的质量、数量和儿童的心理理论能力有更高的相关。经常进行假装游戏的兄妹的心理理论能力显著高于不经常进行游戏的兄妹。经常与年长的哥哥姐姐进行假装游戏的儿童比经常与弟弟妹妹进行假装游戏的儿童心理理论能力要高。

大量的研究表明，儿童参与假装游戏要早于儿童谬误信念的理解。从这一点看来，假装游戏能够促进儿童对谬误信念的理解。

5. 教养方式

父母教养方式对儿童的心理理论的发展也非常重要。李燕燕、桑标的研究表明，母亲教养方式中的严厉惩罚和情感温暖理解与儿童心理理论的发展密切相关。母亲的严厉惩罚和儿童心理理论发展之间存在正相关（$r=0.39$，$p<0.01$）；母亲的情感温暖理解和儿童心理理论发展之间存在正相关（$r=0.40$，$p<0.01$）。[②]

总之，家庭是儿童早期活动的主要场所，儿童早期的社会经验大都来自于家庭，家庭各因素与儿童心理理论能力的发展有着密切的关系，但是其内部机制还有待于进一步探索。

（三）文化

随着跨文化心理学研究的发展，研究者们同样开始探询心理理论发展领域是否具有跨文化的一致性。人类学的研究发现，有些种族在日常交流中避免使用一些表示心理状态的词语如情感、认知、人格、行为等，

[①] Youngblade L. M., Dunn J., "Individual Differences in Young Childrens' Pretend Play with Mother and Sibling: Links to Relationships and Understanding of other People's Feelings and Beliefs", Child Development, Vol. 66, No. 5, 1995, pp. 1472 – 1492.

[②] 李燕燕、桑标：《母亲教养方式与儿童心理理论发展的关系》，《中国心理卫生杂志》2006 年第 20 卷第 1 期。

他们不愿意谈论自己和他人的心理状态和行为。这表明在不同的文化背景下，人们对心理状态的认识不同。而 Bartsch 和 Wellman[①] 认为儿童理解心理状态的能力是一致的，但在不同文化背景下，不同种族对心理所形成的认识是不同的。即不同文化背景的儿童均在早期就能够理解心理状态如情感、信念等，只是由于受文化背景、风俗习惯、语言和种族的影响，他们对于心理的认识、表达方式不同。例如，某些文化中用语言编码心理状态就比另外一些文化要更丰富，某些文化更鼓励心理的思考和交流。

Tardif 和 Wellman 通过对中国和美国儿童获得基本的愿望和信念观念的严谨的研究，指出，中国和美国儿童获得基本的愿望和信念观念的顺序是相同的，但在稍后的发展中有一些跨文化的变化特点。李佳、苏彦捷对 197 名汉族和纳西族儿童情绪理解的发展、错误信念理解和语言能力研究结果表明，两个民族儿童情绪理解能力具有相似的发展规律，但完成各任务的成绩有显著差异，说明两个民族儿童情绪理解能力发展具有不同步性。他们还发现，心理理论社会知觉成分与认知成分随年龄的增长相互促进和相互制约，并且都与语言能力有关。[②]

（四）社会交往经验

缺乏社会交往的儿童，其心理理论水平显著低于有正常社会交往的儿童，如自闭症儿童的心理理论水平明显低于正常儿童，就是因为自闭症儿童缺乏正常的社会交往。另外，研究者通过对聋哑儿童的错误信念与正常儿童错误信念理解发展的影响研究发现，如果聋哑儿童的父母听力正常，且能运用手势语经常与其交流，那么他们的心理理论水平与正常儿童没有显著性差异；如果其父母听力正常，但不能运用手势语言与他们进行交往的话，那么他们的心理理论水平往往低于正常儿童。这些都表明社交经验影响了儿童的心理理论能力的发展。

（五）语言与心理理论

研究表明，语言和心理理论之间存在着密切的关系，但目前还不能

---

① Bartsch K., Wellman H. M., *Children Talk about the Mind*, Oxford University Press, 1995.
② 李佳、苏彦捷：《纳西族和汉族儿童情绪理解能力的发展》，《心理科学》2005 年第 28 卷第 5 期。

确定两者之间到底是怎样一种关系。① 语言与儿童心理理论的发展可能存在以下三种关系：心理理论的发展依靠语言、语言的发展依靠心理理论、心理理论和语言两者均依靠其他因素。

有关语言障碍儿童的研究也表明语言能力与心理理论能力的发展之间存在着因果关系。语言障碍儿童虽然在言语能力上落后于一般儿童，而在非言语智力及社会性发展方面均达到正常水平，但这类儿童多数不能通过经典谬误信念任务测验。这为心理理论的发展依靠语言的观点提供了证据。但反对者认为这种结果的出现可能与目前有关心理理论的测验都是用语言来呈现有关。这也正是经典谬误信念任务最大的不足。

皮亚杰认为儿童思维先于言语，也有学者与此观点相一致，认为儿童是先获得对谬误信念任务的理解，然后通过语言来表达自己的理解。Perner 认为儿童是运用心理模式来表征谬误信念任务，失去言语能力的成人并没有失去理解谬误信念的能力，但这只能得出心理理论的发展并不依靠言语，而不能排除语言对心理理论能力的可能促进作用。

在语言与心理理论关系方面有一种折中的观点，他们认为，语言之所以和儿童心理理论存在相关主要是两者共同依靠其他因素，也就是说某种潜在的因素（如工作记忆、监控机制等）能引起心理理论和语言的发展。

目前，已有研究者开始探究语言的各个因素如语法、词汇等与儿童心理理论的关系。但有关语言及其各因素与儿童心理理论能力的关系还需进一步探索。

---

① 张旭：《幼儿错误信念理解与语言关系的纵向研究》，《中国特殊教育》2006 年第 5 期。

第十二章

社会性发展

第一节 自我的发展

一 自我的发生

（一）自我的内涵

1. 自我的界定

自我是什么？1980年，詹姆斯（James）在其《心理学原理》一书中率先系统地提出了有关自我的概念，他认为自我可以分为两个部分，即主体的我和客体的我，主体的我是指自我中积极地感知、思考的部分，而客体的我是指自我中被注意、思考或知觉的客体。在这种分类的基础之上，詹姆斯提出客体的我由三个部分组成，即物质自我、社会自我和精神自我。

1902年库利（Cooley）在斯密（Smith）的有关自我的思想的基础上，提出了他的镜像自我概念。他认为镜像自我是指当我们与其他人交谈时反射给我们的有关自我的视像。[1] 也就是说，只有当人处于人群中时，人才能认识自我，社会中的他人是个体认识自我的一面镜子。

精神分析创始人弗洛伊德在他的人格结构理论中阐述了自我的概念，他认为人格结构可以分成三个部分即本我、自我、超我。而自我的主要功能是协调和调节本我和外界环境或者是本我和超我之间的关系，它遵循现实原则，也就是说，在满足本我要求的同时，它会考虑社会现实的

---

[1] 郑雪：《社会心理学》，暨南大学出版社2004年版。

可能性或者得到超我的许可。

人本主义学派的罗杰斯继承了詹姆斯的观点，认为自我可分成主体的我和客体的我两个部分，同时他在自己的临床实验基础之上，提出了现实的我和理想的我。所谓现实的我就是指个体所能意识到的那个真实的我，而理想的我是指他人为我们设计或者我们为自己设计的个人特征，它由潜在的与个体自己有关的，且被个人高度评价的各种感知和意义所组成。

对以往有关自我的研究进行归纳总结可知，自我包括了两层含义及五个基本属性。在含义方面：一是本体自我，它主要是指自我的客观物质性，二是意识自我，它是指对本体自我和客观世界的能动反应，主要包括了自我意识、自我知觉、自我形象、自我观念、自我认识及自我评价等。而自我的五个基本属性是指：（1）本体自我的客观实在性；（2）自我发展的社会性；（3）自我的发展性；（4）意识自我的能动性；（5）自我的物质与意识的统一性。

2. 自我的形式

在心理学中，自我和自我意识有时并未做出过明确的区分。在此所说的自我的形式也可以说是自我意识的形式，一般说来，自我意识表现为知、情、意三个方面的形式，分别称之为自我认识、自我体验和自我意志。

自我认识是自我的认知成分，是指个体对自己生理、心理和社会性等方面的认识，主要包括自我感觉、自我观察、自我评价、自我分析和自我观念等，也可以说，它是一个关于"我是谁"的问题。自我体验是自我的情感成分，主要反映了个体对自己的态度，包括自我感受、自爱、自尊、自信、自卑和内疚等多个方面的内容。它主要涉及了对自我的满意程度和接纳性程度。而自我意志是自我的意志成分，主要是指个体对自己的行为和心理活动的自我作用过程。主要包括自立、自主、自律、自我控制和自我教育等多个方面的内容。

3. 自我的研究方法

自从詹姆斯开创"自我"研究的先河之后，许多心理学家都对该领域产生了浓厚的兴趣，因此，自我问题已成为当今心理学界的研究热点。但由于方法论上的局限性，有关自我的研究一直以来都显得比较混乱，直到20世纪80年代，由于自我概念研究在统计方法和测评手段上的进步，从而把有关自我的研究推向了一个新的高度。下面我们将主要介绍几种不同的研究方法。

（1）Q分类法

Q分类法（Q-sort）首先由斯蒂芬森[1]提出，用于进行称之为Q方法的研究，是测定自我概念最常用的技术之一，现在已被广泛用来研究自我概念。[2] 它一般由100张卡片组成，每张卡上写有与人格特征有关的语句或形容词，如"极易与人交朋友"和"因容易动怒而烦恼"，要求受试者先将这些卡片读一遍，然后根据适合描述他的程度予以分类。从"最像我的特征"到"最不像我的特征"分成数堆，通常分成9堆，每堆的数量有一定规定，如100张卡片，分成9堆，各堆数量分配分别是5，8，12，16，18，16，12，8，5。这个分配成正态分布，主试者根据受试者归类的内容了解到其个性特征。在自我概念的研究中，受试者对"现实的自我"和"理想的自我"分别进行Q分类，对两次分类结果进行相关分析，从而可以比较两种自我概念的一致性。

而Q分类法具体实施的步骤如下：首先给来访者100张卡片，这些卡片上有许多形容词或句子。例如"我很容易交朋友""我是一个顺从的人""我是精明的人""我鄙视自己""我常常感到紧张"等，这些陈述代表个人各种可能的自我概念。其次要求他们选择那些最能描述自己生活风格的卡片，这就产生了自我分类。然后，按正态分布的方式来选择卡片，即把卡片分成9堆，按从反映出最像个人的描述一端到最不像个人的描述依次排列，中间的是个人不能决定列出的特征是否像自己的卡片。这可被作为个体的"真实自我"评价。排列好后，中间的卡片数目最多，两边的数目最少。最后要求来访者对排列的卡片分类，分类程序要操作两次，一次是有关现实自我概念的分类，另一次是有关理想自我概念的分类，而测量的结果要以理想自我和现实自我的相关程度

---

[1] Stephenson, W., "Some Observation on Technique", *Psychological Bulletin*, Vol. 49, No. 5, 1952, pp. 483–498.

[2] ［美］安妮·安娜斯塔西、苏珊娜·厄比纳：《心理测验》，缪小春等译，浙江教育出版社2001年版，第601页。

的比较而定。

（2）语义区分

语义区分是由奥斯古德（Osgood）、苏奇（Suci）和坦嫩鲍姆（Tannenbaun）等人根据心理分析学于 1957 年提出来的。[①] 旨在区分特定概念的意义，也可以用来测量态度，是用于测量人们如何感觉某个概念、物体或其他人的一种间接测量工具。这种测量要求被试对于某一概念在七点量表上进行等级评定。每一概念应用一系列的双基形容词量表，一般包括 15 个或 15 个以上。由奥斯古德发展的最初 50 个量表的相关和因素分析，揭示出三个主要因素：(1) 评价，在好—坏、有价值的—无价值的、清洁的—肮脏的这些量表上具有高负荷；(2) 力量，从强—弱、大—小、重—轻等量表中得出；(3) 积极性，从主动—被动、快—慢、敏锐—迟钝这些量表中得出。评价因素是最显著的，能说明总方差中的最大部分。有关语义区分量表的记分方法依题目的积极性的增加从 1 分至 7 分（也可记为 -3，-2，-1，0，1，2，3）计量。计算每一个受试者的总分数，即可知其中积极与消极之间的偏向。

（3）投射测量法

有些研究者偏好于用投射测量法来测量自我概念，因为在施测的过程中，受试者会无意识中把自我概念"投射"到所做出的反应中，这样可以减少被试故意做出特殊反应的倾向，从而避免可能出现的反应偏差。其中，研究者经常使用的投射测量法是主题统觉测验（TAT），主题统觉测验（thematic apperception test，TAT）是默瑞（Murray，1935）及其同事编制而成，最初的目的是用来研究正常人格，后来经过多次修订，逐步推广应用于临床。[②] 现有各种记分系统和各种修订版，分别适用于 7 岁以上儿童、成人及精神病人。[③] TAT 也有其变式，1949 年贝拉克（Bellack）为使 TAT 测验更适合于儿童编制了儿童统觉测验（Children's Apperception Test，CAT），由 10 张拟人化的动物在不同场景活动为主题的画面组成，适于 3—10 岁儿童。

[①] ［美］安妮·安娜斯塔西、苏珊娜·厄比纳：《心理测验》，缪小春等译，浙江教育出版社 2001 年版，第 602—603 页。

[②] 同上书，第 551 页。

[③] Muiiay, J., F., "The Serological Relationships of 250 Strain of B. Diphtheriae", *Journal of Pathology & Bactertology*, Vol. 41, No. 3, 1935, pp. 439 – 445.

TAT测验材料由31张图卡组成，30张为有不同矛盾情境的黑白图卡，另一张为一空白卡。这些材料与罗夏测验用的墨迹图有所不同，它们都有一定意义，不是完全无结构的。测验材料按年龄、性别组合成男人（M）用，女人（F）用，男孩（B）用，女孩（G）用四套，每套都由20张图卡组成，各套中有一些图为共用，有一些为各套专用。其中，每一套又分两次进行，一半为第一次测验用，另一半为第二次测验用。因此，实际上每次测验只用10张图卡。有关TAT的具体实施方法：给被试者呈现图卡，每次一张，要求被试者根据画面讲故事，用讲故事的形式叙述画中正在发生的事情，说出画中人物的思想和情感，出现这种场面的原因，并说明结局如何。接着进行提问，提问包括人物名称、地点、日期、任何不常见的信息等。而TAT结果的解释同罗夏测验一样，没有共同接受的模式。但默瑞的解释系统仍是目前通用的。在他的解释系统中，他认为对故事内容分析至少要包括五种主要变量，它们是：①主人公；②主人公的需要、动机倾向；③环境压力；④结局；⑤主题。每一故事均按这些变量来分析。

（4）因素分析范式或问卷调查法

许多关于自我概念维度的模型都是通过对自我概念进行因素分析测验而得到的。目前比较常用的调查问卷或量表主要有：

马什（Marsh）及其同事根据谢弗尔森（Shavelson）多维度、多层次自我概念模式而编制的自我描述问卷（SDQ）[1]，其可以分为三种即SDQⅠ、SDQⅡ、SDQⅢ，它们分别用来测量前青春期学生、青春期学生和成人的自我概念。

Song和Hattie自我概念量表，[2] 这是根据自我概念的基本结构的特殊测验理论所编制的一种测验，其主要用来测量儿童和青少年。

Fitts所编制的田纳西自我概念量表，[3] 该量表在美国辅导、咨询和研

---

[1] Marsh H. W., "A Multidimensional, Hierarchical Model of Self-concept: Theoretical and Empirical Justification", *Educational Psychology Review*, Vol. 2, No. 2, 1990, pp. 77 – 172.

[2] Song I. S., Hattie J., "Home Environment Self-concept, and Academic Achievement: A Causal Modeling Approach", *Journal of Educational psychology*, Vol. 76, No. 6, 1984, pp. 1269 – 1281.

[3] Fitts W. H., *Manual for the Tennessee Self Concept Scale*, Nashville, TN: Counselor Recordings and Tests, 1965.

究上经常被使用，1967—1971 年在研究上曾被评为被引用最多的 14 项人格测验之一，其主要被用于青少年和成人。

Piers-Harris 所编制的自我概念量表，[1] 该量表的信度的一致性和稳定性都是合理的，而且与其他可靠的自我概念测量有很高的相关，其主要被广泛应用于小学生。

（二）自我的发生与发展

1. 自我的发生

在婴儿出生后，自我究竟是什么时候开始出现的？发展心理学家一直以来都很关注，并进行了大量的研究。下面从两个经典性研究来介绍自我的发生。

第一，盖洛普（Gallup，1970）关于黑猩猩的自我再认的研究。[2] 在实验中，盖洛普在麻醉黑猩猩后，在它们的脸上的某个部位涂一块红色的、无味的颜料，等到黑猩猩醒来后，把它们放到镜子面前，发现黑猩猩会去探索脸上有红色颜料的部位，也就是显示出自我意识。

第二，刘易斯（Lewis）和冈恩（Gunn）的关于婴幼儿的镜像自我的研究。在实验中，他们把 9—24 个月的婴儿分成三组，即分别是 9—12 组、15—18 组、21—24 组。然后把他们放在镜子前面，并要求母亲在婴儿没有知觉的情况下，在婴儿的鼻子上抹一个小红点。研究结果显示，9—12 组的婴儿只对自己在镜子中的影像微笑和触摸，没有特别指向小红点的触摸行为，也就是他们在镜子中看到的就是他们自己；在 15—18 组中开始出现了触摸小红点的行为，而在 21—24 组中这种触摸小红点的行为表现得非常明显。因此，镜像自我再认的研究结果表明，自我开始出现于 15 个月左右，在两岁左右已基本形成。

2. 自我的发展

当幼儿形成了自我意识以后，自我意识会随着年龄的增长而不断地发展和完善。下面将根据个体的年龄阶段，来对每个阶段相应的自我发

---

[1] Piers E. V., *Manual for the Piers Harris Children's Self-concept Seale*, Nashville, TN: Counselor Recordings & Tests, 1969.

[2] Galup G. G., "Chimpanzees: Self Fecognition", *Science*, Vol. 166, No. 3914, 1970, pp. 86–87.

展状况进行阐述。

(1) 幼儿期自我知觉和自我评价的发展

在自我的发生过程中，2岁时幼儿已经基本上形成了自我意识，此后，幼儿自我意识的发展主要表现在自我知觉的发展上，具体来说，就是指幼儿能够清楚地把自己和他人相区分开来，并能够用代名词"我"和"你"来分别加以指称。比如说，让23—25个月大的幼儿参加一项实验，如果实验者要求他们模仿涉及玩具的一系列行为，尽管他们已经完成了一些较为简单的行为序列，但有时仍会哭泣。这种反应说明他们意识到最忌缺乏能力去执行一些困难的任务，并且为此感到难过——该反应是自我觉知的明显标志。① 而自我知觉主要是经由四种外部行为表现出来的，即指挥他人的行为、描述自己的行为、占有性行为和移情作用。

随着自我意识的进一步发展，幼儿期自我评价也出现变化。所谓自我评价是指主体对自己思想、愿望、行为和个性特点的判断和评价。在这个时期，儿童的自我评价表现出如下特征：(1)从轻信成人的评价到自己独立评价；(2)从对外部行为的评价到对内心品质的评价；(3)从比较笼统的评价到比较细致的评价；(4)从带有极大主观情绪性的自我评价到初步比较客观的评价。② 此外，个体在自我概念、自我情绪体验和自我控制都表现出了发展的趋势，例如，在自我概念上，此时的儿童主要倾向于用年龄、性别和相貌等外部特征来描述自己；自我情绪体验由与生理需要相联系的情绪体验（愉快、愤怒）向社会性情感体验（委屈、自尊、羞愧感）不断深化、发展，同时有表现出易受暗示性。

(2) 童年期自我评价的发展

在这个阶段，儿童对自我的评价在前一个阶段发展的基础上，又前进了一大步，他们对自我的评价不仅仅停留在外部特征或行为之

---

① ［美］罗伯特·费尔德曼：《发展心理学——人的毕生发展》（第四版），苏彦捷等译，世界图书出版公司2007年版，第216页。Kagan & Jerome, "Frontmatter: The Second Year the Emargance of Self Awareness", *James Joyle Quaiterly*, Vol. 16, No. 112, 1981, pp. 7 – 15. legerstee, M., "The Development of Intention: Understanding People and Their Action", *Intante Behawion & Development*, Vol. 21, No. 2, 1998, pp. 528 – 528. Asendorpt, J. B. Banse, R. & Miicke, D., "Doubledisso Gation between Implicat and Explicit Personality Self-concept: The Case of Shy Behaviour", *Journal of personality & Social Psychology*, Vol. 83, No. 2, 2002, pp. 380 – 393.

② 林崇德主编：《发展心理学》，人民教育出版社1995年版，第243页。

上，而是转向对一些比较抽象的心理状态和品质进行描述。而此阶段个体自我评价的具体发展主要表现在五个方面：①从顺从别人的评价发展到有一定独立见解的评价，自我评价的独立性随年级而增高；②从比较笼统的评价发展到对自己个别方面或多方面行为的优缺点进行评价；③小学儿童开始出现对内心品质进行评价的初步倾向；④在整个小学阶段，儿童的自我评价处于由具体性向抽象性，由外显行为向内部世界的发展过程之中，小学生的抽象概括性评价和对内心世界的评价能力都在迅速发展；⑤小学儿童的自我评价的稳定性逐渐加强。[①] 而在自我概念上，小学儿童的自我描述逐渐由比较具体的外部特征向比较抽象的心理特征过渡，例如，到小学高年级时，儿童试图从品质、动机及人际关系等方面来描述自己。此外，在自我情绪体验方面，随着儿童理性认识的增加和提高，其情绪体验也逐渐深刻化，其主要表现形式就是自尊心，那些具有高自尊心的个体对自己的评价会比较积极，反之，则会比较消极。

（3）青少年期自我的发展和分化

到了这个阶段，随着青少年生理和心理方面的成熟以及思维的不断发展和完善，他们的反思能力也渐渐增强，此时他们的自我意识开始突飞猛进地发展。其主要特征是青少年在对自我的描述中具体的东西越来越少，内容越来越抽象化，其中较多地涉及了他们的品质、信念、动机和自己的非常亲密的朋友等。值得指出的是，青少年自我意识发展的最显著的特点是"自我的分化"，即自我分裂成主我和客我。而主我通过不断地审视和评判客我，从而发现理想与现实之间的差距，因而促使个体不断地努力，以求实现自我的完善。

姚信[②]对大学生自我概念的结构维度（自我认同、自我满意、自我行动）、内容维度（生理自我，道德自我、心理自我、家庭自我、社会自我）和综合状况（自我总分与自我批评）进行研究，发现青年时期的女生更关注自己的身体、外貌，而男生则更关心自己的社会属性，在自我

---

① 林崇德主编：《发展心理学》，人民教育出版社1995年版，第314页。
② 姚信：《大学生自我概念发展状况研究》，《中国心理卫生杂志》2003年第17卷第1期，第42—44页。

批评因子上所表现出来的性别差异表明女生要比男生更有自信心；大学生自我概念发展呈现出大学一年级新生产生明显的心理冲突，大二学生逐渐产生适应感、随意感和自信感，自我独立的要求和自我表现的倾向开始突出，大三是自我概念发展的"转折期"，大四学生的自我概念趋于更稳定、积极。[1]

（4）青年期以后自我发展状况

当个体进入中年期以后，自我的发展主要表现在两个方面：一是自我调节功能逐渐趋向整合水平。近年来有关自我发展的横断研究和追踪研究发现，人的自我发展与年龄有着密切的关系。有研究指出，中年期自我发展主要经历四个阶段，即从众水平、公正水平、自主水平和整合水平。[2] 在从众水平阶段，个体的行为完全服从社会规范，一旦个体的行为违反了社会规范，就会产生内疚感。发展到公正水平阶段时，个体将外在的社会规范内化为个体的自己的规范，此时，个体遵守规范是出于自己真正的选择，而不是为了逃避，而且这个阶段的个体无法容忍自我评价标准与社会规范、个人需要和他人需要之间的矛盾与冲突，往往通过极化思想的方法来解决这些矛盾与冲突。而到了自主水平阶段时，个体能够承认并接受自主水平阶段存在的矛盾与冲突，并对它们表现出高度的容忍性。最后一个阶段是整合水平阶段，这是自我发展的最高阶段，但这个阶段很少有人能够达到。而处于这个阶段的个体不仅能够正视个体内部矛盾与冲突，而且对它们表现出积极的调和、解决的态度，并能理智地放弃那些难以实现的目标。二是个体日益关注自己的内心世界。荣格曾提出这么一个观点，当个体进入中年期以后，个体的心理发展更多地表现出内倾性的特点。而著名的"堪萨斯研究"[3] 证实了荣格的这个观点。堪萨斯研究始于20世纪50年代，研究者采用投射测验、问卷调查和访谈等方法，对生活在堪萨斯城的40—80名成年人进行研究。研究发现，与年龄相关的变化主要发生在内在心理活动过程中，表现为对外部世界积极取向的态度日益减退。

---

[1] 杨丽珠、刘文主编：《毕生发展心理学》，高等教育出版社2006年版，第354页。
[2] 同上书，第387—388页。
[3] 同上。

二 自我发展的理论

(一) 精神分析学派的观点

精神分析学派是弗洛伊德创立的一个学派,在其发展的历程中,我们可以将它划分为两个阶段,即古典精神分析学派和新精神分析学派,前者以弗洛伊德(Freud)、荣格(Rong)和阿德勒(Adler)为代表人物,而后者以霍妮(Horney)、沙利文(Sullivan)和弗洛姆(Fromm)等人为代表。我们首先来看看古典精神分析学派中弗洛伊德的观点。弗洛伊德根据心理世界的深浅程度不同,把自我划分为三层:本我、自我和超我。根据弗洛伊德的观点,本我是人格中与生俱来的最原始的部分,它是潜意识的,是个体人格形成的基础,主要由基本欲望、先天的本能如饥、渴和性等,其中占主导地位的是个体的性本能。本我遵循的是快乐原则,其目的是实现本能能量的释放和焦虑的解除。自我则是个体通过适当的手段来满足本能欲望、解除个体焦虑,从而是自己适应环境的过程中,逐渐从本我中分化出来的。自我可以分为两部分,即执行的自我和监督的自我,它遵循的是现实原则,也就是说,个体在满足本能需要的同时,还得考虑现实中各种客观的要求。而超我则是从自我中分化出来的,是自我中监督的自我部分,它遵循着至善原则,是个体人格中最文明、最有道德的部分,其主要功能是监督自我去约束本我的本能冲动,可以分为良心和自我理想两个部分。

由于弗洛伊德推崇潜意识的本能论,因此,其自我观受到很多人的质疑。在这些质疑中,沙利文由于着重强调自我发展的社会和人际关系的基础,尤其强调早期的母婴之间的关系,从而开辟了自我研究的新局面,提出了他的人际关系理论。

在沙利文看来,自我系统是指个体在人际关系的基础之上建立起来的一种自我印象,它是社会道德规范和文化的产物,其主要功能在于减少焦虑、认识社会环境中的各种人际关系,并加以应对和适应,以最终获得满足和安全。沙利文认为自我系统最初来源于母亲与婴儿之间的关系焦虑,由于婴儿为了满足自己的生理需要,为了获得安全感,他们会尽力取悦母亲并服从母亲所代表的社会规则,因此,他们非常在意母亲的赞许或惩罚。当他们的行为受到赞许时,儿童会接受自我,从而形成

"善我",相反,儿童会排斥自我,从而形成"恶我"。

沙利文还认为,自我的发展来自于与其他个体接触时所体验到的感受以及儿童对他人评价的反馈性评价或感知。它包括三个主要部分,即善我——与导致奖励和获得人际安全感的经验相联系的自我的一个部分,恶我——与痛苦和安全受到威胁的经验相联系的自我的一个部分,以及非我——与那些难以容忍的焦虑或被拒绝的经验相联系的自我的一个部分。

(二) 社会认知的观点

自我的社会认知观点是以认知心理学的概念及其研究方法为基础而形成的,在社会认知观中,产生了重大影响的是马库斯(Markus)提出的自我图式理论。马库斯认为,个体是以认知结构为基础来形成自我的,而这些认知结构又被称为自我图式。所谓自我图式就是关于自我认知的类化,来自于个体以往的经验,它组织、指导与自我有关的信息的加工过程。

马库斯区分了两种不同类型的自我图式,即独立性自我图式和依赖性自我图式。马库斯的研究发现,具有独立性自我图式的个体在行为上与具有依赖性自我图式的个体存在差异,而且具有两种自我图式的个体与两种图式都不具有的个体在行为上也存在差异。具有自我图式的个体在对信息的处理上表现得比不具有自我图式的个体更快,能对相关图式做出更多的解释,而且在拒绝与自我图式不一致的信息上也会表现得更好。其自我图式理论的主要观点可概括为三个方面:第一,自我图式是一种与其他认知结构功能相似的认知结构;第二,对所有新的刺激都会根据有关的自我来评价;第三,存在自我确证的偏见。[1]

(三) 人本主义心理学学派的观点

罗杰斯是在现象学的基础上提出自我观点的,他认为每个个体都是以自己独特的方式来感知或看待世界的,而这些对外界环境的感知就构成个人的现象场。所谓个人的现象场是指个体在感知外在事物及自己时,赋予这些事物以意义,从而构成一个完整的经验系统。

事实上,罗杰斯开始对自我并不感兴趣,他认为自我是一个模糊的、

---

[1] [美] L. A. 珀文:《人格科学》,周榕译,华东师范大学出版社 2001 年版,第 280 页。

没有科学意义的术语。然而在他的临床实践中，他经常听到来访者提到自我，于是从1947年开始，罗杰斯强调自我是人格的一个部分，并且从临床和实证两个方面对自我进行了大量的探索性研究。

罗杰斯非常强调现象学的研究取向，也就是试图根据个体如何看待自己和周围的外界环境来理解他们。由此，他提出了个人现象场概念，认为现象场包括两个方面的内容，即潜意识的知觉和有意识的知觉，其中有意识的知觉或者那些能够成为有意识的知觉对行为起着最为重要的决定作用。他还认为现象场中最为关键的部分是自我，它主要由三种成分组成，即主体的我、客体的我和所有格的我。他说这个自我就是现实的自我，它既反映经验又反过来影响经验，它是一套有组织的、具有一致性的知觉模式。后来，罗杰斯又提出了一个与现实自我相对应的概念，即理想自我，指一种个体希望做什么样人的自我观念，也就是个体期望的自我形象。

根据罗杰斯的观点，早期自我很大一部分来自于对父母评价的知觉，而且儿童的自尊或儿童对个人价值的判断都来源于这些知觉。当父母给予儿童以支持或赞同时，儿童就会将自己感知到的新经验纳入到自我之中，此时，自我和经验是一致的。相反，当父母对儿童的行为表示反对，或者把某些条件强加在儿童的自我价值之上时，他们就会将自己感知到的新经验加以拒绝。也就是说，那些与自我结构不一致的经验会被否定或歪曲，从而产生自我经验差异。

三 自我概念、自尊与同一性

（一）自我概念的发展

1. 自我概念的内涵及其结构

最早对自我概念进行系统研究的是詹姆斯。但明确使用"自我概念"这个概念的是罗杰斯，他认为，自我概念就是指个人现象场中与个体自身有关的内容，是个体自我知觉的组织系统及看待自身的方式。根据罗杰斯的观点，对个体的个性和行为具有重要意义的是其自我概念，而不是真的自我；自我概念一方面控制并综合着个体知觉环境的意义，而另一方又决定着个体对环境所做出的反应。

自我概念一直以来是心理学研究的一个重要领域，目前有关自我概念的界定具有代表性的观点有：(1) 自我概念是指个体对自身生理、心理和社会功能状态的知觉和主观评价；(2) 自我概念是指个体对有关自己的概念认识或观念；(3) 自我概念是指个体通过经验而形成的对自己的知觉判断或是主观评价。一般说来，自我概念就是指个体对有关自己的外表、特长、能力、价值及社会接受性等方面的知识、情感和态度的自我知觉。它既是自我的主要成分，也是人格结构的核心部分。

自我概念是人格结构的核心部分，但对自我概念结构的研究目前仍颇有争议，归纳起来，主要可以划分为两种取向：一是以詹姆斯为主要代表的理论建构取向，二是心理测量学的研究取向。在早期的理论建构观点中，有关自我概念的研究首推詹姆斯，根据他的观点，自我由四个部分构成，即物质自我、社会自我、精神自我和纯自我，他认为自我具有层次结构性，物质自我是基础，社会自我比物质自我高，而精神自我处于最高层。谢弗尔森（Shavelson）等人则在詹姆斯和库利的理论思想基础之上，提出了一个多维度、多层次的自我概念结构模型，在这个模型中，一般自我概念处于最高层，其可以划分为学业和非学业两个方面。学业自我概念又可以划分为具体科目的自我概念，如语文自我概念、数学自我概念；而非学业自我概念则可以划分为身体的、情绪的、社会的自我概念。

2. 自我概念的形成、发展及影响

自我概念是个体社会性发展的重要构成部分。当个体刚出生时，其并没有自我与非我的分化，到6—8个月时，婴儿开始出现对自己身体和自身的连续性的感觉，这就是个体自我意识的萌芽，它是自我概念发展的基础。儿童自我概念发展的核心机制就是，随着个体认知能力的不断发展而提高，同时存在着与其他个体的相互作用。例如，库利的研究发现，与他人交往在儿童自我概念发展中起着特殊的作用。库利认为儿童的自我概念是通过"镜映过程"形成的"镜像自我"，他人对儿童的态度反应就像是一面镜子，个体就是通过它来认识和界定自己，从而形成相应的自我概念的。后来米德发展了库利的思想，并在他的理论基础上提出了"一般化他人"的概念，米德认为儿童进行自我评价的依据是转化而来的抽象的一般化他人，而不是单独的个体或独特的群体。儿童自我概念就是在设想的一般化他人如何看待自己的基础上形成起来的。总之，自我概念是随着个体人际交往的变化而发展变化的，也随着个体人际关系发展而不断地调整和更新,并对个体行为起着自我调节和定向的作用。

　　自我概念不仅是个体社会性发展的重要组成部分,而且它在人格中也起着重要的整合作用。因此,自我概念的发展状况将会对个体的社会适应、职业发展和日常行为等产生一定的影响。在社会适应方面,有研究显示,自我评价低的个体比自我评价高的个体表现出更多的不健康的情绪状况,如心身疾病、失眠等,这主要表现在自我评价低的个体感受到的自我价值也低,从而阻碍了他们与一些对建构自我概念很重要的社会情景的接触。在职业发展方面,相对那些自我概念和自我评价低的个体而言,具有高自我概念和自我评价的个体有更高的职业意向,而且会选择社会地位更高的职业。另有研究表明,具有高自我概念的个体会选择那些需要领导地位和权力的职业,而尽量避免那些受制于人或辅助性的职业。而在日常行为方面,研究者们主要对自我概念与个体犯罪行为之间的关系进行了研究,例如,有关青少年犯罪的一个经常被使用的方法就是测验和比较犯罪的青少年和正常的青少年样本的人格特点,有研究显示,犯罪的青少年比正常的青少年在社会上更加有敌意、有破坏性、固执己见和缺乏控制力。[1]

　　3. 自我概念研究的发展趋势

　　谢弗尔森等提出的有关自我概念的多维度多层次模型很具启发性,[2]为自我概念的实证研究提供了理论指导。20世纪80年代以后项目反应理论(Item Response Theory,IRT)和概化理论(Generalization Theory,GT)等测量理论、元分析法(Mata-Analysis)和结构方程模型(Structural Equation Models,SEM)的应用和推广为自我概念的研究提供了方法论和统计技术上的支持,从而使得自我概念的研究得以深入。[3]

　　以往有关自我概念的研究主要集中在有关自我概念的界定,自我概念的结构,自我概念的功能,自我概念理论模型以及自我概念的影响因素等方面,而近年来,不少研究者从学业、性别、种族差异、社会教化等方面对个体自我概念进行许多研究。例如,在学习方面对天才学生和

---

[1]　俞国良、辛自强:《社会性发展心理学》,安徽教育出版社2004年版,第222页。

[2]　Shavelson R. J., Stanton, G. C., "Self-concept: Validaxion of Consfruct Interprefutions", Reviews of Educational Research, Vol. 46, No. 37, 1976, pp. 407 – 441.

[3]　李伟明:《心理计量学的长足进步》,《心理科学》1998年第6期。

学习失能学生的自我概念的研究。普拉克和斯托金（Plucker & Stocking）运用 Marsh 的自我描述问卷对 131 名天才学生进行了研究，结果显示问卷对于研究天才学生的学业自我概念是可用的，学生在某一学科的成绩突出，比如数学成绩突出将对数学自我概念有一定的积极的影响，但对于其他学业自我概念的影响并不清楚。[①] Gans、Kenny & Ghany 的研究运用 Piers-Harris 儿童自我概念量表（PHCSS）发现，无学习失能的学生在行为、智力与学校两个分量中的得分高于学习失能的学生，而在其他分量中差异不显著。[②] 在性别研究方面，有一项研究（Dusek & Flaberty, 1981）结果表明，男孩在男子气概、成就、领导者等方面有较高水平的自我概念，而在社会性等方面的水平较低。而在有关学业自我概念的性别差异的研究中，莫西（Meece, 1982）的研究结果显示，男女的数学自我概念在初高中阶段均呈下降趋势，但女孩子下降的幅度更大。在跨文化差异方面，马什和豪研究了 26 个国家 5 万多个 15 岁学生的学业自我概念，结果显示数学和言语成绩具有较高的相关，但是数学自我概念和言语自我概念几乎没有相关。数学成绩对数学自我概念有积极的影响，但对言语自我概念却有消极影响，言语成绩对言语自我概念有积极影响，但对数学自我概念却有消极影响。[③] 此外，近年来对职业自我概念的研究成果也非常显著。也有研究者认为，当前自我概念的研究转向在特定的情景中探讨自我的具体应用，自我概念研究的适用范围在拓展；自我研究的中心在于自我概念与其他因素的相关，而证明它们之间的高相关或因果关系的关系，是目前研究中需要考虑的问题。

（二）自尊的发展

1. 自尊的界定

在有关自尊的界定上，主要存在三种倾向：

[①] Plucker J. A., Stocking V. B., "Looking Outside and Inside: Self-concept Development of Gifted Adolescents", *Exceptional Children*, Vol. 67, No. 4, 2001, p. 535.

[②] Any M. Gans, Maureen C. Kenny and Dave L. Ghany, "Comparing the Self-concent of Students with and without Learing Disabilities", *Journal of Learning Disabilities*, Vol. 36, No. 3, 2003, pp. 257-258.

[③] Herbert W. Marsh, Kit-Tai Hau, "Explaining Paradoxical Relations between Academic Self-concepts and Achievements", *Journal of Educational Psychology*, Vol. 96, No. 1, 2004, p. 56.

第一种倾向认为自尊属于自我认识,例如,最早给自尊下定义的詹姆斯认为自尊＝成功/抱负水平。也就是个体对自我价值的感受取决于其实际成就与其潜在能力之间的比值。而怀特(White)则认为:"自尊主要植根于人们的效能感,而不是建立在他人的努力或者环境提供的条件上。在最开始的时候,自尊是建立在如何使环境能更多地提供给婴儿生存所需要的活动上。在婴儿的活动中,效能感是由其努力的成功或失败来调节的,因为他们还不知道是什么可以影响环境的反应。从这个意义上说,自尊与效能感是紧密联系的,并且随着个体的发展,婴儿的自尊与能力感(或胜任感)的联系会不断累积增强。"[1]

第二种倾向认为自尊属于情感体验;罗杰斯则认为自尊是指自我态度中的情绪和行为成分。而库珀史密斯(Coopersmith)则认为自尊是指个体对自己所持有的一种肯定或否定的态度,它能表明个体相信自己是有能力的、重要的、成功的和有价值的。罗森伯格则认为:"自尊是针对某一特定客体——即自我本身的一种积极或消极的态度。高自尊如同自尊量表项目所反映的,表明的是一个人是'足够好的'一种心理感受。也就是个体感到自己是一个有价值的人,他因为自己的所作所为而尊重自己。这种尊重不是敬畏或害怕自己,也不是期望别人对自己感到敬畏,也就是说个体并不认为自己一定会超过其他人。"[2]

第三种倾向则认为自尊既有认识,又有内心感受、情感体验。例如,林崇德认为,自尊是自我意识中具有评价意义的成分,是与自尊需要相联系的,对自我的态度体验,也是心理健康的重要标志之一。

魏运华在综合国内外已有定义的基础上指出,自尊是指个体在社会比较的过程中所获得的有关自我价值的积极评价与体验。它包含了四层意思,即一是自尊是一种评价与体验;二是自尊是一种积极的评价和体验;三是自尊是个体对自我价值的评价和体验;四是自尊是在社会比较过程中获得的。

2. 自尊的结构

大部分心理学家都认为自尊是由各种成分组成的有层次的结构。研究

---

[1] White R., "Ego and Reality in Psychoanalytic Theory: A Proposal Regarding in Depended Ego Energies", *Psychological Issues*, Vol. 3, No. 3, 1963, pp. 125 – 150.

[2] Rosenberg M., *Society and the Adolescent Self-image*, N. J.: Princeton University Press, 1965.

者们从各自的研究角度出发，提出了许多有关自尊结构的假设。例如，詹姆斯提出一维结构模型，自尊就是指个体的成就感，自尊取决于个体在实现其所设定的目标的过程中的成功或失败的感受。① 而施特芬哈根（Steffenhagen）和伯恩斯（Burns）则提出了三维结构模型，该模型包括三个相互联系的亚模型，即物质/情境模型，该模型认为自尊由自我意象、自我概念和社会概念三种成分组成。② 下面介绍三种具有代表性的观点：

（1）二维结构模型

波普和麦克黑尔（PoPe & McHale）认为，自尊是由知觉自我和理想自我两个维度构成的。③ 前者是指个体对自己具有和不具有的各种技能、特征和心理品质的客观性认识，后者主要是指个体希望自己成为什么样的人的一种意向，或者是个体渴望拥有某种特性的一种真实的愿望。当个体的知觉自我和理想自我相符合时，个体就会产生积极的自尊。相反，个体就会表现出消极的自尊。值得指出的是，自我知觉的过程实际上就是一种认知活动，在这个过程当中，个体可能会犯一些错误，如武断推论、泛化、扩大、缩小以及个人化等，从而导致个体自尊的降低，而理想自我的获得事实上是对某种技能、特性和品质的重要性的认识。

（2）四维结构模型

该模型是由库珀史密斯提出来的，他认为，自尊是由重要性、能力、品德和权力四个方面组成的。④ 重要性是指个体能否感到自己受到生活中重要人物的喜爱和赞赏；能力是指个体是否具备完成他人认为重要的任务的能力；品德是指个体能否达到伦理和道德标准的程度；权力是指个体影响和控制自己和他人生活的程度。

（3）有层次的多维结构模型⑤

有层次的多维结构模型是由谢维尔森等人提出来的，在该模型中他们认为，自尊的结构是一个有层次的多维结构模型，处于最高层的是一般性自尊，

---

① 张静：《自尊问题研究综述》，《南京航空航天大学学报》（社会科学版）2002 年第 2 期。
② 张文新：《儿童社会性发展》，北京师范大学出版社 1999 年版，第 394 页。
③ PoPe A., McHale S. & Craighead E., *Self-esteem Enhaneement with Children and Adoleseent*, Pergamon Press, Inc., 1988, pp. 2 – 21.
④ Coopersmith S., *The Antecedents of Self-esteem*, San Francisco：Freeman, 1967, pp. 4 – 5.
⑤ 魏运华：《自尊的心理发展与教育》，北京师范大学出版社 2004 年版，第 55—60 页。

处于较高层次的是那些较高等的因素，如社会自尊、学业自尊等，而处于中等层次的是那些更一般的结构，处于最低层次的是那些对特定情境中的行为的评价。在这一模型的基础之上，有些研究者认为，自尊的结构可以分为八个维度，如麦伯亚（Mboya）认为自尊由家庭关系、学校、生理能力、生理外貌、情绪稳定性、音乐能力、同伴关系和健康等八个维度构成。[1]

3. 自尊的发生发展及其影响因素

2岁儿童的自我已经基本形成。随着个体自我意识的发展，在3岁以后，在自我意识的发展过程中，就会出现主体的我和客体的我，这标志着自我的分化及其统一。主体的我就像一个观察者，而客体的我就是一个被观察者。当儿童明确意识到自己是活动的主体，而不是客体时，儿童的自我意识中便出现了自尊。而最近的一项研究显示，大概在4岁或5岁的时候，儿童已经建立起早期的重要的自尊感。到儿童中期的时候，儿童自尊方面有了进一步发展，这个时期儿童会越来越多地将其与他人进行比较，从而评估自己在多大程度上符合了社会标注。另外，这个时期儿童自尊的另一个特点就是自尊出现了分化。例如，7岁的时候，对大多数儿童来说，当他们的总体自尊表现出积极性时，他们认为自己能够做好一切事情，相反，当他们的总体自尊显得消极时，他们则认为自己不能做好大部分的事情。而到了儿童中期，儿童自尊在某些方面会表现较高，而在另一些方面可能会表现得较低。

当个体进入青春期时，其自尊逐渐与自我评价联系起来，而这种自我评价又来自于个体对特定自我角色的认同。由于生理和心理上的巨大变化，可能对个体自身的形象造成破坏，从而导致青少年自我评价的混乱及其自尊的降低。例如，维格菲尔德（Wigfield）等人的研究表明，个体进入初中后，自尊水平出现了明显下降。[2] 而我国学者张文新的研究也表明，在整个初中阶段，个体的自尊水平都是不稳定的，表现出明显的年龄或年级差异。[3] 而随着个体经验的不断积累和认知能力的进一步发展，个体开始出现更多的抽象的自我概念，他们开始关注自己的内部世

---

[1] Mboya, M. M., Petceived Teachers Behaviots and Demensions of Adolescent Self-concepts, *Educational Psychology*, Vol. 15, No. 4, 1995, pp. 491–499.

[2] 张文新：《儿童社会性发展》，北京师范大学出版社1999年版，第399页。

[3] 同上书，第398页。

界，并将注意力转移到有关自我存在性问题上来。

由于研究者对有关自尊的问题不断地进行深入的研究，大约从 1980 年起，自尊研究在国际心理学界越来越受到重视，而 1990 年在挪威奥斯陆召开的第一届国际自尊大会上，创建了自尊国际协会，从此，自尊受到了更多研究者的广泛关注，人们也越来越认识到自尊对人类存在的重要性，研究的领域也越来越宽广。

目前有关自尊研究的领域主要集中在七个方面：

第一，自尊与自信的差异；

第二，自尊及其层次结构；

第三，自尊的发展研究；

第四，现实自尊与理想自尊的差距；

第五，总体自尊与分化自尊；

第六，自尊的测定方法与自尊的稳定性；

第七，影响自尊发展的因素。

目前有关自尊研究的新进展主要体现在两个方面：第一，理论方面。例如，目前国际心理学界比较流行的是扬斯（Youngs）的自尊理论，[①] 她是一个国际著名的咨询师、研究者和作家，著有《自我尊重的六个关键要素》《教育者的自尊》和《你与自尊：通向幸福和成功的钥匙》等 14 部著作。在自尊研究领域，她的研究成果得到了美国国家学术机构与决策机构的肯定和推广。例如，她在《自我尊重的六大关键要素》中指出了自尊对于学习的重要意义——学习的秘密核心，列举了很多的成功事例来对其加以说明与解释。第二，自尊结构。目前，内隐自尊和自尊的稳定性已成为自尊结构研究领域的热点。在内隐自尊方面，随着社会认知研究的兴起，内隐自尊受到了研究者的重视，而内隐自尊的概念最早是由格林沃德（Greenwald）正式提出来的，他认为，所谓的内隐自尊（implicit self-esteem）是指通过内省不能确定的自我态度对与自我有关或有联系的事物评价的影响。[②] 在研究过程中，可以用启动测验、词汇完成

[①] 马前锋、蒋华明：《自尊研究的进展与意义》，《心理科学》2002 年第 2 期。

[②] Greenwald A. G., Banaji M. R., "Implicit Social Recognition: Attitudes, Self-esteem, and Stereotypes", *Psychological Review*, Vol. 104, No. 2, 1995, pp. 4–27.

测验、自我统觉测验及其内隐联想测验来对其进行测量。相对于外显自尊来说，内隐自尊能够更加真实地、准确地反映人们对自己的态度，在研究结论上也显得更加客观。在自尊的稳定性方面，萨尔米瓦利（Salmivalli）的研究发现，攻击性行为与个体自尊间没有显著的相关，他指出，之所以会出现这种情况，一个主要原因是由于自尊的不稳定性所导致。[①] 而克拉克和沃尔夫等人提出了一个总体自尊和自尊稳定性模型，他们认为自尊主要包括总体特质自尊、总体状态自尊、具体自尊及具体状态自尊。[②] 在研究中，他们发现，如果同时考察自尊的稳定性和总体/具体维度，就能够有效地解释各种自尊现象和实验数据。另有研究者指出，在自尊稳定性发展的问题上，自尊发展是呈倒"U"状，个体在童年期时，自尊的稳定性比较低，随着个体的不断发展，到中年期达到最高峰，随后又表现出下降的趋势。

影响个体自尊发生发展的因素，随着个体自我的不断发展，个体自尊也在不断地发展和完善，在这种发展过程中，它会受到各方面因素的影响，如个体因素、家庭因素及学校因素。

（1）个体因素

个体的外表、年龄、性别、自我评价方式及其归因风格都会在不同程度上影响个体自尊的形成和发展，在这里主要就外表和年龄两个方面来谈谈。首先在外表上，有研究表明，那些自认为在青少年时期具有魅力的成年人比那些自认为在青少年时期没有魅力的个体具有更高的自尊感和幸福感。另外在身高和体重两个方面的研究表明，体重本身对个体的自尊没有什么影响作用，但是个体对体重的感受会影响个体的自尊。而阿普特尔（Apter）等人的有关个体身高的研究显示，身材矮小且发育迟缓的个体比正常身高的个体具有明显的低自尊。其次在年龄上，个体的自尊会随着年龄的增长而发生相应的变化。例如，维格菲尔德和埃克尔斯（Wigfield & Eccles, 1994）研究表明，在小学阶段，儿童的自尊一般不会发生什么变化，但进入初中后，个体的自

[①] Salmivalli C., "Feeling Good about Oneself, Being Bad to Others? Remark on the Self-esteem, Hostility, and Aggressive Behavior", *Aggression & Violent Behavior*, Vol. 6, No. 4, 2001, pp. 375–393.

[②] Crocker J., Wolfe C. T., "Contingencies of Self-worth", *Psychological Review*, Vol. 108 No. 3, 2001, pp. 593–623.

尊会出现下降的情况，而且个体对自己能力的信念以及个体对自己的价值和不同活动的重要性的信念也会呈现出下降的趋势。①

（2）家庭因素

家庭是儿童社会的最初场所，儿童有关社会的知识，道德规范以及儿童所表现出来的社会行为最初都是从家庭中获得的，而儿童有关社会价值观念及其社会化的目标最初也是从他们父母那里学来的。自尊作为社会化的一个重要方面，也必然会受到各种家庭因素的影响如亲子关系、父母的教养方式、父母的受教育程度、父母的职业、家庭经济地位以及家庭结构等，下面介绍一下父母的教养方式对儿童自尊的影响。

作为家庭主要成员的父母，他们对待孩子的态度方式将直接影响儿童自尊的形成及其发展。库珀史密斯②有关父母的抚养方式对儿童自尊形成和发展的影响的研究表明，具有高自尊感的儿童，其父母的抚养方式一般具有四个基本特点：一是接受、关心和参与；二是严格；三是使用非强制性的纪律；四是民主。

父母的教养方式作为家庭因素的重要组成部分，它与儿童的发展有着极为密切的关系，特别是在儿童自尊的形成和发展方面具有不可低估的影响。但值得注意的是，父母的教养方式与儿童自尊的形成和发展是相互影响、相互作用的，一方面父母积极、乐观的行为让儿童感到自己是有能力的，另一方面具有高自尊的儿童能促进父母更加积极、乐观和民主。例如，魏远华的研究表明，父母的教养方式对少年儿童自尊的发展具有显著的影响。③父母对少年儿童采取"温暖与理解"的教养方式会促进少年儿童自尊的发展，提高儿童的自尊水平。反之，父母对少年儿童采取"惩罚与严厉""过分干涉""拒绝与否认""过度保护"等教养方式，都会不同程度地阻碍少年儿童自尊的发展，降低儿童的自尊水平。而张文新④利用库珀史密斯的自尊问卷对895名初中阶段城乡青少年进行自尊和父

---

① 魏运华：《自尊的心理发展与教育》，北京师范大学出版社2004年版，第84页。
② Coopersmith S., *The Antecedents of Self-esteem*, San Francisco: W. H. Reemna, 1967.
③ 魏运华：《父母教养方式对少年儿童自尊发展影响的研究》，《心理发展与教育》1999年第3期。
④ 张文新、林崇德：《青少年的自尊与父母教育方式的关系——不同群体之间的一致性与差异性》，《心理科学》1998年第6期，第489—493页。

母教育方式的测量，考察了青少年的自尊与父母教育方式的关系，结果发现，从总体上看，青少年的自尊与其报告的父母教育方式各维度之间均存在着密切关系。[①] 具体表现为，青少年的自尊与父母的情感温暖理解之间存在极显著的正相关关系，即青少年所感受到的来自父母的情感温暖与理解越多，其自尊水平越高；而与其感受到的父母的惩罚严厉、拒绝否认、过度干涉和过度保护之间存在着显著或极显著的负相关关系。

(3) 学校因素

当儿童进入学校学习后，学校的影响就会替代家庭的影响，学校作为一个有计划、有组织和有目的地向学生系统地传授有关社会知识、规范、价值观念和技能的机构，它一方面会巩固儿童从家庭中获得的知识，另一方面又会教给学生更多的在家庭中不能获得的新知识和新技能，促进学生不断地成熟，为学生提供与同龄人和成年人相处的机会并积累经验。下面从同伴关系和师生关系来阐述有关学校因素对儿童自尊的形成和发展的影响作用。

同伴关系是学校因素中影响儿童自尊形成和发展的一个重要因素，尤其是对那些对同学的反应比较敏感的儿童来说，同伴关系对他们自尊的形成和发展具有更大的影响。儿童的同伴关系对他们自尊形成和发展的影响主要可以归纳为以下三个方面：首先是亲密的同伴关系能够促进儿童建立同伴间的依恋关系，并有利于儿童获得社会支持，从而帮助儿童缓解由社会生活压力所带来的消极影响；其次是在与同伴的交往过程中，儿童会选择那些社会背景和个性特征与自己相似的个体作为自己的同伴，这能帮助儿童建立与同伴比较一致的价值观，从而促进儿童自尊的稳定性；最后是那些比较受欢迎的儿童在与同伴的交往过程中，他们不仅在自我效能感和归属感上会得到加强，而且他们的心理承受能力也会得到加强，这些都有益于儿童自尊稳定性的保持。但应该指出的是，同伴关系与自尊的发展可能是一种相互影响的关系。

学校对儿童自尊发展的影响也体现在教师身上，尤其是在小学阶段，教师对儿童自尊的发展有着非常重大的影响。这主要表现在两个方面：一

[①] 张文新、林崇德：《青少年的自尊与父母教育方式的关系——不同群体之间的一致性与差异性》，《心理科学》1998年第6期，第489—493页。

方面教师作为社会价值标准和行为规范的直接体现者和传递者，他们会通过各种各样的手段和途径把这些价值标准和行为规范传递给学生；另一方面，当儿童进入学校以后，教师就成了父母的化身，成为学生模仿的榜样，学生会把教师当成父母一样对待，同时他们也希望教师能像自己的父母那样爱护并理解自己。例如魏运华以自编《师生关系满意质量表》和《儿童自尊量表》对师生关系与少年儿童的自尊发展关系进行了考察，研究结果表明，满意的师生关系会促进儿童自尊的发展，教师对学生的支持、关心、鼓励、期望和参与都会有利于儿童自尊的发展。[1]

（三）同一性

1. 同一性的内涵

同一性是当今社会科学中一个广为使用的概念，它深入到了哲学、心理学、精神分析、政治科学、社会学、人类学和历史学等各个领域，由于各个领域对其研究的视角不同，因此，有关同一性概念的内涵和理论角色在不同的学科领域中存在很大的区别。目前这方面的研究情况大体上可以区分为三种取向：一是埃里克森定向的自我同一性；二是个体水平定向的同一性；三是集体水平定向的同一性，也就是社会同一性。在这三种研究取向中，埃里克森的取向是最早提出的，所产生的具体理论和研究成果也最为丰富。下面主要从埃里克森的研究取向即自我同一性来讨论有关同一性的问题。

1946 年，埃里克森将同一性引进心理学，1963 年时他又首创了自我同一性，因此，埃里克森也被称为同一性之父。科维尔（Kovel）认为埃里克森的自我同一性概念是 20 世纪系统描述人类发展的最有影响的概念之一。[2] 自我同一性是埃里克森提出的一个重要的概念，但是他并没有给自我同一性下一个明确的定义，根据他的观点，我们可以将他对自我同一性的解释概括为三个方面的内容：一是指在过去、现在和未来的时空中，个体对自我同一性的主观感受或意识，它强调的是个体主观的意识

---

[1] 魏运华：《父母教养方式对少年儿童自尊发展影响的研究》，《心理发展与教育》1999 年第 3 期。

[2] Welchman K., Erikson E., *His Life, Work and Significance*, Philadelphia: Open University Press, 2000, pp. 127 - 128.

体验、个体对自我同一性的感觉以及个体内在的不变性和连续性；二是指被社会所认可的自己及其所确立的自我像；三是指一种"感觉"，就相当于"清楚自己正在做某事"的感觉。

马西亚（Marcia）将埃里克森的自我同一性概念进行了操作化，即将自我同一性作为可被观察的事物来研究，因而她也被认为是自我同一性研究的集大成者。马西亚以探索和承诺为变量对自我同一性进行了操作性定义，认为自我同一性是青少年进行各种可能的探索，并产生个性感、个体在社会中的角色、经验跨时间的一致感和对自我理想的投入。[1]

2. 同一性的理论

（1）自我同一性理论

埃里克森认为，人的发展是一个渐进的进化过程，在此进化过程中，个体经历着生物的、心理的和社会的事件的固定的发展顺序。根据他的观点，他把人的一生分成：婴儿期、儿童早期、学前期、学龄期、青年期、成年早期、成年中期和老年期八个阶段。他认为每个阶段都有相应的心理社会任务需要完成，如：第一阶段是信任对不信任；第二阶段是羞怯对疑虑；第三阶段是主动对内疚；第四阶段是勤奋对自卑；第五阶段是同一性对角色混乱；第六阶段是亲密对孤独；第七阶段是繁殖对停滞；第八阶段是自我整合对失望。而每个阶段能否顺利地过渡则是由社会环境所决定的，而且在不同的社会文化之中，每个阶段出现的时间可以是不一致的。根据他的观点，青年期是个体从童年期走向成年期的过渡性阶段，是个体为生活做准备的关键时期。因此，他把青春期看作人心理社会发展的一个十分重要的时期，而这个时期的中心任务就是形成自我同一性和防止同一性混乱。他认为，经过前面四个阶段的发展，个体对自身已经有了一定的了解，并知道自己所能承担的角色，而当个体步入青年期后，他必须尝试着把这些有关自身和社会的经验整合起来，以便形成和制定自己将来的人生目标。

埃里克森认为，个体要是不能积极地形成和确定自我同一性，那么个体就会陷入同一性混乱。他指出，在青年期所表现出来的同一性混乱中，青少年应该克服七个方面的危机：时间前景对时间混乱、自我确定对冷漠

---

[1] 刘永芳：《青少年自我同一性的发展及其与依恋的关系》，硕士学位论文，山东师范大学，2005年，第2页。

无情、角色实验对消极同一性、成就欲望对工作瘫痪、性别同一性对性别混乱、领导的两极分化对权威混乱、思想上的两极分化对观念的混乱。[①]

（2）同一性状态理论

马西亚沿用了埃里克森的自我同一性观点，她认为个体自我同一性的形成是个体人格发展的重要事件，它标志着童年期的结束和成年期的到来。马西亚从三个方面考察了个体的自我同一性：一是从结构方面，她认为同一性是具有内在心理动力过程总的平衡特征，从结构的角度，它证实了自我成长的逐渐性，为自我同一性提供了人格发展的参照框架。二是从现象学方面，自我同一性是指同一感的经验方式。三是从行为方面，主要考察了自我同一性在形成过程中的可观察成分，也就是我们常常可以观察到的同一性风格。[②]

马西亚在以上考察的基础之上，以探索和投入为变量对个体的自我同一性进行了操作性定义。在她看来，自我同一性就是个体在社会现实中进行各种各样的个性探索，并形成个性感以及个体在社会中的角色、经验跨时间的一致感及其个体对自我理想的投入或承诺。所谓探索，其最初也被称为危机，是指个体在自我同一性发展的过程当中不断地寻求适合个体自己的目标、理想和价值观，而在此过程中，个体需要进行多方面的考虑，从而使个体做出有意义的选择。而承诺则是指个体在目标、理想和价值观等方面所付出的有关精力、时间和毅力等方面的个人投入。

马西亚根据探索和承诺的程度不同，将自我同一性划分为四种状态，即同一性获得者、同一性延缓者、同一性早闭者和同一性扩散者。[③] 同一性获得者主要是指那些具有高探索和高承诺的个体，这些个体已经体验了探索、考虑了各种选择，并对特定的目标、理想和价值观做出了积极而坚定的自我承诺；同一性延缓者是指那些具有高探索和低承诺的个体，这些个体正处于探索的过程当中，他们积极地收集信息资料，参与各种活

[①] 孙名之：《埃里克森的自我同一性述评》，《湖南师院学报》（哲学社会科学版）1984 年第 4 期。

[②] 张炜：《青少年中期自我同一性发展特征与社会适应行为的关系——兼及普通中学生和未成年犯的比较》，硕士学位论文，华中师范大学，2007 年，第 5 页。

[③] Marcia J. E.，"Development and Validation of Ego-identity Status"，*Journal of personality and Social Psychology*，Vol. 3，No. 5，1966，pp. 551 – 558.

动，寻找能够引导他们的生活的目标、理想和价值观，并主动积极地探索各种各样的选择，但是，他们并没有有意识地对特定的目标、理想和价值观进行投入；同一性早闭者是指那些具有低探索和高承诺的个体，这些个体没有明确地体验过探索，他们是根据父母或权威人物等重要他人的建议或期望而进行投入的；同一性扩散者是指那些具有低探索和低承诺的个体，这些个体从来没有探索过任何同一性问题，也不曾尝试过做出努力、缺乏清晰的方向，他们从来不去探索各种选择，也没有确定自己特定的目标、理想和价值观，更谈不上对它们进行投入了。

(3) 同一性风格模型

同一性风格模型是由 Berzonsky 提出来的，其属于社会认知加工模型。[①] Berzonsky 认为，处于不同同一性状态的个体具有各自的社会认知过程，面对同一性的建构和重建时，他们或者是直接面对，或者是逃避，而且在有关自我相关信息的加工、同一性问题的解决和其做决定时都存在着个体差异。Berzonsky 对个体如何使用有关自我的理论来解释他们是谁和同一性在其做出生活决策过程中的作用的过程非常关注。他从同一性风格角度来研究自我同一性，认为个体是有不同的探索取向的，这些取向大致可分为信息化同一性风格、规范化同一性风格和逃避或扩散同一性风格。[②]

信息化取向的个体一般能够通过积极主动的加工、评价和利用与自我有关的信息来解决同一性问题，能够对本身的自我建构和自我观念提出质疑。当反馈的信息相互矛盾时，这类个体能够主动地检验和修改自我同一性的某些方面，或者愿意延缓做出某种判断，以便他们对相关的信息进行充分的加工和评价。规范化取向的个体一般通过遵照/顺从权威人士的期望和指示来处理有关同一性的问题，这种处理方式带有一定的自动性。这种取向能够将潜在的自我威胁降低到最小，但它会导致固定反应倾向和认知扭曲的逐渐增加。这种取向的个体具有以下特征：对含糊不清的问题具有较低的忍受性，对结构的维持和认知的完整性具有较

[①] 王树青：《青少年自我同一性的发展及其与父母教养方式的关系》，硕士学位论文，山东师范大学，2004年。

[②] Berman, A. M., Schwartz, S. J., Kurtines, W. M., et al., "The Process of Exploration in Identity Formation: The Role of Style and Competence", *Journal of Adolescence*, Vol. 24, 2001, pp. 513 – 528.

高的需要，而且这种个体具有较高的防御性。逃避取向的个体不愿面对个人问题和做出决定，情境需要和刺激能够轻易地支配和控制他们的行为。这类个体以防御性逃避或扩散为其主要特征。

3. 同一性的测量

对马西亚的同一性状态理论为自我同一性的实证研究提供了理论基础，开创了自我同一性研究之先河。对自我同一性的测量有各种不同的研究方法，如访谈法、问卷法、量表法和Q分类法等，对这些方法进行归纳分类，主要可以将其划分为两种研究取向，一是对自我同一性状态的测量，二是对自我同一性过程的测量。在对自我同一性状态的测量上，马西亚首创的自我同一性状态的半结构化访谈技术和Bennion、Adams编制的"自我同一性状态客观性量表"问卷（EOM-EIS-2）[1]经常被研究者们使用，需要指出的是，前者是基于观测者的测量，而后者是自我报告性的测量，这两种测量都有各自的优缺点，是有关自我同一性的权威性测量工具。另外，还有许多其他有关同一性状态的测量工具，例如，玛罗林（Mallory）的Q分类"原型"（1989）[2]。在对自我同一性过程的测量上，以巴利斯特雷里（Balistreri）等人编制的自我同一性过程问卷（EIPQ）和Berzonsky编制的同一性风格量表（ISI）为最具代表性。就当前对自我同一性的研究现状来看，意识形态和人际关系领域是自我同一性研究或测量关注的两个主要领域，而意识形态领域主要包括价值观、政治、生活方式和宗教等方面的内容，人际关系领域的研究主要包括娱乐、性别角色和友谊等方面的内容。

4. 同一性的发展趋势

在探讨同一性发展趋势之前，先来看看有关同一性发展的基本假设。在前面已经了解到马西亚把同一性状态划分为四种，即同一性获得者、同一性延缓者、同一性扩散者及同一性早闭者。根据马西亚的观点，同一性的发展是一个连续体，扩散和早闭是同一性发展的低级状态，而延缓和获得则是同一性发展的高级状态，其认为同一性的发展总是从低级

---

[1] Bennion, L. D. & Adams, G. R., "A Revision of the Extended Version of the Objective Measure of Ego-identity Status: An Identity Instrument for Use with Late adolescents", *Journal of Adolescent Research*, Vol. 1, No. 2, 1986, pp. 183-198.

[2] Mallory M. E., "Q-sort Definition of Ego Identity Status", *Journal of Youth and Adolescence*, Vol. 18, No. 4, 1988, pp. 399-412.

状态过渡到高级状态，也就是从扩散状态经由延缓状态，过渡到理想的同一性确立或不理想的早闭状态。

同一性的形成开始于婴儿依恋、独立倾向的出现以及自我感的发展，而同一性的发展是持续个体毕生的过程。根据埃里克森的观点，青少年是建立自我同一性的关键时期，而以往有关同一性发展的大量研究也主要集中于青少年期和成年早期，因此，下面主要就青少年时期来探讨同一性的发展趋势。

有研究表明，在整个的青少年时期，随着个体年龄的增长，越来越多的个体会达到同一性完成状态，而处于扩散和早闭状态的个体会越来越少。弗里吉（Fregeau）和巴克（Barker）对350名12—18岁的青少年进行自我同一性状态的横断研究，研究结果表明，扩散状态到青少年中期一直都保持着稳定状态，直到青少年晚期才表现出下降趋势；延缓状态随个体年龄的发展而表现出不稳定性，到青少年后期时开始下降；早闭状态则随着个体年龄的增长表现出稳定的下降趋势；而获得状态则保持着稳定，不会随年龄的增长而逐渐地增加。[1] 米乌斯（Meeus）对个体同一性状态进行了元分析，研究结果表明，在青少年的各个年龄阶段上，同一性的发展存在很大的差异性，同一性获得人数的增长和同一性早闭人数的下降在大学阶段的变化幅度要大于初高中阶段，而同一性扩散人数的下降幅度则初高中阶段要大于大学阶段。[2] 而有关青少年自我同一性的纵向研究表明，在青少年阶段，个体的自我同一性状态从扩散或早闭到延缓或获得之间会发生明显的变化，将近有50%的个体在青少年后期仍处于非同一性获得状态。马西亚的研究结果也曾表明，在青少年早期大部分个体仍处于同一性扩散、同一性早闭和同一性延缓状态，很少有个体能够达到同一性获得状态；在18岁之前，个体一般不能建立前后一致的自我同一感，而最能体现个体同一性状态的个体差异的年龄阶段处于18—20岁。[3]

---

[1] 王树青：《青少年自我同一性的发展及其与父母教养方式的关系》，硕士学位论文，山东师范大学，2004年，第8页。

[2] Meeus, W., "Studies on Identity Development in Adolescence: An Overview of Research and Some New Data", *Journal of Youth and Adolescence*, Vol. 25, No. 5, 1996, pp. 596–598.

[3] 王树青、朱新筱、张奥萍：《青少年自我同一性研究综述》，《山东师范大学学报》（人文社会科学版）2004年第3期。

5. 同一性研究的新取向

马西亚所倡导的有关自我同一性的实证研究，在自我同一性研究文献中，一直处于主流方向。但自 20 世纪 80 年代末开始出现了从现象学或内部心理结构等方面来探讨同一性的研究取向，其试图超越马西亚有关自我同一性状态的实证研究，他们认为，自我同一性的操作定义对有关青少年在具体的意识形态和人际关系领域中的态度和选择的描述过于简单，其不能抓住自我同一性的本质。这些新的研究取向主要表现在以下三个方面：

（1）内部心理结构与现象学取向的自我同一性

布拉茜认为 Erikson 自我同一性概念应该从作为主观的自我角度来理解，自我同一性相当于体验一个人作为主观的自己的模式。[1] 在他看来，自我同一性的形成就是个体试图整合自己人格的各种成分并探索自己过去、现在和未来的一致性的原则，其目的是确立个体的整体统一的模式。布拉茜还指出，要想全面地理解自我同一性，研究者必须明确有关自我同一性的两种成分：一是有关自我同一性的具体内容；二是个体对选择、承诺、整合以及个性发展的态度。

（2）主我与客我同一取向的自我同一性

该取向强调作为主动行为的我和作为观察对象的我之间的同一。例如，克罗格明确地将同一性定义为自我与客体之间的平衡。[2] 而凯根（Kegan）则认为自我同一性就是意义的生成，是自我和客体之间的一系列关系的重建，而自我同一性形成的过程就是自我和客体之间的边界的不断形成、摧毁及修复的过程。[3]

（3）建构主义取向的自我同一性

Grotevant 采用建构主义的观点将自我同一性看作个体与外部环境互动的结构或框架，而这些结构或框架则是个体描述、解释和关联相关经验的原则或理论。Grotevant 区分了两种同一性即选择的同一性和指定的同一性。[4] 所谓选择的同一性主要是指个体在社会背景中所获得的承诺，

---

[1] Daniel K. Lapsley, F. Clark Power, *Ego, Self and Identity: Integrative Approaches*, New York: Springer-Verlag, 1988, pp. 227 - 234.

[2] Kroger J., *Discussions on Ego Identity*, London: Lawrence Erlbaum Associates, 1993, pp. 5 - 14.

[3] 郭金山：《西方心理学自我同一性概念的解析》，《心理科学进展》2003 年第 2 期。

[4] Adams G. R., *Adolescent Identity Formation*, London: Sage Publications, 1992, pp. 4 - 78.

如职业同一性；而指定的同一性主要是指那些不能由个体的选择所支配的成分，如性别同一性。

第二节 社会认知发展

一 社会认知发展的本质

(一) 社会认知发展的内涵

社会认知最初被称为社会知觉，是由布鲁纳（Bruner）提出来的。

社会认知指受到知觉主体兴趣、动机、需要、情感和价值观等社会因素的影响而产生的对他人的知觉。后来，研究者们根据自己的研究对它做了不同的解释。例如，有研究者认为，社会认知研究包括所有影响个体对信息的获得、表征和提取的因素及其这些过程与感知者之间关系的研究和思考。而谢尔曼（Sherman）等人则把社会认知看作通过研究有关社会现象的认知结构和加工来理解社会心理现象的一种概念性或经验性的方法或者途径。戴蒙（Damon）认为，社会认知一般包括两种认知，一个是关于"组织方面"的社会认知，主要是指一些关于社会的知识以及制约个体对社会现实的认识的原则和范畴，另一个是关于"过程方面"的社会认知，它主要是指个体用以交换、接纳和加工信息的一切方式方法，如感知觉，注意，记忆和思维等。而高觉敷认为，社会认知是人对各种社会刺激的综合加工过程，包括社会知觉、归因评价和社会态度形成三个方面的内容。

综上所述，社会认知具有两个基本特征：一是社会认知是对社会的人和社会事件的认知加工，它具有社会客体性；二是社会认知对个体的社会行为具有一定的调节作用。因此，可认为社会认知就是指个体对社会性客体之间的关系如人与人、人与群体、社会群体、社会规范等的认知，以及对这些社会认知与个体的行为之间的关系的推断和理解。

(二) 社会认知发展的影响因素

一般说来，社会认知是由认知主体、认知客体和认知情境三个部分组成的，而且三者之间是相互作用、相互影响的。下面从这三个方面来谈谈社会认知发展的影响因素。

1. 认知主体

在认知的过程中,个体的某些个人偏见往往会影响个体认知的准确性,从而使认知发生偏差。例如晕轮效应,它是指当一个个体被赋予了某种肯定的、积极的或有价值的特征时,他就有可能被赋予更多的其他的积极特征。有研究者通过元分析认为,外貌的晕轮效应可解释为:知觉者潜在地预期外表有魅力的人,其社会适应性必好。[1] 与此相对应的是扫帚星效应,它是指当一个个体被赋予了某种否定的、消极的特征后,那他就有可能被赋予其他的消极特征。个体认知偏见的另一种表现就是刻板印象,所谓刻板印象就是指人们对某个个体或群体形成了一种概括的固定性的看法或观点,它一旦形成就很难发生改变。需要指出的是,刻板印象具有积极与消极两方面的作用,在积极方面,它不仅能够对个体所要认识的对象进行分类,从而简化人们的认知过程,而且它还能够帮助人们更有效地了解和应付外界的环境。而在消极方面,刻板印象可能会导致个体认知的僵化,从而阻碍个体接受新事和开阔视野。

2. 认知客体

认知客体也是我们所说的认知对象,作为社会认知的一个不可或缺的组成部分,它的有关因素也在一定程度上影响着个体的社会认知。例如,认知对象的魅力在一定程度上影响着个体的社会认知。一个人是否具有魅力,我们既可以从其外部特征和行为表现上来评判,也可以从他的内部性格特征上来评价。而当我们说一个人具有魅力时,那就意味着他具有一系列的积极属性,如外表漂亮,能力强,人比较聪明,正直等。而在现实生活中,个体往往只要具备其中一两个属性就有可能被人们认为是有魅力的,其中就产生了我们前面所提到的晕轮效应。例如,戴恩(Dion)等人在实验中让被试通过外表上魅力大不同的人物照片来评定每个人其他方面的特性。结果发现,在几乎所有的特性方面(如人格的社会合意性、婚姻能力、职业状况、幸福等),有魅力的人得到的评价最高,而缺乏魅力的人得到的评价最低。[2]

---

[1] 刘玉新、张建卫:《内隐社会认知探析》,《北京师范大学学报》(人文社会科学版) 2000 年第 2 期。

[2] 乐国安:《社会心理学》,广东高等教育出版社 2006 年版,第 188—189 页。

影响个体社会认知的另一个认知客体方面的因素是认知对象的身份角色。在现实社会中，我们对不同领域中的角色都怀有某种相应的期望，因此，当我们知道某个个体在社会中处于什么地位或者具有某种角色时，我们就会根据自己对该角色的期望，来判断个体可能会具有什么样的人格特征。

3. 认知情境

个体的社会认知活动总是在一定的社会环境中展开的，因此，对他人行为的认知总是离不开当时具体的外界环境，而这种影响个体社会认知的情境效应主要可以分成两类：一类是对比效应，它主要是指一种偏离情境的认知偏差；另一类是同化效应，它主要是指一种与情境水平相类似的认知偏差。研究发现，当个体在较低水平层次加工有关他人的信息时，可能发生同化效应，而当人们追求准确性并对目标者的相关信息做系统、彻底的加工时，同化效应一般不会发生。

二　社会认知发展理论

社会认知的研究起源于20世纪70年代中期80年代初期，发展到今天，社会认知已经成为一个非常活跃的研究领域，并且取得了丰富的研究成果。研究者从不同的角度对社会认知进行了研究，而且提出各自的观点。目前，对社会认知发展的研究，主要有两种观点，即结构观和过程观，前者以弗拉维尔的社会认知发展模型和道奇（Dodge）的社会信息加工模型为主要代表，而后者以塞尔曼（Selman）的观点选择发展理论为主要代表。

（一）社会认知发展模型

社会认知发展模型是由弗拉维尔（Flavell）和他的同事提出来的。[①]他们认为，社会认知的发展应该包括三个方面的内容：一是有关个体正在形成的各种各样的心理状态和活动的感知和关于社会的一般性知识的发展；二是有关个体在什么时候产生以及为什么会产生对这些认知对象的感知的发展；三是有关个体用来认识认知对象的各种各样的认知技能的发展。在此基础之上，他们提出，成功的社会认知应该满足三个基本

---

①　俞国良、辛自强：《社会性发展心理学》，安徽教育出版社2004年版，第164页。

条件，即存在、需要和推论。所谓存在是指个体认识到某种社会现象或社会事实具有发生和发展的可能性，个体具备有关社会心理存在的一般性知识，是个体进行社会认知的基本前提。所谓需要是指个体尝试着进行某种社会认知的倾向或意向。在现实生活中，个体可能会认识到自己或他人具有某种情感体验，但是要是个体没有产生社会认知的需要，他就会忽略或者漠视这些情感体验，从而不愿做出实际的社会认知行动。而推论是指个体根据现实社会中已有的信息推断特定情景中他人观点的思维过程，包括感知以外的所有心理活动。

(二) 道奇的社会信息加工模型

该模型认为，个体在社会交往中首先面临的就是需要加工的各种各样的社会信息，道奇将它们称为社会性刺激，如他人的表情、动作、情绪及其语言等。[1] 个体根据自己的经验和理解赋予这些社会性刺激以意义，并在此基础之上决定自己该如何做出反应，而这个过程就是社会信息加工过程。在道奇看来，个体在对社会性刺激加工的基础上，产生各种各样的社会性行为，而这些行为又被作为个体的其他社会性刺激而得到加工，从而影响其行为，如此循环互动的过程就是个体的社会化。道奇认为儿童的社会信息加工过程可以分为五个基本过程。[2] 第一是编码过程，也就是个体感知和注意各种社会性信息，并从中筛选出具有重要意义的信息。第二是解释过程，在这个过程中，个体将获得的新信息与原有的知识经验进行对照和比较，并理解和赋予这些新信息以意义。第三是搜索反应过程，个体在理解和赋予新信息意义的基础之上，便会形成一系列的反应计划，而个体根据已有的经验和实际情景选择适当的行为反应。第四是反应评价过程，个体在最终选定某种行为反应之前，必须对各种行为反应做出评价，预测各种反应将会产生的效果，而个体对反应的评价将最终决定行为反应的执行。第五是执行反应，个体在选择了某种行为反应之后，必须在社会现实中表现出来。

道奇的社会信息加工模型强调了个体与他人的社会交往，尤其强调了社会认知的流程，他对社会信息加工过程的五个阶段的划分具有一定

---

[1] 俞国良、辛自强：《社会性发展心理学》，安徽教育出版社 2004 年版，第 166 页。
[2] 周泓、胡英：《社会认知的研究视野及拓展》，《学术探索》2004 年第 3 期。

的科学性，他自己和同伴的实证研究为此提供了有力的依据。这一理论对社会心理学和发展心理学中的有关社会性的研究产生了深远的影响。

（三）观点采择发展理论

观点采择发展理论是由塞尔曼提出来的。塞尔曼认为，在儿童观点采择能力的发展过程中，能否区分他人有意与无意行为是早期发展中的关键一步，之后儿童才能逐步理解人们在同一行为中可能有多种意图。[①]在此基础上，儿童发现对于同一事件自己和他人有不同的观点和反应，也就是能区分自己和他人的观点。只有当个体将自己和他人的观点区分开来，并了解这两者之间的内在差异性关系时，个体对自己和他人的了解才会丰富起来。也就是说，塞尔曼认为，要了解一个人，就必须能站在他人的立场或角度来看问题，去理解他人的想法、动机和意图——总之，行为是由内部因素产生的。

塞尔曼及其同事采用两难故事法，对儿童的友谊、同伴团体和亲子关系等不同社会交往领域中的社会观点采择的发展进行了一系列横断和追踪研究，对儿童的回答进行结构分析后，塞尔曼认为，从三岁到青春期个体观点采择的发展可以划分为五个阶段：[②]

阶段0：自我中心或无差别知觉（3—6岁）。在这个阶段儿童只了解自己的观点，他们无法认识到别人的观点，他们只能根据自己的经验做出反应。

阶段1：社会信息的观点采择（6—8岁）。这时儿童能够意识到别人的观点，并且能够认识到他人观点与自己观点的不同之处，但是对于这个阶段的儿童来说，这种不同是由于他人接收的信息不同而造成的。

阶段2：自我反思的观点采择（8—10岁）。在这个阶段的儿童能够认识到他人的观点与自己的观点不同不是因为接收的信息不同而造成的，就算他们接收了相同的信息，自己和他人的观点之间仍可能发生冲突。而且这时儿童能够考虑他人的观点，同时也知道他人也能站在自己的立场上考虑问题，但是他们不能同时考虑自己和他人的观点。

[①] Shaffer, D. R., *Social & Personality Development* (3rd), Brooks Cole Publishing Company, 1994.

[②] 张文新：《儿童社会性发展》，北京师范大学出版社1999年版，第252—255页。

阶段3：相互观点采择（10—12岁）。到这个阶段时，儿童已经能够同时考虑自己和他人的观点，并且了解到他人也具有这个能力。而且儿童能知道第三者的观点，也能知道他人和自己对第三者的观点会有什么样的反应。

阶段4：社会观点采择（12—15岁）。这个阶段时，个体已经进入青春期，他们试图将他人的观点纳入自己建构的社会系统之中（即对他人的看法进行概化）加以对照和比较。也就是说，此时青少年已经认识到处于相同团体中的个体可能具有相似的观点。

从塞尔曼描绘的有关儿童观点采择能力的发展阶段来看，儿童是从只知道自己的观点而意识不到他人的观点逐渐发展到能够同时在头脑中考虑几种观点，并且采用大部分人都认可的观点。

三　内隐社会认知

（一）内隐社会认知的本质

内隐社会认知属于认知心理学和社会心理学的交叉学科——社会认知，最初是由格林沃德（Greenwald）提出来的。

内隐社会认知是指在社会认知的过程中，虽然个体不能回忆某一过去的经验（如用自我报告法或内省法），但这一经验潜在地对个体的行为和判断产生影响（Greenwald，1995）。[①] 它是一种复杂的、深层的社会认知活动，个体在认知的过程中不需任何的努力，也无须意识的参与。其具有四个基本的特点：一是社会性，内隐社会认知以人及其人际关系作为认知活动的对象，其包含了一定的社会历史意义及具体的文化内涵。二是积淀性，内隐社会认知是在漫长的日常生活经历中逐渐形成的，是长期积累的结果。三是启动性，个体已有的经验会对当前的认知活动产生促进或阻碍的作用。四是无意识性，就是说内隐社会认知的发生、发展及产生的效果都是一种无意识的、自动的操作过程，难以用言语来进行描述。[②]

由于认知心理学中内隐记忆研究的影响作用，从20世纪80年代起，社

[①] 朱新秤、焦书兰：《国外内隐社会认知研究现状》，《社会心理研究》1998年第3期。
[②] 刘玉新、张建卫：《内隐社会认知探析》，《北京师范大学学报》（人文社会科学版）2000年第2期。

会心理学便开始了对内隐社会认知的研究，但是，其并没有得到心理学家的关注，直到1998年，格林沃德推出内隐联结测验之后，内隐社会认知研究才广泛地受到心理学家的关注，并成为近年来心理学研究的热点之一。

（二）内隐社会认知的研究方法

有关内隐社会认知的研究方法基本上都是间接的测量方法，目前研究中经常被使用的测量方法有：

1. 内隐联结测验（TAT）

该方法是由格林沃德（Greenwald）、麦吉（McGhee）和施瓦茨（Schwartz）提出来的一种以反应时为基础的联合型任务，其主要用于研究成对的目标概念和属性概念间的相互联系。内隐联结测验是通过测量概念词与属性词之间的评价性联结来对各种内隐社会认知进行间接测量，测量指标是反应时。[①] 基本过程为：先后呈现多个目标词和属性词，让被试通过按键尽快进行辨别归类，然后进行任务组合，即要求被试对两类目标词与两类属性词不同配对进行按键反应。配对反应分两类：一类是目标词与属性词的相容配对，一类是不相容配对。在相容条件下，即假定该组合与个体的内隐态度相一致时，则辨别分类任务更多地表现出自动加工的特征，因而反应时间较短；当目标词与属性词不相容时，即两者的关系与内隐态度不一致或相违背时，容易导致认知冲突，使辨别分类需要更多的意识加工，因而反应时间会延长。内隐测验的量化指标即是相容条件与不相容条件下分类任务的反应时间的差值。[②]

2. 评价性启动任务，又称情感性启动任务

该理论是由法西奥（Fazio）等人发展出来的以语义启动任务为基础的评价性启动程序，主要用于测量态度对象与评价属性之间的联结。以态度测量为例，序列启动任务主要包括两个步骤：（1）目标刺激判断任务，要求被试尽快对目标刺激做出"积极"或"消极"的判断，以获得

---

① Greenwald A. G., McGhee D. E., Schwartz J. L., "Measuring Individual Difference in Implicit Cognition: Implicit Association Test", *Journal of Personality and Social Psychology*, Vol. 74, No. 6, 1998, pp. 1464–1480.

② 张镇、李幼穗：《内隐自尊的研究趋势及测量方法》，《心理科学》2004年第4期。

被试反应的基准值;(2)启动任务。启动刺激先期呈现,短暂间隔后呈现目标刺激,要求被试对目标刺激做出"积极"或"消极"判断。[①] 这里目标刺激是评价性的属性概念"积极"或"消极",启动刺激是所要测量的态度对象。基准值和启动任务之间的反应时差,作为考察启动效应的指标,启动效应反映了态度对象和属性概念间的联系强度。如果一个特定的对象使得被试对"积极"概念的反应时变短,对"消极"概念的反应时变长,就说明该对象和"积极"相联系,反之,则说明该对象和"消极"评价相联系。

此外,像投射测量法(就是在测量的过程中,主试给被试呈现一些模糊的或模棱两可的图片或照片,要求被试根据图片或照片讲一个情节性故事,或者是给被试呈现一个抽象刺激,要求被试进行联想性描述),词干补笔法(其主要操作方法是,在被试学习一系列单词之后,主试为被试提供一些缺笔的单词,然后要求被试把心里想到的第一个单词填出来。例如,吉尔伯特等利用该方法揭示出了内隐种族刻板效应的存在(认知干涉测验),该测验运用了 Stroop 任务,在实验中,主试先给被试提供一些刻板印象群体的名字,然后再要求被试指认出与刻板印象有关的词语的字体颜色,这种方法经常被研究者们所使用。

(三)内隐社会认知的发展

从内隐社会认知概念提出以来,相关的研究领域主要集中于三个方面:内隐态度、内隐刻板印象和内隐自尊。[②] 所谓内隐态度主要是指以往的经验和已有态度被沉积下来的一种无意识痕迹,它在意识水平上是无法被察觉到的,但是又能对个体的情感、认识和行为产生潜在的影响作用。目前这方面的研究主要表现在两个方面,即晕轮效应和调查研究中的环境效应。在晕轮效应研究中发现,在人格评价中,个体由于评价对象具有某种或某些已知的积极特征,而表现出将评价对象其他方面的人格特质也评定为积极的趋势。内隐刻板印象是指用内省的方法不能测定

[①] 刘美桃:《内隐职业性别刻板印象的实验研究》,硕士学位论文,湖南师范大学,2006年。

[②] 陈俊:《社会认知理论的研究进展》,《社会心理科学》2007 年第 1 期。

的以往的经验会影响个体对一定社会范畴内的其他成员的特征评价。现阶段研究得比较多的是有关种族和性别的内隐刻板印象。例如，格林沃德等人运用内隐联想测验对黑人—白人种族刻板印象进行了研究，研究结果发现，人们倾向于将好的属性与白人联系在一起，而把坏的属性和黑人联系在一起，从而证实了种族刻板印象的存在。[1]而胡志海采用内隐联想测验和刻板解释偏差两种方法对大学生的内隐职业性别刻板印象进行了研究。[2]发现被试整体在两次实验中均表现出非常显著的内隐刻板印象，女大学生头脑中的刻板印象对其行为归因已形成显著影响，在不同程度上仍存在传统"男尊女卑"的观念。内隐自尊是由格林沃德等人1995年正式提出来的，他们认为内隐自尊就是当对同自我相连或相关的事物做评价时，一种通过内省而不能确认的自我态度效应，即做出积极评价的倾向。[3]格林沃德和贝纳吉（Banaji）将内隐自尊研究划分为三个方面，即实验控制条件下的内隐自尊效应、自然控制条件下的内隐自尊效应和二级次序内隐自尊效应。许多研究者通过以"自己姓名中的字母"和"自我关联的汉字"等为实验材料对内隐自尊进行了研究。例如，黛安、法纳姆和谢利（Diane, Farnham, & Shelly, 1999）等人采用内隐自尊测量方法对自尊和群体内偏差之间的关系进行了研究，结果发现，具有高内隐自尊的个体比具有低内隐自尊的个体更偏好于他们自己的性别和种族，而且具有高内隐自尊的个体倾向于认同胜利的群体而排斥失败的群体。[4]耿晓伟和郑全全采用验证性因素分析发现，中国文化背景下个体自尊是二维结构，包括内隐和外显两种成分。[5]而周帆和王登峰对中国特有文化背景下的人格特质与自尊水平之间的关系进行研究，结果发现，

---

[1] Greenwald A. G., McGhee D. E., Schwartz J. L., "Measuring Individual Difference in Implicit Cognition: Implicit Association Test", *Journal of Personality and Social psychology*, Vol. 74, No. 6, 1998, pp. 1464–1480.

[2] 胡志海、梁建宁、徐维东：《职业刻板印象及其影响因素研究》，《心理科学》2004年第3期。

[3] Greenwald A. G., Banaji M. R., "Implicit Social Cognition: Attitudes, Self-esteem, and Stereotypes", *Psychological Review*, Vol. 109, No. 1, 1995, pp. 4–27.

[4] 解春玲：《浅谈内隐社会认知的研究与现状》，《心理科学》2005年第1期。

[5] 耿晓伟、郑全全：《中国文化中自尊结构的内隐社会认知研究》，《心理科学》2005年第2期。

内隐自尊作为一个独立于外显自尊的内隐态度结构，与人格特质不存在显著的相关。[1]

第三节 道德与亲社会行为

一 道德的发展

(一) 道德发展的本质

1. 道德的界定

道德发展是个体心理发展的重要任务之一，作为社会群体中的一员，所有个体都应形成一套符合社会道德规范的行为准则和价值体系，使个体社会化得以顺利完成，从而成为一个合格的社会成员。事实上，道德及其价值体系影响着我们日常生活的方方面面，而在有关道德概念的界定上，研究者从不同的角度提出了自己对道德的理解。例如，有研究者从发生学的意义上，对其进行阐述，道德是一种特殊的价值体系和社会规定性，是人类的一种存在方式，是个体精神价值和功利价值、主体价值和外在社会价值的统一。它既注重对本体的关注，又注重对个性的张扬。而现在西方文化意义上的道德注重人性及其完善，强调人生准则和人生修养，突出个体对道德价值的自觉追求。[2] 目前，较为普遍接受的观点认为，道德是以利益为基础，以善恶为评价标准、依靠社会舆论、传统习俗和良心信念等方式来维系社会生活的行为规范与心理意识的总和。在这种观点中，它包括了主客观两方面的内容，在主观方面主要是指有关人的内心操守及其德行修养，而在客观方面则是指一定的衡量个体行为对错或善恶的规范标准。而道德实践是主客观相互统一的基础，道德作为一种特殊的社会意识形态，它是以实践精神的方式来把握现实世界的。

2. 道德的构成

一般认为，道德由道德认知、道德情感和道德行为三个部分组成。

---

[1] 周帆、王登峰：《人格特质与外显自尊和内隐自尊的关系》，《心理学报》2005 年第 1 期。

[2] 糜海波：《道德自我发展的人格心理因素探究》，《江西教育科研》（德育天地）2005 年第 12 期。

按照柯尔伯格（Kohlberg，1927—1987）的看法，道德认知是对是非、善恶行为准则及其执行意义的认识，并集中在道德判断上。① 他认为道德判断是人类道德的最重要成分，是道德情感、道德意志和道德行为的前提。道德认知就其实质而言，是指个体对社会现象的知觉、体会、认识、理解和把握，其主要包括四个方面的内容：一是有关道德义务和责任的体会和理解；二是有关道德规则的认识和理解；三是有关道德善恶的知觉及其体会；四是有关道德自律、道德舆论、道德教育和道德修养的知觉和把握。②

所谓道德情感就是指个体的道德需要是否得到满足的内心体验和主观态度。而就其本质来说，道德情感是道德的理性内容通过感性的形式所表现出来的，也就是说，在道德情感的感性形式中蕴含着道德情感的理性的内容。我国学者徐启斌认为，从总体上看来，道德情感的基本特点是五个统一：（1）人的理性和非理性因素的完美统一；（2）内蕴性和外显性的统一；（3）功利性和非功利性的统一；（4）社会普遍性与个人独特性的统一；（5）稳定性与变易性的统一。③

道德行为则主要是指个体在对他人和社会利益进行自觉认识的基础之上，在做出自由的选择后所表现出来的具有道德意义的行为。其包括两个方面的含义：一是个体面对利益时所产生的道德冲突或矛盾；二是个体在面对冲突或矛盾时所做出的道德选择。

（二）道德发展的理论

1. 皮亚杰的道德认知发展理论

道德认知发展理论是由皮亚杰创立的。他认为儿童关于社会关系的知识和判断才是道德的核心成分，心理发展的根本动力来自个体与外界环境的相互作用及其对原有知识经验的理解和重新建构。在皮亚杰看来，儿童道德发展的主要内容是对道德概念和社会规则的理解和认识，他的理由是道德是由各种各样的规则体系构成的。在这些思想基础之上，皮

---

① 郭本禹：《科尔伯格道德发展的心理学思想述评》，《南京师大学报》（社会科学版）1998年第3期。

② 窦炎国：《论道德认知》，《西北师大学报》（社会科学版）2004年第6期。

③ 孙学功：《道德情感研究综述》，《哲学动态》1998年第1期。

亚杰运用其独创的临床谈话法,从儿童对游戏规则的理解,对谎言、过失、法律和权威的判断等视角对儿童的道德进行了研究,根据他的研究结果,皮亚杰提出儿童道德认知发展的三个阶段:

(1) 前道德阶段

根据皮亚杰的观点,学前期的儿童很少关注或注意规则,他们不能对行为进行道德价值判断。在游戏的过程中,他们只是为了玩游戏而游戏,并不带有获胜的目的,而且他们是自己给自己制定游戏规则,认为游戏的意义就在于大家轮流着玩,目的是为了获得乐趣。另外,这个阶段的儿童对问题的考虑是自我中心的,对引起事情的结果只有朦胧的了解,行为直接受行为结果的支配。因此,他们既不是道德的,也不是非道德的。

(2) 他律道德阶段

5—10岁的儿童就处于道德发展的这个阶段,这个阶段也叫道德实在论阶段。所谓他律就是指道德是受他人提出的规则所支配的。在这个阶段,儿童只注意到他人行为的结果,而没有意识到个体行为背后的意图。其具有三个基本特点:首先,儿童认为规则是绝对的、神圣的、不可更改的,是由上帝、父母等权威人物制定的。在他们看来,任何的道德问题都有是非对错之分,而正确总是意味着遵守规则。其次,儿童在对行为进行评判时,不是依据行为的意图,而是根据行为的客观结果来进行的。再次,这个阶段的儿童偏爱赎罪式惩罚,即为了惩罚而惩罚,他们不会考虑违规行为与惩罚之间的关系。而且,这个阶段的儿童相信存在固有的公平,所谓固有的公平是指儿童认为不良行为都不可避免地会受到惩罚,而且相信世界上总是存在公平的,换句话说,他们深信这个世界是善有善报,恶有恶报的。

(3) 自律道德阶段

这个阶段的儿童大多处于10—11岁之后,有时也称之为道德相对论阶段。此时,儿童已经认识到社会规则是由人制定的,任何规则都可以受到质疑,经过协商同意之后是可以修改和调整的,有时为了满足需要,规则也是可以被违背的。而在惩罚方式上,这个阶段的儿童主张互换式惩罚,认为惩罚的目的是为了使犯规者理解规则的意义并减少他们再犯的可能性,而且这个阶段的个体不再相信固有的公平,因为他们在现实生活经验中认识到有些违反了规则的人并没有被发现或者被惩罚。

2. 柯尔伯格的道德发展理论

柯尔伯格是当代最具影响力的道德发展理论家。他通过让10岁、13岁和16岁的男孩解决一系列的道德两难问题，完善并发展了皮亚杰的道德发展理论。在对这些道德两难问题的回答进行分析的基础上，柯尔伯格提出了他自己的道德发展理论，即道德是沿着固定的三个道德水平向前发展的，而每个道德水平又可以具体划分为两个不同的道德阶段。根据柯尔伯格的观点，个体道德水平和道德阶段的发展依赖于个体认知能力的发展，由于认知能力的发展是按照固定的顺序不断向前发展的，因此，道德水平和道德阶段也是按照一个固定的顺序进行发展的。就像个体认知能力的发展一样，柯尔伯格认为，在道德水平和道德阶段发展的过程中，一个阶段的发展是建立在前一个阶段的基础之上并最终取代这个阶段，而且当个体发展到一个较高的道德阶段之后，就不可能再退回到前一个阶段。下面是柯尔伯格道德发展的三个水平及六个阶段的具体内容和特征：

（1）前习俗水平的道德

对这个水平的个体来说，社会规则不是内化了的，而是外在的。个体之所以遵守这些规则，主要是为了避免惩罚或者是为了获得奖励。在他们看来，道德是自私的、具有功利性。正确的意义就在于个体能够侥幸获得成功或得到个体想要的东西。

阶段一：惩罚与服从定向。在这个阶段的儿童遵守权威仅仅是为了逃避惩罚，在他们看来，一个行为要是没有被发现或者没有受到惩罚，就不是错误的，是恰当的。行为的好坏程度取决于它造成伤害的程度和受惩罚的严厉程度。

阶段二：天真的享乐主义。此时个体遵守规则或权威，是由于他想获得某种奖励或者是想达到某个个人目的。虽然他能在某种程度上考虑他人的观点，但是其最终目的还是为了获得某种报偿或奖赏。

（2）习俗水平的道德

发展到这个水平时，个体已经能够明确地认识并认真考虑到他人的观点，他们遵守社会规则和规范不再是为了逃避惩罚或获得奖励，而是为了获得他人的支持和认同或维持社会的秩序。

阶段三:"好孩子"定向。在这个阶段的个体看来,所谓的道德行为就是指受欢迎的、受到他人支持和认同的或是能够帮助他人的行为。而且他们能够根据他人行为的意图和情感来判断行为的好坏或对错。

阶段四:维持社会秩序的道德。此时个体能够考虑社会上普遍存在的、为大多数人所认同的观点,并且能在他人观点的基础上进行举一反三的思考。他们认为每个人都应该承担相应的社会责任和义务。在他们看来,只要是服从法律规则或有利于维持社会秩序的事情和行为都是正确的,但是值得指出的是,他们遵守社会规则不是因为害怕或逃避惩罚,而是他们深信规则和法律能够维持良好的社会秩序。

(3) 后习俗水平的道德

这个水平也叫有原则的道德,是柯尔伯格道德发展的最高水平,其主要特点是个体非常重视并认真履行自己的道德信念,能用广泛的公正原则来判断事物和行为的是非与对错,他们已经认识到原则与法律和权威的规则之间可能会发生冲突,因为道德和法律并不总是一致的,同时他们也意识到很多的社会规则和规范或法律是可以修改与调整的,道德高于法律。

阶段五:社会契约定向。此时,出现了以前阶段所没有的道德信念的可变性。个体认为道德的基础是为了维持社会秩序的一致意见,而法律则是一种反映了大多数人的意志和促进人类幸福的工具。同时,个体也认识到法律是一种社会契约,经过商讨之后,是可以对其做出修改和调整的。而为了促进人类幸福及维持社会秩序,个体有责任和义务遵守法律,在他们看来,任何违背这一目的的法律都是值得质疑的。

阶段六:普遍的道德原则。这是柯尔伯格心目中的理想的道德推理阶段,在现实生活中很少有人能够达到这一阶段。根据柯尔伯格的观点,这个阶段的个体是根据在良心的基础上所形成的道德原则来做出有关是非对错的道德判断的,这些道德原则不是具体的规则,而是对普通意义上的公平(对所有人类权利的尊重)的抽象的道德指导,它可以凌驾于与它相对立的任何法律或道德契约之上。

3. 尤尼斯的道德实践理论

尤尼斯(Youniss)是美国华盛顿天主教大学教授及发展心理学家,

其主要从事有关青少年的社会性与道德发展和教育的研究。[①] 从 20 世纪 90 年代开始，他专门考察了参与社区服务和其他各种社会实践对中学生政治意识和道德发展的影响，在对下列问题进行研究的基础上：青少年政治活动实践的重要性、与他人建立相互尊重关系的基础、与社会建立一种关系的意义、道德来自构成这些关系的人、道德可以被理解为人的自我同一性的一个基本成分以及道德品质与自我同一性之间的互补性，尤尼斯提出了他的青年道德实践理论。

尤尼斯反对传统的道德观，他认为，道德的本质是一种自我认同和自我超越，而不是在关键时刻发挥作用的、需要特定技能实现的功能。在尤尼斯看来，关心公益事业并采取行动承担相应的责任，这是日常的、非英雄主义的道德的基本成分，而道德行为就是指个体对社会事业的关心与参与行为。

在对犹太人的营救者与帮助无家可归者的青少年进行比较研究的基础上，尤尼斯指出，个体道德自我同一性的形成需要具备两个基本要素：一是个体要理解每个人都具有共同的人性；二是个体要由尊重部分人过渡到尊重全社会的人。而通过引述一系列的对二战期间冒险营救犹太人的非犹太人进行的研究，他发现，那些冒险搭救犹太人的人都表现出了高度的道德自我同一性，因此，尤尼斯认为，道德是在日常生活中逐渐养成，并在日常生活中自然流露的一种情感或品质，也正是在各种各样的日常生活情境和社会交往中，青少年逐渐形成了特定的道德习惯，培养起了对社会福利的关心和道德责任感。个体与他人之间的直接交往是道德行为转变的主要机制。

而在道德的起源问题上，尤尼斯认为，社会关系和社会环境是个人道德的源头。他引用了几项有关道德典范人物的研究来支持他的观点，根据这些研究的结果，尤尼斯把日常生活中的道德看成是从非理性的、习惯性的行为中发展而来的东西，在日常生活中它一般是不易被察觉的，只有当恰好碰到需要帮助的人时，它才会自发地显现出来。

---

① 陈会昌：《道德发展心理学》，安徽教育出版社 2004 年版。

二 亲社会行为的发展

（一）亲社会行为的本质

1. 亲社会行为的含义

亲社会行为是指对他人有益或社会有积极作用的行为，主要包括分享、合作、助人、安慰、捐赠等。一般说来它可以分为利他行为和助他行为两种。但是，在亲社会行为的界定上，社会学家和社会心理学家对亲社会行为的界定进行了一系列的分析，尤其是对利他行为。例如，巴塔尔（Batard）对利他行为和偿还行为做出了明确的区分，他认为利他行为应该以无偿帮助他人作为唯一目的，而偿还行为是指为了回报那些曾经帮助过自己的人或者是为了补偿自己使他人蒙受了损失而产生的助人行为。巴特森（Batterson）则提出了另一种观点，他认为利他行为不应该包括对外在赏酬的期望，不过可以含有内在的酬赏，即通过利他行为获得精神上的满足。同时，巴特森也区分了利他行为的两种取向：一种是个体为了减轻自己内心的焦虑和不安而采取助人行为，可以称之为自我利他主义，另一种是个体受到外部动机的推动，从而产生无偿性的助人行为，其目的是为了他人的幸福，其也可以称为纯利他主义。

2. 亲社会行为的发生

（1）分享与助人

20世纪70年代末以来，许多研究者对儿童早期亲社会行为的发生与发展进行了研究，例如，威克勒和亚罗对24名12—30个月的婴儿亲社会行为进行了横向与纵向相结合的研究，研究结果表明，在年幼（大约20个月）与年长（20—30个月）儿童之间出现了两个明显的变化：年幼的儿童能够注意到他人的痛苦并做出一定的反应，如哭喊、烦躁等，但是很少做出亲社会行为的反应；而年长的儿童则表现出了更多亲社会行为，如给予安慰、攻打攻击者和从第三者寻求帮助等。[1] 从中可以看出，三岁以下的儿童能够表现出某种亲社会性行为，特别是20个月以上的儿童。而分享与助人是亲社会行为中的两种重要范畴。在有关分享的研究中，

---

[1] Zahn-Waxler C., Radke-Yarrow M., "The Development of Alternative Strategies", in Eisenberg, ed., *The Development of Prosocial Behavior*, New York: Academic Press, 1982, pp. 109 – 137.

Bar-Tal、Raviv 和 Leiser 让成对的儿童一起游戏，给胜者几块糖作为奖励，研究各种条件下胜者与败者分享糖的情况。① 结果发现，随着儿童年龄的增长，他们越来越能把自己放到别人的位置，变得越来越考虑他人的利益，而不依赖于外部鼓励。而在助人行为方面，瑞哥德（Ringgold）通过观察 18 个月和 30 个月的婴儿在父母和陌生人做家务时的反应，研究了儿童早期的助人行为。② 结果表明，一半以上的 18 个月和所有的 30 个月的婴儿能够帮助成人做大部分的家务。瑞哥德认为，儿童之所以会产生助人行为，是因为他们对成人的活动感兴趣，喜欢模仿，喜欢与成人打交道和练习技能，而且他们的这种助人行为由于得到了成人的支持与认可而得以保持。岑国桢等人以 124 名 6—12 岁儿童为被试、以情境故事为材料的测查表明：我国 6—12 岁儿童均能做出移情反应和一般助人行为倾向反应，但 8 岁以上儿童的反应更为强烈和成熟；8 岁以上儿童才能在自己也有困难的冲突背景下仍做出助人行为倾向的反应。③

（2）合作

合作是指两个或两个以上的个体为了达到共同的目的或目标而相互协调活动，从而促使某种对自己和他人都有利的结果得以实现的行为。

儿童的亲社会行为如分享和助人在 20—30 个月的时候开始迅速发生发展并分化，而有关儿童合作行为的许多研究指出，大约在婴儿出生 24 个月后，婴儿的合作行为开始迅速发展。研究者对此做出了两种可能性解释，一是在这个时候儿童对他人做出反应的动机已开始成熟，二是儿童的认知能力可能得到了普遍的发展，从而使他们能够区分出自己和他人的行为，并能够使自己的行为和他人的行为相协调。另外有研究证明，儿童的合作行为是随着儿童年龄的增长而逐渐增加的，例如，海研究了儿童与父母的合作游戏，发现 12 个月的儿童很少表现合作性游戏，而绝

---

① Bar-Tal, D. and Raviv, A., Leiser, J., "The Development of Autistic Behavior, Empirical Evidence", *Developmental Psychology*, Vol. 16, No. 5, 1980, pp. 516–524.

② 王丽：《中小学生亲社会行为与同伴关系、人际关系、社会期望及自尊的关系研究》，硕士学位论文，陕西师范大学，2003 年，第 5 页。

③ 岑国桢、王丽、李胜男：《6—12 岁儿童道德移情、助人行为倾向及其关系的研究》，《心理科学》2004 年第 4 期，第 781—785 页。

大多数 18—24 个月的儿童产生了合作性游戏，这种游戏的频率也迅速增加。① 陈琴采用访谈法对 119 名 4—6 岁儿童合作行为认知的发展特点进行了研究。② 结果表明：幼儿的合作选择认知已经达到了较高水平，其中超过一半的幼儿知道在面对问题时可以与同伴合作解决，而在日常游戏中知道与同伴合作共玩的幼儿更是超过了 3/4。

总之，从已有的研究表明，儿童在很早的时候就已经表现出亲社会性行为或利他行为，而且这种行为是随着儿童社会化和儿童认知的发展而逐渐地发展变化的。

3. 儿童亲社会行为的发展

儿童的亲社会行为是随着年龄的增长而不断发展变化的，当儿童进入幼儿时期后，由于他们的认知能力已经发展到了一个新的阶段，此时，儿童的亲社会行为已明显地增加，尤其是在 6—12 岁。但值得指出的是，在这个阶段，尽管儿童能够区分出自己和他人，但是由于认知能力仍然比较低，他们并不能很好地区分开这种"自我—他人"维度，他们一般都是根据自己的经验来做出亲社会行为的，例如，伯里曼（Bridgeman）通过对幼儿在家里的行为进行录像，并对儿童所表现出来的亲社会行为和自我中心行为进行频率和性质维度上的编码，研究结果显示，幼儿所表现出来的亲社会行为大都是顺从性的，很少是幼儿主动表现出来的，而且母亲在幼儿亲社会行为的发生中起着非常重要的作用。③

当儿童进入学校环境后，由于社会生活环境发生了重大的变化以及儿童的认知能力得到了进一步的发展与完善，尤其是此时儿童在与同伴交往的时间和数量上都显著地增加了，这个时期儿童的亲社会行为在其特点和行为方式上都发生了相应的变化。其具有两个显著的特点：一是，随着年龄的逐渐增长，儿童行为的一致性逐渐增加，道德行为和道德观念表现得更加一致；二是，从儿童做出亲社会行为的动机来看，此时奖

---

① Hay D. F., "Cooperative Interactions and Sharing between very Young Children and their Parents", *Developmental Psychology*, Vol. 15, No. 6, 1979, p. 647 – 653.

② 陈琴：《4—6 岁儿童合作行为认知发展特点的研究》，《心理发展与教育》2004 年第 4 期。

③ 俞国良：《社会认知视野中的亲社会行为》，《北京师范大学学报》（社会科学版）1999 年第 1 期。

励取向动机逐渐减少,而他人取向动机在不断地增加。

进入成年以后,个体各方面的发展已经基本趋于稳定、成熟状态,社会化已基本上完成,而且个体也掌握了比较完整的社会认知技能,因此,此时个体所表现出来的亲社会行为更加多样化,更加高级。例如由于成人的社会道德观念和社会公益取向都较强,因此,他们所表现出来的亲社会行为水平更高、更复杂,而且更多地关注社会,体现了发展的延续性及其社会取向的标准。

(二) 亲社会行为的理论

作为一种普遍现象的亲社会行为,对人类的生存、社会的进步和个体的发展起着极其重要的作用,在其短短几十年的研究历史中,随着心理学对其研究的不断深入,研究者们从不同的研究角度建立了自己的亲社会行为的理论模型——其中班杜拉的社会学习理论和艾森伯格的亲社会行为模型较为有影响力,他们更深入、更细致地考察了亲社会行为的发生、发展的内部心理机制。

1. 社会学习理论

班杜拉提出的社会学习理论,其核心是观察学习理论。[①] 所谓观察学习就是指个体仅仅通过观察他人或榜样的行为就能学会某种行为,它又称作为替代学习或模仿学习。他认为观察学习包含四个基本阶段:

首先是注意过程。班杜拉认为,他人的行为要成为个体模仿或观察的对象,首先得引起个体的注意。在哪些行为容易引起个体的注意问题上,班杜拉认为,这主要取决于以下三个方面:一是引起注意的行为具有一定的特色;二是那些经常容易被接触到的行为可能因为被无意注意而成为模仿或观察的对象;三是个体内在的兴趣及其需要。

其次是保持过程,班杜拉认为,如果个体不能将他人示范的行为动作记住,那么观察对个体的行为学习就没有什么意义,因此,观察学习的第二个阶段就是将个体观察或将要模仿的行为保持在头脑中。

再次是动作再现过程,个体在把那些观察到的示范或榜样行为保存在头脑中后,当他们下次遇到相似情境,需要表现出相应的模仿学习的

[①] 杨萍:《不同权威对小学儿童亲社会行为影响的实验研究》,硕士学位论文,西南师范大学,2001年,第11页。

行为时，要能够顺利地将头脑中的动作表象在实际的生活情境中再现出来。

最后是强化和动机过程，班杜拉认为，个体模仿或观察到的行为能否表现出来，这取决于个体表现的动机，而行为表现的频率又受到强化作用的影响。

在此理论的基础之上，班杜拉认为儿童在其成长的过程中，所表现出来的亲社会行为都是学习的结果，具体来说是通过强化和观察学习来实现的。他指出，亲社会行为的获得主要有三条途径：一是移情反应的条件化，也就是亲社会行为能够使助人者产生精神上的愉悦性或者能够减少助人者移情的痛苦，从而强化了个体的亲社会行为；二是直接训练，例如操作学习理论认为，个体在不期望即时酬赏的条件下产生的亲社会行为，可能由于先前受到的奖励而使其得到了内部强化；三是观察学习，在班杜拉看来，对儿童亲社会行为影响作用最大的是社会榜样或示范性行为。

2. 艾森伯格的亲社会行为理论

艾森伯格（Eisenberg）在柯尔伯格道德发展理论的基础之上，结合自己多年的研究，创立的一种具有特色的亲社会行为理论模型，其对亲社会行为的发生及其发展的心理机制做了全面而深刻的剖析。[①] 在该理论中，艾森伯格把儿童亲社会行为的发展过程分成了三个阶段：对他人需要的注意阶段、确定助人意图阶段及意图和行为相联系阶段。

（1）对他人需要的注意阶段

艾森伯格认为，助人者在给予他人帮助之前，必须首先确认他人是否有获得帮助的需要或愿望，从这个角度上来讲，对他人需要的注意是个体产生亲社会行为的初始阶段。他认为，个体能否注意到他人的需要主要受个体因素和个体对特定情境的解释两个方面的影响。在个体因素方面，像个体对他人的积极评价、个体的观点采择能力和倾向、个体的自我关注都会在某种程度上影响个体对他人需要的注意。而在特定情境方面，像他人需要的明确程度、潜在受助者的身份、旁观者的身份以及需要的来源都将直接影响到个体对当时情境的解释，从而影响个体对他人需要的注意。

---

① 俞国良、辛自强：《社会性发展心理学》，安徽教育出版社 2004 年版，第 362—364 页。

(2) 确定助人意图的阶段

当个体注意到他人有获得某种帮助的需要或愿望时,他便要决定是否要给予他人以帮助,此时,个体便进入了亲社会行为的第二个阶段——确定助人意图的阶段。根据艾森伯格的观点,这个过程可以通过两种方式来进行:一种是在紧急情境下,情感因素在助人决策的过程中起主导作用。在这种情境下,由于时间比较紧,个体无法对个人得失进行全面的分析,因而像认知因素和人格因素等在助人决策中所起的作用就相对比较小,而像移情、内疚感、同情等情感因素则会起到主导作用。而且情感力量有时可能直接激发潜在的助人意图。另一种是在非紧急情境下,由于没有时间上的紧迫性,个体在做出亲社会行为之前,既可以分析亲社会行为的主观效用,也就是评估亲社会行为的代价和收益,也可以分析他人需要的原因。因此,认知因素在助人决策中起着主导作用。此外,人格因素如个体的自尊、自我聚焦、价值观、需要和偏好以及有关"助人"和"仁慈"特质的自我认同感等在这种情境下也起着非常重要的作用,例如,一个人认为自己具有仁慈慷慨等特质,或者认为自己是一个乐于助人的人,那么个体会表现出更强的亲社会倾向。

(3) 意图和行为建立联系的阶段

个体在确定了某种助人意图之后,要使之实现,就必须采取相应的助人行为。然而在现实生活中,个体的助人意图与亲社会行为之间并不是完全相关的,它们之间的联系受到其他因素的影响。艾森伯格认为,亲社会行为的意图与行为之间的联系受到个体相关方面的能力及个体与情境的变化两个方面因素的影响。例如,在某些情境下,由于个体感到无能为力或实在是无能为力,因此导致个体亲社会行为的意图和行为之间的不一致性,从而使亲社会行为无法得以实现。而在另一种情境下,由于在个体确定助人意图到付诸具体助人行为之间有一段时间距离,而在这段时间中,个体本身的特征变化以及周围情境因素的变化也将最终影响个体助人的动机和亲社会行为的实施。

第十三章

发展性障碍

在人类的终生发展历程中,在不同的发展阶段常常会出现很多偏离正常发展的行为,我们将之统称为发展性障碍。这些行为往往与其正常年龄阶段所期望的行为不适宜。在本章中,将对三种常见的异常发展性障碍进行探讨。

第一节 注意缺陷多动障碍

一 注意缺陷多动障碍的本质

(一)注意缺陷多动障碍的概念

注意缺陷多动障碍(attention deficit hyperactivity disorder,ADHD)指儿童表现出与其年龄不相符的注意力易分散,注意广度缩小,不分场合的过度的活动,情绪冲动并伴有认知障碍和学习困难的一组症候群。

症状表现通常始发于患儿的学龄前期,并具有很高的遗传性。根据注意涣散、多动或冲动两个维度,美国精神障碍诊断和统计手册第四版(Diagnostics and Statistical Manual of Mental Disorders, 4th Ed., 即 DSM-Ⅳ)将 ADHD 划分为三种亚型:以注意缺陷为主的 ADHD-Ⅰ型,以多动—冲动为主的 ADHD-HI 型,以及混合型 ADHD-C 型。按照 DSM-Ⅳ的诊断标准统计,北美的发病率为 3%—5%;而我国湖南 1993 年的一项调查,按照 DSM-Ⅲ-R 的诊断标准统计发病率为 6.04%。[①] 发生 ADHD 的男

---

① 王佳佳、袁茵:《儿童注意缺陷多动障碍研究现状与动向》,《中国特殊教育》2006 年第 3 卷第 69 期。

女比例为 2—9∶1，男孩明显多于女孩。①

ADHD 的概念可以追溯到 20 世纪初期，许多研究发现，严重的神经系统损害、中毒反应、脑外伤、在出生过程中的产伤，以及出现过严重感染的儿童均出现相类似的后遗症，如注意涣散、多动、冲动控制能力弱等问题，并将这类症状统称为轻微脑功能障碍（minimal brain dysfunction，简称 MBD）。到 20 世纪五六十年代，越来越多的研究指出大多数脑损伤儿童并无多动，仅有不到 5% 的多动症儿童有明确的脑损伤证据，损伤是多动的病因之一，但并不意味着大多数多动儿童都存在神经系统问题，从而否定了多动症和脑损伤的因果关系。但对于多动的确切的病因却不清楚。因而，人们又从症状描述的角度而非病因学的角度，对这类儿童赋予了新的名称，多动儿童综合征（hyperactive child syndrome）的概念应运而生。从当时颇有影响的精神分析的角度看，儿童的所有障碍都是对环境因素的反应，因而多动儿童综合征的概念又演变为"儿童运动性过度反应"（hyperkinetic reaction of childhood）。

1979 年，Douglas 和 Peter 研究发现，多动症儿童最根本的问题是维持注意的能力障碍。并指出注意障碍发生于童年早期，表现在各种场合，并持续至青春期。自此认为多动症儿童不仅仅包含多动问题，而且还存在注意缺陷。当前国际上较通用的两大诊断系统有世界卫生组织的《国际疾病分类》（ICD）和美国精神病学会的《精神障碍诊断和统计手册》（DSM）。《国际疾病分类》（ICD-10）使用了"多动性障碍"（hyperkinetic disorders）这一名称，强调注意障碍和多动（冲动）两大主要症状同时存在。《精神障碍诊断和统计手册》第三版（diagnostic and statistica Mannal of Mental Disorders, 3rd Ed., 即 DSM-Ⅲ）才开始重视注意障碍的概念，并将以往的"多动性反应"更名为注意缺陷障碍（attention Deficit Disorder，ADD）。在 ADD 的概念中，注意障碍这一特征占主导地位，其他的特征还包括冲动控制、唤醒调节以及道德发展方面的缺损。在随后的修订版②中又重新将多动性作为一种重要的核心症状，障碍的名称也随之改为注意缺陷多动障碍（attention deficit hyperactivity disorder，ADHD）。

---

① 苏林雁：《儿童多动症》，人民军医出版社 2005 年版，第 5 页。
② DSM-Ⅲ-R 是 DSM-Ⅲ的修订版，于 1987 年发表，分类被重新组织和命名。

这一版本中仅将 ADHD 划分为两种亚型，单纯注意缺陷型和注意缺陷多动型。当前普遍采用的 DSM-Ⅳ 版本①（1994）将 ADHD 的主要特征概括为"持久性的注意涣散以及多动—冲动性表现"，注意缺陷型、多动—冲动型和混合型这三种亚类型的划分也始于此。

（二）注意缺陷多动障碍的诊断标准

目前对于 ADHD 的诊断，王玉凤等人比较了国际疾病分类第 10 版（International Classification of Diseases, 10th ed, ICD-10）和 DSM-Ⅳ 两个最具有影响力的诊断系统的诊断标准，认为 DSM-Ⅳ 的诊断标准更有助于对这类疾病儿童的早期发现早期干预。②

根据 DSM-Ⅳ，主要有两方面标准：注意缺陷和多动或冲动表现。

1. 注意缺陷

注意缺陷，至少有下列 6 项，持续至少 6 个月，达到适应不良的程度，并与发育水平不相称：

（1）在学习、工作或其他活动中，常常不注意细节，容易出现粗心所致的错误；

（2）在学习或游戏活动时，常常难以保持注意力；

（3）与他说话时，常常心不在焉，似听非听；

（4）往往不能按照指示完成作业、日常家务或工作（不是由于对抗行为或未能理解所致）；

（5）常常难以完成有条理的任务或其他活动；

（6）不喜欢、不愿意从事那些需要经历持久的事情（如做作业或家务），常常设法逃避；

（7）常常丢失学习、活动所必需的东西（如：玩具、课本、铅笔、书或工具等）；

（8）很容易受外界刺激而分心；

（9）在日常活动中常常丢三落四。

---

① "Diagnostic and Statistical Manual of Mental Disondevs", 4th Ed., 发表于 1994 年，共 886 类 297 种障碍。

② 康传媛、王玉凤、杨莉、钱秋瑾：《不同诊断标准的多动症患者临床特点比较》，《中国心理卫生杂志》2005 年第 3 卷第 19 期。

2. 多动或冲动表现

多动或冲动症状中至少有 6 项，持续至少 6 个月，达到适应不良的程度，并与发育水平不相称：

（1）多动表现

① 常常手脚动个不停，或在座位上扭来扭去；

② 在教室或其他要求做好的场合，常常擅自离开座位；

③ 常常在不适当的场合过分地跑来跑去或爬上爬下（在青少年或成人可能只有坐立不安的主观感受）；

④ 往往不能安静地游戏或参加业余活动；

⑤ 常常一刻不停地活动，好像有个机器在驱动他；

⑥ 常常话多。

（2）冲动表现

① 常常别人问话未完即抢着回答；

② 在活动中常常不能耐心地排队等待轮换上场；

③ 常常打断或干扰他人（如别人讲话时插嘴或干扰其他儿童游戏）。

如果上述症状已对儿童的社交功能、学业成绩造成损害，某些造成损害的症状出现在 7 岁之前，而且这种损害至少在两种环境（如学校和家里）出现，在排除其他精神障碍后，便可以诊断本症。

（三）引起注意缺陷多动障碍原因

ADHD 的病因和发病机制至今不明，但对于致病因素多源性的观点得到了共识，提出了 ADHD 是生物—心理—社会多因素形成的疾病模型。

1. 生物学因素

ADHD 病因学研究的生物学理论主要集中在神经生物化学、分子遗传学的研究。

（1）神经生物化学研究

ADHD 的神经生物化学研究，是在神经生物学和神经化学的基础上发展起来的。在 ADHD 的研究中较多的是单胺类神经递质。单胺类神经递质包括儿茶酚胺和吲哚胺两类，儿茶酚胺主要指肾上腺素（E）、去甲肾上腺素（NE）和多巴胺（DA）；吲哚胺主要是指 5 - 羟色胺（5 - HT）。目前 ADHD 的神经生化机制研究主要集中在多巴胺系统，特别是与 DA2 受体和多巴胺转运体有关，此外也可能与 5-羟色胺系统有关。国内外学者对 ADHD 患者的血、尿及脑脊液中的多巴胺、去甲肾上腺素等进行了多方面的研究，以期发现某种神经递质的改变与 ADHD 有病因关系或者可以作为诊断 ADHD 的实验指标。目前较为一致的研究结果表明，ADHD 儿童的中枢神经递质功能不足，导致了大脑的抑制功能不足，无法有效地抑制无关刺激，从而导致儿童的注意力不集中和多动。[1]

(2) 分子遗传学研究

ADHD 儿童遗传学研究主要集中在家系研究、双生子和寄养子研究，以及特定基因研究。在家系研究中，国外报道，患儿父亲为 ADHD 的概率是对照组的 20 倍，同胞为 ADHD 的概率是对照组的 17 倍；国内沈渔邨等人[2]调查多动症患儿一级亲属同病率为 10.9%，对照组仅为 1.6%。国外报道同卵双生 ADHD 的同病率为 51%，而异卵双生的同病率为 33%。[3] 随着分子遗传学的飞速发展，国内外的研究均已证实，ADHD 是一种多基因遗传病，遗传基础在决定易患性上起决定作用。目前研究发现 DA 递质不足和多巴胺 4 型受体（D4R）功能低下是 ADHD 发病的重要遗传病因。

2. 社会心理因素

心理社会因素可诱发和加剧本症。儿童行为的形成与发展有一定的家庭和社会背景。前瞻性的研究发现环境不良因素可以早期预测 ADHD 的持续性和预后。家庭环境和社会环境对 ADHD 儿童心理功能发展的影响越来越受到研究者的重视。

国内外研究均表明，ADHD 儿童的家庭较正常儿童家庭有更多的问题。任桂英[4]等人研究亦发现，ADHD 儿童的家庭在家庭亲密度、

---

[1] 熊忠贵、石淑华、徐海青：《儿童注意力缺损多动障碍病因及影响因素研究》，《国外医学社会医学分册》2004 年第 21 卷第 3 期。

[2] 沈渔邨、王玉凤、杨晓铃：《轻微脑动能失调的临床特点和致病因素》，《中国神经精神疾病杂志》1985 年第 1 期。

[3] 姜林、吴雁鸣：《ADHD 病因及发病机制的研究进展》，《中国儿童保健杂志》2003 年第 5 卷第 11 期。

[4] 任桂英、钱铭怡、王玉凤、顾伯美：《家庭环境与 ADHD 儿童某些心理特征相关性的研究》，《中国心理卫生杂志》2002 年第 16 卷第 4 期。

情感表达、文化性、独立性、知识性、娱乐性、道德观、家庭组织性上的得分均显著低于对照组，而在家庭的矛盾性得分上明显高于对照家庭。

洪峻峰等人调查了1675名小学生的ADHD发病率与儿童性别、年龄、父母文化、职业的关系，并对71名ADHD患儿及其正常对照组进行EPQ个性测定和FES-CV的家庭精神环境测定。[①] 发现，与对照组儿童相比，ADHD儿童个性内向，情绪不稳定，并有一定的神经质，他们的家庭亲密度、情感表达和知识性偏低而矛盾性和组织性偏高。

二 注意缺陷多动障碍的相关理论

（一）早期有关ADHD的理论

1. 中枢神经系统低唤醒理论

20世纪70年代中期，Das等人提出了关于认知过程的PASS理论。PASS模型中的计划、注意、同时性加工和继时性加工构成认知系统。注意系统（又称注意—唤醒系统）是整个系统的基础，因为它维持了一种适宜的唤醒状态。唤醒可以被看成是一种对神经系统背后活动的测量指标。唤醒理论认为，大多数任务的完成需要中等水平的唤醒，过高的唤醒水平会导致行为紊乱，过低的唤醒水平会使人昏昏欲睡。据此，Satterfield等人于1974年提出了ADHD的中枢神经系统低唤醒模型，这一模型主要从生理唤醒的水平上探讨了ADHD缺损的实质。有关的研究都指出，ADHD儿童比功能正常的儿童具有较低的唤醒水平。近年来对儿茶酚胺类化学递质与ADHD关系的日益确定在一定程度上又支持了ADHD中枢神经系统低唤醒水平的理论。ADHD儿童的高活动水平和寻求刺激的行为可能是试图去提高自身的唤醒水平。

2. 中枢神经系统成熟滞后理论

该理论认为，ADHD儿童的中枢神经系统成熟延迟导致了疾病的典型行为改变。一项脑功能成像研究发现，ADHD青少年在完成两项执行功能任务时额叶和其他脑区的激活水平较弱。所以ADHD这种额叶功能

[①] 洪峻峰、黄柏青、王鲤诊、黄新芳、陈富群：《注意缺陷多动障碍发病的非生物学因素探讨》，《中国儿童保健杂志》2002年第10卷第2期。

减弱的现象就被认为是脑成熟滞后或异常的指示。此外关于脑电图的研究也提供了很多证据。前期的研究结果基本倾向于认为增强的慢波活动（主要 θ 波）与减弱的快波活动（主要是 β 波）与 ADHD 有关。由于 ADHD 儿童的这种脑电频率的分布非常类似于典型的幼小儿童的脑电波形，Mann 等人便认为这是对 ADHD 儿童神经系统成熟滞后理论的有力支持。[1]

（二）近期有关 ADHD 的认知神经心理学理论

以认知神经心理学为基础的理论是 20 世纪 90 年代后期提出的，他们更倾向于从脑的认知功能的角度理解 ADHD 缺损的本质。比较有代表性的理论有三个。

1. 执行功能缺损理论

执行功能包括注意和抑制、工作记忆、计划、决定和监控。其中抑制是指控制无关信息进入并保持在工作记忆中，以及控制无关信息在整体上干扰认知加工的积极的压制过程。抑制加工不是单一的机制，它包括防止已部分激活但与目标无关信息的通达，阻止不适合情境的优势反应，压制无关信息的激活。Barkley 认为 ADHD 的核心缺损在于反应抑制。反应抑制主要是指三个相互联系的加工过程：（1）抑制对某一环境事件的自发反应；（2）阻止即时的反应，以保证延迟决定采取何种反应；（3）保护这一延迟的时期，以防止干扰事件的打断，使自我指导的行为得以产生。并认为，从临床观察到的 ADHD 的三大核心症状，注意分散或不能维持注意、冲动性和多动性都可以描述为行为抑制的不同类型。ADHD 的不同抑制性又进而导致了几个主要执行神经心理功能的二级缺损，如工作记忆、情感/动机控制、语言内化和重构（引起新异选择反应的能力）的缺损。[2]

2. 认知—能量模型

Sergeant 等人于 2000 年又提出采用认知—能量模型去探讨 ADHD 的

---

[1] Adam R. Clarke, et al., "EEG Analysis in Attention-deficit/Hyperactivity Disorder: A Compatative Study of Two Subtypes", *Psychiatry Research*, Vol. 81, No. 1, 1998, pp. 19 – 29.

[2] Russell A. Barkley, "Behavioral Inhibition, Sustained Attention, and Executive Functions: Constructing a Unifying Theory of ADHD", *Psychological Bulletin*, Vol. 121, No. 1, 1997, pp. 65 – 94.

缺损。认知—能量模型是一个包括三级水平的模型。模型的最低一级水平包括编码、中央加工和反应（运动）结构。第二级水平由三个能量库，即唤醒、激活和作用力组成。模型的第三级水平是管理或执行功能系统。该模型认为 ADHD 儿童在第一级水平的编码和中央加工过程中没有缺损，但在运动（反应）结构上有缺损表现。在第二级水平上，ADHD 的主要的缺损与激活库有关，在一定程度上也与作用力库有关。从本质上来说，这个模型认为 ADHD 最重要的缺损是能量因素，是在能量的维持和资源分配上有缺损，并由此导致了不能抑制行为这个二级症状。[①]

3. 注意的网络理论

Berger 和 Posner 又提出从注意的网络看待 ADHD 的脑病理学。他们以脑功能成像研究中显示的不同脑区的位置为基础概括了三种注意网络的通路：执行功能网络、警觉网络和定向网络。执行功能网络与目的指向性行为、靶子觉察、错误觉察、冲突解决和自动反应内抑制的控制有关。其相应的脑区包括前扣带回在内的中部额叶区、辅助运动区和基底神经节的一些部分。警觉网络包括右额叶（尤其是布鲁德曼 6 区的上部区域），右顶叶和蓝斑的脑区网络。定向网络是一个对感觉尤其是视觉信号的内隐定向网络。此网络包括顶叶、梭状回以及与眼动系统有关的一些区域。

4. 行为激活系统/行为抑制系统模型

Quay 根据 Gray 的学习和情绪的心理生物学理论来解释 ADHD 的症状，提出了三个调解行为的神经系统相互协调的理论。其中行为激活系统（BAS）涉及多巴胺通路，在奖励条件下激活，并实施行为和进行有效的回避；行为抑制系统（BIS）在惩罚和无奖励的条件下被激活，并干扰正在进行的行为或预期的行为；第三个系统是非特异性的唤醒系统（NAS），受到 BAS 和 BIS 的激活，增加行为的强度（速度/力量）。在正常儿童中，BIS 和 BAS 相互协调应对环境的需要。ADHD 儿童 BIS 处于低唤醒状态，因而无法抑制正在进行和预期的行为。[②]

[①] Joseph Sergeant, "The Cognitive-energetic Model: An Empirical Approach to Attention-deficit Hyperactivity Disorder", *Neuroscience and Biobehavioral Reviews*, Vol. 24, No. 1, 2000, pp. 7 – 12.

[②] Quay, H. C., "Inhibition and Attention Deficit Hyperactivity Disorder", *Journal of Abnormal Child Psychology*, Vol. 25, No. 1, 1997, pp. 7 – 13.

5. 双通道模型

Sonuga-Barke 提出了 ADHD 的双通道模型，这一模型承认 ADHD 有两个不同性质的亚型。一个亚型与抑制控制减退有关，另一个亚型与动机、奖励的加工机制有关，这一亚型中的 ADHD 儿童表现为倾向于即刻奖励，厌恶延迟奖励的特点。[1]

三 注意缺陷多动障碍缺损机制的心理学研究

尽管对于 ADHD 的缺损机制的研究尚没有明确，但当前的几种主流观点的实验研究主要集中在两个方面：一方面是 ADHD 患者的执行功能的研究，尤其是执行抑制的实验研究。推测 ADHD 的核心缺陷是抑制不能。另一方面是 ADHD 患者与奖惩有关的强化相依的实验研究。认为 ADHD 患者的核心缺陷是对奖励的异常敏感性。以下重点介绍认知神经心理学研究对 ADHD 的执行抑制研究范式和强化相倚的相关研究。

（一）ADHD 的执行抑制研究范式

就抑制研究的实验范式来看，执行抑制主要包括运动反应抑制、干扰控制或反应冲突、定势切换以及认知抑制。[2] 当前对 ADHD 患者的执行抑制的研究主要集中在三个方面：运动反应抑制、干扰冲突和定势转换。

1. 运动反应抑制

对 ADHD 患者运动反应抑制功能的研究普遍提示，ADHD 患者的运动反应抑制能力弱于正常儿童。常用来研究运动反应抑制的实验范式包括停止信号任务、Go/NoGo 任务和对抗眼扫视任务（anti-saccade task）等。停止信号任务的基本做法是，要求被试对呈现在计算机屏幕上的靶刺激做按键反应。在其中少部分的实验任务中，在靶刺激呈现后的某个不可预期的时间间隔里会呈现一个停止信号（视觉或听觉呈现）。如果有停止信号出现，被试需终止对靶刺激的反应。[3] Go/NoGo 任务也是常被用

---

[1] Sonuga-Barke, E. J., "Psychological Heterogeneity in AD/HD - A Dual Pathway Model of Behaviour and Cognition", *Behaviour Brain Research*, Vol. 13, No. 1-2, 2002, pp. 29-36.

[2] Nigg, J. T., "Is ADHD a Disinhibitory Disorder?", *Psychological Bulletin*, Vol. 127, No. 5, 2001, pp. 571-598.

[3] Kok, A., "Effects of Degradation of Visual Stimulation Components of the Event-related Potential (ERP) in go/nogo Reaction Tasks", *Biological Psychology*, Vol. 23, No. 1, 1986, pp. 21-38.

以研究运动反应抑制的实验范式。它的基本做法是，要求被试对随机呈现在计算机屏幕上的两种视觉刺激中的一种做反应，而对另一种不做反应。要求做反应的刺激通常以高概率呈现，从而使被试对它产生优势反应。如果被试错误地对要求不做反应的刺激进行反应，则被视为运动反应抑制的失败（Nigg，2001）。对抗眼扫视任务的通常做法是，先在视野的外周呈现一个视觉信号，这时被试的视线会反射性地朝向信号方向移动，对抗眼扫视的含义即告诉被试不要向信号的方向扫视或向信号相反的方向扫视。向信号方向错误的扫视或对信号方向产生预期性的提前扫视都被视为抑制不能。[1]

王勇慧等人采用停止信号任务，同时根据刺激—反应相容性（SRC）对反应冲突进行了操纵，考察了ADHD儿童在内源性和外源性注意条件下，抑制加工的特点。[2] 实验中要求儿童对靶刺激的特征（左右位置或左右朝向的箭头）按照与左右手匹配与不匹配的方式进行反应，匹配的为一致条件，不匹配的为冲突条件。当靶刺激的特征（如位置在左），与所要求的反应（如右手）不匹配时，其反应时一般要长于刺激特征（如位置在左），与反应（如左手）匹配时，反应的错误率也更高，不一致和一致两种条件下反应时或错误率上的差异即为冲突效应。这样实现了对反应冲突和反应停止能力的同时观测。结果显示，与正常儿童相比，ADHD儿童在两种反应抑制上都有不同程度的缺损，不仅冲突效应量更大，反应停止的错误率也更高。但在控制了年龄因素后，未观察到两种亚型ADHD儿童之间在反应冲突和反应停止能力上有明显的差异。而且ADHD和正常儿童，以及两种亚型的ADHD儿童在内源性和外源性两种注意条件下反应抑制的表现模式相似。

2. 干扰控制或反应冲突

用来研究干扰控制或反应冲突的实验范式有Stroop、Flanker（侧翼干扰）和刺激—反应匹配性任务等。在经典的Flanker任务（Eriksen & Er-

---

[1] Nigg, J. T., "Is ADHD a Disinhibitory Disorder?", *Psychological Bulletin*, Vol. 127, No. 5, 2001, pp. 571–598.

[2] 王勇慧、周晓林、王玉凤、张亚旭：《两种亚型ADHD儿童在停止信号任务中的反应抑制》，《心理学报》2005年第37卷第2期。

isken，1974）中，在中央呈现的靶刺激（例如字母"R"或字母"L"，分别以左右手做反应）两侧同时呈现与它不一致（如"LLRLL"）或一致（如"RRRRR"）的刺激。一般情况下，相比于一致刺激条件，对不一致刺激条件的反应，不仅反应时更长，精确性也更低。[1] Stroop 任务的做法是要求被试对书写各种字的墨水颜色进行命名，如果词义本身与颜色不符（如用绿色墨水书写"红"字时），颜色命名时间要长于词义与颜色一致时（如用绿色墨水书写"绿"字）或其他中性条件（如用绿色墨水书写一个与颜色无关的匹配字）时的命名时间。在经典的刺激—反应匹配性任务中，刺激的空间位置（如位于视野的左边）与要求对刺激进行反应的身体部位（如右手）之间有一种冲突。比如，当靶刺激（一个亮点）出现在左边，要求被试用右手进行反应，这时被试的反应时要长于当靶刺激出现在右边而用右手进行反应的情况下，即与身体反应部位一致的情况下的反应。刺激—反应匹配性效应就是这两种条件下反应时或错误率上的差异。

Carter 等人曾采用 Stroop 命名任务考察了 ADHD 儿童在抑制效应和促进效应上与正常儿童的差异，结果发现，ADHD 儿童比正常儿童表现出最大的抑制效应，但促进效应与正常儿童相似。[2]

王勇慧等采用图片 Stroop 任务，对两种亚型 ADHD 儿童的促进和抑制加工进行了研究。[3] 结果发现，不论在反应时还是错误率上，ADHD 儿童和正常儿童在促进效应上的表现模式相似，但 ADHD 儿童在错误率上比正常儿童表现出更大的抑制效应，混合型 ADHD 儿童的抑制效应更大于注意缺陷型儿童。表明与正常儿童相比，ADHD 儿童仅在抑制加工上受损，而促进加工与正常儿童无差异。

3. 任务切换

任务切换的实验范式最初是由 Jersild 提出的。[4] 它的一般做法是要求

---

[1] Erisken, B. A., Erisken, C. W., "Effects of Noise Letters upon the Identification of a Target Letter in a Non-search Task", *Perception and Psychophysics*, Vol. 16, 1974, pp. 143–149.

[2] Carter, C. S., Krener, P., Chaderjian, M., Northcutt, C. and Wolfe, V., "Abnormal Processing of Irrelevant Information in Attention Deficit Hyperactivity Disorder", *Psychiatry Research*, Vol. 56, No. 1, 1995, pp. 59–70.

[3] 王勇慧、周晓林、王玉凤、张亚旭：《两种亚型 ADHD 儿童在停止信号任务中的反应抑制》，《心理学报》2005 年第 37 卷第 2 期。

[4] Jersild, A., "Mental Set and Shift", *Archives of Psychology*, 1927, pp. 89.

被试在两种任务之间灵活切换注意。比如，可以在屏幕上随机呈现一系列数字，在一种情况下要求被试报告数字是奇数还是偶数；在另一种情况下则要求被试报告数字是大于某个数还是小于某个数。对切换项（由前一个任务模式转向新的任务模式的实验项目）的反应时要相对长于对非切换项（重复前面任务模式的实验项目）的反应时，这之间的时间差称为切换消耗（switch cost）（Monsell, 2003）[1]。Allport 等人认为，这种切换消耗反映出抑制在前一个项目中刚刚采用的任务定势的局限（Kok, 1999）。

对 ADHD 患者定势和任务切换能力的研究主要采用两种手段。一种手段是使用威斯康星卡片分类任务（Wisconsin Card Sorting Task，简称 WCST）考察患者在此任务中与抑制有关的指标。WCST 主要包括的指标有分类次数、总错误数、坚持性反应数、坚持性错误数、非坚持性错误数和概括力水平等，其中坚持性反应数和坚持性错误数能够敏感地反映出研究对象的抑制能力。Sergeant 等人[2]对以往采用 WCST 考察 ADHD 患者定势切换能力的研究报告进行了元分析，发现 WCST 并不能总是有效地将 ADHD 从正常群体或其他障碍群体中区分出来。

另一种研究 ADHD 患者定势切换能力的手段是任务切换（task switch）范式。采用任务切换的实验范式对 ADHD 儿童进行的研究很少，比较有影响的一项研究是 Cepeda 等于 2000 年进行的[3]。研究对象是一组年龄在 6—12 岁的 ADHD 儿童和一组在年龄和智商上与 ADHD 儿童相匹配的正常儿童。实验任务包括两部分。一部分是重复性的任务，如只要求被试报告计算机屏幕上呈现的数字的个数，或只报告屏幕上的数字是什么。另一部分是需要切换的任务，如要求被试快速而精确地在报告数字的个数和报告数字是什么之间进行切换，以不同的 Block 实现。实验刺

---

[1] Monsell, S., "Task Switching", *Trends in Cognitive Sciences*, Vol. 7, No. 3, 2003, pp. 134 – 140.

[2] Sergeant J. A., Geurts H., Oosterlaan J., "How Specific is a Deficit of Executive Functioning for Attention-Deficit/Hyperactivity Disorder?", *Behavioural Brain Respavch*, Vol. 130, No. 1 – 2, 2002, pp. 3 – 28.

[3] Cepeda, N. J., Cepeda, M. L., Kramer, A. F., "Task Switching and Attention deficit hyperactivity Disorder", *Journal of Abnormal Child Psychology*, Vol. 28, No. 3, 2000, pp. 213 – 226.

激是阿拉伯数字，包括四种，要么是单个数字（1 或者 3），要么是三个数字（1 1 1 或 3 3 3）。在每个靶刺激的上方写着任务的要求，"什么数？"或"几个数？"，被试须按照刺激上方的要求对每项任务做反应。切换消耗（Switch cost，考察抑制先前任务模式的一项指标）的计算是以切换任务部分的平均反应时减去单一任务部分的平均反应时。结果发现，ADHD 儿童的切换消耗明显大于正常儿童，提示 ADHD 儿童抑制先前任务模式的能力弱于正常儿童。Cepeda 等的研究是采用任务切换范式考察ADHD 定势切换能力的很好尝试。

（二）ADHD 的强化相倚研究

对于 ADHD 的核心缺陷的另一种解释，认为 ADHD 患者存在对强化物的异常敏感性，但对于强化物是过度敏感还是敏感不足的观点不一。[1]当前对于这一观点的研究主要集中在以下行为学实验研究和心理生理学的研究。

1. 强化相倚的行为学

在这一类研究中，主要通过比较在不同强化条件下，考察不同的认知任务中 ADHD 患儿任务执行的成绩。对于强化刺激的研究主要有五种方法：（1）有奖励和没有奖励；有奖励和惩罚；奖励、惩罚以及无奖励和惩罚。尽管研究结果显示，奖励和惩罚对于 ADHD 患儿和正常对照组儿童任务执行成绩均有促进作用，但绝大多数研究发现，对 ADHD 儿童的促进作用更明显。（2）在连续性奖励和部分奖励条件下考察 ADHD 患儿和正常控制组儿童的认知能力，发现连续性奖励条件下，ADHD 患儿任务执行成绩更好。（3）在即时奖励和延迟奖励条件下，ADHD 患儿更倾向于即时奖励。（4）当奖励比率逐渐减少时，ADHD 患儿和正常对照组儿童的任务执行成绩无差异。（5）不同的奖励强度。

2. 强化相倚的心理生理学

Fowles 利用心理生理学实验对 Gray 曾经描述的行为促进系统（BFS）和行为抑制系统（BIS）的理论进行了检测，结果显示，正常

---

[1] Sergeant J. A., Geurts H., Huijbregts S., Scheres A. and Oosterlaan J., "The Top and Bottom of ADHD: A Neuropsychological Perspective", *Neuroscience and Biobehavioral Review*, Vol. 27, No. 7, 2003, pp. 583–592.

成人在面对奖励信号时呈现心率加快，而在面对惩罚信号时皮肤电阻值增加。① 基于这一结果，Fowles认为心率可以反映行为促进系统的作用，皮肤电阻值反映了行为抑制系统的作用。

Crone等人采用go/no-go和Flanker任务，考察了在三种条件，即仅呈现奖励，既呈现奖励又偶尔呈现惩罚，以及奖励和惩罚呈现的机会均等的条件下ADHD儿童和正常对照组儿童的成绩，同时记录了其心率和皮肤电阻变化。② 结果显示，与正常对照组儿童相比，ADHD儿童在即刻奖励时诱发较小的心率反应，而皮肤电阻值在两组儿童中无差异。同时，当侧翼线索提示了适宜反应时，ADHD儿童反应时较正常控制组长；当侧翼线索提示了错误反应时，ADHD儿童较正常组反应时更长。在惩罚条件下，ADHD儿童反应的准确性差。

第二节　自闭症

一　自闭症的概述

（一）自闭症的概念

自闭症谱系障碍（autism spectrum disorders, ASDs）是一组有神经基础的广泛性发展障碍（pervasive developmental disorders, PDD），包括自闭症（autism，国内也译作孤独症）、阿斯伯格综合征（Asperger syndrome, AS）（也有译作"阿斯珀格综合征"——笔者注）、雷特综合征（Retts' sydrome）、儿童瓦解性精神障碍（childhood disintegative disorder）、广泛性发育障碍未注明型（pervasive developmental disorder not otherwise specified, PDD-NOS）等亚类，各亚类在症状的严重程度上位于从轻到重的连续谱上，自闭症处于最严重的一端。其共同特征是普遍存在社会交往障碍、言语和非言语交流缺陷、兴趣狭窄

---

① Fowles, D. C., "The Three-arousal Model: Implications of Grays's Two-factor Learning Theory for Heart Rate, Electrodermal Activity, and Psychopathy", *Psychophysiology*, Vol. 17, No. 2, 1980, pp. 87–104.

② Crone, E. A., Jennings, J. R. & Van der Molen, M. W., "Sensitivity to Interference and Response Contingencies in Attention-Deficit/Hyperactivity Disorder", *Journal of Child Psychology and Psychiatry*, Vol. 44, No. 2, 2003, pp. 224–226.

和行为刻板等临床表现。[1]

美国 Kanner 教授于 1938 年首次观察到并于 1943 年首次正式报道了 11 例具有共同表现的患儿，将其命名为早发性婴儿自闭症（early infantile autism）。研究成果为《情感交流的自闭性障碍》（Autistic disturbances of affective contact）的论文。在该论文中，他首次使用了"自闭症"这一诊断概念。而且明确指出了自闭症儿童所特有的一组特征：极端的自我封闭性行为，奇特的刻板性行为倾向；非言语交流和言语交流严重缺陷；对刺激过度敏感，不能对感觉刺激做出适当的反应；对习惯性事物的变化产生强烈的心理抵抗感；其智能发展不平衡，部分自闭症儿童具备某种令人惊异的超常能力，例如写实性绘画、音乐感受和表演、出色的机械记忆能力、不假思索的数字计算能力，但绝大多数的自闭症患儿是弱智。1982 年陶国泰教授首先在国内报道了自闭症的案例。

（二）自闭症的发病率

1. 国外自闭症的发病率

国外有关 ASD 流行病学资料显示，近 40 多年来，ASD 的发病率稳定增长。[2] 1976 年自闭症谱系障碍的发病率为 0.4‰，[3] 1988 年上升为 1‰。[4] 新近的一些研究估计，自闭症的发病率为 1‰—2‰，而 ASD 的发病率为 6‰左右，[5] ASD 绝大多数是 PDD-NOS，AS 发病率大约 0.3‰，而童年瓦解性障碍和雷特综合征等异常形式发病率很小。[6] 也有的流行病学

---

[1] 陈顺森、白学军、张日昇：《自闭症谱系障碍的症状、诊断与干预》，《心理科学进展》2011 年第 19 卷第 1 期。

[2] Baron-Cohen, S., Scott, F. J., Allison, C., Williams, J., Bolton, P., Matthews, F. E., et al., "Prevalence of Autism-spectrum Conditions: UK School-based Population Study", *The British Journal of Psychiatry*, Vol. 194, No. 6, 2009, pp. 500 – 509.

[3] Wing, L., Yeates, S. R., Brierley, L. M. and Gould, J., "The Prevalence of Early Childhood Autism: Comparison of Administrative and Epidemiological Studies", *Psychological Medicine*, Vol. 6, No. 1, 1976, pp. 89 – 100.

[4] Bryson, S. E., Clark, B. S. and Smith, I. M., "First Report of a Canadian Epidemiological Study of Autistic Syndromes", *The Journal of Child Psychology and Psychiatry*, Vol. 29, No. 4, 1988, pp. 433 – 445.

[5] Newschaffer, C. J., Croen, L. A., Daniels, J., Giarelli E., Grether J. K., Levy S. E., et al., "The Epidemiology of Autism Spectrum Disorders", *Annual Review of Public Health*, Vol. 28, 2007, pp. 235 – 258.

[6] Fombonne, E., "Epidemiology of Autistic Disorder and other Pervasive Developmental Disorders", *The Journal of Clinical Psychiatry*, Vol. 66, No. 10, 2005, pp. 3 – 8.

调查估计自闭症的发病率为 1‰，AS 为 0.25‰，而 PDD-NOS 为 1.5‰。[1] 2002 年，对美国 14 个州的调查中显示，8 岁儿童中 ASD 的发病率为 3.3‰—10.6‰，总平均值为 6.6‰，[2] 其中典型的自闭症就有 2‰；[3] 而 2006 年就英国南泰晤士的流行病学资料显示，ASD 的发病率达到 11.61‰，其中自闭症儿童所占比例 3.89‰，其他 ASD 所占比例为 7.72‰；[4] 而最近在英国剑桥郡的一项基于特殊教育需要的调查，采用不同方法所估计的所有 ASD 发病率为 15.7‰。[5] 另一项流行病学调查显示，自闭症的发生率为 6.67‰。[6] 最近一项调查显示，在 3—17 岁的美国人中 ASD 占 1.1%，[7] 这些数据不禁令人担心，自闭症谱系障碍现在是否已经成了一种流行病。[8]

在用英文发表的有关亚洲 ASD 流行病学方面的电子数据库和文章中发现，亚洲的自闭症发病率也呈上升状态，1980 年以前 ASD 发病率为 0.19‰，而从 1980 年至今却高达 1.48‰。[9] 2005 年日本横滨的一项调查

---

[1] Freitag, C. M., "The Genetics of Autistic Disorders and its Clinical Relevance: A Review of the Literature", *Molecular Psychiatry*, Vol. 12, No. 1, 2007, pp. 2 – 22.

[2] Centers for Disease Control and Prevention (CDC), "Prevalence of Autism Spectrum Disorders-Autism and Developmental Disabilities Monitoring Network, 14 sites, United States, 2002", *Morbidity and Mortality Weekly Report* (*MMWR*), Vol. 56 (SS01), 2007, pp. 13 – 29.

[3] Chakrabarti, S., and Fombonne, E., "Pervasive Developmental Disorders in Preschool Children", *The Journal of the American Medical Association*, Vol. 285, No. 24, 2001, pp. 3093 – 3099.

[4] Baird, G., Simonoff, E., Pickles, A., Chandler, S., Loucas, T., Meldrum, D., et al., "Prevalence of Disorders of the Autism Spectrum in a Population Cohort of Children in South Thames: The Special Needs and Autism Project (SNAP)", *Child Care Health & Development*, Vol. 36, No. 6, 2006, pp. 752 – 753.

[5] Baron-Cohen, S., Scott, F. J., Allison, C., Williams, J., Bolton, P., Matthews, F. E., et al., "Prevalence of Autism-spectrum Conditions: UK School-based Population Study", *The British Journal of Psychiatry*, Vol. 194, No. 6, 2009, pp. 500 – 509.

[6] Lubetsky, M. J., McGonigle, J. J. and Handen, B. L., "Recognition of autism spectrum disorder", *Speaker's Journal*, Vol. 8, No. 4, 2008, pp. 13 – 23.

[7] Kogan, M. D., Blumberg, S. T., Schieve, L. A., Boyle, C. A., Perrin, J. M., Ghandour, R. M., et al., "Prevalence of Parent-reported Diagnosis of Autism Spectrum Disorder among Children in the US, 2007", *Journal of the American Academy of Pediatrics*, Vol. 124, 2009, No. 124, pp. 1395 – 1403.

[8] Boyd, B. A., Odom, S. L., Humphreys, B. P. & Sam, A. M., "Infants and Toddlers with Autism Spectrum Disorder: Early Identification and Early Intervention", *Journal of Early Intervention*, Vol. 32, No. 2, 2010, pp. 75 – 98.

[9] Sun, X., and Allison, C., "A Review of the Prevalence of Autism Spectrum Disorder in Asia", *Research in Autism spectrum Disorders*, Vol. 4, No. 2, 2010, pp. 156 – 167.

表明，1989 年 0—7 岁儿童中累计 ASD 发病率为 4.8‰，1990 年为 8.6‰，当麻疹、风疹、腮腺炎（MMR）疫苗接种率降到接近 0 时，1993 年和 1994 年 ASD 的发病率却分别上升到 9.7‰和 16.1‰，也因此说明麻疹、风疹、腮腺炎（MMR）疫苗并不会导致 ASD。[1]

2. 国内自闭症的发病率

1982 年，陶国泰首次报道国内 4 例儿童自闭症[2]。目前尚无全国性的流行病学资料。但有资料显示，自 2000 年以来，ASD 发病率上升为 1.3‰。[3] 某些省市报告了流行病学资料，如福建省 14 岁以下儿童中自闭症患病率为 0.28‰，[4] 遵义市学龄儿童自闭症患病率为 0.56‰。[5] 2008 年香港地区 0—4 岁儿童中自闭症发病率为 0.549‰，15 岁以下儿童患病率 1.68‰，接近澳大利亚和北美，但低于欧洲，男女比例为 6.58：1。[6] Lin，Lin 和 Wu（2009）报告，自 2000 年至 2007 年，台湾地区 0—5 岁儿童中 ASD 发生率为 0.24‰—0.78‰，6—11 岁为 0.5‰—1.73‰，12—17 岁为 0.21‰—1.04‰。[7]

上述研究数据显示，ASD 的发病率似乎在与日俱增。从 20 世纪六七十年代的 0.5‰，80 年代上升为 1‰，到现在已达 1‰—2‰。[8] 这其中的原因是：(1) 确实有这么多的儿童患自闭症谱系障碍；(2) 更多的自闭症

---

[1] Honda, H., Shimizu, Y. and Rutter, M., "No Effect of MMR with Drawal on the Incidence of Autism: A Total Population Study", *Journal of Child Psychology and Psychiatry*, Vol. 46, No. 6, 2005, pp. 572 – 579.

[2] 陶国泰：《儿童少年精神医学》，江苏科学技术出版社 1999 年版。

[3] Sun, X., and Allison, C., "A Review of the Prevalence of Autism Spectrum Disorder in Asia", *Research in Autism spectrum Disorders*, Vol. 4, No. 2, 2010, pp. 156 – 167.

[4] 罗维武、林立、陈榕、程文桃、黄跃东、胡添泉等：《福建省儿童孤独症流行病学调查》，《上海精神病医学杂志》2000 年第 12 卷第 1 期。

[5] 杨曙光、胡月璋、韩允：《儿童孤独症的流行病学调查分析》，《实用儿科临床杂志》2007 年第 22 卷第 24 期。

[6] Wong, V. C. N. and Hui, S. L. H., "Epidemiological Study of Autism Spectrum Disorder in China", *Journal of Child Neurology*, Vol. 23, No. 1, 2008, pp. 67 – 72.

[7] Lin, J. D., Lin, L. P. and Wu, J. L., "Administrative Prevalence of Autism Spectrum Disorders Based on National Disability Registers in Taiwan", *Research in Autism Spectrum Disorders*, Vol. 3, No. 1, 2009, pp. 269 – 274.

[8] Newschaffer, C. J., Croen, L. A., Daniels, J., Giarelli E., Grether J. K., Levy S. E., et al., "The Epidemiology of Autism Spectrum Disorders", *Annual Review of Public Health*, Vol. 28, 2007, pp. 235 – 258.

者被发现了,这可能与人们对自闭症的意识提升且经费更为充足有关;(3)由于自闭症定义的改变,尤其是 DSM-III-R 和 DSM-IV 诊断标准的改变,诊断标准可能比先前的更为宽泛;(4)不同机构、研究团体进行的有关自闭症早期诊断研究可能存在叠加,可能使发病率变得明显而非真正的发生率。① Baron-Cohen 等人进一步总结了可能导致 ASD 发病率迅速提高的七个方面的因素:ASD 识别与觉察的改进、研究方法的改变、可获得的诊断服务增加、专家意识的增强、父母意识的增强、对 ASD 者能与其他环境共存的观点越发被接纳了、诊断标准的拓宽。② 一项研究发现,按现行标准,有许多(40%)先前诊断为语言应用障碍的儿童如今可被划归为自闭症。③ 因此,是否是由于现代文明带来的饮食结构变化、环境变化、人际交往方式、工作压力或者其他因素导致 ASD 发病率迅猛增长仍然没有确切的证据。2007 年 11 月 18 日,联合国大会决议通过将每年的 4 月 2 日定为世界儿童自闭症宣传日,目前全球约有 3500 万人患有自闭症,在中国约有 150 万名自闭症儿童。可以说 ASD 是儿童发展障碍中最常见也是最严重的一种。

3. ASD 发生率的性别差异

关于 ASD 发生率的性别差异调查,世界各国的统计数据不尽一致,这可能与各国自闭症诊断标准的选择与解释相关,但有两点结论在各国研究者之间达成基本共识:(1)ASD 发生率男性高于女性;(2)ASD 发生的男女比例大致为 4∶1。④ 2002 年,对美国 14 个州的调查中显示,8

---

① Wing, L., and Potter, D., "Notes on the Prevalence of Autism Spectrum Disorders", Retrieved December 20, 2009, http://www.nas.org.uk/nas/jsp/polopoly.jsp?d = 364&a = 2618. Rutter, M., "Incidence of Autism Spectrum Disorders: Changes over Time and their Meaning", *Acta Padiatr*, Vol. 94, No. 1, 2005, pp. 2 – 15.

② Baron-Cohen, S., Scott, F. J., Allison, C., Williams, J., Bolton, P., Matthews, F. E., et al., "Prevalence of Autism-spectrum Conditions: UK School-based Population Study", *The British Journal of Psychiatry*, Vol. 194, No. 6, 2009, pp. 500 – 509.

③ Bishop, D. V. M., Whitehouse, A. J. O., Watt, H. J. and Line, E. A., "Autism and Diagnostic Substitution: Evidence from a Study of Adults with a History of Developmental Language Disorder", *Developmental Medicine and Child Neurology*, Vol. 50, No. 5, 2008, pp. 341 – 345.

④ Baron-Cohen, S., "The Extreme Male Brain Theory of Autism", *Trends in Cognitive Sciences*, Vol. 6, No. 6, 2002, pp. 48 – 54. Fombonne, E., "Epidemiology of Autistic Disorder and other Pervasive Developmental Disorders", *The Journal of Clinical Psychiatry*, Vol. 66, No. 10, 2005, pp. 3 – 8.

岁 ASD 儿童中男女比例为 3.4∶1 至 6.5∶1。[1] 根据中山医科大学的临床抽样调查数据，ASD 男女比例为 7.7∶1，[2] 我国香港地区 0—4 岁 ASD 儿童中男女比例为 6.58∶1，[3] 而台湾地区的 ASD 男女比例为 6—6.6∶1。[4]

二 ASD 的症状

对自闭症谱系障碍早期信号、典型症状表现的识别，并依此进行准确可靠的诊断，对 ASD 早期干预及其家庭来说都是极其关键的。

（一）ASD 的早期信号

ASD 的高发率迫切需要早期识别、诊断性评估和有根据的干预。[5] ASD 如果能越早被发现和干预，其预后效果就越好。[6] 对 ASD 的早期觉察伴之以有效的早期干预，将对 ASD 患者产生持久的良好疗效，[7] 促进 ASD 者的发展进程、改善其语言、减少问题行为。[8]

以往的研究者和临床工作者认为 ASD 要到 6—10 岁才能确诊，从传统的观点看，对于 6—12 个月大的孩子是无法予以准确诊断的。直到最

---

[1] Centers for Disease Control and Prevention (CDC), "Prevalence of Autism Spectrum Disorders-Autism and Developmental Disabilities Monitoring Network, 14 sites, United States, 2002", *Morbidity and Mortality Weekly Report* (*MMWR*), Vol. 56 (SS01), 2007, pp. 13 – 29.

[2] 邓红珠、邹小兵、唐春、程木华：《儿童孤独症的脑功能影像学改变及其与行为表现关系分析》，《中国儿童保健杂志》2001 年第 9 卷第 3 期。

[3] Wong, V. C. N. and Hui, S. L. H., "Epidemiological Study of Autism Spectrum Disorder in China", *Journal of Child Neurology*, Vol. 23, No. 1, 2008, pp. 67 – 72.

[4] Lin, J. D., Lin, L. P. and Wu, J. L., "Administrative Prevalence of Autism Spectrum Disorders Based on National Disability Registers in Taiwan", *Research in Autism Spectrum Disorders*, Vol. 3, No. 1, 2009, pp. 269 – 274.

[5] Lubetsky, M. J. and Handen, B. L., "Medication Treatment in Autism Spectrum Disorder", *Speaker's Journal*, Vol. 8, No. 10, 2008, pp. 97 – 107.

[6] Matson, J. L., Wilkins, J. and González, M., "Early Identification and Diagnosis in Autism Spectrum Disorders in Young Children and Infants-How Early is too Early", *Research in Autism Spectrum Disorders*, Vol. 2, No. 1, 2008, pp. 75 – 84.

[7] Chakrabarti, S., Haubus, Ch., Dugmore, S., Orgill, G. and Devine, F., "A Model of Early Detection and Diagnosis of Autism Spectrum Disorder in Young Children", *Infants & Young Children*, Vol. 18, No. 3, 2005, pp. 200 – 211.

[8] Lubetsky, M. J. and Handen, B. L., "Medication Treatment in Autism Spectrum Disorder", *Speaker's Journal*, Vol. 8, No. 10, 2008, pp. 97 – 107.

近，研究者才认为完全可以对年幼的 ASD 儿童进行诊断，一些标准化测量工具用于对仅 18 个月大小的孩子进行 ASD 鉴别诊断，[1] 这对于 ASD 儿童的早期发现、干预和康复是一大福音。

ASD 的早期诊断的第一步就是对早期潜在的危险信号的筛选、评估和处理。[2] 研究认为，75%—88% 的自闭症儿童在其出生后的前 2 年内就已经表现出 ASD 的信号，同时有 31%—55% 在其出生后的第一年里就表现出 ASD 的征兆。[3]

一般而言，当发现孩子有如下症状时应引起家长的警觉[4]：

(1) 叫孩子名字时他没有反应；(2) 孩子见人不笑；(3) 孩子老喜欢独处；(4) 孩子在某些方面显得特别"早熟"；(5) 孩子不喜欢玩具；(6) 孩子常常踮着脚走路；(7) 孩子对某些声音或物体出奇地感兴趣等。

ASD 最初迹象包括以下六个方面：

(1) 出生 6 个月以上仍然没有大笑或其他温馨、快乐的表情；(2) 出生 9 个月以上仍然没有交互性分享的声音、微笑，或其他面部表情；(3) 出生 12 个月仍然没有牙牙学语；(4) 出生 12 个月仍然没有交互的手势，如用手指、展示、伸手或挥手等；(5) 出生 16 个月仍然没有只言片语；(6) 出生 24 个月仍然没有两个字的有意义短语（不包括仿说

---

[1] Matson, J. L., Nebel-Schwalm, M. S. and Matson, M. L., "A Review of Methodological Issues in the Differential Diagnosis of Autism Spectrum Disorders in Children: Diagnostic Systems and Scaling Methods", *Research in Autism Spectrum Disorders*, Vol. 1, No. 1, 2007, pp. 38 – 54.

[2] Filipek, P. A., Accardo, P. J. and Baranek, G. T., "The Screening and Diagnosis of Autistic Spectrum Disorders", *Journal of Autism and Developmental Disorders*, Vol. 29, No. 6, 1999, pp. 439 – 484. Pinto-Martin, J. & Levy, S. E., "Early Diagnosis of Autism Spectrum Disorders", *Current Treatment Options in Neurology*, Vol. 6, No. 5, 2004, pp. 391 – 400. Ozonoff, S., Goodlin-Jones, B. L. and Solomon, M., "Evidence-based Assessment of Autism Spectrum Disorders in Children and Adolescents", *Journal of Clinical Child and Adolescent Psychology*, Vol. 34, No. 3, 2005, pp. 523 – 540.

[3] Brock, S., "The Identification of Autism Spectrum Disorders: A Primer for the School Psychologist", California State University, Sacramento, Retrieved December 20, 2009, http://www.chipolicy.org/pdf/5635.CSUS%20ASD%20School%20Psychologists.DOC. Young, R. and Brewer, N., "Conceptual Issues in the Classification and Assessment of Autistic Disorder", In Glidden L. M. (ed), *International Review of Research in Mental Retardation*, Vol. 25, 2002, pp. 107 – 134.

[4] Filipek, P. A., Accardo, P. J. and Baranek, G. T., "The Screening and Diagnosis of Autistic Spectrum Disorders", *Journal of Autism and Developmental Disorders*, Vol. 29, No. 6, 1999, pp. 439 – 484.

或重复）。①

ASD 早期社会交际、语言的困难可能包括：

（1）避免眼睛接触（正常孩子会盯着母亲的脸看）；（2）对父母的呼唤声像聋子一样充耳不闻（正常孩子很容易受声音刺激，且能辨认声音）；（3）对面部表情缺乏敏感，没有社交性微笑（正常孩子会对愉快的社交刺激做出反应）；（4）语言开始发展却突然停止（正常孩子的词汇和语法会持续地发展）；（5）无法对感兴趣的东西提出请求（正常孩子可以指出或请求要他感兴趣的东西）；（6）无法进行假装游戏（正常孩子会拿一个玩具杯子和茶壶来回倒水）。②

研究者认为，虽然 ASD 有些早期信号如社交退缩和异常的社交相互性、分享快乐、定向注意等并非 ASD 特有的，在避免杞人忧天、滥用诊断的同时，应向儿科专家、家庭医生咨询，尽早鉴别出 ASD 进行康复训练。③ 但是，不容乐观的是，即使在美国，能够进行 ASD 筛查诊断的儿科医生也仅占 8%。④

（二）自闭症典型症状

Kanner 当年重点描述了那些自闭症儿童在社交和情感方面的共同特征是："一种极端的自闭，在生命初期不能通过正常方式与他人和周围环境建立联系"，"只要有可能，他们就不理会、忽略或阻隔外界的影响"⑤。

根据自闭症诊断标准，典型的自闭症症状主要有三个方面，即社会

---

① Lubetsky, M. J. and Handen, B. L., "Medication Treatment in Autism Spectrum Disorder", *Speaker's Journal*, Vol. 8, No. 10, 2008, pp. 97 – 107.

② American Psychiatric Association, *Diagnostic and Statistical Manual of Mental Disorders DSM-IV-TR Fourth Edition*, American Psychiatric Publishing, 2000. Lubetsky, M. J., McGonigle, J. J. and Handen, B. L., "Recognition of Autism Spectrum Disorder", *Speaker's Journal*, Vol. 8, No. 4, 2008, pp. 13 – 23.

③ Holzer, L., Mihailescu, R., Rodrigues-Degaeff, C., Junier, L., Muller-Nix, C., Halfon, O., et al., "Community Introduction of Practice Parameters for Autistic Spectrum Disorders: Advancing Early Recognition", *Journal of Autism and Developmental Disorders*, Vol. 36, No. 2, 2006, pp. 249 – 262.

④ Dosreis, S., Weiner, C. L., Johnson, L. and Newschaffer, C. J., "Autism Spectrum Disorder Screening and Management Practices among General Pediatric providers", *Journal of Developmental & Behavioral Pediatrics*, Vol. 27, No. 12, 2006, pp. S88 – S94.

⑤ Kanner, L., "Autistic Disturbances of Affective Contact", *Nervous Child*, Vol. 2, 1943, pp. 217 – 250.

交往障碍、言语障碍、兴趣与行为异常。① 自闭症儿童从婴幼儿时期就开始生活在自己的世界里，缺乏社会意识，几乎不理会别人，待人如同待物，很少有眼神交流，语言发育迟缓或不会运用语言进行沟通，行为刻板，兴趣范围狭窄。30 多年来，对 ASD 的诊断指标和分类虽然发生了许多变化，但社会交往能力的缺失被认为是最核心的症状。② 因为就自闭症的三联征而言，语言发育迟缓和沟通障碍可见于语言障碍患者，重复刻板行为和感觉异常可见于多种原因导致的精神发育迟滞患者，而社交障碍对自闭症来说是特异性的，因此，诸多研究聚焦于社会认知来寻找 ASD 的病因。③ 当前，对 ASD 的诊断标准依然关注于行为和认知方面的症状，直到近年才开始有人对 ASD 的神经和医学特征给予关注。④

（三）ASD 障碍程度的性别差异

ASD 患者在社会交往障碍、言语障碍、兴趣与行为异常三方面的症状（又称三联征）没有性别差异，但在其他方面的症状确实存在性别差异。⑤

ASD 者中的男孩比女孩的行为障碍范围更广，主要表现在攻击、多动、强迫性仪式，⑥ 而 ASD 女孩在社交问题如社会退缩、自伤、思维问

---

① Geschwind, D. H., "Advances in Autism", *Annual Review of Medicine*, Vol. 60, No. 1, 2009, pp. 367 – 380. 黄伟合：《儿童自闭症及其他发展性障碍的行为干预》，华东师范大学出版社 2003 年版。

② Geschwind, D. H., "Advances in Autism", *Annual Review of Medicine*, Vol. 60, 2009, pp. 367 – 380.

③ Bodfish, J. W., Symons, F. J., Parker, D. E., Lewis, M. H., "Varieties of Repetitive behavior in Autism: Comparisons to Mental Retardation", *Journal of Autism and Developmental Disorders*, Vol. 30, 2000, pp. 237 – 243. Schultz, R. T., "Developmental Deficits in Social Perception in Autism: The Role of the Amygdala and Fusiform Face Area", *International Journal of Developmental Neuroscience*, Vol. 23, No. 2 – 3, 2005, pp. 125 – 141.

④ Geschwind, D. H., "Advances in Autism", *Annual Review of Medicine*, Vol. 60, No. 1, 2009, pp. 367 – 380.

⑤ Holtmann, M., Bölte, S. and Poustka, F., "Autism Spectrum Disorders: Sex Differences in Autistic Behaviour Domains and Coexisting Psychopathology", *Developmental Medicine & Child Neurology*, Vol. 49, No. 5, 2007, pp. 361 – 366.

⑥ Baron-Cohen, S., "The Extreme Male Brain Theory of Autism", *Trends in Cognitive Sciences*, Vol. 6, No. 2, 2002, pp. 48 – 54. 徐光兴：《自闭症的性别差异及其与认知神经功能障碍的关系》，《心理科学》2007 年第 2 期。

题以及情绪障碍方面症状较男孩突出。① 但在注意力方面的问题结果并不一致，有的认为男孩的注意障碍多于女孩，也有的却恰恰相反。②

在言语认知上，ASD男孩比女孩显示出重度的发展迟缓，并且障碍涉及的范围更广，如在口吃、识字障碍、阅读障碍方面男孩的比率和问题的严重度更高。此外在言语的发音异常、机械性的反射语言，以及语言突然消失等病理表现，都主要集中在ASD男孩方面。

ASD儿童的智商分布范围幅度较大。研究者将韦氏智力测验IQ在55以下的称为"低功能自闭症"，而将IQ接近正常及以上的称为"高功能自闭症"。研究发现，ASD的IQ也呈现出极为明显的性别差异，IQ在34分以下的低功能自闭症儿童男女比例为2.5—3.0∶1，而高功能自闭症儿童男女比例为5∶1。③

（四）不同亚类ASD的症状

DSM-IV-TR（APA）将自闭谱系障碍分为五个亚类：典型自闭症、阿斯伯格综合征、雷特综合征、儿童瓦解性精神障碍、广泛性发育障碍未注明型。④ 其中，自闭症被认为是这一谱系障碍最典型的代表，⑤ 前文已述及其症状表现，而其他亚类的症状不常被人们所提及。

阿斯伯格（Asperger）最早对阿斯伯格综合征进行了描述。根据DSM-IV-TR，阿斯伯格综合征最典型的是社会功能障碍，同时伴有局限、

---

① Holtmann, M., Bölte, S. and Poustka, F., "Autism Spectrum Disorders: Sex Differences in Autistic Behaviour Domains and Coexisting Psychopathology", *Developmental Medicine & Child Neurology*, Vol. 49, No. 5, 2007, pp. 361 – 366. 徐光兴：《自闭症的性别差异及其与认知神经功能障碍的关系》，《心理科学》2007年第2期。

② Baron-Cohen, S., "The Extreme Male Brain Theory of Autism", *Trends in Cognitive Sciences*, Vol. 6, No. 2, 2002, pp. 48 – 54. Holtmann, M., Bölte, S. and Poustka, F, "Autism Spectrum Disorders: Sex Differences in Autistic Behaviour Domains and Coexisting Psychopathology", *Developmental Medicine & Child Neurology*, Vol. 49, 2007, No. 5, pp. 361 – 366.

③ 徐光兴：《自闭症的性别差异及其与认知神经功能障碍的关系》，《心理科学》2007年第2期。

④ American Psychiatric Association, *Diagnostic and Statistical Manual of Mental Disorders DSM-IV-TR Fourth Edition*, American Psychiatric Publishing, 2000.

⑤ Lubetsky, M. J., McGonigle, J. J. and Handen, B. L., "Recognition of Autism Spectrum Disorder", *Speaker's Journal*, Vol. 8, No. 4, 2008, pp. 13 – 23.

重复、刻板的兴趣和行为模式，以及笨拙的动作技能，但是具有流畅的语言和较好的认知能力，通常智力正常。[1] 其与高功能自闭症的主要区别在于，阿斯伯格障碍童年期的语言发展、认知发展、与年龄相适应的自理能力、适应性行为（除了社会交互行为）、对环境的好奇心等方面没有临床意义上的迟滞。存在社会交往障碍，有重复刻板的行为动作，兴趣狭窄。并由于这些原因显著地损害到他们的社交、职业以及其他重要领域的功能。阿斯伯格综合征患者通常也有社交的兴趣和发展友谊的愿望，但通常对社交习俗和规则不理解，在社交场合往往拘泥细节，缺乏必要的灵活性，可能过于多嘴说些与社交场合无关的话；且往往专注于某一特定的话题或领域。[2]

广泛性发育障碍未注明型（PDD-NOS）是指那些不能完全用自闭症或阿斯伯格综合征的诊断标准进行诊断的个体，也称非典型自闭症（Atypical Autism），患者存在社交障碍、言语沟通障碍和重复动作行为等症状。因患者没有智力障碍，所以常被称为高功能自闭症。

雷特综合征、儿童瓦解性精神障碍的发病率极低。"自闭症谱系障碍"通常指的是典型的自闭症、阿斯伯格综合征和广泛性发育障碍未注明型。由于其独特的发展模式和不同的生物学基础，雷特综合征、儿童瓦解性精神障碍通常不被列入。现有研究证明，雷特综合征是由于染色体变异导致的，只发生在女孩身上，她们在产前和围产期的发展明显正常，出生后5个月内心理活动的发育也明显正常，随后丧失了先前所掌握的身体、运动、社交和语言技能。儿童瓦解性精神障碍（也称 Heller 综合征）患者，在出生后1至2年内发展明显正常，随后发展中（10岁前）原已获得的正常生活和社会功能，及言语、行为、躯体运动、游戏功能迅速衰退，甚至丧失。[3]

---

[1] 高定国、崔吉芳、邹小兵：《阿斯珀格氏综合征儿童的特征和教育前景》，《西南师范大学学报》（人文社会科学版）2005年第31卷第5期。

[2] Lubetsky, M. J., McGonigle, J. J. and Handen, B. L., "Recognition of Autism Spectrum Disorder", *Speaker's Journal*, Vol. 8, No. 4, 2008, pp. 13 – 23. 黄伟合：《儿童自闭症及其他发展性障碍的行为干预》，华东师范大学出版社2003年版。

[3] Lubetsky, M. J., McGonigle, J. J. and Handen, B. L., "Recognition of Autism Spectrum Disorder", *Speaker's Journal*, Vol. 8, No. 4, 2008, pp. 13 – 23.

三 ASD 的诊断工具和方法

对 ASD 进行诊断，要求对孩子做全面性的检查评估。当前学术界对 ASD 的症状表现没有一致的观点，但一般都公认 ASD 儿童发展中的问题往往有多方面表现，且可能在儿童发展的不同阶段有不同的侧重。[1] 迄今为止，对 ASD 没有单一完善的诊断工具和方法，所以在诊断时必须进行多侧面的评估，既要注意发展迟滞，又要注意发展异常，同时，要将孩子在个别领域的功能放到其整体智力能力中去分析理解。在诊断评估时，包括心理学者、儿科医生、治疗师等在内的多专业合作显然是很重要的，而且，家长的参与是对孩子做全面评估诊断的重要环节。[2] 对 ASD 疑似病例进行综合评估时，必须包括其成长史、父母访谈、必要时的医学检验、对儿童的观察、认知和适应功能的标准化测试以及对社交、沟通交流技能的直接评估。[3]

当前，儿童 ASD 的诊断标准主要有美国精神病学会（American psychiatri association，APA）《精神障碍诊断和统计手册》第四版（diagnostic and statistical manual of mental disorders，4th ed，DSM-IV）、世界卫生组织关于精神与行为障碍的诊断标准（TheICD - 10 classifieationof mentaland behavioral disorders clinical descriptionsand diagnostic guidelines，ICD - 10）以及中华精神科学会中国疾病分类诊断标准（The Chinese classification and diagnostic criteria of mental disorders，3rd ed，CCMD - 3）。目前常使用的诊断工具是根据前两种诊断分类标准编制的。[4] 国外常用的诊断工具为自闭症诊断访谈量表（autism diagnostic interview-revised，ADI-R）和儿童自闭症评

---

[1] Filipek, P. A., Accardo, P. J. and Baranek, G. T., "The Screening and Diagnosis of Autistic Spectrum Disorders", *Journal of Autism and Developmental Disorders*, Vol. 29, No. 6, 1999, pp. 439 – 484.

[2] Bodfish, J. W., Symons, F. J., Parker, D. E., Lewis, M. H., "Varieties of Repetitive Behavior in Autism: Comparisons to Mental Retardation", *Journal of Autism and Developmental Disorders*, Vol. 30, 2000, pp. 237 – 243.

[3] Charles, J. M., Carpenter, L. A., Jenner, W. and Nicholas, J. S., "Recent Advances in Autism Spectrum Disorders", *International Journal of Psychiatry in Medicine*, Vol. 38, No. 2, 2008, pp. 133 – 140.

[4] 黄伟合：《儿童自闭症及其他发展性障碍的行为干预》，华东师范大学出版社 2003 年版。

定量表（childhood autism rating scale，CARS）。美国芝加哥大学 Lord，Rutter，DiLavore 和 Risi（1999）编制的自闭症诊断观察量表（autism diagnostic observation schedule，ADOS），[1] 因其信度、效度高，实用性好而被奉为"金标准"（golden standard）。[2] 国内常用的诊断工具是儿童自闭症评定量表（CARS）和儿童自闭症行为量表（aulism behavior cheeklist，ABC）。

尽管已经明确几个少见基因位点突变导致 PDD 的个别亚型，也有众多研究探讨了镜像神经元等认知神经缺陷与 ASD 有关，但是遗传学检测尚不能用于 ASD 诊断。早期筛查 ASD 儿童的工具十分有限，现在使用的 ASD 儿童行为问题筛查的工具中，《婴幼儿自闭症量表》（checklist for autism in toddlers，CHAT）和《幼儿自闭症筛查工具》（screening tools for autismin toddlers，STAT）是两种专门用于 1.5—2 岁儿童自闭症鉴别诊断的工具，[3] 而《幼儿自闭症量表（修订版）》（The modified checklist for autism in toddlers，M-CHAT）被广泛应用于 16—30 个月大孩子的筛查。[4] 这些工具可以筛检出 3 岁以前有明显 ASD 行为的儿童。但是，由于 3 岁前儿童的言语处于发展阶段，许多中国家长发现孩子语言迟缓也多数等待其自然发展出应有的语言水平，常常在孩子 3 岁以后还不会讲话或行为表现出怪异时才来就诊，而且多数高功能自闭症（HFA）或 AS 并无智力发育的

---

[1] Lord, C., Rutter, M., DiLavore, P. and Risi, S., *Autism Diagnostic Observation Schedule* (ADOS), Los Angeles, CA: Western Psychological Services, 1999.

[2] Charles, J. M., Carpenter, L. A., Jenner, W. and Nicholas, J. S., "Recent Advances in Autism Spectrum Disorders", *International Journal of Psychiatry in Medicine*, Vol. 38, No. 2, 2008, pp. 133 – 140.

[3] Baron-Cohen, S., Wheelwright, S., Cox, A., Baird, G., Charman, T., Swettenham, J., et al., "The Early Identification of Autism: The Checklist for Autism in Toddlers (CHAT)", *Journal of the Royal Society of Medicine*, Vol. 93, No. 10, 2000, pp. 521 – 525. Stone, W. L., Coonrod, E. E. and Ousley, O. Y., "Screening Tool for Autism in Two-year-olds (STAT): Development and Preliminary Data", *Journal of Autism and Developmental Disorders*, Vol. 30, No. 6, 2000, pp. 607 – 612.

[4] Robins, D. L., Fein, D., Barton, M. L. and Green, J. A., "The Modified Checklist for Autism in Toddlers: An Initial Study Investigating the Early Detection of Autism and Pervasive Developmental Disorders", *Journal of Autism and Developmental Disorders*, Vol. 31, 2001, pp. 131 – 144. Matson, J. L., Wilkins, J. and González, M., "Early Identification and Diagnosis in Autism Spectrum Disorders in Young Children and Infants-How Early is too early", *Research in Autism Spectrum Disorders*, Vol. 2, No. 1, 2008, pp. 75 – 84.

四　ASD 的治疗和心理干预

由于 ASD 病因复杂，且个体差异较大，迄今为止还没有特效药物出现。国际上研究普遍认为，治疗的关键在于通过特殊教育训练和行为干预，提高 ASD 患者在日常生活中自理、认知、社会交往及适应社会的能力。由于 ASD 的表现非常混杂，因此，对 ASD 者的教育、康复、干预方案，要建立在对 ASD 个体的心理发育水平和行为、需要、社会适应能力进行全面评估的基础上，采用适合于 ASD 者的富有个性化的教育手段、康复计划或干预策略，进行长期系统的教育、康复训练。[2] 近年来，中国许多科研单位和机构在学习国外的经验基础上，结合本国文化、中医原理、家庭社会环境等要素，尝试运用中医针灸按摩、农疗等方法帮助 ASD 者获得康复，进行了有方向、有创意的积极探索。

（一）中西医治疗

1. 中医治疗

随着现代医学对 ASD 认识的深入及诊治水平的提高，近年来，中国医学对儿童 ASD 的认识及治疗手段也进一步提高。在病因病机方面，研究者认为，自闭症病位在脑，同心、肝、脾、肾有密切联系，[3] 认为先天不足、肾精亏虚，神失所养、心窍不通，肝失条达、升发不利是自闭症的主要病机。[4] Li 提出 ASD 的预防和治疗应从四个方面入手：一是纠正心理紊乱；二是促进其神经系统发育；三是减轻病理因素的影响；四是加强学习训练，纠正意识层面具有无意识特征的想法。[5] 他认为，由于中

---

[1] 金宇：《孤独症谱系障碍儿童社会认知缺陷的神经心理机制及早期筛查工具的研究》，博士学位论文，中南大学，2008 年。

[2] Charles, J. M., Carpenter, L. A., Jenner, W. and Nicholas, J. S., "Recent Advances in Autism Spectrum Disorders", *International Journal of Psychiatry in Medicine*, Vol. 38, No. 2, 2008, pp. 133 – 140.

[3] 刘伍立、何俊德：《自闭症中医精神、行为异常特征探讨》，《湖南中医药大学学报》2006 年第 26 卷第 5 期。

[4] 李诺、刘振寰：《中医对自闭症的认识及治疗现状》，《中国中西医结合儿科学》2009 年第 1 卷第 2 期。

[5] Li, Ch. M., "The Prevention and Therapy of Infantile Autism", *Progress in Modern Biomedicine*, Vol. 9, 2009, pp. 2162 – 2167.

药治本、西药治标的特点，在用药上，应交替服用促进发育、调理睡眠的中药，而禁服西药。

对ASD的中医治疗，主要有针刺治疗、中药治疗等手段，在提高ASD患儿的认知及语言功能方面取得一定的疗效。

针灸治疗儿童自闭症以广州中医药大学靳瑞教授独创的"靳三针疗法"较为常用，是以头部组穴为主，辨证论治治疗儿童自闭症的一套"三针"治疗体系。选用直径0.30毫米、长度25毫米的华佗牌不锈钢毫针，采用捻转进针法。头部组穴针刺的顺序是：四神针、脑三针、智三针、颞三针、颞上三针、定神针、舌三针。四神针：百会穴前后左右各旁开1.5寸。定神针：印堂、阳白各上5分。颞三针：耳尖直上入发际2寸及同一水平前后各1寸，共3穴。颞上三针：左耳尖直上入发际3寸及同一水平前后各1寸，共3穴。脑三针：脑户、双脑空。智三针：神庭、双本神。醒神针：人中、少商、隐白。手智针：内关、神门、劳宫。足智针：涌泉、泉中（趾端至足跟后缘连线中点）、泉中内（平泉中穴向内旁开0.8寸）。舌三针：拇指间横纹平下颌前缘，拇指尖处为第1针（上廉泉），其左右各旁开1寸处为第2（廉泉左）、3针（廉泉右）。①

袁青等人用"靳三针"疗法对自闭症儿童进行治疗，结果显示，"靳三针"对自闭症儿童的言语与非言语交流、刻板行为与统一性保持及社会交往与人际关系有显著效果。他们认为，这可能是因为针刺治疗通过刺激特定穴位，在一定程度上直接刺激了相应的大脑皮层，从而产生了改善患儿临床症状的效果，更为重要的是，这种方法对自闭症儿童的大脑影响是整体水平的。② 他们还开展了针刺疗法配合行为干预对自闭症儿童疗效的研究，其结果大致相同。③ 严愉芬、韦永英、陈玉华和陈明铭研究发现，在科学有效的康复训练方法基础上，配合针刺治疗，对自闭症

---

① 吴至凤、袁青、汪睿超、赵聪敏：《靳三针治疗不同年龄段自闭症儿童疗效观察》，《重庆医学》2009年第21期。

② 袁青、马瑞玲、靳瑞：《针刺治疗儿童自闭症疗效观察》，《美中医学》2005年第2卷；吴至凤、袁青、汪睿超、赵聪敏：《靳三针治疗不同年龄段自闭症儿童疗效观察》，《重庆医学》2009年第21期；袁青、汪睿超、吴至凤、赵妍、包小娟、靳瑞：《靳三针治疗重度自闭症疗效对照观察》，《中国针灸》2009年第3期。

③ 马瑞玲、袁青、靳瑞：《针刺配合行为干预疗法对儿童自闭症行为的影响》，《中国中西医结合杂志》2006年第26卷第5期。

儿童的模仿、口语认知等能力的发展并在整体上起到了明显的增效作用。[1] 刘振寰、张宏雁、张春涛和李诺使用头针治疗小儿自闭症共38例，近期有效率78.9%，远期随访有效率36.8%。[2]

严愉芬和雷法清使用加味温胆汤配合教学训练矫治自闭症儿童异常行为，取得了良好的疗效。[3] 吴晖和吴忠义运用针灸、推拿、口服中药三位一体的方法治疗自闭症400余例，有90%的患儿都有程度不一的疗效，近10%无效果，主要是重度智力低下或年龄较大已失去最佳治疗时机的患儿。[4]

2. 西药治疗

与正常儿童一样，ASD人群也一样有基本保健的需要和先期辅导的需要，这些有潜在基因病变的群体非常需要有针对性的药物治疗。[5] 由于ASD病因未明，研究者认为，治疗应综合考虑遗传的、后天的或环境因素，并试图寻找一种有效、安全且可接受的医学和生物医学治疗方法，但目前获得美国食品和药物管理局（U.S. Food and Drug Administration，FDA）核准的只有一种药物——利哌酮（risperidone）。[6] 利哌酮可用于处理ASD者的攻击性、自伤、发脾气等，但并不针对ASD的核心缺陷即社会交往、沟通、刻板行为等。[7]

当前，对于自闭障碍的很多生化研究都集中在神经递质的作用上面。譬如，5-羟色胺对于身体唤醒系统的作用。基于这种神经递质假说，一

---

[1] 严愉芬、雷法清：《加味温胆汤配合教学训练矫治孤独症儿童异常行为25例》，《中医杂志》2007年第48卷第3期。

[2] 刘振寰、张宏雁、张春涛、李诺：《头针治疗小儿孤独症的临床研究》，《上海针灸杂志》2009年第28卷第11期。

[3] 严愉芬、雷法清：《加味温胆汤配合教学训练矫治孤独症儿童异常行为25例》，《中医杂志》2007年第48卷第3期。

[4] 吴晖、吴忠义：《"三位一体"中医疗法治疗孤独症》，《医药产业资讯》2006年第3卷第11期。

[5] Charles, J. M., Carpenter, L. A., Jenner, W. and Nicholas, J. S., "Recent Advances in Autism Spectrum Disorders", *International Journal of Psychiatry in Medicine*, Vol. 38, No. 2, 2008, pp. 133-140.

[6] Freitag, C. M., "The Genetics of Autistic Disorders and its Clinical Relevance: A Review of the Literature", *Molecular Psychiatry*, Vol. 12, No. 1, 2007, pp. 2-22. Müller, R. A., "The Study of Autism as a Distributed Disorder", *Mental Retardation and Developmental Disabilities Research Reviews*, Vol. 13, No. 1, 2007, pp. 85-95.

[7] Geschwind, D. H., "Advances in Autism", *Annual Review of Medicine*, Vol. 60, No. 1, 2009, pp. 367-380.

些治疗者开始采用可以降低血液中 5 - 羟色胺水平的药物（如氟苯丙胺，fenfluramine）来进行治疗。此类药物能增加自闭症患儿目光接触、社会知觉和对学校任务的注意维持，提高 IQ 测验分数，减少多动或重复行为，改善睡眠状态等。但是，这类药物在患儿的交往行为方面没有明显的作用。同时，这类药物还存在一些副作用，如易怒、嗜睡、有不自主的挥手动作和食欲减退等。① 并且，如果药物治疗服用不当（如长时间大剂量用药、中间没有间歇等），还可能会带来一些其他的副作用，如停药时出现反弹，使行为症状变得更加强烈。但研究者也认为，精神科药物的服用是对自闭症非药物治疗的一种辅助。② 在美国北卡罗来纳州的一项对 3000 多个家庭的调查报告中，有大约 46% 被调查者反映给予 ASD 儿童精神科药物以治疗其行为症候，21.7% 服用抗抑郁药，16.8% 为抗精神病药物，13.9% 为兴奋剂。③

（二）心理干预及评估

1. 干预方法的效果评估与有效特征

据统计，目前已有 33 种比较常见的 ASD 干预理论与方法④，其中应用行为分析疗法（applied behavior analysis，ABA）获得最多的实验支持，其早期高密度的训练效果相当明显。Simpson（2005）根据美国 21 世纪有关教育法案中以事实为基础（evidence-based practice）的要求，使用了六种指标对这 33 种干预的理论与方法进行了系统的评估：（1）干预所取得的效果，（2）干预人员的训练，（3）干预的方法，（4）干预治疗所产生的副作用，（5）干预所需的费用，（6）评估干预效果的方法。⑤ 将这 33 种干预理论与方法分成以下四大类。第一类是

---

① 傅宏：《孤独症病因模式与治疗选择》，《中国特殊教育》2001 年第 2 期。
② Lubetsky, M. J. and Handen, B. L., "Medication Treatment in Autism Spectrum disorder", *Speaker's Journal*, Vol. 8, No. 10, 2008, pp. 97 – 107.
③ Langworthy-Lam, K., Aman, M. and Van Bourgondien, M., "Prevalence and Patterns of Use of Psychoactive Medicines in Individuals with Autism in the Autism Society of North Carolina", *Journal of Child and Adolescent Psychopharmacology*, Vol. 12, No. 4, 2002, pp. 311 – 321.
④ 黄伟合：《社会观念的改变与自闭症事业的发展》，《上海师范大学学报》（哲学社会科学版）2008 年第 5 期。
⑤ Simpson R. L., "Evidence Based Practices and Students with Autism Spectrum Disorders", *Focus on Autism and Other Developmental Disabilities*, Vol. 20, No. 3, 2005, pp. 140 – 149.

以科学为基础的实践，包括 ABA、离散单元教学等；第二类是较有希望的实践，如游戏取向策略、TEACCH 结构式教育、图片交换沟通系统、社会故事法、认知行为疗法和感觉统合疗法等；第三类是有待验证的实践，如地板时间教法、听觉统合训练和各种食物疗法；第四类是不应推荐的实践，其中包括紧抱疗法和辅助交流方法等。虽然这种评估不是最后定论，但得到了越来越多的专业人员和 ASD 孩子家长的注意。

大部分方法对临床变量缺乏严格的控制，且远期预后并不理想。[①] 不过，日渐增多的研究表明，早期密集型行为和认知干预是有效的，尤其是对于促进语言发展和社交功能方面效果明显，[②] 综观这些有效的方法，其共同特征是：（1）着眼于 ASD 儿童的模仿、语言、玩具游戏、社会交往、运动和适应行为的综合课程；（2）对发展序列的敏感性；（3）支持的、实证有效的教学策略（如 ABA）；（4）减少干扰行为的行为策略；（5）父母参与；（6）逐步过渡到更自然的环境；（7）训练有素的工作人员；（8）督导和审查机制；（9）密集的治疗活动——25 小时/周持续至少 2 年；（10）开始于 2—4 岁。[③]

2. 常用干预方法

对自闭症有效的干预方案中，最常用的是应用行为分析疗法（ABA）、自闭症及有关交流障碍儿童教育训练项目（treatment and education of autistic and related communication-handicapped children，TEACCH）、游戏疗法（play therapy），此外，感觉统合训练（sensory integratmn training）、音乐疗法（music therapy）、认知行为疗法（cognitive behaviour therapy，CBT）等也颇受青睐。限于篇幅，着重介绍 ABA、TEACCH、游戏疗法。

[①] Eikeseth, S., "Outcome of Comprehensive Psycho-educational Interventions for Young Children with Autism", *Research in Developmental Disabilities*, Vol. 30, No. 1, 2009, pp. 158 – 178.

[②] Landa, R. J., "Diagnosis of Autism Spectrum Disorders in the First 3 Years of Life", *Nature Clinical Practice Neurology*, Vol. 4, No. 3, 2008, pp. 138 – 147. Rogers, S. J. and Vismara, L. A., "Evidence-based Comprehensive Treatments for Early Autism", *Journal of Clinical Child & Adolescent Psychology*, Vol. 37, No. 1, 2008, pp. 8 – 38. Geschwind, D. H., "Advances in Autism", *Annual Review of Medicine*, Vol. 60, No. 1, 2009, pp. 367 – 380.

[③] Dawson, G., "Early Behavioral Intervention, Brain Plasticity, and the Prevention of Autism Spectrum Disorder", *Development and Psychopathology*, Vol. 20, No. 3, 2008, pp. 775 – 803.

(1) 应用行为分析

应用行为分析是指人们在尝试理解、解释、描述和预测行为的基础上,运用行为改变的原理和方法对行为进行干预,使其具有一定社会意义的过程。最基本的原理就是行为科学的刺激—反应—强化,其目标是改善 ASD 的核心缺陷(沟通和社交延迟)。ABA 将行为分解为小单元进行处理,每周 30—40 小时一对一的训练,内容包括注意、基本识别、语言交流、日常生活、社会化、游戏、精细动作和大运动控制及前学业(pre-academics)方面,[①] 训练 ASD 儿童社交技能,如目光接触、提简单要求、交换拥抱、对话等。[②] 与传统的行为疗法相比,应用行为分析的运用非常强调个体化,即针对不同的患者采用不同的刺激和强化策略;更注重个体内在需要,强调行为功能,巧妙运用各种行为矫正技术,从个体的需要出发,采用"ABC"(Antecedents-Behavior-Consequences,前提—行为—结果)的模式消除问题行为或塑造社会适应性行为。应用行为分析运用于 ASD 儿童康复训练的突出特点表现为:①将动作分解为小的单元;②恰当地使用强化程序(针对不同的个体、不同的时期、不同的动作);③尽早实施干预(一般认为 3 岁之前为宜);④长时间实施干预。[③] 干预实验研究表明,ABA 与折中发展(Eclectic-Developmental, ED)的办法对改善 ASD 者的社交互动均有显著效果,但 ABA 更明显,且该组语言与交流前后测有显著差异,行为干预方法比 ED 对 ASD 的核心症状干预效果更突出。[④] 也有研究者认为,ABA 能高效地改变 ASD 者的行为,但这种改变仅仅是暂时性的,无法获得长期的保持

[①] Zachor, D. A., Ben-Itzchak, E., Rabinovich, A. L. and Lahat, E., "Change in Autism Core Symptoms with Intervention", *Research in Autism Spectrum Disorders*, Vol. 1, No. 4, 2007, pp. 304 – 317.

[②] Weiss, M. and Harris, S., "Teaching Social Skills to People with Autism", *Behavior Modification*, Vol. 25, No. 5, 2001, pp. 785 – 802. White, S., Koenig, K. and Scahill, L., "Social Skills Development in Children with Autism Spectrum Disorders: A Review of the Intervention Research", *Journal of Autism and Developmental Disorders*, Vol. 37, No. 10, 2007, pp. 1858 – 1868.

[③] 刘惠军、李亚莉:《应用行为分析在自闭症儿童康复训练中的应用》,《中国特殊教育》2007 年第 3 期。

[④] Zachor, D. A., Ben-Itzchak, E., Rabinovich, A. L. and Lahat, E., "Change in Autism Core Symptoms with Intervention", *Research in Autism Spectrum Disorders*, Vol. 1, No. 4, 2007, pp. 304 – 317.

效果。[1] 这可能是由于 ABA 没有触及 ASD 者认知方面的缘故。

(2) TEACCH

TEACCH 方案于 20 世纪 70 年代由美国北卡罗来纳州 Schopler 与其同事兴起，是一种影响较大的 ASD 教育及治疗模式。TEACCH 发挥自闭症儿童的长处，强调自闭症儿童对教育和训练内容的理解和服从，其核心概念是结构化和个性化。结构化主要是为了避免自闭症儿童因对感觉输入的高敏感性，而产生的对环境或所接触事物变化的不适应，把物理环境、作息时间、工作学习组织等方面结构化，使环境和事件具有可预测性。[2] 其主要干预策略，是把 ASD 儿童课堂教学中的个别化教育方案和家庭生活中随时随地的交际能力训练结合起来，借助"环境结构化"的方法，增进 ASD 儿童的契机式学习（incidental leaning）。TEACCH 根据患者学习目标及能力，对学习环境，包括时间、空间、教材、教具及教学活动，作为一种具有系统性及组织性的安排，以达到教学目标。充分利用自闭症儿童视知觉优势，利用视觉提示，如图片、视觉卡片等作为视觉线索引导儿童的活动。[3] Quill 把视觉提示分为以下几种：①作息表；②提示卡；③社会性剧本；④社会性故事；⑤示范用的录像带；⑥社会行为说明；⑦视觉图卡；⑧放松提示卡；⑨社会百科全书。[4] 将不明显的，常人已经自动化的社会互动与沟通的规范教给自闭症儿童，以促进其社会交往能力。香港地区的一项纵向研究初步支持了 TEACCH 对干预 ASD 的有效性。[5] 但是到目前为止，还没有看到有关 TEACCH 模式整体效果的研究报告，即

---

[1] Bellini, S., Peters, J., Benner, L. and Hopf, A., "A Meta-analysis of School-based Social Skills Interventions for Children with Autism Spectrum Disorders", *Remedial and Special Education*, Vol. 28, No. 3, 2007, pp. 153–162. White, S., Koenig, K. and Scahill, L., "Social Skills Development in Children with Autism Spectrum Disorders: A Review of the Intervention Research", *Journal of Autism and Developmental Disorders*, Vol. 37, No. 10, 2007, pp. 1858–1868.

[2] 徐大真、侯佳:《儿童自闭症治疗技术与方法的研究进展》,《消费导刊》2008 年第 23 期。

[3] 孙晓勉、王懿、李萍:《孤独症和社交障碍儿童的行为训练—结构化教育（TEACCH）》,《国外医学妇幼保健分册》2001 年第 12 卷第 3 期。

[4] Quill, K. A., *Do-watch-listen-say: Social and Communication Intervention for Children with Autism*, Baltimore, Maryland: Paul H. Brookes Publishing Company, 2000.

[5] Tsang, S. K. M., Shek, D. T. L., Lam, L. L., Tang, F. L. Y. and Cheung, P. M. P., "Application of the TEACCH Program on Chinese Pre-school Children with Autism: Does Culture Make a Difference?", *Journal of Autism and Developmental Disorders*, Vol. 37, No. 2, 2007, pp. 390–396.

其有效性还有待论证。而且，该方法忽视了社交技能的训练，同时其高度的结构化又可能会增加 ASD 患儿的刻板行为，减弱儿童的社会兴趣，因此在应用时应根据不同社会和家庭背景加以调整。① 实际上，支撑这种训练模式的理论本身还存在矛盾和有待验证的地方。②

（3）游戏疗法

游戏是儿童自然而发的沟通语言，是儿童期最主要的活动。儿童可以在游戏的自然过程中去探索、学习、了解自己和世界，使用玩具及游戏来表达他们的经验、感受、期待、需求及愿望。在这一过程中，儿童发挥了他们的内在资源、力量和潜力，引入了向前发展的动力，提高了自我支配的能力，激发了实现个人能力的动机。③

作为游戏疗法的一种，箱庭疗法（sandplay therapy，国内也称沙盘游戏疗法）具有浓厚的东方文化意蕴，有其独特的优势，易于被儿童接受，利于与儿童进行交流。实施过程是：在咨询者的陪伴下，来访者自由选择需要的玩具模型在沙箱中制作一个作品。以投射的方式充分展现其内在世界，表达情感体验，再现其多维的现实生活，并从中获得对自身心灵的知性理解和情感关怀，使其无意识整合到意识中，即"无意识意识化"，它是一种从人的心理深层面来促进心理发展、变化的心理治疗方法。④ 这是一种高度形象生动的超越言语、文化障碍的心理咨询方式，特别适合于聋哑或听力、言语困难的儿童。⑤ 国内外个案研究报告了箱庭疗法对 ASD 的有效性。⑥ Lu、Petersen 和 Lacroix 通过对 25 名 ASD 小学生持续 10

---

① 任真：《自闭症儿童的心理理论与中心信息整合的关系研究》，硕士学位论文，华东师范大学，2004 年。

② 傅宏：《孤独症病因模式与治疗选择》，《中国特殊教育》2001 年第 2 期。

③ ［美］Timberlake, E. M., Cutler, M. M.：《临床社会工作游戏治疗》，肖萍等译，华东理工大学出版社 2004 年版。

④ 张日昇：《箱庭疗法》，人民教育出版社 2006 年版。Dale, M. and Wagner, W., "Sandplay: An Investigation into a Child's Meaning System Via the Self-confrontation Method for Children", *Journal of Constructivist Psychology*, Vol. 16, No. 1, 2003, pp. 17 – 36.

⑤ Betman, B. G., "To See the World in a Tray of Sand: Using Sandplay Therapy with Deaf Children", *Odyssey*, Vol. 5, No. 2, 2004, pp. 16 – 20.

⑥ ［日］樱井素子、张日昇：《在澳大利亚某重度语言障碍学校进行箱庭疗法的尝试——爱玩砂的 8 岁男孩的箱庭疗法过程》，《心理科学》1999 年第 4 期。Zhang, R. S. and Kou, Y., "Sandplay Therapy with An autistic Boy", *Archives of Sandplay Therapy*, Vol. 18, No. 1, 2005, pp. 71 – 88.

次的箱庭治疗，发现这些儿童的言语表达、社会交往以及象征性、自发性、创意性游戏增多，认为创造性活动可以作为当前自闭症培训学校行为/社会技能型教学活动的重要补充。[1] 陈顺森在个案研究基础上，认为箱庭疗法以超越言语障碍的功能克服自闭症儿童的言语障碍，以模拟情境促进其心理理论的形成，以自然教学原理强调培养其主动自立和自控能力，激发其想象力、创造力，拓展其兴趣领域，从而为 ASD 儿童的康复提供了可能性。[2] 但箱庭疗法治疗 ASD 儿童的内在机制仍然未获得科学、客观的揭示，相关研究也不系统，而且对于那些对玩具、沙子均不感兴趣的 ASD 儿童，箱庭疗法时常面临困境。但目前该疗法已引起国内一些自闭症培训机构的兴趣，将箱庭疗法与 ABA、TEACCH 等相结合，开展自闭症谱系障碍的康复、培训。

五 自闭症的病因

迄今为止，自闭症的病因仍不明了。早期的研究者 Kanner 提出了自闭症的病因主要源于父母在情感方面的冷漠和教养过分形式化所造成的。也有人提出"冰箱父母"的理论，认为父母在心理上对孩子的排斥和虐待，对孩子缺乏温暖，使孩子在情绪发育中受到干扰，致使他们逃入一个梦幻世界，从而造成了自闭症儿童语言障碍、社交退缩等。但随着对自闭症的认识和深入，研究者认为不正常的父母—子女互动关系，其根源可能在于孩子本身。现在对于自闭症，人们更多地认为生物学因素可能是它的根本病因。其中遗传因素、神经因素、孕产期危险因素在自闭症发病中有着非常重要的作用，而其他因素如免疫因素、感染因素、营养因素可能对自闭症的发生起着重要的促进作用。

（一）生物学因素

1. 遗传因素

有关自闭症的双生子研究、家系研究、细胞遗传学和分子遗传学研

---

[1] Lu, L., Petersen, F., Lacroix, L. and Rousseau C., "Stimulating creative play in children with autism through sandplay", *The Arts in Psychotherapy*, Vol. 37, No. 1, 2010, pp. 56 – 64.

[2] 陈顺森：《箱庭疗法治疗自闭症的原理和操作》，《中国特殊教育》2010 年第 3 期。

究均证实了遗传因素在自闭症成因中的重要作用。对双生子和家系研究发现，单卵双生子的患病一致性比率显著高于双卵双生子，遗传概率大于90%，这表明了自闭症的发生有一定的遗传背景。[1] 家系研究显示，病人直系家属的患病风险高出一般人群的50—200倍。[2] 尽管对于自闭症的遗传传递模式仍不清楚，但许多研究表明了，高发自闭症家系的家族中，社交、交往缺陷和刻板行为发生率较高，同时自闭症父母的人格特征多为冷淡、刻板、敏感、焦虑、谈话专断、固执、缺乏言语交流等，这说明自闭症存在家族的聚集现象。大量研究越来越倾向于认为自闭症是多基因遗传导致的。

细胞遗传学和分子遗传学对于探讨遗传和自闭症的关系更加深入。目前研究显示，常染色体15号和X染色体异常可能与自闭症的发病有关。[3] 但具体的定论还有待于进一步的研究。分子遗传学是采用传统的连锁分析或相关分析，及同胞配对分析，确定候选基因，最终准确找到自闭症的致病基因位点。目前已筛选了一些候选基因，如5 – HTT（5 – 羟色胺转运体）基因、5 – HTR2A（5 – 羟色胺受体2A）基因、6G – luR6（谷氨酸受体）基因、GABRB3（r – 氨基丁酸受体）基因等。[4] 但对于自闭症的致病基因至今还没有一致肯定的研究结果。

2. 脑生理生化研究

大量的自闭症的脑神经机制的证据来源于脑成像技术的发现。目前认为自闭症的发病原因可能与额叶、顶叶、内侧颞叶和小脑的机能障碍有关。[5] 但目前的研究倾向于认为，小脑的机能障碍是导致自闭症的主要原因。

近年来对自闭症儿童的神经生化的研究发现，自闭症儿童周围血内5 – 羟色胺（5 – HT）、谷氨酸、r – 氨基丁酸含量较高，提示5 – HT、谷

---

[1] 戴旭芳：《自闭症的病因研究综述》，《中国特殊教育》2006年第3期。
[2] 尤娜、杨广学：《自闭症诊断与干预研究综述》，《中国特殊教育》2006年第7期。
[3] 李国瑞、余圣陶：《自闭症诊断与治疗研究动向综述》，《心理科学》2004年第27卷第6期。
[4] 徐向平、汪天柱：《自闭症的遗传学研究进展》，《中华儿科杂志》2002年第40卷第5期。
[5] 张文渊：《自闭症的病因、诊断及心理干预》，《中国特殊教育》2003年第3期；李宁生：《自闭症神经机制研究的新进展》，《心理科学》2001年第2卷第24期。

氨酸、r-氨基丁酸可能是自闭症的生物学标记。[①]

3. 孕产期病变

孕产期的危险因素是否是自闭症的重要病因学因素，也成为众多研究学者的争论焦点。早期的研究认为，孕产期危险因素与自闭症病因有密切联系，但近年来的研究不能证实过去的观点，而表明虽然孕产期危险因素与自闭症有关，但不具有特异性，也就是说，无法找到几个或单个的固定的孕产期危险因素与自闭症的发生有关。因而目前比较一致的观点认为，孕产期危险因素可能不是自闭症发病的"直接原因"，但它可能加强了已存在的遗传易感性，增加了自闭症发生的危险性，可能是重要的"辅助原因"[②]。

(二) 其他因素

以往的研究认为自闭症与儿童接种疫苗，尤其是麻疹、腮腺炎、风疹病毒的疫苗有关，近年来的研究尽管已否定了这一说法，但发现自闭症儿童确实存在免疫因素的异常。目前对于免疫因素与自闭症的关系，究竟是致病因素还是疾病的结果仍无定论。

戴旭芳总结了有关自闭症的饮食病因机制发现，自闭症患儿的胃肠道对谷蛋白和/或酪蛋白饮食产生过敏反应，不能将食物中的谷蛋白和酪蛋白进行彻底分解，形成过多的短肽链，这些短肽链过量进入血液，并通过血脑屏障进入脑室，从而影响了整个脑功能。[③] 另外还有研究认为，自闭症还可能与过量食用"酸性食物"、汞过量、铁过量以及维生素C的缺乏有关。

总之，自闭症的发生是一个极其复杂的过程，可能由多个因素共同作用所致。

六 自闭症的认知理论

当前国外自闭症的心理学理论大致分为两个领域，一方面认为自闭症主要是一种领域特殊性的社会性缺损，代表理论是心理理论（Theory of

---

① 乌素萍、贾美香、阮燕等：《5-羟色胺转运体基因多态性与孤独症核心家系的关联研究》，《中国心理卫生杂志》2004年第18卷第5期。
② 戴旭芳：《自闭症的病因研究综述》，《中国特殊教育》2006年第3期。
③ 戴旭芳：《儿童自闭症饮食病因机制的研究进展》，《中国特殊教育》2005年第58卷第4期。

Mind，TOM）障碍论；另一方面认为自闭症主要是一种领域一般性的非社会性缺损，代表观点一种是执行功能障碍理论，另一种是自闭症的"中心信息整合"（central coherence，CC）理论。

（一）心理理论缺损假设

自 Wing、Gould 的研究确认了自闭症的主要缺损为，想象、交流和社会障碍后，对于自闭症的研究从以往的语言、知觉和记忆特点的一般性认知功能的研究，转移到关于自闭症的社会缺损的探究[1]。

Baron-Cohen 等人（1985）最早发现自闭症儿童不能像正常儿童那样自然而渐进地获得心理理论的能力，表现为理解别人的心理上存在着缺陷，因而推测自闭症儿童的缺损主要表现为心理理论缺损。[2] 之后这一假设得到了许多研究的支持。

所谓心理理论（ToMM），指的是为了揭示和预测他人的行为，而对他人的信念、愿望等心理进行推测的一种日常能力。[3] 该假设认为，自闭症儿童在觉察自己和他人的心理状态（诸如信念、愿望、意图等）心理状态与行为间的联系等方面存在缺损。[4] 由于 ToMM 在社会互动、社会认识、想象和交流中的重要性，ToMM 假说不仅揭示了自闭症儿童不能完成需要心理理论能力的任务，而且对于自闭症诊断上的三个典型特征——社会功能障碍、交流障碍、想象障碍提供了统一的解释。这一缺损假设，似乎能对上述三项缺损做出很好的解释[5]。首先，自闭症的社会障碍是因为自闭症儿童无法根据潜在的心理状态来解释复杂的社会行为而造成的；其次，自闭症儿童由于不能认识到他人的心理状态和自己的

---

[1] Wing, L., Gould, J., "Severe Impairments of Social Interaction and Associated Abnormalities in Children Epidemiology and Classification", *Journal of Autism and Development Disorders*, Vol. 9, No. 1, 1979, pp. 11-29.

[2] Baron-Cohen, S., Lesile, A., Frith, U., "Does the Autistic Child Have a Theory of Mind'?", *Cognition*, Vol. 21, No. 1, 1985, pp. 37-46.

[3] 焦青、曹筝：《自闭症儿童心理理论能力中的情绪理解》，《中国特殊教育》2005 年第 57 卷。

[4] 桑标、任真、邓锡平：《自闭症儿童的心理理论与中心信息整合的关系探讨》，《心理科学》2005 年第 28 卷第 2 期。

[5] 邓锡平、刘明：《解读自闭症的"心理理论缺损假设"：认知模块观的视角》，《华东师范大学学报》（教育科学版）2005 年第 23 卷第 4 期。

不同，因而缺乏交流的动机，从而造成自闭症儿童的交流障碍；最后，想像——至少是假装游戏，需要理解他人信念的表征过程，自闭症儿童因 ToMM 的缺损也就造就了想象障碍。

对于自闭症儿童的心理理论发展的研究主要来源于心理理论模块论。

Leslie 认为心理理论的获得是通过神经模块的成熟而实现的，他提出了机械动因、行为动因和态度动因三种动因，分别对应于三种动因的心理加工亚系统：身体理论机械（ToBy），心理理论机械 1（ToMM1）和心理理论机械 2（ToMM2）。[①]

在此基础上，Baron-Cohen 进一步提出了一种"心理失明"（Mind-blind）四成分模型，这四个成分包括，意图觉察器（ID）、眼镜方向觉察器（EDD）、共同注意机制（SAM）和心理理论机制（ToMM）。[②] 其中 SAM 最明显的表现是同时的目光监控和同时的目光定向行为，是一种检测是否你和另一个人正在注意同一客体的机制。SAM 依赖于 ID 和 EDD 的信息输入，将 ID 和 EDD 的信息进行连接，并在二重表征基础上形成三重表征，例如："妈妈—看见—（我—看见—饼干）。"最后将其输出给 ToMM。Baron-Cohen 认为，自闭症儿童在 SAM 和 ToMM 上均呈现缺损，而且认为 SAM 和 ToMM 的缺损是相互独立的。近年来，Tager-Flusberg 从心理理论的发展角度又提出了两认知成分模型，一个成分是社会—知觉成分（social-perceptual components），它指的是根据面孔、语言、身体姿势和运动等所反映的信息，对心理状态做出在线的迅速判断；另一个成分是社会—认知成分（social-cognition components），它指的是把跨时间和事件的信息进行整合，对心理状态的内容进行复杂的认知推理的能力。Tager-Flusberg 认为该模型扩展了最初由元表征缺损所解释的自闭症的 ToMM 缺损，认为自闭症的根本缺损在于社会认知成分，这一特点在婴儿期就已经表现出来了。[③] 这一理论较好地解释了 ToMM 理论缺损在自闭症

[①] Leslie, A. M., *Tomm*, *ToBY and Agency*: *Core Architecture and Domain Specificity*, Mapping the Mind Domain Specificity in Cognition & Culture, 1994, pp. 119 – 148.

[②] Baron-Cohen, S., and Ring, H., "A Model of the Mindreading System: Neuropsychological and Neurobiological Perspectives", *Mitchell P. & Lewis C. Origins*, 1994.

[③] Tager-Flusberg, H., and Sullivan, K., "A Componential View of Theory of Mind: Evidence from Williams Syndrome", *Cognition*, Vol. 76, No. 1, 2000, pp. 59 – 90.

儿童中普遍存在的现象。[1]

(二) 执行功能缺损理论

自闭症诊断标准中还包含另一特征，即有限的、反复的、刻板的行为模式。由于这一行为模式在额叶损伤的病人身上也有类似表现，这一结果又引发了关于自闭症的第二个认知理论解释，即执行功能缺损假设。

所谓执行功能（Executive Function）是指个体在实现某一特定目标时，所使用的灵活而优化的方式控制多种认知加工过程协同操作的认知和神经机制，[2] 包括计划、工作记忆、控制冲动、抑制、定势转移或心理灵活性以及动作产生和监控等一系列功能。[3] 执行功能是个体进行问题解决时所必需的一组神经心理机能，涉及很多目的指向性行为适应过程，因此是一种复杂的认知建构。迄今为止，对于执行功能中所涉及的这些能力之间的关系尚未明确。

对于自闭症儿童的执行功能缺损假设的建构主要来源于实证性的研究。Scheerer 等人研究发现，患有自闭症的儿童抽象能力严重受损。[4] 这一研究涉及了自闭症的执行功能。之后 Rumsey 首次正式采用执行功能这一术语进行自闭症的实证研究。到目前为止，对于自闭症个体执行功能的研究不断发展，研究者们使用了不同的任务范式，考察了不同年龄阶段和不同功能水平的自闭症个体的执行功能的不同成分。这些研究表明，自闭症个体在计划、组织、注意的转移和维持等方面均存在问题。[5] 然而执行功能的缺损并非自闭症所特有，对于执行功能缺损是自闭症的核心缺陷，抑或是自闭症所引起的认知功能障碍，从目前的研究来看仍无定论。同时，执行功能假设亦不能解释自闭症的一些智力表现，特别是不

---

[1] 桑标、任真、邓锡平：《自闭症儿童的心理理论与中心信息整合的关系探讨》，《心理科学》2005 年第 28 卷第 2 期。

[2] Funahashi, S., "Neuronal Mechanisms of Executive Control by the Prefrontal Cortex", *Neuroscience Research*, Vol. 39, No. 2, 2001, p. 147.

[3] Hill, E. L., "Evaluating the Theory of Executive Dysfunction in Autism", *Developmental Review*, Vol. 24, No. 2, 2004, pp. 189 – 233.

[4] Pennington, B. F. and Ozonoff, S., "Executive Functions and Developmental Psychopathology", *Journal of Child Psychology and Psychiatry*, Vol. 37, No. 1, 1996, pp. 51 – 87.

[5] Hughes, C., Russell, J. and Robbins, T. W., "Evidence for Executive Dysfunction in Autism", *Neuropsychologia*, Vol. 32, No. 4, 1994, pp. 477 – 492.

能理解他们可能拥有的一些完好无损的高级技能。[1]

（三）弱中央一致性理论

自闭症在临床特征上不仅表现为社会性和非社会性缺损，还表现出一些优势特征，例如，能力孤岛、优异的机械记忆和关注物体的局部特征等。Frith认为[2]，正常人的信息加工倾向于在一定情境中将各种不同的信息建构成更高层次的意义，即中心信息整合。Frith把这一倾向界定为是一种注意刺激的整体而非刺激的各个部分的能力，这种更高层意义的整合经常是以对细节记忆的损失为代价的。[3] 也就是说，个体对于意义信息的加工优于对无意义信息刺激的加工。弱中央一致性理论认为，人类信息加工的这一特征在自闭症儿童身上是混乱的，自闭症个体似乎不能得益于这种意义加工，或者说缺乏中央一致性（central coherence）。表现出注意细节加工，如对各种刺激特征进行知觉和记忆，而忽略了整体意义或情境的意义。这一假设从信息加工的角度对自闭症的认知特点加以解释，即自闭症儿童不能利用背景信息，而且倾向于对部分信息的偏爱。这一假设很好地解释了自闭症儿童在韦氏智力评估的积木分测验上所表现出来的非凡技能。[4]

弱中心信息整合理论不仅可以解释自闭症的社会性缺损，而且可以解释自闭症的知觉和注意方面的异常。

七 自闭症者的心理理论发展

（一）标准的错误信念任务

Baron-Cohen等人对20名心理年龄超过四岁的自闭症儿童进行了测验。[5] 在测验中，首先给被试呈现叫莎莉和安娜的两个玩具娃娃。莎莉有

---

[1] 邓锡平、刘明：《自闭症的认知神经发展研究：回顾与展望》，《华东师范大学学报》（教育科学版）2004年第3卷第22期。

[2] Frith, U., "Autism Beyond 'Theory of Mind'", Cognition, Vol. 50, 1994, pp. 115–132.

[3] 邓锡平、刘明：《解读自闭症的"心理理论缺损假设"：认知模块观的视角》，《华东师范大学学报》（教育科学版）2005年第23卷第4期。

[4] Happé, F. G., "Studying Weak Central Coherence at Low Levels: Children with Autism do not Succumb to Visual Illusions: A Research Note", Journal of Child Psychology and Psychiatry, Vol. 37, No. 7, 1996, pp. 873–877.

[5] Baron-Cohen, S., Leslie, A. M. and Frith, U., "Does the Autistic Child Have a 'Theory of Mind'?", Cognition, Vol. 21, No. 1, 1985, pp. 37–46.

篮子、安娜有纸盒箱。莎莉把自己的玻璃球放在篮子里后走开了。趁莎莉不在，淘气的安娜把莎莉的玻璃球从篮子里挪到了自己的纸盒箱后也走开了。过了一会儿，莎莉回来了。被试看故事的整个演示过程。最后问被试："莎莉为了找自己的玻璃球，会找哪个地方？"研究者发现80%的自闭症儿童不能理解莎莉有错误的信念（false belief），回答说莎莉会找玻璃球实际所在的纸盒箱。与此相反，心理年龄低于自闭症儿童的Down's综合征的儿童却通过了86%，正常的4岁儿童也能理解莎莉持有错误信念。这一实验结果表明，自闭症儿童可能在理解人们持有与现实或自己不一致的心理状态的问题上存在独特的障碍。

（二）区分事物的表象和本体的任务

Baron-Cohen在实验中发现，自闭症患儿无法区别事物的表象和本体。[1] Baron-Cohen等人找来一种看上去像鸡蛋事实上是石头的一种实验物品。在实验中，Baron-Cohen等人先让儿童在一定距离处远观，他们以为那是一个鸡蛋。然后让儿童摸一下，他们发现那是一块石头。然后实验者把石头放回原处，问儿童："它看上去像什么？""它实际上是什么？"结果发现，正常的4岁儿童都能正常回答这两个问题，但自闭症儿童却不能。他们一旦发现看起来像鸡蛋的物品原来是块石头时，不管问的是哪个问题——"看上去像什么"或"实际上是什么"，他们的回答都是一样的——一个鸡蛋或一块石头。这说明了，自闭症儿童并没有意识到自己所处的心理状态，他们无法区分自己对物体的感性认识和理性认识。

（三）欺骗任务

有研究者发现，自闭症儿童无法通过创造一种错误信念来欺骗他人。[2] 在实验中要求自闭症儿童做一个游戏。在这个游戏中，儿童要设法不让一个演强盗的木偶得到金币，而让演国王的木偶得到金币，同时实验者用了一点小刺激来鼓励儿童积极参与。Sodian等人对儿童说，强盗会把那个金币据为己有，而国王会从钱袋中再拿出一个金币，然后会把两

---

[1] Baron-Cohen, S., "The Autrstic Child's Theory of Mind: A Case of Specific Developmental Delay", *Journal of child Psychiatry and Allied Disciplines*, Vol. 30, No. 2, 1989, pp. 285 – 297.

[2] Sodian, B., Frith, U., "The Theory of Mind Deficit in Autism: Evidence from Deception", in Baron-Cohen, S., Tager-Flusberg, H., Cohen, D. J., *Understanding other Minds: Perspecfives from Autism*, New York: Oxford University Press, 1994, pp. 158 – 180.

个金币都给儿童。在游戏中,木偶面前的箱子里有一个放了一个金币,儿童能看到金币到底在哪个箱子里,但木偶看不到,于是木偶就会询问儿童:"金币在哪儿?"实验目的就是,儿童是否会因为不想让强盗得到金币而告诉他的是一个空的没有放金币的箱子,而告诉国王的是正确的放金币的箱子,让国王顺利找到金币。结果发现,4岁的正常儿童能够成功地完成任务,而自闭症儿童做不到这一点,他们无法以说谎来阻止强盗拿走硬币,也无法谎称那只装金币的箱子是空的,以防止强盗拿走金币。

(四)装扮游戏

周念丽和方俊明对自闭症儿童在装扮游戏(Pretending Play)中所表现出来的心理特点,以及个体差异进行了实验研究。[1] 所谓装扮游戏,在儿童的心理发展中具有非常重要的意义。它是儿童理解社会性人际关系的重要手段,自闭症儿童由于缺乏人际交往以及对人理解的能力低下,因而他们难以进行装扮游戏。[2] 实验采用半结构化的游戏观察,所谓半结构化,是指游戏场所和时间以及玩具都是预设的,但游戏方式是自由的。实验选取了6名平均心理年龄为23个月的自闭症儿童,同时将心理年龄与之相匹配的弱智儿童和正常儿童各6名作为对照组进行了实验研究。以秒为单位对实验结果和过程进行编码分析,结果显示:自闭症儿童的装扮游戏水平在三组中最低。编码分析推测可能原因为,自闭症儿童缺乏对游戏本身的兴趣、游戏过程中缺乏与他人经验分享、对玩具功能缺乏正确认知能力。

近年来关于心理理论假说的实验研究越来越集中在对心理理论中认知成分的论证。

Baron-Cohen[3] 和 Leslie (1991) 把 "心理理论" 看作大脑内某种信息处理机能来考虑,提出了心理理论的模块学说,并对其中的构造和机制

---

[1] 周念丽、方俊明:《探索自闭症幼儿装扮游戏特点的实验研究》,《中国特殊教育》2004年第7期。

[2] Lewis, V. and Boucher, J., "Generativity in the Play of Young People with Autism", *Journal of Autism & Developmental Disorders*, Vol. 25, No. 25, 1995, pp. 105-121.

[3] Baron-Cohen, S., *Mind Blindness: An Essay on Autism and Theory of Mind*, Boston: MIT Press, 1995.

进行了实验性考察。Baron-Cohen 把"心理理论"的基本机能构成分为三大模块，即意图查知模块（the intentionality detector）、视线查知模块（the eye-direction detector）和共同注意模块（the shared-attention mechanism），从信息加工的角度进行研究。[1] Baron-Cohen 在这一学说中反复强调了共同注意模块 SAM 的功能，认为其在儿童的认知发展和整个心理发展中是一个重要的机制。所谓共同注意（joint attention），是指与他人共同对某一对象或事物加以注意的行为。Baron-Cohen 将儿童的共同注意分为两个部分，一是元陈述指向，即儿童作为主导者去引发别人的视线接触，而另一类则是注视监控，即儿童追随他人的视线或指点去注视某一对象物。

Baron-Cohen（1995）通过对先天盲童与自闭症儿童的比较实验，发现自闭症儿童共同注意机制 SAM 功能和完整的心理机制 ToMM 模块的功能发展有缺陷。

以往研究中多关注与自闭症儿童应答性共同注意的特点，而近年来越来越多的研究关注于他们的自主性共同注意特点。

周念丽和杨治良以 6 名自闭症儿童，以及在心理年龄与之匹配的弱智和正常儿童各 6 名作为研究对象，采用不同的唤起手段，不同的唤起材料，来观察儿童的自主性视线方向所及目标和所及对象的发生率，以及儿童为唤起他人的注意而运用的行为手段，并以秒作为单位对实验过程与结果进行编码分析。[2] 结果表明，自闭症儿童的自主性视觉方向所及目标物多于人，而人的目标中又更多地锁定同伴而非教师。同时发现自闭症儿童在唤起他人共同注意时多以"拉"和"抱"来替代指点行为。

桑标等人（2005）采用了六个信念任务，推测的信念（inferred belief）、非自己的信念（not own belief）和外显的错误信念（explicit false belief），他人的错误信念（莎莉—安娜故事）、自己的错误信念（糖果盒任务）和二级错误信念。[3] 在这些任务中，儿童都要在故事中主人公的信念基础上来推测其行为。在推测的信念任务中，儿童必须在故事主人公

---

[1] 徐光兴：《关于自闭症的临床、实验心理学的研究》，《心理科学》2000 年第 1 卷第 23 期。
[2] 周念丽、杨治良：《自闭症幼儿自主性共同注意的实验研究》，《心理科学》2005 年第 28 卷第 5 期。
[3] 桑标、任真、邓锡平：《自闭症儿童的心理理论与中心信息整合的关系探讨》，《心理科学》2005 年第 28 卷第 2 期。

看到物体在某个位置上这一事实来推测他的信念。在非自己的信念任务中，故事主人公和被试对于物体的位置持有相反的信念，但被试并不知道物体的真实位置。由于不知道谁的信念是正确的，所以可以探测是否有某些因素影响了错误信念的理解。在外显的错误信念任务中，故事主人公关于物体位置的信念是错误的，被试需要在这一事实基础上来预测故事主人公的行为。这些任务不需要被试推测他人的信念，只需要在他人错误信念基础上来预测他人的行为，而后三个任务既需要推测他人的信念这一成分，又需要预测他人的行为这一成分。这六个任务形成了一个难度层级，可以表明儿童对错误信念的预测的发展。同时用皮博迪图片词汇测验（PPVT）来测量儿童的接受性语言。比较12名自闭症儿童和同等言语能力的28名正常儿童的表现，并分析了心理理论和言语能力的相关。结果表明：自闭症儿童的心理理论发展在六个任务中均显著落后于同等言语智力的正常儿童；但是自闭症儿童的信念理解的发展序列与正常儿童基本一致；研究还发现，心理理论和言语能力保持中度相关，但控制年龄因素后的偏相关不显著。

第三节 老年性痴呆

一 老年性痴呆的概述

(一) 老年性痴呆

老年性痴呆（Senile Dementia），又称为阿尔茨海默症（Alzheimer disease，AD），是一种慢性的大脑退行性变性疾病。

这种疾病是在20世纪早期由阿洛伊斯·阿尔茨海默（Alois·Alzheimer）所发现的。主要表现为进行性的远近记忆力障碍，分析判断能力衰退，情绪改变，行为失常，甚至意识模糊，最后死亡。

(二) 老年期痴呆

老年性痴呆与老年期痴呆并非同一概念，老年期痴呆分为四种：

(1) 老年性痴呆（AD）；

(2) 血管性痴呆（Vascular Dementia VD），含多发梗塞性痴呆（Multl-infarct Dementia，MD）；

(3) 混合性痴呆；

(4) 全身性疾病引发的老年人痴呆。

有调查显示，大约50%的老年期的痴呆患者是源于AD。[1] 在65岁以前起病的类型常有痴呆家族史，病情进展较快，有明显颞叶和顶叶损害的特征，包括失语、失用等，锥体系症状也较多。65岁以后起病者病情进展较慢，以广泛高级皮层功能障碍（即记忆障碍）为主要特征，脑部特征病理为神经元数量显著减少。AD患者从确诊到死亡，时间最长可达20年甚至更久，但通常只有4—8年。[2] 具体的发展过程分为早期或轻度9年，中期或中度5年，恶化6年，给个人、家庭、社会带来深重的负担和痛苦。

据统计，美国AD患者为200万—400万人，全球1700万—2500万人，我国有关调查尚缺乏大系列调查。

据最新城市普查结果，AD患病率高于血管性痴呆。在西方国家AD是继心脏病、肿瘤和中风之后，排在第四位的导致老年死亡的疾病。在我国，65岁以上的老年痴呆患者估计超过500万人。北方地区65岁以上老年患病率为6.90%，高于南方3个百分点。[3]

AD病因至今不明，除了已经明确AD是一种神经退行性疾病外，其病因、病理基本上还是一个谜。

(三) AD的形成原因

目前研究较多的病因机制，代表性的观点有以下几种：

1. 微量元素假说

早在二三个世纪以前，就有学者提出铝对神经退行性疾病的毒性作用。意大利学者Corain等用铝盐处理动物，发现动物出现了与AD病相似的脑病理改变。而且发现AD患者脑中所含铝量比正常老人高10—30倍。

2. 遗传学说

1988年Nee等人已经报道了一个包括7代人的老年痴呆病的大家系。一般认为，这种家族性老年痴呆，在同胞中发病危险性为3.8%，在其子女中发病危险性高达10%。到目前为止发现，14号和21号染色体上的基

---

[1] Craig G. J., *Human Development* (4th edition, Englewood Cliffs, New Jersey, 1986.

[2] ［英］保罗·贝内特：《异常与临床心理学》，陈传锋等译，人民邮电出版社2005年版，第10页。

[3] 任仁：《我国老年痴呆患者超过500万》，《中国健康教育》2004年第20卷第10期。

因，特别是19号染色体上的apoE4基因，与AD的发生有一定的关联。

3. 病毒感染说

研究发现，许多病毒感染性疾病可发生在形态学上类似于AD的神经纤维缠结和老年斑的结构变化。如羊痒症（Scapie）、Kwru病 CreutzfelDT-Jacob病（C-J病）等。其临床表现中都有痴呆症状。

4. 神经递质学说

AD病神经药理学研究证实AD患者的大脑皮质和海马部位乙酰胆碱转移酶活性降低，直接影响了乙酰胆碱的合成和胆碱能系统的功能以及5-HT、P物质减少。

5. 正常衰老说

神经纤维缠结和老年斑也可见于正常人脑组织，但数量较少，只是AD的这些损害超过了一定的"阈值"水平。

6. 多因异质假说

鉴于当前对于AD的病因机制和发病机理的观点不一，我国学者郑观成提出了AD病因及病理机制的"多因异质假说"（Hypothesis of multi-factories and heterogeneity）[①]。这一假说认为：（1）AD是由多种因素引起的，而不是单一因素造成的。目前所存在的病因如遗传学说、微量元素假说、慢性感染递质学说都不能圆满地解释AD的病因机制，同时有的根本不能相互代替。（2）尽管AD最终的病理结局都是神经退行性病变，但不同病因的主要病理机制不同，从而造成了AD的不同亚型。（3）由于在AD的不同的病程阶段，或者由于所涉及的脑区和范围的不同，所引发的临床症状也不尽相同。例如，AD的病变大都发生在大脑皮层颞叶的神经元，以海马和杏仁核为突出，但也有病例发生在顶叶、额叶中等。

（四）老年性痴呆的特征

DSM-IV-TR将AD定义为一种慢性疾病，具有以下特征（简称为4A）：

（1）健忘症（amnesia）：记忆丧失。

（2）失语症：言语失调。

（3）失用症：运动技能完好，但运动能力受损。

[①] 郑观成：《老年痴呆症具有多因性和异质性特征——"多因异质假说"》，《自然杂志》1995年第18卷第5期。

(4) 失认症：感觉机能完好，但不能指认或识别客体。

(5) 执行功能失调：指计划、组织、序列和抽象等功能失调。

只有当上述缺陷严重损害了个体的社交和职业机能，而且和以前相比，这些机能水平显著降低时，才能诊断个体患有 AD。

二 老年性痴呆的心理学理论

许多研究已经证实了轻度认知功能减退（mild cognitive impairment），是老年性痴呆患者的主要心理学症状。其中记忆功能的减退，是大多数 AD 患者最早出现的认知功能变化。[1] 因此对于记忆损伤的早期检测，成为当前临床心理学和认知心理学的研究焦点。

Rosenberg 回顾了轻度认知功能障碍与 AD 之间的关系。[2] 认为轻度认知功能损伤转变为 AD 的比例每年高达 10%—15%，在 5 年内至少高达 50%。

McMurtray 等人回顾了 2001—2004 年美国医疗中心所有病人的医疗记录，包括神经行为学和神经病学评估，以及人口统计学指标、确诊、痴呆表现、痴呆相关的诊断。[3] 结果发现，168 名在记忆和认知能力上呈现减退的病人中，948（56%）人符合痴呆的临床诊断标准。其中 278 人（30%）为早期出现。并发现早期病人较少有严重的障碍缺陷的表现，而且多源于脑外伤、酒精、HIV、前额叶颞叶减退。而晚期病人更多见于 AD。

Balota 等人认为抑制加工能力衰退（breakdown）是 AD 认知功能衰减的核心障碍。[4] 认为，尽管健康年老化也表现为抑制加工能力的衰退，但

---

[1] Albert, M. S., "Cognitive and Neurobiologic Markers of Early Alzheimer Disease", *Proceedings of the National Academy of Sciences*, Vol. 93, No. 24, 1996, pp. 13547 – 13551.

[2] Rosenberg, P. B., Johnston, D. and Lyketsos, C. G., "A Clinical Approach to Mild Cognitive Impairment", *American Journal of Psychiatry*, Vol. 163, No. 11, 2006, pp. 1884 – 1890.

[3] McMurtray, A., Clark, D. G., Christine, D. and Mendez, M. F., "Early-onset Dementia: Frequency and Causes Compared to Late-onset Dementia", *Dementia & Geriatric Cognitive Disorders*, Vol. 21, No. 2, 2006, pp. 59 – 64.

[4] Balota, D. A. and Ferraro, F. R., "Lexical, Sublexical, and Implicit Memory Processes in Healthy Young and Healthy Older Adults and In individuals with Dementia of the Alzheimer Type", *Neuropsychology*, Vol. 10, No. 1, 1995, pp. 82 – 95. Spieler, D. H., Balota, D. A. and Faust, M. E., "Stroop Performance in Healthy Younger and Older Adults and in Individuals with Dementia of the Alzheimer's Type", *Journal of Experimental Psychology Human Perception & Performance*, Vol. 22, No. 2, 1996, pp. 461 – 479.

AD患者抑制加工能力呈现加速衰退。并提出了AD的注意控制理论模型。认为，注意控制模型的中心是一个位于低水平知觉和记忆加工之上的等级控制。

也有研究者认为，老年抑郁是AD和轻度认知功能障碍的前期症状。有研究表明，AD和轻度认知功能损伤患者中抑郁的发病率为25%。但对于抑郁和AD之间的因果关系并不清楚。对于它们之间的关系可能表现为，抑郁和AD分别是AD病程发展中不同的临床病理表现；抑郁可能是AD的次级表现，抑郁可能调节或增强了AD的病理表现；抑郁可能是一个独立的神经毒性机制。[1]

三　老年性痴呆的相关研究

当前有关AD的认知神经科学的研究认为，AD存在三个重要的认知衰退，即认知控制障碍、记忆/词汇加工障碍、空间注意障碍。以往研究多围绕这三个方面进行深入的探索。

Balota等人采用Stroop色词任务检测健康青年组、AD组和相匹配老年控制组注意中的抑制加工能力。结果发现，健康老年组较健康青年组干扰效应增加。[2] AD组在色词一致的测试项目中促进作用呈现不成比例的增长（disproportionate increase），而在色词不一致测试项目中明显受到干扰。这一结果表明正常老龄化表现为抑制衰减，而AD患者的抑制衰减速度加快。

Castel等人采用Simon任务的变式，分别检测了轻度、中度AD患者和健康青年组、健康老年组在反应冲突中注意控制能力的表现。[3] 结果发现，与健康青年组相比，健康老年组和轻度、中度AD组被试在发生反应

---

[1] Rosenberg, P. B., Johnston, D. and Lyketsos, C. G., "A Clinical Approach to Mild Cognitive Impairment", *American Journal of Psychiatry*, Vol. 163, No. 11, 2006, pp. 1884–1890.

[2] Spieler, D. H., Balota, D. A. and Faust, M. E., "Stroop Performance in Healthy Younger and Older Adults and in Individuals with dementia of the Alzheimer's Type", *Journal of Experimental Psychology Human Perception & Performance*, Vol. 22, No. 2, 1996, pp. 461–479.

[3] Castel, A. D., Balota, D. A., Hutchison, K. A., Logan, J. M. and Yap, M. J., "Spatial Attention and Response Control in Healthy Younger and Older Adults and Individuals with Alzheimer's Disease: Evidence for Disproportionate Selection Impairments in the Simon Task", *Neuropsychology*, Vol. 21, No. 2, 2007, pp. 170–182.

冲突时均表现为反应时消耗的延长。通过对反应时分配进行分析，发现 Simon 效应的双加工模型，在这一模型中表现为健康青年组出现了一个短暂的无关位置效应，而老年组中反应时分析发现了较为持久的影响。错误率分析显示，轻度、中度 AD 患者在刺激—反应不一致试项中的错误率较高，这一结果表明 AD 可能造成更多的选择优势通道。因而推测健康年老化和 AD 的早期阶段均表现为注意能力的减退。

Faust 等人采用启动词的图片命名任务（word-primed picture naming task），检测了 AD（53 人，55—91 岁），健康老人（75 人，59—91 岁），年轻人（24 人，18—24 岁）三组被试在图片命名中的特点。[①] 实验所选取的启动词为中性，而且实验中设定了启动词和图片的正确命名在语义或语音上相关或无关四种条件。结果发现，当启动词和图片在语义上无关时，所有被试在反应时上出现了无关词的干扰现象和语义启动效应，错误率分析发现与 AD 相关的语音阻滞现象。这一结果表明了，AD 患者存在对物体命名的语音表征能力上减弱，这一现象可能是抑制能力减弱的结果。

Multhaup 等人采用句子补全任务（sentence-completion tasks），检测了健康老年组和轻度、中度 AD 患者的再认和来源记忆的特点。[②] 在实验 1 中，要求被试对其中的一半句子进行补全（完形填空），另一半由主试者来完成。实验 2 中，要求被试对其中的一半句子进行补全（完形填空），另一半句子是已经补全的，要求被试对其进行阅读。两个实验后均要求被试对已经补全的句子进行再认。在实验 1 中，要求被试确认句子是被试自己完成的还是主试完成的，而在实验 2 中，要求被试确认句子是自己完成的还是曾经阅读过的。结果发现，两个 AD 组均呈现生成效应（generation effects），即在两个实验中均表现为对被试自己完成的句子的再认效果好，而对主试完成的句子或仅要求被试阅读的句子再认效果差。而两组 AD 患者在来源回忆中不同程度地受损。

---

① Faust, M., Balota, D., Mutthaup, K., "Phondogroal Blocking Durihg Picture Naming in Dementia of the Alzheimer Type", *Neuropsydhology*, Vol. 18, No. 4, 2004, pp. 526 – 536.

② Multhaup, K. S. and Balota, D. A., "Generation Effects and Source Memory in Healthy Older Adults and in Adults with Dementia of the Alzheimer Type", *Neuropsychology*, Vol. 11, No. 3, 1997, p. 382.

Gold 等人对语义痴呆和 AD 患者分别在图片命名和再认记忆任务中的特点进行了比较。[1] 结果发现,语义痴呆患者表现为图片再认能力正常而命名能力缺失;AD 患者则表现为图片再认能力障碍而命名能力正常。因而认为可以通过图片命名和再认记忆这两种实验,将语义痴呆和 AD 患者区分开。

Duchek 等人采用了经典的双耳分听任务(dichotic listening task)检测了健康年老者和极轻微的 AD、轻度 AD 患者右耳的优势作用。实验中给被试左右耳同时呈现 3 组数字(如:左耳 4,3,1;右耳 9,2,5)并要求立即回忆。[2] 以 4 种不同的速度,即 0.5,1.0,1.5,2.0 秒,呈现上述 3 组数字。结果显示,与健康组相比较,两个 AD 组在自由回忆时呈现出右耳优势,表明在语言加工时左半球通道的优势反应。因而推测出 AD 早期阶段在两耳之间的注意转换能力障碍。

国内目前对于老年性痴呆的研究相对较少,多采用神经心理学测验探讨认知障碍和 AD 相关性研究。

肖世富等人对患轻度认知功能损害的老年人(MCI 组)和认知功能正常的老年人(对照组)两组,采用韦氏记忆测验和简易智能测验对其记忆缺损变化进行了 3 年的随访。[3] 结果发现,在随访期间 MCI 组痴呆的发病率为 27.7%,对照组为 2.0%。Logistic 回归分析显示,建议治理状态检查和韦氏记忆测验的定向记忆得分对 MCI 是否发展为痴呆具有显著的预测性意义,其中定向记忆的显著性下降可以作为预测痴呆的因素。

陈湘川等人采用词语延迟回忆、记忆广度和双任务工作记忆测验,检测了 4 组被试:两个正常年轻人组(一组为身体健康的普通初、高中毕业的现役士兵,另一组为在校的健康大学生)、一个正常老年人组(无记忆力减退的主诉,无脑血管病史,简易智能量表评分≥28 分,临床检

---

[1] Gold, G., et al., "Cognitive Consequences of Thalamic, Basal Ganglia, and Deep White Matter Lacunes in Brain Aging and Dementia", *Stoke*, Vol. 36, No. 6, 2005, p. 1184.

[2] Duchek, J. M. and Balota, D. A., "Failure to Control Prepotent Pathways in Early Stage Dementia of the Alzheimer's Type: Evidence from Dichotic Listening", *Neuropsychology*, Vol. 19, No. 5, 2005, pp. 687-695.

[3] 肖世富、薛海波、李冠军、李霞等:《老年轻度认知功能损害的记忆缺损变化及其预测痴呆的价值》,《中华全科医师杂志》2006 年第 5 卷第 6 期。

查无记忆力减退的表现，无神经系统定位体征，脑映像学检查无显著脑萎缩或脑梗塞）、一个很可能患早老性痴呆病人组的记忆功能。[1] 结果发现：在词语延迟回忆任务中，仅有早老性痴呆患者明显表现受损。在双任务工作记忆测验中，正常老年组稍有降低，而早老性痴呆患者有显著的损伤。而在数字记忆广度和空间记忆广度上，被试类型，年龄和是否痴呆均对其有影响。这些结果提示，词语延迟回忆和双任务工作记忆测验可作为 AD 的早期诊断的指标。

罗本燕等人采用本德格式塔测验，对 30 名临床诊断为痴呆的患者（其中血管性痴呆 15 名、AD15 名）和 15 名从年龄、受教育水平上进行匹配的正常对照组老年人进行测查。[2] 结果发现，正常对照组老年人 MMSE 均为 30 分，格式塔测验均能全部完成，未见明显错误。而 30 例痴呆病人的 MMSE 平均分为 16.7 分，格式塔测验显示图形有忽视、顺序混乱、重叠、象征化、持续、推行、旋转、简单化、崩溃、符号化等。两组在格式塔测验中的分数有显著差异。因而推测格式塔测验可以作为诊断痴呆的一种辅助手段。

---

[1] 陈湘川、解恒革、张达人、王鲁宁等：《早老性痴呆病人早期记忆损害的检测方法》，《心理学报》2001 年第 33 卷第 6 期。

[2] 罗本燕、张艳艳、张同延：《痴呆病人的格式塔功能测查及评定》，《浙江预防医学》2003 年第 15 卷第 9 期。

参考文献

中文文献

专著：

毛泽东：《毛泽东选集》，人民出版社1953年版。

白学军：《实现高效率学习的认知心理学基础研究》，天津科学技术出版社2008年版。

白学军：《智力发展心理学》，安徽教育出版社2004年版。

白学军：《智力心理学的研究进展》，浙江人民出版社1996年版。

白学军等：《实现高效率学习的认知心理学基础研究》，天津科学技术出版社2008年版。

查子秀：《儿童心理研究方法》，团结出版社1989年版。

车文博主编：《弗洛伊德主义论评》，吉林教育出版社1992年版。

陈帼眉、冯晓霞编：《学前心理学参考资料》，人民教育出版社1992年版。

陈帼眉：《学前心理学》，人民教育出版社1989年版。

陈浩元：《科技书刊标准化18讲》，北京师范大学出版社1998年版。

陈会昌：《道德发展心理学》，安徽教育出版社2004年版。

邓赐平：《儿童心理理论的发展》，浙江教育出版社2008年版。

高觉敷：《中国心理学史》，人民教育出版社1985年版。

高申春：《人性辉煌之路》，湖北教育出版社2000年版。

桂诗春：《新编心理语言学》，上海外语教育出版社2000年版。

韩济生主编：《神经科学原理》（第二版）下册，北京医科大学出版社

1999年版。

韩世辉、朱滢等编著：《认知神经科学》，广东高等教育出版社2007年版。

郝德元、周谦：《教育科学研究法》，教育科学出版社1990年版。

黄伟合：《儿童自闭症及其他发展性障碍的行为干预》，华东师范大学出版社2003年版。

荆其诚：《现代心理学发展趋势》，人民出版社1990年版。

乐国安：《社会心理学》，广东高等教育出版社2006年版。

李丹主编：《儿童发展心理学》，华东师范大学出版社1987年版。

李幼穗：《儿童发展心理学》，天津科技翻译出版公司1998年版。

李宇明：《儿童语言的发展》，华中师范大学出版社1995年版。

利伯特等：《发展心理学》，刘范等译，人民教育出版社1984年版。

林崇德：《发展心理学》，台北：东华书局1998年版。

林崇德主编：《发展心理学》，人民教育出版社1995年版。

林传鼎：《情绪的发展和发展》，载陈帼眉、冯晓霞《学前心理学参考资料》，人民教育出版社1991年版。

刘泽伦主编：《胎儿大脑促进方案》，第二军医大学出版社2001年版。

孟昭兰：《人类情绪》，上海人民出版社1989年版。

孟昭兰：《婴儿心理学》，北京大学出版社1997年版。

庞丽娟、李辉：《婴儿心理学》，浙江教育出版社1993年版。

钱穆：《中国文化史导论》（修订版），商务印书馆1994年。

瞿葆奎主编：《教育与人的发展》，人民教育出版社1989年版。

全国高校儿童心理学教学研究会编：《当前儿童心理学的进展》，北京师范大学出版社1984年版。

《认知发展实验理论与方法》，俞筱钧译，台北："中国文化大学出版部"1988年版。

沈德立、白学军：《实验儿童心理学》，安徽教育出版社2004年版。

苏林雁：《儿童多动症》，人民军医出版社2005年版。

汤慈美主编：《神经心理学》，人民军医出版社2001年版。

陶国泰：《儿童少年精神医学》，江苏科学技术出版社1999年版。

田钢等：《学习的生理基础》，科学技术文献出版社1992年版。

王甦等：《中国心理科学》，吉林教育出版社1997年版。
王文清主编：《脑与意识》，科学技术文献出版社1999年版。
王重鸣：《心理学研究方法》（第二版），人民教育出版社2001年版。
魏景汉等：《认知神经科学基础》，人民教育出版社2008年版。
魏运华：《自尊的心理发展与教育》，北京师范大学出版社2004年版。
吴天敏、许政援：《初生到3岁儿童言语发展记录的初步分析》，转引自《发展心理教育心理论文集》，人民教育出版社1980年版。
严仁英：《实用优生学》，人民卫生出版社1997年版。
杨国枢、文崇一主编：《社会及行为科学研究的中国化》，台北："中央研究院"民族学研究所1982年版。
杨丽珠、刘文主编：《毕生发展心理学》，高等教育出版社2006年版。
杨鑫辉主编：《心理学通史》，山东教育出版社2000年版。
杨治良：《实验心理学》，浙江教育出版社1998年版。
杨治良等：《记忆心理学》，华东师范大学出版社1999年版。
俞国良、辛自强：《社会性发展心理学》，安徽教育出版社2004年版。
俞国良：《社会心理学》，北京师范大学出版社2006年版。
袁方：《社会研究方法教程》，北京大学出版社1997年版。
张春兴：《现代心理学》，上海人民出版社1997年版。
张日昇：《箱庭疗法》，人民教育出版社2006年版。
张述祖、沈德立：《基础心理学增编》，教育科学出版社1995年版。
张文新：《儿童社会性发展》，北京师范大学出版社1999年版。
张文新：《青少年发展心理学》，山东人民出版社2002年版。
郑雪：《社会心理学》，暨南大学出版社2004年版。
中国心理学会编：《心理学论文写作规范》（第二版），科学出版社2016年版。
朱曼殊：《儿童语言发展研究》，华东师范大学出版社1986年版。
朱曼殊主编：《儿童语言发展研究》，华东师范大学出版社1986年版。
朱滢主编：《实验心理学》（第三版），北京大学出版社2014年版。
朱智贤、林崇德：《儿童心理学史》，北京师范大学出版社1988年版。
朱智贤、林崇德：《儿童心理学史》，北京师范大学出版社2002年版。
朱智贤、林崇德：《思维发展心理学》，北京师范大学出版社1986年版。

朱智贤：《儿童发展心理学问题》，北京师范大学出版社1982年版。

朱智贤：《儿童心理学》，人民教育出版社1993年版。

朱智贤：《中国儿童青少年心理发展与教育》，中国卓越出版公司1990年版。

朱智贤等：《发展心理学研究方法》，北京师范大学出版社1991年版。

朱智贤主编：《心理学大词典》，北京师范大学出版社1990年版。

朱智贤主编：《中国儿童青少年心理发展与教育》，中国卓越出版公司1990年版。

译著：

［奥地利］弗洛伊德：《爱情心理学》，林克明译，作家出版社1986年版。

［法］雅克·沃克莱尔：《动物的智能》，侯健译，北京大学出版社2000年版。

［美］Best, J. B.：《认知心理学》，黄希庭等译，中国轻工业出版社2000年版。

［美］Carol K. Sigelman、David R. Shaffer：《发展心理学》，游恒山译，台北：五南图书出版有限公司2001年版。

［美］David R. Shaffer：《发展心理学：儿童与青少年》（第六版），邹泓等译，中国轻工业出版社2005年版。

［美］Gazzaniga, M. S. 主编：《认知神经科学》，沈政等译，上海教育出版社1998年版。

［美］K. W. 夏埃、S. L. 威里斯：《成人发展与老龄化》（第五版），乐国安等译，华东师范大学出版社2003年版。

［美］L. A. 珀文：《人格科学》，周榕译，华东师范大学出版社2001年版。

［美］Mark F. Bear、Barry W. Connors、Michael A. Paradiso：《神经科学——探索脑》（第二版），王建军主译，高等教育出版社2004年版。

［美］Newman、Newman：《发展心理学：心理社会性观点》（第八版），白学军等译，陕西师范大学出版社2005年版。

［美］Nordby V. J.、Hall C. S.：《心理学名人传》，林宝山译，台北：心理出版社1983年版。

［美］Robert L. Solso、M. Kimberly Maclin：《实验心理学——通过实例入

门》（第七版），张奇等译，中国轻工业出版社 2004 年版。

［美］Roger R. Hock：《改变心理学的 40 项研究》，白学军等译，杨治良等审校，中国轻工业出版社 2004 年版。

［美］Shaffer D. R.、Kipp, K.：《发展心理学》（第八版），邹泓等译，中国轻工业出版社 2009 年版。

［美］Sigehman C. K.、Shaffer D. R.：《发展心理学》，游恒山译，台北：五南图书出版有限公司 2001 年版。

［美］S. A. 米勒：《发展的研究方法》，郭力平等译，华东师范大学出版社 2004 年版。

［美］Timberlake, E. M., Cutler, M. M.：《临床社会工作游戏治疗》，肖萍等译，华东理工大学出版社 2004 年版。

［美］埃里克森：《同一性：青少年与危机》，孙名之译，浙江教育出版社 1998 年版。

［美］艾尔·巴比：《社会研究方法》（第十版），邱泽奇译，华夏出版社 2005 年版。

［美］安妮·安娜斯塔西、苏珊娜·厄比纳：《心理测验》，缪小春等译，浙江教育出版社 2001 年版。

［美］查普林、克拉威克：《心理学的体系和理论》上册，林方译，商务印书馆 1989 年版。

［美］格兰特·斯蒂恩：《DNA 和命运》，李恭楚等译，上海科学技术出版社 2001 年版。

［美］霍夫曼：《移情与道德发展：关爱和公正的内涵》，杨韶刚、万明译，黑龙江人民出版社 2003 年版。

［美］卡拉·西格曼、伊丽莎白·瑞德尔：《生命全程发展心理学》，陈英和译，北京师范大学出版社 2009 年版。

［美］卡萝尔·韦德等：《心理学的邀请》，白学军等译，北京大学出版社 2006 年版。

［美］克雷奇等：《心理学纲要》，周先庚等译，文化教育出版社 1981 年版。

［美］劳拉·E. 贝克：《儿童发展》（第五版），吴颖等译，江苏教育出版社 2002 年版。

［美］劳拉·E.贝克：《婴儿、儿童和青少年》（第五版），桑标等译，上海人民出版社 2008 年版。

［美］卢文格：《自我的发展》，李维译，辽宁人民出版社 1989 年版。

［美］罗伯特·L.索尔所等：《认知心理学》（第七版），邵志芳等译，上海人民出版社 2008 年版。

［美］罗伯特·费尔德曼：《发展心理学——人的毕生发展》（第四版），苏彦捷等译，世界图书出版公司 2007 年版。

［美］罗伯特·西格勒、玛莎·阿利巴利：《儿童思维的发展》，刘电芝竺译，世界图书出版公司 2006 年版。

［美］马克·约翰逊：《发展认知神经科学》，徐芬等译，北京师范大学出版社 2007 年版。

［美］墨菲、柯瓦奇：《西方近代心理学历史导引》，林方等译，商务印书馆 1982 年版。

［美］珀文：《人格科学》，周榕等译，华东师范大学出版社 2001 年版。

［美］乔斯·B.阿什福德等：《人类行为与社会环境：生物学、心理学与社会学视角》（第二版），王宏亮等译，中国人民大学出版社 2005 年版。

［美］莎莉、欧茨等：《儿童发展》，黄慧真译，台北：桂冠图书出版有限公司 1994 年版。

［美］斯托曼：《情绪心理学》，张燕云译，辽宁人民出版社 1986 年版。

［美］托马斯·R.布莱克斯利：《右脑的奥秘与人的创造力》，董奇、杨滨译，国际文化出版公司 1988 年版。

［美］武德沃斯、施洛斯贝格：《实验心理学》，曹日昌等译，科学出版社 1965 年版。

［美］约瑟夫·洛斯奈：《精神分析入门》，郑泰安译，百花文艺出版社 1987 年版。

［瑞］皮亚杰：《儿童的道德判断》，傅统光译，山东教育出版社 1984 年版。

［瑞］中央教育科学研究所比较教育研究室编译：《简明国际教育百科全书》，教育科学出版社 1989 年版。

［瑞士］让·皮亚杰、英海尔德：《儿童心理学》，吴福元等译，商务印书

馆 1987 年版。

［瑞士］让·皮亚杰：《儿童的心理发展》，傅统先译，山东教育出版社 1982 年版。

［瑞士］让·皮亚杰：《儿童智力的起源》，高如峰等译，教育科学出版社 1990 年版。

［瑞士］让·皮亚杰：《发生认识论原理》，王宪钿等译，商务印书馆 1981 年版。

［瑞士］让·皮亚杰：《结构主义》，倪连生等译，商务印书馆 1984 年版。

［苏联］维果斯基：《维果斯基教育论著选》，余震球译，人民教育出版社 1994 年版。

［新西兰］Strongman, K. T.：《情绪心理学》（第五版），王力主译，张厚粲审校，中国轻工业出版社 2006 年版。

［英］M. W. 艾森克、基恩：《认知心理学》，高定国等译，华东师范大学出版社 2002 年版。

［英］M. 艾森克编：《心理学——一条整合的途径》上册，阎巩固译，华东师范大学出版社 2000 年版。

［英］Susan Blackmore：《人的意识》，耿海燕等译，中国轻工业出版社 2008 年版。

［英］保罗·贝内特：《异常与临床心理学》，陈传锋等译，人民邮电出版社 2005 年版。

［英］珀文：《人格科学》，周榕等译，华东师范大学出版社 2001 年版。

［英］瓦尔·西蒙诺维兹、彼得·皮尔斯：《人格的发展》，唐蕴玉译，上海社会科学院出版社 2006 年版。

［英］约翰·里克曼编：《弗洛伊德著作选》，贺明明译，四川人民出版社 1986 年版。

［美］杰斯·菲斯特、格雷盖瑞·菲斯特：《人格理论》，李茹等译，人民卫生出版社 2005 年版。

期刊：

白学军、刘海娟、沈德立：《优生和差生 FOK 判断发展的实验研究》，《心理发展与教育》2006 年第 1 期。

白学军、沈德立：《初学阅读者和熟练阅读者阅读课文时眼动特征的比较研究》，《心理发展与教育》1995年第2期。

[日]樱井素子、张日昇：《在澳大利亚某重度语言障碍学校进行箱庭疗法的尝试——爱玩砂的8岁男孩的箱庭疗法过程》，《心理科学》1999年第4期。

白学军、杨海波、沈德立：《材料性质对有意遗忘影响的实验研究》，《应用心理学》2004年第4期。

白学军、臧传丽、王丽红：《推理与工作记忆》，《心理科学进展》2007年第4期。

白学军等：《发展性计算障碍研究及数学教育对策》，《辽宁师范大学学报》（社会科学版）2006年第1期。

蔡厚德：《半视野速示技术的若干方法学问题》，《心理科学》1999年第3期。

蔡玥、孟群、王才有、薛明、缪之文：《2015、2020年我国居民预期寿命测算及影响因素分析》，《中国卫生统计》2016年第33卷第1期。

曹莉萍：《三维人格理论与人格的遗传学研究》，《中国心理卫生杂志》2002年第16卷第10期。

岑国桢、王丽、李胜男：《6—12岁儿童道德移情、助人行为倾向及其关系的研究》，《心理科学》2004年第4期。

钞秋玲、沈德立、白学军：《儿童返回抑制的研究进展》，《心理科学》2007年第3期。

车文博：《陈鹤琴儿童心理学思想探新》，《学前教育研究》2006年第3期。

陈传锋等：《家庭居住与机构居住老年人社会支持的比较研究》，《心理与行为研究》2008年第6卷第1期。

陈功香、傅小兰：《学习判断及其准确性》，《心理科学进展》2004年第2期。

陈寒、胡克祖：《心理理论研究的理论整合及其发展述评》，《辽宁师范大学学报》（社会科学版）2003年第26卷第5期。

陈辉：《短时记忆容量的年龄特点和材料特点》，《天津师大学报》（社会科学版）1988年第4期。

陈静欣、苏彦捷：《儿童欺骗行为的发展》，《教育探索》2005年第

10 期。

陈俊：《社会认知理论的研究进展》，《社会心理科学》2007 年第 1 期。

陈凯云、邹小兵、唐春：《Asperger 综合征儿童的心理理论研究》，《中国行为医学科学》2006 年第 15 卷第 4 期。

陈琴：《4—6 岁儿童合作行为认知发展特点的研究》，《心理发展与教育》2004 年第 4 期。

陈少华、曾毅：《论儿童认知发展的心理理论》，《广州大学学报》（自然科学版）2006 年第 4 期。

陈顺森、白学军、张日昇：《自闭症谱系障碍的症状、诊断与干预》，《心理科学进展》2011 年第 19 卷第 1 期。

陈顺森：《箱庭疗法治疗自闭症的原理和操作》，《中国特殊教育》2010 年第 3 期。

陈文强：《微量元素锌与人体健康》，《微量元素与健康研究》2006 年第 23 卷第 4 期。

陈湘川、解恒革、张达人、王鲁宁等：《早老性痴呆病人早期记忆损害的检测方法》，《心理学报》2001 年第 33 卷第 6 期。

陈栩茜、张积家：《注意资源理论及其进展》，《心理学探新》2003 年第 4 期。

陈雪娴等：《碘元素缺乏大鼠脑的研究》，《中国地方病学杂志》1989 年第 8 卷第 4 期。

陈英和、姚端维：《虚误信念理解的研究视角及其机制分析》，《心理科学》2001 年第 24 卷第 6 期。

陈永明等：《二十世纪影响中国心理学发展的十件大事》，《心理科学》2001 年第 6 期。

陈友庆：《学前儿童的"心理理论"在不同 ToM 任务中的发展特点》，《心理与行为研究》2006 年第 4 卷第 4 期。

陈友庆：《学前儿童情绪表征认知发展的实验研究》，《天津师范大学学报》（社会科学版）2006 年第 3 期。

陈渝军、林晶、王钦岚：《浅谈儿童铅中毒》，《儿科药学杂志》2006 年第 12 卷第 2 期。

池丽萍等：《家庭功能及其相关因素研究》，《心理学探新》2001 年第

3 期。

迟立忠：《儿童语音获得理论简述》，《心理发展与教育》1997 年第 3 期。

戴婕、苏彦捷：《5—9 岁儿童对心理过程差异的理解》，《心理科学》2006 年第 29 卷第 2 期。

戴旭芳：《儿童自闭症饮食病因机制的研究进展》，《中国特殊教育》2005 年第 58 卷第 4 期。

戴旭芳：《自闭症的病因研究综述》，《中国特殊教育》2006 年第 3 期。

邓赐平、桑标、缪小春：《幼儿心理理论发展的一般认知基础——不同心理理论任务表现的特异性与一致性》，《心理科学》2002 年第 25 卷第 5 期。

邓红珠、邹小兵、唐春、程木华：《儿童孤独症的脑功能影像学改变及其与行为表现关系分析》，《中国儿童保健杂志》2001 年第 9 卷第 3 期。

邓锡平、刘明：《解读自闭症的"心理理论缺损假设"：认知模块观的视角》，《华东师范大学学报》（教育科学版）2005 年第 23 卷第 4 期。

邓锡平、刘明：《自闭症的认知神经发展研究：回顾与展望》，《华东师范大学学报》（教育科学版）2004 年第 3 卷第 22 期。

董奇等：《估算能力与精算能力：脑与认知科学的研究成果及其对数学教育的启示》，《教育研究》2002 年第 5 期。

董奇等：《脑功能成像研究对语言功能一侧化的新认识》，《北京师范大学学报》（社会科学版）2003 年第 178 卷第 4 期。

窦炎国：《论道德认知》，《西北师大学报》（社会科学版）2004 年第 6 期。

杜晓新：《15—17 岁青少年元记忆实验研究》，《心理科学》1992 年第 4 期。

冯霞、白雪萍：《家庭环境因素对学龄前儿童心理行为发育影响的探析》，《海南医学》2005 年第 16 卷第 10 期。

冯源、苏彦捷：《孤独症儿童对道德和习俗规则的判断》，《中国特殊教育》2005 年第 6 期。

傅宏：《孤独症病因模式与治疗选择》，《中国特殊教育》2001 年第 2 期。

高定国、崔吉芳、邹小兵：《阿斯珀格氏综合征儿童的特征和教育前景》，《西南师范大学学报》（人文社会科学版）2005 年第 31 卷第 5 期。

高雯、张宁生：《特殊儿童心理理论的发展》，《北京联合大学学报》（人文社会科学版）2005年第3卷第3期。

高湘萍等：《品德语词的内隐记忆发展研究初探》，《心理科学》2002年第5期。

耿晓伟、郑全全：《中国文化中自尊结构的内隐社会认知研究》，《心理科学》2005年第2期。

龚少英、彭聃龄：《第二语言获得关键期研究进展》，《心理科学》2004年第27卷第3期。

管益杰、方富熹：《单字词的学习年龄对小学生汉字识别的影响（Ⅰ）》，《心理学报》2001年第33卷第5期。

郭本禹：《科尔伯格道德发展的心理学思想述评》，《南京师大学报》（社会科学版）1998年第3期。

郭金山：《西方心理学自我同一性概念的解析》，《心理科学进展》2003年第2期。

郭可教等：《从婴幼儿失语看大脑言语功能一侧化》，《中国神经精神疾病杂志》1990年第16卷第5期。

郭力平、杨治良：《内隐和外显记忆的发展研究》，《心理科学》1998年第4期。

郭瑞芳、彭聃龄：《脑可塑性研究综述》，《心理科学》2005年第28卷第2期。

郭斯萍：《中国化：我国心理学的挑战与机遇》，《心理学探新》2000年第4期。

韩凯、郝学芹：《学前儿童FOK判断及其产生机制的实验研究》，《心理发展与教育》1997年第1期。

韩凯：《元记忆研究的理论框架》，《心理学动态》1994年第1期。

何华：《影响数学运算的脑机制研究述评》，《中华医学研究杂志》2007年第7卷12期。

何胜昔等：《发展性阅读障碍儿童的视听觉整合的事件相关电位研究》，《中国行为医学科学》2006年第15卷第3期。

何有智、文加峰：《锌在儿童和老年人健康中的作用》，《中国医学理论与实践》2004年第14卷第9期。

何志恒、印大中：《睡眠研究的科学前沿》，《生命科学研究》2002年第S2卷。

洪峻峰、黄柏青、王鲤诊、黄新芳、陈富群：《注意缺陷多动障碍发病的非生物学因素探讨》，《中国儿童保健杂志》2002年第10卷第2期。

侯凤友：《社会生态系统论心理发展观述评》，《辽宁教育行政学院学报》2005年第12期。

胡碧媛、许世彤：《中国儿童、少年在表意和表音义字辨认中大脑两半球机能特点》，《心理学报》1989年第2期。

胡笑羽等：《双语控制的神经基础及其对第二语言教学的启示》，《心理与行为研究》2008年第1期。

胡志海、梁建宁、徐维东：《职业刻板印象及其影响因素研究》，《心理科学》2004年第3期。

黄怀飞：《关键期假说研究综述》，《泉州师范学院学报》2005年第5期。

黄敏儿、郭德俊：《情绪调节的实质》，《心理科学》2000年第23卷第1期。

黄伟合：《社会观念的改变与自闭症事业的发展》，《上海师范大学学报》（哲学社会科学版）2008年第5期。

黄文金、陈志辉等：《福建省碘缺乏病病区食盐加碘前后儿童智商水平分析》，《中国地方病学杂志》2004年第23卷第1期。

黄小钦等：《镜像书写儿童大脑机能不对称性的特点》，《脑与神经疾病杂志》2005年第13卷第4期。

霍燕、朱滢：《前瞻性记忆及其年老化的影响》，《心理学动态》2001年第2期。

纪文艳等：《人格障碍遗传度双生子研究》，《中华流行病学杂志》2006年第27卷第2期。

贾海艳、方平：《青少年情绪调节策略和父母教养方式的关系》，《心理科学》2004年第27卷第5期。

贾宁、白学军、沈德立：《学习判断准确性的研究方法》，《心理发展与教育》2006年第3期。

姜林、吴雁鸣：《ADHD病因及发病机制的研究进展》，《中国儿童保健杂志》2003年第5卷第11期。

姜涛、彭聃龄：《汉语儿童的语音意识特点及阅读能力高低读者的差异》，《心理学报》1999年第31期。

蒋正华：《中国人口老龄化现象及对策》，《求是》2005年第6期。

焦青、曹筝：《自闭症儿童心理理论能力中的情绪理解》，《中国特殊教育》2005年第57卷。

解春玲：《浅谈内隐社会认知的研究与现状》，《心理科学》2005年第1期。

金毅等：《高中二年级学生的自信心与家庭教养方式的关系》，《中国心理卫生杂志》2005年第19卷第7期。

金志成、陈彩琦、刘晓明：《选择性注意加工机制上学困生和学优生的比较研究》，《心理科学》2003年第6期。

荆其诚、张厚粲等：《中国心理学的未来发展：中国心理学会会士论坛》，《心理学报》2006年第4期。

静进等：《速示条件下蒙古族、汉族儿童对汉字辨读率与反应时的对比研究》，《心理发展与教育》1996年第12卷第3期。

康传媛、王玉凤、杨莉、钱秋瑾：《不同诊断标准的多动症患者临床特点比较》，《中国心理卫生杂志》2005年第3卷第19期。

孔德荣：《学习不良儿童的家庭心理环境因素》，《中国健康心理学杂志》2006年第14卷第4期。

李媛等：《大学生依赖性及家庭教养方式影响的研究》，《心理科学》2002年第25卷第5期。

李川云、吴振云：《内隐记忆的年老化研究》，《心理科学》1997年第6期。

李国瑞、余圣陶：《自闭症诊断与治疗研究动向综述》，《心理科学》2004年第27卷第6期。

李佳、苏彦捷：《儿童心理理论能力中的情绪理解》，《心理科学进展》2004年第12卷第1期。

李佳、苏彦捷：《纳西族和汉族儿童情绪理解能力的发展》，《心理科学》2005年第28卷第5期。

李家成、郑雪：《论终身教育视野下的班级·班级建设·班主任研究》，《教育研究与实验》2017年第1期。

李娟、傅小兰、林仲贤:《学龄儿童汉语正字法意识发展的研究》,《心理学报》2000年第32卷第2期。

李凌:《早期养育经验与母子依恋水平的相关研究》,《心理科学》2005年第28卷第3期。

李梅、卢家楣:《不同人际关系群体情绪调节方式的比较》,《心理学报》2005年第4期。

李宁生:《自闭症神经机制研究的新进展》,《心理科学》2001年第2卷第24期。

李诺、刘振寰:《中医对自闭症的认识及治疗现状》,《中国中西医结合儿科学》2009年第1卷第2期。

李青仁等:《微量元素铅、汞、镉对人体健康的危害》,《世界元素医学》2006年第13卷第2期。

李舒才等:《父母职业接触铅对其子女智力行为的影响》,《中国职业医学》2003年第30卷第4期。

李嵬等:《说普通话儿童的语音习得》,《心理学报》2000年第32卷第2期。

李伟明:《心理计量学的长足进步》,《心理科学》1998年第6期。

李新旺等:《人格生物学基础研究的某些进展》,《首都师范大学学报》(社会科学版)2005年第5期。

李燕燕、桑标:《母亲教养方式与儿童心理理论发展的关系》,《中国心理卫生杂志》2006年第20卷第1期。

林崇德:《试论发展心理学与教育心理学研究中的十大关系》,《心理发展与教育》2005年1期。

林磊、董奇等:《母亲教养方式与学龄前儿童心理发展的关系研究》,《心理发展与教育》1996年第4期。

刘邦惠等:《国外反社会人格研究述评》,《心理科学进展》2007年第15卷第2期。

刘汴生、李晖:《长寿地区成因的初探》,《老年学杂志》1985年第3卷第4期。

刘国雄、方富熹、杨小冬:《国外儿童情绪发展研究的新进展》,《南京师范大学学报》(社会科学版)2003年第6期。

刘海燕等：《脑的可塑性研究探析》，《首都师范大学学报》（社会科学版）2006年第1期。

刘惠军、李亚莉：《应用行为分析在自闭症儿童康复训练中的应用》，《中国特殊教育》2007年第3期。

刘继萍、杨旸：《家庭环境因素对初中生心理问题影响的研究》，《济宁医学院学报》2006年第29卷第1期。

刘建新、苏彦捷：《精神分裂症个体的心理理论及其影响因素》，《中国心理卫生杂志》2006年第20卷第1期。

刘俊升、周颖：《移情的心理机制及其影响因素概述》，《心理科学》2008年第31卷第4期。

刘伟、王丽娟：《前瞻记忆的年龄效应》，《心理科学》2006年第5期。

刘伟、王丽娟：《前瞻记忆的实验研究方法述评》，《心理科学》2008年第4期。

刘文：《现代生物学理论和社会生态学理论述评》，《大连理工大学学报》（社会科学版）2001年第3期。

刘伍立、何俊德：《自闭症中医精神、行为异常特征探讨》，《湖南中医药大学学报》2006年第26卷第5期。

刘希平、方格：《小学儿童学习时间分配决策水平的发展》，《心理学报》2005年第5期。

刘希平、唐卫海：《回忆准备就绪程度的判断发展》，《心理学报》2002年第1期。

刘希平：《回溯性监测判断与预见性监测判断发展的比较研究》，《心理学报》2001年第2期。

刘希平等：《儿童程序性元记忆的发展》，《心理科学》2006年第5期。

刘秀丽、车文博：《学前儿童欺骗的阶段性发展的实验研究》，《心理科学》2006年第29卷第6期。

刘秀丽、车文博：《学前儿童欺骗及欺骗策略发展的研究》，《心理发展与教育》2006年第4期。

刘秀丽：《西方关于儿童心理理论的理论解释》，《东北师大学报》（哲学社会科学版）2004年第3期。

刘燕妮、舒华、轩月：《汉字识别中形旁亚词汇加工的发展研究》，《应用心理学》2002 年第 8 卷第 1 期。

刘玉新、张建卫：《内隐社会认知探析》，《北京师范大学学报》（人文社会科学版）2000 年第 2 期。

刘振寰、张宏雁、张春涛、李诺：《头针治疗小儿孤独症的临床研究》，《上海针灸杂志》2009 年第 28 卷第 11 期。

鲁晓静、郭瞻予：《成人依恋理论及其测量》，《现代生物医学进展》2007 年第 7 卷第 11 期。

鲁忠义等：《工作记忆模型的第四个组成部分——情景缓冲器》，《心理科学》2008 年第 1 期。

罗本燕、张艳艳、张同延：《痴呆病人的格式塔功能测查及评定》，《浙江预防医学》2003 年第 15 卷第 9 期。

罗维武、林立、陈榕、程文桃、黄跃东、胡添泉等：《福建省儿童孤独症流行病学调查》，《上海精神病医学杂志》2000 年第 12 卷第 1 期。

罗峥、郭德俊、方平：《小学生对情绪社会调节作用的理解》，《心理发展与教育》2002 年第 3 期。

马前锋、蒋华明：《自尊研究的进展与意义》，《心理科学》2002 年第 2 期。

马瑞玲、袁青、靳瑞：《针刺配合行为干预疗法对儿童自闭症行为的影响》，《中国中西医结合杂志》2006 年第 26 卷第 5 期。

糜海波：《道德自我发展的人格心理因素探究》，《江西教育科研》（德育天地）2005 年第 12 期。

缪小春、朱曼殊：《幼儿对某几种复句的理解》，《心理科学通讯》1989 年第 6 期。

缪小春：《近二十年来的中国发展心理学》，《心理科学》2001 年第 1 期。

宁宁等：《口吃的脑成像研究》，《心理发展与教育》2007 年第 4 期。

潘苗苗、苏彦捷：《幼儿情绪理解、情绪调节与其同伴接纳的关系》，《心理发展与教育》2007 年第 2 期。

潘菽：《建立有中国特色的心理学》，《文汇报》1983 年 1 月 10 日。

潘伟文、张月娥、杨玉杰、刘林生：《长寿老人头发中微量元素的分析研究》，《环境与健康杂志》1987 年第 4 卷第 4 期。

潘筱等：《左利手与右利手儿童智力特点的对比研究》，《中国全科医学》

2007年第10卷第4期。

齐冰、白学军、沈德立：《初中数学优差生注意转换中线索和准备效应》，《心理发展与教育》2007年第2期。

乔建中等：《国外儿童情绪调节研究的现状》，《心理发展与教育》2000年第2期。

秦俊法、汪勇先、华芝芬、陆蓓莲：《上海市80岁以上老人发中微量元素谱研究》，《核技术》1990年第18卷第6期。

秦俊法、汪勇先：《肾藏精，其华在发——从上海居民发中微量元素含量的年龄变化规律探讨微量元素与中医"肾"的关系》，《微量元素》1989年第2期。

秦锐：《儿童铅负荷状况及其对儿童神经心理发育的影响》，《江苏卫生保健》2002年第4期。

任桂英、钱铭怡、王玉凤、顾伯美：《家庭环境与ADHD儿童某些心理特征相关性的研究》，《中国心理卫生杂志》2002年第16卷第4期。

任仁：《我国老年痴呆患者超过500万》，《中国健康教育》2004年第20卷第10期。

任真、桑标：《自闭症儿童的心理理论发展及其与言语能力的关系》，《中国特殊教育》2005年第7期。

桑标、任真、邓锡平：《自闭症儿童的心理理论与中心信息整合的关系探讨》，《心理科学》2005年第28卷第2期。

桑标、任真等：《自闭症儿童的中心信息整合及其与心理理论的关系》，《心理科学》2006年第29卷第1期。

桑标等：《超常与普通儿童元记忆知识发展的实验研究》，《心理科学》2002年第4期。

申继亮、辛自强：《迈进中的发展心理学事业》，《北京师范大学学报》2002年第5期。

沈德立等：《词切分对初学者句子阅读影响的眼动研究》，《心理学报》2010年第42卷第2期。

沈凯、刘汴生、江宝林、颜义约、李晖：《老年心血管疾病患者头发中微量元素的研究》，《老年学杂志》1984年第2卷第4期。

沈渔邨、王玉凤、杨晓铃：《轻微脑动能失调的临床特点和致病因素》，

《中国神经精神疾病杂志》1985年第1期。

施建农、恽梅、翟京华、李新兵:《7—12岁儿童视觉搜索能力的发展》,《心理与行为研究》2004年第1期。

舒华、周晓林、武宁宁:《儿童汉字读音声旁一致性意识的发展》,《心理学报》2000年第32卷第2期。

宋华、张厚粲、舒华:《在中文阅读中字音、字形的作用及其发展转换》,《心理学报》1995年第27卷第2期。

宋耀武、白学军:《小学生有意遗忘中认知抑制能力发展的研究》,《心理科学》2002年第2期。

宋耀武、白学军:《有意遗忘中认知抑制机制的研究》,《心理科学》2003年第4期。

苏彦捷、俞涛等:《2—5岁儿童愿望理解能力的发展》,《心理发展与教育》2005年第4期。

隋晓爽、苏彦捷:《对心理理论两成分认知模型的验证》,《心理学报》2003年第35卷第1期。

孙健敏:《研究假设的有效性及其评价》,《社会学研究》2004年第3期。

孙俊才、吉峰:《成人依恋与婚恋质量》,《中国行为医学科学》2006年第15卷第7期。

孙名之:《埃里克森的自我同一性述评》,《湖南师院学报》(哲学社会科学版)1984年第4期。

孙晓勉、王懿、李萍:《孤独症和社交障碍儿童的行为训练—结构化教育(TEACCH)》,《国外医学妇幼保健分册》2001年第12卷第3期。

孙学功:《道德情感研究综述》,《哲学动态》1998年第1期。

孙晔、魏明庠、李一鹏:《出生后个体发展的心理生理学问题》,《心理科学通讯》1982年第5期。

谭钊安等:《中国汉族反社会人格障碍人群SLC6A基因启动子区基因多态性的分析》,《南京医科大学学报》(自然版)2002年第24卷第6期。

汤慈美、张侃等:《体操运动员应激反应特点的研究》,《心理学报》1986年第3期。

唐洪、方富熹:《关于幼儿对损人行为的道德判断及有关情绪预期的初步研究》,《心理学报》1996年第4期。

唐建:《儿童对汉语主动句、被动句转换理解的比较研究》,《心理学报》1984年第2期。

唐卫海、刘希平、方格:《记忆监测研究综述》,《心理科学》2003年第4期。

汪永光、汪凯、汤剑平:《精神分裂症心理理论损伤的研究进展》,《国际精神病学杂志》2006年第2期。

王传升、李梅香、梁艳枝:《学龄儿童行为问题及其与家庭环境的关系》,《中国心理卫生杂志》2005年第19卷第6期。

王桂琴、方格、毕鸿燕等:《儿童心理理论的研究进展》,《心理学动态》2001年第9卷第2期。

王桂琴、方格:《3—5岁儿童对假装的辨认和对假装者心理的推断》,《心理学报》2003年第35卷第5期。

王佳佳、袁茵:《儿童注意缺陷多动障碍研究现状与动向》,《中国特殊教育》2006年第3卷第69期。

王精明:《大脑两半球功能特化的研究》,《生物学通报》1999年第34卷第1期。

王立新、王培梅:《自闭症儿童心理理论与面部表情识别关系的研究》,《国际中华神经精神医学杂志》2004年第5卷第4期。

王丽、李建明等:《监狱犯人早年父母教养方式的调查研究》,《中国心理健康学杂志》2008年第16卷第6期。

王丽娟等:《儿童前瞻记忆研究述评》,《心理科学进展》2006年第1期。

王乃怡:《词义与大脑机能一侧化》,《心理学报》1991年第3期。

王树青、朱新筱、张奥萍:《青少年自我同一性研究综述》,《山东师范大学学报》(人文社会科学版)2004年第3期。

王晓丽、陈国鹏:《成人短时记忆发展的实验研究》,《心理科学》2005年第3期。

王晓丽、陈国鹏:《短时记忆的一生发展研究》,《心理科学》2004年第2期。

王晓丽、陈国鹏:《记忆搜索速度对短时记忆一生发展的影响研究》,《心理科学》2006年第5期。

王彦、苏彦捷:《5—8 岁儿童对模糊信息具有多重解释的理解》,《心理科学》2007 年第 30 卷第 1 期。

王艳碧等:《我国近十年来汉语阅读障碍研究回顾与展望》,《心理科学进展》2007 年第 15 卷第 4 期。

王怡、钱文:《视觉障碍儿童心理理论发展的研究》,《中国临床康复》2005 年第 9 卷第 12 期。

王昇芳、苏彦捷:《成年个体的心理理论与执行功能》,《心理与行为研究》2005 年第 3 卷第 2 期。

王昇芳、苏彦捷:《心理理论的执行功能假说》,《中国临床康复》2004 年第 8 卷第 3 期。

王益文、张文新:《3—6 岁儿童"心理理论"的发展》,《心理发展与教育》2002 年第 1 期。

王勇慧、周晓林、王玉凤、张亚旭:《两种亚型 ADHD 儿童在停止信号任务中的反应抑制》,《心理学报》2005 年第 37 卷第 2 期。

魏轶兵、王伟:《孤独症心理理论的研究综述》,《中华现代临床医学杂志》2005 年第 3 卷第 20 期。

魏勇刚、李红:《抑制控制对幼儿心理理论与执行功能发展的影响》,《重庆师范大学学报》(哲学社会科学版) 2006 年第 5 期。

魏运华:《父母教养方式对少年儿童自尊发展影响的研究》,《心理发展与教育》1999 年第 3 期。

沃建中、曹凌雁:《中学生情绪调节能力的发展特点》,《应用心理学》2003 年第 9 卷第 2 期。

乌素萍、贾美香、阮燕等:《5-羟色胺转运体基因多态性与孤独症核心家系的关联研究》,《中国心理卫生杂志》2004 年第 18 卷第 5 期。

吴晖、吴忠义:《"三位一体"中医疗法治疗孤独症》,《医药产业资讯》2006 年第 3 卷第 11 期。

吴明星:《常见微量元素与人体健康》,《安徽卫生职业技术学院学报》2005 年第 4 卷第 2 期。

吴至凤、袁青、汪睿超、赵聪敏:《靳三针治疗不同年龄段自闭症儿童疗效观察》,《重庆医学》2009 年第 21 期。

席居哲、桑标、左志宏:《心理理论研究的毕生取向》,《心理科学进展》

2003年第11卷第2期。

向小军等:《人格障碍的分子遗传学研究进展》,《中国临床心理学杂志》2001年第9卷第4期。

肖世富、薛海波、李冠军、李霞等:《老年轻度认知功能损害的记忆缺损变化及其预测痴呆的价值》,《中华全科医师杂志》2006年第5卷第6期。

谢晓琳等:《学前儿童篇章意识和篇章能力形成和发展的初步探讨》,《心理科学通讯》1988年第5期。

熊忠贵、石淑华、徐海青:《儿童注意力缺损多动障碍病因及影响因素研究》,《国外医学社会医学分册》2004年第21卷第3期。

徐大真、侯佳:《儿童自闭症治疗技术与方法的研究进展》,《消费导刊》2008年第23期。

徐芬、刘英、荆春燕:《意图线索对5—11岁儿童理解说谎概念及道德评价的影响》,《心理发展与教育》2001年第17卷第4期。

徐光兴:《关于自闭症的临床、实验心理学的研究》,《心理科学》2000年第1卷第23期。

徐光兴:《自闭症的性别差异及其与认知神经功能障碍的关系》,《心理科学》2007年第2期。

徐慧等:《家庭教养方式对儿童社会化发展影响的研究综述》,《心理科学》2008年第31卷第4期。

徐世勇:《Cloninger的人格生物社会模型及其生理机制的证据》,《心理科学进展》2007年第15卷第2期。

徐向平、汪天柱:《自闭症的遗传学研究进展》,《中华儿科杂志》2002年第40卷第5期。

徐杏元、蔡厚德:《发展性口吃的脑机制》,《心理科学进展》2007年第15卷第2期。

徐勇、曾广玉、王敏:《学习障碍儿童的家庭心理环境因素》,《中国心理卫生杂志》2001年第15卷第6期。

许飞等:《Turner综合征伴9号染色体臂间倒位一例》,《中华医学遗传学杂志》2000年第17卷第1期。

许政援:《11—14个月儿童的言语获得——成人的言语教授和儿童的模仿

学习》,《心理学报》1992年第2期。

许政援:《三岁前儿童语言发展的研究和有关的理论问题》,《心理发展与教育》1996年第3期。

严愉芬、雷法清:《加味温胆汤配合教学训练矫治孤独症儿童异常行为25例》,《中医杂志》2007年第48卷第3期。

杨锦平、金惠国、黄财兴:《学习困难初中生注意特性发展及影响因素研究》,《心理发展与教育》1995年第1期。

杨靖、郭秀艳、孙里宁:《前瞻记忆老化研究综述》,《心理科学》2006年第4期。

杨娟、周世杰:《孤独症和正常儿童心理理论能力比较》,《中国心理卫生杂志》2007年第21卷第6期。

杨闰荣、隋雪:《发展性阅读障碍的神经机制及其对第二语言学习的影响》,《中国特殊教育》2007年第1期。

杨姝等:《大脑白质及白质内有髓神经纤维老年改变的研究进展》,《解剖学杂志》2007年第30卷第2期。

杨曙光、胡月璋、韩允:《儿童孤独症的流行病学调查分析》,《实用儿科临床杂志》2007年第22卷第24期。

杨双、刘翔平、王斌:《阅读理解困难儿童的认知加工》,《心理科学进展》2006年第14卷第3期。

杨鑫辉:《大力推进心理学的中国化研究》,《南通师范学院学报》(哲学社会科学版)2000年第4期。

杨玉芳:《中国心理学研究的现状与展望》,《中国科学基金》2003年第3期。

杨治良:《内隐记忆的初步实验研究》,《心理学报》1991年第2期。

杨治良等:《再认能力最佳年龄的研究——试用信号检测论分析》,《心理学报》1981年第1期。

杨中芳:《由中国"社会心理学"迈向"中国社会心理学"——试图澄清有关"本土化"的几个误解》,《社会学研究》1991年第1期。

姚端维、陈英和、赵延芹:《3—5岁儿童情绪能力的年龄特征、发展趋势和性别差异的研究》,《心理发展与教育》2004年第20卷第2期。

姚信:《大学生自我概念发展状况研究》,《中国心理卫生杂志》2003年

第 17 卷第 1 期。

易进：《心理咨询与治疗中的家庭理论》，《心理学动态》1998 年第 1 期。

尤瑾、郭永玉：《依恋的内部工作模型》，《南京师范大学学报》（社会科学版）2008 年第 1 卷。

尤娜、杨广学：《自闭症诊断与干预研究综述》，《中国特殊教育》2006 年第 7 期。

余益兵等：《世纪之交的中国发展心理学研究的计量学分析》，《心理发展与教育》2004 年第 4 期。

俞国良、张雅明：《学习不良儿童元记忆监测特点的研究》，《心理发展与教育》2006 年第 3 期。

俞国良：《社会认知视野中的亲社会行为》，《北京师范大学学报》（社会科学版）1999 年第 1 期。

袁青、马瑞玲、靳瑞：《针刺治疗儿童自闭症疗效观察》，《美中医学》2005 年第 2 卷。

袁青、汪睿超、吴至凤、赵妍、包小娟、靳瑞：《靳三针治疗重度自闭症疗效对照观察》，《中国针灸》2009 年第 3 期。

张海芸等：《脆性 X 综合征的 FMR－1 基因》，《中国优生与遗传杂志》2000 年第 8 卷第 3 期。

张红川等：《前运动皮质与数字加工：脑功能成像研究的元分析研究》，《心理科学》2007 年第 30 卷第 1 期。

张红川等：《数字加工的脑功能成像研究进展及其皮层定位》，《心理科学》2005 年第 58 卷第 1 期。

张宏伟等：《新疆阿克苏地区不同缺碘环境对儿童智力发育的影响》，《地方病通报》2004 年第 19 卷第 4 期。

张金荣：《影响儿童依恋风格形成的因素述评》，《沙洋师范高等专科学校学报》2008 年第 1 期。

张静：《自尊问题研究综述》，《南京航空航天大学学报》（社会科学版）2002 年第 2 期。

张雷、张玲燕、李宏利等：《朴素物理观和朴素心理观——进化心理学视角》，《心理学探新》2006 年第 26 卷第 2 期。

张磊、郭力平：《儿童前瞻记忆的发展研究》，《心理科学》2003 年第

6 期。

张丽华等：《人格研究中的行为遗传学取向的发展》，《心理与行为研究》2006 年第 4 卷第 1 期。

张明、张宁：《视觉返回抑制的实验范式》，《心理科学进展》2007 年第 3 期。

张明等：《影响感觉寻求人格特质的生物遗传因素》，《心理科学进展》2007 年第 15 卷第 2 期。

张文新、林崇德：《青少年的自尊与父母教育方式的关系——不同群体之间的一致性与差异性》，《心理科学》1998 年第 6 期。

张文新、赵景欣等：《3—6 岁儿童二级错误信念认知的发展》，《心理学报》2004 年第 36 卷第 3 期。

张文渊：《自闭症的病因、诊断及心理干预》，《中国特殊教育》2003 年第 3 期。

张兴利、冉瑜英、施建农：《幼儿到成人视觉注意发展的研究》，《中国行为医学科学》2007 年第 9 期。

张旭：《幼儿错误信念理解与语言关系的纵向研究》，《中国特殊教育》2006 年第 5 期。

张学民、申继亮、林崇德等：《小学生选择性注意能力发展的研究》，《心理发展与教育》2008 年第 1 期。

张雪莲、杨继平：《发展心理学研究的生态化运动》，《当代教育论坛》2005 年第 13 期。

张雅明、俞国良：《学习不良儿童元记忆监测与控制的发展》，《心理学报》2007 年第 3 期。

张镇、李幼穗：《内隐自尊的研究趋势及测量方法》，《心理科学》2004 年第 4 期。

张芝等：《前瞻记忆的理论模型综述》，《应用心理学》2006 年第 1 期。

赵晋全、郭力平：《前瞻记忆研究评述》，《心理科学》2000 年第 4 期。

郑观成：《老年痴呆症具有多因性和异质性特征——"多因异质假说"》，《自然杂志》1995 年第 18 卷第 5 期。

郑信军：《7—11 岁儿童的同伴接纳与心理理论发展的研究》，《心理科学》2004 年第 27 卷第 2 期。

钟鑫琪：《儿童依恋的研究现状》，《中国儿童保健杂志》2007 年第 15 卷第 1 期。

周楚、刘晓明、张明：《学习困难儿童的元记忆监测与控制特点》，《心理学报》2004 年第 1 期。

周帆、王登峰：《人格特质与外显自尊和内隐自尊的关系》，《心理学报》2005 年第 1 期。

周泓、胡英：《社会认知的研究视野及拓展》，《学术探索》2004 年第 3 期。

周念丽、方俊明：《探索自闭症幼儿装扮游戏特点的实验研究》，《中国特殊教育》2004 年第 7 期。

周念丽、杨治良：《自闭症幼儿自主性共同注意的实验研究》，《心理科学》2005 年第 28 卷第 5 期。

周胜华：《缺碘儿童智力低》，《医药保健杂志》2003 年第 11 期（下）。

周晓林、武宁宁、舒华：《语音与词义激活的相对时间进程：来自儿童发展的证据》，《心理科学》1998 年第 21 卷第 6 期。

朱高章、曾育生：《人发微量元素与寿命关系的探讨》，《微量元素》1996 年第 2 期。

朱琳等：《皮肤电的不对称性》，《河南医学研究》1994 年第 3 卷第 1 期。

朱曼殊、华红琴：《小学儿童对因果复句的理解》，《心理科学》1992 年第 3 期。

朱新秤、焦书兰：《国外内隐社会认知研究现状》，《社会心理研究》1998 年第 3 期。

朱镛连：《脑的可塑性与功能再组》，《中华内科杂志》2000 年第 39 卷第 8 期。

朱智贤：《中国儿童教育心理学三十年》，《教育研究》1979 年第 4 期。

邹娟、徐辉碧、陆晓华：《三个年龄组人发微量元素的主成分分析研究——兼论微量元素与长寿的关系》，《微量元素》1990 年第 2 期。

左玲俊等：《人格特征的分子遗传学研究进展》，《国外医学精神病学分册》2001 年第 28 卷第 3 期。

学位论文：

姜媛：《情绪调节策略发展及其与记忆关系的研究》，博士学位论文，天津师范大学，2007 年。

金宇：《孤独症谱系障碍儿童社会认知缺陷的神经心理机制及早期筛查工具的研究》，博士学位论文，中南大学，2008年。

刘爱琴：《中小学生学校恐惧情绪调节方式研究》，硕士学位论文，山东师范大学，2004年。

刘海燕：《青少年恐惧再评价情绪调节脑机制fMRI研究》，博士学位论文，首都师范大学，2005年。

刘美桃：《内隐职业性别刻板印象的实验研究》，硕士学位论文，湖南师范大学，2006年。

刘希平：《小学儿童学习时间分配决策水平的发展与促进》，博士学位论文，中科院心理所，2004年。

刘永芳：《青少年自我同一性的发展及其与依恋的关系》，硕士学位论文，山东师范大学，2005年。

任真：《自闭症儿童的心理理论与中心信息整合的关系研究》，硕士学位论文，华东师范大学，2004年。

王丽：《中小学生亲社会行为与同伴关系、人际关系、社会期望及自尊的关系研究》，硕士学位论文，陕西师范大学，2003年。

王树青：《青少年自我同一性的发展及其与父母教养方式的关系》，硕士学位论文，山东师范大学，2004年。

闫国利：《阅读科技文章的眼动过程研究》，博士学位论文，华东师范大学，1998年。

杨萍：《不同权威对小学儿童亲社会行为影响的实验研究》，硕士学位论文，西南师范大学，2001年。

杨淑萍：《青少年与父母亲的情感关系：依附的性质与重要性》，硕士学位论文，台北：台湾师范大学教育心理与辅导研究所，1995年。

张炜：《青少年中期自我同一性发展特征与社会适应行为的关系——兼及普通中学生和未成年犯的比较》，硕士学位论文，华中师范大学，2007年。

英文文献

专著：

Adams G. R., *Adolescent Identity Formation*, London: Sage Publications,

1992, pp. 4 – 78.

Ainsworth, M. D. S., Blehar, M., Waters, E. and Wall, S., *Patterns of Attachment*, Hillsdale, NJ: Erlbaum, 1978.

Alison Clarke-Stewart, Marion Perlmutter, SusanFriedman, ed., *Life-long Human Development*, New York: John Wiley & Sons, 1988.

American Psychiatric Association, *Diagnostic and Statistical Manual of Mental Disorders DSM-IV-TR Fourth Edition*, American Psychiatric Publishing, 2000.

American Psychological Association, ed., *Publication Manual of the American Psycholgical Association*, Washington D. C.: the American Psycholocial Association, 1994.

Astington, J. W., *The Child's Discovery of the Mind*, MA: Havard University Press, 1993, pp. 135 – 153.

Atkinson, R. C. et al., Eds., *Steven's Handbook of Experimental Psychology* (2nd edition), New York: John Wiley & Sons, Inc., 1988, p. 934.

Baron-Cohen, S., *Mind Blindmess: An Essay on Autism and Theory of Mind*, Boston: MIT Press, 1995.

Bartholomew, S., *Methods of Assessing Adults Attachment*, Attachment Theory and Close Relationship, Guilford Press, 1998, pp. 25 – 45.

Bartsch K., and Wellman H. M., "Children Talk about the Mind", in Bartsch K. and Estes D., eds., *Individual Differences in Children' Developing Theory of Mind and Implications for Metacognition*, Learning and Individual Differences, New York: Oxford University Press, 1996, pp. 281 – 304.

Bartsch K., Wellman H. M., *Children Talk about the Mind*, Oxford University Press, 1995.

Baumrind D., "Parenting Styles and Adolencent Development", in R. M. Lerner, A. C. Petersen & J. Brooks-Gunn (Eds.), *Encyclopedia of Adolescence*, Vol. 2, New York: Garland Publishing, 1991, pp. 746 – 758.

Bee, H., *Lifespan Development*, Havper: Collins College Publishers, 1994, p. 87.

Begley, S., "Your Child's Brain", in G. Duffy, eds., *Psychology*, 98/99,

Dushkin/McGraw-Hill, 1998, pp. 82 – 65.

Berk L. E., *Infants, Children, and Adolescents*, Boston: Allyn and Bacon, 1993, pp. 107 – 108.

Berk, L. E., *Child Development* (2nd Edition), Boston: Allyn and Bacon, 1991, p. 125.

Bernstein, D. A., Roy, E. J., Thomas, K. S., Christopher, K. D., *Psychology* (Second Edition), Dallas: Houghton Mifflin Company, 1991.

Bialystok E. and Craik F. I. M., eds., *Lifespan Cognition: Mechanisms of Change*, Oxford: Oxford University Press, 2006.

Birch A., *Developmental Psychology: From Infancy to Adulthood*, London: Macmillan Press Ltd., 1997, pp. 119 – 120.

Bjork E. L., Bjork R. A., Anderson M. C., "Varieties of Goal-directed Forgetting", in Macleod J. M. (Eds.), *Intentional Forgetting: Interdisciplinary Approaches*, Mahwah, NJ: Erlbaum, 1998, pp. 103 – 137.

Bornstein, M. H. and Lamb, M. E., *Developmental Psychology: An Advanced Textbook*, Hillsdale, New Jersey: Lawrence Erlbaum Associates, Publishers, 1992, p. 343.

Bowlby, J., *Attachment and Loss, Separation: Anxiety and Anger*, Vol. 2, Basic New York, 1973.

Braine, M. D. S., *Children's First Word Combinations*, Monogarphs of the Society for Research in Child Development, 1976, p. 41.

Bronfenbrenner U. and Morris P. A., "The Ecology of Developmental Processes", in Lerner M., ed., *Handbook of Child Psychology* (5th edition), Vol. 1, Wiley, 1998, pp. 993 – 1028.

Carol K. Sigelman and David R. Shaffer, ed., *Life-span Human Development*, Brooks/ Coke, 1995.

Ceorgew R., *Life-Span Cognitive Development*, New York: Rinebard Winsto, 1987, pp. 335 – 336.

Chandler M. J., "Doubt and Developing Theories of Mind", in Astinton J. W., Harris P. L., and Olson D. R., eds., *Developing Theories of Mind*, NY: Cambridge University Press, 1988, pp. 387 – 413.

Coopersmith S., *The Antecedents of Self-esteem*, San Francisco: Freeman, 1967, pp. 4 – 5.

Courtin C. and Melot A., "Development of Theories of Mind in Deaf Children", in Marschark M. and Clark M. D., eds., *Psychological Perspectives and Deafness*, Malwah, NJ: Erlbaum, 1998, pp. 79 – 102.

Cowan N., *Attention and Memory: An Integrated framework*, New York: Oxford University Press, 1995.

Craig G. J., *Human Development* (4th edition, Englewood Cliffs, New Jersey, 1986.

Damon, W., eds., *Handbook of Child Psychology*, Vol. 2, New York: John Wiley & Sons. Inc., 1998.

Daniel K. Lapsley, F. Clark Power, *Ego, Self and Identity: Integrative Approaches*, New York: Springer-Verlag, 1988, pp. 227 – 234.

Denham S. A., *Emotional Development in Young Children*, Guilford Press, 1998.

Dennis Coon, ed., *Essentials of Psychology: Exploration and Application* (7th Edition), Pacific Grove: Brooks/Cole Publishing Company, 1997, pp. 99 – 100.

Elbert T. et al., "Neural Plasticity and Development", in C. A. Nelson and M. Luciana, Eds., *Handbook of Developmental Cognitive Neuroscience*, Cambridge, MA: MIT Press, 2001.

Ellen B., Fergus I. M. Craik, *Lifespan Cognition: Mechanisms of Change*, Oxford: Oxford University Press, 2006.

Enns J. T. ed., *The Development of Attention*, Amsterdam, North-Holland: Elsevier Science Publishers B. V., 1990, pp. 47 – 66.

Entus, A. K., "Hemispheric Asymmetry in the Processing of Dicholically Presented Speech and Nonspeech Sounds by Infants", in S. J. Segalowitz & F. A. Gruber, Eds., *Language Development and Neurological Theory*, New York: Academic Press, 1977, pp. 63 – 73.

Erikson, E. H., *Childhood and Society*, New York: Norton, 1950.

Fitts W. H., *Manual for the Tennessee Self Concept Scale*, Nashville, TN:

Counselor Recordings and Tests, 1965.

Forster R., Hunsberger M. M. and Aderson, J., *Family-centered Nursing Care of Children*, Philadelphia: Saunders, 1989.

Freeman N. H., "Communication and Representation: Why Mentalistic Reasoning is a Lifelong Endeavor", in Mitchill P. and Riggs K. J., eds., *Children's Reasoning and the Mind*, Psychology Press, 2000, pp. 349 – 366.

Garbarino, J. and Abramowitz, R. H., "Sociocultural Risk and Opportunity", in Garbarino (Ed), *Children and Families in the Social Environment* (2nd ed), New York: Aldine de Gruyter, 1992.

Gifford R. and Lacombe C., "Housing Quality and Children's Socioemotional Health", *Presented at Europe Newtwon Housing Reseach*, Cambridge, UK, 2004.

Golinkoff, R. M., *The Transition from Prelinguistic to Linguistic Communication*, The Transition From Prelinguistic To Linguistic Communication, 1983.

Grace J. Craig, ed., *Human Development*, Englewood Cliffs: Prentice Hall, 1992.

Gross, J. J., "Antecedent-and Response-focused Emotion Regulation: Divergent Consequences for Experience, Expression, and Physiology", *Journal of Personality and Social Psychology*, Vol. 74, No. 1, 1998, pp. 224 – 237.

Hall G. S., ed., *Adolesence*, New York: Appleton-Century-Crofts, 1904.

Harnishfeger K. K., Bjorklund D. F., "The Ontogeny of Inhibition Mechanisms: A Renewed Approach to Cognitive development", in M L. Home & R. Pasnak (Eds.), *Emerging Themes in Cognitive Development: Foundations*, New York: Spinnger-Verlag, 1993.

Harter S. and Whitesell N. R., "Developmental Changes in Children's Understanding of Single, Multiple, and Blended Emotion Concepts", in Saarni C. and Harris P. L., eds., *Children's Understanding of Emotion*, Cambridge University Press, 1998, pp. 81 – 116.

Hartmann D. P. , "Design, Measurement, and Analysis: Technical Issues in Developmental Research", in Bornstein M. H. and Lamb M. E. , ed. , *Developmental Psychology: An Advanced Textbook* (3rd Edition), Hillsdale: New Jersey, Lawrence Erlbaum Associates, Publishers, 1992, pp. 59 – 154.

Henry M. Wellman and Susan A. Gelman, "Knowledge Acquisition Foundational Domains", in Kuhn D. , Siegler R. S. , and Damon W. , eds. , *Handbook of Child Psychology: Vol. 2 Cognition, Perception, and Language* (5th ed), New York: Wiley, 1998, pp. 851 – 898.

Hetherington, E. M. , Parke, R. D. , *Child Psychology* (Fourth Edition), New York: Mcgraw-Hill. Inc, 1993, p. 324.

Hoffman, M. L. , "The Contribution of Empathy to Justice and Moral Jodgenent", in N. Eisenbeny & J. Strayer (eds), *Empathy and Its Development*, New York: Cambridge University Press, 1987, pp. 47 – 80.

Howard. D. V. , *Cognitive Psychology*, New York: Wiley, 1983.

Iaccino, J. F. , *Left Brain-right Brain Differences: Inquiries, Evidence, and New Approaches*, Hillsdale, New Jersey: Lawrence Erlbaum Associates Publishers, 1993.

Karen Bartsch Henry M. Wellman, *Children Talk about the Mind*, Oxford University Press, 1995.

Kroger J. , *Discussions on Ego Identity*, London: Lawrence Erlbaum Associates, 1993, pp. 5 – 14.

Kuhn D. , "Theory of Mind, Metacognition and Reasoning: A Life-span perspective", in Mitchill P. and Riggs K. J. , eds. , *Children's Reasoning and the Mind*, Psychology Press, 2000, pp. 301 – 326.

Laszlo, E. , *Introduction to Systems Philosoply*, New York: Gordon and Breach, 1971.

Lee K. , "Lying as Doing Deceptive Things with Words: A Speech act Theoretical Perspective", in J. W. Astington (Ed), *Mind in the Making*, Blackwell Publishers, 2001.

Leekam, S. , "Children's Understanding of Mind", in Bennett M. , ed. ,

The Child as Psychologist: An Introduction to the Development of Social Cognition, Harvester, 1993, pp. 26 – 61.

Lehman E. B., Bovasso M., "Development of Intentional Forgetting in Children", in M L. Home & R. Pasnak (Eds.), *Emerging Themes in Cognitive Development: Foundations*, New York: Spinnger-Verlag, 1993.

Lewis, M., "The Development and Structure of Emotions", in M. F. Mascolo and S. Griffin, eds., *What Develops in Emotional Development*? New York: Plenum Press, 1998, pp. 29 – 50.

Lillard P. P. "Montessori Today: A Comprehensive Approach to Education from Birth to Adulthood", Schoken Books, 201 East 50th Street, New York, NY 10022. 1996.

Lord, C., Rutter, M., DiLavore, P. and Risi, S., *Autism Diagnostic Observation Schedule* (ADOS), Los Angeles, CA: Western Psychological Services, 1999.

Luck S. J., Vecera S. P., "Attention", in Pashler H, ed., *The Stevens' Handbook of Experimental Psychology*, New York: John Wiley & Sons, Inc., 2002.

McCormick, John, *The Rlobal Environment: Reclaiming Paradise*, Belhaven, 1989.

Moore K. L. & Persaud T. V. N., *Before We are Born* (6th ed), Philadelphia: Saunders, 2003.

Papalia D. E., Olds S. W. and Feldman R. D., *A Child's World: Infancy through Adolescence*, New York: McGraw-Hill, 2007.

Pashler H. E., *The Psychology of Attention*, Cambridge, Massachusetts: The MIT Press, 1998.

Peter G., *Psychology*, New York: Worth Publishers. Inc, 1991, pp. 337 – 338.

Piers E. V., *Manual for the Piers Harris Children's Self-concept Seale*, Nashville, TN: Counselor Recordings & Tests, 1969.

Plomin. R., "Developmental Behavioral Genchics and Infanly"; in Osofsky, J. (ed.), *Handbook of Infant Development*, NewYork: Wiley Interscience, 1987, pp. 363 – 417.

PoPe A. , McHale S. & Craighead E. , *Self-esteem Enhaneement with Children and Adoleseent*, Pergamon Press, Ine. , 1988, pp. 2 – 21.

Quill, K. A. , *Do-watch-listen-say: Social and Communication Intervention for Children with Autism*, Baltimore, Maryland: Paul H. Brookes Publishing Company, 2000.

Reiss, I. R. , *Family Systems in America* (3rd ed), New York: Holt, Rinchart and Winston, 1980.

Rice, F. P. , *Child and Adolesence Development*, Prentice Hall, Upper Saddle River, New Jersey: Sinon & Schuster/A Viacom compamy, 1997, p. 83.

Roediger H. L. & Blaxton T. A. , "Retrieval Modes Produce Dissociations in Memory for Surface Information", in D. S. Gorfein & R. R. Hoffman (Eds.), *Memory and learning: The Ebbinghaus Centennial Conference*, Hillsdale, N. J. : Lawrence Erlbaum Associates Inc, 1990, pp. 349 – 379.

Roediger I. I. I. , Marsh J. L. , Lee S. C. , "Varieties of Memory", In *Stevens' Handbook of Experimental Psychology*, John Wiley & Sons, Inc. , 2002.

Rosenberg M. , *Society and the Adolescent Self-image*, N. J. : Princeton University Press, 1965.

Rosser, R. , *Cognitive Development: Psychological and Biological Perspective*, Boston: Allyn and Bacon, 1994, pp.

Santrock J. W. , *Life-span Development*, Madison: WCB Brown & Benchmark Publishers, 1995.

Santrock J. W. , *Child Psychology* (7th Editon), Brown & Benchmark Publishers, 1996, pp. 235 – 236.

Schaffer, S. , *Developmental Psychology: Childhood & Adolescence*, Wadsworth Groups, 2002, pp. 389 – 390.

Schair K. W. , "Developmental Designs Revisited", in Cohen. S. H. and Reese. H. W. , ed. , *Life-Span Developmental Psychology: Methodological Contributions*, Hillsdale, New Jersey: Lawrence Erblaum Associates, Publishers, 1994, pp. 45 – 64.

Shaffer, D. R., *Social & Personality Development* (3rd), Brooks Cole Publishing Company, 1994.

Shaffer, D. V., *Developmental Psychology: Childhood and Adolescence* (4th Edition), Pacific Grove: Brooks/Cole Publishing Company, 1996, p. 168.

Shaffer, S., *Developmental Psychology: Childhood & Adolescence*, Wadsworth Groups, 2002, pp. 397 – 398.

Siegler R. S., Richards, D. D., "The Development of Intelligence", in R. J. Sternberg (Ed), *Handbook of Human Intelligence*, Cambridge: Cambridge University Press, 1986, pp. 921 – 922.

Skolnick A. S., *The Psychology of Human Development*, Harcourt Brace Jovanovich Publishers, 1986.

Snow C. W., *Infant Development*, Englewood Cliffs, N. J.: Prentice Hall Inc., 1989, p. 28.

Sodian, B., Frith, U., "The Theory of Mind Deficit in Autism: Evidence from Decephion", in Baron-Cohen, S., Tager-Flusberg, H., Cohen, D. J., *Understanding other Minds: Perspecfives from Autism*, New York: Oxford University Press, 1994, pp. 158 – 180.

Spear, P. D., et al., *Psychology: Perspectives on Behavior*, New York: John-Wiley & Sons. Inc., 1988, p. 355.

Sroufe, A., *Emotional Development: The Organization of Emotional Life in the Early Years*, New York: Cambridge University Press, 1996.

Sroufe, L. A., "Socioemotional Development", in J. D. Osofsky, eds., *Handbook of Infant Development*, John Wiley & Sons, Inc., 1979, pp. 462 – 516.

Stanley H. Cohen and Hayne W. Reese, ed., *Life-span Developmental Psychology: Methodological Contributions*, Hillsdale, Lawrence Erlbaum Associates, Publishers, 1994.

Sternberg R., ed., *Handbook of Human Intelligence*, Cambridge: Cambridge University Press, 1986.

Sternberg, R., *Cognitive Psychology*, Fort Worth: Harcout Brace College

Publishers, 1996.

Sternberg, R. J., *The Psychologists Companion: A Guide to Scientific Writing for Students and Researchers*, New York: Cambridge University Press, 1991.

Strongman, K. T., *The Psychology of Emotion* (third edition), Chichester: John Wiley & Sons, 1987, pp. 69 – 70.

Thompson, G. G., *Child Psychology: Growth Trends in Psychological Adjustment* (2ed), Boston: Houghton Mifflin Company, 1962, pp. 206 – 207.

Tulving E., *Elements of Episodic Memory*, New York: Oxford University, 1983, p. 146.

Welchman K., Erikson E., *His Life, Work and Significance*, Philadelphia: Open University Press, 2000, pp. 127 – 128.

Winger G. and Woods J. Hofman. F. G., *A Handbook, on Drug and Alcohol Abuse: The Biomedical Aspects*, Oxford: Oxford University Press, 2004.

Zacks R. T., Hasher L., "Directed Ignoring: Inhibitory Regulation of Working Memory", in Dagenbach D., Carr T. H. (Eds.), *Inhibitory Processes in Attention, Memory, and Language*, San Diego, C. A.: Academic Press, 1994, pp. 241 – 264.

Zahn-Waxler C., Radke-Yarrow M., "The Development of Alternative Strategies", in Eisenberg, ed., *The Development of Prosocial Behavior*, New York: Academic Press, 1982, pp. 109 – 137.

期刊：

Adam R. Clarke, et al., "EEG Analysis in Attention-deficit/Hyperactivity Disorder: A Compatative Study of Two Subtypes", *Psychiatry Research*, Vol. 81, No. 1, 1998, pp. 19 – 29.

Albert, M. S., "Cognitive and Neurobiologic Markers of Early Alzheimer Disease", *Proceedings of the National Academy of Sciences*, Vol. 93, No. 24, 1996, pp. 13547 – 13551.

Allport D., Antonis B., Reynolds P., "On the Division of Attention: A Disproof of the Single Channel Hypothesis", *Quarterly Journal of Experimental Psychology*, Vol. 24, No. 2, 1972, pp. 225 – 235.

Amato P. R. & Booth A. , "The Consequences of Divorce for Attitudes to Wards Divorce and Gender Roles", *Journal of Family Issues*, Vol. 12, No. 3, 1991, pp. 191 – 207.

Anooshian L. J. , Prilop L. , "Developmental Trends for Auditory Selective Attention: Dependence on Central-incidental Word Relations", *Child Development*, Vol. 51, No. 1, 1980, pp. 45 – 54.

Any M. Gans, Maureen C. Kenny and Dave L. Ghany, "Comparing the Self-concent of Students with and without Learing Disabilities", *Journal of Learning Disabilities*, Vol. 36, No. 3, 2003, pp. 257 – 258.

Arrington C. M. , et al. , "Episodic and Semantic Components of the Compound-stimulus Strategy in the Explicit Task-cuing Procedure", *Memory & Cognition*, Vol. 32, No. 6, 2004, pp. 965 – 978.

Asendorpt, J. B. Banse, R. & Miicke, D. , "Doubledisso Gation between Implicat and Explicit Personality Self-concept: The Case of Shy Behaviour", *Journal of personality & Social Psychology*, Vol. 83, No. 2, 2002, pp. 380 – 393.

Aspelmeier, J. E. and Kerns, K. A. , "Love and School: Attachment/Exploration Dynamics in College", *Journal of Personal and Social Relationships*, Vol. 20, No. 1, 2003, pp. 5 – 30.

Bai, X. J. , Yan, G. L. , Liversedge, S. P. , Zang, C. L. and Rayner, K. , "Reading Spaced and Unspaced Chinese Text: Evidence from Eye Movements", *Journal of Experimental Psychology: Human Perception and Performance*, Vol. 34, No. 5, 2008, pp. 1277 – 1287.

Bailey, J. M. , Pillard, R. C. "A Genetic Study of Male Sexual Orientation", *Archives of General Psychiatry*, Vol. 48, No. 12, 1999, pp. 1089 – 1096.

Baird, G. , Simonoff, E. , Pickles, A. , Chandler, S. , Loucas, T. , Meldrum, D. , et al. ,"Prevalence of Disorders of the Autism Spectrum in a Population Cohort of Children in South Thames: The Special Needs and Autism Project (SNAP)", *Child Care Health & Development*, Vol. 36, No. 6, 2006, pp. 752 – 753.

Baldwin, "A Cache Coherence Scheme Suitable for Massively Parallel Processors", *Proceedings IEEE*, 1993, pp. 730 – 739.

Balota, D. A. and Ferraro, F. R., "Lexical, Sublexical, and Implicit Memory Processes in Healthy Young and Healthy Older Adults and In individuals with Dementia of the Alzheimer Type", *Neuropsychology*, Vol. 10, No. 1, 1995, pp. 82 – 95.

Baltes P. B., Staudinger U. M. and Lindenberger U., "Lifespan Psychology: Theory and Application to Intellectual Functioning", *Annual Review Psychology*, Vol. 50, No. 3, 1999, pp. 471 – 507.

Barinaga, M., "Will 'DNA Chip' Speed Genome Initiative?", *Science*, Vol. 253, No. 5027, 1991, p. 1489.

Baron-Cohen, S., "The Autrstic Child's Theory of Mind: A Case of Specific Developmental Delay", *Journal of child Psychiatry and Allied Disciplines*, Vol. 30, No. 2, 1989, pp. 285 – 297.

Baron-Cohen, S., "The Extreme Male Brain Theory of Autism", *Trends in Cognitive Sciences*, Vol. 6, No. 2, 2002, pp. 48 – 54.

Baron-Cohen, S., and Ring, H., "A Model of the Mindreading System: Neuropsychological and Neurobiological Perspectives", *Mitchell P. & Lewis C. Origins*, 1994.

Baron-Cohen, S., Leslie, A. M. and Frith, U., "Does the Autistic Child Have a 'Theory of Mind'?", *Cognition*, Vol. 21, No. 1, 1985, pp. 37 – 46.

Baron-Cohen, S., Scott, F. J., Allison, C., Williams, J., Bolton, P., Matthews, F. E., et al., "Prevalence of Autism-spectrum Conditions: UK School-based Population Study", *The British Journal of Psychiatry*, Vol. 194, No. 6, 2009, pp. 500 – 509.

Baron-Cohen, S., Wheelwright, S., Cox, A., Baird, G., Charman, T., Swettenham, J., et al., "The Early Identification of Autism: The Checklist for Autism in Toddlers (CHAT)", *Journal of the Royal Society of Medicine*, Vol. 93, No. 10, 2000, pp. 521 – 525.

Bartgis J., Lilly A. R., Thomas D. G., "Event-Related Potential and Behavioral Measures of Attention in 5 – , 7 – , and 9 – Year-Olds", *The Journal of General Psychology, Vol. 130, No. 3, 2003, pp. 311 - 335.

Bartsch K. , Wellman H. M. , "Young Children's Attribution of Action to Beliefs and Desires", Child Development, Vol. 60, No. 4, 1989, pp. 946 - 964.

Bar-Tal, D. and Raviv, A. , Leiser, J. , "The Development of Autistic Behavior, Empirical Evidence ", Developmental Psychology, Vol. 16, No. 5, 1980, pp. 516 - 524.

Baumrind D. , "Current Patterns of Parents Authority", Developmental Psychology Monographs, No. 4, 1971, pp. 1 - 103.

Beck, I. , et al. , "The Effects and Uses of Diverse Vocabulary Instructional Techniques", in California Reading Initiative, Read all about it? Readings to Inform the Profession, 1999, pp. 311 - 324.

Bellini, S. , Peters, J. , Benner, L. and Hopf, A. , "A Meta-analysis of School-based Social Skills Interventions for Children with Autism Spectrum Disorders", Remedial and Special Education, Vol. 28, No. 3, 2007, pp. 153 - 162.

Bennion, L. D. & Adams, G. R. , "A Revision of the Extended Version of the Objective Measure of Ego-identity Status: An Identity Instrument for Use with Late adolescents", Journal of Adolescent Research, Vol. 1, No. 2, 1986, pp. 183 - 198.

Berman, A. M. , Schwartz, S. J. , Kurtines, W. M. , et al. , "The Process of Exploration in Identity Formation: The Role of Style and Competence", Journal of Adolescence, Vol. 24, 2001, pp. 513 - 528.

Bertalanffy, von. L. , "The History and Status of Genenal System Theory", The Acadenry of Management Journal, Vol. 15, No. 4, pp. 407 - 426.

Betman, B. G. , "To See the World in a Tray of Sand: Using Sandplay Therapy with Deaf Children", Odyssey, Vol. 5, No. 2, 2004, pp. 16 - 20.

Bishop, D. V. M. , Whitehouse, A. J. O. , Watt, H. J. and Line, E. A. , "Autism and Diagnostic Substitution: Evidence from a Study of Adults with a History of Developmental Language Disorder", Developmental Medicine and Child Neurology, Vol. 50, No. 5, 2008, pp. 341 - 345.

Block J. Block J. H. , & Keyes S. , "Longitudinally Foretelling Drug Usage in

Adolescece: Early Childhood Personality and Environmental Precursors", *Child Development*, Vol. 59, No. 2, 1998, pp. 336 – 355.

Blumberg F. C., Torenberg M., "The Impact of Spatial Cues on Preschoolers' Selective Attention", *The Journal of Genetic Psychology*, Vol. 164, No. 1, 2003, pp. 42 – 53.

Bodfish, J. W., Symons, F. J., Parker, D. E., Lewis, M. H., "Varieties of Repetitive behavior in Autism: Comparisons to Mental Retardation", *Journal of Autism and Developmental Disorders*, Vol. 30, 2000, pp. 237 – 243.

Bojko A., et al., "Age Equivalence in Switch Costs for Prosaccade and Antisaccade Tasks", *Psychology and Aging*, Vol. 19, No. 1, 2004, pp. 226 – 234.

Borkenau, P., Rainer R., Alois, A., Frank, S., "Genetic and Environmental Influences on Observed Personality: Evidenuce from the Germand Observational Study of Adults Twins", *Journal of Personality and Social Psychology*, Vol. 80, No. 4, 2001, pp. 655 – 668.

Bouchard T. J. and McGue M., "Familial Studies of Intelligence: A Review", *Science*, Vol. 212, 1981, pp. 1055 – 1059.

Bower, G. H., "Reactivating a Reactivation Theory of Implicit Memory", *Consciousness and Cognition*, Vol. 5, No. 1 – 2, 1996, pp. 27 – 72.

Boyd, B. A., Odom, S. L., Humphreys, B. P. & Sam, A. M., "Infants and Toddlers with Autism Spectrum Disorder: Early Identification and Early Intervention", *Journal of Early Intervention*, Vol. 32, No. 2, 2010, pp. 75 – 98.

Bray N. W., Hersh R. E., Turner L. A., "Selective Remembering during Adolescence", *Developmental Psychology*, Vol. 21, No. 2, 1985, pp. 290 – 294.

Brennan, W. H. and Sperling, M. B., "The Structure and Function of Adult Attachment in Attachment in Adults", *Clinical and Developmental Perspective*, Vol. 9, No. 2, 1994, pp. 223 – 225.

Brink J. M., McDowd J. M., "Aging and Selective Attention: An Issue of Complexity or Multiple Mechanisms?", *Journal of Gerontology: Psycho-*

logical Sciences, Vol. 54B, No. 1, 1999, pp. 30 – 33.

Brown, Jane R. and Dunn J., "Continuities in Emotion Understanding from Three to Six Years", Child Development, Vol. 67, No. 3, 1996, pp. 789 – 802.

Bryson, S. E., Clark, B. S. and Smith, I. M., "First Report of a Canadian Epidemiological Study of Autistic Syndromes", The Journal of Child Psychology and Psychiatry, Vol. 29, No. 4, 1988, pp. 433 – 445.

Bull R., "Executive Functioning as a Predictor of Children's Mathematics Ability: Inhibition, Switching, and Working Memory", Developmental Neuropsychology, Vol. 19, No. 3, 2001, pp. 273 – 293.

Butcher R. P., Kalverboer F. A., Geuze H. R., "Inhibition of Return in very Young Infants: Alongitudinal Study", Infant Behavior & Development, Vol. 22, No. 3, 1999, pp. 303 – 319.

B. M. Repacholi, A. Gopnik, "Early Reasoning About Desires: Evidence from 14 – and 18 – Month – Olds", Developmental Psychology, Vol. 33, No. 1, 1997.

Calkins, S. D. and Fox, N. A., "The Relations Among Infant Temperament, Security of Attachment, and Behavioral Inhibition at Twenty-four Months", Child Development, Vol. 63, No. 6, 1992, pp. 1456 – 1472.

Campos, J. J., Campos, R. G. and Barrett, K. C., "Emergent Themes in the Study of Emotional Development and Emotion Regulation", Development Psychology, Vol. 25, No. 3, 1989, pp. 394 – 402.

Carlson, S. M. and Moses, L. J., "Individual Differences in Inhibitory Control and Children's Theory of Mind", Child Development, Vol. 72, No. 4, 2001, pp. 1032 – 1053.

Carpendale J. and Chandler M. J., "On the Distinction between False Belief Understanding and Subscribing to an Interpretive Theory of Mind", Child Development, Vol. 67, No. 4, 1996, pp. 1686 – 1706.

Carroll, D., The Psychology of Language, 2nd ed, Pacific Grove, California: Brooks/Cole Publishing Company, 1994.

Carstensen, L. and Charles, S., "Emotion in the Second Halt of Life", Current Directions in Psychological Science, Vol. 7, No. 5, 1998, pp. 144 – 149.

Carter, C. S. , Krener, P. , Chaderjian, M. , Northcutt, C. and Wolfe, V. , "Abnormal Processing of Irrelevant Information in Attention Deficit Hyperactivity Disorder", *Psychiatry Research*, Vol. 56, No. 1, 1995, pp. 59 - 70.

Cassidy, J. , "Adult Romantic Attachments: A Developmental Perspective on Individual Differences", *Review of General Psychology*, Vol. 4, No. 2, 2000, pp. 111 - 131.

Castel, A. D. , Balota, D. A. , Hutchison, K. A. , Logan, J. M. and Yap, M. J. , "Spatial Attention and Response Control in Healthy Younger and Older Adults and Individuals with Alzheimer's Disease: Evidence for Disproportionate Selection Impairments in the Simon Task", *Neuropsychology*, Vol. 21, No. 2, 2007, pp. 170 - 182.

Casto, S. D. et al. , "Multivariate Genetic Analysis of Wechsler Intelligence Scale for Children-Revised (WISC-R) Factors", *Behavior Genetics*, Vol. 25, No. 1, 1995, pp. 25 - 32.

Centers for Disease Control and Prevention (CDC), "Prevalence of Autism Spectrum Disorders-Autism and Developmental Disabilities Monitoring Network, 14 sites, United States, 2002", *Morbidity and Mortality Weekly Report (MMWR)*, Vol. 56 (SS01), 2007, pp. 13 - 29.

Cepeda, N. J. , Cepeda, M. L. , Kramer, A. F. , "Task Switching and Attention deficit hyperactivity Disorder", *Journal of Abnormal Child Psychology*, Vol. 28, No. 3, 2000, pp. 213 - 226.

Chakrabarti, S. , and Fombonne, E. , "Pervasive Developmental Disorders in Preschool Children", *The Journal of the American Medical Association*, Vol. 285, No. 24, 2001, pp. 3093 - 3099.

Chakrabarti, S. , Haubus, Ch. , Dugmore, S. , Orgill, G. and Devine, F. , "A Model of Early Detection and Diagnosis of Autism Spectrum Disorder in Young Children", *Infants & Young Children*, Vol. 18, No. 3, 2005, pp. 200 - 211.

Chandler C. C. , "Specific Retroactive Interference in Modified Recognition Tests: Evidence for an Unknown Cause of Interference", *Journal of Ex-*

perimental Psychology Learning Memory & Cognition, Vol. 15, No. 15, 1989, pp. 256 – 265.

Charles, J. M., Carpenter, L. A., Jenner, W. and Nicholas, J. S., "Recent Advances in Autism Spectrum Disorders", *International Journal of Psychiatry in Medicine*, Vol. 38, No. 2, 2008, pp. 133 – 140.

Chase W. G., Simon H. A., "Perception in Chess", *Cognitive Psychology*, Vol. 4, 1973, pp. 55 – 81.

Chee M. W. L., Soon C. S. and Lee H. L., "Common and Segregated Neuronal Networks for Different Languages Revealed Using Functional Magnetic Resonance Adaptation", *Journal of Cognitive Neuroscience*, Vol. 15, No. 1, 2003, pp. 85 – 97.

Chen C., Stevenson H. W., "Cross-linguistic Differences in Digit Span of Preschool Children", *Journal of Experimental Child Psychology*, Vol. 46, No. 1, 1988, pp. 150 – 158.

Chiodo L. M., Jacobson S. W. and Jacobson J. L., "Neurodevelopment Effects of Postnatal Lead Exposure at Very Low Levels", *Neurotoxicol Teratol*, Vol. 26, No. 3, 2004, pp. 359 – 371.

Christoffels I. K., Firk C. and Schiller N. O., "Bilingual Language Control: An Event-related Brain Potential Study", *Brain Research*, Vol. 1147, No. 1, 2007, pp. 192 – 208.

Clerk, E., "On the Pragmatics of Contrast", *Journal of Child Language*, Vol. 17, No. 2, 1990, pp. 417 – 431.

Compton, D. L., "Modeling the Growth of Decoding Skills in First-grade Children", *Scientific Studies of Reading*, Vol. 4, No. 3, 2000, pp. 219 – 259.

Connor P. D. and Sampson P. D. eds., "Direct and Indirect Effects of Prenatal Alcohol Damage on Executive Function", *Developmental Neuropsychology*, No. 18, No. 3, 2001, pp. 331 – 354.

Corcoran R., Fith C. D., Schizophrenia, Symptomatology and Social Inference: Investigating 'Theory of Mind' in People with Schizophrenia", *Schizophrenia Research*, 1995, Vol. 17. No. 1, pp. 5 – 13.

Crinion J. , Turner R. and Grogan A. , "Language Control in the Bilingual Brain", *Science*, Vol. 312, No. 5779, 2006, pp. 1537 – 1540.

Crocker J. , Wolfe C. T. , "Contingencies of Self-worth", *Psychological Review*, Vol. 108 No. 3, 2001, pp. 593 – 623.

Crone, E. A. , Jennings, J. R. & Van der Molen, M. W. , "Sensitivity to Interference and Response Contingencies in Attention-Deficit/Hyperactivity Disorder", *Journal of Child Psychology and Psychiatry*, Vol. 44, No. 2, 2003, pp. 224 – 226.

Dale, M. and Wagner, W. , "Sandplay: An Investigation into a Child's Meaning System Via the Self-confrontation Method for Children", *Journal of Constructivist Psychology*, Vol. 16, No. 1, 2003, pp. 17 – 36.

Dale, P. , Bates, E. , et al. , "The Validity of a Parent Report Instrument of Child Language at Twenty Months", *Journal of Child Language*, Vol. 16, No. 2, 1990, pp. 239 – 249.

Davison, R. J. and Fox, N. A. , "Asymmetrical Brain Activity Discriminates between Positive Versus Negative Affective Stimuli in Human Infants", *Science*, Vol. 218, No. 4578, 1982, pp. 1235 – 1237.

Dawson, G. , "Early Behavioral Intervention, Brain Plasticity, and the Prevention of Autism Spectrum Disorder", *Development and Psychopathology*, Vol. 20, No. 3, 2008, pp. 775 – 803.

Dehaene S. , et al. , "Sources of Mathematical Thinking: Behavioral and Brain-imaging Evidence", *Science*, Vol. 284, No. 5416, 1999, pp. 970 – 974.

Denham S. A. , "Social Cognition, Prosocial Behaviro, and Emotion in Preschoolers: Contextual validation", *Child Development*, Vol. 57, No. 1, 1986, pp. 194 – 201.

Dewalle G. , Luwel K. , Brunfaut E. , "The Importance of Ongoing Concurrent Activities as a Function of Age in Time and Event Based Prospective Memory", *European Journal of Cognitive Psychology*, Vol. 11, No. 2, 1999, pp. 219 – 237.

Dolye A. , "Listening to Distraction: A Developmental Study of Selective Attention", *Journal of Experimental Psychology*, Vol. 15, No. 1, 1973, pp. 100 – 115.

Dosreis, S., Weiner, C. L., Johnson, L. and Newschaffer, C. J., "Autism Spectrum Disorder Screening and Management Practices among General Pediatric providers", *Journal of Developmental & Behavioral Pediatrics*, Vol. 27, No. 12, 2006, pp. S88 – S94.

Duchek, J. M. and Balota, D. A., "Failure to Control Prepotent Pathways in Early Stage Dementia of the Alzheimer's Type: Evidence from Dichotic Listening", *Neuropsychology*, Vol. 19, No. 5, 2005, pp. 687 – 695.

Duffy, G., "Rethinking Strategy Instruction: Four Teachers' Development and their Low Achievers Understandings", *Elementary School Journal*, Vol. 93, No. 3, 1993, pp. 231 – 247.

Dum, P. H., Poth, et al, *The San Dimas Experimental Forest: 50 Years of Research*, 1988.

Dunlosky J., et al., "Second-order Judgments about Judgments of Learning", *The Journal of General Psychology*, Vol. 132, No. 4, 2005, pp. 335 – 346.

Dunlosky J., Thiede K. W., "What Makes People Study More? An Evaluation of Factors that Affect Self-paced Study", *Acta Psychological*, 1998, pp. 37 – 56.

Dunn J., Brown J., Beardsall L., "Family Talk about Feeling States and Children's Later Understanding of others' Emotions", *Developmental Psychology*, Vol. 27, No. 3, 1991, pp. 448 – 455.

Dusek, J., et al., "Adolescent Copinn Styles and Perception of Parental Child Rearing", *Journal of Adolescent Research*, Vol. 9, No. 4, 1994, pp. 412 – 421.

Egbert, M. H. and Paul, P. N. A., "Reading Development and Attention to Letters in Words", *Contemporary Educational Psychology*, Vol. 25, No. 4, 2000, pp. 347 – 362.

Eikeseth, S., "Outcome of Comprehensive Psycho-educational Interventions for Young Children with Autism", *Research in Developmental Disabilities*, Vol. 30, No. 1, 2009, pp. 158 – 178.

Einstein G. O., Smith R. E., et al., "Aging and Prospective Memory: The

Influence of Increased Task Demands at Encoding and Retrieval", *Psychology and Aging*, Vol. 12, No. 3, 1997, pp. 479 – 488.

Erikson C. W., et al., "The Flankers Task and Response Competition: A Useful Tool for Investigating a Variety of Cognitive Problems", *Visual Cognition*, Vol. 2, No. 2 – 3, 1995, pp. 101 – 118.

Erisken, B. A., Erisken, C. W., "Effects of Noise Letters upon the Identification of a Target Letter in a Non-search Task", *Perception and Psychophysics*, Vol. 16, 1974, pp. 143 – 149.

Evans G. W., "Child Development and the Physical Environment", *Annual of Review Psychology*, Vol. 57, No. 1, 2006, pp. 423 – 451.

Fabes, R. and Eisenherg, N., "Young Children's Coping with Interpersonal Anger", *Child Development*, Vol. 63, No. 1, 1992, pp. 116 – 128.

Faust, M., Balota, D., Mutthaup, K., "Phondogroal Blocking Durihg Pricture Naming in Dementia of the Alzheimer Type", *Neuropsydhology*, Vol. 18, No. 4, 2004, pp. 526 – 536.

Feldmen, C. F., "The New Theory of Theory of Mind", *Human Development*, Vol. 35, No. 2, 1992, pp. 107 – 117.

Filipek, P. A., Accardo, P. J. and Baranek, G. T., "The Screening and Diagnosis of Autistic Spectrum Disorders", *Journal of Autism and Developmental Disorders*, Vol. 29, No. 6, 1999, pp. 439 – 484.

Flavell, J. H., "Cognitive Development: Children's Knowledge about the Mind", *Annual Reviews Psychology*, Vol. 50, No. 50, 1993, pp. 21 – 45.

Fombonne, E., "Epidemiology of Autistic Disorder and other Pervasive Developmental Disorders", *The Journal of Clinical Psychiatry*, Vol. 66, No. 10, 2005, pp. 3 – 8.

Foundas A. L., et al., "Anomalous Anatomy of Speech-language Areas in Adults with Persistent Developmental Stuttering", *Neurology*, Vol. 57, No. 2, 2001, pp. 207 – 215.

Foundas A. L., et al., "Atypical Cerebral Laterality in Adults with Persistent Developmental Stuttering", *Neurology*, Vol. 61, No. 10, 2003, pp. 1378 – 1385.

Fowles, D. C., "The Three-arousal Model: Implications of Grays's Two-factor Learning Theory for Heart Rate, Electrodermal Activity, and Psychopathy", *Psychophysiology*, Vol. 17, No. 2, 1980, pp. 87 – 104.

Fox P. T., et al., "A PET Study of the Neural Systems of Stuttering", *Nature*, Vol. 382, No. 6587, 1996, pp. 158 – 162.

Fox P. T., et al., "Brain Correlates of Stuttering and Syllable Production: A PET Performance-Correlation Analysis", *Brain*, Vol. 123, No. 10, 2000, pp. 1985 – 2004.

Fox, R., Kimmerly, N. L. and Schafer, W. D., "Attachment to Mother/Attachment to Father: A Meta-analysis", *Child Developemt*, Vol. 62, No. 1, 1991, pp. 210 – 225.

Franco F., Skrapb M. and Aglioti S., "Pathological Switching between Languages after Frontal Lesions in a Bilingual Patient", *Journal of Neurol Neurosurg Psychiatry*, Vol. 68, No. 5, 2000, pp. 650 – 652.

Freitag, C. M., "The Genetics of Autistic Disorders and its Clinical Relevance: A Review of the Literature", *Molecular Psychiatry*, Vol. 12, No. 1, 2007, pp. 2 – 22.

Fried P. A. and Watkinson B., "36 and 48 – month Neurobehavioral Follow-up of Children Prenatally Exposed to Marijuana, Cigarettes, and Alcohol", *Developmental and Behavior Pediatrics*, Vol. 11, No. 2, 1990, pp. 49 – 58.

Frisby C. L. and Braden J. P., "Feuersein's Dynamic Assessment Approach: A Semantic, Logical and Empirical Critique", *Journal of Special Education*, Vol. 26, No. 3, 1992, pp. 281 – 301.

Frith, U., "Autism Beyond 'Theory of Mind'", *Cognition*, Vol. 50, 1994, pp. 115 – 132.

Funahashi, S., "Neuronal Mechanisms of Executive Control by the Prefrontal Cortex", *Neuroscience Research*, Vol. 39, No. 2, 2001, p. 147.

Galup G. G., "Chimpanzees: Self Fecognition", *Science*, Vol. 166, No. 3914, 1970, pp. 86 – 87.

Geschwind, D. H., "Advances in Autism", *Annual Review of Medicine*,

Vol. 60, 2009, pp. 367 – 380.

Geyman, J. P., Oliver L. M, Sullivan S. D., "Expectant, Medical, or Surgical Treatment of Spontaneous Abortion in First Trimester of Pregnancy? A Pooled Quantitative Literature Evaluation", *The Journal of the American Board of Family Medicine*, Vol. 12, No. 1, pp. 55 – 64.

Gibbs N., "Making Time for a Baby", *Time*, Vol. 15, No. 4, 2002.

Gnepp J., "Children's Social Sensitivity: Infeferring Emotions from Conflicting Cues", *Developmental Psychology*, Vol. 19, No. 6, 1983, pp. 805 – 814.

Gold, G., et al., "Cognitive Consequences of Thalamic, Basal Ganglia, and Deep White Matter Lacunes in Brain Aging and Dementia", *Stoke*, Vol. 36, No. 6, 2005, p. 1184.

Goldenberg R. L., Tamura T., Neggers Y., "The Effect of Zinc Supple Mentation on Pregnancy Outcome", *JAMA*, Vol. 274, No. 6, 1995, pp. 463 – 468.

Gopher D., et al., "Switching Tasks and Attention Policies", *Journal of Experimental Psychology: General*, Vol. 129, No. 3, 2000, pp. 308 – 339.

Gopnik, A., Meltzoff, A. N., "Minds, Bodies, and Persons: Young Children's Understanding of the Self and Others as Reflected in Imitation and Theory of Mind Research", *Protoplasma*, Vol. 249, No. 249, 1994, pp. 166 – 186.

Graf P., Schacter D. L., "Implicit and Explicit Memory for New Associations in Normal and Amnesic Subjects", *Journal of Experimental Psychology: Learning, Memory, and Cognition*, Vol. 11, No. 12, 1985, pp. 386 – 396.

Greenbaum, J. L., Graf, P, "Preschool Period Development of Implicit and Explicit Remembering", *Bulletin of the Psychonomic Society*, Vol. 27, No. 5, 1989, pp. 417 – 420.

Greenwald A. G., Banaji M. R., "Implicit Social Cognition: Attitudes, Self-esteem, and Stereotypes", *Psychological Review*, Vol. 109, No. 1, 1995, pp. 4 – 27.

Greenwald A. G. , McGhee D. E. , Schwartz J. L. , "Measuring Individual Difference in Implicit Cognition: Implicit Association Test", *Journal of Personality and Social psychology*, Vol. 74, No. 6, 1998, pp. 1464 – 1480.

Gross, J. J. , "Emotion Regulation: Affective, Cognitive, and Social Consequences", *Psychophysiology*, Vol. 39, No. 3, 2002, pp. 281 – 291.

Gross, J. J. , "Emotion Regulation: In Adulthood: Timing is Everything", *Current Directions in Psychological Science*, Vol. 10, No. 6, 2001, pp. 214 – 219.

Haith M. M. , et al. , "Expectation and Anticipation of Dynamic Visual Events by 3.5 – Month-Old Babies", *Child Development*, Vol. 59, No. 2, 1983, pp. 467 – 479.

Hans S. L. , "Maternal Drug Addiction and Young Children, Division of Child, Youth, and Family Services", *Newsletter*, No. 10, 1987, pp. 5 – 15.

Happé F. G. E. , Winner. E. , Brownell. H. , "The Getting of Wisdom: Theory of Mind in Old Age", *Developmental Psychology*, Vol. 34, No. 2, 1988, pp. 358 – 362.

Happé, F. G. , "Studying Weak Central Coherence at Low Levels: Children with Autism do not Succumb to Visual Illusions: A Research Note", *Journal of Child Psychology and Psychiatry*, Vol. 37, No. 7, 1996, pp. 873 – 877.

Harnischfeger K. K. , Pope R. S. , "Intending to Forget: The Development of Cognitive Inhibition in Directed Forgetting", *Journal of experimental child psychology*, Vol. 62, No. 2, 1996, pp. 292 – 315.

Harris P. L. , Johnson C. N. , Hutton D. , et al. , "Young Children's Theory of Mind and Emotion", *Cognition and Emotion*, Vol. 3, No. 4, 1989, pp. 379 – 400.

Harris P. L. , Olthof T. , Terwogt M. M. , "Children's Knowledge of Emotion", *Journal of Child Psychology and Psychiatry*, Vol. 22, No. 3, 1981, pp. 247 – 261.

Hart J. T. , "Memory-monitoring Process", *Journal of Verbal Learning and Verbal Behavior*, Vol. 6, No. 5, 1967, pp. 685 – 691.

Hasher L. , Zacks R. T. , "Working Memory, Comprehension, and Aging: A Review and a New View", *The Psychology of Learning and Motivation*, Vol. 22, 1988, pp. 193 – 225.

Hay D. F. , "Cooperative Interactions and Sharing between very Young Children and their Parents", *Developmental Psychology*, Vol. 15, No. 6, 1979, p. 647 – 653.

Hazan, C. and Shaver, P. , "Romantic Love Conceptualized as an Attachment Processes", *Journal of Personality and Social Psychology*, Vol. 52, No. 3, 1987, pp. 511 – 524.

Herbert W. Marsh, Kit-Tai Hau, "Explaining Paradoxical Relations between Academic Self-concepts and Achievements", *Journal of Educational Psychology*, Vol. 96, No. 1, 2004, p. 56.

Hill, E. L. , "Evaluating the Theory of Executive Dysfunction in Autism", *Developmental Review*, Vol. 24, No. 2, 2004, pp. 189 – 233.

Hoffmann W. , "Fallout from the Chernobyl Nuclear Disaster and Congenital Malformations in Europe", *Archives of Environmental Health*, Vol. 56, No. 6, 2001, pp. 478 – 483.

Holtmann, M. , Bölte, S. and Poustka, F. , "Autism Spectrum Disorders: Sex Differences in Autistic Behaviour Domains and Coexisting Psychopathology", *Developmental Medicine & Child Neurology*, Vol. 49, 2007, pp. 361 – 366.

Holzer, L. , Mihailescu, R. , Rodrigues-Degaeff, C. , Junier, L. , Muller-Nix, C. , Halfon, O. , et al. , "Community Introduction of Practice Parameters for Autistic Spectrum Disorders: Advancing Early Recognition", *Journal of Autism and Developmental Disorders*, Vol. 36, No. 2, 2006, pp. 249 – 262.

Honda, H. , Shimizu, Y. and Rutter, M. , "No Effect of MMR with Drawal on the Incidence of Autism: A Total Population Study", *Journal of Child Psychology and Psychiatry*, Vol. 46, No. 6, 2005, pp. 572 – 579.

Horn J. M., Loehlin J. C., Willerman L., "Intellecfual Reseniblance among Adophice and Biological Relatives: The Texdes Adoption Project", *Behavior Genetics*, Vol. 9, No. 3, 1976, pp. 177 – 207.

Hughes, C., Russell, J. and Robbins, T. W., "Evidence for Executive Dysfunction in Autism", *Neuropsychologia*, Vol. 32, No. 4, 1994, pp. 477 – 492.

Ingrid, L. et al., "Development of Empathy in Girls During the Second Year of Life: Associations with Parenting, Attachment, and Temperament", *Social Development*, Vol. 11, No. 4, 2002, pp. 451 – 468.

Inhoff, A. W., Connine, C., & Radach, R., "A Contingent Speach Technique in Eye Morement Research on Reading", *Behavior Reseorrch Methols Instruments and Computer*, Vol. 34, No. 4, 2002, pp. 471 – 480.

Izard, C. E., Haynes, O. M., Chisholm, G. and Baak, K., "Emotional Determinants of Infant-mother Attachment", *Child Development*, Vol. 62, No. 5, 1991, pp. 906 – 917.

Jacoby L. L., "Perceptual Enhancement: Persistent Effects of an Experience", *Journal of Experimental Psychology: Learning, Memory and Cognition*, Vol. 9, No. 1, 1983, pp. 21 – 38.

Jacoby L. L., Dallas M., "On the Relationship between Autobiographical Memory and Perceptual Learning", *Journal of Experimental Psychology: General*, Vol. 110, No. 3, 1981, pp. 306 – 340.

Jacoby L. L., et al., "The Relationship between Conscious and Unconscious Influences: Independence or Redundancy?", *Journal of Experimental Psychology: General*, Vol. 123, No. 2, 1994, pp. 216 – 219.

Jenkins J. M., Astington J. W., "Cognitive Factors and Family Structure Associated with Theory of Mind Development in Young Children", *Developmental Psychology*, Vol. 32, No. 1, 1996, pp. 70 – 78.

Jersild A. T., "Mental Set and Shifts", *Archives of Psychology*, Vol. 89, 1927, pp. 5 – 82.

Johnson K. E. and Newport E. L., "Critical Period Effects in Second Language

Learning: The Influence of Maturational State on the Acquisition of English as a Second Language", *Cognitive Psychology*, Vol. 21, No. 1, 1989, pp. 418 – 435.

Joseph Sergeant, "The Cognitive-energetic Model: An Empirical Approach to Attention-deficit Hyperactivity Disorder", *Neuroscience and Biobehavioral Reviews*, Vol. 24, No. 1, 2000, pp. 7 – 12.

Kagan & Jerome, "Frontmatter: The Second Year the Emergance of Self Awareness", *James Joyle Quaiterly*, Vol. 16, No. 112, 1981, pp. 7 – 15.

Kagan, J., Reznick, J. S. and Gibbon, J., "Inhibited and Uninhibited Types of Children", *Child Development*, Vol. 60, No. 4, 1989, pp. 838 – 845.

Kanner, L., "Autistic Disturbances of Affective Contact", *Nervous Child*, Vol. 2, 1943, pp. 217 – 250.

Kassubek, J. et al., "Changes in Cortical Activation during Mirror Reading Before and after Training: An fMRI Study of Procedural Learning", *Cognitive Brain Research*, Vol. 10, No. 3, 2001, pp. 207 – 217.

Kawakami, K., et al., "Spontaneous Smile and Spontaneous Laugh: An Intensive Longitudinal Case Study", *Infant Behavior and Development*, Vol. 30, No. 1, 2007, pp. 146 – 152.

Kimball D. R., Bjork R. A., "Influences of Intentional and Unintentional Forgetting on False Memories", *Journal of Experimental Psychology: General*, Vol. 131, No. 1, 2002, pp. 116 – 130.

Kirsten, L. B., Maja, D. and Mirm, M., "Developmental Patterns in Adolescent Attachment to Mother, Father, and Sibling", *Journal of Youth and Adolescence*, Vol. 31, No. 3, 2002, pp. 167 – 176.

Klesges L. M. and Johnson K. C., eds., "Smoking cessation in Pregnant Women", *Obstetrics and Gynecology Clinics of North America*, Vol. 28, No. 2, 2001, pp. 269 – 282.

Kogan, M. D., Blumberg, S. T., Schieve, L. A., Boyle, C. A., Perrin, J. M., Ghandour, R. M., et al., "Prevalence of Parent-reported Diagnosis of Autism Spectrum Disorder among Children in the US, 2007", *Journal of the American Academy of Pediatrics, Vol. 124, 2009, No. 124, pp. 1395 – 1403.

Kok, A., "Effects of Degradation of Visual Stimulation Components of the Event-related Potential (ERP) in go/nogo Reaction Tasks", Biological Psychology, Vol. 23, No. 1, 1986, pp. 21 – 38.

Kopp, C. B., "Antecedents of Self-regulation: A Developmental Perspective", Developmental Psychology, Vol. 18, No. 2, 1982, pp. 199 – 214.

Kopp, C. B., "Regulation of Distress and Negative Emotions: A Developmental View", Developmental Psychology, Vol. 25, No. 3, 1989, pp. 343 – 354.

Koriat A., "How do We Know that We Know? The Accessibility Model of the Feeling of Knowing", Psychology Review, Vol. 100, No. 4, 1993, pp. 609 – 639.

Kramer A. F., Hahn S., Gopher D., "Task Coordination and Aging: Explorations of Executive Control Processes in the Task-switching Paradigm", Acta Psychologica, Vol. 101, No. 2 – 3, 1999, pp. 339 – 378.

Kray J., Li K. Z. H., Lindenberger U., "Age-related Changes in Task-switching Components: The role of Task Uncertainty", Brain and Cognition, Vol. 49, No. 3, 2002, pp. 363 – 381.

Kray J., Lindenberger U., "Adult Age Differences in Task Switching", Psychology and Aging, Vol. 15, No. 1, 2000, pp. 126 – 147.

Kucian K., Loenneker T. and Dietrich T., et al., "Impaired Neural Networks for Approximate Calculation in Dyscalculic Children: A Functional MRI Study", Behavior and Brain Function, Vol. 2, No. 1, 2006, p. 31.

Landa, R. J., "Diagnosis of Autism Spectrum Disorders in the First 3 Years of Life", Nature Clinical Practice Neurology, Vol. 4, No. 3, 2008, pp. 138 – 147.

Langworthy-Lam, K., Aman, M. and Van Bourgondien, M., "Prevalence and Patterns of Use of Psychoactive Medicines in Individuals with Autism in the Autism Society of North Carolina", *Journal of Child and Adolescent Psychopharmacology*, Vol. 12, No. 4, 2002, pp. 311 – 321.

Lawton, M. P. et al. , "Affect and Age: Cross-sectional Comparisons of Structure and Prevalence", *Psychology and Aging*, Vol. 8, No. 2, 1993, pp. 165 – 175.

Legerstee M. , "The Role of Person and Object in Eliciting Early Imitation", *Journal of Experimental Child Psychology*, Vol. 51, No. 3, 1991, pp. 423.

Legerstee, M. , "The Development of Intention: Understanding People and Their Action", *Intante Behawion & Development*, Vol. 21, No. 2, 1998, pp. 528 – 528.

Leslie A. , "Pretense and Representation in Infancy: The Origin of 'Theory of Mind'", *Psychological Review*, Vol. 94, No. 4, 1987, pp. 412 – 426.

Leslie, A. M. , *Tomm*, *ToBY and Agency: Core Architecture and Domain Specificity*, Mapping the Mind Domain Specificity in Cognition & Culture, 1994, pp. 119 – 148.

LeVay S. , "A Difference in Hypothalamic Structure between Heterosexual and Homosexual Men", *Science*, Vol. 253, No. 5023, pp. 1034 – 1037.

Lewis, V. and Boucher, J. , "Generativity in the Play of Young People with Autism", *Journal of Autism & Developmental Disorders*, Vol. 25, No. 25, 1995, pp. 105 – 121.

Li, Ch. M. , "The Prevention and Therapy of Infantile Autism", *Progress in Modern Biomedicine*, Vol. 9, 2009, pp. 2162 – 2167.

Light L. L. , "Memory and Aging, Four Hypotheses in Search of Data", *Annual Review of Psychology*, Vol. 42, No. 42, 1991, pp. 233 – 376.

Lillard H. S. , "Bactericidal Effect of Chlorine on Attached Salmonellae with and without Sonification", *Journal of Food Protection*, Vol. 56, No. 8, 1993, pp. 716 – 717.

Lin, J. D. , Lin, L. P. and Wu, J. L. , "Administrative Prevalence of Autism Spectrum Disorders Based on National Disability Registers in Taiwan", *Research in Autism Spectrum Disorders*, Vol. 3, No. 1, 2009, pp. 269 –

274.

Lippe S., Kovacevic N. and Mclntosh A. R., "Differential Maturation of Brain Signal Complexity in the Human Auditory and Visual System", *Frontiers in Human Neuroscience*, Vol. 3, No. 4, 2000, p. 32.

Logan G., Bundesen C., "Clever Homunculus: Is There An Endogenous Act of Control in the Explicit Task-cuing Procedure", *Journal of Experimental Psychology: Human Perception and Performance*, Vol. 29, No. 3, 2003, pp. 575 – 599.

Logan G. D., "Working Memory, Task Switching, and Executive Control in the Task Span Procedure", *Journal of Experimental Psychology: General*, Vol. 133, No. 2, 2004, pp. 218 – 236.

Lu, L., Petersen, F., Lacroix, L. and Rousseau C., "Stimulating creative play in children with autism through sandplay", *The Arts in Psychotherapy*, Vol. 37, No. 1, 2010, pp. 56 – 64.

Lubetsky, M. J., McGonigle, J. J. and Handen, B. L., "Recognition of Autism Spectrum Disorder", *Speaker's Journal*, Vol. 8, No. 4, 2008, pp. 13 – 23.

Lubetsky, M. J. and Handen, B. L., "Medication Treatment in Autism Spectrum Disorder", *Speaker's Journal*, Vol. 8, No. 10, 2008, pp. 97 – 107.

Luck S. J., Hillyard S. A., "Electrophysiological Evidence for Parallel and Serial Processing During Visual Search", *Perception and Psychophysics*, Vol. 48, No. 6, 1990, pp. 603 – 617.

MacCoby E., Konrad K. W., "The Effect of Preparatory Set on Selective Listening: Developmental Trends", *Monographs the Society for Research in Child Development*, Vol. 32, No. 4, 1967, pp. 1 – 28.

Mallory M. E., "Q-sort Definition of Ego Identity Status", *Journal of Youth and Adolescence*, Vol. 18, No. 4, 1988, pp. 399 – 412.

Mandler G., Nakamura Y., Van Zandt., "Nonspecific Effects of Exposure on Stimuli that cannot be Recognized", *Journal of Experimental Psychology: Learning, Memory and Cognition*, Vol. 13, No. 4, 1987, pp. 646 - 648.

Mandler, J., Scirbner, S., Cole, M., Defrost, M., "Cross-cultural Invariance in Story Recall", *Child Development*, Vol. 51, No. 1, 1980, pp. 19 - 26.

Marcia J. E., "Development and Validation of Ego-identity Status", *Journal of personality and Social Psychology*, Vol. 3, No. 5, 1966, pp. 551 - 558.

Mariën P., Abutalebi J., Engelborghs S. and De Deyn P. P., "Pathophysiology of Language Switching and Mixing in an Bilingual Child with Subcortical Aphasia", *Neurocase*, Vol. 11, No. 6, 2005, pp. 385 - 398.

Marner L., et al., "Marked Loss of Myelinated Fibers in the Human Brain with Age", *Journal of Compare Neurology*, Vol. 462, No. 2, 2003, pp. 114 - 152.

Marsh H. W., "A Multidimensional, Hierarchical Model of Self-concept: Theoretical and Empirical Justification", *Educational Psychology Review*, Vol. 2, No. 2, 1990, pp. 77 - 172.

Masangkay Z. S., McCIuskey K. A., McIntyre C. W., et al., "The Early Development of Inferences about the Visual Percepts of Others", *Child Development*, Vol. 45, No. 2, 1974, pp. 237 - 246.

Matson, J. L., Nebel-Schwalm, M. S. and Matson, M. L., "A Review of Methodological Issues in the Differential Diagnosis of Autism Spectrum Disorders in Children: Diagnostic Systems and Scaling Methods", *Research in Autism Spectrum Disorders*, Vol. 1, No. 1, 2007, pp. 38 - 54.

Matson, J. L., Wilkins, J. and González, M., "Early Identification and Diagnosis in Autism Spectrum Disorders in Young Children and Infants-How Early is too Early", *Research in Autism Spectrum Disorders*, Vol. 2, No. 1, 2008, pp. 75 - 84.

Maylor E. A., "Age-related Impairment in an Event-based Prospective Memory Task", *Psychology and Aging*, Vol. 11, No. 2, 1996, pp. 74 - 78.

Mayr U., "Age Differences in the Selection of Mental Sets: The Role of Inhibition, Stimulus Ambiguity, and Response-set Overlap", *Psychology and*

Aging, Vol. 16, No. 1, 2001, pp. 96 – 109.

Mayr U., Keele S. W., "Changing Internal Constraints on Action: The Role of Backward Inhibition", *Journal of Experimental Psychology: General*, Vol. 129, No. 1, 2000, pp. 4 – 26.

Mayr U., Kliegl R., "Task-set Switching and Long-term Memory Retrieval", *Journal of Experimental Psychology: Learning, Memory and Cognition*, Vol. 26, No. 5, 2000, pp. 1124 – 1140.

Mboya, M. M., Petceived Teachers Behaviots and Demensions of Adolescent Self-concepts, *Educational Psychology*, Vol. 15, No. 4, 1995, pp. 491 – 499.

McAlpine. Moore L. M., "The Development of Social Undersfauding in Children with Visual Impairments", *Journal of Visual Impairment & Blindness*, Vol. 89, No. 4, 1995, pp. 349 – 359.

McConkie, G. W., Rayner, K., "The Span of the Effective Stimulus during a Fixtion in Reading", *Peraption and Psychophysics*, Vol. 17, No. 6, 1975, pp. 578 – 586.

McDaniel M. A., Einstein G. O., "Strategic and Automatic Processes in Prospective Memory Retrieval: A Multiprocess Framework", *Applied Cognitive Psychology*, Vol. 14, No. 7, 2000, pp. 127 – 144.

McGuffin, P., Riley, B. & Plomin, R., "Toward behavioral genomics", *Science*, Vol. 291, No. 5507, 2001, pp. 1232 – 1249.

McMurtray, A., Clark, D. G., Christine, D. and Mendez, M. F., "Early-onset Dementia: Frequency and Causes Compared to Late-onset Dementia", *Dementia & Geriatric Cognitive Disorders*, Vol. 21, No. 2, 2006, pp. 59 – 64.

Meeus, W., "Studies on Identity Development in Adolescence: An Overview of Research and Some New Data", *Journal of Youth and Adolescence*, Vol. 25, No. 5, 1996, pp. 596 – 598.

Meiran N., "Reconfiguration of Processing Mode Prior to Task Performance", *Journal of Experimental Psychology: Learning, Memory, and Cognition*, Vol. 22, No. 6, 1996, pp. 1423 – 1442.

Meltzoff A. N. , "Understanding the Intentions of Others: Re-Enactment of Intended Acts by 18 – Month- Old Children", *Developmental Psychology*, Vol. 31, No. 5, 1995, p. 838.

Merikle P. M. , Reingold E. M. , "Comparing Direct (Explicit) and Indirect (Implicit) Measures to Study Unconscious Memory", *Journal of Experimental Psychology: Learning, Memory and Cognition*, Vol. 17, No. 2, 1991, pp. 224 – 233.

Metcalfe J. , "Is Study Time Allocated Selectively to a Region of Proximal Learning?", *Journal of Experimental Psychology: General*, Vol. 131, No. 3, 2002, pp. 349 – 363.

Metcalfe J. , Kornell N. , "A Region of Proximal Learning Model of Study Time Allocation", *Journal of Memory and Language"*, Vol. 52, No. 4, 2005, pp. 463 – 477.

Mikulincer, M. , "Attachment Security in Couple Relationships: A Systemic Model and its Implication for Family Dynamics", *Family Process*, Vol. 41, No. 3, 2002, pp. 405 – 434.

Minter M. , Hobson R. P. , Bishop M. , "Congenital Visual Impairment and 'Theory of Mind'", *British Journal of Developmental Psychology*, Vol. 16, No. 2, 1998, pp. 183 – 196.

Monsell, S. , "Task Switching", *Trends in Cognitive Sciences*, Vol. 7, No. 3, 2003, pp. 134 – 140.

Morelli G. A. , Oppenheim D. , eds. , "Cultural Variation in Infants' Sleeping Arrangements: Questions of Independence", *Developmental Psychology*, Vol. 28, No. 4, 1992, pp. 604 – 613.

Moresco F. M. , et al. , "In Vivo Serotonin 5 – HT_{2A} Receptor Binding and Personality Traits in Healthy Subjects: A Positron Emission Topography Study", *Neurplmage*, Vol. 17, No. 3, 2002, pp. 1470 – 1478.

Muiiay, J. , F. , "The Serological Relationships of 250 Strain of B. Diphtheriae", *Journal of Pathology & Bactertology*, Vol. 41, No. 3, 1935, pp. 439 – 445.

Müller, R. A. , "The Study of Autism as a Distributed Disorder", *Mental Re-*

tardation and Developmental Disabilities Research Reviews, Vol. 13, No. 1, 2007, pp. 85 –95.

Multhaup, K. S. and Balota, D. A., "Generation Effects and Source Memory in Healthy Older Adults and in Adults with Dementia of the Alzheimer Type", Neuropsychology, Vol. 11, No. 3, 1997, p. 382.

Navon D., "Forest before Trees: The Precedence of Global Features in Visual Perception", Cognitive Psychology, Vol. 9, No. 3, 1977, pp. 353 – 383.

Needleman H. L., Schell A. and Bellinger D. L., eds., "The Long-term Effects of Exposure to Low Doses of Lead in Childhood", New England of Journal Medical, Vol. 322, No. 2, 2006, pp. 83 –88.

Nelson C. A., "The Recognition of Facial Expression in the First Two Years of Life: Mechanisms of Development", Child Development, Vol. 58, No. 4, 1987, pp. 889 –909.

Nelson T. O., "A Comparison of Current Meassure of the Accuracy of Feeling-of-knowing Predictions", Psychological Bulletin, Vol. 95, 1984, pp. 109 –133.

Nelson T. O., Narens L., "A Revised Methodology for Research on Metamemory: Pre-judgment Recall and Monitoring (PRAM)", Psychological Methods, Vol. 9, No. 1, 2004, pp. 53 –69.

Nelson T. O., Narens L., "Metamemory: A Theoretical Framework and New Findings", The Psychology of Learning and Motivation, Vol. 26, New York, NY: Academic Press, 1990, pp. 125 –173.

Newschaffer, C. J., Croen, L. A., Daniels, J., Giarelli E., Grether J. K., Levy S. E., et al., "The Epidemiology of Autism Spectrum Disorders", Annual Review of Public Health, Vol. 28, 2007, pp. 235 –258.

Nigg, J. T., "Is ADHD a Disinhibitory Disorder?", Psychological Bulletin, Vol. 127, No. 5, 2001, pp. 571 –598.

Oakhill, J. V., "Inferential and Memory Skills in Children's Comprehension of Stories", British Journal of Educational Psychology, Vol. 54, No. 1, 1984, pp. 31 –39.

Oberauer K., Suess H. M., Wihelm O. et al., "The Multiple Faces of Working Memory: Storage, Processing, Supervision and Coordination", *Intelligence*, Vol. 31, No. 2, 2003, pp. 167 - 193.

Ozonoff, S., Goodlin-Jones, B. L. and Solomon, M., "Evidence-based Assessment of Autism Spectrum Disorders in Children and Adolescents", *Journal of Clinical Child and Adolescent Psychology*, Vol. 34, No. 3, 2005, pp. 523 - 540.

Parkin, A., Streete, J. S., "Implicit and Explicit Memory in Young Children and Adults", *British Journal of Psychology*, Vol. 79, No. 3, 1988, pp. 361 - 369.

Parrila, R., et al., "Articulation Rate, Naming Speed, Verbal Short-term Memory, and Phonological Awareness: Longitudinal Predictors of Early Reading Development", *Scientific Studies of Reading*, Vol. 8, No. 1, 2004, pp. 3 - 26.

Paulesu E., et al., "Is Developmental Dyslexia a Disconnection Syndrome? Evidence from PET Scanning", *Brain*, Vol. 119, No. 1, 1996, pp. 143 - 157.

Pennington, B. F. and Ozonoff, S., "Executive Functions and Developmental Psychopathology", *Journal of Child Psychology and Psychiatry*, Vol. 37, No. 1, 1996, pp. 51 - 87.

Perner J., Ruffman T., Leekam S. R., "Theory of Mind is Contagious: You Catch it from your Sibs", *Child Development*, Vol. 65, No. 4, 1994, pp. 1228 - 1238.

Pesce C., Guidetti L., Baldari C., et al., "Effects of Aging on Visual Attention Focusing", *Gerontology*, Vol. 51, No. 4, 2005, pp. 266 - 276.

Peterson C. C., Siegal M., "Changing Focus on the Representational Mind: Deaf, Autistic and Normal Children's Concepts of False Photos, False Photos, False Drawings and False Beliefs", *British Journal of Developmental Psychology*, Vol. 16, No. 3, 1998, pp: 301 - 320.

Pietromonaco, P. R. and Barrett, L. F., "The Internal Working Models Concept: What do We Really Know about the Self in Relation to Others?",

Journal of Personality and Social Psychology, Vol. 4, No. 2, 2000, pp. 155 – 175.

Pinto-Martin, J. & Levy, S. E., "Early Diagnosis of Autism Spectrum Disorders", Current Treatment Options in Neurology, Vol. 6, No. 5, 2004, pp. 391 – 400.

Plucker J. A., Stocking V. B., "Looking Outside and Inside: Self-concept Development of Gifted Adolescents", Exceptional Children, Vol. 67, No. 4, 2001, p. 535.

Polak A., Harris P. L., "Deception by Young Children Following Noncompliance", Dev Psychol, Vol. 35, No. 2, 1999, pp. 561 – 568.

Pollitt E. "A Reconceptualization if the Effects of Undernutrition on Children's Biological, Psychosocial, and Behavioral Development", Social Policy Report of the Society for Research in Child Development, Vol. 10, No. 5, 1996.

Pons, F., Harris, P., de Dosnay, M., "Emotion Compnehension Between 3 and 11 Years: Developmental Periods and Hierarchical Organization", Emopean Journal of Developmental Psychology, Vol. 1, No. 2, 2004, pp. 127 – 152.

Porporino M., Shore D. I., Iarocci G., Burack J. A., "A Developmental Change in Selective Attention and Global Form Perception", International Journal of Behavioral Development, Vol. 28, No. 4, 2004, pp. 358 – 364.

Posner M. I., "Orienting of Attention", Quarterly Journal of Experimental Psychology, Vol. 32, No. 1, 1980, pp. 2 – 25.

Pratt C. and Bryant P., "Young Children Understand that Looking Leads to Knowing (so Long as they are Looking into a Single Barrel)", Child Development, Vol. 61, No. 4, 1990, pp. 973 – 983.

Price C., Green D. and Studnitz R., "A Functional Imaging Study of Translation and Language Switching", Brain, Vol. 122, No. 12, 1999, pp. 2221 – 2235.

Quay, H. C., "Inhibition and Attention Deficit Hyperactivity Disorder", Journal of Abnormal Child Psychology, Vol. 25, No. 1, 1997, pp. 7 – 13.

Raymond J. E., Shapiro K. L., Amell K. M., "Temporary Suppression of Visual Processing in An RSVP Task: An Attentional Blink?", Journal of Eoperimoutal Psyehology Human Pereption & Rerforman, Vol. 18, No. 3, 1992, pp. 849 – 860.

Rayner, K., "Eye Movements in Reading and Information Processing: 20 Years of Research", Psychological Bulletin, Vol. 124, No. 3, 1998, pp. 372 – 422.

Rayner, K., Bertera, J. H., "Reading without a Fovea", Science, Vol. 206, No. 4417, 1979, p. 468.

Rayner, K., Liversedge, S. P., & White, S. J., "Eye Morement When Reading, Disappearing Text: The Important of the Word to the Right of Fixation", Visnal Reasearch, Vol. 46, No. 3, 2006, pp. 310 – 323.

Reder L. M., Ritter F. E., "What Determines Initial Feeling of Knowing? Familiarity with Question Terms, not with the Answer", Journal of Experimental Psychology: Learning, Memory, and Cogniton, Vol. 18, No. 3, 1992, pp. 435 – 451.

Reifsnider E. and Gill S. L., "Nutrition for the Childbearing Years", Journal of Obstetrics & Gynecology, and Neonatal Nursing, Vol. 29, No. 1, 2000, pp. 43 – 55.

Reimers S., Maylor E. A., "Task Switching across the Life Span: Effects of Age on General and Specific Switch Costs", Developmental Psychology, Vol. 41, No. 4, 2005, pp. 661 – 671.

Reisberg D., "General Mental Resources and Perceptual Judgments", Journal of Experimental Psychology: Human Perception and Performance, Vol. 9, No. 6, 1983, pp. 966 – 979.

Richards J. E., "Localizing the Development of Covert Attention in Infants with Scalp Event-related Potentials", Developmental Psychology, Vol. 36, No. 1, 2000, pp. 91 – 108.

Ridderinkhof K. R., eds., "Alcohol Consumption Impairs Detection of Performance Errors in Mediofrontal Cortex", Science Online, Vol. 11,

No. 7, 2002.

Rivera S. M., Reiss A. L. and Eckert M. A., et al., "Developmental Changes in Mental Arithmetic: Evidence for Increased Functional Specialization in the Left Inferior Parietal Cortex", *Cerebral Cortex*, Vol. 15, No. 11, 2005, pp. 1779–1790.

Robins, D. L., Fein, D., Barton, M. L. and Green, J. A., "The Modified Checklist for Autism in Toddlers: An Initial Study Investigating the Early Detection of Autism and Pervasive Developmental Disorders", *Journal of Autism and Developmental Disorders*, Vol. 31, 2001, pp. 131–144.

Rodriguez-Fornell A., et al., "Brain Potential and Functional MRI Evidence for How to Handle Two Languages with One Brain", *Nature*, Vol. 415, No. 6875, 2002, pp. 1026–1029.

Rodriguez-Fornell A., et al., "Second Language Interferes with Word Production in Fluent Bilinguals: Brain Potential and Functional Imaging Evidence", *Journal of Cognitive Neuroscience*, Vol. 17, No. 3, 2005, pp. 422–433.

Rogers R. D., Monsell S., "Costs of a Predictable Switch Between Simple Cognitive Tasks", *Journal of Experimental Psychology: General*, Vol. 124, No. 2, 1995, pp. 207–231.

Rogers, S. J. and Vismara, L. A., "Evidence-based Comprehensive Treatments for Early Autism", *Journal of Clinical Child & Adolescent Psychology*, Vol. 37, No. 1, 2008, pp. 8–38.

Roodenrys, S. J., Hulme, C. and Brown, G. D. A., "The Development of Short-term Memory Span: Separable Effects of Speech Rate and Long-term Memory", *Journal of Experimental Child Psychology*, Vol. 56, No. 3, 1993, pp. 431–443.

Rosenberg, P. B., Johnston, D. and Lyketsos, C. G., "A Clinical Approach to Mild Cognitive Impairment", *American Journal of Psychiatry*, Vol. 163, No. 11, 2006, pp. 1884–1890.

Rosenzweig, M. R., Bennett, E. L. and Diamond, M. C., "Rain Changes in Response to Experience", *Scientific American*, Vol. 226, 1972, pp. 22–

29.

Rotzer S., Kucian K. and Martin E., et al., "Optimized Voxel-based Morphometry in Children with Developmental Dyscalculia", *Neuro Image*, in press, 2007.

Rourke B. P., "Arithmetic Disabilities, Specific and Otherwise: A Neuropsychological Perspective", *Journal of Learning Disabilities*, Vol. 26, No. 4, 1993, pp. 214 – 226.

Russell A. Barkley, "Behavioral Inhibition, Sustained Attention, and Executive Functions: Constructing a Unifying Theory of ADHD", *Psychological Bulletin*, Vol. 121, No. 1, 1997, pp. 65 – 94.

Rutter, M., "Incidence of Autism Spectrum Disorders: Changes over Time and their Meaning", *Acta Padiatr*, Vol. 94, No. 1, 2005, pp. 2 – 15.

Saami C., "Children's Understanding of Display Rules for Expressive Behavior", *Developmental Psychology*, Vol. 15, No. 4, 1979, pp. 424 – 429.

Sabbagh. M. A., Callanan M. A., "Metarepresentation in Action: 3. 4 and 5 - Year-Olds' Developing Theories of Mind in Parent-child Conversations", *Developmental psychology*, Vol. 34, No. 3, 1998, pp. 491 – 502.

Salmelin R., et al., "Functional Organization of the Auditory Cortex is Different in Stutterers and Fluent Speakers", *Neuroreport*, Vol. 9, No. 10, 1998, pp. 2225 – 2229.

Salmivalli C., "Feeling Good about Oneself, Being Bad to Others? Remark on the Self-esteem, Hostility, and Aggressive Behavior", *Aggression & Violent Behavior*, Vol. 6, No. 4, 2001, pp. 375 – 393.

Sameroff A. J., Seifer R., eds., "Stability of Intelligence from Preschool to Adolescence: The Influence of Social and Family Risk Factors", *Child Development*, Vol. 64, No. 1, 1993, pp. 80 – 97.

Samochowiec J., Lesch K. P., Rottmann M., Smolka M., Syagailo Y. V., Okladnova O., et al., "Association of a Regulatory Polymorphism in the Promoter Region of the Monoamine Oxidase: A Gene with Antisocial Alcoholism", *Psychiatry Research*, Vol. 86, No. 2, 1999, pp. 67 – 72.

Satz, P., and Bakker, D. J., et al., "Developmental Parameters of the Ear

Asymmetry: A Multivariate Approach", *Brain and Language*, Vol. 2, 1975, pp. 171 – 185.

Savage, C., et al., "Paper Testing the Abstractness of Children's Linguistic Representations: Lexical and Structural Priming of Syntactic Constructions in Young Children", *Developmental Science*, Vol. 6, No. 5, 2003, pp. 557 – 567.

Saxby, L. and Bryden, M. P., "Left-ear Superiority in Children for Processing Auditory Emotional Material", *Developmental Psychology*, Vol. 20, No. 20, 1984, pp. 72 – 80.

Scarr, S., "Developmental Theories for the 1990s: Development and Individual Differences", *Child Development*, Vol. 63, No. 1, 1992, pp. 1 – 19.

Schneider W., Vise M., Lockl K., et al., "Developmental Trends in Children's Memory Monitoring Evidence from a Judgment-of-learning Task", *Cognitive Development*, Vol. 15, No. 2, 2000, pp. 115 – 134.

Schneider, W., et al., "Chess Experts and Memory for Chess Positions in Children and Adults", *Journal of Experimental Child Psychology*, Vol. 56, No. 3, 1993, pp. 328 – 349.

Schreiber T., Nelson D. L., "The Relation between Feelings of Knowing and the Number of Neighboring Concepts Linked to the Test Cue", *Memory & Cognition*, Vol. 26, No. 5, 1998, pp. 869 – 883.

Schultz, R. T., "Developmental Deficits in Social Perception in Autism: The Role of the Amygdala and Fusiform Face Area", *International Journal of Developmental Neuroscience*, Vol. 23, No. 2 – 3, 2005, pp. 125 – 141.

Sergeant J. A., Geurts H., Huijbregts S., Scheres A. and Oosterlaan J., "The Top and Bottom of ADHD: A Neuropsychological Perspective", *Neuroscience and Biobehavioral Review*, Vol. 27, No. 7, 2003, pp. 583 – 592.

Sergeant J. A., Geurts H., Oosterlaan J., "How Specific is a Deficit of Executive Functioning for Attention-Deficit/Hyperactivity Disorder?", *Behavioural Brain Respavch*, Vol. 130, No. 1 – 2, 2002, pp. 3 – 28.

Shaddy D. J., Colombo J., "Developmental Changes in Infant Attention to Dynamic and Static Stimuli", *Infancy*, Vol. 5, No. 3, 2004, pp. 355 – 365.

Shavelson R. J., Stanton, G. C., "Self-concept: Validaxion of Consfruct Interprefutions", *Reviews of Educational Research*, Vol. 46, No. 37, 1976, pp. 407 – 441.

Shaywitz S. E., et al., "Functional Disruption in the of Organization of the Brain for Reading in Dyslexia", *Proceedings of National Academy of Sciences of the USA*, Vol. 95, No. 5, 1998, pp. 2636 – 2641.

Sher L. et al., "Pleiotropy of the Serotonin Transporter Gene for Personality and Neuroticism", *Psychiatry Genet*, Vol. 10, No. 3, 2000, pp. 125 – 130.

Simmer K., Lort-Phillips L., James C., Thompson R. P., "A Double-blind Trial of Zinc Supplementation in Pregnancy", *European Journal of Clinical Nutrition*, Vol. 45, No. 3, 1991, pp. 139 – 144.

Simpson R. L., "Evidence Based Practices and Students with Autism Spectrum Disorders", *Focus on Autism and Other Developmental Disabilities*, Vol. 20, No. 3, 2005, pp. 140 – 149.

Siol W. T., et al., "Biological Abnormality of Impaired Reading is Constrained by Culture", *Nature*, Vol. 431, No. 7004, 2004, pp. 71 – 76.

Snow C. & Hoefnagel-hohle M., "The Critical Period for Language Acquisition: Evidence from Second Language Learning", *Child Development*, Vol. 49, No. 4, 1978, pp. 1114 – 1128.

Snowing, et al., "A Connectionist Perspective on the Development of Reading Skills in Children", *Trends in Cognitive Sciences*, Vol. 1, No. 3, 1997, pp. 88 – 91.

Soltész, Szűcs and Dékány, et al., "A Combined Event-related Potential and Neuropsychological Investigation of Developmental Dyscalculia", *Neuroscience Letters*, Vol. 417, No. 2, 2007, pp. 181 – 186.

Song I. S., Hattie J., "Home Environment Self-concept, and Academic Achievement: A Causal Modeling Approach", *Journal of Educational psychology*, Vol. 76, No. 6, 1984, pp. 1269 – 1281.

Sonuga-Barke, E. J., "Psychological Heterogeneity in AD/HD – A Dual Pathway Model of Behaviour and Cognition", *Behaviour Brain Research*, Vol. 13, No. 1 – 2, 2002, pp. 29 – 36.

Southam-Gerow M. A. and Kendall P. C., "Emotion Regulation and Understanding Implications for Child Psychopathology and Therapy", *Clinical Psychology Review*, Vol. 22, No. 2, 2002, pp. 189 – 222.

Spelke, E. S., Owsley, C. J., "Intermodel Exploration and Knowledge in Infancy", *Infant Behavior and Development*, Vol. 2, No. 1, 1979, pp. 13 – 24.

Spieler, D. H., Balota, D. A. and Faust, M. E., "Stroop Performance in Healthy Younger and Older Adults and in Individuals with Dementia of the Alzheimer's Type", *Journal of Experimental Psychology Human Perception & Performance*, Vol. 22, No. 2, 1996, pp. 461 – 479.

Sroufe L. A. & Wunsch J. P., "The Development of Laughter in the First Yerar of Life", *Child Development*, Vol. 43, No. 4, 1972, pp. 1326 – 1344.

Sroufe, L. A., "Attachment and Development: A Prospective, Longitudinal Study from Birth to Adulthood", *Attachment and Human Development*, Vol. 7, No. 4, 2005, pp. 349 – 367.

Stacey, B. R., Tipton, et al., "Gabapentin and Neuropathic Pain States: A Case Series Report", *Regional Anesthesia & Pain Medicine*, Vol. 21, No. 2, 1996, p. 65.

Stephenson, W., "Some Observation on Technique", *Psychological Bulletion*, Vol. 49, No. 5, 1952, pp. 483 – 498.

Stone, W. L., Coonrod, E. E. and Ousley, O. Y., "Screening Tool for Autism in Two-year-olds (STAT): Development and Preliminary Data", *Journal of Autism and Developmental Disorders*, Vol. 30, No. 6, 2000, pp. 607 – 612.

Streissguth A. P. and Martin D. C., eds., "Intrauterine Alcohol and Nicotine Exposure: Attention and Reaction Time in 4 – year-old Children", *Developmental Psychology*, Vol. 20, No. 4, 1984, pp. 533 – 541.

Suhara T. et al., "Dopamine D2 Receptors in the Insular Cortex and the Personality Trait of Novlty Seeking", *NeuroImage*, Vol. 13, 2001, pp. 891 – 985.

Sun, X., and Allison, C., "A Review of the Prevalence of Autism Spectrum Disorder in Asia", *Research in Autism spectrum Disorders*, Vol. 4, No. 2, 2010, pp. 156 – 167.

Susan, T. C. and Mara, M., "Aging and Emotional Memory: The Forgettable Nature of Negative Images for Older Adults", *Journal of Experimental Psychology: General*, Vol. 132, No. 2, 2003, pp. 310 – 324.

Swanson L. W., "Mapping the Human Brain-past, Present, and Future", *Trends in Neuroscience*, Vol. 18, No. 11, 1995, pp. 471 – 474.

Syed, N. H., Sureshsundar, S., Wilkinson, M. J., et al., "Call for Papers, Special Issue: Sex and Gender in Development", *Journal of Experimental Child Psychology*, Vol. 73, No. 4, 1999, pp. 159 – 160 (2).

Tager-Flusberg H. and Sullivan K. A., "Componential View of Theory of Mind: Evidence from Williams Syndrome", *Cognition*, Vol. 76, No. 1, 2000, pp. 59 – 90.

Tang Y. et al., "Age-induced White Matter Changes in the Human Brain: A Stereological Investigation", *Neurobiology Aging*, Vol. 18, No. 6, 1998, pp. 609 – 615.

Termine N. T. and Izard C. E., "Infants' Responses to their Mothers' Expressions of Joy and Sadness", *Developmental Psychology*, Vol. 24, No. 2, 1988, pp. 223 – 229.

Tipper S. P., Cranston M., "Selective Attention and Priming: Inhibitory and Facilitatory Effects of Ignored Primes", *Quarterly Journal of Experimental Psychology*, Vol. 37, No. 4, 1985, pp. 591 – 611.

Towse J. N., Hitch G. J., "Is There a Relationship between Task Demand and Storage Space in Tests of Working Memory Capacity?", *Quarterly Journal of Experimental Psychology*, Vol. 48, No. 1, 1995, pp. 108 – 124.

Trick L. M., Tahlia P., Sethi Naina, "Age-related Differences in Multiple-object Tracking", *The Journals of Gerontology*, Vol. 60B, No. 2, 2005, pp. 102 – 105.

Tsang, S. K. M., Shek, D. T. L., Lam, L. L., Tang, F. L. Y. and

Cheung, P. M. P., "Application of the TEACCH Program on Chinese Pre-school Children with Autism: Does Culture Make a Difference?", *Journal of Autism and Developmental Disorders*, Vol. 37, No. 2, 2007, pp. 390 – 396.

Tulving E., "How Many Memory Systems are There?", *American Psychology*, Vol. 40, No. 4, 1985, pp. 385 – 398.

Turatto M., Galfano G., "Attentional Capture by Color without any Relevant Attentional Set", *Perception & Psychophysics*, Vol. 63, No. 2, 2001, pp. 286 – 297.

Underwood, M. and Hurley, J., "An Experimental, Observational Investigation of Children's Responses to Peer Provocation: Developmental and Gender Differences in Middle Children", *Child Development*, Vol. 70, No. 6, 1999, pp. 1428 – 1446.

Vargha-Khadem, Carr L. C. et al., "Onset of Speech after Left Hemispherectomy in a Nine-year-Old Boy", *Brain*, Vol. 120, No. 1, 1997, pp. 159 – 182.

Vasquez, K., Durik, A. M. and Hyde, J. S., "Family and Work: Implications of Adult Attachment Styles", *Personality and Social Psychology Bulletin*, Vol. 28, No. 7, 2002, pp. 874 – 886.

Verhaeghen P., Cerella J., "Aging, Executive Control, and Attention: A Review of Meta-analyses", *Neuroscience and Biobehavioral Reviews*, Vol. 26, No. 7, 2002, pp. 849 – 857.

Verkerk A. J. et al., "Identification of a Gene (FMR – 1) Containing a CGG Repeat Coincident with a Break Point Cluster Region Exhibiting Length Variation in Fragile X Syndrome", *Cell*, Vol. 65, No. 5, 1991, p. 905.

Von Salisch M., "Children's Emotional Development: Challenges in Their Relationships to Parents, Peers, and Friends", *International Joumal of Behavioral Development*, Vol. 25, No. 4, 2001, pp. 310 – 319.

Vreeke, G. L. and Van der Mark, "Empathy, an Integrative Model", *New Ideas in Psychology*, Vol. 21, No. 3, 2003, pp. 177 – 207.

Wang Y., et al., "Neural Bases of Asymmetric Language Switching in Second-language Learners: An ER-fMRI Study", *NeuroImage*, Vol. 35, No. 2, 2007, pp. 862 – 870.

Weber-Fox C. & Neville H. J., "Maturational Constrains on Functional Specializations for Language Processing: ERP and Behavioral Evidence in Bilingual Speakers", *Journal of Cognitive Neuroscience*, Vol. 8, No. 8, 1996, pp. 231 – 256.

Weiss, M. and Harris, S., "Teaching Social Skills to People with Autism", *Behavior Modification*, Vol. 25, No. 5, 2001, pp. 785 – 802.

Wellman H. M., Woodall J. D., "From Simple Desires to Ordinary Beliefs: The Early Development of Everyday Psychology", *Cognition*, Vol. 35, No. 3, 1990, pp. 245 – 275.

West R., Craik F. I. M., "Influences on the Efficiency of Prospective Memory in Younger and Older Adults", *Psychology and Aging*, Vol. 16, No. 4, 2001, pp. 682 – 296.

White R., "Ego and Reality in Psychoanalytic Theory: A Proposal Regarding in Depended Ego Energies", *Psychological Issues*, Vol. 3, No. 3, 1963, pp. 125 – 150.

White, S., Koenig, K. and Scahill, L., "Social Skills Development in Children with Autism Spectrum Disorders: A Review of the Intervention Research", *Journal of Autism and Developmental Disorders*, Vol. 37, No. 10, 2007, pp. 1858 – 1868.

Wilson A. E., Smith M. D., "Ross H S. the Nature and Effects of Young Children's Lies", *Social Development*, Vol. 12, No. 1, 2010, pp. 21 – 45.

Wing, L., and Potter, D., "Notes on the Prevalence of Autism Spectrum Disorders", Retrieved December 20, 2009, http://www.nas.org.uk/nas/jsp/polopoly.jsp? d = 364&a = 2618.

Wing, L., Gould, J., "Severe Impairments of Social Interaction and Associated Abnormalities in Children Epidemiology and Classification", *Journal of Autism and Development Disorders*, Vol. 9, No. 1, 1979, pp. 11 – 29.

Wing, L., Yeates, S. R., Brierley, L. M. and Gould, J., "The Prevalence of Early Childhood Autism: Comparison of Administrative and Epidemiological Studies", *Psychological Medicine*, Vol. 6, No. 1, 1976, pp. 89 – 100.

Wisbeck G. A., et al., "Neuroendocrine Support for a Relationship between 'Novelty Seeking' and Dopaminergic Function in Alcohol-Dependent Men", *Psychoneuroendocrinology*, Vol. 20, No. 7, 1995, pp. 755 – 761.

Wong, V. C. N. and Hui, S. L. H., "Epidemiological Study of Autism Spectrum Disorder in China", *Journal of Child Neurology*, Vol. 23, No. 1, 2008, pp. 67 – 72.

Woodward A. E., Bjork R. A., "Forgetting and Remembering in Free Recall: Intentional and Unintentional", *Journal of Experimental Psychology*, Vol. 89, No. 1, 1971, pp. 109 – 116.

Wu, N., Zhou, X., and Shu, H., "Sublexical Processing in Reading Chinese: A Development Study", *Language and Cognitive Processing*, Vol. 14, No. 5 – 6, 1999, pp. 503 – 524.

Young, R. and Brewer, N., "Conceptual Issues in the Classification and Assessment of Autistic Disorder", In Glidden L. M. (ed), *International Review of Research in Mental Retardation*, Vol. 25, 2002, pp. 107 – 134.

Young, S. K., et al., "The Relations Between Temperament and Empathy in 2 – year-olds", *Developmental Psychology*, Vol. 35, No. 5, 1999, pp. 1189 – 1197.

Youngblade L. M., Dunn J., "Individual Differences in Young Childrens' Pretend Play with Mother and Sibling: Links to Relationships and Understanding of other People's Feelings and Beliefs", *Child Development*, Vol. 66, No. 5, 1995, pp. 1472 – 1492.

Yuill N., "Young Children's Coordination of Motive and Outcome in Judgments of Satisfaction and Morality", *British Journal of Developmental Psychology*, Vol. 2, No. 1, 1984, pp. 73 – 81.

Zachor, D. A., Ben-Itzchak, E., Rabinovich, A. L. and Lahat, E., "Change in Autism Core Symptoms with Intervention", *Research in Autism*

Spectrum Disorders, Vol. 1, No. 4, 2007, pp. 304 – 317.

Zahn-Waxler C., Robinson J. A. L., Emde R. N., "The Development of Empathy in Twins", *Developmental Psychology*, Vol. 28, No. 28, 1992, pp. 1038 – 1047.

Zhang, R. S. and Kou, Y., "Sandplay Therapy with An autistic Boy", *Archives of Sandplay Therapy*, Vol. 18, No. 1, 2005, pp. 71 – 88.

Zimmer H. D., "Size and Orientation of Objects in Explicit and Implicit Memory: A Reversal of the Dissociation between Perceptual Similarity and Type of Test", *Psychology Research*, Vol. 57, No. 3 – 4, 1995, pp. 260 – 273.

学位论文：

Brock, S., "The Identification of Autism Spectrum Disorders: A Primer for the School Psychologist", California State University, Sacramento, Retrieved December 20, 2009, http://www.chipolicy.org/pdf/5635. CSUS%20ASD%20School%20 Psychologists. DOC.

Cepeda N. J., *Life-span Changes in Task Switching*, Dissertation, University of Illinois at Urbana-Champaign, 2001.

George, C., Kaplan, M. and Main, M., "Adult Attachment Interview", Unpublished Manuscript, University of California, 1985.

后　记

　　实验发展心理学是研究人毕生心理发展特点及规律的科学。随着社会的发展和人们生活环境的变化，特别是现代高新技术运用于发展心理学的研究，深化了人们对心理发展特点和规律的认识。

　　近年来，一直从事发展心理学的教学与科研工作。在这些活动中，深感对一名学生来说（特别是研究生），掌握理论和方法是非常重要的。作为心理学专业要培养的高层次人才，他们不仅要知道是什么，更重要的是明白为什么和如何做。具体来说：

　　第一，要解决"是什么"这个问题，需要阅读大量采用实验法开展发展心理学问题的文献资料。只有不断地学习，才能开阔自己的视野和眼界；

　　第二，要解决"为什么"这个问题，必须系统地掌握心理发展的各种理论、模型和假说的要点；

　　第三，要解决"如何做"这个问题，必须掌握科学的研究方法，特别是心理学实验的程序、范式、仪器和工具。

　　因此，在本书的内容上，更加强调了心理发展的理论和研究方法的介绍。

　　本书的写成，还得益于"国家万人计划学科领军人才"和全国文化名家暨"四个一批"人才项目的支持。

　　近年来，我在承担大量教学与科研工作的同时，还肩负了一些行政工作。因此，导致书稿的写作任务一直被拖延。为了完成此书的撰写任务，最后三章我分别邀请我的学生撰写。具体为：第十一章（天津工程技术师范大学胡克祖博士、副教授、高级访问学者）；第十二章，湖南科技大学刘志军教授、博士后）；第十三章（西安体育学院朱昭红副教授、闽南师范大学陈顺森教授）。

  每一个人在专业上的成长，离不开许许多多老师的孜孜不倦的教诲与培养。我很幸运地能够从事心理学，首先，得益于母校陕西师范大学教育系老师们精彩的教学，他们激发起我对心理学的爱好；其次，引领我走上发展心理学道路的人，是尊师且爱生如子的林崇德教授；最后，促进我不断成长的人，是恩师沈德立教授，他以"爱国、尊师、勤奋、认真"为指导，坚持"人以德立"，成为我心中永远的楷模。

  同时，还要感谢我的亲人们长期以来对我工作的大力支持。你们辛苦了！

  我的博士研究生李士一、章鹏、张琪涵、杨宇、宋璐、谭珂和硕士研究生郑蕾等对书稿进行了校对，并提出了很好的修改意见。

  最后，由于本人学识浅陋，加之实验发展心理学的进展比较快，因此书中肯定有一些不足之处，请您批评指正。

白学军

2017 年 8 月 16 日